독도 1947

정병준(鄭秉峻, Jung Byung Joon)

서울대 국사학과 및 동대학원에서 한국현대사를 전공했다. 여운형과 좌우합작운동을 주제로 석사학위를, 우남 이승만 연구로 박사학위를 받았다. 서울대·한국외국어대·방송대·조선대 등에서 강의했고, 국사편찬위원회·목포대에서 근무했다.
한국현대사 자료발굴과 이에 기초한 글쓰기가 주요 관심사이다. 50여 권의 한국현대사 관련 자료집을 기획·해제했으며, 여운형·박헌영·이승만·김구·김용중·김호·안두희·김계조·박순동·서태석·김성칠 등 근현대 인물들과 정치사에 대해 글을 썼다. 2005년 독도가 일본령에서 배제되어 한국령임을 보여주는 영국 외무성 대일평화조약 초안의 부속지도를 발굴한 이래 독도문제와 한·미·일 3국 관계에 대해 천착해왔다.
지은 책으로 『몽양여운형평전』(1995), 『미국소재 한국사 자료 조사보고I: NARA 소장 RG 59·RG 84 외』(2002), 『우남 이승만 연구』(2005), 『한국전쟁: 38선 충돌과 전쟁의 형성』(2006), 『광복 직전 독립운동세력의 동향』(2009), 『역사 앞에서』(2009, 해제) 등이 있다. 『한국전쟁: 38선 충돌과 전쟁의 형성』으로 제47회 한국출판문화상 저술상을 수상했다.
『역사와현실』·『역사비평』·『한국민족운동사연구』·『역사학연구』·『이화사학연구』 편집위원, 이화사학연구소장을 지냈으며, 현재 이화여자대학교 사학과 부교수로 재직 중이다. bjjung@ewha.ac.kr

독도 1947
― 전후 독도문제와 한·미·일 관계

정병준 지음

2010년 8월 9일 초판 1쇄 발행
2019년 1월 31일 초판 4쇄 발행

펴낸이 한철희 | 펴낸곳 주식회사 돌베개 | 등록 1979년 8월 25일 제406-2003-000018호
주소 (10881) 경기도 파주시 회동길 77-20 (문발동)
전화 (031) 955-5020 | 팩스 (031) 955-5050
홈페이지 www.dolbegae.co.kr | 전자우편 book@dolbegae.co.kr

책임편집 소은주·좌세훈
편집 김태권·이경아·조성웅·권영민·김진구·김혜영
표지디자인 민진기디자인 | 본문디자인 박정영·이은정
마케팅 심찬식·고운성·조원형 | 제작·관리 윤국중·이수민 | 인쇄·제본 상지사 P&B

ⓒ 정병준, 2010

ISBN 978-89-7199-401-6 (93910)

책값은 뒤표지에 있습니다.

이 도서의 국립중앙도서관 출판시도서목록(CIP)은 e-CIP 홈페이지
(http://www.nl.go.kr/ecip)에서 이용하실 수 있습니다.(CIP제어번호: CIP2010002663)

전후 독도문제와 한·미·일 관계

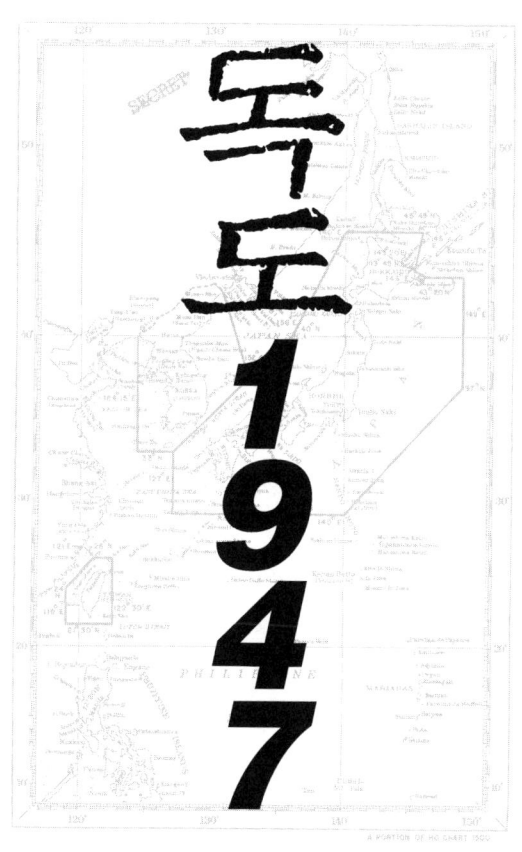

독도
1947

정병준 지음

돌베개

규환, 서영
그 미래를 위하여

차례

저자의 글 15

서장

1. 독도연구의 역사: 논쟁에서 연구가 시작되다 25
   - (1) 한국·일본 양국의 공식견해 25
   - (2) 한국의 독도연구사 33
   - (3) 일본의 독도연구사 46

2. 샌프란시스코평화회담과 독도문제 60
   - (1) 전후 독도문제의 연원: 샌프란시스코평화회담 60
   - (2) 미국 외교문서의 공개와 독도문제의 새로운 연구 64

3. 연구의 시각·구성·자료 72
   - (1) 한·미·일 3국 관계로서의 독도문제 72
   - (2) 1947년이라는 시점 75
   - (3) 주요 구성 78
   - (4) 활용자료 82

1 한국 1947년: 남조선과도정부·조선산악회의 독도조사

1. 독도에서 서울로: 1905년 '침략'의 재현 97
    (1) 독도의 위기: 일본인의 불법 점거·총격 97 (2) 서울의 대응: 독도·맥아더라인 위기의 결합 104

2. 과도정부·조선산악회의 울릉도·독도 조사 110
    (1) 과도정부의 수색위원회 결성 110 (2) 조선산악회의 합류 115
    (3) 최초의 독도조사 130

3. 1947년 독도조사가 남긴 유산 141
    (1) 보고강연회·전람회·조사보고서 142 (2) 신문·잡지의 보도 148
    (3) 독도 관련 주요 개념·논점·인식의 부상 153

4. 파랑도와 대마도의 결합 169
    (1) 파랑도: 일본의 또 다른 침략 소문 169 (2) 입법의원: 대일강화회의 참석·대마도 172

2 한국 1948년: 독도폭격사건과 독도의 재발견·재인식

1. 1948년 독도폭격사건 179
    (1) 독도폭격사건의 발생 179 (2) 주한미군·극동군사령부의 조사 182
    (3) 소청심사와 배상 194 (4) 폭격사건의 진상과 쟁점 201

2. 1948년 한국인들의 독도 인식 237
    (1) 국민적 공감대: 독도는 한국 영토 237 (2) 우국노인회의 청원: 독도·파랑도·대마도의 결합 250
    (3) 미군정의 대일배상요구안과 독도 262 (4) 대한민국 헌법에 반영된 독도영유권 268

3 일본 1947년: 독도·울릉도는 일본령

1. 일본정부의 평화조약 준비작업(1945~1950) **277**
    (1) 평화조약문제연구간사회(1945. 11~1947. 5): 평화조약 준비작업의 시작 278
    (2) 평화조약각성연락간사회(1947. 5) 설치와 일본정부의 일반원칙 논의 284
    (3) 연합국과의 협의(1947. 7) 개시와 정책심의위원회의 설치 292
    (4) 강화방식의 검토: 역코스와 '사실상의 평화' 추구정책(1948) 305
    (5) '단독강화'·'다수강화'의 선택(1949~1950) 308

2. 일본의 영토문제 준비대책과 로비 **314**
    (1) 일본 외무성의 영토문제 준비작업 314   (2) 영토문제 관련 로비는 있었는가? 322

3. 1947년 일본 외무성의 책략: 독도·울릉도 자국령 문서 작성 및 홍보 **331**
    (1) 일본 외무성의「일본의 부속소도」시리즈 간행 333
    (2) 일본 외무성, 독도·울릉도를 일본의 부속소도로 선언 342
    (3) 1947년 일본 외무성 독도 인식의 연원 350

4 미국 1947년: 리앙쿠르암(독도)은 한국령

1. 대일평화회담과 조약 초안의 성립과정 **369**
    (1) 대일평화조약의 추진·체결 과정 369   (2) 대일평화조약 초안의 변화과정 373

2. 대일조약작업단의 조약 준비작업과 독도 인식(1946~1947) **380**
    (1) 1946년 대일조약작업단의 설립과 조약 초안 380   (2) 1947년 영토조항의 초안과 수정: 독도는 한국령 386

5 미국의 대일평화조약 초안과 독도 인식(1947~1951)

1. 미 국무부 조약 초안의 독도 인식 1(1947~1949): 리앙쿠르암(독도)은 한국령 **399**
   (1) 1947~1948년 대일조약작업단의 조약 초안과 독도 401
   (2) 1949년 새로운 조약 초안과 독도 437

2. 미 국무부 조약 초안의 독도 인식 2(1949~1950): 시볼드의 공작 **456**
   (1) 1949년의 논쟁: 시볼드의 초안 검토와 리앙쿠르암(독도)의 일본령 주장 456
   (2) 주한미대사의 한국 참가 요청 475
   (3) 뒤바뀐 독도영유권(1949. 12~1950) 483

3. 미 국무부 조약 초안의 독도 인식 3(1950~1951): 독도조항의 삭제 **501**
   (1) 존 포스터 덜레스의 등장과 새로운 대일평화조약의 추진 501
   (2) 1950년 8월 7일자 초안: 포츠담선언 대일영토규정의 폐기 503
   (3) 1950년 9월 11일자 초안: 개정초안 507
   (4) 1950년 9월 11일자 대일평화7원칙: 사라진 영토규정 509
   (5) 1951년 2월 9일자 대일평화협정에 대한 개략적 초안(미일 가조인) 513
   (6) 1951년 3월 제안용 임시초안(공식초안, 연합국에 송부) 516

4. 영미합동초안의 성립과 최종 조약문의 확정(1951) **522**
   (1) 1951년 5월 3일자 제1차 영미합동초안: 영연방국가에 송부 522
   (2) 1951년 6월 14일자 제2차 영미합동초안: 한국의 연합국 자격 배제·전시 연합국 대일영토규정의 폐기 539
   (3) 1951년 7월 3일자·7월 20일자 제3차 영미합동초안: 관련국 송부 545
   (4) 1951년 8월 13일자 최종 초안 549

6 영국의 평화조약 초안과 영미협의(1951)

1. 영국의 대일평화조약 초안·부속지도의 성립(1951. 3)과 한국 독도영유권의 재확인 553
   - (1) 영국 지도의 발굴경위 553
   - (2) 영국 조약 초안의 성립과정 557
   - (3) 영국 조약 초안의 한국 관련 내용 567
   - (4) 영국 지도의 특징과 한국 독도영유권의 재확인 576

2. 1951년 영미협의와 영토문제·한국문제의 논의 583
   - (1) 1951년 3월 영국과 미국의 의견조율 584
   - (2) 제1차 영미회담(1951. 4. 25~5. 4)과 한국의 참가·영토 문제의 논의 589
   - (3) 제2차 영미회담(1951. 6. 2~14)과 한국의 참가 배제 결정 610

7 미국과 일본의 협의(1951)

1. 1951년 덜레스의 1차 방일과 미일의 주요 조약 합의 623
   - (1) 일본의 대일평화7원칙에 대한 대책준비(1950. 11~1951. 1) 623
   - (2) 덜레스의 1차 방일(1951. 1~2)과 주요 조약의 사실상 가조인 625
   - (3) 미국 조약 초안(1951. 3. 임시초안)에 대한 일본정부의 회신(1951. 4. 4) 640

2. 1951년 덜레스의 2차 방일과 일본의 한국 배제 주장 643
   - (1) 덜레스의 계획, 일본의 계획 644
   - (2) 영국 초안에 대한 미일협의와 독도문제 647
   - (3) 일본의 한국 배제 주장과 무고 656

8 한국정부의 대일평화조약 대응과 한미협의(1951)

1. 1948~1950년 간 한국정부의 대일평화조약 준비 673
    (1) 네 가지 준비의제: 배상·참가·영토·맥아더라인 673
    (2) 맥아더라인의 쟁점화 678

2. 미국의 대일평화조약 임시초안(제안용)(1951. 3) 수교와 한국정부의 제1차 답신 (1951. 4. 27) 689
    (1) 워싱턴·동경의 외교 689 　　　　　　(2) 서울의 대응: 외교위원회의 구성 695
    (3) 한국정부의 제1차 답신서(1951. 4. 27) 작성과 대마도 반환 요구 709
    (4) 미 국무부의 논평(1951. 5. 9) 726

3. 대일평화조약 영미합동초안(1951. 7)과 한국정부의 대응 732
    (1) 미국의 한국 조약서명국 자격 부정(1951. 7. 9) 732　(2) 한국의 제2차 답신서(1951. 7. 19) 작성 735
    (3) 한미협의(1951. 7. 19)와 독도·파랑도의 등장 748

4. 미 국무부의 독도·파랑도 조사와 그 귀결 753
    (1) 보그스의 독도 한국령 검토 753 　　　　(2) 한국정부의 제3차 답신서(1951. 8. 2) 765
    (3) 러스크 서한(1951. 8. 10)과 한미협의의 귀결 775　(4) 한국측 협상전략의 검토 786

5. 한국의 비공식 자격 샌프란시스코평화회담 참가 798

9 보이지 않는 전투: '독도분쟁'의 서막과 한·미·일의 대응

1. 한국의 대응: 평화선과 파랑도·독도 조사 **807**
    (1) 평화선 속에 포함된 독도 807
    (2) 파랑도조사의 실패 821
    (3) 1952년 한국산악회의 독도조사와 폭격사건 826
    (4) 1953년 한국산악회의 독도조사와 영토표석 설치 841

2. 일본의 대응: 선전과 책략 **855**
    (1) 1951년 일본의 선전: 독도영유권 주장 855
    (2) 1952~1953년 일본의 책략: 독도 폭격연습장 지정과 해제 869
    (3) 1953년 중반: 독도 침범·일본령 표식 설치 890

3. 미국의 대응: 적극 개입에서 중립으로의 선회 **916**
    (1) 1952년 부산·동경·워싱턴의 시각 차이 916
    (2) 1953년 독도 폭격연습장 해제와 한국·일본의 대응 929
    (3) 동경대사관의 개입 주장과 덜레스의 중립 선언 938

참고문헌 955
찾아보기 981
표·그림 목록 1002

저자의 글

　이 책의 구상은 2001년 미국립문서기록관리청(National Archives and Records Administration: NARA)에서 1950년대 초 주한미대사관 문서철, 일명 서울대사관(Seoul Embassy) 문서철을 읽으면서 시작되었다. 한일관계를 다룬 문서들은 상당수가 비밀 분류된 상태였고, 어떤 경우에는 폴더(folder) 전체가 비밀로 분류되어 있었다. 공개된 문서들은 묘한 뉘앙스를 풍겼고, 몇 장의 비망록들은 노골적이었다. 독도·평화선·한일회담에 대한 문서들이었다. 미국은 왜 독도에 대해 이런 평가를 했을까, 도대체 공개되지 않은 문서들은 어떤 판단을 담고 있는 것일까 하는 의문들이 연이었다. 독도에 대한 미국의 인식과 정책적 판단은 1951년 샌프란시스코대일평화조약과 관련이 있음이 분명했다. 1950년대 문서들은 시대의 단면들을 언뜻 비쳤고, 비밀의 미궁은 속내를 드러낼 듯 말 듯 스쳐 지나갔다. 옆구리의 상처, 목구멍의 가시 같은 통증과 이물감이 있었지만, 해결할 수 없었다. 그리고 이때까지만 해도 독도라는 주제는 향후 연구대상 목록에 포함되어 있지 않았다. 이미 준비하고 있던 연구주제들의 우선순위를 뒤바꿀 수는 없었다. 시작은 호기심에서 비롯되었다.

2005년 초 다시 미국립문서기록관리청을 찾았다. 샌프란시스코대일평화조약과 관련된 문서철을 본격적으로 검토하기 시작했다. 그리고 이 책을 쓰게 된 직접적 계기를 만나게 되었다. 샌프란시스코대일평화조약을 주도한 대통령특사인 존 포스터 덜레스(John Foster Dulles) 문서철에서 지도 한 장을 발견했던 것이다. 영국 외무성이 완성한 대일평화조약 초안에 첨부된 지도였다. 독도가 일본령에서 배제되어 한국령으로 표시되어 있었다. 문서발굴작업은 학문적 전진의 원동력이었다. 기뻤으나 흥분하지는 않았다. 왜냐하면 독도문제와 같이 국가적·학문적으로 중요한 의제에 대해 이미 정부·학계 등에서 충분히 조사·연구했을 것이며 지도 역시 이미 잘 알려졌을 것으로 생각했기 때문이다. 또한 이 지도는 덜레스의 보좌역이자 훗날 주일미국대사를 지낸 존 앨리슨(John M. Allison) 문서철(국무부 동북아시아국 대일평화회담 문서철)에도 축소판형으로 들어 있었기 때문에 관련 기록을 찾아본 연구자라면 쉽게 발견할 수 있는 것이기도 했다.

지도의 출처를 알아냈지만, 지도가 첨부되어 있던 원문서는 아직 비밀 분류된 상태였다. 런던에 있던 국사편찬위원회의 박진희 박사에게 도움을 청했다. 박진희 박사는 영국 외무성 기록 가운데에서 관련 문서들을 찾아 보내주었다. 미국의 지도와 영국의 문서를 결합하자 전체상이 그려졌다.

한국에 돌아와 이 지도의 연원을 찾기 시작하자 놀라운 일들이 드러났다. 먼저 한국에는 영국에서 찾은 조약 초안 문서가 알려져 있었지만, 미국에서 발견한 부속지도는 전혀 알려져 있지 않은 상태였다. 한국 정부와 학자들이 독도문제, 샌프란시스코평화회담과 관련해 미국립문서기록관리청에서 자료조사를 본격적으로 수행한 바 없다는 사실도 확인되었다. 또한 국내에 알려진 샌프란시스코평화회담 준비과정의 조약 초안들도 매우 자의적으로 선별·발췌된 것이었음을 알게 되었다. 그런데 영국 외무성 자료가 어떻게 국내에 알려지게 된 것인지 의문이 일었다.

이런 이상한 상황에 대한 의문은 곧 해결되었다. 한국에 알려진 영국 외무성 조약 초안과 관련 기록들은 일본 학자가 제공한 것이었기 때문이다. 일본 국회도서관의 독도문제 전문가가 미국립문서기록관리청·영국 공립문서관(Public Record Office: PRO) 등의 샌프란시스코대일평화조약 관련 문서철에서 독도가 일본령임을 논증할 목적으로 관련 문서들을 발굴·공개한 후, 이를 한국에 제공했던 것이다. 한국에서 발행된 독도 관련 자료집에 그가 발굴·공개한 순서대로 미국·영국 외교문서들이 수록됨으로써 영국 초안이 알려지게 된 것이다. 그러나 그는 일본에 불리한 지도는 공개하지 않았다.

2005년 1월 주한일본대사가 독도는 일본령이라고 공개 발언해, 국내 여론이 들끓고 있었다. 2월 말 이 지도를 공개했고, 그날 저녁 모든 텔레비전 메인 뉴스 첫 꼭지에 이 지도가 소개되었다. 발굴자로서 의무를 다했으나 연구자로서는 불편했고, 부족했다. 이런 불편함과 부족함에 의지해 독도연구에 발을 들여놓았다. 영국 외무성의 대일평화조약 초안에 첨부된 지도의 의미에 대해 글을 썼고, 미국이 대일평화조약을 준비하는 과정에서 독도를 일본령으로 적극 주장한 대표적인 친일외교관 윌리엄 시볼드(William J. Sebald)를 추적하는 글을 썼다.

이해에 처음으로 독도를 방문할 기회를 얻었다. 목포해양대 실습선을 타고 국토여래의 남단을 에둘러 당도한 독도는 상상했던 것보다 컸다. 아마도 국토의 막내, 동해의 최전선, 외로운 섬 등으로 묘사된 기성의 관점에 사로잡혀 있었기 때문일 것이다. 신새벽 어스름부터 장엄한 해돋이까지 이 섬이 드러내는 장관을 지켜보았다. 어둠에서 빛으로, 작은 섬에서 크고 거친 섬으로 바뀌어가던 상반된 이미지는 아직도 선명한 기억으로 남아 있다.

이제 맡은바 책임은 다했으니, 원래의 연구로 돌아가야 한다고 스스로 다짐했다. 독도문제는 국가적 의제로 규정되었으며, 학문사회나 시민사회에서 민감하게 반응하는 사회적·정치적·국제적 이슈였기 때문이다. 연구 자체로 보더라도 학문적 자유를 향유하기 어려운 구조에 속한 주제였다. 이미 형성되어 있는 연구지형의 장벽도 높고 거칠었다.

이때 두 분이 연구자로서의 소명과 의무를 일깨워주셨다. 나의 학문적 멘토이신 방선주 박사님은 낙담하고 위축된 어깨를 두드려주셨다. 미국립문서기록관리청에서 30년 이상 묵묵히 한국 관련 기록을 발굴·연구해온 이 대가는 미국·캐나다·영국에서 발굴·수집한 독도 관련 자료들을 건네주며 격려를 아끼지 않았다. 사실 내가 연구한 많은 주제들의 학문적 영감과 자료적 출처가 이분이었으므로, 그 격려와 충고는 결정적이었다.

다른 한 분은 신용하 선생님이시다. 2006년 5월의 어느 날 백범학술원에서 당신이 그간 쓰고 정리했던 독도 관련 연구서들을 한아름 안겨주면서 독도연구를 시작한 애기를 들려주셨다. 우연한 기회에 독도 관련 글을 썼으나, 당신 역시 독도문제가 썩 내키지 않는 연구주제라 생각하고 있던 차에 독도연구 1세대인 이한기 교수를 만났다는 것이다. 훗날 서울대 법대 학장과 국무총리를 지낸 노교수는 독도를 다룬 자신의 책을 건네며, 독도연구의 미래를 부탁한다는 심절한 당부의 말을 전했다는 것이다. 이제 당신이 쓴 책들을 전하니 후학의 몫을 다해달라는 요지였다. 돌이켜보면 그 자리에서 독도연구의 결심이 섰다.

이런 과정을 거쳐 이 책을 쓰겠다는 결심에 도달했다. 두 분의 격려와 시대정신이 독도연구를 향한 학문적 도전을 이끌었다. 독도를 쓰겠다고 했을 때 주위의 반응은 냉담했다. 독도는 역사학계에서 본격적으로 다루는 연구주제가 아닐뿐더러 정부의 용역대상 정도가 아니냐는 힐문이 한쪽이었다면, 주제가 너무 현실정치와 긴박되어 있는 데다 민족주의적이며 국가중심적인 것 아니냐는 우려가 다른 한쪽이었다. 시류에 편승하지 말고 점잖은 연구주제를 선택하라는 당부 섞인 충고도 들었다. 그러나 연구자가 되겠다고 결심한 이후 역사적으로 중요한 주제에 대해 회피하지 않고 정면승부를 거는 것, 그것이 역사학자가 추구하는 바이자 소망하는 바라고 생각했다. 이 책 역시 그런 범위에 속한 것이었다.

집필작업은 2008년 초 미국립문서기록관리청·맥아더아카이브(MacArthur Archives)에 대한 추가자료조사를 끝낸 후 본격적으로 시작되었다. 한국·미국·일본의 자료들을 충분히 검토했으며, 이제 시작할 시점에 도달했던 것이다. 그간 쌓아놓은 자료들의 규모와 방대함에 압도되기 직전이었지만, 연구자로서 감당해야 할 몫이었다. 분량으로 보자면 미국측 외교문서들이 가장 광범위했으며, 한국측 자료는 신문·잡지 등을 제외하면 공문서는 거의 남아 있지 않았고, 일본측 자료는 공개된 외교문서들 속에서 행간을 읽어야 할 정도의 분량에 지나지 않았다.

이 책은 전후 한국·미국·일본의 독도 인식과 정책이 언제 시작되었으며, 샌프란시스코평화조약을 거쳐 어떻게 귀결되었는지를 다루고 있다. 제2차 세계대전 이후 한국·미국·일본의 독도 인식과 정책을 되짚어가자 1947년이 전후 독도문제의 중요한 분기점이었음이 드러났다. 그리고 이것이 이 책의 제목으로 선택되었다. 1947년을 계기로 한국은 독도에 대한 본격적 조사활동을 개시해 독도를 새롭게 인식하게 되었고, 일본은 독도·울릉도가 일본령이라는 허위정보를 담은 영토 관련 팸플릿을 제작했으며, 미국은 대일평화조약 초안을 작성하며 리앙쿠르암(독도)이 한국령이라고 명시했다. 그 후 세 나라의 인식과 정책은 길항작용을 거쳐 1951년 샌프란시스코평화조약에 도달했으며, 이후 각자의 길로 갈라졌다.

이 책은 전후 일본이 한국령인 독도를 영토분쟁 대상지역으로 주장하게 된 가장 큰 배경이 대일평화회담, 즉 샌프란시스코평화회담에 있었다고 본다. 전후 독도문제가 한일 간 역사적 영유권의 문제라는 시각이 일반적이지만, 이는 국제정치적인 문제의 구조적 심연을 보여주지는 않는다. 이 책은 전후 독도문제가 동북아시아에 대한 미국의 정책적 영향력·결정력이 초래한 지역문제였으며, 그 결정력의 그늘이었다고 주장하고 있다. 때문에 전후 독도문제는 한일관계보다는 한미일관계의 성격이 강했으며, 역사적 영유권의 문제보다는 국제정치적 지역문제의 성격이 강했다는 주장을 유지하고 있다. 독도에 관한 모든 것을 기대한 독자들은 실망하겠지만, 이 책은 독도문제로 표상된 전후 한일·한미·미일 3국 관계의 본질을 드러내 보여줄 것이다. 이 책이 다룬 자료, 구성, 논리, 접근방법, 그리고 사실들은 기성의 것과는 다른 새로운 경지와 단계를 열어줄 것이다. 성실한 독자들에게는 신천지, 그 이상의 가능성을 보여줄 것이다.

이 책은 많은 분들의 도움과 협력, 조언과 배려 덕에 완성될 수 있었다. 그중에서도 방선주 박사님은 2008년 이래 제일 먼저 이 책의 초고를 읽고 코멘트와 격려를 아끼지 않으셨다. 국사편찬위원회 박진희 박사, 독도연구소 김영수 박사, 이화여대 이혜영 박사생 등은 초고를 읽고 귀중한 코멘트를 해주었다. 특히 박진희 박사는 영국 파견 중은 물론 국내에서도 자료와 조언으로 도움을 주었다. 대학원생 장윤형은 참고문헌을 만들어주었다. 이분들이 허락한 귀중한 시간과 관심에 감사를 표한다. 또한 이 책의 서장에 기록한 많은 선학들의 노력에 찬사와 감사를 표한다. 이 책이 독도를 학문적으로 수호하기 위해 분투한 분들의 노력에 조금이라도 기여할 수 있기를 기대한다.

자료를 찾는 데 도움을 준 많은 분들과 문서보관소·도서관·기관 등에 감사드린다. 미국립문서기록관리청의 선임 군사아키비스트 리처드 보일런(Richard Boylan), 앨라배마 주 맥스웰 공군기지(Maxwell Air Force Base, Alabama) 공군역사연구소(Air Force Historical Research Agency)의 아키비스트 마시 그린(Marcie T. Green), 맥아더아카이브의 아키비스트 제임스 조벨(James Zobel) 등이 미국에서의 자료조사에 도움을 주었다. 보일런의 소개로 공군역사연구소에서 1948년 독도폭격 관련 자료를 구할 수 있었다. 제임스 조벨은 맥아더사령부에서 근무했던 전직 고위장교들의 인터뷰를 보내주었다. 2005년 겨울 그를 만나고 돌아오던 노펵-워싱턴 간 도로에서 폭설에 갇혀 보냈던 장장 15시간의 눈길이 아직도 잊히지 않는다.

한국에서는 국회도서관의 마을순 사서사무관, 국사편찬위원회의 고지훈

연구사, 독도박물관의 김하나 연구사 등의 친절한 도움을 받았으며, 국회도서관 독도자료실, 서울대 구관도서관, 아단문고 등의 소장자료를 활용할 수 있었다. 한국산악회 대구지부의 배효순·장주효, 한국산악회 고문 손경석, 사진작가 김한용, 우국노인회 문건을 보내준 박종평, 화가 이쾌대의 아들 이한우, 이화여대 윤난지 교수, 덕수궁미술관의 박영란, 예비역 공군대령 권재상, 국민대 이현진 교수, 국사편찬위원회 이근택 실장(퇴임), 이화장의 조혜자 여사 등 여러 분들은 귀중한 자료와 조언·증언으로 도움을 주셨다. 이분들의 관심과 배려에 깊은 감사를 드린다.

몸담고 있는 이화여대의 여러 선생님들께도 감사드린다. 이배용 총장님, 사학과의 강철구·김영미·함동주·조지형·정혜중·백옥경 선생님이 보여주신 따뜻한 마음과 배려에 감사드린다. 이 책을 쓰게 됨으로써 마음에 진 빚의 일부를 갚는다. 지치고 힘들면 늦은 오후 교정을 가로질러 안산을 따라 걸었다. 나무 사이로 유장하게 흐르는 한강의 은빛 물결이 눈에 가득했고, 북악과 남산이 내려다보이는 산 정상에 서서 심호흡을 한 후 그 호흡으로 며칠을 살았다. 유서 깊은 교정에 서서 그 역사의 울림이 감싸는 것을 느꼈다.

단행본 세 권 분량을 다루어야 했던 돌베개에 감사 인사를 전한다. 이 책을 담당한 소은주 인문사회팀장과 좌세훈 문화예술팀장, 디자인팀, 한철희 대표께 고마움을 전한다. 한국 지성계를 위한 이분들의 열정에 이 책이 조그마한 기여가 되기를 바란다.

언제나처럼 가족들의 사랑과 희생을 마지막으로 적는다. 아내 이경희, 아들 규환, 딸 서영은 무심한 가장이 의지할 수 있는 언덕이자 행복의 화수분이었다. '올해만 지나면, 올해만 지나면'을 주문처럼 되뇌며 책에 매달린 몇 년간 아들은 뒤란의 대나무처럼 자라 아버지를 굽어보고, 딸은 초등학교 고학년이 되었다. 혼자 가정을 지켜온 아내의 헌신이 없었다면 이 책은 엄두도 내지 못했을 것이다. 아내는 진정한 의미에서 이 책의 공저자이다. 가족들이 허락한 시간으로 만들어진 이 책을 아이들이 자긍심으로 읽게 될 날을 기대한다.

학문사회에 발을 들인 이래 가졌던 한 가지 다짐과, 지켜온 한 가지 자부심이 있다. 그것은 10년 뒤에도 여전히 읽힐 책을 쓰겠다는 다짐이었으며, 독자들이 그 책을 오랫동안 소장하리라는 자부심이었다. 이 책 역시 그런 다짐과 자부심의 산물이다. 한 방울의 물방울에도 온 우주가 비친다는 말처럼 독도로 표상되는 1950년대 한미일관계는 현재의 우리에게 말하는 바가 적지 않을 것이다. 연구생애 사반세기를 이 책으로 기념하게 된 것은 연구자로서 행운이다. 이 책을 선택한 독자들에게는 지적 희열과 진리의 혜안이 함께하기를 기대한다. 이 시대에 역사의 저력과 미덕이 빛나기를 희망한다.

이에 김부식이 『삼국사기』(三國史記)를 완성한 후 왕에게 올리는 표문(進三國史表)에서 쓴바, "명산에 비장할 바는 못 되나, 간장독 뚜껑으로 쓰이지나 않기를 바랍니다"(雖不足藏之名山 庶無使漫之醬瓿)라고 한 심정을 적는다.

2010. 7. 26.
능소화 점점이 붉은 안산 기슭에서
저자

서장

1. 독도연구의 역사: 논쟁에서 연구가 시작되다
(1) 한국·일본 양국의 공식견해
(2) 한국의 독도연구사
(3) 일본의 독도연구사

2. 샌프란시스코평화회담과 독도문제
(1) 전후 독도문제의 연원: 샌프란시스코평화회담
(2) 미국 외교문서의 공개와 독도문제의 새로운 연구

3. 연구의 시각·구성·자료
(1) 한·미·일 3국 관계로서의 독도문제
(2) 1947년이라는 시점
(3) 주요 구성
(4) 활용자료

1. 독도연구의 역사: 논쟁에서 연구가 시작되다

(1) 한국·일본 양국의 공식견해

1952년 1월 한국의 해양주권선언, 즉 평화선 발표에 대해 일본이 항의하면서 독도의 영유권을 둘러싼 논쟁이 시작되었다. 1952년부터 한일 간에 외교각서·구술서·견해·반박서 등 다양한 형식의 성명전으로 전개되던 지상(紙上) 논쟁은 1953년 5월 28일 이후 독도 상륙과 표목·게시판 설치·철거 등 물리적 충돌로 이어졌으며, 급기야 1953년 7월 12일의 총격전으로 격화되기에 이르렀다. 외교각서 교환전에서 시작된 논쟁이 독도 상륙·점거전으로, 마침내 무력충돌로 급격하게 고조되었던 것이다.

양국의 입장은 이미 1953~1962년 간 양국이 상대국에 수교한 외교각서에 잘 드러나 있다. 이때 수교된 외교각서들은 당시까지 발굴·확보된 역사적 증거문헌들과 국제법적 근거들에 기초해 작성된 것으로, 이후 독도연구의 핵심적 증거자료와 논리적 기반이 되었다. 정확하게 말하자면 이미 독도연구의 기본적 자료와 방향은 국가적 차원에서 설정되었고, 학문세계는 그 후 이를 보강·확대·재해석하는 수준에서 자율성을 가질 수 있었다. 양국의 각서 교환은 처음에는 즉문즉답의 형식으로 행해졌지만, 1956년에 접어들면서 양국의 논리와 자료적 근거들이 복잡해졌고, 다른 한편으로는 새로운 근거와 논리들을 개발해야 했기 때문에 2년 이상 상대국의 논리와 자료들을 세심히 검토·연구한 후에야 새로운 근거자료 보강과 반박이 이루어졌다. 1956년, 1959년, 1962년, 한국·일본 정부가 수교한 각서·구술서가 이에 해당한다.

일본 외무성의 입장을 대표하는 각서는 모두 네 건인데, 1953년 7월 13일자, 1954년 2월 10일자, 1956년 9월 20일자, 1962년 7월 13일자 각서가 여기에 해당한다. 첫번째 각서에 첨부된 「1953년 7월 13일자 죽도에 관한 일본정부의 견해」(竹島に關する日本政府の見解)라는 장문의 글에 일본정부가 주장하는 독도영유권의 핵심적 내용과 구상이 잘 드러나 있다.[1] 일본 외무성의 이 각서는 독도연구가 이미 상당한 수준으로 선행되어 있음을 보여준다. 일본 외무성은 역사적 사실과 국제법의 두 가지 측면에서 일본의 독도영유권을 다루었다. 먼저 역사적 사실로서는 ① 과거에 죽도(竹島) 혹은 기죽도(磯竹島)라는 명칭으로 불린 섬은 현재의 울릉도이며, 현재의 죽도는 과거에 송도(松島)로 불렸다. ② 1693년과 1881년 조선정부의 항의로 일본인의 죽도 출입이 금지되었으나, 이는 현재의 울릉도이지 죽도(독도)가 아니다. ③ 한일 간 존재했던 충돌은 울릉도에 관한 것이지 현재의 죽도(독도)에 관한 것이 아니다. ④ 문헌·고지도상의 송도는 현재의 죽도(독도)로 일본에 알려졌고, 일본 영토의 일부분이다. 일본의 주장에서 처음으로 에도(江戶)시대 문헌·고지도, 이수광의 『지봉유설』, 독일인 지볼트(J. Philipp Franz von Siebold)의 지도 등이 거론되었다.

일본 외무성이 제시한 국제법적인 근거는 크게 1905년 시마네현(島根縣)의 영토편입 고시, 1951년의 샌프란시스코대일평화조약, 1952~1953년의 죽도(독도) 폭격연습장 지정·해제 등 세 가지였다. 이에 따르면 독도는 1905년 시마네현청 고시 제40호(1905. 2. 22)에 의해 시마네현 오키도사(隱岐島司)의

---

1) 한글 번역본은 「七月 十三日字 亞二 第一八六號 日本外務省覺書」, 外務部 政務局, 1955, 『獨島問題槪論』, 107~114쪽, 영어 원문은 「日本政府見解1」, 외무부, 1977, 『獨島關係資料集(I) 往復外交文書(1952 ~76)』, 13~20쪽을 참조. 일본이 보내온 각서 원문은 『독도문제, 1952-53』(분류번호 743.11JA, 등록번호 4565)(2002년 제9차 공개 외교문서, 외교통상부 외교사료관 소장) 참조.

관리하에 두어졌고, 나카이 요사부로(中井養三郎) 등이 효과적으로 섬을 개발했다. 종전 후에는 첫째 SCAPIN(연합군최고사령부지령, Supreme Commander for the Allied Powers Instruction) 677호(1946. 1. 29), SCAPIN 1033호(1946. 6. 22)에서 죽도(독도)가 일본에서 배제되었지만, 주권의 최종적 결정에 관한 것이 아니었고, 둘째 대일강화조약에 의해 죽도(독도)는 일본령으로 남게 되었으며, 셋째 미일안보조약-미일행정협정에 따른 미일합동위원회의 결정(1952. 7. 26)으로 죽도(독도)가 미군 연습기지로 선정되었고, 미일합동위원회의 결정(1953. 3. 19)으로 연습기지에서 해제되었는데, 이는 죽도(독도)를 일본 영토로 미국이 인정한 것이다.

그런데 이 시점에 일본이 주장한 것은 독도의 일본 고유영토설이었다. 즉 독도가 일본의 고유영토였으며, 1905년 근대법 절차에 따라 영토편입 수속을 밟았다는 것이었다. 이는 1905년 영토편입 당시 근거로 내세운 무주지(無主地) 편입과 정면 배치되는 것인데, 만약 독도가 일본의 고유영토이고 일본이 이를 인지·보유·활용해왔다면 1905년의 무주지편입 절차 및 논리는 성립 불가능하기 때문이다.

다른 한편으로 일본정부의 논리가 상호 모순적으로 구성된 가장 큰 요인은 1905년의 시점을 내세워서는 독도에 대한 영토주권을 주장하기 어렵다고 스스로 판단했기 때문이었다. 이런 이유로 일본정부는 다양한 역사적 근거를 제시했지만, 가장 중점을 둔 것은 역사적 근거보다는 1905년 이후의 국제법적 근거들이었다. 그 가운데에서도 일본 외무성이 내심 의지한 가장 중요한 핵심근거는 역시 전후 샌프란시스코평화회담 과정에서 독도가 일본령으로 인정되었다고 하는 확신에 기반을 두고 있었다. 문제는 일본 외무성이 여러 간접통로로 미국의 의향을 파악했지만, 이를 증명할 수 있는 직접적 문서를 획득·보유하지 못한 데 있었다. 1952~1953년 일본이 구사한 독도 폭격연습장 지정·해제 책략은 국내적·국제적 증거문서를 확보하는 동시에 미국의 개입과 동의를 획득하는 길이었다.

한국 외무부가 이를 반박하자 일본 외무성은 또다시 1954년 2월 10일자로 「죽도영유에 관한 1953년 9월 9일자 주일한국대표부 각서로서 한국정부가 취한 견해를 논박하는 일본정부의 견해」라는 각서를 통해 일본측 입장을 제시했다.[2] 세번째 각서는 1956년 9월 20일자의 「죽도에 관한 1954년 9월 25일부 대한민국정부의 견해에 대한 일본국정부의 견해」로, 이는 한국측 각서를 2년간 연구한 후 반박한 것이다.[3] 네번째 각서는 1962년 7월 13일자 「죽도에 관한 1959년 1월 7일부 한국정부의 견해에 대한 일본국정부의 견해」로 한국측 각서를 3년 반이나 연구한 후 반박한 것이다. 이는 1950~1960년대 일본 외무성 견해의 최종판이다.[4]

이상과 같은 일본측 입장을 표시한 네 건의 각서는 모두 장문으로 구성되어 있으며, 일본측이 제시한 자료적 근거는 이후 일본측 주장의 핵심논거가 된 반면 한국측 반론의 핵심쟁점이 되었다.

여기서 한 가지 주목할 점은 1952년 이래 한일 간 독도논쟁에서 일본이 외교각서를 통해 논쟁을 주도하는 형식이 일반적이었다는 사실이다. 일본이 외교각서를 통해 공세적 주장을 펼치면, 이에 대해 한국이 반박하거나 새로운 자료를 제시하는 방식으로 논쟁구도가 형성되었다. 때문에 논쟁에 있어서 일본이 더 공격적이고 능동적인 모습을 보인 반면, 한국은 방어적이고 수세적인

---

[2] 한글 번역본은 「二月 十日字 亞二 第十五號 日本外務省覺書」, 외무부 정무국, 1955, 위의 책, 131~151쪽, 영어 원문은 「Views of the Japanese Government in Refutation of the Position Taken by the Korean Government in the Note Verbale of the Korean Mission in Japan, September 9, 1953, Concerning Territoriality over Takeshima」, 외무부, 1977, 위의 책, 44~58쪽을 참조.
[3] 일어 원문은 「竹島に關する一九五四年九月二十五日附大韓民國政府の見解に對する日本國政府の見解(日本政府見解3)」, 외무부, 1977, 위의 책, 139~153쪽을, 영문판은 「The Japanese Government's Views on the Korean Government's Version of Problem of Takeshima Dated September 25, 1954」, 같은 책, 154~176쪽을 참조.
[4] 일어 원문은 「竹島に關する1959年1月7日附韓國政府の見解に對する日本國政府の見解(日本政府見解4)」, 외무부, 1977, 위의 책, 236~249쪽을, 영어 원문은 「The Japanese Government's Views on the Korean Governments's Views of January 7, 1959 Concerning Takeshima」, 같은 책, 250~270쪽을 참조.

입장을 취하는 것으로 비쳐졌다. 양국의 강력한 충돌과 상호작용의 결과, 독도 관련 자료의 발굴과 논리확립작업은 짧은 시간 내에 극한까지 진행되었다.

한국정부의 입장이 종합적으로 드러난 것은 1953년 9월 9일자, 1954년 9월 25일자, 1959년 1월 7일자 각서였다. 첫번째 각서는 일본의 1953년 7월 13일자 각서에 대한 반박과 한국의 입장 개진이었고, 두번째 각서는 일본의 1954년 2월 10일자 각서에 대한 반박과 한국측 주장 진술이었다. 세번째 각서 역시 일본의 1956년 9월 20일자 각서에 대한 반박이었다. 한국측 논리와 일본측 주장은 서로 정교하게 맞물려 상호 주장과 반박·재반박으로 이어졌다.

첫번째 각서에 동봉된 「1953년 7월 13일자 독도(죽도)에 관한 일본정부의 견해에 대한 한국정부의 반박서」는 말 그대로 일본이 전달한 1953년 7월 13일자 장문의 각서에 대한 반박문이다.[5]

1. 역사적으로 독도는 한국의 영토이다. 울릉도는 우릉, 무릉, 울릉도로 불렸고, 독도는 우산, 삼봉도로 불렸다. 독도는 경상도 방언의 돌섬(岩島)에서 나온 것이다. 조선왕조 숙종대 안용복이 독도에 가서 일본인들의 침입을 막았고, 1906년 울릉도 군수 심흥택이 '본군 소속 독도'로 명명했다. 세종실록·동국여지승람 등이 근거이다.
2. 국제법적으로 독도는 한국인에 의하여 발견되고 점유되고 한국 영토의 일부로서 소유하는 견지에서 매우 효과적으로 계속적인 한국정부 당국에 의한 관리를 받고 있다.
3. 지리적으로 독도와 울릉도의 거리는 49마일, 독도와 시마네현(島根縣) 오키시마(隱岐島)의 거리는 86마일이며, 청명한 날 울릉도에서 독도가 육안으로

---

[5] 한글 번역본은 「1953년 9월 9일자 (주일)대표부 각서」, 외무부 정무국, 1955, 위의 책, 114~130쪽을, 영어 원문은 「The Korean Government's Refutation of the Japanese Government's Views concerning Dokdo("Takeshima") dated July 13, 1953」, 외무부, 1977, 위의 책, 31~40쪽을 참조.

보인다.
4. 일본은 1905년 독도를 점령했지만, 당시 독도는 무주지가 아닌 한국령이었다.
5. 1945년 이후 SCAPIN 677호(1946. 1. 29)는 일본령에서 도서를 명시적으로 분리시키고 대일강화조약은 일본 영토에 관한 한 SCAPIN 677호에 모순되는 어떤 조항도 규정하지 않았다.
6. 대일강화조약에서 독도가 포함되지 않으므로 일본령이라는 주장은 성립할 수 없다. 제주도·거문도·울릉도 3도서 외의 한국 연안에서 떨어진 모든 도서에 대해 일본은 영유권을 주장하는 것인가?
7. 미일합동위원회의 독도 폭격연습장 지정·해제와 관련해, 미공군총사령관은 한국정부의 항의에 응답해 1953년 2월 27일부로 독도가 미공군 연습기지에서 제외되었다고 통고했다.
8. "결론으로서 독도는 역사적 지리적 배경에 감(鑑)하여 그리고 육지의 영유권에 관한 국제법의 수락된 견해에 의하여 의문의 여지 없이 한국 영토의 일부라는 것이 대한민국정부의 견해이다."

한국정부의 입장은 역사적 근거(1항), 국제법적 근거(2항), 지리적 근거(3항), 1905~1953년 간 일본의 국가적 영유권 조작행위 및 이에 대한 한국정부 입장의 진술(4~7항) 등으로 구성되었다. 특히 한국정부의 견해는 역사적 영유권에 강조점이 두어져 있었다.

국제법적 측면에서도 한국정부가 강조한 두 가지 점이 매우 중요했다. 첫째 1905년 일본의 독도 점령 당시 이 섬은 주인 없는 땅, 즉 무주지가 아니라 한국령이었다는 사실이다. 독도는 이미 신라시대 이후 한국이 인지·보유·활용했으며, 울릉도의 속도(屬島)로 전근대는 물론 근대에 들어서도 울릉도와 결합될 경우에만 유의미하게 활용할 수 있는 섬이었다. 일본측이 제시한 어떤 자료에서도 울릉도가 언급되지 않은 독도는 존재하지 않았다. 한국의 독도영유권은 의문의 여지가 없으므로, 1905년 일본의 행위는 무주지편입이 아니라 한국령을 강제 점령한 불법행위였다.

둘째, 1951년의 대일평화조약 당시 독도가 일본령에서 배제될 도서명단에 포함되지 않음으로써 일본령으로 남게 되었다는 일본 주장에 대한 비판이다. 특히 일본은 미일협의과정에서 미국을 설득하며 이런 뉘앙스와 분위기를 감지했을지 모르지만, 이는 공개되거나 관련 당사국·연합국들 간에 합의된 사실이 아니었다. 일본의 주장대로라면, 한국정부가 논박한 것처럼 대일평화조약 조문에 특정(特定)되지 않은 도서들의 영유권이 문제될 수 있는 것이었다. 때문에 대일평화조약문에 제주도·거문도·울릉도 3개 섬만이 특정된 데 대한 가장 합리적이며 일반적인 해석은 대표적 도서만을 언급함으로써 조약문의 복잡함과 세부적 논의를 회피한 것이라는 쪽이다. 대일평화조약을 이용하려는 일본정부의 견해를 비판한 한국정부의 주장은 설득력이 있다. 적어도 대일평화조약에서 일본측 주장대로 일본령에서 배제될 도서들을 특정한다는 원칙은 연합국 간에 합의된 바 없으며, 조약문에 반영된 사실도 없었기 때문이다. 이는 대일평화조약에서 취급된 다른 지역의 경우에도 동일했다. 이러한 한국정부의 입장은 이후 독도영유권에 대처하는 한국측 견해, 한국측 연구의 핵심이 되었다.

한국정부의 종합적 견해는 1954년 9월 25일자 각서에 드러나 있다.「단기 4287년 9월 25일 독도(죽도) 영유에 관한 1954년 2월 10일자 아(亞)2 제15호 일본 외무성의 각서로서 일본정부가 취한 견해를 반박하는 대한민국정부의 견해(대한민국 주일대표부)」라는 긴 제목을 가진 이 각서에서 한국은 『세종실록지리지』, 『숙종실록』, 『신증동국여지승람』 등을 인용하며 안용복 도일사건, 울릉도 군수 심흥택의 보고, 나카이 요사부로의 독도 한국령 사전인지 등을 다루었다. 또한 히바타 세스코(樋畑雪湖)의 글, 일본 해군성 수로지,『조선연안수로지』(朝鮮沿岸水路誌, 1933), 『일본본주연안수로지』(日本本州沿岸水路誌), 일본전국교육도서주식회사 표준세계지도(1952), 다부치 도모히코(田淵友彦)의 『한국지리지』(韓國新地理), 일본 해군성 『한국연안수로지』(韓國沿岸水路誌),

『일본역사사전』(日本歷史辭典) 등을 근거자료로 제시했다.[6]

이들 한일 양국의 각서는 상대방의 각서에 대한 반박과 주장으로 구성되어 서로의 입장을 명료하게 잘 보여주었으며, 이후 한국과 일본의 독도 관련 정책·연구·논평들은 대부분 1953~1954년에 발표된 이들 각서의 범위 안에 들어 있었다.

마지막으로, 한국정부가 1959년 1월 7일자로 수교한 각서는 「1956년 9월 20일자 독도에 관한 일본정부의 견해를 반박하는 대한민국정부의 견해」라는 제목으로, 1950년대 제출된 한국측 입장의 최종판이다. 일본측의 두번째 각서가 수교된 뒤 2년 3개월 뒤에 공표된 것으로 한국정부가 정력적으로 조사한 새로운 자료와 근거들이 제시되어 있다.[7]

이상과 같이 1952년 처음으로 한일 양국 간에 독도영유권을 주장하는 외교각서 교환이 이루어지기 시작한 이래, 양국의 각서는 일종의 독도연구사를 형성하게 되었다. 역사적 근거(문헌·지도·연구)와 국제법적 근거(SCAPIN·대일평화조약·독도폭격·독도 폭격연습장 지정 및 해제)가 동시에 다루어졌으며, 시기적으로는 삼국시대부터 1950년대에 이르는 긴 시기가 다루어졌다. 역사적으로는 광범위한 주제에 대한 바늘 끝 같은 첨예한 자료적 해석이 대립하기 시작했다. 한국정부는 역사적 근거를 강조하는 입장이었던 반면, 일본정부는 국제법적 근거를 강조하는 경향이 강했다. 때문에 한국은 일본의 국제법적 근거를 반박하는 데, 일본은 한국의 역사적 근거를 부정하는 데 초점을 두었다. 이 시기에 양국 정부의 견해는 단지 외무부·외무성의 작업이 아니라 역사학자·

---

[6] 한글 번역본은 외무부 정무국, 1955, 위의 책, 155~189쪽을, 영어 원문은 「The Korean Government's View Refuting the Japanese Government's View of the Territorial Ownership of Dokdo(Takeshima) Taken in the Note Verbale no. 15/A2 of the Japanese Ministry of Foreign Affairs Dated February 10, 1954」, 외무부, 1977, 위의 책, 94~116쪽을 참조.

[7] 한글 번역본은 외무부, 1977, 위의 책, 188~199쪽을 참조, 영어 원문은 「The Korean Government's View Refuting the Japanese Government's Version of the Ownership of Dokdo(Takeshima) Dated September 20, 1956」, 같은 책, 200~219쪽을 참조.

지리학자·국제법학자 등 양국의 전문가가 총동원된 총력전의 양상이었으며, 주로 역사적 근거가 주요 쟁점으로 부각되었다.

(2) 한국의 독도연구사

한국 학자의 독도연구는 한국정부가 수립되기 전부터 시작되었다. 1947년 여름 조선산악회의 울릉도·독도학술조사대에 참가했던 역사학자·언어학자·민속학자 등이 독도연구의 첫 세대였다. 최초의 본격적인 연구는 남조선과도정부 민정장관 안재홍(安在鴻)의 명에 따라 과도정부 독도조사대를 이끌었던 국사관(현 국사편찬위원회의 전신) 관장 신석호(申奭鎬)가 1948년에 쓴 글이다.[8] 신석호와 함께 독도조사에 참가했던, 방종현(方鍾鉉, 서울대 교수, 국어학), 송석하(宋錫夏, 진단학회 회장, 민속학), 옥승식(玉昇植, 국립지질광산연구소 물리탐사과장), 홍종인(洪鍾仁, 조선일보 기자) 등이 1947~1948년 간 독도에 관해 다양한 글을 쓴 바 있다.[9] 이들은 당대 한국 최고의 학자들로 한국의 독도연구와 관련해 중요한 초석을 놓았으나, 신석호를 제외한 인물들의 글은 알려지지 않았다.

1950년대 중반까지 한국의 독도연구에서 가장 특징적인 점은 독도학술조사대에 참가했던 사람들이 독도연구의 주역이 되었다는 데 있었다. 이는 독도학술조사대에 참가한 인문·사회·자연·의학·지질 등 각 분야의 인물들이 당

---

8) 신석호, 1948, 「獨島 所屬에 對하여」, 『史海』 창간호.
9) 방종현, 1947, 「獨島의 하루」, 『경성대학 예과신문』 13호(『一簑國語學論集』, 1963, 民衆書館, 568~572쪽 재수록); 鬱陵島學術調査隊長 宋錫夏, 「古色蒼然한 歷史의 遺跡 鬱陵島를 찾아서!」(1947. 12. 1), 國際報道聯盟, 1948, 『국제보도』(Pictorial Korea) 10권(올림픽특집호) 3권 1호(신년호) 1월, 10쪽; 옥승식, 「鬱陵島獨島調査報文」, 독도박물관 소장; 홍종인, 「鬱陵島 學術調査隊 報告記」(1)~(4), 『한성일보』(1947. 9. 21, 9. 24, 9. 25, 9. 26).

대 최고의 전문가들이었기 때문에 당연한 귀결이기도 했다. 특히 1947년, 1952년, 1953년 독도조사에 신석호(1947), 송석하(1947), 유홍렬(1952·1953), 임창순(1947), 김원용(1947·1953), 홍이섭(1953), 방종현(1947), 이숭녕(1953) 등 역사학자 및 국어학자들이 다수 참가했음은 초기 한국에서 독도연구가 주로 역사적 근거자료를 확보하는 데 초점이 두어질 것임을 전망케 하는 것이었다.[10]

독도문제와 관련한 한국의 첫번째 종합적 연구결과는 1955년 외무부 정무국이 간행한 『독도문제개론』(獨島問題槪論)으로 판단된다. 외교문제총서 제11호로 간행된 이 책은 독도문제에 대한 역사적 기원·경과와 한일 간 논쟁을 큰 주제로 다루고 있다. 본문 218쪽, 부록 130쪽, 총 348쪽의 등사판으로 간행된 이 책은 연구서라기보다는 자료집에 가까운 것이었으며, 공간(公刊)되지 않은 외무부 내부의 비밀자료였다. 주로 개설적 수준에서 한국측 근거와 주장을 요약한 이 책자는 1955년 수준에서 한국정부의 공식견해와 역사적·지리적·국제법적 근거들을 수록하고 있으며, 이후 독도연구의 방향과 주요 주제들을 가늠할 수 있는 시금석이었다.

제1장은 독도에 관한 역사적 고찰인데, 한국의 독도 인지·영유·활용에 관한 역사적 기록(제1절), 일제의 독도 강탈(제2절), 해방 후 독도의 지위(제3절)로 구성되어 있다. 제2장은 한일 간 독도영유권 분쟁으로 1953~1954년 한일 간 각서 교환과 일본의 독도 불법침입을 다루고 있다. 이 책의 기본입장은 한국의 고유영토인 독도가 1905년 일제에 의해 강탈되었고, 해방 후 한국에 귀속되었으나, 1953년 이후 일본에 의해 영유권 문제가 제기되었다는 것이었다. 특징적인 것은 이 책이 한일 간의 독도영유권 문제의 기점을 1953년 제2차 한일회담(4. 15~7. 23)부터 산정하고 있다는 점이다. 이 책의 장점은 1952

---

10) 김원용은 1947년 이후 다섯 차례 울릉도에 대한 고고학적 조사를 진행했고, 울릉도에 대한 최초의 고고학 발굴보고서를 만들었다(김원용, 1963, 『국립박물관고적조사보고 제4책』 울릉도(附 영암군내동리옹관묘)』). 홍이섭은 「鬱陵島와 獨島」(『新天地』, 1954. 8), 유홍렬은 「독도는 울릉도의 속도: 영유권을 중심으로」(『최고회의보』, 1962), 이숭녕은 「내가 본 독도: 현지답사기」(『希望』, 1953)를 발표했다.

~1954년 한국과 일본이 주고받은 독도 관련 외교각서들을 총망라하고 있는 점인데, 일부 각서의 한글 번역본은 본문의 제3장 제4~7절에 수록되어 있으며, 부록에 총 36건의 영문각서가 첨부되어 있다.

『독도문제개론』의 제1장을 비롯해 1952~1959년까지 한국이 일본정부에 수교한 세 차례의 중요 각서는 아마도 신석호, 유홍렬, 이선근, 최남선 등 역사학자들의 도움을 받았을 것으로 추정된다. 이미 1951년 대일평화조약 체결과정에서 최남선이 대일평화조약을 담당하던 외교위원회의 유진오(俞鎭午)에게 파랑도·독도를 조약문에 반영하라고 조언했다는 사실은 잘 알려져 있다.[11] 1947년 독도학술조사에 참가했던 신석호는 한일회담 개최(1951) 이후 외무부 외교사료조사위원회의 위원이 되어 이병도와 함께 독도에 관한 사료를 조사하여 수차 일본측 주장을 반박하는 문서를 작성한 일이 있다고 회고했다.[12] 1955년 국내 최초로 독도문제로 법학석사를 받은 황상기(黃相基)에 따르면, 1954년 7월 7일 외무부가 국내의 권위 있는 역사학자와 국제법학자를 초빙해 독도영유권에 관한 논리와 평화선에 관한 문제를 연구하기 위하여 독도문제연구위원회를 구성하고, 이 위원회로 하여금 일본정부의 견해에 대한 반박문을 작성케 해 일본정부에 전달했다.[13] 신석호와 황상기의 증언은 일맥상통한다. '외교사료조사위원회', '독도문제연구위원회'의 구성은 명확하지 않지만, 1950년대 외무부의 독도 대응에 역사학자·국제법학자들이 동참했고, 이들의 도움으로 대일각서의 주요 내용이 구성되었던 것이다.

1950년대와 1960년대의 연구결과들은 1965년 대한공론사가 발행한 『독

---

[11] 유진오, 1966, 「韓日會談이 열리기까지: 前韓國首席代表가 밝히는 十四年前의 곡절」 上, 『思想界』 2월호. 최남선은 「鬱陵島와 獨島: 韓日 交涉史의 一側面」이란 글을 「서울신문」에 연재(1953. 8. 10~9. 7)했다(고려대학교 아세아문제연구소 육당전집편찬위원회 편, 1973, 『六堂崔南善全集2』, 현암사 재수록).
[12] 신석호, 1960, 「독도의 내력」, 『사상계』 8월호(『독도』, 1965, 대한공론사, 16쪽 재수록).
[13] 황상기, 1965, 『獨島領有權解說』, 근로학생사, 70~71쪽(초판은 1954년). 이 책에 들어 있는 사진에 따르면 독도문제연구위원회는 서울대학교 대학원장실로 되어 있다(같은 책, 15쪽).

도』(獨島)에 대부분 망라되었다. 박정희 대통령이 표지 제자(題字)를 쓰고, 원용석 대한공론사 사장이 간행사를 작성한 데서 알 수 있듯이 정부 차원의 작업이었다. 이는 한일국교정상화가 이루어졌고 평화선이 폐지되었지만, 그렇다고 일본의 독도영유권 주장이 인정된 것은 아니라는 대내외적 선언의 일환이었다. 강력한 국내적 반대에도 불구하고 한일국교정상화를 추진한 한국정부의 고심의 결과이기도 했다. 이 책은 이 시점까지 발표된 독도 관련 주요 연구성과들을 모은 논문집의 형태였다.[14]

이 가운데 가장 중심적인 글은 신석호, 박관숙(朴觀淑)의 논문이다. 신석호의 글이 당시까지 발굴된 독도영유권의 역사적 근거를 총망라한 것이라고 한다면, 박관숙의 글은 국제법적 근거들을 검토한 것이다. 박관숙은 제2차 세계대전 이후 연합국의 대일점령정책·대일평화조약과 독도문제의 연관성을 따지면서, 특히 대일평화조약에 제주도·거문도·울릉도 3개 도서만 특정된 것은 대표적인 도서만을 열거한 결과였다고 해석했다.[15] 이병도는 우산·죽도 등 독도의 명칭변화를 살펴보았고, 이선근은 조선 후기의 울릉도 개척과 울릉도 검찰사 이규원(李奎遠)의 「울릉도 검찰일기」(鬱陵島檢察日記)를 본격적으로 검토한 후 원문을 소개했다.

1965년 이후 독도연구는 상대적으로 소강상태에 접어들었다. 이는 1965년 한일국교정상화와 깊은 관련이 있었다. 한일기본조약과 한일어업협정의

---

14) 신석호, 1960, 「독도의 내력」, 『사상계』 8월호; 박관숙, 「독도의 법적 지위: 국제법상의 견해」, 『국제법학논총』, 1956; 이병도, 「독도의 명칭에 대한 사적 고찰」, 『불교사논총』, 1963; 이선근, 「울릉도 및 독도 탐험 소고: 근세사를 중심으로」, 『대동문화연구』 1집, 1963; 최남선, 「독도는 엄연한 한국영토」, 미발표 원고, 1961. 12. 28; 박경래, 「독도영유권의 史·法的인 연구」, 『최고회의보』, 1962; 유홍렬, 「독도는 울릉도의 속도: 영유권을 중심으로」, 『최고회의보』, 1962; 주효민, 「지정학적으로 본 독도위치: 독도는 한국의 最東端」, 『사상계』, 1960. 8; 황상기, 「독도문제연구」, 「독도영유권해설」(『동아일보』에 1957년 2월 28일부터 6회 연재); 박대련, 「독도는 한국영토」, 『漢陽』, 1964. 9; 이숭녕, 「내가 본 독도: 현지답사기」, 『希望』, 1953; 한찬석, 「독도비사: 安龍福小傳」, 『동아일보』, 1962. 2; 최규장, 「독도수비대 비사」, 『주간한국』, 1965.
15) 박관숙, 「독도의 법적 지위: 국제법상의 견해」, 『국제법학논총』, 1956(『독도』, 대한공론사, 1965, 61~62쪽 재수록).

체결을 통해 1952년 이래 유지되었던 평화선이 공식적으로 폐지되었다. 이는 일본이 독도문제와 함께 가장 중요한 현안으로 생각했던 요구이자 이해관계의 해결이었다. 한국정부는 『독도』를 간행했고, 일본에서는 일본정부의 공식입장을 대변한 다무라 세이자부로(田村淸三郎)의 『도근현 죽도의 신연구』(島根縣竹島の新研究, 1965)와 가와카미 겐조(川上健三)의 『죽도의 역사지리학적 연구』(竹島の歷史地理學的硏究, 1966)가 간행되었다.[16] 한일국교정상화를 계기로 양국의 입장을 공식화한 저작들이 출간됨으로써 독도영유권과 관련한 양국의 연구는 1단계를 마감했다.[17]

이후 독도연구는 독도영유권을 둘러싼 갈등의 고저와 함께 진행되어왔다. 첫번째 갈등의 계기는 1952년 한국의 평화선 선포에 대한 일본정부의 독도영유권 주장이었으며, 이는 1962년까지 지속되다 1965년 한일협정으로 일단락되었다. 두번째는 1977년 5월 일본의 200해리 배타적 경제수역 선포와 독도영유권 주장, 세번째는 1982년 일본의 역사교과서 왜곡, 네번째는 1996년 일본의 200해리 배타적 경제수역 선포와 일방적 한일어업협정 폐기 이후 1999년 신한일어업협정 체결, 다섯번째는 2005년 일본 시마네현 의회의 '다케시마(竹島)의 날' 조례 제정 등이었다. 갈등이 증폭되면서 이에 대한 국가・시민・학문사회의 대응이 고조되었고, 역사학・국제법학・지리학・동식물학・해양학 등 여러 분야에서 연구가 진행되었다. 역사학계에서는 주로 역사적 영유권의 확립, 지도 등 주요 자료의 발굴・해석, 일본측 자료・연구에 대한 비판 등이 초점이 되었다.

두번째 계기를 대표하는 한국 연구의 종합은 1977년 7~8월 외무부가 편

---

16) 田村淸三郎, 1965, 『島根縣竹島の新研究』, 島根縣總務部總務課; 川上健三, 1966, 『竹島の歷史地理學的研究』, 古今書院.
17) 1965년 한일협정 체결 이후 한국에서는 여러 권의 독도연구서가 출간되었다. 황상기, 1965, 『獨島領有權解說: 부록 평화선문제』, 근로학생사(초판・재판은 1954년); 朴庚來, 1965, 『獨島의 史・法的인 硏究』, 日曜新聞社; 申東旭, 1965, 『獨島에 關한 硏究』, 출판사 미상.

찬한 『독도관계자료집』(獨島關係資料集 I·II)이다. I권 왕복외교문서(1952~1976)는 1952년 1월 28일자 일본정부 각서부터 1976년 10월 25일자 한국정부 각서까지 총 78건의 한일 양국 외교당국이 주고받은 각서들을 수록하고 있으며 '대외비'로 분류되었다.[18] II권 학술논문은 총 26편의 논문을 수록하고 있는데, 1965년 간행된 『독도』 수록 논문들에 이후 연구성과들을 포함시킨 것이다.[19] 여기에 수록된 논문들 가운데 가장 주목되는 것은 1969년 발표되었던 이한기(李漢基)·박관숙의 법학박사 학위논문이다.[20]

먼저 서울대 법대 교수였던 이한기는 1969년 서울대에서 「한국의 영토: 영토취득에 관한 국제법적 연구」로 법학박사 학위를 받았는데, 그중 제2장에서 독도를 다루었다.[21] 이한기는 일본이 주장하는 고유영토, 무주지편입, 선점 등을 국제법적 근거에 따라 자세히 비판한 후 한국의 '실효적 점유'를 국제법적으로 논증했다.[22] 독도문제의 해결전망과 관련해서는 첫째 사법적 방법, 둘째 미국·유엔 등 제3국이 개입하는 정치적 방법, 셋째 한일 양국 간 직접 교섭을 통한 외교적 방법, 넷째 현상 묵인 방법, 다섯째 독도폭파설 등을 거론했다. 특히 이한기는 이전과는 다른 정교한 국제법 사례와 원칙들을 독도문제에 적용함으로써 독도의 국제법적 연구에서 새로운 경지를 개척했다. 이한기가

---

18) 외무부, 1977. 7. 15. 『獨島關係資料集I: 往復外交文書(1952~76)』(執務資料 77-134, 北一).
19) 외무부, 1977. 8. 1. 『獨島關係資料集II: 學術論文』(執務資料 77-135, 北一).
20) 이한기, 1969, 「韓國의 領土: 領土取得에 관한 國際法的 研究」; 박관숙, 「獨島의 法的地位에 關한 研究」, 외무부, 1977, 『獨島關係資料集II: 學術論文』, 39~189쪽.
21) 이한기, 1969, 『韓國의 領土: 領土取得에 관한 國際法的 研究』, 서울대학교출판부. 제1장은 영토문제에 대한 일반적 개념을, 제3장은 간도문제를 다루었다.
22) 이한기는 일본이 주장한 (1) 고유영토설은 1905년 무주지편입 주장과 배치되며, (2) 1905년의 일은 편입이 아니라 침략이었으며, (3) 선점은 ① 무주지를 증명해야 하고, ② 대외적 통고가 없었으며, ③ 영토를 지배하는 실효적인 권력의 수립은 침략행위였기에 성립할 수 없다고 논증했다. 특히 일본이 주장하는 실효적 지배의 증거인 시마네현 지사 松永武吉의 독도 현장조사(1905. 8), 시마네현청 제3부장 가미니시 유타로(神西由太郞)의 조사(1906. 3), 정부소유지로 토지대장에 기입(1905. 5. 17), 시마네현 현령 제18호 어업통제규정(漁業統制規程)의 개정(1905. 4. 14) 등은 이미 1904년 이래 일본이 한국 全土의 강제점령을 목적으로 측량 등 침략행위를 하고 있었기 때문에 선점이 아니라 침략행위였다고 규정했다(이한기, 1969, 위의 책, 278~285쪽).

체계화하고 소개한 국제분쟁의 개념과 재판, 영토취득의 이론과 주요 개념, 국제적 영토분쟁의 해결사례, 결정적 기일(Critical Date)의 개념, 일본측 주장의 국제법적 비판 등은 이후 독도의 국제법적 연구에 있어서 원형이자 전범이 되었다. 1969년 이한기의 독도연구는 뛰어난 성취였으며, 그 파급력은 이후 연구에 결정적 영향을 끼쳤다. 후속 국제법 연구는 큰 틀에서 이한기가 수립한 개념과 설명틀을 부분적으로 보강하거나 확장한 것이라고 해도 과언이 아니다.

한편, 국제법학자였던 박관숙은 1969년 「독도의 법적 지위에 관한 연구」로 연세대 법학박사 학위를 받았고,[23] 이 논문은 1977년 외무부 논문집에 수록되었다. 박관숙은 1905년 일본의 독도 편입조치의 부당성을 논증한 후 제2차 세계대전 이후 독도의 법적 지위에 대해 설명했다. 박관숙은 일본이 독도 선점을 주장하려면, 대상지역이 무주지일 것, 대외적으로 의사를 적절한 방법으로 통보할 것, 지역에 대한 실효적 점유가 있을 것, 이해관계국에 통고할 것 등의 요건이 충족되어야 하나 지켜지지 않았고, 한국정부가 편입조치에 항의하지 않은 점을 근거로 내세울 수는 없다는 사실 등을 지적했다.[24]

두번째와 세번째 계기에 걸쳐 있는 것은 1978년 국사편찬위원회 최영희 위원장을 중심으로 한 연구진이 한국사학회 명의로 발간한 『울릉도·독도 학술조사연구』였다. 1977년 일본이 독도영유권을 주장하고 200해리 배타적 경제수역을 선포하자 박정희 대통령의 특별지시로 이 연구작업이 시작되었다. 애초에는 한국사 편찬기관인 국사편찬위원회를 활용하려 했으나, 정부기관이 직접 독도 연구작업을 수행하는 데 부담을 느낀 결과 한국사학회가 명목상 연구주체가 되었다. 독도연구 1세대인 이병도·이선근·신석호·유홍렬·이한기

---

23) 박관숙은 1949년 『國際法要論』(宜文〇〇〇〇〇〇〇〇〇. 國際法』(이화여자대학교출판부, 1954), 『世界外交史』(博英社, 1959), 『國際法』(朴〇〇〇〇〇〇〇〇. 博英社, 1961) 등 국제법 통사를 저술했고, 이 책들은 1980년대 초반까지 개정판이 〇〇〇.
24) 박관숙, 위의 논문, 외무부, 1977, 「獨島關〇〇〇〇〇〇 學術論文」, 146~152쪽.

는 자문을 맡았고, 국사편찬위원장인 최영희가 총설·결론을 맡았다. 총 7개의 장으로 구성된 이 연구는 국사편찬위원회의 연구진과 외부필자에 의해 진행되었다.[25] 이들이 독도연구 2세대를 형성하게 되었다.

최영희에 따르면 이 연구는 문교부의 학술연구보조비 지원으로 1978년 4월부터 시작되었다고 하지만, 작업에 참여한 신지현에 따르면 이미 1977년 10월 20일경, 1978년 9월 등 울릉도·독도를 두 차례 탐방했고, 최석우(한국교회사연구소장)는 1978년 8월부터 2개월간 구주(歐洲)의 독도관계사료를 조사해 연구진에 제공했다.[26] 일본의 독도영유권 주장 이후 곧바로 연구작업에 착수했던 것이다.

제1세대의 연구를 계승한 『울릉도·독도 학술조사연구』는 시대적 흐름에 따라 조선 초기·조선 후기·고종시대·일제시기 독도의 역사적 상황을 다루었고, 그 외에 서양사(러일전쟁기 주변정세)·지리학(한국고지도)·국제법(독도분쟁의 국제법적 대책) 등의 관점에서 독도를 충실하게 다루었다. 이전 시기 독도연구가 개별 논문의 수준에 그쳤다면 이 책은 통사적 서술체계를 갖춘 최초의 본격적인 독도연구서였다. 때문에 "현재까지 독도에 관해서 제기되었던 거의 모든 연구성과의 모태를 이룬다"라는 평가를 받았다.[27] 이 연구성과는 보고서 형식을 취해 공개 출판되지 않았기에 대외적으로 널리 알려지지 않았다. 그렇지만 이 작업에 동참한 학자들이 1980년대 이후 독도연구의 새로운 세대를

---

[25] 구성과 필자는 다음과 같다. 「총설·결론」(최영희), 「조선초기의 울릉도와 독도」(신지현), 「조선초기 독도의 관할」(이현종), 「고종조의 울릉도 경영」(송병기), 「일제시대의 독도」(강만길), 「노일전쟁 직전의 한국주변 정세와 독도—島根縣고시의 침략성 구명을 위한 一試論」(최문형), 「한국고지도에서 본 독도」(이찬), 「독도영유권분쟁의 국제법적 대책」(박종성). 국사편찬위원회의 임영정과 이근택이 조사·편집을 담당했다.

[26] 한국사학회, 1978, 『鬱陵島·獨島 學術調査研究』 1, 23, 58쪽. 이근택에 따르면 문교부는 1978년에 2,000만 원, 1985년에 8,000만 원의 연구비를 지원했다. 연구비는 한국사학회·한국근대사자료연구협의회 명의로 개인에게 주어졌다. 국가기관인 국사편찬위원회가 나서기에는 부담이 있었기 때문이었다고 한다(이근택 인터뷰(2010. 6. 9)).

[27] 한철호, 2007, 「독도에 관한 역사학계의 시기별 연구동향」, 『한국근현대사연구』 제40집(봄호), 206쪽.

형성하며 본격적인 연구에 뛰어들었다. 이들의 면모를 잘 보여준 것은 1981년 백충현·송병기·신용하 세 사람의 좌담회였는데, 당시의 독도연구와 관련된 주요 쟁점·연구현황·자료 등이 검토되었다.[28] 이들은 이후 국제법(백충현), 조선 후기·개항기 역사(송병기), 근현대사(신용하) 분야에서 독도연구의 중추가 되었다.

이후 국사편찬위원회는 연구진을 보강하고 목차를 가다듬는 한편 내용을 확충했다. 지리·자연·해양 등의 총설 부분이 새로 들어갔고, 외국문헌에 나타난 독도 부분이 좀더 보강되었다. 신지현·이현종·송병기·강만길 등 중견 역사학자와 백충현 등 국제법학자들이 공동 연구한 이 책은 일본의 역사교과서 왜곡 파동 직후인 1985년 6월 한국사학회가 아닌 한국근대사자료연구협의회의 명의로 재발간되었는데, 『독도연구』(獨島硏究)라는 제목이 붙여졌다.[29] 전체적인 구성과 내용으로 볼 때 이 책은 자연지리·환경, 역사적 근거, 외국문헌상의 독도, 국제법적 근거 등의 체제를 갖춘 종합적인 독도연구서이자 개설서였다. 여러 분야의 전문가들이 공동연구를 수행했고, 국사편찬위원회가 이를 조율하는 작업을 담당했다. 1978년에 완성된 『울릉도·독도 학술조사연구』의 확대·보강편으로 1978년 연구를 시작한 이래 만 7년 만에 연구를 완성한 것이었다. 일본에서의 독도연구가 주로 1950년대 외무성 출신 및 외무성과 협력했던 사람들에 의해 주도된 데서 드러나듯 국제법적 근거들을 강

---

28) 백충현·송병기·신용하, 1981, 「(학술좌담) 독도문제 재조명」, 『한국학보』 24호. 이 좌담회는 곧 일본에서도 번역되었다(白忠鉉·宋炳基·愼鏞廈, 1984, 「獨島問題を再照明する」, 『アジア公論』 4月號, 65~83쪽).
29) 최영희 외, 1985, 『獨島硏究』, 韓國近代史資料硏究協議會. 구성은 다음과 같다. 제1장(총설) 제1절 울릉도·독도의 지질(김봉균), 제2절 울릉도·독도의 자연(박봉규), 제3절 울릉도·독도 연해의 해황(海況)과 어업(정문기), 제2장(울릉도·독도영유의 역사적 배경) 제1절 울릉도의 고고학적 관찰(김원용), 제2절 울릉도·독도의 인지와 영유(신지현), 제3절 조선시대의 울릉도·독도 경영(이현종), 제4절 고종조의 울릉도·독도 경영(송병기), 제3장(외국의 문헌상에 나타난 독도) 제1절 일본측 문헌을 통해 본 독도(강만길), 제2절 구미측 문헌에 나타난 독도(최석우), 제4장(한말 국제관계 속에서의 독도) 제1절 러시아의 울릉도활용기도와 일본의 대응(최문형), 제2절 발틱함대의 내도와 일본의 독도합병(최문형), 제5장 국제법상으로 본 독도분쟁(백충현).

조하는 경향이 강했다면, 한국에서의 독도연구는 1970년대 후반에 이르러서야 국사편찬위원회를 중심으로 역사적 근거를 강조하는 경향이 강해졌다고 평가할 수 있을 것이다.

한편, 이 책이 완성된 직후 5공화국 청와대측은 일본을 자극할 우려가 있다며 국사편찬위원회에 책의 배포를 중단시켰고, 1995년에 언론이 이를 문제 삼을 때까지 완성된 책들은 창고에 방치되었다.[30] 그러나 언론보도 이후에도 이 책이 정상적으로 공공도서관에 배포되지는 않았다. 현재 이 책을 열람할 수 있는 곳은 국사편찬위원회와 국회도서관 독도자료실 정도이며, 국립중앙도서관을 비롯한 주요 대학도서관에도 이 책은 소장되어 있지 않다. 때문에 1996년 한국정신문화연구원의 심포지엄 결과를 묶은 『독도연구』(獨島硏究)가 이 책과 혼동되기도 한다.[31]

이상과 같이 1977~1985년 한국사학회·한국근대사자료연구협의회의 작업에 참여한 제2세대 학자들에 의해 독도연구는 한 걸음 진전되었고 새로운 국내외 자료의 발굴, 새로운 연구 분야의 개척 등이 이루어졌다.[32] 1970년대 후반부터 1980년대 초반에 형성된 독도연구진들의 작업은 이후 1990년대 중반까지 지속되었다.[33]

---

30) 「첫 독도연구서 11년째 사장, 근대사자료연구협 '독도연구'」, 『조선일보』(1995. 8. 29). 송병기의 회고에 따르면, 1979년 여름부터 글을 쓰기 시작해 1982년 여름 협의회에 원고를 제출했고 1985년 6월 책이 완성되었는데, 간행되자마자 공개가 금지되었다(송병기, 1999, 「서문」, 『울릉도와 독도』, 단국대학교출판부, 7~8쪽). 이근택에 따르면, 책이 완성된 시점에서 일본이 독도에 대한 새로운 연구결과를 제시할 터이니 그 책이 나온 후에 대응책을 모색해 책을 출간하는 편이 좋겠다는 어떤 원로학자의 조언도 책의 출판연기에 영향을 끼쳤다고 한다(이근택 인터뷰(2010. 6. 9)).
31) 1996, 『獨島硏究』, 한국정신문화연구원. 수록 논문은 다음과 같다. 최진옥, 「독도에 관한 연구사적 검토」; 박성수, 「한일관계사와 독도문제」; 양태진, 「문헌적 측면에서 본 독도관계 자료분석」; 정인섭, 「국제법 측면에서 본 독도 영유권 문제」; 임영정, 「일본의 독도 영유권 주장의 근거: 자료를 中心으로」; 신용하, 「역사적 측면에서 본 독도문제」; 최진옥, 「독도관계 논저목록」.
32) 이후 새로운 자료의 발굴, 연구주제·쟁점 등에 대해서는 한철호, 2007, 위의 논문, 206~211쪽; 허영란, 2008, 「독도 영유권 문제의 주요 논점과 '고유영토론'의 딜레마」, 『이화사학연구』 제36집, 117~122쪽을 참조.

한 연구자는 1990년대 중반 이후를 '독도연구의 확산기'로 호명했는데, 그만큼 다양하고 많은 수의 연구들이 제출되기 시작했기 때문이다.[34] 한일 간 독도영유권을 둘러싼 네번째 갈등의 시기였던 1990년대 중반 이후 독도연구를 이끈 주요 동력은 다음과 같다. 첫째, 일본의 영유권 주장과 이에 대한 한국 정부 및 연구자들의 대응과정에서 새로운 연구세대가 형성되었다. 둘째, 국가적·학문적 의제의 강화 및 시대 흐름에 따라 목적의식적 연구분위기와 연구열이 고조되었다. 셋째, 국내외적으로 다양한 사료가 발굴·공개되었다. 종합하면, 연구조건이 조성되고 중요 사료가 발굴·공개되었으며 국가적·국민적 관심과 연구의지가 고조된 결과, 다양한 연구성과가 쏟아지기 시작한 것이다.

1990년대 연구에서 특기할 만한 것은 송병기·신용하의 작업이다. 송병기는 조선 후기·고종시대를 중심으로 한 독도연구를 한 단계 진전시켰으며,[35] 신용하는 다양한 주제에 대한 저술과 자료집 간행을 통해 독도연구의 저변을 확대시키고 독도문제에 대한 국민적 관심을 환기시키는 데 기여했다.[36] 1996년 독도학회가 결성되어 독도연구총서가 간행되기 시작했고,[37] 다양한 독도 관련 자료집들이 출간되었다.[38] 2000년대 들어서는 동북아역사재단의 출범과

---

33) 1990년대 이래 한국의 독도연구 현황을 정리한 연구사들은 다음과 같다. 영남대학교 민족문화연구소, 1998, 「독도관계 문헌목록」, 「울릉도 독도의 종합적 연구」; 허영란, 2002, 「독도영유권 문제의 성격과 주요 쟁점」, 『한국사론』 34, 국사편찬위원회; 한국해양수산개발원, 2006, 「독도관련논저목록」; 구선희, 2007, 「해방후 연합국의 독도 영토처리에 관한 한·일 독도연구 쟁점과 향후 전망」, 『한국사학보』 제28호; 한철호, 2007, 위의 논문; 허영란, 2008, 위의 논문.
34) 한철호, 2007, 위의 논문, 211쪽.
35) 송병기의 연구성과는 다음과 같다. 〈저서〉 1999, 『울릉도와 독도』, 단국대학교출판부; 2004, 『독도영유권자료선』, 한림대학교출판부. 〈논문〉 1990, 「日本의 '량고島(獨島)' 領土編入과 鬱島郡守 沈興澤 報告書」, 『윤병석교수화갑기념 한국근대사논총』, 한국근대사논총간행위원회; 1991, 「韓末利權侵奪에 관한 硏究; 獨島問題의 一考察: 鬱陵島의 地方官制 編入과 石島」, 『국사관논총』 23집; 1996, 「자료를 통해 본 韓國의 獨島領有權」, 『한국독립운동사연구』 제10집; 1998, 「조선후기의 울릉도 경영―搜討制度의 확립―」, 『진단학보』 86호; 宋炳基 著, 內藤浩之 譯, 1999, 「朝鮮後期の鬱陵島經營」, 『北東アジア文化研究』 10號, 鳥取女子短大學北東アジア文化總合研究所; 2006, 「안용복의 활동과 울릉도爭界」, 『역사학보』 192호; 2007, 「獨島(竹島)問題의 再檢討」, 『東北亞歷史論叢』 18호; 2008, 「安龍福의 活動과 竹島(鬱陵島) 渡海禁止令」, 『동양학』 43집.

함께 독도연구의 조직화가 진행되었으며, 미국·영국·일본 등에서 문서관 연구(archives research)를 통해 수집한 원자료를 활용한 새로운 연구성과들이 제출되었다.

한국의 독도연구의 전반적 추세를 요약하면 다음과 같다. 첫째, 현실적·국가적 필요성이 학문적 연구를 선도했다. 1947년 남조선과도정부·조선산악회(한국산악회의 전신)의 독도학술조사 이후 본격적으로 독도연구가 시작되었다. 그 배경에는 대일평화조약의 체결과 일본의 침략 가능성이라는 두 가지 요인이 작용했다. 1948년의 독도폭격사건과 1951년 대일평화조약 체결, 1952년 평화선 선포 이후 일본의 영유권 주장 등이 내적·외적 연구환경을 조성했고, 강한 연구동기를 부여했다. 특히 식민지에서 해방된 후, 독립한 한국은 한국전쟁의 와중에 일본의 독도영유권 주장에 봉착했고, 식민·전쟁·침략의 연속적 위기 속에서 생존하려는 절박함을 갖고 있었다. 이는 이후 독도연구의 주요 정체성이 되었다.

---

36) 신용하의 연구성과는 다음과 같다. 〈저서〉 1996, 『독도의 민족영토사 연구』, 지식산업사; 1996, 『독도, 보배로운 한국영토: 일본의 독도영유권 주장에 대한 총비판』, 지식산업사; 1998~2001, 『독도영유권 자료의 탐구』 제1~4권, 독도연구보전협회; 2001, 『독도영유권에 대한 일본 주장 비판』, 서울대학교출판부; 2003, 『한국과 일본의 독도영유권 논쟁』, 한양대학교출판부; 2005, 『신용하 교수의 독도 이야기』, 살림출판사; 2006, 『한국의 독도영유권 연구』, 경인문화사. 〈논문〉 1989, 「朝鮮王朝의 獨島領有와 日本帝國主義의 獨島侵略; 獨島領有에 대한 實證的 硏究」, 『한국독립운동사연구』 3집; 1992, 「일제하의 독도와 해방 직후 독도의 한국에의 반환과정 연구」, 『한국사회사연구회논문집』 34집; 1993, 「獨島問題와 獨島領有權 歸屬」, 『일본평론』 7집; 1996, 「韓國의 獨島領有와 日帝의 獨島侵略」, 『한국독립운동사연구』 10집; 1997, 「한국의 獨島領有에 관한 역사적 증거 자료의 발굴과 실증적 연구」, 『省谷論叢』 28집 4권; 1997, 「일제의 1904-5년 獨島 침탈시도와 그 批判」, 『한국독립운동사연구』 11집; 1998, 「17세기 조선왕조의 독도영유와 일본의 '竹島고유영토론' 주장에 대한 비판」, 『독도학회 국제학술심포지움』; 1998, 「獨島·鬱陵島의 名稱變化연구—명칭 변화를 통해본 獨島의 韓國固有領土 증명—」, 『韓國學報』 제91·92합집.
37) 독도학회 편, 1996, 『독도의 영유와 독도정책』; 1997, 『독도영유의 역사와 국제관계』; 1998, 『독도영유권 문제와 해양주권의 재검토』; 2002, 『독도영유권 연구논집』, 독도연구보전협회; 2003, 『한국의 독도영유권 연구사』, 독도연구보전협회.
38) 자료집 출간 현황과 소개·분석은 유미림, 2007, 「독도 자료집의 현황과 과제」, 『한국정치외교사논총』 제28집 1호를 참조.

둘째, 1950년대에는 역사학적 연구에서 출발해 1960년대 국제법 연구가 강화되었으며, 1980년대 이후 지리학·동식물학·해양학 등 다양한 분야의 연구로 확산되었다. 역사적 근거들은 1950~1960년대 이미 대부분 밝혀졌으며, 이후 이를 보강·확대하는 방향에서 진전이 있었다. 국제법 분야에서는 1969년 이한기·박관숙이 이룩한 업적이 전범을 이루었으며, 1980년대에는 백충현·김명기, 1990년대에는 김병렬·정인섭 등 국제법학자들이 이를 계승·발전시켰다.

셋째, 1950년대 외무부의 대일외교각서 작성과정에서 확립된 기본적 시각·논리·자료가 이후 연구에서 유지·계승·발전되었다. 즉, 독도는 한국의 고유영토로 1905년 일본에 의해 강탈되었으며, 1945년 이후 영유권이 회복되었다는 입장이 견지되었다. 이러한 독도연구의 경향은 일본측으로부터 일국적·민족주의적 입장의 견지, 일본 사료의 무시 등으로 비판받았다. 그러나 독도영유권의 수호와 이를 뒷받침하는 연구는 1948년 수립된 한국정부가 1950~1953년 한국전쟁에서 국가적 생존과 존엄성을 지키기 위한 고투의 과정에 당면한 또 하나의 도전이었고, 일정 부분 한국이라는 국민국가의 형성과 정체성에 영향을 끼칠 정도의 중대사안이 되었다.

넷째, 한국의 주요 연구들은 독도문제를 역사적 영유권의 문제로 접근했다. 다양한 국제법적 쟁점들이 제출되었음에도 한국의 주요 연구들은 독도를 역사적 기록, 지도 등을 통해 증빙하는 역사적 영유권의 문제라고 판단했다. 때문에 더 많은 국내외 사료, 더 많은 국내외 고지도 등을 발굴하는 것이 주안점이 되었으며, 독도영유권 분쟁이 한국과 일본 간의 국가적 논쟁·분쟁이라는 시각이 지배적이었다.

다섯째, 1990년대 중반 이후 독도연구를 전공으로 하는 전업적 연구자군이 형성되었다. 특히 한일신어업협정의 체결, 시마네현의 '다케시마의 날' 공포 등 1990년대 중반 이후 한국에서 이전의 조용한 외교적 대응보다 강력하고 전면적인 대응을 요구하는 국민적 요구가 정부와 학계에 집중되었다. 다수의 민간 독도연구기관, 정부·공공 독도연구기관이 조직되었으며, 정부·비정부 기구들도 다양한 활동을 벌이게 되었다.

(3) 일본의 독도연구사

전후 일본의 독도연구에는 두 기점이 있다. 첫번째는 1953~1954년 일본 외무성과 시마네현이 각각 독도 관련 소책자를 간행한 시점이며, 두번째는 한일조약 체결 직후인 1965~1966년으로 1953년에 간행한 소책자를 확대·보강해 정식 출판한 시점이다. 전후 일본의 독도연구에서 가장 핵심적인 인물은 외무성 본부에서는 가와카미 겐조, 시마네현에서는 다무라 세이자부로였다. 바로 이들이 1953~1954년 독도에 관한 소책자를 각각 동경 외무성과 시마네 현청에서 발간했으며, 1965~1966년에 이를 확대·보강해 간행했다. 모두 일본 외무성의 공식견해를 반영하는 것이었는데, 특히 가와카미는 일본 외무성의 독도정책과 관련된 외교각서를 작성한 실무담당자였다.

먼저 가와카미는 일본 외무성 조약국 제1과에서 사무관으로 근무하던 1953년 8월에 조약국의 조서들을 한데 모아 『죽도의 영유』(竹島の領有)라는 83쪽 분량의 소책자를 간행했다.[39] 1953년 간행된 『죽도의 영유』는 지금 되돌아보면 놀라운 성취라고 할 수 있다. 이 책의 후기에 따르면, 가와카미가 당대 최고의 한국 관련 학자들의 도움을 받았음을 알 수 있다. 가와카미가 거론한 것은 지리학자인 아키오카 다케지로(秋岡武次郞)와 가쿠슈인(學習院)대학

---

39) 가와카미 겐조(川上健三, 1909~1995): 1909년 대만 대북(臺北) 출생. 1933년 교토제국대학 문학부 사학과에서 지리학 전공으로 졸업했고, 대만에서 일시 교직에 종사한 후 참모본부·대동아성에서 근무했다. 전후 외무성 조약국 참사관·소련공사 등을 역임했고, 1972년 퇴임한 후 외무성 참여(參與)로 활동했다. 일소(日蘇)어업교섭 당시 일본대표단으로 참가했고, "조약문제의 권위자"로 소개되었다〔川上健三, 1996, 『竹島の歷史地理學的硏究』, 古今書院 (복각판) 저자소개란〕.

교수인 스에마쓰 야스카즈(末松保和)였다.[40] 아키오카 다케지로는 일본 지리학자로 1950년 마쓰시마(松島), 다케시마(竹島), 아르고노트(Argonaut, 울릉도)의 관계에 대한 논문을 쓴 바 있다.[41] 아키오카는 일본은 독도를 예전부터 인식해왔으나, 한국은 독도에 대해 전혀 알지 못했을 뿐만 아니라 한국 지도에 독도가 전혀 기록된 바 없으므로 1905년 일본의 영토편입은 정당하다고 주장했다. 이는 1947년 일본 외무성이 독도·울릉도가 일본령임을 주장했을 때 내세운 논리이며, 이후 일본 외무성과 가와카미의 공식입장이 되었다. 한편, 스에마쓰 야스카즈는 저명한 한국고대사·한일관계사 전문가이자 전형적인 식민사학자로 이름을 얻은 인물이었다.[42] 이처럼 『죽도의 영유』는 1953년의 수준에서 일본 외무성이 동원할 수 있는 한국 전문 지리학자·역사학자 등의 도움을 받아 집필되었음을 알 수 있다.

그런데 여기에 중요한 사실이 있다. 가와카미의 작업은 1952년 한국의 평화선 선포 이후 준비되었거나 급조된 산출물이 아니었다는 점이다. 1953년 출간된 가와카미의 책자는 최소한 1947년 이후 만 6년 이상을 준비한 결과였다. 일본 외무성은 1947년 6월 「Minor Islands Adjacent Japan Proper, Part IV. Minor Islands in the Pacific, Minor Islands in the Japan Sea」라는 간단한 팸플릿을 간행한 바 있다.[43] 이 팸플릿은 1946년 11월 이래 일본 외무성이 발행하던 팸플릿의 제4부로 태평양 소도서와 일본해 소도서를 다룬 것인

---

40) 外務省條約局, 『竹島の領有』(1953. 8), 83쪽. 그 외에 시마네현 동경사무소의 하야미 야스다카(速水保孝)가 도움을 주었다고 되어 있다.
41) 秋岡武次郎, 1950, 「日本海西南の松島と竹島」, 『社會地理』 第27號(8月). 그 밖에 1933, 「安鼎福筆地球儀用世界地圖」, 『歷史地理』 61-2; 1955, 『日本地圖史』 중 「松島と竹島との混淆」, 河出書房 등 한국·독도 관련 글을 남겼다.
42) 스에마쓰 야스카즈(末松保和, 1904~1992): 동경제국대학 문학부 국사학과를 졸업한 후 조선사편수회에서 편수관보(編修官補)로 조선사 편수를 담당했으며(1928~1934), 1933~1934년 경성제국대학 강사를 거쳐 1935년 법문학부 조교수·교수를 역임했다. 특히 한반도 남부에 고대 일본의 식민지가 존재했다는 임나일본부설(任那日本府說)은 한국 역사학계에 충격을 준 학설이자 대표적 식민사관으로 꼽혔다. 종전 후 1947년부터 가쿠슈인대학에서 교수로 재직했다.

데, 제1부는 쿠릴열도·하보마이·시코탄, 제2부는 류큐 및 여타 난세이도서, 제3부는 보닌제도·볼케이노제도를 다룬 바 있었다. 그런데 이 팸플릿의 영문 명칭은「일본 본토에 인접한 소도서」(Minor Islands Adjacent Japan Proper)로 포츠담선언에 명시된 연합국이 일본의 영토로 결정할 일본 본토에 인접한 제 도서를 연상시키는 것이지만, 일본 외무성 문서에 따르면 팸플릿의 일본어 제목은「일본의 부속소도」(日本の附屬小島)이다.[44] 즉, 일본 외무성은 일본의 부속도서를 다룬 팸플릿을 통해 독도와 울릉도가 일본의 부속도서라고 주장하며, 나아가 "다줄렛(Dagelet, 울릉도)에 대해서는 한국 명칭이 있지만, 리앙쿠르암(Liancourt Rocks, 독도)에 대해서는 한국명이 없으며, 한국에서 제작된 지도에 나타나지 않는다"라고 선전했던 것이다. 이 팸플릿은 연합군최고사령부(Supreme Commander for the Allied Powers: SCAP)와 미 국무부에 대대적으로 홍보되었고, 이런 허위정보와 선전이 1948~1951년 간 독도문제에 대한 미국의 판단을 흐리게 했다. 당시 일본 외무성 조약국 제1과장으로 평화조약문제 연구간사회의 간사, 심의실 간사를 담당했던 시모다 다케소(下田武三)는 영토문제와 관련해서 1946년 이후 외무성 조약국의 가와카미 겐조가 각 영토의 사실(史實)을 "극명히 조사해 상세한 보고서를 작성"했다고 회고한 바 있으므로,[45] 지리학 전공자로 영토문제의 권위자인 가와카미가 바로 이 팸플릿을 작성했음은 의문의 여지가 없다.

특히 울릉도까지 사실상 일본령이었으며, 독도는 고대부터 일본이 인지한 이래 1905년에 일본에 법적으로 편입되었다는 이 팸플릿의 논리는 1952년 이

---

43) Minor Islands Adjacent Japan Proper, Part IV. Minor Islands in the Pacific, Minor Islands in the Japan Sea, June 1947. RG 84, Foreign Service Posts of the Department of State, Office of the U.S. Political Advisor for Japan-Tokyo, Classified General Correspondence, 1945-49, Box 22.
44)「對米陳述書(案)」(1950. 10. 4), 日本外務省, 2007,『日本外交文書: サンフランシツコ平和條約對米交涉』, 24~30쪽.
45) 下田武三 著·永野信利 編, 1984,『戰後日本外交の證言: 日本はこうして再生した』上, 東京, 行政問題研究所, 50쪽.

후 일본정부의 공식견해와 정확히 일치한다. 즉, 가와카미는 이미 1947년 6월 허위정보를 담은 팸플릿을 제작했을 정도로 울릉도·독도에 대한 조사·연구 작업을 진행한 상태였던 것이다.

또한 이 팸플릿의 기반이 된 원자료는 1907년 간행된 『죽도 및 울릉도』(竹島及鬱陵島)라는 책자였을 것으로 추정된다.[46] 이 책은 시마네현 야츠카군(八束郡) 아이카무라(秋鹿村) 심상(尋常)고등소학교 교장 오쿠하라 후쿠이치(奧原福市)가 1906년 3월 시마네현청 제3부장 가미니시 유타로(神西由太郎)를 위시한 40여 명의 '죽도시찰원'(竹島視察員)과 함께 독도를 현장 조사한 후 1907년 출판한 것이었다. 이 책자는 시마네현 차원에서 독도 불법편입 이후 제작·공간한 간행물이었는데, 독도와 울릉도를 세트로 다루었고, 시마네현의 포고를 독도 불법편입의 근거로 제시했으며, 독도에 대해서는 영유권 문제를, 울릉도에 대해서는 상업과 일본인 거류민 문제를 핵심으로 다루었다.[47] 이 책은 일본의 독도 불법 영토편입 이후 제작된 거의 유일하고 종합적인 독도 관련 자료집이었으며, 역사적 영유권 문제에 대해 가장 세밀한 내용을 담고 있었다. 이 책의 주요 구성·논리·요지는 바로 1947년 일본 외무성의 팸플릿 내용과 정확히 일치한다. 이처럼 가와카미의 1953년 작업은 가까이는 1947년 이래 준비된 결과였으며, 멀리는 1907년 일본 제국주의자들의 독도 불법편입 논리에 그 기반을 두고 있는 것이었다.[48]

가와카미는 1953년판 『죽도의 영유』를 확대·개정해 1966년 『죽도의 역사지리학적 연구』(竹島の歷史地理學的硏究)를 출간했다. 이는 1966년의 시점에서 일본이 도달한 독도연구의 최정점이며, 이후 일본 정부·학계의 공식입장을 대변하는 것이다. 이 책에서 가와카미는 역사 분야에서는 한국사의 권위자

---

46) 奧原碧雲(奧原福市), 1907, 『竹島及鬱陵島』, 報光社(島根縣松江市).
47) 이에 대해서는 제3장 3절을 참조하라.
48) 가와카미의 시각은 다음을 참조. 川上健三, 1965, 「今の竹島·昔の竹島」, 『文藝春秋』 12月號.

인 다가와 고조(田川孝三), 고지도는 아키오카 다케지로와 나카무라 히로시(中村拓)의 "간독(懇篤)한 지도"를 받았다고 썼다.[49] 1953년에 도움을 준 스에마쓰 야스카즈가 빠진 이유는 그가 한국고대사 전공자로 가장 직접적으로 도움을 줄 수 있는 조선시대 관련 자료에 정통하지 않았기 때문이었을 것이다. 그가 권위자로 도움을 받았다고 쓴 다가와 고조는 일제하 경성제국대학·조선사편수회·중추원에서 근무했으며 조선시대사를 전공한 인물이다.[50] 전후 동양문고(東洋文庫)에서 일하던 다가와는 1953~1954년 여러 건의 독도 관련 연구 팸플릿을 일본 외무성에서 간행한 사실이 있는데,[51] 일본 외무성이 한국정부와 외교성명전을 펼치는 과정에서 필요한 울릉도·우산도·삼봉도 등에 대한 조선시대 기록 검토를 전문적으로 담당했던 것이다. 바꿔 말하면, 1953년 이래 일본 외무성의 독도 관련 성명 중 조선시대에 해당하는 기록들은 다가와의 용역결과에 따른 것이라고 볼 수 있다. 다가와는 자신의 연구결과를 대중잡지에 발표하기도 했다.[52]

---

49) 川上健三, 1966, 위의 책, 1쪽.
50) 다가와 고조(田川孝三, 1909~1988): 경성제국대학 법문학부를 졸업한 후 1931~1932년 경성제국대학 법문학부 조수(助手), 1933~1934년 조선사편수회 촉탁, 1935~1938년 수사관보(修史官補)·중추원 촉탁, 1940~1943년 조선사편수회 수사관을 지냈다. 종전 후 동양문고를 거쳐 도쿄대 동양사학과 교수로 재직했다. 1963년의 『李朝防納制의 研究』가 대표작이다. 武田幸男과 함께 도쿄대에 조선문화연구실을 설립했다. 末松保和·田川孝三 등 일제 관학자 혹은 식민사학자들의 역사연구와 사관에 대해서는 다음을 참조. 金容燮, 1966,「日本, 韓國에 있어서의 韓國史敍述」,『歷史學報』31; 李萬烈, 1981,「日帝官學者들의 植民主義史觀」,『韓國近代歷史學의 理解』; 趙東杰, 1990,「植民史學의 成立過程과 近代史 敍述」,『歷史教育論集』13·14; 朴杰淳, 1992,「日帝下 日人의 朝鮮史硏究 學會와 歷史: 高麗史 歪曲」,『독립운동사연구』6집.
51) 田川孝三, 1953. 10(?),「竹島問題研究資料: 文獻に明記された韓國領土の東極」.
_____, 1953. 11,「竹島問題研究資料: 朝鮮政府の鬱陵島管轄について」, 15쪽.
_____, 1953. 12,「竹島問題研究資料:'于山島'について」, 4쪽.
_____, 1954. 12,「竹島問題研究資料(歷一): 三峯島について」外務省アジア局第五課, 14쪽.
_____, 1954. 12,「竹島問題研究資料(歷二): 于山島と鬱陵島名について」, 外務省アジア局第五課, 26쪽. 이상 국사편찬위원회 소장,『島根縣독도 관련사료 II』(島根縣 縣立圖書館 자료) 등록번호 970035-13.
52) 田川孝三, 1954,「竹島の歷史的背景の素描」,『親和』7號, 日韓親和會. 田川孝三이 유작으로 남긴 글도 독도영유권에 대한 것이었다(田川孝三, 1989,「竹島領有に關する歷史的考察」,『東洋文庫書報』20, 東洋文庫).

이런 맥락에서 1966년 간행된 가와카미의 책은 일제시대 조선사편수회·경성제국대학·중추원 등에서 조선사를 전공한 식민사학자들과 지리학자들의 도움을 받아 작성된 일본 외무성의 독도문제 관련 종합보고서임을 알 수 있다. 일본 외무성의 독도 관련 정책과 외교각서 등이 일제 식민지 학술기관에서 근무했던 '조선전문가'들의 도움을 받아 만들어졌다는 점은 주목할 필요가 있다.[53] 전문가들과 외무성은 조선을 해방 이전과 이후가 단절되지 않은 하나의 실체라고 여겼으며, 자신들이 객관적 학문을 통해 '조선' 발전에 기여했다고 확신했다. 표면적으로 합리적 객관성을 표방했으나 구조적·내면적으로는 식민지 통치의 정당성과 식민사관을 옹호하던 자들이 해방 후 일본 외무성의 독도정책 수립과 학술연구에 깊숙이 개입했던 것이다.

『죽도의 역사지리학적 연구』는 크게 3개 장으로 구성되어 있는데, 제1장은 역사적 배경, 제2장은 죽도의 시마네현 편입 후의 경영, 제3장은 죽도의 인지개발과 자연환경 등을 다루고 있다. 이 가운데 제1장은 한국측과 관련해서는 다가와 고조의 역사적 근거 연구에 기초했으며, 일본측과 관련해서는 에도 막부와 메이지정부 시기의 자료, 특히 오타니(大谷) 가문 고문서들과 일본측 고지도들을 끼워 넣었다. 제2장은 주로 시마네현·돗토리현(鳥取縣) 자료를 활용한 것인데 다무라 세이자부로 등의 도움을 받아 작성된 것으로 보인다. 제3장은 간략한 맺음말 정도인데 여기에 그 유명한, 울릉도에서 독도가 보이지 않

---

[53] 1932년 경성제국대학 법문학부 사학과를 졸업한 후, 녹기연맹(綠旗聯盟) 등에서 근무했고, 종전 후 일본인 철수와 世話會·友邦協會 활동에 참가했던 모리타 요시오(森田芳夫, 1910~1992)는 1975~1985년 성신여자대학교 교수를 지냈고, 『朝鮮終戰の記錄』을 내는 등 대표적인 친한파로 알려져 있다. 그러나 모리타 역시 1950~1975년 일본 외무성에서 외무사무관으로 근무하며 일본의 독도영유권을 주장하는 글을 쓴 바 있다(森田芳夫, 1961, 「竹島領有をめぐる日韓兩國の歷史上の見解」, 『外務省調査月報』 II-5; 1979, 「竹島領有に關する日韓兩國の見解」, 『外務省調査月報』 II-2). 일본에선 조선사 연구자로도 알려진 모리타가 한국사를 보는 시각은 대표적 황국신민화 단체였던 녹기연맹에서 펴낸 조선사 연구서에 잘 드러나 있다(森田芳夫(綠旗日本文化研究所員), 1939, 『國史と朝鮮』, 녹기연맹). 이 책은 한국사의 시작이 중국 식민지·한사군으로부터 비롯되었다고 쓰고 있으며, 신공황후 신라정벌, 임나일본부 등 식민사관으로만 구성되었다.

는 것을 소위 '과학적 수식'으로 증명한 억설이 들어 있다.[54] 가와카미의 책에 역사전문가·지리전문가 외에 국제법전문가가 등장하지 않는 것은 자신이 국제법에 정통한 외무성 조약국 관리였을 뿐만 아니라 외무성이 국제법 담당기관이었기 때문일 것이다.

가와카미의 책은 전반적으로 외교현장에서 실무를 담당한 장본인으로서 한국측 입장의 취약성을 공박하고 일본측 입장을 강화하기 위한 목적의식적 설명과 작위적 자료활용이 비판의 대상이 되었다.[55] 때문에 "이 섬의 역사적 사실을 끝까지 학문적으로 규명하고자 의도했"고(후기) "역사지리학적 연구"라고(제목) 자부했지만, 서문에 극우파 군국주의 군인 출신인 쓰지 마사노부(辻政信) 의원과 독도를 시찰했던 추억을 떠올리는 것에서 드러나듯 모든 면에서 일본 주장의 정당성을 옹호하고 있다. 이 책은 1966년까지 일본 외무성이 축적해놓은 독도 관련 자료·논리·근거들을 집대성한 것으로 평가할 수 있으며, 이후 일본정부의 공식입장이라고 판단해도 좋다. 때문에 1996년 일본이 200해리 배타적 경제수역 선포와 한일어업협정의 파기를 선언했을 때 이 책의 복각판이 재출간된 것은 우연의 일치가 아니었다.[56]

1953년 11월 시마네현 총무부 광보문서과(廣報文書課)의 다무라 세이자부

---

[54] 半月城이라는 인터넷 필명을 사용하는 박병섭은 가와카미 겐조, 다무라 세이자부로, 다가와 고조를 죽도삼총사(竹島三羽ガラス)라고 호칭했는데, 가와카미는 에도막부와 메이지정부 등의 자료조사와 오타니 가문 고문서 조사를 맡았고, 다무라는 돗토리(번) 고문서와 죽도 도해(渡海)관계 등 시마네현 자료조사를 담당했으며, 다가와는 조선역사서를 위시한 문서조사를 분담했다는 것이다. 그러나 이들은 모두 일본 영유권에 부합하지 않는 자료는 공개하지 않았으며, 고유영토설을 주장함으로써 결과적으로는 일본의 주장을 위태롭게 했다는 것이다. 특히 돗토리현 현립중앙도서관에 소장된 『竹嶋之書付』 등이 1980년대 공개되고 이에 기초한 연구가 진행됨으로써, 독도를 일본의 판도에서 제외한다는 태정관지령(太政官指令) 등이 밝혀지게 되었고, 고유영토설에 집착한 일본 외무성은 고경(苦境)을 벗어날 수 없게 되었다고 보았다(外務省パンフレットへの批判 4 (3) 2008/4/19 16:12 [No.16466/16480] 半月城通信) http://www.han.org/a/half-moon/; 박병섭, 2007, 「明治時代の資料からみた獨島の歸屬問題」, 『獨島研究』 제3호, 영남대학교 독도연구소).
[55] 박배근은 "대단히 편향적이고 자의적이며 불완전하고 불공정한 연구"라고 평가했다(박배근, 2001 「『竹島の歷史地理的研究』에 대한 비판적 검토」, 부산대학교 법학연구소, 『法學研究』 제42권 제1호, 139쪽).

로가 쓴 『도근현 죽도의 연구』(島根縣竹島の研究, 1954. 3 간행)는 시마네현 차원에서 정리된 입장의 개진이었다.[57) 55쪽 분량의 이 책자에서 가장 놀라운 사실은 저자인 다무라가 전문적 훈련을 받은 학자나 저술가가 아니라 일개 지방현청의 주사급 공무원이었으며, 나아가 이 책을 쓰게 된 동기가 "상사의 지시"에 따른 것이었다는 점이다.[58) 다무라는 이 책을 집필하기 위해 시마네현의 자료뿐만 아니라 요나고(米子), 돗토리, 오키(隱岐) 등에서 자료를 수집했으며, 특히 오키섬에서 노인들로부터 증언과 전승을 채록했다고 한다. 다무라는 돗토리번(藩)의 고문서와 시마네현 관련 자료들을 주로 수집했다. 다무라가 특별히 감사를 표한 것은 외무성의 가와카미 겐조 및 수산청의 나카이 진지로(中井甚二郞)였는데, 가와카미로부터는 많은 교시를 받았고, 나카이로부터는 죽도어렵합자회사(竹島漁獵合資會社) 자료를 제공받았다고 했다. 동경과 시마네현이 긴밀하게 협력했음을 알 수 있다. 이 책의 가장 큰 특징이 1905년 독도의 영토편입 이후 시마네현의 어업행정이 어떻게 실시되었는가를 쓴 부분인데, 이와 관련된 상세한 자료들이 나카이 요사부로의 후손이 제공한 죽도어렵합자회사 자료로부터 나왔음을 알 수 있다.[59) 이 당시 다무라가 수집한 자료들은 시마네현 현립도서관에 소장되어 있으며, 이후 한국·일본 학자들이 많이 활용하는 일본측 자료의 원천이 되었다.[60)

한일조약이 체결된 후인 1965년 10월에 간행된 『도근현 죽도의 신연구』

---

56) 나이토 세이추(內藤正中)는 1996년에 가와카미 겐조(『竹島の歷史地理學的硏究』)·다무라 세이자부로(『島根縣竹島の新硏究』)·기타자와 세이세이(北澤正誠:『竹島考證』) 등 30년 이상된 저작이 복각된 것은 일본의 200해리 배타적 경제수역 설정과 한일어업협정 폐기 등으로 인한 한일 독도분쟁의 산물이었지만, 다른 한편으로 30년 이상 일본에서 제대로 된 독도 관련 연구성과가 없는 상황을 보여주는 것이기도 했다고 평가했다(나이토우 세이쭈우 지음, 권오엽·권정 옮김, 2005, 『獨島와 竹島』, 제이앤씨, 26쪽).
57) 田村清三郞, 1954, 『島根縣竹島の硏究』, 島根縣.
58) 田村清三郞, 1954, 위의 책, 55쪽. 한편, 가와카미의 작업을 위해 오키섬까지 출장하여 자료를 수집했던 시마네현 동경사무소의 速水保孝는 다무라의 작업에도 도움을 제공했다. 시마네현의 주사였던 速水保孝도 1954년 독도에 관한 글을 썼다(速水保孝, 1954「竹島(I)」,『地方自治』74).
59)「竹島漁獵合資會社 관계문서」, 국사편찬위원회 소장, 『島根縣 독도관련사료 I(下)』(島根縣 縣立圖書館 자료) 등록번호 970035-8.

는 1954년 간행한 책자를 확대한 것으로 이전에 1개 장으로 다루었던 「죽도에 관한 어업행정」을 「죽도에 관한 어업행정」·「죽도경영의 실태」·「죽도의 광업권」 등 3개 장으로 구분했으며, 「한국 주장과 그 비판」이라는 장을 신설했으나 내용상 큰 변화는 없다. 이 책의 가장 큰 특징은 주로 1905년 이후 나카이 요사부로 등에 의한 독도에서의 어업, 이와 관련된 시마네현의 어업행정, 광업 및 채굴권 관련 행정, 제2차 세계대전 이후 시마네현 어민들의 청원 등을 다루고 있는 점이다. 지방정부 차원에서 1905년 이후 독도를 어떻게 효율적이고 실질적으로 관리·활용했는지에 대한 행정적 경과와 근거들을 보여주는 데 초점이 맞춰져 있다. 그런데 이미 1905년의 독도 영토편입이 불법적인 것이었기 때문에, 그 이후 시마네현의 행정관리와 개인들의 사적 영업행위는 합법적 근거를 갖기 어렵다.

1965년 한일협정의 체결과 국교정상화, 평화선의 폐지는 한일관계를 개선함과 동시에 예각적이었던 독도논쟁을 표면적으로 진정시켰다. 이후 일본의 독도연구는 큰 틀에서 가와카미 겐조와 다무라 세이자부로의 영향하에서 진행되었다.[61] 주로 일본 외무성의 입장을 옹호하는 국제법학자들의 논문·책들이 간행되었고, 역사적 근거 부분에서는 가와카미와 다무라가 발굴·활용한 자료 수준에서 더 이상 진전이 없었다.

1960년대 이후 일본정부의 입장에 비판적인 연구성과들이 제출되기 시작했다. 대표적으로 1960년대에 야마베 겐타로(山邊健太郎), 1970년대에는 가지

---

[60] 국사편찬위원회는 1997년 시마네현 현립도서관 소장 독도 관련 자료들을 수집해 총 8책 분량의 『島根縣 독도관련사료』(한 911.829 도18)로 소장하고 있다.
[61] 일본 학계의 독도연구성과에 대해서는 다음을 참조. 신용하, 2001, 『독도영유권에 대한 일본주장 비판』, 서울대학교출판부; 박배근, 2005, 「독도에 대한 일본의 영역권원주장에 관한 一考: 고유영토론과 선점론」, 『국제법학회논총』 50권 3호; 한철호, 2007, 「明治時期 일본의 독도정책과 인식에 대한 연구쟁점과 과제」, 『한국사학보』 28호; 조명철, 2007, 「독도의 영유권에 대한 전략적 고찰: 일본의 대독도 방침을 중심으로」, 『한국사학보』 28호; 김호동, 2008, 『竹島問題에 관한 調査研究 最終報告書』에 인용된 일본 에도(江戶)시대 독도문헌 연구」, 『인문연구』 55호; 최장근, 2008, 「「죽도문제연구회」의 일본적 논리 계발」, 『독도의 영토학』, 대구대학교출판부.

무라 히데키(梶村秀樹), 1980년대에는 호리 가즈오(堀和生) 등의 연구성과가 있었다.[62] 특히 호리 가즈오는 본격적으로 공개되기 시작한 새로운 일본측 자료에 기초해 연구를 개시한 첫 주자가 되었다. 주로 역사학 분야에서 일본 외무성과 가와카미·다무라가 세워놓은 여러 주장과 그 근거들이 흔들리기 시작했다. 외무성 보고(外務省報告)「조선국교제시말내탐서」(朝鮮國交際始末內探書, 1870), 태정관(太政官)의 '죽도외일도'(竹島外一島) 판도외 지령(版圖外 指令, 太政官指令)(1877), 해군성 수로부의 수로지 등 새로운 자료에 근거해 메이지시기 일본이 독도가 자국령이 아니라는 사실을 분명히 인정했으며, 울릉도의 부속도서로 조선령임을 확실히 인식했다는 점들이 논증되기 시작했다. 나이토 세이추,[63] 이케우치 사토시(池內敏)[64] 등 역사학자들이 이러한 새로운 연구를 주도했다. 특히 일본에서는 고문서·고지도 등 고문헌에 기초한 새로운 연구들이 본격적으로 대두하면서 독도에 관한 연구가 활성화되었고, 이러한 새로운 연구들은 한국 학계에도 자극과 영향을 주게 되었다.

한편, 1990년대 이후 일본 외무성의 입장을 대변·옹호하는 대표적인 연구자로는 일본 국립국회도서관의 츠카모토 다카시(塚本孝)와 다쿠쇼쿠(拓殖)대학의 시모조 마사오(下條正男)를 꼽을 수 있다. 먼저 츠카모토 다카시는

---

62) 山邊健太郎, 1965, 「竹島問題の歷史的考察」, 『コリア評論』 第7卷 第2號; 梶村秀樹, 1978, 「竹島=獨島問題と日本國家」, 『朝鮮研究』 182; 堀和生, 1987, 「一九〇五年 日本の竹島領土編入」, 『朝鮮史硏究會論文集』 第24號(이상의 논문은 山邊健太郎·梶村秀樹·堀和生 著·林英正 譯, 2003, 『獨島영유권의 日本側 주장을 반박한 일본인 논문집』, 경인문화사 수록).
63) 內藤正中, 2000, 『竹島(鬱陵島)をめぐる日朝關係史』, 多賀書店(나이토우 세이쭈우 지음, 권오엽·권정 옮김, 2005, 위의 책); 內藤正中, 2005, 「竹島は日本固有領土か」, 『世界』 6月號(정영미 옮김, 2005, 「다케시마는 일본 고유영토인가」, 동북아의평화를위한바른역사정립기획단 편, 『독도논문번역선 I』, 다다미디어); 內藤正中·朴炳涉, 2007, 『竹島=獨島論爭』, 新幹社(박병섭·나이토 세이추 지음, 호사카 유지 옮김, 2008, 『독도=다케시마 논쟁』, 보고사).
64) 池內敏, 1999, 「竹島圖解と鳥取藩—元祿竹島一件考·序說」, 『鳥取地域史研究』 第一號; 池內敏, 2001, 「竹島一件の再檢討—元祿六〜九年の日朝交涉」, 『名古屋大學文學部研究論集』 史學47; 池內敏, 2001, 「17〜19世紀鬱陵島海域の生業と交流」, 『歷史學研究』 no.756; 池內敏, 2001, 「前近代竹島の歷史學的研究/序說」, 『靑丘學研究論集』 25(동북아의평화를위한바른역사정립기획단 편, 2005, 『독도논문번역선 II』, 다다미디어에 원문·번역문 수록).

1980년대 중반 이후 주로 국제법적 관점에서 독도문제를 다루었다. 츠카모토는 1905년 일본의 독도 영토편입, 1951년 샌프란시스코평화회담에서 독도의 취급 등을 집중적으로 다루었다. 츠카모토는 국회도서관이 발행하는 조사보고서(『レファレンス(The Reference)』·『ISSUE BRIEF(調査と情報)』)에 다수의 글을 발표함으로써 국제법적 근거와 논리를 개발하는 데 중점을 두었다. 츠카모토는 대외적 발언을 가급적 삼가는 태도를 보여왔지만, 최근에는 대중잡지에 글을 쓰는 한편 시마네현 죽도문제연구회(竹島問題研究會)의 보고서에 글을 싣는 등 활발한 활동을 벌이고 있다.[65] 츠카모토는 시마네현의 죽도문제연구회 위원은 아니지만 특별히 최종 보고서에 두 편의 글을 실었는데, 첫째는 독도 편입원을 제출한 나카이 요사부로가 '독도가 한국령'이라고 인식한 것이 오류였다는 대범한 주장을 폈으며, 둘째는 샌프란시스코평화조약에서 독도가 일본령으로 결정되었다는 주장을 폈다.[66] 특히 2009년 여름 제2차 한일역사공동위원회에서 일본측은 위원도 아니며 상호 합의된 주제도 아니었던 츠카모토 다카시의 논문(「전후 일본의 영토문제―竹島/독도문제를 중심으로」)을 발표시키자고 해서, 한일역사공동위원회 제3분과회를 거의 결렬 직전까지 몰아가기도 했다. 시마네현 죽도문제연구회와 한일역사공동위원회에서의 활동을 미루어보건대, 츠카모토가 이후 대중강연과 본격적 대외활동을 전개할 것을 예상할 수 있다.

츠카모토가 대외적으로 잘 드러나지 않는 관료계의 연구자라면 시모조 마사오는 대중적 스포트라이트를 모으기 위해 다양한 퍼포먼스와 여론작업을 주도하는 연구자 겸 활동가라고 할 수 있다. 시모조 마사오는 1990년대 중반

---

65) 塚本孝, 2004, 「(特輯: 日本の領土・日本の防衛) '竹島領有權紛爭'が問う日本の姿勢」, 『中央公論』 10月號; 塚本孝, 2007, 「奧原碧雲 竹島關聯資料(奧原水夫所藏)をめぐる」, 『竹島問題に關する調査研究最終報告書』(2007. 3); 「サンラフンシスコ條約における竹島の取り扱い」, 위의 책, 竹島問題硏究會.
66) 이에 대해서는 최장근, 2009, 「'竹島經營者中井養三郞氏立志傳'의 해석오류에 대한 고찰」; 정갑용, 2009, 「쯔카모토 다카시의 '샌프란시스코평화조약에서 나타난 다케시마에 대한 취급'에 대한 비판적 연구」, 영남대학교 독도연구소 엮음, 『독도영유권 확립을 위한 연구』, 경인문화사, 123~215쪽을 참조.

이후 주로 한국측 역사자료를 비판하고 일본측 자료를 재해석하는 방식으로 연구를 진행했다. 시립인천대학교 일문과 객원교수를 역임해 한국 사정에 익숙한 시모조 마사오는 대중적 호소와 선전작업을 통해 이름을 얻고 일본 여론을 움직이고 있다.[67] 한국의 대학교수직에 재직하고 있던 1990년대 중반, 시모조 마사오는 한국 잡지에서 한국 학자와 독도 관련 논쟁을 벌이면서 명성을 얻었고,[68] 일본에 돌아가 재단법인 일한문화협회 상무이사를 지내면서 일본 우익잡지에서 또다시 한국 학자와 독도논쟁을 반복했다.[69] 우익잡지의 상업적 의도와 일본 사회의 우경화라는 시대적 조류에 편승함으로써 지명도를 확고히 하는 데 성공한 시모조 마사오는 이를 바탕으로 다쿠쇼쿠대학 교수에 임용된 것으로 알려져 있다. 현재 시마네현 죽도문제연구회 회장, 시마네현 '웹다케시마문제연구소' 소장을 맡고 있다. 2007년 죽도문제연구회의 『죽도문제에 관한 조사연구 최종 보고서』를 간행한 바 있다.[70] 학문적 엄밀성이나 정확성은 떨어지지만, 대학에 몸담고 있는 연구자로서 일본 외무성의 구미에 맞게 대중적 연구와 활동을 전개하는 거의 유일한 인물이다. 그가 펴낸 책들은

---

[67] 시모조 마사오(下條正男, 1950~): 나가노현(長野縣) 출생, 고쿠가쿠인대학(國學院大學) 대학원 박사과정 수료, 1981년 한국에 건너와 상명여자대학교 사범대학 일어일문학과 교원, 삼성종합연수원 주임강사, 한남대학교 강사, 시립인천대학교 객원교수를 거쳐 1998년에 귀국했다. 1999년 다쿠쇼쿠대학(拓殖大學) 국제개발연구소 교수, 2000년 동대학 국제개발학부 아시아태평양학과 교수. 전공은 일본사(下條正男, 1999, 『日韓·歷史克服への道』展轉社; 2004, 『竹島は日韓どちらのものか』, 文藝春秋, 저자소개항). 시모조가 있는 다쿠쇼쿠대학은 1900년 가쓰라 다로(桂太郎)에 의해 대만 식민지 개척을 위해 창립된 대만협회학교(臺灣協會學校)를 모체로 1915년 전문학교, 1924년 대학이 된 곳이다. 척식학(拓殖學)을 주요 과정으로 개설한 대표적인 식민지 전문요원 양성학교로 천황이 은사금을 내려준 학교였다.
[68] 시모조 마사오, 1996, 「'竹島'가 韓國領이라는 근거는 왜곡돼 있다」, 『한국논단』 5월호; 김병렬, 1996, 「일본 古地圖에도 독도는 한국땅이라 명시」, 『한국논단』 6월호; 下條正男, 1996, 「증거를 들어 실증하라」, 『한국논단』 8월호; 김병렬, 1996, 「증거를 외면하지 마라」, 『한국논단』 11월호; 下條正男, 1998, 「'竹島' 문제의 문제점」, 『한국논단』 8월호; 김병렬, 1998, 「日학자에 의해 '억지주장' 입증되었다」, 『한국논단』 9월호.
[69] 下條正男(日韓文化協會常務理事), 1996, 「竹島問題考」, 『現代コリア』 5月號, 日本朝鮮研究所; 1997, 「續·竹島問題考(上)」, 『現代コリア』 5月號; 1997, 「續·竹島問題考(下)」, 『現代コリア』 6月號; 1998, 「竹島論爭の問題點」, 『現代コリア』 7·8月號; 金炳烈, 1999, 「本誌98年7·8月號 下條論文 '竹島論爭の問題點'に反論する」, 『現代コリア』 4月號.

엄밀한 학술서라기보다는 일본 우익계통의 선전활동과 거의 유사한 논조를 갖고 있다.[71] 예를 들어 독도문제를 다루면서 이와 전혀 무관한 중국의 반일 감정과 일본의 한류문제를 함께 거론함으로써 일본인의 민족주의적 감정을 자극하는 방식 등을 사용하고 있다. 박병섭의 조사에 따르면 시모조 마사오는 1996년 이후 37건의 논설·논문·저서(단독·공동)를 출간했는데, 2000년대에 접어들면서 일본 우익계 양대 잡지인 『쇼쿤』(諸君)과 『세이론』(正論) 등에 글이 집중되는 경향이 분명히 드러나고 있다.[72]

전반적으로 일본의 독도연구가 진행된 경과를 요약하면 다음과 같다.

첫째, 처음부터 일본 외무성의 외교적·현실적 필요에 따라 국가와 민간의 협력으로 연구가 시작되었다. 스에마쓰 야스카즈·다가와 고조·모리타 요시오(森田芳夫) 등 조선총독부·조선사편수회·중추원·경성제국대학 출신의 한국전문가들이 이 작업을 조력했다. 이 작업은 1947년을 전후한 시점에서 시작되어 1952년 이래 본격화되었으며, 외무성과 한국 역사·지리 전문가의 결합은 1960년대까지 지속되었다.

둘째, 1947년 이후 독도를 일본령으로 확인받기 위한 책략적 접근과 임의적 사료선택, 불리한 사료의 고의적 누락 등 비합리적 방법이 채택되었다. 전후 1947년 일본 외무성 팸플릿의 허위사실 주장으로부터 시작해, 1952~1953년 일본 외무성의 독도 폭격연습장 지정·해제 책략 당시 영토문제 담당 실무자였던 가와카미 겐조가 독도연구의 핵심이 됨으로써, 사실의 과장·왜곡·누락 등의 자의적 연구경향이 생겨났다. 그러나 1980년대 이후 가와카미

---

70) 시모조 마사오의 저서는 다음과 같다. 下條正男, 1999, 『日韓·歷史克服への道』, 展轉社; 下條正男〔外〕, 2002, 『知っていますか, 日本の島』, 自由國民社; 下條正男, 2004, 『竹島は日韓どちらのものか』, 文藝春秋; 中澤孝之·日暮高則·下條正男, 2005, 『(圖解)島國ニッポンの領土問題: 激怒する隣國, 無關心な日本』, 東洋經濟新報社; 下條正男, 2006, 『(發信)竹島:眞の日韓親善に向けて: 下條正男―拓殖大學敎授に聞く』, 山陰中央新報社.
71) 박병섭, 2008, 「시모조 마사오의 논설을 분석한다」, 『獨島研究』 제4호, 영남대학교 독도연구소, 95~102쪽.
72) 박병섭, 2008, 위의 논문 93~94쪽에 수록된 「下條正男著作一覽」 참조.

등이 누락·묵살했던 일본측 문헌자료들이 새로 발굴됨으로써 이에 기반을 둔 새로운 연구들이 진행되었다.

셋째, 일본의 독도연구에서 중요한 점은 중앙정부와 지방정부의 긴밀한 협력작업이었다. 이미 1952~1954년 주요 자료의 발굴과 논리전개과정에서 외무성과 시마네현이 완벽하게 협력했는데 이는 상호 이해관계의 일치 때문에 가능했다. 다른 한편 외무성 관리였던 가와카미는 물론 시마네현 주사였던 다무라 세이자부로는 단행본을 펴냈으며, 시마네현 동경사무소의 하야미 야스다카(速水保孝) 주사도 독도에 관한 글을 썼다. '제국'을 경험했던 일본 관료 사회의 저력과 대응력을 알 수 있다.

넷째, 일본의 독도연구는 고유영토설, 무주지편입설(영토선점설) 등으로 대별되는데 시기에 따라 그 강조와 중점이 변화했다. 1950년대 일본 외무성의 입장은 고유영토설에 가까운 것이었으나, 1980년대 이후 여러 일본측 자료들을 통해 독도가 한국령임이 분명해지자 영토선점설에 가까운 쪽으로 선회했다는 평가가 일반적이다. 또한 연구의 출발시점부터 일본은 독도문제의 해결에 한일 양국이 아닌 미국·유엔·국제사법재판소를 개입시키고자 하는 의도를 분명히 했다. 특히 1947년 외무성 팸플릿의 간행, 1951년 샌프란시스코평화회담의 대미협상, 1952~1953년 미일합동위원회의 독도 폭격연습장 지정·해제 책략에서 드러나듯이 미국의 결정과 판단을 일본의 독도영유권 확인의 결정적 근거로 제시했다. 또한 미국에 한국을 억제해 독도영유권을 철회케 해달라는 정치적 중재 요청, 유엔회원국이 아닌 한일 양국 문제의 유엔 총회·안보리에의 제소, 한국이 동의하지 않을 국제사법재판소 회부 등 정치적·외교적·사법적 해결에 있어 미국의 동의와 협력을 중시했다. 나아가 미일안전보장협정에 따른 미국의 물리적 개입까지 요청했다. 즉, 일본은 국제법적 측면에서 독도영유권을 주장하는 경향이 강했으며, 그 배경에는 미국의 결정과 협력을 획득하려는 노력이 존재했다. 보다 정확히 말하자면, 미국을 독도문제의 결정자로 개입시키려 한 것이 전후 일본의 독도 정책·연구의 핵심이었다.

다섯째, 2000년대 이후 일본에서의 독도연구는 외무성의 공식주장보다는 시마네현 차원의 운동과 요구에 의해 강하게 주도되었다. 외교적 마찰을 우려한 역할분담이며, 다른 한편으로 한국을 자극하기 위한 방략이기도 했다. 시모조 마사오가 주도하는 죽도문제연구회는 다양한 방법으로 독도문제를 부각시키고, 한국측 반발을 불러일으킴으로써 지방정부 수준의 행사를 중앙차원의 뉴스밸류(news value)를 갖게 만들어, 외교적·국제적 분쟁화에 성공하고 있다. 즉, 시마네현은 지방정부 차원의 요구와 의제를 자극적으로 포장한 후 한국 여론의 비판적 반응을 통해 일본의 국가적 차원의 의제로 전환시키는 교묘한 프로세스를 추구했다. 1950년대는 물론 1905년 독도 불법 영토편입 때와 마찬가지로 일본 외무성과 시마네현은 동일한 목적하에 긴밀한 협력관계를 유지하고 있었던 것이다. 일본에서 독도연구는 주류 역사학계·국제법학계의 관심사가 아니며, 주로 시마네현·돗토리현 지방사 연구자들의 몫이 되는 현상이 두드러지고 있다. 독도문제를 '분쟁'화하는 주역이 시마네현 지방정부이며, 이를 '객관적'이며 주도적으로 연구하는 학자들도 해당 지역사 연구자들인 데다, 핵심자료로 지목되는 문서들도 시마네현에서 발원한 것이라는 사실은 주목해야 할 부분이다.

2. 샌프란시스코평화회담과 독도문제

(1) 전후 독도문제의 연원: 샌프란시스코평화회담

1951년 샌프란시스코평화회담의 준비·진행 과정에서 일본이 미국을 이용해 독도영유권을 확보하려 시도한 것에서 전후 독도문제가 발원했다는 판단이 이 책의 출발점이다. 1905년 일본의 한국 침략과정에서 첫번째 희생물이 된 독도는 제국주의 침략의 상징이었고, 전후 한국령으로 귀속되는 것이 당연했다. 1952년 일본이 한국을 상대로 독도영유권을 주장했을 때 그 근거는 일본의 고유영토설이나 1905년의 불법 영토편입 사실이 아니라 1951년 샌프란시스코평화회담에서 독도가 일본령으로 남게 되었다는 주장에 무게중심이 두어졌다. 즉, 일본은 1905년의 불법적 영토편입은 을사늑약으로 실질적 주권을 상실하고 항거불능이었던 한국을 상대로 한 일방적이며 제국주의적인 침략의 일환이었기에 주장의 근거와 정당성이 현저히 부족한 상태였던 반면, 자국과 48개국이 서명한 1951년 샌프란시스코평화회담·평화조약은 국제적으로 인정받을 수 있고 보편적 동의를 획득할 수 있는 근거라고 판단했던 것이다.

미국이 주도한 1951년 샌프란시스코평화조약은 전후 동북아시아의 질서를 정의한 기본조약이었으며, 한국전쟁 중 체결되었다는 점에서 그 기본적인 성격이 제약되었다. 1949년 중국대륙의 공산화, 1950년 한국전쟁의 발발과 중국 공산군의 개입이 이러한 지역체제를 창출하는 기본적인 동력이 되었다.

첫째, 샌프란시스코평화조약은 미국 주도의 단극적(單極的) 평화조약이었으며 그 성격은 반공적·반소적이었다. 전시 연합국이었던 미·소·영·중 가운데 소련과 중국이 배제되었고, 영국도 실질적인 역할을 하지 못하는 상태에서 미국 주도로 평화조약이 체결되었다. 전시 연합국들은 적국과 단독으로 평화교섭을 하지 않는다는 단독불강화원칙에 합의했지만, 냉전의 격화로 전면강화가 아닌 단독강화, 전면평화가 아닌 다수평화의 방식이 채택되었다. 그 핵심은 역시 중국의 공산화와 한국전쟁의 발발이라는 냉전의 격화에 따른 반소·반공 노선으로의 귀결이었다.[73]

---

73) 1952년 『마이니치신문』(每日新聞)은 『대일평화조약』(對日平和條約)을 간행하면서 대일평화조약의 특징으로 다음의 세 가지를 들었다. 첫째, '반공진영과의 강화'로 공산·반공 양 진영이 대립한 결과 일본은 반공진영과만 강화를 맺고 자발적으로 반공진영에 참가했다. 둘째, '패전의 결과로서 강화'로 일본은 광대한 식민지와 자원을 상실했고, 점령한 동남아시아 제국에 대해 배상지불의 의무를 지게 되었다. 셋째, 국제정세의 긴박에 따라 서명을 급하게 했기에, '중요문제의 해결을 관계국 간 장래 교섭'에 미루게 되었는데, 예를 들어 중국·한국·필리핀·인도네시아 등과 어업·국적·배상에 관한 교섭을 진행 중이었다(每日新聞社, 1952, 『對日平和條約』, 머리말).

둘째, 일본은 샌프란시스코평화조약에 서명한 국가들과 평화관계를 회복했지만, 아시아에서 오랜 기간 가장 큰 침략과 피해를 당한 중국·한국은 조약에서 배제되었다. 중국은 대만과 본토로 분열되어서 대표성에 논란이 있다는 이유에서, 한국은 일본의 식민지였다는 이유에서였다. 동북아시아의 가장 큰 피해국가들이 제외된 것은 이 조약이 '평화'보다는 공산주의의 저지라는 '반공'에 중점을 둔 것이며, 동북아시아 중심이 아니라 미국 중심의 조약이었음을 의미한다.

셋째, 샌프란시스코평화조약은 전후 일본사에도 부정적 유산을 남겼다. 아시아·태평양전쟁으로 2,000만 명 이상이 희생되었으나 평화조약에는 일본의 전쟁책임이나 배상·보상·사과가 명시되지 않았으며, 천황제가 폐지되거나 천황이 바뀌지도 않았기 때문이다. 일본은 평화를 회복했으나, 아시아국가들에는 새로운 일본이 아닌 침략국가의 변용이었고, 일본 국민들은 불행했던 과거와 절연할 수 있는 기회를 박탈당했다. 전후 일본이 아시아국가들과 다양한 과거사 분쟁을 벌이는 것은 자연스러운 귀결이었다. 다른 한편 일본은 주권의 회복과 평화를 이루었으나, 이는 주권의 제약과 불평등성, 대미종속적 한계를 갖는 것이었다.[74]

넷째, 샌프란시스코평화조약 이후 동북아시아에는 미국과 양자동맹을 통한 안보·지역 질서가 구축되었다. 일본과의 평화조약·안보조약 체결과정에서 제2차 세계대전기 연합국의 일원이자 미국과 동맹이었던 필리핀·호주·뉴질랜드 등은 미국이 적국이었던 일본에 안보를 공여하는 상황에 분노했고, 미국은 이를 무마하기 위해 미일안보조약 체결을 전후하여 1951년 필리핀과 안보조약을, 호주·뉴질랜드와 안보조약(ANZUS)을 체결했다. 1953년 휴전을 맞이한 한국 역시 미국에 안보조약을 요구했고, 그 결과 한미상호방위조약이 체

---

74) 도요시타 나라히코(豊下楢彦) 지음·권혁태 옮김, 2009, 『히로히토와 맥아더』, 개마고원.

결되었다. 이로써 아시아에는 미국을 중심으로 하는 미국·일본, 미국·한국, 미국·호주·뉴질랜드의 안보동맹이 체결되었다. 일본-한국-필리핀, 일본-호주-뉴질랜드로 이어지는 안보의 사슬이 만들어진 것이다. 이는 이후 아시아 역내질서의 중요한 기둥이 되었다. 모두 미국을 중심으로 만들어진 연쇄였다.

샌프란시스코평화조약은 전후 동북아시아 지역질서의 기본원칙이 되었으며, 이후 한일관계의 출발점이 되었다. 한국은 샌프란시스코평화조약에 참가·서명하지 않았지만, 이후 한일관계에 있어서 이 조약의 범위를 벗어나지 못했다. 샌프란시스코평화조약은 한일관계에 있어서 크게 세 가지 문제를 제기했고, 이것이 주요 연구주제가 되어왔다.

첫째, 한국의 국제법적 지위문제이다. 한국은 1947년 이래 연합국 자격을 요구하며 대일평화회담의 참가 및 조약서명국 자격을 요구했다. 그러나 샌프란시스코평화회담에서 한국은 연합국은 물론 평화조약 서명국·조인국이 되지 못하고 "2차 대전 이후 해방된 국가"로 간주되었다. 그 연장선상에서 재일한국인들의 법률적 지위 역시 이에 연동되었는데, 재일한국인들은 SCAP 점령기 일본인도 아니고 연합국 국민도 아닌 제3의 위치를 점하는 것으로 해석되었으며, 평화조약 이후에는 외국인으로 결정되었다.[75]

둘째, 독도를 중심으로 한 영토문제이다. 샌프란시스코평화조약에 독도는 포함되지 않았지만, 그 해석을 둘러싸고 한일 간의 독도영유권 논쟁이 1952년 이래 본격화되었다.[76] 일본에서는 1952년 일본 외무성의 대한각서에서 드

---

[75] 정인섭, 1995, 『재일교포의 법적 지위』, 서울대학교출판부; 이종원, 1995, 「한일회담의 국제정치적 배경」, 『한일협정을 다시 본다』, 아세아문화사; 김태기, 1996, 「일본정부의 재일한국인정책: 일본점령기를 중심으로」, 한국정치학회 연례학술회의; 김태기, 1999, 「GHQ/SCAP의 對재일한국인정책」, 『國際政治論叢』 제38집 3호.

[76] 신용하, 2001, 「일본측의 '1951년 샌프란시스코 강화조약에서 독도를 한국영토에서 제외시킴으로써 독도가 일본영토임을 인정받았다'는 주장에 대한 비판」, 『독도영유권에 대한 일본주장 비판』, 서울대학교출판부; 신용하 편저, 2000, 「제7부 연합국최고사령부의 독도영유 관계자료와 해설」, 『독도영유권 자료의 탐구』 제3권, 독도연구보전협회; 이석우, 2002, 「독도분쟁과 샌프란시스코 평화조약의 해석에 관한 소고」, 『서울국제법연구』 9권 1호.

러나듯이, 1951년 샌프란시스코평화회담에서 독도를 일본령으로 인정받았다는 입장이 공식화되었고, 이후 가와카미 겐조를 비롯한 일본 연구자들이 이러한 주장을 견지했다.

셋째, 배상·청구권 문제이다. 이는 이후 한일협정의 주요 쟁점이 되었는데, 여기에는 한국의 대일청구권과 일본의 대한청구권이 맞물려 있었다. 일본국가·개인의 재한(在韓) 재산은 미군정기 적산(敵産)으로 몰수되어 한국정부에 합법적으로 이양되었고 샌프란시스코평화조약에도 명문화되었다. 그런데 일본은 한일회담과정에서 이를 요구하며 한국의 대일청구권을 상쇄하거나 묵살하려는 태도를 취했다.[77]

대일평화조약의 핵심의제는 연합국과 일본이 적대관계·점령상태를 종식하고 평화관계를 회복하기 위한 조건들을 협상하는 것이었으며, 그중 하나가 전후 일본의 영토를 결정하는 것이었다. 독도문제는 대일평화조약 영토문제의 일환으로 다루어졌다.

(2) 미국 외교문서의 공개와 독도문제의 새로운 연구

1950년대 일본 외무성과 한국 외무부의 각서는 공식입장의 표명이었으나, 관련 기록들이 공개되지 않은 상태였기 때문에 구체적으로 대일평화회담·조약 과정에서 독도문제가 어떻게 다루어졌는지는 정확히 파악할 수 없었다. 양 정부의 주장은 평행선을 달렸고, 입장과 주장은 있었지만 사실 여부를 확인하기는 어려웠다. 본격적인 연구는 1970년대 후반 대일평화조약과 관련

---

77) 이원덕, 1996, 『한일과거사 처리의 원점: 일본의 전후 처리 외교와 한일회담』, 서울대학교출판부; 박진희, 2008, 『한일회담: 제1공화국의 대일정책과 한일회담 전개과정』, 선인; 오오타 오사무 지음, 송병권·박상현·오미정 옮김, 2008, 『한일교섭: 청구권문제 연구』, 선인.

한 미국의 외교문서들이 비밀 해제되면서 시작되었다. 주로 미 국무부 외교문서철 가운데 대일평화조약 대통령특사였던 존 포스터 덜레스(John Foster Dulles)의 대일평화회담 문서철, 덜레스의 보좌관이자 주일미대사를 지낸 존 무어 앨리슨(John Moore Allison) 문서철(미 국무부 동북아시아국 대일평화회담 문서철), 동경 주재 미대사관(Tokyo Embassy) 문서철, 서울 주재 미대사관(Seoul Embassy) 문서철 등이 공개되기 시작하면서 본격적인 연구작업이 가능해졌다. 한국과 일본의 외교문서들은 공개되기 전이었다.

미국이 공개한 대일평화조약 관련 외교문서철, 그 가운데서도 조약 초안에 독도가 어떻게 표시되었는지를 제일 먼저 주목한 것은 일본 국립국회도서관의 츠카모토 다카시였다.[78] 츠카모토는 1983년 공간(公刊)된 『미국외교문

---

78) 츠카모토 다카시(塚本孝, 1952~): 교토 출생, 와세다(早稻田)대학 법문학부 졸업, 국립국회도서관에 들어가 조사 및 입법고사국(調査及び立法考査局) 외교과장 등을 거쳐 2002년 이래 총무부에 근무했고 참사(參事)를 역임했다. 일본의 영토문제, 즉 러시아와의 북방 4개 도서 문제, 중국과의 조어도(釣漁島) 문제, 한국과의 독도문제에 대해 오랫동안 조사·연구 작업을 수행했다. 그는 이들 분쟁지역이 일본령임을 증명하기 위해 30여 년간 약 20여 편 이상의 연구보고서를 산출했다. 塚本孝, 1977, 「海洋法に關連する四つの表(資料)」, 國立國會圖書館 調査立法考查局, 『レファレンス(The Reference)』 no.315(1977. 4); 1983, 「サンフランシスコ條約と竹島―米外交文書集より―」, 『レファレンス』 no.389(1983. 6); 1985, 「竹島關係舊鳥取藩文書および繪圖(上)」, 『レファレンス』 no.411(1985. 4); 1985, 「竹島關係舊鳥取藩文書および繪圖(下)」, 『レファレンス』 no.412(1985. 5); 1991, 「米國務省の對日平和條約草案と北方領土問題」, 『レファレンス』 no.482(1991. 3); 1992, 「韓國の對日平和條約署名問題―日朝交涉, 戰後補償問題に關連して―」, 『レファレンス』 no.494(1992. 3); 1993, 「日本と領土問題(上)―北方領土問題の國際司法裁判所での付託(上)」, 『レファレンス』 no.504(1993. 1); 1993, 「日本と領土問題(下)―北方領土問題の國際司法裁判所での付託(下)」, 『レファレンス』 no.505(1993. 2); 1993, 「北方領土問題の經緯(第3版)」, 國立國會圖書館 調査及び立法考查局, 『ISSUE BRIEF(調査と情報)』 no.227(1993. 9. 28); 1993, 「戰後補償問題―總論(1)」 『ISSUE BRIEF(調査と情報)』 no.228(1993. 10. 15); 1993, 「戰後補償問題―總論(2)」, 『ISSUE BRIEF(調査と情報)』 no.229(1993. 11. 2); 1993, 「戰後補償問題―總論(3)」, 『ISSUE BRIEF(調査と情報)』 no.230(1993. 11. 16); 1994, 「平和條約と竹島(再論)」, 『レファレンス』 no.518(1994. 3); 1994, 「竹島領有權問題の經緯」, 『ISSUE BRIEF(調査と情報)』 no.244(1994. 4. 12); 1996, 「竹島領有權問題の經緯(第2版)」, 『ISSUE BRIEF(調査と情報)』 no.289(1996. 11. 22); 2000, 「日本の領域確定における近代國際法の適用事例―先占法理と竹島の領土編入を中心に」, 『東アジア近代史』 3, ゆまに書房; 2002, 「竹島領有權をめぐる日韓兩國政府の見解(資料)」, 『レファレンス』 no.617(2002. 6); 2004, 「(特輯: 日本の領土·日本の防衛)「竹島領有權紛爭」が問う日本の姿勢」, 『中央公論』 10月號; 塚本孝, 2004, 「(특집 동북아의 영토전쟁) '竹島 영유권'에 대한 일본의 역사적 權原」, 『시대의논리』 제6호(2004. 겨울); 2007, 「サンフランシスコ條約における竹島の取り扱い」, 『竹島問題に關する調査研究最終報告書』(2007. 3), 竹島問題研究會.

서』(Foreign Relations of the United States: FRUS)에 수록된 샌프란시스코평화조약의 다양한 초안들 속에서 독도 관련 조항이 어떻게 표시·변화되었는지를 추적했고, 이를 토대로 샌프란시스코평화조약에서 독도가 일본령임이 확인되었다는 글을 발표했다.[79] 사실 츠카모토는 샌프란시스코평화조약의 성립과정에서 다양한 조약 초안에 포함된 독도 관련 조항을 분석하기 시작함으로써 독도연구의 중요한 연구사적 좌표를 제공했던 것이다. 이는 1952년 이래 일본 외무성이 공식화했던 성명의 재확인이며, 이를 뒷받침하는 문서의 발굴과 사실·논리의 보강작업이기도 했다.

이후 츠카모토는 미국립문서기록관리청(NARA)과 영국 공립문서관〔The Public Record Office: PRO, 현 국립문서보관소(The National Archives: TNA의 전신)〕에서 문서관 연구를 통해 미국과 영국의 다양한 대일평화조약 초안들 및 상호 협의 관련 문서들을 발굴해 소개했다.[80] 그의 결론은 대일평화조약에 따라 독도가 일본령으로 귀속되었다는 일본 외무성 공식입장의 확인이었다. 츠카모토는 소위 '북방영토'문제, 독도문제 등 일본의 영토문제 전문가로 경력을 쌓았으며, 2010년 현재 일본 국립국회도서관 자료제공부장을 맡고 있다. 일본이 주장하는 독도영유권의 국제법적 증거, 특히 샌프란시스코평화조약과 관련한 최고권위자이며, 오랫동안 소리 나지 않는 자리에서 조사·연구 작업을 수행해왔다.

츠카모토의 작업결과는 한국에도 직접적인 영향을 끼쳤다. 1990년대 중반 그의 연구성과가 국내잡지에 소개되었으며,[81] 일본 외무성의 주장을 검증하기 위해 그가 발굴·활용한 미국과 영국의 정부자료들은 그가 선별한 그대

---

79) 塚本孝, 1983, 「サンラフランシスコ條約と竹島—米外交文書集より—」, 國立國會圖書館 調査立法考査局, 『レファレンス(The Reference)』 no.389(1983. 6).
80) 塚本孝, 1994, 「平和條約と竹島(再論)」, 『レファレンス』 no.518(1994. 3).
81) 쓰카모도 다카시(塚本孝), 1996, 「샌프란시스코 평화조약시 독도 누락과정 전말」, 한국군사문제연구원, 『한국군사』 3(1996. 8). 이 글은 츠카모토의 「平和條約と竹島(再論)」, 『レファレンス』 no.518(1994. 3)을 번역한 것이다.

로 국내에 소개되었다.[82] 이후 한국 학계에서는 츠카모토가 임의적으로 선별해 제공한 미 국무부 초안에 편의적으로 일련번호를 붙여 사용하기 시작했다. 미국 초안에는 제1차 초안(1947. 3. 20)부터 제9차 초안(1951. 3. 23)까지 일련번호가 붙여졌고, 영국 초안은 지도가 빠진 채 츠카모토가 제공한 그대로 활용되었다.[83] 이런 연유로 이후 국내 학계·언론 등에서는 미국의 대일평화조약 초안이 총 9개 작성되었고, 그 외에 영국 초안·영미합동초안 등이 존재하는 것으로 생각하게 되었다.

엄밀하게 말해, 이러한 분류는 매우 부정확하고 임의적인 것이다. 부정확하다는 것은 미 국무부에서 이런 유형의 초안들이 수십 차례 이상 만들어졌기 때문이며, 편의적·임의적이라는 것은 츠카모토가 이미 주관적으로 선별한 자료에 자의적으로 일련번호를 붙였기 때문이다. 한국에서는 문서관 연구를 통한 원문서 발굴과 이를 활용한 연구가 이뤄지지 않은 상황이었다.

츠카모토가 샌프란시스코평화회담에서 다뤄진 독도문제의 연구지평을 열었지만, 그의 연구목적과 자료를 다루는 태도가 공정하고 합리적인 것은 아니었다. 첫째, 츠카모토는 일본의 독도영유권을 옹호하기 위해 자료를 조사·선별·분석했으며, 그런 목적에서 연구를 진행했다. 때문에 자료의 선별·소개·해석에 있어서 일본에 유리한 자료의 부각과 불리한 자료의 누락 및 축소 등이 적지 않았다. 예를 들어 츠카모토는 1951년 8월 10일자 딘 러스크(Dean Rusk) 국무차관보의 서한은 대폭 강조했으나, 이후 독도문제에 대한 미 국무부의 공식입장이 된 1953년 11월 19일, 12월 4일자 덜레스 국무장관의 비망록은 전혀 언급하지 않았다. 또한 1947년 1월 이래 미 국무부 영토조항 초안

---

82) 김병렬, 1997, 『독도: 독도자료총람』, 다다미디어, 418~525쪽. 이 자료집의 제6장 「독도에 관한 자료-3.제3국 문헌」에 수록된 미국·영국의 문서 중 『미국외교문서』(FRUS)에 수록되지 않은 원문자료 16개는 츠카모토 다카시가 제공한 것이다.
83) 츠카모토는 한국측에 자신이 발굴한 자료들을 제공했지만, 일본에 불리한 영국 조약 초안의 지도는 제공하지 않았다. 다만 논문 후주 한구석에 영국 초안의 지도를 미국의 존 포스터 덜레스 파일에서 참고했다고 써놓았다[塚本孝, 1994, 위의 논문, 55쪽 주 38].

에 독도가 한국령으로 명시된 사실, 1947년 이래 미 국무부의 대일평화조약 초안에 첨부된 지도의 존재와 그 지도에 독도가 한국령으로 표시된 사실, 1951년 4월 영국 외무성의 대일평화조약 공식초안(제3차 초안)에 첨부된 지도 등은 공개하지 않았다. 일본에 유리한 자료들을 의도적으로 부각시켰고, 불리하다고 판단한 자료들은 배제하거나 누락시켰던 것이다. 일본 국회도서관의 영토문제 담당 전문가라는 공적 지위의 한계를 벗어나기는 어려웠던 것이다. 때문에 실제 문서관 연구를 수행하지 않고, 츠카모토의 자료에 의지했던 한국의 대일평화회담 관련 독도연구들도 큰 틀에서 츠카모토가 제시한 자료범위와 논리 틀을 벗어나기 어려웠다.

둘째, 츠카모토는 대일평화조약 추진과정의 여러 단계와 성격변화, 초안들의 작성경위와 특징 등의 구조적 맥락을 전혀 설명하지 않았다. 1947년 이래 1951년에 이르는 만 4년 반 이상의 대일평화조약 준비·진행 과정은 세계정세와 동북아시아 정세의 변화를 반영한 것이었다. 조약의 준비주체와 추진 목적이 변화했으며, 조약의 체결 목적·방식도 1947년과 1951년 사이에는 화해할 수 없을 정도의 커다란 간격이 존재했다. 1947년 이래 추구되었던 징벌적이며 엄격하고 상세한 대일평화조약은 1951년 관대하며 비징벌적이고 간단한 대일평화조약으로 전환되었으며, 연합4대국이 주도하는 전면강화의 추진은 미국 주도의 단독강화·다수평화로 귀결되었다. 얄타체제로 대표되는 전시 미소협력체제는 미소냉전체제로 역전되었고, 대일평화조약은 이를 반영했던 것이다. 전혀 다른 정치상황에서 만들어진 조약 초안들을 단순히 영토조항만 비교하는 방식으로는 정확한 진상을 파악하기가 불가능하다. 그럼에도 이에 대한 분석은 이뤄지지 않았다. 샌프란시스코평화회담이라는 거대한 구조가 어떻게 구상·조율·형성·변용되었는지에 관한 분석은 매우 어려운 작업이며, 단순히 조약 초안의 독도조항을 검토하는 것과는 다른 차원의 문제이기도 하다.

셋째, 츠카모토의 연구가 간과한 또 다른 중요한 점은 샌프란시스코평화조약에는 정확한 대일영토규정이 존재하지 않았으며, 평화회담의 진행과정에서 대일영토규정과 관련한 연합국의 공개적 논의·합의가 없었다는 사실이었다. 정확히 말하자면, 2차 대전기 카이로선언·포츠담선언에서 합의된 연합국의 대일영토규정, 즉 일본 영토는 주요 4개 섬과 연합국이 정할 주변 도서로 결정한다는 원칙은 폐기되었으나 새로운 대일영토규정은 합의되지 않은 상태였다. 연합국이 합의하고 일본이 동의한 대일영토규정에 따르면, 연합국은 일본령에 포함될 주변 도서들을 결정할 권리를 가졌고, 이는 구체적으로 ① 일본령에 포함될 도서와 배제될 도서의 특정, ② 이를 명확하게 하기 위해 경도선·위도선으로 일본 영역을 표시, ③ 문서를 명확히 하기 위한 지도의 첨부로 이어지는 것이었다. 때문에 1947년 이래 미 국무부의 조약 초안들과 1951년 영국 외무성의 조약 초안들이 같은 방식으로 제작되었던 것이다. 그러나 덜레스가 등장한 1950년 이래 관대한 조약, 비징벌적 평화조약, 간단한 조약문을 추구한 결과, 전시 연합국이 합의한 대일영토규정은 사실상 폐기되었으나 새로운 영토규정은 합의되지 않았다.

    미국이 샌프란시스코평화회담 추진과정에서 대일영토문제에 대해 어떤 판단을 했든지 간에 대일영토규정과 관련해 연합국의 합의된 공론은 존재하지 않았다. 츠카모토와 일본 외무성은 독도가 일본령에서 배제될 지역으로 거론되지 않음으로써 일본령임이 확인되었다고 주장하지만, 이런 대일영토규정은 샌프란시스코평화회담에서 논의·결정된 바 없다. 즉, 전시에 합의되었던 연합국의 대일영토규정이 공론을 거치지 않은 채 사실상 폐기되었으나, 새로운 영토규정에 대한 합의는 이뤄지지 않은 상태에서 조약이 체결되었던 것이다. 오히려 독도는 울릉도의 부속도서로 한국령임이 확인되었다고 하는 한국의 설명이 타당하며, 전시 연합국의 대일영토규정이 지속적 효력을 갖는다는 해석이 정확한 것이다.

    한일 간 독도분쟁이 최고조에 달했던 1953년 12월 4일, 덜레스 국무장관은 동경대사관과 서울대사관에 보낸 비망록에서 바로 이 점을 명확히 지적했다. 그리고 이것이 이후 독도문제에 대한 미국의 공식입장이 되었다.

츠카모토는 두 가지 점에서 독도문제와 관련한 연구사적 기여를 했다. 첫째 대일평화조약이라고 하는 동북아시아 전후체제의 형성과정에서 독도문제가 점하는 위치와 중요성을 부각시킨 점, 둘째 이 과정에서 결정적 역할과 판단을 한 것이 다름 아닌 미국이었음을 밝힌 점이다. 즉, 츠카모토는 독도문제에서 대일평화조약과 미국이라는 두 가지 요소의 중요성을 일깨운 공로가 있으며, 보다 본질적으로 말해 이는 1951년 샌프란시스코평화회담에 이르는 동안 일본정부가 심혈을 기울인 대상이기도 했다. 즉, 츠카모토는 1950년대 일본 외무성이 걸었던 길을 미국 외교문서철을 통해 복기하고자 했던 것이다.

샌프란시스코평화회담·평화조약과 관련한 한국의 연구들은 크게 두 방향에 관심을 갖고 있었다. 첫째는 한일회담, 재일한국인 문제에 초점을 맞춘 연구들로, 한일관계가 연구의 주된 주제였다.[84] 둘째는 샌프란시스코평화회담에서 다뤄진 독도문제에 중점을 둔 연구들이었다. 한일회담을 다룬 연구들은 샌프란시스코평화회담과 한국의 관계에 대해 전반적인 상황 정리·평가를 중시한 반면, 독도문제를 다룬 연구들은 조약 초안의 독도 귀속표기 문제를 중시했다.

독도문제에 중점을 둔 1990년대 중반 이후의 연구들은 일본측에서 공개·발굴한 자료들에 기초해 샌프란시스코평화회담에서 독도가 한국령으로 인정되었음을 밝히려 한 것들이었다.[85] 2000년대 이후에는 미국립문서기록관리청과 영국 국립문서보관소 등에서 직접 문서관 연구를 통해 발굴한 자료를 활

---

84) 李鍾元, 1994, 「韓日會談とアメリカ: '不介入政策'の成立を中心する」, 日本政治學會 編, 『國際政治』 제105호; 이원덕, 1996, 『한일 과거사 처리의 원점』, 서울대학교출판부; 김태기, 1999, 「1950년대초 미국의 대한 외교정책: 대일강화조약에서의 한국의 배제 및 제1차 한일회담에 대한 미국의 정치적 입장을 중심으로」, 한국정치학회, 『한국정치학회보』 제33집 제1호(봄호).
85) 김병렬, 1998, 「대일강화조약에서 독도가 누락된 전말」, 『독도영유권과 영해와 해양주권』, 독도연구보전협회, 173~184쪽; 신용하, 2001, 『독도영유권 자료의 탐구』 4, 독도연구보전협회, 284~301, 313~329쪽.

용한 연구들이 선보였다.

한국에서는 이석우가 최초로 문서관 연구를 통해 발굴·정리한 자료를 연구에 활용한 것으로 생각된다. 이석우는 미국립문서기록관리청에서 발굴한 자료에 기초해 연구성과들을 제출했다.[86] 정병준은 2005년 영국 외무성의 대일평화조약 공식초안(1951. 4)에 첨부된 지도를 발굴했는데, 이 지도를 통해 독도가 일본령에서 배제되어 한국령으로 규정되었으며, 샌프란시스코평화회담에서 독도가 한국령으로 중시되었음을 밝혔다.[87] 또한 일본의 대미로비의 핵심인물로 거론된 주일미정치고문 겸 연합군최고사령부 외교국장 윌리엄 시볼드(William J. Sebald)의 경력과 활동을 통해 전후 대일우호적인 외교관들의 역할을 보여주었다.[88] 나아가 독도문제가 한일 간의 문제이거나 역사적 영유권, 지리적 문헌의 문제라기보다는 샌프란시스코평화회담을 기점으로 한 제2차 세계대전 이후 미국의 동북아 전략, 특히 대일정책의 부산물로 한미·미일 관계에서 파생되었으며, 지역문제의 성격이 강하다는 점을 지적했다.[89]

2000년대 들어 샌프란시스코평화회담과 관련한 독도자료집이 간행되었다. 『대일강화조약 자료집』은 이석우가 자신의 논문에서 활용·소개한 자료를 재편집한 것으로, 평화조약의 초안들 가운데 영토 부분을 주로 발췌한 것이다.[90] 박

---

[86] 이석우, 2002, 「獨島紛爭과 샌프란시스코 평화조약의 해석에 관한 소고」, 『서울국제법연구』 9권 1호; 2002, 「(첨부) 미국 국립문서보관소 소장 독도 관련 자료」, 『서울국제법연구』 9권 1호; 2002, 「샌프란시스코평화조약에서의 쿠릴, 센카쿠섬의 지위와 독도분쟁과의 상관관계에 대한 소고」, 『서울국제법연구』 9권 2호; 2003, 『일본의 영토 분쟁과 샌프란시스코 평화조약』, 인하대학교출판부; 2004, 『독도분쟁의 국제법적 이해』, 학영사; 2004, 『영토분쟁과 국제법: 최근 주요 판례의 분석』, 학영사; 2007, 『동아시아의 영토분쟁과 국제법』, 집문당.
[87] 정병준, 2005, 「영국 외무성의 對日평화조약 草案·부속지도의 성립(1951. 3)과 한국독도영유권의 재확인」, 『한국독립운동사연구』 24집.
[88] 정병준, 2005, 「윌리엄 시볼드(William J. Sebald)와 '독도분쟁'의 시발」, 『역사비평』 71집.
[89] 정병준, 2006, 「시론: 한일 독도영유권 논쟁과 미국의 역할」, 『역사와현실』 제60호; 정병준, 2006, 「독도영유권 분쟁을 보는 한·미·일 3국의 시각」, 『사림』 제26호; Jung Byung Joon, "Korea's Post-Liberation View on Dokdo and Dokdo Policies(1945-1951)," *Journal of Northeast Asian History*, Vol. V-2(Winter 2008).
[90] 이석우, 2006, 『대일강화조약 자료집』, 동북아역사재단.

진희가 편집·해제한 『독도자료』 1~3(미국편)은 주로 미 국무부 문서철을 중심으로 샌프란시스코평화회담을 전후한 미국의 독도 관련 자료를 가장 상세하고 체계적으로 망라한 것으로 판단된다. 여기에는 조약 초안뿐만 아니라 1951년 조약 체결 이후 미 국무부의 독도 관련 정책과 입장이 잘 드러나 있다.[91]

이상과 같이 미국 외교문서에 기초한 연구들은 샌프란시스코평화회담 과정에서 독도가 어떻게 평가·취급되었는가 하는 점에 주목했다. 특히 평화조약 초안에 독도의 귀속·영유권 등이 어떻게 표시되었는가 하는 점이 분석의 초점이 되었다.

3. 연구의 시각·구성·자료

(1) 한·미·일 3국 관계로서의 독도문제

이상과 같은 기존의 연구성과들에 기초해 이 책이 추구하는 기본적 시각은 다음과 같다. 첫째, 한국과 일본 간의 독도분쟁은 일본의 제국주의적 침략과 전후 영토적 야심에서 비롯되었으며, 일본은 국가적 차원에서 문서작업과 책략을 구사했다. 1905년 일본의 독도 영토편입 당시 나카이 요사부로와 일본정부 고위관리들은 독도가 한국령임을 알면서 절차를 도모했고, 무주지로 영토편입 절차를 취해 시마네현 현보에 고시한 후에도 한국에는 이를 감추었다. 1947년 일본 외무성은 독도와 울릉도가 일본령이라는 거짓정보를 담은 팸플릿을 미국과 연합국에 홍보했으며, 1949~1951년 주일미정치고문 겸 연

---

91) 박진희, 2008, 「독도영유권과 한국·일본·미국」, 『독도자료』 1~3(미국편), 국사편찬위원회. 여기에 수록된 자료들은 국사편찬위원회 해외사료조사위원인 방선주 박사가 수집한 미국립문서기록관리청(NARA)의 RG 59(미 국무부 문서철), 84(미 국무부 재외공관 문서철)에서 나온 것들이다.

합군최고사령부 외교국장이던 시볼드 등을 통해 독도가 일본령이며 한국이 이에 대해 이의를 제기한 바 없다는 주장을 폈다. 샌프란시스코평화회담 과정에서 미국의 우호적 입장을 간파한 일본은 1952~1953년 간 독도를 주일미군의 폭격연습장으로 지정·해제함으로써 미국을 독도영유권 확인의 당사자로 개입시키고 영유권 증거를 획득했다.[92] 1905년 일본 외무성의 책략은 1952~1953년에 재현되었다.

둘째, 한국과 일본 간의 독도분쟁은 1952년 1월 한국정부의 해양주권선언(평화선)과 이에 대한 일본의 독도영유권 주장으로 표면화되었지만, 1951년 체결된 샌프란시스코대일평화회담의 준비·체결 과정과 그 이후 처리과정에 그 연원을 두고 있었다. 이는 일본 외무성이 1952년 일련의 외교각서를 통해 독도가 일본의 고유영토였으며, 1905년 근대법에 따라 편입된 것이라고 주장했지만, 역시 가장 큰 주장의 근거로 샌프란시스코평화조약을 제시한 데서 명확히 드러났다. 이후 일본 외무성과 일본의 국제법학자들도 모두 샌프란시스코평화회담을 가장 중요한 국제법적 근거로 제시했다.

셋째, 전후 독도분쟁은 한일 간에 독도의 역사적 영유권을 둘러싼 갈등인 것으로 비쳐졌지만, 본질적으로는 제2차 세계대전 이후 동북아시아 지역질서 구축과정에서 파생된 국제정치적 문제였다. 전후 독도분쟁은 역사적 영유권의 문제라기보다는 샌프란시스코평화회담이 구축해놓은 전후체제, 즉 동북아시아의 기본질서가 된 샌프란시스코체제의 형성과정에서 파생된 것이었다. 때문에 이는 지역문제의 성격이 강했다. 샌프란시스코체제는 일본과 연합국 간의 전시 대결체제, 전후 적대적 점령관계에서 전후 평화체제로 전환한 것이며, 한국은 회담참가국·조약서명국은 아니었지만 역내질서의 기본이 된 샌프란시스코체제의 규정과 영향력에서 벗어나기 어려웠다. 1965년 한일조약은

---

92) 정병준,「일본 100년 동안의 조작」,『한겨레신문』(2005. 3. 16); 정병준, 2005,「윌리암 시볼드(William J. Sebald)와 '독도분쟁'의 시발」,『역사비평』71집.

물론 1950~1960년대의 한일관계와 역내문제에서 한국은 샌프란시스코체제의 영향과 규정하에 놓여 있었다.

넷째, 전후 독도분쟁은 표면적으로 한국과 일본 간의 양국 갈등이며 폭발적 양국 관계로 외면화되었지만, 그 배경에는 동아시아 지역에서 차지하는 미국의 결정적 역할·지위가 놓여 있었다. 실질적으로 독도문제는 한일 양국 관계가 아닌 한미일 3국 관계였으며 미국이 새로운 동북아시아의 전후 지역질서를 구축하는 과정에서 파생된 문제였다. 이 책이 독도문제를 한일관계가 아닌 한미일관계 속에서 살펴보려는 것은 이종원의 문제의식에 힘입은 바 크다. 이종원은 동아시아 냉전과 한미일관계 속에서 1950년대 한국의 정치·경제를 분석했는데, 특히 1940년대에서 1960년대에 이르는 시간적 연속성이라는 수직축과 한국·미국·일본 간 지역적 연관이라는 수평축을 통해 1950년대라는 과도기를 한미일관계 속에서 해명했다.[93] 한일관계에서 미국의 역할과 중요성에 대한 이종원의 연구는 1950년대사 연구 및 한일·한미 관계사 연구의 신기원을 연 것이었다. 한미일관계의 측면에서 볼 때 1950년대 '독도분쟁'은 한일 양국의 문제나 역사적 영유권의 증명문제라기보다는 지역질서 구축과정에서 파생된 문제였으며, 강력한 미국 헤게모니가 초래한 응달의 그림자였다.

다섯째, 독도문제에 대한 한미일 3국의 관계와 입장은 상이했다. 먼저 일본은 식민지·분단·군정·전쟁의 참화 속에 빠진 한국을 상대로 미국의 개입과 동의를 획득해 독도영유권을 확보하려는 준비된 계획과 책략을 실현했다. 1950년대 동북아시아 지역의 헤게모니를 쥐고 있던 미국은 대일평화조약을 준비하는 과정에서 실무진의 행정적 편의주의가 고위급정책을 대체함으로써 독도분쟁의 원인제공자가 되었다. 독도분쟁은 미국의 외교적 결정력이 파생

---

93) 李鍾元, 1996, 『東アジア冷戰と韓米日關係』, 東京大學出版會; 이종원, 1995, 「한일회담의 국제정치적 배경」, 민족문제연구소 편, 『한일협정을 다시 본다』, 아세아문화사; 李鍾元, 1994, 「韓日國交正常化の成立とアメリカ―1960~1965年」, 近代日本研究會 編, 『近代日本研究』 16, 山川出版社.

시킨 뜻하지 않은 문제였고, 상황을 파악하게 된 미국은 자국의 위치를 중립으로 조정했다. 반면 전쟁 중 국가의 생존이 위기에 처했던 한국으로서는 예상치 못했던 논란에 휩쓸린 것이었고, 사력을 다해서야 독도를 지킬 수 있었다. 독도문제와 관련해 일본은 준비·책략·공격자, 한국은 신생정부·초보외교·방어자, 미국은 결정자·조정자의 역할을 수행했다.[94]

특히 일본정부는 1951년 샌프란시스코평화회담의 체결과정에서 미국을 상대로 독도영유권을 인정받았다고 판단해 독도분쟁의 첫발을 내디뎠다. 1952년 1월 일본 외무성의 평화선 관련 성명은 이 점을 거듭 강조했다. 1952~1953년 일본 외무성과 일본 국회가 공개리에 추진한 독도의 주일미군 폭격 연습장 지정·해제 책략도 미국을 독도영유권 문제의 결정자·책임자로 부각하기 위한 노력의 일환이었다. 즉, 전후 독도문제가 부각되는 핵심에는 역내질서에서 차지하는 미국의 역할과 결정권이 위치하고 있었으며, 샌프란시스코평화회담이라는 지역체제 형성과정이 자리하고 있었다.

(2) 1947년이라는 시점

이 책이 다루는 시기적 범위와 내용은 다음과 같다. 먼저 이 책이 다루고자 하는 시기는 1945년 제2차 세계대전 종전 이후 1953년까지이다. 핵심적으로는 1947년부터 1951년까지를 주된 대상범위로 하는데, 대일평화조약이 본격적으로 구상·준비되기 시작한 1947년부터 샌프란시스코에서 평화조약이 조인되는 1951년까지를 포괄한다. 1947년 이전과 1951년 이후는 필요에 따

---

94) 정병준, 2006, 「시론: 한일 독도영유권 논쟁과 미국의 역할」, 『역사와현실』 제60호; 정병준, 2006, 「독도영유권 분쟁을 보는 한·미·일 3국의 시각」, 『사림』, 제26호; Jung Byung Joon, "Korea's Post-Liberation View on Dokdo and Dokdo Policies(1945-1951)," *Journal of Northeast Asian History*, Vol. V-2(Winter 2008).

라 부분적으로 다루었다. 1947년이 부각된 이유는 이해가 독도문제의 주요 행위주체인 한국·일본·미국에 가장 중요한 인식·정책·판단의 출발점이자 중심을 이룬 때였기 때문이다.

첫째, 한국의 경우 1947년부터 독도에 대한 관심과 조사가 본격적으로 이루어졌다. 해방된 지 불과 2년 뒤였고 아직 정부가 수립되기 전이었지만, 남조선과도정부 민정장관 안재홍의 명령에 의해 과도정부 조사단과 조선산악회가 독도학술조사대를 편성해 독도를 조사했다. 독도조사대가 파견된 이유는 대일평화조약의 임박 소식과 일본인 어부들의 독도 상륙, 독도영유권 주장 때문이었다. 1905년 을사늑약 이후 국가가 식민화되는 과정에서 일본의 불법 영토편입에 제대로 대처하지 못했던 한국인들은 완전 독립을 달성하기 전인 1947년 독도영유권 수호를 위한 본격적인 준비에 나섰던 것이었다. 1947년은 한국과 한국인들이 전후 독도문제에 대한 중요성을 인식하고 이에 대한 적극적 대처와 조사작업을 본격적으로 시작한 시점이었다. 다른 한편 독도에서 비롯된 한국인들의 영토수호 의지는 일본의 재침략 위협을 받고 있다고 알려진 파랑도에 대한 관심으로 이어졌고, 이는 일본의 침략주의에 대한 공격의 일환이었던 대마도(對馬島) 반환요구와 결합되었다. 즉, 한국인들은 1947년 이후 독도·파랑도·대마도를 일본과 관련한 영토주권의 대상으로 상정하게 되었던 것이다. 이는 1948년 우국노인회가 맥아더에게 보낸 청원서에서 독도·파랑도·대마도를 한국의 영토로 규정해 반환을 요청한 데서 알 수 있듯이, 하나의 세트로 인식되었다. 이의 연장선상에서 한국정부는 1951년 대일평화회담과 관련한 대미협의과정에서 대마도·파랑도·독도의 영유권을 주장하게 되었던 것이다.

둘째, 일본의 경우 종전 직후부터 대일평화조약의 체결이 국가적인 중대사로 부각되었다. 1945년 말부터 일본 외무성은 대일평화조약 준비작업에 착수했고, 1947년이 되면 조약과 관련한 모든 내부준비를 완료하기에 이르렀다. 특히 독도문제와 관련해 일본 외무성이 1947년 6월 제작해 미국과 연합국에 배포한 팸플릿은 이후 독도문제와 관련해 결정적으로 중요한 자료로 활용되었다. 이 팸플릿은 독도와 울릉도를 '일본의 부속도서'로 다루었다. 나아가 독도는 한국 이름이 없으며, 한국에서 간행된 지도에 표시되지 않았다는 허위사실을 적시했다. 이 팸플릿에 담긴 허위정보는 1948년 이후 맥아더사령부, 미 국무부 등이 독도문제와 관련한 판단에 혼란을 일으키게 한 문서적 증거가 되었다. 이런 측면에서 1947년은 일본이 독도영유권과 관련해 허위주장과 책략을 본격화하는 시점으로서 의미가 있다.

셋째, 미국의 경우 1946년 하반기 이래 대일평화조약을 준비했으며, 1947년 초부터 조약 초안을 작성하기 시작했다. 특히 1947년 초반에 작성된 미 국무부의 다양한 초안들은 리앙쿠르암(독도)이 한국령임을 명확히 하고 있다. 즉, 미국은 대일평화조약을 준비하는 시작단계부터 리앙쿠르암이 한국령임을 명확히 했던 것이다. 1947년 국무부 정책기획단(PPS)은 미 국무부의 입장을 총정리하며, 조약 초안과 지도로 이를 표현했다. 이러한 미국의 정책적 입장은 1949년 11월 주일미정치고문 겸 연합군최고사령부 외교국장이던 시볼드가 독도가 일본령이라는 주장을 할 때까지 유지되었다. 이후 독도에 대한 미국의 정책적 입장은 천변만화(千變萬化)를 겪었고, 최종 대일평화조약문에는 독도가 언급되지 않았다.

이처럼 1947년은 전후 독도와 관련한 한국·일본·미국의 정책적 선택과 입장이 명확히 드러난 시점이자 전후 독도문제의 보이지 않는 출발점이었다. 1947년 한미일 3국은 각각 자국의 필요와 판단에 따라 제2차 세계대전 이후 최초로 독도에 대한 인식·정책·판단을 시작했으며, 한미일 3국의 표면화되지 않은 길항작용은 1951년 샌프란시스코대일평화조약의 체결로 일단락되었다. 이후 한국은 독도영유권을 확보하기 위한 전략적 선택지로 평화선에 독도를 포함시키며 독도에 대한 전반적 조사를 실시했고, 일본은 미국을 개입시켜 독도를 폭격연습장으로 지정·해제하는 책략을 구사했다. 내연되던 갈등은 1952년 1월 이래 독도를 둘러싼 외교각서 교환전으로 표출되었고, 점차 독도

점거 및 무력충돌로 번져나가기 시작했다. 즉, 1947년은 전후 한미일 3국에 의한 독도 인식·정책이 구조화되기 시작하는 시점이었으며, 전후 독도문제가 형성되는 첫 시발점이었다. 이 책은 전후 한미일 3국 관계 속에서 구조화된 독도문제를 조망하기 위해 특별히 1947년을 강조했으나, 이는 국제법학계에서 논의하는 결정적 기일과는 아무 관련이 없다.

(3) 주요 구성

이 책은 모두 9장으로 구성되어 있다. 내용상으로는 두 개의 축을 설정했는데, 첫째 한국·일본·미국이라는 세 나라가 각각 대일평화조약을 준비하는 과정에서 독도에 대한 인식이 어떠했으며, 정책을 어떻게 수립했는가 하는 국가별 정책축과, 둘째 그 과정에서 이들 국가는 어떻게 협의하고 상호 영향을 주고받았는가 하는 국가 간의 관계축이다. 이 책의 부제가 말해주듯 '전후 독도문제와 한·미·일 3국 관계'가 그것이다.

제1장은 1947년 한국의 독도조사와 새로운 인식을 다루었다. 1947년 독도조사에 참여한 인사들은 당대 한국의 최고엘리트이자 여론주도층이었는데, 이들은 1948년 이후 독도문제의 전문적 연구와 국민적 공감대 확산의 주역이 되었다.

제2장은 1948년 미공군의 독도폭격사건을 다루었는데, 이 폭격사건은 전후 독도에 대한 한국인들의 국민적 공감대와 중요성을 부각시키는 계기가 되었다. 주일미공군의 폭격으로 독도에서 조업하던 한국 어민들이 사망하고 한국 어선들이 피해를 입었는데, 주한미군이 사고조사를 한 후, 한국 어민 피해자 및 유가족들에게 배상했으며, 한국정부가 독도에 위령비를 세움으로써 사건은 일단락되었다. 한국의 영토이며 어장인 독도에서 한국 어부들이 조난을 당했고, 미군이 이를 보상한 후 한국정부가 위령비를 세웠으며, 국민들은 모

두 애도했다. 이 과정에서 일본은 전혀 이의를 제기하거나 반응하지 않았다. 독도는 국토의 최전선으로 일본 침략의 첫 희생지가 되었고, 미군 폭격의 대상이 되었다는 침략과 불행의 상징이 되었으며, 독립국 한국이 외세의 침략과 도전으로부터 스스로를 수호하겠다는 국가적 상징이 되었다. 국민적 공감대가 형성된 독도의 중요성은 제헌헌법에도 반영되었다.

제3장은 1947년 일본 외무성의 독도영유권 주장의 역사적 맥락을 다루었다. 종전 이후 평화조약 체결을 국가적 급선무로 설정한 일본 외무성은 외교원로들의 조언하에 평화조약 준비작업을 시작했으며, 이미 1947년 말에 모든 문서적 준비작업을 완료했다. 평화조약 준비작업은 종전 당시 1만여 명에 달했던 일본 외무성 직원들의 유일하고도 중요한 업무였다. 1947년 일본 외무성은 독도와 울릉도가 일본령에 귀속될 부속소도라는 내용의 팸플릿을 만들어 미국을 중심으로 한 연합국에 대대적으로 홍보했고, 주일미정치고문실과 연합군최고사령부 외교국은 일본 외무성의 목소리에 귀를 기울였다.

제4장은 1947년 미 국무부 대일평화조약작업단의 독도 인식을 다루었다. 미국은 1946년 하반기부터 대일평화조약의 체결을 예상하고 준비작업을 시작했는데, 1947년 영토조항 초안에서 리앙쿠르암(독도)을 한국령으로 규정한 이래 1949년까지 동일한 입장을 견지했다. 이 장은 1947년부터 1951년 샌프란시스코평화조약에 이르기까지 대일평화회담의 준비과정과 주요 쟁점을 개괄적으로 다루었다.

제5장은 구체적으로 미 국무부의 대일평화조약 초안에 등장하는 독도문제를 검토했다. 대일평화조약이 구상·입안되기 시작해 체결에 이르는 1947~1951년 동안 최소한 20회 이상 초안이 만들어졌다. 시기와 내용, 작성주체에 따라 함의와 중요성도 각각 달랐다. 미국정부의 초안은 여러 수준이 존재했는데, 국무부 대일평화조약작업단 수준에서 작성·회람된 초안, 국무부 내부에서 회람된 초안, 국무부가 맥아더사령부·국방부에 회람한 초안, 미국정부가 관련국에 회람해 의견을 구한 공식초안(제안용), 미국정부가 영국정부와

협의·토론해 작성한 합동초안 등이 존재했다. 이에 대한 분석을 통해 1947~1951년 대일평화조약 추진의 세 가지 단계와 그에 따른 조약 초안들의 변화과정, 이에 반영된 독도문제 등을 살펴보았다.

제6장은 1951년 영국 외무성이 작성한 대일평화조약 초안을 다루었다. 영국측 초안의 특징은 독도를 일본령에서 배제할 지역으로 특정했고, 이를 명확히 하기 위해 경도선·위도선으로 표현했으며, 복잡한 문서의 내용을 일목요연하게 보여주기 위해 첨부지도를 제작했다는 점에 있었다. 츠카모토에 의해 영국 외무성의 조약 초안은 알려졌으나, 지도는 공개되지 않았다. 1951년 영국과 미국의 협의과정에서 한국의 회담참가 및 조약서명국 자격은 인정되지 않았다. 미국은 한국에 우호적인 입장이었지만 영국은 한국의 참가를 강력하게 반대했다. 영국과 일본의 반대에 부딪힌 미국은 결국 한국에 회담참가국·조약서명국 지위를 부여하지 않기로 결정했다.

제7장은 1951년 미국과 일본의 협의과정을 다루었다. 1951년 1~2월, 4월 두 차례 동경에서 개최된 덜레스 사절단과 일본대표단의 협의는 한국전쟁과 긴밀한 연관 속에 이뤄졌다. 중공군의 개입으로 서울이 재차 공산군의 수중에 든 1951년 1월 초 미국은 한반도의 공산화에 깊은 우려를 갖고 있었으며, 한국정부 및 주요 인사들의 해외이동을 계획하기까지 했다. 1951년 2월 협의에서 미일은 대일평화조약과 미일안보협정 체결에 사실상 합의했으며, 이후 미국은 주요 연합국과 본격적인 협상을 시작했다. 1951년 4월 협의에서 일본정부는 재일한국인들을 공산주의자·범죄자로 무고(誣告)하며, 한국의 연합국 자격 및 평화회담 참가를 극력 반대했다.

제8장은 한국정부의 대일평화조약 대응과 협상전략을 분석했다. 한국정부가 가장 중시한 것은 한국의 조약서명국·연합국 지위확보 문제였다. 조약서명국 지위가 정치적·외교적 차원의 문제였다면, 한국의 경제적 현실과 직결된 중요 사안은 재한일본 국가·개인의 재산, 즉 적산·귀속 재산의 처리문제였으며, 그다음이 맥아더라인의 유지를 통한 수산업의 보호문제였다. 영토

문제는 우선순위가 낮았는데, 영토문제 내에서는 대마도가 중시되었으며, 그 다음이 파랑도와 독도의 순서였다. 이러한 영토 인식은 1947년 한국의 상황과 경험이 부여한 관성의 결과였다. 한국정부는 1951년 총 세 차례에 걸쳐 미국무부에 한국정부의 공식의견서를 제출했는데, 이 속에서 한국정부가 제시한 우선순위도 귀속재산의 효력 인정, 맥아더라인의 유지, 대마도·파랑도·독도의 순서였다. 전쟁 중 피난수도 부산에서 약 60여 명의 인원으로 유지되던 한국 외교당국으로서는 최선의 노력을 기울였다. 그러나 서울과 부산에 축적된 독도 관련 자료들은 주미한국대사관에 정확히 전달되지 않았고, 영토문제와 관련해 정치적 선전인 대마도 주장과 위치·실체가 미확인상태인 파랑도에 대한 주장이 독도영유권과 결합됨으로써 그 신뢰성이 의심받게 되었다.

제9장은 1951년 샌프란시스코평화조약 이후 전개된 한국과 일본의 대응전략, 1952년 이후 한일 간의 독도분쟁과 미국의 입장·역할을 다루었다. 한국의 전략적 선택지는 맥아더라인을 대체할 평화선을 선포하고 그 속에 독도를 위치시킴으로써 대일평화조약에서 요구했던 맥아더라인의 유지와 독도영유권을 자체적으로 관철하는 방식이었다. 일본은 대일평화조약에서 미국의 우호적 입장을 알아챘으나 확증적 문서가 없자, 미국을 개입시킨 증거문서를 확보하기 위해 독도를 폭격연습장으로 지정·해제하는 전략을 채택했다. 1952년 1월 한국의 평화선 선포 이후 일본은 표면적으로는 외교각서로 대응했지만, 이면으로는 독도의 폭격연습장 지정(1952. 7)·해제(1953. 3)를 통해 미국을 개입시키고 증거문서를 확보하려는 책략을 구사했고, 계획이 성사되자 외무성 고시(1953. 5)로 이를 공고한 후 1953년 5월 말부터 본격적으로 독도에 대한 무력점거를 반복적으로 시도했다.

1952년 한일 독도분쟁이 시작된 이래, 부산·동경·워싱턴의 미 외교당국의 입장은 차이가 있었다. 부산 미대사관은 독도분쟁이 존재하며 한일회담에서 문제를 해결해야 한다는 입장이었다. 반면, 동경 미대사관은 독도는 일본령이며 한국이 분쟁을 일으킨다는 강경한 입장을 취했다. 1952년 11월 워싱턴 본부는 1951년 8월의 정책결정을 통보했고, 이 사실을 1년 이상 알지 못했던 부산·동경은 경악했다. 현지의 사정에 동화되기 쉬웠던 한일 양국 미대사관들의 반응은 엇갈렸다. 1953년 상반기 이래 부산은 침묵했고, 동경은 미국이 일본 편에 서서 분쟁을 종식시켜야 한다는 강한 압력을 워싱턴에 보냈다. 1953년 11~12월 덜레스 국무장관은 독도문제에 대한 미국의 정책을 결정했다. 즉, 독도분쟁은 한일 간의 문제다, 미국은 개입해서는 안 된다, 일본은 미국에 대해 독도문제에 개입하라고 요구할 권리가 없다, 미국이 샌프란시스코 평화회담에서 어떤 판단을 가졌든지 간에 이는 조약서명국의 합의된 공론이 아니다, 문제가 해결되지 않으면 한일 양국은 국제사법재판소로 가야 한다는 내용이었다. 이것은 1953년 말 내려진 덜레스의 정책판단이었고, 이후 지속된 미국의 공식적 독도정책이 되었다.

(4) 활용자료

이 연구에 사용된 주요 자료는 한국·일본·미국의 외교문서철들이다. 한국의 외교문서 가운데 공간된 것은 외무부가 편찬한 두 개의 공식자료집인데, 『독도문제개론』(외무부 정무국, 1955)과 『독도관계자료집(I) 왕복외교문서(1952~76)』(외무부, 1977)이다. 이들 자료집에는 1952~1976년 간 한일 양국 정부가 주고받은 외교각서 및 독도 관련 주요 외교문서들이 수록되어 있다. 또한 한국 정부가 공개한 외교문서 가운데 이 연구에 사용된 자료들은 다음과 같다.

- 『독도문제, 1952-53』(분류번호743.11JA, 등록번호4565)
- 『독도문제, 1954』(분류번호743.11JA, 등록번호4566)
- 『독도문제, 1955-59』(분류번호743.11JA, 등록번호4567)
- 『독도문제, 1960-64』(분류번호743.11JA, 등록번호4568)

- 『독도문제, 1965-71』(분류번호743.11JA, 등록번호4569)(이상 2002년 제9차 공개 외교문서)
- 『독도문제, 1972』(분류번호743.11JA, 등록번호5419)(2003년 제10차 공개 외교문서)
- 『한일회담예비회담(1951. 10. 20~12. 4) 본회의 회의록, 제1~10차, 1951』(분류번호723.1 JA, 등록번호 77)
- 『한국의 어업보호정책: 평화선 선포, 1949~52』(분류번호743.4, 등록번호 458)(2005년 공개 외교문서)

특히 2002년 제9차 및 2003년 제10차 외교문서 공개를 통해 1952~1972년 간을 포괄하는 총 6개의 '독도문제' 문서철, 총 1,379장의 외교문서가 공개되어 있다.[95] 현재 한국과 일본 외교문서 가운데 독도문제를 특정해 공개된 외교문서들은 이 문서철들이 유일하다.

샌프란시스코평화회담과 관련한 한국 외교문서들은 확인되지 않는다. 지금까지 공개된 외교문서에는 샌프란시스코평화회담(대일강화회담)을 다룬 별도의 문서철이 존재하지 않는다.[96] 또한 샌프란시스코평화회담과 관련해 중요한 역할을 수행한 워싱턴 주재 한국대사관의 문서철도 여러 경로로 조사했지만, 확인할 수 없었다. 당시 주미한국대사는 하와이 출신 양유찬 박사로 1951년부터 1960년까지 재직했는데, 개인 문서철은 물론 주미한국대사관 문서철의 소재·실물을 확인할 수 없었다. 다만 이승만 서한철에서 1951년 한국

---

95) 마이크로필름은 외교통상부 외교사료관, 국사편찬위원회, 국회도서관 등에서 열람할 수 있다. 외교부는 1994년 제1차(1948~1959년도 문서)부터 2009년 제16차(1978년도 문서)까지 외교문서를 공개했다. 또한 2005년에는 한일회담문서(1948~1967년도 문서)와 베트남전쟁 관련 문서를 공개한 바 있다. 이들 공개 외교문서 목록은 외교사료관 카페(http://cafe.naver.com/diplomaticarchives)에 올라 있다.

96) 2005년 공개된 한일회담문서에 유일하게 『한·일회담 예비회담(1951.10.20~12.4) 자료집: 대일강화조약에 대한 기본 태도와 그 법적 근거』(분류번호723.1JA 자1950, 등록번호76)(정무국, 1950) 총 89쪽 분량의 문서가 있으나, 대일강화조약에 대한 한국정부의 대책을 다룬 문서철은 아니다.

정부와 주한미대사관이 주고받은 중요 서한 및 외교문서들을 활용했다.[97]

2005년 한국에서 한일회담 관련 외교문서들이 공개된 것은 외교통상부의 연례적인 외교문서 공개절차와는 다른 방향에서 이루어졌다. 2004년 2월 13일 서울행정법원은 일제하 강제동원 피해자 99명이 한일협정 외교문서를 공개하라며 외교통상부를 상대로 낸 정보공개거부처분 취소청구소송에서 청구권협정과 관련한 외교문서를 공개하라고 결정했고, 그해 12월 28일 외교통상부는 5건의 한일회담문서를 공개하며 소취하를 권유했다. 그러나 공개된 문서들이 진상규명과 거리가 있자 이에 대한 비판이 고조되었고, 대통령의 지시에 따라 '한일수교회담 문서 공개 등 대책기획단'이 구성되었다(2005. 1. 7). 이 결과 2005년 한일회담 관련 문서와 베트남전쟁 관련 문서들이 공개된 것이다.

한국산악회의 3차(1947, 1952, 1953)에 걸친 독도학술조사 활동과 관련해서 1947년의 경우, 공식계획서와 공식보고서는 현존하지 않는 것으로 보이며, 송석하·방종현·홍종인·옥승식의 글 등을 통해 재구성했다. 1952년과 1953년의 독도학술조사 활동과 관련해서는 독도학술조사대에 참가해 1953년 독도를 실측했던 박병주 교수가 소장하고 있던 당시 계획서 및 메모가 남아 있다. 현재 국회도서관 독도자료실에 『1952년~1953년 독도 측량: 한국산악회 울릉도 독도 학술단 관련 박병주 교수 기증자료』라는 이름으로 총 233쪽 분량의 자료가 소장되어 있다.[98]

일본의 외교문서들은 일본 외무성 홈페이지에 공개된 「강화회의 및 조약 대일평화조약 관계」〔講和會議及び條約對日平和條約關係(B' 4.0.0.)〕 문서들[99]과

---

97) 국사편찬위원회, 1996, 『이승만관계서한자료집3(1951): 대한민국사자료집30』.
98) 韓國山岳會, 「(檀紀四二八五年七月) 鬱陵島獨島學術調査團派遣計劃書」; 「(檀紀四二八六年七月)鬱陵島獨島學術調査團再派計劃書」, 『1952년~1953년 독도 측량: 한국산악회 울릉도 독도 학술단 관련 박병주 교수 기증자료』, 국회도서관 독도자료실.
99) 日本 外務省 外交史料館, 『對日平和條約關係 準備研究關係』 제1~7권(분류번호B'. 4. 0. 0. 1), http://gaikokiroku.mofa.go.jp/mon/mon_b.html(일본 외무성 외교사료관 소장문서). 이 문서들은 日本 外務省, 2002, 『日本外交文書: 平和條約の締結に關する調書』의 저본이다.

샌프란시스코평화조약 관련 일본 외교문서 7책을 주로 이용했다.[100] 일본 외무성은 외교문서를 공개하고 있지만 한일회담 및 독도 관련 자료의 공개에 대해서는 매우 신중하고 미온적인 태도를 취하고 있다. 현재 공개된 샌프란시스코평화회담 관련 일본 외교문서에는 독도에 관한 자료가 한 건도 포함되어 있지 않다.

현재 일본 외무성이 공개한 외교문서 가운데 독도 관련 자료는 한일회담 관련 문서에 포함된 일부에 지나지 않는다. 일본 외무성의 한일회담 관련 문서 공개는 한국측 문서 공개와 연관된 것이었다.[101] 2005년 한국 외교통상부가 법원의 결정과 행정부의 결심으로 약 3만 6,000여 쪽에 달하는 한일회담 관련 문서를 공개하자, 일본에서도 '일한회담문서 전면공개를 요구하는 모임'이 일본 외무성을 상대로 소송을 제기했다. 2년간의 소송을 거쳐 일본 법원이 외교문서 공개를 결정했고, 2008년 7월 6만여 쪽 분량의 한일회담 관련 문서가 공개되었다. 이 가운데 5,340쪽의 중요 부분은 삭제된 채 공개되었으며, 삭제된 부분에 대한 공개소송은 외교적 불이익을 이유로 기각되었다(2009. 12. 16).

현재 일본 외무성이 공개한 한일회담 관련 문서 중 제목에 독도가 포함된 것은 두 건뿐이다.

- 8–17권, 문서번호 810, 부분개시(部分開示), 결정이유(A, D″, G), 작성연월일 미상, 제목 「한일국교정상화교섭의 기록(독도문제)」 250장
- 8–20권, 문서번호 137, 불개시(不開示), 결정이유(D″), 제목 「독도문제에 관

---

100) 日本 外務省, 2002, 『日本外交文書: 平和條約の締結に關する調書. 第1冊: Ⅰ～Ⅲ』; 2002, 『日本外交文書: 平和條約の締結に關する調書. 第2冊: Ⅳ～Ⅴ』; 2002, 『日本外交文書: 平和條約の締結に關する調書. 第3冊: Ⅵ』; 2002, 『日本外交文書: 平和條約の締結に關する調書. 第4冊: Ⅶ』; 2002, 『日本外交文書: 平和條約の締結に關する調書. 第5冊: Ⅷ』; 2006, 『日本外交文書: サンフランシツコ平和條約準備對策』; 2007, 『日本外交文書: サンフランシツコ平和條約對米交渉』.
101) 요시자와 후미토시, 2008, 「일본의 한일회담 관련 외교문서의 공개상황에 대하여」, 「(특별부록) 일본 외무성 외교문서 공개 리스트」, 『일본공간』 Vol. Ⅳ, 국민대학교 일본학연구소.

한 문헌자료」 0장

결국 한 건이 공개된 것인데, 「한일국교정상화 교섭의 기록(독도문제)」에는 별다른 내용은 없다. 그러나 한일회담의 진행경과에서 독도문제가 주요 의제 중 하나로 취급되었기 때문에 문서내용 가운데 독도가 다뤄진 사례는 적지 않은 것으로 생각된다. 아직까지 일본 외무성의 독도 관련 자료 공개는 요원한 것으로 보인다.

한편, 연합군최고사령부 시절 사령부와 일본정부 사이를 연결하던 종전연락지방사무국(終戰連絡地方事務局) 자료를 통해 미공군의 폭격장 운영현황을 확인할 수 있다.[102] 연합군최고사령부지령, 약칭 SCAPIN(Supreme Commander for the Allied Powers Instructions to the Japanese Government)의 경우, 1952년 편집본을 일본 외무성 외교사료관에서 확인할 수 있는데, 한국 관련 호수인 SCAPIN no.1033(1946. 6. 22), SCAPIN no.1778(1947. 9. 16), SCAPIN no.2046(1949. 9. 19), SCAPIN no.2160(1951. 7. 6) 등은 결락되어 있다.[103]

일본 국회에서의 논의과정과 관련해서 일본 국회회의록검색시스템(http://kokkai.ndl.go.jp/)을 활용했는데, 일본 국회회의록의 독도 관련 기사 발췌본은 이종학에 의해 자료집으로 만들어졌으며, 최근 동북아역사재단에 의해 번역·출간되었다.[104]

이 연구에 활용된 미국 자료들의 출처는 미국립문서기록관리청의 미 국무

---

102) 荒敬 編輯·解題, 1994, 『日本占領·外交關係資料集』 第2期 第10卷(終戰連絡地方事務局·連絡調整地方事務局資料).
103) General Headquarters, Supreme Commander for the Allied Powers, *SCAPINS(Supreme Commander for the Allied Powers' Instructions to the Japanese Government, From 4 Septermber 1945 to 8 March 1952)*(not including administrative instructions designated as SCAPIN-A's), (1952. 3. 20)(http://gaikokiroku.mofa.go.jp/djvu/A0046/index.djvu?djvuopts&page=279).
104) 李鍾學 편, 2006, 『日本의 獨島海洋 政策資料集』 1~4, 독도박물관; 동북아역사재단 편, 2009, 『일본국회 독도 관련 기록모음집』 I부(1948~1976년), II부(1977~2007년). 이종학의 자료집은 1947~2000년까지의 자료원문을 수록한 것이다.

부 문서철(RG 59, RG 84), 주한미군사령부 문서철(RG 554), 맥아더아카이브 문서철(RG 5), 미공군역사연구소(Air Force Historical Research Agency, Maxwell Air Force Base, Alabama) 문서철 등이다. 가장 많이 활용한 자료는 미 국무부 문서철, 즉 미국 외교문서들인데 이것들은 미국이 주도한 대일평화조약의 준비·진행·체결 과정을 설명해주고 있다. 『미국외교문서』의 1947~1951년 대일평화조약에 대한 기본자료들이 바로 미 국무부 문서철에서 나왔다.[105]

첫째는 RG 59(국무부 일반문서), 미 국무부 십진분류 문서철(Department of State, Decimal File) 가운데 대일평화조약을 다룬 일련의 시리즈들로, 740.0011PW (Peace) 시리즈, 694.95B 시리즈, 694.001 시리즈 등이다. 미 국무부 십진분류 문서철은 십진분류체제에 따라 9개의 주요 주제등급 중 하나의 주제등급이 매겨졌고, 나라별로 분류한 것이다. 십진분류체제는 기본적으로 100단위로 표시되는데 100단위는 위의 주제등급을, 10단위와 1단위를 합친 두 자리 숫자는 각 나라와 지역을 표시한다(예를 들어 한국 95, 중국 93, 일본 94, 프랑스 51, 독일 41). 또한 소수점 아래로는 특정한 주제등급에 따라 특정한 숫자가 배열된다. 이 체제는 배열된 숫자로 국가와 지역, 주제와 이슈, 대사관과 영사관 등을 표시할 수 있는 복잡한 것이다. 740.0011 PW(Peace)란 7(각국의 정치 및 조약관계), 40(유럽), 00(세계일반), 11(전쟁) PW(Peace)(전후 평화)로 제2차 세계대전 종전 후 대일평화조약 관련 문서를 의미한다.[106] 694.95B 시리즈는 6(국제정치관계, 기타 국제관계, 쌍무협정), 94(일본), 95B(남한)으로 일본의 남한과의 국제관계 문서철을 의미하며, 694.001 시리즈는 일본의 국제관계 문서철을 의미한다. 모두 특정주제와 관련해 일자별로 정리되어 있는 문

---

105) United States Department of State, *Foreign Relations of the United States(FRUS), 1947. The Far East(Korea)*, Vol. VI, Washington, D.C., U.S. Government Printing Office; *FRUS, 1949. The Far East and Australasia(in two parts)*, Vol. VII, Part 2; *FRUS, 1950, East Asia and the Pacific*, Vol. VI; *FRUS, 1951, Asia and the Pacific(in two parts)*, Vol. VI, Part 1.
106) 정병준, 2002, 「미 국립문서기록관리청 소장 RG 59(국무부 일반문서) 내 한국관련 문서」, 『미국소재 한국사 자료 조사보고 1, NARA 소장 RG 59, RG 84. 외』, 국사편찬위원회.

서철들이다.

- RG 59, Department of State, Decimal File, 740.0011PW(Peace)
- RG 59, Department of State, Decimal File, 694.95B
- RG 59, Department of State, Decimal File, 694.001

둘째는 RG 59(국무부 일반문서), 미 국무부 Lot File에서 나온 대일평화조약 관련 문서철들로 대일평화조약 대통령특사를 지낸 존 포스터 덜레스 문서철, 덜레스의 보좌관이자 동북아시아국장을 지낸 존 무어 앨리슨 문서철, 대일평화조약·미일안보협정 관련 문서철, 극동조사과 문서철 등이다. Lot File은 말 그대로 한 덩어리로 묶인 자료라는 의미를 지니고 있다. 이들 기록물은 중앙문서철에 들어 있지 않으나 미 국무부에서 생산한 문서들로, 일정한 조직체(주로 국무부 내 여러 국들)가 생산한 기록이거나 특정기능 혹은 특정주제에 관한 기록들이다.[107]

덜레스 문서철(Lot 54D423)은 덜레스가 국무장관특사 및 대통령특사로 임명된 1950년 5월부터 대일평화조약이 체결되는 1951년까지를 집중적으로 포괄하고 있는데, 대일평화조약이 준비된 1946년부터 1952년까지의 다양한 관련 문서들이 포함되어 있다.

앨리슨 문서철 혹은 동북아시아국 대일평화조약 문서철(Lot 56D527)은 대일평화조약의 실무를 담당했던 미 국무부 극동국 일본과/동북아시아과(이후 동북아시아국)의 문서철이다. 종전 당시 미 국무부 내에서 일본문제를 담당한 것은 극동국 일본과(JA)였는데, 일본과는 1947년 동북아시아과(NA)로 변경되었고 일본과 한국 문제를 담당했다. 1950년 동북아시아국(局)으로 승격되었

---

107) 방선주, 1998, 「美國 國立公文書館 國務部文書槪要」, 『國史館論叢』 제79호; 방선주, 2002, 『미국소재 한국사 자료 조사보고 3, NARA 소장 RG 242 「선별노획문서」 외』, 국사편찬위원회 재수록.

다. 일본과·동북아시아과·동북아시아국은 대일평화조약 추진의 핵심부서였으며, 종전 이후 휴 보튼(Hugh Borton) 일본과장(1946~1947)·동북아시아과장(1947)-존 무어 앨리슨 동북아시아과장(1947)-맥스 비숍(Max W. Bishop) 동북아시아과장(1948)·존 무어 앨리슨 극동국 부국장(1948)-존 무어 앨리슨 동북아시아국장(1950~1951)·딘 러스크 극동담당차관보(1950~1951) 등이 대일평화조약의 실무책임자였다. 1950년 극동국이 국장급 직위에서 극동담당차관보 직위로 승격된 후 예전에 극동국 산하였던, 중국과·동북아시아과·필리핀및동남아시아과는 모두 중국국·동북아시아국·필리핀및동남아시아국으로 승격되었다. 앨리슨은 1950~1951년 간 동북아시아국장, 1952~1953년 간 극동담당차관보를 역임했다.[108]

대일평화조약 및 미일안보협정 관련 문서철(Lot 56D527)에는 다양한 조약·협정 초안이 들어 있어, 조약 초안의 형성과정을 알 수 있다. 극동조사과 문서철(Lot 58D245)은 미 국무부 정보조사국(Office of Intelligence and Research: OIR) 산하의 극동조사과에서 대일평화조약과 관련해 작성한 다양한 보고서류들이 포함되어 있다.

- RG 59, 「1946~1952년 간 존 포스터 덜레스 대일평화조약 문서철」(Japanese Peace Treaty Files of John Foster Dulles, 1946-52, Boxes.1-14), Lot 54D423.
- RG 59, 「1945~1951년 간 대일평화조약 관련 동북아시아국 문서철」〔Office of Northeast Asia Affairs, Records Relating to the Treaty of Peace with Japan-Subject File, 1945-51(John Moore Allison file), Boxes.1-7〕, Lot 56D527.

---

108) *United States Government Organization Manual, 1945(Revisions through September 20), 1946(Revised to May 1), 1947(Revised to December 1, 1946), 1947(Revised through June 1, 1947), 1948(Revised through June 30, 1948), 1949(Revised as of July 1, 1949), 1950-51(Revised as of July 1, 1950), 1952~53(Revised as of July 1, 1952),* Federal Register Division, National Archives and Records Service.

- RG 59, 「1946~1952년 간 대일평화조약 및 안보협정 관련 문서철」(Records Relating to the Japanese Peace and Security Treaties, 1946-1952), Lot 78D173.
- RG 59, 「극동조사과 문서철」(Records of the Division of Research for Far East), Lot 58D245.

셋째는 RG 84 미 국무부 재외공관 문서(RG 84, Records of the Foreign Service Posts of the Department of State) 중 서울 주재 미국대사관 문서철(Korea, Seoul Embassy)과 동경 주재 미국대사관 문서철(Japan, Tokyo Embassy)이다.[109] 이들 서울대사관·동경대사관 문서철에는 샌프란시스코평화조약 체결 과정은 물론 독도문제와 관련된 1951~1954년 간 자료들이 가장 많이 수록되어 있다. 일본의 경우 1945년부터 1951년 샌프란시스코평화조약의 체결까지 외교관계가 회복되지 않아 국무부가 파견한 주일미정치고문실이 해당 업무를 대행했다. 이 문서철의 상당 부분은 2008년 국사편찬위원회에 의해 자료집으로 간행되었다.[110]

- RG 84, Entry 2846 「한국, 서울대사관, 1953~1955년 간 비밀일반문서」(Korea, Seoul Embassy: Classified General Records, 1953-1955)
- RG 84, 「일본, 동경대사관, 1952~1955년 간 비밀일반문서」(Japan, Tokyo Embassy: Classified General Records, 1953-1955)
- RG 84, Entry 2828 「일본, 국무부 주일정치고문실 1949~1951년 간 비밀일반문서」(Japan, Foreign Service Posts of the Department of State, Office of the U.S. Political Advisor for Japan-Tokyo, Classified General Correspondence, 1945-49, 1950-)

---

109) 정병준, 2002, 「미 국립문서기록관리청 소장 RG 84(국무부 재외공관문서) 내 한국 관련 문서」, 위의 책.
110) 국사편찬위원회, 2008, 『독도자료』 1~3(미국편).

넷째는 RG 554 주한미군사령부 문서철(USAFIK)인데, 이 문서철은 예전의 RG 332 「1945~1948년 간 주한미24군단 정보참모부 군사실 역사문서」(United States Army Forces in Korea XXIV Corps, G-2 Historical Section. Historical Files, 1945~1948)들과 주한미군사령부 문서철들을 모아 새로 재편한 문서철이다. RG 332 시절의 24군단 군사실 문서철에 대해서는 방선주·정용욱의 소개·해제를 참조할 수 있다.[111] 이 책에는 24군단 군사실 문서철, 주한미군사령부 부관부 일반문서철(십진분류 파일), 주한미군정장관실 문서철 등이 활용되었다.

- RG 554, 「24군단 정보참모부 역사실 문서철」(Records of General HQ, Far East Command, Supreme Commander Allied Powers, and United Nations Command, XXIV Corps, G-2, Historical Section, Box 41. Box 77)
- RG 554, 「주한미군사령부 부관부 일반문서철(십진분류 파일)」(USAFIK, Entry A1 1378, United States Army Forces in Korea(USAFIK), Adjutant General, General Correspondence(Decimal Files) 1945-1949, Box 108, Box 141)
- RG 554, 「주한미군정장관실 문서철」(Entry A1 1404, USAFIK, US Army Office of Military Government, Box 311)

다섯째는 1948년 미공군의 독도폭격과 관련해 미국 앨라배마 주 맥스웰 공군기지의 미공군역사연구소 문서철을 이용했다. 1948년 6월 독도폭격에 관련되었던, 제93중(重)폭격비행전대〔The 93rd Bombardment Group(VH)〕, 제93중폭격비행전대 제330폭격비행대대(330th Bombardment Squadron, 93d Bombardment Group), 제328중폭격비행대대〔328th Bombardment Squadron(VH)〕

---

111) 방선주, 「美國 第24軍 G2 軍史室 資料 解題」, 『아시아문화』 3호, 1987; 정용욱, 2003, 「미군정 자료 주요 문서철 자료 목록 1. 군사실 문서철」, 『미군정자료연구』, 선인.

의 1948년 6월 역사 등이다.

- 「1948년 6월 오키나와 가데나 공군기지 제93중폭격비행전대 역사」(History of The 93rd Bombardment Group(VH), Kadena Air Force Base, Okinawa, For the Month of June 1948)
- 「1948년 6월 오키나와 가데나 공군기지 제93중폭격비행전대 제330폭격비행대대 역사」(History, 330th Bombardment Squadron, 93d Bombardment Group, Kadena Air Force Base, Okinawa, For the month of June 1948)
- 「1948년 6월 제328중폭격비행대대 역사」(History of 328th Bombardment Squadron(VH) for June 1948, Narrative History)

여섯째는 맥아더아카이브의 RG 5 연합군최고사령부 공식서한철(SCAP Official Correspondence)에 수록된 맥아더와 주요 인사들의 서한들과 영국의 외교문서들도 일부 활용했다. 영국 외무성은 1951년 총 3차에 걸쳐서 대일평화조약 초안을 작성했는데, 그 과정에 이르는 문서들을 영국 국립문서보관소에서 찾아 활용했다. 제1차 초안(1951. 2. 28)은 FO 371/92532, FJ 1022/97에, 제2차 초안(1951. 3)은 FO 371/92535, FJ 1022/171에, 제3차 초안(영국 초안)(1951. 4. 7)은 FO 371/92538, FJ 1022/222에 소장되어 있다.

또한 대일평화조약의 진행과 관련해 실무를 담당했던 한국·일본·미국의 주요 외교관들의 회고록들을 검토했다. 이를 통해 문서에 드러나지 않는, 회담에 임하는 각국의 태도와 정책적 입장, 분위기들을 파악할 수 있다. 한국의 주요 외교관들로는 유진오(외교위원회 위원), 김동조(외무부 정무국장), 홍진기(외교위원회 위원), 양유찬(주미대사), 한표욱(주미대사관 1등서기관), 진필식(외무부 사무관) 등의 회고록을 활용했다.[112] 일본의 경우 요시다 시게루(吉田茂, 수상), 스기하라 아라타(杉原荒太, 외무성 조약국장), 니시무라 구마오(西村熊雄, 외무성 조약국장), 시모다 다케소(외무성 조약국 제1과장·평화조약문제연구간사회 간사), 아사카이 고이치로(朝海浩一郞, 종전연락중앙사무국 총무부장) 등의 회고록을 활용했다.[113] 미국의 경우 존 무어 앨리슨(국무부 동북아시아과장·덜레스 사절단 공사), 휴 보튼(국무부 일본과장·동북아시아과장), 윌리엄 시볼드(주일미정치고문·연합군총사령부 외교국장), 알렉시스 존슨(U. Alexis Johnson, 국무부 동북아시아부과장), 나일스 본드(Niles W. Bond, 국무부 동북아시아부과장·한국담당관), 존 에머슨(John K. Emmerson, 주일미대사관, 주일미정치고문실), 리처드 핀(Richard B. Finn, 주일미정치고문실·주일미대사관 2등서기관), 로버트 피어리〔Robert A. Fearey, 주일미대사 조셉 그루(Joseph C. Grew)의 개인비서·국무부 동북아시아과 직원〕 등의 회고록을 활용했다.[114]

---

112) 유진오, 1963, 「對日講和條約 草案의 檢討」, 『民主政治에의 길』, 일조각; 유진오, 1966, 위의 책; 김동조, 1986, 『회상30년 한일회담』, 중앙일보사; 홍진기, 1962, 「나의 獄中記」, 『新思潮』 2월호(창간호); 유민홍진기전기간행위원회, 1993, 『유민 홍진기 전기』, 중앙일보사; 양유찬, 「남기고 싶은 이야기들: 駐美大使 시절 ①~⑤」, 『중앙일보』(1974. 12. 17~12. 21); 한표욱, 1996, 『이승만과 한미외교』, 중앙일보사(1984, 『한미외교요람기』의 개정판); 외교통상부 외교안보연구원, 1999, 『외교관의 회고: 진필식 대사 회고록』.

113) 吉田茂, 1959, 『回想十年』 제1~4권, 新潮社; 袖井林二郞 編譯, 2000, 『吉田茂—マッカーサ往復書簡集 1945-1951』, 法政大學出版局; 杉原荒太, 1965, 『外交の考え方』, 鹿島研究所出版會; 西村熊雄, 1971, 『日本外交史 27: サンフランシスコ平和條約』, 鹿島研究所出版會; 下田武三 著·永野信利 編, 1984, 『戰後日本外交の證言: 日本はこうして再生した』 上·下, 行政問題研究所; 朝海浩一郞, 1950, 『外交の黎明』, 讀賣新聞社.

114) John M. Allison, *Ambassador from the Prairie*, Boston, Houghton Mifflin, 1973; William J. Sebald with Russell Brines, *With MacArthur in Japan: A Personal History of the Occupation*, W. W. Norton & Company, Inc., New York, 1965; Hugh Borton, *Spanning Japan's Modern Century: The Memoirs of Hugh Borton*, Lexington Books, 2002; U. Alexis Johnson with Jef Olivarius McAllister, *The Right Hand of Power*, Prentice-Hall, 1984; "Oral History Interview with Niles W. Bond," December 28, 1973, by Richard D. McKinzie, Harry S. Truman Library; John K. Emmerson, *The Japanese Thread: A Life in the U.S. Foreign Service*, Holt, Rinehart and Winston, 1978; Richard B. Finn, *Winners in Peace: MacArthur, Yoshida, and Postwar Japan*, University of California Press, Berkeley and Los Angeles, California, 1992; Robert A. Fearey, *The Occupation of Japan, Second Phase: 1948-50*, The MacMillan Company, 1950; Robert A. Fearey, "Diplomacy's Final Round," *Foreign Service Journal*, American Foreign Service Association, December 1991; Robert A. Fearey, "Tokyo 1941: Might the Pacific War Have Been Avoided?", *The Journal of American East Asian Relations*, Spring 1992, Chicago; 인터넷게시물(http://www.connectedcommunities.net/robertfearey/pacific_war.htm). ロバート·フィアリ-, 福井宏一郞 譯, 2002, 「近衛文麿 對米和平工作の全容」, 『文藝春秋』 1月號.

또한 한국산악회의 독도조사와 관련해 참가했던 손경석(한국산악회 고문), 김한용(사진작가) 등에 대한 인터뷰를 진행했다.[115]

---

115) 「손경석 인터뷰」(2010. 1. 7. 죽전 신세계백화점); 「김한용 인터뷰」(2009. 2. 4. 충무로 김한용사진연구소); 「이한우 전화 인터뷰」(2009. 1. 6).

1

한국 1947년:
남조선과도정부·조선산악회의 독도조사

1. 독도에서 서울로: 1905년 '침략'의 재현
   (1) 독도의 위기: 일본인의 불법 점거·총격
   (2) 서울의 대응: 독도·맥아더라인 위기의 결합

2. 과도정부·조선산악회의 울릉도·독도 조사
   (1) 과도정부의 수색위원회 결성
   (2) 조선산악회의 합류
   (3) 최초의 독도조사

3. 1947년 독도조사가 남긴 유산
   (1) 보고강연회·전람회·조사보고서
   (2) 신문·잡지의 보도
   (3) 독도 관련 주요 개념·논점·인식의 부상

4. 파랑도와 대마도의 결합
   (1) 파랑도: 일본의 또 다른 침략 소문
   (2) 입법의원: 대일강화회의 참석·대마도

1. 독도에서 서울로: 1905년 '침략'의 재현

(1) 독도의 위기: 일본인의 불법 점거·총격

1905년 독도는 일본 침략의 첫 희생물이 되었다. 대한제국의 영토인 독도를 불법 편입하기 위한 일본의 국가적 문서작업은 그 위법성과 침략성을 은폐하기 위해 은밀히 진행되었고, 대한제국정부와 국민들은 이 사실을 알지 못했다. 일본의 불법적인 독도 영토편입 사실은 1년 뒤인 1906년 시마네현 관리들이 울릉도에 상륙해서야 비로소 알려졌다. 경악한 울도(울릉도) 군수 심흥택은 이 사실을 강원도 관찰사에게 보고했고, 소식은 연이어 서울에도 보고되었다. 잘 알려진 것처럼 심흥택은 "본도 소속 독도"에 일본인들이 불법 상륙해 자신들의 영토라 주장한다며 해법을 구했다. 『황성신문』 등 한국의 언론들은 경악·격분했고, 이에 대한 대책을 정부에 요구했다. 그러나 당시 한국은 을사늑약으로 외교권과 실질적인 내정통치권을 박탈당한 상태였고, 온 나라를 빼앗기는 형국에 독도 침략에 대한 적절한 대응책을 마련하는 것은 불가능했다.

1945년 일본의 패망으로 한국이 해방되었을 때, 한반도와 그 부속도서들은 당연히 한국에 귀속되었다. 해방 후 한국인들의 독도에 대한 첫 인식은 1905년과 같은 궤적을 밟아왔다. 1947년 독도에서 어로작업에 종사하던 한국 어부들이 독도에 불법 상륙한 일본인의 총격을 받았다. 울릉도는 격앙되었

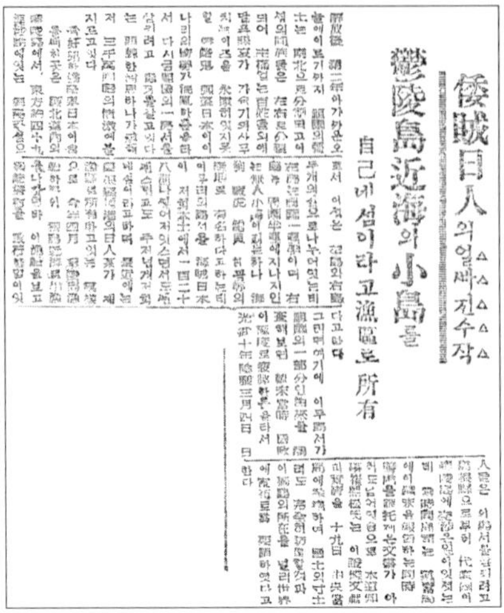

倭賊日人의 얼빠진 수작
鬱陵島近海의 小島를
自己네 섬이라고 漁區로 所有

〈그림 1-1〉 해방 후 최초의 독도 보도(『대구시보』, 1947. 6. 20)

고, 울릉도 도민의 분노는 행정관할 당국인 경상북도 도청을 거쳐 서울 중앙에 보고되었다. 독도는 1905년과 마찬가지로 독도를 생업의 현장으로 삼고 있던 울릉도 주민들에 의해 그 영유권의 중요성이 부각되었고, 지방정부를 거쳐 중앙정부로 문제가 확산되었다.

지금까지 입수 가능한 자료에 기초해 조사한 바에 따르면, 독도라는 지명과 그 영유권 문제가 해방 후 한국 언론에 처음 등장한 것은 1947년이었다. 대구에서 발행되던 『대구시보』(大邱時報)는 「왜적 일인(倭賊日人)의 얼빠진 수작: 울릉도 근해의 소도를 자기네 섬이라고 어구(漁區)로 소유」라는 기사를 게재했다(1947. 6. 20). 이 기사는 이후 한국인들의 독도 인식과 대응의 방향을 형성하는 데 결정적인 영향을 끼쳤다. 전문(全文)은 다음과 같다.

> 해방 후 만 2년이 가까운 오늘에 이르기까지 조국의 강토는 남북으로 분할되고 이 땅의 동족들은 좌우로 분열되어 주권 업는 백성들의 애달픈 비애가 가슴 기피 사무치는 이즈음 영원히 잇지 못할 침략귀(侵略鬼) 강도 일본이 이 나라의 정세가 혼란한 틈을 타서 다시금 조국의 일도서를 삼키려고 독아(毒牙)를 갈고 잇다는 악랄〔한〕 소식 하나가 전해저 3천만 동포의 격분에 불지르고 있다.
> 즉 간흉(奸兇)한 침략귀 일본이 마수를 뻐친 곳은 경북도내의 울릉도에서 동방 약 49리 지점에 잇는 독도란 섬으로서 이 섬은 좌도와 우도 두 개의 섬으로 나누어 잇는데 좌도는 주위 1리반(哩半)이며 우도는 주위 반리에 지나지 안는 무

인 소도이기는 하나 해구(海狗), ○호(虎), 복패(鰒貝), 감(甘)곽 등의 산지로 유명하다고 하는데 이 우리의 도서를 해적 일본이 저희 본토에서 128리나 떨어져 잇스면서도 뻔뻔스럽고도 주저넘게 저희네 섬이라고 하며 <u>최근에는 도근현 경항(境港)의 일인 모(某)가 제 어구(漁區)로 소유하고 있는 모양으로 금년 4월 울릉도 어선 한 척이 독도 근해로 출어를 나갓던 바 이 어선을 보고 기총소사를 감행한 일이 잇다고 한다.</u>

그러면 여기에 이 두 도서가 조국의 일부분인 유래를 조사해 보면 한말 당시 국정이 극도로 피폐한 틈을 타서 광무 10년 음력 3월 4일 일인들이 <u>이 도서를 삼키려고 도근현으로부터 대표단이 울릉도에 교섭 온 일이 잇섰는데 당시 동도사(同島司)는 도당국에 이 전말을 보고하는 동시 선처를 청탁해온 문서가 아직도 남어있슴으로 본도지사(本道知事) 최희송(崔熙松) 씨는 이 증거문헌과 실정을 19일 중앙 당국에 송달하여 국토의 촌토(寸土)라도 완전히 방위할 것과 이 독도의 소재를 널리 세계에 선포토록 요청하였다고 한다.</u> (강조는 인용자)

『대구시보』는 해방 후 창간된(1945. 10. 3) 『대구일보』가 1946년 1월 초 제호를 변경한 신문이다. 창간 초기 건준(建準) 경북지부의 영향력이 강했으며, 1946년 우익계 인사들이 판권을 소유했음에도 전반적으로 진보적인 논조를 유지했던 것으로 알려져 있다.[1] 1946년 당시 편집국장은 최달희, 업무국장은 이병철이었다. 이 보도는 크게 세 가지 측면에서 주목할 만한 내용이었다.

첫째, 독도를 한국령으로 명확히 규정하며 그 지리정보를 제시했다. 위치는 경북 울릉도에서 동쪽 약 49마일 지점이며, 좌도(左島, 서도)와 우도(右島, 동도)의 두 개 섬으로 구성되어 있다. 좌도는 주위 1.5마일, 우도는 주위 0.5마일의 무인 소도이나 강치(海狗), 전복, 미역(甘藿) 등의 산지이다. 해방 후 독도

---

1) 윤덕영, 1995, 「해방 직후 신문자료 현황」, 『역사와현실』 제16호, 362~363쪽.

에 대한 지정학적 인식은 이 기사에서 최초로 제시되었다.

둘째, 독도의 역사적 영유권에 대한 인식과 독도영유권을 재확인했다. 이 기사는 독도가 "조국의 일부분"이며 "일도서"(一島嶼)이지만 광무 10년, 즉 1906년 음력 3월 4일 이 도서를 삼키려고 시마네현(島根縣) 대표단이 울릉도에 교섭해온 일이 있었다고 밝히고 있다. 즉, 시마네현 관리들의 울릉도 상륙과 독도 불법편입 사실 통보를 정확히 기록하고 있다. 나아가 당시의 군수인 심흥택이 강원도에 전말을 보고하는 동시에 선처를 요청한 문서가 남아 있음을 지적하고 있다.[2] 또한 일제의 독도 침략 역사 및 현상에 기초해 당시 독도를 관리하던 행정당국인 경상북도가 중앙정부에 독도문제에 대한 조치를 요구했음을 명기했다.

셋째, 해방 이후 독도에 대한 일본인들의 침탈실상을 기록했다. 기사는 최근 "도근현 경향의 일인 모(某)가 제 어구(漁區)로 소유하고 있는 모양으로 금년 4월 울릉도 어선 한 척이 독도 근해로 출어를 나갔던 바 이 어선을 보고 기총소사를 감행한 일이 잇다"고 전했다. 1947년 4월에 일본 시마네현의 사카이미나토(境港)에 사는 일본인이 독도가 자신의 어구, 즉 자신의 소유임을 주장하며 독도에서 어로작업을 하고 있던 울릉도 어선에 총격을 가했다는 것이다. 일제하 특정일본인들이 독도에서 배타적으로 강치잡이를 했으며, 다른 어로작업에 대해 물리력을 행사한 것에 비춰볼 때 이들이 총격을 가했을 가능성은 매우 높다.[3] 그러나 기사에서 주장하고 있는 "기총소사"는 아무래도 어색한 면이 있다. 아마 기자는 기관총 총격을 묘사하는 것으로 썼으리라 추정되는데, 민간 어부가 기관총을 가지고 와서 사격했다는 것은 이해하기 어려운

---

[2] 심흥택의 보고서는 1947년 8월 울릉도·독도학술조사대가 울릉도를 조사할 때 울릉도 도청에서 발견된 사본이다.
[3] 강치잡이에는 크게 세 가지 방법이 동원되었는데, 첫째 몽둥이로 때려잡는 박살법(撲殺法), 둘째 총으로 쏘아 잡는 총살법(銃殺法), 셋째 섬살법(閃殺法) 등이 소개되었다. 대량포획에는 주로 총살법이 동원되었다 [「獨島의 물개: 水試浦項支場 朴在東」①~⑤, 『수산경제신문』(1948. 7. 20~25)].

대목이다. 또한 기총소사란 전투기가 근접·저공 비행하면서 지상·해상의 목표물을 난사하는 것을 뜻하므로 역시 어색함을 지울 수 없다. 1947년 8월 독도를 방문한 홍구표는 1947년 4월 울릉도 어민이 독도에 상륙하려다 '기상저격'(機上狙擊)을 받아 즉사한 일이 있었다고 쓴 바 있다.[4] 때문에 다음 장에서 다룰 것처럼, 1947년 4월에 독도에 대한 미군기의 총격 혹은 폭격 연습을 일본인의 총격으로 오인했을 가능성이 있다. 이런 맥락에서 보자면, 위의 기사는 1947년 4월에 발생했던 일본인의 독도 불법상륙·침탈과 미군기의 독도 기총소사라는 두 가지 사실을 하나로 묶어서 인식한 결과가 아닐까 추정된다. 여하튼 1947년 4월 일본인이 독도를 불법 점거한 사실은 분명하다.

여기에 등장하는 경항(境港)은 현재 돗토리현(鳥取縣)에서 오키시마(隱岐島)나 울릉도·독도로 출항하는 전진기지인 사카이미나토를 의미하는 것이었다. 사카이미나토는 청일전쟁 이후 조선 및 울릉도와 교역하는 외국무역항이었고, 1910년대까지 이 항구에서 이루어지는 대외무역의 80~90퍼센트가 울릉도를 상대로 한 것이었다.[5]

한편, 사카이에 거주하는 일본인이 누구였는지는 명확하지 않다. 1905년 일본이 불법적으로 독도의 영토편입을 선언한 이후 6월부터 강치(海驢)어업을 허가하자, 나카이 요사부로(中井養三郎)가 중심이 된 죽도어렵합자회사가 강치잡이를 본격적으로 시작했다. 시마네현은 1905년 나카이 요사부로와 세 명의 동업자(가토 시게쿠라(加藤重藏)·이구치 류타(井口龍太)·하시오카 유지로(橋岡友次郎))에게 1908년까지 배타적인 강치어업 허가권을 주었다. 이후 강치어업 면허는 1908~1916년 간은 세 명(나카이 요사부로·가토 시게쿠라·하시오카 유지로)에게, 1916~1926년 간은 나카이 요사부로의 아들인 나카이 요이치(中

---

4) 洪九杓, 1947, 「無人獨島 踏査를 마치고(紀行)」, 『建國公論』 11월호(제3권 제5호).
5) 허영란, 2005, 「19세기말~20세기초 일본인의 울릉도 도항과 독도영유권 문제」, 미출간 원고, 12쪽; フリー百科事典, 『ウィキペディア』(Wikipedia), '境港市' 검색결과.

井養一), 하시오카 유지로의 상속자인 하시오카 다다시게(橋岡忠重)와 가토 시게쿠라에게, 1926~1931년 간은 두 명(나카이 요이치·하시오카 다다시게)에게, 1931~1945년 간은 세 명〔야하타 조시로(八幡長四郎)·이케다 고이치(池田幸一)·하시오카 다다시게)에게 주어졌다.[6] 그런데 1924년 11월 나카이 요이치는 1,000엔의 대가를 받고 독도의 어업권을 야하타 조시로·이케다 고이치·하시오카 다다시게에게 양도한다는 계약을 체결했고, 1929년 최종적으로 어업권이 야하타 조시로에게 양도되었다.[7]

한편, 야하타 조시로는 1925년 울릉도에서 여러 개의 통조림공장을 운영하던 오쿠무라 헤이타로(奧村平太郎)에게 어업권을 3년간 1,600엔에 팔았고, 1928년 이후 2년간 쉰 후 다시 3년간 1,600엔에 판매했다. 오쿠무라 헤이타로는 1933년부터 1938년까지 무계약으로 어업했고, 1938년부터 1942년까지 그의 아들인 오쿠무라 아키라(奧村亮)가 야하타 조시로와 매년 1,000엔에 계약했다. 이후 오쿠무라 아키라는 무계약상태로 1945년까지 어업하면서 하시오카 다다시게의 대리인에게 1,000엔을 건네기도 했다. 즉, 해방 직전의 상황에서 독도의 어업권(면허)은 야하타 조시로·이케다 고이치·하시오카 다다시게가 소유하고 있었고, 실제 어업은 오쿠무라 아키라가 하는 상황이었다. 오쿠무라 아키라에 따르면, 1938년 이후 매년 순수익은 4회 항해에 1만 엔에 달했다.[8]

때문에 해방 이후 독도에 나타나 자신의 어업구역(漁區)이라고 주장하며 한국 어선을 향해 총격을 가한 사람은 오쿠무라 아키라 혹은 야하타 조시로·이케다 고이치·하시오카 다다시게 중의 한 명이었을 것이다. 시마네현 야츠

---

6) 田村淸三郎, 1965, 『島根縣竹島の新硏究』, 島根縣總務部總務課, 66~73쪽. 다무라(田村)는 시마네현의 관리로 일본 외무성의 가와카미 겐조와 짝을 이루어 1950~1960년대 독도의 일본 영유권 주장의 핵심적 논리를 수립하고 관련 자료를 정리한 인물이다.
7) 田村淸三郎, 1965, 위의 책, 102~103쪽.
8) 田村淸三郎, 1965, 위의 책, 104쪽.

카군(八束郡) 가가무라(加賀村) 출신으로 울릉도에 거주했던 오쿠무라 아키라보다는 시마네현 오키군(隱地郡) 고카무라(五個村)에 주소를 두고 있던 야하타 조시로일 가능성이 높다.

한편, 종전 이후 이미 연합군최고사령부지령(SCAPIN) 677호(1946. 1. 29)에 의해 독도에 대한 일본정부의 정치상·행정상 권력행사가 정지되었고, 연합군최고사령부지령 1033호(1946. 6. 22) 「일본의 어업 및 포경업 허가구역에 관한 건」의 제3항, "일본의 선박 및 선원은 북위 37도 15분 동경 131도 53분에 있는 독도로부터 12마일 이내에 접근해서는 안 되며, 또한 이 섬과의 일체의 접촉은 허용되지 않는다"라는 지령, 즉 맥아더라인에서 독도는 일본령에서 명백히 제외되었다. 이에 따라 시마네현은 현령(縣令) 제49호(1946. 7. 26)를 통해 「시마네현 어업취체규칙」(島根縣漁業取締規則)에서 독도 및 강치〔海驢〕어업에 관한 항목을 삭제했다.[9]

때문에 오쿠무라 아키라·야하타 조시로 중 누구였는가와 관계없이 일본인이 1947년에 독도를 침입·점거해 어업권을 주장하며 한국인의 어업을 금지한 것은 연합군최고사령부지령일 뿐만 아니라 자국의 법령을 위반한 불법행위였다. 나아가 한국 어선에 대해 총격을 가한 것은 두말할 나위 없는 만행이자 불법행위였다. 이와 관련해 누가 독도에 불법 상륙했는지와 관련된 기록을 살펴보았지만 찾을 수 없었다.[10] 일본인의 독도 상륙이 연합군최고사령부지령과 일본 법률을 위반하는 일이었기 때문에, 일본인의 독도 불법상륙은 비공개적이고 은밀하게 개인적 차원에서 이루어졌을 것이다.

---

9) 田村淸三郎, 1965, 위의 책, 73쪽.
10) 『朝日新聞』·『讀賣新聞』(東京), 『山陰新聞』(島根縣) 등을 검색했지만 관련 기사를 발견하지 못했다.

(2) 서울의 대응: 독도·맥아더라인 위기의 결합

1947년 6월 19일 경상북도가 일본의 독도 침탈시도를 중앙에 보고했고, 『대구시보』가 이를 보도했다. 한 달이 지나자 이제 독도문제는 지방의 문제에서 서울의 문제로, 나아가 국가적 관심사로 부상되었다.

1947년 7월 하순 서울의 언론들은 『대구시보』의 보도를 받아 후속기사를 내보내기 시작했다. 그 논조는 『대구시보』와 동일했다. 1947년 7월 23일 『동아일보』는 「판도에 야욕의 촉수 못 버리는 일인의 침략성, 울릉도 근해 독도 문제 재연」이라는 기사를 게재했다. 이 기사는 『대구시보』의 내용을 전재한 것으로 중앙 차원에서 한국인들의 독도 인식과 대응의 방향을 형성하는 데 영향을 끼쳤다.

동해바다 울릉도 동남 49마일 지점에 있는 두 개의 무인도인 독도가 있는데 그 좌도는 주위 1마일 반이 되고, 우도는 반마일이 되는 조고마한 섬으로 이 섬은 오랜 옛날부터 우리의 어업장으로서 또는 국방기지로서 우리의 당당한 판도에 속하였던 것이다. 그런데 요즘에 와서는 일본 도근현(島根縣) 사까이(境) 사는 일인이 동섬은 자기 개인의 것이라고 조선인의 어업을 금하고 있으며 또한 일인은 우리의 영해에 침입하고 있어 울릉도 도민들은 경북도를 거쳐 군정당국에 진정을 해왔다. 그런데 이 섬은 소위 한일합병 전인 광무 10년에도 일인관헌이 불법상륙하야 조사를 하고 간 일이 있어 그 당시 조선정부 내외에서는 물의가 분분하였으나 그 뒤 소위 한일합병이 되자 이 문제가 흐지부지되어 일인들은 원래 자기네들 영토라고.[11]

---

11) 『동아일보』(1947. 7. 23).

기사는 독도의 지정학적 위치와 특징을 밝히며, 독도가 "옛날부터 우리의 어업장으로서 또는 국방기지로서 우리의 당당한 판도에 속"했으나 1906년 일본 관헌이 불법 상륙해 조사해간 후 조선정부에서 물의가 분분했다고 썼다. 『대구시보』의 기사와 큰 차이

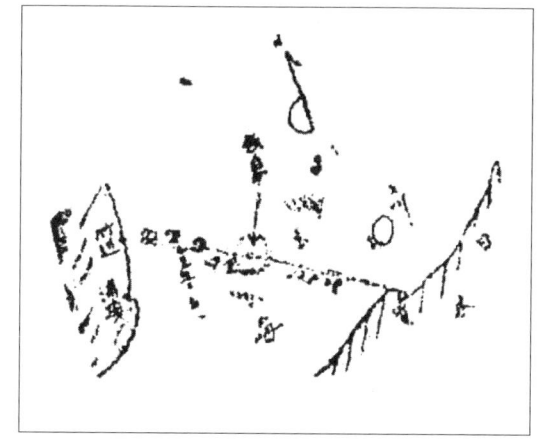

〈그림 1-2〉 독도의 위치(『동아일보』, 1947. 7. 23)

가 없다. 그런데 『동아일보』는 해방 이후 최초로 독도의 위치를 묘사한 그림을 게재했다(〈그림 1-2〉 참조). 이 그림은 해방 후 한국 언론에 보도되고 한국 언론이 인식한 최초의 독도 관련 지리정보였다.

인쇄상태가 좋지 않지만 그림의 왼편에 한반도 동남부의 죽변·포항이 묘사되었고, 오른편에는 일본 서부와 사카이(境)항을 표시한 후 중앙에 독도를 위치시켰다. 독도는 울릉도 도동에서 49마일, 사카이항에서 128마일 떨어진 것으로 표시되었다. 독도의 오른쪽에 일본 오키섬이 표시되어 있다. 즉, 이 기사가 제시한 독도와 한일 간의 거리는 『대구시보』에 제시된 것과 일치한다. 『동아일보』는 독도가 일본과의 영유권분쟁 대상이 될지도 모른다는 전망을 내놓음으로써 이에 대한 과도정부의 대응을 촉구했던 것이다. 이로써 1947년 독도 어로현장에서 발생한 일련의 사건은 울릉도와 경상북도를 거쳐 서울에 전달되었다. 사소하게 보였던 동해상 섬의 사건은 서울 중앙의 여론을 움직였고, 국가적 관심을 받기 시작했다. 독도사건이 독도영유권 문제로 확대되는 순간이었다. 국사관(國史館, 현재 국사편찬위원회의 전신)의 관장이던 신석호는 독도문제에 대해 이렇게 강조했다.

지리적으로 역사적으로 보아 당연히 우리나라 판도에 귀속되어야 할 것이며 독립국가〔가〕 된 후라도 군사상 또는 경제상 중대한 지점이 될 수 있다. 당면한 문제로는 어장개척상 중대한 관심과 이해를 가져오고 있으므로 맥아더사령부에서 우리 판도로 확정하여 주어야 할 것이다.[12]

식민지에서는 해방되었지만, 강대국에 의해 분단되었으며, 아직 독립된 주권국가가 아니었던 한국의 운명은 연합국의 호의에 의지하고 있던 상태였다. 독도에 대한 영유권을 맥아더사령부에 호소한 것은 이 때문이었다. 신석호는 곧바로 안재홍 민정장관의 명령에 의해 울릉도·독도를 공식적으로 조사하는 임무를 수행하게 되었다.

한편, 1947년 6~7월 한국인들의 독도 인식이 제고된 배경에는 맥아더라인 완화에 따른 해양으로부터의 위협이라는 요인이 자리하고 있었다. 1947년 7월 2일 맥아더사령부는 일본의 식량난을 완화할 목적으로 남한 어업실태를 조사하기 위해 국가자원조사국(國家資源調査局) 소속 미국인 두 명을 남한에 파견했다. 이들은 과도정부 수산국의 미국인 고문 구드리치, 농무부 차장 김훈(金勳), 수산국·수산업회 각 1인의 대표들과 함께 조사에 착수해, 인천·군산·목포·여수·통영·부산 등 남한의 주요 어항을 시찰할 계획이었다.[13] 주지하다시피 맥아더라인은 일본인의 어업한계선을 정해놓은 것이었는데, 당시 남한에서는 맥아더라인이 한국측 영해 쪽으로 더 확대될지도 모른다는 우려가 강하게 제기되었다. 남한 수산업계는 한국의 어업기술이 원양어업은 고사하고 연안어업도 근근이 하고 있는 실정이므로, 일본의 어업한계선이 확장된다면 남해안의 어장은 황폐화하고 남한의 어업은 고사할 것이라고 우려했다. 나아가 "일본이 타국을 침략할 때 항상 그 무기의 선봉으로서 고용된 수단이

---

12) 「당연 우리 것 申國史館長談」, 『동아일보』(1947. 7. 23).
13) 『수산경제신문』(1947. 7. 4).

바다로부터의 침략 즉 어업 침해와 더불어 어민 이식으로부터 시작된 것이라는 과거의 사실이 증명하고 있는 움직일 수 없는 뚜렷한 역사적 사실"이라며 제주도 남쪽의 맥아더라인을 축소해줄 것을 요청했다. 남한 수산업계의 주장은 제주도 남쪽에서 굴절된 맥아더라인을 직선화해 일본의 어로한계 구역을 축소해달라는 내용이었다.[14] 당시 언론들은 농무부 수산국이 군정장관을 통해 맥아더사령부에 어업구역 축소안(북위 40도 동경 135도-북위 26도 동경 113도-북위 26도 동경 123도)을 요청했다고 보도했다.[15]

1947년 6월 울릉도에서 시작된 일본인의 독도 불법상륙 및 한국 어선 총격사건은 맥아더라인 확대 및 한국의 어로구역 축소 우려와 결합되면서 강력한 목소리로 발전했다. 그런데 당시 한반도의 정치적·사회적 상황은 혼란의 극을 달리고 있었다. 미소의 강력한 영향 속에 남북은 분단되었고, 좌우갈등은 격렬한 상황이었다. 완전통일·자주독립 국가 건설을 둘러싼 갈등과 미소·남북·좌우의 갈등과 대립은 생사를 건 인정투쟁으로 전개되었다. 1947년 5월 제2차 미소공동위원회가 개막되었고, 곧 미소합의에 따른 통일임시정부가 수립될 것 같은 분위기가 존재했지만, 다른 한편으로는 강력한 반탁·반공 시위가 벌어졌다. 찬반탁·좌우익의 대립은 물리적 충돌과 테러로 이어졌고, 급기야 여운형이 암살되는(1947. 7. 19) 지경에 이르렀다. 그런데 바로 이런 혼란한 시점에 한국인들 가운데에서 독도영유권에 대한 목소리가 터져 나온 것이다.

돌이켜보자면 당시 독도영유권에 대한 한국인들의 관심과 노력이 본격화된 것은 요행이자 천우신조에 가까웠다. 이후의 역사적 맥락에서 보자면 1947년 울릉도에서 시작되어 대구·서울로 이어진 독도에 대한 관심은 한국

---

14) 「日人들 出漁境界無視, 南海漁場서 不法密漁, 所謂 맥아더라인 是正縮小要望」, 『수산경제신문』(1947. 7. 30).
15) 「近海 侵寇의 日漁船, 맥아더선 修正도 건의」, 『한성일보』(1947. 8. 13).

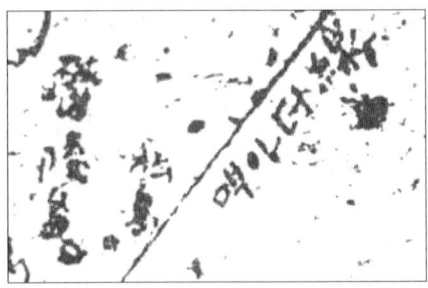

〈그림 1-3〉 맥아더라인과 독도(『한성일보』, 1947. 8. 13)
〈그림 1-4〉 맥아더라인과 독도 부분(『한성일보』, 1947. 8. 13)

의 독도영유권 확립에 중요한 기여를 한 첫 출발점이 되었다.

1947년 8월 13일자 『한성일보』의 보도는 당시 한국 언론 및 지식인들이 독도문제와 맥아더라인 축소문제를 동시에 고려하고 있었음을 잘 보여준다.

왜인들은 맥아더선을 넘어 울릉도에서 48마일 떨어지고 일본에서 128마일 떨어져 있는 우리 국토 독도까지 경관 의사 등까지 끼인 왜인 7·8명이 상륙 점거하며 또는 제주도 부근에 나타나 조선의 어장을 교란 침해하는 등 가진 흉계와 불법행위를 감행하고 있음으로 농무부 수산국에서는 군정장관을 통하야 다시는 우리 어업지구를 침범치 못하도록 맥아더사령부에 요청할 어업구역 축소안 (북위 40도 동경 135도 - 북위 26도 동경 113도 - 북위 26도 동경 123도)을 제출하였다는바 그 귀추가 자못 주목되며 더구나 일본인이 상륙 점거한 독도도 지리적 역사적으로 보아 당연히 우리 국토〔의〕 일부임에 틀림없음으로 우리 민족의 그에 관한 관심은 절대(몇 자 불명) 맥아더사령부의 선처가 절실히 요망되고 있다.[16] (강조와 〔 〕는 인용자)

108

『한성일보』는 민정장관이던 안재홍이 사장으로 재직하던 중도우파 계열의 신문이었다. 이 기사는 1947년의 시점에 한국인들이 독도문제를 인식하게 된 두 가지 줄기, 즉 일본인의 불법점거에 따른 독도영유권 문제와 일본인의 제주도 부근 조업과 관련된 맥아더라인 문제의 상호관계와 맥락을 보여주고 있다. 즉, 도서영유권과 어업구역 설정이라는 두 가지 문제에 대한 인식과 대응이었다. 해방 후 한국의 독도문제 인식에는 일본인의 불법적 독도점거라는 일본 재침략에 대한 우려, 해방되었으나 완전히 독립하지 못한 한국의 영토주권 확립에 대한 의지, 맥아더라인 축소에 따른 한국 어업의 생존권 확보라는 다층적 상황판단이 자리하고 있었다. 특히 독도영유권이 맥아더라인과 직접적으로 연결되는 문제로 인식되었다는 점은 향후 한국인·한국정부의 독도정책과 관련해 주목해야 할 부분이었다.

『한성일보』가 보도한 경관·의사가 포함된 일본인 7~8명이 독도에 상륙했다는 주장의 근거는 확인되지 않는다. 다만 『대구시보』·『동아일보』 등이 보도한 시마네현 사카이항에서 온 일본인들을 지칭함을 알 수 있다. 이 기사는 독도가 지리적·역사적으로 한국령이므로 이에 대한 관심을 기울여야 하며, 독도의 영유권과 맥아더라인 축소에 대해 맥아더사령부의 선처가 "절실히 요망" 된다고 강조했다. 즉, 주권정부가 없는 한국인들이 독도영유권 및 어로구역에 대해 맥아더사령부의 호의에 기댈 수밖에 없는 상황이었음을 보여주고 있다. 한편, 일본인의 제주도 부근 조업이란 1947년 6~7월 제주도 부근에서 일본 밀어선(密漁船) 6척이 해안경비대에 나포된 사건을 언급한 것이다. 미군정은 이 어선들의 무조건 송환을 결정했는데, "우리 영역을 침범"해서 밀어를 했으니 국제법 위반으로 엄중한 제재를 가해 선박을 몰수 혹은 억류해야 한다는 여론이 높았다.[17] 『한성일보』의 이 기사는 국내 언론 가운데 처음으로

---

16) 위와 같음.
17) 「日密漁船 處斷하라, 나포선반송은 유감사」, 『수산경제신문』(1947. 7. 8).

독도가 맥아더라인의 일본령에서 배제되어 한국령으로 표시된 사실을 보도하고 있다.

이상을 정리하자면 1947년 4월 일본인의 독도 불법점거 및 한국인 어업금지·총격 사건이 발생했고, 독도에서 조업하던 울릉도 도민들의 진정을 접수한 경상북도는 1947년 6월 19일 남조선과도정부에 해당 사항을 보고했다. 이어 1947년 7월 중순 남조선과도정부 농무부 수산국은 맥아더사령부에 맥아더라인 축소를 요구했다. 즉, 해방 후 독도문제가 대중적 관심을 끌게 된 것은 일본인들의 수산자원 남획과 어업한계선 월경, 독도 불법점거 및 총격사건 때문이었다. 독도문제는 독도→울릉도→경상북도→과도정부를 거치면서 국가적 의제로 확대되었다. 1906년 울도 군수 심흥택→강원도→대한제국정부로 일본의 독도 불법침략이 보고된 것과 동일한 계통이었다. 일본의 독도 침략이 41년 뒤에 또다시 재현된 것이다.

오랜 식민지에서 막 해방된 한국은 국가 수립을 향한 갈등 속에 놓여 있었고, 국가 자체의 운명이 미정인 상태였다. 이 와중에 20세기 초 일본 침략의 첫 희생양이 되었던 독도는 재차 위기에 빠졌고, 침략을 생생히 기억하는 한국인들에게 이에 대한 적극적 대응이 요구되었다.

2. 과도정부·조선산악회의 울릉도·독도 조사

(1) 과도정부의 수색위원회 결성

일본인들이 불법적으로 독도에 상륙해 한국 어부들에게 총격을 가한 시점에 일본 외무성은 독도가 일본령이라고 주장하는 허위사실을 담은 팸플릿을 만들어 맥아더사령부와 연합국 등에 대대적인 선전·홍보 작업을 벌이고 있었다. 일본 외무성은 울릉도도 실질적으로 일본령에 가깝다고 선전하고 있었다.

시마네현의 어부는 독도에서 물리적 폭력을 행사했고, 일본 외무성은 외교적 수단을 구사하고 있었다. 식민지에서 해방되었으나 나라는 분단되었고, 미소·남북·좌우의 갈등 속에 정치·경제·사회의 혼란이 극도에 달했던 한국인들은 전혀 이 사실을 알지 못했다. 당시 한국의 목표는 통일·독립 국가의 건설이었고, 국가의 재건과 생존이었다.

한국인들은 일본 외무성의 독도영유화 책략을 알지 못했지만, 국지적 독도 침탈시도에 명민하게 대처하기 시작했다. 그러나 주권정부가 존재하지 않았던 한국인들의 대응은 미군정의 통제 속에서 제한적으로 시도될 수밖에 없었다. 일본인들의 독도 불법점거·총격 사실이 알려진 이후 한국인들의 대응은 크게 두 가지로 진행되었다.

첫째, 남조선과도정부는 독도조사 및 관련 문헌조사를 실시했다. 둘째, 남조선과도정부와의 긴밀한 협조하에 민간단체인 조선산악회의 울릉도·독도 조사활동이 이루어졌다. 이는 상호 보완적인 의미가 있었는데, 미군정 통치하에서 영토문제와 관련해 결정권을 가질 수 없었던 남조선과도정부의 한국 관리들은 민간조직인 조선산악회를 통해 적극적인 조사활동을 펼쳤던 것이다.

이 시점에 저명한 비타협적 민족주의자이자 중도우파 정치인이었던 안재홍이 남조선과도정부의 민정장관이었고, 그를 중심으로 곧바로 대책위원회가 조직되었다. 독도가 지리적·역사적으로 한국의 영토이기에 "맥아더사령부에서 우리 판도로 확정하여 주어야 할 것"이라는 국사관 관장 신석호의 발언이 보여주는 것처럼,[18] 주권을 회복하지 못한 상태에서 독도문제에 대한 한국인들의 대응은 맥아더사령부에 보고·청원해서 독도영유권을 확인받는 간접적인 방식으로 이루어질 수밖에 없었다.

또한 1947년 7월 11일에 극동위원회가 채택한 '항복 후의 대일기본정책'

---

18) 「당연 우리 것 申國史館長談」, 『동아일보』(1947. 7. 23).

이 신문지상에 보도되자, 독도의 소속문제가 주목을 끌게 되었다.[19] 8월 초 과도정부는 민정장관을 위원장으로 하는 '독도에 관한 수색위원회'(일부 자료에는 '교섭위원회'로 표기됨)를 조직한 후 1947년 8월 4일 관계 방면의 전문가를 초청해 중앙청 민정장관실에서 회의를 개최했다.[20] 추인봉(秋仁奉) 과도정부 외무처 일본과장은 수색위원회가 독도에 관한 역사적 고찰과 현지조사를 하여 맥아더사령부에 한국 영토임을 보고할 계획이라고 밝혔다.[21] 수색위원회라는 명칭에서 드러나듯이 과도정부 및 한국인 관리들은 아직 독도에 대한 지리적·역사적 정보를 충분히 확보하지 못한 상태였던 것으로 보인다. 때문에 가장 중요한 과제는 독도의 실태를 파악하기 위한 조사단 파견 및 관련 증거의 확보였다. 회의 결과, 역사적 문헌의 발굴작업과 현지조사 방안이라는 두 가지 과제가 자연스럽게 결정되었다.[22] 첫날 회의에서 발견된 증거문헌은 독도가 강원도 행정구역에 편입된다는 일본 지리학자의 논문이었는데,[23] 1948년에 신석호가 쓴 글에 의하면 히바타 세스코(樋畑雪湖)가 1930년에 쓴 「일본해에 있는 죽도(竹島)의 일선(日鮮)관계에 대해」라는 논문으로 판단된다.[24]

한편, 과도정부는 독도조사단을 파견하기로 결정했다. 과도정부 민정장관 안재홍의 명령에 따라 국사관 관장 신석호, 외무처 일본과장 추인봉, 문교부 편수사 이봉수(李鳳秀), 수산국 기술사 한기준(韓基俊) 등 네 명으로 과도정부 독도현지조사단이 구성되어 현장에 파견되었다.[25] 조사단의 구성에서 과도정

---

19) 외무부 정무국, 1955, 『독도문제개론』, 34쪽.
20) 「독도문제 중대화, 搜索委員會 조직코 협의」, 『동아일보』(1947. 8. 3).
21) 『동아일보』(1947. 8. 3).
22) 「우리의 국토 秋日本課長談」, 『동아일보』(1947. 8. 3).
23) 「독도는 우리 판도, 역사적 증거문헌을 발견, 수색회서 맥司令에 보고」, 『동아일보』(1947. 8. 5); 「독도는 우리 땅, 사적 증거문헌 발견」, 『동광신문』(1947. 8. 7).
24) 樋畑雪湖, 1930, 「日本海に於ける竹島の日鮮關係に就いて」, 『歷史地理』 55-6, 日本歷史地理學會. 이 논문은 독도가 일본 시마네현 소속이 아니라 한국 강원도 소속이라고 밝힘으로써 독도가 한국령임을 명기하고 있다.
25) 신석호, 1948, 「獨島所屬에 對하여」, 『史海』 12월호(제1권 제1호) 90쪽. 이봉수는 국정교과서 편수관으로 이후 문교부 보통교육국 중등교육과장을 역임했다.

부의 고심을 엿볼 수 있다. 과도정부의 공식 역사편찬기구였던 국사관 관장에게는 독도가 한국령이라는 역사적 증거를 확보하고 이를 증명하는 사명이, 대일외교사무를 담당하는 외무처 일본과장에게는 일본과의 관계에서 독도영유권을 해결하고 이에 대처할 사명이, 문교부 편수사에게는 지리교과서와 지도 등에 독도를 한국령으로 표시하기 위해 정확한 방위와 좌표, 지형 등을 파악할 사명이, 수산국 기술사에게는 맥아더라인을 위반한 일본인의 독도 불법점거 실상을 파악해 맥아더라인 강화의 근거를 마련할 사명이 주어졌을 것이다.[26] 영토·영해 문제라면 국방 관련 부서가 개입했겠지만, 미군정하에서 군사주권이 없는 상태였고 사실상 미군정의 눈에 띄지 않게 조사단을 파견했기 때문에 포함되지 않았을 것이다. 이처럼 과도정부 독도조사단의 구성은 이 조사업무가 과도정부 한국인 관리들의 중요 관심사였음을 보여준다.

민정장관 직속 독도조사단은 1947년 8월 16일 대구에 도착했다.[27] 주한미군정사령부의 기록에 따르면, 과도정부 농무부 수산국(Fisheries Bureau) 및 한국역사지리협회(Korean History and Geography Association)의 대표들이 8월 16일 울릉도와 독도로 떠났다고 되어 있다.[28] 한편, 대구에 도착한 독도조사단에 경상북도의 권대일(權大一) 지방과장과 직원 등 2명이 합류했다. 이로써 과도정부 중앙에서 파견한 역사·외교·교육·수산 전문가 4명에, 경상북도에서 파견한 2명이 결합한 총 6명의 독도조사단이 실지조사에 나서게 되었다. 이들은 조선산악회 울릉도·독도조사대와 함께 조사활동을 벌였다.

한편 과도정부 독도조사단 단원은 아니었지만, 상당수의 정부기관 관계자

---

26) 1951년 9월 한국산악회의 제주도·파랑도학술조사대 파견 시에도 문교부는 파랑도의 국민학교 지리부도 표기를 확인하기 위해, 국방부는 국토해역 확인을 위해 조사를 지원한 바 있다〔김정태, 1977, 「韓國山岳會30年史」, 『한국산악』 XI(1975·1976년호), 한국산악회, 35쪽〕.
27) 「독도조사단, 16일 발정」, 『대구시보』(1947. 8. 17).
28) USAFIK, United States Army Military Government in Korea, *South Korea Interim Government Activities*, no.23(1947. 8), prepared by National Economic Board and Statistical Research Division, Office of Administration, p. 7

들이 조선산악회 울릉도·독도조사대에 합류했다. 여러 기록을 종합해보면 국립지질연구소의 옥승식 등 2명, 수원농사시험소 1명, 국립과학박물관 3명, 국립박물관 1명, 국립방역연구소 1명, 경기도세균연구소 1명, 체신부 무전사 1명, 상무부 전기기사 1명, 국립민족박물관 1명 등 총 12명의 과도정부 공무원들이 조선산악회 독도조사대에 참가했다. 이상과 같이 과도정부 소속 공무원으로 독도조사대에 참가한 인원은 중앙정부 4명, 경상북도 2명, 조선산악회 12명 등 총 18명에 달했다.

그런데 이들의 파견은 매우 조용하고 은밀하게 추진되었다. 지금까지의 조사에 따르면 독도조사단의 파견은 중앙 신문에 전혀 보도되지 않았으며, 중간 경유지였던 경북 대구에서 발행된 『대구시보』에 간단히 출발사실이 보도되었을 뿐이다.[29]

미군정도 독도조사단 파견사실에 대해 대외적 발표나 홍보를 전혀 하지 않았다. 미군정 기록에 나타나는 독도조사단 관련 기록은 위에서 언급한 남조선과도정부 활동보고서에 등장하는 한 건뿐이다. 여기서 미군정은 "독도가 훌륭한 어업전진기지로서 울릉도 남서쪽(원문 그대로)에 위치하고 있는 두 개의 작은 섬으로 구성되어 있으며, 현재 영유권이 논란이 되고 있다"라고 적었다. 즉, 과거에는 일본의 점령하에 있었지만 현재는 맥아더라인에 의해 한국측 어업구역으로 획정되어 있으며, 이 섬의 종국적 귀속문제는 다가올 대일평화회담에서 결정될 문제라고 정리한 바 있다.[30]

과도정부 독도조사단의 파견목적은 최초에 제시된 것처럼 '수색위원회'의 임무였기 때문에, 독도의 역사적·지리적 특징과 현상 등을 파악하는 데 주안점이 두어졌다.

---

29) 「독도조사단, 16일 발정」, 『대구시보』(1947. 8. 17).
30) USAFIK, 위의 자료, p. 7.

(2) 조선산악회의 합류

과도정부의 독도조사단과 함께 독도조사에 동참한 것은 민간단체인 조선산악회였다. 조선산악회는 현재 한국산악회의 전신으로 단순한 등산·친목 단체가 아니라 일종의 국토조사·탐험 단체로 당대 한국 지성계의 청장년들이 망라된 엘리트집단이기도 했다. 해방 직후인 1945년 9월 15일 YMCA에서 창립된 조선산악회는 일제하에서 조선인 산악인 조직이었던 백령회(白嶺會)가 주동이 되어 만들어졌다. 사회단체로는 진단학회 이후 두번째로 창설된 조직임을 자부했다.[31] 75명으로 창립된 조선산악회의 간부진은 다음과 같았다.

- 회장: 송석하(진단학회장·국립민족박물관장)
- 부회장: 최승만(崔承萬, 미군정청 문화교육국장), 김상용(金尙鎔, 이화여전 교수·시인)
- 이사: 송석하, 최승만, 김상용, 현동완(玄東完, YMCA 총무), 김교철(金敎哲, 한성은행 전무), 금철(琴澈, 자유신문사 상무), 조병학(趙炳學, 의학박사·조필비뇨기과 원장), 박용덕(朴龍德, 세브란스의전 교수), 김용구(金龍九, 조선체육동지회 상임위원)
- 감사: 정보라(鄭保羅, 세브란스의전 교수), 이덕호(李德鎬, 세브란스의전 교수)
- 간사: 김정태(金鼎泰, 총무·기획담당, 삼화연료공업소 경성공장장), 김정호(金正浩, 사무담당, 상업은행 동대문지점원), 방현(方炫, 학술담당, 세브란스의전병원연구실), 이재수(李在眸, 회계담당, 조선영화사 경리부장), 박순만(朴順萬, 스키(담당), 조선증권회사원], 주형렬(朱亨烈, 상업), 채숙(蔡淑, 경기도 위생시험실원), 방봉덕(方鳳德, 상업), 현기창(玄基彰, 조선영화사원), 이기만(李起晩, 삼화연료공업

---

31) 한국산악회50년사편찬위원회, 1996, 『한국산악회50년사』, 한국산악회, 79쪽.

소원), 박래현(朴來賢, 상업), 김도식(金道植, 보성전문 육상부), 김용학(金龍鶴, 상업), 전우진(全宇鎭, 조선운송회사원)[32]

조선산악회는 1945년 12월 15일 회장 송석하가 관장이던 국립민족박물관으로 소재지를 옮겼고 1946년 6월 28일 제1회 정기총회를 개최해 다음과 같이 임원을 개선했다.

· 회장: 송석하
· 부회장: 홍종인, 도봉섭(都逢涉)
· 이사: 송석하, 홍종인, 도봉섭, 조복성(趙福成), 석주명(石宙明), 심학진(沈鶴鎭), 김정태, 유하준(兪夏濬), 금철, 유홍렬(柳洪烈)
· 간사: 김정호, 주형렬, 박순만, 박상현(朴商顯), 이재수, 유재선(柳在善), 채숙, 이기만, 현기창, 이용민(李庸民), 김용학, 김홍래(金泓來), 남행수(南行秀), 고희성(高熙星), 정인호(鄭仁浩)[33]

제1회 정기총회를 통해 조선산악회는 이사진에 언론인, 문화인, 인문·자연계 학자들을 망라했다. 이는 조선산악회가 단순히 산악인들의 등산모임이 아니라 해방 후 학문적 조사활동과 문화사업에 중점을 두고 각계의 주요 인사들을 끌어들인 결과였다.

회장을 맡은 석남 송석하(1904~1948)는 민족주의 계열의 학자로 역사·민속·학술계에서 명망 있는 학자였다. 경남 울산 출생으로 일본 동경제대 상과를 중퇴한 후 귀국해 1932년 손진태(孫晋泰)·정인섭(鄭寅燮) 등과 조선민속학

---

32) 「創立前後」(I), 『한국산악』 VI-I(1967년판); 김정태, 1977, 「韓國山岳會30年史」, 『한국산악』 XI(1975·1976년호), 한국산악회, 14쪽.
33) 「創立前後」(I), 위의 책; 김정태, 1977, 위의 글, 16쪽.

회를 창설했고 자비로『조선민속』지를 발간했다. 1934년 진단학회 창립발기인으로 참가했으며, 해방 후 서울대 문리대 교수를 역임했다. 1946년 미군정을 설득해 소장유물 1,000여 점을 기초로 국립민족박물관(1950년 국립민속박물관으로 통합)을 설립했다. 1947년 8월 울릉도·독도조사대를 이끈 후 1948년 고혈압으로 사망했다.[34] 부회장 홍종인(1903~1998)은 '홍박'으로 유명한 언론인으로, 훗날 조선일보 사장을 지냈고 이후 총 4차에 걸친 독도답사와 파랑도답사를 이끌었다. 한국산악회 회장을 역임하며 산악회 발전에 기여했다. 도봉섭(1904~?)은 동경제대 약학과를 졸업한 후 경성약학전문학교의 교수로 재직했으며, 해방 후 조선생물학회·조선약학회 초대 회장을 지냈다. 당시 서울대 약대 학장으로 식물학의 권위자였고, 한국전쟁 중 납북되어 평양의과대학 교수, 과학원 후보원사, 최고인민회의 대의원을 지냈다.[35] 회장과 두 명의 부회장은 모두 동년배였고, 친구 사이였다.

한편, 1946년 새로 이사에 선임된 인물들도 당대 한국 각 분야의 전문가였다. 조복성(1905~1971)은 동물학자로 평양고보 사범과를 나온 후 11년간 경성제대 예과와 의학부에서 근무했고, 중국 남경·항주 등지의 박물관에서 근무하기도 했다. 해방 후 국립과학박물관장을 역임했고 성균관대와 고려대에서 동물학을 가르쳤다. 한국산악회 이사로 1952년 독도조사에도 참가했다.[36] 석주명(1908~1950)은 나비박사로 유명한 곤충학자로 일본 가고시마(鹿兒島)

---

34) 孫晋泰, 1949,「宋錫夏先生을 追慕함」,『民聲』1월호(제5권 제1호);「송석하의 생애와 업적」, 국립민속박물관, 1996,『국립민속박물관 50약사』, 314~317쪽.;『연합뉴스』(2004. 11. 19);『동아일보』(2004. 11. 20).

35)「朝鮮植物研究의 今昔: 都逢涉」,『서울신문』(1947. 11. 11); 도정애, 2003,『(韓國最初 藥學者 京城藥專 教授) 都逢涉 탄생백주년기념자료집』, 자연문화사; 도상학, 2003,「아버님 도봉섭 교수를 그리며」, 같은 책.

36) 朴相允, 1982,「動物學近代化의 開拓者」,『과학과 기술』2월호; 현원복,「조복성」,『한국민족문화대백과사전』(이하『한국민족문화대백과사전』은 웹버전에 따른 것임.); 韓國山岳會,『(檀紀四二八五年七月) 鬱陵島獨島學術調査團派遣計劃書』, 4쪽; 김성원, 2008,「식민지시기 조선인 박물학자 성장의 맥락: 곤충학자 조복성의 사례」,『한국과학사학회지』제30권 제2호.

고등농림학교를 졸업한 후 송도중학교 생물교사, 경성제대 부속 제주도생약연구소 소장으로 나비와 제주도 곤충·문화 연구를 진행했다. 해방 후 국립과학박물관 동물학부장을 지냈으며, 조선산악회의 국토구명사업(國土究明事業)에 거의 대부분 참가했다.[37] 유홍렬(1911~1995)은 역사학자로 경성제대 사학과를 졸업한 후 진단학회에 가입해 활동했으며, 해방 후 서울대·성균관대 등에서 가르쳤다. 산악회의 열성회원으로 1965년 일본 북알프스 등정 시 등반대장을 맡기도 했다.[38] 심학진은 서울약학대학 교수였으며 도봉섭과 함께 공동연구를 진행한 식물학자이자 석주명의 처남이기도 했다.[39] 조선산악회는 1947년 제2차 총회를 통해 임원진을 부분적으로 개선했으나, 큰 틀에서는 1946년의 임원진과 차이가 없었다.[40]

또 조선산악회는 국토탐험, 오지등반, 등산로 개척 등 고유활동 경험에 따라 독도 조사·탐사에 적합한 경험과 기술·인력을 보유하고 있었다. 이런 인적 자원과 경험을 갖고 있던 조선산악회가 과도정부 독도조사단에 합류하여 실질적으로 독도조사를 주도하게 된 것은 자연스러운 일이었다. 조선산악회와 과도정부 독도조사단과의 연계에는 안재홍 및 진단학회라는 공통분모가 자리하고 있었다. 조선산악회는 진단학회와 친밀성·연관성을 갖고 있었고, 자체적으로 국토구명사업을 진행해온 경험이 있었다.

먼저 1947년 8월 독도조사대가 꾸려질 당시 조선산악회의 회장 송석하와 부회장 도봉섭은 모두 진단학회의 핵심간부(송석하 위원장, 도봉섭 약학부장)였다. 송석하는 조선산악회 회장이자 진단학회 위원장으로, 조선산악회가 진단

---

37) 김창환, 「석주명」, 『한국민족문화대백과사전』.
38) 윤병석, 「유홍렬」, 『한국민족문화대백과사전』.
39) 도봉섭·심학진, 1948, 「국산 '미치광이'의 생약학적연구」, 『약학회지』 제1권 제1회, 대한약학회; 도봉섭·심학진, 1948, 『朝鮮植物圖說(有毒植物編)』, 금룡도서주식회사. 석주명의 여동생은 훗날 민속복식사가로 유명한 석주선이다. 심학진은 한국전쟁 시 납북되었다.
40) 한국산악회50년사편찬위원회, 1996, 위의 책, 77~78쪽.

〈그림 1-5〉 조선산악회 소백산학술조사대(1947. 7. 12~7. 25) ⓒ 한국산악회

학회와 밀접한 관계임을 알 수 있다.[41] 일제하에서 한국문화 연구를 위해 한국인들의 손으로 조직된 학술단체였던 진단학회(1934. 5. 7)는 잘 알려진 것처럼 민족주의적 연구단체였으며, 1942년 조선어학회사건으로 회원이던 이윤재·이희승·이병기 등이 일본 경찰에 검거되어 활동이 중단된 바 있다. 해방 직후 곧바로 재건되었는데, 재건 당시 진단학회의 실천요항에는 "1. 학술연구 및 조사, 2. 자원조사, 국토계획, 기타에 대한 창의적 건의안" 등이 들어 있었다. 이는 조선산악회의 활동과 거의 중복되는 것이었다. 또한 조선산악회 회원이 된 방종현·손진태·이상백·유홍렬·현동완·민병도 등이 진단학회와 깊

---

41) 輿論社, 1945, 『朝鮮의 將來를 決定하는 各政黨·各團體解說』, 輿論社 出版部, 16~20쪽.

은 관련이 있었으며, 조선산악회는 단순한 산악단체라기보다는 산악문화 내지는 현실참여에도 역점과 비중을 두고 있었다.[42]

이런 측면에서 1947년 독도조사대의 결성·파견에는 과도정부 민정장관 안재홍, 국사관 관장 신석호, 조선산악회 송석하·도봉섭 등 일제하에서 진단학회 활동을 벌였거나(신석호·송석하·유홍렬), 조선학 운동을 주도했던(안재홍·송석하) 인물들이 자리하고 있었다고 볼 수 있다. 즉, 식민지시대 이래 한국적인 것, 한국 문화·역사·지리 등에 깊은 관심과 애정을 가지고 연구를 주도했던 인물들이 해방 후 독도조사대 결성을 주도한 것이다. 특히 안재홍이 민정장관 직위에 있었던 점은 조선산악회가 독도조사에 동원될 수 있는 실질적 힘이 되었을 것으로 판단된다. 왜냐하면 1947년 8월의 독도조사는 비밀리에 수행되었지만, 해안경비대 등의 전폭적인 지원하에 이루어졌고, 이는 민정장관 안재홍의 조력이 아니면 어려운 일이었기 때문이다. 독도에 대한 조사작업이 필요했던 과도정부 민정장관 안재홍은 소규모의 공식조사단 파견과 더불어 대대적인 학술조사활동을 민간의 조선산악회에 부탁했던 것이다.

한편, 조선산악회는 해방 이후 적극적인 국토답사 및 학술조사사업을 벌이며 이를 국토구명사업으로 부르고 있었다. 조선산악회는 1946년 제1회 국토구명사업으로 한라산 학술등반대를 파견했는데(1946. 2. 26~3. 17), 미군정의 적극적 후원하에 송석하를 대장으로 19명의 대원이 참가했다. 한라산 학술등반대는 명칭이 의미하는 것처럼 등반만 하는 것이 아니라 학술적인 조사를 병행했는데, 학술반에는 인류학자인 미군정의 '크네스비치'(원문 그대로)(E. I. Knethvich) 대위(문화교육국장 고문관, 민속학), 윌리엄 커[William L. Kerr, 한국명 공위량(孔韋亮, 고고학)], 러셀 메이슨(Russell C. Mason, CAC) 중위, 조명기(趙明基, 민속), 김수경(金壽卿, 언어) 등이 참가했다. 여기에는 녹음반과 촬영반도 동

---

42) 한국산악회50년사편찬위원회, 1996, 위의 책, 79쪽.

참해 제주도 풍속을 다룬 '제주도 풍토기'(이용민 촬영)를 제작하기도 했다.[43]

등반팀과 학술팀이 결합된 방식의 학술조사대의 파견은 이후 조선산악회가 진행한 국토구명사업의 전형이 되었으며, 귀환 후에는 강연회 등을 개최해 대중에게 성과를 공개하고 널리 홍보작업을 펴는 것이 관례가 되었다.[44] 제2회 국토구명사업은 오대산·태백산맥 학술조사대 파견(1946. 7. 25~8. 12)이었는데, 학술대 32명, 일반답사반 21명 등 총 53명의 대규모 조사단이 동참했다. 이후 조선산악회는 1947년 소백산학술조사대 파견(1947. 7. 12~7. 25), 울릉도·독도학술조사대 파견(1947. 8. 16~8. 28), 1951년 제주도·파랑도학술조사대 파견(1951. 9. 18~9. 26), 1952년 울릉도·독도학술조사단 파견(1952. 9. 17~9. 28), 1953년 울릉도·독도학술조사대 파견(1953. 10. 11~10. 17) 사업을 계속 진행했다. 특히 조선산악회는 1947~1953년 간 총 네 차례의 독도조사를 주도함으로써 해방 후 한국의 독도 조사·영유권 확인작업에 중요한 기여를 했다. 이는 분명하고 정확하게 기억되어야 할 사실이다.

홍종인의 회고에 따르면, 조선산악회에 1947년 울릉도조사를 제의한 것은 송석하였다.

울릉도도 우리 국토라고 하지만 우리 국민에게 버린 자식 같은 대접을 받아왔을뿐더러 '독도'라고 하면 문헌과 일부 소수의 학자 외에는 아는 사람도 드물다. 금후 우리가 독립국가로서 국토의 영역을 규정지어야 할 경우를 생각해도 그 전모를 미리 구체적으로 밝혀두어야 할 것이 아니냐, 또 한편으로 일본이 독도에 야심을 품고 영유권을 주장해온 사실도 있어서 언젠가는 우리와 저와의 사이에 영유권의 시비가 일어나기 쉬울 것을 짐작할 수 있다.[45]

---

43) 김정태, 1971, 「1946년 적설기 한라산학술등반기」, 『한국산악』 VII(제26년호), 한국산악회, 41~55쪽.
44) 「創立前後」(I), 위의 책; 김정태, 1977, 위의 글, 15~16쪽.
45) 홍종인, 1977, 「독도」, 『한국산악』 XI(1975·1976년호), 한국산악회, 101쪽.

송석하는 '보잘것없는 무인도의 돌섬'인 독도에 대해 일본인들이 언젠가는 저희 땅이라고 주장할지도 모르는 일이니 빨리 현지조사에 착수해 독도의 현존상태를 우리 국민에게 널리 알림으로써 독도가 우리 영토라는 확고한 신념을 갖게 해야 한다고 제의했다는 것이다.[46] 나아가 송석하는 "독도가 우리 영토임을 밝히기 위해 독도에까지 조사단을 파견한다는 사실은 사전에 발표하지 않고 은밀히 추진하는 것이 좋을 것 같다"라는 의견을 제시했다.[47] 송석하는 또 "국민들에게 잘 알려져 있지도 않은 국토가 어디 있겠는가. 그렇다고 '독도' 답사를 표면에 내세우는 일은 현명치 못하다는 생각에서 표면의 명칭은 '울릉도 학술답사'로" 하자고 제안했다.[48]

홍종인의 회고는 20여 년 뒤에 이루어진 것이지만 사실과 부합한다. 1947년 독도조사 후 기고한 글에서 홍종인은 독도조사는 실행 직전까지 "외부 발표를 종시 보류하고 있었으나 이는 우리가 당초부터 계획해온 기습의 행정이었든 것"이라고 했다.[49] 즉, 조사대는 출발 당시부터 독도조사를 목적하고 있었으며 대외적인 발표만을 지연시켰다는 것인데, 이런 연유로 조사대의 독도조사계획은 이들이 울릉도에 들어간 이후에야 공표되었다. 조선산악회 내부에서는 송석하가 학술조사대 결성을 주도했지만, 전체적으로 울릉도조사를 표면에 내세우고 독도를 조사한다는 계획은 과도정부 차원에서 마련된 것으로 볼 수 있다. 과도정부가 독도조사방침을 결정한 후 미군정과의 관계를 생각해 경험과 인적 자원을 갖추고 있던 조선산악회를 합류시켜 실질적인 공식 조사활동을 전개한 것이다.

과도정부의 후원하에 조선산악회는 남한 내 각 분야의 최고전문가들을 초청해 '울릉도학술조사대'(이하 조사대로 약칭)를 조직했다. 울릉도조사를 내세

---

46) 홍종인, 1978, 「다시 獨島문제를 생각한다」, 『신동아』 11월호, 163~164쪽.
47) 홍종인, 1978, 위의 글, 164쪽.
48) 홍종인, 1977, 위의 글, 101쪽.
49) 「鬱陵島 學術調査隊 報告記(1) 洪鍾仁」, 『한성일보』(1947. 9. 21).

운 독도조사대는 크게 본부와 학술반으로 구성되었다. 본부는 조사대의 활동을 통솔하는 역할을 담당하는 대장, 지휘, 총무, 식량장비, 수송 등 15명으로 구성되었으며 일부는 학술반의 역할을 겸했다.[50] 학술반은 총 8개 반으로 구성되었는데 사회과학A반(역사·지리·경제·사회·고고·민속·언어) 10명, 사회과학B반(생활실태조사, 본부원이 겸무) 11명, 동물학반 6명, 식물학반 9명, 농림반 4명, 지질광물반 2명, 의학반 8명, 보도반(사진·무선) 8명 등으로 조사대원 총수는 63명이었다.[51]

본부(15명)
- 대장: 송석하
- 부대장: 홍종인, 도봉섭
- 지휘: 김정태, 김정호
- 본부반(총무·식량장비·수송): 김홍래, 남행수, 현기창, 주형렬, 정인호, 전탁, 신업재, 이문엽, 김재문, 지원홍

학술반
- 사회과학A반(역사·지리·경제·사회·고고·민속·언어 등 10명): 방종현, 김원용, 김용경, 이원우, 유하준, 정홍헌, 박(이)정호, 손계술, 임창순 등
- 사회과학B반(생활실태조사, 본부원이 겸무. 11명): 홍종인, 정건우, 조병채, 장수환 등
- 동물학반(6명): 석주명, 윤익병, 임문규, 송상헌, 유진해, 이희태

---

50) 위와 같음.
51) 위와 같음. 한편, 당시 신문들의 보도는 사회과학반A(역사 지리 경제 고고 민속 언어)·동상B(생활실태조사)·생물리반A(식물)·동상B(동물)·지리광물반·농림반·의학반·수산반·기상반·보도촬영반·본부(총무 장비 식량 수송) 등으로 반 구성에 약간의 출입이 있다〔「울릉도답사대, 조선산악회서 파견」, 『한성일보』(1947. 8. 3); 「울릉도학술조사대, 현지착 활동에 착수」(울릉도 21일발 조선), 『서울신문』(1947. 8. 22)〕.

- 식물학반(9명): 도봉섭, 심학진, 최기철, 이영로, 유경수, 정영호, 홍성언, 이규완 등
- 농림반(4명): 김종수, 이창복, 여희원, 유시승
- 지질광물반(2명): 옥승식, 주수달
- 의학반(8명): 조중삼, 정언기, 이정주, 김홍기, 전영호, 석주일, 박용덕, 채숙
- 보도반(사진·무선, 8명): 현일영, 임인식, 박종대, 최계복, 김득조, 고희성
- 전기통신반(2명): 신언모, 최창근[52)]

　지휘를 맡은 김정태와 김정호는 한국산악회 창립 당시 간사를 맡았으며, 본부반의 김홍래·남행수·현기창·주형렬·정인호·전탁은 1947년 조선산악회 제2차 총회에서 간사로 선임된 인물들로 산악회의 일선 현장지도를 담당했다. 전탁(田鐸)은 1948년 1월 한라산 등반대장으로 등반에 나섰다가 조난으로 사망한 한국산악사의 첫번째 희생자가 되었다.[53)] 본부반의 신업재(愼業縡)·이문엽(李文燁)·김재문(金在文)·지원홍은 한국산악회 경남지부원들로 부산에서 활동하던 산악인들이었다. 신업재는 경남지부(1946. 4. 15 창립) 지부장이자 위생병원 원장이었다.[54)]

　학술연구반은 당대의 최고권위자들로 구성되었다. 사회과학A반의 방종현(方鍾鉉, 1905~1952)은 국어학자로 경성제대 조선어학과와 동대학원에서

---

52) 대원 명단은 김정태, 1988, 『천지의 흰눈을 밟으며: 한국 등산운동의 60년사를 밝힌다』, 케른, 232쪽과 한국산악회50년사편찬위원회, 1996, 「울릉도 독도 학술조사대」, 『한국산악회50년사』, 한국산악회, 81~82쪽을 종합해 작성했다. 한편, 한국산악회의 다른 기록에는 본부반 15명, 사회과학반 13명, 식물·동물반 13명, 농림학반 4명, 지질광물학반 3명, 의학반 8명, 사진보도반 7명, 전기통신반 2명 등 총 65명으로 되어 있다(김정태, 1977, 위의 글, 24쪽).
53) 한국산악회50년사편찬위원회, 1996, 「제2차 적설하 한라산 등반대 파견」, 『한국산악회50년사』, 한국산악회, 84~95쪽.
54) 韓國山岳會, 「(檀紀四二八五年七月) 鬱陵島獨島學術調查團派遣計劃書」 3쪽; 한국산악회50년사편찬위원회, 1996, 위의 책, 76쪽; 「韓國山岳會釜山支部略史(1946년~1971년 9월)」에 따르면 울릉도·독도학술조사대에 부산지부에서 8명의 대원이 참가했다(『한국산악』 VII(제26년호), 1971년, 한국산악회, 254쪽).

124

국어학·언어학을 전공했다. 한때 『조선일보』의 자매지인 『조광』(朝光)을 담당했으며, 해방 후 경성대·서울대 문리대 국문학과 교수를 역임했다. 1951년 12월 서울대 문리대 학장이 되었으며, 한글학회·진단학회·서지학회의 임원을 지냈다. 방종현은 국어사·어학은 물론 훈민정음·고어·방언 연구 등에 정통했는데, 1947년 독도조사 이후 독도가 돌섬에서 비롯된 명칭임을 처음으로 밝힌 바 있다.[55] 김원용(金元龍, 1922~1993)은 저명한 고고학자·미술사학자로 경성제대 사학과를 졸업했고, 문화재위원, 서울대 고고미술사학과 교수 등을 역임했다. 김원용은 1947년을 포함해 총 다섯 차례에 걸쳐 울릉도에 대한 고고학적 조사를 진행했는데, 그중 두 차례를 한국산악회와 함께했다. 그 결과 울릉도에 대한 최초의 고고학 발굴보고서가 만들어졌다.[56] 정홍헌(鄭洪憲)은 지리학자로 울릉도·독도 조사 후 조선산악회 보고강연회(1947. 9. 10)에서 지리에 대해 강연한 바 있으며, 1952년의 시점에 세계지리교과서를 쓴 용산고등학교 교사였다.[57] 유하준(兪夏濬)은 1946~1947년 조선산악회 이사로 이름이 올라 있고, 김용경·이원우·박(이)정호의 경력은 미상이다.

손계술(孫癸述, 1903~1966)과 임창순(任昌淳, 1914~1999)은 대구에서 합류한 인물들이다. 손계술은 물리학자로 히로시마고등사범학교를 졸업한 후 대구 계성중학교에서 물리학을 가르쳤으며 민족주의자로 옥고를 치르기도 했다. 해방 후 대구사범대학 학장, 경북대학교 사범대 학장을 역임했다.[58] 청명 임창순은 한학자이자 역사학자로 한학·금석문에 정통했으며, 해방 후 중등교원 시험에 합격해 경북중학교·경북고녀(경북여중) 교사를 거쳐 대구사범대학·동양의약대학·성균관대학·한림대학 교수를 지냈다. 1947년 대구사범대

---

55) 方鍾鉉, 1947, 「獨島의 하루」, 『경성대학 예과신문』 13호(정해년 추석전야: 1947. 9. 28), 『一簑國語學論集』, 民衆書館, 568~572쪽.
56) 김원용, 1963, 『(국립박물관고적조사보고 제4책) 울릉도(附 영암군내동리옹관묘)』.
57) 『관보』(1952. 1. 12); 『동아일보』(1955. 10. 27); 국사편찬위원회 한국역사정보통합시스템, 『직원록』.
58) 현원복, 「손계술」, 『한국민족문화대백과사전』.

〈그림 1-6〉 조선산악회 울릉도·독도학술조사대(1947. 8) ⓒ 한국산악회

학 재직 중 독도조사에 합류한 것으로 보인다.[59]

식물학반의 이영로(李永魯)는 오대산·태백산 조사 당시 식물학을 담당한 학술반원으로 참가했으며, 1952년 독도조사에도 참가했다. 1952년 당시 마산고등학교 교유(敎諭)였으며 이후 이화여대 교수를 지냈다.[60] 정영호(鄭英昊, 1924~1994)는 중국 남경 국립중앙대에서 생물학을 수학했으며, 임시정부 광복군에서 활동한 바 있다. 해방 후 서울대 문리대 생물학과에 입학해 1950년에 졸업했으므로 이 당시 서울대 학생의 신분이었다. 이후 진주농과대학·서

---

59) 이이화, 1992, 「나의 학문 나의 인생: 4·25교수데모에 앞장선 한학·금석문의 대가 — 임창순」, 『역사비평』 가을호(통권 20호); 김만일, 「임창순」, 『한국민족문화대백과사전』.
60) 韓國山岳會, 「(檀紀四二八五年七月) 鬱陵島獨島學術調査團派遣計劃書」 4쪽; 한국산악회50년사편찬위원회, 1996, 위의 책, 74쪽; 박봉규, 1985, 「제I장 총설 제2절 울릉도·독도의 자연」, 『獨島硏究』, 한국근대사자료연구협의회, 22쪽.

울대학에서 교수로 재직했다.[61] 지질광물반의 옥승식은 상무부 산하 국립지질광산연구소 물리탐사과장이었으며, 울릉도·독도 조사 후 조선산악회 보고강연회(1947. 9. 10)에서 지리에 대해 강연했으며, 「울릉도독도조사보문」(鬱陵島獨島調査報文)을 제출했다.[62] 의학반의 조중삼(趙重參, 1913~1980)은 경성제대 의학부 출신으로 한국인 최초로 방사선의학을 전공해, 해방 후 한국 방사선의학의 기초를 놓았다. 해방 후 서울대 의대 교수와 서울대병원 부원장을 역임했으며, 조선산악회 회원으로 1950년 조선산악회의 덕적군도 학술조사에도 동반했다.[63] 김홍기(金弘基, 1919~2002)는 경성제대 의학부를 졸업했으며, 이비인후과 전공의로 서울대 의대 교수와 서울대병원 원장을 역임했다.[64] 석주일(石宙一)은 석주명의 동생으로 해방 후 중앙방역연구소에 근무하며 조선 매독에 대한 통계적 분석을 제출한 바 있다.[65] 박용덕(朴龍德)은 세브란스의전 교수로 조선산악회 창립회원이자 이사였으며, 채숙(蔡淑)은 경기도 위생시험실원으로 조선산악회 창립회원이자 간사였다.

보도반의 현일영(玄一榮, 1903~1975)은 사진작가로 일제하 매동상업학교와 YMCA영어과를 수료했다. 1929년 일본 『아사히신문』의 국제상업예술사진 현상모집에 2등으로 당선되었고, 종로2가에서 현일영사장을 운영하는 동시에 경성사진학강습원 강사로 활동한 인물이다. 해방 후 일곱 차례의 전람회를 개최한 바 있다.[66] 임인식(林寅植, 1920~1998)은 오산중학을 졸업한 후 서울 용산에서 한미사진기점을 운영했다. 사진작가인 작은아버지 임석제(林奭

---

61) 박종욱, 「정영호」, 『한국민족문화대백과사전』.
62) 「울릉도독도조사보문」, 「옥승식이력서」, 독도박물관 소장.
63) 이재영, 2008, 「조중삼(趙重參)」, 서울대학교 한국의학인물사편찬위원회, 『한국의학인물사』, 태학사; 『대한민국건국십년지』, 1103쪽; 조중삼, 1950, 「特別附錄·德積群島 學術調査報告」(德積群島의 保健狀況), 『신천지』 1950년 6월(통권 47호, 제5권 제6호).
64) 노관택, 2008, 「김홍기(金弘基)」, 서울대학교 한국의학인물사 편찬위원회 편, 『한국의학인물사』, 태학사.
65) 석주일, 1949, 「朝鮮의 梅毒. 第1報, 梅毒의 統計的 觀察」, 『中央防疫研究所所報』 제1권 제1호(1949년 8월); 이희성, 2008, 「이근배」, 서울대학교 한국의학인물사 편찬위원회 편, 『한국의학인물사』, 태학사, 165쪽.

濟, 1918~1994)의 영향을 받았는데, 임석제도 조선산악회의 1946년 오대산·태백산맥조사, 1952년 독도조사에 동참했다.[67] 해방 후 대한사진예술연구회 간사를 지냈고, 1949년 1월 육사 8기 특2반으로 수료해 한국전쟁 시 국방부 정훈대 사진대 대장으로 종군기자단을 이끌며 많은 기록사진들을 남겼다. 전후 대한사진통신사를 만들어 주간·편집국장을 지냈고, 신한관광사라는 사진화랑을 운영한 바 있다.[68] 최계복(崔季福)은 일제하 대구에서 최계복사진기점을 운영한 사진작가로 대구사우회라는 사진동호회를 이끌었다. 전조선사진연맹이 주관하는 전조선사진살롱 공모전에 가작으로 뽑히는 등 일제하의 대표적 살롱 사진작가로 '회령의 정도선, 대구의 최계복'으로 불렸다. 해방 후 대구에서 한국사진학원을 개원해 후학을 가르쳤고, 전쟁 중에는 종군사진사로 활동했으며, 1950년 11월 한국사진작가협회(회장 현일영)의 부회장에 선출되었다. 최계복은 조선산악회와도 긴밀한 관계로 대구에 조선산악회 경북지부를 설치하고(1946. 10. 22) 초대 지부장을 역임했다.[69] 그는 독도조사 후 최초로 독도 사진을 『대구시보』에 게재한 사진작가였으며, 국제보도연맹이 발행한 『국제보도』에도 독도사진을 실었다.[70] 박종대는 조선산악회 회원으로

---

66) 박평종, 2007, 『한국사진의 선구자들』, 눈빛; 유경선 외 엮음, 1995, 『사진용어사전』, 미진사; 「김한용 인터뷰」(2009. 2. 4. 충무로 김한용사진연구소); 박주석, 1988, 「현일영(玄一榮)연구」, 중앙대학교 대학원 석사학위논문.
67) 韓國山岳會, 「(檀紀四二八五年七月) 鬱陵島獨島學術調査團派遣計劃書」, 7쪽.
68) 임인식 작·임정의 엮음, 2008, 『우리가 본 한국전쟁: 국방부 정훈국 사진대 대장의 종군 사진일기 1950-1953(임인식 사진집)』, 눈빛.
69) 「韓國山岳會慶北支部略史(1945년~1970년)」, 『한국산악』 VII(제26년호), 1971년, 한국산악회, 247쪽; 장주효, 1976, 「慶北登山運動의 變遷過程」, 한국산악회 경북지부, 『한국산악(창립30주년특간호)』 27~31쪽. 경북지부 약사에는 경북지부의 최계복·주병진·김원영·김동사 등 네 명이 울릉도·독도 조사에 참가했다고 되어 있으나 최계복만이 참가자 명단에 올라 있다. 김원영은 경북사진문화연맹 이사로, 김동사는 영남일보사 기자로 1952년 독도조사에 동참했다(韓國山岳會, 「(檀紀四二八五年七月) 鬱陵島獨島學術調査團派遣計劃書」, 9쪽).
70) 국제보도연맹의 『국제보도』(Pictorial Korea) 10권(1948. 1) 신년호에는 세 장의 독도 사진이 실려 있다. 이 사진은 국제보도연맹의 대구지부장이었던 최계복이 찍은 것으로 추정된다. *兩島末端 及 獅子島(中央) 右는 西島(The Lion Island adjacent to Oolnung Island); *本島 頂上에서 鳥目瞰한 것(A bird's-eye-view from atop the island peak); *三峰島 全景(A view of Sambong Island).

1946년 오대산·소백산맥 학술조사 후 보고회를 주관하는 등 조선산악회의 학술조사활동에 동참했으며, 1952년 독도조사에 참가했다. 1952년 당시 무명(無名)문화영화연구소 기사였다.[71] 고희성은 1946년 최연소자로 조선산악회 간사로 피선된 이후 역시 조선산악회 학술조사활동에 빠지지 않고 참석했다.[72] 전기통신반의 신언모·최창근은 체신부·상무부의 무전기사·전기기사였다. 조사대원 중 석주명, 옥승식, 조중삼은 1949년 6월 제6회 국토구명사업인 선갑도·덕적군도 학술조사대(1949. 6. 11~6. 17)에 참가해 덕적군도에 대한 학술보고서를 잡지에 함께 게재하기도 했다.[73]

조선산악회의 1946년 한라산조사대가 18명, 1946년 오대산·태백산맥조사대가 학술대 32명·일반답사반 21명 등 총 53명이었던 것과 비교하면 1947년 8월 울릉도·독도조사대 63명은 해방 후 조선산악회 역사상 최대의 조사인원이 동원된 것이었다. 이는 수적인 규모뿐만 아니라 조사대원의 구성과 실력에서도 당대 최고인사들을 망라한 것이다. 학술반의 인적 구성은 서울문리대 2명, 서울상대 1명, 수원농대 2명, 대구사대 1명, 약대 2명, 서울의대 6명, 여자의대 1명, 중학교 교원 11명, 수원농사시험소 1명, 국립과학박물관 3명, 국립박물관 1명, 국립지질연구소 2명, 국립방역연구소 1명, 경기도세균연구소 1명, 체신부 무전 1명, 상무부 전기기사 1명, 국립민족박물관 1명 등이었다. 각 대학과 국립기관의 학자 및 기술자들로서 당대 최고의 권위자로 구성되었음을 알 수 있다.

대학과 관공서 및 관련 기관의 인적 자원이 동원된 것은 이 조사가 과도정부 차원에서 조직된 것이며, 또한 여러 방면의 전문가들을 동시에 동원할 정

---

71) 韓國山岳會, 「(檀紀四二八五年七月) 鬱陵島獨島學術調査團派遣計劃書」, 7쪽.
72) 한국산악회50년사편찬위원회, 1996, 위의 책, 74~82쪽.
73) 석주명, 1950, 「特別附錄·德積群島 學術調査報告」, 『신천지』 1950년 6월(통권 47호); 옥승식, 1950, 「特別附錄·德積群島 學術調査報告」(德積群島의 地質), 같은 책; 조중삼, 1950, 「特別附錄·德積群島 學術調査報告」(德積群島의 保健狀況), 같은 책.

도로 치밀한 사전준비의 결과물이었음을 반증한다. 여기에 과도정부가 파견한 독도조사단 4명, 경상북도 파견직원 2명, 제5관구 경찰직원 등을 포함하면 1947년 독도조사대는 총 80여 명에 달하는 대규모였다.[74] 1947년 독도조사에 참가한 인물들 가운데 홍종인·신업재·옥승식·이영로·조중삼·김정태·김정호·최계복·김홍래 등이 1952년의 독도조사에도 함께했다.[75]

(3) 최초의 독도조사

과도정부 독도조사단과 조선산악회 울릉도학술조사대는 제5관구 경찰의 호위 속에 해안경비대 함정을 타고 1947년 8월 18일 포항에서 울릉도·독도로 출발했다.[76] 대외적으로 선전된 것은 조선산악회라는 민간단체의 울릉도 학술조사 행사였지만, 본질적으로는 일본인의 불법점거로 논란이 되고 있는 독도에 대한 공식조사를 목표로 하고 있었다.

서울 과도정부에서 파견된 네 명의 독도조사단과 이를 조력할 경상북도 직원 두 명, 제5관구 경찰청 홍 경위 등이 8월 16일 대구에서 조선산악회 일행에 합류했고,[77] 조선산악회의 울릉도·독도 조사일정이 해안경비대 함정 대전환〔大田丸, 정장(艇長) 조정우(趙丁右)〕을 이용한 데서 알 수 있듯이 이는 독도에 대한 공식조사활동이었다.[78] 즉, 과도정부 차원의 공식적인 승인과 지원에 따른 조사활동이었음을 의미했다. 홍종인은 송석하와 자신이 해안경비대 참모

---

74) 원래 조사단에 포함되지 않았던 경상북도청 직원, 경비대, 경북대 등은 울릉도의 행정구역이 경북이라는 이유로 동행을 주장해 대구에서 합류했다.
75) 韓國山岳會, 「(檀紀四二八五年七月) 鬱陵島獨島學術調查團派遣計劃書」.
76) 당시 신문에는 울릉도학술시찰단, 울릉도답사대 등으로 표기되기도 했으나 공식명칭은 울릉도학술조사대였다.
77) 「독도를 탐사」, 『대구시보』(1947. 8. 22).
78) 「東海의 내 國土, 슬프다 流血의 記錄: 踏査回顧, 洪鍾仁記」, 『조선일보』(1948. 6. 17).

장 손원일 제독을 은밀히 찾아가 함정지원을 약속받았다고 했는데,[79] 이는 개인적인 차원의 승낙이 아니라 미군정과 과도정부의 승인으로 이뤄진 것이다.

통위부(統衛部) 해안경비대는 조사대에 경비선 대전환을 제공해 80여 명에 이르는 방대한 조사단과 조사단의 장비를 쉽게 수송할 수 있게 했다. 해안경비대의 경비선 대전환은 일행을 포항에서 울릉도까지 수송했고, 나아가 독도로의 이동도 맡아 했다. 이는 단순한 수송을 조력하는 협조임무가 아니라 과도정부 차원의 조사활동의 일환이었기 때문에 가능한 일이었다. 경비선은 공적인 임무에만 활용할 수 있기 때문에 경비선을 울릉도·독도 조사에 활용한다는 것은 과도정부 수준에서의 결정이 있어야 가능한 일이다.

미군정 자료에 따라 1947년 7~9월 해안경비대의 원래 경계임무 관할을 살펴보면, 이들은 묵호·포항·부산·목포·군산·인천항에서 6척의 함정으로 해안경비를 수행했으며, 제주도는 목포항에서 별도의 함정으로 해안경비작업을 했다. 해안경비대의 경비수역은 남해안의 경우 동경 125도에서 129도 사이를 매주 5일에 한 차례, 동해안의 경우 북위 38도까지 매주 4일에 한 차례, 서해안의 경우 북위 38도까지 매주 4일에 한 차례씩 경계하도록 되어 있었다.[80] 독도는 동경 131도 52분(서도 통과), 북위 37도 14분 10초에 위치하고 있으므로 동해안 경계임무를 담당하는 묵호, 포항의 함정들이 순시했을 터인데 동해안의 경우 북위 38도의 경계만 나와 있을 뿐 동쪽 경비수역의 끝이 어디인지는 분명히 드러나 있지 않다.[81] 1947년 8월 해양경비대의 대전환이 울릉도·독도까지 진출한 것은 원래의 경계임무에 특별명령이 추가되어 가능했을

---

79) 홍종인, 1978, 위의 글, 164쪽.
80) Incoming Message(1 August 1947), Message Center No.R6052 and R-6382, From CTU 96.5.22, To CG USAFIK. RG 554, Entry A1 1378, USAFIK, Adjutant General, General Correspondence(Decimal Files) 1945-1949, Box 108.
81) RG 554, Entry A1 1378, USAFIK, Adjutant General, General Correspondence(Decimal Files) 1945-1949, Box 108.

〈그림 1-7〉 독도에 상륙한 해안경비대 대원들과 김정태(오른쪽에 앉은 민간인)(1947. 8. 20) ⓒ 김정태

것이다.

또한 경상북도 도청, 경북을 관할하는 제5관구 경찰, 울릉도는 전적으로 울릉도·독도 조사에 협력했다. 홍종인은 "울릉도의 관민이 거의 총동원되다시피 친절을 다하여 환영해 주어 안내 숙소 등 각급에 긍(亘)하여 심대한 협력이 있었던 것이 우리의 행정(行程)을 끝까지 원만케 했던 것"이라고 썼다.[82] 울릉도 도민들은 일본 침략의 첫번째 희생지가 된 독도를 생계의 터전으로 삼아 살아가고 있었고, 1947년 4월 일본인들의 불법점거와 총격사태에 당면해 있었기 때문에 관민합동이자 서울·경북을 망라한 대규모 조사단을 적극 환영했던 것이다.

여러 자료에 기초해 조사대의 활동 일정을 정리하면 다음과 같다.[83]

---

82) 「鬱陵島 學術調査隊 報告記(2) 洪鍾仁」, 『한성일보』(1947. 9. 24).

8월 16일 오전 강연회 강연반 선발대로 출발, 오후 본대 출발, 조선산악회 회원 63명 대구 도착, 과도정부 독도조사대 4명, 경상북도 2명, 제5관구 경찰청 직원 등 합류.

8월 17일 대구 경유, 경북교육협회 주최로 사범대학에서 강연회 개최(신석호·도봉섭·홍종인 강연, 400여 명 참석), 오후 포항에 전원 집합.

8월 18일 오전 7시 해안경비대 대전환으로 포항 출발, 오후 6시 울릉도 도동항 도착.

8월 19일 휴양, 오후 위문품 전달, 강연회 개최, 야간 환담회 임석.

8월 20일 오전 5시 10분 울릉도 도동항 출발, 오전 9시 40분 독도 도착, 오후 8시 30분 울릉도 도동항 귀환.

8월 21일 의학반을 제외한 학술반을 2개 반으로 나누어 울릉도 성인봉 답사. 오전 7시 기상, 12시 성인봉 정상 도착. A반 동남으로 하산해 남양동(南陽洞)에서, B반은 동북으로 하산해 나리동(羅里洞)에서 숙박.

8월 22일 학술반 A반 남양동 출발, 대하(臺霞)에서 숙박, B반 나리동 출발, 천부동(天府洞) 경유, 현포(玄圃) 숙박.

8월 23일 A반 대하 출발, 현포 경유, 천부동 숙박, B반 현포 출발, 대하 경유, 남양동 숙박.

8월 24일 오후 전원 도동 결집. 의학반은 그동안 도동에서 2일간, 천부동에서 2일간, 나리동에서 1일간 시료(施療), 조사를 마치고 성인봉 등정 후 도동으로 귀환.

8월 25일 휴식 및 수집자료 정리, 오전부터 우산중학교에서 특별강연회 개최.

---

83) 「울릉도학술조사대 조선산악회서 파견」, 『한성일보』(1947. 8. 3); 「독도조사단 16일 발정」, 『대구시보』(1947. 8. 17); 「독도를 탐사」, 『대구시보』(1947. 8. 22); 「鬱陵島 學術踏査隊, 獨島踏査, 意外의 海狗發見」, 『조선일보』(1947. 8. 23); 「聖人峰을 踏破? 科學하는 朝鮮」, 『工業新聞』(1947. 8. 28); 「鬱陵島 學術調査隊 報告記(2) 洪鍾仁」, 『한성일보』(1947. 9. 24); 洪九杓, 1947, 「無人獨島 踏査를 마치고(紀行)」, 『建國公論』 11월호(제3권 제5호).

8월 26일 오전 9시 30분 도동 출발, 오후 10시 30분 포항 도착 후 숙박.
8월 27일 오전 오후로 나누어 포항 출발, 대구 경유.
8월 28일 오전 본대 서울 도착.

　서울을 출발한 일행은 대구를 경유해, 포항에서 해안경비정을 타고 11시간의 항해 끝에 울릉도에 도착했다. 이들은 하루를 휴식한 후 곧바로 독도조사에 착수했다. 독도조사는 8월 20일 시행되었다. 앞서 홍종인의 발언에서 조선산악회의 독도답사는 '기습적'인 것으로 표현되었지만, 조사대 활동 중 가장 먼저 시작되었고, 가장 중요한 일정이었다. 조사단이 서울을 출발해 다시 돌아올 때까지의 전체 일정은 모두 13일이었는데 그 가운데 실질적인 조사활동으로 제일 처음 시작한 것이 독도조사였다. 이는 '울릉도학술조사대'의 중심임무가 독도에 대한 지리적 '수색'과 '학술조사'였음을 잘 보여주고 있다.
　조사대의 활동 중 독도행이 제일 먼저 시도된 것은 조사대 활동을 지원한 과도정부의 우선순위와 핵심목표가 독도조사에 있었기 때문일 것이다. 또한 조사대 본부는 울릉도에 도착한 다음 날에야 전 대원들에게 독도답사가 첫번째 공식일정임을 알림으로써 조사의 기밀을 유지하는 데 주안점을 두었다.
　다른 한편으로 독도조사를 첫날에 시도한 것은 독도 상륙이 일기에 좌우되었던 사정과도 관련이 있었을 것이다. 파도가 험한 독도는 일기조건이 좋아야 접근할 수 있는 섬이다. 현재도 조금만 바람이나 파도가 일면 접안하기 어렵지만, 접안시설이 없던 당시 독도 상륙은 전적으로 일기조건이 허락해야만 가능한 일이었다. 홍종인 역시 "천후(天候)가 극히 평온, 쾌청"한 것은 하늘이 베풀어준 고마운 은총이라고 할 정도로 좋은 기상상태가 유지되었다.[84] 배를 띄운 당일 독도에 무사히 안착할 수 있었던 것은 행운에 속했다.

---

84) 「鬱陵島 學術調査隊 報告記(2) 洪鍾仁」, 『한성일보』(1947. 9. 24).

출발시각은 8월 20일 오전 4시 30분(『대구시보』), 5시(홍종인), 5시 10분(『조선일보』) 등 조금씩 차이가 있다.[85] 일행은 중앙청에서 파견된 독도조사대, 제5관구 경찰청 직원, 울릉도 도사〔島司, 서이환(徐二煥)〕·서장·경찰, 조선산악회 울릉도조사대 등 총 72명으로 구성되었다. 출발 전날 약간의 사고가 있었는데, 고혈압이 있던 단장 송석하가 길을 잘못 들어 밤늦게 돌아와 지쳐버렸고, 나비박사 석주명 일행 4명이 산에 올라간 뒤 성인봉 중턱에서 길을 잃고 하산하지 못한 일이었다. 때문에 조선산악회 회장인 송석하와 석주명 등은 독도행에 동참하지 못했다.[86]

구(舊) 일본 해군 소해정(掃海艇)으로 300톤가량 되던 해안경비대 대전환에 승선한 일행은 9시 조금 지난 시각 독도 남쪽에 도착했다. 접안시설이 없던 독도에 대전환이 가까이 갈 수 없었기 때문에, 동도와 서도 사이에 배를 정박시킨 후 조사대는 작은 전마선으로 갈아타고 동쪽 섬, 즉 동도에 상륙했다. 일행이 독도에 상륙한 것은 오전 9시 40분(홍종인)에서 9시 50분(『조선일보』) 사이였다. 『조선일보』는 일행이 울릉도 도동을 출발해 삼봉도(三峰島)를 거쳐 독도에 도착했다고 기록했는데, 삼봉도는 독도의 옛 이름 중 하나이므로 이는 울릉도에서 보내온 전보문을 잘못 기록한 때문일 것으로 보인다.

독도에 도착한 일행은 동도의 서쪽 해변에 짐을 풀고 점심을 먹었다. 일행은 일단 동도부터 조사를 시작했다. 동도는 높지는 않았지만 경사가 급하고, 바위는 붙잡으면 부스러지고 풀 덩굴은 잡는 대로 끊어졌다. 정상에는 아래로 뚫린 분화구가 깊고 넓고 둥글게 비어 있어 마치 '한라산의 백록담의 정상'에 서 있는 것 같았다.[87] 동도에는 산 아래 피난선을 위한 집을 지었던 자리가 남

---

85) 「독도를 탐사」, 『대구시보』(1947. 8. 22); 「鬱陵島 學術踏査隊, 獨島踏査, 意外의 海狗發見」, 『조선일보』 (1947. 8. 23); 「鬱陵島 學術調査隊 報告記(2) 洪鍾仁」, 『한성일보』(1947. 9. 24).
86) 홍종인, 1978, 위의 글, 164쪽.
87) 방종현, 1947, 「獨島의 하루」, 위의 책, 569쪽.

아 있었고, 산 정상에도 러일전쟁 중 일본군들이 감시초소를 만들었던 흔적이 남아 있었다.[88]

동도 정상을 밟은 후 4~5명은 다시 전마선을 갈아타고 서도로 건너갔다. 서도는 경사가 너무 급해 도저히 올라갈 수 없었기에 전마선으로 섬 주위를 돌아가며 음료수를 찾아보았지만 찾지 못했다. 다만 세 개의 굴을 발견했고, 그 앞에 수백 명이 설 수 있을 만한 광장을 발견했다.[89]

이와 같이 동도와 서도를 왕복하며 "생물과 지리에 관한 귀중한 수확"을 거두었다. 과도정부 조사단과 조선산악회 학술조사대는 사회과학·동물학·식물학·농림·지질광물·의학·보도·전기통신 전문가 등으로 구성되어 있었지만 실제로 독도에서 조사할 대상은 그렇게 많지 않았다. 무인도였던 독도에서 사회과학반·의학반·농림반 등은 조사할 대상이 없었고, 지질광물반도 화산암으로 구성된 이 섬에서 간단히 조사활동을 마칠 수 있었을 것이다. 1953년 독도 측량에 나섰던 박병주에 따르면, 1953년에도 광물반이나 수산반은 금방 조사활동이 종료되었고 측지·측량에 가장 많은 시간이 소요되었다.[90] 1947년의 조사에서 가장 중요한 것은 동식물 표본 채집, 목측에 의한 측량, 섬의 지형 파악, 사진 촬영 등이었다.

옥승식에 따르면, 조사대에 측지·측량 등의 부서가 없어 실측활동은 하지 못하고 지질광물반이 목측(目測)을 했는데, 섬의 직경은 대략 200~205m로 추정되었다.[91] 독도에 대한 정확한 측량은 1953년에 가서야 실행되었다. 옥승식은 독도의 지질이 주로 현무암, 조면암류(粗面岩類), '타류스'(Talus) 등으

---

88) 「東海 神秘境인 獨島의 生態에 恍惚, 山岳會調査隊」, 『자유신문』(1947. 8. 24).
89) 방종현, 1947, 위의 글, 569쪽.
90) 이정훈, 2009, 「1953년 독도를 최초로 측량한 박병주선생」, 『신동아』 1월호, 599쪽.
91) 「鬱陵島及獨島地質調査槪報」(地質鑛物班 玉昇植), 독도박물관 소장, 3쪽. 이는 표지 포함 총 16장의 보고서로 표지에는 「鬱陵島獨島調査報文」으로 되어 있고, 상무부 지질광산연구소 용지에 작성되었다. 이력서에 따르면 옥승식은 당시 상무부 지질광산연구소 물리탐사과장이었다. 이 보고서는 조선산악회 울릉도학술조사대 지질광물반의 공식보고서였다.

로 되어 있다고 평가했다. 그리고 독도의 화산활동은 최초에 현무암이 분출되었으며, 그 후 조면암류가 분출하고 화산활동은 휴식한 것으로 추정했다.[92]

한편, 동물학반과 식물학반은 독도의 식생과 생태에 대한 표면조사를 벌였다. 이들은 독도의 서쪽 섬〔西島, 속칭 남도(男島)〕 동북 저지대에서 물개와 흡사한 동물의 어린 새끼 세 마리를 소총으로 잡았다.[93] 당시 언론들은 물개를 의미하는 해구(海狗)를 포획했다고 보도했지만 석주명의 설명에 따르면 이는 물개가 아니라 일명(日名)으로는 '토도', 영명(英名)으로는 '바다사자'라는 것이었다.[94] 군집의 특성을 지닌 바다사자들은 일행이 독도를 방문했을 때 무리를 지어 독도를 "평화로운 안식처"로 삼았을 정도로 많았다. 포획된 바다사자 새끼 세 마리는『대구시보』사진기자 최계복에 의해 촬영되어 신문에 게재되었다.[95] 그런데 당시 울릉도 주민들은 이를 '가제'라고 불렀으며, 울릉도에 '가제굴' 같은 단어가 남아 있어 원래 울릉도에 이 동물이 서식했음이 밝혀졌다.[96] 조사에 참가했던 세브란스의대 동물학연구실의 윤병익(尹炳益)이 포획한 새끼들을 해부해본 결과, 가제는 물갯과에 속하며 학명은 '*Zilophus Iabatus Gray*', 영어명은 'Southern Sea-lion', 일본명은 '아시카'(アシカ), 한자로는 '海驢'(해려), 한국어로는 '가제'로 밝혀졌다. 윤병익은 가제라는 말이 조선 고전에 기록이 있다는 석주명의 발언을 인용하며 군정당국에 독도에 서식하는 가제의 천연기념물 지정을 요청했다.[97] 방종현도 물개처럼 보이는 바다사자의 고기 맛은 돼지고기에 가깝고, 모피는 매우 반지르르하여 사용할 만

---

92)「鬱陵島及獨島地質調査槪報」(地質鑛物班 玉昇植), 10, 14쪽.
93)「울릉도의 자연: 石宙明」,『서울신문』(1947. 9. 9); 洪九杓, 1947,「無人獨島 踏査를 마치고(紀行)」,『建國公論』11월호, 20쪽.
94) 바다사자의 영어 표현은 Steller's Sea Lion이며, 학명은 *Eumetopias jubatus*로, 일본어로는 토도(トド)로 불린다.
95)「독도사진」,『대구시보』(1947. 8. 31).
96)「가제(於獨島): 尹炳益」,『서울신문』(1947. 11. 15).
97)「가제(獨島産): 尹炳益」,『서울신문』(1947. 11. 15, 11. 18).

했다고 평했다.[98]

　나아가 당시 보도에 따르면, 한국·중국·대만에만 분포하고 있고 일본에서는 보고된 적이 없는 '대만흰나비'가 독도에서 발견되기도 했다.[99] 조사에 참가한 서울약학대학 학장인 도봉섭은 독도의 식물이 대략 35종에 불과한 것 같다는 판단을 내렸다.[100] 생물반과 동물반은 약 50여 종의 식물·곤충 등을 채집·정리했는데, 이는 울릉도에 서식하는 계통과 같은 종류였다.[101]

　독도에 대한 조사일정은 오후 3시 30분경에 종료되었다. 즉, 상륙 후 약 5시간 30~40분에 걸쳐 개략적인 조사활동을 벌인 것으로 지표상의 개략적인 조사였음을 알 수 있다. 동도·서도 및 주위 제반 소암초에 대한 조사활동이 세부적으로 이루어지기에는 시간적 여유가 많지 않았다. 조사대는 동도와 서도 사이에 서 있는 섬을 사자섬이라 명명했는데,[102] 아마도 현재 촛대바위(장군바위)로 불리는 곳이었을 것이다.

　조사대의 활동 중 가장 주목할 부분은 이들이 과도정부와 조선산악회 공동명의의 팻말을 독도의 동쪽 섬인 동도에 설치했다는 사실이었다(〈그림 1-8〉 참조).[103] 해방 이후 최초의 독도조사에서 조사대는 독도가 한국령임을 알리는 표목을 설치함으로써 조사활동의 주요 목적인 독도영유권의 확인작업을 최종적으로 완성했다. 조사대는 동도에 두 개의 표목을 세웠는데, 오른쪽 표목에는 '朝鮮 鬱陵島 南面 獨島'(조선 울릉도 남면 독도)라고 썼고, 왼쪽 표목에는 '鬱陵島, 獨島 學術調査隊 紀念'(울릉도, 독도 학술조사대 기념)이라고 썼다. 표

---

98) 방종현, 1947, 위의 글, 571쪽.
99) 「독도의 국적은 조선, 입증할 엄연한 증거자료 보관」, 『工業新聞』(1947. 10. 15). 『공업신문』은 보도자료를 "과반 독도를 답사한 조선여행사 부산사무소 주임 李紋연"(원문 그대로)에게 얻었다고 했는데, 이 문연은 조선산악회 부산지부 회원이었던 이문엽(李文燁)의 오자(誤字)로 판단된다.
100) 방종현, 1947, 위의 글, 569쪽.
101) 「東海 神秘境인 獨島의 生態에 恍惚, 山岳會調査隊」, 『자유신문』(1947. 8. 24).
102) 鬱陵島學術調査隊長 宋錫夏, 「古色蒼然한 歷史的 遺跡 鬱陵島를 찾아서!」(1947. 12. 1), 국제보도연맹, 1948, 『국제보도』(Pictorial Korea) 10권(올림픽특집) 3권 1호(신년호) 1월, 10쪽.
103) 「東海의 내 國土, 슬프다 流血의 記錄: 踏査回顧, 洪鍾仁記」, 『조선일보』(1948. 6. 17).

〈그림 1-8〉 조선산악회가 독도에 설치한 영토표목(1947. 8. 20) ⓒ 홍종인/한국산악회

목을 세운 일자는 1947년 8월 20일이었다.[104] 홍종인이 1977년 『한국산악』에 기고한 글에 이 표목 사진이 남아 있다. 이 표목은 독도가 한국령임을 표시한 최초의 시설물이었다. 미군정·남조선과도정부 치하였고, 아직 대한민국정부

---

104) 홍종인, 1977, 위의 글, 102쪽.

가 수립되기 전이었기 때문에 조선이라는 명칭이 사용되었다. 지금까지 이 표목이 설치된 사실은 알려져왔지만, 그 사진이 알려지지는 않았다.

1947년 설치된 표목은 1953년 일본인들이 불법 상륙해 철거한 것으로 추정된다. 이후 일본인들은 '島根縣 隱地郡 五箇村 竹島'라는 2m가량의 표목을 설치했다. 일본인들이 설치한 표목은 1953년 10월 한국산악회 독도조사단이 재차 독도를 방문했을 때 철거되었다. 한국산악회는 1953년 '독도 獨島 Liancourt' (뒷면: 한국산악회 울릉도독도학술조사단 KOREA ALPINE ASSOCIATION 15th Aug 1952)라는 화강암으로 된 표석을 세웠다.[105] 그러나 이 표석 역시 한국조사단이 철수한 뒤 불법 상륙한 일본 해안경비정에 의해 제거된 것으로 알려져 있다. 현재 설치된 표석은 1953년 한국산악회 표석을 본 떠 2009년 경상북도가 다시 복원한 것이다.

이상과 같이 독도조사대의 가장 중요한 활동은 독도에 대한 기초적 조사와 독도의 한국령 확인작업이었다. 조사활동을 마친 이들은 오후 3시 30분경 독도를 출발해 섬을 한 바퀴 돌아 석양이 수평선 너머로 사라지는 독도를 바라보며 오후 8시 30분 울릉도 도동항으로 귀환했다.

울릉도로 귀환한 조사대는 나머지 일정 동안 울릉도에 대한 조사활동을 벌였다. 한국인 조사대 최초로 성인봉에 대한 답사와 조사활동이 있었고, 이어 울릉도 주요 지역에 대한 조사활동이 있었다. 울릉도에 대한 조사활동은 총 4일에 걸쳐 진행되었다. 학술반은 8월 21일 A·B 2개 반으로 나누어 울릉도 성인봉을 답사했는데, A반은 동남으로 하산해 남양동에서 숙박했고, B반은 동북으로 하산해 나리동에서 숙박했다. 8월 22일 A반은 남양동을 출발해 대하에서 숙박했고 B반은 나리동을 출발해 천부동을 경유하고 현포에서 숙박했다. 8월 23일 A반은 대하를 출발해 현포를 거쳐 천부동에 도착했고, B반은

---

[105] 이때 설치된 표석과 조사단의 활동상을 담은 사진은 최근 공개되었다. 이정훈, 2005, 「1953년 독도에서 '다케시마'를 뿌리뽑다」, 『주간동아』 3월 15일 통권476호.

현포를 출발해 대하를 거쳐 남양동에 도착했다. A·B반이 서로 코스를 바꾸어 울릉도를 조사한 것이다. 이들은 8월 24일 모두 도동에 결집했다. 학술반이 조사활동을 하는 동안 의학반은 울릉도에서 의료봉사를 벌였는데, 도동에서 2일간, 천부동에서 2일간, 나리동에서 1일간 진료했다. 의학반의 조사결과, 울릉도 도민의 20퍼센트가 결핵에 걸려 있었으나 의사는 단 한 명에 불과한 열악한 의료현실이 드러났다.[106]

8월 25일 조사대 전원은 휴식을 취하며 수집자료를 정리한 후 우산중학교에서 개최된 특별강연회에 참석했다. 조사대는 8월 26일 울릉도를 떠나, 출발 당시와 마찬가지로 11시간 만에 포항에 도착했다. 이들은 대구를 경유해 8월 28일 서울에 도착함으로써 조사대의 활동을 마쳤다.

이처럼 울릉도조사대의 조사활동은 독도조사 1일(8월 20일), 울릉도조사 4일(8월 21일~24일)을 포함해 총 9일이었으며, 이동기간까지 포함하면 총 13일에 달했다.

3. 1947년 독도조사가 남긴 유산

조사대의 귀환 이후 울릉도·독도 조사활동의 결과는 다양한 방법으로 공개되었다. 첫째 보고강연회와 전람회의 개최, 둘째 조사보고서의 작성과 언론보도, 셋째 개별적 신문·잡지 투고와 자료공개가 이루어졌다. 이를 통해 독도는 재발견되었고, 대중적 관심의 표적이 되었으며, 독도에 대한 사회적·문화적 관심과 인식이 제고되었다. 더욱 중요한 점은 조사대에 참석했던 학자들에 의해 이후 한국의 독도 인식·정책과 관련한 주요 학설과 논리, 증거·관련 자

---

106) 『자유신문』(1947. 9. 1); 『한성일보』(1947. 9. 26).

료의 발굴이 이루어졌다는 사실이다.

(1) 보고강연회·전람회·조사보고서

조선산악회의 공식 보고강연회는 1947년 9월 2일 오후 2시 서울 국립과학박물관에서 개최되었다. 1946~1947년 조선산악회는 국토구명사업을 완료한 후 보고강연회를 개최하는 것을 정례화한 바 있었다. 연제와 강사는 각각 사회경제(홍종인), 언어(방종현), 지리(정홍헌), 고고(김원용), 식물(도봉섭), 동물(석주명), 농림(김종수), 지리(옥승식), 의학(조중삼) 등이었다. 당대 각 분야의 전문가이자 이후 한국 학계의 원로가 된 학자들의 보고발표가 있었다.[107] 발표내용은 현재 남아 있지 않지만, 이들이 이후 한국의 독도영유권 확립·유지와 관련해 학문적·실천적 활동의 중심에 서게 되는 것은 당연한 결과였다. 조사대장 송석하는 8월 31일 기자와 만나 독도에 대해 언급했는데, "특히 흥미 잇는 것은 무인도 독도인데 거기에는 '해로'(옷도세이에 비슷한 것)가 살고 잇섯다"라고 발언했다.[108] 영유권 문제는 크게 부각되지 않았다.

또한 조선산악회의 울릉도학술조사 보고전람회가 개최되었다. 전람회는 1947년 11월 10일부터 18일까지 서울 동화백화점(현 신세계백화점) 4층 갤러리에서 개최되었다. 보도사진, 동물·식물·광물·농림 표본, 석기시대 이래 고고학·민속학 자료, 의학반의 조사결과 등 울릉도·독도의 조사결과를 종합 진열하는 자리였다.[109] 또한 조선산악회가 국토구명사업 이후 보고강연회와 전람회를 개최하는 것은 1946년 이후 일종의 관례였다. 조선산악회는 소요비용

---

107) 「울릉도조사대의 귀환보고강연회」, 『서울신문』(1947. 9. 9); 「울릉도보고, 10일에 강연회」, 『工業新聞』(1947. 9. 9); 「鬱陵島 學術調査隊 報告記(3) 洪鍾仁」, 『한성일보』(1947. 9. 25).
108) 『자유신문』(1947. 9. 1).
109) 「울릉도 보고전」, 『독립신보』·『서울신문』(1947. 11. 5).

3만 원을 정음사 사장 최영해(崔暎海)로부터 조사단 보고서의 원고료로 선불로 받아 썼다.[110]

전람회에는 대형 벽사진(2.4m×4.0m) 16점, 전지·4절판 사진 281점, 각종 도표 50여 점, 학술표본 600여 점이 전시되었고, 관람자 수는 매일 7,000~1만여 명으로 전 기간 약 8만 5,000여 명이 관람했다.[111] 전람회에서 "울릉도 사진도 볼만했지만 독도 사진은 신기할 정도로 국민의 주목을 끌었다." 아마도 서울 시내에 독도 사진이 공개·전시된 것은 이때가 처음으로 추정된다.[112] 홍종인은 전람회의 목적 중 하나가 "무인(無人) 고도(孤島)로 귀속이 문제화하리라는 독도의 전모(全貌)"를 드러내는 것이라고 밝힌 바 있다.[113] 당시의 사람들은 충분히 인지하지 못했지만, 1947년의 독도조사, 전람회 등은 한국인들의 독도 인식과 영유권 확립에 중요한 전기를 마련한 것이었다. 전람회 개최 소식을 접한 울릉도에서는 특산물인 오징어와 공예품 등을 가지고 남면장 홍성국(洪成國), 도(島)장학사 서호암(徐好岩), 도(島)성인교육사, 대구시보 한창석(韓昌錫) 기자 등 네 명이 11월 7일 상경하기도 했다.[114]

서울전람회 이후 대구·부산에서 전람회를 개최했는데,[115] 부산에서는 조선산악회 경남지부 주최로 1947년 11월 30일부터 12월 4일까지 부산일보사 2층에서, 대구에서는 경북지부 주최로 12월 6일부터 10일까지 대구공회당에서 전람회가 개최되었다. 울릉도에서도 울릉도청 주최, 한국학생산악연맹 주관으로 1948년 1월 20일부터 27일까지 우산중학교에서 순회전시가 이루어졌다. 즉, 1947년 과도정부·조선산악회의 울릉도·독도 조사의 결과는 서울에

---

110) 홍종인, 1978, 위의 글, 166쪽.
111) 김정태, 1977, 위의 글, 25쪽.
112) 이 사진들의 행방은 현재 알려져 있지 않다. 이에 대해서는 추가조사가 필요하다.
113) 「鬱陵島 報告展을 열면서: 洪鍾仁」, 『서울신문』(1947. 11. 15).
114) 「울릉도전시회에 도민대표가 상경」, 『大邱時報』(1947. 11. 8).
115) 「鬱陵島 學術調査隊 報告記(3) 洪鍾仁」, 『한성일보』(1947. 9. 25).

서 전람회를 시작해 최초의 문제제기 장소였던 울릉도에 도착함으로써 그 일단락을 맺었다. 한편, 대구에서는 독자적인 전람회가 개최되었다. 대구시보의 사진부 촉탁 최계복은 독도·울릉도에서 사진 약 50매를 촬영했는데, 경상북도 공보과 및 지방과의 후원을 얻어 9월 15일 울릉도·독도 사정 소개 전람회를 개최했다.[116]

조사활동을 종료한 후 남조선과도정부에서 파견된 신석호(국사관 관장), 추인봉(외무처 일본과장), 이봉수(문교부 편수사), 한기준(수산국 기술사) 등은 모두 공식보고서를 작성했을 것으로 판단된다. 과도정부 독도조사단이 공식적인 종합보고서를 제출했는지는 분명치 않다. 아마도 분야별로 개별적인 보고서를 제출한 것으로 추정된다.

먼저 국사관 관장이자 역사학자였던 신석호는 1948년 독도의 영유권에 관한 논문을 역사잡지 『사해』(史海)에 투고했는데, 첫 부분에 독도조사단의 파견경위와 내력을 적고 있기 때문에 사실상의 공식보고서라고 볼 수 있다.[117] 신석호는 민정장관 안재홍의 명령으로 독도조사에 나섰다고 밝혔다. 상무부 지질광산연구소의 물리탐사과장으로 지질전문가였던 옥승식은 조선산악회 보고강연회(1947. 9. 2)에서 지리 분야를 발표했고, 나아가 조선산악회 울릉도학술조사대 지질광물반의 공식보고서인 「울릉도독도조사보문」을 제출했다.[118] 독도박물관에 소장된 「옥승식이력서」에 따르면, 그는 국립 지질광산연구소 소속으로 독도조사에 참가했다. 이 「울릉도독도조사보문」은 말 그대로 울릉도와 독도를 조사한 보고문이다. 이는 조선산악회 차원의 보고서지만, 상무부 지질광산연구소 용지에 작성되었고, 작성자도 현직관리였기 때문에 공

---

116) 「독도사진공개, 본사 최촉탁 촬영」, 『대구시보』(1947. 8. 30).
117) 신석호, 1948, 「獨島所屬에 對하여」, 『史海』 12월호(제1권 제1호).
118) 「鬱陵島及獨島地質調査槪報」(地質鑛物班 玉昇植), 독도박물관 소장. 가로 17.5cm×세로 26.0cm의 원고지에 쓰인 이 원고는 사운 이종학 선생이 독도박물관에 기증한 유물에 포함되어 있다. 이 자료의 복제본을 제공해준 독도박물관에 감사드린다.

식보고서에 준하는 성격을 지녔다. 총 15쪽 분량의 보고서에서 옥승식은 독도가 화산활동으로 생성된 섬으로, 생성시기는 명확치 않지만 제3기 말에서 제4기 홍적기의 지각변동에 의해 생성된 것으로 추정했다.[119] 옥승식은 울릉도와 독도가 세 가지 점에서 일치하는 지질적 특성을 가졌다고 판단했다.

첫째 과거 화산활동이 있었고, 대략 같은 종류의 화산암으로 섬이 형성되어 있다.
둘째 암석의 분출순서가 대략 일치한다.
셋째 암석의 성질이 흡사하다.[120]

한편, 1947년 독도학술조사대에 참가했던 이영로(이화여대 교수)는 독도의 식물상(植物相)에 대해 『수산』(水産) 제2호(1952. 7)에 35종을 발표했고, 정영호(서울대 자연대학 교수)는 『생연회보』(生研會報) 창간호에 36종을 발표했다.[121] 수산국 기술사인 한기준도 보고서를 작성한 것으로 추정된다.[122] 조선산악회의 독도조사활동의 최종 목표는 공식적인 학술조사보고서의 발행이었는데,[123] 그 여부는 확인되지 않는다. 홍종인은 대중적 과학교양서로 『울릉도』라는 소책자를 연말이나 연초에 간행할 예정이라고 밝혔는데,[124] 이후 독도문제가 국내외적 주요 관심사가 되었을 때에 이 보고서가 거론되거나 공개되지 않은 것으로 미루어 발행되지 않은 것으로 추정된다. 홍종인은 정음사에서 보고서 출간비로 3만 원을 선불로 받아 전람회 비용으로 썼지만, 돈을 돌려

---

119) 위의 글, 14쪽.
120) 위의 글, 13쪽.
121) 박봉규, 1985, 「제1장 총설 제2절 울릉도·독도의 자연」, 『獨島研究』, 한국근대사자료연구협의회, 22쪽.
122) 허영란은 『水産』이라는 잡지에 「산악회보고서」가 발표되었다고 했다(허영란, 2008, 「독도영유권 문제의 주요 논점과 '고유영토론'의 딜레마」, 『이화사학연구』 36집, 110쪽). 이영로의 보고서를 의미하는 것으로 보인다.
123) 「鬱陵島 學術調査隊 報告記(3) 洪鍾仁」, 『한성일보』(1947. 9. 25).
124) 「鬱陵島報告展을 열면서: 洪鍾仁」, 『서울신문』(1947. 11. 15).

주지 못했다고 회고했으므로 보고서는 출간되지 않았을 것이다.[125]

현재까지 발견된 자료에 기초해 볼 때, 조선산악회 부회장이자 울릉도조사대 부대장이었던 홍종인이 『한성일보』에 네 차례 기고한 「울릉도 학술조사대 보고서」가 조사대의 공식적 최종 보고서라고 볼 수 있다.[126] 당시 홍종인은 조선일보 편집국장이었는데, 「울릉도 학술조사대 보고서」를 자신이 속한 신문사가 아니라 『한성일보』에 게재한 것은 이 조사대가 조선산악회의 사업일 뿐만 아니라 과도정부의 공식적인 사업의 일환이었음을 반영한다. 『한성일보』는 민정장관 안재홍이 사장으로 있던 신문이며, 그가 민정장관으로 재직하는 동안 중도적인 입장을 취하는 준군정기관지의 역할을 수행했기 때문이다. 1947년 홍종인의 글에는 독도에 관해 아주 짧은 언급이 되어 있는데, 그가 전한 울릉도학술조사대의 목적은 다음과 같다.

> 1947년의 하기사업으로 소백산맥학술조사행사의 뒤를 이어 획기적인 규모로써 울릉도학술조사대를 파견케 된 것은 울릉도가 동해의 고도(孤島)로 그 실정의 소개가 전부터 거의 없었을 뿐 아니라 왜적의 전쟁 중 십수년간은 군사요지로 본토와의 일반적 왕래가 극히 어려운 관계에 있었기 때문에 더욱 그 실정은 알 수 없었다. 지도상으로 뿐이 아니고 국민적 관심에서도 언제까지나 절해의 고도로 버려둘 수 없다는 점에 착안하였던 것이 그 주되는 이유이었다. 그리하여 작년 가을 이래의 의도가 이에 실현을 보았던 것이다.
> 그리고 울릉도에서 남동향으로 48리 해상의 무인도로 그 귀속이 문제되리라고도 전하는 독도행은 실행 전까지 외부 발표를 종시 보류하고 있었으나 이는 우리가 당초부터 계획해온 기습의 행정이었든 것이다.[127]

---

125) 홍종인에 따르면 조선(한국)산악회는 1947년, 1952년, 1953년 등 7년에 걸쳐 독도답사를 실행했지만, 한국전쟁의 와중에 서류를 많이 분실한 관계로 보고서를 제대로 생산하지 못했다(홍종인, 1978, 위의 글, 169쪽).
126) 홍종인, 「鬱陵島 學術調査隊 報告記」(1)~(4), 『한성일보』(1947. 9. 21, 9. 24, 9. 25, 9. 26).

홍종인은 보고에서 울릉도에 대한 수력발전소 건설, 울릉도-포항 간 정기 화물선·여객선 취항, 주민 의료시설 확충 등의 조치를 요구했다. 수력발전소 건설은 조사대에 참가한 한국전력의 두 기사(실제로는 체신부 무전사 1명, 상무부 전기기사 1명)의 조사보고에 기초를 둔 것으로 이후 울릉도 수력발전소 건설이 가능해졌다.[128] 당시 경북 포항-울릉도 간에는 정기항로가 개설되지 않았는데, 1947년 9월 중순에 가서야 500~700톤 규모 선박의 월 3회 정기운항이 가시화되었다.[129] 홍종인은 보고를 통해 "자황폐(自荒廢), 자멸(自滅)의 일로(一路)에 있는 울릉도"를 살려야 하는 이유가 역사적으로 울릉도가 러시아와 일본의 군사적·산업적 침략기지로 위협당했기 때문이며, 나아가 한국의 해양발전·원양어업 개척의 기지로 중요하기 때문이라고 강조했다.[130] 절해고도인 울릉도에 한국의 행정력이 발휘되면 나라의 위신이 설 것이며, 독도를 통해 해상으로 발전할 수 있기에, 비록 돌섬에 불과한 독도가 장차 어업기지로 발전할 가능성이 있다고 했다.[131]

전반적으로 독도조사 후 보고강연회·전람회·조사보고서에서 주로 강조된 것은 울릉도에 관한 내용들이었다. 독도는 1947년 4월 이래 일본인의 불법 상륙과 총격사건으로 소동이 일었지만, 본격적으로 그 중요성이 부각되기에는 별다른 특이사항이 없는 상태였고, 조사결과 한국령을 확인하는 데 논란이 없었기 때문일 것이다.

현재까지의 조사결과, 남조선과도정부의 기록에서 독도조사활동과 관련한 자세한 기록을 발견할 수 없었다. 그러나 1947년의 독도조사 및 그 후 강연

---

127) 「鬱陵島 學術調査隊 報告記(1) 洪鍾仁」, 『한성일보』(1947. 9. 21).
128) 홍종인, 1977, 위의 글, 103쪽; 「수력발전도 가능, 全島火海化의 豪壯한 夜漁光景, 울릉도조사 송석하씨 보고」, 『자유신문』(1947. 9. 1).
129) 『대구시보』(1947. 8. 1); 『동광신문』(1947. 8. 24).
130) 「鬱陵島 學術調査隊 報告記(終) 洪鍾仁」, 『한성일보』(1947. 9. 26).
131) 홍종인, 1977, 위의 글, 102쪽.

회·전람회·언론보도·공식보고서 등을 통해 과도정부 차원은 물론 학계·언론계 그리고 일반대중들까지 독도에 대한 관심을 제고하게 된 것은 분명하다. 특히 1947년 독도조사의 계기가 일본인의 불법점거와 한국 어선 총격에 따른 대응 차원에서 시작되었다는 사실은 이후 독도문제가 한국 내에서 급격히 고양될 수 있는 배경을 형성하는 것이었다.

(2) 신문·잡지의 보도

한편, 조사대에 참가했던 인사들은 울릉도·독도에 관한 소개 글을 신문·잡지에 투고했으며 언론도 주도적으로 독도에 관한 기사들을 게재했다. 울릉도를 다룬 글들이 다수 발표되었다.[132] 울릉도는 이미 일본인들에 의해 여러 차례 조사된 바 있었다. 조선산악회 부회장이었던 도봉섭 1937년에 울릉도를 답사하고 6회에 걸쳐 『동아일보』에 그 결과를 연재한 바 있었다.[133] 또한 이홍직에 따르면, 1937년 울릉도 도동 축항공사장에서 조선 후기 울릉도를 수토(搜討)한 비문 두 개가 발견되기도 했다.[134] 독도에 관한 기사는 울릉도를 소개하는 글 가운데서 부분적으로 등장했다.

울릉도·독도학술조사대가 귀환한 직후인 1947년 8월 30일과 31일 서울

---

132) 權相奎,「동해의 孤島 울릉도행(1)」,『대구시보』(1947. 8. 27); 권상규,「鬱陵島紀行(2)」,『대구시보』(1947. 8. 29); 석주명,「울릉도의 연혁」,『서울신문』(1947. 9. 2); 김원용,「울릉도의 여인」,『서울신문』(1947. 9. 6); 특파원,「절해의 울릉도: 학술조사대 답사①」,『조선일보』(1947. 9. 4); 석주명,「울릉도의 자연」,『서울신문』(1947. 9. 9); 구동련,「鬱陵島紀行(1)~(4) 浦項支局 具東鍊」,『수산경제신문』(1947. 9. 20, 9. 21, 9. 23, 9. 24); 석주명,「鬱陵島의 人文」,『신천지』1948년 2월호(제3권 제2호).

133) 도봉섭, 1937,「鬱陵島植物相: 孤島植物踏査記 特히 天然記念物을 찾아서〔제1~6회〕」,『동아일보』(1937. 9. 3~9. 11).

134) 이홍직, 1962,「鬱陵島搜討官關係碑二」,『考古美術』3의7(李弘稙, 1972,「한 史家의 流薰」, 통문관, 206~208쪽 재수록). 비는 영조 11년(1735년)과 숙종 37년(1711년 추정)에 건립된 것으로 울릉도 수토를 담당한 강원도 삼척영장(三陟營將), 군관(軍官), 왜학(倭學)은 물론 사공, 식모, 통인, 노비 등의 이름이 각각 4명, 15명씩 새겨져 있다.

과 대구에서 독도 사진이 최초로 공개되었다. 서울에서 최초로 공개된 독도 사진은 『자유신문』 8월 30일자에 게재된 것으로, 조선산악회 회원으로 본부반의 일원이었던 김홍래가 제공한 사진이었다. 이 사진은 동도와 서도 사이를 찍은 사진으로, 독도의 전경을 보여주지는 않는다. 대구에서는 『대구시보』 1947년 8월 31일자에 최계복 기자가 촬영한 세 장의 독도 사진이 실렸다.[135] 상단

〈그림 1-9〉 최계복이 찍은 독도 사진(『대구시보』, 1947. 8. 31)

은 독도 전경, 하단(좌)은 독도 옆에 있는 觀音島, 하단(우)은 답사대가 포획한 물개(강치) 사진이었다(〈그림 1-9〉 참조).[136] 이 사진들은 해방 이후 한국인이 촬영해 신문에 실은 최초의 독도 사진이었으며, 대구에서 전시되었다. 최 기자가 찍은 울릉도 사진 역시 『대구시보』에 연재되었다.[137]

한편, 독도 자체를 소개하는 기사들도 여러 건 발표되었다.

① 「동해 신비경인 독도의 생태에 황홀, 산악회조사대」, 『자유신문』(1947. 8. 24).
② 「독도는 이런 곳」, 『남선경제신문』(1947. 8. 27, 8. 28).

---

135) 「독도 사진」, 『대구시보』(1947. 8. 31).
136) 하단(좌)의 사진은 독도의 동도에서 서도 방향으로 찍은 것이다. 오른쪽부터 동도의 숫돌바위-삼형제바위-촛대바위의 모습이다. 『대구시보』는 동도와 서도 사이에 위치해, 멀리서 볼 때 독도가 세 개의 섬(삼봉도)으로 보이게 만든 숫돌바위를 관음도로 표기했다.
137) 「울릉도 사진」, 『대구시보』(1947. 9. 3, 9. 4, 9. 5).

③「독도의 국적은 조선, 입증할 엄연한 증거자료 보관」, 『공업신문』(1947. 10. 15); 『수산경제신문』(1947. 10. 16).

④ 홍구표, 「무인독도 조사를 마치고(기행)」, 『건국공론』(建國公論), 1947년 11월호(제3권 제5호).

① 『자유신문』의 기사는 조선산악회 학술조사대가 울릉도를 조사 중이던 8월 22일 제공한 것인데, 독도에 대한 몇 가지 정보를 담고 있다. 이 기사는 독도의 지리적 위치가 울릉도에서 동남방 38마일 지점에 위치한 '우리 국토의 최동단 동해의 무인고도'이며, 조선조 선조 때 삼봉도로 알려져 찾으러 시도 했던 섬이라는 점을 밝히고 있다. 섬은 동서와 서도로 구성되었으며, 해구(강치), 백합꽃, 나비 등이 발견되었다고 썼다.[138]

신문기사 중 가장 주목되는 것은 독도조사대가 서울로 귀환하기 전에 작성된 ② 『남선경제신문』의 기사였다.[139] 『남선경제신문』은 1946년 3월 1일 대구에서 창간된 우익 계열의 신문이었는데, 발행인은 우병진·이경용, 편집인은 유근수였다.[140] 이 기사는 독도조사에 참가했던 제5관구 경찰청 소속 경찰 B를 취재원으로 활용했다.[141] 이 기사는 대구에서 발행되는 신문에 게재되었지만, 1947년 8월의 시점에 간행된 모든 신문·잡지 가운데 독도에 관한 가장 정확하고 상세한 정보를 담고 있었다.

먼저 『남선경제신문』은 독도가 울릉도와 불가분의 관계에 있다는 점을 지적했다. 이는 매우 중요한 점이었는데, 역사적으로 독도는 울릉도의 속도(屬島)로서 등장하고 활용되었을 뿐 독립적으로 거론된 적이 없었기 때문이다.

---

138)「東海 神秘境인 獨島의 生態에 恍惚, 山岳會調査隊」, 『자유신문』(1947. 8. 24).
139)「독도는 이런 곳」, 『남선경제신문』(1947. 8. 27, 8. 28).
140) 윤덕영, 1995, 「해방직후 신문자료 현황」, 『역사와현실』 16호, 378쪽.
141) 『대구시보』에 따르면 제5관구 경찰청 홍 경위가 조사대에 동참했다(1947. 8. 22).

이 신문은 독도가 울릉도와 불가분의 관계로 현재는 '독섬'으로 호칭되고 있으며, 고려 초 울릉도가 발견된 이래 조선의 영토가 되었다고 했다.

다음으로 독도와 관련해 위치·면적·지질·기상과 해류·생물·식물·역사에 대해 가장 자세한 정보를 제공했다. 위치에 대해서는 동경 131도 11분 2초, 북위 37도 4분 18초, 한국 서방 115마일, 일본 도근현 서북방 172마일, 울릉도에서 39마일, 은기열도에서 80마일이라고 썼으며, 면적은 주위 1.5마일, 높이는 해발 150미터, 근접지 수심은 3~10미터, 50미터 이후 수심은 동해에서 제일 깊다고 했다. 지질은 중성층으로 화성암·수성암으로 구성되어 있으며, 기상은 3월 평균 화씨 40도, 7월 73도, 12월 35도이며, 해류는 사할린과 함북을 오가는 한류가 흐르고, 생물로는 전복·소라·고동·미역 등이 무진장 있으며, 바다 동물로는 해구(강치)가 대량 서식하고 있다고 했다. 이 기사는 문헌조사에 있어서 일본인이 쓴 『한국수산지』(1907)를 인용하고 있으며, 해구로 불린 강치에 대해서는 울릉도 주민들은 '가지'(可之)로 부른다며 『증보문헌비고』의 울릉도 기사를 인용하고 있다. 『한국수산지』는 1908년 통감부 농상공부 수산국이 간행한 『한국수산지』일 것이다.

다음으로 기사는 독도가 일본과 시빗거리가 된 이유로 세 가지 점을 들었다. 첫째 독도가 한국의 본토와 원거리인 반면 수산업이 발달한 일본 도근현 은기열도와 근거리로 일본인의 왕래가 잦았으며, 둘째 국권 상실 후 36년간 어업권을 빼앗겨서 독도와 불가분의 관계에 있던 울릉도 도민의 손이 닿지 못했고, 셋째 풍토상 지상거주가 불가능했기에 무인도로 난파선 구명 등의 용도로만 방치되었기 때문이라고 지적했다. 이 기사는 독도에 현 거주 가족 1개소가 있다고 밝혔다.[142]

독도영유권과 관련해 이 기사는 일본의 독도영유권 주장이 1906년 일본

---

142) 「독도는 이런 곳」, 『남선경제신문』(1947. 8. 28).

관원의 울릉도 방문으로부터 시작되었음을 지적했다. 즉, 통감부 설치 2개월 뒤인 광무 10년(1906년) 2월 은기도사(隱岐島司)·세무감독국장·경관·의사 등 10여 명의 일본 관원이 울릉도를 방문해 독도가 일본령이라고 주장했고, 울릉도 도사(島司)가 이 정보를 보고한 문서가 울릉도에 보관되어 있다고 적었다. 그 후에야 독도가 일본 지도에 죽도로 기록되었다는 것이다. 당시까지 한국 언론들은 1905년 일본정부의 불법적 독도 영토편입 사실은 알지 못했던 것이다.

그런데 일본인이 저술한 『한국수산지』에 독도가 조선어업권 지대로 표시되어 있고, 해방 이후 맥아더사령부가 선포한 맥아더라인이 독도로부터 12마일 밖에 위치하여 독도가 조선 영토로 표시되어 있으므로, "우리 국토를 자기네의 개인 소유라고 사칭함"은 일소(一笑)에 부칠 만한 일이라고 지적했다. 이처럼 1947년 『남선경제신문』의 기사는 1906년 이후 일본의 독도영유권 주장, 해방 후 독도의 한국 귀속, 독도를 일본령에서 배제한 맥아더라인의 규정 등 이후 한국측이 제시한 독도영유권의 핵심적 주장을 거의 대부분 담고 있다는 점에서 주목할 만하다.

③ 『공업신문』·『수산경제신문』의 기사는 조선산악회 부산지부 이문엽(조선여행사 부산사무소 주임)이 제공한 내용에 기초해 있다. 기사는 독도가 한국령이라는 근거로 일본 도근현 은기보다는 울릉도에 더 가깝고, 구한말 일본이 독도를 침략하자 울릉도 군수가 상부에 보고한 증거문서가 있으며, 한반도·중국·대만에만 분포하며 일본에는 없는 대만흰나비가 독도에서 발견되어 동물학상으로도 한국의 영토임이 증명되었다고 썼다. 원래 독도가 무인도로 섬 '크기가 0.5마일에 불과'(원문 그대로)했기에 지도에 표시되지 않았고, 한말에는 나라가 혼란해져 영유권 문제가 분명치 못하게 되었고, 식민지 시기에는 울릉도 도민들이 국토 전부가 일본의 지배하에 들어간 데 낙심해 독도의 소속문제를 별로 분쟁거리로 삼지 않았기 때문에 문제가 발생한 것이라고 분석했다.

대구에서 발행되던 ④『건국공론』은 현암사의 창립자 현암(玄巖) 조상원(趙相元)이 1945년 12월 창간한 잡지였는데, 대구에서 합류한 홍구표(洪九杓)

의 기행문을 싣고 있다. 홍구표의 신원은 확인되지 않는데, "전부터 다각 방면으로 이 독도에 대한 참고재료를 연구조사하든바" 독도조사단에 편승했다고 쓰고 있다. 홍구표는 독도답사가 끝난 다음 날인 8월 21일 대전호 편으로 포항으로 귀환했다.[143] 내용은 기존 신문보도와 대동소이했다.

(3) 독도 관련 주요 개념·논점·인식의 부상

1947년 과도정부·조선산악회 독도조사의 가장 중요한 결과는 1948년 한국정부 수립 이후 한국의 독도 인식, 정책, 여론형성에 주도적 역할을 할 수 있는 한국 사회의 여론주도자들이 독도문제의 중요성과 분쟁 가능성, 한국 영유권의 역사, 증거문헌, 일본 침략의 구체적 실상 등을 명확히 인식했고, 이에 대해 적극적으로 대처해야 한다는 공감대를 형성하게 된 점이었다. 이는 1947년 과도정부·조선산악회가 수행한 울릉도·독도 학술조사의 분명한 공적이었다. 1948년 독도폭격사건과 1952년 이승만라인(평화선)을 둘러싼 독도영유권 분쟁이 발생했을 때 한국이 적극적으로 대처할 수 있었던 바탕에는 1947년의 독도학술조사가 자리하고 있었다.

특히 1947년의 독도학술조사는 이후 한국인, 한국 학자, 한국정부의 독도 인식·정책과 관련해 중요한 이정표가 되었다. 특히 독도학술조사에 참가했던 세 명의 학자가 1947~1948년에 쓴 글들은 향후 한국의 독도 연구 및 인식의 초석을 놓은 것이었다. 이들은 조선산악회 회장이자 울릉도·독도학술조사대 대장이었던 송석하, 서울대 국문과 교수이자 국어학·방언학의 대가였던 방종현, 국사관장이던 역사학자 신석호였다.

---

143) 홍구표, 위의 글, 21쪽. 이 자료는 아단문고에 소장되어 있으며, 아단문고 측의 호의로 열람할 수 있었다.

● **송석하: 독섬(獨島)·삼봉도**

　조선산악회 회장이자 울릉도학술조사대 대장이었던 송석하가 독도조사와 관련해 쓴 글은 지금까지 알려지지 않았다. 가장 중요한 역할을 담당했지만, 독도와 관련된 기록을 남기지 않은 것은 의아하다. 조사 결과, 송석하는 1948년 1월 『국제보도』라는 잡지에 울릉도조사에 대한 1쪽 분량의 간단한 글을 실었다.[144] 주로 울릉도에 대해 이야기한 후 독도에 대해 다음과 같이 기술했다.

　울릉도에서 다시 동편으로 48해리를 가면 [도적]떼의 각광을 받은 독섬(獨島)이 있다. 동서 독섬으로 되어 서쪽 섬이 좀 크서 고도(高度) 157미돌(米突)이며 서도는 분화구가 있으나 지금은 막혀서 그 하부에는 바다물이 들낙 날낙한다. 양도의 사이에는 함몰한 잔해가 남아있어 이 잔해를 이번 조사대에서는 사자(獅子)섬이라고 명명했다. 역사적으로 이조 성종 3년에서 12년[1472~1481]까지 10년간 이 섬의 문제가 비등하야 박종원(朴宗元)을 교차관(敎差官)으로 해서 우리나라 도잠자(逃潛者)를 찾으려고 한 일이 있으며 부령인(富寧人) 김한경(金漢京) 등이 가서도 도잠민(逃潛民)에 겁(劫)을 대여 상륙 못하고 도형만 그려왓다 한다. 소위 삼봉도 수람(搜覽) 문제이다. (원문 그대로, [ ]는 인용자)

　『국제보도』는 한국을 외국에 소개하기 위한 잡지로 한글과 영문을 대역해 배치하는 한편 많은 사진을 함께 수록했다. 송석하의 글도 영문으로 번역되어 함께 실려 있는데, 영문에는 간단하게 "(울릉도) 동쪽 48마일가량 떨어진 곳에, 2개의 섬으로 된 독섬이 있는데, 이 섬은 과거 무법자들의 피난처가 되곤 했다"라고 썼다.[145]

　송석하는 독도가 독섬으로 불린다는 사실, 『조선왕조실록』에 등장하는 삼

---

144) 鬱陵島學術調查隊長 宋錫夏, 「古色蒼然한 歷史的 遺跡 鬱陵島를 찾어서!」(1947. 12. 1), 국제보도연맹, 1948, 위의 책, 10쪽.

봉도문제 등을 지적했다. 민속학자였던 송석하는 민속과 관련된 자료 조사·수집에 있어 탁월한 면모를 보였고, 자신이 일제하에서 수집한 자료를 기초로 국립민족박물관을 만든 바 있다. 그는 고혈압으로 1947년 8월 20일 독도조사에 참가하지는 못했지만, 독도 관련 자료를 수집·소장했을 가능성이 높다. 그러나 그의 소장품과 기록 가운데에서 독도 관련 기록은 발견할 수 없었다.[146]

- **방종현: 독도＝독섬＝돌섬＝석도**

서울대 문리과대학 국문학과 교수였던 방종현은 1947년 독도조사에 참가했다. 방종현이 독도조사에 참가하게 된 내력은 분명치 않지만, 『조선일보』가 연결고리였을 것으로 보인다. 1928년 경성제대 문과에 입학한 방종현은 『조선일보』의 소위 방일영장학생으로 관철동 조선일보사 사장 사랑채에 거처했고, 졸업 후 조선일보사의 『조광』을 주관하기도 할 정도로 방씨 집안과 친밀했다.[147] 이런 연유로 조선일보 편집국장이자 조선산악회 부회장이었던 홍종인을 통해 조선산악회에 가담하게 되었을 가능성이 높다. 방종현은 1947년 『경성대학 예과신문』에 「독도의 하루」라는 기행문이자 일기를 게재했다.[148]

신문 이름이 '경성대학 예과신문'인 것에 대해 설명이 필요하다. 왜냐하면 1946년 10월 서울대학교라는 교명이 확정되었고, 예과는 폐지되었기 때문이다. 경성제국대학은 해방 후 '제국'을 뺀 경성대학이 되었고, 경성대학을 9개의 단과대학과 1개 대학원으로 구성된 국립서울대학교로 만든다는 '국립

---

145) "OOLNUNGDO, HISTORIC ISLAND OF KOREA" By Song Suk Ha. 원문은 다음과 같다. "About 48 miles farther east of the island, there is the twin-isle of Toksum where outlaws often sought refuge in the past."
146) 한국(국립)민속박물관은 송석하가 소장했던 민속학 관련 자료·사진들을 출간했지만, 독도 관련 자료는 들어 있지 않다(한국민속박물관, 1975, 『民俗寫眞特別展圖錄―石南民俗遺稿―』; 국립민속박물관 편, 2007, 『처음으로 민속을 찍다: 송석하 소장 민속학 선구자들의 사진자료집』).
147) 李崇寧, 1963, 「故一簑의 追憶」, 『一簑國語學論集』, 民衆書館.
148) 방종현, 1947, 위의 글, 568~572쪽.

서울대학교안'이 발표되었다(1946. 7. 13). 이에 따라 1946년 10월 국립서울대학교가 개교했지만, 상당수의 교수와 학생들이 '국대안'에 반대해 1947년 2월에는 전국적으로 57개 대학이 동맹휴학하고, 4만 명이 동참했다. 결국 1947년 4월 동맹휴학을 주도한 4,956명의 학생이 제적되었다가 8월에 3,518명이 복적되었다. 이에 따라 서울대는 개교 후 만 1년 동안 국대안 반대운동으로 파행을 거듭하다가 1949년 9월 학기부터 수업이 정상화되었다. 이런 까닭에 1947년 9월까지 '경성대학 예과신문'이란 명칭이 사용된 것으로 보인다. 신문 원문은 서울대학교에 보존되어 있지 않고, 현재 원문을 확인할 수 없는 상태이다.[149] 방종현은 한국전쟁 중 서울대 문리대 학장을 역임하다 1952년 11월 사망했는데, 1963년 기념저작집이 발간되면서 그 속에 이 글이 수록되었다.[150]

방종현의 글에서 가장 주목할 점은 독도라는 명칭의 기원을 추적한 부분이다. 방종현의 주요 연구 분야 가운데 하나가 고어·방언 연구였음에 비추어 볼 때 그 타당성과 합리성을 미루어 알 수 있다.[151] 이 글에서 방종현은 독도의 어원이 독섬이며, 이는 돌섬, 즉 석도(石島)에서 비롯된 것이라고 추정하고 있다. 1900년 대한제국 칙령 41호에 울도군의 관할지역으로 나오는 석도가 바로 독도였다는 사실이 알려지기 전이었으므로, 방종현의 추정은 정확한 탁견(卓見)이었다.[152]

먼저 방종현은 독도(獨島)라는 명칭이 하나만 있는 섬이라고 해서 붙여진 것이 아니며, 그렇다고 두 섬이 있다고 해서 양도(兩島) 혹은 대도(對島)에서 파

---

149) 일기에는 약간의 오류가 있다. 독도조사가 8월 22일 오전 세 시 반 출발로 되어 있는데, 실제로는 8월 20일 오전 다섯 시 반 출발이었다. 원문의 오류라기보다는 『경성대학 예과신문』·저작집으로 전사(轉寫)하는 과정에서 발생한 오류로 보인다.
150) 이 글을 처음 소개한 것은 송병기였다(송병기, 1999, 「울릉도의 지방관제 편입과 석도」, 『울릉도와 독도』, 단국대학교출판부, 124쪽).
151) 방종현은 방언과 관련해 「古語 硏究와 方言」(『한글』, 1940. 7. 1)·「제주도의 방언」·「방위의 이름」 등의 연구성과를 낸 바 있다.

생된 것도 아니라고 지적했다.

이 섬은 지금 우리가 부르고 있는 이름이 뜻하는 것처럼 하나만 있는 독도(獨島)는 아니고 오히려 양도(兩島) 혹은 대도(對島)라고 하여야 될만 하다. 對島라고 하면 마치 대마도(對馬島)와도 같이 되어 곧 두섬 즉 兩島(日本語로도 우리나라의 명칭 그대로 지금도 부르고 있음)의 「두」와 獨島의 「獨」과를 그 음(音)에 있어서 상이(相似)한 점이 있지 않은가도 생각하겠지만 그래도 그렇게 붙일 것은 아니고 역시 「독」이란 음 그대로 무슨 뜻을 가진 것으로 해석하는 것이 제1차로 온당한 순서일 듯하다.

다음으로 방종현은 독도의 외형이 물독처럼 안이 텅 빈 모양이어서 '독'이라는 명칭이 나왔을 가능성을 제시했다. 최남선이 바로 독도·독섬의 기원을 '물독'과 같은 독〔甕〕이라고 추정한 바 있다.[153]

---

152) 1955년 외무부 정무국이 간행한 『독도문제개론』은 당시까지 한국·일본 정부 간에 주고받은 다양한 공문서들을 수록하고 있다. 그러나 여기에는 대한제국 칙령 41호의 정확한 내용이 거론되지 않고, 오히려 광무 5년(1901년)에 칙령으로써 울릉도를 군으로 개편했다고 잘못 쓰고 있다(외무부 정무국, 1955, 위의 책, 13쪽). 이는 외무부가 1952년 6월 『신생공론』(新生公論)에 게재된 유교성(柳敎聖)의 글 「對日外交의 史의 考察: 독도 및 울릉도문제를 중심으로」를 잘못 참조했기 때문이다. 정무국은 독도가 울릉도의 속도(屬島)였으며, 1901년 울릉도에 도장(島長) 대신 군수(郡守)가 승격·임명되었다는 유교성의 글을 울릉도의 군 승격으로 잘못 이해했다〔「獨島領有關係資料送付依賴의 件」(外政第1303號), 1953. 8. 29〕(외무부 정무국장→유교성) 『독도문제, 1952~53』〕. 칙령 41호에 처음 등장하는 석도(石島)가 독도임을 주장한 것은 1969년 이한기의 책이 처음이라고 판단된다(이한기, 1969, 『韓國의 領土: 領土取得에 관한 國際法의 硏究』, 서울대학교출판부, 250, 281쪽). 이한기는 독도의 '독'이 즉 '石'이라고 풀이했다. 한편, 석도가 1883년 이전 울릉도에서 일했던 120여 명의 전남인들에 의해 불려진 돌섬·독섬이었다는 추정은 1981년 대담에서 송병기가 제시한 것이었다(백충현·송병기·신용하, 1981, 「(학술좌담) 독도문제 재조명」, 『한국학보』 24호, 201쪽).
153) 최남선, 1953, 「鬱陵島와 獨島: 韓日 交涉史의 一側面」, 『서울신문』; 고려대학교 아세아문제연구소 육당전집편찬위원회 편, 1973, 『六堂崔南善全集2』, 697쪽, 현암사 재수록. 최남선은 독도가 고대에는 가지도(可支島)로, 근세에는 울릉도 부근 주민들에 의해 섬의 모양이 독〔甕〕과 같다고 해서 보통 '독섬'으로 불렸으며 울릉 본도의 아주 가까이에도 또 별개의 독섬이 있다고 했다. 또한 일본인이 부르는 다케(タケ)는 한국명인 '독'과 음상사(音相似)한 데서 비롯된 것으로 추측했다.

그래서 이 섬과 「독」이란 음을 관련시키면 위선(爲先) 이 섬이 생긴 것으로 보아서 그 속이 텅 비고 밑바닥에 물이 깔린 것은 우리들 가정에서 쓰는 물독에다나 비할 것일까? 그 내용으로 보아서 독에 비하여 말하는 것을 잘못이라고 말할 수는 없을 것이다. 그러나 아무리 보아도 외형으로 보아서는 이 섬을 독섬이라고 물독에 비할 수는 없게 되었다. 대개 이름 붙이는 것을 보면 해도(海島)의 명칭은 그 외형에서 따오는 것이 많은 만큼 이 섬도 역시 일반원칙에서 벗어남이 없을 것이라고 생각되며 또 물독에 비한다 해도 양도(兩島)인 경우에는 이런 이름은 좀 어울리지 않는 명칭인 듯 느껴진다.

그러나 섬의 명칭은 대부분 외형을 따서 붙이는데 독도를 물독에 비교하기는 어렵고, 또 물독에 비유한다고 해도 섬이 하나가 아니라 두 개(동도·서도)이므로 역시 물독에 비교할 수는 없다고 판단했다.

마지막 가능성은 섬의 명칭이 '석도'(石島)에서 나왔다는 판단이다. 즉, 독도가 돌섬·독섬을 의미하는 '석도'의 뜻에서 나온 것으로, 첫째 독도에는 흙이 없고 전부 돌뿐이요, 둘째 '돌'을 전라남도 해안지방에서는 '독'으로 부르기 때문에, 돌섬=독섬=석도=독도라고 추정했다.

나는 끝으로 혹은 이 섬의 이름이 「석도」(石島)의 의(意)에서 온 것이나 아닌가 생각된다. 이것은 「돌섬」 또는 「독섬」의 두 가지로 부를 수 있는 것이니 여기서 문제는 이 독도(獨島)의 외형이 전부 돌로 된 것같이 보이게 되었다 하는 것과 또한 「돌」을 어느 방언에서 「독」이라고 하는가를 해결하면 이 석도(石島)라는 명칭이 거의 가까운 해석이 되리라고 할 것이다. 그런데 이 독도는 역시 돌로 되었고 돌뿐이요 오히려 흙이 없다고 하겠다. 그러면 다음으로 「石」을 「독」이라고 하는 것은 전라남도의 해안에서도 이렇게 하는 곳이 있는 만큼 「절구」를 「도구통」이라고 하던가 「기」(碁)를 「돌」 또는 「바독」으로, 「다드미돌」을 「다드미독」이라고도 하는 것 등에 비추어 울릉도의 지명례(指名例)와 같이 이 섬은 역시 석도의 의인「독섬」이리라고 생각된다.

방종현이 독도를 석도의 의미로 유추하고, 이것이 전라남도 해안지방의 방언에서 비롯된 것으로 추정한 것은 역사적 사실과도 부합하는 측면이 있다. 왜냐하면 1882년 이규원(李奎元)이 울릉도를 김찰했을 당시 울릉도 거주 내륙인은 약 140여 명이었는데 그중 전라남도 출신이 압도적인 115명을 점했으며, 그 밖에 강원 14명, 경상 10명, 경기 1명의 순이었다. 전남 출신은 해안가 뱃사람들로 나무를 베어 배를 만들거나 미역채취, 어업 등에 종사했다.[154] 송병기의 추정처럼 전남 방언에서는 돌〔石〕을 돌(tol)로 부르기도 하지만 거의 대부분 독(tok)으로 부르며, 일부 지방에서는 '돌'과 '독'을 섞어 부르고 있어서, 이들이 자연스럽게 방언에 따라 '독섬'이라 부르게 되었을 것이다.[155] 때문에 17세기 말 이래 울릉도에 왕래하기 시작한 전남 연해민들이 19세기 말에 대거 울릉도에 거류하면서, 돌이 많은 독도를 돌섬·독섬으로 불렀고, 이것이 1883년 이후 울릉도 개척을 위해 입도한 주민들을 통해 독섬·독도라는 이름을 얻게 된 것으로 보인다.[156]

다른 한편 石=돌=독의 전환이 전라남도의 방언만은 아니었으리라고 생각된다. 서울 도곡동의 원래 한글이름은 돌이 많다고 해서 독골이었는데, 그 연원은 산부리에 돌이 많이 박혀 있어 독부리라 부르던 것이 변하여 독구리·독골이 되고 도곡이라는 한자이름이 붙여졌다. 전국적으로 산재한 독골이라는

---

154) 송병기, 1999, 「자료를 통해 본 한국의 독도영유권」, 『울릉도와 독도』, 단국대학교출판부, 190~191쪽.
155) 송병기, 1999, 위의 논문, 192쪽.
156) 신용하는 전라남도에서 돌섬=독섬=石섬=獨島로 호칭하는 것과 관련해 다양한 사용례를 제시했다. 전남 완도군 노화면 고막리 미나리섬 인근의 섬(민간 호명 독섬, 표기 石島), 완도군 노화면 충도리 육도 인근의 섬(민간 호명 독섬, 표기 石島), 해남군 화원면 산호리 섬(민간 호명 독섬, 표기 石湖島), 고흥군 남양면 오천리 모녀도(민간 호명 독섬, 표기 獨島) 등이다(신용하, 1996, 『독도의 민족영토사 연구』, 지식산업사, 197~198쪽; 신용하, 1999, 「독도·울릉도의 명칭변화 연구」, 『독도영유권 자료의 탐구』 제2권, 독도연구보전협회, 318~324쪽).

자연부락 지명은 모두 돌이 많은 지형에서 유래한 것으로 보아도 무방하다. 이런 사례는 다양하리라고 생각된다.

● 신석호: 역사적·문헌적 고증

한편, 과도정부의 조사단으로 합류했던 신석호는 1948년 12월 역사잡지 『사해』(史海)에 한국의 독도영유권 역사를 증명하는 논문을 발표했다. 신석호의 글은 다음 네 가지 측면에서 중요한 의미를 갖는 것이었다. 첫째, 이 글은 개인 자격의 글이라기보다는 독도조사단 공식보고서의 성격이었다.[157] 둘째, 이 글은 해방 후 최초로 한국 독도영유권의 역사적 근거를 학술적으로 다루었다. 셋째, 이 글에서 신석호가 발굴한 자료들은 이후 한국의 독도영유권을 증명하는 중요한 근거가 되었다. 넷째, 신석호의 고증과 주장은 이후 독도연구에서 이정표가 되었다. 종합하자면 신석호의 글은 1947~1948년의 시점에 작성된 독도영유권 관련 자료·근거의 집대성이었으며, 독도연구의 시원을 연 기념비적인 것이었다. 신석호의 결론은 다음과 같았다.

(1) 독도는 조선시대 성종조 삼봉도(三峰島)와 동일한 섬으로 15세기부터 우리나라의 영토가 되었음.

(2) 숙종조에 일본은 竹島(울릉도)를 조선 영토로 인정하였으니 그 소속인 竹島(독도)도 또한 조선 영토로 승인하였다고 간주함. (원문 그대로)

(3) 일본 해군성에서 발행한 『조선연안수로지』(朝鮮沿岸水路誌)와 울릉도 고로(古老) 홍재현(洪在現) 씨 등의 말에 의하여 독도는 울릉도 개척 이후 광무 9년 (서기 1904년, 명치 39년)까지 울릉도 사람이 이용하던 조선에 속한 섬인 것이 명백함.

---

157) 이 논문에서 신석호는 1947년 독도조사단의 유래, 구성원, 결과 등을 민정장관 안재홍에게 보고하는 것이라고 밝히고 있다(신석호, 1948, 위의 논문, 99쪽).

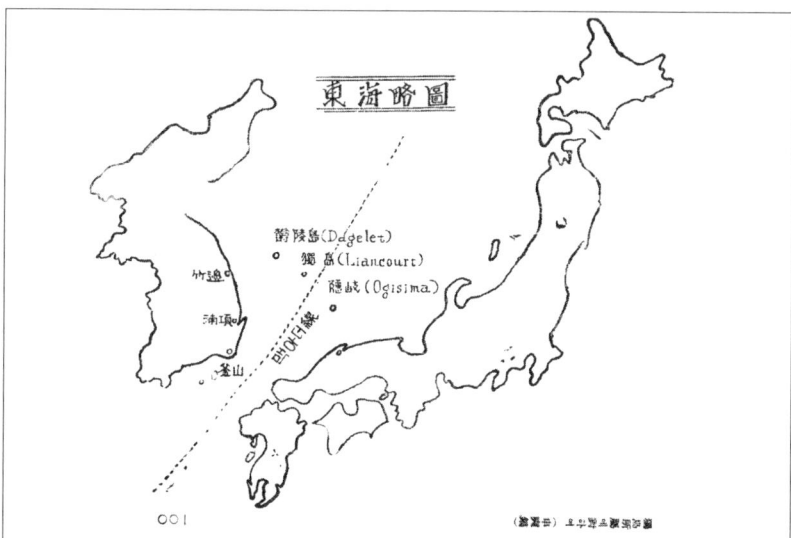

〈그림 1-10〉『사해』에 수록된 독도 사진
〈그림 1-11〉맥아더라인과 독도·울릉도·오키섬(신석호, 1948, 『사해』)

(4) 광무 10년 병오(丙午) 음3월 5일부 울릉군수 보고서와 『제국지명사전』(帝國地名辭典) 기타 일본지리학자 제서(諸書)에 의하여 러일전쟁 당시에 일본이 독도를 강탈한 것이 명백함.
(5) 독도는 본래 조선에 속한 섬이요 지리적으로 조선에 속하는 것이 가장 합리적인 까닭에 일본이 독도를 강탈한 후에도 『조선연안수로지』 『한국수산지』 등 일본정부 급(及) 준정부의 기록과 일본 민간학자 桶〔樋〕畑雪湖는 모두 독도를 조선 속도(屬島)로 인정하였음.
(6) 현재 일본 어구를 획정한 맥아더선(MacArthur Line)으로 논하여도 그 선이 독도 동방 해상 12해리 지점을 통과하여 독도가 조선 어구(漁區)에 속하였음.[158]

신석호의 논문은 송석하의 짧은 글, 방종현의 일기에 비해 가장 체계적이고 학술적인 접근을 한 것으로 평가할 수 있다. 경성제대 사학과를 졸업한 신석호는 조선사편수회에 근무했던 경력을 가지고 있는데, 해방 후 자신의 경험에 기초해 일제가 없애려던 주한일본공사관 기록 유리원판을 소각 직전에 빼돌려 일제의 침략상을 밝히는 데 기여했다. 또한 이들 자료에 기초해 해방 후 한국사 연구기관의 모태가 되는 국사관을 건립함으로써 현재 국사편찬위원회의 창설자가 되었다. 신석호는 해방 직후 근현대 일본측 자료에 가장 정통한 학자의 하나였으며, 자신의 경험과 훈련을 토대로 문헌조사와 정리를 통해 위의 사실들을 찾아냈다.

신석호의 논문은 이후 독도연구는 물론 한국의 독도 인식과 정책에서 가장 중요한 핵심자료이자 출발점이 되었다. 1950년대 일본과의 대격돌을 거치면서 추가자료들이 조금씩 밝혀졌지만, 기본적인 골조는 신석호가 세워놓은

---

158) 신석호, 1948, 위의 논문, 98~99쪽.

논리와 자료에 의지한 것으로 볼 수 있다.

● 자료와 증언: 심흥택의 보고서와 홍재현의 증언

1947년 독도조사에서 두 개의 중요한 자료가 발굴되었다. 첫째는 울릉도청에서 발견한 '심흥택 보고서 부본(副本)'이며, 둘째는 울릉도 거주 60년이 된 홍재현의 증언이었다. 먼저 '심흥택 보고서 부본'은 울도 군수 심흥택이 1906년 일본 시마네현 독도시찰단이 울릉도를 방문해 독도가 일본령으로 편입되었음을 알린 후 이를 즉각 강원도 관찰사에게 보고한 보고서였다. 유명한 이 보고서에서 심흥택은 '본군 소속 독도'(本郡 所屬 獨島)가 일본령에 불법 편입된 사실을 보고했다. 이에 대해서는 이미 신석호가 『사해』에 쓴 위의 논문에서 소개하고 있다.[159]

다음으로 1947년 울릉도에 입도한 지 60년 된 85세 홍재현의 증언이었다. 홍재현의 증언사실은 신석호의 위 논문에서 거론되었지만, 진술서 전체는 1955년 외무부 정무국이 발행한 책에 수록되었다.

진술서

비가(鄙家)에 왕림하여 울릉도의 속도(屬島)에 관한 인식을 심문하심에 대하여 좌(左)와 여(如)히 진술함.

一. 나는 거금(距今) 60년 전 강원도 강릉(江陵)서 이래(移來)하여 지금까지 본도에 거주하고 있는 홍재현(洪在現)입니다. 연령은 85세입니다.

一. 독도가 울릉도의 속도라는 것은 본도 개척 당시부터 도민의 주지하는 사실이다.

一. 나도 당시 김양윤(金量潤)과 배수검(裵秀儉) 동지들을 작반(作伴)하여 거금

---

159) 신석호, 1948, 「獨島 所屬에 對하여」, 『史海』 12월호(제1권 제1호); 신석호, 1960, 「獨島의 來歷」, 『思想界』 8월호.

(距今) 45년 전(묘년)부터 사오차(四五次)나 감곽(甘藿)채취 엽호포획차(獵虎捕獲次)로 왕복한 예가 있음.

一. 최후에 갈 시는 일본인의 본선을 차임(借賃)하여 선주인 촌상(村上)이란 사람과 대상(大上)이란 선원을 고용하여 가치 포획을 한 예도 있습니다.

一. 독도는 천기청명한 날이면 본도에서 분명하게 조망할 수 있고 또는 본도 동해에서 표류하는 어선은 종고(從古)로 독도에 표착하는 일이 종종 있었든 관계로 독도에 대한 도민의 관심은 심절한 것입니다.

一. 광무 10년에 일본 은기도사 일행 10여 인이 본도에 도래하여 독도를 일본의 소유라고 무리하게 주장한 사실은 나도 아는 일입니다.

一. 당시 군수 심흥택 씨는 은기도사 일행의 무리한 주장에 대하여 반박항의를 하는 동시에 부당한 일인의 위협을 배제하기 위하여 당시 향장(鄕長) 전재항(田在恒) 외 다수 지사인(知事人)들과 상의하여 상부에 보고하였다는 것을 내가 당시에 들은 사실입니다.

一. 나는 당시 전(前) 향장 재항 씨와 교의도 있었고 또 위문 출입도 종종 하였든 관계로 본도의 중요한 안건이라는 것은 거개 알고 있습니다.

一. 일인 은기도사 일행이 독도를 일본 소유라고 주장하였다는 전문(傳聞)을 들은 당시 도민 더구나 어업자들은 크게 분개하였든 것입니다.

一. 당시 군수가 상부에 보고는 하였지마는 일본 세력이 우리나라에 위압되는 기시(其時)의 대세라 아무런 래보도 듣지 못한 채로 합병되고 만 것은 통분한 일이었습니다.

서기 1947년 8월 20일

울릉도 남면 사동 170번지

홍재현 印

남조선과도정부 외무처

일본과장 추인봉(秋仁奉) 귀하.[160)]

〈그림 1-12〉 독도위령비 제막식(1950. 6. 8)에 참석한 홍재현(우측, 최계복 촬영) ⓒ 이화장

　홍재현의 진술에 그대로 의지하자면, 그는 1947년으로부터 60년 전인 1887년 울릉도에 입도했으며 강릉 출신이었다. 1947년 당시 85세라 했으므로 1863년생이었고, 1887년 입도 당시 24세가량 되었을 것이다. 기록과 비교해보면 그의 진술이 상당히 정확함을 알 수 있다. 울릉도의 개척은 1883년 조선정부가 김옥균을 동남제도개척사(東南諸島開拓使)로 임명하면서 본격적으로 시작되었는데, 이해에 16호 54명이 울릉도에 이주했다. 당시 울릉도 이주자에 대한 기록인 『광서구년칠월일강원도울릉도신입민호인구성명연세급전토기간수효성책』(光緒九年七月日江原道鬱陵島新入民戶人口姓名年歲及田土起墾數爻成冊)에 따르면, 현포동에 정착한 홍경섭(洪景燮, 57세) 가족이 강릉에서 들어왔고, 큰아들 홍재익(洪在翼, 34세), 둘째 아들 홍재경(洪在敬, 20세)으로 되어 있

---

160) 외무부 정무국, 1955, 위의 책, 35~38쪽.

다.[161] 여기에 기록된 홍재경이 홍재현인 것으로 보인다. 홍재현이 60여 년 뒤에 진술한 것이므로 정확한 연도에 차이가 있었을 것이다. 1883년을 울릉도 입도연도로 계산하면 홍재현과 홍재경은 모두 20세였고, 강원도 강릉 출신이었다. 1883년 울릉도 개척을 위해 입도한 16호 가운데 강원도 강릉 출신은 홍경섭 가족이 유일했다. 한편, 신용하는 1950년대 독도의용수비대장 홍순칠(洪淳七)이 홍경섭의 손자라고 했으며,[162] 1965년 『주간한국』에 따르면 홍순칠은 울릉도 최고령인 홍재현(洪在顯)의 손자이자 홍종욱(洪鍾郁)의 아들이라고 되어 있다.[163] 그러므로 홍재현과 홍재경이 동일 인물이며, 울릉도 개척민으로 입도한 홍경섭의 아들임을 확인할 수 있다.

홍재현의 증언은 여러 가지 측면에서 중요했으며, 이는 이후 한국의 독도 영유권을 보강하는 주요 논거로 활용되었다. 첫째, 독도가 울릉도의 속도(屬島)라는 인식이었다. 이는 1883년 울릉도 개척 당시부터 울릉도 도민들이 모두 알고 있는 사실로 진술되었다. 즉, 1883년 조선정부가 울릉도 개척을 결정하고 개척민들을 입도시켰을 때 울릉도 도민들이 독도를 울릉도의 속도로 인식했다는 뜻이며, 이런 인식은 1883년 이전 시기, 즉 이규원이 울릉도를 검찰했던 1882년 이전 단계에서 비롯되었다는 의미였다. 당시 이규원은 140여 명의 한국인들이 울릉도에서 벌목, 조선, 미역채취 등을 하고 있는 것을 확인한 바 있었다.

둘째, 독도는 맑은 날 울릉도에서 분명히 보이며, 울릉도·동해를 오가는 선박들이 독도에 표착한 바 있어 독도에 대한 관심이 컸다는 사실이다. 독도에서 울릉도가 보인다는 한국측 주장에 대해 1950년대 일본 외무성과 가와카미

---

161) 신용하, 2001, 『신용하저작집 제38집: 독도영유권에 대한 일본주장 비판』, 서울대학교출판부, 282~284쪽; 『光緖九年七月日江原道鬱陵島新入民戶人口姓名年歲及田土起墾數爻成冊』, 奎17117(규장각 한국학연구원 소장).
162) 신용하, 2001, 『신용하저작집 제38집: 독도영유권에 대한 일본주장 비판』, 서울대학교출판부, 284쪽.
163) 崔圭莊, 1965, 「獨島守備隊秘史」, 『주간한국』(대한공론사, 1965, 『獨島』, 314~315쪽).

겐조(川上健三)가 소위 '과학적 계산방법'을 동원해 부정했지만, 이미 1947년 홍재현은 울릉도 도민의 경험에 의해 사실을 진술했던 것이다.[164] 또한 독도의 주요 용도가 항해 중 정박지 혹은 피난처였다는 점은 울릉도가 독도의 속도라는 인식과 같은 맥락에 놓여 있다. 즉, 독도를 활용할 수 있는 것은 울릉도와 동해를 오가는 한국 선박들이었던 것이다.

셋째, 홍재현은 45년 전인 묘년(卯年)부터 4~5회 감곽채취나 엽호포획차 독도를 오간 일이 있다고 했다. 45년 전 묘년은 광무 7년인 1903년 계묘년(癸卯年)이며, 감곽은 미역을, 엽호는 바다사자(강치) 사냥을 의미했다. 즉, 자신은 1903년부터 너댓 차례 미역채취, 강치사냥을 위해 김양곤·배수검 등과 함께 독도를 왕복했으며, 마지막은 일본인 배를 빌려 선주 무라카미(村上)와 선원 오가미(大上)를 동반하고 강치잡이를 했다고 증언했다. 훗날 홍순칠이 부각되면서, 그의 조부인 홍재현과 일본인 '포수' 무라야마(村山)의 관계가 적대적이었으며, 두 사람이 물개(웃도세이)잡이를 하며 독도영유권을 둘러싸고 논쟁을 벌인 것으로 드라마틱하게 묘사되었지만,[165] 홍재현의 증언에는 두 사람이 함께 강치사냥에 나선 것을 알 수 있다. 홍재현의 증언을 통해 독도가 울릉도의 속도이며, 울릉도 도민들이 독도에서 미역채취, 강치사냥을 하거나 정박지·피난처로 활용했다는 점이 분명해졌다.

넷째, 광무 10년 즉 1906년 일본 시마네현 은기도사 일행이 울릉도에 와 독도를 일본령으로 무리하게 주장했고, 이에 대해 군수 심흥택과 향장 전재항 외 여러 명이 상부에 보고했다고 했다. 홍재현은 일본의 독도영유권 침탈과 그에 대한 울릉도 도민의 대응을 정확하게 기억한 것이다. 나아가 지금까지

---

164) 울릉도에서 독도가 보이지 않는다는 가와카미 겐조의 주장은 그가 쓴 책에 등장하는 대표적인 억측이다(川上健三, 1996, 위의 책, 279~282쪽). 과학적·수학적 공식을 대입했지만 울릉도에서 독도가 보이는 것은 명백한 사실이다. 울릉도에서 "天氣淸明한 날이면 本島에서 分明하게 眺望"된다는 홍재현의 증언은 경험에 근거한 사실이었다. 울릉도에서 촬영된 여러 차례의 독도 사진이 이를 증명한 바 있다.
165) 최규장, 1965, 위의 책; 김교식, 2005, 『아, 독도 수비대』, 제이제이북스, 27~28쪽.

심흥택의 보고서만 알려져 있었지만, 홍재현의 증언을 통해 향장 전재항 등이 심흥택의 보고서에 도움을 주었다는 점이 밝혀졌다. 1883년 『광서구년칠월일강원도울릉도신입민호인구성명연세급전토기간수효성책』에 따르면, 전재항은 울릉도 추봉(錐峯)에 정주한 전재항(33세)으로 울진 출신이었다. 이미 1906년 일본의 독도 침탈에 대해 가장 먼저 대응한 것이 역시 울릉도 도민들이었음을 보여준다. 홍재현은 1906년 울릉도 도민들의 보고가 일제의 국권 침탈 와중에 묻혔음을 기억했고, 1947년 독도학술조사 당시 이를 각인시켰다. 1906년과 마찬가지로 1947년의 경우에도 독도문제는 울릉도 도민들의 노력과 대응을 통해 전국적인 의제가 된 것이었다. 한국전쟁의 와중에 홍순칠이 독도의용수비대를 시작한 것도 이런 역사적 뿌리와 관계가 있었다.

1947년 독도학술조사대에 참가했던 사람들은 한국의 독도 인식·정책·연구에 중요한 토대를 놓았다. 1948년 정부가 수립되고 조선산악회는 한국산악회로 이름이 바뀌었으며, 한국전쟁 발발을 전후해 주요 인사들이 희생되었다. 가장 연장자이자 독도조사를 명령했던 민정장관 안재홍은 납북되었고, 조선산악회 회장 송석하는 병사했으며(1948년), 부회장 도봉섭은 납북되었다. 나비박사 석주명은 전쟁 중 불의의 총격으로 사망했고(1950년), 그의 처남 심학진도 납북되었다. 독도가 석도임을 증명한 방종현 역시 전쟁 중 병사했다(1952년). 그 결과, 1952년 한국산악회가 재차 독도조사에 나섰을 때 1947년의 독도조사를 주도했던 안재홍·송석하·도봉섭·석주명 등의 주요 인물은 참가할 수 없었다. 그 임무는 살아남은 사람들의 몫이 되었고, 회장단 가운데 유일하게 생존한 한국산악회 부회장 홍종인이 조사대를 이끌며 독도·파랑도 조사를 주도했다.

4. 파랑도와 대마도의 결합

(1) 파랑도: 일본의 또 다른 침략 소문

1947년 여름 한국인들의 독도 인식은 일본의 도발에 대한 대응과 현지조사, 영유권의 확인과 대중적 공감·공유·확산 과정이었다. 해방은 되었지만 통일·독립의 지난한 도정에 서 있던 한국인들이 분단과 군정의 원인제공자였던 일본에 대해 적개심과 반감을 갖는 것은 당연했다. 특히 한국 내륙에서 멀리 떨어진 도서지역에서 일본이 어장 침입은 물론 그 과정에서 영토적 팽창과 침입을 시도하고 있다는 소식은 한국인들의 감정적 반발을 초래했다.

1947년 일본의 영토·영해 문제와 관련해 가장 많이 언급된 것은 류큐열도(琉球列島)였다. 미국 내에서는 오키나와(沖縄)의 처리를 둘러싸고 국무부와 국방부의 견해가 대립되고 있었고, 중국 여론은 빼앗긴 오키나와의 영유권을 회복해야 한다는 것이었다. 미 국무부는 오키나와의 일본령을 인정한 채 군사기지로 조차하는 방안을 제시한 반면, 군부는 영유 혹은 전략적 신탁통치하에 사실상 미국이 보유할 것을 주장했다.

이 와중에 1947년 6월 일본 외상 아시다 히토시(芦田均)는 류큐열도의 반환을 요구했고,[166] 히로히토 천황은 9월 20일경 미국이 오키나와를 25년에서 50년간 장기간에 걸쳐 군사점령해도 무방하다는 메시지를 보냈다.[167] 이런 보도가 있자 중국과 한국에서는 류큐열도를 일본이 다시 보유하는 것에 반대하는 목소리가 높아졌다. 상하이의 『신민보』(新民報)는 일본이 규슈와 타이완 사이에 존재하는 류큐열도를 중국에 반환해야 하며, 류큐열도가 문화·역사·인류학상으로 중국에 속한 것이지만 탈취된 것이라고 주장했다. 류큐열도 중 오

---

166) 「琉球列島의 반환을 요구, 뻔뻔스러운 하전 일외상의 태도」, 『대구시보』(1947. 6. 12).
167) 이오키베 마코토 외 지음·조양욱 옮김, 2002, 『일본 외교 어제와 오늘』, 다락원, 76~77쪽.

키나와와 이에시마(家島)를 제외한 나머지 도서는 중국과 미국이 공동관리권을 획득해야 하며, 그래야만 이 지역이 일본의 침략 전진기지화되는 것을 막을 수 있다고 주장했다.[168] 중국정부는 류큐열도의 반환을 정식 주장하지 않았지만 중국의 여론은 류큐열도를 중국에 반환하며 일본이 위임통치하던 남태평양의 섬들에 대해 신탁통치를 실시해야 한다는 입장이었다.[169]

포츠담선언에서 일본의 영토는 주요 4개 섬과 그 부속도서로 한다는 규정이 명문화되었기 때문에 영토문제와 관련한 일본의 노력은 '부속도서'를 어떻게 규정하고 연합국으로부터 인정받을 것인지에 최대의 주의가 기울여져 있었다. 이런 상황에서 중국은 물론 한국도 일본의 침략주의와 영토적 야심을 근절하기 위해서는 근대 일본이 침략으로 획득한 도서들을 일본령에서 배제시켜야 한다는 여론이 높았다.

1947년은 이런 면에서 특기할 만한 해였다. 이해 독도에서 촉발된 한국인들의 영토문제에 대한 관심은 파랑도로 확대되었다. 파랑도문제 역시 일본의 한국 어장 침범 및 한국 영토 침략의도로 해석되면서 여론의 주목을 받았다. 『동아일보』는 1947년 10월 22일자에 다음과 같은 기사를 게재했다.

> 침략근성을 못버리는 왜구는 동해바다에서 우리의 판도인 독도를 침범하려는 마수를 멈치안코 있는 것은 누차 기보한 바이거니와 이번에는 또다시 남쪽 황해바다에까지도 야욕의 마수를 뻗치어 또한 우리의 감정을 격분케 하고 있다. 문제의 섬은 황해바다에 있는 북위 32도 30분, 동경 125도에 있는 파랑서(坡浪嶼)라는 한 무리의 섬인데, 이 섬은 제주도에서 150키로, 목포에서 290키로, 일본 나가사끼(長崎)에서 450키로, 상해(上海)에서 320키로의 지점에 있어 지리학상으로만 보드래도 당연히 우리의 판도에 속하는 것은 두말할 필요조차

---

168) 「琉球列島는 중국 것: 中國新民報가 반환요구 제창」, 『대구시보』(1947. 8. 21).
169) 「琉球列島 반환 요구, 중국대일강화조약 기초 내용」, 『수산경제신문』(1947. 12. 18).

없는 것인데, 얼마전 일본정
부에서는 황해바다를 구역별
로 나누어 자기들에게 유리한
조건을 부치어 맥아더사령부
에 보고하고 이 파랑도서를
소위 맥아더라인 내에 너허
자기네들의 소속영토라고 자
칭하고 있는 것이다. 그런데
이 섬은 남해에 유일한 해산
물 생식지인 동시에 큰 어장
이기도 하다.[170] (강조는 인용자)

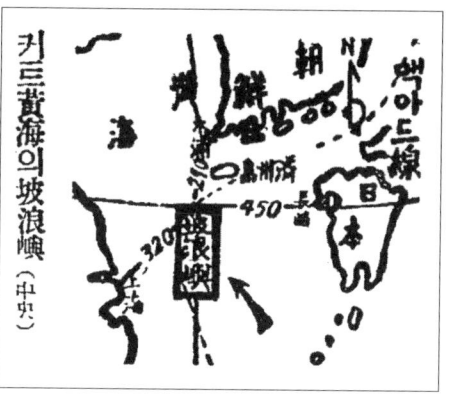

〈그림 1-13〉 언론에 보도된 파랑서의 위치(『동아일보』, 1947. 10. 22)

독도와 마찬가지로 파랑서(파랑도)도 일본의 도발(어장 침범 및 영토편입 시도)에 대한 대응 차원에서 인식되기 시작했다. 현재 이 기사의 출처 및 정확한 사실 확인은 불가능하지만, 이 기사에 첨부된 지도로 미루어 여기서 언급된 파랑서가 현재의 이어도를 의미하는 것임을 어렵지 않게 알 수 있다.

이 기사는 파랑도에 대해 한국이 영유권을 주장한 최초의 사례로 추정된다. 그러나 기사에 등장하는 파랑도는 매우 부정확한 좌표와 실체를 보여주고 있다. 즉, '해산물 생식지인 동시에 큰 어장'인 파랑도라는 '한 무리의 섬'은 실재하지 않았기 때문이다. 또한 일본인들이 이 섬을 맥아더라인에 포함시킬 것을 요청했다는 보도 역시 출처를 정확히 알 수 없다. 이와 관련해 이 시기 외신을 포함한 기사의 작성·유포를 담당한 통신사들 가운데 현재 기록이 남아 있는 『조선통신』(朝鮮通信), 『공립통신』(共立通信) 등을 확인해보았지만 이

---

170) 「일본의 침략적 야욕, 이번엔 황해 坡浪嶼에 자기네 영토라고 맥사령에 보고」, 『동아일보』(1947. 10. 22).

러한 기사는 존재하지 않는다.

사정이 이러했으므로 오해와 잘못된 인식들이 적지 않았다. 1951년 샌프란시스코회담 개최 직전 주미한국대사관의 한표욱은 미 국무부 관리들에게 파랑도가 동해상에 있다고 발언했다. 정확한 위치와 관련 정보가 부재한 탓이었다. 이 시점에 독도와 파랑도에 관한 한국인들의 관심이 고조된 것은 아마도 대일강화조약에 대한 전망이 제기되었기 때문일 것이다.

(2) 입법의원: 대일강화회의 참석·대마도

1947년 7~8월 서울에서 독도문제가 쟁점화되는 시점에 맥아더라인의 축소문제와 함께 연합국의 대일강화회의가 부각되고 있었다.

과도입법의원은 1947년 7월 17일 대일강화회의에 한인대표 출석을 요구하는 공함(公函)을 미군정에 전달했고, 8월 10일 군정장관대리 헬믹(G. C. Helmick) 준장의 답신이 입법의원에 도착했다. 헬믹은 서한에서 "미 국무성은 사태가 허락하는 즉시로 조선인을 국제회의에 참석시키려는 명확한 의도가 있으므로 전문가 및 고문관으로 조선인을 참석케 하는 것은 가능한 일이기 때문에 대일강화회의 참석에 관한 사항은 현재 고려 중에 있다"라고 했다.[171]

1947년 8월 18일 과도입법의원 제131차 회의에서 양제박(梁濟博) 의원 외 5명은 「연합국 대일강화회의에 한국 참가의 지(旨)를 통고하고 승인을 얻기 위한 결의안」을 제출했다. 이 결의안에는 연합국 4대 원수에게 강화회의에 한국이 조약당사국으로 참가할 뜻을 통고하고 이에 대한 승인을 얻고자 하는 목적이 있었다. 결의안에서 이들이 제시한 한국의 대일강화회의 참가이유는 다

---

171) 입법의원 비서처, 『남조선과도정부입법의원속기록』 제8권, 제135호 1~2쪽; 김혁동, 1970, 『미군정하의 과도입법의원』, 평범사, 120쪽.

음과 같았다. 한국은 1910년 한일합방조약 이전 부단히 항일투쟁을 전개했고 2차 대전에도 한국 청년들이 미군 및 중국군 등에 배속되어 대일전쟁에 참여한 사실 등에 비추어 엄연히 연합국 대일강화회의에 참가할 자격이 있으며, 일본통치 40여 년간 일본은 막대한 인명을 살상하고 지상·지하 자원을 약탈하여 군수품에 이용함으로써 산업경제의 발전을 저해하고 창씨개명을 강요하는 등 막대한 피해에 대한 손해배상을 받을 권리가 있으므로 마땅히 한국대표가 참가해야 한다는 것이었다.[172] 입법의원이 제안한 한국의 대일강화조약 참가자격 논리는 한국정부가 수립된 이후 미국과의 협상과정에서 제출한 논리의 기초가 되었다.

이 결의안은 이날 회의에서 재석 56명, 찬성 50명, 반대 0명, 기권 6명으로 가결되었다. 이에 따라 8월 18일 미국 트루먼 대통령, 영국 애틀리 수상, 소련 스탈린 수상, 중국 장개석 주석에게 공함이 발송되었다.[173] 당시 미 국무장관 조지 마셜(George C. Marshall)은 트루먼 대통령에게 입법의원 의장 김규식의 서한을 전달하며 국무부가 대일강화조약과 관련한 한국의 이해가 잘 표현될 수 있는 수단을 강구하겠다는 요지로 답변했다고 보고했다.[174] 또한 1947년 8월 27일 과도입법의원 의장 김규식은 서울발 전문 제306호로 대일강화조약의 실질적 추진자인 미 국무부에 한국의 조약참가를 요청했다. 이를 접수한 국무부 작업단은 국무부 명의로 최선을 다하겠다는 답변을 보냈다.[175]

입법의원의 대일강화조약 참가의지에 대해 주한미정치고문 조셉 제이콥스(Joseph E. Jacobs)는 1947년 9월 15일 "대일강화조약 체결을 교섭하는 데 대한 조선인의 이익에 관한 메시지는 트루먼 대통령에게 전달되었고, 또 미

---

172) 김혁동, 1970, 위의 책, 120~121쪽.
173) 김혁동, 1970, 위의 책, 97, 119쪽.
174) Memorandum for the President. Subject: Message from the Interim Legislative Assembly of South Korea(1949. 9. 11), RG 59, Department of State, Decimal File, 740.0011 PW(Peace)/9-1147.
175) Working Group on Japan Treaty(1947. 9. 3), RG 59, Office of Northeast Asia Affairs, Records Relating to the Treaty of Peace with Japan-Subject File, 1945-51, Lot 56D527, Box 5.

국무성은 대일강화회의에 관한 조선인의 이익에 될 수 있는 한 발언권을 부여하는 방법을 고려하고 있다"라고 회답했다.[176]

1947년 독도와 파랑도에 대한 한국인들의 관심은 1948년 대마도로 확장되었다. 독도와 파랑도 등 두 차례에 걸쳐 일본의 공격과 침략을 당했다는 인식이 팽배한 가운데 일본에 대한 반격의 기회로 대마도문제가 거론되었을 가능성이 높다. 즉, 일제 침략에 대한 반성 및 보상이 이뤄지지 않은 상태에서 일본의 영토 침략의도가 계속된다는 인식하에 역공의 일환으로 대마도문제가 제기되기 시작한 것이었다.

해방 후 대마도의 한국 귀속에 관한 주장이 언제부터 시작되었는지 분명치 않지만, 과도입법의원은 1948년 2월 17일 본회의에서 대마도의 조선 영토 복귀를 대일강화회의에 건의하자는 제안을 회부한 바 있다.[177] 허간룡(許侃龍) 의원 외 62명이 제출한 「대마도의 조선영토 복귀를 대일강화조약에 제안할 것에 관한 결의안」은 입법의원 제204차 회의(1948. 2. 17)에 상정되었는데, 대마도를 조선 영토로 복귀시킬 것을 대일강화회의에 제안하자는 내용이었다. 그러나 이 결의안은 미심의 상태로 종결되었다.[178]

대마도 귀속문제의 실현 가능성은 낮았지만, 2차 대전 이후 소련이 대마도의 한국령화를 추진한 바 있었으므로 전혀 허무맹랑한 주장은 아니었다고 볼 수 있다. 소련은 1945년 런던외상회의(1945. 9. 11~10. 2)에 대비해 준비한 문서에서, 한국과 관련해 이렇게 서술했다.

미래의 일본과 한국 국경을 규정함에 있어, 한국에 쓰시마섬을 제공한다는 제안을 할 필요가 있다. 쓰시마섬은 유사 이래 일본이 대륙, 특히 한국에 대해 공

---

176) 입법의원 제142차 회의(1947. 9. 18).
177) 『동아일보』(1948. 2. 17).
178) 김혁동, 1970, 위의 책, 97쪽.

격행위를 하기 위한 작전근거지가 되어왔다는 이유를 붙인다.[179]

소련이 상정한 대마도의 한국 귀속문제는 역사적 영유권의 문제가 아니라 일본 제국주의에 대한 응징적 대처방안으로 해석될 수 있는 것이었다. 즉, 대마도의 한국령 결정은 연합국의 대일영토정책이 어떻게 결정되느냐에 떨린 문제였을 뿐이다.

1947년에 시작된 독도·파랑도에 대한 일본의 어장 침범 및 영토편입 시도는 한국인들의 반발과 조사활동으로 이어졌고, 일본에 대한 공격의 일환으로 대마도문제가 본격적으로 거론되기 시작했다. 즉, 1951년 샌프란시스코대일평화회담에 대비하며 한국정부가 독도·파랑도·대마도를 강조하게 되는 경험적·역사적 배경에는 1947년 이래의 관성이 놓여 있었던 것이다.

---

179) 「Записка к вопросу о бывших японских колониях и подмандатных территориях(일본의 식민지 및 위임통치지역 문제에 대한 노트)」, АВПРФ, Фонде 0431, Описы 1, Папкабв 8, Пор 52, c.42~43(김성보, 1995, 「소련의 대한정책과 북한에서의 분단질서 형성, 1945~1946」, 역사문제연구소 편, 『분단 50년과 통일시대의 과제』, 역사비평사, 65쪽에서 재인용).

2

한국 1948년:
독도폭격사건과 독도의 재발견·재인식

1. 1948년 독도폭격사건
(1) 독도폭격사건의 발생
(2) 주한미군·극동군사령부의 조사
(3) 소청심사와 배상
(4) 폭격사건의 진상과 쟁점

2. 1948년 한국인들의 독도 인식
(1) 국민적 공감대: 독도는 한국 영토
(2) 우국노인회의 청원: 독도·파랑도·대마도의 결합
(3) 미군정의 대일배상요구안과 독도
(4) 대한민국 헌법에 반영된 독도영유권

1. 1948년 독도폭격사건

(1) 독도폭격사건의 발생

　1947년 독도조사로 시작된 한국인들의 독도 인식은 1948년 6월 발생한 독도폭격사건을 통해 결정적으로 제고되었다. 1947년 과도정부·조선산악회의 독도조사가 여론주도층 중심으로 이루어진 것이었다면, 1948년 독도에서 벌어진 참혹한 비극이었던 독도폭격사건을 통해 한국인들은 독도가 한국 영토임을 공감·확신하게 되었다.
　당시 신문·잡지의 보도에는 이 사건에 대한 현지조사 결과가 생생히 담겨 있다.[1] 또한 이와 관련해 두 개의 중요한 연구성과가 제출된 바 있다. 홍성근의 연구는 현지조사와 관련자들의 증언을 담고 있다는 점에서, 마크 로브모(Mark S. Lovmo)는 독도폭격사건과 관련해 미공군 자료를 발굴·정리했다는 점에서 사건의 실체를 해명하는 데 공헌했다.[2]

---

1) 趙春汀, 1948,「獨島爆擊事件의 眞相」,『民聲』8월호; 韓奎浩, 1948,「慘劇의 獨島(現地레포-트)」,『新天地』7월호(통권 27호).
2) 홍성근, 2003,「독도폭격사건의 국제법적 쟁점 분석」,『한국의 독도영유권 연구사』, 독도연구보전협회; 로브모,「1948년 6월 8일 독도폭격사건에 대한 심층적 연구」(2003. 5), http://www.geocities.com/mlovmo.

〈그림 2-1〉 독도폭격사건: 사망자(김준선)·관통된 트렁크(『조선일보』, 1948. 6. 16)

사건발생을 처음 보도한 것은 『조선일보』 1948년 6월 11일자였는데, 6월 8일 오전 11시 반경 국적불명의 비행기가 독도에 폭탄을 투하하고 기총소사를 가해 울릉도·강원도 어선 20여 척이 파괴되고, 어부 16명이 즉사하고, 10명이 중상을 입었다고 보도했다.[3] 이 보도는 울릉도 특파원 윤고종(尹鼓鍾) 특전(特電)으로 되어 있는데, 윤고종은 일제하에서 동아일보 기자를 지낸 수필가로 해방 후 조선일보에서 일하면서 홍종인의 '홍박'과 함께 '윤박'으로 불린 인물이었다. 1948년 윤고종은 조선일보 특파원으로 여순사건 현장, 38선 충돌지구 등에 특파된 바 있었다. 『조선일보』는 6월 12일 독도 사진을 게재했는데, 이는 조선산악회 부회장이자 조선일보 편집국장이던 홍종인으로부터 나온 것으로 보인다. 1947년 독도조사의 주역으로 독도 관련 자료와 영유권 문제 등에 준비된 입장을 갖고 있던 홍종인을 통해 『조선일보』는 독도폭격 보도를 주도했다. 이는 사실·평가·방향·대안 등의 측면에서 두드러졌다.

폭격소식은 다음 날 독도에 출어했던 어선을 통해 울릉도에 전해졌고, 울릉도 경찰은 6월 9일 저녁 7시 구조선 두 척을 독도로 파견했다. 그러나 불과 4톤도 안 되는 구조선으로는 구호작업을 뜻대로 할 수 없었다.[4] 이들은 10일 저녁 6시 울릉도로 돌아왔는데, 폭격 당일 독도 부근에 흩어졌던 사체와 배 파

---

3) 「국적불명의 飛機가 投彈기총소사, 독도서 어선 파괴·16명이 즉사」, 『조선일보』(1948. 6. 11).
4) 『경향신문』(1948. 6. 16).

편은 하룻밤 사이 파도에 휩쓸려갔고, 바위에 난파된 경양환(慶洋丸)에서 김준선(金俊先), 최태식(崔台植) 두 사람의 사체만을 수습해 왔다.[5] 폭격 당시 즉사한 사람은 9명이며, 행방불명자 5명도 즉사한 것으로 추정되었다. 사망 14명 중 12명의 사체는 수습하지 못했다.

6월 10일 9시 현재, 울릉도 23관구 경찰서장 여태헌이 발표한 사망자와 생환자 명단은 다음과 같았다.

- 사망자(사체 수습): 강원도 강릉군 묵호읍 진리(津里) 김준선(金俊先, 20), 울릉도 남면 저동 최태식(崔台植, 34)
- 사망자(사체 미수습): 강원도 강릉군 묵호읍 후포리(厚浦里) 김동술(金東述), 변권천(邊權天), 김응화(金應和), 박춘식(朴春植), 조성룡(趙成龍), 오재옥(吳在玉), 이천식(李天植), 울릉도 남면 도동 고원오(高元五, 19), 김해술(金海述, 19), 채일수(蔡一洙, 28), 저동 김해도(金海道, 21), 김태현(金泰鉉, 30)[6]

이후 신원 미상의 사체 한 구가 추가 인양되었다. 부상자는 울릉도 도동에서 치료를 받는 장학상(張鶴祥, 35), 이상주(李相周, 31) 두 명이 확인되었고, 강원도 출신 어부 김태홍(金泰弘, 25), 최만일(崔萬日, 33), 최춘삼(崔春三, 44) 등 네 명은 고향으로 귀환했다.

---

5) 「억울한 희생자의 씨명」, 『수산경제신문』(1948. 6. 15); 「독도폭격 제4특신: 孤島는 人影絶無, 행방불명자 즉사로 확인, 울릉도도 비통일색」, 『조선일보』(1948. 6. 15).
6) 「독도폭격 제4특신: 孤島는 人影絶無, 행방불명자 즉사로 확인, 울릉도도 비통일색」, 『조선일보』(1948. 6. 15).

(2) 주한미군·극동군사령부의 조사

주한미군이 이 사건을 인지하게 된 것은 1948년 6월 10일이었다. 「주한미군소청위원회역사」(History of Claims Service, USAFIK)에 따르면, 1948년 6월 10일 13:00시에 조선해양경비대 포항기지의 부사령관이 울릉도 경찰서장으로부터 독도폭격과 선박침몰·사상자 발생 소식을 들었고, 구조대 파견요청을 받았다. 이에 따라 경상북도 군정장관은 즉각 폭격현장인 독도에 미국인 군정 조사팀과 의료진을 파견했다. 처음 생존자들은 비행기의 폭격뿐만 아니라 기총소사도 당했다고 말했다.[7]

폭격을 가한 비행기는 정체불명이라고 묘사되었지만, 당시 독도에 폭격을 할 가능성이 있는 것은 주한·주일 미군과 북한 주둔 소련군뿐이었다. 그러나 곧 미군기에 혐의가 두어졌다. 목격자들이 엔진·프로펠러가 네 개 달린 "4발동 비행기로 날개에 원(圓)과 별(星)의 표장(標章)", 즉 미공군 표식을 보았다고 일제히 증언했기 때문이다.[8]

그런데 김포기지 당국은 6월 8일 사건현장에 주한미군 비행기는 없었다고 밝혔다.[9] 여기에는 사연이 있었다. 로브모의 연구에 따르면, 1946~1948년 간 주한미군은 김포기지에 주둔한 미공군 전투부대인 제432전투비행대대(the 432nd Fighter Squadron)를 위해 '김포 공군기지 공대지 사격장'(The Kimpo Air Base Air-to-Ground Gunnery Range)의 설립을 인가했다(1946. 6). 이는 인천 북항의 작은 섬 거첨도에 설치되었다. 또한 1948년 3월 거첨도의 '김포 공군기지 공대지 사격장'이 폐쇄된 이후 서해안의 직사각형(남북 32마일, 동서 21마일) 해

---

7) Investigation of Military Government, June 1948. AG files, 333.5; "History of Claims Service, USAFIK", RG 554 Records of General HQ, Far East Command, Supreme Commander Allied Powers, and United Nations Command, XXIV Corps, G-2, Historical Section, Box 41.
8) 「미극동공군사령부서 발표: 美機인지도 모르겠다」, 『조선일보』(1948. 6. 15).
9) 위와 같음.

상이 잠시 새로운 폭격연습장으로 활용되었으나, 1948년 4월 19일 모든 폭격 연습장이 폐쇄되었다.[10] 이는 주한미군이 폭격연습장을 폐쇄했을 뿐만 아니라 폭격연습을 실시한 공군 전투부대가 존재하지 않는다는 사실을 의미했다. 때문에 남은 가능성은 주일미군, 구체적으로 미극동공군(FEAF)뿐이었다. 미극동공군은 사건발생 이후 세 차례 성명을 통해 조사착수·진행상황 등을 발표했다.

먼저 6월 12일 미극동공군사령부는 한국 어선이 폭격당한 해역 일대에서 6월 8일 미군기가 실탄훈련을 했으며, 폭격을 한 비행기가 미군기일 가능성이 있기에 현장사진을 조사 중이라고 밝혔다.[11] 이날 극동공군사령부 대변인은 이 사건과 관련해 다음과 같이 발언했다.

① 격침되었다고 전하여지는 구역 일대에는 소정의 폭격실험장이 있다. 이 실험장은 폭격비행기가 실폭탄훈련 임무 실시에 사용하고 있다.
② 당국에서는 표준절차로 실탄연습 전에 연습구역에 정찰을 시행하게 되어 있다.
③ 미국 비행사가 어부에 기관총소사를 가하지는 않았을 것이라고 믿는다.
④ 폭격연습은 고공에서 행한 것이다.[12]

즉, 독도가 실제 폭탄을 사용하는 폭격실험(연습)장이며, 실폭격에 앞서 정찰이 행해졌고, 고공에서 행해진 폭격연습이었으며, 고의적인 기총소사는 없었음을 강조했다. 이는 이후 주한미군·극동공군사령부의 조사결과와 일치하는 것이었다. 즉, 본격적인 조사를 시작하기 전에 결론이 내려진 셈이었다.

---

10) Lovmo, "Bombing Ranges off the West Coast of Korea: 1946-1948," http://www.geocities.com/mlovmo/page15.html.
11) 『조선일보』(1948. 6. 15).
12) 「미극동항공대 성명: 독도 근해 어선폭격사건 美飛機 관련 유무 조사중」, 『수산경제신문』(1948. 6. 15).

미극동공군사령부의 중간조사 결과는 6월 15일 발표되었는데, 그 내용은 "미군기의 폭격 여부는 확인되지 않았다. 설령 관련이 있다 해도 ⑤ 폭격은 전연 우발적인 사고이다. 해당 구역은 소정의 폭격연습장으로, 표적은 일본해 가운데 대암석 부근의 일련의 소암석으로 얼마 전부터 폭격연습장으로 사용되었다. ⑥ 6월 8일 비행한 부대는 고공에서 비행했으므로 암석 가운데 또는 부근 폭격장 범위 내의 작은 어선 발견이 불가능하지는 않더라도 곤란했을 것이다. 극동항공대는 기총소사를 하지 않은 것이 확증되었다"라고 발표했다.[13] 주한미군정과 극동공군사령부는 처음부터 기총소사 가능성을 배제했다. 표면적 이유는 중(重)폭격기의 고공폭격훈련에는 기총소사가 행해지지 않는다는 것이었지만, 본질적 이유는 기총소사 유무가 이 사건의 우발성과 고의성, 사고와 불법적 살해를 구분할 핵심쟁점이 되기 때문이었다. 기총소사는 어선과 어민들을 식별한 후 총격을 가했으며, 이것이 우발적 사고가 아니라 고의적 살해행위임을 증명하는 증거가 될 수 있었다. 한국인들이 분노한 가장 큰 이유도 폭격 후 기총소사를 가함으로써 무고한 어부들을 상대로 고의적으로 인간사냥의 만행을 저질렀다는 인식 때문이었다. 미군 당국은 피해 어부들과 생존자들이 한결같이 기총소사를 주장했지만, 조사에 착수하기도 전부터 기총소사 가능성을 배제했다.

이날, 포항 주재 주한미군정 요원으로부터 독도 폭격·총격 사건에 대한 정보보고가 올라왔다. 포항동 거주 생존자들이 독도에서 돌아왔는데, 이들에 따르면 피해규모는 중상 8명, 경상 21명, 무사 17명, 사망·실종 16명, 사체 2구 발견, 어선 23척 관련이었다.[14]

마지막으로 6월 17일 극동공군사령부는 미군기의 독도폭격 사실을 인정

---

13) 「미국 극동항공대사령부, 독도폭격사건에 대한 조사결과 발표」, 『경향신문』·『조선일보』(1948. 6. 16).
14) CG XXIV Corps to CINCFE(1948. 6. 15), "AG 684 Target and Bombing Ranges, 1948," RG 554, Entry A1 1378, United States Army Forces in Korea(USAFIK), Adjutant General, General Correspondence (Decimal Files) 1945–1949, Box 141.

하며 "가장 불행한 유감스러운 사고"라고 발표했다.

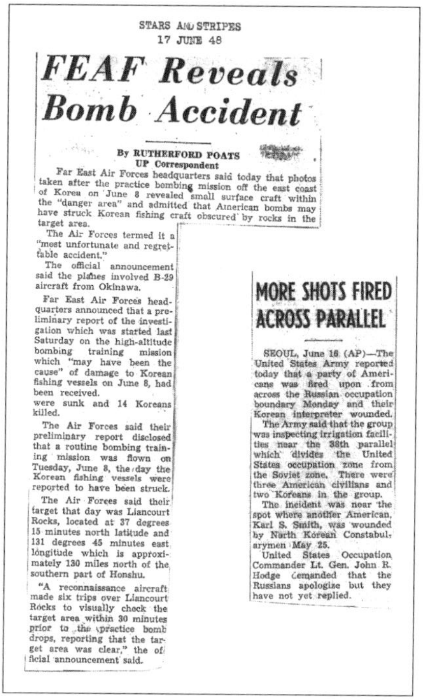

STARS AND STRIPES
17 JUNE 48

FEAF Reveals Bomb Accident

By RUTHERFORD POATS
UP Correspondent

Far East Air Forces headquarters said today that photos taken after the practice bombing mission off the east coast of Korea on June 8 revealed small surface craft within the "danger area" and admitted that American bombs may have struck Korean fishing craft obscured by rocks in the target area.

The Air Forces termed it a "most unfortunate and regrettable accident."

The official announcement said the planes involved B-29 aircraft from Okinawa.

Far East Air Forces headquarters announced that a preliminary report of the investigation which was started last Saturday on the high-altitude bombing training mission which "may have been the cause" of damage to Korean fishing vessels on June 8, had been received.
were sunk and 14 Koreans killed.

The Air Forces said their preliminary report disclosed that a routine bombing training mission was flown on Tuesday, June 8, the day the Korean fishing vessels were reported to have been struck.

The Air Forces said their target that day was Liancourt Rocks, located at 37 degrees 15 minutes north latitude and 131 degrees 45 minutes east longitude which is approximately 130 miles north of the southern part of Honshu.

"A reconnaissance aircraft made six trips over Liancourt Rocks to visually check the target area within 30 minutes prior to the practice bomb drops, reporting that the target area was clear," the official announcement said.

MORE SHOTS FIRED ACROSS PARALLEL

SEOUL, June 16 (AP)—The United States Army reported today that a party of Americans was fired upon from across the Russian occupation boundary Monday and their Korean interpreter wounded.

The Army said that the group was inspecting irrigation facilities near the 38th parallel which divides the United States occupation zone from the Soviet zone. There were three American civilians and two Koreans in the group.

The incident was near the spot where another American, Karl S. Smith, was wounded by North Korean Constabularymen May 25.

United States Occupation Commander Lt. Gen. John R. Hodge demanded that the Russians apologize but they have not yet replied.

〈그림 2-2〉 독도폭격사건 보도(『*Stars&Stripes*』, 1948. 6. 17)

현장 촬영 사진을 심사한 결과 독도 근해에 있는 소어선들은 B29 폭격기의 고도 폭격 연습기에 바위돌(岩石)로 본 것이 판명되었다. 조사한 바에 의하면 오끼나와(冲繩)기지를 출발한 B29폭격기대가 폭격을 하기 30분 전에 정찰기가 6회에 걸쳐 독도부근(북위 37도 15분 동위 131도 45분 지점)을 시찰하고 연습에 무방하다는 것을 보고하였던 것이다. 현지 부근에는 폭격대상이 될 다수의 적은 섬(小島嶼)들이 있는 만큼 이 어선들도 섬으로 잘못 본 것 같다. B29폭격대는 2만3천 피트 상공에서 연습탄을 투척한 것이었으며 이들은 해상에서 아무런 선박도 보지 못하였다고 보고하였든 것이다. 그러나 폭격 30분 후에 정찰기가 촬영한 사진에 의하여 이 위험지구 내에 다수의 적은 배들이 있음을 발견하였다. 정식 조사가 끝나는대로 완전한 보고를 상급 사령부에 제출할 터이다.[15]

이에 따르면 폭격 30분 전 정찰기가 6회에 걸쳐 독도 부근을 정찰했고 장

15) 「미극동공군사령부, 독도폭격사건에 대해 담화 발표」, 『서울신문』·『조선일보』(1948. 6. 18); 「미극동군사령부 정식발표: 독도폭격기는 B29」, 『새한민보』 2-13, 1948년 7월 상·중순호, 11쪽.

해물이 없다고 보고했으나, 폭격 30분 후에 촬영한 사진을 확대해 조사한 결과 위험구역인 폭격구역의 암석 및 암석으로부터 30피트(9.144미터) 근거리에 세 척의 소주정(小舟艇)이 있음을 발견했다는 것이다. 극동공군은 해당 지역이 "연습폭격구역으로 공고되고 상시에는 암석이 위험한 까닭으로 대소(大小)선이 항행치 않는 구역"이며 "이 구역이 미국 폭격연습장으로 된 이래로 선박에 대해 동구역에 출입치 말라고 반복 경고"했으며, 폭격구역에 다수의 소암석이 있었기에 육안정찰 중 이 암석에 있던 작은 수상주정들을 발견하지 못하였을지 모르고, 고공을 비행한 폭격수도 폭격과정에서 어선들을 해면에서 돌출한 회색 암석으로 오인했을지 모른다고 발표했다.[16)]

결국 미극동공군사령부는 오키나와에서 출격한 B-29폭격대가 독도를 폭격한 사실은 인정했지만, 이 구역이 폭격연습장으로 공고되어 선박 출입이 금지되었으며, 육안정찰과정에서 어선들을 발견하지 못했고, 폭격과정에서 소형어선들을 암석으로 오인했으며, 고공인 2만 3,000피트(7,010미터) 상공에서 연습탄을 투하했고, 기총소사는 없었다는 조사결과를 발표한 것이다.

미극동공군의 폭격사실이 명확해지자 주한미군사령부는 당황하고 분망했다. 1948년 6월은 제헌국회가 소집되어 헌법과 정부조직법 등을 논의하고 있는 시점이었는데, 국회는 외무위원회에 독도폭격문제를 회부하기로 결정했다. 또한 단정 반대세력과 좌익들의 미군정 흔들기가 여전한 상태였을 뿐만 아니라 후술하듯이 미군정의 전 총독부 고관 초청설 때문에 미군정은 여론의 질타를 받고 있는 상황이었다. 이에 대응해 6월 15~17일 존 하지(John R. Hodge) 중장의 행보는 매우 바빴다.

6월 15일 하지는 한국 언론에 배포할 성명서 초안을 만들어 미 국무부에 보고하는 한편, 6월 16일 외무위원회의 장면에게 이 성명을 건넸다.[17)] 이 성명

---

16) 「극동항공대 사령부 발표: "지극히 불행한 유감사" 어선을 암석으로 오인?」, 『수산경제신문』(1948. 6. 18).

은 6월 16일자로 언론에 보도되었다.

본관은 독도폭격사건의 보도에 접하여 여러분과 함께 큰 충격을 받았습니다. 본사령부는 조선 신문을 통하여 비로소 처음으로 금반 사건의 발생을 알았습니다. 조선 주재 미군사령부에서는 즉시로 철저한 조사를 명하였는데 상금 조사중에 있습니다. 이 비참사는 조선해안에서 140哩(마일) 가량이나 떨어진 지점에서 발생하였다는 것을 알게 되며 따라서 철저한 조사가 완료되고 진상이 판명되기까지는 다소 시간이 경과되어야 할 것입니다. 그러나 본사령부에는 조선에 기지를 둔 또는 조선부대에 배속된 비행기는 동 지역에 없었고 또 폭격한 사실도 없고 따라서 본사건에 하등의 관계가 없다는 것을 이미 인정하였습니다. 이 사건의 진상을 조사하고 가능한 구호를 하기 위하여 군의(軍醫)를 포함한 조사 및 구호반이 즉시 현지에 파견되었습니다. 그 일행은 아직 귀환하지 않았습니다. 일본에 기지를 둔 미기(美機)의 본 사건 관련 여부에 대하여서는 방금 극동공군사령부와 극동총사령부에서 조사중에 있으므로 동조사가 완료되는 대로 즉시 사건의 전모가 발표될 것입니다. 만약 미기가 관련되었다는 사실이 판명되면 미군당국으로서는 사망자의 유가족 및 피해자를 위하여 만반의 대책을 강구할 것을 조선국민에게 보장하는 바입니다. 또 미군이 그 책임을 져야 한다는 것이 판명되면 그 책임은 도저히 피할 수 없을 것입니다. 조선국민은 본사건의 진상이 판명되어 그 전모가 발표될 때까지는 각자 자의(恣意)의 판단을 삼가 주시기를 바라는 바입니다.[18]

---

17) Seoul POLAD no.460(1948. 6. 15) ZPOL 882(150815/Z), Hodge to Department of State, RG 554, Entry A1 1380 USAFIK, Adjutant General, Radio Messages 1945-49, Box 193.
18) 『조선일보』・『동아일보』・『서울신문』・『수산경제신문』(1948. 6. 17). 원문은 다음을 참조. Press Release (1948. 6. 16), RG 554, Entry A1 1404 USAFIK, US Army Office of Military Government, Box 311; RG 554, USAFIK, XXIV Corps, G-2, Historical Section, Box 77, "Political 3rd Year: Miscellaneous", "Fishing Boats Bombed off Korean Coast".

하지는 독도폭격사건이 주일미공군의 소행임을 알았지만, 철저한 진상조사와 배상을 약속하면서 조선인들에게 자중자애를 당부하는 수밖에 없었다. 하지가 독도폭격사건이 초래한 정치적 곤경에서 벗어나려 발버둥 치는 순간, 현지와 떨어진 주일미군은 이를 실감하지 못했다. 6월 14일 제5공군은 TNG 1519호(140654/Z)로 주한미군사령관에게 독도 폭격연습장의 재개를 강력하게 요청하는 전문을 발송한 것이다.

> 극동군사령관(CINCFE) 전문 CX 55502호 및 극동공군(FEAF) 메시지폼 MF 6399호에 따라 폭격연습을 위해 리앙쿠르암 폭격 및 사격장(북위 37도 15분, 동경 131도 37분)에 대한 가능한 한 빠른 시일 내의 허가를 요청한다.[19]

이 전문은 6월 14일 오전 8시 32분 주한미군사령부에 접수되었고, 그 직후인 오전 10시 45분 NG 1505(140625/Z)호로 제5공군사령관은 주한미군사령관에게 리앙쿠르암(독도)이 제5공군 부대가 사용하는 9개의 폭격 및 사격 연습장(Bombing and Gunnery Range) 중 하나라고 통지했다.[20]

하지와 주한미군사령부 수뇌부는 제5공군이 독도폭격사건의 정치적 후폭풍이 몰아치고 있는 상황에서도 태연히 독도폭격장 재개요청을 하자 격분했다. 6월 15일 하지가 준비한 한국 언론에 공표할 성명서 초안의 문구가 전례 없이 한국인들에게 격식을 갖추고, 주한미군의 책임을 극력 부인한 것은 이런 상황 인식에서 비롯되었을 것이다.

하지는 1948년 6월 15일 극동군사령관(맥아더)에게 보낸 3급 비밀 전문

---

19) 5th Air Force to CG USAFIK(1948. 6. 14), "AG 684 Target and Bombing Ranges, 1948," RG 554, Entry A1 1378, USAFIK, Adjutant General, General Correspondence(Decimal Files) 1945-1949, Box 141.
20) CG 5th Air Force to CG 8th Army, CG USAFIK(1948. 6. 14), "AG 684 Target and Bombing Ranges, 1948," RG 554, Entry A1 1378, USAFIK, Adjutant General, General Correspondence(Decimal Files) 1945-1949, Box 141. 이에 따르면 제5공군은 9개의 폭격연습장을 사용했고, 주한미군은 1개의 폭격연습장을 사용했다.

ZGCG 883(150817/Z)호에서 다음과 같이 썼다.

3급 비밀

ZGCG 883(150817/Z)

1948년 6월 15일

수신: 극동군사령관(CINCFE)

참조: 극동공군(FEAF), 제5공군사령관(CG Fifth Air Force), 김포항공기지사령관(CG Kimpo Air Base)

제5공군 무전(radio) TNG 1509호 관련으로, 리앙쿠르암 폭격 및 사격장을 폭격연습을 위해 가능한 한 빨리 허가해줄 것을 요청했는데, 이는 최근 접수한 극동군사령관(CINCFE) CX 55503호, 극동공군(FEAF) 메시지폼 MF 6399호, 제5공군 NG 1505호가 연습장의 목록을 열거하면서 다른 곳보다 리앙쿠르암 지역을 매일 사용연습장(daily use range)이라고 한 것과 부합한다. 지난주 이 지역에서 한국 어부에 대한 폭격의 결과는 비록 독자적인 조사가 끝나지 않았고 며칠 내에 종료되지 않을 것으로 예상되지만, 초기 보고서들과 일치하는 것으로 보인다. 그러나 완전한 사실에도 불구하고, 사건은 엄청난 정치적 중요성을 갖고 있으며 이 문제에 대한 한국인들의 모든 정치적 관심에 따라 본 사령부에 압력이 가중되고 있다. 이제 국회의사당에서도 완벽한 조사를 요구하는 결의안을 통해 이 문제가 논의되고 있다. (이 문제를) 어떻게 다루든지 간에, 공산주의자의 과중한 공격에 당면한 한국 내 미국의 위신은 이 사건 때문에 흔들릴 것이다. 본관은 제5공군 TNG 1509호에 대해 본 사령부는 추가통지가 있기 전까지 리앙쿠르암의 추가사용에 대한 허락을 하지 않을(강조) 것이라는 취지로 답변했다. 이는(독도 폭격연습장 사용은) 완벽한 조사가 보고되고, 악취가 사라지고, CX 55503호가 요구하는 2주일 (전의) 통지를 우리가 받은 후에야 가능할 것이다. 우리가 판단할 수 있는 한, 지난주 폭격에 앞서 이 통보를 받지 못했

다. 끝. 하지 서명. [21] (강조 및 괄호 안 부연설명은 인용자)

이 메시지에서 몇 가지 중요한 사실이 드러난다. 첫째, 독도는 제5공군의 폭격·사격 연습장 중 매일 사용연습장에 해당했다. 둘째, 원래 극동군사령부 방침에 따르면 폭격연습 2주 전에 주한미군사령부에 통보해야 했다. 셋째, 1948년 6월 8일 폭격 이전에는 이러한 폭격장 사용통보가 없었다. 넷째, 6월 8일 독도폭격사건 직후인 6월 14일에도 제5공군이 독도의 폭격연습장 사용을 주한미군 당국에 강력하게 요구했다는 점이다.

하지는 6월 15일 제5공군사령관에게 전문 CGT 6525호(150828/Z)를 보내 독도의 폭격연습장 불허를 강력하게 통보했다. 위의 맥아더에게 보낸 전문 번호가 150817/Z이므로 맥아더에게 전문을 보낸 후 이 전문이 5공군사령부에 통지되었음을 알 수 있다.

귀 전문 NG 1505호(1406251/Z)(1948. 6) 및 TNG 1519호(140654/Z)(1948. 6)를 수령했음. 리앙쿠르암 지역에서 발생한 최근의 불행한 상황에 비추어, 본 사령부는 향후 추가통보가 있기 전까지는 해당 지역에서 어떠한 폭격연습도 승인을 보류할 것임. 이 메시지 수령 여부를 통보해주길 요청함. 끝.[22]

즉, 독도폭격사건이 발생한 직후 주한미군사령부는 극동공군·5공군 등으로부터 받은 폭격연습장 목록에서 리앙쿠르암을 발견하고 이것이 바로 독도임을 인지했던 것이다. 또한 5공군사령부는 리앙쿠르암을 폭격연습장으로 사

---

21) CG USAFIK(Hodge) to CINCFE(1948. 6. 15), RG 554, Entry A1 1380 USAFIK, Adjutant General, Radio Messages 1945-49, Box 193.
22) CG USAFIK(Hodge) to CG Fifth Air Force(1948. 6. 15), "AG 684 Target and Bombing Ranges, 1948," RG 554, Entry A1 1378, USAFIK, Adjutant General, General Correspondence(Decimal Files) 1945-1949, Box 141.

용하는 문제에 대해 주한미군사령부의 허가를 요청했음을 알 수 있다. 이에 대해 6월 16일자 5공군사령부의 회답(TNG 1535호)은 다음과 같았다.

귀 전문 150828/Z호 관련임. 귀 전문 150828/Z호 수령통보임. 본 사령부는 귀 메시지를 수령하기 전에 리앙쿠르암에 대한 모든 폭격훈련을 폐쇄하는 조치를 취했음.[23]

그러나 5공군의 독도 폭격연습장 폐쇄는 즉각 행해지지 않았다. 1948년 6월 17일 5공군사령관이 8군사령관 등에게 보낸, 5공군이 사용하는 폭격·사격연습장 목록에는 여전히 독도가 폭격연습장으로 되어 있었기 때문이다.[24] 5공군사령부는 6월 28일에 가서야 리앙쿠르암 공대지 폭격장(Liancourt Rocks Air to Ground Range)을 추가통보 전까지 폐쇄한다고 주한미군사령부에 통보했다.[25]

5공군으로부터 답변을 들었지만, 하지는 보다 고위급에서의 적극적인 조치가 필요하다고 판단했다. 하지는 6월 17일 맥아더에게 2급 비밀 전문을 보내 "(독도폭격)문제는 현지에서 매우 중요한 이슈"이며 모든 구실과 경우를 활용해 총력적으로 반미주의를 부채질하는 공산주의자들의 악효과를 극복하고 대응하기 위한 노력이 필요하다고 지적했다. 하지가 맥아더에게 원한 것은, "지난주 리앙쿠르암(독도)에서 한국 어선에 대한 우발적 폭격을 포함한 불행한 사태에 비추어, 맥아더 장군은 장래 어떠한 상황에서도 이 지역이 미군기

---

23) COMAF 5(CG Fifth Air Force) to CG USAFIK(Hodge)(1948. 6. 16), RG 554, Entry A1 1378, USAFIK, Adjutant General, General Correspondence(Decimal Files) 1945-1949, Box 141.
24) CG 5th AF to CG 8th Army, FASA-Com Navel Forces Far East(1948. 6. 17), RG 554, Entry A1 1378, USAFIK, Adjutant General, General Correspondence(Decimal Files) 1945-1949, Box 141.
25) HQ, Fifth Air Force, Subject: Warning Notice-Bombing and Gunnery Ranges(1948. 6. 28), RG 554, Entry A1 1378, USAFIK, Adjutant General, General Correspondence(Decimal Files) 1945-1949, Box 141.

의 폭격이나 총격지역으로 활용되지 않게 하라고 명령했음을 본인에게 통보했다"라는 하지 성명의 승인이었다.[26] 이는 한국인들을 상대로 한 것일 뿐만 아니라 제5공군과 극동공군을 향한 것이기도 했다. 6월 22일 공보부를 통해 "이번 독도 불상사에 비추어 앞으로 이 섬을 중심한 일체의 폭격행위는 마땅히 금지될 것"이라는 미군 당국의 발표가 있었다.[27]

주한미군정사령부도 6월 24일 주한미군사령부를 경유해 극동군사령관에게 독도폭격금지를 요청하는 공문을 보냈다. 군정장관 윌리엄 딘(William F. Dean) 소장 명의로 된 이 공한에서 "리앙쿠르암 인근이 한국 어부들이 가용할 수 있는 최상의 어장에 속"하며 "이 해역이 울릉도와 인근 도서에 거주하는 1만 6,000명의 어부 및 그들 가족들의 주요 자원"이라고 지적했다.

주한미군정사령부
MGOCG 684   1948. 6. 24.
제목: 리앙쿠르암 폭격중지
경유: 주한미군사령부 사령관
수신: 극동군사령관

1. 이는 대략 북위 37도 15분, 동경 131도 50분에 위치한 <u>리앙쿠르암, 혹은 다케시마로도 알려진 섬의 동쪽 10해리 지점에서 정북·정남을 관통하는 가상의 선 서쪽으로부터 남한 해안선까지 폭격중단을 요청하기 위한 것입니다.</u>
2. 리앙쿠르암은 일년의 특정기간 중 물개가 이동해 휴식하는 지역입니다.

---

26) Secret, ZGCG 893(170645/Z)(1948. 6. 17), Hodge to CINCFE. RG 554, Entry A1 1380 USAFIK, Adjutant General, Radio Messages 1945-49, Box 193.
27) Headquarters, South Korea Interim Government, Department of Public Information, Daily Activity Report of Departments and Offices(1948. 6. 23), RG 554, USAFIK, XXIV Corps, G-2, Historical Section, Box 31;「미군당국, 독도폭격사건으로 이후 독도부근 폭격행위 금지 발표」,『동아일보』(1948. 6. 23).

3. 리앙쿠르암 인근 해역은 한국 어부들이 가용할 수 있는 최상의 어장에 속합니다. 이 지역은 분명한 세계 최고의 오징어 산지입니다. 1947년간 1만 1,000톤의 오징어 어획고를 올렸습니다. 게다가 1947년간 다른 어류 11만 550톤을 이 지역에서 잡았습니다. 이 해역은 정어리 어장으로도 유명했으며, 다양한 어족들이 회귀할 경우에는 어부들이 이용할 수 있을 것입니다.
4. 이 해역은 울릉도와 인근 도서에 거주하는 1만 6,000명의 어부 및 그들 가족들의 주요 자원입니다. 이들은 이 지역에 456척의 어선을 보유하거나 운영하고 있습니다. 게다가 한국의 동부해안에서 온 많은 어부들이 이 해역에서 조업하고 있습니다.
5. 대량의 해산물을 생산하는 것은 한국 경제에 필수적입니다. 생선은 중요 단백질 공급원의 하나이며 현재 한국의 어류 소비는 권장 소비량의 50% 미만입니다.

W. F. 딘, 소장, 미육군[28] (강조는 인용자)

여기서 주목할 점은 딘 군정장관이 독도 동방 10해리 지점부터 동해안에 이르는 지역에 대한 폭격금지를 요청한 사실이다. 이는 단지 이 해역이 한국 어민들의 어로지역이기 때문만이 아니라 주한미군정의 관할구역이자 한국 영토임을 인지했기 때문이었다. 미군정은 이 지역이 한국 어부들의 어업구역이라며 구체적인 어획고를 제시하기까지 했다. 딘이 제시한 독도 동방 10해리 이서(以西) 지역은 연합군최고사령부지령(SCAPIN) 1033호(1946. 6. 22) 「일본의 어업 및 포경업 허가구역에 관한 건」의 제3항, "일본의 선박 및 선원은

---

[28] CG, USAMGIK(Dean) to Commander in Chief, Far East(1948. 6. 24), Subjcet: Bombing off Liancourt Rocks, "AG 684 Target and Bombing Ranges, 1948," RG 554, Entry A1 1378, USAFIK, Adjutant General, General Correspondence(Decimal Files) 1945-1949, Box 141.

리앙쿠르암으로부터 12마일 이내에 접근해서는 안 되며, 또한 이 섬과의 일체의 접촉은 허용되지 않는다"라는 지령, 즉 맥아더라인을 반영한 것으로 보인다. 맥아더라인은 일본 어부들의 출어경계선으로 선언되었을 뿐만 아니라, 미군정에 의해 한국 어부들의 어장이자 한국 해역으로 판단된 것이었다.

하지는 딘 군정장관의 독도폭격금지 요청공문에 덧붙여 재삼 독도를 한국 어부들이 이용할 수 있게 우호적인 조치를 취해달라고 맥아더에게 청원했다(1948. 6. 28). 하지는 주한미군정의 요청에 동의하며, 최근의 폭격사건이 초래한 비우호적인 조건에 대응하기 위해서 우호적인 조치가 필요하다고 강조했다.[29]

(3) 소청심사와 배상

독도폭격사건과 관련하여 주한미군정사령부나 극동군사령부, 극동공군사령부, 제5공군 등은 무고한 사망, 부상, 재산상의 손실에 대해 공식적으로 사과·사죄하지 않았다. 또 이 사건과 관련한 최종적인 조사결과도 발표되지 않았다. 극동공군은 "가장 불행한 유감스러운 사고"라고 발표했고, 하지는 "큰 충격을 받았"으며 "미군이 그 책임을 져야 한다는 것이 판명되면 그 책임은 도저히 피할 수 없을 것"이라는 성명서를 발표함으로써 사건을 일단락했다. 한국 언론들은 폭격기 조종사가 군법회의에 회부되었다는 등의 낙관적이고 주관적인 전망을 내놓았지만,[30] 후속조치는 없었다. 7월 1일 군정장관 딘과 기자단의 회견에서 분노한 한국인들과 우발적 사고사로 간주하는 미군정

---

29) John R. Hodge to CINC FE(1948. 6. 28), "AG 684 Target and Bombing Ranges, 1948," RG 554, Entry A1 1378, USAFIK, Adjutant General, General Correspondence(Decimal Files) 1945-1949, Box 141.
30) 「근일 발표, 猛爆한 비행사들 군법회의 회부?」, 『수산경제신문』(1948. 7. 8); 「민주독립당, 독도폭격사건 진상규명 촉구」, 『조선일보』(1948. 7. 8).

간의 인식 차이가 잘 드러났다.

> 문: 독도폭격사건은 미군이 하였다는 것이 확실해졌음에도 불구하고 미안하게 되었다는 인사 한마디 없으니 어찌 된 일인가?
> 답: 이런 것은 군정당국이 직접 관계된 것이 아니고 주둔군 사령관이 할 문제인데 전에도 잠깐 그런 인사가 있었음을 아나 소청위원회의 일이 끝나면 그런 인사가 있을 줄 안다. 이것은 오끼나와에 기지를 둔 미군 항공대가 할 일인데 사람이 죽은 다음에야 암만 애써도 살아날리는 만무한 것이니 소청위원회에 맡기고 미군에 대한 증오감을 도발시키지 말아주기를 바란다.[31]

주한미군정사령부는 이 폭격사건이 적법한 군사작전의 과정에서 우발적으로 발생한 사고였기 때문에 피해자·희생자에게 금전적인 배상을 함으로써 사건을 종결한다는 입장이었다. 이 사건을 보도한 『뉴욕타임스』도 우발적 사건으로 인한 모든 보상요구에 대해 신속하고 후한 해결책을 강구해야 하며, 고공에서 폭격한 미군기 승무원들은 바다암석과 소형선박을 구별하기 곤란했으므로 실책이 없다고 논평한 바 있다.[32]

미군정은 곧바로 배상절차에 들어갔다. 6월 19일 공보부를 통해 하지는 특별소청위원회를 설치하고 피해 정도와 배상액을 결정하기 위해 위원단을 동해와 울릉도에 파견했다고 발표했다.[33] 하지는 6월 21일 동경으로 날아가 맥아더와 만났다. UP통신은 동경발로 하지의 동경행이 독도폭격사건과 관련이 있을 것이라고 보도했고 한국 언론도 이에 동의했지만, 딘 군정장관은 정

---

31) 「군정장관 딘, 독도폭격사건 등 문답」, 『조선일보』·『동아일보』·『경향신문』·『서울신문』(1948. 7. 2).
32) 「뉴욕타임스지마저 사설로 비난: 독도참극사건 보상의 지연은 斷不容貸」, 『대구시보』·『조선일보』 (1948. 6. 19).
33) Headquarters, South Korea Interim Government, Department of Public Information, Daily Activity Report of Departments and Offices(1948. 6. 21), RG 554, USAFIK, XXIV Corps, G-2, Historical Section, Box 31; 「배상지불에 대처, 특별소청위원회 설치: 독도사건에 공보부 발표」, 『조선일보』(1948. 6. 20).

상적 업무일 뿐이라며 관련성을 부인했다.[34]

미군정은 6월 말경이면 조사가 완료될 것으로 예측했는데, 소청위원회는 위니아크지크 대위(주한미군소청위원회 위원), 매클루어(농무부 수산국), 밀롭다맨 대위(대구군정청 법무장교), 기타 통역 약간 명으로 구성되어 활동했다.[35] 이들은 6월 27일 피해 건수 총 36건 중 33건에 대한 조사를 완료했고, 서울에 보고한 후 배상을 위해 6월 29일 현장으로 다시 출발했다. 3건이 미결된 이유는 피해자의 주소불명이었다.[36]

독도폭격사건과 관련해 미군정이 조사한 결과보고서인 「1948년 6월 독도 조사보고서」(Investigation of Military Government, June 1948)의 문서제목은 확인되지만, 원문을 발견하지는 못했다.[37] 그러나 미24군단 정보참모부 군사실 문서철에 소장된 「주한미군소청위원회역사」 중 'IV. 독도폭격(Dok Do Bombing; Liancourt Rocks)'이라는 항목을 발견했다.[38] 이 기록은 독도폭격사건 자체를 다루지는 않지만 배상과 관련한 소청위원회의 활동을 서술하고 있다.

미군기가 독도폭격에 책임이 있다는 사실이 본 사령부에 통고된 즉시, 존 R. 하지 중장은 소청위원회가 특별소청단을 즉각 임명해 동해안과 울릉도로 파견해서 폭격사건으로 제기될 수 있는 모든 소청을 처리하고 조사를 진행할 것을 명령했다. 1948년 6월 18일에 소청 심사위원이자 제63 외국소청위원회(Foreign Claims Commission No.63) 위원인 앤드루 W. 위니아크지크(Andrew W.

---

34) 『경향신문』(1948. 6. 23); 『대구시보』(1948. 6. 23); 『수산경제신문』(1948. 6. 25).
35) 「독도사건 피해진상 월말경 조사완료?」, 『수산경제신문』(1948. 6. 26); 「독도사건 배상을 건의, 소청위원회 조사결과 주목」, 『조선일보』(1948. 6. 26).
36) 「공보부, 독도소청위원회 보고 발표」, 『서울신문』(1948. 6. 30); 『조선일보』(1948. 6. 30).
37) 「소청위원회역사」에 따르면 이는 부관부 문서철(AG files) 333.5로 분류되어 있지만, 현재 공개된 주한미군사령부 문서철(RG 554, USAFIK)에는 AG 333.5가 누락되어 있다.
38) "History of Claims Service, USAFIK," (undated), RG 554 Records of General HQ, Far East Command, Supreme Commander Allied Powers, and United Nations Command, XXIV Corps, G-2, Historical Section, Box 41.

Winiarczyk) 대위, 주한미군정 수산국의 토머스 매클루어(Thomas McClure)가 동해안으로 진출해 포항에 임시본부를 설립했다. 여기서 소청위원회는 조선해양경비대가 포항으로 데려온 첫번째 폭격생존자를 심문하기 시작했다. 사망, 부상, 재산상의 손실 및 피해에 대한 소청이 접수되었다. 포항에서부터 위원회는 조선해양경비대 함정을 타고 울릉도로 갔다. 생존자들을 면담하고 부상당한 일행으로부터 소청을 접수한 다음, 이들은 폭격현장인 독도로 갔다. 현장을 주의 깊게 조사했지만 어떤 사체나 난파선을 발견하지 못한 후 일행은 본토의 첫번째 점검지인 묵호로 출발했다. 소청이 접수되었고, 이곳에서 업무를 종료한 후 위원회는 죽변으로 출발했다.

죽변의 어촌마을 주민들은 폭격이 초래한 심중한 손실에 고통 받았다. 5대의 어선이 독도에서 침몰한 한 선주는 소청을 제기했고, 또한 폭격이 행해진 후 남편들이 실종된 6명의 슬픈 미망인들로부터도 소청이 제기되었다. 일행은 6월 25일 죽변의 슬픈 마을을 떠나 후포리로 갔는데, 이곳은 어부들이 떠나온 본토의 세번째 마을이다. 이곳에서 몇 건의 추가소청이 진행되었다. 소청위원회는 접촉할 수 있는 한 많은 수의 소청인들로부터 소청을 접수했다. (중략)

폭격으로 인한 사상자 명단의 수정본은 다음과 같다; 한국인 14명 사망 혹은 실종, 사체 3구 발견, 1명 신원불명; 기선 7척, 범선 10척 침몰; 어선 3명 중상 및 경상자 몇 명.[39] 한국인 생존자에 대한 주의 깊은 심문을 한 결과, 상당한 의심에도 불구하고 자신들이 비행기로부터 기총소사를 당했다는 믿음에 착오가 있었다는 점이 판명되었다. 기관총 총격으로 여겨졌던 것이 실제로는 수면을 타격한 폭탄의 파편들이었다. 소위 기총소사를 입증할 증거는 없었다.

조사를 완료하고 소청을 접수한 후, 소청 조사위원은 1948년 6월 27일 서울로 귀환했다. 여기서 제63 외국소청위원회의 다른 위원들과 상의한 후, 소청에 대

---

39) 원주 61) Memo to CG, XXIV Corps, Subj: Claims Investigation of Tukto Island Bombing(1948. 6. 28). Report of Captain Andrew W. Winiarczyk, Claims Investigator. In AG fils, 333.5.

한 판결이 이루어졌다. 36건의 소청이 모두 받아들여졌으며, 권고금액이 주한 미군사령부 사령관에 의해 승인되었다.

위니아크지크 대위는 즉시 포항으로 돌아가, 조선해양경비대 함정을 재차 활용해, 배상금을 지불하기 위해 이전의 여정을 반복했다. 소청인들과 접촉해 모든 소청에 대해 최종 합의가 이루어졌다. 폭격에 직접적으로 관계되었던 한국인들은 미국정부에 대해 원한을 품지 않았다. 이들은 폭격이 사고였음을 알고 있다는 점을 누누히 말했다. 이들은 조사과정 내내 매우 협조적이었으며 예외 없이 자신들과 맺은 합의에 기뻐했다. 마지막 배상금은 1948년 7월 2일 오후 12시에 지불되었다.[40] 36건의 소청은 총 7,247만 8,000원을 제기했다.[41] 소청인에게 지불된 금액은 총 910만 8,680원이었다. 한국인들이 이러한 소청을 제기할 때 일반적으로 과도한 금액을 요청한다는 점을 기억해야 한다. 이런 방식으로, 이들은 죽은 사람에 대한 자신들의 애정을 표현하며, 적은 금액을 요청하는 것은 죽은 영혼의 위엄을 모욕하는 것이라고 믿고 있다.

소청위원단은 포항-울릉도-독도-묵호-죽변-후포리를 조사했고, 희생자 수를 인명피해는 사망·실종 14명, 사체 수습 3구(1명 신원불명), 어부 3명 중상 및 경상자 몇 명, 재산피해는 기선 7척, 범선 10척 침몰로 집계했다.

소청위원단이 배상한 금액이 총 910만 원이었다는 점은 지금까지 알려진 배상액과 차이가 있다. 언론에 보도된 배상액은 죽변(죽변리·온정리) 24만 원(248,200원), 울릉도(저동·도동) 212만 원(212만 5,520원), 묵호 393만 원(393만 9,890원) 등 합계 631만 원(631만 3,610원)으로 소청위원단의 배상금액 910만 원과는 약 279만 원의 차이가 있었다.[42] 또한 지불된 금액은 피해 어부들이 주

---

40) 원주 63) Memo to CG, XXIV Corps, Subj: Final Report on Claims Investigation of Tukto Island Bombing(1948. 7. 6); and Supplemental Report on Claims Arising out of Tukto Island Bombing(1948. 7. 26). Report of Captain Andrew W. Winiarczyk. In AG files 333.5.
41) 원주 64) USAFIK Claims Files Nos. K-3231-63, K-3301-02; and K-3377. In JAGO files.

〈표 2-1〉 미군정기 한국인들의 소청

구분 \ 금액	(A) 요구금액	(B) 배상금액	(C) 요구대비배상비율 (B/A×100)
1946. 8. 10~1947. 6. 30	35,560,529.80	9,543,425.30	26.83%
1947. 7. 1~1948. 6. 30	138,899,828.34	13,203,784.04	9.50%
계약 소청(전 기간)	16,868,133.00	4,873,213.00	28.89%
독도사건 소청	72,478,000.00	9,108,680.00	12.56%
합계	263,806,491.14	36,729,102.34	평균 13.92%

(출전) "History of Claims Service, USAFIK," (undated), RG 554 Records of General HQ, Far East Command, Supreme Commander Allied Powers, and United Nations Command, XXIV Corps, G-2, Historical Section, Box 41.

장한 총액 7,247만 원의 약 12.56%에 불과한 것으로 요구액과 큰 차이가 있었다. 미군정은 한국인들이 일반적으로 소청을 제기할 때 과도한 금액을 요구하는 것이 망자에 대한 예의라며 요구액과 배상액 차이를 설명했다.

독도 배상은 주한미군소청위원회가 군정기간 동안 처리한 업무 가운데에서 단위사건으로는 가장 큰 규모였다. 「주한미군소청위원회역사」에 첨부된 1946~1948년 간 배상액을 배상비율로 환산해 비교해보면 독도사건 소청은 미군정기 일반적 배상비율인 13.92%보다 낮은 12.56%의 수준에서 배상이 이루어졌음을 알 수 있다.

또한 이는 실질적 피해금액과도 큰 차이를 보이고 있었다. 일반적으로 피해액의 절반도 안 되는 금액이 배상되었다는 여론이 지배적이었는데, 죽변 어민들은 피해액 520만 원 중 절반에 못 미치는 248만 원을 배상받았고, 묵호 어민들은 피해액 800만 원의 절반도 안 되는 325만 원이 배상된 데 대해 분노하고 있었다.[43]

---

42) 『수산경제신문』・『동아일보』・『조선일보』(1948. 7. 16, 7. 31, 8. 3, 9. 3); 『강원일보』(1948. 8. 31). 묵호의 배상액은 『강원일보』에는 393만 9,890원으로 『조선일보』에는 235만 5,690원으로 나타난다.
43) 「미군 당국의 독도폭격사건에 대한 배상액」, 『동아일보』・『조선일보』(1948. 7. 16); 「독도사건 미군배상금, 피해액의 절반도 부족: 墨湖漁組에 325만원, 죽변 오씨 등은 추가배상 요구」, 『조선일보』(1948. 9. 3).

독도폭격사건과 관련한 최종 조사결과보고서는 발표되지 않았다. 극동군사령부, 극동공군사령부, 제5공군, 주한미군정사령부 중 어느 쪽도 조사결과보고서를 발표하지 않았다. 진상은 규명되지 않았고, 진심을 담은 사과도 없었다. 주한미군정은 최고책임자인 하지가 아닌 딘 군정장관이 배상이 완료되었다고 기자회견을 통해 밝히는 것으로 사건을 종결지었다.

7월 8일 딘 군정장관은 소청위원단이 배상을 완료하고 귀환했으며, 비교적 피해가 많은 28명의 유가족, 피해 정도가 심하지 않은 7명의 유가족에게 배상을 완료했으며, 유가족의 소재가 판명되지 않은 한 사람만 남았다고 발표했다. 딘은 소청위원단 매클루어의 보고를 인용해 독도폭격 생환자들이 조속한 처리에 사의를 표명하고 있으며, 생존자들이 폭격은 인정하지만 기관총소사는 인정하지 않는다고 주장했다.[44] 중(重)폭격기의 기관총 소사가 불가능하다고 한 딘 군정장관은 "비행기 승무원들은 항공군 소속이기 때문에 본관도 모르는 일이다. 또한 상세한 정보는 하지 장관이 취급하는 것으로 본관은 역시 모른다. 상세한 것은 하지 장관으로부터 발표하게 되었다"라고 했다. 주한미군정은 시간 끌기, 극동공군에 책임 떠넘기기, 배상완료 선언으로 사건을 종결지었다.

주한미군정의 입장에서 이 사건은 불편하기 짝이 없는 일이었다. 폭격사건의 책임과 관할권은 상급부대인 미극동군사령부와 극동공군에 있었지만, 희생자들이 한국 어민들이었으므로 정치적 곤경은 자신들이 담당해야 했다. 또한 미군측은 이 사건의 본질을 합법적이고 정상적인 군사훈련의 일환으로 판단했지만, 한국인들은 고의적인 폭격과 조준에 의한 기총소사를 가했다고 주장했다. 이런 역설 속에서 주한미군정의 최고책임자로서 하지는 한국민을

---

44) 「군정장관 딘, 독도폭격사건 배상진상 등 제반문제 기자회견」, 『조선일보』·『경향신문』(1948. 7. 9); 「독도사건: 기총소사는 한 일 없고, 피해배상은 지불햇다, 세목은 추후 하지 중장이 발표」, 『수산경제신문』(1948. 7. 9).

보호해야 했지만, 책임은 자신의 몫이 아니라고 판단했고, 우발적 사고로 한국 어민들이 희생되었으니, 가급적 후한 배상을 하고 사건을 종결한다고 정리했던 것이다.

(4) 폭격사건의 진상과 쟁점

폭격사건은 여러 가지 의문점을 남겼다. 사건 자체와 관련해서는 폭격을 가한 비행기의 소속·대수, 폭격시각·고도, 기총소사 여부, 사망자·실종자 수, 파괴된 어선 수 등이 쟁점이며, 사건의 배경으로 가장 중요한 것은 언제, 왜, 어떻게 독도가 극동공군의 폭격연습장으로 지정되었는가 하는 점이었다.

먼저 「주한미군소청위원회역사」에 묘사된 폭격 당시의 상황은 다음과 같았다.

1948년 6월 7일 직전의 시기에, 울릉도와 독도 사이의 바다는 거칠었다. 본토에서 건너온 한국 어부들과 (울릉도)섬의 주민들은 울릉도 마을 한곳에 모여서 바다가 잠잠해지기를 기다렸다. 그들은 미역을 채취하기 위해 독도에 갈 준비를 하고 있었는데, 이곳은 그들 조상의 조상들이 그들 이전에 갔던 곳이다 (They were preparing to go to Dok Do Island to gather sea weed, where their fathers and their fathers' fathers had gone before them). 독도 주위의 바닷물은 미역에 특수한 생식력을 주는지, 그곳에서는 미역이 엄청나게 잘 자랐다. 이들 어부들은 미역 거래를 통해서 생계를 영위했다. 1948년 6월 7일, 일기에 변화가 생겼다. 바다는 잠잠해졌고, 약 60명의 한국 어부 일행은 7대의 기선과 12대의 범선을 타고 독도로 출발했다. 범선들은 독자적으로 바다를 가로질러 항해할 수 없었기 때문에, 언제나처럼 기선에 예인되었다. 일행은 6월 7~8일에 독도에 도착했다.

1948년 6월 8일은 맑고 쾌청하게 날이 밝아왔다. 일부 어부들은 미역채취를 위해 잠수 중이었고, 다른 이들은 바윗가에 미역을 말리고 있었다. 11시경, 다량의 미역이 채취되었다. 11시 30분경, 폭격연습 목적을 띤 약 11대의 4발 비행기들이 서쪽으로부터 독도에 접근했는데, 고도는 대략 2만 3,000피트였다. 이들은 아래에 있는 어부들의 존재를 인지하지 못하고 폭격항행을 시작했다. 폭격은 목표물을 타격해 정확히 대충격을 가했고, 한국 어부들에게 참화가 미쳤다.[45] (강조는 인용자)

소청위원회의 조사에 따르면, 풍랑으로 독도행이 묶여 있던 본토와 울릉도의 어부들은 일기가 좋아지자 6월 7~8일 기관선 7척, 범선 12척에 약 60명이 타고 독도로 건너갔는데, 6월 8일 11시 30분경 11대의 비행기가 고도 2만 3,000피트 상공에서 행한 폭격의 피해를 입었다는 것으로 요약할 수 있다.

● **생존자들의 증언**

다음으로 사건 직후 언론에 보도된 내용을 정리하면 다음과 같다.

이에 따르면 폭격시각은 11시경, 11시부터 20분간, 11시 30분경, 12시경 등으로 나뉘고 있다. 비행기 대수는 9대에서 11대로 제시되었는데, 최초 폭격 시에 3~6대가 폭격을 시작했고, 네 차례 폭격이 있었다는 점이 공통적으로 확인되었다. 폭격기가 돌멩이 같은 폭탄을 투하했다는 사실과 기총소사를 가했다는 점도 함께 인정되었다. 폭격고도에 대해서는 생존한 궁장환 선장 이완식(李完植)이 저공에서 어선을 폭격하고 기총을 쏘았다고 증언했다. 생환자들은 태극기를 흔들며 수신호를 보냈지만, 폭격이 지속되었다고 증언했다.

---

45) 원주 56~57) USAFIK Key File no. K-3231. In JAGO files; "History of Claims Service, USAFIK," (undated), RG 554 Records of General HQ, Far East Command, Supreme Commander Allied Powers, and United Nations Command, XXIV Corps, G-2, Historical Section, Box 41.

〈표 2-2〉 언론에 보도된 독도폭격 상황

	폭격 시각	비행기 수	파괴행위	피해 상황			비고	출처
				어선	사망	부상		
증언(6.10) 궁장환 선장 이완식	12시경	최초 3대, 4차례 폭격	폭탄 투하, 기관총 난사	어선 30여 척 중 몇 척만 남음			저공폭격, 기관총알·폭탄 파편 수습	조선 1948. 6. 12
증언(6.10) 김태홍 등	11시 30분경	최초 6대, 이후 여러 대, 4차례 폭격	〃	어선 23척 중 발동선 2척, 전마선 2척 귀환	일행 중 2명 사망		김동술 기총탄 환에 사망	경향 1948. 6. 16
보도(6.11)	11시 반경	국적불명	〃	20여 척 파괴	16명 즉사	10명 중상		조선 1948. 6. 11
보도(6.12)	11시부터 20분간	9대	〃	어선 20여 척·발동기선 3척 침몰, 3척 파괴, 손해 500만 원	사망 9명, 행방불명 5명	중상 2명, 경상 9명		조선 1948. 6. 12
보도(6.12)	11시경	여러 대	〃	어선 11척 침몰	사망 9명, 행불 5명	중상 2명, 경상 8명		수산경제 1948. 6. 12
보도(6.12)	12시경	9대	〃	발동선 등 11척 침몰	사망 9명, 행불 5명	중상 2명, 경상 8명		서울·경향 1948. 6. 12
증언(6.12) 장학상		11대	〃				나중에 배에 총격	서울·경향 1948. 6. 12
증언(6.13) 최만일	11시경	최초 6대, 이후 여러 대, 4차례 폭격	〃				태극기 흔듦. 엔진 4개짜리 비행기 지나감	수산경제 1948. 6. 13

당시 언론들은 세 명의 생존자를 인터뷰했는데, 이완식(34), 장학상, 최만일(34) 등이었다. 먼저 궁장환 선장 이완식은 사건 직후인 6월 10일 울릉도 도동에서 『조선일보』와의 인터뷰에서 다음과 같이 말했다.

울릉도의 미역채취가 끝났음으로 4일경 독도로 가서 일하고 있었다. 그날 열두 시경 비행기 소리가 들렸으나 파도소리로 알고 있었더니 맨 처음에 독도 위에 있는 샘멸(샘물) 위에 폭탄이 떨어졌다. 천지를 진동하는 이 소리에 나는 배에서 물 속으로 뛰어들어 사방을 둘러보았다. 그때 3대의 비행기가 섬 동편 2백메타 부근에서 미역을 따고 있는 어선 20여 척에 돌맹이 같은 폭탄을 여러 개 투하하고 있었는데 비행기가 뒤를 이어 나머지 배를 향하여 폭탄을 던지고 다시 반대편으로부터 다른 편대가 날아와 폭탄을 뿌리었다. 섬 부근은 삽시간에 폭풍과 화약내음새에 지옥과 같은 정경을 이루었다. 그때 다시 <u>비오는 듯한 기관총 소리가 들렸고, 바위와 배 위에 총알이 비오듯</u> 하였다. 나는 황급히 물 속에 몸을 잠겼다. 이 통에 우리 배의 밥짓는 김중순(金仲順, 19)은 등에 총알을 받아 즉사하였다. 얼마동안 있더니 마지막으로 비행기가 부근을 한번 돌아보고 강원도 해안으로 날아갔다. 그날 현장에는 30여 척의 배가 있었는데 겨우 몇 척만 남고 침몰 파괴되고 말았다. 아마 <u>4차나 폭격한</u> 듯한데 나중에 보니 바위 위에 다리와 팔이 떨어진 피투성이의 시체가 산란되고 바다물은 뿌연 잿빛이 되고 여기저기 물속에 배의 파편과 사체가 떠돌았다. 나는 배와 바위 위에 길이 <u>3척 넓이 1척 두터운 폭탄파편과 기관총알을 주어 경찰이 파편만 가져갔다.</u> 그리고 배에 걸어놓았던 양복은 파편에 주먹 같은 구멍이 뚫어지고 배는 운전할 수 없이 파손되어 다른 배를 타고 나왔다. 폭격연습한다는 말도 없이 이렇게 저공으로 어선을 폭격하고 기관총까지 쏜다니 참말 억울하기 짝이 없는 일이다. 여러 동포들에게 사실을 알려 다시 이런 일이 없기를 바라 마지않는다.[46] (강조는 인용자, 원문 그대로)

울릉도에서 포항을 거쳐 고향인 강원도로 돌아갔던 김태홍·최춘일·최춘삼 등 강원도 출신 어부 네 명은 6월 10일 오후 9시 충주호를 타고 울릉도에서 포항으로 나오던 길에 울릉도로 들어가던 경향신문 특파원 박흥섭(朴興燮)을

---

46) 『조선일보』(1948. 6. 12).

만나 다음과 같이 진술했다.

지난 7일 우리 일행은 해양환(海洋丸)으로 독도에 도착하여 미역을 따고 있었다. 그 이튿날인 8일 오전 11시 30분경 돌연 정체모를 비행기 6대가 날러와 우리들의 어선을 목표로 10개 이상의 폭탄을 던졌다. 그리하여 우리가 타고 있던 어선은 폭풍으로 침몰되었으며 당시에 독도 부근 해상에는 약 23척의 어선이 있었음을 확인한다. 내가 알기에는 결국 어선(發動船) 2척과 천마선(天馬船) 2척이 겨우 귀환하였을 뿐이다. 우리 일행 중에는 행방불명이 된 자가 2명이며 <u>김동술(金東術, 36)은 기총(機銃)의 탄환을 맞어 사망하였고, 시체는 아직 찾지 못하였다. 곧 이어서 2차의 투탄이 있었으나 나는 실신상태에 있었으니만치 몇 대의 비행기가 왔는지는 알 수 없다. 그 후에 비행기(四發動機)가 저공으로 날러와 정찰을 하고 갔다. 그때 보니 비행기는 둥근 굴레 속에 별이 그려져 있었다.</u> 그리하여 10일 오후 6시 구사일생으로 울릉도에 와보니 14명이 사망하였음을 알었다. 죽은 사람들을 생각하니 참으로 기가 막힐 뿐이다.[47] (강조는 인용자)

이들의 증언에 따르면, 최초에 6대의 비행기가 10개 이상의 폭탄을 투하한 후 어선은 후폭풍으로 침몰했고, 같은 배의 김동술은 '기총의 탄환'에 맞아 사망했으며, 그 후 2차 폭격이 있었다. 마지막에는 정찰기가 정찰을 했는데, 그 비행기에 미공군 표식이 있었다는 것이다. 뒤에서 보게 되듯, 최만일은 『수산경제신문』과의 인터뷰에서 독도 도착일과 폭격시각 등에 대해 다른 증언을 했으므로, 이 기사는 김태홍과 최춘삼의 증언에 기초했을 것으로 보인다.

한편, 다리·허리에 중상을 입고 울릉도 영제병원에 입원 중이던 장학상은 다음과 같이 진술했다.

---

[47] 「爆擊·偵察·機銃掃射, 圓周 內에 星表있는 四發動 飛行機로 確認」, 『경향신문』 (1948. 6. 16).

내가 본 비행기 수효는 11대였는데 처음에는 산에 떨어뜨리는 줄 알았드니 배와 바다에 떨어뜨려 우리는 오도가도 못하고 폭격을 받았다. 나중에는 <u>비행기에서는 船로 향하여 총까지 놓았다.</u> 나는 구사일생으로 간신히 살아나왔다.[48)]
(강조는 인용자)

즉, 11대의 비행기가 폭격했으며, 배를 향해 기관총 사격을 가했다는 것이다. 장학상은 사건 이후 40여 년이 지난 1995년 독도폭격에 대해 한국외국어대학교 독도문제연구회와 인터뷰한 바 있다.

다음으로 최만일은 『수산경제신문』과의 인터뷰에서 이렇게 증언했다.

우리는 지난 5월 23일에 강원도에서 독도로 와서 미역을 채취하고 있었는데 그날 상오 11시경 최초 비행기가 6대 와서 <u>폭탄을 투하하며 기관총으로 쏘았다. 다음 비행기 수는 여러 대였으나 네 차례 와서 폭격을 하였다.</u> 나는 섬 위에 있었기 때문에 굴 속에 들어가서 겨우 목숨만은 붙들었으나 나중에 알고보니 이미 여기 있던 어선들은 모두 간 곳이 없고 이곳 저곳에 시체가 물 위에 떠다니고 있었다. 그런데 이날 날씨는 매우 좋았고 또 우리는 <u>폭탄과 총알을 피하여 도망하면서도 손에 태극기를 쥐고 흔들었으나 아무 소용이 없고 폭격은 그치지 않았다.</u> 배에 탄 다른 사람이 말하는 것을 들으면 비행기에 ××××××이 그려져 있는 것으로 확실히 보았다고 하였다. 그리고 네 차례로 비행기가 지나간 뒤 발동기 네 개 달린 큰 비행기가 한 대 기를 흔들며 지나가는 것을 보았다.[49)] (강조는 인용자)

최만일은 증언에서 상오 11시경 비행기 여섯 대가 최초로 폭탄을 투하하

---

48) 『서울신문』·『동아일보』·『경향신문』(1948. 6. 12).
49) 『수산경제신문』(1948. 6. 13).

며 기관총을 쏘았고, 네 차례 폭격했으며, 폭격이 끝난 후 발동기 네 개 달린 큰 비행기 한 대가 지나갔다고 했다. 울릉도 도사인 허필(許苾)도 폭격 당일 오후 1시경 비행기 한 대가 울릉도를 통과한 사실이 있다고 확인했다.[50] 폭격 후 목격된 비행기는 극동공군사령부 발표에서 나온 폭격 30분 후 폭격결과를 촬영했다는 기상관측기를 지목한 것으로 보인다.

한편, 독도폭격 당시의 생존자였던 공두업은 1995년에 가진 인터뷰에서 폭격사건 이전인 1948년 6월경에도 자신이 독도에서 기총소사를 당한 적이 있다고 증언했다. 공두업은 자신이 울릉도 경찰총무 이종오에게 이를 보고한 후 며칠 뒤 안심하고 조업하라는 통보를 받고 2차로 미역을 채취하러 독도에 갔다가 6월 8일 폭격을 당했다고 증언했다.[51]

그런데 위에서 살펴본 것처럼 강원도에서 건너온 최만일은 5월 23일부터 독도에서 조업하고 있었으며, 이완식도 6월 4일경부터 독도에서 조업했다고 밝히고 있으므로, 공두업의 1995년 증언에 등장하는 1차 폭격은 1948년 6월이 아니라 그 이전이었을 가능성이 높다.

공두업이 증언한 독도폭격사건 이전의 폭격과 관련해 두 가지 가능성이 있는데 첫번째는 로브모가 발굴한 1948년 3월 25일 독도폭격사건이다. 로브모에 따르면, 1948년 3월 25일에 오키나와 가데나 공군기지(Kadena Air Force Base, Okinawa)에 주둔하고 있던 제22폭격비행전대(the 22nd Bombardment Group)가 독도를 폭격했다는 사실이 「제22폭격비행전대사」에 등장한다. 제22폭격비행전대 소속 B-29기 14대가 실제 폭탄을 사용해 독도를 폭격했는데, 그 실상은 알려져 있지 않다. 1948년 3월 한 달 동안 제22폭격비행전대는 수백 개의 100파운드·500파운드 GP폭탄과 최소 60개의 1,000파운드 AN-M-

---

50) 『경향신문』(1948. 6. 16).
51) 한국외국어대학교, 1995, 『독도문제연구회 자료집: 독도의 어제와 오늘(1995. 8. 24~8. 30)』, 16~18쪽 (홍성근, 위의 논문, 377~378쪽에서 재인용).

65 GP 폭탄을 사용했다는 것이다.[52] 두번째 가능성은 제1장에서 살펴본 1947년 4월의 독도폭격사건을 언급했을 가능성이다. 그런데 공두업의 증언에 따르자면, 1947년보다는 1948년 3월 25일 제22폭격비행전대의 폭격이 좀 더 사실에 부합한다고 판단된다.

● 미공군 자료의 서술

한편, 미공군의 자료에도 사건의 실마리가 등장한다. 1948년 6월 8일 오전 12시경 미극동공군사령부 소속 미군 B-29폭격기 20대가 네 차례에 걸쳐 독도에 폭탄을 투하했다. 폭격에 동원된 B-29기는 미15공군(the Fifteenth Air Force) 미93중(重)폭격비행단〔the 93d Bombardment Wing(Very Heavy)〕 미93중(重)폭격비행전대〔the 93d Bombardment Group(Very Heavy)〕 소속으로 오키나와 가데나 공군기지에 배치되어 있었다.[53]

제93중폭격비행전대의 전신인 제93폭격비행전대(the 93d Bombardment Group)는 B-24폭격기를 주력으로 1942년 1월 28일 루이지애나 주에서 창설되었으며, 2차 대전 중 제328, 제329, 제330, 제409폭격비행대대(the 328th, 329th, 330th, 409th Bomb Squadron)를 예하 부대로 하여 프랑스, 북아프리카, 시칠리아, 포츠담, 루마니아 등지의 작전에 투입되었다. 2차 대전 후인 1945년 12월 해체된 후 1946년 6월 21일 제93중(重)폭격비행전대로 재가동었으며, B-29폭격기를 주력으로 했다. 전략공군사령부(Strategic Air Command: SAC)에 편입된 10개 폭격비행전대 중 하나였으며, 1947년 7월 28일 제93중(重)폭격비행단이 설립되면서 제93중폭격비행전대를 지휘했다. 1948년 전 폭

---

52) Lovmo, "The June 8, 1948 Bombing of Dokdo Island"(http://www.geocities.com/mlovmo). 로브모의 논문에는 출처가 각주 28a)로 달려 있지만, 내용이 명시되어 있지 않다.
53) 제93중(重)폭격비행전대가 독도를 폭격한 부대라는 사실은 로브모가 앨라배마 주 맥스웰 공군기지 공군역사연구소에서 발굴한 자료로 밝혀진 것이다. 로브모의 글은 인터넷에 게재되어 있으며, 한글로도 번역되어 있다(http://www.geocities.com/mlovmo).

격비행단이 오키나와로 전개해, 극동지역에서 전력을 구비한 최초의 전략공군사령부 폭격비행단이 되었다. 1948년 7월 B-36폭격기가 전략공군사령부에 투입된 후 B-36폭격기 운용부대는 중(重)폭격비행전대로, B-29폭격기 운용부대는 중(中)폭격비행전대로 재편되었다.[54]

즉, 독도를 폭격할 당시 이 부대는 제93중(重)폭격비행단 예하 제93중(重)폭격비행전대였다. 이 제93중(重)폭격비행전대는 제328, 제329, 제330폭격비행대대(the 328th, 329th, 330th Bombardment Squadrons)로 구성되었고, 원래 캘리포니아 주 캐슬 공군기지(Castle Air Force Base)에 주둔하고 있었다. 성원은 장교 및 사병 848명으로 구성되어 있었다.

「제93중(重)폭격비행전대 1948년 6월 역사」에 기초해 폭격 당시 제93중폭격비행전대의 상황을 따라가보자.[55] 제93중폭격비행전대는 미전략공군사령부에 배속된 첫번째 부대였는데, 1948년 4월 15일자 전략공군사령부 야전명령 16호 (Field Order No.16)에 따라 임무를 수행하게 되었다. 이 임무는 전 세계의 어떤 곳에서도 장거리폭격, 정찰, 촬영, 해상수색, 잠수함 추적을 수행하는 모든 전투 승무원과 관련 부대에 인원배치·훈련·장비보급을 하는 것이었다. 이 임무를 독자적으로 혹은 육군·해군과 합동으로 수행하며, 방위군·해안경비대·해병 및 해군 조직·관련 부대와의 협력을 실현해야 했다. 이의 연장선상에서 제93중폭격비행전대는 오키나와에 3개월간 파견되어 극동공군 타격부대의 통합된 일부가 되라는 명령을 받았다. 즉, 전략공군사령부는 90일

---

54) 인터넷 위키피디아의 제93공지작전단(93d Air-Ground Operations Wing) 검색결과(http://en.wikipedia.org/wiki/93d_Air-Ground_Operations_Wing)(2009. 2. 11. 검색).
55) "History of The 93rd Bombardment Group(VH), Kadena Air Force Base, Okinawa, For the Month of June 1948," Air Force Historical Research Agency, Maxwell Air Force Base, Alabama. 제93중폭격비행전대 관련 자료의 존재는 로브모의 연구를 통해 알게 되었다. 2008년 1~2월 미국 NARA 방문연구 시 선임 군사아키비스트 리처드 보일런(Richard Boylan)의 도움으로 앨라배마 주 맥스웰 공군기지 공군역사연구소(Air Force Historical Research Agency)와 연락할 수 있었다. 공군역사연구소의 아키비스트 마시 그린(Marcie T. Green)이 문서를 찾아 우송해주었다. 보일런, 그린 등의 도움에 감사한다.

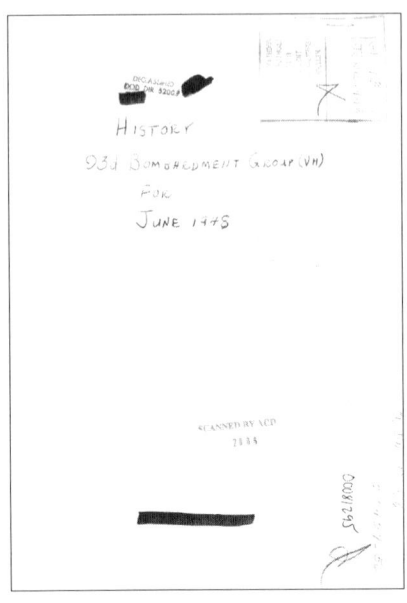

〈그림 2-3〉「제93중(重)폭격비행전대 1948년 6월 역사」

간 극동공군(Far Eastern Air Force)에 파견 근무할 비행전대급 부대로 제93중폭격비행전대를 선발했던 것이다.[56] 1947년 3월 25일 독도를 폭격했던 제22폭격비행전대가 1948년 5월 미국 본토로 귀환하면서, 제93중폭격비행전대가 임무를 교대한 것이다.[57]

1948년 6월 제93중폭격비행전대의 전대장은 리 코츠(Lee B. Coats) 대령이었고, 제328폭격비행대대장은 에버렛 츠바이펠(Everett E. Zweifel) 소령, 제329폭격비행대대장은 콜린 앤더슨(Colin E. Anderson) 중령, 제330폭격비행대대장은 로버트 스튜어트(Robert H. Stuart) 중령이었다. 병력은 본부 54명(장교 18, 사병 36), 328대대 252명(장교 41, 사병 211), 329대대 277명(장교 47, 사병 230), 330대대 245명(장교 40, 사병 205)으로 구성되었다.[58]

제93중폭격비행전대는 6월 한 달 동안 여덟 차례의 장거리총력폭격임무(long range maximum effort bombing mission)를 수행했는데, 그중 네 번은 실제 폭탄을 투하하는 폭격임무였고, 다른 네 번은 지정된 목표물에 대해 폭탄

---

56) "History of The 93rd Bombardment Group(VH), Kadena Air Force Base, Okinawa, For the Month of June 1948," p. 7.
57) United States Air Force, "Strategic Air Command Rotation Program," FEAF 1948 History, 68, History Office, Pacific Air Forces, Hickam AFB, Hawaii. pp. 70~71(로브모, 위의 논문에서 재인용).
58) "History of The 93rd Bombardment Group(VH), Kadena Air Force Base, Okinawa, For the Month of June 1948," pp. 8~10.

투하 예정지점을 촬영하는 카메라 폭격(camera bombing)이었다. 모든 임무는 제1공군사단(the 1st Air Division), 제316중폭격비행단(316th Bombardment Wing(VH)), 제93중폭격비행전대의 야전명령에 따라 수행되었다.[59] 이들이 수행한 작전을 살펴보면 독도폭격의 맥락을 파악할 수 있다.

- 제1차 임무: 제1폭격시발점(I.P.)[60]까지 비행전대 대형으로 비행한 후 비행대대 단위로 산개해 첫번째 표적에 폭격. 선두기가 S턴을 해서 비행전대 대형으로 모여 제2지점까지 비행 후, 비행대대 단위로 산개해 두 번째 표적에 폭격. 비행대형으로 가데나 기지에 귀환.
- 제2차 임무: 1948년 6월 4일 티니언(Tinian)섬의 파랄론 드 메디닐라(Farallon de Medinilla)섬에 4개의 500파운드 GP폭탄(500 GP bombs) 투하. 일기 불순으로 폭격 불가 시 파자로스(Pajaros)섬으로 표적 변경. 21대의 비행기가 임무에 투입예정, 18대 실제 투입(1대 기체 고장 회항). 괌 상공의 고도 2만 2,000피트에서 집결해 출발. 7대로 구성된 선두 328대대가 고도 2만 2,500피트, 3대로 구성된 330대대가 고도 2만 3,000피트, 7대로 구성된 329대대가 고도 2만 2,000피트로 표적에 접근함. 328대대 14시 27분 30초에 폭탄 투하, 330대대 14시 30분에 폭탄 투하, 329대대 표적을 지나쳐 선회한 후 14시 52분 30초 폭탄 투하. <u>총 17대의 비행기가 정시에 표적에 접근해, 총 64개의 폭탄을 표적에 투하했음.</u> 투하된 폭탄 중 330대대는 300피트, 328대대는 700피트, 329대대 1,000피트의 최고 원형공산오차(best circular error)를

---

59) "History of The 93rd Bombardment Group(VH), Kadena Air Force Base, Okinawa, For the Month of June 1948," p. 11.
60) 폭격시발점(Initial Point: I.P.)이란 폭격지점과 가까운 지점으로 대열이 각개 폭격지점 혹은 투하지점 상공을 통과하는 코스를 최종 변경하는 지점을 의미한다. 여기서 B-29의 폭격목표물 부근에서 B-29 폭격대대가 지정된 폭격목표물로 향하도록 설정된 공중통제점이다. IP는 통상 ① 폭격시발점, ② (행진의) 출발점, ③ 최초 전시점으로 해석된다(공군중앙교육위원회 항공용어제정분과위원회, 1962, 『항공용어집(항공작전편)』, 공군본부, 440쪽).

보임.[61]
- 제3차 임무: 1948년 6월 7일 리앙쿠르암 폭격. (아래에서 서술)
- 제4차 임무: 동경 황궁에 대한 카메라 폭격, 고마키(Komaki, 小牧) 공군기지에 대한 카메라 폭격. 25대의 비행기가 임무수행 예정. 4대 불참.
- 제5차 임무: 제1표적 클라크 공군기지(Clark AFB), 제2표적 마닐라 시내의 AP 전력회사(AP Electric Company). 26대의 비행기가 임무수행 예정. 5대 불참.
- 제6차 임무: 1948년 6월 18일 제1표적은 한국의 부산, 제2표적은 미사와(Misawa, 三澤) 공군기지.
- 제7차 임무: 1948년 6월 23일 마우그(Maug)섬(북위 20도 2분, 동경 145도 13분)에 대한 레이더 유도 폭격. 제1폭격시발점은 파랄론 드 파자로스섬(Farallon de Pajaros, 북위 16도 1분, 동경 146도 5분). 26대의 비행기가 임무수행 예정. 6대 불참. 표적 위를 지나가며 기상관측기가 2개의 건물을 발견하고 800피트로 하강해 거주의 흔적을 점검했으며, 동시에 K-17카메라로 사진을 촬영. <u>총 63개의 500파운드 GP폭탄</u>이 원형공산오차(circular error: CE)는 아직 판정되지 않음.
- 제8차 임무: 1948년 6월 29일. 제1표적은 필리핀 민다나오(Mindanao)섬의 산로크(San Roque) 공군기지, 대체표적은 타클반(Tacleban) 공군기지. 카메라 폭격. 26대의 비행기 임무수행 예정, 8대 불참.[62] (강조는 인용자)

제93중폭격비행전대는 일본 황궁, 마닐라 시내, 부산 등 대도시는 물론 미

---

61) 원형공산오차(Circular Error Probability: CEP)는 미사일이나 폭탄의 명중 정도를 나타내는 용어로 통상의 미사일에 대해서는 별로 사용되지 않고, 주로 탄도 미사일이나 유도 폭탄에 대해서 사용된다. CEP는 폭탄 등이 투하되었을 경우, 그중의 반수가 명중하는 원의 반경을 가리킨다. 즉, 10발 공격 시 5발이 들어가는 원을 그렸을 때 그 반경이 5m라고 하면 CEP는 5m라고 한다(http://ko.wikipedia.org. 2009. 2. 11. 검색).
62) "History of The 93rd Bombardment Group(VH), Kadena Air Force Base, Okinawa, For the Month of June 1948," pp. 11~25.

> Mission No. 3
>
> The 93d Bombardment Group (VH) was ordered to fly a maximum effort mission on 7 June 1948 in accordance with 316th Bomb Wing FO #13 as supplemented by 93d Bombardment Group FO #20.
>
> The primary target was designated as Liancourt Rocks, I.P. #1, Ullung-Do, the second target was Ashiya AFB, I.P. #2, Oura and the third target was Kadena AFB, I.P. #3, 26° 52' N, 128° 15' E. The Group was scheduled to bomb the primary target with four 1,000# G.P. bombs per aircraft, camera bomb Ashiya AFB and Kadena AFB.
>
> Twenty four aircraft, including a weather ship, were to participate in the mission. Due to mechanical difficulties, two aircraft did not takeoff. One aircraft, #1967, aborted at 0819 at 28° 59' N, 128° 08' E, due to a loss of oil on #3 engine. The aircrafts bombs were dropped at 28° 58' N., 128° 21' E at 0823, after first clearing the area. The aircraft
>
> -14-

〈그림 2-4〉「제93중폭격비행전대 1948년 6월 역사」 중 제3차 임무(독도폭격)

공군기지, 섬 등을 폭격목표물로 설정해 실제 폭격과 사진 폭격의 두 가지 방식으로 폭격훈련을 진행했음을 알 수 있다. 3개 폭격대대로 구성된 제93중폭격비행전대는 매번 임무에 20대 이상의 모든 폭격기·정찰기를 동원했다. 실제 폭격은 독도(리앙쿠르암), 마우그섬, 파랄론 드 메디닐라 등 사람이 살지 않는 무인 소도를 선택했다. 폭탄은 주로 500파운드짜리 GP폭탄을 사용했으며, 실제 폭격 시 63~64개 정도를 사용했다. 독도폭격 시에는 1,000파운드(454kg) GP폭탄을 사용했다.

독도폭격을 다룬 제3차 임무는 다음과 같다.

제3차 임무(Mission No. 3)
제93중폭격비행전대는 1948년 6월 7일 제316폭격비행단(316th Bombing

Wing) 야전명령 제13호와 제93중폭격비행전대 야전명령 제20호에 따라 총력 폭격임무를 수행하라고 명령받았다.

제1표적은 리앙쿠르암으로 지정되었으며, 제1폭격시발점(I.P. #1)은 울릉도였으며, 제2표적은 아시야(Ashiya, 芦屋) 공군기지로 제2폭격시발점(I.P. #2)은 오우라(Oura)였으며, 제3표적은 가데나 공군기지로 제3폭격시발점(I.P. #3)은 북위 26도 52분, 동경 128도 15분이었다. 폭격비행전대는 각 비행기당 4개의 1,000파운드 GP폭탄을, 아시야 공군기지와 가데나 공군기지에는 사진 폭탄을 사용할 계획이었다.

1대의 기상관측기를 포함한 총 24대의 비행기가 임무에 참가할 예정이었다. 기술적 문제 때문에 2대의 비행기가 이륙하지 못했다. 1967호기는 3번 엔진의 오일 유출로 북위 28도 59분, 동경 128도 8분에서 회항했다. 먼저 지역을 확인한 후 08시 23분 북위 28도 58분, 동경 128도 21분에 적재된 폭탄을 투하했다. 비행기는 09시 56분 기지로 귀환했다.

기상관측기인 6402호는 비행전대 대형에 30분 앞서 나가면서, 항로상 기상정보를 전달했다. 기상은 브리핑을 받은 것과 같았지만, 제1표적을 향해 30°의 국지풍이 분다는 점이 차이가 있었다. 제1표적과 제2표적의 기상은 상승고도, 시계무제한(Ceiling and visibility unlimited: CAVU)의 상태였다. 폭격비행전대가 산개했을 때 8/10ths의 낮은 층운을 만났고, 제3표적에서는 상승고도 1,000피트로 표적에 대한 카메라 폭격을 할 수 없었다.

폭격비행전대는 가미노시마(Kamino-Shima, 上ノ島)의 북단 상공에서 결집해서 제1폭격시발점을 향해 11시 05분 순항을 시작했으며, 11시 47분 그곳에 도착했다. 폭격비행전대는 비행전대 대형으로 제1폭격시발점을 출발했는데, 7대의 비행기로 구성된 제330비행대대가 선두에 섰고, 6대의 비행기와 1760호기로 구성된 제328비행대대가 하위고도로 비행했는데, 1760호기는 개폐구 고장으로 표적을 지나쳐 폭격조준기로 표적에 개별적으로 폭탄을 투하했다. 6대의 비행기로 구성된 제329비행대대가 상위고도로 비행했다. 대대 지휘관에게 폭

탄투하명령이 내려졌다. 이에 제330비행대는 현지 시각 11시 50분 30초에 투하했고, 제329대대는 현지 시각 12시에 투하했으며, 328대대는 현지시각 12시 1분에 투하했다. 총 76개의 폭탄이 표적에 투하되었으며, 2대의 비행기가 첫 번째 순항과정에서 폭탄을 투하하지 못했다. 이들 비행기들은 360도 선회해서, 폭격조준기를 사용해 표적에 폭탄들을 투하했다. 이들의 폭격에 대해서는 사진을 찍지 않았다.

폭격결과는 식별과정에서 보고된 바에 따르면 매우 우수한 것으로 평균 원형공산오차가 300피트였다.

폭격비행전대는 아시야 공군기지에 대한 카메라 폭격 항로로 나아갔으며, 표적 상공에 13시 04분 도착했다. 대략 21회의 촬영이 있었으며, 결과는 아직 판정되지 않았다.

아시야로부터 대형을 유지해 가노야(Kanoya, 鹿屋)에서 폭격비행전대를 산개, 가데나 공군기지까지 순항한 뒤 착륙했다.

폭격비행전대의 선두기인 1835호기와 6134호기가 폭격비행전대 결집과 제1표적 (폭격)시각에 초고주파의 'E' 채널에 고장이 났다고 보고했다. 고장은 무선유도에서 나오는 '정위치'(on course) 신호와 유사했다. 두 비행기 모두 다른 채널은 깨끗이 작동한다고 보고했다.

모든 종류의 선박들이 열 차례 관측되었다(Ten sightings were made of shipping of all types). 여타 비행기 보고는 8대의 P-51기로 북위 34도 34분, 동경 130도 15분 지점에서 사거리 밖에서 대형 주위를 비행했다.[63]

이상의 임무보고서에 따라 독도폭격 진상을 추적해보자. 제93중폭격비행전대는 1948년 6월 7일 리앙쿠르암에 대한 폭격명령을 받았고, 폭격기당 1,000

---

63) "History of The 93rd Bombardment Group(VH), Kadena Air Force Base, Okinawa, For the Month of June 1948," pp. 14~16.

파운드의 GP(General Purpose)폭탄을 투하할 계획이었다. 총 23대의 폭격기와 1대의 기상관측기가 출격할 예정이었지만, 2대의 폭격기가 고장으로 이륙하지 못했다.

제93중폭격비행전대는 오전에 출격했다. 출격시각은 나와 있지 않지만, 필리핀 민다나오섬에 위치한 산로크 공군기지의 폭격임무를 기록한 「제330폭격대대 1948년 6월 역사」에 따르면 조식(03:00~04:30), 브리핑(04:30), 위치(05:15), 엔진 시동(06:05), 활주(06:10), 이륙(06:20), 이륙 마감(07:00)의 순서로 이루어졌다.[64] 오키나와에서 산로크까지 4시간 45분이 소요되었으니, 독도폭격의 이륙 시각도 오전 7~8시 전후였을 것이다.

오키나와의 가데나 공군기지를 출발한 22대의 제93중폭격비행전대는 규슈 남부 가고시마현의 가미노시마 북단 상공에서 결집해 11시 5분 비행전대 대형을 이루어 11시 47분 제1목표지점인 울릉도에 도착했다. 기상관측기는 대형에 30분 앞서 기상관측을 실시했다. 울릉도에서 비행전대 대형을 비행대대 대형으로 바꾸어 폭격항정을 시작했다. 총 네 차례의 폭격이 있었는데, 선두의 제330폭격대대(7대), 하위고도로 비행한 제328폭격대대(6대), 상위고도로 비행한 제329폭격대대(6대), 첫 폭격항정에서 폭탄을 투하하지 못한 2대의 폭격기의 순서였다. 폭격시각은 제330폭격대대는 11시 50분 30초, 제329폭격대대는 12시, 제328폭격대대는 12시 1분에 투하했다.

21대의 B-29폭격기가 총 76개의 1,000파운드 GP폭탄을 투하했고, 평균 원형공산오차는 300피트였다. 이는 굉장한 명중률이었는데, 폭격전대가 투하한 76개의 1,000파운드 GP폭탄 중 38개 이상이 표적 300피트(91.44m) 반경 내에 명중했음을 의미한다. 즉, 반지름 91.44m, 지름 약 183m의 원 안에 38개 이상의 폭탄이 명중한 것이다. B-29기는 보통 500파운드와 1,000파운드짜리

---

64) "History, 330th Bombardment Squadron, 93rd Bombardment Group, Kadena Air Force Base, Okinawa, For the month of June 1948," Air Force Historical Research Agency, Maxwell Air Force Base, Alabama.

두 종류의 GP폭탄을 사용했다. 독도에서 사용된 1,000파운드 GP폭탄의 위력은 엄청난 것이었다. 한국전쟁기 미군의 김포비행장에 대한 폭격에서 GP폭탄 한 개로 10~15cm 두께의 아스팔트에 직경 최소 10m에서 최대 17m, 깊이 최소 2.5m에서 최대 4m, 부피 456m³에 해당하는 폭탄구멍이 생겼다.[65] 독도에 접안하거나 인근 해상에 있던 소형어선들 대부분은 폭격 직후 폭발이 가져온 폭풍·화염·파편·충격에 의해 흔적도 남지 않고 파괴되었을 것이다. 『연합뉴스』는 2008년 7월 24일 독도 동도선착장 인근 부채바위 아래 수심 약 15m 지점과 독도 동도와 서도 사이의 촛대바위 인근 수심 약 10m 지점에서 1,000파운드짜리 AN-M-65 범용(GP)폭탄의 불발탄을 발견해 촬영한 바 있다.[66] 크기가 어마어마한 것을 알 수 있다.

로브모의 지적처럼 「제93중폭격비행전대 1948년 6월 역사」를 종합하면, 생존자들이 증언한 12시 폭격, 울릉도 방향에서 날아온 비행기의 폭격, 네 차례의 폭격 등은 모두 미공군의 기록과 일치한다.[67] 그런데 「제93중폭격비행전대 1948년 6월 역사」와 예하부대사인 「제330폭격대대 1948년 6월 역사」, 「제328폭격대대 1948년 6월 역사」,[68] 「제329폭격대대 1948년 6월 역사」[69]에는 독도폭격사건 이후 극동공군의 조사와 관련된 언급이 전혀 등장하지 않는다. 또한 극동공군은 폭격 30분 후 정찰기가 촬영한 사진을 확대해 폭파된 소형어선 세 척을 발견했다고 했는데, 사진은 물론 관련 내용에 대한 언급도 전혀 없다. 기상관측기에는 제93중폭격비행전대 사진장교(photo officer)가 탑

---

65) 김태우, 2008, 『한국전쟁기 미공군의 공군폭격에 관한 연구』, 서울대학교 국사학과 박사학위논문, 76~77쪽.
66) 「독도 바닷속 폭탄, '60년 아픔' 그대로」, 『연합뉴스』(2008. 8. 10).
67) 로브모, 「1948년 6월 8일 독도폭격사건에 대한 심층적 연구」(2003. 5).
68) "History of 328th Bombardment Squadron(VH) for June 1948, Narrative History," Air Force Historical Research Agency, Maxwell Air Force Base, Alabama.
69) "History of 329th Bombardment Squadron(VH) for June 1948, Narrative History," Air Force Historical Research Agency, Maxwell Air Force Base, Alabama.

승했다. 또한 사건이 정치적인 문제로 비화된 상태에서 극동공군이 조사작업을 벌였기 때문에 폭격비행전대·비행대대 역사에 독도폭격사건의 반향이 전혀 언급되지 않은 것은 정상적이라고 보기 어렵다.

「제93중폭격비행전대 1948년 6월 역사」에서 독도폭격과 관련되었을 것으로 추정되는 두 개의 실마리가 있다. 첫번째는 제93중폭격비행전대 전대장의 교체였다. 오키나와에 파견될 당시 단장이었던 리 코츠 대령은 1948년 6월 19일 오키나와를 떠났고, 그의 후임으로 존 트리프트(John C. Thrift) 중령이 부임했다. 90일간의 파견근무 동안 폭격비행전대 전대장이 교체된 이유는 충분히 설명되지 않았다.[70] 로브모의 추측처럼 독도폭격의 결과에 따른 문책 가능성이 있다. 왜냐하면 미극동공군의 발표에 따르면, 기상정찰기가 폭격 30분 전에 독도를 여섯 바퀴 선회하면서 관측을 했지만 이상징후를 발견하지 못했고, 폭격 30분 후 사진촬영과정에서도 특이사항을 발견하지 못했다. 대량희생이 언론에 보도되고 난 뒤에야 사진판독 결과, 독도 바위 및 가까운 해상에서 파괴된 소형선박 세 척을 발견했기 때문이다. 이는 정찰과정에서 오류를 범한 명백한 오폭이었으며, 이에 대한 1차적 책임은 기상정찰기 책임장교와 제93중폭격비행전대 전대장에게 있었다. 또한 극동공군사령부가 6월 17일 미군기의 독도폭격을 인정한 이틀 후인 6월 19일 제93중폭격비행전대 전대장이 전격 교체되었다는 점에서 문책의 성격이 있었음을 추정할 수 있다.

둘째, 이 사건 직후 제93중폭격비행전대는 임무수행 중 폭격목표물 내의 민간인 거주시설 및 민간인의 존재에 주의를 기울였다. 제93중폭격비행전대의 제7차 임무(1948. 6. 23) 수행 중 표적인 마우그섬 폭격 시 기상관측기가 표적지점에서 두 개의 건물을 발견하고 800피트로 하강해 거주의 흔적을 점검

---

70) 「제93중(重)폭격비행전대 1948년 6월 역사」에는 코츠가 5월 10일 캐슬 공군기지에서 부임한 첫번째 임시파견자로 트리프트 중령이 도착할 때까지 잠정적으로 지휘를 담당했으며, 제93중폭격비행전대가 제대로 임무를 수행할 수 있게 될 때까지 출발을 미루었다고 되어 있다("History of The 93rd Bombardment Group(VH), Kadena Air Force Base, Okinawa, For the Month of June 1948," p. 2).

했으며, 동시에 K-17카메라로 사진을 촬영했다는 대목이 있다. 로브모의 지적처럼 독도폭격사건의 영향이었을 가능성이 높다. 마우그섬에 대한 폭격은 예정대로 진행되었다.

또한「제93중폭격비행전대 1948년 6월 역사」에 따르면, 제93중폭격비행전대는 오키나와 주둔기 동안 제1영상촬영대(the First Motion Picture Unit) 인원을 지원받아 1948년 6월 한 달 동안 약 1만 피트 분량의 필름을 제작했다.[71] 기상관측기가 찍은 폭격 직후 사진과 함께 추가조사가 필요하다는 점을 지적한다.

가장 큰 논쟁점은 폭격고도와 기총소사 여부이다. 일반적으로 B-29는 고공폭격 임무를 수행하며, 투하된 폭탄의 파편·충격파·열·후폭풍으로부터 비행기의 안전을 유지하기 위해서도 최소 1만 피트 이상의 고공에서 비행해야 한다고 알려져 있다. 또한 고공비행과 고공폭격은 B-29가 지닌 최고의 장점이기도 했다. B-29는 4만 피트 상공에서도 시속 350마일로 기동할 수 있도록 설계되었다. B-29는 터보슈퍼차저(Turbo Super Charger) 기술을 통해 내부의 기압과 온도를 유지하는 여압시스템을 갖춰서, 승무원들이 산소마스크를 착용하거나 영하 40도까지 떨어지는 온도에 고생하지 않게 만들었다. 그래서 미공군은 B-29를 '하늘을 나는 캐딜락'이라는 애칭으로 불렀다. 일본 본토 공격에서는 폭격의 정확도를 높이기 위해 1~2만 피트 정도에서 활동했고, 일본 전투기(A6M Zero식)들은 B-29의 고도까지 상승하지 못해 요격할 수 없었다.

파랄론 드 메디닐라에 대한 제2차 임무(1948. 6. 4)에서도 폭격고도는 각각 2만 2,000피트(329대대), 2만 2,500피트(328대대), 2만 3,000피트(330대대)를 유지했고, 산로크 공군기지에 대한 제8차 임무(1948. 6. 29)에서 제330폭격비행대대의 폭격고도는 2만 피트로 유지되었다.[72]「제93중폭격비행전대 1948

---

71) "History of The 93rd Bombardment Group(VH), Kadena Air Force Base, Okinawa, For the Month of June 1948," pp. 5~6.

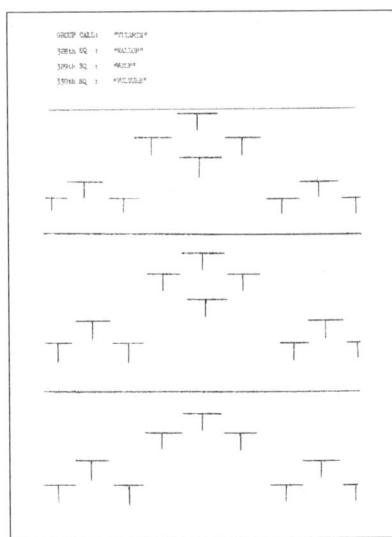

〈그림 2-5〉 제93중폭격비행전대 비행대형

년 6월 역사』에는 독도폭격 당시 폭격기들의 고도가 명시되어 있지 않지만, 1948년 6월에 진행된 다른 폭격임무 시의 고도를 고려할 때 독도 폭격 시에도 제93중폭격비행전대의 고도가 2만 피트 내외로 유지되었다는 극동공군의 발표가 사실이었을 개연성이 높다.

왜 독도의 어선들을 발견하지 못했는가 하는 점도 고도와 관련이 있었을 것이다. 정박된 소형선박은 운행방향 뒤로 선적(船迹)을 남기지 않기 때문에 고공에서 식별하기 어려웠을 것이다. 보다 본질적인 문제는 독도가 1947년 9월 미공군의 매일 폭격연습장으로 지정된 이후 수차례 폭격연습이 행해졌으며, 폭격 전후 전혀 문제가 없었다는 경험칙의 관성이 작용했기 때문이었다. 즉, 수차례 폭격연습을 통해 독도가 무인소도로 어선·어부들의 출입이 없다는 경험상의 확신이 기상관측기의 사전정찰 및 주의 깊은 관찰을 소홀하게 만들었을 것이다. 또한 폭격전대 조종사와 승무원들 역시 관성에 따른 일상적 훈련으로 판단해 주의를 기울이지 않았을 것이다.

그런데 생존자들은 한결같이 폭격 후 기총소사를 가했다고 증언했다. 궁장환 선장 이완식은 "배와 바위 위에 길이 3척 넓이 1척 두터운 폭탄파편과 기관총알을 주어 경찰이 파편만 가져갔다"라고 증언했고, 사진에도 파편에 구

---

72) "History, 330th Bombardment Squadron, 93d Bombardment Group, Kadena Air Force Base, Okinawa, For the month of June 1948," pp. 12~14.

멍이 뚫린 트렁크가 제시되었다. 그러나 과연 이완식이 주웠다고 하는 기관총알이 당일 폭격기의 기관총탄이었는지는 명확치 않다. 보통 B-29의 특정표적에 대한 폭탄투하는 30초에서 1분 이내에 종결되었다. 일반적으로 B-29는 고속으로 비행하며 폭격하는 것이 일반적인데, 저공비행을 하며 폭탄을 투하한 후 180도 선회해서 기총소사를 했다는 것은 아무래도 어색하며, 당시 폭격임무에 비추어볼 때 실현 가능성이 낮다. 제93중폭격비행전대의 임무는 원정·극한 폭격이었고, B-29 중폭격기는 일반적으로 고공폭격이 주임무로 설정되어 있었다. B-29기에는 0.5인치(12.7밀리) 구경의 브라우닝 M2/ANs 기관총이 총 열 대 설치되었고, 후미에 두 대의 0.5인치 기관총 및 한 대의 20밀리 M2 기관포가 설치되었다. 이는 기본적으로 B-29기를 다른 요격기로부터 보호하기 위한 방어용 무장이었다. 기관총은 원격조정을 통해 세 명의 사수가 기체 상부, 좌측, 우측 측면에 있는 별도의 창을 통해 원격으로 조정했다. 꼬리 부분의 기관포좌는 별도의 기관포 사수가 직접 조준하여 사격했다. B-29기에는 총 네 명의 기관총 사수가 탑승했다. 만약 B-29기가 표적을 향해 고공폭격임무를 수행 중이었다면, 기관총 사수들이 표적을 향해 공격 목적으로 기관총 사격을 했을 가능성은 현저히 낮아진다. 「제329폭격비행대대 1948년 6월 역사」에도 제329폭격비행대대가 1948년 6월 한 달 동안 총 28개의 1,000파운드 폭탄을 소모했지만, 기관총 탄환은 단 한 발도 사용하지 않은 것으로 기록되어 있다.[73] 이 또한 같은 맥락에서 이해할 수 있다.

일반적으로 기총공격은 통상 1,000피트(약 305m) 이하의 고도에서 수행되는 저공비행공격(low-altitude attack)의 하나이다. 또한 미육군 야전교범1-20호(FM 1-20)「공중정찰과 관측」(Air Reconnaissance and Observation)(1942년판)의 14번 항에 의하면, 비행기에서 지상에 있는 사람을 구분할 수 있는 거리는 약

---

73) "329th Bombardment Squadron History, 9 June 1948"; 로브모, 위의 논문에서 재인용.

2,500피트(762m)이고, 사람이 군인인지 민간인인지의 여부를 복장·장비로 식별 가능한 고도는 약 500피트(152m)라고 되어 있다.[74]

때문에 당시 생존자들과 한국 언론이 보도한 대로 태극기를 흔들었으나, 저공비행하며 기총사격을 가했으니 이는 사람을 식별한 후에 표적 사격한 것이라는 주장이 성립하려면 B-29가 약 2,500피트의 고도로 운항해야 가능한 일이다. 그러나 전투기가 아닌 중폭격기의 경우 항공기의 안전이나 B-29의 일반적 폭격예규에 비추어보았을 때 실현 가능성이 거의 없다. 물론 B-29에 장착된 0.5인치(12.7밀리) 구경 브라우닝 M2/ANs 기관총의 유효사거리가 약 1,500~1,830미터(4,921~6,003피트)이므로 약 5,000~6,000피트의 고도에서 폭격하며 맹목사격을 가했을 가능성도 배제할 수는 없다. 그러나 이 시점에 중폭격기가 실전에서 사용하지 않는 저고도에서 비행하며 폭격훈련을 해야 할 이유를 발견하기 어려우며, B-29의 기관총·기관포가 공격용이 아닌 방어용이라는 점에 비추어볼 때 B-29가 전투기처럼 폭격 후 기총공격을 가했다는 것은 합리적 추정과는 거리가 있다.[75]

때문에 생존 목격자들이 진술한 기총소사는 사실 수면이나 바위를 타격한 후 비산(飛散)된 폭탄 파편, 화염·소음·충격이었을 가능성이 높다. 「주한미군소청위원회역사」(History of Claims Service: USAFIK)에 나오는 것처럼, 생존자

---

74) 진실·화해를위한과거사정리위원회, 2008, 「월미도 미군폭격 사건」, 『2008년 상반기 조사보고서』 제2권, 56쪽.
75) B-29의 폭격 및 기총공격에 대한 전문가의 견해를 얻기 위해 공군사관학교 김홍수 교수의 소개로 권재상 예비역 공군대령에게 문의했다. 권 대령은 조종사 출신으로 전사(戰史)를 전공했으며, 공군사관학교 등에서 강의한 경력이 있다. 먼저 기총공격과 관련해 B-29에는 지상으로 쏠 수 있는 기관포 2정이 있지만, 기관포 총격은 "기술적으로 전술적 가치로 봐서 B-29로는 의미가 없다"는 의견을 제시했다. B-29폭격기에 설치된 기관총·기관포가 보조 방어수단이기 때문이라는 것이다. 폭격고도와 관련해서 B-29의 표준전술은 1만 5,000피트 폭격인데 정밀조준폭격은 잘 안 되었다고 한다. 1만 5,000피트의 고도는 기상이 좋고 표적이 넓을 때, 대강 폭탄을 투하할 때 사용했는데, 지역폭격·융단폭격이 이에 해당했다. 정밀폭격 훈련시기는 최저 2,500피트, 최고 8,000피트에서 폭탄투하 훈련을 하기도 했는데, 독도폭격 당시에는 2,000피트에서의 폭탄투하는 어려웠을 것이란 의견이었다. 당시 폭격기 속도가 늦고 폭탄파편이 비행기에 영향을 주었기 때문이라는 것이다[「권재상 전화 인터뷰」(2010. 3. 18)].

들은 모두 기총소사를 확신했지만, 폭탄이 떨어진 후 폭탄파편과 암석 등이 비산되는 과정에서 생긴 소음·상황을 기총소사로 이해했기 때문이었을 것이다. 현장에 있던 어부들은 B-29의 폭격에 경황이 없었고, 폭탄파편이 비산되는 아수라장 속에서 자신이 처한 상황을 일반적인 전투기의 하강 후 폭탄투하·기총소사로 확신했기 때문에 "비오는 듯한 기관총 소리", "바위와 배 위에 총알이 비오듯" 했다는 증언을 했을 것이다. 여하튼 총 21대의 B-29 폭격기가 총 76개의 1,000파운드 GP폭탄을 원형공산오차 300피트의 명중률로 독도에 퍼부었을 때 현장에서 생존한다는 것은 거의 불가능했다. 생존자들에게 천우신조의 행운이 있었다고밖에 볼 수 없는 상황이었다.

- **SCAPIN 1778호(1947. 9. 16)의 의문**

결국 문제의 본질은 독도가 폭격연습장으로 지정된 데 있었다. 미극동공군사령부는 6월 15일 독도가 미공군의 지정 폭격연습장으로, "일본해 내의 대암석 부근에 있는 일련의 소암석"으로 얼마 전부터 폭격연습 목표로 사용되었다고 밝혔다.[76] 그것은 바로 연합군최고사령부지령(SCAPIN) 제1778호(1947. 9. 16)를 의미하는 것이었다. 연합군최고사령부는 독도(원문에는 Liancourt Rocks, Take-Shima로 표기)를 폭격연습장으로 지정했으며, 오키(隱岐)열도 및 북위 38도 이북 혼슈(本州)지방의 서해안 섬 및 항구의 주민들에게 폭격연습 이전에 통보할 것을 명시했다.

연합군최고사령부

AG684(1947. 9. 18) CG-TNG   군사우편(APO) 500

(SCAPIN 1778)   1947. 9. 16.

---

76) 『경향신문』·『조선일보』(1948. 6. 16).

비망록 수신: 일본정부

경유: 동경 중앙연락위원회(Central Liaison Office)

주제: 리앙쿠르암(다케시마) 폭격연습장

1. 리앙쿠르암(혹은 다케시마) 섬들(북위 37도 15분, 동경 131도 52분에 위치)을 폭격연습장으로 지정한다.
2. 오키(隱岐)열도 주민들과 혼슈섬의 서부해안으로 북위 38도선까지의 모든 항구 주민들은 이 연습장이 매번 실질적으로 사용되기에 앞서 통보를 받을 것이다. 이 정보는 군정부대를 통해 현지 일본 민간당국에 전파될 것이다.

최고사령관을 대리해
R. M. Levy
미육군대령
부관감.[77]

우리가 갖는 의문은 다음과 같다. 첫째, 1947년 9월의 시점에 왜 독도가 폭격연습장으로 지정되었는가 하는 점이다. 둘째, 폭격연습장을 지정한 주체는 연합군최고사령부(SCAP)였지만, 실제로 사용한 것은 극동공군사령부(FEAF) 휘하의 공군부대들이었는데, 그렇다면 이전에 이들이 사용한 폭격연습장은 어떤 곳들이었는가 하는 점이다. 셋째, 연합군최고사령부·극동공군사령부는 과연 어디에서 독도를 폭격연습장으로 사용하겠다는 아이디어를 얻었는가 하는 점이다.

독도폭격사건이 발생한 후인 1948년 6월 14일 미5공군사령관은 주한미군사령관에게 제5공군 예하부대가 사용하는 9개의 폭격·사격 연습장(Bomb-

---

77) GHQ, SCAP, "SCAPIN no.1778: Memorandum for Japanese Government: Liancourt Rocks Bombing Range," (1947. 9. 16).

ing and Gunnery Range)의 목록을 통보하면서 리앙쿠르암이 여기에 속한다고 했다.[78]

1. 5공군 예하부대들이 사용 중인 폭격장 및 사격장은 다음과 같다.
   A. 규슈(Kyushu, 九州) 공중사격장: 오전 7~17시. 매일. 지역 좌표 북위 34도 10분·동경 130도 20분-북위 34도 10분·동경 130도 40분-북위 34도 40분·동경 130도 20분-북위 34도 40분·동경 130도 40분.
   B. 북혼슈(Northern Honshu, 北本州) 공중사격장: 오전 7~17시. 매일. 지역 좌표 북위 36도·동경 140도 55분-북위 36도·동경 141도 20분-북위 36도 30분·동경 140도 55분-북위 36도 30분·동경 141도 20분.
   C. 남혼슈(Southern Honshu, 南本州) 공중사격장: 오전 7~17시. 매주 월, 화, 수요일. 지역 좌표 북위 50도 33분(원문 그대로: 북위 33도 50분의 오기임 — 인용자)·동경 136도 23분-북위 33도 46분·동경 136도 14분-북위 33도 50분·동경 137도.
   D. 홋카이도(Hokkaido, 北海島) 사격장: 오전 7~17시. 매일. 지역 좌표 북위 42도 5분·동경 141도 40분-북위 42도 20분·동경 141도 50분-북위 42도 1분·동경 142도 20분-북위 41도 55분·동경 142도 10분.
   E. 오무라(Omura, 大村·나카사키현) 공대지 연습장: 오전 7~17시. 매일. 지역 좌표 북위 32도 53분·동경 129도 52분. 위험지역은 서·남·동쪽으로 1.5마일, 북쪽으로는 5마일 확대됨.
   F. 오노하라섬(Ohnohara Shima, 大野原島) 공대지 연습장: 오전 7~14시. 월~금요일. 지역 좌표 북위 34도 2분 30초·동경 139도 23분. 위험지역 북쪽 5마

---

78) NG 1505(140625/Z) CG 5th Air Force to CG 8th Army, CG USAFIK(1948. 6. 14), "AG 684 Target and Bombing Ranges, 1948," RG 554, Entry A1 1378, USAFIK, Adjutant General, General Correspondence(Decimal Files) 1945-1949, Box 141.

일, 남쪽 5마일, 동쪽 3마일, 서쪽 3마일 확대됨.

G. 아시야(Ashiya, 芦屋·효고현) 공대지 연습장: 오전 7~17시. 매일. 지역 좌표 북위 33도 52분·동경 130도 37분. 위험지역 모든 방향으로 5마일 확대됨.

H. 리앙쿠르암(Liancourt Rocks) 공대지 연습장: 오전 7~17시. 매일. 북위 37도 15분·동경 131도 37분. 위험지역 모든 방향으로 5마일 확대됨.

I. 미토(Mito, 水戶·이바라키현) 공대지 연습장: 오전 7~17시. 매일. 북위 36도 23분 15초·동경 140도 36분. 위험지역은 제5공군 통제하의 방공포 연습장으로 승인됨.

2. 한국공중사격연습장(the Korea Aerial Gunnery Range)은 북위 38도 7분·동경 125도 30분-북위 37도 7분·동경 125도 53분-북위 37도 35분·동경 125도 30분·북위 37도 35분·동경 125도 53분의 직사각형.[79] (강조는 인용자)

로브모는 한반도 서해안에 위치한 폭격·사격 연습장(거첨도 및 해상사격장) 두 곳은 주한미군이 관할한 반면, 리앙쿠르암 등을 포함한 다른 9개의 사격장들은 제5공군이 관할했다고 평가하고 있다. 또한 독도폭격사건이 발생하고 난 후 주한미군이 안전문제를 이유로 서해안 사격장을 폐쇄하고 이를 공표하지 말 것을 강조했다고 지적하고 있다. 이 문서들은 RG 554 USAFIK, Entry A1 1378, Box 141, "AG 684 Target and Bombing Ranges, 1948"에서 나온 것들이다.

앞에서 살펴본 것처럼, 제5공군은 6월 8일 독도폭격사건이 문제가 된 이후인 6월 14일에야 독도가 폭격연습장으로 사용되고 있다는 내용을 주한미군에 통보했으며, 주한미군은 그 이전에는 이러한 통보를 전혀 받지 못했다. 또한 위의 목록에서 알 수 있듯이, 리앙쿠르암(독도)은 일본 인근의 폭격·사격 연습장 목록에 올라 있었다.

---

79) 위와 같음.

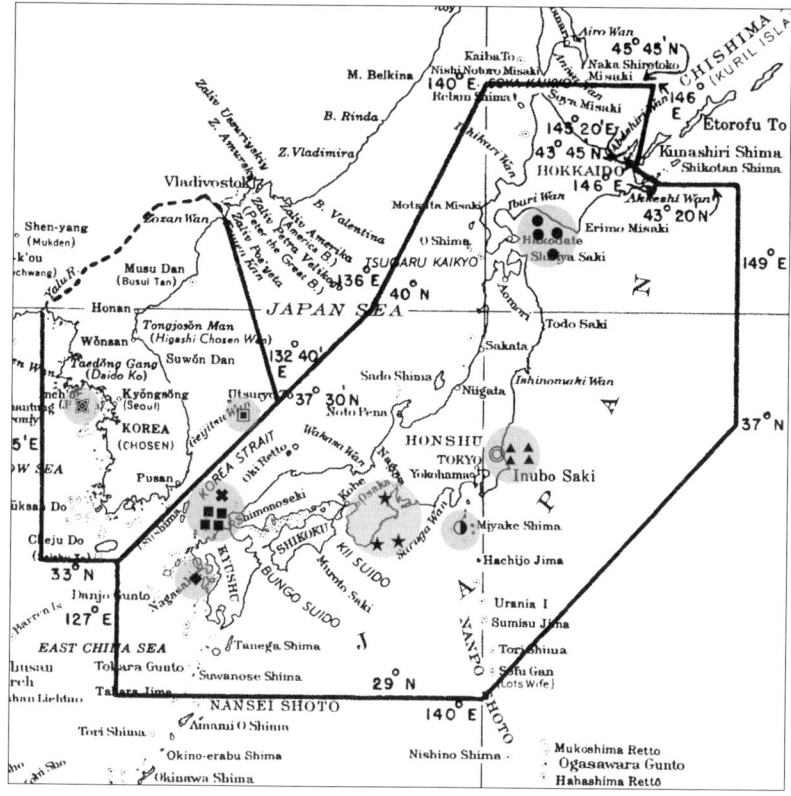

〈그림 2-6〉 미군이 운용한 폭격장 위치

(비고) 미 국무부 대일평화조약 초안(1949. 11. 2)의 첨부지도(H.O. 1500)에 위치를 표시한 것임.

- 규슈: 북위 34도 10분 · 동경 130도 20분
  북위 34도 10분 · 동경 130도 40분
  북위 34도 40분 · 동경 130도 20분
  북위 34도 40분 · 동경 130도 40분
- ▲ 북혼슈: 북위 36도 · 동경 140도 55분
  북위 36도 · 동경 141도 20분
  북위 36도 30분 · 동경 140도 55분
  북위 36도 30분 · 동경 141도 20분
- ★ 남혼슈: 북위 33도 50분 · 동경 136도 23분
  북위 33도 46분 · 동경 136도 14분
  북위 33도 50분 · 동경 137도
- ● 홋카이도: 북위 42도 5분 · 동경 141도 40분
  북위 42도 20분 · 동경 141도 50분
  북위 42도 1분 · 동경 142도 20분
  북위 41도 55분 · 동경 142도 10분
- ◆ 오무라: 북위 32도 53분 · 동경 129도 52분
- ◐ 오노하라섬: 북위 34도 2분 30초 · 동경 139도 23분
- ✖ 아시야: 북위 33도 52분 · 동경 130도 37분
- ▣ 리앙쿠르암: 북위 37도 15분 · 동경 131도 37분
- ◎ 미토: 북위 36도 23분 15초 · 동경 140도 36분
- ▩ 한국공중사격연습장: 북위 38도 7분 · 동경 125도 30분
  북위 37도 7분 · 동경 125도 53분
  북위 37도 35분 · 동경 125도 30분
  북위 37도 35분 · 동경 125도 53분

현재 어떤 경로와 이유로 독도가 SCAPIN 1778호에 따라 미군의 폭격연습장으로 지정되었는지에 대한 해답을 얻지는 못했다. 연합군최고사령부에서 과연 어떤 과정을 거쳐 연합군최고사령부지령(SCAPIN)을 작성했는가에 대해서는 세부적인 추가조사가 필요하다. 1945년 이후 SCAP 외교국 및 주일정치고문실(POLAD-Japan)에서 근무했던 윌리엄 시볼드(William J. Sebald)에 따르면, 워싱턴의 지령을 실행하기 위한 SCAP의 계획과 명령은 코트니 휘트니(Courtney Whitney) 준장 지휘하에 있는 연합군최고사령부 민정국(Government Section)이 준비했다. 최초의 참모작업 이후 1946년 1월 4일 일본정부에 두 개의 지령이 내려졌으며, 일반적으로 약칭해 SCAPIN(SCAP Instruction)으로 불렸다.

첫번째인 SCAPIN 제548호는 초국가주의적 비밀결사의 해산을 명령했고, 두번째 SCAPIN 제550호는 일본 관리의 제3계급, 주임관(sonin rank) 이상의 모든 관리를 공직에서 배제할 것을 지시했다.[80] 시볼드는 특별히 SCAPIN 제677호(1946. 1. 29)에 대해 언급했는데, 이는 잘 알려진 것처럼 독도에 대한 일본 정부의 정치상·행정상 권력행사를 정지한 지령이었다. 시볼드는 이 SCAPIN 제677호를 SCAP 민정국이 작성했다고 썼다.[81]

좀더 정확한 정보를 얻기 위해 미국 버지니아 주 노퍽(Norfolk)에 위치한 맥아더아카이브의 아키비스트 제임스 조벨(James Zobel)에게 문의했다. 조벨은 맥아더사령부에 근무했던 두 사람으로부터 다음과 같은 답변을 받아주었다.

프랭크 색턴(Frank Sackton) 중장은 초급장교로 일본에서 맥아더의 참모로 일

---

80) William J. Sebald with Russell Brines, *With MacArthur in Japan: A Personal History of the Occupation*, W. W. Norton & Company, Inc., New York, 1965, p. 85.
81) William J. Sebald with Russell Brines, 위의 책, p. 250. 시볼드가 SCAPIN 제677호를 거론한 것은 소련과 영토분쟁의 대상이 된 하보마이군도(Habomai Island Group)와 시코탄섬(Shikotan)이 SCAPIN 제677호에 의해 일본정부의 통치권·행정권으로부터 분리되었다는 점을 지적하기 위해서였다.

했다. 그는 다음과 같이 말했다.

"우리가 수행한 업무 중 하나는 일본정부에 내릴 지령 혹은 주요 이슈에 대한 대응으로 작성된 참모들의 문서를 점검하는 것이었다. …… 우리는 이를 대략 한 페이지로 요약할 책임이 있었으며, 참모들의 문서가 첨부되었다고 할지라도, 일반적으로 골자는 한 페이지에 담겨졌으며, 이는 맥아더 장군의 참모장과 맥아더 장군 자신이 어떤 일이 진행되고 있는지를 쉽게 점검하기 위한 것이었다."

"일본정부와 일본이 관계된 본질적 문제와 관련해 맥아더에게 참모문서가 준비되었을 때, 그는 참모들의 여론을 수용하지 않았고, 자기만의 방향을 결정했다."

저스틴 윌리엄스(Justin Williams)는 민정국(Government Section)에서 일했는데, 이렇게 말했다.

"내가 근무한 부서인 민정국에서 일본의 선거법을 고쳐서 미국식으로 변화시킬 것인가 아니면 그대로 내버려둘 것인가를 부서 내부에서 토론했을 때, 내 동료들은 SCAP 명령으로 이를 바꾸어야 한다는 데 17대 4로 찬성했다. 토론의 요약은 맥아더 장군에게 보내졌고, 전문가들 스스로 SCAP 명령으로 선거법을 바꿔야 한다고 17대 4로 찬성했음에도 불구하고, 그는 '그냥 내버려 둬, 민주주의 선거는 현재로도 치러질 수 있어, 일본인들을 방해하지 않고 내버려 둘 수 있는 일이 있다, 방해하지 말고 내버려둬'라고 말했다."

"맥아더는 어떤 입법문제와도 관계가 없었다. 그는 모든 부서장을 최소한 일주일에 한 번씩 만나곤 했다. 그들이 바로 일반참모 및 특별참모였다. 나는 맥아더가 직접 썼거나 아니면 거의 쓴 것에 가깝다고 생각되는 법안은 하나도 없다고 생각한다. [맥아더는] 이렇게 말하는 것이었다. '그렇게 진행해' 혹은 '내가 너라면 그렇게 하진 않지.'"[82]

SCAPIN의 작성과정에 대한 추가조사를 별도로 한다면, 극동군사령부·극동공군사령부 등이 독도를 폭격하면서 왜 폭격사실을 주한미군사령부에는 통고하지 않은 것인가 하는 의문에 도달한다. 하지가 맥아더에게 보낸 전문 (1948. 6. 15)에 따르자면, 폭격연습장 사용은 통상 2주 전 해당 지역 미군에 사전통보를 하도록 되어 있는데, 1948년 6월 독도폭격에 대해서는 2주 전의 사전통보 절차가 없었다. 극동군사령관의 전문 CX 55503호에 명시된 것처럼 폭격에 앞서 2주 전 통지가 규정된 절차였으나 독도폭격의 경우 이 절차가 준수되지 않았던 것이다.[83] 나아가 하지는 6월 8일 독도폭격사건이 벌어진 후인 6월 14일에야 리앙쿠르암이 폭격연습장에 포함된 제5공군사령부의 공문을 받았다. 여기서 리앙쿠르암이 독도임을 발견하곤 경악했을 것이다.

위의 SCAPIN 1778호(1947. 9. 16)가 지목하고 있듯이, "오키(隱岐)열도 주민들과 혼슈섬의 서부해안으로 북위 38도선까지의 모든 항구 주민들"에게 독도가 폭격연습장으로 사용될 때마다 매번 2주 전에 미군정부대를 통해 현지 일본 민간당국에 통보되었을 것이다. 그런데 현재 남아 있는 일본측 기록에는 언제 독도폭격연습이 실시되었는지가 명확하게 드러나 있지 않다.

시마네현이 포함된 주고쿠(中國: 鳥取·島根·岡山·廣島·山口縣) 지방의 미국 군정부·민정부와 연락업무를 담당했던 종전연락중국사무국(終戰連絡中國事務局)·중국연락조정사무국(中國連絡調整事務局)의 『집무보고서』(執務報告書)·『집무월보』(執務月報)(1947. 6~1951. 6)에는 독도폭격연습에 관한 사전통보가 기록되어 있지 않다. 다만 독도 이외의 지역에 대한 폭격 관련 사전통보가 간헐적으로 확인되고 있다.

예를 들어 1949년 8군 작전참모부(G-3)는 무선지령으로 중국군정부(中國軍政部)에 대해 1949년 3월 18일(금요일) 오전 9시 1분부터 오후 4시까지 이와

---

82) Letter from James Zobel, Archivist, MacArthur Archives(2008. 12. 31).
83) RG 554, Entry A1 1380 USAFIK, Adjutant General, Radio Messages 1945-49, Box 193.

쿠니(岩國) 비행장 동방 2km 지점에 있는 姬子島 사격장에서 사격연습을 실행하니 일본측 관계관청에 통보해 일반에 주지시키라고 지시하여, 야마구치(山口)현과 히로시마(廣島)현에 이를 연락한 바 있다.[84] 이를 통해 볼 때, 정확한 통보시점은 명확하지 않지만 8군 작전참모부(G-3)가 사격연습장에서의 사격연습을 해당 지역 일본인들에게 사전통보를 한 것이 사실임을 알 수 있다. 명령계통은 8군 작전참모부-중국군정부-중국연락조정사무국-야마구치현·히로시마현으로 이어졌음을 알 수 있다. 이외에도 여러 건의 사격·포격·폭격 연습에 대한 사전통보가 미군 당국으로부터 연락조정사무국을 통해 일본 현지 민간인들에게 전달되었음을 확인할 수 있다.

- 제5항공대의 포(砲)폭격연습 실시(1949. 5. 26: 가나가와(神奈川)군정부→요코하마(橫濱)연락조정사무국)[85]
- 제5항공대의 포폭격연습 실시(1949. 6)[86]
- 시마네현 산베산(三瓶山)에서 영연방군의 연습(1950. 8. 상순: 영연방군사령부→중국연락조정사무국)[87]
- 에타시마(江田島)지구에서 사격연습 실시(1950. 8. 25: 중국민사부→중국연락조정사무국)[88]

한편, 1950년 2월 시마네현 어민들은 시마네현 폭격연습장의 이동을 요청

---

84) 中國連絡調整事務局,『執務半月報』제3권 제5·6합병호, 昭和 24년 4월 4일(荒敬 編輯·解題, 1994, 『日本占領·外交關係資料集』, 제2期 제10卷(終戰連絡地方事務局·連絡調整地方事務局資料), 144쪽.
85) 中國連絡調整事務局,『執務半月報』제3권 제11호, 昭和 24년 7월 2일(荒敬 編輯·解題, 1994, 위의 책, 166쪽.
86) 中國連絡調整事務局,『執務半月報』제3권 제12호, 昭和 24년 7월 1일(荒敬 編輯·解題, 1994, 위의 책, 172쪽.
87) 中國連絡調整事務局,『執務半月報』제4권 제16호, 昭和 25년 9월 1일(荒敬 編輯·解題, 1994, 위의 책, 315쪽.
88) 위와 같음.

하는 진정을 제출한 바 있다. 이에 따르면 시마네현 연안은 홋카이도 부근 다음가는 좋은 어장인데, 연습장 때문에 시마네현 수역의 1/3을 상실하게 되어 어민 약 2,000명이 연습장 이전을 청원했던 것이다.[89] 이로 미루어보자면 시마네현 인근에서 다수의 폭격연습이 있었음을 알 수 있고, 독도폭격에 대해서도 사전통보가 있었을 개연성이 높다.

그런데 이 부분에 의문이 있다. 연합군최고사령부지령(SCAPIN) 677호 (1946. 1. 29)에 의해 독도는 일본정부의 정치상·행정상 권력행사가 정지되었고, 연합군최고사령부지령(SCAPIN) 1033호(1946. 6. 22) 맥아더라인 선포에 따라 일본의 선박과 선원은 독도로부터 12마일 이내에 접근이 금지되었을 뿐만 아니라 독도와의 일체 접촉이 불허되었다. 즉, 독도는 일본령에서 배제된 상태였고, 일본 어민·어선은 독도 인근 12마일 이내 접근이 금지된 상태였다. 이미 접근이 금지된 상태였던 일본 어민·어선들에게 폭격연습 2주 전에 경고했다는 것은 불가사의한 일이다.

이런 맥락에서 독도는 1947년 9월 이래 미공군의 폭격연습장으로 여러 차례 폭격이 이루어졌음이 분명했다.[90] 사건이 발생하자 여러 증언에서 1947년 4월에 이미 독도폭격이 있었다는 사실이 부각되었다.[91] 1947년 4월 16일에 독도에서 폭격이 있었으나 인명피해는 없었다는 점이 확인되었다.[92] 울릉도 도사(島司)인 허필도 서울신문 특파원 한규호와의 인터뷰에서 자신이 직접 1947년 4월 16일의 폭격을 경험했다고 밝혔다.[93] 이 사건에 대해서도 추가조

---

89) 中國連絡調整事務局, 『執務半月報』 제4권 제4호, 昭和 25년 3월 1일(荒敬 編輯·解題, 1994, 위의 책, 258쪽.
90) 1948년 독도폭격사건의 증언자들은 1947년과 1948년의 다른 시점에 독도에서 폭격을 당한 적이 있다고 밝힌 바 있다(홍성근, 2003, 「독도폭격사건의 국제법적 쟁점 분석」, 『한국의 독도영유권 연구사』, 377~378쪽).
91) 「독도폭격 현지속보: 민심에 큰 충격, 어선침몰만 23척, 사상 24명」, 『조선일보』(1948. 6. 12); 「출어중의 어선을 폭격, 독도서 어선 11척 침몰, 사상 20여명」, 『수산경제신문』(1948. 6. 12).
92) 「미군 비행기에 의한 독도폭격사건 발생」, 『경향신문』·『서울신문』·『동아일보』(1948. 6. 12).
93) 한규호, 1948, 「慘劇의 獨島(現地레포-트)」, 『新天地』 7월호(통권27호), 99쪽.

사가 필요하다.

또한 로브모의 연구에서 밝혀진 것처럼 1948년에 오키나와 가데나 공군기지에 주둔하고 있던 제22폭격비행전대(the 22nd Bombardment Group)가 독도를 폭격한(1948. 4. 25) 바 있다. 때문에 1947년 9월 이래 극동공군은 폭격연습장으로 지정된 독도에 여러 차례 폭격을 가했음을 알 수 있다. 1948년 6월 8일의 사건은 비극적이었지만, 극동공군의 관점에서 보자면 1947년 이래 순조롭게 진행된 일련의 폭격연습과정에서 발생한 우발적인 사고였던 것이다.

주한미군사령관 하지 중장은 주한미군 소속 공군기의 소행은 아니며 조사결과를 기다린다고 발표했다(1948. 6. 17).[94] 주한미군사령부는 독도에 대한 폭격연습 중단을 선언했고, 극동공군사령부 역시 독도에 대한 폭격장 사용의 영구중단을 선언했다.[95] 위에서 살펴본 것처럼 5공군사령관이 발행한 폭격·사격 연습장 목록에 따르면, 독도는 6월 17일자 폭격연습장 목록에는 포함되었지만, 6월 28일자 목록에서는 폐쇄되었다고 명시되어 있다.[96]

그런데 왜 SCAPIN 1778호가 일본의 정치상·행정상 권리가 정지되고, 일본 선박·선원들이 12마일 이내 접근 혹은 접촉이 허용되지 않는 독도에 일본 어민들이 가지 말아야 한다고 규정한 것인지에 대해서 여러 가지 가능성을 생각할 수 있다. 그중 하나의 가능성으로 일본 외무성 등이 직간접적 방식의 공작력을 발휘했을 경우를 상정할 수 있다.

이미 1947년 6월 일본 외무성은 「일본의 부속소도: 제IV부(태평양 소도서, 일본해 소도서)」라는 팸플릿을 만들어 독도는 물론 울릉도가 일본령이라는 선전을 연합국에 대대적으로 한 바 있다.[97] 이 팸플릿에서 일본 외무성은 "다줄

---

94) 『조선일보』·『동아일보』·『서울신문』(1948. 6. 17).
95) 『동아일보』·『조선일보』(1948. 6. 23).
96) CG 5th AF to CG 8th Army, FASA-Com Navel Forces Far East(1948. 6. 17); HQ, Fifth Air Force, Subject: Warning Notice-Bombing and Gunnery Ranges(1948. 6. 28), RG 554, Entry A1 1378, USAFIK, Adjutant General, General Correspondence(Decimal Files) 1945-1949, Box 141.

렛(Dagelet, 울릉도)에 대해서는 한국 명칭이 있지만, 리앙쿠르암(Liancourt Rocks, 독도)에 대해서는 한국명이 없으며, 한국에서 제작된 지도에서 나타나지 않는다는 점에 주목해야 한다"는 허위주장을 했다. 일본 외무성은 허위사실에 기초한 팸플릿을 통해 일본의 독도영유권을 주장했던 것이다. 즉, 1947년 4월 일본 어부는 독도에 불법 상륙해 독도가 자신의 어구라며 한국 어부에게 총격을 가했고, 1947년 6월 일본 외무성은 독도가 일본령이라는 팸플릿을 만들어 연합국에 대대적인 홍보작업을 벌였다.

일본 외무성의 주장은 주일미정치고문이자 연합군최고사령부 외교국장이던 지일파 윌리엄 시볼드에게 액면 그대로 수용되었다. 1949년 시볼드는 독도의 영유권에 대한 일본의 주장을 전달하는 한편, "이 섬에 기상관측소와 레이더기지를 설치하는 안보적 고려가 바람직할 것임"이라고 평가한(1949. 11. 14) 바 있다.[98] 그런데 시볼드의 주장에 등장하는 군사적 활용방안은 독자적인 평가라기보다는 일본정부로부터 나왔을 가능성이 높은 것이었다. 주지하다시피 1905년 일본이 독도를 자국령으로 불법 편입할 때의 가장 중요한 목적은 러일전쟁에서 러시아 함대를 감시하기 위한 군사망루의 설치였는데, 1949년 시볼드의 독도의 군사적 활용방안은 1905년의 데자뷰이자 일본정부의 정보에 기초한 것으로 판단하는 것이 합리적이다.

이런 맥락에서 일본정부가 주일미군으로 하여금 독도를 군사시설로 활용하게 함으로써 독도에 대한 일본의 영유권을 강화하고, 미군을 통해 증거문서를 확보하는 책략을 구사하지는 않았는가 하는 의문에 도달한다. 왜냐하면 1948년의 독도폭격은 1947년의 독도 폭격연습장 지정 때문이었는데, 같은 상

---

97) *Minor Islands Adjacent to Japan Proper, Part IV: Minor Islands in the Pacific, Minor Islands in the Japan Sea*, Foreign Office, Japanese Government. June 1947, RG 84, Office of the U.S. Political Advisor for Japan-Tokyo, Classified General Correspondence 1945-49, Box 22.
98) William J. Sebald, POLAD Japan to W. Walton Butterworth(1949. 11. 14), RG 59, Department of State, Decimal File, 740.0011 PW(Peace)/11-1449.

황이 1951~1953년에도 반복되었기 때문이다. 1951년 일본 외무성과 일본 국회가 독도영유권을 주장하기 위해 벌인 공작은 1947년의 독도 폭격연습장 지정에 끼친 일본의 영향력 유무에 대한 실마리를 제공한다.

대일강화조약 체결이 급물살을 타던 1951년 제10회 일본 중의원 외무위원회(1951. 2. 6)에서 야마모토 도시나가(山本利壽, 시마네현·민주당) 의원은 "위도(緯度)관계 혹은 기타 조치에 의해 점령군정 밑에" 있는 하보마이, 시코탄, 다케시마에 대해서는 '특수한 수단'을 강구해야 하며, 종래의 도(道)·도(都)·부(府)·현(縣) 관할하에 있는 곳은 일본의 영토로 반환받기 위해 노력해야 하지 않겠느냐고 질문했다. 이에 대해 시마즈 히사나가(島津久大) 정무국장은 "종래부터 충분히 연구", "거듭하여 충분히 경청해 연구"하겠지만 "어떻게 손을 쓰는지는 양해 바란다"라고 답변했다.[99] 특수한 수단의 정체는 독도를 미군 폭격연습장으로 지정·해제하는 전략이었다.

제13회 중의원 외무위원회(1952. 5. 23)에서 야마모토 도시나가 의원은 "이번 일본 주둔군 연습지 설정에서 다케시마 주변이 연습지로 지정되면 이를 일본의 영토로 확인받기 쉽다는 발상에서 외무성이 연습지 지정을 오히려 바란다는 얘기가 있는데 사실이냐"라고 질문했고, 이시하라 간이치로(石原幹市郞) 외무성 정무차관은 "대체로 그런 발상에서 다양하게 추진"한다고 답변했다.[100]

1951년 체결된 미일안전보장협정의 후속조치로 행정협정(SOFA)이 체결되었고, 이의 이행을 위한 미일합동위원회(Joint Committee)가 설치되었다. 미일합동위원회는 1952년 7월 26일 「군용시설과 구역에 관한 협정」을 체결했는데, 이는 일본 외무성이 추진한 대로 독도를 미군의 공군훈련구역으로 선

---

99) 『중의원 외무위원회 10회 회의록』(1951. 2. 6)〔이종학(전 독도박물관장), 「독도박물관 보도자료」(2001. 12. 20)에서 재인용〕.
100) 『중의원 외무위원회 13회 회의록』(1952. 5. 23)〔이종학(전 독도박물관장), 「독도박물관 보도자료」(2001. 12. 20)에서 재인용〕.

정한다는 내용이었다. 이는 독도를 일본령으로 만들고자 주일미군을 활용해 증거문서를 확보하려는 일본 외무성 책략의 구현이었다. 그 후 1952년 9월 한국 어선과 한국산악회 독도조사대에 대한 미군기의 폭격사건이 재발했다. 일본정부는 시마네현 주민들의 어업불편 등을 내세워 1953년 3월 19일 미일합동위원회 소위원회를 통해 독도를 미공군의 훈련구역에서 제외했다.

미일합동위원회 소위원회가 개최되기 직전에 열린 제15회 참의원 외무·법무위원회 연합심사회(1953. 3. 5)에서 시모다 다케소 외무성 조약국장은 이러한 "조치를 취한 것이 다케시마가 일본이 영유하고 있는 섬이란 사실을 명확하게 법률적으로 뒷받침하는 근거"를 마련하기 위한 것이라고 밝혔다.[101] 일본정부는 이러한 독도 폭격연습장 지정·해제 조치를 완료한 4개월 후 이 조치가 독도의 일본 영유권을 증명한다고 한국정부에 통보했다.[102] 결국 일본정부는 1951~1953년 간 미국을 이용해 독도를 자국령으로 확보하기 위해 정부 차원에서 책략을 구사했고, 정해진 방침에 따라 이를 실천에 옮겼다.

일본 외무성의 계획에 따라 독도를 일본령으로 전제한 토대 위에서 주일미공군 훈련장으로의 지정, 일본 어민을 내세운 독도 훈련장 지정의 해제, 이후 한국정부를 향한 미일교섭과정 공개 등이 진행되었다. 미군은 독도 접근이 불법인 데다 원천봉쇄되어 있었던 시마네현 등 일본 어민에게만 훈련사실을 통보했고, 아무런 통보를 받지 못한 채 자국 어장에서 조업 중이던 한국 어선·어민들은 폭격에 희생되었다. 일본 외무성과 중의원은 거리낌 없이 이런 책략의 진행에 대해 논의했다. 미국은 이용당했고, 한국의 주권은 침해당했으며, 한국인들의 생명은 존중되지 못했다. 국가 간의 신의는 존재하지 않았다. 일본은 이웃 국가인 한국은 물론 우방인 미국을 상대로 독도영유권 증빙을 얻

---

101) 『제15회 참의원 외무·법무위원회 연합심사회 회의록』(1953. 3. 5)〔이종학(전 독도박물관장), 「독도박물관 보도자료」(2001. 12. 20)에서 재인용〕.
102) 「1953년 7월 13일자 일본측 구술서」, 외무부 정무국, 1955, 위의 책, 각주 43; 川上健三, 1966, 『竹島の歷史地理學的研究』, 古今書院, 252~256쪽.

기 위해 공작적 책략을 구사했던 것이다.

1951~1952년에 벌어진 일련의 사건, 즉 독도의 미공군 폭격연습장 지정, 미공군의 폭격, 한국 어선·어민의 피해 등은 1947~1948년에 벌어진 사건과 정확히 일치하는 것이었다. 1947~1948년의 사례가 1951~1952년 일본정부 책략의 원천이 된 것인지, 아니면 두 사례가 모두 일본의 독도영유권 확보를 위한 준비된 책략의 결과였는지는 밝혀지지 않았다. 그러나 1947~1948년, 1951~1952년 간 사례에서 명백히 드러난 사실은 미공군이 독도를 폭격연습장으로 지정한 후 훈련사실을 독도 접근이 원천 봉쇄된 일본 어민들에게만 통보했고, 폭격은 무고한 한국 어민·어선들에게 가해졌다는 점이다.

2. 1948년 한국인들의 독도 인식

(1) 국민적 공감대: 독도는 한국 영토

정부 수립을 위한 5·10선거가 완료되고 한미 간 행정권 이양의 과도기에 발생한 독도폭격사건은 이후 한국인의 독도 인식·대응과 관련해 여러 측면에서 파장을 미쳤다.

먼저 한국의 전반적 여론은 주권이 없는 미군정하에서 한국인들의 존엄과 생명이 무참히 짓밟혔다는 것이었다. 『서울신문』의 기사제목은 「동해에 살인비기(殺人飛機) 출현」이었는데, 동해에 살인비행기가 출현해 어선을 폭격한 결과 11척이 침몰하고 9명은 사망했으며, 피해자 장학상의 증언을 인용해 기총소사까지 했다고 보도했다.[103]

---

103) 『서울신문』(1948. 6. 12). 신문에는 배학상으로 표기되었지만, 이는 장학상의 오기로 보인다.

독도폭격을 보도한 『조선일보』의 기사는 홍종인이 쓴 것으로 추정되는데 다음과 같이 주장했다.

<blockquote>
가사 군사연습이었다면 실전에 있어서도 <u>비전투원에게 포화를 가함은 공법상 불법이어든</u> 하물며 개인적 장난이라면 예서 더한 야만행위가 있으랴! 너그럽게 실수라 보기에는 목격자가 전하는 그때의 참경이 너무나 눈에 아프다. 언뜻 생각되는 것은 <u>이 독도가 문헌상으로 보나 기타 지리적 조건으로나 우리 영토에 속함이 분명한데도 해방 후 한때 일본정부가 자기들 것이라고 억지를 부려 말썽이 되었던 것이다.</u> 어쨋든 과연 무엇인지 비행기의 정체가 규명됨에 따라 진상도 드러나려니와 전시도 아닌데 동포의 이 억울한 개죽음 앞에 겨레들은 오직 이 사건의 철저한 규명과 책임 추궁을 바라는 소리가 자못 높은 바 있다.[104] (강조는 인용자)
</blockquote>

즉, 『조선일보』의 기사는 폭격의 불법적·야만적 성격을 부각시키는 한편 독도가 한국령임을 강조하는 데 초점을 두었다. 『조선일보』는 폭격사건 보도 초기에 독도영유권 문제를 적극적으로 제기하는 데 주력했다. 미극동공군사령부가 중간조사 결과를 발표한(1948. 6. 15) 다음 날, 『조선일보』는 폭격 당시 육안으로도 미공군기 표식이 확인되었고 기총소사를 가한 것은 피해자를 조준·확인한 것이기 때문에, 이는 어민들을 시험물로 여기는 만행이라고 규정했다.[105] 연이어 홍종인은 1947년 8월 조선산악회의 독도조사대 회고를 실었는데, 독도의 옛 이름이 삼봉도이며, 항공로의 요충으로 '동해의 내 국토'라고 규정했다.[106] 신문들은 일제히 "어민의 실험물시(實驗物視)는 만행(蠻行)", "진

---

104) 「9기 편대로 어선을 맹폭, 무고한 죽엄의 책임추궁 요망」, 『조선일보』(1948. 6. 12).
105) 「肉眼에도 機標, 銃掃射는 被害者確認, 漁民의 試驗物視는 蠻行」, 『조선일보』(1948. 6. 16).
106) 「東海의 내 國土, 슬프다 流血의 記錄: 踏査回顧, 洪鍾仁記」, 『조선일보』(1948. 6. 17).

상조사와 책임자 공개처단" 등을 요구했다.[107]

제헌국회에서도 독도폭격사건이 논의되었다. 제11차 국회본회의(1948. 6. 15)에서 김장렬(金長烈) 의원 등 11명이 「울릉도 어선피습의 건」을 긴급동의안으로 제출했다. 진상조사를 요구하는 의원들도 있었지만, 정부가 수립되기 전이므로 미군정 관계자를 불러 국회에서 논의하기는 곤란하다는 의견도 적지 않았다. 때문에 새로 설립될 외무국방위원회에서 논의하기로 결정했다.[108] 찬반이 맞섰고, 윤재근(尹在根) 의원은 정부가 수립된 다음에 논의해보아야 별무성과라며 강력하게 비판했다. 그러나 국회에서의 논의는 분명 미군정에 압력으로 작용하여, 앞에서 살펴본 것처럼 하지는 당장 6월 15일 한국 언론에 배포할 성명서 초안을 만들어 미 국무부에 보고하는 한편 6월 16일 국회 외무위원회의 장면에게 이 성명을 건넸다.[109]

외무국방위원회의 윤치영은 7월 6일 '울릉도 근해 독도에 대한 폭격사건'에 대한 조사보고를 했다. 윤치영은 두 차례 미군정과 비공식 교섭을 한 결과 미군정의 비공식 회답은 현재 연합국사령부의 조사가 진행 중이며, 미군정은 인명손상을 대단히 유감으로 생각하며 물질적으로 충분히 손해를 보상할 것, 폭격은 3,000미터 이상의 고공에서 행해져 도저히 아래가 보이지 않아 잘못된 것을 인정한다는 내용이었다. 윤치영은 미군정이 진상 판명 후 군사재판에 붙여 정당한 해결을 해드리겠다는 말을 비공식으로 들었다고 보고했다.[110] 아마 한국 언론들이 조종사가 군사재판에 회부될 것이라 전망한 것은 윤치영의

---

107) 慶北道文聯은 1948년 6월 22일 "독도의 동포 폭격한 미군 극형에 공개처단하라"는 성명을 냈다(『남선경제신문』(1948. 6. 23)).
108) 국회사무처, 「제1회 국회속기록 제11호」(1948. 6. 15), 『제헌국회속기록(1948. 4. 31~1948. 9. 8)』제1권, 145~150쪽.
109) Seoul POLAD no.460(1947. 6. 15) ZPOL 882(150815/Z), Hodge to Department of State, RG 554, Entry A1 1380 USAFIK, Adjutant General, Radio Messages 1945~49, Box 193.
110) 국회사무처, 「제1회 국회속기록 제26호」(1948. 7. 6), 『제헌국회속기록(1948. 5. 31~1948. 9. 8)』제1권, 455쪽.

보고로부터 비롯되었을 것이다.

특히 하지가 우려한 것은 공산주의자들의 선전·선동이었다. 하지는 맥아더에게 보낸 6월 15일자 전문에서 "(독도폭격문제를) 어떻게 다루든지 간에, 공산주의자의 과중한 공격에 당면한 한국 내 미국의 위신은 이 사건 때문에 흔들릴 것"으로 우려했고, 또 다른 전문에서는 독도폭격문제가 "현지에서 매우 중요한 이슈로 종류 여하를 막론하고 모든 경우와 구실에 반미주의를 부채질하는 공산주의자들의 불꽃을 가열시키고 있다. 내 예상으로는 이의 악효과를 극복하고 대응하기 위한 상당한 노력을 취해야 할 것"이라고 했다.[111]

사건 초기에 언론과 정당·사회단체들은 한결같은 목소리로 진상규명, 책임자 처벌, 배상을 요구했다. 특히 독도폭격사건은 당시의 정치상황과 맞물리면서 반미군정은 물론 반일이데올로기와 결합되는 양상을 보이며 미군정을 당혹케 했다. 주한미군정의 보고서는 남한의 모든 정당·사회단체들이 독도폭격사건을 야만적 행위로 비난했으며, 특히 이 사건을 미국의 일본 재무장화와 연계된 것으로 의심하고 있다고 지적했다.[112] 민정장관 안재홍은 5월 8일 전 조선은행 부총재인 기미지마 이치로(君島一郎)가 1948년 2월 특정금융문제에 대해 군정에 조언을 하기 위해 한국에 왔다고 밝혔고, 6월 4일 조선통신 부산 주재 기자는 전 총독부 재무국장 미즈다 나오마사(水田直昌)가 학무국장 시오바라 도키사부로(鹽原時三朗) 및 조선은행 부총재 기미지마 이치로와 함께 미군정 초청으로 한국에 왔다고 보도했다.[113] 이에 대해 딘 군정장관은 미즈다는 물론 다른 두 명도 초청한 적도, 한국에 온 적도 없다는 부인성명을 발표했다.[114] 그러나 한국 언론은 즉각 기미지마가 오쿠무라와 함께

---

111) RG 554, Entry A1 1380 USAFIK, Adjutant General, Radio Messages 1945-49, Box 193.
112) USAFIK, *South Korean Interim Government Activities*, no.33(1948. 6), USAMIG, prepared by National Economic Board, p. 152.
113) USAFIK, 위의 보고서, p. 180.
114) 『조선일보』(1948. 6. 10); 『서울신문』·『동아일보』(1948. 6. 11).

이미 한국을 다녀갔고, 조선통신 기자 역시 취재사진을 가지고 있다고 반박했다.[115]

　미군정이 일본인 고관들을 활용하고 있다는 소문은 강력한 반일감정과 반군정·반미 감정을 일으키기에 충분한 것이었다. 이것은 진주 후 미군이 한동안 일본인 관료들을 그대로 활용했던 과거의 정책과 연결되면서 나름대로 있음직한 일이라는 의혹을 자아냈다. 다른 한편 한국인들은 일본이 패전한 이후에도 여전히 한국에 대한 침략 혹은 영향력 확대를 도모했음을 기억했다. 대표적으로 조선총독부는 패전 직후 악질 친일파 김계조(金桂祚)를 활용해 친일정부 수립을 획책하는 한편 한미 간 이간과 정보수집, 요인암살 등을 시도한 바 있었다.[116] 한국인들에게 일본이라는 존재는 두려움과 증오의 대상이었다. 일본의 그림자는 곧바로 침략 혹은 한국 이익의 침해로 해석되었다. 사상적·이데올로기적 차이와 대립은 반일과 민족이익 수호라는 용광로 속에서 용해되었다.

　전 총독부 고관들이 잠입했다는 소문이 퍼지면서, 한독당과 민독당을 비롯한 총 11개 정당이 6월 15일 반일제투쟁위원회 준비위원회를 결성해 반일투쟁을 천명하며, 미국의 일본 재무장 정책을 비판했다.[117] 주한미군 정보당국은 미군 감독하에 일본이 한국에 대한 지배권을 되찾으려고 한다는 소문이 만연하고 있으며, 제주도 반군진압에 일본군이 활용되며, 독도폭격사건의 조종사가 일본인이라는 얘기가 신뢰를 얻고 있다고 적었다.[118] 한독당 선전부는 미국이 일본을 재무장시키기 위해 특공대를 훈련시키고 있는데, 독도폭격사건이 '그 왜적들의 소위(所爲)'가 아닌가 심히 우려되고 격분되는 바라는 성명을 발표했다.[119] 즉, 독도폭격사건은 무고한 인명이 살상된 데

---

115) 『조선일보』(1948. 6. 11).
116) 정병준, 2008, 「패전후 조선총독부의 戰後 공작과 金桂祚사건」, 『이화사학연구』 36집.
117) 『서울신문』·『조선일보』(1948. 6. 16, 6. 18).
118) Headquarters, USAFIK, G-2 Weekly Summary, no. 144(1948. 6. 18).
119) 「한독당 선전부담: 사건의 해괴」, 『수산경제신문』(1948. 6. 20).

대한 충격에 더하여 일본의 재침략 의도, 독도영유권 논란과 결합되면서 군정에 대한 정치적 압력이 되었다. 특히 반일감정과 함께 정파적 차이는 사라졌고, 독도폭격사건과 관련한 논평·성명을 내지 않은 정당이나 조직은 거의 없었다.

24군단 참모회의에서 정보참모부장(G-2)은 이렇게 논평했다.

'독도폭격'사건은 전례 없이 한국인들을 단결시켰다. 오랫동안 이들은 눈 하나 깜빡이지 않고 서로를 죽여왔지만, 최근의 어선폭격을 접하고는 이제 인디언처럼 울부짖는다.[120]

파문이 커지자 6월 17일 하지 중장은 두 건의 성명을 발표했다. 하나는 위에서 살펴본 독도폭격사건에 대한 것이고, 다른 하나는 전 조선총독부 일본인 고관들의 잠입소문에 대한 것이었다. 이 성명에서 하지는 남한에 만연한 모략 가운데 미국이 일본을 군국주의국가로 재건설한다, 미군 당국이 전 조선총독부 일본인 고관을 은닉하여 이용하고 있다, 제주도 토벌을 위해 일본인 무장부대가 참가하고 있다는 것은 공산당의 선전술일 뿐이라며 사실 자체를 부인했다.[121]

같은 날 공보부는 미즈다 잠입설은 부산의 『민주중보』가 보도한 것으로, 이 기사를 쓴 기자가 남로당 선전부원으로 반미감정을 확산시키기 위해 조작한 것이라고 발표했다.[122] 경찰은 남로당 세포인 민주중보 기자 조병종 외 두 명이 모략 및 반미사상 고취를 위해 기사를 조작했으며, 『민주중보』가 확인

---

120) Corps Staff Conference-18 June 1948, RG 554 USAFIK, XXIV Corps, G-2, Historical Section, Box 25, "Historical Journal of Korea, June-August 1948".
121) 『경향신문』·『서울신문』·『동아일보』(1948. 6. 17, 6. 18); 「하지 성명: 일인사용은 허위선전, 모략선전에 오도되지 말라」, 『수산경제신문』(1948. 6. 18).
122) USAFIK, 위의 보고서, p. 181.

없이 이를 신문에 게재한(1948. 6. 5) 후 조선통신 부산지사에서도 진위를 확인하지 않고 서울로 기사를 타전하여 전국 신문에 기사가 게재되었다고 발표했다.[123] 이 보도로『민주중보』는 정간조치를 받았다.

하지의 성명 발표 이후 일본인이 독도폭격사건의 배후에 있다는 풍문은 잦아들었다. 그러나 독도폭격사건은 반일이데올로기와 결합되면서 신생 한국의 통합적 구심력으로 작용한 것이 분명했다. 주한미대사관의 무관은 일본의 소생 가능성이나 혹은 한국민의 권리침해 가능성이 조금이라도 의심되는 경우 한국 내의 다양한 파벌과 분쟁을 급속히 융화시킬 것이며, 이는 공산주의자들의 선전에 의해 지속될 것이라고 논평했다.[124]

하지 장군은 조사결과를 기다려달라고 했고, 딘 군정장관은 조사 후 사과의 말을 하겠다고 했으나, 결국 미군정의 공개사과 없이 피해액의 절반 정도를 개별 배상한 후 독도폭격사건은 유야무야되었다. 진상조사와 책임자 처벌, 배상과 사과 등이 중요했지만, 미군측은 제대로 한국인들에게 성의를 보이지 않았다. 미군정은 금전적으로 배상했지만 정치적으로 사과하지는 않았다. 한국 언론은 "일방적 조사와 배상", "발표 없는 배상"은 "민족정신의 무시"라고 강력히 비판했다. 『조선일보』는 사설을 통해 "조선사람은 지금 물질배상과 별개로 사건의 진상과 책임의 귀속이 명확해지지 않는 이상 돈이나 받았으면 그만이지 하고 물러서려고 하지 않는 것이 진정한 심정"이라고 지적했다.[125] 한 성명은 "배가 섬으로 보였는지라, 태극기를 흔드는 어민들의 존재는 버러지 격 존재로 보였으리라"라고 통탄했다.[126] 미군은 이 사건이 고의가 아닌 우발적 사고였음을 강조하면서, 한국인들의 반미감정과 증오심을 탓하기도

---

123) 「공보·경무부장 공동발표: 일인 내조설은 허구, 취재기자 2명 구속 취조중」, 『수산경제신문』(1948. 6. 16).
124) Military Attache in Embassy at Seoul, Joint Weeka, no.25(1948. 6. 19), p. 9.
125) 「사설: 독도사건 처리에 대하야」, 『조선일보』(1948. 7. 9).
126) 「祖國의 危機를 闡明함」, 『새한민보』 2-14 1948년 8월 하순호.

했다.

미대사관 정치담당 2등서기관을 지낸 도널드 맥도널드(Donald McDonald)는 KBS와의 인터뷰에서 독도폭격은 고의적인 공격이 아니라 공군부대가 훈련의 일환으로 폭탄을 투하했으나 단지 실수로 발생한 사고였다고 발언했다. 인터뷰어가 자신이 독도를 방문했고, 폭격이 공격의 일종이었다고 반박하자, 맥도널드는 사건발생은 분명하고 미국 또한 시인한 사고였다고 강조했다.[127]

그럼에도 1948년 독도폭격사건은 한국인들에게 중요한 교훈과 계기를 제공했다. 이 폭격사건으로 말미암아 독도가 한국령이라는 국민적 공감대와 국내외적 확인작업이 이루어진 것이다. 언론의 보도는 피해 어민들이 강원도 울진·묵호, 울릉도 어민들로 모두 한국인들이며, 이들이 조업하던 독도 역시 한국령이라는 것을 전제로 하고 있었다. 또한 미군정 역시 사건이 발생한 독도에 "군의를 포함한 조사 및 구호반"을 파견했다. 즉, 독도의 관할권이 미군정에 있음을 보여주는 것이었다. 또한 『뉴욕타임스』는 "해안 주민들이 생계를 획득코저 수세기 전부터 그들의 조상 대대로부터의 어장에 출어(出漁)"했다가 사고를 당한 것이라며 독도가 한국의 어장임을 기록했다.[128]

나아가 독도사건의 유가족들에게 보내는 의연금·성금이 전국에서 답지했다. 수산협회, 중학생 등은 독도사건 유족들에게 성금과 위문품 등을 전달했다.[129] 이는 수해·화재 의연금처럼 국토 내의 불행에 대한 국민적 관심과 위로의 표현이었다.

이러한 인식과 조치들은 모두 사건발생지인 독도가 한국 영토라는 분명한 증거였다. 또한 이 사건의 조사와 처리에 일본정부나 SCAP은 전혀 개입하지

---

127) KBS 현대사발굴특집반, 「도널드 맥도널드(Donald McDonald) 인터뷰」(1992. 11. 12), 『한국현대사 관련 취재 인터뷰(미국인)』, 272~273쪽.
128) 『조선일보』(1948. 6. 19).
129) 『조선일보』(1948. 6. 26); 『동아일보』(1948. 7. 25).

않았으며 일본 언론에 보도되지도 않았다. 때문에 독도폭격사건을 계기로 모든 한국인들은 독도가 명백히 한국의 영토이며, 불행한 사건이 발생한 울릉도의 부속도서로 관심을 기울여야 한다는 공감대를 형성했다.

중앙대학교 교수 신영철(申瑛澈)은 신문 기고문에서 "수천년 조종(祖宗)의 피로 지킨 내 나라의 바다", "동해의 독도! 이 섬에 배 띄워 사는 우리들"이라고 절규했다.[130] 독도폭격사건이 영유권 문제와 어떻게 연관되는지에 대해 1947년 독도답사대에 동반했던 홍종인은 그 핵심을 이렇게 정리했다.

독도의 귀속이 일본측과 문제되는 듯이 도전하는 이가 있으나 이는 문제않인 것이다. 특히 이번 불의의 참변으로 동포의 피가 이 땅을 물드렸다는 그 사실은 더욱 우리 국토됨을 다시 피로 기록지은 것이라 할 것이다. 지금도 독도 동편 섬에는 우리 산악회와 과도정부 조사대가 세운 뚜렷한 표말이 서있을 것이다.[131]

『경향신문』은 "독도의 영토문제도 급속 해결이 필요하겠지만 어권(漁權)은 확실히 조선에 있다 함은 엄연한 사실인 이때 우리의 동포가 언제나 안심하고 독도뿐만 아니라 조선 해안에서는 어업을 할 수 있도록 어민들은 갈망하고 있다"라고 썼다.[132] 즉, 영유권과 어업권이 문제의 핵심이라는 지적이었다.

『조선일보』의 사설은 이렇게 썼다. "오직 이때에 독도의 귀속이 세속(世俗)에 전하는 대로 일본에서 문제시한다 하더라도 오랜 역사적 지리적 관계가 있는 그 위에 이번에 뜻하지 않은 가운데 동포의 피로써 지은 본사건 기록이

---

130) 「東海여 말하라! 獨島事件 同胞哀詞」, 『조선일보』(1948. 6. 22).
131) 「東海의 내 國土, 슬프다 流血의 記錄, 踏查回顧, 洪鍾仁記」, 『조선일보』(1948. 6. 17).
132) 『경향신문』(1948. 6. 16).

동도(同島)로 하여금 우리에게 귀속될 새 기록임을 확인하고 이 점을 명기함으로써 피해 동포의 영(靈)을 조위(弔慰)할 것을 잊지 않도록 할 것이다."[133]

해방과 분단, 군정과 주권국가 부재의 혼란 속에 강대국 정치의 희생물이 되었던 한국인들에게 독도는 정신적 구심점이 되었다. 일본 침략의 첫번째 희생자이자, 패전 일본의 영유권 위협이 지속되는 국토의 최전선이자, 미군 폭격기의 폭격연습장이 된 독도는 한국인들에게 약소국 수난의 표상인 동시에 주권국가의 불가침성을 대표하는 상징이 되었다.

독도폭격사건은 예술 분야에도 영향을 끼쳤다. 한국 근대미술의 거장인 이쾌대(李快大)는 독도폭격사건을 묘사한 거폭의 그림 〈군상 IV〉(캔버스에 유채, 177×216cm, 〈그림 2-7〉 참조)를 남겼다. 이쾌대는 수입된 서양화 기법을 조선의 정신과 화풍으로 묘사하는 데 탁월한 면모를 보인 화가였다. 그는 한국 미술사의 대가이자 중도파 정치인이었던 이여성(李如星)의 동생으로, 식민·해방·분단·전쟁·포로의 비극적 삶을 스스로 체현한 예술가이기도 했다.[134] 1948년 하반기 이쾌대가 독도폭격을 그린 것은 아마도 그가 생각하던 한국의 운명과도 관계가 있었을 것이다.

이 작품은 웅장한 서사를 담고 있다. 화폭 오른편 상단에 하늘에서 떨어지는 화광은 폭격을 상징하며, 오른쪽에는 재난으로 쓰러지고 넘어진 사람들로부터 점차 왼쪽으로 이동하며 강인하고 견결한 의지로 서로를 부둥켜 안고 일어나 전진하는 인간 군상을 묘사하고 있다. 역동적인 인물, 매섭게 살아 있는 눈빛, 아비규환의 세계 속에서 펼쳐지는 사랑과 구원의 손길 등이 섬세하고도 장엄하게 묘사되어 있다. 등장하는 36명의 인물들이 각각 다른 얼굴, 포즈를

---

133) 「사설: 독도폭격사건」, 『조선일보』(1948. 6. 17).
134) 이쾌대는 여운형을 추종했던 형 이여성의 영향을 받았을 것이다. 한국정부 수립 후 보도연맹에 가입했고, 전쟁 중 인민군 종군화가로 활동하다 포로로 잡혀 거제도 포로수용소에 수용되었다. 그러나 그는 포로교환 시 북한을 선택했고, 남한에는 그의 아내와 가족들이 남겨졌다. 형 이여성도 1948년 남북협상 이후 혼자 북한에 남았다.

〈그림 2-7〉 군상 Ⅳ(이쾌대) ⓒ 이한우

취하고 있지만 전하고자 하는 메시지는 단 하나, "한민족에게 어떠한 시련이 닥쳐와도 우리는 믿고 전진한다"라는 것이다.

원래 이쾌대가 독도폭격을 주제로 그린 그림은 〈조난〉(150호)으로 알려져 왔다. 이쾌대는 1948년 11월 제3회 조선미술문화협회전에 〈조난〉을 출품하여 큰 화제를 불러일으켰다. 당시 평론가 박고석은 "이쾌대의 〈조난〉(150호)의 의욕적인 노력은 크고 문제작"이라고 평했다.[135]

그러나 현재 이 작품은 전하지 않는다. 학계에서는 지금까지 〈조난〉이 독도폭격을 그린 것이라는 점을 지적했지만, 〈군상 Ⅳ〉가 독도폭격을 그린 것이

---

135) 「박고석, 미술문화전을 보고」, 『경향신문』(1948. 11. 24).

〈그림 2-8〉 자화상(이쾌대) ⓒ 이한우

라는 점은 알지 못했다. 〈조난〉이 망실되었기 때문에 일부 학자들은 〈군상 IV〉와 〈조난〉이 동일 그림이라고 추정한 반면, 다른 그림이라는 판단도 병존하고 있다.[136] 가장 큰 이유는 이쾌대가 1948년 11월 제3회 조선미술문화협회전에 〈조난〉을 출품했을 때 이것이 독도폭격을 그린 것임은 잘 알려진 사실이었던 반면, 1949년 6월 제4회 조선미술문화협회전에 〈군상 IV〉를 출품했을 때 이것이 독도폭격을 형상화했다는 평론이 없었기 때문이다.[137] 즉, 이쾌대가 1948년 11월 제3회 조선미술문화협회전에 〈조난〉을 출품했고, 1949년 6월 제4회 조선미술문화협회전에는 〈군상 IV〉를 출품했기 때문에 두 작품이 다르다는 평가를 얻었던 것이다.

이쾌대의 막내아들 이한우 선생과 인터뷰한 결과, 〈군상 IV〉가 독도폭격을 그린 것임을 확인할 수 있었다. 이한우는, 어머니 유갑봉으로부터 "〈군상 IV〉는 독도 스토리"라는 얘기를 들었다, 그러나 자신은 〈조난〉이라는 작품을 본 적이 없으며, 어머니로부터도 그에 대한 이야기를 들어보지 못했다고 밝혔다.[138]

---

136) 이미령·조영복은 두 작품이 같은 것으로 추정했고(이미령, 2002, 「이쾌대 군상연구: 1948년작을 중심으로」, 이화여자대학교 미술사학과 석사학위논문, 42쪽; 조영복, 2002, 「이쾌대: 장엄한 역사의 서막을 알려준 화가의 손」, 『월북 예술가 오래 잊혀진 그들』, 돌베개), 김진송·윤범모는 두 작품이 다르며 〈조난〉은 망실되었다고 판단했다(김진송, 1996, 『이쾌대』, 열화당; 윤범모, 2008, 「이쾌대의 경우 혹은 민족의식과 진보적 리얼리즘」, 『미술사학』 8월호, 342~344쪽).
137) 〈군상 IV〉를 평한 김영주도 "문학과 씨름하며 쓰라린 몸매로 빚어낸 이쾌대 형의 〈군상〉은 호령을 토했다"라고 했을 뿐, 이것이 독도를 그린 것임을 지적하지는 않았다(김영주, 1949, 「상반기의 화단」, 『문예』 9월호).
138) 「이한우 전화 인터뷰」(2009. 1. 6).

이쾌대가 가장 많이 화폭에 담은 모델이자 사랑하는 아내였던 유갑봉은 이쾌대가 북을 선택한 이후 홀로 가정을 지키며 아이들을 키웠다. 그녀는 이쾌대의 작품을 철저하게 보관했고, 1990년대 북한 작가들이 해금되자 그의 유작들을 세상에 알렸다. 유족들이 이렇게 거의 완벽한 컬렉션을 소장하고 있는 경우란 흔치 않은 일이었고, 미술계에서는 이쾌대가 재발견·재해석되는 계기가 되었다.

개인적으로는 〈군상 IV〉의 부제가 〈조난〉이라고 판단하고 있다. 첫째 이유는 이쾌대가 모두 네 작품의 군상 시리즈를 남겼는데, 그중 부제가 남은 것은 〈군상 I〉로 부제는 '해방고지'이다. 군상 시리즈에 부제가 붙어 있음을 의미한다. 그런데 〈조난〉과 〈군상 IV〉가 모두 독도를 주제로 다루었는데, 유족들의 철저한 관리에도 〈조난〉만 망실되었다고 보기는 어렵다. 때문에 조난이 〈군상 IV〉의 부제라고 생각된다. 둘째 이유는 작품의 크기(호수)이다. 현재 남아 있는 〈군상 IV〉는 177×216cm로 캔버스의 규격으로 150호(181.8×227.3)와 거의 동일하다. 1948년 조선미술문화협회전에 출품된 〈조난〉이 150호였다는 점은 두 작품의 크기가 동일함을 의미한다. 때문에 〈군상 I〉처럼 〈군상 IV〉의 부제가 '조난'이었고, 두 작품이 동일한 것으로 추론이 가능하다.[139]

독도폭격사건은 불행한 참사였지만, 결국 독도가 한국령임을 숨진 이들의 핏값을 통해 각인시키는 계기가 되었다. 1947년 과도정부·조선산악회가 시작한 독도영유권 확인작업은 1948년 독도폭격사건을 통해 국민적 차원에서 한국의 독도영유권에 대한 명백한 증거와 살아 있는 경험을 제공하는 데 도달했다. 이런 측면에서 1948년의 독도 참사는 역설적으로 1952년 이후 일본의 독도영유권 주장에 맞서 한국인들이 국민적 차원에서 독도의 한국 영유를 확신하고 강력한 수호, 대응조치를 가능케 한 원동력이 되었다.

---

[139] 이한우 선생에게 이런 견해를 피력했지만, 자신이 함부로 판단할 수는 없다는 답을 들었다. 역시 추가적인 자료조사가 필요한 부분이다.

〈그림 2-9〉 독도위령비 제막: 헌화하는 조재천 경북도지사(1950. 6. 8) ⓒ 이화장

독도폭격사건의 마지막 매듭은 한국전쟁 직전이던 1950년 6월 8일 오전 10시 독도에서 조난어민위령비의 제막식이 거행됨으로써 일단락되었다. 제막식에는 경북도지사 조재천 등 100여 명이 참석했다.[140] 한국의 영토에서, 한국 어민·어선들이 재난을 당했고, 미군정기 이들에 대한 배상이 완료된 후 한국정부 수립 후 정부기관인 재무부·공보처 등 각 기관이 참석한 가운데 한국 영토인 독도에서 위령비가 제막된 것이다.[141] 조재천 경북도지사는 미군기 오인폭격으로 사건이 일어났다는 제문을 낭독했다.[142] 1947년부터 1951년에 이르기까지 일본정부는 미군정, 한국정부에 대해 독도영유권과 관련한 어떠한 의견표명이나 항의표시도 없었다.

(2) 우국노인회의 청원: 독도·파랑도·대마도의 결합

1947년의 시점에 독도·파랑도에 관한 한국인들의 관심이 고조된 것은 대일강화조약과 관련이 있었다. 1947년에 미국을 중심으로 한 연합국은 대일

---

140) 『조선일보』(1950. 6. 8); 『한성일보』(1950. 6. 9).
141) 『조선일보』(1950. 6. 8); 『한성일보』(1950. 6. 9).
142) 「祭文(曺慶北知事)」, 『한성일보』(1950. 6. 9). 조재천은 1950년 6월 7~8일 간 울릉도·독도 방문기록을 「鬱陵島島民慰問 獨島慰靈碑建立 記錄寫眞帖」으로 만들어 이승만 대통령에게 기증했다. 사진은 1947년 조선산악회 독도조사대에 참가했던 사진작가 최계복이 찍었다. 총 50장의 사진이 수록된 이 사진첩은 이화장에 소장되어 있으며, 2005년 3월 21일 동아일보·YTN 등에 의해 보도된 바 있다.

조기강화를 계획했으며, 이와 관련해 활발한 의견교환이 이루어지고 있었다.

1947년 과도정부·조선산악회의 독도조사, 1948년의 독도폭격사건을 거치면서 한국정부 수립 직전 한국인들의 독도 인식은 명확해졌다. 일본의 독도 침략에 대한 우려와 적극적 대응, 파랑도에 대한 새로운 강조, 대마도에 대한 공세적 태도 등 일본과 관련한 한국의 영토정책이 본격화되면서, 독도·파랑도·대마도를 하나의 세트로 묶어 사고하는 경향이 분명해졌다. 이러한 경향을 잘 대변하는 것이 바로 우국노인회(憂國老人會, Patriotic Old Men's Association)가 1948년 8월 5일 맥아더에게 보낸 청원서였다.

우국노인회는 모스크바3상회의 결정 발표 이후 반탁을 목적으로 만들어진 조직이었다. 우국노인회는 1946년 1월 10일, 60세 이상 노인들의 발기로 조직되었다. 초대 회장은 이병관(李丙觀)이었으며 김상호(金相鎬)·권혁채(權赫采)·김중세(金重世)·서광전(徐光前)·이석구(李錫九) 등 다섯 명의 부회장을 두었다.[143] 관련자들의 이력은 잘 알려지지 않았고, 노인들의 조직이었기 때문인지는 모르나 회장이 여러 차례 바뀌었다.[144] 우국노인회는 반탁운동의 총본산이 된 비상국민회의에 참가할 61개 단체의 하나로 지목되었고, 우익진영의 3·1운동기념전국대회의 참가단체이기도 했다.[145]

우국노인회가 맥아더와 관계를 맺게 된 것은 이들이 1946년 2월 20일 주한미군 사령관 하지를 방문해 맥아더 장군에게 한일합병조약문서 반환요구서를 전달해달라고 함으로써 시작되었다.[146] 맥아더는 1946년 8월 15일을 기념해 국치문서, 즉 한일합병조약 문서와 함께 한일병합 때 일본이 약탈해 일본 궁내성에 보관 중이던 한국 국새(國璽) 8개를 반환했고, 우국노인회는 맥아

---

143) 『동아일보』(1946. 1. 9); 『중앙신문』(1946. 1. 12).
144) 유일하게 알려진 것은 부회장이던 김중세의 경력인데, 1946년 7월 부고기사에 따르면, 김중세는 향년 68세로 "일찍이 독일 백림대학을 졸업하고 독일학사원에 머물고 있으면서 백림대학 동양철학과 교수, 독일 범어(梵語)사전 편찬에 공로를 남겼다"라고 되어 있다〔『동아일보』(1946. 7. 18)〕.
145) 『조선일보』·『동아일보』(1946. 1. 26, 1. 27).
146) 『동아일보』(1946. 2. 20).

더에게 감사문을 발송했다.[147] 1947년에도 우국노인회는 반탁진영의 일원으로 38선의 출발점이 된 '얄타비밀협정 폐기', 모스크바결정 중 신탁통치조항의 삭제를 주장했다.[148] 우국노인회의 주요 활동은 반탁진영의 공동성명에 참가하거나, 연합국 원수에게 보내는 편지에 서명하는 등이었다. 우국노인회는 1947년 1월 30일 맥아더의 한국 시찰을 요망하는 성명서에 이름을 올리기도 했다.[149] 우국노인회는 1948년 제2차 남북협상을 반대하기도 했다.[150]

1948년 8월 5일 우국노인회는 맥아더에게 독섬(독도), 울릉도, 대마도, 파랑도가 한국령이므로 한국 영토로 귀속되어야 한다는 청원서를 송부했다.[151] 맥아더에 대한 1946년 청원활동이 소기의 성과를 거두었던 데 자신감을 얻었을 것으로 보인다. 당시 우국노인회 총재는 임정 요인 조성환이었다.[152]

우국노인회의 청원서는 1947년부터 본격화된 한국인들의 독도 인식과 대응, 파랑도·대마도 인식의 종합판이었다. 특히 우국노인회의 청원서는 1948년 정부 수립 이전 단계에서 작성된 문서 가운데 독도영유권의 역사적 근거를 가장 정확하게 다룬 것으로 중요한 의미를 갖는 것이다.

이 청원서는 1947년부터 격화되기 시작한 일본 침략에 대응해 한국의 도서(독도·파랑도)를 수호하고 그에 대한 역공으로 대마도를 귀속시켜야 한다는 한국인들의 보편적 정서와 심성을 담고 있었다.[153]

---

147) 『조선일보』(1946. 8. 15); 『동아일보』(1945. 8. 20). 이때 반환된 국새와 한일합방조약문 등은 1949년 2월 국립박물관에서 전시되었다〔『동아일보』(1949. 1. 25)〕.
148) 『동아일보』·『조선일보』(1947. 1. 15, 1. 16, 1. 17).
149) 『동아일보』·『조선일보』(1947. 1. 30).
150) 『동아일보』·『조선일보』(1948. 8. 26).
151) U.S Political Adviser for Japan no.612(1948. 9. 16), Subject: Korean Petition Concerning Sovereignty of "Docksum", Ullungo Do, Tsuhima, and "Parang" Islands, RG 84, Entry 2828, Japan: Office of U.S. Political Advisor for Japan(Tokyo), Classified General Correspondence(1945-49, 1950-), Box 34.
152) 임정의 이시영 역시 우국노인회의 부총재를 역임했다〔『동아일보』(1947. 7. 23)〕.
153) Cho, Sung Whan, Chairman, Patriotic Old Men's Association to Gen. Douglas MacArthur, Supreme Commander, SCAP, Subject: Request for Arrangement of Lands Between Korea and Japan(1948. 8. 5)(이하 「청원서」로 줄임).

먼저 「I. '독섬'의 반환」을 살펴보자. 이 청원서는 독도문제에 대해 1948년 수준에서 가장 정확한 정보를 담고 있다. 우선 이 청원서는 일본이 원래 울릉도를 노렸다가 이것이 실패하자 근대에 독도로 침략의 손을 돌린 것으로 파악했다.

울릉도는 역사적·실질적으로 한국의 영토였으나 일본이 침략했고, 1693년 협상의 결과 한국령이 확정되었다. 1881년 이후 일본의 재침략으로 한일 간에 문제가 발생했지만 동경에서 한국 전권대사 서상우와 고문 묄렌도르프의 협상으로 한국령이 법적으로 완전히 확정되었다.[154]

독도문제와 관련해 나카이 요사부로(中井養三郞)의 이름이 등장하는 것도 이 청원서가 처음이다. 또한 당시 일본 관리들이 한국령인 독도의 편입을 주저한 점, 현(縣)포고로 비밀리에 독도 편입이 공포된 점, 독도의 외국어명 등은 이 청원서에서 처음 알려진 것이다.

이후 일본은 울릉도 대신 그 외곽의 소도인 "독섬" 점령계획을 세웠다. 1904년 돗토리현의 어부인 나카이 요사부로가 해군성 수로국, 내무성, 외무성, 농업성, 상업성에 독섬을 일본령으로 귀속시켜달라는 청원을 했다. 당시 미묘한 국제관계를 고려해 일본관리들은 주저했다. 그러나 러일전쟁 승리 이후 돗토리현 포고 제40호를 공포해 다케시마로 일본령에 편입시켰다. 이 작업은 비밀리에 추진되어 한국은 물론 다른 나라도 알지 못했고, 한국이 알았다 해도 이미 어떤 정책도 불가능한 상태였다. 소위 다케시마는 한국명으로 "독섬"이며 세계지도에는 리앙쿠르암으로 표기되어 있는데 이는 프랑스 포경선의 이름을

---

154) 「청원서」, 2쪽.

```
                    HEADQUARTERS
              PATRIOTIC OLDMEN'S ASSOCIATION
                     Seoul, Korea

                                            5 August 1948
SUBJECT: Request for Arrangement of Lands between Korea and Japan
TO     : Gen. Douglas MacArthur, Supreme Commander, SCAP

      We, Korean people, are ever so interesting for your nego-
tiation for peace to Japan, because Korea stands near by Japan
and Korea was under the cruel compression of Japan for years and
vast sacrifices were always paid to Japan. We expect you that
so shapp and keen plans for establish-ment of oriental peace and
order and are waiting for its announcement. Korea who has no
actual voice in the conference should be well considered by your
great plans.
      Speaking oriental peace, Korean opinions which will play a
great role in it, is absolutely necessary. Before some advices are
submitted you in the course of negotiation of peace and establish-
ment or oriental orders, we, Patriotic Oldmen's Association, are
to submit a request on arrangement of lands, beliving your kind
consideration.
      Importance of legal arrangement of lands in the international
order, was shown in the corridor at the east Europe established
in the Versailles construction.
      Generally speaking, legal arrangemental standards stand on
a passive side e.g. restoration of lands taken away, and on the
other active sides e.g. division of land for supporting develop-
ment some nation and for the peace of the nation.
      On the land matters between Koreas and Japan, both active and
passive sides are present and we hereby request as follows:
      I. Returning back the island "Docksum".
            It is not suspected at all but well understood that the island
"Dlneungdo") and its attached are belonging to Korea historically
and actually. Japan, however, planed to profit by fishing and forest-
ing under the evacuating policy of Korea for internal security
prohibiting people to enter the island. Armed-robbery-fishers of
```

〈그림 2-10〉 우국노인회가 맥아더에게 보낸 청원서(영문, 1948. 8. 5)

딴 것이다. 1854년에는 러시아 전함 팔레다(Palleada), 1855년 영국 전함 호넷(Hornet)호를 따 이름이 붙여지기도 했다.[155]

이 청원서는 시마네현을 돗토리현으로 오기했을 뿐 1948년 단계에서 한

---

155) 「청원서」, 2쪽.

국인들의 독도 인식·조사·연구의 종합판을 보여주었다. 결론에서 이 청원서는 일본이 불법 강점하고 있는 독도를 한국에 "반환"(return)해야 한다고 쓰고 있다. 독도의 영유권과 일본의 침략과정을 다룬 이 부분은 정확하고 상세한 정보로 구성되어 있었다.

그러나 대마도의 귀속을 요구한 「Ⅱ. '대마도'의 한국 귀속(transferring)」은 정치적 주장에 가까운 것이었다. 청원서는 대마도의 한국 귀속이 필요한 이유로 다음과 같은 점을 들었다.

1. 한국인 생존의 항구적 위협을 완전히 제거
2. 대륙을 향한 일본의 공격 방지
3. 강도들의 동양유린 방지[156]

즉, 대마도의 한국 귀속 요구는 영유권 문제와는 별개였던 것이다. 이 청원서는 지리적으로 대마도가 일본보다 한국에 가까우며, 역사적으로 '쓰시마'라는 말은 두 개의 섬을 뜻하는 한국어 '두 섬'에서 유래했고, 조선 초의 정벌 이래 대마도는 한일 양국에 양속(兩屬)된 상태였으며, 정치적으로 일본과 대륙의 가교 역할을 단절시킬 수 있고, 경제적으로 대마도의 자립이 불가해 한국과 연계되어야 생존 가능하다는 등의 주장을 폈다. 나아가 포츠담선언에서 오키나와 및 대마도가 언급되지 않았기에, 대마도를 한국에 주는 것이 합법적이라고 주장했다.[157] 일본의 대륙침략 방지라는 이유는 소련의 대마도 한국 귀속 문서와 같은 맥락을 보여주고 있다.

마지막으로 「Ⅲ. 파랑도 소속의 판명」은 '파랑도'의 파랑이 한국어로 '녹색섬'을 의미한다며 위에서 살펴본 『동아일보』 1947년 10월 22일자의 기사내

---

156) 「청원서」, 3쪽.
157) 「청원서」, 4~5쪽.

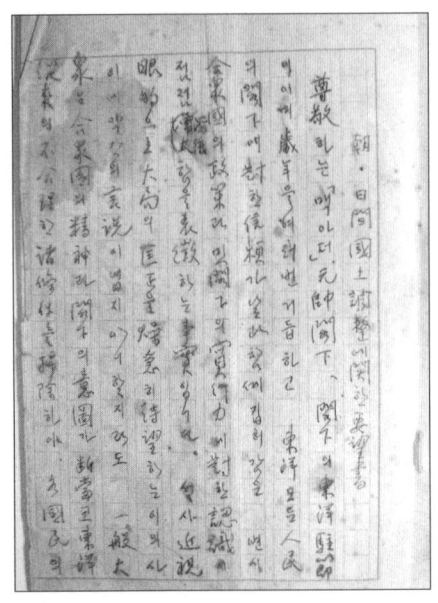

〈그림 2-11〉 우국노인회가 맥아더에게 보낸 청원서(한글 초안) ⓒ 박종평

용을 그대로 전재하고 있다. 특히 일본이 독섬, 남중국해의 서사군도(Paracel Islands), 파랑도 등을 차례차례 재점령하려 한다고 비판하고 있다. 종국적으로 청원서는 미국에 대해 한일 간의 영토를 재확정해달라고 요구했다.

2007년 6월 박종평이라는 분이 편지를 보내왔다. 고서점에서 원고를 하나 구했는데 아무래도 우국노인회가 맥아더에게 보낸 청원서가 아닌가 묻는 것이었다. 문서는 동아일보사 봉투에 수신자가 동아일보사 사장실로 되어 있다는 것이었다.[158] 200자 원고지에 세로쓰기로 기록한 이 '문서'의 분량은 총 32쪽이며, 마지막 몇 장이 떨어져 나간 것으로 추정된다.

이 '문서'의 제목은 「조·일간(朝·日間) 국토조정(國土調整)에 관한 요망서(要望書)」로 되어 있다. 영문 문서의 제목은 「한일 간 영토조정에 관한 요청」(Request for Arrangement of Lands Between Korea and Japan)으로 되어 있어 정확히 일치하며, 내용도 동일하다. 이 문서의 목차는 영문과 동일하게 크게 세 부분으로 구성되어 있다.

1. 「독섬」을 返還식일 것
2. 對馬島를 移屬시킬 것

---

158) 「박종평의 편지」(2007. 6. 25).

3. 波浪嶼의 所屬關係를 밝힐 것 (원문 그대로)

목차와 내용상 이 문서는 우국노인회가 맥아더에게 보낸 청원서의 초고인 것이 확실했다.[159] 처음에는 이 청원서의 작성자가 우국노인회 총재인 조성환일 것으로 생각했다. 그런데 조사 결과, 이 청원서의 작성자는 육당 최남선으로 판명되었다.

1961년 『동아일보』는 8·15 해방 직후 '독도는 우리의 영토'임을 고증하는 논고를 당시 극동군 총사령관이었던 맥아더 장군에게 보내려던 고(故) 육당 최남선 씨의 유고를 발견했다며 이를 소개했다.[160] 『동아일보』에 게재된 내용은 박종평이 소장한 '문서'의 내용과 정확히 일치하며, 동시에 영문 청원서와 정확히 일치한다. 신문에는 '문서'의 원고지 5쪽부터 12쪽까지가 수록되었고, 내용상으로는 서문부터 "1. '독섬'을 返還식일 것"까지를 담고 있다.

최남선은 한국 근대 3대 천재 중의 한 사람으로 꼽히는 한편, 백과전서식 지식과 박람강기한 글쓰기로 유명했다. 이 청원서에서 최남선은 1948년까지 한국에서 제기된 여러 가지 논점들을 망라하는 동시에 자신만의 독특한 해석을 붙이기도 했다. 그중에서 최남선의 청원서는 이후 한국의 독도 인식과 관련해 두 가지 점이 지적될 수 있다.

첫째, 최남선은 독도·대마도·울릉도·파랑도의 영유권을 한국에 달라고 맥아더 장군에게 청원했다. 한국의 주권이 아직 회복되지 않았고, 일본의 영토문제에 대한 최종 결정권한이 맥아더사령부에 있다고 보았기 때문이다. 그러나 바꾸어 말하면, 이 섬들의 영유권이 논쟁 중이거나 일본령이라는 반증으로도 받아들여질 수 있는 위험이 있었다. 둘째, 최남선은 부정확한 지리적 정보와 지명을 제공했다. 먼저 최남선은 독도의 한국명이 '독섬'이며 이는 섬의

---

159) 「朝·日間 國土調整에 관한 要望書」.
160) 「맥아더 장군에게 보낸 최남선씨의 유고」, 『동아일보』(1961. 12. 28), 2면.

모양이 항아리 형태라는 뜻('甕形 小嶼의 義')이라고 풀이했다.[161] 독도의 명칭은 이미 1947년 방종현이 논증한 것처럼 돌섬이라는 뜻에서 유래한 지명이었지만, 최남선은 이를 반영하지 못했다. 다음으로 최남선은 파랑도(波浪嶼)가 파랗다는 '파랑'에서 나온 것이라고 풀이했는데,[162] 이는 파랑도를 한국령으로 주장하려는 의도로 명칭을 잘못 해석한 것이다. 나아가 최남선 스스로가 고백했듯이, 실존하지 않는 파랑도를 한국령으로 주장한 것은 이후 한국의 독도영유권 주장에 불리한 요소로 작용했다.[163]

파랑도에 대해 최남선은 이렇게 주장했다.

본래 목포로부터 항주만(杭州灣)을 연결하는 항로의 일목표(一目標)가 되야 오는 것이다. 그 위치는 제주로부터 불과 150粁(km)임에 대하야 장기(長崎)에서는 450천(粁)에 당(當)하니 그 소속관계는 무엇보담 이 거리가 이를 설명하고 있다. (중략) 그런데 전언을 듣건대 패전 일본이 해상의 봉금선(封禁線)을 탈출하려는 일모략(一謀略)으로부터 홀연 파랑서(波浪嶼)의 자기 영유임을 주장한 사실이 잇다하는데 과연이라 하면 그 몰도리(沒道理)하기 심함에 놀라지 안흘 수 없다.[164]

그런데 일본이 파랑도(파랑서)를 자국령으로 주장했다는 한국 언론의 보도에 대해 그 출처를 일본 신문에서 찾아보았지만 확인하지는 못했다. 또한 패전 이후 일본에서 파랑도가 중요한 영토적 이슈로 부각되었다는 기록도 발견하지 못했다.[165]

---

161) 「朝·日間 國土調整에 관한 要望書」, 9쪽.
162) 위의 글, 27쪽. 원문은 "波浪嶼의 朝鮮子音 파랑섬(Parang-siom)은 실로 Green Island를 의미하는 것"이라고 되어 있다.
163) 유진오, 1966, 「韓日會談이 열리기까지: 前韓國首席代表가 밝히는 十四年前의 곡절」 上, 『사상계』 2월호, 98쪽.
164) 「朝·日間 國土調整에 관한 要望書」, 27~28쪽.

결국 대마도와 파랑도를 한국령으로 주장한 것은 1948년의 지리적 정보가 부족한 상황을 고려하더라도, 미국을 비롯한 연합국에 한국의 진정성과 의도를 의심케 만들 소지가 적지 않았다. 왜냐하면 대마도는 일본령이 분명했고, 파랑도는 아직 실체가 확인되지 않은 섬이었기 때문이다. 그러나 우국노인회의 청원서는 1948년 8월 시점에 한국인들이 도달한 영토문제에 대한 인식의 좌표를 보여준다는 점에서 중요했다. 한국정부가 수립된 이후 차례대로 대마도·파랑도·독도의 영유권을 주장하게 된 것은 우발적인 실수나 돌출행동이 아니었다.

결국 이 청원서는 긍정적인 영향과 함께 부정적인 영향을 남겼다. 독도·울릉도에 대한 합리적이고 역사적인 영유권을 주장했지만, 여기에 위치조차 불명확한 파랑도의 영유권 주장을 결합시켰고, 나아가 국제사회가 동의하기 어려운 대마도 귀속 주장을 덧붙임으로써 청원의 진정성과 신뢰성을 현저히 반감시켰기 때문이었다.

또한 이 청원서는 '독도'의 반환을 요구함으로써 독도가 일본령이라는 것을 전제로 하고 있었다. 즉, 독도에 관해 이 청원서가 정확하고 자세한 역사적 근거들을 담고 있음에도, 이는 수세적이며 피동적인 성격이었다. 때문에 이 청원서를 접수한 주일미정치고문실(United States Political Adviser for Japan)은 비판적 태도를 취했다.

맥아더에게 보낸 이 청원서는 주일미정치고문실에 접수되었다. 흥미로운 것은 이 문서의 처리과정이었다. 당시 주일미정치고문은 유명한 지일파 시볼

---

165) 위키피디아 재팬에 따르면 중국에서 소암초(蘇岩礁, 쑤엔자오)로 호칭하는 파랑도에 대해 1938년 일본정부가 측량을 실시했으며, 관측시설을 설립할 계획이었으나 2차 대전 발발로 중단되었다고 기록하고 있다. 출처는 명기되어 있지 않다(2010년 1월 6일 http://ja.wikipedia.org, 蘇岩礁 검색결과). 흥미로운 것은 위키피디아 재팬의 2006년 12월 검색 시에 관련 정보들이 波浪島 항목에 위치해 있었으나 2010년 1월 검색 시에는 蘇岩礁 항목으로 이동했다는 사실이다. 파랑도·이어도를 둘러싼 한중분쟁을 부각시키려는 의도가 편집에서 드러난다. 1951년 한국산악회 파랑도조사대가 휴대한 해도는 파랑도가 표시된 일본 해군 수로지였다.

드였는데, 그는 이미 1947년 독도가 한국령으로 표시된 대일강화조약 초안에 반대해 독도를 일본령으로 변경해야 한다고 주장한 바 있다. 또한 이 청원서를 검토한 정치고문실의 리처드 핀(Richard B. Finn)은 1953년 4월 미 국무부가 독도의 일본령을 공표해야 한다고 주장한 지일파였다.[166] 핀은 우국노인회의 청원서를 다루면서 1947년 6월 일본 외무성이 작성한 「일본의 부속소도」(Minor Islands Adjacent Japan Proper) 제IV부를 거론하며, 일본의 울릉도·독도 (영유권) 주장을 지적했다. 이 팸플릿에는 '태평양 소도서, 일본해 소도서' (Minor Islands in the Pacific, Minor Islands in the Japan Sea)(1947년 6월 간행)라는 부제가 붙어 있는데, "(Dagelet, 울릉도)에 대해서는 한국 명칭이 있지만, 리앙쿠르암에 대해서는 한국명이 없으며, 한국에서 제작된 지도에서 나타나지 않는다는 점에 주목해야 한다"라는 거짓말과 오도된 정보를 담고 있었다.[167] 즉, 이미 1948년 8월 당시 주일미정치고문실은 일본 외무성이 작성한 팸플릿의 내용을 숙지하고 있었으며, 이를 신뢰하고 있었던 것이다.

우국노인회의 청원을 검토한 극동군사령부(Far East Command) 작전참모부(G-3)의 관계자는 청원서를 혹평했다. "독섬"이란 명칭은 확인할 수 없고, 파랑도는 명칭은 물론 위치도 알 수 없으며, 영어가 형편없고, 청원서에는 역사적으로 부정확한 내용이 많을뿐더러 대마도에 대한 주장은 역사적 사실과 정반대되는 것이라고 논평했다.[168] 특히 미 국무부가 최근 이승만의 대마도 요구와 관련해서 모든 언급을 삼가며, 공식논평이 나올 때라야만 이를 활용하라고 한 사실을 거론했다. 또한 우국노인회의 정체가 불명확하니 SCAP이 회

---

166) Memorandum by R. B. Finn to Leonhart, RG 84, Japan, Tokyo Embassy, Classified General Records(CGR) 1952-63, Box 23, Folder 322.1 "Liancourt Rocks" 시볼드와 핀 등은 모두 1921~1922년 워싱턴 군축회담 이후 미일 간 우호적 분위기가 만연하던 때 일본에서 유학·어학연수·근무했던 지일파였다.
167) 정병준, 2005, 「윌리엄 시볼드(William J. Sebald)와 '독도분쟁'의 시발」, 『역사비평』 71집.
168) GHQ, FEC, G-3 Section, Memorandum for the Chief of Staff, Subject: Petition of Patriotic Old Men's Association of Seoul, Korea(1948. 8. 25).

신할 필요도 없으며, 참고를 위해 SCAP의 외교국(Diplomatic Section)에 전달하라고 권고했다.

8월 27일 SCAP 외교국의 핀과 작전참모부의 앤더슨(Anderson) 중령은 우국노인회의 청원서 처리문제를 전화로 논의한 결과, 어떤 조치도 취하지 말며 청원서는 참고용으로 외교국에 전달하기로 결정했다.[169]

즉, 우국노인회가 독도영유권을 주장한 1948년 8월에 이미 SCAP 외교국 및 주일미정치고문실은 일본 외무성이 작성한 '팸플릿'을 신뢰하는 지일파들에 포위되어 있었고, 일본 외무성의 허위주장에 공감하고 있었다. 반면, 우국노인회의 청원서는 독도에 관해 정확한 진실을 담고 있었으나, 독도의 일본 영토편입을 인정한 상태에서 독도의 '반환'을 요청하는 수동적이며 소극적인 태도로 임했다. 또한 위치와 실체조차 확인되지 않은 파랑도의 반환과 일본령이 분명한 대마도의 귀속을 함께 요구함으로써 독도영유권의 진정성과 근거를 스스로 위태롭게 하는 우를 범했다.

나아가 민간단체였던 우국노인회의 독도·파랑도·대마도를 결합한 영토반환·귀속 요구를 묵살했던 SCAP 외교국 및 주일미정치고문실이 1951년 샌프란시스코평화협정의 일본 내 핵심창구였음을 기억한다면, 1950~1951년간 한국정부의 동일한 주장 역시 존중받지 못할 것임을 예상할 수 있다. 또한 이 청원서가 주일미정치고문실 문서철에 철해졌을 뿐 미 국무부에 전달되지 않음으로써 국무부의 지리전문가는 독도가 리앙쿠르암(다케시마)과 같은 섬이라는 사실을 알 수 없었다. 즉, 이 청원서는 해방 이후 샌프란시스코평화회담 시까지 작성된 한국 문서 가운데 명백하게 독섬=독도=리앙쿠르암=다케시마라는 점을 명시했지만, 이 정보가 미 국무부에 전달되지 않았던 것이다.

정부 수립기였던 1948년 8월 시점에 왜 우국노인회가 정부기관을 배제하

---

169) GHQ, FEC, Check Sheet, G-2 to Diplomatic Section, Subject: Petition of Patriotic Old Men's Association of Seoul, Korea(1948. 9. 27).

고 이런 청원을 하게 되었는지에 대해 알려진 정보는 없다. 회장이던 조성환은 청원서를 낸 지 두 달 뒤인 1948년 10월 7일 사망했고, 더 이상 우국노인회의 청원은 없었다. 그러나 우국노인회의 청원은 한국정부의 대일평화조약 대처방안에 즉각적인 영향을 끼치게 되었다. 왜냐하면 1951년 3월 27일 미 국무부의 대일평화조약 초안이 한국정부에 건네진 후 이에 대한 대처방안을 논의하게 되었을 때, 한국정부 실무단의 유진오 등이 조언을 구한 첫번째 인물은 다름 아닌 우국노인회 청원서를 작성한 최남선이었기 때문이다. 최남선은 유진오에게 대일평화조약에서 한국은 대마도를 요구하는 대신에 파랑도를 요구해야 한다고 조언했다.[170] 그의 조언에 따라 한국정부는 대마도 요구에 이어 파랑도를 요구했던 것이다.

(3) 미군정의 대일배상요구안과 독도

1947년 중반 대일강화조약 체결 움직임이 활발해지자 한국의 회담참가와 대일배상요구가 중요한 과제로 부각되었다. 1947년 8월 미국은 주요 연합국들에 대일강화조약 체결과 관련된 각국의 견해를 요청했다. 이에 발맞추어 1947년 8월 13일 남조선과도정부는 정무회의에서 대일배상문제에 대처하고자 '대일배상요구조건조사위원회'를 조직했다. 재정·금융·외교 실무부서 책임자를 각각 위원으로 선임했는데, 오정수(吳楨洙) 상무부장이 소집책임자가 되었고, 민희식(閔熙植) 운수부장, 윤호병(尹暐炳) 재무부장, 이훈구(李勳求) 체신부장, 신기준(申基準) 외무행정처 차장, 김우평(金佑坪) 중앙경제위원회 사무장 등이 선임되었다.[171] 조사위원회는 1947년 11월 이래 매주 정기회의를 통해

---

170) 유진오, 1966, 위의 책, 96쪽.
171) 박진희, 2008, 『한일회담: 제1공화국의 對日정책과 한일회담 전개과정』, 선인, 50쪽.

대일배상요구 항목과 액수를 수집했고, 1948년 1월 5개항의 대일배상요구 항목을 결정했다. 최초에 과도정부가 수집한 자료에 근거한 금액은 1조 4,267억 8,601만 9,675원이었다.[172]

1948년 8월 미군정은 대일배상요구안을 최종적으로 정리했다. 1948년 8월 13일 언론에 보도된 바에 따르면, 대일배상액 총액은 1945년 8월 9일 현재 가격으로 410억 9,350만 7,868원, 약 410억 원에 달했다.[173] 최초 과도정부가 계상(計上)한 1조 4,267억보다는 대폭 축소된 내역이었지만, 당시 한국인들은 대일배상요구액이 남한 재산의 약 80%를 점하는 일본인이 남기고 간 적산과 맞바꿔 상쇄되지 않을까 하는 우려를 갖고 있었다.[174]

그런데 여기서 주목할 점은 대일배상요구에 단지 금괴·미불임금·광석대금·기계류·수수료 등만이 포함된 것은 아니었다는 사실이다. 과도정부와 미군정은 대일배상을 요구하는 과정에서 독도문제를 정식으로 제기했으며, 이를 주요 항목으로 포함시켜놓았다. 1948년 5월 15일자로 과도정부의 통신부 고문, 재무부 고문, 적산관리인(property custodian), 교통부 고문, 중앙경제위원회(NEB) 의장, 외무부 고문, 사법부 고문, 법무부 소청국(claims bureau) 고문 등의 명의로 된 「일본정부, 일본 개인 및 법인을 상대로 한 한국정부, 정부

---

172) 박진희, 2008, 위의 책, 51쪽. 대일배상의 5개 항목은 다음과 같았다. ① 일본 대장성에서 발행한 국채와 고의로 반출한 조선은행 금괴 반환, ② 연금과 징용자의 미불임금 반환, ③ 시세보다 저렴하게 수출된 광석대금의 차액금 반환, ④ 일본으로 반출된 기계류의 반입, ⑤ 일본과 만주·중국의 중계무역지로서의 수수료 징수.
173) 『자유신문』(1948. 8. 13). 내역은 다음과 같다. 노력배상 1,525,668,230원, 인사행정처 506,194,970원, 운수부 5,843,397,000원, 문교부 2,660,743,444원, 토목부 46,739,920원, 사법부 18,401,070원, 상무부 2,120,079,593원, 통신부 2,347,776,754원, 농무부 2,649,902,706원, 보건후생부 5,478,850,104원, 재무부 35,613,657,763원, 일본계통지폐 등 1,738,052,695원, 8·15 이후 대일본인 부정대부 52,752,143원.
174) 1946년 12월 연합군최고사령부의 판단에 따르면, 한국·만주·화북·대만 등의 일본 재산은 총 240억 달러이며, 그중 한국에는 22%에 해당하는 52.8억 달러 규모가 있었다["SCAP to WARCOS for Dpt of State: Estimate of Japanese External Assets," (1946. 9. 9); 조성훈, 「제2차 세계대전 후 미국의 대일전략과 독도귀속문제」, 한국의 '독도영유권'에 대한 타국의 인식과 정책의 비교연구, 한국·동양정치사상사학회 한국해양수산개발원 공동학술회의(2007. 8. 29), 7쪽에서 인용].

의 부·국·처, 한국인 개인 및 법인의 요구들(claims)」이라는 대일배상요구 문서가 작성되었다.[175] 이는 주한미군정 사령부 차원에서 작성된 것이다.[176] 이 문서는 총 8개 부분으로 구성되어 있는데, 마지막 제8부에 '독도에 대한 요구'를 기록하고 있다.

제1부 일본 및 일본인에 대한 요구들(claims)
제2부 일본정부를 상대로 한 일본점령기 한국 착취에 대한 한국정부의 일반 요구들
제3부 일본정부를 상대로 한 조선총독부의 계승자로서 한국 정부·부·국·처의 요구들
  1. 화폐, 혹은 화폐 등가물에 대한 요구들
  2. 동산에 대한 요구들
  3. 부동산에 대한 요구들
제4부 일본인 개인·법인들을 상대로 한 조선총독부의 계승자로서 한국 정부·부·국·처의 요구들
  1. 화폐, 혹은 화폐 등가물에 대한 요구들
  2. 동산에 대한 요구들
  3. 부동산에 대한 요구들
제5부 일본 정부·부·국·처를 상대로 한 한국인 개인·법인들의 요구들
  1. 한국에서 제공된 물품 혹은 획득한 임금에 대한 요구들

---

175) "Claims of the Korean Government, Government Departments, Bureaus and Agencies, Korean Individuals and Juridical Persons Against the Japanese Government, Japanese Individual and Juridical Persons," (1948. 5. 15).
176) 이 문서는 주한미군사령부 문서철의 공보 관련 파일에 들어 있다. RG 554, Entry A1 1404, United States Army Forces in Korea(USAFIK), US Army Office of Military Government, Public Relations File 1947~1948, Box 311.

2. 한국 밖에서 제공된 물품 혹은 획득한 임금에 대한 요구들

　　3. 국민생명보험 및 우체국연금 정책하에서 일본정부에 대한 요구들

　　4. 전쟁보험과 관련한 일본정부에 대한 요구들

　　5. 정부채권 및 정부가 보증한 담보에 대한 요구들

　　6. 개인적 부상 혹은 사망과 관련한 일본정부에 대한 요구들

　　7. 육체적 혹은 경제적 협박에 해당하는 조건 속에서 소청인들이 팔거나 일본정부가 획득한 부동산 혹은 동산에 대한 요구들

제6부 일본인 개인·법인들을 상대로 한 한국인 개인·법인들의 요구들

　　1. 일본 법인의 주식·채권·담보물에 기초한 요구들

　　2. 한국인 개인·법인과 일본 은행 간 계좌 개설에 기초한 요구들

　　3. 일본 보험회사들을 상대로 한 요구들

　　4. 불법 혹은 계약에 기초한 요구들(보험 혹은 은행 요구 이외)

제7부 화물선 및 어선에 대한 요구들

제8부 독도 섬에 대한 요구[177] (강조는 인용자)

　　이 대일배상요구 문서의 정확한 작성일은 미상이다. 다만 이 문서 뒤에 첨부된 미군정의 권고일자가 1948년 5월 15일인 것으로 미루어, 그 이전에 완성된 것임을 알 수 있다. 이 문서는 과도정부에서 작성한 것을 기초로 만들어졌지만, 미국 고문들의 손을 거쳐 최종 완성된 것으로 판단된다. 이 문서는 배상의 구체적인 액수를 적시하기보다는 어떤 방식으로 누구와 접촉해서 문제를 해결한 것인가 하는 절차와 과정에 중점을 두었다. 구체적으로 '제3부: 일본정부를 상대로 한 조선총독부의 계승자로서 한국 정부·부·국·처의 요구들' 중 '1. 화폐, 혹은 화폐 등가물에 대한 요구들'을 살펴보면 처리과정은 (a) 사

---

177) 위와 같음.

례, (b) 시효, (c) 최초의 절차, (d) 제출처, (e) 궁극적 처리 등으로 구성되어 있다.[178] 제8부가 다루는 독도에 대한 요구는 다음과 같다.

제8부
독도 섬에 대한 요구
이는 완전한 정부 차원의 요구이다. 이는 제기될 수 있는 다른 여타 요구의 대표물로서 별도의 범주에 넣어야 한다. 분명히 영토선의 문제는 평화회담에서 결정되어야만 한다. 남조선과도정부 외무처가 주장한 바에 따르면, 독도는 울릉도 남동 40마일쯤의 지점에 위치하고 있다. 이는 소위 "맥아더어업선"의 한국측에 위치하고 있다. 또한 이는 리앙쿠르암으로도 알려져 있다.[179]

미군정이 대일배상요구안을 작성하면서 독도영유권을 포함시켰다는 사실은 지금까지 전혀 알려지지 않았다. 미군정은 과도정부 각 부처 내부에 대일배상요구액심사위원회를 두고 미군 고문들과 연락하여 대일배상의 기초자료를 수집하고 액수를 조정하고 있었는데, 독도가 포함된 것은 과도정부의 주요 간부들이 독도영유권을 중시하고 있었음을 반증한다. 이는 1947년 독도조사대 파견의 직접적 영향이었을 것이다. 또한 미군정도 독도문제가 대일배상요구안에 포함되어야 할 중요 사안으로 인정하고 있었음을 알 수 있다.
첨부된 권고안에서 과도정부의 주요 고문들은 다음과 같은 해법을 추천

---

178) 위의 문서, p. 11.
179) 위의 문서, p. 28. 영어 원문은 다음과 같다.
PART VIII
Claims for Tokto Island
This is strictly a governmental claim. It is put in a separate category as a representative of other such claims which may arise. Obviously questions of territorial limits must be decided at the Peace Conference. Tokto Island, which is claimed by the Office of Foreign Affairs, SKIG, is located some 40 miles southeast of Ullung Do. It is on the Korean side of the so—called "MacArthur Fishing Line." It is also known as Liancourt Rocks.

했다.

1. 우선 3~5명으로 구성된 대일배상요구에 능숙한 변호사들을 선발해, 이 보고서와 관련 기초자료들을 숙지시킨 후 일본에 파견해 연합군최고사령부(SCAP) 대표들과 다양한 종류의 대일배상요구 처리문제를 상의케 할 것.
2. 보고서 사본을 SCAP에 송부하며, 동경에서도 비슷한 그룹을 조직해 두 그룹의 토론을 허가케 할 것.
3. 본 사령부의 변호사 1~2명을 지정해 승인된 종류의 요구들을 진행할 중앙기구(중앙대일청구위원회, Central Japanese Claims Commission) 설립계획을 조력케 하며, 이러한 미국인 변호사들은 이 위원회가 승인될 때 남조선과도정부의 일부 조직이 되길 기대하며 모든 예비작업을 수행할 것.
4. 중앙요구기관의 조직 전에 가능한 실행과 계획을 위해 다음의 절차가 승인될 것.
   (a) 중앙소청위원회(The Central Claims Agency)는 중앙경제위원회, 법무부 자문단, 외무부 자문단과 협의한 후 군사채널을 통해 SCAP에 전달할 완성된 요구들을 모두 군정장관에게 제출한다.
   (b) 본 사령부는 SCAP이 확인과 행동을 담당할 적절한 일본 기관에 해당 소청들을 알려주길 요청한다.
   (c) 본 사령부는 SCAP에 한일합동소청위원회(joint Korean-Japanese Claims Commission)의 조직연구를 요청한다.
5. 제1항에 제안된 한국과 일본의 두 대표 그룹이 추가적 연구와 권고를 할 동안, 본 보고서 사본을 참고 및 예비연구용으로 육군부에 보낼 것.
6. 육군부에 국무부·육군부·해군부 3부조정위원회(SANACC)로부터 군정명령 제33호(Ordinance no.33)가 부여한 전 일본인 재산 처리방침을 이 요구들을 청산하는 데 사용해도 좋다는 지령을 획득하도록 요청할 것.[180]

이 권고안대로 미군정이 연합군최고사령부, 육군부 등에 적절한 조치를 요구했는지는 확인하지 못했다. 또한 연합군최고사령부 쪽에서의 반응도 확인되지 않는다. 아마도 점령 마지막 시기에 작성된 이 권고안은 미군정이 청산되고 한국정부가 수립된다는 시기적 촉박성과 군사·안보·경제 등 주요 문제로 인해 우선순위가 하향 조정되었을 가능성이 높다.

그러나 미군정의 점령 마지막 시기에 대일배상요구와 관련해 구체적인 요구내역과 그 프로세스가 만들어졌으며, 그 가운데 독도문제가 들어 있었다는 사실은 중요한 의미를 지닌다. 이는 미군정이 독도문제를 배상의 차원에서 이해하고 있었으며, 대일배상요구에 있어서 별도 항목을 설정할 정도로 그 중요도를 인정하고 있었음을 의미하기 때문이다. 또한 이는 과도정부 한국인 관리들이 독도문제의 중요성을 절감하고 있었음을 의미한다. 이는 분명 1947년 이래 한국인들의 독도에 대한 관심과 조사·노력이 파생시킨 결과였으며, 독도가 일본 침략의 첫번째 희생물이 되었던 만큼 한국의 독립 및 정부 수립과 함께 반드시 한국령이 되어야 할 의문의 여지가 없는 국토라는 인식의 결과였다.

(4) 대한민국 헌법에 반영된 독도영유권

1948년 독도폭격사건과 한국인들의 독도 재인식은 대한민국 헌법이 제정되는 과정에서도 재확인되었다.[181] 1948년 6월 23일 헌법기초위원회는 대한민국 헌법안을 국회에 제출했고, 제1독회를 개최했다. 이때는 미극동공군사령부가 예하부대가 독도를 폭격했다고 자인한 뒤이며, 한국인들의 독도에 대

---

180) 위의 문서, pp. 29~30.
181) 제헌헌법 제정과정에서 독도문제가 논의된 사실을 처음 지적한 것은 신용옥이었다(신용옥, 2009, 「제헌헌법의 사회·경제질서 구성 이념」, 『한국사연구』 144집, 12쪽).

한 인식이 고조되던 시점이었다.

이날 독도문제는 헌법안의 제6장 경제, 제84조를 논의하는 과정에서 제출되었다. 헌법안 제84조는 다음과 같은 내용이었다.

제84조 광물 기타 중요한 지하자원, 수력과 경제상 이용할 수 있는 자연력은 국유로 한다. 공공필요에 의하여 일정한 기간 그 개발 또는 이용을 특허하거나 또는 특허를 취소함은 법률의 정하는 바에 의하여 행한다.[182]

헌법안 제6장 제84조는 국회 제26차 회의로 개최된 '헌법안 제2독회'(1948. 7. 6)에서 심의되었다. 의장은 이승만이었다. 제5장 법원에 대한 조항이 이의 없이 통과된 후 제6장 제83조가 심의·통과되었다. 그다음이 제84조에 대한 심의 순서였다.

헌법안 제84조에 대해 황병규(黃炳珪) 의원 외 15명, 박윤원(朴允源) 의원 외 12명, 이유선(李裕善) 의원 외 12명, 최헌길(崔獻吉) 의원 외 10명이 수정안을 제출했다. 그 가운데 황병규 의원은 '광물' 밑에 '어장'을 넣어야 한다고 주장했다. 황병규는 지하자원과 마찬가지인 수산자원을 이 조항에서 뺀 것은 대단히 유감이라고 지적하며, 지하자원과 수산자원을 반드시 국유화해야 한다고 주장했다. 그는 어장이 국토·농토와 마찬가지라고 해석했다. 그는 어장을 개인 소유나 사유재산으로 인정하지 않고 다만 점유권만을 개인에게 부여해야 한다고 주장했다. 그렇게 함으로써 특수계급 또는 독점계급주의자에게 큰 덩어리의 어장을 부여하지 않을 수 있다는 것이었다.

황병규 의원은 전남 여수군 을구에서 무소속으로 당선된 인물로 수산학교를 졸업한 후 면장·어업조합장을 지낸 수산업 종사자였다. 황병규는 제헌국

---

182) 「헌법안 제2독회」(1948. 7. 6, 국회 제26차 회의), 『憲法制定會議錄(制憲議會)』, 국회도서관 입법조사국, 599쪽.

회 당시 무소속으로 출마해 대동청년단·한국민주당 후보를 꺾고 당선되었으며, 제2대에는 여천군에서 국민당 후보로 당선되었다.[183] 황병규는 국회 수산분과 위원이자, 제2대 국회 상공위원회 위원장(1953~1954)을 지낸 바 있다. 역시 수산업 종사자였으므로 어업에서 비롯된 수산자원, 독도 등의 문제에 깊은 관심을 갖게 되었음을 미루어 알 수 있다.

황병규는 나아가 독도문제 등 영토문제와 관련해 어장의 국유화가 중요하다고 지적했다.

끝으로 공해이며 연해에 있어서 외인(外人)의 침범으로 우리는 대단히 두려워하지 않을 수 없습니다. 현재 독도(獨島)의 실례를 보십시오. 독도라는 섬은 울릉도에서 40리 지점에 있는 섬이 아닙니까. 또 이것이 우리의 영토인 것입니다. 만일 이것이 국유어장(國有漁場)으로 지적되어 있다면 앞으로 외인(外人)의 침범에 대해서는 반드시 국제법상으로 제재할 권한이 있습니다. 이러한 실례를 보더라도 어장은 반드시 국유라 할 것입니다. 시간상 이상을 가지고 어물(魚物)과 수산자원에 있어서는 국유화하도록 본 조문에 삽입하여 주도록 강조합니다.[184] (강조는 인용자)

윤석구(尹錫龜) 의원은 수산자원을 국영으로 한다는 데 반대의견을 피력했지만, 박윤원 의원은 수산자원이 과거부터 공유물이었기 때문에 그 취급이 국유와 같았다며 수산자원의 국유화 조항을 넣어야 한다고 주장했다. 이에 대해 최헌길은 원안에 '수산자원' 네 글자만 넣을 것을 주장했다. 그는 어업·어장·수산업 모두를 포괄할 수 있도록 제84조에 '수산자원'이라는 단어를 넣자

---

183) 中央選擧管理委員會, 1963, 『歷代國會議員選擧狀況』, 보진재, 21, 49, 87, 133쪽.
184) 국회사무처, 「제1회 국회속기록 제26호」(1948. 7. 6), 『제헌국회속기록(1948. 5. 31~1948. 9. 8)』 제1권, 475쪽.

고 주장했다.

　이상과 같이 수산자원을 국영으로 하는 데 대한 반대의견이 있었지만, 대체적인 입장은 국영에 찬성하는 쪽이었다. 결국 의장 이승만은 제84조에 '수산자원'을 삽입하자는 수정안을 표결에 붙였으며 재석의원 173인, 찬성 126표, 반대 2표의 압도적 찬성으로 수정안이 가결되었다.

　이렇게 해서 제헌헌법에는 제84조가 다음과 같이 규정되었다.

　제84조 광물, <u>수산자원</u>, 기타 중요한 지하자원, 수력과 경제상 이용할 수 있는 자연력은 국유로 한다. 공공필요에 의하여 일정한 기간 그 개발 또는 이용을 특허하거나 또는 특허를 취소함은 법률의 정하는 바에 의하여 행한다.[185] (강조는 인용자)

　결국 1948년 독도폭격사건은 대한민국 헌법 제정과정에서도 논의되었고, 그 결과 경제조항 제84조에 수산자원을 국유로 한다는 내용이 삽입되었다. '수산자원'은 독도영유권을 반영한 단어였던 것이다. 이 조문은 단순히 어업·어장·수산업을 국유로 한다는 목표에서뿐만 아니라 독도가 한국 영토임을 확인하는 차원에서도 추진되었던 것이다. 이런 과정을 거쳐 대한민국은 이미 1948년 정부 수립의 과정에서 독도가 한국 영토임을 재차 확인하고 이를 최고상위법인 헌법에 반영했다.

　1947년 과도정부 시기부터 제기되고 고조되어온 독도에 대한 한국인들의 인식과 영유권 재확인에 대한 국민적 공감대, 일본의 독도 재침략에 대한 위기감 등이 대한민국 헌법에 반영됨으로써 한국의 독도 인식과 정책은 새로운 시대로 접어들었다. 독도 수호는 곧 침략의 저지이자 국토 수호였을 뿐 아니

---

185) 위의 책, 476쪽.

〈표 2-3〉 헌법에 반영된 독도조항의 변천

조문 헌법(호수)	내용	비고
제헌헌법 (1948. 7. 17)	제84조 광물, 수산자원, 기타 중요한 지하자원, 수력과 경제상 이용할 수 있는 자연력은 국유로 한다. 공공필요에 의하여 일정한 기간 그 개발 또는 이용을 특허하거나 또는 특허를 취소함은 법률의 정하는 바에 의하여 행한다.	제헌헌법
헌법 제2호 (1952. 7. 7)	제85조 광물 기타 중요한 지하자원, 수산자원, 수력과 경제상 이용할 수 있는 자연력은 국유로 한다. 공공필요에 의하여 일정한 기간 그 개발 또는 이용을 특허하거나 또는 특허를 취소함은 법률의 정하는 바에 의하여 행한다.	1차 개헌
헌법 제3호 (1954. 11. 29)	제85조 광물 기타 중요한 지하자원, 수산자원, 수력과 경제상 이용할 수 있는 자연력은 법률이 정하는 바에 의하여 일정한 기간 그 채취, 개발 또는 이용을 특허할 수 있다.	2차 개헌
헌법 제4호 (1960. 6. 15)	제85조 광물 기타 중요한 지하자원, 수산자원, 수력과 경제상 이용할 수 있는 자연력은 법률이 정하는 바에 의하여 일정한 기간 그 채취, 개발 또는 이용을 특허할 수 있다.	3차 개헌

[출전] 법제처 종합법령정보센터(http://www.klaw.go.kr)

라 제헌헌법과 그 정신의 수호를 의미하게 되었기 때문이다.

제헌헌법 제84조의 독도조항, 즉 수산자원을 국유로 한다는 조항은 이후 1954년 제2차 개헌 당시까지 유지되었다. 1954년의 개헌은 사사오입 개헌으로만 알려져 있지만, 경제 분야에서는 일종의 자유주의 시장경제체제 혹은 자유기업주의의 전면화였다고 평가된다.[186] 이 시점에 자연력에 대한 국유화 조문들이 모두 삭제되었고, 동시에 독도영유권 인식을 반영한 수산자원의 국유화 조항 역시 폐지되었다.

그러나 1948년 제헌헌법의 제정과 한국정부 수립은 단순히 식민지에서의 해방과 독립을 의미하는 것이 아니었다. 이는 신국가·정부의 건립, 영토·국

---

186) 신용옥, 2008, 「대한민국 헌법 경제조항 개정안의 정치·경제적 환경과 그 성격」, 『한국근현대사연구』 봄호, 제44집.

민·주권의 수호, 제국주의 침략의 저지와 식민지 경험의 청산을 의미하는 것이었다. 그 가운데 제헌헌법 제84조는 독도 수호와 영유권 문제에 대한 한국 국민의 합의, 국가적 차원에서의 명문화, 불가침성의 전면적 선언이었다. 즉, 한국은 정부 수립과정에서 대외적으로뿐만 아니라 대내적으로도 독도가 국가의 신성불가침한 영토임을 분명히 인식·반영한 것이었다. 1948년 독도는 한국 국민 모두가 명백히 인식하고, 국가 차원에서 헌법조문에 명기한 대한민국의 영토였다. 국민·정부·헌법 등 한국 국가의 주요 주체와 법리들이 독도가 한국 영토임을 한목소리로 선언한 것이었다.

한국은 제헌헌법을 통해 일본 제국주의와 단절된 새로운 정부·국가를 건설했다. 제헌헌법은 정신적으로는 1919년 이래의 임시정부의 헌법을 계승한 것이었으며, 그 역사적 맥락에 위치해 있었다. 유엔은 1948년에 수립된 대한민국을 신생국가로 승인했지만, 그 역사적 뿌리는 대한민국임시정부와 대한제국으로 거슬러 올라가는 것이었다. 한국은 당연히 일본 제국주의가 한반도 침략을 시작한 이래 강제된 모든 조약·협약·협정은 무효라고 판단하고 있었고, 이는 정당한 것이었다.

최소한 1894년 청일전쟁 이후 일본정부가 조선·대한제국 정부에 강요한 조약·협약·협정 등은 폭력과 탐욕을 위장한 침략문서에 다름 아니었다. 결정적으로 1905년의 을사늑약, 1907년의 정미7늑약, 1910년의 강제병합 등이 모두 같은 맥락에 위치하고 있는 것이다. 때문에 1905년 일본정부와 시마네현의 독도 영토편입은 단순히 개별적인 영토확장이 아니라 일본의 한반도 침략의 결정적 단계·과정·시기에 놓여 있는 대표적 사건인 것이다.

이에 반해 패전국 일본은 미국에는 패배했지만, 아시아국가들 특히 한국이나 중국에는 패배하지 않았다는 이중적인 전후 인식을 갖고 있었다. 특히 전쟁 책임을 제대로 정리하지 않은 일본은 미국에는 복종적·위계적 동맹을, 아시아국가들에는 멸시적이며 냉소적인 구제국주의적 시각을 유지했다. 이미 1948~1949년 단계에서 일본 외무성은 한국의 독립을 부정했다.[187] 훗날 한일회담 일본측 수석인 구보타 간이치로(久保田貫一郎)가 한국이 샌프란시스코조약 이전에 독립한 것은 국제법 위반이었다고 한 발언은 이러한 의식에서 비롯된 것이다.

또한 일본은 1905년의 독도 불법 영토편입 사건을 일본 제국주의의 한반도 침략의 맥락·구조에서 분리시켜 개별적인 사건으로만 다루려 했다. 이는 기본적으로 1900년대를 전후한 제국주의 침략과정에서 대한제국·조선 정부와 맺은 조약들이 여전히 유효하다는 전제와 가정하에서 나온 것이었다. 만약 일본이 철저한 전후 반성과 청산과정을 거쳤다면, 독도영유권 주장은 결코 나올 수 없었을 것이다.

국회의장으로서 헌법안 독회 사회를 보았던 이승만은 대한민국의 초대 대통령이 되었다. 1948년 6월 독도폭격사건을 경험했던 이승만은 헌법안 논의 과정에서 독도의 중요성과 그것이 반영된 헌법조문을 직접 처리했다. 1952년 1월 한국정부가 맥아더라인을 대체해 이승만라인으로도 불리는 평화선을 선포했을 때, 그것은 수산자원 보호와 수산업의 문제였을 뿐만 아니라 대한민국 헌법 제84조에 내포된 독도 수호의 정신을 실천적으로 반영한 것이었다.

---

187) 이에 대해서는 이 책의 3장을 참조.

3

일본 1947년:
독도·울릉도는 일본령

1. 일본정부의 평화조약 준비작업(1945~1950)
　(1) 평화조약문제연구간사회(1945. 11~1947. 5): 평화조약 준비작업의 시작
　(2) 평화조약각성연락간사회(1947. 5) 설치와 일본정부의 일반원칙 논의
　(3) 연합국과의 협의(1947. 7) 개시와 정책심의위원회의 설치
　(4) 강화방식의 검토: 역코스와 '사실상의 평화' 추구정책(1948)
　(5) '단독강화'·'다수강화'의 선택(1949~1950)

2. 일본의 영토문제 준비대책과 로비
　(1) 일본 외무성의 영토문제 준비작업
　(2) 영토문제 관련 로비는 있었는가?

3. 1947년 일본 외무성의 책략: 독도·울릉도 자국령 문서 작성 및 홍보
　(1) 일본 외무성의 「일본의 부속소도」 시리즈 간행
　(2) 일본 외무성, 독도·울릉도를 일본의 부속소도로 선언
　(3) 1947년 일본 외무성 독도 인식의 연원

1. 일본정부의 평화조약 준비작업(1945~1950)

패전 후 일본은 국가주권의 가장 중요한 두 가지인 군사주권과 외교주권을 박탈당했다. 전쟁 수행기관이었던 육군성·해군성 등은 해체되었지만, 외무성은 여전히 존속되었다. 외교권이 박탈된 외무성이 당면한 가장 중요한 업무는 바로 평화조약의 준비였다. 이 준비작업은 몇 단계로 나뉘어 진행되었는데, 외무성 내에서 평화조약문제연구간사회(平和條約問題硏究幹事會)를 조직해 내부적으로 논의하는 단계(1945. 11~1947. 4), 외무성과 정부 내 관련 부처들이 평화조약각성연락간사회(平和條約各省連絡幹事會)를 조직해 협의하는 단계(1947. 5~8), 관계부처 장관들의 협의에 따라 외무성 내에 심의실을 설치해 각 성연락간사회를 각 성의 실무자 상설회의로 만들어 평화조약에 대처하는 단계(1947. 9~)로 진행되었다. 마지막 단계에 도달하면서 일본 외무성은 대일평화조약과 관련한 일련의 준비작업의 대강을 완성하게 되었다.

한편, 1947년 7월에 접어들면서 미국을 중심으로 조기강화 움직임이 본격화되었다. 이와 발을 맞춰 일본정부는 연합국과의 공식·비공식 접촉을 본격화했다. 대일평화회담의 절차·성격을 둘러싸고 미소 간 의견 차이와 대립으로 회담개최가 지연되었지만, 1950년 5월 미국이 존 포스터 덜레스(John Foster Dulles)를 대일평화조약 담당특사로 임명하면서 논의가 본격화되었다. 미국에 의한 단독강화·조기강화가 분명해진 1950년 중반의 시점에 이미 일본은

5년 이상 평화조약 준비작업을 진행했고, 외무성과 관계부처들이 주요 의제·쟁점들을 정부 차원에서 논의·결정한 단계에 이르러 있었다.

(1) 평화조약문제연구간사회(1945. 11~1947. 5): 평화조약 준비작업의 시작

패전 직후 일본정부는 평화조약문제를 신속하게 준비하기 시작했다. 종전 교섭 및 논의과정에서 드러나듯이 일본은 이미 패전 이전부터 종전에 대비한 대책안을 준비한 바 있었다. 시데하라 기주로(幣原喜重郞) 내각의 외상이었던 요시다 시게루(吉田茂)는 1945년 9월 외상 취임식에서 패전국인 일본의 운명을 연합국 손에 달린 "도마 위의 잉어"(俎の上の鯉)라고 표현하며 분발을 촉구했다.[1] 요시다는 일본 외무성의 외교관 출신인 시게미쓰 마모루(重光葵), 아시다 히토시(芦田均)와 함께 1945년 가을 외무성의 핵심부서인 조약국·정무국의 과장 두 명을 불러 일본이 베르사유조약에서 가혹한 조건을 요구당한 패전 독일의 재판(再版)이 되어서는 안 된다고 설교했다.[2] 외교관으로 파리강화회의에 참가했던 이들은 '명령된 평화'를 회피하라고 조언했다. 그 자리에 참석했던 외무성 조약국 제1과장 시모다 다케소(下田武三)는 이들로부터 점령이 장기화되지 않을 것이며, 반드시 일본이 독립될 것이니, 완전 무장 해제된 상태에서 일본을 어떻게 지킬 수 있을지에 대비해야 한다는 권고를 들었다.[3] 이에 따라 외무성 조약국이 중심이 되어 1945년 11월 21일 외무성에 평화조약문제연구간사회(간사회)가 설치되었다. 간사장은 외무성 조약국장 스기하라 아라타(杉原荒太), 간사는 정무국 제1·제3 과장, 경제국 제1과장, 조약국 제

---

1) 下田武三 著·永野信利 編, 1984, 『戰後日本外交の證言: 日本はこうして再生した』上, 東京, 行政問題硏究所, 50~51쪽.
2) 이오키베 마코토(五百旗頭眞)외 지음·조양욱 옮김, 2002, 『일본 외교 어제와 오늘』, 다락원, 73쪽.
3) 下田武三 著·永野信利 編, 1984, 위의 책, 51쪽.

1·제2·제3 과장, 조사국 제1·제2·제3 과장, 관리국 제1부 제1과장, 종전연락사무국 총무부 제1과장으로 구성되었다.[4] 상임간사는 조약국 제1과장 시모다 다케소가 맡았다.

이후 일본 외무성은 연합국측과 평화조약문제를 전면 논의하는 시점을 1947년 초반으로 상정해놓고 준비작업을 매우 신속하게 진행했다. 1946년 1월 31일 평화조약문제 연구자료로 작성된 「평화조약 체결문제 기본방침」에 따르면 외무성은 ① 외무성 내부에서 연구안을 작성 완료(1946년 상반기), ② 외무성을 중심으로 관계 각 당국이 내면적으로 연락하는 기관을 설치해 안을 검토·개선(적당한 시기에 민간인을 참가시킴)(1946년 하반기), ③ 연합국의 의향 여하에 따라 일본정부에서 정식으로 문제를 제기(1947년 초반)한다는 3단계 계획을 수립했다.[5] 일본 외무성은 이러한 일정에 맞추어 평화조약 준비작업을 진행했다.

이오키베 마코토(五百旗頭眞)의 분류에 따르면, 외무성의 연구와 시안 준비는 4단계에 걸쳐 진행되었다. 1단계는 1946년 1월에 포츠담선언·연합국의 대일관리정책을 분석해 일본의 독립국 존속회복방안을 검토하는 단계, 2단계는 1946년 3월 헌법개정초안 요강의 발표로 일본이 주권국가로서의 최소조건 회복의 여러 방안을 모색하는 단계, 3단계는 냉전 개시 후의 단계, 4단계는 한국전쟁기 요시다의 지휘하에 강화협정이 체결되는 단계였다.[6]

1946년 1월 19일 간사회는 평화조약을 일반문제(4항), 정치조항 관련 문제(6항), 경제조항 관련 문제(7항)의 3개 범주로 나누어, 1월 31일까지 원고를 분담·작성하기로 결정했다. 정치조항 관련 문제에는 헌법문제, 영토조항, 군사조항 등이 포함되었다.[7] 이미 1946년 1월 26일에 개최된 간사회는 연합국

---

[4] 「平和條約問題研究幹事會の設置について」(1945. 11. 21), 日本外務省, 2006, 『日本外交文書: サンフランシスコ平和條約準備對策』, 12쪽.
[5] 「平和條約締結問題基本方針」(1946. 1. 31), 日本外務省, 2006, 위의 책, 41~42쪽.
[6] 이오키베 마코토, 위의 책, 73~74쪽.
[7] 「平和條約問題研究の分擔に關する件」(1946. 1. 19), 日本外務省, 2006, 위의 책, 13~14쪽.

이 제시할 것으로 예상되는 평화조약안과 일본측 희망안을 비교한 바 있는데, 그 기준은 1차 대전 후 베르사유강화조약이었다. 일본은 베르사유강화조약의 특징을 ① 명령된 평화, ② 원칙을 왜곡하는 조건이라고 정리했다. 첫번째 '명령된 평화'란 연합국의 조약안에 대해 독일의 권리는 문서로 1회 코멘트하거나 연합국의 개정안을 5일 내에 조인하지 않으면, 전쟁재개뿐이었음을 의미했다. 즉, 승전국과 패전국 간의 협상과 타협은 존재하지 않았다. 두번째 '원칙을 왜곡하는 조건'이란 독일의 항복은 미국 대통령 윌슨의 14개조 항을 수락했기 때문인데, 실제 조약안에서는 각종 사항들이 왜곡되었다는 것이다. 때문에 명령된 평화로는 독일을 도의적으로 구속할 수 없었고, 원칙을 왜곡한 조건으로 베르사유강화조약은 "더럽혀진 문서"(tainted document)라는 악명을 얻게 되었다는 것이다.[8]

평화조약문제연구간사회의 제1차 연구보고는 1946년 5월 완성되었고, 관계부처에 배포되었다. 1946년 1월부터 5월까지 연구된 내용은 모두 5개 부분으로 구성되었다.

- 평화조약 체결문제에 관한 기본방침 및 준비시책방침(안) (平硏1-1)
- 평화조약의 내용에 관한 원칙적 방침(안) (平硏1-2)
- 평화조약의 연합국안(예상)과 우리측 희망안과의 비교검토 (平硏1-3)
- 대일평화조약에 있어 정치조항의 예상 및 대처방침(안) (平硏政-1)
- 대일평화조약에 있어 경제조항의 예상 및 대처방침(안) (平硏經-1)

이 가운데 「대일평화조약에 있어 정치조항의 예상 및 대처방침(안) (平硏政-1)」은 이 시점에 정치조항과 관련한 일본 외무성의 원칙들을 확인하고 있

---

8) 「想定される聯合國側平和條約案と我か方希望との比較檢討」(1946. 1. 26), 日本外務省, 2006, 위의 책, 17쪽.

다. 가장 중요한 내용들은 첫째 일본의 정치형태를 일본 국민들의 자유의사에 따라 자주적으로 결정한다는 원칙을 유지해야 하며, 둘째 영구평화의 국시를 확정하기 위해서는 전쟁포기와 영세중립국화의 명문화, 조선에 관한 안전보장의 국제적 조치 등을 거론하고 있다.[9] 외무성은 조약이 가혹한 조건이나 불공정한 내용이 있으면 조약서명을 거부하거나 부득이하게 서명할 경우에는 비준을 거부해야 한다고 쓰고 있다.[10] 패전국·피점령국의 평화조약 구상으로는 믿기 힘든 내용과 문구였다.

첫번째 조항은 천황제 유지를 의미하는 것이었는데, 전후에도 여전히 외무성의 간부들이 천황제 유지를 의미하는 국체호지(國體護持)에 입각한 정치관을 가지고 있었음을 알 수 있다. 이는 천황제를 폐지하거나 개정하지 않고 그대로 유지하겠다는 강력한 의사표현이었다. 최고전범으로 동경재판에 회부되었어야 할 히로히토 천황은 미 국무부의 우호적 대일정책과 맥아더의 결정으로 전범재판 회부나 퇴위 대신, 인간선언을 통한 상징천황으로 거듭났다. 전쟁책임자는 1947년 평화헌법의 수호자로 재탄생했다. 천황제 폐지는 전후 일본 체제 구축의 핵심이었지만, 이미 종전시점에 미국의 정책은 천황제를 유지한다는 쪽으로 기울어 있었다. 이러한 정책은 포츠담선언에 반영되었고, 외무성은 이 연장선상에서 "일본의 정체를 일본 국민의 자유의사에 따라 자주적으로 결정한다", 즉 사실상 천황제를 유지한다는 주장을 하게 되었던 것이다.

두번째 조항 역시 일본에 대한 미국·소련 등 강대국의 영향력을 배제하겠다는 의미였다. 매우 거슬리는 것은 조선에 대한 안전보장의 국제적 조치 운운한 부분이었다. 이 조항의 본의는 액면 그대로 해방·독립될 조선에 대해 국

---

9) 「(平硏政―1)對日平和條約に於ける政治條項の想定及對處方案(案)」(1946. 5), 日本外務省, 2006, 위의 책, 91~92쪽.
10) 위의 자료, 99쪽.

제적인 안전보장을 제공해야 한다는 의미가 아니었다. 액면 그대로 받아들인다 해도 1880년대 이후 일본의 한국 침략의 논리였던 '조선의 자주국화'를 연상케 한다. 즉, 한반도는 대륙에서 뻗어 나와 일본을 겨냥하는 비수(dagger)와 같으므로 한국의 운명이 일본과 직결된다는 소위 '일의대수'(一衣帶水)의 제국주의적 침략논리를 떠올리게 된다. 이러한 안전보장 운운의 방책은 1880~1890년대 일본 군벌의 대변자였던 야마가타 아리토모(山縣有朋)가 주장한, 일본을 지키기 위해서는 조선·만주를 일본의 판도에 넣어야 한다는 소위 일본의 주권선·이익선 구상과 동일한 의미였다. 그 핵심은 조선이 일본에 위협이 되거나 반일강대국의 영향하에 놓이지 않게끔 일본이 조선을 관리할 수 있게 해야 한다는 것으로, 전후 일본이 조선을 관리할 수 없는 현실에서 국제적인 안전보장책으로 조선을 통제하게 해야 한다는 의미였다. 패전 후에도 여전히 조선을 자국의 영향하에 두려는 믿기 힘든 태도였다. 여기에는 전쟁의 책임, 전쟁과 식민통치에 대한 반성·사과·배상이 위치할 하등의 공간이 없었다.

평화조약문제연구간사회는 제1차 연구보고를 완성한 후 1946년 5월 22일 간사회 결정으로 제2차 업무계획을 수립했다. 이는 두 가지 내용이었는데, 첫째 제1차 연구보고에서 설정된 방향에 따라 제2차 연구를 1946년 6월 말까지 완성하는 것, 둘째 평화회담에서 일본측 전권대표단〔專權團〕이 휴대할 수 있는 기초자료로서 평화조약 준비자료를 1946년 7월 말까지 완성할 것 등이었다.[11] 제시된 제2차 연구항목은 다음과 같았다.

제2차 연구항목(◎표는 이미 연구된 것)
- **정치문제** ◎
  · 평화조약과 일본의 통치권 및 연합군의 일본 점령과의 관계 (平硏政-2) (조

---

[11] 「平和條約問題硏究幹事會の第二次業務計劃について」(1946. 5. 22), 日本外務省, 2006, 위의 책, 114~115쪽.

약국)

- 영토조항에 관한 연구 (平硏政-3) (조약국)
- 국적조항에 관한 연구 (平硏政-4) (조약국)
- 군사조항에 관한 연구 (平硏政-5) (총무국) ◎
- 평화조약과 일본이 당사국인 기존 조약과의 관계 (平硏政-6) (조약국) ◎
- 국제연합에의 참가문제의 연구 (平硏政-7) (조약국) ◎
- 국제행정문제와 평화조약 (平硏政-8) (조약국) ◎
- 이민문제와 평화조약 (平硏政-9) (조약국) ◎

― 경제문제 ◎
- 평화조약과 배상문제 (平硏經-2) (총무국)
- 평화조약과 점령비 결제문제 (平硏經-3) (총무국)
- 평화조약과 산업제한문제 (平硏經-4) (조사국)
- 평화조약과 통상재개문제 (平硏經-5) (총무국)
- 평화조약과 해운문제 (平硏經-6) (조사국)
- 평화조약과 어업문제 (平硏經-7) (조사국)
- 평화조약과 항공 (平硏經-8) (조사국)
- 평화조약과 일본 경제기구 (平硏經-9) (조사국)
- 국제통화금융기구에의 참가문제 (平硏經-10) (총무국)[12]

제2차 연구는 1946년 6월 말까지 완성을 목표로 했는데, 1946년 하반기에 대부분의 준비작업안들이 완성된 것으로 보입다. 1946년 7월 20일 「일본을 당사국으로 한 기존 조약과 평화조약과의 관계에 대해」(平硏經-6)가 완성되었고,[13] 9월에는 「국제연합에의 참가문제에 대해」가 완성되었다.[14]

---

[12] 위의 자료, 115~117쪽. 함께 제시된 평화조약 준비자료 목록은 제1부 정치관계(11항목), 제2부 경제관계(17항목), 제3부 문헌적 자료(6항목) 등 총 34항목에 달했다.

(2) 평화조약각성연락간사회(1947. 5) 설치와 일본정부의 일반원칙 논의

일본 외무성이 예상했던 1단계 준비작업, 즉 외무성 내부의 준비작업은 1947년 5월경에 최종 종료된 것으로 보인다. 정확한 이유는 알 수 없지만 최초의 예상보다 1년 정도 작업이 지연되었다. 아마도 1946년도에 대일평화조약과 관련해 연합국 간에 중요한 진전이 없었기 때문일 것이다. 1947년 들어 조기 대일강화를 제창한 맥아더의 성명(1947. 3)과 대일강화예비회담의 개최가 제창되면서(1947. 7) 대일강화가 촉진될 분위기가 감지되었다. 이에 따라 일본 외무성은 각 성(省) 간의 긴밀한 연락을 위해 외무성 내에 비공식 각성연락간사회 설치를 제안했다. 정식명칭은 '평화조약각성연락간사회'였으며, 각 성에서 한 명의 간사를 뽑아 구성하고, 간사장에 외무성 조약국장을 임명하도록 했다. 이에 참가하는 관계부처는 경제안정본부, 외무성, 종전연락중앙사무국(終戰連絡中央事務局), 내무성, 대장성, 사법성, 농림성, 상공성, 무역성, 운수성 등 10개 부처였다.[15]

이미 구체적인 사안에 대한 준비연구가 완료된 상태였기 때문에 각성연락간사회에서는 평화조약에 관한 일본정부의 일반적 견해를 정리하는 데 집중했다. 즉, 각론 차원의 논의가 대강 완료된 상태였기 때문에 총론 차원으로 종합하는 단계에 도달했던 것이다. 이는 외무성 조약국장이던 하기와라 도오루(萩原徹)가 작성하고 관계부처에서 논평해 수정하는 방향으로 진행되었다.

「평화조약에 대한 일본정부의 일반적 견해」 제1차안(1947. 5)
1. 평화조약의 기초(基礎)에서 일본의 희망을 충분히 청취해줄 것.

---

13) 「日本を當事國とする既存條約と平和條約との關係」(平硏經-6)(1946. 7. 20. 條約局 條約課), 日本外務省, 2006, 위의 책, 122~129쪽.
14) 「國際聯合への加盟問題について」(1946. 9. 條約局 條約課) 日本外務省, 2006, 위의 책, 129~146쪽.
15) 「平和條約各省連絡幹事會の設置について」(1947. 5. 17), 日本外務省, 2006, 위의 책, 180쪽.

2. 평화조약은 대서양헌장, 연합국 공동선언, 카이로선언, 포츠담선언과 합치해야 한다는 것.
3. 일본의 민주화, 비군사화(demilitarization), 기타 일반적으로 평화조약의 이행을 일본이 스스로 책임지고 이행할 기회를 부여할 것.
4. 일본의 완전한 비군사화에 수반해 그 정치적 독립, 영토보전 및 안전을 충분히 보장할 수 있는 국제기구를 즉시 확립해줄 것.
5. 일본이 경제적으로 자립을 이루는 데 필요한 조치 - 평화산업개발의 자유, 원자재 취득의 자유 등 - 및 자립을 이루기까지 원조를 해줄 것.[16]

이 내용을 읽어보면, 이것이 패전 후 평화조약을 체결하겠다는 입장인지, 평화 시에 우호국과 일종의 협정을 체결하겠다는 것인지를 알 수 없을 정도로, 패만(悖慢)한 자세이자 자국 일본의 이익만을 극대화하려는 태도임을 알 수 있다. 일본 제국주의자들이 한국, 대만, 중국을 침략하면서 수많은 전쟁배상과 영토할양, 불평등조약을 체결해온 역사에 비추어본다면, 또한 그것이 합법적인 국제관례였음을 주장한 전례에 비추어본다면, 일본의 주장은 비합리적이며 국제관례에서 벗어나는 비상식적인 요구였음을 알 수 있다. 일본 외무성의 기본적 입장이란, 우리는 우리 일을 알아서 할 터이니 연합국들이 기존에 공약한 선언·헌장에 따른 조약문을 제시하라는 정도일 것이다. 즉, 패전국이 스스로 전후처리를 진행할 테니 연합국은 그에 필요한 정치·경제·안보의 보장과 경제원조를 하라는 것이었다. 가장 중요한 전쟁책임, 전쟁·침략·식민통치의 피해에 대한 사과·반성·배상, 전범처벌, 전후 일본의 민주화·비군사화를 보장할 국제적 감시기구의 설치 등은 전혀 언급되지 않았다. 반성은 전혀 존재하지 않았던 것이다.

---

16) 「平和條約に對する日本政府の一般的見解(第一稿)」(1947. 5); 「平和條約に對する日本政府の一般的オブザーベーション」(萩原私案第一稿), 日本外務省, 2006, 위의 책, 181쪽.

이는 제3항에 대한 보충설명에서 잘 드러났다. "과거 일부 군벌세력이 국민의 의지에 반해서, 국민을 강제한 소위에 대해서도 일본 국민은 그 책임을 지지 않으면 안 된다는 것도 각오"하고 있는데, "일본은 과거 군벌지배 시대에 조약을 위반했다. 그러나 그 이전 시대에는 늘 조약을 준수했다", "또 이번 대전에 책임은 있지만, 독일과 같은 누범자(累犯者)는 아니다. 일본은 평화조약을 이행할 결의와 능력을 보유하고 있기에 일본이 스스로 그 책임으로써 이를 이행할 기회를 이번에 주어야 한다고 말하고 싶다", "일본은 민주적으로 되는 자연적 경향을 가지고 있다. 군비(軍備)가 완전히 철폐된 이상 일본이 침략을 기도하는 것은 불가능하다. 감시는 감수하겠으나 그 이상 점령 및 관리를 계속하는 것은 필요치 않다"라고 주장했다.[17]

도저히 믿기 힘든 정세인식이자 의식구조였다. 먼저 전쟁책임이 천황이나 일본 국민, 일본 국가에 있는 것이 아니라 "과거 일부 군벌세력"에 있다고 함으로써 일본 국가·국민·천황의 전쟁책임을 부정했다. 전쟁은 국민의 의지에 반한 일부 군벌의 책임으로 축소되었다. 일부 군벌들이 전범재판에서 처벌되면, 일본의 전쟁책임은 자연스럽게 면제된다는 논리구조를 충분히 전망할 수 있는 것이었다. 전후 일본이 여전히 전전(戰前) 일본의 의식세계의 지배하에 있음을 알 수 있다.

당연히 천황의 책임은 면책되었다. 또한 제1차 세계대전에 이어 제2차 세계대전을 일으킨 독일과 일본은 다르다고 주장했다. 독일을 누범자로 호명한 것이나 스스로 평화조약을 이행하겠다고 선언한 부분에서는 패전국이 아니라 협상테이블에 앉은 이해당사국의 입장이 드러난다. 제2차 세계대전 이전까지 강화조약·평화조약의 가장 큰 특징은 패전국의 권리가 엄격히 제약되었다는 점이었다. 전쟁책임, 배상, 영토할양을 핵심으로 하는 종래의 강화조약

---

17) 「平和條約に對する日本政府の一般的見解(第一稿)」(1947. 5), 日本外務省, 2006, 위의 책, 182~183쪽.

은 패전국에 강요된 조항에 서명하거나 재개전할 권리밖에 보장하지 않았다. 일본 역시 제1차 세계대전의 승전국으로 베르사유평화조약에 참가해 독일령 남태평양 도서들을 위임통치의 형식으로 할양받은 바 있다.

일본이 자연적으로 민주화되는 경향이 있다는 자평(自評) 역시 비웃음을 살 만한 것이었다. 일본의 민주화란 메이지유신 이래 주변 아시아국가에 대한 침략에 토대를 둔 허약한 장식품이었기 때문이다. 여기에는 침략·전쟁·점령·식민지 지배에 대한 어떠한 반성도 없었다.

하기와라의 초안을 검토한 가세 도시카즈(加瀨俊一) 총무국 참사관[18]은 코멘트를 붙였다. 가장 중요한 지적은 제2항에서 카이로선언을 배제해야 한다는 것이었다. 왜냐하면 카이로선언은 일본정부가 감수하기 곤란한 영토조항을 담고 있으므로, 일본정부가 이를 승인하는 것처럼 전제해서는 안 된다는 것이다. 카이로선언의 영토조항은 ① 일본이 1914년 제1차 세계대전 이래 탈취·점령한 태평양의 모든 도서 박탈, ② 만주·대만·팽호도 등 중국에서 도취(盜取)한 영토의 중화민국 반환, ③ 폭력·탐욕으로 약취(略取)한 기타 일체의 지역에서 구축(驅逐)을 규정한 바 있다.

그런데 가세 참사관의 코멘트는 기본적으로 일본 외무성 관리들이 자국이 수락한 항복조건마저 무시하고 무력화하려 했음을 분명히 보여주었다. 일본은 포츠담선언에 제시된 무조건 항복조항을 수락함으로써 종전에 이르렀다. 포츠담선언은 곧 일본 항복문서의 기본텍스트가 되었다. 그런데 포츠담선언의 영토조항은 카이로선언을 계승한다고 명백히 규정하고 있다. 즉, 포츠담선언 제8항은 "카이로선언의 조항은 이행되어야 하며 또 일본국의 주권은 혼슈, 홋카이도, 규슈, 시코쿠(四國) 및 우리들이 결정하는 모든 작은 섬에 국한" 한다

---

18) 가세 도시카즈(加瀨俊一)는 태평양전쟁 발발 시 대미선전포고문을 작성했고, 외상비서관, 북미과장 등 요직을 거쳤으며, 시게미쓰 마모루(重光葵) 외상의 측근으로 전쟁의 종결에도 깊이 관여했다(이창위, 2008, 『일본 제국 흥망사』, 궁리, 106쪽).

고 규정했으므로, 카이로선언의 영토조항은 포츠담선언의 영토조항으로 직결되는 것이었다. 또한 영토조항뿐만 아니라 대일점령의 기본정신은 카이로선언-포츠담선언-일본 항복문서로 연결되며, 이 세 가지 문서는 사실상 통합된 하나의 실체를 형성했다. 포츠담선언은 카이로선언에 기초한 것이므로, 둘 중 하나를 취사선택할 수 있는 성질이 아니었던 것이다. 그런데 가세는 포츠담선언은 인용하지만 카이로선언은 부정하라고 코멘트한 것이었다. 기본적으로 자국이 수락한 항복조건조차 거부할 수 있다면 해야 한다는 태도였다.

가세는 이러한 일본정부의 입장을 사전공작 없이 맥아더에게 제시하는 것보다는 조지 앳치슨(George Atcheson, Jr.) 주일미정치고문 주변과 비공식으로 내면연락을 해 측면지원을 해주는 방식으로 하는 것이 좋으며, 평화조약 준비를 위해 외무성 내에 별도의 조직을 만들어야 한다고 제안했다. 이 위원회의 목적으로는 준비서류의 작성 및 자료수집, 사령부 및 외국사절단과의 내면연락, 내외 신문 특히 외국인 기자의 지도·계발(啓發, 선전) 자료의 작성 등을 제시했다. 특히 2~3명의 신뢰할 만한 상주 외국인 기자를 확보해 맥아더 사령부 및 미국의 동향을 파악하는 채널을 확보하는 것이 필수적으로 긴요한 일이라고 지적하고 있다.[19]

이 부분 역시 주목할 만하다. 현재 공개된 일본 외무성의 외교문서는 철저한 스크린과정을 거쳐 위생처리된 문서라고 볼 수 있는데, 공개문서에서 적시된 이러한 외국인 기자의 활용방안은 단순히 제안에 그치지 않았을 것이 분명하다. 또한 단순히 기자만이 활용대상은 아니었을 것이다. 외국인 기자 등을 활용한 정보 입수와 일본에 우호적인 정보의 제공, 영향력 행사 등은 실행과정을 거쳐 그 결과가 보고되었을 것이다. 일본 외무성이 일본에 우호적 여론·결정을 형성하기 위해 외국인, 특히 미국인 기자들을 어떻게 활용했는지,

---

19) 「平和條約に關して」(1947. 6. 5. 加瀬), 日本外務省, 2006, 위의 책, 186~187쪽.

그들을 정보원이자 통로로 활용했는지 여부는 현재 알 수 없다. 또한 일본 외무성도 관련 자료나 근거를 공개하지 않을 것이다. 그러나 일본 지도자들과 "지속적 통신 확보"를 위해 정부 내 지도자, 교수, 사업가뿐만 아니라 전범으로 추방된 일본인들과도 교제해야 한다고 부하들에게 적극 강조한 주일미정치고문 윌리엄 시볼드(William J. Sebald)의 권고를 일본 외무성의 권고안과 서로 맞추어보면,[20] 어떤 일이 벌어졌을지 짐작할 수 있다.

1951년 샌프란시스코평화조약에 이르는 과정에서 일본 외무성과 일본 정계의 수뇌가 신속한 정책 판단·결정·실행을 이루는 순간마다 우호적인 인맥의 도움이 그 일단을 드러냈다. 일본 외교문서의 샌프란시스코평화조약 관련 문서철 중 가장 중요하게 취급된 정보들의 출처는 우호적인 미국 관리와 미국 신문, 그리고 명시되지 않았으나 우호적인 미국 신문기자들이었을 것이다.

하기와라의 제2차안은 1947년 6월 2일 제출되었고, 6월 4일 차관실에서 심의되었다. 제2차안은 가세 총무국 참사관 등의 코멘트에 기초한 것으로, 다음과 같이 수정되었다.

「평화조약에 대한 일본정부의 일반적 견해」 제2차안(1947. 6. 1)

1. 제1희망은 조약의 기초 및 체결수속에 관한 것이다. (일본의 공정한 희망을 진술할 기회를 주며 일본 국민이 납득할 수 있는 수속에 의해 체결될 것)
2. 제2희망은 평화조약이 대서양헌장에서 공개 약속(openly pledge)된 원칙을 준수하고 일본이 전쟁종료의 조건(term)으로 수락한 포츠담선언의 범주 내에서 체결되어야 한다는 것이다.
3. 제3점은 일본 정부 및 국민은 평화조약을 이행할 결의와 능력을 갖고 있다고 믿기에 연합국측에서 가능한 한 일본이 스스로 책임으로써 조약을 이행

---

20) William J. Sebald with Russell Brines, *With MacArthur in Japan: A Personal History of the Occupation*, W. W. Norton & Company, Inc., New York, 1965, pp. 66~69.

할 방침을 취해 그 신용을 회복할 기회를 주었으면 한다.
4. 제4희망은 일본의 안전보장에 관한 것이다. (국제연합 가입 및 국제연합하의 지역적 합의)
5. 제5점은 일본인에게 일정한 생활수준을 인정해 일본을 경제적으로 자립시 킨다고 하는 원칙을 평화조약의 전제로 해주는 데 있다.[21]

가세 참사관의 코멘트처럼 일본에 불리한 카이로선언의 내용은 삭제된 채 대서양헌장과 포츠담선언만이 강조되었으며, 문맥이 상당히 완화되었음을 알 수 있다. 그러나 본질적으로 그 내면에 포함된 것은 제1차안의 의도와 동일하다.

하기와라 조약국장은 1947년 6월 5일 제3차안을 완성했는데, 이는 제2차안을 부분적으로 수정 작업한 것이었다. 제3차안에 진술된 일본정부의 일반적 원칙·견해는 다음과 같았다.

「평화조약에 대한 일본정부의 일반적 견해」 제3차안(1947. 6. 5)
1. 일본정부는 충분히 의견을 진술할 기회를 부여받아 일본 국민의 합리적 희망을 최대한도로 용인받고 싶다.
2. 평화조약은 국제법의 제원칙에 합치하는 대서양헌장의 정신을 기조로 하며 또한 포츠담선언의 취지에 따라 체결해야 한다.
3. 일본 정부 및 국민은 일단 납득하고 인수한 평화조약은 최대의 성실로써 이행할 확신과 능력을 보유하고 있다. 때문에 연합국측에서 일본 정부 및 국민으로 하여금 스스로 책임으로써 조약을 이행할 방침을 취해 일본이 그 신용을 회복할 기회를 부여받고 싶다.

---

21) 「平和條約に對する日本政府の一般的見解(第二稿)」(1947. 6. 1), 日本外務省, 2006, 위의 책, 194~196쪽.

4. 평화조약에서 일본의 국제연합에의 가입 및 안전보장에 대해 고려해주기를 원한다.
5. 일본인에게 일정의 생활수준을 인정하고 또 일본이 경제적으로 자립할 조건을 준다고 하는 원칙을 평화조약의 근본으로 삼고 싶다.[22]

제3차안의 문맥은 철저히 일본 중심의 입장 진술이었다고 평가할 수 있다. 제1항은 일본의 권리를 내세운 것으로, 제2항은 대서양헌장을 국제법 제 원칙에 합치한다고 함으로써 카이로선언 등에 대한 불신을 표시한 것으로 해석할 수 있다. 제3항은 연합국들이 일본을 납득시킬 조건을 제시해야 하고, 체결된 조약은 일본 스스로 자율적으로 이행할 것이며, 제4항은 일본을 국제연합에 가입시키고 안전보장을 제공해야 한다고 했다. 제5항에서 전쟁배상은 언급하지 않은 채 일본의 경제·생활 수준의 보장, 경제자립을 요구했다. 이는 최소한도의 배상을 지불하겠다는 강력한 의지의 표현이었다. 자신들의 권리·요구만 제시했을 뿐 책임·사과·반성·배상 등이 제시되지 않았다.

도무지 이것이 평화조약에 임하는 패전국의 태도라고 보기는 어렵다. 아직 연합국 가운데 어떤 국가도 평화조약 초안을 작성하지 않았지만, 이러한 일본정부의 입장은 패전국으로서 상상하기 어려운 오만한 요구였다. 그 배경에는 패전 후 자기반성의 결여가 자리하고 있었다고 볼 수 있다.

외무성은「평화조약에 대한 일본정부의 일반적 견해」의 제3차안에 대해 일본 외교계의 원로들에게 자문을 구했다. 6월 24일 외무차관 관저에 A(有田八郎), H(堀田正昭), K(栗山茂), M(松平恒雄) 등 네 명의 원로를 초청해「평화조약에 대한 일본정부의 일반적 견해」에 관한 의견을 청취했다.[23] 이들은 모두

---

[22]「平和條約に對する日本政府の一般的見解(第三稿)」(1947. 6. 5), 日本外務省, 2006, 위의 책, 201~204쪽.
[23]「「平和條約に對する日本政府の一般的見解」に對する意見聽取について」(1947. 6. 25. 西村記), 日本外務省, 2006, 위의 책, 209~214쪽.

일본 외무성 출신들이다. 아리타 하치로(有田八郎)는 1930년대 중반 외무대신을 지낸 인물로 전전에 '구미 협조파'에 대비되는 '아시아파' 외교관이었던 것으로 알려졌다. 그는 고노에 후미마로(近衛文麿) 내각시대에 동아신질서의 건설을 표명했으며, 일본·독일·이탈리아의 3국동맹을 끝까지 반대했으나 전후에는 공직에서 추방되었다. 복귀한 후 일본의 재무장에 끝까지 반대한 인물이다. 홋타 마사아키(堀田正昭)는 외무성 구미국장(歐米局長), 주이탈리아대사, 제네바해군군축회의 전권위원 수원(隨員)을 지냈다. 구리야마 시게루(栗山茂)는 최고재판소 판사(1947~1956), 외무성 조약국장, 주벨기에대사, 주스웨덴대사를 지냈다. 마쓰다이라 쓰네오(松平恒雄)는 외무차관, 주영대사, 주미대사, 궁내대신, 초대 참의원 의장을 역임했다.[24]

최종적으로 하기와라 조약국장이 1947년 7월 17일 그간의 쟁점들을 총정리했다. 이는 문장과 표현의 문제까지 집중적으로 검토한 것으로, 1947년 7월의 시점에 일본 외무성은 평화조약에 대한 일본정부의 기본원칙과 의견서(position paper)를 완성하는 단계에 돌입한 것이다. 이 문서는 일본에 가장 유리한 조약 체결방식·원칙을 확인하는 동시에 카이로선언 등 일본에 불리한 연합국정책을 회피하려는 목적을 기술한 것이다.

(3) 연합국과의 협의(1947. 7) 개시와 정책심의위원회의 설치

1947년 초 미 국무부와 맥아더에 의해 조기강화론이 대두한 이래, 1947년 여름부터 일본정부는 다각도로 대연합국 접촉을 시도했다. 트루먼독트린이 발표되고 미소 간 냉전이 본격화되는 시점에, 대일평화조약의 체결논의는 탄

---

24) 이상의 인물에 대해서는 フリー百科事典, 『ウィキペディア』(Wikipedia)에 의거함(2009. 5. 10 검색).

력을 받고 있었다. 일본정부는 첫째 강제적으로 '명령된 평화'를 피하기 위해 연합국과의 교섭의 실마리를 찾으려는 목적, 둘째 냉전 개시와 함께 점령 초 일본의 비군사화 일변도 방침의 수정을 신중하게 타진하려는 목적에 기초해 있었다.[25]

이미 1946년부터 일본정부는 다양한 경로로 연합국과 접촉을 시도했다. 일본 외무성 공개기록에 따르면, 일본정부는 종전연락중앙사무국(終戰連絡中央事務局) 총무부장 아사카이 고이치로(朝海浩一郎)가 대일이사회 영연방대표인 맥마흔 볼(W. MacMahon Ball), 대일이사회 미국대표이자 연합군최고사령부 외교국장·주일미정치고문인 조지 앳치슨과 여러 차례 접촉한 바 있다. 종전연락중앙사무국은 패전 직후 연합군최고사령부의 요구에 따라 전쟁 관련 업무를 종결하기 위한 연합군과 일본 간의 중앙연락기구(Central Liaison Office)로서 설치되었으며(1945. 8. 26), 일본정부가 연합군을 상대하기 위한 공식통로로 기능했다. 아사카이는 맥마흔 볼과 총 3회(1947. 1. 20, 4. 15, 6. 24), 앳치슨과 총 7회(1946. 5. 1, 7. 17, 10. 7, 12. 17, 1947. 1. 23, 3. 12, 7. 3) 회담하며 연합국의 대일정책과 평화조약에 관한 일본정부의 입장을 전달하는 데 주력했다.

맥마흔 볼은 멜버른대학교 정치학과 교수로 1929~1932년 간 런던정경대학교(London School of Economics)에서 공부했으며, 영국·독일·미국에 유학한 바 있는 학자 출신의 외교관이었다. 아사카이는 맥마흔 볼이 미국의 입장과는 달리 친소적인 것이 아니냐고 공박하는 한편, 맥마흔 볼과의 제2차 회담(1947. 4. 15)에서는 일본측의 대일강화조약 준비와 관련한 외무성 조약국 조서를 "기밀로 하여" 전달하기도 했다.[26]

조지 앳치슨은 중국전문가이자 강력한 대일징벌론자였으므로, 아사카이

---

25) 이오키베 마코토, 위의 책, 75쪽.
26) 「朝海・マクマホン=ボール會談(第2回)」(1947. 4. 15. 朝海終戰連絡中央事務局總務部長), 日本外務省, 2006, 위의 책, 178쪽.

의 접근은 보다 신중했다. 앳치슨은 1947년 1월 말 신임 국무장관 조지 마셜(George C. Marshall)에게 일본 점령정책을 설명하기 위해 1개월간 워싱턴을 방문했는데, 이때에 맞춰 아사카이는 외무성 조약국의 승인을 얻어 "일본의 솔직한 견해를 담은 자료 제1권"을 앳치슨 편에 전달했다.[27] 흥미로운 것은 이 자료가 앳치슨에게 전달되는 과정이었다. 아사카이의 설명에 따르면 자료 전달일은 앳치슨의 출발 전날인 1월 28일이었는데, 출발 준비에 바쁘다는 이유로 앳치슨에게 직접 전달하지 않고 시볼드를 통해 앳치슨에게 전달을 의뢰했다.[28] 즉, 일본정부가 미국측에 정보·자료를 전달함에 있어서 시볼드를 활용하고 평가하는 입장이 이 대목에서 잘 드러났다. 이미 일본정부의 자료는 대일강경론자이던 앳치슨 주일미정치고문 시절부터 일본 외무성(아사카이)-시볼드-앳치슨-미 국무부의 경로를 거쳐 전달되었던 것이다. 앳치슨이 일본에 돌아온 후 가진 제6회 회담(1947. 3. 12)에서 아사카이는 일본정부 자료에 대한 미 국무부의 반응을 문의했고, 앳치슨은 "별로 거론할 만한 반응(reaction)은 없었다", "이들 자료는 참고가 되었다"라고 답했다.[29] 앳치슨은 유엔에서 일본의 옛 위임통치령 처리에 대해 미국이 자국의 전략지역으로 신탁통치를 주장하고 있지만, 기타 지역에 대해서는 아직 구체적인 움직임이 없다고 알렸다.

제7회 회담(1947. 7. 3)에서 아사카이는 이미 전달한 일본정부의 자료 제1권 외에 제2권을 앳치슨에게 전달했다. 앳치슨은 1947년 1월 수령한 서류를 확실히 국무부에 송부해두었고, 이번 서류는 ○○를 취급하고 있는 것 같은데, ○○에 관한 최근 일본측 견해에 대해서는 단지 미국뿐만 아니라 기타 각

---

27) 「朝海・アチソン會談(第7回)」(1947. 7. 3. 朝海終戰連絡中央事務局總務部長), 日本外務省, 2006, 위의 책, 228쪽.
28) 「朝海・アチソン會談(第5回)」(1947. 1. 23. 朝海終戰連絡中央事務局總務部長), 日本外務省, 2006, 위의 책, 167~168쪽.
29) 「朝海・アチソン會談(第6回)」(1947. 3. 12. 朝海終戰連絡中央事務局總務部長), 日本外務省, 2006, 위의 책, 168쪽.

국에서도 강력한 반응(reaction)이 있다는 점을 지적하지 않을 수 없다고 했다. 아사카이가 이 서류는 ○○에 관한 사실을 기재한 것으로 알고 있다고 하자, 앳치슨은 열람의사를 표시했고, 아사카이는 휴대했던 제1부(제2권 101)를 건네주었다. 나머지는 7월 5일 연합군최고사령부(SCAP) 외교국 앞으로 송부했는데, 제2권(102~120), 제3권(101~120)이었다.[30] 즉, 일본 외무성은 모두 세 차례에 걸쳐 앳치슨에게 일본 외무성의 평화회담 준비자료를 건넸는데, 1차 자료 제1권(1947. 1. 28), 2차 자료 제2권(제1부 101, 1947. 7. 3), 3차 자료 제2권(102~120)·제3권(101~120, 1947. 7. 5)이었다. 이 자료들의 구체적인 내역을 알 수는 없지만, 평화조약문제연구간사회·평화조약작성연락간사회의 논의와 준비상황으로 미루어 ○○는 배상으로 추정된다. 일련번호로 미루어보면 제1권은 미상, 제2·3권은 각각 20항목이므로 평화조약문제연구간사회가 설정한 제2차 연구항목 가운데 정치항목, 경제항목을 정리한 것으로 추정된다.

아사카이를 통해 1947년 1월부터 7월 초순까지 일본 외무성이 준비한 평화조약 준비자료들을 미국·호주에 제공한 후, 일본정부는 연합국과의 전면적인 접촉 개시를 결정했다. 이를 위해 일본 외무성은 조지 앳치슨에게 제출할 일본정부의 요망안을 총 9개 항목으로 정리했다.

앳치슨에게 제출할 일본측 요망안

1. 평화조약 작성의 수속(일본정부에 견해를 표시할 충분한 기회를 줄 것, 수속·방법의 공평)
2. 평화조약의 기초(대서양헌장, 포츠담선언에 준거)
3. 조약의 자주적 이행
4. 국제연합 가입(평화조약에 일본의 신속한 국제연합 가입을 규정)

---

30) ○○는 원문 그대로임. 「朝海·アチソン會談(제7回)」(1947. 7. 3. 朝海終戰連絡中央事務局總務部長), 日本外務省, 2006, 위의 책, 228쪽.

5. 국내의 평안과 질서(점령군은 철수하고 적당한 경찰력이 국내 치안 유지)
6. 재판관할권
7. 영토문제
8. 배상
9. 경제적 제한[31]

9개 항목의 일본정부 요망안이 확정되자, 1947년 7월 26일 아시다 외상은 SCAP의 앳치슨 외교국장을 만나 영문으로 된 9개 항목의 일본정부 요망안을 전달했다.[32] 7월 28일에는 연합군최고사령부 민정국장인 코트니 휘트니(Courtney Whitney) 소장을 방문해 역시 9개 항목의 일본정부 요망안을 전달했다.[33] 이것이 유명한 아시다 각서 혹은 아시다 이니셔티브였다. 아직 연합국측이 대일평화조약을 본격적으로 논의하기 전에 패전국인 일본이 먼저 평화조약 체결을 요구한 것으로, 당연히 SCAP과 연합국의 거센 반발을 샀다.

7월 28일 오후 앳치슨과 휘트니 소장은 각각 아시다 외상을 불러 일본정부 요망안의 접수를 거부했다.[34] 앳치슨은 일본정부가 이런 문서를 작성한 것을 국무부가 알면 일본정부에 불리할 것이라며, 현재 일본은 "토의에 의한 평화회의"를 원하는 것으로 보이는데 이는 곤란하다고 통보했다. 휘트니는 미국이 일본정부 혹은 일본 외상(=외무대신)으로부터 이런 비공식 문서를 수령하면 일본에 반대하는 다른 연합국을 자극할 우려가 있다는 점을 지적하면서, 일본은 침묵하며 평화회의가 개최될 때까지 기다리는 것이 현명하다고 했다.[35]

31) 「アチソン大使に對する會談案」(1947. 7. 24) 日本外務省, 2006, 위의 책, 245~247쪽.
32) 「芦田・アチソン會談」(1947. 7. 26) 日本外務省, 2006, 위의 책, 249~253쪽.
33) 「芦田・ホイットニー會談」(1947. 7. 28) 日本外務省, 2006, 위의 책, 261~262쪽.
34) 「アチソンおよびホイットニーに手交した「芦田覺書」の返却について」(1947. 7. 28), 日本外務省, 2006, 위의 책, 262~265쪽.
35) 「アチソンおよびホイットニーに手交した「芦田覺書」の返却について」(1947. 7. 28), 日本外務省, 2006, 위의 책, 262~265쪽; 下田武三 著・永野信利 編, 1984, 위의 책, 57쪽.

7월 31일 가타야마 데쓰(片山哲) 수상과 아시다 외상은 에버트(Herbert Vere Evatt) 호주 외무장관과 회담하며 평화회담문제를 거론했고,[36] 8월 11일에는 아시다 외상이 맥마흔 볼 대일이사회 영연방대표와 회담하면서 일본정부 요망안 8개조를 수교하기도 했다.[37] 그러나 이미 7월 28일 앳치슨과 휘트니가 아시다 각서의 접수를 거부함으로써 소위 '아시다 이니셔티브'에 의한 선제적 평화회담 제안은 무위로 돌아갔다.

　이 시점에 일본정부의 평화조약 추진은 일단 좌절되었다. 아직까지 일본의 전시만행을 기억하는 연합국들이 대일징벌적인 조약 체결에 중점을 두었기 때문이었다. 미국의 대일정책도 1948년을 기점으로 전환되기 시작했다. 탈군국주의 민주화정책에서 냉전 반공정책으로 전환하는 소위 역코스(reverse course) 정책은 유럽 냉전의 본격화와 아시아로의 확산을 기다려야 했다. 1947년 3월 트루먼독트린으로 대표되는 유럽의 냉전은 1년 뒤 아시아에 영향을 미치게 되었다.

　1947년 8~9월 일본 외무성은 평화조약문제 대책에서 일단 숨 고르기를 했다. 1947년 9월 3일 하기와라 외무성 조약국장은 참의원 의장관사에서 시데하라 기주로 전 수상, 마쓰다이라 쓰네오, 사토(佐藤) 전 주소련대사, 요시다 시게루 전 외상 등 네 명의 원로를 초청해 평화조약 준비대책에 대한 의견을 청취했다.[38]

　한편으로 일본정부 내의 평화조약 관련 준비대책을 총지휘하기 위해 정부 차원의 심의실이 설치되었다(1947. 9. 15). 이는 1947년 8월 6일 각의에서 결정된 사안이었다. 심의실은 위원회·간사회·사무실로 구성되었다.

---

36)「片山·芦田·エヴァット會談」(1947. 7. 31), 日本外務省, 2006, 위의 책, 265~270쪽.
37) 9개 조항 중 제1항인 평화조약 작성의 수속이 삭제되었다.「芦田·マクマホン=ボール會談」(1947. 8. 11), 日本外務省, 2006, 위의 책, 276~280쪽.
38)「平和條約準備對策の現狀についての意見聽取」(1947. 9. 3. 萩原記), 日本外務省, 2006, 위의 책, 281~284쪽.

- 심의실위원회: 외무차관(위원장), 외무성 총무국장, 동 조약국장, 종전연락중앙사무국 총무부장, 법제국 제1부장, 경제안정본부 관방장(官房長), 내무성 경보국장(警保局長), 대장성 관방장, 사법성 형사국장, 문부성 조사국장, 농림성 총무국장, 상공성 총무국장, 무역청 총무국장, 운수성 관방장, 체신성 총무국장, 노동성 노정국장(勞政局長), 후생성 국장(이상 위원)

- 심의실간사회: 총무국장(상임간사), 조약국장(상임간사), 西村 총영사, 조사국장, 관리국장, 정보국장, 종전연락중앙사무국 총무부장(이상 간사), 久保田 총영사, 小長谷 총영사, 島 참사관, 宮崎 참사관, 종전연락중앙사무국 정치부장, 동 경제부장, 동 관리부장, 동 배상부장, 총무국 총무과장, 조약국 조약과장, 千葉 사무관, 三宅 사무관(이상 간사보좌)[39]

이제 일본은 외무성 내부의 평화조약 준비작업을 완료한 후 외무성이 관계 각 성과 긴밀하게 협의·심의하기 위한 상설조직을 구성하는 단계에 이른 것이다. 1947년 8~9월 아시다 이니셔티브가 실패한 시점에 연합군최고사령부 외교국 내부에서 중요한 두 가지 사건이 있었다. 또한 이는 대일평화조약의 진행과 관련해 중요한 의미를 지니는 것이었다.

첫째, 강력한 대일징벌론자이자 중국통이었던 조지 앳치슨이 불의의 비행기 추락사고로 사망한(1947. 8) 사건이다. 앳치슨은 1945~1947년 사이 동경에서 가장 중요한 민간직위를 보유하고 있었다. 그는 ① 국무부가 맥아더에게 파견한 주일미정치고문(POLAD), ② SCAP 외교국장, ③ 연합국대일이사회(the Allied Council for Japan) 미국대표 겸 의장으로 활동했다. 주일미정치고문은 국무장관이 맥아더에게 정치 및 외교 문제에 대한 자문을 하며, 국무부

---

[39] 「審議室の設置およびその運營要領內規に關する高裁案」(1947. 9. 15. 決裁), 日本外務省, 2006, 위의 책, 296~299쪽.

의 대일정책을 전달하기 위해 설치한 직위로 전후 일본 내에서 가장 중요한 민간인 직위였다. SCAP 외교국은 전후 외교기능이 제거된 일본정부에 필요한 외교사무를 대행하기 위한 것이었다. 연합국대일이사회는 1945년 12월 모스크바3상회의 결과 만들어졌고, SCAP을 보좌하기 위한 미국·영국·중국·소련 4대국의 자문단이었다. 맥아더는 대일이사회를 SCAP에 대한 간섭으로 생각했고, 자신이 의장이었음에도 불구하고 그 임무를 앳치슨에게 넘겼다. 이러한 세 가지 직위를 겸비한 앳치슨은 동경에서 가장 중요한 정치적 위상을 가진 국무부 관리이자 맥아더의 민간참모였다.

앳치슨은 1920년 중국 북경에서 견습통역관으로 일하기 시작한 이래 중국전문가로 두각을 나타낸 중국통이었다. 그는 1924년 2월 중국 영사보로 외교관 생활을 시작했고, 천진(天津)·복주(福州)·남경(南京)·중경(重慶) 주재 영사를 지냈다. 1945년 9월 7일부로 연합군최고사령부(SCAP)에 공사급 정치고문으로 파견되어 1946년 5월 30일 대사급으로 승진했다.[40] 그는 중경에 있으면서 중경임시정부의 조소앙·김구 등과 접촉해본 경험을 갖고 있으며, 임시정부 사정에 대해 정통했다. 앳치슨은 "노련한 중국통"(old China hand)을 대표하는 인물이었고, 정치고문단 선임외교관이었던 존 스튜어트 서비스(John Stewart Service) 등이 이에 동의했다. 서비스는 고문단의 존 에머슨(John K. Emmerson)과 함께 공산주의 동정자 혹은 교류자 혐의로 조사를 받기도 했다.

앳치슨은 국무부의 입장을 대변하는 정치고문으로 맥아더와 충돌했다. 아시아우선주의자로 일본의 새로운 '황제'였던 맥아더는 반공주의에 입각한 일본 사회의 재건을 원했다. 맥아더는 전후 일본 개혁 대부분이 실제로는 "소련의 첩자"인 "이른바 자유주의자들"로 하여금 "공산주의 혁명"을 수행하도록 허용하는 것이라고 보았다. 공직추방, 배상, 반독점 조치 등은 압력솥의 뚜껑

---

40) "Background of Atcheson, George, Jr." MacArthur Archives(MA), RG 5, Box 107, folder 1.

을 여는 짓이기에 개혁을 하는 시늉만 하며 실제권력은 똑같은 사람들 수중에 내버려두어 일본이 "타고난 아시아의 지도자"로 다시 일어설 수 있도록 독려하는 것이 오히려 상책이라고 판단했다.[41] 종전연락중앙사무국 총무부장 아사카이 고이치로의 회고에 따르면, 앳치슨은 '역관계'(力關係)로는 아무리 해도 맥아더에게 상대가 되지 않았지만, 맥아더의 일을 때때로 아사카이에게 비판할 정도로 국무부의 입장에서 점령을 감시했다.[42]

대일정책을 둘러싼 논쟁은 이미 태평양전쟁 시기부터 시작된 것이었다. 1944~1945년 대일점령계획의 작성과정에서 조셉 그루(Joseph C. Grew) 국무차관(전 주일대사)과 유진 두먼(Eugene Dooman) 등은 일본이 비록 발을 헛디뎌 진보의 길에서 엇나가긴 했으나 조금만 개혁하면 쉽게 문명세계로 돌아올 수 있다는 견해를 가졌다. 반면, 뉴딜주의자와 경제학자들은 구조적인 정치·경제 개혁만이 평화적이고 민주적인 일본 발전을 보장한다고 확신했다. 논쟁의 결과, 그루진영은 1945년 패배했다.[43] 전후 주일미정치고문단 내부에도 앳치슨·서비스 등의 '중국통'과 맥스 비숍(Max W. Bishop)·시볼드와 같은 '지일파·친일통' 등의 대립이 있었다. 양자의 '기본적인 차이점은 일본인을 다루는 데 있어서 혹심함의 정도'에 대한 것이었다.[44]

---

41) 마이클 샬러 지음·유강은 옮김, 2004, 『더글러스 맥아더』, 이매진, 254쪽.
42) 外務省編, 1978, 『初期對日占領政策(上)-朝海浩一郎報告書一』, 每日新聞社, 33쪽.
43) 이오키베 마코토(五百旗頭眞)는 미 국무부 내에 존재한 전후 일본 정치 변혁론을 네 종류로 분석했다. 첫째 군부의 폭주로 전쟁이 일어났으므로 전후 일본 정치 개입에 신중해야 한다는 견해(군부의 폭주-개입신중론)로, 일본 온건파에 의한 자발적 변혁을 추구해야 한다는 견해였으며, 조셉 발렌타인(Joseph Ballantine)이 이를 대표했다. 둘째 전쟁은 일본의 제도적 결함에서 비롯되었으므로 일본 온건파와의 적극적인 제도개혁을 유도해야 한다는 견해(제도적 결함-적극유도론)로, 휴 보튼(Hugh Borton)이 이를 대표했다. 셋째 천황제와 군국주의는 불가분의 관계이므로 일본 정치에 개입해 보편주의적 교의로서의 민주주의를 정착시켜야 한다는 견해(천황제·군국주의 불가분론-개입변혁론)였다. 넷째 일본인은 어떤 방식으로도 불가변적인 존재이므로 격리·방치해야 한다는 견해(불가변의 일본인-격리·방치론)로 혼벡(Hornbeck)이 대표하는 철저한 비관론이었다(五百旗頭眞, 1993, 『米國の日本占領政策』上, 中央公論社, 256~282쪽).
44) William J. Sebald with Russell Brines, 위의 책, 43쪽.

앳치슨의 사망을 계기로 SCAP 내에서 중국전문가 대신 일본전문가가 득세하기 시작했고, 대일정책에서도 징벌적 정책과 민주화 정책에서 온건적 현상유지정책 내지 역전코스가 시작되었다. 전반적으로 친일적·지일적 목소리가 득세하기 시작했다.

둘째, 대표적 지일파인 윌리엄 시볼드의 전면적 부각이었다. 시볼드는 군인으로 출발해서 법률가를 거쳐 외교관에 이른 경력의 소유자였다. 미 국무부 공보국이 발행한 『국무부직원록』에 따르면, 그의 약력은 다음과 같다.

- 1901년 11월 5일 미국 메릴랜드 주 볼티모어 출생.
- 볼티모어 폴리테크닉대학 수학, 1922년 미 해군사관학교 졸업, 1933년 메릴랜드주립대학 법대 졸업, 1949년 법학박사.
- 1925~28년 동경에서 미해군 일본어 코스 이수, 1918~1930년, 1942~1945년 미해군 복무, 워싱턴 DC·메릴랜드 주 변호사, 1933~1941년 법조계 종사, 1945년 12월 3일 외교보좌단 특별보좌역 및 연합군최고사령부 임시 미정치고문실 참모 배속, 1947년 7월 27일 동경 주재 외교관, 1947년 8월 11일 동경 주재 정치고문단 참사관, 1947년 9월 2일 연합국 대일이사회 위원 겸 의장·SCAP 외교국장, 1948년 10월 1일 공사, 1949년 1월 7일 주일미정치고문대리, 1950년 5월 23일 1급 외교관, 1950년 10월 11일 대사급 동경 주재 SCAP 미정치고문, 1952년 4월 25일 미얀마 주재 전권대사, 1954년 11월 1일 국무부 극동담당차관보, 1956년 3월 7일 경력 공사, 1957년 호주 주재 대사, 1980년 사망.[45]

그는 해군사관학교 출신으로 일본에 배속되어, 영국계 일본 여자와 결혼

---

[45] Department of State, Office of Public Affairs, *Register of the Department of State, April 1, 1950*, p. 454; Department of State, *The Biographic Register 1956 (Revised as of May 1, 1956)*, pp. 568-569.

한 후 법률회사를 운영하는 장인의 사업을 승계하기 위해 변호사로 변신했다. 전후에는 전문외교관으로 1945년 12월부터 1952년 4월까지 일본 동경을 지키며 일본의 전후복구, 한국전쟁, 샌프란시스코평화회담의 주역으로 활동했다. 국무부 주일정치고문(대리)(1947~1952), 연합군최고사령부 외교국장(1947~1952), 대일이사회 미국대표 및 의장(1947~1952)을 지냈고, 이후 버마대사(1952~1954), 국무부 극동담당차관보(1954~1957), 호주대사(1957~1961) 등을 지냈다. 그는 일본의 언어·문화·사회·법에 정통한 전문가이자 일본에 매혹된 지일적이며 친일적인 인물이었다.[46]

애치슨의 사망 이후 맥아더는 애치슨의 자리 중 자신의 권한으로 임명할 수 있었던 주요한 두 자리인 SCAP 외교국장직과 연합국대일이사회 미국대표 겸 의장직을 시볼드에게 주었다.[47] 국무부는 경력 부재의 시볼드가 주일미정치고문에 적합지 않다고 판단했지만, 맥아더는 주일미정치고문 예정자인 전 국무부 극동국장 맥스웰 해밀턴(Maxwell M. Hamilton)이 "노련한 중국통"의 일원이라는 이유로 이를 거부했다.[48] 시볼드는 해군장교복을 외교관의 모닝코트로 갈아입은 "맥아더의 학생", "맥아더의 충실한 하급자"라는 평을 얻었다.[49]

시볼드의 대일 인식에서 가장 중요한 점은 일본에 대한 헌신과 극렬한 반공주의의 결합이었다. 일본 사회에 대한 시볼드의 인식은 '매료' 그 자체였다. 그는 일본계 여자와 결혼했고, 수많은 일본인 거물들을 친구로 삼았다. 전후에도 시볼드는 정치담당보고관으로 거리낌 없이 일본 극우 정치인들과도 교류했다. 시볼드는 태평양전쟁의 책임은 일본의 정치·경제·사상의 구조적 문제가 아니라 극소수 '군국주의자'들에게 있다고 생각했다. 한편, 시볼드는

---

46) 시볼드에 대해서는 정병준, 2005, 「윌리암 시볼드(William J. Sebald)와 '독도분쟁'의 시발」, 『역사비평』 71집을 참조.
47) William J. Sebald with Russell Brines, 위의 책, 60쪽.
48) 같은 책.
49) William J. Sebald with Russell Brines, 위의 책, 61쪽; 外務省編, 1978, 위의 책, 33쪽.

자신의 친일적 입장을 일본의 공산주의화 저지, 즉 반공주의로 정당화하려 했다. 그는 전후 일본에서 벌어진 전범추방, 재벌해체 등의 경제개혁을 공산주의자들의 사주라며 반대했다. 심지어 그는 미국 혹은 SCAP이 극좌 및 공산주의를 고무한다는 일본 우파들의 주장에 동의하기까지 했다.

반면, 한국에 대한 시볼드의 인식은 최악이었다. 한국을 여섯 차례 방문했던 그는 한국인이 "슬프고, 억압받고, 불행하고, 가난하고, 조용하며, 음울한 민족"이며, "전후 상황과 이 대통령의 거친 성격은 미군사령관에 파견된 수많은 미국정치고문들에게 한국을 보다 완고하고 견딜 수 없는 곳으로 인식"한다고 썼다.[50] 그는 이런 견지에서 대일평화조약과 초기 한일회담을 이끌어 갔다.

일본 외무성의 SCAP·연합국 접촉이 실패로 끝난 시점에 시볼드는 중요한 역할을 수행했다. 시볼드는 1947년 9월 20일경 외무성에서 황실에 파견된 직원을 통해 '천황 메시지'를 전달받아 이를 워싱턴으로 보냈다. 천황 메시지는 미국이 일본과 '장기조차(租借)' 방식으로 오키나와의 군사점령을 25년에서 50년까지 장기간 계속해도 무방하다는 것이었다.[51] 도요시타 나라히코(豊下楢彦)의 지적처럼, 이는 평화헌법체제하에서 상징천황이 현실정치에 개입한 대표적 사례였다.[52] 또한 오키나와의 희생을 대가로 일본이 평화와 주권을 회복하게 되었다. 결국 전후 일본의 미국 중심의 단극적(單極的) 평화조약체제는 헌법상 결정권한이 없는 천황의 오키나와 장기조차로 마련되기 시작했다.

천황은 이미 1947년 5월 6일 맥아더와의 네번째 회담에서 유엔이나 극동위원회 방식이 아니라 미국이 직접 일본의 안전보장을 책임져야 한다는 입장을 표방한 바 있었다. 시볼드는 1947년 10월 불의에 사망한 앳치슨을 대신한

---

50) William J. Sebald with Russell Brines, 위의 책, 181쪽.
51) 이오키베 마코토, 위의 책, 76쪽.
52) 도요시타 나라히코 지음, 권혁태 옮김, 2009, 『히로히토와 맥아더』, 개마고원, 8쪽.

이후 적극적으로 일본의 입장에서 대일강화를 추진했다.

일본 외무성은 평화조약 성립 후 일본의 국방문제에 대해 미8군사령관인 로버트 아이켈버거(Robert L. Eichelberger) 중장과 접촉하는 한편, 다양한 방식의 안전보장문제를 논의했다.[53]

1947년 말에 이르자 미국이 제안한 대일평화예비회담(1947. 7. 11)에 대한 극동위원회 구성 11개국의 반응이 정리되었다. 미국은 극동위원회 구성국의 2/3의 다수결제를 주장했으나, 소련은 비토권을 주장하며 대일평화문제 처리를 4대국 외상회의에서 다룰 것을 주장했다. 영연방은 캔버라회의(1947. 8. 25~9. 2)에서 미국 제안에 동의했지만, 중국은 소련이 배제된 대일강화회의 불참을 선언했다(1947. 9. 9). 중국의 수정제안(1947. 11. 17)은 4대국의 찬성투표를 포함하여 회의구성국의 다수결로 하자는 내용이었다. 이처럼 1947년 말에 이르러 대일평화조약과 관련해 미국 제안(11개국의 2/3 다수결 방식, 거부권 없음), 소련 제안(4대국 외상회의, 거부권 있음), 타협안인 중국의 제안(11개국의 단순 다수결 방식, 4개국의 거부권 포함)이 엇갈리면서 연합국들은 이견을 좁히지 못했다. 일본 외무성은 중국이 동의하느냐의 여부를 제외한다면 결국 소련을 제외하고 미국 제안이 수용될 전망이 점차 커지고 있다고 평가했다.[54] 그러나 평화회담의 절차를 둘러싼 연합국의 합의지연으로 새로운 동력이 부여될 때까지 평화회담은 수년간 지연될 수밖에 없었다.

---

53) 「鈴木九萬・アイケルバーガー會談」(1947. 9. 13); 「平和會談の見通しおよび日本の安全保障問題等について芦田とガスコインの對話」(1947. 9. 24); 「平和條約締結後の日本の安全保障について」(1947. 10. 6. 芦田均); 「平和條約締結後の日本の安全保障問題に關する技術的考察」(1947. 10. 18. 萩原記), 日本外務省, 2006, 위의 책, 284~296, 301, 314~315, 316~324쪽.

54) 「對日平和豫備會談招請問題の現段階」(1947. 12. 條約局 條約課), 日本外務省, 2006, 위의 책, 328~344쪽.

(4) 강화방식의 검토: 역코스와 '사실상의 평화' 추구정책(1948)

1947년 하반기 대일평화회담을 둘러싸고 미국안, 소련안, 중국안이 대립하는 가운데 1948년 초 소련이 특별외상회의의 소집을 제안했다. 그러나 연합국들이 합의할 가능성은 매우 낮았다. 일본은 미국이 대일평화회의 개최와 관련해 당분간 발언권을 행사하지 않을 것이기 때문에 대일평화문제가 일시 보류될 것이라는 전망을 갖게 되었다.[55] 반면, 일본정부는 1948년에 들어서 미국의 대일점령정책이 확실한 변화를 보이고 있는 점에 주목했다. 이는 역(逆)코스라고 불리는 새로운 정책이었으며, 경제정책의 측면에서는 '180도의 전환'이었다. 1948년 초반 이후 거론된 미국의 새로운 정책들로 열거된 것은 ① 로열 육군장관의 연설(극동에서 전체주의의 방벽으로서 일본의 강화를 주장, 1948. 1. 6, 샌프란시스코 커먼웰스클럽), ② 맥아더가 육군장관에게 보낸 편지(일본의 통상제한 완화, 일본인 해외도항, 국내문제의 자주적 해결 요청, 1948. 1. 18), ③ 극동위원회 미국대표 맥코이 소장의 발언(일본의 경제부흥 조치 주장, 1948. 1. 21), ④ 스트라이크위원회의 보고(일본에서 유용하게 사용할 수 있는 생산시설을 철거하지 않을 것, 1948. 3. 8), ⑤ 극동위원회 문서 제230호(경제력 집중 배제)의 원안 포기(1948. 3. 13, UP통신), ⑥ 드레이퍼 사절단 방문과 존스턴 보고(1948. 5. 19) 등이었다.[56]

1948년 중반에 들어서 미국이 일본에 대해 국가주권의 제약을 점차 철폐함으로써 일본정부는 평화조약 체결 전이라도 일본을 사실상 평화조약체제로 만드는 '사실상의 평화' 정착이 가능하다고 판단했다. 즉, 미국정부의 적극적인 일본중시정책을 파악한 것이었다. 이에 입각해 일본은 평화조약 체결 전

---

55) 「對日平和問題の現段階と「事實上の平和」の可能性について」(1948. 6. 30), 日本外務省, 2006, 위의 책, 357쪽.
56) 위의 자료, 358~359쪽.

정상관계를 회복한 선례들을 조사했다. 이탈리아(1947. 9. 15, 평화조약 발효), 발칸3국(루마니아·불가리아·헝가리: 1947. 9. 15, 평화조약 발효), 오스트리아 (1946. 7. 18) 등의 사례를 통해 평화조약 체결 이전에도 외교관계 수립, 대사 교환, 무역 재개, 국제기구 가입이 가능하다는 판단을 내렸다.[57] 특히 미국과의 관계에 있어서는 평화조약 체결 이전에 '사실상의 평화'(de facto peace), '부분적 평화'(partial peace)가 가능하다고 보았다. 즉, '전쟁상태 종료선언'을 통해 평화조약을 체결하지 않는 '사실상의 강화'가 가능하다고 본 것이다.

구체적으로 일본 외무성은 일본주권의 부분적 회복, 외교권의 회복이 가능하다고 보았다. 외교권 회복에 따라 조약 체결권, 국제회의 참가권, 통상교섭권, 외교사절 및 영사관의 접수·파견 등이 실현될 것으로 예상했다. 일본 외무성은 평화회의 개최가 지연될수록 '사실상의 평화'의 범위가 넓어지고, 평화회의 개최가 신속해질수록 그 범위가 좁아지게 될 것으로 판단했다.[58] 1948년 12월 일본 외무성은 '사실상의 평화'의 내용을 외교 분야, 통상항해 분야, 내정 분야로 나누어 정리했는데, 이는 일본정부의 요망, 즉 희망에 관한 내용을 담고 있다.[59] '사실상의 평화'의 구체적 실천은 1950년 2월 미국이 뉴욕·샌프란시스코·로스앤젤레스·호놀룰루 등 네 지역에 일본정부 재외사무소 설치를 허락하며 실현되었다. 이어 1951년 5월까지 워싱턴·스웨덴·프랑스·네덜란드·벨기에·우루과이·파키스탄·태국·버마·페루·멕시코·캐나다·영국·브라질·인도네시아·인도 등에 재외사무소 설치가 허가되었다.[60]

1948년에 들어서자 일본정부와 연합군최고사령부의 관계도 원활하고 긴밀한 방향으로 전환되었다. 1948년도 심의실 업무보고에 따르면, 1948년 한

---

57) 위의 자료, 363~368쪽.
58) 위의 자료, 370~375쪽.
59) 「「事實上の平和」の內容として要請される事項について」(1948. 12. 25), 日本外務省, 2006, 위의 책, 376~384쪽.
60) 下田武三 著·永野信利 編, 1984, 위의 책, 45쪽.

해 동안 심의실은 22종의 연구제목을 가지고 외무성 및 관계 각 성이 참가하는 회의를 총 82회 개최했다. 그 작업성과는 SCAP 외교국에 전달되었다.[61]

1949년에 들어서 외무성은 내부에 정책심의위원회를 설치하여(1949. 1. 27) 최고 방침과 정책에 대한 심의 및 조정을 담당케 했다. 위원회는 외무차관을 위원장으로, 총무국장·조약국장·조사국장·관리국장·특수재산국장·정보부장·심의실원 1명을 위원으로 하며, 월 2회 개최될 예정이었다. 이와 함께 심의실원 1명(간사장), 정무국장(상임간사), 총무과장, 조약과장, 조사1과장, 특자(特資)1과장(이상 간사)으로 구성되는 간사회를 조직해 일주일에 1회씩 정례회의를 개최하도록 했다.[62] 정책심의위원회가 중점을 둔 것은 내외정보의 수집과 주요 방책이었다. 정책심의위원회가 다룰 문제들은 다음과 같았다.

· 평화조약문제에 대한 종래의 연구작업 속히 완료, 연합국측의 동향 및 견해를 정기적으로 종합, 대처방침을 결정.
· 단독강화의 가능성과 득실을 검토.
· 사실상의 평화보장의 입장에서 여러 문제를 체계적으로 검토.
· 안전보장문제에 대해 대처방침을 연구.[63]

특히 1948년 말부터 일본 외무성의 주요 관심사는 평화헌법 제9조에 따라 군대 및 교전권이 없는 일본이 평화조약 체결 후 어떻게 안보를 확보할 것인가 하는 점에 집중되었다. 1949년 일본 외무성은 다양한 방식의 안전보장방안을 강구했다. 여기에는 ① 영구중립의 선언, ② 특정국가와의 동맹조약 체결, ③ 상호 안전보장기구의 설립 등 세 가지 방안이 있다고 보았다.[64] 이와 관

---

61)「昭和23年審議室業務報告について」, 日本外務省, 2006, 위의 책, 384~386쪽.
62)「政策審議委員會設置に關する高裁案」(1949. 1. 27 決裁), 日本外務省, 2006, 위의 책, 390~391쪽.
63)「政策審議委員會の採り上ぐべき問題(案)」(1949. 2. 2), 日本外務省, 2006, 위의 책, 394쪽.

련하여 외무성의 한 과장은 일본중립론을 검토하면서 전시중립은 유지하기 어려우며, 미국이 일본에서 철군해 중립을 희망해도 소련이 이를 지키지 않을 것으로 예상했다. 때문에 중립유지의 노력이 필요하다고 강조하면서, 전쟁 중 중립을 유지하기 위해서는 자국 내 치안을 유지해야 하며 해외필수품의 자력 수송력을 확보하기 위해 경찰력의 증강과 선박의 확보가 전제되어야 하는 동시에, 일본이 중립을 지키지 못할 정도의 종국적이고 절박한 시점을 예상해 내심의 조타수를 어느 쪽으로 향할지를 정해야 한다고 결론지었다.[65] 즉, 형식은 중립이지만, 내면적으로는 한 진영·국가를 선택할 만반의 준비가 필요하다는 인식이었다.

(5) '단독강화'·'다수강화'의 선택(1949~1950)

1949년 하반기에 접어들어 대일평화회의에 새로운 전망이 제기되기 시작했다. 즉, 미소 간에 대일평화회의의 절차에 대한 합의가 지체되자 단독강화 가능성이 제기된 것이다. 특히 1949년 10월 말부터 11월 초까지 미국 주도로 대일평화조약 초안이 제시되고 있다는 정보가 입수되었다. 이를 접한 외무성은 1949년 11월 4일 각연락조정지방사무국장(各連絡調整地方事務局長)에게 전보를 보내 평화조약이 미국 주도·소련 제외의 형식으로 체결될 것이라는 소식을 전했다.[66]

여기서 단독강화는 일본이 일부 국가와는 평화상태를 회복하지만, 다른 나라와는 기술적인(technical) 전쟁상태를 존속하는 형태이며, 주로 미국·영

---

64) 「日本の安全を確保するための諸方法に關する考察」(1949. 5. 條約局法規課), 日本外務省, 2006, 위의 책, 396쪽.
65) 「日本中立論に關する考察」(1949. 6. 2. 後宮課長), 日本外務省, 2006, 위의 책, 399~403쪽.
66) http://www.mofa.go.jp/mofaj/annai/honsho/shiryo/bunsho/h17.html; 日本外務省, 2006, 위의 책.

국·기타 국가와는 평화상태를 회복하지만 소련(중공)과는 평화상태를 회복하지 않는 경우를 전제한 것이었다.[67] 연합국들은 1942년 1월 1일 공동선언에서 적국과 단독으로 휴전·강화를 하지 않는다는 단독불강화의 원칙에 합의했다. 1943년 10월 30일 미영소중 공동선언에서도 적국의 항복·무장해제에 관해서는 함께 행동한다는 약속을 함으로써 전면강화의 원칙에 합의한 바 있었다. 그런데 미소냉전의 격화로 소련을 배제한 단독강화 가능성이 제고되자 일본은 단독강화가 실현될 수 있는 다양한 가능성을 검토했다. 특히 미국의 대일인식이 급격하게 우호적으로 변화하는 주관적 조건과 악화일로에 있는 미소관계라는 객관적 조건에 비추어볼 때 단독강화가 유력하다고 판단했다. 일본은 소련의 평화회의 불참, 평화회의 참석 후 조인 거부, 조약에 따르지 않는 전쟁상태의 종료 선언 등 다양한 방식의 가능성을 검토했다. 일본의 결론은 단독강화가 되면 미군의 장기주둔이 불가피하며, 이럴 경우 일본의 안전보장 방식이 문제가 된다는 것이었다. 그런데 단독강화의 경우 소련 등의 거부권 행사로 국제연합 참가가 불가능하며, 중립정책도 불가능하다고 판단했다. 때문에 미군 주둔에 의해 일본의 안전이 보호되어야 하며, 미군 주둔의 영속화로 일본인의 자립심이 저하되는 등 악영향이 우려되지만, 영속적인 점령보다는 주둔이 더 낫다고 판단했다.[68]

당시 일본정부는 소련 등이 제외된 단독강화를 체결하게 된다면, 이는 전면강화가 아니라 대일강화에 찬성하는 미국·영국 중심의 다수강화(majority peace) 방식이 될 것이라고 판단했고, 그 이해득실과 일본의 방침, 안전보장문제, 경제문제 등에 대한 특별사항들을 논의하기 시작했다. 가장 핵심적인 문제는 일본의 안전보장문제였다. 결국 일본의 안보에 대한 미국의 확약이 중요하게 부각되었고, 평화조약의 핵심문제가 이제 미국과의 군사협정 및 안전보

---

67) 「單獨講和の可能性およびその利害得失について」(1949. 9. 24), 日本外務省, 2006, 위의 책, 406쪽.
68) 위의 자료, 412~414쪽.

장 확보로 전환되었던 것이다.

1949년 12월 작성된 외무성의 문서는 다수강화의 방식을 채택할 경우 일단 일본 영역 내에 외국군 주둔, 군사기지 설정은 가급적 회피해야 하며, 불가피한 경우에는 일본 본토를 회피해 주변 도서로 한정해야 하고, 어쩔 수 없는 경우에는 일본 본토 내의 주둔지점을 한정해야 한다고 쓰고 있다. 당연히 주둔군은 미군이며, 기간은 단기간으로 해야 한다는 것이었다.[69] 다른 문서는 일본 스스로가 대외적으로는 비무장화를 철저히 해야 하며, 실질적으로는 미국에 의존할 수밖에 없다는 점을 지적하면서 역시 미군의 일본 본토 주둔을 극력 회피해야 하며 주변 도서에 국한해야 한다고 주장했다. 본토 주둔이 불가피할 경우 소수지점에 한정해야 하며, 미군 주둔과 관련된 내용을 조약문에 특기해야 한다고 쓰고 있다.[70]

일본 외무성은 1949년 11월 12일 평화조약문제 분담내역을 결정했는데, 이에 따라 12월 10일 그 내용이 완성되었다. 그 후 3회에 걸쳐 간부회의에서 해당 내용들이 상의되었다. 분담한 내역들은 〈표 3-1〉과 같다. 현재 여러 항목의 구체적인 작업 내용들은 공개되지 않은 상태이다.

평화조약에 관한 논의 결과 가장 중요한 문제로 부각된 것이 역시 일본의 안전보장인데, 본토 주둔과 주변 도서 주둔이 법률적으로는 별 차이가 없지만, 대내적으로는 큰 차이가 있다는 점을 지적하고 있다.

일본 내에서는 전면강화와 단독강화를 둘러싼 논쟁이 지속되고 있었다. 요시다 총리는 전면강화를 주장하는 난바라 시게루(南原繁) 도쿄대학 총장을 곡학아세의 무리라고 비판하는 한편, 1950년 6월 1일에는 단독강화 후에 강화조약 미체결 국가와 점차적으로 강화조약을 체결한다는 성명을 발표했다. 단독강화는 중국 침략에 대한 일본의 전쟁책임과 한국 등에 대한 식민지 지배

---

69)「多數講和における安全保障の基本方針について」(1949. 12. 3), 日本外務省, 2006, 위의 책, 441~442쪽.
70)「安全保障に關する陳述」(1949. 12. 8), 日本外務省, 2006, 위의 책, 445~446쪽.

〈표 3-1〉 일본 외무성 평화조약문제 작업분담(1949. 11. 12)

항목	작업연락담당자 (作業連絡主任者)	작업담당자 (作業擔任者)
1. 다수강화(majority peace)의 이해득실 및 일본이 취해야 할 방침	三宅 문서과장	下田 과장, 後宮 과장, 藤崎 과장, 曾野 과장, 吉川 과장
2. 평화조약과 안전보장 (1) 전면평화조약의 경우 (2) 다수강화의 경우 (3) 군사협정의 가부 및 가능성	松井 과장	高橋(通) 과장, 藤崎 과장, 竹內 과장, 曾野 과장, 三宅 과장, 芳賀 과장
3. 평화조약상정대강(平和條約想定大綱)에 대응하는 일본 요망의 획정(전면 majority)	下田 과장	松井 과장, 三宅 과장, 後宮 과장, 芳賀 과장, 宇山 과장, 戶田 사무관
4. 평화조약문제에 대해 (1) 일반적 의견 (2) 영토문제에 관한 의견 · 기타 상정대강에 획정된 우리측 요망을 항목별로 정리한 의견	下田 과장	三宅 과장, 後宮 과장, 芳賀 과장, 松井 과장, 戶田 사무관
5. 군사협정에 관한 기존 유형(雛形)의 검토 및 우리측의 요망	高橋(通) 과장	後宮 과장, 下田 과장, 高橋(覺) 과장
6. 경제협정에 관한 기존 유형의 검토 및 우리측의 요망	宇山 과장	芳賀 과장, 下田 과장, 高橋(覺) 과장, 中山 사무관
7. 다수강화 혹은 전면강화에 관련해 연합 군최고사령부 외교국(DS)에 리포트를 제출할 경우에는 그 항목의 검출(檢出)	松井 과장	下田 과장, 後宮 과장, 三宅 과장, 宇山 과장

[출전]「平和條約問題作業分擔」(1949. 11. 12), 日本外務省, 2006,『日本外交文書: サンフランシツコ平和條約準備對策』, 453~454쪽.

를 불문에 부치려는 일본정부의 자세와 밀접한 관련이 있었다.[71]

1950년 5월 덜레스가 미 국무장관 특사로 대일평화조약을 담당하게 되고, 한국전쟁이 발발하자 대일평화회담의 개최가 임박해졌다. 1950년 8월이 되

---

71) 후지와라 아키라·아라카와 쇼지·하야시 히로후미 지음, 노길호 옮김, 1993,『일본현대사(1945~1992)』, 구월, 90쪽.

자 일본 외무성은 쌍무적 단독강화 방식이 채택될 가능성을 점쳤다. 여기서 말하는 쌍무적 단독강화 방식은 일본정부가 개별 국가들과 단독강화를 체결하는 것을 의미했는데, 각 연합국이 일본과 개별적으로 미리 합의된 동일한 내용의 조약을 체결하여 전쟁상태를 종료하는 방식(형식상의 쌍무적 단독강화 방식)과 각 연합국이 대일강화 조건에 대해 사전협의 없이 실질적이고 개별적으로 일본과 평화조약을 체결하는 방식(실질상의 쌍무적 단독강화 방식)이 있었다. 일본정부는 형식상의 쌍무적 단독강화가 실질적으로 다수강화와 같은 결과를 가져올 것으로 예상하면서, 실질상의 쌍무적 단독강화 방식은 다수강화의 방식보다 가혹한 조건이 될 수 있으며, 최후의 연합국과 평화조약이 체결될 때까지 일본이 극히 불안정한 상태에 놓이게 되기 때문에 극력 회피해야 한다고 결론지었다.[72]

일본정부의 입장은 1950년 9월 「대일평화조약상정대강」(對日平和條約想定大綱)의 최종고(最終稿)로 귀결되었다. 이는 대일평화조약에 대비한 일본정부의 공식적인 입장을 총정리한 것으로, 1951년 덜레스 사절단과의 협의에 기초가 될 문서였다. 극비로 분류된 이 문서는 1950년 3월에 준비된 초고에 이탈리아평화조약을 참고해 완성한 것으로, 제목이 보여주듯이 이 시점에 일본이 예상한 대일평화조약 대강이다. 모두 7개 장으로 구성된 이 「대강」(大綱)은 이탈리아·불가리아·헝가리·루마니아·핀란드 평화조약을 참조해 만들어졌으며, 매우 간략한 방식을 채택했다. 7개 장은 '1. 전문 2. 영토조항 3. 정치조항 4. 군사조항 5. 경제조항 6. 조약이행의 보장 7. 안전보장'으로 구성되었다. 이 「대강」 가운데 특기할 만한 몇 가지 점을 지적하면 다음과 같다.

먼저 전문에서 일본정부는 이탈리아평화조약에 의거해 일본이 독일·이탈리아와 3국동맹을 맺고 침략전쟁을 시작해 그 책임을 분담하고 있으며, 일본

---

[72] 「雙務的單獨講和方式に關する考察」(1950. 8. 29), 日本外務省, 2006, 위의 책, 515~519쪽.

이 무조건 항복해 항복문서에 서명했다는 점이 명기될 것으로 예상했다. 그러나 샌프란시스코대일평화조약에는 이런 침략전쟁의 반성과 전쟁책임이 명기되지 않았다.

영토조항에서는 ① 대만·팽호도를 중국에 **반환**, ② 남사할린(南樺太)을 소련에 **반환**하고 쿠릴(千島)열도를 소련에 **인도**, ③ 조선을 **독립**시킴, ④ 관동주(關東州) 조차지를 중국에 **반환**한다고 규정했다.[73] 국적조항에서는 재일조선인들이 조선의 독립과 함께 조선 국적을 취득한다고 명기했다.

배상과 관련해서는 ① 국내시설, ② 연차생산물, ③ 재외재산의 세 종류를 활용할 수 있다고 했다. 첫째는 국내시설을 철거해 배상하는 소위 중간배상의 성격이며, 둘째는 이탈리아조약이나 대일기본정책에도 규정되어 있는 연차생산물에 의한 배상인데, 미국의 태도에 따라 이 배상은 면할 가능성이 있다고 보았다. 셋째는 일본에 의한 청구권 방기인데, 여기에는 ① 전쟁으로 인한 모든 대(對)연합국 청구권의 포기, ② 청구권 포기에 따른 개인의 손해의 특정 부분에 대해서는 일본정부가 공평하게 보상할 의무를 짐, ③ 일본과 외교관계를 단절한 연합국에 대한 청구권도 포기, ④ 독일·이탈리아에 대한 청구권도 포기 등의 내용이 포함되었다.[74]

이상과 같이 일본정부는 1945년 말부터 시작한 평화조약 준비작업을 1950년 하반기에 완성했다. 치밀한 준비작업은 완료되었고, 남은 것은 연합국, 특히 미국과의 협의였다. 1945년 시작단계에서는 가혹한 징벌적 조약을 염두에 두었지만, 1947년 이후 냉전이 본격화하면서 대일정책에서 변화가 감지되고, 1948년 역코스정책으로의 전환을 계기로 일본은 '사실상의 평화'와 '단독강화'를 염두에 두게 되었다. 마침내 1950년 한국전쟁의 발발을 계기로 쌍무적 단독강화의 체결이 임박해졌으며, 일본정부는 「대강」을 완성하게 되었던 것이다.

---

73) 「對日平和條約想定大綱」(1950. 9), 日本外務省, 2006, 위의 책, 519~521쪽. 강조는 원문 그대로.
74) 위의 자료, 526~527쪽.

2. 일본의 영토문제 준비대책과 로비

(1) 일본 외무성의 영토문제 준비작업

외무성 평화조약문제연구간사회는 활동 개시 후 대일평화조약을 일반문제·정치조항·경제조항 등 세 개 범주로 나누었는데, 영토문제는 정치조항의 핵심범주로 다루어졌다. 1946년 1월 26일 간사회는 영토문제와 관련한 연합국의 일반원칙을 확인했다. 연합국의 준거안이 대서양헌장·포츠담선언·카이로선언인데, 여기서 연합국들은 영토팽창을 원치 않는다고 선언했으므로 이를 수용해 일본에 유리한 쪽으로 해결해야 한다고 적었다. 일본은 이미 포츠담선언·카이로선언에서 일본의 영토가 혼슈·홋카이도·시코쿠·규슈 및 기타 제소도(諸小島)로 국한되며, 태평양 제도서(諸島嶼)의 박탈, 만주·대만·팽호도의 중국 반환, 점령지의 반환, 조선의 독립 등은 기정사실이라고 판단하고 있었다. 핵심은 역시 연합국이 결정할 일본 인근의 도서를 어떻게 확보하는가 하는 점이었다. 1946년 1월 초 일본 외무성의 우려는 쿠릴(千島, 치시마)과 남사할린(南樺太, 미나미가라후토)의 소련 할양과 류큐제도의 중국주권 인정문제였다. 외무성은 쿠릴과 남사할린의 소련 할양은 반드시 응할 필요가 없으며, 류큐에 대한 중국 주권을 인정한다 해도 이는 국민투표 등의 방식을 따라야 하며, 오키나와본도(沖繩本島)에 있는 미국 군사기지 사용도 미국이 일본령을 인정해야 가능하다고 규정했다.[75]

1946년 1월 31일 제출된 간사회의 「영토조항」(연구시안, 정무국)은 일본의 대일강화조약 준비와 관련한 최초의 보고서이자 종합적인 의견의 개진이었다. 이에 따르면 연합국이 제시한 대일영토규정은 카이로선언(1943. 12), 포츠

---

75) 「想定される聯合國側平和條約案と我か方希望との比較檢討」(1946. 1. 26), 日本外務省, 2006, 위의 책, 19쪽.

담선언(1945. 7), 연합군최고사령관 점령정책 재성명(1945. 12. 19)의 세 가지였다.

- 카이로선언: ① 일본으로부터 1914년 제1차 세계대전 개시 후 탈취하거나 점령한 태평양에서의 일체의 도서는 박탈, ② 만주, 대만, 팽호도와 같이 일본이 중국으로부터 도취(盜取)한 일체의 지역을 중화민국에 반환, ③ 일본국은 또 폭력과 탐욕에 의해 일본국이 약취(略取)한 기타 일체의 지역에서 마땅히 구축(驅逐).
- 포츠담선언(8항): 카이로선언의 조항은 이행되어야 하며 또 일본국의 주권은 혼슈(本州), 홋카이도(北海島), 규슈(九州), 시코쿠(四國) 및 우리들이 결정하는 제소도(諸小島)에 국한.
- 연합군최고사령관 점령정책 재성명(1945. 12. 19): 일본의 주권은 혼슈, 홋카이도, 규슈, 시코쿠 및 대마도를 포함하는 약 1,000개의 근접 제소도(諸小島)에 국한.[76]

이에 따라 외무성은 크게 세 종류의 영토문제 처리를 예상했다. 첫째, 류큐, 오가사와라(小笠原), 가잔(火山)열도의 경우 미국이 군사기지를 설치할 것으로 예상되는데, 류큐열도의 귀속문제는 주민투표에 붙여져야 한다. 둘째, 남사할린 및 쿠릴의 귀속문제는 카이로선언·포츠담선언에 들어 있지 않았으나, 이 섬들의 귀속을 결정한 얄타비밀협정에 대한 미 국무장관 제임스 번스(James F. Byrnes)의 발표(1946. 1. 29)에 따르면 미영소 3개국이 이 섬들이 소련령이라는 데 동의했으며, 이것은 대일평화조약에서 확인될 것이다. 셋째, 일본에서 떨어져 나갈 영토들은 조선(독립), 대만·팽호도·만주국(중국 반환),

---

[76] 「領土條項」(1946. 1. 31), 日本外務省, 2006, 위의 책, 46~47쪽.

남사할린·쿠릴열도(소련 귀속), 위임통치제도(유엔 신탁통치, 미국은 마리아나제도를 신탁통치할 계획), 점령지역(이미 예전 귀속관계로 복귀) 등으로 예상했다.[77]

일본은 국제조약에 의거해, 일본이 합법적으로 취득한 지역도 역사적·지리적으로 보아 그 귀속에 관해 의문이 있는 경우에는 인민투표에 의해 이를 결정해야 하며, 평화조약으로 일본의 영토가 최종적으로 결정되면, 할양지역 거주 일본인 중 귀국희망자는 부동산을 매각하고 동산을 자유롭게 반출할 권리가 있어야 한다고 썼다.[78] 종합하면 영토문제와 관련해 일본 외무성은, 1946년 1월 말의 단계에서 일본의 영토는 카이로선언·포츠담선언에서 주요 4개 섬과 인접 제소도로 결정된바, "중요한 제소도의 확보(특히 지리적·역사적·민족적 의미에서)"를 주요 목표로 설정했다.[79]

평화조약문제연구간사회의 제1차 연구보고는 1946년 5월 완성되어 관계 부처에 배포되었다. 이중 「대일평화조약에 있어 정치조항의 예상 및 대처방침(안) (平硏政-1)」에 영토문제에 대한 원칙들이 담겨 있었다. 일본 외무성은 영토문제와 관련해 다음과 같은 원칙을 주장했다.

① 공정한 영토귀속의 결정: 연합국은 누차에 걸쳐 영토적 야심이 없다는 성명을 발표했으며(대서양헌장 제1항, 카이로선언, 1945년 해군기념일의 미 대통령 연설), 아울러 포츠담선언은 일본의 파괴 내지 노예화를 목적하고 있지 않다고 선언했으므로 공정한 해결방안에 노력할 것.

② 일본 근접 제소도: 연합국이 결정할 일본 근접 제소도에 대해 민족적·지리적·역사적·경제적 논거에 입각해 일본의 보유로 허락될 수 있는 범위를 확대하려고 극력 노력할 것. 「일본 영토에 대한 통치권 내지 행정권 행사 제한

---

77) 위의 자료, 47~48쪽.
78) 위의 자료, 48~49쪽.
79) 「平和條約の內容に關する原則的方針の硏究および聯合國案と我が方希望案との比較檢討について」 (1946. 2. 1), 日本外務省, 2006, 위의 책, 74~75쪽.

에 관한 메모랜덤」(1946. 1. 29) 중 특히 아마미오시마(奄美大島) 및 이즈오시마(伊豆大島)에 대해서는 이 지역이 역사적·지리적·민족적으로 일본에 속하는 것이 타당한 이유를 권위 있는 과학적 자료에 의거해 설명할 것.

③ 류큐제도: 류큐제도는 연합국의 공동 신탁통치 혹은 미국의 단독 신탁통치가 실시될 가능성이 크며, 중화민국의 영토가 될 가능성은 상당히 낮다고 보이는데, 전자의 경우(연합국의 공동신탁·미국의 단독신탁)는 반대할 수 없으나, 후자의 경우(중국령)는 그럴 이유가 없다는 점을 강력히 주장하고 최악의 경우에는 인민투표에 의해 최종 귀속결정 방향을 구할 것. 오키나와(沖繩)섬은 미국이 유엔헌장 제82조의 신탁통치지역 중 전략지역으로 지정할 것으로 예상되지만 이에 반대할 수 없을 것.

④ 남사할린·쿠릴: 쿠릴에 대해서는 얄타협정으로 소연방에 인도한다는 밀약이 있었지만 일본으로서는 이에 구속될 필요가 없으며, 또한 남사할린에 대해서 포츠담선언의 수락에 의해 일단 주권포기의 예약을 했으나, 전쟁에 의한 영토탈취의 불승인주의에 의거해 이들 지역의 귀속결정은 마땅히 인민투표 등의 일정조건을 붙이는 방식을 연구할 것.

⑤ 이오지마(硫黃島): 오키나와섬처럼 미국의 신탁통치지역하의 전략지역으로 지정될 것으로 예상되는바 이에 대해 반대할 수 없을 것.

⑥ 조선·대만: 조선의 독립 및 대만의 중국에의 반환은 이를 승인하며, 이에 수반해 조선의 안전보장에 관한 규정을 둘 것.[80]

이상의 영토규정에 따르면 일본은 연합국이 결정할 일본 근접 제소도에 가장 큰 관심을 가지고 있었으며, 주요 관심지역은 아마미오시마·이즈오시마, 류큐제도(오키나와), 남사할린·쿠릴열도, 이오지마, 조선·대만 등이었음

---

80) 「(平硏政-1)對日平和條約에 於けㄹ 政治條項의 想定及對處方案(案)」(1946. 5), 日本外務省, 2006, 위의 책, 95~96쪽.

을 알 수 있다. 평화조약문제연구간사회의 제1차 연구보고(1946. 5) 이후 일본 외무성은 일본 근해의 제소도에 관한 자료집을 만들어 적극적으로 연합국에 배포하기 시작했다.

평화조약문제연구간사회의 제2차 업무계획에 따르면 1946년 6월 말까지 제2차 연구를 완성하도록 했는데, 여기에는 「영토조항에 관한 연구」(平硏政-3)가 들어 있다.[81] 그러나 현재 이 내용은 공개되지 않은 상태이다.

일본정부는 1947년 7월 초순까지 외무성이 준비한 평화조약 준비자료들을 미국·호주에 제공했고, 7월 24일 조지 앳치슨 주일미정치고문에게 일본정부의 9개 요망안을 작성했는데, 그중 제7항이 영토문제를 다루고 있다.[82] 7번 영토문제에 대한 설명을 보면, "포츠담선언에 의하면 일본 주변 소도의 귀속은 연합국측에서 정하도록 되어 있지만, 이 결정에 있어서 이들 소도와 일본 본토와의 사이에 역사적·인종적·경제적·문화적으로 긴밀한 관계를 충분히 고려해줄 것을 희망한다"라고 되어 있다. 당시 아시다 이니셔티브로 알려진, 1947년 6~7월 간 일본 외무성의 연합군최고사령부 외교국·민정국 등과의 접촉시도는 일단 타국을 자극한다는 이유로 문서가 반환되었다. 그러나 시모다 다케소의 평가에 따르자면, 아시다의 문서가 미국의 대일평화조약 작성에 상당한 영향을 주었음이 확실했다.[83] 요시다 시게루나 시모다 다케소 모두, 만약 종전 직후 단기간에 강화조약이 체결되었다면, 대일혐오감과 적개심이 팽배한 상황에서 연합국은 엄격한 강화조건을 일본에 요구했을 것이므로, 강화의 지연은 "일본에 이득"이 되었다고 평가했다.[84] 나아가 요시다는, 매일같이 연합국을 접촉하는 점령기간의 지속이 사실상 강화의 절충과정으로, 일본

---

81) 「平和條約問題硏究幹事會の第二次業務計劃について」(1946. 5. 22), 日本外務省, 2006, 위의 책, 114~115쪽.
82) 「アチソン大使に對する會談案」(1947. 7. 24), 日本外務省, 2006, 위의 책, 245~247쪽.
83) 下田武三 著·永野信利 編, 1984, 위의 책, 57쪽.
84) 下田武三 著·永野信利 編, 1984, 위의 책, 57쪽; 吉田茂, 1958, 『回想十年』 제3권, 東京, 新潮社, 23쪽.

정부는 연합국과의 접촉을 항상 중시해 일상적·사무적 절충 외에 수뇌부에 대한 대국적인 회합을 빈번히 행함으로써 상대방의 일본에 대한 이해를 얻도록 노력하는 한편, 미국정부와 민간의 지도자 및 타국의 수뇌부가 방일할 때마다 이들과 접촉해 일본의 실정을 인식시키려 노력한 것이 상당한 효과를 거두었다고 했다.[85]

1949년 11월 12일 외무성의 평화조약문제 작업분담 결정에 따르면「영토문제에 대한 의견」의 작업연락담당자는 시모다 과장이었으며, 작업담당자는 三宅 과장, 後宮 과장, 芳賀 과장, 松井 과장, 戶田 사무관이었다.[86] 12월 10일 작업분담 내용들이 결정되었는데, 세 차례의 간부회의 논의과정에 따르면 1949년 12월 말에「대마」(對馬)와「해외방인의 처우」(海外邦人の處遇)라는 인쇄물을 미 국무부에 제출했다고 한다.「대마」라는 인쇄물이 미 국무부에 전달된 것은 이 시점에 한국정부가 강력하게 대마도의 한국 영유권을 주장한 것과 관련이 있었을 것이다. 외무성 회의에서는「영토문제에 관한 특별진술」(領土問題に關する特別陳述)을 검토했다고 되어 있는데, 구체적인 내용은 미상이다.[87] 일본정부의 대일평화조약 최종 입장은 앞서 살펴본 것처럼 1950년 9월「대일평화조약상정대강」(對日平和條約想定大綱)으로 정리되었다.[88]

일본정부는 1950년 10월 대미협상과 관련한「대미진술서(안)」를 작성했는데, 여기서 영토문제와 관련한 일본측 입장을 최종 정리해 진술했다. 일본은 대서양헌장의 제원칙에 동의했기에, 대만 및 팽호도에 대한 권원(權原)을 포기하며, 조선을 독립시키고 남양제도의 위임통치를 포기할 용의가 충분히 있다고 일단 전제했다. 그 대신 역사적·인종적으로 항상 일본령이었던 섬들을 보유하는 것이 허락되어야 한다고 주장했다. 이 섬들은 일본이 전쟁으로

---

85) 吉田茂, 1958, 위의 책, 23~24쪽.
86)「平和條約問題作業分擔」(1949. 11. 12), 日本外務省, 2006, 위의 책, 453~454쪽.
87)「平和條約關係作業について」(1949. 12. 28), 日本外務省, 2006, 위의 책, 441~453쪽.
88)「對日平和條約想定大綱」(1950. 9), 日本外務省, 2006, 위의 책, 519~521쪽.

취득한 것이 아니라 오랫동안, 그리고 지속적으로 일본의 영토였기 때문이라는 것이다. 일본 외무성이 거론한 섬들은 다음과 같다.

- 쿠릴: 우리는 무슨 이유로 남사할린 외에 쿠릴열도를 방기(放棄)할 것을 요구하는지 이해할 수 없다.
- 하보마이(齒舞諸島)·시코탄(色丹島): 우리는 현재 소련에 의해 부당하게 점령되어 있는 하보마이제도 및 시코탄의 원상회복을 당연히 기대한다.
- 난세이쇼토(南西諸島)·오가사와라제도·이오지마: 우리는 현재 일본의 행정범위 밖에 존재하며 미국군의 점령하에 있는 난세이쇼토, 오가사와라제도 및 이오지마제도의 영유를 보지(保持)할 것을 희망한다. 만약 미국에서 이들 제도(諸島)가 응당 또한 필요하다면, 충분히 미국측의 요청에 따를 용의가 있다는 것을 부언하고 싶다.[89]

쿠릴·하보마이·시코탄에 대한 진술로 보자면, 매우 강경한 입장임을 알 수 있다. 일본 외무성은 일본의 입장을 이렇게 정리했다. "면적으로 볼 때, 이들 제도는 작다. 너무 작기에 연합국은 우리가 이렇게 강하게 보유를 주장하는 것을 불가사의하게 생각할지 모르겠다. 그러나 해외영토의 전부를 상실한 일본 국민에게는 본토의 어떤 조그마한 부분이라도 박탈당하는 것은 감당하기 힘든 일이다. 이들 소도는 현재 경제적으로도 그 면적에 비례하지 않는 큰 의미를 갖고 있다."[90]

「대미진술서(안)」는 대일평화조약과 관련해 미국과 협상하기 위해 만들어진 문건으로 영토문제를 제1항목, 정치문제를 제2항목, 군사문제를 제3항목,

---

89) 「對米陳述書(案)」(1950. 10. 4), 日本外務省, 2007, 『日本外交文書: サンフランシツコ平和條約對米交渉』, 25~26쪽.
90) 위의 자료, 26쪽.

경제문제를 제4항목으로 다룰 정도로 영토문제를 최우선시하고 있다. 이 문서에서 일본 외무성은 영토문제를 개관한 후, 위에서 거론된 섬들에 대한 일본 영유권을 자세히 서술하고 있다. 이 섬들은 일본정부가 생각하는 일본령에 포함될 제소도의 중요성의 순서라고 보아도 무방하다. 일본 외무성이 영유권의 근거로 제시한 논리와 근거는, 뒤에서 살펴볼 1946~1947년 간 일본 외무성이 작성한 「일본의 부속소도 I: 千島, 齒舞 및 色丹島」 「南千島, 齒舞 및 色丹島」 「樺太」, 「일본의 부속소도 II: 琉球 및 其他 南西諸島」, 「일본의 부속소도 III: 小笠原 및 火山列島」와 정확히 일치한다.[91]

그런데 한 가지 이상한 점은 원래 이 팸플릿이 간행될 때에는 모두 네 종류가 만들어졌는데, 마지막 IV부인 「일본의 부속소도 IV, 태평양 소도서, 일본해 소도서」는 전혀 거론되지 않았다는 사실이다. IV부는 울릉도·독도를 일본의 부속도서로 다루고 있는데, 「대미진술서(안)」를 작성할 때 울릉도·독도문제를 사소한 것으로 판단해 삭제한 것인지, 아니면 일본 외무성이 2006년 자료집을 출판하면서 의도적으로 해당 부분을 위생처리한(sanitized) 것인지는 분명치 않다.

만약 일본 외무성이 1950년 10월의 문건을 작성할 당시 울릉도·독도 문제를 배제했다면, 이는 일본 외무성이 1949년 시볼드를 통해 대일평화조약 초안에 독도가 일본령으로 반영된 사실을 인지했기 때문일 가능성이 높다. 만약 일본 외무성이 외교문서 공개 당시 독도·울릉도 부분을 삭제했다면, 이는 일본이 주장하는 독도영유권뿐만 아니라 1947~1950년의 시점에 일본정부가 울릉도를 '일본의 부속도서'로 주장하는 공작을 펼쳤음을 보여주는 증거였기 때문에 배제되었을 것이다. 공개된 「대미진술서(안)」에는 1946~1947년 간 일본 외무성이 작성한 「일본의 부속소도」 제I~III부가 별첨되었다고 했으

---

91) 위의 자료, 24~30쪽.

나, 이 별첨은 공개되지 않았다. 현재 일본정부는 1946~1947년 간 일본 외무성이 작성해 미국을 중심으로 한 연합국에 대대적으로 홍보·배포했던 「일본의 부속소도」제I~IV부의 영문판 및 일문판을 공개하지 않고 있다. 울릉도·독도를 다룬 제IV부는 목록조차 공개되지 않았다. 우리는 미국립문서기록관리청에서 영문으로 된 자료들을 볼 수 있을 뿐이다.

(2) 영토문제 관련 로비는 있었는가?

일본정부가 영토문제와 관련해 대연합국 로비를 어떻게 전개했는지에 대해 본격적인 문제제기를 한 것은 이종학이었다. 그는 일본 수상 요시다 시게루와 외무성 평화조약문제연구간사회 간사였던 시모다 다케소의 회고록을 발굴해 이들의 발언을 인용했다.[92] 이종학에 따르면 일본 외무성은 영토문제, 그중에서도 19세기 이래 일본이 획득한 섬들의 영유권을 인정받는 데 집중했다. 특히 연합국이 카이로선언에서 영토확장의 야심이 없다고 선언한 점에 착안, 침략전쟁 이전 일본 고유의 영토는 확보할 수 있다는 논리를 세웠다. 식민지는 돌려주지만, '탐욕과 폭력'에 의하지 않고 영토로 편입한 섬들은 지키겠다는 의도였다. 영토문제의 핵심으로 다뤄진 것은 오키나와, 홋카이도, 쿠릴, 하보마이, 오가사와라 등의 섬이었다. 이를 위해 조약이론에 밝은 외무성 조약국의 가와카미 겐조(川上健三)가 각 영토에 관한 사실들을 면밀히 조사하여 상세한 보고서를 작성했다.[93]

먼저 당시 일본 수상 요시다 시게루의 회고를 살펴보자. 요시다는 "조약

---

92) 이종학(전 독도박물관장),「독도박물관 보도자료」(2001. 12. 20);「"독도 갖겠다" 일본 패전 뒤 대미 로비」,『중앙일보』(2001. 12. 23); 吉田茂, 1959,『回想十年』제1~4권, 東京, 新潮社; 下田武三 著·永野信利 編, 1984, 위의 책, 上·下, 東京, 行政問題研究所.
93) 이종학(전 독도박물관장),「독도박물관 보도자료」(2001. 12. 20).

입안 시 가능한 한 우리 편에 유리하도록 고려될 수 있게 손쓰는 것이 필요하다고 생각했다. 특히 포츠담선언에서 언급한 '일본이 침략에 의해 취득한 영토'의 범위를 부당하게 확대해석 받지 않도록 노력하는 것이 무엇보다도 중요하다고 생각됐다. 설명자료는 영토문제만 해도 7책이나 되는 방대한 규모였다"라고 회고했다.[94]

요시다에 따르면, 1946년 다음 해부터 일찍이 일본의 실상에 대한 이해를 돕기 위한 총론적 자료로 「일본의 현상(경제편)」과 「일본의 현상(정치편)」의 영문자료를 작성하기 시작했으며, 시일이 지남에 따라 가필하고 수정했다. 이는 미국이 일본의 대변자로 역할하기를 기대하면서 취해진 것으로, 이를 위해서는 미국에 충분한 자료를 제공해야 하는데, 실제로 일본을 관리하는 맥아더총사령부보다는 일본의 실정에 비교적 소홀한 미국 본국 정부를 향한 것이었다고 한다. 요시다는 일본을 계속 불신했던 다른 연합국들과는 달리 미국은 실제 점령을 통해 일본의 실정을 잘 이해했으며, 일본의 제반 주장과 희망에도 가장 동정적이었던 데다가, 미군 장병들이 귀국 후 일본·일본인에 대해 호의적으로 보고했고, 미국인들이 본래 관용과 선의를 갖고 있었기에 일본의 이익을 옹호하고 대변할 국가로 미국을 상정했다는 것이다.[95]

---

94) 吉田茂, 1959, 위의 책. 이종학, 위의 글에서 재인용. 일본 외무성 홈페이지(http://gaikokiroku.mofa.go.jp/mon/mon_b.html)에 따르면 평화조약문제연구간사회가 작성한 『대일평화조약관계준비연구관계』는 총 7권이며, 이외에도 다수의 문건이 공개되어 있다.
95) 吉田茂, 1958, 위의 책, 24~25쪽. 연합군최고사령부와 일본정부를 연결하는 역할을 담당했던 종전연락중앙사무국 총무부장 아사카이는 이미 1950년 미일 간에 외교관계가 없지만 미국 전역에 산재한 인사들에 의해 일본에 관한 소개가 "부단히 행해지고 있는 것에 마음 든든"하며 이것이 "눈에 보이지 않는 큰 자산"이라고 자신 있게 말하고 있다. 아사카이는 일본이 독립한 후 타국과 국제분쟁이 생겨 유엔에 문제제기가 되었을 경우 미국인들이 일본의 편에 설 것이라고 단언했다. 예를 들어 미국 도시에 일본대표와 타국대표가 참석한 강연회가 개최되어 타국대표가 일본의 과거 잔학행위를 거론하며 현재 일본의 잘못을 비판한다면 청중석에서 누군가 일어나 자신이 점령군으로 일본에 3년간 체류했는데, 자기가 경험한 일본인은 그렇지 않다며 타국대표를 비판하면서 일본을 극력 옹호할 것이라고 했다. "일본 상하의 점령군과의 교묘한 협력에 의해 일본은 귀중한 친구 다수를 미국 내부에 획득"했다는 주장이었다. 대일평화조약이 체결되기 전에 이 책이 출간되었음을 감안한다면, 미국의 대일호감에 대한 일본의 자신감이 어느 정도였는지를 가늠할 수 있다(朝海浩一郎, 1950, 『外交の黎明』, 讀賣新聞社, 185~186쪽).

요시다는, 영토문제는 가장 힘을 쏟았는데 오키나와, 오가사와라, 홋카이도, 쿠릴 등의 지역이 역사적·지리적·민족적·경제적 견지에서 일본과 얼마나 불가분의 영토였는지를 상세히 기술했다는 것이다.[96] 다음은 요시다의 회고이다.

> 우리는 당초 미국이 이들 자료를 과연 접수할지의 여부에 대해 다소간 위구심(危懼心)을 갖고 있었지만 1948년부터 (연합군)총사령부 외교국의 호의로 극히 비공식적인 형태로 (일본) 외무성에서 (연합군총사령부) 외교국에 제출해서, 동 외교국이 워싱턴에 보내는 길이 열렸다. 워싱턴에서는 매우 좋은 참고자료라는 평을 받았고, 우리는 좋은 반향에 힘을 얻은 이래 외무성을 중심으로 관계성(關係省)과 협력하여 일본의 인구문제, 전쟁피해, 생활수준, 배상, 해운, 어업문제 등 수십 책 수십만 어(語)에 달하는 자료를 작성해 1950년까지 2년간 평화조약의 내용에 관계될 사항에 대해 거의 망라된 자료의 제출을 끝냈다. 뒤이어 동년 미국정부가 평화조약안의 기초에 착수할 무렵에는 미국정부 당국의 수중에는 일본측에서 온 자료가 이미 충분히 건네졌다고 생각한다.[97] (괄호 및 강조는 인용자)

요시다는 남쿠릴(南千島)·시코탄·하보마이·남사할린·쿠릴·류큐·오가사와라·아마미오시마 등에 대해 상세히 설명했다. 이는 당시 일본이 관심을 갖고 있던 일본 주변의 제소도로 면적이나 정치적·경제적·역사적·문화적으로 중요성을 지닌 곳들이었다. 요시다는 독도에 대해서는 언급하지 않았다.
다음으로 외무성 조약국 제1과장으로 평화조약문제연구간사회의 간사, 심의실 간사를 담당했던 시모다 다케소의 회고를 살펴보자.[98] 시모다는 평화

---
96) 吉田茂, 1958, 위의 책, 25~26, 60~70쪽.
97) 吉田茂, 1958, 위의 책, 26쪽.

조약문제연구간사회가 조직된 이후 1946년 1월 중순부터 약 30개 연구항목을 정해 16회 토의한 결과, 1946년 5월 보고서를 채택했다고 했다. 앞서 살펴본 제1차 연구보고의 내용이다. 시모다에 따르면, 영토문제와 관련해서 일본 고유영토를 확보하기 위해 역사적 근거에 입각한 논리적 무장에 중점을 두었다. 특히 카이로선언에서 연합국이 영토적 야심이 없다는 점을 천명한 데 주목해, 오키나와·오가사와라·북방영토의 반환을 실현하는 데 중점을 두었다.[99] 영토문제와 관련해서 외무성 조약국의 가와카미 겐조가 각 영토의 사실(史實)을 "극명히 조사해 상세한 보고서를 작성" 했다.[100]

시모다에 따르면, 연합군최고사령부측은 소련을 비롯한 기타 연합국을 의식해 평화조약문제에 관해 일본측이 작성한 문서의 접수를 1946년경까지는 주저했으나, 그 후 미소의 대립이 격화되는 가운데 "문서의 가치가 워싱턴에서 인정됨에 따라 일본측 문서를 흔쾌히 접수하게 되었다"라는 것이다.[101]

> 나는 동경 일본교(日本橋)의 미츠이(三井) 본관에 있는 시볼드 대사의 사무소를 심야(深夜)에 은밀히 방문해, 몇 차례나 보고서를 전달하는 역할을 담당했다. 이렇게 보고된 것은 총계로 수십 책, 수십만 단어에 달해, 평화조약의 내용에 관계된 사항은 망라되었다. 따라서 미국정부가 후에 대일평화조약의 기초를 잡을 때에는 일본측의 자료가 충분히 건너가 그것을 참고할 수 있었다.[102] (강조는 인용자)

시볼드의 사무소를 심야에 은밀히 방문해 여러 차례 보고서를 전달했다는

---

98) 下田武三 著·永野信利 編, 1984, 위의 책; 이종학, 위의 글; 『중앙일보』(2001. 12. 23).
99) 下田武三 著·永野信利 編, 1984, 위의 책, 50쪽.
100) 위와 같음.
101) 下田武三 著·永野信利 編, 1984, 위의 책, 54쪽. 시모다의 회고이다.
102) 위와 같음.

시모다의 회고에서는, 비정상적이며 비밀스러운 시볼드와 일본 외무성의 관계가 단면적으로 드러난다. 은밀한 통로를 통해 일본 외무성은 지속적으로 평화조약과 관련된 일본의 문서를 연합군최고사령부(SCAP) 외교국장에게 건넸던 것이다.

요시다와 시모다의 증언에서 공통적으로 등장하는 연합군최고사령부 외교국의 책임자는 바로 윌리엄 시볼드이다. 1947년 SCAP 외교국장, 국무부 주일정치고문, 대일이사회 미국측 대표 및 의장이었던 앳치슨이 사망하자, 그를 대체한 시볼드는 일본인들이 가장 선호한 인물이자 대표적인 친일적 미국 외교관이었다. 그의 호의적 반응 속에 1947년 혹은 1948년 이후 '심야에 은밀히' 일본측 자료가 SCAP 외교국에 건네졌다. SCAP 외교국을 통해 미 국무부에 자료가 '흔쾌히', '충분히' 건너갔으며, 문서의 가치는 워싱턴에서 매우 좋은 참고자료라고 인정받았다. 요시다와 시모다는 독도문제에 대한 언급을 남기지는 않았지만 독도문제가 같은 맥락에서 취급되었음을 알 수 있다.

일본 외무성 자료에서도 1948년 들어 연합군최고사령부가 일본측에 우호적인 입장으로 전환했음이 드러났다. 외무성 심의실 업무보고에 따르면, 1948년 한 해 동안 심의실은 22종의 연구제목을 가지고 외무성 및 관계 각성이 참가하는 회의를 총 82회 개최했다. 그 작업성과는 SCAP 외교국에 전달되었다.[103]

일본정부가 연합군최고사령부 외교국에 전달한 자료목록에 따르면, 일본정부는 심의실 설치 이전에 영토문제에 관한 4종의 자료를, 심의실 설치 이후에는 1948년 1차·2차·추가계획 등에 의해 총 12종의 자료를 SCAP 외교국에 전달했다. 또한 준비 중인 것들도 10종이었다(〈표 3-2〉 참조). 이들 자료는 외무성 총무국장을 거쳐 SCAP 외교국에 전달되었고, 다시 미 국무부 및 SCAP

---

103) 「昭和23年審議室業務報告について」, 日本外務省, 2006, 위의 책, 384~386쪽.

〈표 3-2〉 일본정부가 SCAP 외교국에 제출한 자료목록(1948. 12. 현재)

차수 \ 구분	제목	제출일	제목	제출일
심의실 설치 이전 전달	① 영토문제 관계 4종			
제1차 계획 (1948년 전달분)	① 재판관할권	1948. 5. 6	⑤ 해운문제	1948. 5. 26
	② 할양지 재류 일본인과 재일 구(舊)할양지인	1948. 5. 6	⑥ 항공문제	1948. 5. 26
	③ 경찰문제	1948. 12. 23	⑦ 재일외국인의 지위	1948. 6. 14
	④ 어업문제	1948. 7. 16	⑧ 일본의 현상(정치편)	1948. 11. 8
제2차 계획	① 공업소유권	1948. 12. 23	③ 기상문제	1948. 8. 9
	② 저작권	1948. 10.		
추가계획	① 인구문제	1948. 11. 8		
기타	① 현재 인쇄 중인 것(6종)		③ 현재 담당부서에서 검토 중인 것(2종)	
	② 영역(英譯)을 완료한 것 (1종)		④ 기초방침을 확정한 것 (1종)	

의 기타 관계부서에도 전달된 것으로 파악되었다. 일본측 자료에 대해 외교국 관계관들은 "좋은 참고자료이다" 혹은 "일본측의 의견이 명확히 표시되지 않았다"라는 등의 코멘트를 했다.[104] 1948년 하반기에 이르러 일본 외무성과 SCAP 외교국 간의 긴밀한 업무협조·연락관계를 알 수 있는 대목이다. 이는 시볼드를 중심으로 한 SCAP 외교국 라인과 일본 외무성 심의실 등 평화조약 준비라인이 긴밀히 협력했음을 보여준다.

한편, 연합군최고사령부 외교국 및 주일미정치고문실에서 근무했던 리처

---

104) 위의 자료, 386쪽.

드 핀(Richard B. Finn)도 같은 맥락의 증언을 남겼다. 핀에 따르면, 일본 외무성은 점령 개시 직후부터 평화조약문제를 준비했으며, 영토나 배상금과 같은 조약내용에 대해 많은 연구들을 했고, 이를 국무부에 전달했다. 핀은 몇몇 연구들이 워싱턴에 보내졌지만, 워싱턴의 정책입안자들이 그 연구들을 활용했다는 증거는 거의 없다고 주장했다.[105] 그러나 일본 외무성의 평화조약 준비 연구들이 미 국무부에 전달되었다는 점은 분명히 인정했다.

연합군최고사령부 외교국장이자 주일미정치고문이었던 윌리엄 시볼드는 일본 외무성의 자료들을 미 국무부에 충실히 전달하는 중개자의 역할뿐만 아니라 적극적으로 일본정부 편에서 일본의 목소리를 강조하는 역할을 자임했다. 대일평화회담과 관련하여 공개된 많은 문서철 속에서 시볼드의 적극적인 일본 옹호 목소리를 찾는 것은 어렵지 않다. 시볼드는 국무부가 요청하지도, 관심을 표명하지도 않은 주제들에 대해 적극적으로 일본측 자료·연구들을 첨부하여 송부했다. 이런 시볼드의 태도는 그의 회고록에도 만연해 있다. 예를 들어 그는 자신의 부하들을 "간곡히 타일러" 가능한 한 많은 일본인들, 특히 정부 내 지도자와 교수 및 사업가뿐만 아니라 SCAP에 의해 추방된 사람들 중 누구와도 교제하라고까지 지시했다. 시볼드는 이런 접촉의 목적이 "아주 실질적인 정도까지 모든 분야에서 일본 지도자들과 통신 지속을 확보하기 위한 것"이라고 설명했는데, 1948년 12월 중순에 이르러 수상·각료들과 평시에 외교적 연회를 열고 접촉하는 데 자유롭게 되었다고 기록했다.[106]

요시다 시게루, 시모다 다케소, 리처드 핀, 윌리엄 시볼드 등의 증언은 일본이 연합국 및 미국을 향해 영토문제와 관련해 강력한 로비활동을 벌였음을 보여주기에 충분하다.[107] 일본 외무성은 우선순위에 따라 영토문제에 관한 방

---

105) Richard B. Finn, *Winners in Peace: MacArthur, Yoshida and Postwar Japan*, University of California Press, Berkeley and Los Angeles, California, 1992, p. 246.
106) William J. Sebald with Russell Brines, 위의 책, pp. 66~69.

대한 자료를 작성했고, 이를 연합군최고사령부 외교국을 거쳐 미 국무부에 송부할 수 있었다. 요시다 시게루의 회고처럼 일상적인 매일의 접촉을 통해 일본은 미국을 일본의 대변자로 만들고, 나아가 실질적으로 일본의 이익을 반영할 수 있는 통로를 만들었다. 외교국장 시볼드를 위시한 외교국 관리들과 미 정치고문실의 국무부 관리들은 일본정부의 목소리에 동정적이었으며, 적극적으로 일본의 이해를 정책에 반영하려고 노력했다. 일본정부의 목소리는 합리적으로 평가되었고, 이를 미 국무부에 전달할 안정적 통로가 확보되었으며, 이를 중계한 미 외교관과 관리들은 일본에 우호적이었다. 이것이 1947~1951년간 일본 외무성이 추진했던 영토문제 관련 외교이자 로비의 실체였다.

현재 우리가 활용할 수 있는 자료 가운데 외무성을 중심으로 한 일본정부가 독도문제를 특정해서 연합군최고사령부(SCAP) 외교국과 미 국무부를 상대로 구체적인 로비작업을 벌인 흔적은 발견되지 않는다. 독도문제와 관련해 1947년 6월 일본 외무성은 허위사실에 근거한 팸플릿을 작성했고, 연합군최고사령부 외교국과 주일미정치고문실은 이를 신뢰했다. 일본 외무성에 대한 신뢰, 친일적이고 우호적인 주일미외교관들과 관리들의 태도, 일상적이고 긴밀한 일본 외무성과 SCAP 외교국의 연락 및 상호관계 속에서 이 문서가 진실을 담은 문서로 판정되었고, 이 문서에 기초해 이후 독도문제에 대한 SCAP 외교국의 판단과 결정이 이루어졌다. 독도문제는, 특정되지는 않았지만 일본 외무성과 SCAP 외교국·주일미정치고문실의 유착이라는 큰 맥락에서 해석되고

---

107) 한 가지 이상한 것은 미국립문서기록관리청(NARA)의 샌프란시스코평화조약과 관련된 문서철에서 일본 외무성이 보냈다는 여러 문서들·자료들이 발견되지 않는다는 사실이다. 필자는 샌프란시스코평화조약의 준비·진행·체결 과정에 대해 접근 가능한 대부분의 문서를 검토했다고 생각한다. 일본 외무성의 연합국·미국 접촉은 연합군최고사령부 외교국 및 주일미정치고문실을 통해 이루어지는 것이 상례였다. 때문에 일본이 건넨 문서들은 SCAP 외교국 문서철, 국무부 주일정치고문실(POLAD-Japan) 문서철, 국무부 동북아시아국 문서철 등에 그 흔적이 남게 되어 있다. 그러나 일본 외무성이 1946~1947년에 작성한 영토 관련 팸플릿 「일본의 부속소도」(Minor Islands Adjacent Japan Proper)를 제외하고는 다른 영토문제 관련 문서들을 발견할 수 없었다. 어떤 이유인지는 명확히 알 수 없다.

결정되었다.

미국의 대일정책은 1948년을 기점으로 역코스(reverse course)의 선택, 1950년 한국전쟁 발발을 계기로 조기강화의 추진과 일본 재무장이 확고해졌다. 1950년 덜레스가 대일평화조약 특사로 임명된 후 대일평화7원칙이 발표되는 등 조기강화 움직임이 본격화되었다. 대일우호적인 입장이 본격적으로 피력되었다. 이런 상황에서 외무성 관리국 입국관리부 제1과장이던 다나카 히로토(田中弘人)는 1950년 9월 하순부터 10월 중순까지 미 국무부 동북아시아국 관계자들과 면담했다. 특히 다나카는 딘 러스크(Dean Rusk, 극동담당 국무차관보), 알렉시스 존슨(Ural Alexis Johnson, 동북아시아국 부국장), 제럴드 워너(Gerald Warner, 동북아시아국 일본담당 과장), 더글러스 오버턴(Douglas W. Overton, 동북아시아국 일본담당 과장보좌), 로버트 피어리(Robert A. Fearey)와 면담했다. 특히 "개전 직전 조셉 그루 대사의 비서, 종전 후 총사령부 외교국 근무, 현재 강화문제 사무에 전념"하는 것으로 기록된 피어리와 세 차례 우호적으로 회담했다. 이 자리에서 피어리는 영토문제에 대해 다음과 같이 알려주었다. ① 쿠릴에 대해서는 하보마이·시코탄 등의 문제가 있지만 현실적으로 소련이 점령하고 있는 이상 미해결인 채 강화조약을 하는 수밖에 없다. ② 오키나와에 대해서는 국제연합의 신탁을 받는 선에서 진행하고 있다. 이는 군부의 강한 희망에 따른 것이다. 장래의 지위는 국제연합이 결정할 것이다. ③ 오가사와라 문제는 결정되지 않았다.[108]

1950년 하반기에 접어들면서 미 국무부의 대일평화조약 담당실무자들은 일본 관리가 판단하기에도 "극히 우호적"인 태도를 취했다. 다나카 히로토(田中弘人)의 보고에 따르면, 피어리는 덜레스가 극동위원회 13개국과의 회담을 1950년 말까지 종료할 의향이며, 또한 극동위원회 구성국가들 외에도 한국·인

---

108)「講和問題に關るす米國務省係官の談話について」(1950. 10. 14), 日本外務省, 2006, 위의 책, 57~63쪽.

도차이나 등과도 협의할 필요가 있다는 점을 알려주었다.[109] 덜레스는 1951년 1월에 들어서야 주미한국대사 장면과 협의에 들어갔는데, 이미 1950년 10월에 일본 외무성은 미 국무부가 한국정부와 협의할 계획임을 인지하고 있었던 것이다. 또한 피어리는 소련의 협조가 없더라도 대일평화조약은 추진할 것이며, 국민당정부와 중공정부 중 누가 서명할 것인가 하는 문제로 조약문제의 진전을 가로막지 않겠다는 언질을 확고히 하기도 했다. "회담내용의 기밀유지에 대해" 주의를 환기했지만, 일본은 미 국무부의 의향과 추진과정을 손바닥 보듯 명확하게 알 수 있게 되었던 것이다.

3. 1947년 일본 외무성의 책략:
독도·울릉도 자국령 문서 작성 및 홍보

2000년대 들어 일본 외무성은 1945~1951년 간 외교자료, 특히 샌프란시스코평화회담을 준비하는 과정, 미국과의 교섭에 관한 문서들을 공개·간행해 왔다. 그런데 공개된 외교문서에 독도 관련 문서는 단 한 건도 포함되지 않았다. 일본 외무성은 영토문제를 대일평화조약의 핵심의제로 설정했고, 영토문제의 핵심은 일본에 귀속될 도서문제였다. 그런데 러시아와 영유권 분쟁을 벌이는 북방 섬들에 대한 자료가 대거 공개된 데 반해, 독도 관련 자료가 전무한 것은 비정상적인 상황이다.

여기에는 두 가지 가능성이 있다. 첫번째 가능성은 독도의 중요성이 상대적으로 낮았기 때문에 관련 문서 자체가 작성되지 않았을 경우이다. 쿠릴, 류큐, 오가사와라, 이오지마 등에 비해 무인도인 독도의 가치가 저평가되었을

---

109) 위의 자료, 58쪽.

가능성이다. 두번째는 문서가 작성되었지만 공개되지 않았을 가능성을 생각할 수 있다. 독도는 일본이 중시한 다른 도서보다 우선순위는 낮았지만 일본 외무성의 입장에서 결코 포기할 수 없는 섬이었기 때문이다. 여러 상황과 문서를 검토해보면, 두번째 가능성이 보다 현실적이라고 볼 수 있다. 왜냐하면 1947년 6월 일본 외무성이 독도 및 울릉도가 일본령이라는 팸플릿을 제작해 연합국에 대대적으로 배포·홍보했기 때문이다. 또 위에서 살펴보았듯이, 1950년 10월 일본 외무성의 「대미진술서(안)」에는 일본 외무성이 제작한 총 네 건의 「일본의 부속소도」 제I~IV부 가운데 독도·울릉도를 다룬 제IV부를 제외한 세 건만 거론되어 있다. 이는 일본 외무성이 독도 관련 문서를 작성하지 않았다기보다는 문서를 공개하지 않았으며, 문서공개과정에서도 위생처리 과정을 거쳤을 가능성을 보여주는 것이다.

아래에서는 일본 외무성이 1947년 6월 제작해 연합국에 배포한 독도 및 울릉도의 일본령 주장 팸플릿을 살펴보겠다. 이 팸플릿은 현재 일본정부가 독도 관련 문서를 공개하지 않고 있는 상황에서 찾아낸, 일본 외무성이 작성한 유일한 독도 관련 자료이다. 물론 일본정부에서 공개한 것이 아니라 미국립문서기록관리청(NARA)에서 발굴한 것이다. 이 자료를 통해 일본이 1945~1951년 시기의 독도 관련 문서를 공개하지 않는 이유를 추정할 수 있다. 결론부터 말하자면, 가장 중요한 이유는 일본정부가 허위사실로 독도의 영유권만이 아니라 나아가 울릉도까지 일본령으로 주장했기 때문이며, 이런 허위사실을 기록한 팸플릿을 통해 연합국을 상대로 전개한 선전작업을 공개하는 데 외교적 부담을 느꼈기 때문일 것이다. 즉, 일본이 벌인 독도영유권 주장의 수단·방법뿐 아니라 그 내용의 문제점을 스스로 인식하고 외교적 파장을 축소하려고 했기 때문으로 추정된다.

(1) 일본 외무성의 「일본의 부속소도」 시리즈 간행

일본 영토문제와 관련해 가장 중요한 두 가지 문건은 카이로선언과 포츠담선언이었다. 먼저 카이로선언(1943. 12)에는 모두 세 종류의 영토처리방안이 제시되어 있는데, 각각의 지역들이 일본의 점령하·지배하에 들어간 방식 및 일자가 상이했다. 첫째 1914년 제1차 세계대전 개시 후 탈취하거나 점령한 태평양에서의 일체의 도서, 즉 구독일령이었던 남태평양의 위임통치령(남양군도), 둘째 만주·대만·팽호도와 같이 일본이 중국으로부터 도취한 일체의 지역, 셋째 폭력과 탐욕에 의해 일본국이 약취한 기타 일체의 지역이었다. 남태평양의 위임통치령은 1914년 제1차 세계대전이 영토편입의 기점이었으며, 이들 지역은 유엔 혹은 미국의 신탁통치 예상지역이었다. 중국에 반환될 지역으로 꼽은 만주는 1931년 만주사변 이후 관동군이, 대만·팽호도는 청일전쟁 직후인 1895년에 점령한 지역이었다. 폭력과 탐욕에 의해 일본이 약취한 기타 일체의 지역에 대해서는 다양한 해석이 가능했다. 한국은 세번째에 해당되는 지역이었다. 한국의 입장에서는 일본·중국 간의 영토문제 해결의 기산시점인 1895년 청일전쟁 시기를 적용하는 것이 가장 유리했지만, 일본의 입장은 달랐다.

다음으로 포츠담선언(1945. 7)은 일본의 영토가 주요 4개 섬과 부속도서로 국한된다고 명시했다. 일본 영토를 구체적으로 특정한 것이다. 식민지·점령지·위임통치령 등은 모두 일본 영토에서 배제되며, 일본 영토는 혼슈·시코쿠·규슈·홋카이도 등 주요 4개 섬과 연합국이 결정할 일본의 부속도서, 즉 작은 섬들로 국한된 것이다. 나아가 연합군최고사령관 점령정책 재성명(1945. 12. 19)에서는 일본의 부속도서를 대마도를 포함한 약 1,000개의 근접 제소도로 특정했다. 때문에 일본정부는 연합국과 영토문제를 처리할 때 카이로선언과 포츠담선언에 따라 어떤 섬을 일본의 '부속도서'로 결정할 것인가 하는 점이 가장 중요하다고 판단했다.

기본적으로 일본 외무성은 일본이 태평양전쟁에 대해서는 책임이 있지만, 그 이전에 대해서는 문제가 없다고 판단했다.[110] 영토문제와 관련해서 일본은, 획득 당시 국제법 및 국제관례상 통상적인 것으로 인정되었던 방식으로 취득했고 세계 각국이 오랫동안 일본령으로 승인했던 지역들을 포기할 수는 있지만, 이들 지역을 보유했다는 사실만으로 국제적으로 범죄시하고 징벌적 의도로 이들 지역을 일본에서 분리하려는 것은 승복할 수 없다는 입장을 취했다.[111]

일본 외무성이 공개한 자료에는 한국에 관해 간단히 언급되어 있는데 한국의 독립을 승인한다거나 한국을 일본령에서 방기한다는 정도이다. 앞서 지적한 것처럼 1946년 일본 외무성이 작성한 자료에 나타나는 "조선의 안전보장에 관한 국제적 조치"가 일본의 전쟁포기와 영세중립국화의 명문화를 거론하는 과정(정치조항)에서,[112] 또한 조선의 독립을 승인하는 과정(영토문제)에서 공통적으로 강조되었다.[113] 한국에 대한 안전보장을 일본의 전쟁포기와 결부시켜 언급한 것은, 한국이 비무장한 일본을 공격할 수 없도록 하거나 공산화된 한국이 일본을 위협하지 못하도록 하는 국제적 보장·조치를 의미하는 것이었다. 즉, 일본의 안보를 위해, 또한 한국을 독립시켜줄 터이니 한국이 일본에 위협이 되지 않도록 국제사회가 한국을 억제하라는 의미였다. 여전히 한국은 일본과 연관될 때만 의미를 갖는 지역이며, 일본 이익에 종속된 주변부라는 인식이 전면에 흐르고 있음을 알 수 있다.

한국에 대한 일본정부의 비정상적인 태도는 「대일평화조약상정대강」

---

110) 外務省 編纂, 2006, 『サンランシスコ平和條約 準備對策』, 183쪽(조성훈, 2008, 「제2차 세계대전 후 미국의 대일전략과 독도 귀속문제」, 『국제·지역연구』 17권 2호, 46쪽).
111) 「割讓地에 관한 경제적·재정적 사항처리에 관한 진술」(1949. 12. 3), 外務省 外交史料館所藏 マイクロフィルム 第七回公開分, 1982, 『對日平和條約關係準備研究關係』 제5권, 740~742코마(다카사키 소우지 지음, 김영진 옮김, 1988, 『검증 한일회담』, 청수서원, 7~8쪽).
112) 「(平研政-1)對日平和條約に於ける政治條項の想定及對處方案(案)」(1946. 5), 日本外務省, 2006, 위의 책, 91~92쪽.
113) 위의 자료, 95~96쪽.

(1950. 9)의 "재일조선인들이 조선의 독립과 함께 조선 국적을 취득한다"에서도 동일하게 나타났다.[114] 여기서 조선의 독립이란 실제로 대한민국(1948. 8) 및 조선민주주의인민공화국(1948. 9)의 수립을 의미하는 것이 아니라, 평화조약의 체결로 일본의 영토가 확정되고, 일본이 조선의 독립을 인정·승인하는 시점을 의미하는 것이었다. 또한 조선 국적을 취득한다는 것은 일제강점기에 일본 국가가 강제 연행·동원했거나, 식민지의 구조적 요인으로 일본에 정주하게 된 재일조선인들의 일본 국적 혹은 영주권을 일방적으로 박탈하는 것을 의미했다.

한편, 일본 외무성이 공개한 외교문서에는 독도 관련 자료가 전혀 포함되어 있지 않다. 공개·간행된 일본 외무성 문서에서 거론된 유일한 한국 관련 도서는 제주도인데, 1946년 1월 "제주도는 조선과 함께 처리한다", 즉 조선의 독립과 함께 일본 영토에서 방기한다는 정도만 명시하고 있다.[115]

일본에 귀속될 섬들의 운명에 대한 일본 외무성의 관심은 집요했다. 일본 외무성은 1946년부터 일본이 확보해야 할 도서(island)·소도(islet)·암초(rocks)에 대한 설명자료를 만들어 연합국에 배포했다. 현재까지 확인된 바에 따르면, 일본 외무성은 총 네 차례에 걸쳐 도서 관련 팸플릿을 만들어 연합국에 배포했다. 일련의 시리즈물로 기획된 이 팸플릿의 제목은「일본의 부속소도」(Minor Islands Adjacent Japan Proper)였으며, 제I부는 1946년 11월, 제II부·제III부는 1947년 3월, 제IV부는 1947년 6월에 각각 발행·배포되었다.[116] 시리즈의 제목은 그대로 유지되었고, 다루고 있는 도서의 명칭이 부제로 붙었다.

이 팸플릿의 영어판 제목은 다음과 같다.

---

114)「對日平和條約想定大綱」(1950. 9), 日本外務省, 2006, 위의 책, 519~521쪽.
115)「領土條項」(1946. 1. 31), 日本外務省, 2006, 위의 책, 44~48쪽.
116) 원래의 영문 제목은「일본 본토에 인접한 제소도」(Minor Islands Adjacent Japan Proper)지만, 일본어 제목인「日本の附屬小島」에 따라「일본의 부속소도」로 번역했다.

⟨표 3-3⟩ 「일본의 부속소도」 간행

	간행일	제목	대상 도서
제I부	1946. 11.	쿠릴열도, 하보마이, 시코탄(The Kurile Islands, the Habomais, and Shikotan)	쿠릴(千島)열도, 에토로후(擇捉島), 구나시리(國後), 시코탄(色丹), 하보마이(齒舞)
제II부	1947. 3.	류큐 및 여타 난세이도서(Ryukyu and Other Nansei Islands)	류큐(琉球), 난세이쇼토(南西諸島)
제III부	1947. 3.	보닌제도, 볼케이노제도(The Bonin Island Group, the Volcano Island Group)	보닌제도(小笠原諸島), 볼케이노 제도(硫黃島)
제IV부	1947. 6.	태평양 소도서, 일본해 소도서 (Minor Islands in the Pacific, Minor Islands in the Japan Sea)	다이토(大東)군도, 마커스(南鳥島), 파레체 벨라(沖ノ鳥島), 독도 (Liancourt Rocks, 竹島), 울릉도 (Dagelet Island)

- Minor Islands Adjacent Japan Proper, Part I. The Kurile Islands, the Habomais, and Shikotan
- Minor Islands Adjacent Japan Proper, Part II. Ryukyu and Other Nansei Islands
- Minor Islands Adjacent Japan Proper, Part III. The Bonin Island Group, the Volcano Island Group
- Minor Islands Adjacent Japan Proper, Part IV. Minor Islands in the Pacific, Minor Islands in the Japan Sea.[117]

---

117) Minor Islands Adjacent Japan Proper, Part I. "The Kurile Islands, the Habomais, and Shikotan," November 1946; Part II. "Ryukyu and Other Nansei Islands," March 1947; Part III. "The Bonin Island Group, the Volcano Island Group," March 1947; Part IV. "Minor Islands in the Pacific, Minor Islands in the Japan Sea," June 1947, RG 84, Foreign Service Posts of the Department of State, Office of the U.S. Political Advisor for Japan-Tokyo, Classified General Correspondence, 1945-49, Box 22.

그런데 일본 외무성이 공개한 문서철에 따르면 이 팸플릿의 I, II, III부의 일본어 명칭은 영문과는 다르게 되어 있다.

- 「日本의 附屬小島 I: 千島, 齒舞 및 色丹島」「南千島, 齒舞 및 色丹島」「樺太」
- 「日本의 附屬小島 II: 琉球 및 其他 南西諸島」
- 「日本의 附屬小島 III: 小笠原 및 火山列島」[118]

이 팸플릿의 간행순서는 일본 외무성이 생각하는 중요도에 따라 이루어진 것이다. 즉, 일본 외무성의 중요도 판단순위는 쿠릴(千島)열도-류큐(琉球·오키나와)-오가사와라(小笠原)·이오지마(硫黃島)-독도·울릉도의 순서였음을 알 수 있다.

이 팸플릿의 출처는 일본 외무성의 공개문서철이 아니다. 일본 외무성이 공개한 외교문서에는 이 팸플릿이 들어 있지 않다. 여기에서 활용하는 것은 미국립문서기록관리청(NARA)에서 발굴한 자료들이다. 이런 연유로 이 팸플릿의 작성 주체와 경위를 보여주는 일본 외무성측의 문서들은 공개되지 않은 상태이며, 현 단계에서는 이들 영문 팸플릿의 일본어 제목만이 공개 외교문서에서 확인될 뿐이다.

그런데 여기서 주목할 점이 있다. 첫째, 이 팸플릿의 영어 제목과 일본어 제목이 상이하다는 것이다. 이 팸플릿의 영어 제목은 직역하자면 '일본 본토에 인접한 소도서'(Minor Islands Adjacent Japan Proper)이다. 포츠담선언에 연합국이 일본의 영토로 결정한다고 명기한 주요 4개 섬(혼슈·규슈·홋카이도·시코쿠) 외에 일본 본토에 인접한 제소도를 연상시키는 것이다. 그러나 일본

---

[118] 「對米陳述書(案)」(1950. 10. 4), 日本外務省, 2007, 위의 책, 24~30쪽. 일본어 원명은 다음과 같다. 「日本의 附屬小島 I, 千島齒舞及び色丹島」「南千島齒舞及び色丹島」「樺太」;「日本의 附屬小島 II, 琉球及び他의 南西諸島」;「日本の附屬小島 III, 小笠原及び火山列島」.

외무성의 문서에 따르면, 이 팸플릿의 일본어 제목은 '일본의 부속소도'(日本の附屬小島)였다.[119] 즉, 일본정부는 이 팸플릿에 거론된 모든 섬들이 일본에 부속된 작은 섬(小島)이라는 점을 명확히 한 것이었다. 연합국에 전달된 영문 명칭으로는 포츠담선언에서 거론한 일본 본토에 인접한 제소도라는 인상을 주지만, 일본어 명칭으로나 일본 외무성의 공식기록에서는 이 팸플릿에서 거론하는 섬들이 일본의 부속소도임을 밝힌 것이다. 누구나 알 수 있듯이, '일본 본토에 인접한 소도서'와 '일본의 부속소도'는 엄연히 다르다. 영어명은 '인접성'만 강조되었을 뿐 영유권을 명시하지 않은 것이라면, 일어명은 '인접성'·'영유권'을 가리지 않고 명료하게 일본의 부속도서로 명시한 것이다.

영문과 일문 제목을 다르게 표현한 데서 일본정부가 구사한 이중적인 책략을 알 수 있다. 일본정부는 미국 등 연합국에 대해서 포츠담선언에 따른 일본 본토 인접도서에 대한 정보를 제공하는 외형을 취했지만, 일본 외무성 내부에서는 이 섬들이 모두 일본의 부속도서라는 명백한 인식을 갖고 있었던 것이다. 부속도서를 결정할 권한이 연합국에 있었기 때문에 영문본에서는 연합국에 정보를 제공할 목적이라고 표현했지만, 일문본에서는 이 지역을 확정적인 일본령 부속도서로 규정했다. 연합국이 해당 도서에 대한 결정권을 보유한 상태에서 이들 도서에 대한 팸플릿의 영문명·일문명의 차이는 일본정부의 책략적 의도를 보여주는 것이었다. 이런 이유로 일본 외무성이 이들 자료의 영문본은 물론 일문본을 공개하지 않는 것으로 생각된다. 더욱이 이 팸플릿의 제IV부(독도·울릉도)는 그 제목마저 외교문서에서 언급되지 않고 생략된 것으로 판단된다.

둘째, 더욱 중요한 사실은 일본 외무성이 이 일련의 팸플릿에 울릉도와 독도를 포함시켰다는 점이다. 이는 일본정부가 울릉도와 독도를 일본의 부속소

---

[119] 「對米陳述書(案)」(1950. 10. 4), 日本外務省, 2007, 위의 책, 24~30쪽.

도로 다루었고, 정책을 명확히 한 자료를 작성해 이를 연합국에 대대적으로 주장·홍보했음을 의미했다. 독도뿐만 아니라 울릉도까지 일본의 부속소도로 제시한 이 팸플릿의 내용은 충격적이다.

주일미정치고문실(POLAD-Japan) 문서에 따르면, 이 팸플릿들은 모두 3차에 걸쳐 주일미정치고문실을 통해 미 국무부에 송부되었다. 1947년 2월 26일자 급송문서(despatch) 제844호, 1947년 7월 14일자 급송문서 제1166호, 1947년 9월 23일 급송문서 제1296호 등에 첨부되어 송부되었다.[120] 팸플릿의 발행시기에 따라 1946년 11월에 간행된 제I부, 1947년 3월에 함께 간행된 제II부·제III부, 1947년 6월에 간행된 제IV부가 세 차례로 나뉘어 발송된 것으로 판단된다. 이 팸플릿들은 모두 20부씩 미 국무부에 송부되었다. 또한 연합군최고사령부(SCAP) 내에서는 경제과학국(ESS) 4부, 법무국(LS) 4부, 민정국(GS) 1부, 천연자원국(NR) 1부, 최고사령관(CINC) 1부, 민간첩보국(CIS) 1부 등으로 배부되었다.[121] 이로 미루어 연합군최고사령부는 물론 미 국무부에도 이 팸플릿들이 대량으로 배포되

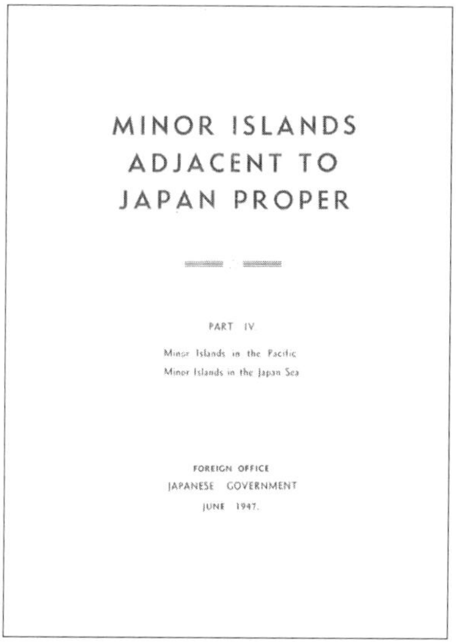
MINOR ISLANDS
ADJACENT TO
JAPAN PROPER

PART IV

Minor Islands in the Pacific
Minor Islands in the Japan Sea

FOREIGN OFFICE
JAPANESE GOVERNMENT
JUNE 1947.

〈그림 3-1〉「일본의 부속소도」 제IV부(1947. 6) 표지

120) United States Political Adviser for Japan, Despatch no.1296, Subject: Minor Islands Adjacent to Japan(1947. 9. 23), RG 84, Office of the U.S. Political Advisor for Japan-Tokyo, Classified General Correspondence, 1945-49. Box 22.

121) Minor Islands Adjacent to Japan, Part I. The Kurile Islands, The Habomais, and Shikotan, Foreign Office, Japanese Government, November 1946, 표지, RG 84, Office of the U.S. Political Advisor for Japan-Tokyo, Classified General Correspondence, 1945-49. Box 22.

었음을 알 수 있다. 미 국무부에서는 어떤 부서가 이 팸플릿을 수령했는지 기록되지 않았지만, 극동국·지리담당관 등에게 팸플릿이 전달된 사실이 확인된다. 이 팸플릿은 시기적으로 볼 때 아직 미국이 본격적인 역코스정책을 취하기 전인 1947년, 일본 외무성측 자료가 대량으로 미 국무부에 전달된 거의 유일한 사례로 판단된다.

먼저 제I부에서 다룬 지역들은 쿠릴열도 및 현재 러시아와 영토분쟁을 벌이고 있는 사할린 북방의 4개 섬, 즉 에토로후(Etorofu to, 擇捉島), 구나시리(Kunashiri Shima, 國後島), 시코탄(Shikotan Shima, 色丹島), 하보마이제도(Habomais, 齒舞諸島)를 다루었다. 일본 외무성은 쿠릴열도에 대해 우루프섬 이북의 북쿠릴은 1875년 쿠릴·사할린교환조약(千島樺太交換條約)에 의해 평화적으로 획득한 것이고, 남쿠릴은 항상 일본의 영토였으며 1855년 일로통호조약(日魯通好條約, 원문 그대로)으로 일본의 영유권이 확인되었다고 주장했다. 얄타협정에서 남사할린은 소련에 반환될(return) 것으로 규정되었지만, 쿠릴은 인도될(hand over) 것으로 규정되었는데, 러일전쟁 전 원상회복이라면 남사할린 반환으로 족하며 남쿠릴을 포함한 쿠릴열도 전체의 반환은 받아들일 수 없다고 했다.

외무성은 시코탄과 하보마이에 대해서도, 이들 섬이 쿠릴열도의 일부가 아니라 홋카이도 네무로(根室)반도의 연장부이며, 전후 소련군이 점령한 지역이라고 주장했다. 일본은 도쿠가와 막부 이래 이 지역이 근실국(根室國)의 일부였으며 일본인이 거주한 곳으로, 일로통호조약(1855)과 쿠릴·사할린교환조약(1875)에서도 외교상 논의되지 않은 일본령이라고 주장했다. 1945년 9월 2일자 연합군최고사령부지령(SCAPIN) 제1호에 의해 만주, 북위 38도 이북의 조선, 사할린, 쿠릴의 일본군은 극동소련군지휘관에게 항복하게 되었는데, 이 때 쿠릴의 소련군이 시코탄과 하보마이를 점령해 일본인들을 축출했다는 것이다. 외무성은 "우리는 당연히 소련에 의해 이 섬들이 부당한 '사실상의' 점령에서 '법률상의' 병합으로 허가되지 않기를 희망한다"라고 썼다.[122]

이 중 일본 사할린에 인접하고 상대적으로 작은 시코탄과 하보마이에 대해서는 이미 1956년 러일공동선언 당시 평화조약 체결 후 반환협상을 벌이기로 했고, 규모가 크고 논쟁이 분명한 에토로후와 구나시리에 대해서는 귀속협상을 벌이기로 했으나 여전히 논란이 되고 있다.

제II부에서 다룬 류큐제도(琉球諸島)는 일본어로 난세이쇼토(Nansei Shoto, 南西諸島) 혹은 류큐레토(Ryukyu Retto)로도 불린다. 샌프란시스코회담 이래 미국의 신탁통치하에 들어갔다. 일본은 유엔의 신탁통치제도의 본래 사명이 "예를 들어 아프리카의 제반지역과 같이 문화의 정도가 현저히 낮은 지방의 사람들을 발전시키는 것을 주요 목적으로 한 것"인데, 이들 지역은 일본 본토와 정치·경제·사회·교육상 다를 바 없기에 특별히 이들 지역을 일본에서 분리해 신탁통치할 이유가 없다고 주장했다. 미국이 이 지역에 중대한 군사적 가치를 두고 있다는 점을 이해하기 때문에 미국의 요망에 부응하고 적극 협력할 용의가 있지만, 신탁통치 외의 별도의 방법으로 문제를 처리할 수 있을 것이라고 주장했다.[123] 특히 일본은 난세이쇼토의 아마미오시마(奄美大島)에 대한 일본 영유권을 강조했고, 평화조약 체결과정에서도 아마미오시마 관련 청원이 가장 많이 쇄도했다. 아마미오시마는 일본의 행정권에서 분리되었지만 미군이 점령하지 않았으며, 1953년 12월 일본에 반환되었다.[124]

제III부에서 다룬 보닌섬은 일본어로 오가사와라(Ogasawara, 小笠原諸島), 볼케이노섬은 일본어로 가잔(Kazan) 혹은 이오지마(Iwo, 硫黃島)를 의미한다. 오가사와라는 1875년 일본령에 편입되었고, 이오지마는 1891년에 일본에 편입되었다고 주장했다. 두 섬은 미군의 신탁통치하에 놓였다가 1968년 일본에 반환되었다.

---

122) 「對米陳述書(案)」(1950. 10. 4), 日本外務省, 2007, 위의 책, 27쪽.
123) 위의 자료, 28~30쪽.
124) 吉田茂, 1958, 위의 책, 66~67쪽.

제IV부에서는 (1) 태평양 지역 소도서로 ① 다이토(Daito, 大東)군도, ② 마커스섬(Marcus Island, 미나미토리시마, 南鳥島), ③ 파레체 벨라섬(Parece Vela Island, 오키노토리시마, 沖ノ鳥島)를 (2) 동해(일본해) 지역 소도서로 ① 독도(Liancourt Rocks, Takeshima, 竹島), ② 울릉도(Dagelet Island, Matsushima, Utsuryo, Ul-lung Island)를 다루고 있다.[125] 한국인들에게 충격적이지만, 일본 외무성은 1947년 6월 연합국을 대상으로 공식 간행한 책자에서 독도와 울릉도가 자국영토라고 주장한 것이다.[126]

(2) 일본 외무성, 독도·울릉도를 일본의 부속소도로 선언

「일본의 부속소도 IV, 태평양 소도서, 일본해 소도서」는 총 16쪽(표지 2쪽, 본문 12쪽, 지도 2쪽)으로 구성되어 있으며, 이 가운데 독도와 울릉도는 본문 5쪽(8~12쪽), 지도 2쪽에서 다루어졌다. 제IV부에 첨부된 지도는 〈그림 3-2〉와 같은데, 일본 외무성은 울릉도와 독도를 일본령으로 표시하고 있다. 동해도 일본해로 표시되어 있다.

먼저 울릉도에 대한 내용부터 살펴보자. 중요한 내용이므로 길게 인용한다.

II. 다줄렛섬(Matsu-shima, Utsuryo 혹은 울릉도)
1. 지리(생략)

---

125) Minor Islands Adjacent Japan Proper, Part IV, "Minor Islands in the Pacific, Minor Islands in the Japan Sea," June, 1947, RG 84, Foreign Service Posts of the Department of State, Office of the U.S. Political Advisor for Japan-Tokyo, Classified General Correspondence, 1945-49, Box 22.
126) 이 소책자의 표지 안쪽에는 연합국 당국의 정보제공용(For Information of the Allied Authorities)이라고 적혀 있다.

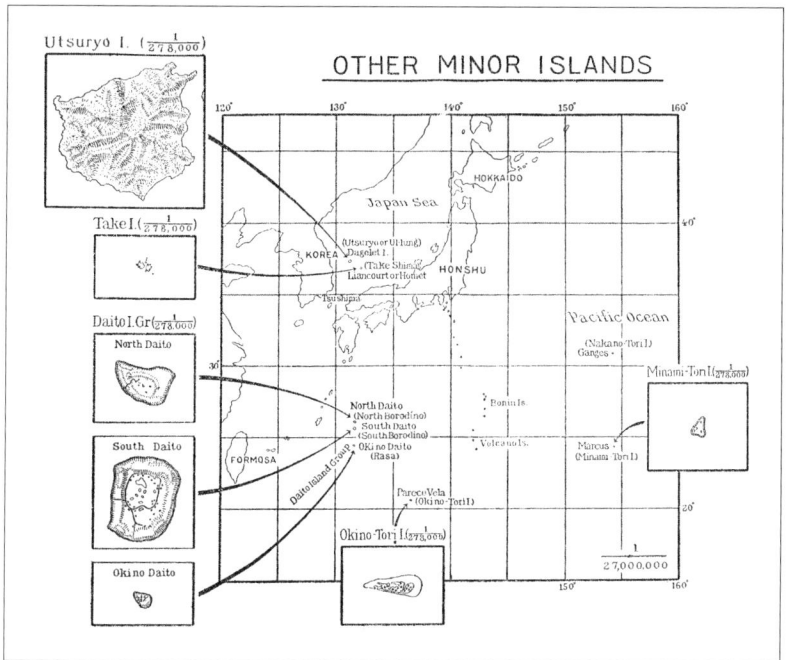

〈그림 3-2〉「일본의 부속소도」제IV부(1947. 6) 첨부지도

2. 역사

1878년에 들어서야 비로소 이 섬은 프랑스 해군의 라페루즈(La Perouse) 선장이 발견함으로써 세계 최초로 다줄렛이라는 이름으로 명명되었다. 그러나 일본 문서에는 일찍이 1004년에 우루마섬(Uruma Island)으로 불렸는데, 이는 울릉도와 같은 고대 일본어이다.

한국인들에게도 이 섬은 고대부터 알려져왔다. 13세기 중반 이후 한국인들은 수차례 식민화를 시도했다. 후에 이 섬은 범죄자들과 도적들의 편리한 은닉처가 되었다. 한국정부는 1400년대 이래로 오랫동안 이 섬에 대한 공도(空島)정책을 고집했다.

이리하여 이 섬이 한국정부에 의해 실질적으로 포기되자, 일본인들 상당수가 이 섬에 무상출입을 계속했다. 1592년 도요토미 히데요시의 한국 원정은 이 지역에서 일본인 활동을 급증케 했고, 그 후 약 1세기 동안 이 섬은 모든 면에서 일본 어업기지로 남아 있었다. [주 4: 1618년 막부의 재가를 받은 이나바(因幡) 영주는 호키(伯耆)현 요나고(米子)의 오타니(오타니 진키치, 大谷甚吉)와 무라카와(무라카와 이치베, 村川市兵衛)라는 두 사람의 다케시마(즉 울릉도) 방문을 허가했다. 이들은 매년 어업을 위해 섬을 방문했고 채취한 전복의 일부는 연례 선물로 이나바 일족부터 막부에까지 보내졌다.]

17세기 초부터 일본과 한국 사이에 이 섬의 소유권 문제를 둘러싼 협상이 반복되었다.

1692년 이 섬에 대규모의 한국인이 상륙함으로써 분쟁이 일어났고, 한국정부와 막부를 대표하는 대마도주 간에 협상이 벌어졌다. 그 결과 1697년 도쿠가와 막부는 일본인이 어업을 위해 섬에 가는 것을 금지시켰고, 이를 한국정부에 알렸다. 이리하여 표면적으로 문제는 한동안 안정되었다.

그러나 한국 당국은 위에서 언급한 사건 이후에조차 공도정책에 하등의 변화가 없었다. 그들은 3년에 단 한 차례만 관리를 파견해 나무와 대나무를 베고 진상용 천연물자를 수집했다. 따라서 일본인들은 섬 인근에서의 어업을 결코 중단하지 않았다. [주 5: 1837년 이와미(石見)현 하마다(浜田) 일족의 하치에몬(아이즈야 하치에몬, 會津屋八右衛門)이라는 이름의 선적 대리인이 울릉도를 방문한다는 구실하에 한국과 밀무역을 한 혐의로 처형되었다. 이 사건으로 막부는 외국 땅으로 가는 모든 여행을 금지하는 포고를 발했다. 포고에서 과거에는 어로를 위해 일본인들이 자주 울릉도를 방문했지만 1697년 이 섬이 한국에 넘겨졌기 때문에 이러한 여행은 더 이상 허용되지 않는다고 했다.]

도쿠가와 막부가 종막을 향하던 메이지 초기(1868년 무렵), 일본 내에서는 송도(松島) 개발을 주장하는 운동이 세력을 얻어 정부에 청원들을 하게 되었다. 송도가 다름 아닌 한때 한국정부와 협상주제가 되었던 섬이었고, 일본인들의 출입이 금지된 섬이 분명했기 때문에, 일본정부는 이 청원들을 받아들이지 않았으나 일본인들은 여전히 이 섬에 갔다. 반면 한국정부는 일본정부에 대해 일본 신민의 섬 출입금지를 반복적으로 요구했고, 동시에 스스로 이 섬을 개발하려 노력했으나 이렇다 할 만한 결과를 얻지 못했다.

1910년 한국 병합으로 이 섬은 조선총독부의 통치하에 들게 되었다.

3. 산업

섬의 개발은 아직 초보단계이며, 주민 대부분은 기껏해야 수십 년 전에 입도한 사람들이다. 1935년 현재 전체 인구는 1만 1,760명으로 대부분 한국인이며 일본인들은 그중 500명을 약간 상회한다.

산업은 주로 농업과 어업으로 구성되어 있다. 충적토의 부족으로 농업은 마른 땅에서 재배하는 감자, 옥수수, 콩, 밀, 기타 곡물로 제한되어 있다. 총생산량은 주민의 필요를 가까스로 충족시킨다.

수산업은 매우 활발하게 전개되는데, 난류와 한류의 교차로 주위 바닷물에 물고기와 미역이 풍부하기 때문이다. 매년 12만 엔 이상의 수확을 거둔다. 부업으로 소와 누에를 기른다.[127] (강조 및 한자병기는 인용자)

위의 강조 부분에서 드러나듯이, 일본 외무성은 명확하게 울릉도를 일본령으로 묘사하고자 하는 의도를 보여주었다. 일본 외무성의 설명을 따라가보면 11세기에 일본이 먼저 울릉도를 인지했으며, 한국은 13세기 중반 이후에야 식민지화를 시도했지만, 15세기 이후 공도정책을 취했고, 임진왜란 후 1세기 동안 일본이 이 섬을 지배했다. 17세기 말 울릉도 영유권을 둘러싼 논쟁 끝에 한국령이 인정되었지만, 한국은 여전히 공도정책을 취했고, 일본 어부들이

---

[127] Minor Islands Adjacent Japan Proper, Part IV, "Minor Islands in the Pacific, Minor Islands in the Japan Sea," June, 1947, pp. 10~12.

인근에서 계속 어업을 했다는 것이다. 19세기 후반에도 일본 내에서 울릉도 개발논의와 청원이 있었고, 일본정부의 불허에도 일본인들이 울릉도를 출입했다는 것이다. 즉, 일본이 먼저 울릉도를 인지했으며, 1세기 동안 지배했고, 영유권 논쟁이 있었으며, 한국이 공도정책으로 사실상 방치한 사이에 일본이 실질적으로 개발했다는 내용이다.

일본 외무성은 왜 울릉도를 「일본의 부속소도」 시리즈에 넣었을까? 그 목적은 명백했다. 이 팸플릿의 목적이 연합국으로 하여금 일본에 귀속될 주변 제소도를 결정하게 하려는 것이었음에 비추어 울릉도에 대한 영유권을 주장하려 한 것이었다. 이 팸플릿이 단순한 지리나 수로지로 이용자에게 정보와 편의를 제공하기 위한 것이 아니라, 영유권을 주장하기 위한 목적으로 제작되었기 때문에 한국령에 추호도 의문이 없는 울릉도는 이 팸플릿에 들어갈 수 없는 성질의 것이었다. 아마도 일본 외무성은 이 팸플릿의 영문판 제목이 '일본 본토에 인접한 소도서'이기 때문에 '인접도서'인 울릉도를 다룬 것이라고 변명할지 모르겠다. 그러나 일본 본토에 인접한 소도서 가운데 가장 중요한 대마도에 대해서는 이 팸플릿에서 전혀 거론하고 있지 않다. 일본의 영유가 확실하고 의문이 없는 경우에는 전혀 언급하지 않았음을 알 수 있다. 이 팸플릿에 거론된 섬들은 대부분 연합국이 일본의 행정권을 정지시켰거나 영유권과 관련해 논쟁의 대상이 된 지역들이었다. 또한 이 팸플릿의 일본어 제목은 '일본의 부속소도'였으므로 일본이 울릉도를 일본의 부속도서로 취급했음은 의문의 여지가 없다. 일본은 이 팸플릿에 울릉도를 포함시키고 대마도를 배제함으로써 자신들의 의도를 숨기지 않았다.

상황이 허락했다면 일본은 독도가 아닌 울릉도에 대한 영유권을 주장했을 것이다. 잘 알려져 있듯이 1870년대 일본인들이 독도 개발을 논의할 때도 이는 울릉도 개발에 수반된 것이었다. 전근대 시기 일본측 자료에서 독도는 단독으로 등장하지 않았다. 독도는 울릉도와 결합될 때만 기능할 수 있는 섬이자 울릉도의 부속도서로 취급되었기 때문이다. 대한제국정부가 울릉도를 군

> Liancourts by the French.
>
> **I. Liancourt Rocks (Take-shima).**
>
> 1. *Geography*
>
> Liancourt Rocks are situated at 37°9′ N. and 131°56′ E, being about 86 miles from Oki Islands of Shimane Prefecture. They consist of a pair of islets, 0.06 and 0.02 square miles respectively and a number of rocks scattered around them. The islets, composed of barren rocks and devoid of any overgrowth, look white being covered with birds' droppings. The rugged beaches dotted with strange looking caves are noted as breeding grounds of sea-lions (*zalophus lobatus*). Lacking in open spaces and drinking water, the islets are unfit for human habitation. The rocks scattered around are generally flat at their tops and barely show themselves above water.
>
> 2. *History.*
>
> As stated in the Introduction, the Japanese knew the existence of the Liancourt Rocks from the ancient times. But the earliest documentary evidence of this knowledge is to be found in the *Inshu Shicho Gōki* (Oki Province; Things Seen and Heard) a book published in 1667, which contains the following description:
>
> To the northwest from the Province of Oki there is Matsu-shima at a two days' distance, and at another day's distance further out there is Take-shima. The latter, also called Iso-take-shima, is rich in bamboo, fish etc.
>
> It is clear that Matsu-shima here refers to the Liancourts (Illustration).
>
> As for European acquaintance with the Rocks, it was in 1849 that the *Liancourt*, a French whaling ship, first sighted them and gave them their present name. The *Pallada*, a Russian frigate under the command of Admiral Putiatin, is said to have taken soundings of the adjacent sea in 1854. In the following year came the *Hornet*, a corvette of the British China Fleet, which also sounded the vicinity of the Rocks.
>
> It should be noted that while there is a Korean name for Dagelet, none exists for the Liancourts Rocks and they are not shown in the maps made in Korea.
>
> On February 22, 1905, the Governor of Shimane Prefecture, by a prefectural proclamation, placed the Liancourts under the jurisdiction of the Oki Islands Branch Office of the Shimane Prefectural government (Note 3).
>
> ---
> Note 3. *The United States Hydrographical Survey* at present deals with Liancourt Rocks under the head of Oki group of islands.

〈그림 3-3〉「일본의 부속소도」제IV부(1947. 6) 독도 부분

으로 선포한 실질적인 이유도 일본의 침략으로부터 울릉도의 영유권을 명백히 하고자 했기 때문이었다. 울도군 선포 당시 울릉도에는 한국정부가 정식으로 파견한 관리가 없었다. 이러한 상황을 틈타 수많은 일본인들이 불법 상륙해 벌목, 상품판매, 약탈, 무기사용, 폭력 등 온갖 불법행위를 저지르고 있었으며, 이들 패만한 일본인들을 보호·비호하기 위해 일본 경찰이 한국 영토인 울릉도에 불법적으로 주재하고 있는 실정이었다.[128]

다음으로 독도에 관한 이 팸플릿의 서술을 살펴보자. 중요성 때문에 길게 인용한다.

I. 리앙쿠르암(다케시마)
1. 지리(생략)

2. 역사
서문에서 말한 바와 같이 일본은 고대로부터 리앙쿠르암의 존재를 알고 있었다. 그러나 확인할 수 있는 최초의 문헌기록은 1667년 간행된 『은주시청합기』(隱州視廳合記)에서 발견되는데, 다음과 같은 내용이 담겨져 있다.
"은주(隱州, 오키섬)에서 북서쪽으로 이틀 거리에 송도(松島, Matsu-shima)가 있고, 하루를 더 가면 죽도(竹島, Take-shima)가 있다. 죽도는 기죽도(磯竹島, Iso-take-shima)라고도 불리는데 대나무와 물고기 등이 많다."
여기서 말하는 송도는 리앙쿠르암(도판 참조)을 의미하는 것이 분명하다.
유럽인들이 리앙쿠르암을 인지한 것은 1849년이었는데, 프랑스 포경선인 리앙쿠르(Liancourt)호가 이를 발견했고 현재의 이름을 붙였다. 푸티아틴(Putiatin) 제독이 지휘하던 러시아 구축함 팔라다(Pallada)호는 1854년 인근 바다를 측량했다고 한다. 다음 해 영중 함대의 코벳함 호넷(Hornet)호가 도착해 암초 인근을 역시 측량했다.
다줄렛(Dagelet, 울릉도)에 대해서는 한국 명칭이 있지만, 리앙쿠르암에 대해서는 한국명이 없으며, 한국에서 제작된 지도에서 나타나지 않는다는 점에 주목해야 한다.
1905년 2월 22일 시마네현 지사는 리앙쿠르암을 시마네현(島根縣) 소속 오키

---

128) 송병기, 1999, 「울릉도의 지방관제 편입과 석도」, 『울릉도와 독도』, 단국대학교출판부, 93~132쪽.

도사(隱岐島司) 소관으로 정한다는 현 포고를 공포했다.〔주 3: 현재 『미국수로지』(The United States Hydrographical Survery)는 리앙쿠르암을 오키열도 항에서 다루고 있다.〕

3. 산업

위에서 언급한 자연환경 때문에 이 섬에는 사람이 정착할 수 없다. 그러나 <u>1904년 오키섬 주민들이 이 섬에서 바다사자를 사냥하기 시작했고, 그 후 매년 여름 (오키)섬 주민들은 울릉도를 기지로 활용해서 정기적으로 이 섬에 와서 시즌용 임시숙사로 오두막을 건설</u>하곤 했다.[129] (강조 및 한자병기는 인용자)

일본 외무성의 주장에 따르면, 일본인들은 고대부터 독도의 존재를 알고 있었고 1667년에 마쓰시마(松島)라고 명명했으며, 유럽인들은 1849년에야 리앙쿠르암이라고 명명했다. 한편 울릉도와는 달리 리앙쿠르암에 대해서는 한국 명칭이 없고, 한국에서 제작된 지도에 나타나지 않는다고 강조했다. 완벽한 거짓주장이며, 명백히 위조·조작된 사실이다. 일본인들이 1904년 리앙쿠르암에서 어업을 시작했고, 1905년 2월 22일 시마네현 소속이 되었다는 것도 일본의 침략을 정당화하는 것일 뿐이다.

잘 알려진 것처럼 1904년 9월 시마네현 어부 나카이 요사부로(中井養三郎)가 일본정부에 독도를 일본 영토로 편입시켜 자신에게 대여해줄 것을 청원했다. 다음 해인 1905년 1월 28일 일본정부는 독도를 다케시마라는 이름으로 자국령에 편입시켰고, 이를 시마네현 현보에 고시했다. 나카이와 일본정부는 독도가 한국령이라는 것을 알고 있었다. 대한제국정부는 이 사실을 알지 못했다. 1년 뒤인 1906년 울릉도 군수 심흥택의 보고로 뒤늦게 사태를 파악했으

---

[129] Minor Islands Adjacent Japan Proper, Part IV, "Minor Islands in the Pacific, Minor Islands in the Japan Sea," June, 1947, pp. 9~10.

나, 러일전쟁의 와중에 일본 군대가 궁성을 점령했고 외교권은 박탈당한 상태였다. 당시 한국 언론들의 격렬한 반발과 반응은 익히 잘 알려져 있다. 즉, 독도는 일본이 한국을 침략하는 첫 단계에서 탐욕과 폭력으로 약취한 지역이었다.

영토문제와 관련해 일본은 자국의 이익을 위해 거짓말까지 서슴지 않았다. "다줄렛(Dagelet, 울릉도)에 대해서는 한국 명칭이 있지만, 리앙쿠르암에 대해서는 한국명이 없으며, 한국에서 제작된 지도에서 나타나지 않는다"라는 거짓말이 일본의 입장을 잘 대변하고 있다. 일본이 1947년 6월 울릉도와 독도를 일본령으로 주장하고, 그 근거로 허위·가공의 주장과 왜곡된 진술을 담은 문건을 만들었을 때 이는 단순히 도서의 영유권에 관한 문제만은 아니었다. 그 배경에는 패전 후 한국을 보는 인식, 한국에 대한 태도·정책이라는 보다 본질적인 문제가 자리하고 있었다.

(3) 1947년 일본 외무성 독도 인식의 연원

이 팸플릿의 작성자나 자료·정보의 출처는 명확치 않다. 시모다 다케소의 증언처럼 이 팸플릿의 주저자는 외무성 조약국에서 영토문제를 전담했던 가와카미 겐조였을 가능성이 높다.[130] 가와카미 겐조는 1953년 외무성 조약국이 간행한 최초의 독도 관련 책자인 『죽도의 영유』의 집필을 담당했고, 1966년 일본의 독도영유권 주장을 집대성한 『죽도의 역사지리학적 연구』의 저자이기도 했다.[131] 가와카미는 시마네현의 다무라 세이자부로(田村淸三郎)와 함께 1950~1970년대 일본의 독도영유권 주장에 핵심적인 논거를 제공한 인물이었으며, 자료와 논리 설정에 상호 영향을 주고받았다.[132]

---

130) 下田武三 著·永野信利 編, 1984, 위의 책, 50쪽.

일본 외무성이 배포한 이 팸플릿에는 관련 문헌이나 출처·정보가 전혀 명기되어 있지 않다. 그런데 위의 팸플릿에서 울릉도와 독도를 함께 다룬 점, 울릉도에는 한국 명칭이 있지만 리앙쿠르암에 대해서는 한국명이 없으며, 한국에서 제작된 지도에서 나타나지 않는다고 한 점, 1905년 2월 22일 시마네현 지사가 리앙쿠르암을 시마네현 소속 오키도사 소관으로 정한다는 현 포고를 공포했다고 거론한 점 등이 특징적이다. 즉, 울릉도와 독도를 하나의 세트로 다루었으며, 독도의 일본령 불법편입과 관련해 시마네현 지사의 시마네현 포고를 거론했는데, 이는 현재 일본정부의 입장과는 매우 거리가 있는 특징적인 주장이다. 즉, 울릉도가 내심 일본령이라는 침략주의적이며 제국주의적 발상을 복선에 깔고 있으며, 독도의 일본령 불법편입의 근거가 시마네현 포고였다는 점을 부각시키고 있기 때문이다.

이로 미루어볼 때 이 팸플릿은 오쿠하라 후쿠이치(奧原福市)가 1906년 편찬해 1907년 간행한 『죽도 및 울릉도』(竹島及鬱陵島)라는 책자를 참조한 것으로 추정된다. 이 책자는 일제가 독도를 불법 편입한 1년 후 시마네현 관리 수십 명이 '죽도시찰원'이라는 명목으로 독도를 순시하고 울릉도에 불법 상륙해 독도가 일본령으로 편입되었음을 알리고 귀환한 뒤 제작한 것이었다.

1905년 일본의 독도 불법 영토편입 이후 일본측에서는 총 세 차례의 독도

---

131) 가와카미 겐조(川上健三, 1909~1995)는 교토제대를 졸업한 후 참모본부·대동아성에서 근무했고, 전후 외무성 조약국 참사관·소련공사 등을 역임했다. 외무성 조약국 제1과에 근무하면서 영토문제에 관한 보고서를 주도했다. 1950년대 일본 외무성이 독도영유권과 관련해 발표한 성명의 핵심적 기안자로 알려져 있다. 가와카미의 『竹島の歴史地理學的研究』는 일본측 영유권의 대표적 저작이자 이후 일본정부 및 학자들의 가장 중요한 인용서이다. 이 책에 대해서는 박배근, 2001, 「『竹島の歴史地理的研究』에 대한 비판적 검토」, 부산대학교 법학연구소, 『法學研究』 제42권 제1호를 참조할 수 있다. 한국에서는 해양수산부가 『竹島の歴史地理學的硏究』(1990)로 번역했다.
132) 다무라 세이자부로는 시마네현 총무부 광보(廣報)문서과에 근무했다. 시마네현 차원에서 독도영유권을 주장한 『島根縣竹島の研究』(1954, 島根縣), 독도 관련 일본측 자료 및 구술증언 등을 집대성한 『島根縣竹島の新研究』(1965, 島根縣總務部總務課)를 쓴 인물이다. 방대한 양의 독도 관련 일본측 자료를 수집했으며, 이 자료들은 현재 시마네현 현립도서관에 소장되어 있다. 한국 학자들이 활용하는 많은 자료의 출처가 이곳이다.

조사가 있었다.[133] 먼저 1905년 8월 마쓰나가 다케요시(松永武吉) 시마네현 지사의 독도 현장조사가 있었고, 1906년 3월 시마네현청 제3부장 가미니시 유타로(神西由太郎)를 장(長)으로 하는 40명 이상의 현장조사가 있었으며, 오키도주(隱岐島主)가 작성한 독도 지역에 관한 보고서가 있었다고 한다. 이 책은 두번째 현장조사의 결과물이었다.

이들은 1906년 3월 22일부터 3월 30일까지 '죽도시찰'을 벌였는데 3월 27일 독도에 도착했고, 27~28일 간 울릉도에 '피난'한 후 30일 西鄕港·境港·松江으로 귀환했다. 시마네현 3부장 가미니시 유타로 사무관을 포함해 총 45명이 시찰에 나섰다. 이 책을 쓴 오쿠하라는 야츠카군(八束郡) 아이카무라(秋鹿村) 심상(尋常)고등소학교 교장이었다.[134] 이들은 러일전쟁 승리, 을사늑약 체결, 독도 불법편입이라는 일제 침략의 발흥기에 점령지를 시찰하는 기분으로 독도를 답사했던 것이다. 오쿠하라는 '죽도시찰원' 일행으로 독도를 답사한 후 시찰원의 복명서, 오키시마(隱岐島) 도청(島廳)의 문서, '신죽도(新竹島) 경영자'인 나카이 요사부로와의 담화 등을 참작해 편집했다고 밝혔다.[135] 즉, 이 책자는 일본이 독도의 불법 영토편입, 편입사실의 시마네현 현보 게재, 1년 후 대규모 순시, 울릉도 불법상륙 후 통지라는 1905~1906년 간 일련의 침략과정을 완성한 후 이를 사후에 정리하기 위해 제작해 배포한 것이다. 범례에는 러일전쟁 1주년 기념이라는 부제가 붙어 있어 역시 일본의 제국주의적 영토팽창정책을 반영하고 있음을 나타내고 있다. 시마네현 관리들의 순시여정을 함께 담은 이 책자는 1906년의 시점에 시마네현이 파악하고 있는 독

---

133) 「三. 二月 十日字 亞二. 第十五號 日本外務省覺書」(1954. 2. 10), 「竹島領有에 關한 一九五三年 九月九日字 駐日韓國代表部 覺書로서 韓國政府가 取한 見解를 論駁하는 日本政府의 見解」, 外務部 政務局, 1955, 「獨島問題槪論」, 148쪽.
134) 奧原碧雲(奧原福市) 編纂, 1907, 『竹島及鬱陵島』, 報光社(島根縣松江市), 69~84쪽. 이 책자는 국사편찬위원회가 시마네현 현립도서관에서 1997년 수집한 『島根縣 독도관련사료III』에 수록되어 있다.
135) 奧原碧雲(奧原福市) 編纂, 1907, 『竹島及鬱陵島』, 報光社(島根縣松江市), 범례.

도의 실상을 담은 것이다.

이 책은 독도와 울릉도를 다룬 두 파트로 구성되어 있다. 총 87쪽 중 「죽도」(竹島, 34쪽), 「울릉도」(鬱陵島, 33쪽), 부록 「죽도도항일기」(竹島渡航日記, 15쪽), 시찰원의 시가(詩歌)를 편집한 「한조여운」(寒潮餘韻, 3쪽) 등이 수록되어 있다. 먼저 「죽도」 파트는 제1부 지리(2쪽), 제2부 기후(0.5쪽), 제3부 생물(1.5쪽), 제4부 어업(10쪽), 제5부 어민생활의 상황(2쪽), 제6부 연혁(20쪽) 등 총 6부로 구성되어 있는데, 연혁 부분이 전체 34쪽 가운데 가장 많은 분량인 20쪽을 차지하고 있다.[136] 이는 이미 1906년의 시점에 일제가 독도의 일본령 편입이 불법적이며 논쟁적이라는 사실을 자각하고 있었음을 보여준다. 때문에 이 책자는 여러 가지 측면에서 독도가 한국령이라는 증거들을 보여주고, 이를 반박하는 데 초점을 맞추었다.

이 책자에서는 첫째 일본이 울릉도를 죽도로, 독도를 송도로 불렀으며, 겐로쿠(元錄) 9년(1696년) 이후 죽도=울릉도를 조선의 판도로 생각했기 때문에, 리앙쿠르암도 조선의 판도로 인식했다는 사실, 둘째 1903년 이래 독도에서 강치〔海驢〕잡이에 종사하던 시마네현의 나카이 요사부로가 량고도(독도)를 조선의 영토로 생각해 조선정부에 대하청원(貸下請願)을 하기로 결심했었다는 사실, 셋째 나카이가 1904년 동경에서 오키 출신인사를 통해 농상무성 마키 보쿠신(牧朴眞) 수산국장을 만나 조선정부에 대하청원할 의사를 표명하니, 마키 수산국장이 이에 동의했던 사실, 넷째 나카이가 기모츠키 가네유키(肝付兼行) 해군 수로부장을 만나 그로부터 독도의 귀속이 명확하지 않으며 본토에서의 거리도 한국보다 일본측이 10리가량 가깝고, 일본인이 섬에서 어업에 종사하니 일본령 편입 및 대하원(貸下願) 출원을 권유했다는 사실 등이 기록되어 있다.[137]

---

136) 같은 책, 1~34쪽.
137) 같은 책, 27~28쪽.

특히 나카이가 리앙쿠르암을 한국령으로 확신한 사실, 이에 대한 농상무성 수산국장의 동의, 이에 대한 기모츠키 해군 수로부장의 거짓말에 근거한 권유 등은 모두 1904~1905년 시기 독도의 일본령 불법편입을 주도한 일본인들이 모두 독도가 한국령임을 명백히 인지·확신하고 있었음을 보여준다. 1903년 이래 독도에서 강치잡이를 했던 나카이는 독도가 한국령임을 체험을 통해 확신한 상태였으며, 독도의 귀속이 명확치 않다고 한 기모츠키 해군 수로부장의 주장이 거짓말임은 누구보다 잘 알고 있었을 것이다. 때문에 농상무성 수산국장도 그의 의사에 동의했던 것이다. 또한 본토로부터 거리가 한국보다 일본이 가깝다는 기모츠키 해군 수로부장의 주장 또한 분명한 거짓말임을 알고 있었다. 현재 누구나 알고 있듯이 독도는 일본령 오키시마(160km)보다 울릉도(89km)에서 훨씬 더 가까우며, 본토와의 거리는 죽변에서 불과 127km 떨어져 있기 때문이다. 즉, 독도가 한국령임을 명백히 알고 있었던 나카이에게 일본령 편입신청을 종용했던 기모츠키가 제시한 근거는 거짓말과 허위사실뿐이었다. 이 책은 위와 같은 허위사실들을 기록한 후 "영토편입은 지위상으로 보아도 경영상으로 보아도 또한 역사상으로 논해도 공연 우리 영토에 편입되어야 할 것으로서 한 점의 비의(非議)를 품을 여지를 갖지 않음이 분명하다"라고 썼다.[138] 명백한 타국의 영토를 허위사실과 거짓말에 기초해 불법 영토편입을 하는 근대국가 일본의 '문서처리작업'은 약육강식의 제국주의 논리와 침략주의를 합법화하는 수단에 불과했다. 이것이 일본이 주장하는 근대적 영유권의 출발이었다. 그런데 1905년 제국주의 일본이 저지른 영토 도취행위를 1947년 일본 외무성이 되풀이했다.

이 책자의 「울릉도」 파트는 제1부 지리, 제2부 기후, 제3부 생물, 제4부 생업, 제5부 상업무역, 제6부 교통, 제7부 주민, 제8부 교육, 제9부 정치, 제10부

---

138) 같은 책, 32~33쪽.

토지, 제11부 본방(本邦)이주민, 제12부 연혁 등으로 구성되어 있는데, 「독도」와는 달리 연혁은 매우 짧고, 제5부와 제11부가 가장 상세하게 구성되어 있다. 즉, 울릉도 거주 일본인들의 경제활동에 대해 가장 큰 관심을 표명한 것이었다. 심지어 이 책자에는 울릉도 군수의 관인 두 점의 인영(印影)을 수록하고 있을 정도로 울릉도를 사실상 시마네현의 속도(屬島)처럼 취급하고 있다.[139]

이처럼 시마네현은 노골적으로 독도가 아니라 울릉도가 자신들의 목표임을 드러내고, 책자의 제목도 『죽도 및 울릉도』라고 붙였던 것이다. 이 책자는 시마네현 차원에서 일본의 독도 불법편입 이후 제작·공간된 유일한 간행물이었기에 독도와 울릉도를 세트로 다루었고, 시마네현의 포고를 독도 불법편입의 근거로 제시했던 것이다. 또한 울릉도와 독도에 대한 관심의 초점도 조금 달랐다. 시마네현은 독도에 대해서는 영유권 문제를, 울릉도에 대해서는 상업과 일본인 거류민 문제를 핵심으로 중시했음을 알 수 있다. 즉, 『죽도 및 울릉도』라는 책자는 일본 제국주의의 한국 침략이라는 시대적 상황·환경하에 독도의 불법 영토편입, 일본인들의 울릉도에 대한 경제적 이권침탈이라는 관점에서 만들어진 것이다. 또한 이 책자는 1905년 일본의 독도 불법 영토편입 이후 제작된 거의 유일하고 종합적인 독도 관련 자료집이었다. 역사적 영유권 문제에 대해서도 1906년에 조사·정리된 이 책자를 능가하는 자료집은 없다.

때문에 1947년 6월 일본 외무성이 「일본의 부속소도 IV, 태평양 소도서, 일본해 소도서」를 편집하면서 첫째 울릉도·독도를 하나의 세트로 거론한 사실, 둘째 울릉도에 대해서는 일본이 이 섬을 실질적으로 개발해왔다는 점을 강조한 사실, 셋째 독도에 대해서는 고대부터 일본이 이 섬을 인지하고 있었으며, 시마네현에 의해 영토편입이 되었다는 점을 강조한 사실 등을 바로 이 책 『죽도 및 울릉도』에서 차용했으리라고 판단된다. 1947년 6월 외무성 팸플

---

139) 같은 책, 57쪽. 관인은 '鬱島郡之印'과 '鬱陵島郡守之庫'로 되어 있다.

릿에 제시된 『은주시청합기』를 비롯해 이후 1950년대 초중반 일본 외무성이 일본의 독도영유권을 증명한다고 제시한 역사적 연원과 관련한 주요 문헌들 중 상당수가 오쿠하라의 이 책에서 처음 제시된 것이다. 이러한 흔적은 1947년 팸플릿의 저자로 추정되는 가와카미 겐조가 이후 저술한 일본 외무성 조약국의 『죽도의 영유』(1953. 8)와 『죽도의 역사지리학적 연구』에도 동일하게 나타나 있다. 가와카미의 두 책은 독도의 시마네현 영토편입에 대해 모두 오쿠하라의 책을 주요 인용근거로 제시하고 있으며, 독도의 영유권을 주장하는 논리적 근거와 방법으로써 일본이 울릉도를 실질적으로 개발하고 지배했다는 점을 유난히 강조하고 있다. 독도와 울릉도를 연결시키고 이를 한 세트로 이해해 일본의 영유권을 주장하는 이러한 인식 태도와 방식은 오쿠하라의 책에서 영향을 받은 것이 분명했다.

이런 측면에서 1905년 일본의 독도 불법 영토편입과 시마네현의 정당화 작업이 42년이 지난 1947년 일본 외무성에 의해 재차 시도된 것으로 볼 수 있다. 즉, 1947년 이 팸플릿의 간행은 일본 외무성의 독도문제에 대한 접근방법과 인식이 제국주의시대의 연장선상에 놓여 있었음을 의미한다.

이상과 같이 1947년 일본 외무성이 작성해 연합국에 홍보한 이 팸플릿의 중요성은 지금까지 잘 알려져 있지 않았다. 이 팸플릿은 독도문제와 관련한 일본·한국·미국의 입장과 대응을 여러 가지 측면에서 보여주는 자료로, 다음과 같은 네 가지 측면에서 중요성을 갖고 있다.

첫째, 1947년의 시점에 일본정부는 독도가 한국령이며, 스스로도 영유권 주장의 근거가 현저히 부족함을 분명히 자각하고 있었다. 이 팸플릿을 만든 행위 자체가 일본 외무성 스스로 독도에 대한 영유권에 의문이 있음을 고백하는 것이었다. 또한 팸플릿의 내용 가운데 독도를 일본령에서 배제한 SCAPIN 제677호 등이 언급되지 않은 것으로 미루어 이 팸플릿을 작성한 동기가 연합군의 정책에 대응하기 위한 것이었다고 보기는 어렵다. 만약 연합군정책에 맞대응하는 것이라면, 논리적 구성이나 방법이 전혀 다른 방식으로 이루어졌을 것이다. 때문에 이 팸플릿의 주요 타깃은 한국의 영유권 주장 가능성에 맞대응하기 위한 것으로 볼 수 있다. 즉, 이 팸플릿이 작성된 1947년 6월 시점에 아직 미소 점령하에 있던 한국에서는 독도영유권에 대한 본격적 논의가 시작되지 않았던 반면, 일본 외무성은 선제적으로 대응한 것으로 볼 수 있다. 아직 완전 독립과 정부 수립도 이루지 못한 한국의 영유권을 부정하기 위해 연합국에 1905~1906년의 허위정보들을 제공한 것이었다. 전후 일본정부는 독도문제에 관해 여전히 제국주의적이고 팽창주의적이며 침략적인 모습을 감추지 않았다. 이것이 이 팸플릿에 드러나는 가장 중요한 특징이다.

둘째, 일본 외무성이 위조·조작된 사실을 담은 문건을 작성한 것은 기본적으로 패전 후 한국·한국민에 대한 일본정부의 인식과 태도를 대변하는 것이다. 즉, 일본은 미국을 중심으로 한 연합국에 패배했을 뿐 한국에 패배한 것이 아니므로 한국의 이익은 식민지에서 해방된 것으로 충분하고, 나아가 한국에 대한 보상·배상이나 사과는 불필요하다는 인식을 갖고 있었다. 전후 한일관계의 첫 출발의 단서를 보여주는 이 팸플릿은 기본적으로 멸시적이며 모욕적인 대한관에 기초해 있었다.

나가사와 유코(長澤裕子)에 따르면, 일본정부는 한반도에 대한 일본의 주권포기는 항복조건인 포츠담선언의 수락에 있는 것이 아니라 연합국과의 강화조약 조인에 있다고 판단했다. 이는 종전 직후부터 '조선 주권의 일본 보유론'으로 구체화되었는데, 이는 패전 후에도 일본이 한국에 대한 주권을 보유한다는 주장이다. 이는 일본정부, 야마나 미키오(山名酒喜男)를 비롯한 조선총독부의 고위인사들과 퇴역군인, 복원성(復員省, 후생성의 전신) 등이 한결같이 주장한 것으로, 일본정부의 전후 대한정책의 기본입장이었다. 즉, 대일강화조약이 체결되고 일본의 독립, 일본·한국관계의 법적 단절, 한일관계의 재정립이 이뤄지기 전까지, 일본정부는 조선 주권 보유론에 입각해 일본에 불리한 패전상황에서 식민통치기 남한에 대한 일본의 경제적 이해관계를 SCAP 등을 통해 추구했다.[140] 구체적으로 1945년 8월 24일 일본 종전처리회의는 한반도에 대한 주권이 강화조약 비준 전까지 일본에 있다고 결정해 조선총독부에 통보했고, 총독부는 한반도에 대한 주권을 일본이 보유하고 있으나 미군 점령으로 중단될 것으로 예상했다.[141] 같은 맥락에서 패전 후 일본정부는 한국에 대해 첫째 과거 식민지 지배를 성과로 여겼으며, 둘째 해방된 식민지인과 일본인이 공존할 수 있을 것으로 전망했다.[142]

특히 연합군이 한반도를 점령하고, SCAPIN 제677호(1946. 1. 29)로 한반도가 일본의 정치권·행정권에서 분리되었어도, 한반도가 일본의 영토라는 인식하에 제정된 일본의 외지관계법령은 의연히 효력을 유지하고 있다는 외무성의 인식으로 이어졌다. 일본 외무성이 외지관계법령을 폐지할 법안을 제정한 것은 대한민국 건국 후인 1949년 6월 1일이었다.[143] 이러한 외무성의 인식을 정리한 것이 총독부 총독비서와 총무과 과장을 지낸 야마나였는데, 야마나는 전후 내무성 식민지 업무를 이관받은 외무성 관리국 북방과장으로 정책결정 책임자가 되었다. 전후 일본의 대한 인식·정책은 총독부의 것을 외무성이 승계해 그 기조가 유지된 것이다.[144]

같은 맥락에서 일본 외무성은 대일평화조약의 체결 이후, 발효 직전이던 1952년 4월에도 여전히 한반도는 일본의 영토라는 견해를 유지했다.[145] 또한

---

140) 나가사와 유코, 2007, 「日本의 '朝鮮主權保有論과 美國의 對韓政策: 韓半島 分斷에 미친 影響을 中心으로(1942~1951年)」, 고려대학교 대학원 정치외교학과 박사학위논문.
141) 「山名手記」, 47쪽; 「終戰前後ニ於ケル朝鮮軍事情槪要」, 阿部信行 關係文書(마이크로필름) R7, 日本國立國會圖書館 憲政室 所藏(나가사와 유코, 2007, 위의 논문, 86~86쪽).
142) 최영호, 2008, 「한반도 거주 일본인의 귀환과정에서 나타난 식민지 지배에 관한 인식」, 『동북아역사논총』 21호, 268쪽; 최영호, 1998, 「현대 일본인의 한국과 한국인에 대한 인식」, 한일관계사학회, 『한일양국의 상호인식』, 국학자료원, 242~244쪽.
143) 나가사와 유코, 2007, 위의 논문, 105~106쪽.
144) 나가사와 유코, 2007, 위의 논문, 106쪽.
145) 橫田喜三郎, 「'ポツダム' 及降伏文書ノ法的性質 'ポツダム' 及降伏文書ト主權」, 外務省報告, 『芳賀四郎 關係文書』, 1945년 10月, 日本國立國會圖書館 憲政室 所藏(마이크로필름) R71; 外務省條約局第四課, 「外地關係法令整備ニ關する先後措置についての擬問擬答」(1952. 4. 15), 外務省條約局 編, 1990, 『外地法制誌 第1卷』, 東京, 文生書院; 「外地關係法令整理ニ關する先後措置について」, 8쪽(나가사와 유코, 2007, 위의 논문, 88~89쪽).

미 국무부·미군정·SCAP 역시 일본의 한반도 주권은 정지된 것이지 상실된 것은 아니라고 판단했으며, 일본의 포츠담선언 수락 이후 미소의 한반도 점령은 일종의 '임자 없는 땅'에 대한 토지지배에 불과하며 영토주권의 결정권·변경권은 없다고 판단했다.[146]

이러한 일본정부의 주장은 미군정 사법부 법률전문가였던 어니스트 프랑켈(Ernst Frankel, 1898~1975)의 인식과도 부합하는 면이 있다. 전후 독일 정치학의 대부가 된 프랑켈은 유대계로 독일에서 태어났고, 나치를 피해 1933년 영국을 거쳐 1939년 미국으로 이민한 인물이다. 1945년부터 1948년까지 주한미군정 법률고문으로 일했고, 1951년 독일로 귀국했다. 프랑켈은 군정의 국제법적 정당성을 내내 고심했는데, 1948년 초 작성한 글에서 미군정이 주권정부·군사점령자(군정)·자치정부의 3중 정부를 수행했다고 주장했다.[147] 프랑켈은 종전 직후 한국은 '주인 없는 땅'(no-man's land)으로 국가가 존재하지 않았으며, '정부'가 없었다고 주장했다. 패전으로 한국은 일본으로부터 사실상 분리되었으나, 한국이 한일합병 이전으로 돌아간 것도 새로운 독립국가가 된 것도 아니었으며, 한국에는 종전 후 법률적 주권이 없었기 때문에 미국이 사실상의 주권정부(자치정부)로서 기능했다는 것이다. 미군정과 일본은 각각 자신의 주권을 주장하며, 한국인들에게 주권정부가 없었다는 점을 강조한 것이다.

다카사키 소지(高崎宗司)에 따르면, 패전 이후 일본정부의 대한(對韓) 인식은 기본적으로 일본은 한국인들로부터 감사를 받아야 마땅할지언정 장차 사

---

146) 나가사와 유코, 2007, 위의 논문, 97쪽.
147) Ernst Frankel, "Structure of United States Army Military Government in Korea," 정용욱 편, 1994, 『해방직후 정치사회사 자료집』 2권, 다락방; Henry H. Em, "Civil Affairs Training and the U.S. Military Government in Korea," Bruce Cumings ed, *Chicago Occasional Papers on Korea*, select paper volume no.6, The Center for East Asian Studies, 1991, The University of Chicago, Chicago, Illinois; 고지훈, 2000, 「駐韓美軍政의 占領行政과 法律審議局의 活動」, 『韓國史論』 44, 서울대학교 국사학과.

죄할 필요 따위는 털끝만큼도 없다는 것이었다.[148] 패전 후인 1945년 11월 3일 조선총독부 총무과장 야마나는 미군정 민정장관과 법무장관에게 제출한 의견서에서, 일본인의 공장·시설은 일본의 자본·기술력과 노력에 의해 운영된 것으로, 조선인들이 이것들을 조선인으로부터 대가 없이 착취한 결과인 것처럼 주장하는 것은 부당하다고 했다.[149] 외무성 평화조약문제연구간사회는 1949년 12월 3일「할양지에 관한 경제적·재정적 사항처리에 관한 진술」에서, 일본의 식민지정책은 이른바 식민지에 대한 착취정치가 아니었으며, '반대로 이들 지역은 일본이 영유하게 된 그 당시는 그 모두가 가장 언더 디벨로핑(under developing: 저개발된) 지역이었던바, 각 지역의 경제적·사회적·문화적 향상과 근대화는 전적으로 일본측의 공헌에 의한다는 것은 이미 세계의 공평한 식자들－원주민을 포함하여－이 인식하는 바와 같다"라고 주장했다. 일본이 이들 지역의 개발을 위해 국고에서 거액의 보조금을 주고 현지인에게 많은 액수의 공사채를 일본 내에서 모집해 투자하는 등, "이들 지역에 대한 일본의 통치는 '반출'(搬出)한 것"이었다는 주장이다.[150]

일본의 의도는 명백했다. 대장성 관리국 부속기관으로 조직된 재외재산조사회는『일본인의 해외활동에 관한 역사적 조사』35권을 발간했는데, 그중 조선 편에서 스즈키 다케오(鈴木武雄)는 "일본의 통치가 구미 강대국들의 식민지 통치보다 좀더 지나쳐서 조선 사람들을 노예적으로 착취하였고, 그들의 행복을 유린했다는 논고에 대해서는 정당한 항변의 여지가 있다", "재정면에서는 조선에 대한 일본으로부터의 원조가 플러스 마이너스(±)해서 플러스(+)이다", "교육기관의 보급 확충에 노력했음은 뭐니 뭐니 해도 일본의 조선통치의

---

148) 다카사키 소우지 지음·김영진 옮김, 1998, 위의 책, 8~9쪽.
149) 山名酒喜男,「終戰前後に於ける朝鮮事情槪要」, 森田芳夫·長田なか子篇, 1979,『朝鮮終戰の記錄 資料篇 第一卷 日本統治の終焉』, 嚴南堂書店, 66쪽.
150) 外務省 外交史料館所藏 マイクロフィルム 第七回公開分, 1982,『對日平和條約關係準備研究關係』제5권, 740~742코머.

성실한 면을 나타내는 것이라 해도 좋은바, 이는 이른바 노예적 정치하고는 도대체가 대조적인 것임은 부정할 수 없을 것이다"라고 주장했다.[151] 즉, 일본은 한국을 식민지화함으로써 한국에 공헌하고 기여했으며, 한국이 감사할 것이지 일본이 반성하거나 배상·보상할 것은 없다는 인식이었다.

같은 맥락에서 일본의 대한 침략이 본격화된 1890년대 이래 1910년까지의 강제조약·불평등조약은 하등의 문제가 없는 정당한 국제법적 조치였다고 보았다. 한일국교 합의 이후 문제가 된 것처럼 한국은 1905~1910년 간의 불평등조약이 체결된 해당 시점에 이미 무효라는 입장을 취한 반면, 일본은 당시에는 유효했으나 1945년 이후 무효가 되었다는 입장을 견지했다. 즉, 일본은 식민지화에 대해 전혀 반성하거나 일본의 책임을 생각하지 않았다. 때문에 침략의 첫 출발이었던 독도의 불법 영토편입에 대해서도 정당한 국제법적 영토편입이었다는 생각을 바꾸지 않았다.

한국 정도는 이해를 짓밟아도 무방하다는 인식, 일본의 이익을 위해서는 국가 차원의 문서조작이나 책략구사도 서슴지 않는 침략주의적 면모가 유지되었던 것이다. 1947년 6월의 이 팸플릿은 1905년의 독도 불법 영토편입 당시 독도가 한국령임을 인식했음에도 버젓이 무주지로 조작하고 한국 몰래 시마네현 현보에 편입사실을 기록한 일과 같은 맥락에 놓여 있다. 또한 1951~1952년 간 일본의 독도영유권 확인을 위해 독도를 미공군 폭격연습장으로 지정·해제하는 책략을 구사한 것과 일맥상통한다. 국가 차원의 책략과 가공·허위·위조된 내용의 문서작업이 그 저류에 위치해 있었다. 이러한 역사적 반복에서 한국에 대한 일본의 멸시적 사고와 침략적 본성의 유산이 엿보인다 해도 과장이 아닐 것이다.

셋째, 일본 외무성이 이러한 가공의 위조·조작된 사실을 담은 문건을 만

---

151) 鈴木武雄, 「조선통치의 성격과 실적」, 『일본인의 해외활동에 관한 역사적 조사』 제11권, 1~2, 25, 93쪽; 「調三資料 第7號」(외무성 조사국 제3과). 이상 다카사키 소우지, 위의 책, 8~9쪽에서 재인용.

들어 연합국과 미국을 상대로 로비를 전개할 당시 한국의 사정이었다. 한국은 식민지에서 해방되었으나 38선으로 분단되었고, 일본을 겨냥하고 고안된 미군정의 전면 통치하에서 입법·사법·행정은 물론 외교·국방 등 모든 주권행사가 완전히 정지·부정된 상태였다. 1947년 6월 현재 서울에서는 한국 독립의 유일한 국제적 합의였던 모스크바3상회의 결정에 따라 제2차 미소공동위원회가 개최되고 있었다. 미소공동위원회를 통해 임시정부를 세우느냐 마느냐를 둘러싼 좌우·남북·미소 간의 논쟁과 갈등이 가파르게 전개되고 있었다. 패전국이자 전범국인 일본은 미군의 점령하에 놓였으나 주권이 부정되지는 않아 선거로 구성된 내각이 연합군최고사령부의 간접 통치하에 주권을 행사하고 있었다. 외교사무가 정지되었던 일본 외무성은 연합군최고사령부 외교국·주일미정치고문실 등 외교통로를 통해 거짓말을 덧붙여 한국의 이익을 침해하고 있었던 반면, 식민지에서 해방된 한국은 분단된 군정하에서 정부 수립을 위한 고투를 벌이고 있었다. 또한 일본의 이해에 적극적이었던 다수의 우호적 미국인들이 존재한 반면, 한국의 사정을 대변할 수 있는 합법적 통로는 거의 막혀 있었다. 유일한 가능성은 미군정의 자문기관인 남조선과도입법의원의 청원과 남조선과도정부의 결정권 없는 조사뿐이었다. 일본이 저지른 전쟁의 피해를 식민지였던 한국이 치르고 있던 상황에서 일본은 거짓말과 허위주장으로 연합국을 현혹하며 한국의 이익을 침해하는 것을 서슴지 않았던 것이다.

넷째, 일본 외무성이 작성한 이 허위정보를 담은 팸플릿은 샌프란시스코 대일평화조약이 체결되는 과정에서 한국의 이익을 결정적으로 침해하는 중요 자료로 사용되었다. 특히 동경과 워싱턴의 미국 외교관·관리들이 독도영유권 문제를 다루는 데 있어서 이 팸플릿에 제시된 허위정보와 오도된 진술에 적지 않은 영향을 받았다고 할 수 있다.

지금까지 조사한 바에 따르면, 총 네 차례에 걸쳐 이 팸플릿이 미국측에 의해 한국의 독도영유권을 부정하고 일본의 영유권을 확인하는 근거로 사용되었다. 처음 이 팸플릿이 사용된 것은 1948년 8월 우국노인회가 맥아더사령부에 독도·파랑도·대마도의 한국 영유권을 주장했을 때였다. 우국노인회의 청원서는 주일미정치고문실에 접수되었는데, 이 청원서를 검토한 실무자는 정치고문실의 핀이었고, 정치고문은 시볼드였다. 핀은 우국노인회의 독도영유권 주장에 대해 바로 일본 외무성의 1947년 6월의 「일본의 부속도서 IV, 태평양 소도서, 일본해 소도서」(Minor Islands Adjacent Japan Proper, Part IV. Minor Islands in the Pacific, Minor Islands in the Japan Sea)를 거론하며 한국의 독도영유권 주장을 기각했다. SCAP 외교국의 핀과 극동군사령부(Far East Command) 작전참모부(G-3)의 콜린 앤더슨(Colin E. Anderson) 중령은 우국노인회의 청원에 대해 어떠한 조치도 취하지 않고, 다만 청원서를 참고용으로 SCAP 외교국에 전달하기로 결정했다.[152] 이런 연유로 우국노인회의 독도영유권 주장은 동경에서 간단히 기각되었고, 워싱턴 국무부에는 전달조차 되지 않았다.

두번째로 이 팸플릿이 활용된 것은 1949년 미 국무부가 관련 재외공관에 회람시킨 대일평화조약 초안에 대한 검토과정에서였다. 한국에서 대일강화조약 제5차 초안으로 알려진 1949년 11월 2일자 국무부 대일평화조약 초안은 제주도·거문도·울릉도·리앙쿠르암(독도)을 일본 영토에서 배제해 한국 영토로 한다고 규정했다. 그런데 주일미정치고문이었던 시볼드는 이에 대한 의견서를 제출하는 과정에서 독도가 일본령이라고 주장했다. 시볼드는 1949년 11월 14일 버터워스(W. Walton Butterworth) 국무부 극동담당차관보에게 보낸 전문과 11월 19일 국무장관에게 보낸 문서에서, 리앙쿠르암(다케시마)에 대한 일본의 주장은 오래되고 타당한 것으로 보이며, 이 섬을 한국 근해의 섬으로 간주하기 어렵다고 주장했다.[153] 시볼드는 리앙쿠르암(다케시마)을 일본령에 넣어야 하며, 레이더기지를 설치하는 것이 좋겠다는 의견을 덧붙였다. 이 팸플릿을 거명하지는 않았지만, 시볼드가 일본 외무성의 1947년 6월 팸플릿

---

152) GHQ, FEC, Check Sheet, G-2 to Diplomatic Section, Subject: Petition of Patriotic Old Men's Association of Seoul, Korea(1948. 9. 27).

에 의거한 것은 의문의 여지가 없다. 이 결과 1949년 12월 29일 수정된 미 국무부의 대일평화조약 초안 및 1950년 7월에 작성된 「대일평화조약 초안에 대한 논평」에는, ① 1905년 일본은 명백히 한국의 항의 없이 공식적으로 영토편입을 주장하여 시마네현(島根縣) 오키도사(隱岐島司) 관하에 두었다, ② 울릉도와는 달리 다케시마에는 한국 명칭이 없으며 한국이 그 권리를 주장해본 바가 없다고 기록되었다.[154] 역시 일본 외무성 팸플릿의 내용을 그대로 진술한 것이다. 1949년 11월 시볼드의 주장은 미 국무부가 독도영유권을 판단하는 데 있어서 결정적인 영향을 끼쳤다.

세번째로 이 팸플릿이 활용된 것은, 1951년 7~8월 한국정부가 대일평화조약 문제와 관련해 미 국무부와 협의를 진행하면서 미국이 수교한 대일평화조약 초안에 대한 한국정부의 제2차 답신서(1951. 7. 19)를 통해 독도·파랑도를 한국령으로 주장했을 때였다. 당시 미 국무부 정보조사국 지리담당관이었던 새뮤얼 보그스(Samuel W. Boggs)가 독도영유권 문제를 다루면서 인용한 유일한 자료가 바로 1947년 6월 일본 외무성이 간행한 「일본의 부속소도」라는 제목의 인쇄물 제IV부였던 것이다.[155] 보그스는 모두 세 차례에 걸쳐 리앙쿠르암(독도) 관련 보고서를 작성했는데, 최초에는 리앙쿠르암이 한국령이라고 판단했다가 한국측 증거가 제시되지 않자, 유일한 문헌자료인 일본 외무성 팸플릿에 점차 의지하게 되었다. 최종적으로 "독도와 파랑도에 대해, 국무부 지리담당관인 보그스 씨에 따르면 독도는 다케시마라고 하며, 1905년에 일본

---

153) William J. Sebald, POLAD Japan to W. Walton Butterworth(1949. 11. 14), 740.0011PW(Peace)/11-1449, *FRUS* 1949, Vol. VII, pp. 899~900; Sebald to the Secretary of State, Subject: Comment on Draft Treaty of Peace with Japan(1949. 11. 19), RG 59, Department of State, Decimal File, 740.0011PW (Peace)/11-1949.
154) "Commentary on Draft Treaty of Peace with Japan," RG 59, Department of State, Decimal File, 694.001/7-1850.
155) Memorandum by Boggs, OIR/GE to Fearey, NA, Subject: Spratly Island and the Paracels, in Draft Japanese Peace Treaty(1951. 7. 13), RG 59, Department of State, Decimal File, 694.001/7-1351.

이 영유권을 공식 주장했으며, 한국측 항의가 없었음이 명백하고, 한국은 그 이전에도 영유권을 결코 주장하지 않은 듯하다"라는 판단에 이르렀다.[156]

마지막으로 1951년 8월 10일 미 국무부 차관보 러스크가 양유찬 주미대사에게 보낸 비망록에서, 독도가 일본령이라며 "통상 사람이 거주하지 않는 이 바윗덩어리는 한국의 일부로 취급된 적이 없으며, 1905년 이래 일본 시마네현 오키도사(隱岐島司) 관할하에 놓여 있었다. 한국은 이전에 결코 이 섬에 대한 (권리를) 주장하지 않았다"라고 썼다.[157] 1947년 6월 일본 외무성의 팸플릿은 대일평화조약과 관련해 결정적 시점인 1951년 8월에 가장 중요한 자료로 활용되었던 것이다.

이상과 같이 1947년 6월에 일본 외무성이 만든 허위정보에 기초한 팸플릿이 1948~1951년 간 주요 길목에서 한국의 독도영유권을 무장해제하는 결정적 도구로 활용되었다. 주목해야 할 사실은 일본 외무성이 허위·위조 사실을 수록한 문건을 작성했는데, 이 문건을 동경의 미국 외교관·관리들이 신뢰했을 뿐만 아니라, 이들의 손을 거쳐 국무부로 전달된 후 중요성이 재차 확인되었다는 데 있었다. 즉, 일본 외무성과 미 국무부 외교관·관리들의 교류와 소통, 상호 영향력이 한국의 정당한 권리와 요구를 침해했다는 사실이었다. 정부가 수립되지 않았던 한국은 일본의 이러한 허위정보와 문서조작작업을 전혀 알지 못했으며, 정작 대일평화조약이 논의되는 시점에는 국가의 운명이 걸린 전쟁에서 생존을 위해 허덕이고 있었다. 1905년 국가 운명이 백척간두에 서 있을 때 일본이 독도를 불법적으로 영토편입한 이후, 1947년 일본 외무성에 의해 또다시 허위문서로 조작된 정보가 유포되었고, 1950~1951년 한국전쟁으로 한국이 위기에 처했을 때 일본의 허위정보가 미 국무부를 움직였다.

---

156) Memorandum by Fearey to Allison, Subject: Proposed Changes for August 13 Draft(1951. 7. 30), p. 3.
157) Letter by Dean Acheson to You Chan Yang, Ambassador of Korea(1951. 8. 10), RG 59, Japanese Peace Treaty Files of John Foster Dulles, 1946-52, Lot 54D423, Box 7; RG 59, Department of State, Decimal File 694.001/8-1051.

4

미국 1947년:
리앙쿠르암(독도)은 한국령

1. 대일평화회담과 조약 초안의 성립과정
   (1) 대일평화조약의 추진·체결 과정
   (2) 대일평화조약 초안의 변화과정

2. 대일조약작업단의 조약 준비작업과 독도 인식(1946~1947)
   (1) 1946년 대일조약작업단의 설립과 조약 초안
   (2) 1947년 영토조항의 초안과 수정: 독도는 한국령

1. 대일평화회담과 조약 초안의 성립과정

(1) 대일평화조약의 추진·체결 과정

2차 대전 종전 이후 미국을 비롯한 연합국들은 추축국과의 관계를 재정립했는데, 이탈리아와는 강화조약을 체결했고(1947), 독일에 대해서는 점령을 종식했다(1949). 이탈리아는 5개 연합국 외상회의와 1946년 7월 대이탈리아 강화회의를 거쳐, 1947년 2월 연합국과 강화조약을 체결했다. 추축국이었으나 1943년 무솔리니 축출 이후 연합국의 일원이 된 이탈리아의 전후 처리과정은 이후 연합국의 점령정책과 강화조약 체결방식에 큰 영향을 끼쳤다.[1] 1945년 독일은 1945년 7월 포츠담협정에 의해 국토의 1/4을 상실하고, 동서독으로 분리된 이후 1949년 독일연방공화국(서독), 독일민주공화국(동독)이 성립되었다. 강화회의는 개최되지 않았으나, 연합국의 적대적 점령은 종료되었다.

대일평화조약은 1946년부터 논의가 시작되었고, 1951년 체결되었다. 또한 대일평화조약은 크게 세 단계를 거치면서 진행되었다. 첫번째 단계는 1947년

---

1) 도요시타 나라히코(豊下楢彦) 지음, 권혁태 옮김, 2009, 『히로히토와 맥아더』, 개마고원, 171~177쪽.

미국이 대일평화조약의 조기체결을 제안하면서 본격적으로 시작되었다. 1946년 하반기부터 대일평화조약을 준비 중이던 미국은 맥아더가 일본과의 조기강화를 천명한(1947. 3. 17) 후 7월 극동위원회 회원국들에 대일평화조약의 조기체결을 제안했다. 그러나 소련은 주요 연합국의 거부권(비토권) 보장을 주장하며, 다수결에 의한 대일평화조약이 아니라 주요 연합강대국의 외상회의에 의한 대일평화조약을 주장했다. 또한 중국 역시 조기강화와 강화방식에 반대함으로써 1947년 미국의 조기 대일강화조약 추진은 동력을 잃었다.

두번째 단계는 세계적 차원에서 미소냉전이 본격화되면서 미국이 소련을 배제한 단독강화를 추진하는 한편, 미국 내의 의견 차이를 해소하는 1948~1950년 시기이다. 미국과 소련의 갈등은 점차 고조되어, 미국은 1947년 이래 트루먼독트린, 베를린공수(空輸)로 대표되는 대소냉전정책을 본격화했고, 유럽에서의 냉전은 1948년 동아시아로 확산되었다. 미국의 대일정책은 군국주의 해체·민주주의 확보에서 일본을 미국의 하위동반자로 상정한 역코스정책으로 전환되었다. 일본을 아시아의 공장으로 재건하는 것을 목적으로 하는 새로운 정책은 미 국무부의 정책 브레인이자 냉전의 기획자였던 조지 케넌(George F. Kennan)이 주도했으며, NSC 13/2(1948. 10. 7)로 정식화되었다. 1949년 중국이 공산화되자, 동아시아에서 일본이 지니는 전략적 중요성이 제고되었다. 소련·중국·북한 등 동아시아 공산진영의 확산과 냉전 격화의 결과, 일본과의 평화조약 조기체결은 중요하고 긴급한 문제가 되었다.

이 당시 미국의 입장에서 대일평화조약의 체결을 위한 선결과제는 크게 세 가지였다. 첫째, 소련과의 타협 여부였다. 소련을 포함시키는 전면강화를 선택할 것인가, 아니면 소련을 배제하는 단독강화를 선택할 것인가의 갈림길이었다. 미국은 소련을 배제한 단독강화를 선택했다. 둘째, 미국 정책당국 내부의 이견조정이었다. 국무부는 평화조약 조기체결을 선호했지만, 국방부는 미군의 철수나 감소가 초래할 극동안보상의 위험성을 지적하며 이에 반대했다. 국방부는 오키나와와 일본 본토의 미군기지 확보 및 자유로운 병력 이동이 필요하다고 강조했다. 국무부와 국방부의 대립은 대일평화조약과 함께 미일안전보장협정을 동시에 채택하는 것으로 종결되었다. 그 핵심은 미국의 오키나와 보유 및 미군의 일본 주둔 보장이었다. 셋째, 일본정부와의 타협이었다. 핵심은 평화헌법 제9조로 교전권이 부재한 일본의 안전보장을 어떻게 확보할 것인가 하는 점이었다. 평화조약과 함께 안보조약을 체결하는, 평화와 안보를 교환하는 방식의 타협이 이루어졌다.

세번째 단계는 존 포스터 덜레스(John Foster Dulles)가 대일평화조약 담당 대통령특사가 되어 실제로 대일평화조약이 체결되는 1950~1951년의 시기이다.[2] 공화당의 덜레스는 1950년 4월 19일 국무장관 고문에 임명되었고, 5월 18일에 대일평화조약의 체결을 담당하는 대통령특사로 임명되었다. 1950년 6월 17일 덜레스는 사전조사차 동경을 방문했다. 덜레스와 의견이 달랐던 루이스 존슨(Louis Johnson) 국방장관과 오마 브래들리(Omar Bradley) 합참의장도 같은 시기에 동경을 방문했다. 모든 쟁점과 갈등은 1950년 6월 한국전쟁 발발 이후 해소되기 시작했다. 특히 1950년 11월 중공의 개입으로 전세가 역전되고 유엔군이 퇴각하기 시작하자 일본의 중요성과 조기강화의 필요성이 급부상했다. 1950년 12월부터 1951년 1월 초까지 아시아의 유일한 교두보인 일본과의 조기강화가 필요한 것으로 결정이 내려졌고, 부처 간의 이견도 해소되었다. 국무부와 국방부는 남태평양의 구(舊)일본위임통치령, 오키나와 등을

---

[2] 평화조약실무단은 덜레스의 등장 이후 대일평화조약의 성립과정을 총 16단계로 구분했다. 1. 뉴욕회담(1950. 12. 유엔 5차 총회) 2. 미 행정부 내의 조약 체결 시기 추가협의(1950. 12~1951. 1) 3. 뉴욕회담에 대한 최초의 공식반응들(소련, 인도) 4. 의회와의 협의: 말리크와의 면담(1951. 1. 11~13) 5. 일본·필리핀·호주·뉴질랜드 방문(1951. 1. 22~2. 25) 6. 미국의 1951년 3월 임시조약 초안 회람 7. 일본 2차 방문(1951. 4. 13~23) 8. 미국-영국의 워싱턴회담(1951. 4. 25~) 9. 미국의 3월 초안에 대한 타국정부의 논평들 10. 런던 방문(1951. 6. 2~14) 11. 파리·카라치·뉴델리·마닐라·도쿄에서의 협의 12. 7월 3일자, 7월 20일자 초안들의 회람과 평화회담에 초청장 발부 13. (1951년) 6월 1일부터 7월 19일 사이 여타 동맹국들의 논평들 14. (1951년) 7월 20일부터 8월 13일까지 접수된 논평들 15. 샌프란시스코회담 초청에 대한 반응들 16. 평화회담. "Summary of Negotiations Leading Up To the Conclusion of the Treaty of Peace With Japan," by Robert A. Fearey(1951. 9. 18), RG 59, Office of Northeast Asia Affairs, Records Relating to the Treaty of Peace with Japan-Subject File, 1945-51, Lot 56D527, Box 1.

미국의 신탁통치지역으로 두고, 일본과 개별적인 안보조약을 체결함으로써 일본 내 미군 주둔의 합법적 근거를 마련한다는 선에서 대일평화조약 체결에 합의했다. 덜레스는 조약 초안을 들고 관련 당사국들을 순방해 이견을 조정하고 합의하는 소위 셔틀외교를 통해 조약 체결에 도달했다. 대일평화조약은 관련 당사국들이 회담을 통해 합의에 이른 것이 아니라, 덜레스가 서류가방을 들고 개별 국가들과 접촉하여 성사된 것이었다. 이는 전례 없는 평화조약의 체결방식이었고, 그 본질은 미국 주도의 단독강화, 다수강화(majority peace)의 선택이었다. 단독강화란 1942년 연합국들이 적국과 단독으로 강화하지 않고 전면적·집단적으로 강화해야 한다는 단독불강화원칙 합의에서 벗어난 것이고, 다수강화란 미국·영국을 중심으로 한 진영이 소련과 중국, 친공산국가를 배제한 채 다수 연합국과 강화를 추진하는 것을 의미했다.

덜레스는 1951년 두 차례 동경을 방문해 적국 일본과 대일평화조약과 안보조약을 패키지로 하여 평화조약 체결에 합의했다. 덜레스는 주요 동맹국인 영국·필리핀·호주·뉴질랜드를 직접 방문했고, 워싱턴과 뉴욕에서 주요 연합국 대표들과 접촉했다. 영국과의 협의과정에서 대일평화조약의 성격, 중국의 회담참가문제 등에 이견이 있었지만, 곧 미국안을 중심으로 합의에 도달했다. 두 차례 영미합동초안이 조율되었고, 합의된 조약 초안에 대한 연합국들의 동의가 있은 후 1951년 9월 샌프란시스코에서 연합국과 일본과의 평화조약이 체결되었다. 이로써 제2차 세계대전 이후 연합국과 일본의 전쟁상태·적대관계는 청산되었으며 평화관계로 전환되었다. 일본은 1947년 평화헌법에 따라 군대 및 교전권이 없는 상태였기 때문에, 미국과 미일안보조약을 체결해 미군을 주둔케 함으로써 안전보장을 확보했다. 미일안보조약이 대일평화조약과 한 세트로 체결됨으로써 일본의 입장에서는 안보조약을 근거로 평화조약을 체결한 셈이었다.

한편, 이 과정에서 제2차 세계대전기 연합국의 일원으로 미국과 동맹국이었던 필리핀·호주·뉴질랜드 등은 미국이 적국 일본에 안보를 공여하는 상황에 격분했다. 미국은 이를 무마하기 위해 미일안보조약을 전후한 1951년 필리핀과 안보조약을, 호주·뉴질랜드와 안보조약(ANZUS)을 체결했다. 1953년 휴전을 맞이한 한국 역시 안보조약을 요구했고, 그 결과 한미상호방위조약이 체결되었다. 이로써 아시아에는 미국을 중심으로 한 미국·일본, 미국·한국, 미국·호주·뉴질랜드의 안보동맹이 체결되었다. 일본-한국-필리핀, 일본-호주-뉴질랜드로 이어지는 안보의 사슬이 만들어진 것이다. 이는 이후 아시아 역내질서의 중요한 기둥이 되었다.

(2) 대일평화조약 초안의 변화과정

대일평화조약은 초안의 작성과 평화회담 진척과정에 따라 크게 다섯 단계로 구분할 수 있다. 각 단계마다 여러 차례의 초안들이 수정·재수정되는 과정을 겪었다.

첫째, 미 국무부 내부에서 초안이 만들어지는 단계였다. 국무부 극동국을 중심으로 1947년 초반부터 조약 초안이 작성되기 시작했으며, 수정과 재수정 작업은 1948년까지 지속되었다. 국무부 대일조약작업단이 이 업무를 담당했다. 조약 초안 작성실무를 지휘한 것은 국무부 극동국 일본과장이었던 휴 보튼(Hugh Borton)이었고, 일본과 소속이었던 로버트 피어리(Robert A. Fearey)가 영토조항의 초안을 작성했다. 이 단계에서 가장 중요한 문서는 정책기획단(Policy Planning Staff: PPS)이 작성한 1947년 10월 14일자 1급 비밀(Top Secret) 문서 「PPS/10. 대일평화 정착에 수반된 문제에 대한 정책기획단의 연구결과」였다.[3]

---

3) "PPS/10 Results of Planning Staff Study of Questions Involved in the Japanese Peace Treaty," Memorandum by George F. Kennan to the Secretary of State(Marshall) and the Under Secretary(Lovett)(1947. 10. 14), FW 740.0011PW(Peace)/10-2447, RG 59, Department of State, Decimal File, 740.0011PW (Peace) file, Box 3501.

냉전의 기획자 조지 케넌이 주도한 이 문서에는 첨부 A(Appendix A)로 지도가 실려 있는데, 이 지도는 대일평화조약을 준비하는 과정에서 미국이 작성한 최초의 공식지도이며, 여기에 독도(Liancourt Rocks)는 명백히 한국령으로 표시되어 있다. 이 지도는 한국에 알려져 있지만, 정확한 출처나 의미는 해석되지 못했다. 이를 통해 1947년 초반부터 미 국무부가 독도는 한국령이라는 판단을 내리고 있었음을 확인할 수 있다.

둘째, 미 국무부가 영국정부에 송부하기 위해 조약 초안을 작성한 후 동경과 국방부에 회람하고 수정하는 단계였다. 소련과 중국의 반대로 1948년 초반에 중단되었던 대일평화조약 초안 작성작업은 1949년 9월 이후 재개되었다. 1949년 9월 미 국무장관 딘 애치슨(Dean Acheson)과 영국 외상 어니스트 베빈(Ernest Bevin)의 워싱턴회담이 개최되었다. 베빈은 1950년 1월 개최 예정인 영연방외상회의에서 미국측 조약 초안을 회람시키자고 제안했다. 조약 초안이 만족할 만하면 영국과 영연방국가들이 합의해 대일평화회담의 조기타결을 돕겠다는 의향이었다. 중단되었던 조약 초안 작성작업은 1949년 10~12월 속도를 올리기 시작했다. 국무부의 조약 초안은 1949년 11~12월 작성되었으나, 국방부는 미국의 안보적 이익이 확보되지 않는 한 일본과의 조기강화는 시기상조라며 반대했다. 남태평양의 구일본위임통치령에 대한 신탁통치, 류큐제도에 대한 신탁통치, 요코스카(橫須賀)항 확보, 일본 본토 내 육해군 기지 보유가 국방부의 요구조건이었다. 국무부와 국방부의 의견조율 실패로 결국 1950년 1월 9일 개최된 영연방외상회의에 미국측 조약 초안을 제출할 수 없게 되었다.

이런 과정에서 국무부는 부내 의견을 수렴해 1949년 11월 2일 대일강화조약 초안을 완성했다. 이 초안에 부속지도가 첨부되었는데, 역시 독도(리앙쿠르암)이 한국령으로 기록되어 있었다. 국무부는 동경의 맥아더와 윌리엄 시볼드(William J. Sebald) 주일정치고문, 국방부 장관 등 세 명에게만 이 조약 초안을 송부했다. 조기강화에 반대했던 국방부는 검토의견을 내지 않는 지연전술을 썼고, 맥아더는 간단한 논평을 보냈다. 반면, 시볼드는 장황하게 일본의 이해를 대변한 답변을 제출했다.

독도와 관련해 가장 중요한 사건이 이 시점에 발생했다. 국교가 수립되지 않은 일본에서 미 국무부의 대표이자 주일정치고문이었던 시볼드는 초안에 대한 검토의견서에서 독도가 1905년 일본령이 된 이후 단 한 차례도 한국의 이의제기를 받지 않아 일본 영토라는 주장을 폈다.[4] 초안을 전달받지 못했던 주한미대사 존 무초(John J. Muccio)는 미국과 유엔이 정책적으로 한국을 지지했으며 한국정부의 위신이 있기 때문에 한국에 대일평화협상 참가 및 서명국 지위를 부여해야 한다는 의견을 제출했다.[5] 미 국무부는 현지공관의 의견을 그대로 수용해서 1949년 12월 조약 초안을 수정했다. 여기에는 한일 주재 두 대사의 의견이 반영되어 한국의 대일평화협상 참가, 독도는 일본령이라는 조항이 새로 추가되었으나 조약 초안에는 전반적으로 시볼드의 친일적 견해가 대폭 반영되었다. 미 국무부가 독도를 일본령으로 잘못 표기한 이 초안의 존재는 이후 일본이 주장하는 독도의 일본 영유권, 대일평화조약에서 독도가 일본령으로 확인되었다는 주장의 가장 강력한 근거가 되었다. 한국정부, 주한미대사관은 전혀 이 사실을 인지하지 못했다.

셋째, 덜레스가 등장한 후 작성된 초안의 단계였다. 1950년 5월 대일평화조약 대통령특사로 임명된 존 포스터 덜레스는 일본 및 연합국들과의 협상을 지휘했다. 뉴욕 주 출신의 노회한 변호사였던 덜레스는 대일평화조약의 핵심이 "비징벌적인 평화조약"에 있다고 생각했다. 제1차 대전을 종결한 베르사유회담에 초급 외교관으로 동석했던 덜레스는 베르사유조약이 패전국에 대한 전쟁책임을 명문화한 후 영토할양, 배상금 등을 강제했기 때문에 독일에

---

[4] The Acting Political Adviser in Japan(Sebald) to the Secretary of State(1949. 11. 14), RG 59, Department of State, Decimal File, 740.0011PW(Peace)/11-1449, FRUS, 1949, Vol. VII, pp. 898~900; Sebald to the Secretary of State, Subject: Comment on Draft Treaty of Peace with Japan(1949. 11. 19), Department of State, Decimal File, 740.0011PW(Peace)/11-1949.

[5] John J. Muccio, Ambassador to Korea to the Secretary of State(1949. 12. 3), RG 59, Department of State, Decimal File, 740.0011PW (Peace)/12-349; FRUS, 1949, Vol. VII, p. 904.

의한 제2차 대전이 발발했다고 생각했다.[6] 당시 미 국무부가 작성한 기존의 조약 초안은 베르사유체제와 마찬가지로 배상을 포함한 징벌적 성격이 강했으며, 제2차 대전 이후 이탈리아와의 평화조약 역시 전쟁책임과 배상문제를 중요하게 다루었다. 때문에 덜레스는 국무부가 준비한 초안이 "지나치게 상세"하며, 일본인의 의견을 결정적으로 수용하지는 않더라도 시작단계부터 일본과 의논해야 한다고 확신했다.[7] 때문에 한국전쟁 발발 이후 덜레스는 비징벌적이며 가혹하지 않은, 나아가 배상문제를 거의 배제한 '평화조약' 추진을 구상했다. 이는 세계외교사에서 유례가 없는 우호적 조약이었다. 때문에 덜레스는 1947년 이래 미 국무부가 준비해왔던 조약 초안과는 완전히 성격을 달리하는 새로운 조약 초안을 요구했다. 1950년 9월 덜레스가 마련한 대일평화 7원칙은 이러한 입장의 표명이었다. 비징벌적이며, 전쟁책임을 묻지 않고, 배상을 요구하지 않으며, 평화적인 조약 초안이었다. 또 한 가지 특징은 매우 간단한 초안이라는 점이었다. 이는 관련국 전원이 참석한 원탁회담이 아닌 셔틀외교를 통해 미국이 관련 이해당사국과 사전합의를 이끌어내기 위한 방안이기도 했다. 세부적인 사항들은 모두 생략되었고, 중요하고 대표적인 사항만 제시되었다. 정확히 말해 대일평화7원칙과 1950년 10월까지의 초안들은 간단한 개략적 내용만을 포함했다. 한국과 관련해서는 일본이 한국의 독립을 승인하며 한국에 대한 권리·권원·청구권을 방기한다고 명시되었을 뿐, 리앙쿠르암(독도)은 언급되지 않았다.

넷째, 연합국과의 협의를 위해 작성된 공식초안 단계였다. 1951년 3월 완성된 초안은 덜레스의 제1차 동경 방문(1951. 1~2) 이후 연합국에 송부하기 위해 작성된 본격적인 초안이었다. 이 초안의 명칭은 「대일평화조약 임시초안(제안용)」〔Provisional Draft of a Japanese Peace Treaty(Suggestive Only)〕으로,[8] 이

---

6) John M. Allison, *Ambassador from the Prairie*, Boston, Houghton Mifflin, 1973, p. 146.
7) 같은 책, pp. 146~147.

는 미국이 국내용··재외공관 회람용으로 작성했던 여타의 초안과는 다른 공식성을 지닌 최초의 협상용 초안이었다. 미국은 한국정부에 이 초안을 송부함으로써 한국을 협상국 혹은 참가국으로 상정하고 있음을 밝혔다. 한국과 관련된 조항은 셋째 단계와 동일했으며, 역시 리앙쿠르암(독도)은 언급되지 않았다.

다섯째, 미국이 주요 연합국인 영국과의 협의를 통해 영미합동초안을 작성하는 단계였다. 미국은 제1차 영미합동회의(1951. 3), 영미합동실무단회의(1951. 4~5)를 거쳐 제1차 영미합동초안(1951. 5. 3)을 완성했다. 그러나 영미합동초안을 한국정부에 수교하지는 않았다. 이 단계에서 영국의 제안에 따라 일본이 제주도·거문도·울릉도를 포함한 한국의 독립을 승인하며 한국에 대한 권리·권원·청구권을 방기한다는 내용이 초안에 명시되었다. 1951년 5월의 제1차 영미합동초안의 한국 관련 조항은 최종 조약으로 계승되었다. 미국과 영국은 최종 조율을 통해 제2차 영미합동초안(1951. 7. 3)을 작성했고, 이를 일본과 관련 13개국에 송부했다(1951. 7. 9). 한국정부에도 제2차 영미합동초안이 수교되었지만, 협상국·서명국·참가국의 지위는 부정되었다. 그 후 약간의 수정을 거쳐 최종 초안이 마련되어 8월 13일 관련국들에 배부되었고, 이는 9월 4일 샌프란시스코평화회담에서 서명되었다. 이상과 같이 대일평화조약의 초안은 시기적 흐름에 따라 크게 다섯 단계로 진행되며 변화되었다.

한편, 조약 초안의 주요 성격과 특징은 대일평화조약을 어떻게 규정하는가에 따라 크게 세 가지로 구분할 수 있다. 첫째, 제1차 대전 이후 베르사유조약, 제2차 대전 이후 이탈리아평화조약 등과 같은 징벌적이고 엄격한 조약 초안들이었다. 시기적으로 국무부가 작성한 1947~1949년 시기의 초안들로 첫째와 둘째 단계의 초안들이 이에 해당했다. 이 시기의 초안들은 대일평화조약의 목적을 패전국이자 전쟁책임자인 일본에 대해 엄격하고 징벌적이며 배상

---

8) RG 59, Office of Northeast Asia Affairs, Records Relating to the Treaty of Peace with Japan-Subject File, 1945-51, Lot 56D527, Box 1.

을 요구함으로써 전쟁책임자·패전국에 대한 책임을 분명히 하고자 하는 데 두었다. 즉, 세계외교사에서 익숙하고 전통적인 방식의 강화조약 초안이었다. 초안의 형식과 내용은 세밀하고 복잡한 구조와 조항으로 이루어져 있으며, 분량은 매우 길었다. 조약 초안들이 세밀하며 긴 조항들로 구성된 것은 수많은 연합국들의 이해를 반영하기 위한 측면이 있었다. 이 시기에 미국은 소련과 중국의 참가를 전제로 조약 체결을 추진하고 있었다. 이 초안들의 모델은 제1차 대전 이후 베르사유강화조약, 제2차 대전 이후 이탈리아평화조약이었다.

둘째, 1950년 덜레스가 평화조약 대통령특사로 등장한 이후 제시된 조약 초안들이었다. 시기적으로는 1950~1951년 초반까지로, 셋째와 넷째 단계의 초안들이 이에 해당했다. 이 조약 초안들은 패전국에 대해 관대하며, 배상을 요구하지 않으며, 전쟁책임을 추궁하지도 않는 한편, 패전국인 일본과 진지한 협상을 전제한 것이었다. 용서와 화해에 기초한 진정한 의미의 '평화조약 초안들이었다. 이러한 방식의 평화조약은 세계외교사에 전례가 없는 것으로, 요시다 시게루(吉田茂)의 표현을 빌리자면 쉽게 "믿을 수 없는 제안"이었다. 1951년 4월 30일 주일영국대표부의 조지 클러턴(George Clutton) 대표와 요시다 시게루 수상 사이에 오간 대화는 이를 잘 보여준다. 클러턴은 미국측 평화조약 초안(1951. 3)이 언론에 새어나갔을 때 왜 일본의 반응이 시큰둥했는지를 질문했다. 요시다의 답변은 간단했는데, 조약 초안이 너무 관대해서 일본 국민들이나 국회가 그 진정성을 의심했기 때문이라는 것이었다. 요시다는 자신이 진실을 전했지만 국회의원들은 믿지 않았고, 덜레스가 일본에 도착해서 알려진 조약 초안이 진본이라고 확인해준 후에야 국민들과 국회의원들이 믿게 되었다고 했다.[9]

---

9) FO 371/92547, 213351, FJ 1022/383, Mr. Clutton to Mr. Morrison, no.148(119/244/51)(1951. 5. 1), Subject: Record of Meeting with the Japanese Prime Minister on the 30th April at which the main theme of conversation with the Japanese Peace Treaty.

이 시기에 이르면 미국은 소련을 배제하고, 두 개의 중국(공산당·국민당)도 배제한 채 평화조약 체결을 추진했다. 조약 체결도 베르사유강화회의나 이탈리아강화회의처럼 관련 당사국들이 합석해 조약문을 수정·조율하는 방식이 아니라 미국이 작성한 조약 초안을 미국과 당사국들이 개별적으로 합의한 후 전체적 조율·합의가 완료되면 전체회의를 개최해 서명하는 방식을 채택했다. 때문에 초안의 형식과 내용은 매우 간단하게 제시될 수밖에 없었다. 관련 이해당사국들이 수십 개국이었고, 실제 대일평화조약 서명국이 50여 나라로 예상되었기 때문에 공통된 이해를 반영할 수 있는 간단하고 중요한 원칙 제시가 필수적이었다.

셋째, 1951년 가장 중요한 연합국인 영국과의 협의를 통해 수정된 조약 초안들이었다. 1951년 3월 이래 영국과 협의를 진행한 미국은 두 차례에 걸쳐 영미합동초안을 작성했다. 이는 미국측 조약 초안을 기초로 하여 영국측 조약 초안과 의견을 수용한 것으로, 미국측 조약 초안에 약간의 변화가 있었지만, 내용적으로는 큰 변화가 없었다. 영미 합동으로 성립된 조약 초안이 최종적인 조약으로 발전했다.

이상과 같이 대일평화조약의 초안은 얄타체제로 대표되는 미·소·영·중 4대국의 연합전선이 냉전의 격화와 중국 대륙의 공산화로 대표되는 국제정세의 변화에 따라 붕괴되는 역사적 상황을 반영하며 변화해갔다. 최종적으로 미국·영국은 일본과 평화조약 체결에 참가해 서명했고, 소련은 참가했으나 서명을 거부했으며, 중국은 초대받지 못했다. 미국은 적국 일본에 대해 가혹하고 징벌적인 조약 초안을 준비했다가, 1948년 냉전의 격화와 1950년 한국전쟁의 발발을 계기로 정책을 변경했다. 미국은 옛 적국이었던 일본을 미국의 동아시아 하위동맹자로 설정했고, 이를 위해 일본에 관대한 평화조약을 제안했다. 미국은 남태평양의 구일본위임통치령의 접수 및 신탁통치, 오키나와에 대한 신탁통치 및 군사시설 유지, 일본 본토에 대한 군사시설 및 군대주둔권을 획득함으로써 대일평화조약의 최대 수혜자가 되었다. 영국은 미국과는 달리 일본에 대한 경계심과 억제를 표명했으나 결국 평화조약 초안에 약간의 수정을 가한 상태에서 미국 주도의 대일평화조약에 동의하게 되었다.

2. 대일조약작업단의 조약 준비작업과 독도 인식(1946~1947)

대일평화조약 혹은 샌프란시스코평화조약의 체결과정에서 독도가 어떻게 취급되었는지는 중요한 연구주제가 되었다. 많은 연구들이 조약 초안에 독도가 어떻게 표기되었는가 하는 점을 집중적으로 추적했다. 그러나 해당 초안들이 누구에 의해서 어떻게 만들어졌고, 목적이나 성격은 어떤 것이었는지, 중점은 어디에 두어졌는지 등에 대해서는 연구되지 않았다. 특히 영토 문제와 관련해 누가 조약 초안들을 기초했으며, 어떠한 논의과정을 거쳤는지에 대해서도 알려지지 않았다. 여기에서는 1946~1947년 미 국무부 대일조약작업단(working group on Japan Treaty)의 평화조약 초안 작성경위 및 과정을 개괄적으로 살펴보도록 하겠다.

(1) 1946년 대일조약작업단의 설립과 조약 초안

미국의 대일평화조약 준비는 1946년 하반기부터 시작되었다. 일본 점령이 단기간에 종식되어야 한다는 의견과 25년 이상 장기간에 걸쳐 시행되어야 한다는 의견이 병존했다. 전자는 '평화'에 강조점을 둔 반면, 후자는 '무장해제·비군사화'에 강조점을 둔 것이었다. 미 국무부 내의 지일파들은 일본 점령이 단기간에 종식되어야 한다는 쪽이었다. 일본문제를 다루던 극동국 일본과장 보튼은 조기에 평화조약을 체결해야 한다는 의견을 갖고 있었다. 또한 동경의 맥아더 역시 조기강화에 찬성했다. 맥아더는 역사상 5년 이상의 군사점령이 성공한 예가 없다면서 점령은 최장기 3년을 넘지 않아야 한다는 확신을 가지고 있었다. 점령이 장기화하면 군의 사기와 규율이 이완되고 부패하여, 결국 피점령국의 원망을 사게 된다는 것이었다. 맥아더가 요시다 시게루에게 직접 전한 말이므로 신빙성이 있다.[10]

1946년 8월을 전후한 시점에 워싱턴과 동경에서 대일평화조약 조기체결에 대한 의견이 개진되었다. 1946년 8월 26일 국무부와 전쟁부의 합동회의가 열렸다. 합동회의에는 전쟁부의 에콜스(Echols) 장군, 러스크(Dean Rusk)가 참석했고, 국무부에서는 애치슨 차관, 그로스(Ernest Gross) 법률고문, 빈센트(Vincent) 극동국장, 보튼 일본과장, 라이샤워(Edwin O. Reischauer) 고위자문역·하버드대 교수 등이 참석했다.[11] 자리가 마련된 이유는 맥아더가 일본문제를 다루는 극동위원회(Far Eastern Commission)에 대일평화조약 문제를 제기할 의향을 표시했기 때문이다. 당시 대독강화조약 문제가 논의되었는데, 대일강화조약 역시 이에 연동되어야 한다는 의견이 적지 않았다. 그러나 국무부 극동국 일본과장이던 휴 보튼 등은 독자적인 대일평화조약이 필요하다고 생각했다.[12]

이 자리에서 애치슨의 제안에 따라 특별위원회(Special Committee)를 구성해서 대일평화조약을 준비하기로 했다. 이와 함께 ① 대일평화조약은 대독강화조약과 연동해 일본 실정에 맞게 추진할 것, ② 국무부 내에 일본문제를 다룰 비공식위원회를 구성해 3부조정위원회(SWNCC)와 협의할 것, ③ 미국의 견해가 보다 공고화되기 전까지 극동위원회에 평화조약문제를 제기하지 말

---

10) 吉田茂, 1958, 『回想十年』 제3권, 東京, 新潮社, 19~20쪽.
11) Memorandum of Conversation, Subject: Peace Treaty with Japan(1946. 8. 23), RG 59, Department of State, Decimal File, 740.0011PW(Peace)/8-2346.
12) Memorandum by Borton(JA) to General Hildring(A-H) and Vincent(FE), Subject: Peace Treaty with Japan(1946. 8. 14), RG 59, Department of State, Decimal File, 740.0011PW(Peace)/8-1446; Memorandum by Vincent(FE) to General Hildring (A-H), Subject: Peace Treaty with Japan(1946. 8. 15), RG 59, Department of State, Decimal File, 740.0011PW(Peace)/8-1546.

것 등이 결정되었다.[13]

처음 대일평화조약을 준비할 임무는 국무부 극동조사과(Division of Research for Far East: DRF)에 배당되었지만, 곧 극동조사과의 인력으로는 어렵다는 판단이 있었다.[14] 보튼은 빈센트 극동국장에게 힐드링(John H. Hildring) 장군이 대일평화조약을 연구할 위원회 구성원을 지정하면 좋겠다는 의견을 개진했다.[15] 힐드링은 국무부 점령지역담당 차관보이자 국무부·전쟁부·해군부 3부조정위원회의 국무부 대표였다. 보튼의 의견을 수용한 빈센트 극동국장과 힐드링 차관보의 지시에 따라 대일평화조약준비담당위원회가 조직되었다.

프로젝트명은 '대일평화조약프로젝트'(Japanese Peace Treaty Project)였으며, 작업단의 정식명칭은 '대일조약작업단'(Working Group on Japan Treaty)이었다. 초기의 구성원은 일본·한국 경제과(Division of Japanese and Korean Economic Affairs: JK)의 에드윈 마틴(Edwin M. Martin), 극동조사과의 워런 훈스버거(Warren S. Hunsberger), 일본과(Division of Japanese Affairs: JA)의 휴 보튼·존 에머슨(John. K. Emmerson), 극동국(Office of Far Eastern Affairs: FE)의 루스 베이컨(Ruth Bacon) 등이었고, 국무부 극동국 부국장인 제임스 펜필드(James K. Penfield)가 단장을 맡았다.[16] 그러나 실질적으로 논의를 주도한 것은 일본전문가였던 휴 보튼 일본과장(후에 동북아시아과장)이었다. 이들은 1946년 9월 6일 첫 회의를 가진 이래 2주에 1회씩 회의를 갖기로 했다.

---

13) Memorandum of Conversation, Subject: Peace Treaty with Japan(1946. 8. 23), RG 59, Department of State, Decimal File, 740.0011PW(Peace)/8-2346, p. 2.
14) Memorandum by Warren S. Hunsberger(DRF) to Hugh Borton(JA), Subject: Research Preparation for the Peace Settlement with Japan(1946. 8. 23), RG 59, Department of State, Decimal File, 740.0011PW(Peace)/8-2346.
15) Memorandum by Borton(JA) to Vincent(FE), Subject: Research Preparation for Peace Treaty(1946. 8. 27), RG 59, Department of State, Decimal File, 740.0011PW(Peace)/8-2346.
16) Memorandum by Penfield to Vincent, Subject: Japanese Peace Treaty Project(1946. 10. 18), RG 59, Office of Northeast Asia Affairs, Records Relating to the Treaty of Peace with Japan-Subject File, 1945-51, Lot 56D527, Box 5.

출범 당시 대일조약작업단은 국무부 극동국 산하 전문가들의 회의였는데, 논의가 진전됨에 따라 다른 부서의 도움을 받게 되었고, 초기부터 전쟁부 및 해군부와 긴밀한 연락을 취했다.

대일조약작업단의 정기회의록은 극동국의 베이컨 파일에 1946년 10월 25일부터 1947년 10월 1일까지의 분량이 남아 있다.[17] 작업단의 유일한 여성 참가자로 극동국장 빈센트의 특별보좌역이었던 베이컨이 회의록 작성을 담당했다.[18]

대일조약작업단은 1946년 10월에 본격적으로 회의를 시작했다. 10월 4일 조약의 개요에 대한 일반적 합의에 도달했고, 조약 참가국 명단의 작성 및 업무분담이 이루어졌다.[19] 작업단은 최초에는 1947년 가을을 대일평화조약 발효일로 예상했지만, 1948년 초에는 이를 그해 가을로 연기했다.[20] 작업단의 주요 관심사는 조약기간(25년), 일본의 무장해제 영속화 방안, 일본 (감시를 위한) 신통제위원회 설립 여부, 조기강화가 미국 이익에 부합할지 여부 등이었다.[21] 작업단은 1946년 10월 25일 「대일평화조약」(Peace Treaty with Japan)이라는 문서를 완성했다. 이는 대일평화조약에 수록될 주요 내용을 장별로 분류해 정리한 것이었다.[22] 이는 전문, 11개장, 부속서류로 구성되었다. 구체적으

---

[17] RG 59, Office of Northeast Asia Affairs, Records Relating to the Treaty of Peace with Japan-Subject File, 1945-51, Lot 56D527, Box 5. Folder "Treaty(Bacon, Ruth) 2".
[18] Memorandum by Chief of the Division of Northeast Asian Affairs(Borton) to the Assistant Secretary of State for Occupied Areas(Hildring)(1947. 5. 20), 740.0011PW(Peace)/5-2047, *FRUS*, 1947, The Far East, Vol. VI(1947), p. 459.
[19] Working Group on Japan Treaty, Suggested Agenda for Meeting on Friday, October 4, 3:00 p.m., Room 358, Main Building, RG 59, Office of Northeast Asia Affairs, Records Relating to the Treaty of Peace with Japan-Subject File, 1945-51, Lot 56D527, Box 5.
[20] Working Group on Japan Treaty, Minutes of Meeting on Friday, January 31, 1947(1947. 2. 10), RG 59, Office of Northeast Asia Affairs, Records Relating to the Treaty of Peace with Japan-Subject File, 1945-51, Lot 56D527, Box 5.
[21] Working Group on Japan Treaty, Notes on Meeting of Friday, October 25, 1946, RG 59, Office of Northeast Asia Affairs, Records Relating to the Treaty of Peace with Japan-Subject File, 1945-51, Lot 56D527, Box 5.

로는 전문, 제1장 영토조항, 제2장 양도될 영토 관련 조항, 제3장 정치조항, 제4장 전범, 제5장 무장해제·비군사화, 제6장 과도협약들, 제7장 전쟁에서 파생된 청구권, 제8장 재산권 및 이익, 제9장 기타 경제조항, 제10장 분쟁의 조정, 제11장 의사일정, 부속서류로 구성되어 있다.

대일조약작업단은 장별로 구체적인 항목을 세분해서 정해놓은 상태였다. 이를 통해 작업단이 해당 장·조항에 어떤 내용을 넣을 계획이었는지를 알 수 있다. 이는 작업단이 구상하고 있던 대일평화조약의 구성과 주요 내용을 일목요연하게 보여주는 것이다. 이 가운데 전문, 제1장 영토조항, 제2장 양도될 영토 관련 조항의 구체적인 항목은 다음과 같이 설정되었다.

전문
A. 조약에 참가할 당사국 명단
B. 조약의 배경 및 목적에 관한 일반적 진술

제1장 영토조항
A. 일본 주권의 영토범위를 지정
   1. 일본 주권하에 잔류하게 될 도서(島嶼) 및 군도(群島)의 목록
   2. 경계선을 보여주는 지도 참조
B. 구일본제국의 유적 처분
   1. 한국
   2. 관동(關東)조차지
   3. 가이바섬(Kaiba, 海馬島)을 포함하는 남사할린
   4. 쿠릴섬

---

22) "Peace Treaty with Japan," (1946. 10. 25), RG 59, Office of Northeast Asia Affairs, Records Relating to the Treaty of Peace with Japan-Subject File, 1945-51, Lot 56D527, Box 1. Folder "Drafts(Ruth Bacon)".

5. 고토쇼(Kotosho, Daito, 大東), 가쇼토(Kashoto, Lutao), 아쟁쿠르(Agincourt, Hokasho), 멘카쇼(Menkasho)를 포함한 대만 및 팽호도(Pescadores)

6. 프라타스(Pratas, 東沙群島)·파라셀(Paracel, 西沙群島)·스프래틀리(Spratly Islands, 南沙群島) 군도를 포함한 남중국해의 섬들

7. 일본 관할하에 남지 않게 될 A-1항에 포함된 군도의 부분들

C. 위임통치 도서에 대한 권리의 포기

제2장 양도될 영토 관련 조항

A. 국적조항

B. 인권 및 자유에 관한 조항들

C. 양도될 영토의 정부·조직·개인에 대한 일본의 의무들

   1. 계약

   2. 통화

   3. 은행예금 및 보험증권

   4. 채무

   5. 사회보장계좌

D. 양도될 영토의 조직 및 개인의 일본에 대한 의무들

E. 양도될 영토를 관할하는 국가의 일본에 대한 의무들

   1. 공채[23]

위의 요목으로 알 수 있듯이, 제1장 영토조항에서 일본령과 일본에서 배제될 영토를 함께 다루었다. 제2장 양도될 영토 관련 조항은 영토문제라기보다

---

[23] "Outline of the Peace Treaty with Japan," (1947. 3. 19), RG 59, Office of Northeast Asia Affairs, Records Relating to the Treaty of Peace with Japan-Subject File, 1945-51, Lot 56D527, Box 1, Folder "Drafts(Ruth Bacon)".

는 국적 및 경제 문제를 다룬 것이었다.

1946년 12월 대일조약작업단 단장이었던 극동국 부국장 펜필드의 보고에 따르면, 작업단은 3개월간 대일평화조약 초안을 연구했는데, 대일평화조약과 관련해 전체 조약의 개요(outline), 초안의 전문(preamble), 제4장(임시협약), 제6장(무장해제 및 비군사화) 등을 완성한 상태였다.[24] 즉, 최초의 대일조약 초안은 일본의 무장해제 및 비군사화조약(the Disarmament and Demilitarization Treaty: D and D Treaty)의 성격으로 일본에 전쟁책임과 그에 따른 배상을 강력하게 요구하는 한편, 25년 이상 장기간의 관리를 목적으로 하고 있었음을 알 수 있다.

(2) 1947년 영토조항의 초안과 수정: 독도는 한국령

1947년 상반기까지 대일조약작업단은 대일평화조약이 미국·영국·소련·중국으로 구성되는 외상회의(the Council of Foreign Ministers)에서 처리될 것으로 예상했다.[25] 1947년 1월 17일에는 평화조약 초안을 장별로 분담하기로 결정했다.

제1장 영토조항: 보튼·에머슨
제2장 양도될 영토 관련 조항: 훈스버거
제3장 정치조항: 보튼·에머슨

---

24) Memorandum by Penfield(FE) to Vincent(FE) and Hildring(A-H), Subject: Peace Treaty with Japan (1946. 12. 18), RG 59, Department of State, Decimal File, 740.0011PW(Peace)/12-1846.
25) Working Group on Japan Treaty, Minutes of Meeting on Friday, January 17, 1947, RG 59, Office of Northeast Asia Affairs, Records Relating to the Treaty of Peace with Japan-Subject File, 1945-51, Lot 56D527, Box 5.

제4장 전쟁범죄: 베이컨

제5장 무장해제·비군사화: 전체 검토

제6장 과도협약들: 전체 검토

제7장 전쟁에서 파생된 청구권(Claims): 마틴

제8장 재산권 및 이익: 마틴

제9장 기타 경제조항: 마틴

제10장 분쟁의 조정: 베이컨

제11장 최종 조항: 베이컨[26]

휴 보튼은 지일파로 유명한 일본전문가였으며, 국무부 극동국 일본과장이었다. 당시 일본과는 일본뿐만 아니라 한국문제도 담당하고 있었다. 존 에머슨은 일본과장 보튼의 특별보좌역이었다. 워런 훈스버거는 극동조사과 소속이었고, 에드윈 마틴은 일본·한국경제과장이었다.[27]

이 책의 관심사인 제1장 일본 영토, 제2장 일본에서 방기될 영토조항은 보튼, 에머슨, 훈스버거가 맡았다. 회의록에 따르면 1947년 1월 17일 훈스버거가 제2장 양도될 영토 관련 조항(Clauses relating to Ceded Territories)의 초안을 제출했고, 1월 30일 피어리가 제1장 영토조항(Territorial Clauses)에 관한 초안·비망록·지도를 제출했다.[28] 제1장과 제2장은 긴밀하게 연결된 조항들인데, 처음 초안이 만들어질 때는 다른 사람에 의해 작성되었음을 알 수 있다.

워런 훈스버거가 제출한 제2장의 초안은 현재 발견되지 않고 있다. 위의

---

[26] 위의 자료.
[27] Memorandum by Chief of the Division of Northeast Asian Affairs(Borton) to the Assistant Secretary of State for Occupied Areas(Hildring)(1947. 5. 20), 740.0011PW(Peace)/5-2047, *FRUS*, 1947, The Far East, Vol. VI(1947), p. 459.
[28] Working Group on Japan Treaty, Suggested Agenda for Meeting on Friday, January 31, 1947, RG 59, Office of Northeast Asia Affairs, Records Relating to the Treaty of Peace with Japan-Subject File, 1945-51, Lot 56D527, Box 5.

요목에서 보았듯이, 제2장에서 다루어진 것은 일본에서 배제될 영토와 관련된 국적·경제 문제들에 관한 내용이었을 것이다.

로버트 피어리가 제출한 제1장 영토조항은 일본의 영토로 포함될 주요 섬을 다룬 것이며, 또한 일본령에서 배제·방기될 지역, 구체적으로 대만·한국·쿠릴섬·남태평양의 구일본위임통치령·류큐제도 등을 다루었다. 이 초안을 작성한 피어리는 태평양전쟁 발발 직전 주일미대사였던 조셉 그루(Joseph C. Grew)의 개인비서로 일본에 부임했고, 억류기를 거쳐 귀국한 후 전쟁기간에 국무부에서 대일정책과 관련된 업무에 종사했다. 1945년 10월 주일미정치고문실에 배속되어 근무했으며, 1946년 중반 미 국무부 극동국으로 옮겨 일본담당관 및 동북아시아과 등에서 일한 일본통이다. 그런데 왜 원래 분담자인 보튼이나 에머슨이 아닌 피어리가 초안을 작성했는지는 명확하지 않다. 당시 피어리는 극동국 일본과 소속이었다.

1947년 1월 30일 로버트 피어리가 제출한 제1장 영토조항을 다룬 초안(Draft)·비망록·지도 가운데 초안이 남아 있다. 비망록과 지도는 아직 확인하지 못했다. 문서의 제목은 「초안」(draft)으로 되어 있다.[29] 피어리가 만든 매우 간단한 2쪽짜리 문서는 이후 1947~1949년 국무부 대일평화조약 초안 영토조항의 원천이자 핵심이 되었다. 이 초안들의 특징은 뒤에 자세히 다루기 때문에, 여기서는 한 가지만 지적하고자 한다. 피어리는 대일평화조약의 영토조항 초안을 처음 작성할 때부터 제주도·거문도·울릉도와 함께 독도(리앙쿠르암)를 "한국 근해의 모든 작은 섬들"에 포함시켰다는 사실이다.[30] 또한 피어리의 영토조항 초안은 1947년부터 1949년까지 독도(리앙쿠르암)를 한국령으로

---

29) "Draft" by Robert A. Fearey(JA)(1947. 1), RG 59, Office of Northeast Asia Affairs, Records Relating to the Treaty of Peace with Japan-Subject File, 1945-51, Lot 56D527, Box 1. Folder "Drafts(Ruth Bacon)".

30) 원문은 다음과 같다. Japan hereby renounces all rights and titles to Korea and all minor offshore Korean islands, including Quelpart Island, Port Hamilton, Dagelet(Utsuryo) Island and Liancourt Rock(Takeshima).

표시한 미국측 초안으로 이어졌다. 특히 피어리가 일본통이며, 일본에 우호적인 입장이었음에 비추어볼 때 독도가 한국령으로 명확히 규정된 것은 매우 중요하고 특별한 의미가 있다.

1947년 1월 31일 회의에서 제1장 영토조항에 대해 훈스버거나 보튼이 피어리, 새뮤얼 보그스(Samuel W. Boggs), 기타 관련자와 함께 관련된 모든 섬이 제대로 다뤄졌는지를 점검하기로 결정했다.[31] 또한 쿠릴열도에 포함되어야 할 섬들을 더 찾아보기로 결정했다. 한편, 뒷날 중요 사항이 생략된 사실이 발견되지 않게 하기 위해 청구권의 일반적 포기조항(a general relinquishment-of-claims)을 포함시키기로 했다.

이후 회의는 보튼과 베이컨이 일본을 방문하는(1947. 3~4) 관계로 중단되었다가 6월에야 재개되었다. 대일조약작업단의 회의를 검토해보면 장별·조별 초안들이 여러 차례 만들어졌고, 제5장 무장해제·비군사화의 경우에는 이미 1947년 7월에 5차 초안이 만들어질 정도로 검토작업이 진행되었으며, 일부 조항에 대해서는 투표로 결정하기도 했다.[32] 회의가 진행되면서, 무장해제·비군사화조약을 배제한다고 가정하면서, 평화조약에서 일단 무장해제·비군사화 조항은 배제하기로 결정했다.[33] 즉, 미 국무부 실무 차원의 논의단계에서 일본에 대한 징벌적이며 강제적인 조약의 성격이 완화되었던 것이다. 무장해제·비군사화조약은 당연히 조약의 이행·준수를 감시할 국제적 감시기구의 장기적 설치를 전제한 것이므로 조약의 성격은 일방주의적·징벌적이

---

31) Working Group on Japan Treaty, Minutes of Meeting on Friday, January 31, 1947, RG 59, Office of Northeast Asia Affairs, Records Relating to the Treaty of Peace with Japan-Subject File, 1945-51, Lot 56D527, Box 5.

32) Working Group on Japan Treaty, Notes of Meeting on Wednesday, July 23, 1947, RG 59, Office of Northeast Asia Affairs, Records Relating to the Treaty of Peace with Japan-Subject File, 1945-51, Lot 56D527, Box 5.

33) Working Group on Japan Treaty, Notes of July 18, 1947; Notes of Meeting on Wednesday, July 23, 1947, RG 59, Office of Northeast Asia Affairs, Records Relating to the Treaty of Peace with Japan-Subject File, 1945-51, Lot 56D527, Box 5.

고, 기간은 장기간이며, 주권제약적 요소가 강할 수밖에 없었기 때문이다. 1947년 이탈리아평화조약이 무장해제·비군사화조약(D and D Treaty)이었음에 비추어, 대일평화조약에서 무장해제·비군사화조약의 성격이 배제된 것은 일본에 '관대한 평화' 조약의 체결 가능성이 높아짐을 의미했다. 한편, 이를 보완하는 의미에서 일본의 배상이 "중요한 의무"라는 점도 강조되었다.[34]

작업이 진행되면서 전문적 견해가 요청되자, 법률고문실(Legal Adviser: Le/P)의 미커(Meeker), 일본·한국경제과(Division of Japanese and Korean Economic Affairs: JK)의 마틴, 동북아시아과(Division of Northeast Asian Affairs: NA, 일본과의 후신)의 비숍(Max Bishop), FK의 바넷(Barnett), 국제기구과(Division of International Organization Affairs: OA)의 웨인하우스(David W. Wainhouse) 부과장 등이 작업단에 추가로 보강되었다.

제1장 영토조항과 관련해 중요한 수정은 1947년 7월 말~8월 초에 행해졌다. 먼저 영토조항의 초안을 작성했던 피어리는 7월 25일 국무부 지리담당 특별자문관(Special Advisor on Geography: SA-E/GE)인 보그스가 작성한 7월 23일자 및 7월 24일자 비망록 두 건을 제출했다.[35] 비망록은 「7월 24일자 제1장의 개정초안(redraft)」, 「일본 본토에 인접한 소도서(Minor Islands Adjacent Japan Proper)에 대한 일본 외무성의 1946년 11월 19일자 성명의 발췌문을 담은 비망록」의 두 가지였다. 보그스(1889~1954)는 1930년대부터 1950년대까지 미 국무부에서 지리전문가로 활동하면서 대일평화조약의 영토문제와 관련해 중요한 역할을 한 인물이었다.

보그스가 작성한 두 건의 비망록 가운데 「7월 24일자 제1장의 개정초안

---

34) Working Group on Japan Treaty, Notes of Meeting on Wednesday, June 25, 1947, RG 59, Office of Northeast Asia Affairs, Records Relating to the Treaty of Peace with Japan-Subject File, 1945-51, Lot 56D527, Box 5.
35) Working Group on Japan Treaty, Notes of Meeting on Wednesday, June 25, 1947, p. 3, RG 59, Office of Northeast Asia Affairs, Records Relating to the Treaty of Peace with Japan-Subject File, 1945-51, Lot 56D527, Box 5.

(redraft)」은 확인되지만, 7월 23일자 비망록은 확인할 수 없었다. 보그스가 7월 24일 작성한 문건 두 가지가 확인된다.

① 대일평화조약 초안(Draft of Treaty with Japan) (1947. 7. 24)[36]
② 보그스가 피어리에게 보낸 비망록(1947. 7. 24)[37]

①은 대일평화조약 초안의 영토조항을 7월 24일 재초안(redraft)한 것이며, ②는 피어리에게 영토조항에 대한 검토의견을 개진한 것이다. 이 문건들에 대해서는 조약 초안을 다룬 부분에서 상세하게 살펴볼 것이다. 우리를 경악케 하는 것은 일본 외무성이 간행한 영토 관련 팸플릿 「Minor Islands Adjacent Japan Proper, Part I. The Kurile Islands, the Habomais, and Shikotan」 (1946. 11),[38] 일본어명 「日本の附屬小島 I, 千島齒舞及び色丹島」가 간행된 지 불과 7개월 뒤에 국무부 지리담당자에 의해 영토조항을 다루는 주요 근거자료로 사용되었다는 점이다.[39] 패전 직후 아직도 일본에 대한 적대감이 만연한 상황에서 일본 외무성의 공작력과 영향력이 미 국무부에 직접적으로 행사되고 있음을 보여주는 놀라운 장면이다.

보그스의 보고서는 1947년 8월 1일 회의에서 본격적으로 논의되었다. 특

---

36) "Draft of Treaty with Japan" by Samuel W. Boggs(SA-E/GE)(1947. 7. 24), RG 59, Office of Northeast Asia Affairs, Records Relating to the Treaty of Peace with Japan-Subject File, 1945-51, Lot 56D527, Box 5.
37) Memorandum by Boggs(SA-E/GE) to Fearey(FE)(1947. 7. 24), RG 59, Department of State, Decimal File, 740.0011PW(Peace)/7-2447.
38) Minor Islands Adjacent Japan Proper, Part I. "The Kurile Islands, the Habomais, and Shikotan," November 1946, RG 84, Foreign Service Posts of the Department of State, Office of the U.S. Political Advisor for Japan-Tokyo, Classified General Correspondence, 1945-49, Box 22.
39) 이 팸플릿은 1947년 2월 26일 주일미정치고문실의 급송문서(despatch) 제844호로 국무부에 전달된 것으로 판단된다(United States Political Adviser for Japan, Despatch no.1296, Subject: Minor Islands Adjacent to Japan, September 23, 1947, RG 84, Office of the U.S. Political Advisor for Japan-Tokyo, Classified General Correspondence, 1945-49. Box 22).

히 그가 개정한 제1장 영토조항이 주요 검토사항이 되었다. 보그스의 보고서에 따라 제1장의 제1조부터 제8조까지 모두 수정되었다. 제1조에 대해서는 첫째 '1894년 1월 1일자'로 일본 영토의 기산일을 삼는다는 조항이 잠정적으로 삭제되었고, 둘째 류큐섬을 일본령에 포함하는 것은 잠정적으로 수용하지만, 오키나와나 이오지마 같은 잠정적·전략적 신탁통치 지역의 처분은 미국 관계당국의 결정을 기다리기로 했고, 셋째 제1조와 관련한 네 개의 참고문헌을 덧붙이기로 했고, 넷째 쿠릴섬과 관련해 "얄타회담에서 언급된 쿠릴섬에는 인종적·경제적·역사적으로 일본의 일부였으며 러시아령 쿠릴의 일부가 아니었던 구나시리와 에토로후가 포함되지 않는다"라는 것을 작업단의 최초 입장으로 결정했다.[40] 네 개의 참고문헌은 다음과 같았다.

- 극동국에 보내는 보그스의 비망록(1947. 7. 23), 제목: 일본과의 조약에서 쿠릴의 처분(Disposition of the Kuriles in the Treaty with Japan)
- 피어리에게 보내는 보그스의 비망록(1947. 7. 24), 제목 없음
- 피어리의 비망록(1947. 7. 25)
- 비망록, 제목: 일본 본토에 인접한 소도서(Minor Islands Adjacent Japan Proper)

즉, 일본 외무성이 작성한 영토 관련 팸플릿이 미 국무부 지리전문가뿐만 아니라 조약 초안의 영토조항의 주요 참고문헌으로 표기되기에 이른 것이다. 제2조부터 제8조까지는 부분적인 문장수정이 이루어졌다. 한국령을 다룬 제4조에 대해서는 "작은"(minor) 섬이라는 표현에서 "작은"이 삭제된 정도에

---

40) Working Group on Japan Treaty, Notes of Meeting on Friday, August 1, 1947, RG 59, Office of Northeast Asia Affairs, Records Relating to the Treaty of Peace with Japan-Subject File, 1945-51, Lot 56D527, Box 5.

그쳤다.

대일조약작업단에서 한국을 본격적으로 다룬 것은 1947년 9월 3일 회의에서였다. 이날 회의는 남조선과도입법의원 의장 김규식 박사와 입법의원 의원들이 보낸 한국의 대일평화조약 참가희망을 피력한 서신(1947. 8. 27)에 대해 논의했다.[41] 회의에서 한국의 조약 참가희망에 대해 다음과 같이 결정되었다.

> 원래 (극동위원회) 11개국 이외 다른 국가들의 견해가 요청될 시점에 만약 한국정부가 존재한다면, 한국정부의 대표가 한국측 견해를 피력할 기회를 부여받게 될 것을 제안한다. 그러나 만약 의견수렴을 하는 그 시점에 한국정부가 존재하지 않는다면, 미국대표단에 자문역 한 명 혹은 여러 명(한국인, 주한미군의 대표 혹은 둘 다)을 참가시킬 수 있을 것이다.[42]

1947년 8~9월은 한국에서 제2차 미소공동위원회가 파국으로 치닫는 마지막 순간이었으며, 언제 한국정부가 수립될지 가늠할 수 없는 시점이었다. 대일조약작업단이 한국인들에게 피력한 최대의 호의는 "회의에서 한국의 이익을 반영할 최상의 방안을 국무부가 고려하고 있다"라는 회신을 보내는 정도였다.

그런데 같은 날 회의에서 역설적으로 주미영국대사관에서 파키스탄을 평화조약의 12번째 참가국으로 고려해달라고 요청했음을 기록하고 있다.[43] 영국은 대일평화조약에 한국이 참가하는 것을 최후까지 극렬하게 반대한 국가

---

41) Korea's Desire for Representation at the Peace Conference(Seoul's Telegram no.306(1947. 8. 27)).
42) Working Group on Japan Treaty, Notes of Meeting on Wednesday, September 3, 1947, RG 59, Office of Northeast Asia Affairs, Records Relating to the Treaty of Peace with Japan-Subject File, 1945-51, Lot 56D527, Box 5.
43) Working Group on Japan Treaty, Notes of Meeting on Wednesday, September 3, 1947, p. 2, RG 59, Office of Northeast Asia Affairs, Records Relating to the Treaty of Peace with Japan-Subject File, 1945-51, Lot 56D527, Box 5.

였으나, 자국의 식민지였던 파키스탄에 대해서는 전혀 다른 판단을 하고 있었던 것이다. 누구나 알듯이, 파키스탄은 대일교전도 없었고 선전포고도 없었던 국가였다. 이 나라는 1947년 8월 14일 영국령 인도에서 독립한 신생국가였기 때문이다.

대일조약작업단의 마지막 회의록은 1947년 10월 1일자인데, 이날 회의에는 전 극동국장 맥스웰 해밀턴(Maxwell M. Hamilton)을 초청해 1947년 8월 5일자 초안에 대한 의견을 청취했다. 연륜 있는 외교관이었던 해밀턴은 조약 초안에 대해 구체적이고 세밀하게 주요 맥락을 정확히 짚으며 비판했다. 해밀턴은 조약의 성격이 25년간 지속될 무장해제·비군사화조약인지 아니면 조약체결 후 주둔군이 즉시 철수하는 조약인지가 불투명하다는 점을 지적하면서, 조약 초안 작성에서 일본의 심리에 주의를 기울여 일본인들의 최대 협력을 이끌어내야 하며, 연합군최고사령부 등의 가치를 인정하고 일본 내 정보에 접근해야 하며, 관련국들에 일본을 특별히 우호적으로 취급하려고 한다는 인상을 주지 말아야 한다고 조언했다.[44] 해밀턴은 1947년 8월 불의의 비행기 추락사고로 사망한 주일미정치고문 조지 앳치슨(George Atcheson, Jr.)을 대신해 주일미정치고문의 물망에 오른 인물이기도 했다.

미 국무부는 1947년 10월 말 해밀턴을 주일미정치고문으로 임명할 계획이었으며, 그의 선임 사실은 이미 언론에 공표된 상태였다. 대일조약작업단이 해밀턴을 초청해 그의 견해를 청취한 것은 이러한 사정이 반영되었기 때문일 것이다.

그러나 맥아더는 전 국무부 극동국장이었던 해밀턴이 "노련한 중국통"의 일원이라는 이유로 그의 임명을 반대했다. 대신 맥아더는 시볼드를 선택했다.

---

44) Working Group on Japan Treaty, Notes of Meeting on Wednesday, October 1, 1947, RG 59, Office of Northeast Asia Affairs, Records Relating to the Treaty of Peace with Japan-Subject File, 1945-51, Lot 56D527, Box 5.

외교관 경력이 전무했던 친일적인 해군장교 출신이 일약 고급 외교관에 발탁되었던 것이다.

대일조약작업단의 임무가 언제까지 지속되었는지는 명확치 않다. 추정컨대 1947년 10월 14일 국무부 정책기획단이 대일평화조약과 관련한 정책결정을 채택함으로써 임무가 종결된 것으로 보인다. 냉전의 기획자인 조지 케넌이 작성한 「PPS/10. 대일평화 정착에 수반된 문제에 대한 정책기획단의 연구결과」(PPS/10, Results of Planning Staff Study of Questions Involved in the Japanese Peace Settlement)는 이러한 시점에 대일평화조약에 대한 미 국무부의 종합적 공식 정책문서로 채택된 것이다. 이 문서는 국무장관·차관에게 보고되었다. 케넌에 따르면, 이 정책결정은 국무부 극동국 관리와 육군부·해군부는 물론 외부전문가와도 협의한 결과물이었다.[45]

미국은 1947년 7월 11일 극동위원회 국가들에 대일평화조약의 조기타결을 제안했지만, 앞서 살펴본 것처럼 소련과 중국의 반대로 1947년 하반기에 이르러 대일평화회담의 개최는 추진력을 잃게 되었다. 따라서 대일평화조약을 준비하는 대일조약작업단의 업무도 사실상 중단되었다. 1948년 아시아의 냉전 격화로 일본에 대한 역코스정책이 본격화되었고, 1949년 소련을 배제한 단독강화·다수강화가 추진되었지만, 1950년 한국전쟁의 발발 이전 대일평화조약의 급격한 추진은 동력을 얻지 못한 상태였다.

---

45) George F. Kennan to the Secretary of State(Marshall) and the Under Secretary of State(Lovett)(1947. 10. 14), RG 59, Department of Sate, Decimal File, FW 740.0011PW(Peace)/10-2947.

5

미국의 대일평화조약 초안과
독도 인식(1947~1951)

1. 미 국무부 조약 초안의 독도 인식 1(1947~1949): 리앙쿠르암(독도)은 한국령
   (1) 1947~1948년 대일조약작업단의 조약 초안과 독도
   (2) 1949년 새로운 조약 초안과 독도

2. 미 국무부 조약 초안의 독도 인식 2(1949~1950): 시볼드의 공작
   (1) 1949년의 논쟁: 시볼드의 초안 검토와 리앙쿠르암(독도)의 일본령 주장
   (2) 주한미대사의 한국 참가 요청
   (3) 뒤바뀐 독도영유권(1949. 12~1950)

3. 미 국무부 조약 초안의 독도 인식 3(1950~1951): 독도조항의 삭제
   (1) 존 포스터 덜레스의 등장과 새로운 대일평화조약의 추진
   (2) 1950년 8월 7일자 초안: 포츠담선언 대일영토규정의 폐기
   (3) 1950년 9월 11일자 초안: 개정초안
   (4) 1950년 9월 11일자 대일평화7원칙: 사라진 영토규정
   (5) 1951년 2월 9일자 대일평화협정에 대한 개략적 초안(미일 가조인)
   (6) 1951년 3월 제안용 임시초안(공식초안, 연합국에 송부)

4. 영미합동초안의 성립과 최종 조약문의 확정(1951)
   (1) 1951년 5월 3일자 제1차 영미합동초안: 영연방국가에 송부
   (2) 1951년 6월 14일자 제2차 영미합동초안: 한국의 연합국 자격 배제·전시 연합국 대일영토규정의 폐기
   (3) 1951년 7월 3일자·7월 20일자 제3차 영미합동초안: 관련국 송부
   (4) 1951년 8월 13일자 최종 초안

1. 미 국무부 조약 초안의 독도 인식 1(1947~1949) : 리앙쿠르암(독도)은 한국령

1947~1949년 평화조약 초안은 츠카모토 다카시(塚本孝)에 의해 소개되었으며, 이석우·박진희가 펴낸 자료집에 원문이 수록되어 있다.[1] 1947~1949년 미 국무부 내부 초안들은 모두 독도(리앙쿠르암)를 한국령으로 명확히 표기하고 있다. 츠카모토 다카시가 소개한 후 국내에 알려진 이 시기의 초안은 모두 다섯 종류이다. 그러나 실제로는 20여 개를 상회하는 다양한 초안들이 작성되었다. 여기서 가장 큰 문제는 '초안'(Draft)을 어떻게 규정하는가 하는 점일 것이다.

즉, 국무부 대일조약작업단이 작성한 초안들은 시기별·성격별로 보면 ① 작업단 내부의 초안(전체 초안, 장별 부분 초안), ② 국무부 내부에서 회람된 초안, ③ 1947년 대일평화조약을 예상하고 작성된 초안(국무부·전쟁부·해군부 회람), ④ 영국정부에 제출하기 위해 작성되어 동경과 국방부에 회람·수정된 초안, ⑤ 미국정부의 공식초안(평화회담 협상제안용), ⑥ 미국·영국 합동초안, ⑦ 최종 수정초안 등이 있으며, 각 초안 사이사이에 다양한 수정·개정 초안이

---

[1] 이석우, 2006, 『대일강화조약 자료집』, 동북아역사재단; 박진희, 2008, 「독도영유권과 한국·일본·미국」, 『독도자료』 1~3(미국편), 국사편찬위원회.

〈표 5-1〉 1947~1949년 미 국무부의 평화조약 초안 및 관련 문서의 독도 표기

구분 작성일	표기된 제목	독도 귀속	성격	출처
1947. 1.	Draft: Territorial Clauses	한국	국무부 작업단 초안 한국령 최초 명시	Lot 56D527, Box 1.
1947. 3. 19.	Peace Treaty with Japan	한국	국무부 내부검토용 (동경 송부)	740.0011PW(Peace)/ 3-2047 Lot 56D527, Box 1.
1947. 7. 24.	Draft of Treaty with Japan	한국	국무부 지리전문가 보그스의 검토	Lot 56D527, Box 5. 740.0011PW(Peace)/ 7-2447
1947. 8. 1. 1947. 8. 5.	Draft Treaty of Peace with Japan	한국	국무부 내부검토용 해군부 검토	Lot 56D527, Box 1. 740.0011PW(Peace)/ 8-647
1947. 10. 14.	PPS/10, Results of Planning Staff Study of Questions Involved in the Japanese Peace Settlement	첨부지도에 한국령 표시	국무부 정책문서 (최초로 제작된 미 국무부 영토 표시 지도)	740.0011PW(Peace)/ 10-2447
1947. 11. 7.	Draft Treaty of Peace for Japan	한국	국무부 내부검토용	Lot 56D527, Box 1.
1947. 11. 19.	Redraft	한국	국무부 내부검토용	Lot 56D527, Box 5.
1948. 1. 2.	re-draft 2 January	한국	국무부 내부검토용	Lot 56D527, Box 3.
1948. 1. 8.	the Japanese Peace Treaty Draft	한국	국무부 내부검토용	740.0011PW(Peace)/ 1-3048.
1949. 10. 13.	Treaty of Peace with Japan	한국	국무부 내부검토용	740.0011PW (Peace)/10-1449
1949. 11. 2.	Treaty of Peace with Japan	한국	연합군최고사령부·국방부 송부 (미 국무부 영토 표시 지도, 독도를 한국령으로 명시)	740.0011PW (Peace)/ 11-249

[출전] RG 59, Department of State, Decimal File, 740.0011PW(Peace) series; RG 59, Office of Northeast Asia Affairs, Records Relating to the Treaty of Peace with Japan-Subject File, 1945-51, Lot 56D527.

존재했다. 진정한 의미의 초안은 ⑤번 단계 이후에 작성된 것들로, 관련국에 공식적으로 회람된 초안이다. 또한 1947~1950년 국무부 극동국이 주도한 초안들과 1950~1951년 존 포스터 덜레스(John Foster Dulles) 특사가 주도한 초안들은 성격·형식·내용에서 큰 차이가 있었다. 때문에 평화조약 초안을 검토하는 데 있어서 이러한 상호관계와 문맥에 대한 이해가 전제되어야 할 것이다.

이 초안들은 모두 미 국무부 문서철(RG 59)에서 나온 것으로, 출처는 크게 두 곳이다. 첫째는 미 국무부 십진분류 문서철(Decimal File) 가운데 740.0011PW (Peace) 시리즈이다. 둘째는 미 국무부 Lot File(Lot 56D527), 미 국무부 「동북아시아국 대일평화조약 관련 문서철」(Office of Northeast Asia Affairs, Records Relating to the Treaty of Peace with Japan—Subject File, 1945—51)에서 나온 것이다.

지금까지 이 초안들에 대한 검토는 주로 독도가 한국의 영토로 표시되었는지 여부에 집중되었고, 초안의 전반적인 성격과 근거자료에 대한 검토로 이어지지는 않았다. 초안에 독도가 어떻게 표시되었는지에 대해서는 이미 상당 부분 츠카모토에 의해 설명되었다. 그러나 그의 설명은 일본에 유리하다고 판단한 일부 초안들에 국한되었다. 다음에서는 대일평화조약 초안에서 일본 영토규정은 어떻게 변화했으며, 독도에 대한 규정은 어떤 변화과정을 거쳤는지를 살펴보겠다.

(1) 1947~1948년 대일조약작업단의 조약 초안과 독도

• **1947년 1월 영토조항 초안: 리앙쿠르암(독도)을 한국령으로 표시한 최초의 초안**

지금까지 한국에서는 1947년 3월 19일자 초안이 미 국무부가 작성한 대일평화조약 초안이며, 여기서 최초로 독도가 한국령으로 표시되었다고 알려져왔다. 그러나 후술하듯이, 1947년 3월 초안은 완성된 전체 초안이 아니라 전문과 영토조항만을 서술한 부분 초안이었다. 국무부는 이 초안을 도쿄의 연합군최고사령부에 송부했다. 때문에 이는 공식성은 있지만, 잠정적이며 승인되지 않은 부분적 초안이었다. 이런 맥락에서 앞서 지적한 것처럼 1951년 3월 덜레스가 완성해 국무장관의 승인을 받아 관련국들에 송부한 공식초안 이전 단계의 모든 초안들은 잠정적이며 비공식적인 국무부 내부 초안이었다.

잠정적이며 비공식적인 초안 가운데 미 국무부의 대일조약작업단이 작성한 최초의 영토조항 초안은 1947년 1월에 만들어졌다.[2] 이 영토조항은 조약의 제1조인 일본 영토를 규정하고 있으며, 1947년 1월 30일 대일조약작업단 회의에 제출된 것이었다.[3]

국무부 극동국 일본과의 로버트 피어리(Robert A. Fearey)가 만든 이 영토조항은 간단한 2쪽짜리 문서로 이후 1947~1949년 국무부 대일평화조약 초안 영토조항의 원천이자 핵심이 되었다. 문서의 제목은 「초안」으로만 되어 있고, 문서의 첫머리에 영토조항을 다루고 있다고 쓰여 있다. 이 초안은 당시 대일조약작업단이 작성하고 있던 평화조약 초안의 제1장 영토조항, 즉 일본의 영토범위를 다룬 초안이었다. 그 핵심은 일본령에 포함될 섬을 어떻게 규정하는가 하는 점에 있었다.

이 초안의 특징들을 정리하면 다음과 같다. 첫째, 제1조의 1에서 일본 영토를 1894년 1월 1일 이전의 영토로 한정한다고 규정했다. 이는 카이로선언에서 명시한 만주·대만·팽호도 등 중국에서 도취한 일체의 지역에서 구축된

---

2) "Draft" by Robert A. Fearey(JA)(1947. 1), RG 59, Office of Northeast Asia Affairs, Records Relating to the Treaty of Peace with Japan-Subject File, 1945-51, Lot 56D527, Box 1, Folder "Drafts(Ruth Bacon)".
3) Working Group on Japan Treaty, Suggested Agenda for Meeting on Friday, January 31, 1947. RG 59, Office of Northeast Asia Affairs, Records Relating to the Treaty of Peace with Japan-Subject File, 1945-51, Lot 56D527, Box 5.

다고 했을 때의 기산일(起算日)인 청일전쟁(1894)을 기점으로 한 것이다.

둘째, 일본의 영토는 혼슈·규슈·시코쿠·홋카이도 등 주요 섬과 부근 제 소도(諸小島)로 하지만 쿠릴열도는 배제하며, 류큐(琉球)제도와 세토나이카이 (Inland Sea, 瀨戶內海)의 모든 섬, 레분(Rebun, 禮文島), 리이시리(Riishiri, 利尻島), 오쿠지리(Okujiri, 奧尻島), 사도(Sado, 佐渡島), 오키(Oki, 隱岐), 쓰시마 (Tsushima, 對馬島), 이키(Iki, 壹岐), 고토군도(Goto Archipelago, 五島群島)를 포함한다고 했다. 일본령에 대한 1947년 1월 영토 초안의 규정은 1949년까지 지속되었다.

셋째, 제1조의 2에서는 영토 범위(Territorial Limits)를 명확히 하기 위해서 조약에 지도를 첨부한다고 명시했다. 대일조약작업단의 회의록에 따르면, 1947년 1월 30일 피어리가 제1장 영토조항(Territorial Clauses)에 관한 초안·비망록·지도를 제출했다고 되어 있다.[4] 때문에 피어리가 영토계선을 표시한 지도를 제출한 것으로 판단되지만, 현재 지도를 발견하지는 못했다. 그러나 논란의 소지를 없애기 위해 일본령을 명확히 규정한 지도를 첨부하는 작업은 이후 1949년의 초안까지 지속되었다. 또한 뒤에서 살펴보겠지만 1947년 10월에는 공식지도가 작성되기도 했다.

넷째, 제2조는 중국에 양도될 지역을, 제3조는 소련에 양도될 지역을 정리했다.

다섯째, 한국은 제4조에 다음과 같이 묘사되었다.

일본은 이에 제주도(Quelpart Island), 거문도(Port Hamilton), 울릉도(Dagelet, Utsuryo), 리앙쿠르암〔Liancourt Rock(Takeshima)〕를 포함한 한국 근해의 모든 작은 섬들과 한국에 대한 모든 권리(rights)와 권원(titles)을 포기한다(renounces).[5]

---

4) 위와 같음.

한국 및 제주도·거문도·울릉도·독도(리앙쿠르암), 근해 제소도를 한국령으로 한다는 이 규정은 대일평화조약 초안에서 처음 등장하는 것이다. 특히 독도를 한국령으로 규정한 것은 대일평화조약 초안 중에서는 물론 미 국무부 문서에서도 최초였다. 독도를 한국령으로 규정한 이 내용은 1949년 11월 윌리엄 시볼드(William J. Sebald)의 주장으로 독도가 일본령으로 뒤바뀌기 전까지 지속되었다.

문서를 작성한 로버트 피어리는 전쟁 전 주일대사를 지낸 조셉 그루(Joseph C. Grew)의 개인비서였으며, 대일평화조약 특사였던 존 포스터 덜레스가 선발한 보좌역이었다.[6] 일본전문가였으며, 대일평화조약의 전개과정에서 한국과 관련해 중요한 결정들을 담당한 인물이었다. 피어리가 어떤 근거에 입각해 독도를 한국령으로 규정했는지는 정확히 알 수 없다. 가장 큰 가능성은 SCAPIN 677호를 통해 독도가 일본령에서 배제된다는 점을 숙지했기 때문일 것이며, 미 국무부가 보유한 지리정보에 리앙쿠르암이 한국령으로 표시되어 있었기 때문일 것이다.[7] 일본전문가이자 친일적이었던 로버트 피어리가 리앙쿠르암을 한국령으로 규정한 데서 국무부 대일조약작업단 내에 리앙쿠르암이 한국령이라는 명확한 인식이 있었다는 사실을 확인할 수 있다.

한 가지 아쉬운 점은 리앙쿠르암이 독도라는 한국 명칭을 가지고 있음을 미 국무부 전문가들이 인지하지 못하고 있었다는 사실이다. 1905년 일제의

---

5) 원문은 다음과 같다. Japan hereby renounces all rights and titles to Korea and all minor offshore Korean islands, including Quelpart Island, Port Hamilton, Dagelet(Utsuryo) Island and Liancourt Rock(Takeshima).
6) Richard B. Finn, *Winners in Peace: MacArthur, Yoshida, and Postwar Japan*, University of California Press, Berkeley and Los Angeles, California, 1992, p. 252.
7) 1942년 3월 미해군부 수로국(Hydrographic Office)이 간행한 '태평양 북서부 해도'(Pacific Ocean, Northwestern Sheet)는 울릉도와 리앙쿠르암(독도)을 일본령에서 구분해 한국령으로 표시하고 있다. 이 해도에서 표시된 일본령과 한국령을 구획하는 경도·위도의 경선은 1947년 이래 미 국무부 대일조약작업단이 사용한 계선과 정확히 일치하며, 이 해도는 1947년 이래 대일평화조약 초안의 기본지도로 활용된 것으로 판단된다. 이 지도는 이석우 자료집에 실려 있다(이석우, 2006, 위의 책, 22~23쪽).

강점 이후 국제적으로 가장 많이 통용된 독도의 지명은 리앙쿠르암과 다케시마였다. 한국명인 독도는 국권 침탈 이후 국제사회에 전혀 알려지지 못했고, 독도가 리앙쿠르암이라는 사실 역시 알려지지 않았다. 이는 1947~1951년 대일평화조약을 다루었던 미 국무부의 실무자와 지리전문가들 모두에게 공통되는 것이었다. 이들은 리앙쿠르암 혹은 다케시마가 한국령이라는 판단을 하고 있었지만, 리앙쿠르암이 독도와 동일한 섬임을 알지 못했다. 때문에 미 국무부 조약 초안에는 독도가 아닌 리앙쿠르암이라는 지명으로 독도문제가 다루어졌다. 명칭의 다양성과 혼란은 독도가 경험한 일본 침략을 상징하는 것이었다.

● 1947년 3월 19일자 부분 초안: 리앙쿠르암(독도)은 한국령

이 초안은 츠카모토 다카시가 처음 발굴해 공개했으며, 츠카모토가 미 국무부가 작성한 최초의 대일평화조약 초안이라고 규정한 이래 국내에서는 미국의 대일평화조약 제1차 초안으로 불려왔다. 그러나 위에서 살펴본 것처럼, 이는 체제를 갖춘 완벽한 초안이라고 하기는 어려우며, 또한 최초의 초안도 아니었다.

이 초안에는 정확한 제목이 첨부되어 있지 않다. 그러나 1946년 하반기 이래 국무부 대일조약작업단이 사용한 '대일평화조약'(Peace Treaty with Japan)이 관련 문서에 사용되었으므로, 이를 이 초안의 제목으로 볼 수 있다.

이 초안은 국무부가 맥아더사령부의 견해를 청취하기 위해 연합군최고사령부 외교국장이자 주일정치고문이었던 조지 앳치슨(George Atcheson, Jr.)에게 수교한 문서(1947. 3. 19)에 첨부되었다. 앳치슨에게 송부된 초안 문서들은 모두 네 가지였다.

1. 대일평화조약의 개요(Outline of Peace Treaty with Japan)
2. 조약의 전문(Preamble to the Treaty)

3. 제I장 — 영토조항(Chapter I — Territorial Clauses)

4. 제II장 — 양도될 영토에 관한 조항(Chapter II — Clauses Relating to Ceded Territories)

'1. 대일평화조약의 개요'는 대일평화조약에서 다루어져야 할 주요 내용을 장·절에 따라 간단한 요목으로만 정리한 것이다. 전문, 11개장, 부속서류로 구성되어 있다. 위의 주요 내용 가운데 '조약의 전문'·'제1장 영토조항'·'제2장 양도될 영토에 관한 조항'이라는 세 가지 항목만 1947년 3월 구체적인 초안으로 문장화되었고, 나머지 9개장은 주요 항목만 간단히 제시되었다. 즉, 이 초안은 전체 대일평화조약 초안 가운데서 전문, 일본 영토, 일본에서 양도될 영토의 국적문제와 경제문제라는 세 가지 장을 정리한 것임을 알 수 있다. 때문에 앳치슨에게 쓴 메모에서 "이들 초안 문서들이 잠정적인 것이며, 조약 초안을 담당하는 실무위원회의 승인이나 국무부 내 어떤 곳의 승인을 받은 것이 아니"라는 점을 명기하고 있다.[8] 이런 맥락에서 볼 때 이 초안이 동경에 전해진 최초의 대일평화조약 초안임은 분명하지만, 완벽한 초안이 아니라 부분적으로 전문과 영토조항만을 다룬 초안이라고 할 수 있다.

대일조약작업단의 루스 베이컨(Ruth Bacon)이 관리한 초안 문서파일에 따르면, 대일평화조약의 주요 구성내용을 정리한 '1. 대일평화조약의 개요'는 이미 1946년 10월 25일 완성된 것이었다. 그의 파일철에 '대일평화조약(Peace Treaty with Japan)(1946. 10. 25)이라는 제목으로 동일한 요목이 정리되어 있다.[9] 이런 맥락에서 보자면, 대일조약작업단은 1946년 10월 말 대일평화조약의 전체 체제와 주요 구성요소를 완성한 후 1947년 3월에 그중 전문,

---

8) Memorandum by unknown to Ambassador Atcheson(1947. 3. 19), RG 59, Office of Northeast Asia Affairs, Records Relating to the Treaty of Peace with Japan-Subject File, 1945-51, Lot 56D527, Box 1.

9) "Peace Treaty with Japan," (1946. 10. 25), RG 59, Office of Northeast Asia Affairs, Records Relating to the Treaty of Peace with Japan-Subject File, 1945-51, Lot 56D527, Box 1. Folder "Drafts(Ruth Bacon)".

영토조항, 방기될 영토조항 등을 구체적 문장으로 완성한 것으로 판단된다. 연합군최고사령부 외교국장 조지 앳치슨 역시 이 문서를 받고 맥아더에게 보내는 비망록의 제목을 「조약 초안의 개요 및 다양한 장절」(Outline and Various Sections of Draft Treaty)이라고 명기했다.[10]

그런데 이 문서는 국무부가 전문이나 외교행낭 등을 통해 보낸 것이 아니라 인편을 통해 직접 수교한 것이었다. 국무부 실무책임자였던 휴 보튼(Hugh Borton)은 대일조약작업단의 베이컨과 함께 1947년 3월 맥아더에게 평화조약 초안에 대한 의견을 구하기 위해 동경을 방문했다. 이들은 업무 협의차 워싱턴을 방문했던 주일정치고문 앳치슨의 귀환길에 동행해 동경으로 향했다. 보튼은 1947년 3월 8일부터 4월 11일까지 동경·서울을 방문했으며, 맥아더 장군(3. 14), 요시다 시게루 수상(吉田茂, 3. 29), 주한미군사령관 존 하지(John R. Hodge, 4. 3, 4. 5, 4. 7), 안재홍·김규식(4. 7, 4. 10), 여운형·김성수(4. 8) 등을 만났다. 보튼에 따르면 동경 도착 후 앳치슨을 통해 맥아더에게 조약 사본을 건넸다.[11] 즉, 맥아더의 대일평화조약 조기체결 성명(1947. 3. 17)은 보튼 일행이 동경에 체류하는 동안, 국무부가 준비한 대일평화조약 초안을 받아본 뒤 행한 것이었다.

이 초안의 요점은 다음과 같다. 첫째, 전문, 일본 영토, 일본에서 방기될 영토의 3개장으로 구성되어 있으며, 총 11쪽으로 내용이 매우 간단하다. 둘째, 45개국을 연합국 및 협력국(the Allied and Associated Powers)으로 규정하며 조약의 당사자로 명기하고 있다. 한국은 포함되어 있지 않다. 나아가 이 초안은 일본을 침략자로 명백히 규정하고 있다. 일본이 중국을 침략했으며, 나치

---

10) Memorandum by George Atcheson, Jr to SCAP, Subject: Memorandum for General MacArthur: Outline and Various Sections of Draft Treaty(1947. 3. 19), RG 59, Department of State, Decimal File, 740.0011PW(Peace)/3-2047.
11) Hugh Borton, *Spanning Japan's Modern Century: The Memoirs of Hugh Borton*, Lexington Books, 2002, pp. 189~198, 202~206.

독일 및 파시스트 이탈리아와 3국동맹을 맺었고, 태평양지역에 대한 침략을 개시했다고 못박았다. 셋째, 이 초안은 여러 가지 점에서 불완전하여 맥아더를 비롯한 동경의 점령당국과 군부의 지지를 받기 어려웠다. 맥아더와 군부가 가장 큰 관심을 가지고 있었던 미국의 이해와 관련된 섬들(류큐·이오지마)의 처리문제, 일본의 안보 및 미군 주둔문제 등이 전혀 초안으로 작성되어 있지 않았기 때문이다.

이오키베 마코토(五白旗頭眞)의 표현을 빌리자면, 휴 보튼이 이끄는 국무부 대일조약작업단이 완성한 1947년 3월의 초안은 일본 군국주의의 부활이 아시아의 대재앙이기에 이를 저지해야 하며, 일본은 연합국 통치 밑에 남아야 한다는 주류적 견해를 반영한 것이었다.[12] 보튼의 견해를 반영한 1947년 3월 19일자 초안은 이후 1947년 8월, 1948년 1월 이후의 수정본에도 계속되었다. 보튼과 만났던 맥아더는 대일조약작업단의 계획에 대해 별다른 언급을 하지 않았다. 아마도 맥아더는 보튼 같은 하급자와 정책을 논의하길 꺼렸을 것이다. 맥아더는 국무장관 조지 마셜(George C. Marshall) 장군의 특별요청이 있으면 문서로 답하겠다고 밝혔다.[13]

영토문제와 관련해 드러난 이 초안의 특징은 대체적으로 1947년 1월 영토조항 초안을 승계하고 있는 점이었다. 첫째, 일본 영토의 기산일을 1894년 1월 1일 이전으로 한정했다. 둘째, 일본 영토를 규정한 내용은 정확히 1947년 1월의 영토조항 초안과 동일했다. 셋째, 일본은 북위 50도 이남의 사할린(樺太) 섬의 모든 부분과 가이바(Kaiba, 海馬島)에 대한 모든 주권을 소련에 양도하고(cedes), 캄차카와 홋카이도 사이에 위치한 쿠릴섬의 모든 주권을 소련에 양도한다고 했다는데, 이 역시 1947년 1월 영토조항 초안과 동일하다. 이는 얄타

---

12) 이오키베 마코토 외 지음·조양욱 옮김, 2002, 『일본 외교 어제와 오늘』, 다락원, 71~72쪽.
13) Memorandum by George Atcheson, Jr., United States Political Advisor for Japan to Hugh Borton, Chief, Division of Northeast Asia Affairs, Department of State(1947. 4. 29), RG 59, Office of Northeast Asia Affairs, Records Relating to the Treaty of Peace with Japan-Subject File, 1945-51, Lot 56D527, Box 1.

협정에서 소련에 주도록 결정된 섬들이었다. 넷째, 오키나와현의 일부인 류큐 제도와 다이토(Daito, 大東), 라사(Rasa, ㅋㅼ島)에 대한 모든 권리와 권원을 포기한다고 했는데, 이 부분이 1947년 1월 초안과 달랐다. 1월 초안에는 제7항에서 "류큐제도에 다이토(Daito, 大東)를 포함할 것인가?"라고 괄호 속에 표시되어 있었다.

마지막으로 한국과 관련한 조항은 1947년 1월 초안과 동일하게 표시되어 있다.

> 일본은 이에 제주도(Quelpart Island), 거문도(Port Hamilton), 울릉도(Dagelet, Utsuryo), 리앙쿠르암(Liancourt Rock, Takeshima)을 포함한 한국 근해의 모든 작은 섬들과 한국에 대한 모든 권리(rights)와 권원(titles)을 포기한다(renounces).[14]

1947년 3월에도 미 국무부는 리앙쿠르암이 한국령임을 명확하게 인지하고 있었던 것이다. 그러나 독도의 외국명인 리앙쿠르 록스(Liancourt Rocks)와 일본명인 다케시마(Takeshima)를 알고 있었을 뿐 한국명인 독도(Tokdo)에 대해서는 인지하지 못했다. 이러한 상황은 1949년 11월 이후 독도에 대한 미 국무부의 판단이 흔들리는 중요한 요인 중 하나가 되었다.

여기서 주목할 점이 있다. 첫째, 당시 주일미정치고문은 중국통으로 오래 근무했던 조지 앳치슨이었다. 그가 재임 중일 때 독도가 한국령으로 명시되어 있는 미 국무부의 첫 조약 초안이 전달되었고, 이에 대해 어떤 반대나 반응도 없었다. 독도는 한국령임이 인정되었다. 둘째, 이 초안이 전달된 뒤 3개월 후인 1947년 6월, 일본 외무성은 독도와 울릉도를 일본령으로 주장하는 팸플릿

---

14) 원문은 다음과 같다. Japan hereby renounces all rights and titles to Korea and all minor offshore Korean islands, including Quelpart Island, Port Hamilton, Dagelet(Utsuryo) Island and Liancourt Rock(Takeshima).

을 간행했고, 허위사실을 담은 이 팸플릿 수십 부가 연합군최고사령부와 국무부에 송부되었다. 셋째, 앳치슨의 사망 이후 주일정치고문 대리가 된 윌리엄 시볼드(William J. Sebald)는 1948년 9월 독도가 한국령이라는 우국노인회의 청원을 기각하고 관련 청원서를 국무부에 송부하지 않았다. 반면, 그는 1949년 11월 두 차례나 독도가 일본령이라고 극력 주장했다.

독도가 한국령임을 명시한 조약 초안이 동경에 전해지고 난 후 있었던 동경 주일미정치고문실과 일본 외무성의 일련의 반응은 단지 우연으로 치부하기에는 석연치 않다. 이는 일본정부가 리앙쿠르암이 일본령에서 배제된 것을 인지한 후 대응한 것으로 해석될 여지가 컸다. 일본정부가 맥아더에게 건네진 1947년 3월 19일자 초안을 입수했거나 그 개략에 대한 내용을 입수한 후 적극적으로 대응조치를 취했을 가능성이 높다.

- **1947년 7월 24일자 비망록:**
  국무부 지리담당관 보그스의 리앙쿠르암(독도) 한국령 확인

이 문서는 미 국무부 지리담당관(Geographer)이었던 새뮤얼 보그스(Samuel W. Boggs)가 1947년 2월 3일자 조약 초안의 영토조항을 수정해 새로운 영토조항 개정초안(이하 영토초안)으로 제출한 것이다.[15] 국무부 극동국의 피어리가 지리담당관인 보그스에게 조약 초안의 영토조항에 대한 수정을 요청한 데 따른 것이었다.

보그스의 수정작업은 두 차례 진행된 것으로 보인다. 먼저 보그스는 자신이 건네받은 1947년 2월 3일자 조약 초안 영토조항을 수정해 타이핑본을 만들었고, 재차 이 타이핑본 위에 수기로 직접 가필·수정작업을 한 후 문서 우

---

15) "Draft of Treaty with Japan," by Samuel W. Boggs(SA-E/GE)(1947. 7. 24), RG 59, Office of Northeast Asia Affairs, Records Relating to the Treaty of Peace with Japan-Subject File, 1945-51, Lot 56D527, Box 5; Memorandum by Boggs(SA-E/GE) to Fearey(FE)(1947. 7. 24), RG 59, Department of State, Decimal File, 740.0011PW(Peace)/7-2447.

측상단에 "Boggs, July 24"라고 적었다. 현재「1945~1951년 간 대일평화조약 관련 동북아시아국 문서철」에 보그스의 영토초안이 들어 있다.

그런데 보그스가 개정에 사용한 '조약 초안 영토조항'(1947. 2. 3)이 정확히 어떤 내용이었는지는 미상이며 미 국무부 문서철에서 발견되지 않는다. 아마도 피어리의 '영토조항'(1947. 1), 휴 보튼이 일본에 가지고 간 '부분초안'(1947. 3. 19)과 큰 차이가 없었을 것이다.

타이핑본 위에 가필·수정된 보그스의 영토초안은 이전의 영토초안과는 질적으로 다른 것이었다. 그것은 일본의 영토, 일본에서 배제될 지역, 한국의 영토, 대만의 영토를 아주 세밀하게 기술한 점에 있었다. 피어리의 '영토조항'과 휴 보튼의 '부분초안'은 일본의 영토, 일본에서 배제될 지역, 한국의 영토, 대만의 영토와 관련해 지명(도서명)을 제시한 수준이었지만, 보그스의 영토초안은 지명(도서명)을 제시한 위에 구체적인 경도·위도 지점들을 특정하고 이 지점들을 연결하는 선을 그어 영토를 표시하는 방법을 사용했다. 또한 이 내용을 첨부지도에 표시했다. 이는 카이로선언·포츠담선언에서 제시된 대일 영토규정을 실무적으로 구체화한 결과였으며, 영토분쟁의 원인이 될 모호성을 배제하기 위한 지리전문가의 선택이었다. 보그스 비망록(1947. 7. 24)에 정리된 것처럼 일본, 대만, 한국령 도서의 불명확성을 제거하기 위해 일련의 직선을 첨부지도에 그려 넣은 것이었다.

1947년 7월 보그스가 제시한 이 방법, 즉 ① 일본령에 포함될 도서, 일본령에서 배제될 지역을 구체적으로 특정하고, ② 이를 경도·위도의 직선으로 표시하며, ③ 해당 내용을 첨부지도에 표시하는 방식은 이후 1949년 말까지 미국의 대일평화조약 초안의 대일영토조항에 사용되었다.

보그스는 일본, 대만, 한국의 영토를 명확히 규정하기 위해 수로국(Hydrographic Office: H.O.) 해도(chart) 1500번에 붉은색 직선으로 각 나라의 영역을 표시했다. 지도의 도입과 이에 일본·대만·한국의 영토를 명확하게 직선으로 표시한 것은 바로 보그스의 아이디어였던 것이다. 보그스가 제작한 이 지도는 이후 1949년까지 사용된 대일평화조약 초안용 지도의 모본(母本)이 되었다. 1947년 7월 24일 보그스의 영토초안이 제시된 이후 미 국무부의 대일평화조약 초안에는 모두 일본령, 한국령, 대만령을 표시하는 직선 기선이 사용되었다.

현재 미 국무부 문서철에서 보그스가 제작한 H.O. 1500에 표시한 지도는 발견하지 못했다. 그렇지만 H.O. 1500 지도를 활용한 보그스의 방식은 이후 미 국무부 대일평화조약 초안에서 그대로 활용되었다. 예를 들면, 미 국무부 대일평화조약 관련 문서철에서 가장 많이 발견되는 지도는 바로 H.O. 1500을 활용한 1949년 11월 2일자 조약 초안의 첨부지도인데, 이는 보그스의 방식을 그대로 적용한 것이다.[16]

영토조항과 관련해서 보그스가 취한 수정조치들은 모두 다섯 가지였다. 첫째, 소련령에 로벤섬(Robben Island), 남중국해 부분에 마커스섬(Marcus Island, 미나미토리시마, 南鳥島)을 추가함. 둘째, 영토조항의 순서를 재배열함. 셋째, 일본령·대만령·한국령 도서의 불명확성을 제거하기 위해 일련의 직선을 첨부지도에 그려 넣음. 넷째, 지리적 모호성을 제거하기 위해 태평양·남중국해의 특정도서에 대한 일본의 포괄적 포기조항을 넣음. 다섯째, 상이한 언어로 된 지도의 섬들을 쉽게 판독하기 위해 대체지명을 넣음 등이었다.[17]

또한 보그스는 이전 초안에 명시되었던 1894년 1월 1일 이전을 일본 영토의 기산일(起算日)로 한다는 부분을 삭제했다. 이에 대해서는 추가설명이 없었으나 대일조약작업단 회의록(1947. 8. 1)에 따르면, 보그스의 개정초안에 따라

---

16) H.O. 1500 지도는 해군부 정치군사문제담당 해군작전참모부장인 울드릿지(E. T. Wooldridge)가 휴 보튼에게 보낸 1949년 8월 18일자 비망록에도 사용되었다. E. T. Wooldridge, Assistant Chief of Naval Operations for Politico-Military Affairs, Navy Department to Hugh Borton, Chief of the Division of Northeast Asian Affairs, Department of State, Subject: Draft Treaty of Peace with Japan(1947. 8. 18), RG 59, Office of Northeast Asia Affairs, Records Relating to the Treaty of Peace with Japan-Subject File, 1945-51, Lot 56D527, Box 3.
17) Memorandum by Boggs(SA-E/GE) to Fearey(FE)(1947. 7. 24), RG 59, Department of State, Decimal File, 740.0011PW(Peace)/7-2447.

"잠정적으로 1894년 1월 1일자에 관한 언급을 삭제"하기로 결정했다.[18]

보그스의 영토초안에는 일본령(제1조), 대만령(제2조), 한국령(제4조)가 상세하게 규정되었다. 문서기술방식으로는 모든 도서 및 군도를 거명하는 것이 불가능했기 때문에, 보그스는 일본에 귀속될 도서, 대만에 귀속될 도서, 한국에 귀속될 도서 등을 "둘러싼 바다에 선"을 그었다.[19] 먼저 제1조에서 일본령은 다음과 같이 규정되었다.

제1조

1. 일본의 영토범위는 혼슈, 규슈, 시코쿠, 홋카이도 등 일본의 주요 4개 섬과 부근 제소도(諸小島)로 구성되며, 여기에는 세토나이카이(Inland Sea, 瀨戶內海)의 섬들, 하보마이·시코탄·구나시리 및 에토로후, 고토군도(Goto Archipelago, 五島群島), 류큐제도, 이즈제도(Izu Islands, 伊豆大島)부터 남쪽으로 Sofu Gan(Lot's Wife, 孀婦岩)까지의 섬들이 포함되며, 또한 일본의 영토범위에는 북위 45도 45분 동경 140도 지점에서 시작해서 정동으로 진행해 라페루즈해협〔La Perouse Strait(Soya Kaikyo), 宗谷해협〕을 지나 동경 149도 10분까지, 다시 정남으로 진행해 에토로후해협을 지나 북위 37도까지, 다시 남서방향으로 진행해 북위 23도 30분 동경 134도 지점까지, 다시 정서로 동경 122도 30분까지, 다시 정북으로 북위 26도까지, 다시 북동방향으로 북위 30도 동경 127도 지점까지, 다시 정북으로 북위 33도까지, 다시 북동방향으로 북위 40도 동경 136도 지점까지, 다시 시작점까지 북동방향으로 이어지는 계선 내의 모든 도서 및 그 영해를 포함한다.

---

18) Working Group on Japan Treaty, Notes of Meeting on Friday, August 1, 1947, RG 59, Office of Northeast Asia Affairs, Records Relating to the Treaty of Peace with Japan-Subject File, 1945-51, Lot 56D527, Box 5.
19) Memorandum by Boggs(SA-E/GE) to Fearey(FE)(1947. 7. 24), RG 59, Department of State, Decimal File, 740.0011PW(Peace)/7-2447, p. 2.

2. 이런 영토범위는 현재 조약에 첨부된 지도 1(Map no.1)에 표시되어 있다.[20]
(강조는 인용자)

밑줄 친 부분이 보그스에 의해 제시된 일본 영토 특정방식이었다. 보그스 영토초안의 일본령 부분에서 가장 특징적인 점은 두 가지이다. 첫째, 북방 4개 섬, 즉 하보마이·시코탄·구나시리·에토로후가 일본령으로 표시된 부분이다. 둘째, 류큐제도가 일본령에 포함된 부분이다. 대일평화조약이 진행되면서 북방 4개 섬과 류큐제도는 모두 일본령에서 배제되었는데, 1947년 10월 미 국무부 정책기획단의 보고서(PPS/10)에서는 북위 29도 이남의 류큐제도가 일본령에서 배제되었고, 1949년 11월 2일자 조약 초안에서는 북방 4개 섬이 일본령에서 배제되었다. 북방 4개 섬은 소련에 이양될 지역이었고, 류큐제도는 미국이 신탁통치를 실시할 지역이었다. 때문에 보그스의 영토초안은 1947~1949년 간 작성된 대일평화조약 초안 가운데 가장 일본에 유리하고 우호적인 것으로 평가할 수 있다.

다음으로 보그스는 제4조에서 한국령을 다음과 같이 규정했다.

제4조
일본은 이에 한국(Korea(Chosen))과 한국 근해의 모든 섬들에 대한 모든 권리·권원을 포기하며, 여기에는 제주도(Quelpart(Saishu To)), 島內海(Port Hamilton(Tonaikai))를 구성하는 거문도(Nan How Group(산도 혹은 거문도)), 울릉도(Dagelet Island(Utsuryo To 혹은 Matsu Shima)), 리앙쿠르암(Liancourt Rocks(Takeshima)) 및 제1조에 묘사된 계선의 외측에 위치하며, 동경 124도 15분 경도선의 동쪽까지, 북위 33도 위도선의 북쪽까지, 두만강 입구의 바다 쪽 종

---

20) "Draft of Treaty with Japan," by Samuel W. Boggs(SA-E/GE)(1947. 7. 24), pp. 1~2.

점의 경계선으로부터 비롯된 계선의 서쪽부터 북위 37도 30분 동경 132도 40분까지에 위치한, 일본이 권원을 획득한 기타 모든 도서(islands)와 작은섬(islets)들이 포함된다. 이 계선은 현재 조약에 첨부된 지도 1에 표시되어 있다.[21] (강조는 인용자)

한국령에 있어서도 구체적인 영토범위를 경도선·위도선으로 표시했음을 알 수 있다. 한국령에서 가장 중요한 점은 바로 리앙쿠르암, 즉 독도가 한국령에 포함된 사실이다. 그런데 문서만으로는 일본령·한국령을 정확히 파악하기 힘들다. 이해를 돕기 위해 일본령과 한국령을 규정한 보그스의 영토초안을 H.O. 1500 지도에 표시하면 〈그림 5-1〉과 같다. 이 지도는 1949년 11월 2일자 조약 초안의 첨부지도에 보그스의 좌표를 기입해 그린 것이다.

보그스의 설명과 〈그림 5-1〉의 지도에 따르면, 한국의 서쪽 영토 경계선은 압록강 종점에서 수직으로 내려와 북위 33도 지점에서 수평으로 꺾여 L형으로 제주도 밑까지 포함하며, 한국의 동쪽 영토 경계선은 두만강 종점에서 〉형을 이루며 동쪽으로는 일본측 영토와 접하며, 남쪽으로는 제주도 밑에서 L형과 만나는 것으로 되어 있다. 동해를 표시하는 〉형의 꺾이는 부분의 왼편에 울릉도(Utsuryoto)가 표시되어 있고, 그 아래 부분의 점선 원형이 바로 독도인 것이다. 보그스가 사용한 H.O. 1500 지도에는 축적 관계상 독도가 표기되지 않았지만, 1949년 11월 2일자 초안의 부속지도에는 이 점선 원형의 도서에 수기로 "Takeshima", 즉 독도라고 표기한 기록이 있으므로, 이 점선 원형이 독도임을 알 수 있다.

이상과 같이 1947년 7월 국무부 내 최고의 지리전문가였던 보그스의 검토를 통해 독도가 한국령이라는 사실이 재확인되었다. 보그스는 북방 4개 섬,

---

[21] 위의 자료, pp. 3~4.

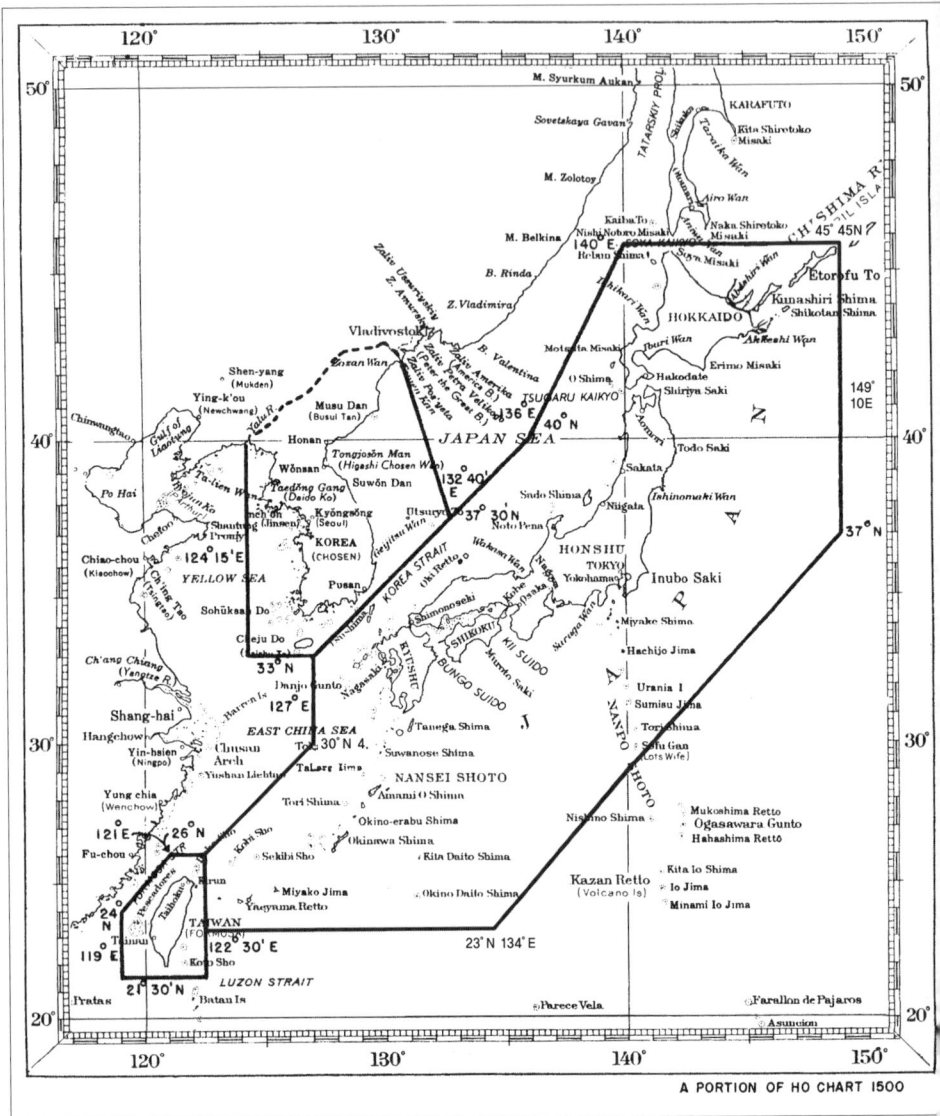

〈그림 5-1〉 H.O. 1500 지도에 표시한 보그스의 영토초안(1947. 7. 24)

류큐제도를 일본령에 포함시킬 정도로 일본에 우호적인 영토초안을 작성한 것인데, 그런 와중에 리앙쿠르암(독도)을 한국령으로 표시했던 것이다. 이후 1949년 말까지 대일평화조약 초안에는 한국령에 대한 보그스의 규정과 서술이 그대로 인용되었다.

한편, 보그스는 자신이 수령한 1947년 2월 3일자 조약 초안 가운데 한국 영토 부분을 전혀 수정하지 않았다고 했다. 그런데 위에서 살펴본 1947년 1~3월의 조약 초안의 한국 영토규정은 매우 간략하게 되어 있으므로, 보그스가 1947년 3~7월 사이에 수정된 초안을 활용했을 가능성도 배제할 수 없다. 분명한 것은 1947년 1월 이래 미 국무부의 대일평화조약 담당 실무진과 지리전문가들이 한결같이 리앙쿠르암(독도)이 한국령이라는 데 대해서는 일치된 견해를 갖고 있었다는 점이다.

● **1947년 8월 1일자, 8월 5일자 최초의 공식초안: 리앙쿠르암은 한국령**

이 초안의 제목은 「대일평화조약 초안」(Draft Treaty of Peace for Japan)으로 되어 있으며, 여러 문서철에서 발견된다. 8월 1일자 초안은 동북아시아국 문서철에서,[22] 8월 5일자 초안은 740.0011PW(Peace) 시리즈에서 발견된다.[23] 동북아시아국 문서철에 수록된 8월 1일자 초안은 해당 초안 위에 수정할 내용을 연필로 기록하고 8월 5일자로 날짜를 바꿔놓은 것이어서 두 초안을 비교할 수 있다. 두 초안을 비교해볼 때 주요 내용은 동일하다. 다만 세부적 표현, 참가국 수(49개→50개)[24] 등에 약간의 손질을 했으며, 영토조항은 전혀 손대지 않았다.

---

22) "Draft Treaty of Peace with Japan," (1947. 8. 1), RG 59, Office of Northeast Asia Affairs, Records Relating to the Treaty of Peace with Japan-Subject File, 1945-51, Lot 56D527, Box 5.
23) Memorandum by Borton(FE) to Fahy(Le), Subject: Draft Treaty of Peace for Japan(1947. 8. 6), RG 59, Department of State, Decimal File, 740.0011PW(Peace)/8-647.
24) 8월 1일 초안에는 이탈리아가 포함되지 않았고, 8월 5일 초안에는 포함되었다.

8월 5일자 초안은 1947년 작성된 여러 가지 초안 가운데에서 중요한 것 중 하나이다. 왜냐하면 이 초안은 1947년 9월 대일평화조약 개최를 예상하고 완성된 초안이며, 미 국무부는 물론 해군부와 전쟁부에도 송부·회람되었기 때문이다.[25] 1947년 3월 초안은 맥아더에게 보내졌지만 완전한 초안이 아니라 부분적 초안이었고, 맥아더의 의향을 타진하기 위한 실험풍선의 성격이 강했다. 이에 비해 8월 초안은 조약의 형식을 완비한 최초의 초안으로, 9월로 예상하고 있던 대일평화회담 개최를 염두에 두고 작성된 것이었으며 나아가 국무부와 전쟁부·해군부에 정식으로 배포된 최초의 조약 초안이었다.

미 국무부 극동국 일본과장으로 대일조약작업단을 이끌던 휴 보튼이 법무국의 페이(Fahy)에게 보낸 내부비망록에 첨부된 8월 5일자 초안을 통해 8월 초안에서 드러나는 주요 특징들을 살펴보자.

먼저 이 초안은 매우 방대하고 복잡한 초안이다. 맨 앞부분에 전문이 배치된 뒤 본문이 총 10개 장(I~X)으로 구성되어 있으며, 부록 9개(A~I), 지도 2개 등이 첨부되어 있다. 현재 공개된 문서에는 전문과 본문, 부록 중 D·E가 남아 있는데, 목차상으로 표지·목차 2쪽, 본문 83쪽, 부록 15쪽, 지도 2쪽 등 총 102쪽에 달한다. 1947~1951년 간 작성된 여러 종류의 대일평화조약 초안 가운데 가장 긴 것으로 판단된다.[26]

다음으로 이 초안은 50개국을 연합국 및 협력국으로 호칭하며 조약의 당사자로 명기하고 있다. 한국은 포함되어 있지 않았으며, 일본을 침략자로 규정한 것은 앞서 초안과 동일하다.

---

25) Memorandum by the Chief of the Division of Northeast Asian Affairs(Borton) to the Counselor of the Department(Bohlen), (1947. 8. 6), RG 59, Department of State, Decimal File, 740.0011PW(Peace)/8-647, FRUS, 1947, the Far East, Vol. VI, p. 478. 이 초안은 국무부에서는 힐드링 장군, 살츠만(Saltzman), 쏘프(Thorp) 경제담당차관보, 러스크 특별정치국장, 버터위스 극동국장, 페이 법률고문, 케넌 정책기획단장, 극동연구과의 훈스버거에게 송부되었고, 그 외에 해군부와 전쟁부에도 송부되었다.
26) 1947년 8월 5일자 초안이 최대 분량을 기록한 후 1949년 10~11월의 초안은 본문 28쪽, 부록 30~32쪽 등 총 60여 쪽으로 축소되었다. 1950년 이후의 초안은 더욱 축소되었다.

보튼은 초안의 제1장 영토조항이 당시 미 행정부에서 토론 중이던 류큐제도에 관한 조항을 제외하고는 "확고한 미국정책"이 될 것이라는 확신에 기초했다고 밝히고 있다. 즉, 류큐문제가 미정인 것을 제외하고는 나머지 영토문제에 대한 조항이 미국의 확고한 정책이라고 밝힌 것이다.

왜냐하면 이 초안에서는 1947년 3월의 초안과 달리 일본의 영토에 대한 명백한 규정을 하고 있기 때문이다. 이 초안은 논쟁의 여지를 없애기 위해서 일본령과 일본령이 아닌 지역을 명백하게 구분하기 위해 선을 그어 이를 지도에 표시했던 것이다. 이것이 이 초안의 가장 중요한 특징이었으며, 이후 1949년까지 지속되는 미국 초안 중 영토조항의 핵심사항이었다. 또한 이러한 영토규정방식은 1951년 영국 외무성의 대일평화조약 초안과도 동일한 방식이었다.

본질적으로 이 초안의 영토조항은 보그스가 작성한 영토초안(1947. 7. 24)을 그대로 따르고 있다. 영토규정방식, 지도의 사용, 일본령·한국령의 범위 등에서 보그스의 영토초안을 전재하고 있다. 보그스의 비망록이 전달된 지 불과 일주일 뒤에 초안이 완성되었으므로 당연한 귀결이었다. 보그스의 영토초안이 미 국무부 차원에서 공식화되었던 것이다.

이러한 방식은 카이로선언과 포츠담선언의 대일영토규정을 구체화한 결과였다. 양 선언은 일본의 영토를 주요 4개 섬과 연합국이 결정할 인근 부속도서로 한다고 규정했다. 때문에 일본에 소속될 부속도서를 구체적으로 특정하는 것이 대일영토조항의 핵심사항이 되었다. 그러나 수천 개의 섬을 일일이 특정하기 어려웠으므로, 일본령에 속하는 부속도서와 배제될 지역들을 구분하기 위해 경도선과 위도선을 이용하는 경계선을 활용하게 되는 것이 자연스런 귀결이었다. 이러한 경도·위도를 활용한 경계선이 조약문에 수록되었고, 이를 시각적이고 간단하게 확인하기 위한 부속지도가 필연적으로 요구되었다. 이 결과 대일영토규정은 일본령에 포함·배제될 섬들의 특정, 경도선·위도선을 활용한 일본령 경계선 표식, 부속지도의 활용이라는 세 가지 요소를 갖추게 되었다. 이는 전시 연합국의 합의된 대일영토규정이었으며, 일본이 항복조건으로 수용한 조건에 기초한 것이었다. 때문에 사전합의 없이 진행된 미국과 영국의 대일평화조약 초안의 영토규정이 모두 동일한 방식으로 일본령을 규정하게 된 것이었다.

영토문제와 관련해 이 초안의 특징을 정리하면 다음과 같다. 첫째, 이 초안은 일본에 매우 우호적이며 유리한 영토규정을 담고 있다. 먼저 현재 러시아와 영토분쟁을 벌이고 있는 북방 4개 섬, 즉 하보마이, 시코탄, 구나시리, 에토로후를 모두 일본령으로 명기하고 있으며, Sofu Gan(Lot's Wife, 孀婦岩)을 포함해 류큐제도와 이즈섬도 일본령으로 규정하고 있기 때문이다. 주지하듯이 1951년 샌프란시스코평화조약에서 북방 4개 섬은 소련령으로, 류큐는 미국신탁통치령으로 규정되었다. 또한 1947년 3월 초안에 등장했던 일본 영토를 1894년 1월 1일 이전의 영토로 한정한다는 규정도 삭제되었다.

둘째, 일본의 영해와 일본령 도서는 다음 계선 내에 위치한다고 명시되었다. 출발점은 북위 45도 45분 동경 140도로, 정동으로 라페루즈해협(La Perouse Strait, Soya Kaikyo)을 지나 동경 149도 10분까지, 다시 정남으로 에토로후해협(Etorofu Strait)을 지나 북위 37도까지, 다시 남서방향으로 북위 23도 30분 동경 134도까지, 다시 정서로 동경 122도 30분까지, 다시 정북으로 북위 26도까지, 다시 북동방향으로 북위 30도 동경 127도까지, 다시 정북으로 북위 33도까지, 다시 북동방향으로 북위 40도 동경 136도까지, 다시 북동방향으로 북위 40도 동경 136도까지, 다시 출발점의 북동방향까지이다. 이들 영토범위는 첨부된 지도 1(Map no.1)에 표기되었다고 했다.[27] 그러나 공개된 문서에는 첨부지도가 들어 있지 않다. 이 초안의 일본령은 앞의 〈그림 5-1〉에 표시된 것과 동일하다.

---

27) 지도 1(Map no.1)의 제목은 「일본의 영토범위」(Territorial Limits of Japan)이다.

셋째, 대만 및 그에 인접한 작은 섬에 대해서도 1947년 3월 초안보다 더욱 상세하게 규정한 후 이를 지도 2(Map no.2)로 첨부했다.[28] 그렇지만 지도 1, 지도 2는 발견되지 않은 상태이다. 앞에서 살펴본 〈그림 5-1〉 중 일본령과 대만령을 각각 별개의 지도로 작성했던 것으로 보인다.

넷째, 북방 영토와 관련해서는 북위 50도 남부의 사할린섬 및 도타모시리(Totamoshiri, Kaiba To 혹은 Moneron), 로벤섬(Robben Island, Tyuleniy Ostrov 혹은 Kaihyo To)을 포함한 인접 섬의 모든 주권을 소련에 양도하며(cedes), 1875년 조약에 의해 러시아가 일본에 양도한 우르푸(Uruppu, 원문 그대로)부터 슈무슈(Shumushu)를 포함한 곳까지 에토로후해협 북방의 섬들로 구성된 쿠릴열도의 모든 주권을 소련에 양도한다고 했다. 러시아와 논쟁이 되고 있는 4개 섬에 대한 일본의 주권을 인정했다는 점에서 매우 특징적인 초안이었다.[29] 이미 보그스의 영토초안(1947. 7. 24)에서 제시되었던 것이지만, 미 국무부 차원에서 공식화되었다는 의미를 지닌다.

다섯째, 한국에 관해서는 제4조에서 다음과 같이 규정하고 있다.

일본은 이에 한국[Korea(Chosen)]과 한국 근해의 모든 섬들에 대한 모든 권리·권원을 포기하며, 여기(근해의 모든 섬들 — 인용자)에는 제주도[Quelpart(Saishu To)], 島內海[Port Hamilton(Tonaikai)]를 구성하는 거문도[Nan How Group(산도 혹은 거문도)], 울릉도[Dagelet Island(Utsuryo To, Matsu Shima)], 리앙쿠르암[Liancourt Rocks(Takeshima)] 및 제1조에 묘사된 계선의 외측에 위치하며, 동경 124도 15분 경도선의 동쪽까지, 북위 33도 위도선의 북쪽까지, 두만강 입구

---

28) 지도 2(Map no.2)의 제목은 「중국에 양도될 대만 및 인접도서」(Formosa and Adjacent Islands Ceded to China)이다.
29) 이 초안이 북방 영토의 일본령 주장과 관련해 갖는 중요성은 츠카모토 다카시에 의해 지적된 바 있다. 塚本孝, 1991, 「米國務省の對日平和條約草案と北方領土問題」, 『レファランス』no.482(1991. 3) 및 「日本と領土問題」上·下, 『レファランス』no.504~505(1993. 1~2).

의 바다 쪽 종점의 경계선으로부터 비롯된 계선의 서쪽부터 북위 37도 30분 동경 132도 40분까지에 위치한, 일본이 권원을 획득한 기타 모든 도서(islands)와 작은섬(islets)들이 포함된다.

한국 및 제주도·거문도·울릉도·리앙쿠르암(독도)이 한국령이라는 점은 의문의 여지가 없다. 나머지 제시된 좌표를 통해 한국령으로 묘사된 부분은 지도가 없이는 이해하기 곤란하다. 츠카모토 같은 전문가도 위의 북위 37도 30분, 동경 132도 40분을 두만강 하구의 국경의 종점으로 잘못 해석할 정도였다.[30] 이 지점은 울릉도·독도 동쪽 지점으로 동해안쪽 한국측 영역이 〉형으로 꺾이는 중간지점의 좌표이다. 위의 〈그림 5-1〉의 한국령과 동일하므로 이를 참조하면 쉽게 그 위치를 파악할 수 있다.

즉, 한국령의 서해안 쪽은 압록강 앞에서 시작해 북위 124도 15분의 경도선을 수직선으로 내려 긋고, 북위 33도의 위도선을 수평선으로 하는 L형 구획을 갖게 되며, 동해안은 두만강 앞에서 직선으로 동남방향으로 내려와 울릉도의 동방, 독도의 북서방인 북위 37도 30분 동경 132도 40분까지 이른 후 대마도 앞을 지나 제주도 서남방 지점, 즉 북위 33도 동경 127도에 이르는 〉형 구획으로 설정되었다. 이 조약 초안(1947. 8. 5)에서 설정된 한국령의 범위는 이전의 보그스의 영토초안(1947. 7. 24), 이후의 미 국무부 정책기획단의 비망록 PPS/10의 첨부지도(1947. 10. 14)와 동일한 것이었다. 독도는 모두 한국령으로 명백히 표시되었다.

8월 5일자 초안에 대해서 해군부가 가장 적극적인 의견을 개진했다. 해군부는 합참 결정 1619/19(JCS 1619/19)에 따라 난세이쇼토(南西諸島), 난포쇼토(南方諸島), 마커스섬(Marcus Island, 미나미토리시마, 南鳥島)을 보유해야 하며,

---

30) 塚本孝, 1994,「平和條約と竹島(再論)」, 國立國會圖書館 調査立法考査局, 위의 책 no.518(1994. 3), 40쪽.

해군부는 요코스카항의 기지 주둔권과 기지 보호를 위한 비행장이 필요하다는 의견을 전달했다(1947. 8. 18).[31] 일주일 뒤 해군부는 다시 상세한 검토의견을 보냈는데, 한국과 관련해서는 두 가지 수정을 요구했다. 첫째는 "두만강"(Tumen River) 뒤에 "Tomen Kan"(두만강)이라는 한국식 표기법을 넣으라는 것이었으며, 둘째는 "북위 37도 30분 동경 132도 40분까지" 뒤에 "다시 북위 33도 동경 127도 지점까지"를 삽입할 것을 요구했다.[32]

한편, 8월 5일자 초안에 대한 맥아더의 코멘트도 접수되었다(1947. 9. 1). 맥아더의 코멘트에 대한 분석작업은 대일조약작업단의 바넷(Barnett), 피어리, 미커(Meeker), 보튼이 함께했다.[33] 리처드 핀(Richard B. Finn)의 표현에 따르자면, 맥아더는 "공식적으로 가혹하지 않은 평화협정을 지지하는 최초의 미국인 리더"였으며 1947년에 이러한 관점을 취하기 시작했다고 평가했다.[34]

- **1947년 10월 14일자 PPS/10 정책기획단 보고서:**
  리앙쿠르암(독도)은 한국령, 지도로 표시

1947년 미 국무부의 대일평화조약 초안 문서 가운데 가장 중요한 정책적 함의를 담은 것은 바로 1947년 10월 14일 정책기획단(PPS)이 작성한 「PPS/10,

---

31) Memorandum by E. T. Wooldridge, Assistant Chief of Naval Operations for Politico-Military Affairs, Navy Department to Hugh Borton, Chief of the Division of Northeast Asian Affairs, Department of State, Subject: Draft Treaty of Peace with Japan(1947. 8. 18), RG 59, Department of State, Decimal File, 740.0011PW(Peace)/8-1847.
32) Memorandum by E. T. Wooldridge, Assistant Chief of Naval Operations for Politico-Military Affairs, Navy Department to Hugh Borton, Chief of the Division of Northeast Asian Affairs, Department of State, Subject: Draft Treaty of Peace with Japan(1947. 8. 25), RG 59, Department of State, Decimal File, 740.0011PW(Peace)/8-2547.
33) Working Group on Japan Treaty, Notes of Meeting on Wednesday, September 3, 1947, RG 59, Office of Northeast Asia Affairs, Records Relating to the Treaty of Peace with Japan-Subject File, 1945-51, Lot 56D527, Box 5.
34) Richard B. Finn, *Winners in Peace: MacArthur, Yoshida, and Postwar Japan*, University of California Press, Berkeley and Los Angeles, California, 1992, p. 241.

대일평화 정착에 수반된 문제에 대한 정책기획단의 연구결과」(PPS/10, Results of Planning Staff Study of Questions Involved in the Japanese Peace Settlement) 였다. 냉전의 기획자로 유명한 조지 케넌(George F. Kennan)이 작성한 이 문서는 이 시점에 유일하게 공식화된 정책문서였다. 조지 케넌이 마셜 국무장관과 로버트 로베트(Robert A. Lovett) 국무차관에게 보낸 비망록에 따르면, 정책기획단은 8주 동안 대일평화조약 문제를 연구했으며, 월턴 버터워스(W. Walton Butterworth)와 제임스 펜필드(James K. Penfield) 등 극동국 관리뿐만 아니라 육군·해군 대표와도 논의했고, 그루를 포함한 외부전문가와도 협의했다.[35] 케넌은 당시 논의되고 있는 가장 중요한 논점의 상당 부분에 대해 확고하고 건전한 판단을 내렸고, 추가정보 획득을 위해 동경의 SCAP과 협의가 필요하다고 제안했다. 케넌은 대일평화조약에 관한 최종 보고서를 제출하기 전에 국무부 고위관리가 일본에 가서 맥아더 및 그의 참모들과 이 문제를 논의하는 것이 필요하다고 제안했다.

이 비망록에 첨부된 것이 바로 총 10쪽 분량의 「PPS/10, 대일평화 정착에 수반된 문제에 대한 정책기획단의 연구결과」 및 첨부지도(〈그림 5-2〉 참조) 한 장이다. PPS/10은 여러 가지 점에서 특징적인데, 먼저 일본이 정치적·경제적으로 안정화되지 못했기 때문에 대일점령의 신속한 종결이 위험하다는 판단을 내리고 있었다. 일러도 1948년 1월 이후에나 실질적 논의를 시작할 수 있으며, 1948년 6월경에야 논의를 완료할 계획이라고 했다. 즉, 케넌은 조기강화에 부정적인 입장이었다. 둘째, 소련이 대일평화협상에 참가해야 하며, 극동위원회 국가들이 거부권(veto)을 요구하면 내키지는 않지만 동의해야 한다고 지적했다. 셋째, 영토문제와 관련해서는 다음과 같은 점들을 지적했다.

---

35) George F. Kennan to the Secretary of State(Marshall) and the Under Secretary of State(Lovett)(1947. 10. 14), RG 59, Department of State, Decimal File, FW 740.0011PW(Peace)/10-2947.

〈그림 5-2〉 미 국무부 정책기획단 대일평화조약 보고서(PPS/10)의 첨부지도(1947. 10. 14)

A. 쿠릴군도(the Kurile archipelago)의 남단 섬들은 일본이 보유할 것.
B. 보닌제도(오가사와라, 小笠原諸島), 볼케이노제도(이오지마, 硫黃島), 마커스섬 (南鳥島)은 일본에서 분리해 미국의 전략적 신탁통치하에 둘 것.
C. 북위 29도 남쪽의 류큐제도의 처분에 관한 결정은 국무부·전쟁부·해군부 3부조정위원회(SWNCC)가 다음 중 상대적으로 바람직한 권고를 제시할 때까지 중지함.
 (a) 이들 섬들에 대한 미국의 전략적 신탁통치.
 (b) 기지 지역을 장기적으로 임차하며, 일본이 해당 섬들에 대한 명목상 주권을 보유.[36]

역시 초점은 북방 4개 섬의 귀속문제와 류큐제도의 처분문제였음을 알 수 있다. 앞서 지적한 것처럼, 여기에 첨부 A(Appendix A)로 붙어 있는 지도는 영토문제에 대한 이러한 정책 권고를 잘 보여주고 있다. 문서상 설명은 복잡하지만 지도는 간단명료하고 의문의 여지가 없게 영토 관련 규정을 표현해주고 있다. 이 보고서에는 영토규정이 자세히 제시되지는 않았지만, 첨부지도를 통해 그 내용을 명확히 보여주고 있다.

이 지도에서 제시된 일본령, 한국령의 특징은 다음과 같다. 먼저 일본과 관련해 북위 29도 이남의 류큐제도 등이 일본령에서 배제되었다. 즉, 보그스의 영토초안(1947. 7. 24), 국무부의 공식초안(1947. 8. 5)과는 달리 북위 23도 30분에서 북위 29도 사이에 위치한 지역이 일본령에서 배제되었다. 류큐제도 등이 일본령에서 배제됨으로써 〈그림 5-2〉에서는 〈그림 5-1〉보다 남쪽의 일본령이 훨씬 축소된 사실을 알 수 있다. 때문에 일본의 남동단 좌표가 이전 초안의 북위 23도 30분 동경 134도에서 북위 29도 동경 139도 55분으로 변화되

---

[36] "PPS/10, Results of Planning Staff Study of Questions Involved in the Japanese Peace Settlement," p. 3.

었다. 그 외의 다른 기준 좌표들은 1947년 7~8월의 초안들과 동일했다.

한국령과 관련해서는 전혀 변화가 없었다. 보그스의 영토초안(1947. 7. 24) ─ 국무부의 공식초안(1947. 8. 5) ─ 정책기획단 PPS/10(1947. 10. 14)에 이르기까지 한국령의 범위는 동일했다. 차이는 한국령을 표시하는 경계선의 출발점인 두만강 입구의 지점에 대한 표현 정도였다.

한편, 지금까지 이 지도는 연합국측이 1949~1950년 극비리에 「연합국의 구일본 영토 처리에 관한 합의서」(Agreement Respecting the Disposition of Former Japanese Territories)를 처리하며 문제를 명료하게 해두기 위해 작성한 지도로 추정되어왔다.[37] 그렇지만 이 지도는 1947년 PPS/10에 첨부된 지도였다. 문서의 원제목은 '구(舊)일본 영토의 처분에 관한 협정(안)'으로 1950년 연합국과 일본 간의 평화협정 체결을 예상하고 만든 협정초안이었다. 작성일은 1949년 12월 19일이었는데, 이 협정초안을 작성하게 된 것은 1949년 시볼드가 평화조약 초안에서 대일영토규정을 삭제하고 별도의 영토 관련 협정을 맺자고 제안한 데 따른 것이었다. 그런데 이 협정초안에는 지도가 첨부되어 있지 않았다. 이 협정초안에 제시된 한국영토의 좌표와 영토의 범위가 PPS/10의 첨부지도와 동일했기 때문에 착오가 있었을 것으로 추정된다.

이상과 같이 1947년 10월 PPS/10 단계에 이르러 리앙쿠르암(독도)이 한국령이라는 사실이 공식적으로 확인되었다. 1947년 1월 영토조항 초안에 리앙쿠르암(독도)이 한국령으로 표시되기 시작한 이래, PPS/10에서 리앙쿠르암(독도)이 한국령이라는 사실이 공식적으로 확인되었고, 이를 부속지도에 명시하고 정책문서로 채택하기에 이른 것이다.[38]

이 지도의 특징들을 정리하면 다음과 같다.

---

37) 신용하, 2001, 「일본측의 '1951년 샌프란시스코 평화조약에서는 독도를 한국영토에서 제외시킴으로써 독도가 일본영토임을 인정받았다'는 주장에 대한 비판」, 『독도영유권에 대한 일본주장 비판(신용하저작집 38)』, 서울대학교출판부, 159~162쪽. 이 책 161쪽에 해당 지도가 첨부되어 있다.

⟨표 5-2⟩ 1947년 8월 5일자 초안과 PPS/10(1947. 10. 14)의 한국령 비교

구 분 좌표 위치	1947년 8월 5일자 초안		1947년 10월 14일 PPS/10 지도	
	북위	동경	북위	동경
① 출발점(북동단)	두만강 입구의 바다 쪽 종점		두만강과 동해의 접점	
② 동단	37도 30분	132도 40분	37도 30분	132도 40분
③ 남동단	33도	127도	33도	127도
④ 남서단	33도	124도 15분	33도	124도 15분
⑤ 북서단	압록강 앞		압록강 앞	

첫째, 이 지도는 미 국무부 차원에서 대일평화조약 체결을 준비하는 과정에서 제작되어 공개된 공식지도였다. 1947년 8월 5일자 초안에서 알 수 있듯이, 국무부 대일조약작업단은 지도 1(일본령 표시), 지도 2(대만령 표시) 등 두 개의 지도를 활용했음을 알 수 있다. 그렇지만 이 초안에 첨부된 지도들은 아직까지도 공개되지 않았다.[39] 또한 1947년 8월까지의 국무부 조약 초안들은 당시 국무부의 과장·처장 등 실무 차원에서 논의되는 단계였으며, 첨부된 지도들 역시 확정성이 떨어졌다. 반면, PPS/10의 첨부지도는 정책기획단의 공식 문서로 채택된 것이며, 이는 국무장관·국무차관에게 보고된 정책문서로서 중요성이 있었다.

둘째, 이 지도는 직선으로 일본의 영토를 명확하게 표시하고 있다. 샌프란시스코평화조약 이후 일본이 인접국과 영토분쟁을 벌이게 된 가장 큰 이유는

---

38) 이 지도는 1947년 7월 24일자 보그스의 보고서에 등장하는 수로국 해도 1500을 응용한 것이다. 해당 지도에 범례나 출처는 명시되어 있지 않다. 1947년 9월 4일 미 국무부 동북아시아과의 피어리는 보튼에게 군정보국(Military Intelligence: MI)에서 50여 점의 구일본제국 해도 및 일반지도를 구할 수 있을 것이라고 보고한 바 있다. 다양하고 정확한 지도를 구하는 것은 당시 조약 초안을 작성하는 미 국무부의 주요 관심사였다. Memorandum by Fearey(NA) to Borton(FE), Subject: Japanese Treaty Maps(1947. 9. 4), RG 59, Department of State, Decimal File, 740.0011PW(Peace)/9-447.
39) 필자는 대일평화조약과 관련된 대부분의 미 국무부 문서철을 확인했다고 판단한다. 그렇지만 아직까지 첨부지도들을 발견하지 못했다. 이로 미루어 지도 자체가 제작되지 않았을 가능성도 배제할 수 없다.

조약문에 지도가 첨부되지 않았기 때문이었다. 후술하겠지만, 이는 일본의 최대 이익을 반영한 것이었으며, 일본과 영토분쟁을 벌이는 당사국들은 평화조약에 초대받지 못한 국가(한국·중국·대만) 및 참석했으나 서명을 거부한 국가(소련)였다. 카이로선언과 포츠담 선언에 명시된 대로 연합국이 일본의 영토를 결정할 권리를 보유하고 있었기에, 일본 영토

〈그림 5-3〉 미 국무부 정책기획단 대일평화조약 보고서(PPS/10)의 첨부지도(1947. 10. 14) 중 독도 부분

를 명백히 구분하는 정확한 경계선을 표시한 지도를 첨부했다면 영토분쟁은 피할 수 있었을 것이다.

셋째, 이 지도는 명백히 리앙쿠르암(독도)을 한국령으로 명시하고 있다. 지도상으로 볼 때, 한국 동해의 동단은 울릉도 옆 북위 37도 30분 동경 132도 40분 지점인데, 이 지점과 울릉도 하단에 점을 에워싼 작은 타원형 점선이 바로 독도를 표시한 것이다(〈그림 5-3〉 참조). 이는 PPS/10에 이르는 조약 초안들이 독도를 한국령으로 규정한 사실을 반영한 것이다. 또한 독도가 한국령이라는 인식은 1947년 3월부터 10월까지 흔들림이 없었다.

넷째, 이 지도는 일본, 한국, 대만의 영역을 상대적으로 분명히 표시한 지도로서 의미를 지니고 있다. 영국 외무성이 작성한 1951년 4월의 대일평화조약 초안에 첨부된 지도는 일본의 영토를 명백히 표시하고 있지만, 그 외 지역의 영유권은 분명히 표시하고 있지 않다. 반면, 이 지도는 일본의 영토는 물론 한국의 영토와 대만의 영토를 표시함으로써 논란의 여지를 없앴다.

다섯째, 이 지도는 이후 미 국무부가 대일평화조약의 영토문제를 검토할

때 사용된 가장 기초적이며 중요한 지도로 활용되었다. 류큐의 여러 섬, 북방섬 등 논쟁이 되는 지역의 귀속문제를 다룰 때 사용된 공식지도가 바로 이것이었다. 때문에 이 지도는 미 국무부의 대일평화조약 문서철에서 가장 많이 발견되는 지도이기도 하다.

- **1947년 11월 7일자 초안: 리앙쿠르암(독도)은 한국령**

이 초안은 1947년 11월 7일자로 작성되었으며, 제목은 「대일평화조약 초안」(Draft Treaty of Peace for Japan)이다.[40] 이 초안은 전문과 총 10개 장, 부록 5개로 구성되었으며, 100여 쪽에 달하는 방대한 양이다.

이 초안의 일반적 특징은 이전의 초안과 다르지 않다. 연합국·서명국이 51개국으로 늘어났고, 일본의 전쟁책임을 묘사한 부분은 동일했다.

영토문제와 관련해 이 초안은 1947년 10월 PPS/10을 계승하고 있다. 북방 4개 섬은 모두 일본령으로 규정한 반면, 일본령의 남방한계를 북위 29도 이북으로 규정함으로써 북위 23도부터 북위 29도까지에 산재하는 류큐제도가 실질적으로 일본령에서 배제되었다. 그 외에 경도·위도의 좌표를 출발점으로 한 직선 경계선으로 일본령을 명확히 표시한 점, 지도를 첨부해 이를 명확히 표시하려 한 점 등은 이전 조약 초안들과 동일했다. 일본령에 대한 이 초안의 규정은 다음과 같다.

제1조

1. 일본의 영토범위는 혼슈, 규슈, 시코쿠, 홋카이도 등 일본의 주요 4개 섬과 부근 제소도(諸小島)로 구성되며, 여기에는 세토나이카이(Inland Sea, 瀬戸内海)의 섬들, 하보마이·시코탄·구나시리 및 에토로후, 고토군도(Goto Archi-

---

40) "Draft Treaty of Peace for Japan," (1947. 11. 7), RG 59, Records of the Office of Northeast Asian Affairs Relating to the Treaty of Peace with Japan, Lot 56D527, Box 1. Folder "Drafts(Ruth Bacon)".

pelago, 五島群島), 북위 29도 이북의 류큐제도, 이즈제도(Izu Islands, 伊豆大島)부터 남쪽으로 Sofu Gan(Lot's Wife, 孀婦岩)까지의 섬들이 포함된다. 이와 같은 일본의 영토범위에는 북위 45도 45분 동경 140도 지점에서 시작해서 정동으로 진행해 라페루즈해협(La Perouse Strait(Soya Kaikyo), 宗谷해협)을 지나 동경 149도 10분까지, 다시 정남으로 진행해 에토로후해협을 지나 북위 37도까지, 다시 남서방향으로 진행해 북위 29도 동경 134도 [원문 그대로] 지점까지, 다시 정서로 동경 127도 지점까지, 다시 정북으로 북위 33도까지, 다시 북동방향으로 북위 40도 동경 136도 지점까지, 다시 시작점까지 북동방향으로 이어지는 계선 내의 모든 도서 및 그 영해를 포함한다.[41]

초안의 영토규정은 PPS/10을 그대로 반복한 것이지만, 일본령의 남동단 좌표를 북위 29도 동경 134도로 오기(誤記)하고 있다. 위의 서술에 따르면 Sofu Gan(Lot's Wife, 孀婦岩)이 포함된다고 했는데, 북위 29도 동경 134도로 계선을 그을 경우 Sofu Gan이 일본령에서 배제된다. 북위 29도 동경 139도 55분을 북위 29도 동경 134도로 오기한 것이다. 그 외의 계선은 PPS/10과 동일했다.

작성자의 설명에 따르면, 북위 29도 이남의 류큐제도의 처분문제는 아직 미정이었다. 미국은 이 지역에 대한 미국의 전략적 신탁통치 혹은 오키나와의 장기간의 기지 대여를 선택지로 고려 중이었으며, 주권은 여전히 일본에 남겨둘 생각이었다.[42]

종합하면, 1947년에 제출된 초안들의 일본령·한국령 계선은 크게 두 가지였는데, 7월의 보그스 영토초안과 8월 초안은 류큐제도를 포함했고, 10월의 PPS/10 지도와 11월 초안은 류큐제도를 제외한 형태였다. 이러한 두 개의

41) 위의 자료, pp. 4~5.
42) 위의 자료, p. 5.

〈표 5-3〉 1947년 대일강화조약 초안의 일본령 표시 좌표 비교

1947년 8월 5일자 초안			1947년 10월 14일 PPS/10 지도			1947년 11월 7일자 초안		
좌표번호	북위	동경	좌표번호	북위	동경	좌표번호	북위	동경
①	45도 45분	140도	①	45도 45분	140도	①	45도 45분	140도
②	45도 45분	149도 10분	②	45도 45분	149도 10분	②	45도 45분	149도 10분
③	37도	149도 10분	③	37도	149도 10분	③	37도	149도 10분
④	23도 30분	134도	③-1	29도	139도 55분	③-1	29도	134도* (139도 55분)
⑤	23도 30분	122도 30분	③-2	29도	127도	③-2	29도	127도
⑥	26도	122도 30분	⑧	33도	127도	⑧	33도	127도
⑦	30도	127도	⑨	40도	136도	⑨	40도	136도
⑧	33도	127도						
⑨	40도	136도						

[비고] * 1947년 11월 7일자 초안의 ③-1 동경 134도는 동경 139도 55분의 오기(誤記)임.
좌표번호는 〈그림 5-4〉에 표시되어 있음.
음영 처리된 것은 달라진 좌표임.

경계선을 비교해 지도에 표시하면 〈그림 5-4〉와 같다. 한편, 1949년 11월에 이르면 북방 4개 도서가 일본령에서 배제되었다. 1949년 11월 2일자 조약 초안 부속지도는 H.O. 1500 지도를 활용한 미 국무부 초안의 최종판이었는데, 이 단계에 이르면 1947년 이래 일본령은 가장 축소된 형태가 되었다.

한국의 영토에 대해서는 1947년 8월 초안과 동일한 방식으로 규정했다.

일본은 이에 한국(Korea(Chosen))과 한국 근해의 모든 섬들에 대한 모든 권리·권원을 포기하며, 여기에는 제주도(Quelpart(Saishu To)), 島內海(Port Hamilton(Tonaikai))를 구성하는 거문도(Nan How Group(산도 혹은 거문도)), 울릉도(Dagelet Island(Utsuryo To, Matsu Shima)), 리앙쿠르암(Liancourt Rocks(Takeshima)) 및 제1조에 묘사된 계선의 외측에 위치하며, 동경 124도 15분 경도선의 동쪽까지, 북위 33도 위도선의 북쪽까지, 두만강 입구의 바다 쪽 종점의 경계선으로부터 비롯된 계선의 서쪽부터 북위 37도 30분 동경 132도 40분

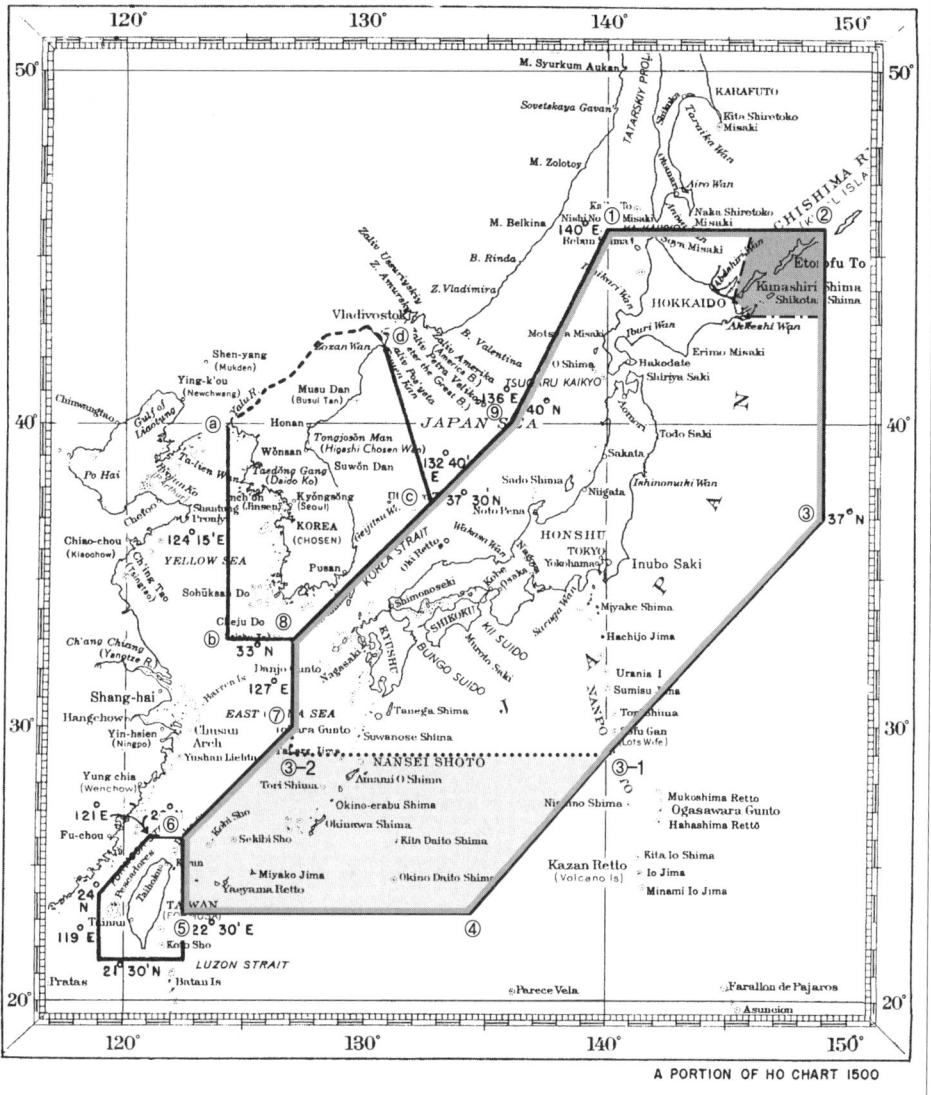

〈그림 5-4〉 1947년 미 국무부 대일평화조약 초안들의 영토규정

━━━━━ 보그스 초안(1947. 7. 24), 8월 초안(1947. 8. 5)
·········· PPS/10(1947. 10. 14), 11월 초안(1947. 11. 7)
━ · ━ 1949년 11월 2일 초안
▨▨▨▨▨ 일본령에서 배제된 북위 29도 이남 류큐제도
▰▰▰▰▰ 일본령에서 배제된 북방 4개 도서

I. 일본령 좌표
① 북위 45도 45분, 동경 140도 ② 북위 45도 45분, 동경 149도 10분 ③ 북위 37도, 동경 149도 10분 ③-1 북위 29도, 동경 139도 55분 ③-2 북위 29도, 동경 127도 ④ 북위 23도 30분, 동경 134도 ⑤ 북위 23도 30분, 동경 122도 30분 ⑥ 북위 26도, 동경 122도 30분 ⑦ 북위 30도, 동경 127도 ⑧ 북위 33도, 동경 127도 ⑨ 북위 40도, 동경 136도

II. 한국령 좌표
ⓐ 동경 124도 15분 경도선 ⓑ 북위 33도, 동경 124도 15분 ⓒ 북위 37도 30분, 동경 132도 40분 ⓓ 두만강 입구

까지에 위치한, 일본이 권원을 획득한 기타 모든 도서(islands)와 작은섬(islets)들이 포함된다.[43]

• **1947년 11월 19일자 초안: 리앙쿠르암(독도)은 한국령**

이 초안은 1947년 11월 19자로 작성되었으며, 제목은 붙어 있지 않다. 문서 위에 '개정초안'(Redraft)이라고 수기로 표시되어 있으며, 11월 7일자 초안에 연필로 수정을 한 것이다.[44] 이 초안은 논란이 되는 부분에 대한 해설·주석을 단 것이 특징이다. 일본령과 관련해서는 북방 4개 섬과 북위 29도 이남의 류큐제도에 대해 두 개의 주석이 달려 있다. 작성자는 북방 4개 섬의 처분문제를 연구 중인데, 구나시리와 에토로후보다는 하보마이와 시코탄이 법률적인 견지에서 일본령인 것 같다는 견해를 달았다. 북위 29도 이남의 류큐제도에 대해서도 연구 중이며 평화회담 전에 초안에 특정조항을 만들 계획이라고 썼다.[45]

그 외의 영토조항에 대해서는 큰 수정이 없으며, 한국 관련 조항도 "한국 근해의 모든 섬들"을 "한국 근해의 섬들"로 수정한 정도에 지나지 않았다. 역시 독도를 한국령으로 표시하고 있다.

• **1948년 1월 2일자 초안**

츠카모토는 이것이 1947년 12월부터 다음 해 1월까지 작성된 초안이며, 제1장 영토조항에 필사로 1948년 1월 2일 수정(Re-draft 2 January)했다고 명기한 1948년 1월 2일 초안이라고 했다.[46] 이 문서는 동북아시아국 대일평화조

---

43) "Draft Treaty of Peace for Japan," (1947. 11. 7), RG 59, Office of Northeast Asia Affairs, Records Relating to the Treaty of Peace with Japan-Subject File, 1945-51, Lot 56D527, Box 1. Folder "Drafts(Ruth Bacon)," pp. 7~8.
44) 「Redraft」(1947. 11. 19), RG 59, Office of Northeast Asia Affairs, Records Relating to the Treaty of Peace with Japan-Subject File, 1945-51, Lot 56D527, Box 5.
45) 위의 자료, p. 4.

약 문서철에 들어 있다.[47] 전후 문서들을 검토했으나 "1947년 12월부터 다음 해 1월까지 작성" 했다는 문서는 찾지 못했다. 이 초안은 앞부분의 전문이 생략되어 있으며, 4쪽인 제1장 영토조항부터 문서가 시작된다. 문서 오른쪽 위에 1월 2일 재수정되었다고 적혀 있다. 연도는 적혀 있지 않으나, 내용으로 판단할 때 츠카모토 다카시의 판단처럼 1948년 1월 2일 재수정 초안이 확실하다.

이 초안의 특징은 장 밑에 주(note)를 붙였다는 점이다. 제1장 영토조항의 제1조는 일본 영토, 제2조 대만, 제3조 사할린·쿠릴, 제4조 한국 등 총 9조로 구성되었다. 일본 영토는 다음과 같이 규정되었다.

> 1. 일본의 영토 범위는 혼슈, 규슈, 시코쿠, 홋카이도 등 일본의 주요 4개 섬과 부근 제소도로 구성되며, 여기에는 세토나이카이(Inland Sea, 瀬戸内海)의 섬들, 사도(Sado, 佐渡島), 오키열도(Oki Retto, 隠岐), 쓰시마(Tsushima, 對馬島), 고토군도(Goto Archipelago, 五島群島), 북위 29도 이북의 류큐제도, 이즈제도(Izu Islands, 伊豆大島)부터 남쪽으로 Sofu Gan(Lot's Wife)까지를 포함한다.
> 2. 이런 영토범위는 현재 조약에 첨부된 지도에 표시되어 있다.[48]

첨부된 주에 따르면, 남부 쿠릴(구나시리, 에토로후)과 하보마이·시코탄의 일본 보유 여부는 연구 중이었는데, 남부 쿠릴(구나시리·에토로후)보다 하보마이·시코탄의 일본 보유가 법률적 근거가 더 강하다고 평가했다. 또한 류큐에 대한 미국의 확고한 처분 결정은 없지만, 북위 29도 이북의 류큐를 일본이 보유하도록 했다. 한국에 대해 규정한 제4조는 다음과 같다.

---

46) 塚本孝, 1994, 「平和條約と竹島(再論)」, 國立國會圖書館 調査立法考査局, 『レファレンス』 no.518(1994. 3), 40쪽.
47) RG 59, Office of Northeast Asia Affairs, Records Relating to the Treaty of Peace with Japan-Subject File, 1945-51, Lot 56D527, Box 4, Folder "Peace Treaty".
48) "Re-draft 2 January," p. 4, RG 59, Office of Northeast Asia Affairs, Records Relating to the Treaty of Peace with Japan-Subject File, 1945-51, Lot 56D527, Box 4, Folder "Peace Treaty".

일본은 이에 한국인을 위하여 한국(Korea(Chosen)) 및 한국 근해의 모든 섬들에 대한 권리·권원을 포기하며, 여기에는 제주도(Quelpart(Saishu To)), 島內海(Port Hamilton(Tonaikai))를 구성하는 거문도(Nan How Group(산도 혹은 거문도)), 울릉도(Dagelet Island(Utsuryo To, Matsu Shima)), 리앙쿠르암(Liancourt Rocks(Takeshima)) 및 제1조에 묘사된 계선의 외측에 위치하며, 동경 124도 15분 경도선의 동쪽까지, 북위 33도 위도선의 북쪽까지, 두만강 입구의 바다 쪽 종점의 경계선으로부터 비롯된 계선의 서쪽부터 북위 37도 30분 동경 132도 40분까지에 위치한, 일본이 권원을 획득한 기타 모든 도서(islands)와 작은 섬(islets)들이 포함된다. 이 경계선은 현 조약에 첨부된 지도에 표시되어 있다.[49]
(강조는 인용자)

이전 초안과 달라진 점은 "한국인을 위하여"(for the Korean people)라는 문구가 들어간 정도였으며, 나머지는 1947년 8월 5일의 초안과 동일했다.

● **1948년 1월 8일자 초안**

이 초안의 원본은 확인하지 못했다. 다만 「1948년 1월 8일자 대일평화조약 초안의 분석」(Analysis of the Japanese Peace Treaty Draft of January 8, 1948)이라는 문서를 통해 1월 8일자 초안을 구성할 수 있다.[50] 이 문서를 작성한 주체는 미상이지만, 문서번호로 볼 때 작성일은 1948년 1월 30일이다. 이에 따르면 1948년 1월 8일자 초안이 국무부 정책기획단(PPS)의 노선에 따라 작성되었다고 밝히고 있다.

1948년 1월 8일자 초안은 총 8장으로 구성되었는데, 제1장 영토조항(1~9

---

49) "Re-draft 2 January," pp. 7~8.
50) "Analysis of the Japanese Peace Treaty Draft of January 8, 1948," (undated), RG 59, Department of State, Decimal File, 740.0011PW(Peace)/1-3048.

조), 제2장 통치권 이양(10~12조), 제3장 정치조항(13~19조), 제4장 전범(20~23조), 제5장 무장해제·비군사화(24~31조), 제6장 대사(大使)위원회(32조), 제7장 전쟁에서 파생된 청구권(33~40조), 제8장 재산·권리·이익(41~59조) 등이며, 부속서류는 A~N까지 14개가 첨부되어 있다.

이 분석에는 각 장과 조항별로 근거서류를 밝혀놓았는데, 영토조항과 관련해 가장 중요한 근거는 카이로선언(1943. 12. 1), 얄타협정(1945. 2. 11), 포츠담선언(1945. 7. 26)이었다. 한국 영토조항은 제1장 제4조에 제시되어 있는데, 영토조항을 설명한 부분에서 특별한 언급이 없는 것으로 미루어 이전의 초안과 동일했던 것으로 추정된다. 한국 영토조항의 근거로는 카이로선언과 포츠담선언이 제시되었다.[51] 영토조항에서 확정되지 않은 문제는 남부 쿠릴섬의 처분, 류큐섬의 처분 등이었다.[52]

(2) 1949년 새로운 조약 초안과 독도

- 긴 막간(1948. 1~1949. 9):
  소련을 배제한 단독강화의 추진, 한국의 조약참가국 자격문제 등장

1948년 1월 초안은 실질적으로 대일조약작업단의 마지막 초안이었던 것으로 판단된다. 이후 국무부 대일조약작업단의 활동은 실질적으로 종결되었다. 1947년 하반기 강력하게 추진했던 대일평화조약 조기체결이 소련과 중국의 반대, 연합국들의 비협조적 태도로 무산되었기 때문이다. 한편으로 미국 내에서는 일본 로비의 핵심으로 알려진 재미일본협회(American Council on

---

51) "Source for Articles in Draft Treaty of January 8, 1948," (undated), RG 59, Department of State, Decimal File, 740.0011PW(Peace)/1-3048.
52) "Analysis of the Japanese Peace Treaty Draft of January 8, 1948," (undated), 740.0011PW(Peace)/1-3048. p. 5.

Japan)가 1948년 7월 19일 발족했다. 국무장관 특별보좌역(1945~1947)을 맡았던 조셉 발렌타인(Joseph W. Ballantine), 주일대사(1930)·국무차관(1931~1933)을 지낸 윌리엄 캐슬(William R. Castle), 주일대사관 참사관(1937~1941)을 지낸 유진 두먼(Eugene Dooman), 주일대사(1932~1941)를 지낸 조셉 그루, 상원의원(1945) 토머스 하트(Thomas C. Hart) 제독, 뉴스위크지 외국어 편집장인 해리 컨(Harry F. Kern) 등 쟁쟁한 인물들이 포진했다.[53] 냉전의 격화 속에 반소적이며 대일우호적 여론이 미국 본토에서 본격적으로 제기되기 시작했던 것이다.

대일평화조약이 다시 활기를 띤 것은 1949년 하반기에 들어서였다. 냉전의 가속화와 미소 갈등이 고조됨에 따라 대일평화회의를 향한 새로운 전망이 제기되기 시작했기 때문이다. 그 핵심은 소련을 배제한 단독강화의 추진이었다. 소련측과 대일평화회의의 절차에 대한 합의가 불가능하게 되자, 미국을 중심으로 소련을 배제한 단독강화 가능성이 제기되기 시작했다.

1949년 7월 극동국 동북아시아과의 마셜 그린(Marshall Green)이 작성한 「대일평화 정착에 대한 타국의 견해」라는 보고서는 호주·캐나다·자유중국·프랑스·인도·네덜란드·뉴질랜드·필리핀·소련·영국 등의 견해를 다루었는데,[54] 가장 중시한 것은 소련의 대일 영향력 강화 및 평화조약 반대였다. 소련은 일본의 재무장화 및 극동의 반소기지화에 우려를 품었던 반면, 미국은 극동·일본에서 공산주의 세력의 확산으로 일본·류큐에서 군사기지 확보 및 기타 특권을 위협받을 것을 우려하고 있다고 분석했다. 대일평화조약에서 소련의 주요 목적은 반대 그 자체에 있고, 소련과 미국의 목적이 전혀 상이하므로

---

53) Letter by Harry F. Kern, Chairman, Organizing Committee, The American Council on Japan to Robert A. Lovett, Under Secretary of State(1948. 7. 25), RG 59, Records of the Office of Northeast Asian Affairs Relating to the Treaty of Peace with Japan, Lot 56D527, Box 3.
54) "Views of Other Countries toward a Japanese Peace Settlement" by Marshall Green(1949. 7. 29), RG 59, Department of State, Decimal File, 740.0018PW(Peace)/7-2949.

조약 타결에 합의하기 어렵다고 결론 내렸다. 마셜 그린은 소련 없는 평화회담, 혹은 최소한 개막 단계에서만 소련과 공산중국이 참가하는 회담을 구상했다. 이 보고서에서 특기할 만한 사항은 호주가 오가사와라(보닌)제도, 류큐제도는 물론이고, 현재 한국이 보유하고 있는 제주도에 대해서도 미국의 전략적 신탁통치를 선호하고 있다고 한 부분이었다.[55]

한편, 1949년 9월 딘 애치슨(Dean Acheson) 미 국무장관과 어니스트 베빈(Ernest Bevin) 영국 외상이 워싱턴에서 회담을 가졌다. 베빈은 미국이 조약 초안을 12월 초까지 제공해주면, 영국정부가 1950년 초에 개최 예정인 영연방 외상회의에서 미국 초안을 수용하도록 노력해보겠다고 했다. 이로써 1949년 9~10월 국무부 극동국에서 조약 초안 준비작업이 재개되었고, 이후 급속도로 진행되었다. 1949년에 재개된 조약 초안 준비작업은 영국과 영연방국가들을 대상으로 한 것이었다.

1949년에 접어들자, 국무부 극동국의 간부진도 진용이 바뀌었다. 조약 초안의 실무작업을 지휘했던 휴 보튼은 컬럼비아대학으로 돌아갔고, 그의 후임으로 존 무어 앨리슨(John Moore Allison)이 동북아시아과장에 임명되었으며(1947), 이어 맥스 비숍(Max W. Bishop)이 동북아시아과장이 되었다(1948). 극동국에는 1948년 중반 주한정치고문으로 일했던 메릴 베닝호프(H. Merrell Benninghoff)가 극동국 부국장에 임명되었고, 그 뒤를 이어 앨리슨이 1948년 말 부국장을 맡았다.

1949년 8월 말 앨리슨은 동북아시아과의 피어리에게 준비 중인 조약 초안의 윤곽을 제출하라고 지시했다.[56] 피어리는 「대일평화조약 준비의 실질적 문제점」이라는 보고서를 제출했는데, 여기서 1948년 1월 초안과 관련해 영토조

---

[55] 위의 자료, p. 3.
[56] Memorandum by R. Fearey(NA) to Allison(FE), Subject: Japanese Peace Treaty(1949. 8. 31), RG 59, Department of State, Decimal File, 740.0011PW(peace)/8-3149.

항에는 세 가지의 문제점이 남았다고 지적했다.[57] 첫째 북위 29도 이남 류큐의 일본에서의 분리문제, 둘째 남부 쿠릴과 하보마이의 처분문제, 셋째 대만의 중국 이양문제였다. 류큐문제는 소련과 중국이 평화회담에 참가할 경우에 대비해 문구수정이 필요하다고 판단한 것이며, 남부 쿠릴과 하보마이는 일본 보유로, 대만은 중국에 넘긴다는 점을 초안에 반영하는 것이 필요하다고 판단했다. 한국과 관련된 조항은 없었다.

한편, 1949년 6월 한국을 대일평화조약에 참가시키는 문제가 검토되었다. 극동국의 베이컨은 대일교전국 명단과 이들의 평화조약 참가자격문제를 검토했다. 베이컨은 ① 대일선전포고 국가(43개국), ② 대일선전포고는 했으나 미국이 승인하지 않은 국가(2개국), ③ 대일교전상태라고 선포한 국가(3개국), ④ 전쟁 중 타국에 통합된 일부였으나 결국 독립을 획득했거나 유엔의 성원이 된 국가(8개국) 등을 열거하면서 선전포고일을 정리했다.[58] 한국은 ②, ④에 해당했다. ②에 해당하는 국가는 대한민국임시정부와 몽골인민공화국이었는데, 임시정부와 관련해 "1945년 5월 1일자 이승만 박사가 국무장관에게 보낸 편지에 따르면, '대한민국임시정부'가 공식적으로 1941년 12월 10일 대일선전포고를 했다"라고 기록되어 있다. 한국은 또한 버마·벨로루시·실론·인도·파키스탄·필리핀·우크라이나와 함께 ④로 분류되었다.[59] ③은 칠레·페루·베네수엘라로 헌법상의 문제 때문에 선전포고를 하지 못하고 교전상태라고 선포한 것으로 설명되었다.

그런데 국무부 법무실의 견해는 미국이 반드시 대일교전 국가들을 대일평화조약에 참가시킬 의무는 없다는 쪽이었다. 1945년 12월 모스크바회담 결

---

57) "Substantive Problems in Preparation of Japan Treaty Draft," by Robert Fearey(1949. 8. 31), RG 59, Department of State, Decimal File, 740.0011PW(Peace)/8-3149.
58) Memorandum by Bacon to Butterworth, Subject: The Japanese Peace Settlement and States at War with Japan(1949. 6. 20), RG 59, Office of Northeast Asia Affairs, Records Relating to the Treaty of Peace with Japan-Subject File, 1945-51, Lot 56D527, Box 3.
59) 위의 자료, p. 2.

과, 이탈리아·루마니아·불가리아·헝가리·핀란드와 평화조약의 준비·결론에 참여할 수 있는 국가는 추축국에 대항해 실질적 무력으로 전쟁을 수행한 유럽 국가에 국한한다고 했기 때문이다. 실제로도 대이탈리아 선전포고(1942. 1. 1)에는 29개국이 서명했지만, 전후 대이탈리아평화조약에는 16개국만 초대되었고, 13개국은 초대받지 못했다는 것이다. 반대로 4개국이 새로 초대되었다고 분석했다. 결국 누구를 대일평화조약·회담에 참석시킬 것인가 하는 것은 강대국의 결정에 달린 문제였다.[60] 그러나 이 시점에 한국이 거론된 것은 한국을 대일평화회담에 참가시킬 수도 있다는 국무부의 긍정적 반응을 반영한 것이었다. 왜냐하면 국무부는 1948년 12월 유엔 제3차 총회에서 전력을 기울여 유엔의 대한민국 승인 결정을 이끌어냈으므로, 자신들의 노력으로 설립된 국가에 대한 애정과 관심을 갖고 있었기 때문이다. 다른 하나의 요인은 한국과 한국정부의 끈질긴 대일평화조약 참가자격 요구였을 것이다. 1947년 과도입법의원 의장 김규식이 대일강화조약 참가자격을 요청한 이래 한국정부는 지속적으로 이 문제를 제기했고, 이러한 한국정부의 요구가 영향을 끼쳤을 것이다.

● **1949년 9월 7일자 초안: 리앙쿠르암(독도)은 한국령**

1949년 들어 작성된 조약 초안 가운데 가장 앞선 것은 1949년 9월 7일자 조약 초안이었다.[61] 제목은 붙어 있지 않으며, 목차 위에 1949년 9월 7일이라고 수기로 표시되어 있다.

구성은 전문, 제1장 영토조항, 제2장 정치조항, 제3장 전범, 제4장 해군·육군·공군 조항, 제6장 연합안보군, 제6장 전쟁에서 파생된 청구권, 제7장 재

---

60) 1951년 샌프란시스코평화회담에서 버마·인도·파키스탄·필리핀(전후 독립국)이 서명국이 되었다. 한국·벨로루시·실론·우크라이나는 초대받지 못했다.
61) RG 59, Office of Northeast Asia Affairs, Records Relating to the Treaty of Peace with Japan-Subject File, 1945-51, Lot 56D527, Box 6.

산·권리·이익, 제8장 일반경제관계, 제9장 분쟁의 조정, 제9장 최종 조항 등이며, 부속서류 15건이 첨부되어 있다.

1949년 9월 초안은 1948년 1월 초안과 비교해보면 다음과 같은 특징이 있다.

첫째, 체제 면에서 볼 때 1948년 1월 초안과는 다른 구성을 갖고 있었다. 통치권 이양, 무장해제·비군사화, 대사회의와 같은 평화조약 체결 후 일본 감시수단에 관한 조항들이 삭제된 대신 일본의 안보, 경제문제, 분쟁조정 등의 조항들이 신설된 것을 알 수 있다.

둘째, 일본의 안보와 관련해서 2개의 장이 신설(제4장 해군·육군·공군 조항, 제5장 연합안보군)되었는데, 일본의 해군·육군·공군을 억제하는 반면 일본의 안보를 위해 연합안보군(Allied Security Forces)을 활용한다는 점이 중시되었다. 당시 일본의 군사적 부활을 저지하려는 조약의 목적을 반영했다.

셋째, 경제문제 및 분쟁조정 등과 관련해서 제8장 일반경제관계(General Economic Relations), 제9장 분쟁의 조정(Settlement of Disputes), 제10장 최종 조항(Final Clauses)이 신설되었다. 이는 이후 초안으로 승계되었다.

넷째, 한국령과 관련해 주요 용어 사용에서 수정작업이 이루어졌다. 한국을 다룬 영토조항의 제4조는 다음과 같다.

> 일본은 이에 한국인을 위하여 한국(Korea(Chosen)) 및 한국 근해의 모든 섬들에 대한 권리·권원을 포기하며, 여기에는 제주도(Quelpart(Saishu To)), 島內海(Port Hamilton(Tonaikai))를 구성하는 거문도(Nan How Group(산도 혹은 거문도)), 울릉도(Dagelet Island(Utsuryo To, Matsu Shima)), 리앙쿠르암(Liancourt Rocks(Takeshima)) 및 제1조에 묘사된 계선의 외측에 위치하며, 동경 124도 15분 경도선의 동쪽까지, 북위 33도 위도선의 북쪽까지, 두만강 입구의 바다 쪽 종점의 경계선으로부터 비롯된 계선의 서쪽부터 북위 37도 30분 동경 132도 40분까지에 위치한, 일본이 권원을 획득한 기타 모든 도서(islands)와 작은 섬

(islets)들이 포함된다. 이 경계선은 현 조약에 첨부된 지도에 표시되어 있다.[62]
(강조는 인용자)

담당자는 이 부분에서 두 곳을 수정한 후, 코멘트를 달았다. 첫번째 밑줄 친 '한국인(Korean People)을 위하여'라는 부분을 '한국정부(Government of Korea)와 한국(Korea)을 위하여'로 수정했다. 두번째 밑줄 친 한국〔Korea(Chosen)〕은 한반도(the Korean Peninsula)로 수정했다.

한편, 한국 조항 옆에 수기로 "'한국'이라는 단어가 다른 영토조항에서 사용된 국가명들과 정합적인 것임"(The word "Korea" would be consistent with country names used in other territorial articles)이라고 기록했다. 이후 10월 초안에서는 한국(Korea)과 한반도(the Korean Peninsula)라는 단어가 활용되었다. 본질적으로 1949년 9월 초안은 이전의 1947~1948년도 초안에 비해 큰 변화가 없었다.

1949년 10월 13일자 초안: 리앙쿠르암(독도)은 한국령

이 초안을 주도한 극동국 동북아시아과의 피어리에 따르면, 이는 1948년 1월 초안에 기초해서 작성된 것이었다.[63] 이 초안은 목차(1쪽)·본문(28쪽)·부속서류(32쪽) 등 총 61장으로 구성되어 있다. 본문의 구성은 전문, 제1장 영토 조항(1~10조), 제2장 정치조항(11~17조), 제3장 전범(18~20조), 제4장 일본의 안보(21~30조), 제5장 전쟁에서 파생된 청구권(31~38조), 제6장 재산·권리·이익(39~43조), 제7장 일반경제관계(44~50조), 제8장 분쟁의 조정(51조), 제9장 최종 조항(52~54조)으로 되어 있다.

---

62) "Treaty of Peace with Japan," (1949. 9. 7), p. 3, RG 59, Office of Northeast Asia Affairs, Records Relating to the Treaty of Peace with Japan-Subject File, 1945-51, Lot 56D527, Box 6.
63) Memorandum by Fearey(NA) to Allison(NA), Subject: Attached Treaty Draft(1949. 10. 14), RG 59, Department of State, Decimal File, 740.0011PW(Peace)/10-1449.

1949년 10월 13일자 초안은 몇 가지 점에서 특징적이다. 첫째, 체제 면에서 1949년 9월 초안이 일본의 안보를 해군·육군·공군 조항과 연합안보군으로 나누었던 데 비해, 1949년 10월 초안은 이를 통합해 일본의 안보라는 새로운 장을 만들었다. 이는 이후 평화조약의 기본 조항으로 자리잡았다.

둘째, 소련과 중국이 평화회담에 참가하는 것을 전제로 하고 있다. 초안과 함께 작성된 「대일평화조약에 대한 논평」(1949. 10. 13)에 따르면, 소련·중국이 불참하면 몇몇 조항들을 수정할 계획이었다.[64] 1949년 12월 초안에도 마찬가지로 「논평」이 함께 작성되었다.

셋째, 본문에 주(note)를 첨부해 필요한 부분에 대해 추가설명을 했다. 한국과 관련해 가장 주목되는 것은 전문의 '연합국 및 협력국' 명단이다. 여기에는 총 49개국이 거명되었는데, 2차 대전 후에 독립한 인도·필리핀·버마·파키스탄 4개국이 포함되었고, 선전포고 대신 교전상태 선포를 한 칠레·페루·베네수엘라 3개국도 포함되었다. 한국은 포함되지 않았다. 이 부분에 대한 주에 다음과 같이 기록되어 있다.

> 벨로루시, 우크라이나, 몽골인민공화국의 참가문제는 소련이 문제를 제기할 때에 고려할 수 있으며, 실론은 영국이 문제를 제기할 때 고려할 수 있다. 한국은 대일평화조약에 참가해서는 안 된다고 생각된다.[65]

즉, 소련의 위성국가, 영국의 구식민지는 이들의 참가를 옹호하는 강대국의 도움을 통해 참가를 고려할 수 있지만, 아직 미 국무부 내에서 한국의 참가를 적극 옹호하지 않는 상태였음을 알 수 있다.

---

64) "Commentary on Treaty of Peace with Japan(1949. 10. 13)," RG 59, Department of State, Decimal File, 740.0011PW(Peace) Series.
65) "Treaty of Peace with Japan," (1949. 10. 13), p. 2, RG 59, Department of State, Decimal File, 740.0011PW (Peace)/10-1449.

넷째, 일본의 영토는 제1장 제1조에서 취급되었는데, 1947~1948년의 초안과는 다른 기술방식을 택했다. 위도·경도의 경계선을 통해 일본 영토의 범위를 특정하던 방식에서 일본령으로 포함될 섬들을 특정하는 방식을 선택했다. 이는 1947년 7월 이전의 초안에서 사용되던 방식이었다.

1. 일본의 영토범위는 혼슈, 규슈, 시코쿠, 홋카이도 등 일본의 주요 4개 섬과 부근 제소도로 구성되며, 여기에는 세토나이카이(Inland Sea, 瀨戶內海)의 섬들, 사도(Sado, 佐渡島), 오키열도(Oki Retto, 隱岐), 에토로후(擇捉島), 구나시리(國後), 하보마이(齒舞), 시코탄(色丹), 쓰시마(Tsushima, 對馬島), 고토군도(Goto Archipelago, 五島群島), 북위 29도 이북의 류큐제도, 이즈제도(Izu Islands, 伊豆大島)부터 남쪽으로 Sofu Gan(Lot's Wife)까지를 포함한다.
2. 이런 영토범위는 현재 조약에 첨부된 지도에 표시되어 있다.[66]

역시 북방 4개 섬이 일본령으로 표시되어 있음을 알 수 있다. 이는 이전 초안의 연장선상이자 류큐, 오가사와라 등이 미국신탁령으로 지정된 데 대한 일종의 보상적 배려였을 것이다.

다섯째, 중국에 귀속될 영토조항이었다. 여기에는 대만을 포함해 팽호도와 아쟁쿠르(Agincourt) 등 8개 섬의 이름이 특정되었는데, 각주에 따르면 만약 중국이 평화조약에 서명하지 않으면, 일본이 중국에 대만과 팽호도를 양도한다는 조항을 조약문에 담을 필요가 없다는 것이 미국정부의 입장이라고 기록했다. 이들 섬들의 귀속문제는 조약 당사국을 포함한 관계국들의 결정에 따라야 한다고 했다. 즉, 이 시점에 이르러 미국정부는 조약 초안이 소련·중국 등 주요 연합국의 참가 여부에 따라 내용이 달라질 수 있다고 판단하고 있었던 것이다.

---

66) 위의 자료, p. 3.

〈표 5-4〉 대일평화조약 초안의 체제 비교(1948년 1월·1949년 9월·10월·11월)

초안 장	1948년 1월 8일자 초안	1949년 9월 7일자 초안	1949년 10월 13일자 초안	1949년 11월 2일자 초안
제1장	영토조항(1~9)	영토조항	영토조항(1~10)	기본원칙(1~2)
제2장	통치권 이양(10~12)	정치조항	정치조항(11~17)	영토조항(3~12)
제3장	정치조항(13~19)	전범	전범(18~20)	특별정치조항(13~17)
제4장	전범(20~23)	해군, 육군, 공군 조항	일본의 안보(21~30)	전범(18~19)
제5장	무장해제·비군사화 (24~31)	연합안보군	전쟁에서 파생된 청구권(31~38)	일본의 안보(20~30)
제6장	대사(大使)위원회(32)	전쟁에서 파생된 청구권	재산, 권리, 이익 (39~43)	전쟁에서 파생된 청구권(31~38)
제7장	전쟁에서 파생된 청구권(33~40)	재산, 권리, 이익	일반경제관계 (44~50)	재산, 권리, 이익 (39~43)
제8장	재산, 권리, 이익 (41~59)	일반경제관계	분쟁의 조정(51)	일반경제관계(44~49)
제9장		분쟁의 조정	최종 조항(52~54)	분쟁의 조정(50)
제10장		최종 조항		최종 조항(51~53)
부속 서류	14개	15개	9개	11개

〔비고〕 음영 처리된 것은 새로 신설되거나 삭제된 장임.
〔출전〕 1948년 1월 8일자 초안("Analysis of the Japanese Peace Treaty Draft of January 8, 1948," (undated), RG 59, Department of State, Decimal File, 740.0011PW(Peace)/1-3048); 1949년 9월 7일자 초안(제목 없음, RG 59, Office of Northeast Asia Affairs, Records Relating to the Treaty of Peace with Japan-Subject File, 1945-51, Lot 56D527, Box 6); 1949년 10월 13일자 초안("Treaty of Peace with Japan," (1949. 10. 13), RG 59, Department of State, Decimal File, 740.0011PW(Peace)/10-1449); 1949년 11월 2일자 초안("Treaty of Peace with Japan," (1949. 11. 2), RG 59, Department of State, Decimal File, 740.0011PW(Peace)/11-1449).

여섯째, 제1장 영토조항의 제4조가 한국령을 다루고 있다. 조문은 약간 수정된 상태이지만, 본질적으로 1948년의 초안들과 큰 차이가 없었다.

일본은 이에 한국을 위하여 한반도 및 근해의 모든 섬들에 대한 권리·권원을 포기하며, 여기에는 제주도〔Quelpart(Saishu To)〕, 島內海〔Port Hamilton(Tonaikai)〕를 구성하는 거문도〔Nan How Group(산도 혹은 거문도)〕, 울릉도〔Dagelet Island (Utsuryo To, Matsu Shima)〕, 리앙쿠르암〔Liancourt Rocks(Takeshima)〕 및 제1조

에 묘사된 계선의 외측에 위치하며, 동경 124도 15분 경도선의 동쪽까지, 북위 33도 위도선의 북쪽까지, 두만강 입구의 바다 쪽 종점의 경계선으로부터 비롯된 계선의 서쪽부터 북위 37도 30분 동경 132도 40분까지에 위치한, 일본이 권원을 획득한 기타 모든 도서(islands)와 작은 섬(islets)들이 포함된다. 이 경계선은 현 조약에 첨부된 지도에 표시되어 있다.[67] (강조는 인용자)

● 1949년 10월 27일, 10월 31일 '기본원칙' 조항 신설

10월 13일자 초안은 10월 27일, 10월 31일에 수정되었다. 정확히 말하자면 제1장을 신설한 것이었다. 신설된 제1장의 제목은 '기본원칙'(Basic Principles)인데, 이는 하버드대 조교수로 일본전문가이자 국무부 자문역이었던 에드윈 라이샤워(Edwin O. Reischauer) 교수의 의견을 따른 것이었다. 라이샤워는 10월 13일자 초안을 검토한 후 초안이 내포한 심리적 문제들에 대한 논평을 국무부에 제출했다.[68] 라이샤워는 조약 초안이 영구 전쟁포기를 선언한 일본헌법에 대한 냉소와 회의를 감추지 않고 있으며, 미국의 보다 명확한 이상주의적 선언이 빠졌다고 지적했다. 그 대안으로 라이샤워는 영토조항을 제일 첫머리에 둘 것이 아니라 원래 초안의 제11조, 제12조의 내용, 즉 일본이 인류와 국제 도덕의 보편적 원칙에 따라 행동하겠다는 조항을 별개의 장으로 설정할 것을 제안했다. 라이샤워는 이 장을 제1장으로 하며 제목은 '기본원칙'으로 하자고 제안했다.[69] 1910년 일본 선교사의 아들로 동경에서 태어나 17세까지 일본에서 자란 라이샤워는 전시에 전쟁부·군사정보국(MID)에서 일했

---

67) "Treaty of Peace with Japan," (1949. 10. 13), pp. 4~5, RG 59, Department of State, Decimal File, 740.0011PW(Peace)/10-1449. 밑줄은 새로 추가된 부분.
68) Memorandum by Reischauer to Hamilton, Subject: Comments on Psychological Questions Involved in the Draft Japanese Peace Treaty(1949. 10. 19), RG 59, Department of State, Decimal File, 740.0011PW(Peace)/10-1949.
69) Subject: Comments on Psychological Questions Involved in the Draft Japanese Peace Treaty(1949. 10. 19), p. 2, RG 59, Department of State, Decimal File, 740.0011PW(Peace)/10-1949.

고, 전후에는 국무부 동북아시아과에서 일했으며, 이후 하버드대에서 일본어·일본사를 가르쳤다. 그는 주일미국대사(1961~1966)를 지냈는데, 가장 인기 있는 미국대사였다.

이 시점에 미 국무부가 일본인이 느낄 '심리적 문제'까지 검토했다는 데서 대일평화조약의 방향을 잘 엿볼 수 있다. 일본에 대해 정통하고 깊은 이해를 가진 미국의 미국 내 국무부 내 일본전문가들이 초안을 작성하는 실무를 담당했고, 그 초안에 대해 미국 내 일본전문가들이 일본 국가와 일본인들에 대해 충분한 배려를 아끼지 않았으며, 일본 내 주일미정치고문실의 일본전문가들은 그 누구보다 열심히 일본정부의 이해를 대변하려고 했다.

이로써 평화조약은 총 10개 장에 달하게 되었다. 라이샤워의 제안에 따라 신설된 제1장은 기본원칙으로 국무부 법무실이 초안을 만든 후, 극동국이 수정작업을 했다.[70] 제1조는 연합국·협력국이 일본이 세계가족에 다시 동참하게 된 것을 환영하고, 제2조에서는 유엔헌장에 기초한 국제평화와 안보, 인간권리와 사회정의에 일본이 동의해 세계평화와 협력유지를 지속할 의무가 있다는 등의 내용으로 구성되었다. 제1장이 신설됨으로써 조약의 목적은 '징벌'이나 '배상' 등의 전후처리가 아니라 보다 명확하게 일본과의 '평화'를 추구한다는 점이 드러나게 되었다. 라이샤워와 마찬가지로 극동국이나 정책기획단은 일본이 수행할 수 없는 구속을 조약에 집어넣는 데 반대했다.[71] 조약 초안 작성을 담당한 실무진 차원에서 볼 때, 전반적 분위기가 대일우호적인 쪽으로 기울었음을 잘 알 수 있다.

10월 27일 신설 제1장 초안에 대한 검토가 있은 후, 10월 31일 재수정 작업이 있었다. 이는 11월 2일자 초안으로 승계되었다.

---

70) Memorandum by Bacon(FE) to Fisher(L), Subject: Revised Draft of Japanese Peace Treaty(1949. 10. 27), RG 59, Department of State, Decimal File, 740.0011PW(Peace)/10-2749.
71) Memorandum by Hamilton(FE) to Fisher(L)(1949. 10. 31), RG 59, Department of State, Decimal File, 740.0011PW(Peace)10-3149.

● **1949년 11월 2일자 초안: 리앙쿠르암(독도)은 한국령**

1949년 11월 2일자 대일평화조약 초안이 완성되었고, 이는 주일미정치고문 시볼드에게 보내는 편지(1949. 11. 4)에 동봉되어 동경으로 송부되었다. 이 편지에서 극동국장 버터워스는 초안의 작성경과를 다음과 같이 밝혔다.

1949년 9월 애치슨 미 국무장관과 베빈 영국 외상은 워싱턴 회동에서 12월 초까지 미국이 대일평화조약 초안을 영국측에 제공하고, 이 초안이 만족할 만한 것이면, 1950년 초 개최 예정인 영연방외상회의에서 다른 영연방정부들에 수용을 권유하기로 합의했다. 초안 준비의 첫 조치로 제임스 웹(James E. Webb) 국무차관은 1949년 10월 3일 루이스 존슨(Louis Johnson) 국방장관에게 편지를 보내 대일평화조약에서 미국에 필수적인 안보적 요구사항을 제출해달라고 요청했다. 국방부의 준비작업은 진행 중이며, 그사이 안보관련 장을 제외한 조약 초안 준비가 국무부 내에서 긴급한 사안으로 진행되었다. 첫번째 초안은 10월 13일에 완성되었다. 두번째 초안은 극동국이 준비하고 있는데, 여기에 경제·법률·기타 관련부서가 참여하고 있으며 해당 부서들의 승인을 받았다. 초안은 애치슨 장관의 승인을 받지는 않은 상태이다.

초안은 영국에 제출될 때까지 지속적으로 추가 가공절차를 진행해야 할 것이다. 그러나 활용할 수 있는 시간의 제한 때문에, 현 단계에서 귀하에게 사본을 동봉해 보내니, 논평과 함께 즉시 맥아더 장군에게 보여 그의 견해 및 제안을 받아주길 요청한다. 가급적이면 신속하게 맥아더 장군의 첫 인상을 전문으로 알려주고, 보다 자세하고 기술적인 제안은 가능한 대로 후속해 보내주면 고맙겠다. 오늘 초안의 사본을 국방부에 전달할 것이며, 귀하와 맥아더 장군에게도 동시에 초안을 보냈다고 통보할 것이다.

초안에는 논평이 함께 수록되어 있는데, 이는 내재된 개념을 설명하며 특정 조문에 대한 다수의 각주를 담고 있다.[72)]

이를 통해 1948년 1월 중단되었던 대일평화조약 초안작업이 왜 1949년 하반기에 재개되었는지를 명확히 알 수 있다. 이를 바탕으로 1949년 11월 2일자 초안의 특징을 정리하면 다음과 같다.

첫째, 1949년 9~10월 재개된 대일평화조약 초안작업은 영국 및 영연방 국가들과 협의하기 위해 만들어진 것임을 알 수 있다. 즉, 대일평화회담의 조기 개최를 예상하고 진행되었던 1947~1948년의 대일평화조약 초안작업이 소련·중국의 반대와 관련 연합국의 비협조로 무산된 후, 새로운 동력은 영국의 협조적 태도에서 비롯되었다. 이는 이후 대일평화조약 초안작업에서 영국 정부의 영향력 및 판단이 중요하게 작용하리라는 점을 보여주는 지표였다.

둘째, 1947~1948년 조약 초안의 작성은 극동국장을 중심으로 하는 대일조약작업단의 임무였으나, 1949년에는 별도의 특별위원회가 조직되지 않았다. 1947~1948년 조약 초안 작성에 참여했던 국무부 극동국의 피어리가 중심적 임무를 맡은 것으로 보인다. 중심적 인물이었던 보튼이 국무부를 퇴직한 후 그 후임에 맥스 비숍, 존 앨리슨 등이 임명되었으나 전반적인 정책기조는 변하지 않았다.

셋째, 1949년 11월 2일자 초안은 일본 동경(시볼드·맥아더)과 국방장관에게만 송부되었다. 이 초안을 검토한 결과를 신속한 전문과 자세하고 기술적인 제안으로 회신하라는 지시 역시 동경에만 보내졌다. 시볼드는 이 초안에 대한 검토결과를 전문과 긴 설명 두 가지로 워싱턴에 송부했다. 후술하겠지만, 이 초안은 한국에 보내지지 않았고, 시볼드는 한국령인 독도를 일본령이라고 주장하는 보고서를 국무부에 두 차례 발송했다.

다음으로 11월 2일자 초안의 내용에서 드러나는 특징은 다음과 같다.

---

72) Letter by W. Walton Butterworth to William J. Sebald, Acting United States Political Adviser for Japan (1949. 11. 4), RG 59, Department of State, Decimal File, 740.0011PW(Peace)/11-449. 이 편지는 극동국 동북아시아과의 피어리가 기안했다.

첫째, 이 초안은 체제 면에서 제1장 기본원칙, 제3장 특별정치조항이 덧붙여져 총 10개 장으로 늘어났다. 그러나 조문 수는 10월 13일자 초안의 54개에 비해 1개가 줄어든 53개가 되었다. 분량은 목차 1쪽, 본문 28쪽, 부록 30쪽 등 총 59쪽에 달했다. 제5장 안보조항은 완성되지 않은 상태였다. 안보조항의 첫 초안은 10월 17일 만들어졌는데, 법무실의 하워드(J. B. Howard)가 극동국의 해밀턴(Maxwell M. Hamilton), 피어리, 라이샤워와 토론을 통해 준비하고 있었다.[73]

둘째, 전문에서 회담 당사국으로 '연합국·협력국' 49개국을 지목했으나, 한국은 포함되지 않았다. 10월 13일 초안처럼 각주에서 소련이 문제를 제기할 경우 벨로루시·우크라이나·몽골인민공화국의 참가를 고려할 수 있고, 영국이 문제를 제기할 경우 실론의 참가를 고려할 수 있다고 했으나, "한국은 대일평화조약에 참가해서는 안 된다고 생각된다"라고 기록했다.[74]

셋째, 제2장 영토조항 제3조에서 일본령을 규정하는 방식이 바뀌었다. 가장 큰 점은 북방 4개 섬이 배제된 사실이었고, 다음으로 일본 영토의 범위를 명확히 하는 계선이 다시 활용된 사실이었다.

1. 일본의 영토범위는 혼슈, 규슈, 시코쿠, 홋카이도 등 일본의 주요 4개 섬과 부근 제소도로 구성되며, 여기에는 세토나이카이(Inland Sea, 瀨戶內海)의 섬들, 사도(Sado, 佐渡島), 오키열도(Oki Retto, 隱岐), 쓰시마(Tsushima, 對馬島), 고토군도(Goto Archipelago, 五島群島), 북위 29도 이북의 류큐제도, 이즈제도(Izu Islands, 伊豆大島)부터 남쪽으로 Sofu Gan(Lot's Wife)까지의 섬들, 그

---

[73] Memorandum by Howard to Butterworth, Subject: Security Clauses of the Japanese Peace Treaty (1949. 10. 20), RG 59, Department of State, Decimal File, 740.0018PW(Peace)/10-2049; "Security Clauses of Japanese Peace Treaty," First Draft(1949. 10. 17).
[74] "Treaty of Peace with Japan," (1949. 11. 2), p. 1, RG 59, Department of State, Decimal File, 740.0011PW(Peace)/11-1449. 원문으로는 이렇게 표현되어 있다. "It is thought that Korea should not participate in a peace treaty with Japan."

리니치 표준 북위 45도 40분 동경 140도 지점에서 출발해서 정동으로 진행해 라페루즈해협(Soya Kaikyo)을 지나 동경 146도 지점까지, 다시 남서 방향 항정선(航程線)을 따라 북위 43도 45분 동경 145도 20분 지점까지, 다시 남동쪽 방향 항정선을 따라 북위 43도 20분 동경 146도 지점까지, 다시 정동(正東)으로 동경 149도 지점까지, 다시 정남(正南)으로 북위 37도까지, 다시 남동쪽 방향 항정선을 따라 북위 29도 동경 140도 지점까지, 다시 정서(正西)로 동경 127도까지, 다시 정북(正北)으로 북위 33도 지점까지, 다시 북동쪽 방향의 항정선을 따라 북위 40도 동경 136도 지점까지, 다시 북동쪽 방향 항정선을 따라 출발 지점까지의 계선 내의 모든 기타 섬들을 포함한다. 상기 계선에 포함된 모든 섬들, 상기 계선이 횡단하는 모든 도서들·작은 섬들·바위들은 3마일의 영해 벨트와 함께 일본에 속할 것이다.
2. 이런 영토범위는 현재 조약에 첨부된 지도에 표시되어 있다.[75]

먼저 에토로후, 구나시리, 하보마이, 시코탄 등 북방 4개 섬이 일본령에서 배제되었다. 소련에 이양될 지역은 제5조에서 다뤄졌는데, 북위 50도 이남의 사할린섬 및 도타모시리(Totamoshiri)·로벤섬(Robben Island)을 포함한 인근 섬들에 대한 모든 주권(full sovereignty)을 소련에 이양하며(cedes), 쿠릴섬에 대한 모든 주권을 소련에 이양한다고 규정했다.[76] 해당 페이지 각주에서 만약 소련이 조약에 서명하지 않는다면, 제5조는 평화조약에 포함되지 않아야 한다는 것이 미국정부의 입장이라고 밝혔다. 한편, 일본이 에토로후, 구나시리 및 Lesser Kuriles(하보마이·시코탄)을 보유할지 여부는 결정되지 않았으며, 현재 미국으로서는 이들 섬 문제를 제기해서는 안 된다는 것이지만 "만약 일본이 이 문제를 거론한다면 동정적 태도를 보여야 한다"라고 판단했다. 또한

---

75) 위의 자료, pp. 4~5.
76) 위의 자료, pp. 5~6.

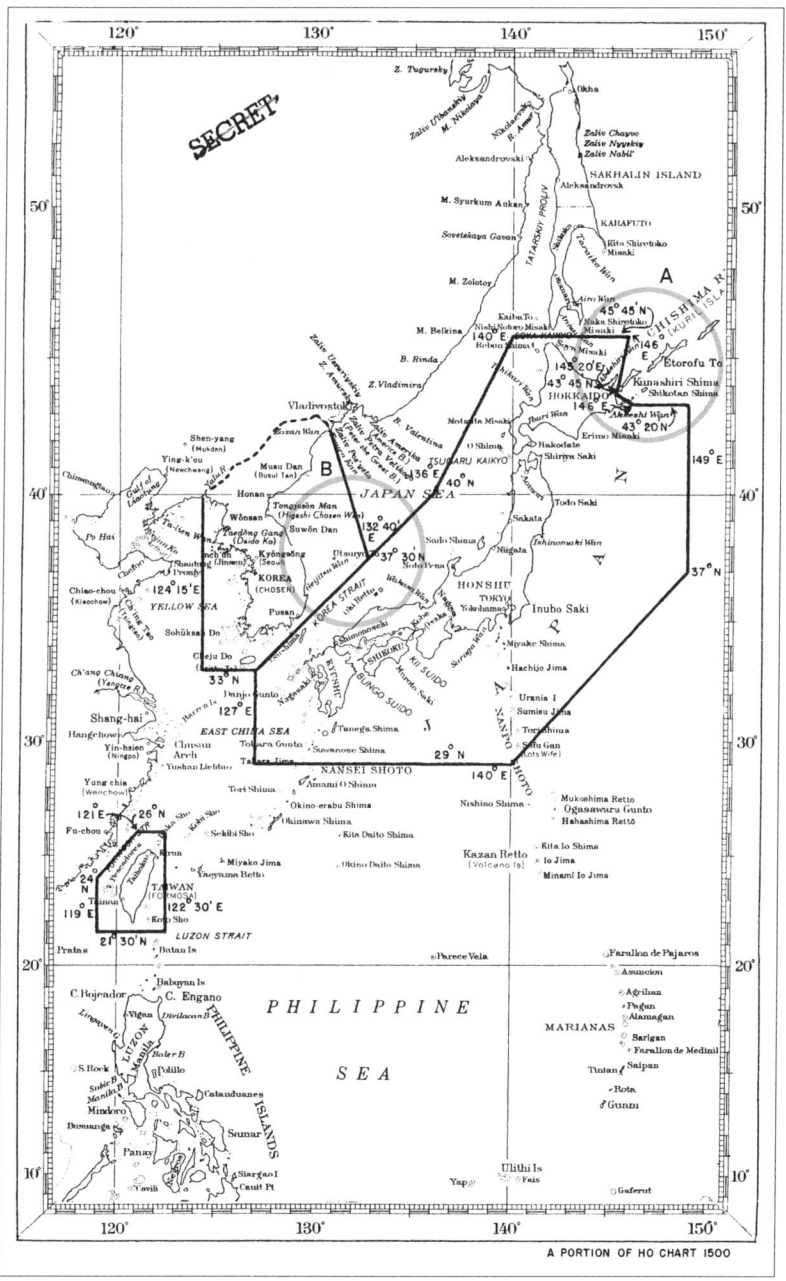

〈그림 5-5〉 미 국무부 대일평화조약 초안(1949. 11. 2)의 첨부지도

〈그림 5-6〉 1949년 11월 2일자 조약 초안 중 북방 4개 섬 부분

소련이 쿠릴섬을 신탁통치체제하에 두도록 미국이 제안하는 것은 어떨지 고려가 필요하다고 했다.[77] 역시 일본에 대한 우호적인 반응을 엿볼 수 있다.

다음으로 일본 영토범위에 대한 새로운 경계선을 제시했다. 이는 이전의 1947년 8월 초안의 일본 영토범위와 비교할 때 북방 4개 섬 부분이 삭제되었고, 일본령 남서쪽 부분이 축소된 것이었다. 〈그림 5-5〉는 1949년 11월 2일자 조약 초안에 첨부된 지도이다.[78]

〈그림 5-6〉은 첨부지도(〈그림 5-5〉)에서 북방 4개 섬 부분(A 표시)을 확대한 것인데, 에토로후, 구나시리, 시코탄 등 북방 4개 섬이 일본령에서 배제됨으로써 예전의 일본령으로 표시된 면적 중 우측상단 부분이 떨어져나갔음을 알 수 있다. 일본령 좌표들도 이에 따라 변경되었다.

넷째, 한국 관련 조항은 제2장 영토조항 제6조였는데 대체적인 내용은 10월 13일자 초안과 동일했다.

1. 일본은 이에 한국을 위하여 <u>한국 본토</u> 및 근해의 모든 섬들에 대한 권리·권원을 포기하며, 여기에는 제주도〔Quelpart(Saishu To)〕, 島內海〔Port Hamilton (Tonaikai)〕를 구성하는 거문도〔Nan How Group(산도 혹은 거문도)〕, 울릉도〔Dagelet Island(Utsuryo To, Matsu Shima)〕, 리앙쿠르암〔Liancourt Rocks

---

77) 위의 자료, p. 6.
78) 이 지도는 미 국무부 문서철에서 다수 발견된다. 여기서 사용한 지도는 맥아더아카이브 소장판으로 1949년 11월 2일자 조약 초안과 함께 맥아더에게 전달된 것이다. MacArthur Archives(MA), RG 5, Box 3, Official Correspondence 1948~1951.

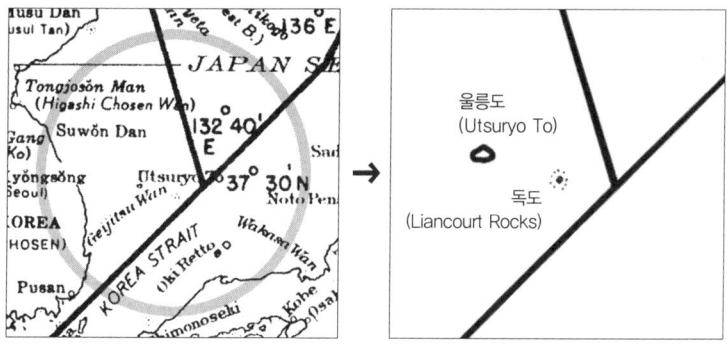

〈그림 5-7〉 1949년 11월 2일자 조약 초안 중 울릉도·독도 부분

(Takeshima)〕 및 제3조에 묘사된 계선의 외측에 위치하며, 동경 124도 15분 경도선의 동쪽까지, 북위 33도 위도선의 북쪽까지, 두만강 입구에서 약 3해리에 위치한 바다 쪽 종점의 경계선 서쪽부터 북위 37도 30분 동경 132도 40분까지에 위치한, 일본이 권원을 획득한 기타 모든 도서(islands)와 작은섬(islets)들이 포함된다.

2. 이 경계선은 현 조약에 첨부된 지도에 표시되어 있다.[79]

한국 영토를 표시한 범위는 변화된 것이 없다. 〈그림 5-6〉은 첨부지도(〈그림 5-5〉)에서 울릉도·독도 부분(B 표시)을 확대한 것인데, 서해상에 〉형으로 꺾이는 안쪽에 울릉도(Utsuryo To)가 표시되어 있으며 그 아래 점선형 원으로 표시된 것이 독도임을 알 수 있다. 한국령의 좌표는 이전 초안과 변함이 없었다.

그렇지만 1949년 11월 2일자 초안이 동경의 시볼드에게 전해진 후 독도에 대한 논란이 본격화되기 시작했다.

---

79) "Treaty of Peace with Japan," (1949. 11. 2), p. 6, RG 59, Department of State, Decimal File, 740.0011PW(Peace)/11-1449. 1949년 10월 초안에는 "한반도"(Korean peninsula)라고 표현되어 있었으나, 11월 2일자 초안에서는 "한국 본토"(Korean mainland territory)로 변경되었다.

2. 미 국무부 조약 초안의 독도 인식 2(1949~1950):
시볼드의 공작

(1) 1949년의 논쟁: 시볼드의 초안 검토와 리앙쿠르암(독도)의 일본령 주장

1949년 11월 2일자 국무부의 대일평화조약 초안은 주일미정치고문실의 시볼드에게 전해졌다. 시볼드는 국무부가 요구한 대로 맥아더의 첫 반응을 전문으로 급송한 후, 세밀한 논평을 다시 전송했다. 때문에 시볼드가 국무부에 송부한 문서는 두 종류가 남아 있게 되었다. 이 문서들을 검토하기 앞서 과연 시볼드가 어떤 생각과 판단을 가졌을지에 대해 살펴보자. 시볼드의 회고록에는 이렇게 기록되어 있다.

국무부의 새 조약 초안은 1949년 11월 2일 완성되었다. 너무 길고 너무 복잡했다. 맥아더 역시 나에게 이 초안이 맘에 들지 않으며 자신은 다른 방식으로 쓰길 바란다고 했다. 나는 워싱턴에 긴 논평을 보냈다. 휴스턴(Huston)이 내 언어를 순화하는 일을 담당했을 정도로 나는 조약 초안이 오만한 톤이라고 생각했고, 그렇게 말했다.[80]

조금 거슬러 올라가 1947년 4월 보튼이 직접 일본에 들고 간 1947년 3월 초안에 대한 시볼드의 반응은 이렇게 기록되어 있다.

1947년 3월 초안은 휴 보튼이 이끄는 국무부 작업단의 작품이었고, 이 초안의 기본 철학은 1947년 8월, 1948년 1월의 이후 수정본에도 계속되었다. 일반적

---

80) William J. Sebald with Russell Brines, *With MacArthur in Japan: A Personal History of the Occupation*, W. W. Norton & Company, Inc., New York, 1965, p. 249.

인 접근은 일본을 신뢰할 수 없으며 일본 군사력의 재부활을 방지하기 위해 조약에 가능한 모든 예방조치들을 해야 한다는 것이었다. 초안은 일본을 전면적으로 감시하기 위해 극동위원회 11개국 대표들로 구성되는 대사회의(Council of Ambassadors)가 구성될 것을 제안했다. 이 조직 밑에 감시위원회(Commission of Inspection)가 조직되었다. 대사회의는 제출된 조약의 수많은 조항의 실현에 대해 최종 결정권을 지녔다. 이 초안은 실행할 수 없는 것이었으며 자멸적이었고, 평화조약이 아니라 평화보복적인 접근이었다. 이는 베르사유조약의 재판(再版)이었다.[81]

1947년 3월 시볼드는 단지 주일미정치고문실의 정치담당관이었을 뿐이다. 그의 상급자이자 주일미정치고문 겸 연합군최고사령부 외교국장으로 동경 내 최고의 민간직위를 가진 국무부 대표는 조지 앳치슨이었다. 시볼드의 영향력은 앳치슨이 불의의 비행기 추락사고로 사망한 직후 맥아더가 그를 앳치슨의 직무대리로 임명하면서부터 시작되었다.

시볼드는 자신이 1949년 8월 중순 맥아더로부터 미국이 지금 평화회담을 개최해야 한다는 발언을 듣고, 국무부에 "길고 주의 깊게 작성한 급송문서"를 보내 평화조약 조기 체결의 타당성을 주장했다고 했다. 이 보고서를 작성하는 데 부하들인 클로이스 휴스턴(Cloyce Huston), 캐벗 코빌(Cabot Coville), 찰스 넬슨 스핑크스(Charles Nelson Spinks) 등이 조력했으며, 이 문서가 "상당히 역사적이었거나 영향력이 컸"다고 주장했다.[82] 아마도 이 보고서는 11월 2일자 초안에 대한 주일미정치고문실의 11월 19일자 검토의견서였을 것이다.

1949년 11월 2일자 초안을 수령한 시볼드는 국무부에 두 차례 보고서를 송부했다. 첫번째는 맥아더의 검토 및 시볼드의 검토사항을 담은 2쪽짜리 간

---

81) 같은 책, pp. 243~244.
82) 같은 책, p. 246.

단한 전문(1949. 11. 14)이었고,[83] 두번째는 초안에 대한 상세한 검토의견을 개진한 11쪽 분량의 급송문서(1949. 11. 19)였다.[84]

- **시볼드의 전문(1949. 11. 14): 리앙쿠르트암(독도)은 일본령**

시볼드에 따르면, 맥아더는 11월 2일자 초안에 대해 세 가지 점을 지적했다.

A. 제52조(최종 조항)의 내용을 삭제할 것. 이는 전문에서 선언된 완전한 평화(definitive peace)라는 개념에 반대되는 것이며, 일본인과 외부세계에 일본 주권을 계속 제한하고 국가공동체의 존엄한 장에 일본이 신속하고 질서정연하며 점진적으로 재진입하는 데 대해 심리적 장벽이 될 것이라는 인상을 줄 것임.

B. 부속서류 7의 제39조(일본 내 유엔 재산의 반환, 손실에 대한 보상원칙)를 재검토할 것. 조약 조문에 따라 타국에 양도될 예정인 일본점령지역 혹은 구 일본제국의 지역 내에서 연합국 국민이 입은 손실은 청구권(claim)이나 권리회복(recovery)에서 제외된 데 비해, 일본 내 재산에 대한 손해에서 비롯된 연합국 국민이 입은 손실에 대해서는 일본으로부터 부분적 보상(partial recovery)을 한다는 조항이 마련된다면 신랄한 비판이 일어날 수 있음. 이런 조항들은 조약 초안의 제31조, 제32조, 제36조의 취지 및 효과와 전적으로 불일치하며, 일본 내 영국 및 미국 투자에 대한 특별보호를 제공하겠다는 의도를 성공시킬 수 없으며, 소련과 공산중국에 큰 선전 이점을 제공할 것임. 이런 짐을 일본에 부과하는 것은 일본의 경제적 재건 기회를 매우 손상시킬 것이며, 종국적으로 직접적·간접적으로 미국인들에게 이 경제적 부담

---

83) Telegram by Sebald to the Secretary of State, no.495(1949. 11. 14), RG 59, Department of State, Decimal File, 740.0011PW(Peace)/11-1449.
84) William J. Sebald to the Secretary of State, Subject: Comment on Draft Treaty of Peace with Japan, no.806(1949. 11. 19), RG 59, Department of State, Decimal File, 740.0011PW(Peace)/11-1949.

을 떠넘기게 될 가능성이 있음.

C. 제41조 제3항은 비현실적으로 여겨지는데, 일본 경제가 해외 일본 자산의 배상에 따른 막대한 낭비를 아마도 견뎌내지 못할 것이기 때문일 뿐 아니라 또한 일본정부와 국민들 간의 결정에 남겨두는 것이 좋을 문제를 법제화하려 하기 때문임.[85]

맥아더는 대일 '평화' 조약을 강조하는 한편 일본이 입을 심리적·경제적 타격에 대한 세심한 배려를 강조했다고 볼 수 있다. 맥아더는 큰 틀에서 대일평화조약의 성격을 규정하는 데 초점을 두었다. 국무부가 시볼드에게 긴급히 요청한 것은 초안에 대한 맥아더의 '첫인상'이었지만, 실제로 시볼드의 전문은 자신의 견해와 입장을 피력하는 데 보다 중점이 두어졌다. 시볼드는 맥아더와 자신이 독립적으로 초안을 검토했지만, 자신은 전적으로 맥아더의 상기 관점에 동의한다며 맥아더의 권위에 의탁했다. 그 뒤에 시볼드는 자신의 논평을 길게 덧붙였다.

시볼드는 보다 세부적이고, 보다 대일우호적인 문제들을 세세하게 지적했다. 또한 시볼드는 이것이 자신의 견해가 아니라 '주일미정치고문실'의 의견이라고 강조했다. 전반적인 문제에서 시볼드는 첫째 기술적 문제를 덜 강조한 보다 짧은 초안을 선호한다, 둘째 11월 2일자 초안이 미국이 일본에 부과하려는 최대의 조건을 표현하는 것으로 보이므로, 동맹국들이 희망하는 "보다 강력한" 조약과 거래할 여지가 거의 없다는 점을 지적했다.

시볼드는 조문에 대해 구체적이며 세부적으로 비판했다. 시볼드가 지적한 것은 총 11개 사항이었는데, 영토문제 3개 사항에서 일본을 극력 옹호했고, 일본에 불리한 7개 사항의 삭제·개정을 주장했으며, 적극 찬성을 표한 것은

---

[85] Telegram by Sebald to the Secretary of State, no.495(1949. 11. 14), pp. 1~2, RG 59, Department of State, Decimal File, 740.0011PW(Peace)/11-1449.

오직 1개뿐이었다.

- 제4조(대만): 아마 안보조항이 대만과 인접도서의 종국적 처리에 영향을 주게 될 것임. 주민투표(plebiscite)에 따른 대만의 신탁통치문제를 고려해줄 것을 제안함.
- 제5조(북방 4개 섬): 일본은 의문의 여지 없이 에토로후, 구나시리, 하보마이, 시코탄에 대해 강력한 권리를 전개할 것임. 미국이 이런 권리를 지지해야 하며, 이 상황의 특성을 초안에 정당하게 참작해야 한다고 확신함. 영구적인 영토 및 어업 문제의 중요성을 매우 중요한 문제로 고려해야 함.
- 제6조(독도): 리앙쿠르암(다케시마)에 대한 재고를 요청함. 이들 섬에 대한 일본의 주장은 오래된 것이며 유효한 것으로 보임. 상상컨대 안보적 고려에서 볼 때 그곳에 기상 및 레이더 기지를 상정해볼 수 있음.
- 제14조(특별정치조항): (의문) 일본이 자국에 거의 무관하거나 간접적인 조약들, 혹은 아직 결정되지 않은 조약들을 승인해야만 하는가?
- 제19조(전범): 이 조문 전체의 삭제를 강력히 권고함.
- 제33조에서 제37조까지(전쟁에서 파생된 청구권): 이들 문제를 부속서류에 언급했다는 일반적 설명을 담은 단일조항을 제안함.
- 제38조(전쟁에서 파생된 청구권): 삭제를 권고함.
- 제41조 제2항(재산, 권리 및 이익): 이 항목을 감사하게 생각함.
- 제43조(재산, 권리 및 이익): 우리는 제안된 중재재판소(arbitral tribunal)에 관해 일정 정도 회의적인데, 왜냐하면 이것이 평화의 시대에 아마도 오랜 기간에 걸쳐 판결(adjudication)이라는 강제수단을 확장하는 것이기 때문임.
- 제48조(일반경제관계): 이 조항을 삭제하거나 강요된 행정수단보다는 원칙을 진술하는 조항으로 재진술할 것을 권고함.
- 제49조(일반경제관계): 이 조항의 필요성에 의문.[86] (강조 및 괄호는 인용자)

이상의 주장을 한마디로 정리하자면, 소련·중국 등 여타 연합국의 견해·이익은 묵살해도 좋지만, 일본의 이익을 철저히 지켜줘야 한다는 것이었다. 특히 영토문제와 관련해서 시볼드는 외교관으로서의 중립성이나 공정성, 연합국과 전시 합의된 대일영토정책 등은 전혀 안중에 없었다. 시볼드의 주요 관심사는 반공주의와 친일 두 가지였다.

이 시점에서 시볼드는 미국이 소련은 물론 베이징의 공산중국과 타이페이의 자유중국 모두를 배제한 단독 대일평화회담을 추진하고 있으며, 자신이 받은 초안이 소련·중국 등 주요 연합국에 전달되지 않았음을 알고 있었기 때문에 이러한 극단적 친일입장을 취했을 것이다.

제4조 대만을 주민투표에 의해 신탁통치하에 두자는 시볼드의 주장은 연합국이 전시에 합의한 카이로선언·포츠담선언 등을 완벽하게 무시한 것이다. 영토문제에 골몰했던 일본 외무성조차 대만에 대해서는 이미 카이로선언에서 명시한 대로 만주·팽호도와 함께 도취한 지역으로서 당연히 중국에 반환될 것을 방침으로 정한 바 있었다. 그런데 '주민투표에 의한 신탁통치'라는 시볼드의 주장에는 기시감이 있다. 바로 일본 외무성이 1946년 5월 평화조약 문제연구간사회가 완성한 제1차 연구보고서 중 「대일평화조약에 있어 정치조항의 예상 및 대처방침(안)」(平硏政-1)에서 류큐제도, 남사할린, 쿠릴의 처리방안 중 하나로 거론했던 것이다.[87] 류큐의 처분에 대해 당시 일본 외무성은 이런 방안을 제시했다.

류큐제도는 연합국의 공동 신탁통치 혹은 미국의 단독 신탁통치가 실시될 가능성이 크며, 중화민국의 영토가 될 가능성은 상당히 낮은 것으로 보이는데,

---

86) Telegram by Sebald to the Secretary of State, no.495(1949. 11. 14), pp. 2~3, RG 59, Department of State, Decimal File, 740.0011PW(Peace)/11-1449.
87) 「(平硏政-1)對日平和條約に於ける政治條項の想定及對處方案(案)」(1946. 5), 日本外務省, 2006, 위의 책, 95~96쪽.

전자의 경우(연합국의 공동 신탁·미국의 단독 신탁)는 반대할 수 없으나, 후자의 경우(중국령)는 그럴 이유가 없다는 점을 강력히 주장하고 최악의 경우에는 인민투표에 의해 최종 귀속결정 방향을 구할 것.[88]

즉, 미국이나 연합국이 류큐제도를 신탁통치할 때는 반대할 수 없지만, 중국령이 될 가능성이 있는 경우에는 '인민투표에 의해 최종 귀속결정'을 한다는 것이었다. 남사할린의 경우에도 일본이 포츠담선언을 수락한 결과 주권포기를 예약했으나, "전쟁에 의한 영토 탈취의 불승인주의에 의거해 이들 지역의 귀속결정은 마땅히 인민투표 등의 일정 조건을 붙이는 방식을 연구할 것"이라고 했다. 즉, 일본 외무성은 미국에 의한 영토편입과 신탁통치는 반대할 수 없지만, 소련·중국으로 이양될 영토에 대해서는 비록 그 내용이 전시 회담에 명문화되었고 일본이 이를 수락했다고 하더라도, 극단적으로 반대하거나 '인민투표' 실시를 요구한다는 입장을 취한 것이다. 하지만 일본 외무성도 '인민투표'의 대상을 류큐제도, 남사할린, 쿠릴 등 조금이라도 논란의 여지가 있는 지역으로 설정했을 뿐, 대만처럼 의문의 여지가 없는 지역에 대해서는 전혀 거론하지 않았다. 그런데 시볼드는 일본 외무성의 주장을 확장해 대만에 '주민투표에 의한 신탁통치' 실시를 요구한 것이었다. 시볼드가 이런 주장을 내세운 표면적 배경은 중국대륙이 공산화되었기 때문에 대만을 공산중국에 넘길 가능성을 차단하기 위해서였을 수 있지만, 본질적으로는 일본에 우호적인 대만 원주민들의 성향상, 주민투표로 대만의 일본 귀속이 결정될지도 모른다는 판단이 작용했을 가능성이 있다. 만약 장개석정부가 시볼드의 이러한 반응을 인지했다면, 미·중 간에는 격렬한 대립과 불화가 자리했을 것이다.

제5조 북방 4개 섬의 귀속문제에 대한 시볼드의 진술 역시 일본 외무성의

---

88) 위와 같음.

입장을 강력하게 옹호한 것이었다. 물론 국무부 대일조약작업단의 조약 초안에서도 이들 4개 섬을 일본령으로 하는 방안들이 강구된 바 있다. 그러나 하보마이와 시코탄은 의문의 여지가 없지만, 구나시리와 에토로후는 전시 회담에서 소련령 편입이 결정된 상태였다. 시볼드는 일본의 입장을 극력 지지하며 이를 초안에 정당하게 참작해야 한다는 확신을 피력했다. 그가 사용한 단어와 용어, 문장만으로도 그의 대일우호적인 태도를 확인할 수 있다. 소련 역시 시볼드의 이런 반응과 태도를 인지하지 못했다.

제6조 독도에 대한 시볼드의 평가는 이미 잘 알려져 있다. "리앙쿠르암(다케시마)에 대한 재고를 요청함. 이들 섬에 대한 일본의 주장은 오래된 것이며 유효한 것으로 보임. 상상컨대 안보적 고려에서 볼 때 그곳에 기상 및 레이더 기지를 상정해볼 수 있음"[89]이라는 시볼드의 주장은 일본 외무성이 발행한 1947년 6월 팸플릿 「일본의 부속소도, IV, 태평양 소도서, 일본해 소도서」 (Minor Islands Adjacent Japan Proper, Part IV, Minor Islands in the Pacific, Minor Islands in the Japan Sea)에서 따온 것이 분명했다.

영토문제와 관련해서 시볼드는 일본 외무성과 접촉했거나, 일본 외무성의 간행물에 전적으로 의존했음이 분명했다. 대만문제에 대해서는 일본 외무성 평화조약문제연구간사회의 보고서(1946. 5)를, 북방 4개 섬 문제에 대해서는 일본 외무성의 팸플릿 「일본의 부속소도, I, 쿠릴열도, 하보마이, 시코탄」 (Minor Islands Adjacent Japan Proper, Part I, The Kurile Islands, the Habomais, and Shikotan)(1946. 11)을, 독도문제에 대해서는 일본 외무성의 팸플릿 「일본의 부속소도, IV, 태평양 소도서, 일본해 소도서」(1947. 6)를 참조했을 것이다.

시볼드는 대만문제에 대해 중국정부 혹은 중국전문가와 접촉·논의·협의

---

[89] 원문은 다음과 같다. "Article 6: Recommend reconsideration Liancourt Rocks(Takeshima). Japan's claim to these islands is old and appears valid. Security considerations might conceivably envisage weather and radar stations thereon."

하지 않았다. 북방 4개 섬 문제에 대해서도 소련정부나 소련의 외교관·전문가와 접촉한 흔적이 전무했다. 물론 한국의 독도문제에 대해서도 한국정부나 한국의 외교관·관리, 한국문제전문가는 물론 주한미대사관과도 협의하거나 자문을 구한 바가 전혀 없다. 한국의 영토문제에 대한 의견을 제시하면서 한국정부나 한국전문가, 한국자료, 주한미대사관은 완벽히 무시한 채 일본 외무성의 자료와 일본 외무성 관리를 신봉한 결과였다.

시볼드는 소련·중국이 알지 못하는 장막 뒤에서 연합국의 전시 합의를 무시한 채 친일적 대안들을 제시한 것이었다. 또한 시볼드의 대응은 영국·호주·뉴질랜드는 물론 필리핀·버마 등 아시아의 다른 연합국들이 인지했으면 대소동을 빚었을 정도의 친일적인 것이었다. 한국정부와 주한미대사관 역시 11월 2일자 조약 초안은 물론 독도를 일본령으로 뒤바꿔놓은 시볼드의 행태를 인지하지 못했다. 불공정하고 편파적인 진술 속에서 한국의 영토가 논란의 대상이 되기 시작한 것이었다.

• 시볼드의 보고서(1949. 11. 19): 리앙쿠르암(독도)은 일본령

시볼드는 국무부가 요청한 방식대로 11월 2일자 초안에 대한 맥아더의 첫 반응을 긴급전문으로 보낸 후(1947. 11. 14) 상세한 논평을 재차 항공우편으로 송부했다(1947. 11. 19).[90] 시볼드의 이 논평은 스핑크스, 코빌, 휴스턴, 시볼드 네 사람이 작성한 형식을 띠고 있다. 현지 주재 미 국무부 최고책임자가 본국에 보내는 보고서에 이렇게 네 명의 기안자를 함께 표기하는 것은 매우 드문 사례에 속한다.

정규외교관 경력이 아니라 해군장교 출신으로 고위직 외교관 자리에 오

---

90) W. J. Sebald, United Stated Political Adviser for Japan to the Secretary of State, Subject: Comment on Draft Teaty of Peace with Japan, no.806(1949. 11. 19), RG 59, Department of State, Decimal File, 740.0011PW(Peace)/11-1949.

른 시볼드는 아무래도 외교관 경험이 부족한 자신의 명의로 친일적인 보고서를 내는 데 부담을 가졌기 때문일 것이다. 시볼드는 보고서 첫 단락에서 "11월 2일자 초안이 명백히 온건하며 합리적인 문건으로 보편적 조약형식에 상응하는 훌륭하게 디자인된 것"이며 "강도 높은 노동·사고·숙련"의 결과라고 평했지만, 그의 속내와는 거리가 먼 것이었다.[91] 회고록에서 시볼드는 "나는 조약 초안이 오만한 톤이라고 생각했고, 그렇게 말했다"라고 했다.[92]

시볼드는 조약 초안이 현재 극동의 상황을 충분히 인식하지 못했으며, 일본의 항복 전후 시점에 팽배했던 심리와 개념들을 결연히 폐기하는 데 실패했다고 지적했다.[93] 시볼드의 문장을 옮기면 이렇다.

극동의 상황은 지난 4년 동안 광범위한 변화를 보였는데, 주로 미국에 불리한 방향이었으며(일본과 우리의 관계만이 예외적이었다), 다가올 조약은 이 상황에 직면해야 하며, 4년 전에는 존재하지 않았던 정치적으로 안정적이며 우호적인 일본이라는 극히 중요한 지렛대를 갖게 되었음을 고려해야 한다. 따라서 11월 2일자 초안의 많은 조항들이 총체적 패배로 고통받은 일본에 너무 가혹해서, 우리에게 상상할 수 있는 이익을 제공하지 못하는 것은 아닌가 하는 의문을 갖게 된다. 초안은 일본을 평화적 민주국가로 재건하고 일본으로 하여금 방대한 인구를 지탱할 수 있는 안정적 경제를 달성케 하여 적자를 보전케 하는 어려운 임무를 대대적으로 허용하게 함으로써 개선될 수 있다.[94] (괄호는 원문 그대로)

시볼드는 "휴스턴이 내 언어를 순화하는 일을 담당했을 정도"라는 우회적

---

91) Subject: Comment on Draft Teaty of Peace with Japan, no.806(1949. 11. 19), p. 1, RG 59, Department of State, Decimal File, 740.0011PW (Peace)/11-1949.
92) William J. Sebald with Russell Brines, 위의 책, p. 249.
93) Subject: Comment on Draft Teaty of Peace with Japan, no.806(1949. 11. 19), p. 3, RG 59, Department of State, Decimal File, 740.0011PW (Peace)/11-1949.
94) 위의 자료, p. 4.

표현으로 자신의 심정을 피력했다.

첨부된 「11월 2일자 조약 초안에 대한 세부적 논평」(Detailed Comment on November 2 Draft Traty)은 6쪽 분량인데, 줄 간격이 없으므로, 더블 스페이스로 계산하면 12쪽 분량에 달하는 긴 내용이다.[95] 내용 가운데 영토문제 및 한국 관련 내용의 특징은 다음과 같다.

첫째, 시볼드는 조약 초안의 제3조 일본 영토조항을 강력하게 비판했다. 시볼드는 이 조항에서 사용된 도해방법(the method of delineation)이 심각한 심리적 불이익(psychological disadvantage)을 주고 있다고 비판했다. 이는 1947년 초안 이래 채택되어온, 일본 영토를 특정하기 위해 경계선을 긋는 방식을 비판한 것이다. 시볼드는 "부속서류에 수많은 영토들을 일일이 열거할지라도, 선을 그어 일본 주위에 경계선을 긋는 것을 피" 해야 한다고 주장했다. 시볼드는 보다 적극적 용어로 일본 영토를 규정하는 방법이 실질적이라며, 다음과 같이 제3절을 수정해야 한다고 제시했다.

> 일본의 영토범위는 혼슈, 규슈, 시코쿠, 홋카이도 등 일본의 주요 4개 섬과 부근 제소도로 구성되며, 여기에는 세토나이카이(Inland Sea, 瀨戶內海)의 섬들, 사도(Sado, 佐渡島), 오키열도(Oki Retto, 隱岐), 쓰시마(Tsushima, 對馬島), 고토군도(Goto Archipelago, 五島群島), 북위 29도 이북의 류큐제도, 이즈제도(Izu Islands, 伊豆大島)부터 남쪽으로 Sofu Gan(Lot's Wife)까지의 섬들을 포함하며, (일본 해안 외곽에 위치한 추가 섬들을 필요한 만큼 열거), "그리고 가까운 모든 기타 섬들은 그곳에서 일본의 본토 섬까지"를 포함한다. "상기 묘사된 지역 내의 모든 섬들은 3마일의 영해 벨트와 함께 일본에 속할 것이다."[96]

---

95) "Detailed Comment on November 2 Draft Treaty," Enclosure to Despatch No.806 dated November 19, 1949, from Office of United States Political Adviser for Japan, Tokyo, Subject: Comment on Draft Teaty of Peace with Japan, RG 59, Department of State, Decimal File, 740.0011PW(Peace)/11-1949.
96) "Detailed Comment on November 2 Draft Treaty," p. 2.

즉, 시볼드는 일본의 심리적 위축을 고려해서 일본령을 분명하게 특정하는 방식을 노골적으로 반대한 것이다. 또한 시볼드는 제3조 제2항, 즉 "2. 이런 영토범위는 현재 조약에 첨부된 지도에 표시되어 있다"라는 항목을 완전 삭제하고 지도도 삭제할 것을 권고했다.

시볼드의 권고 이후 국무부의 조약 초안 중 영토문제와 관련해서 가장 중요한 사항 두 가지가 사라졌다. 첫째 일본의 영토를 명백히 특정하는, 경계선을 긋는 표시방법, 둘째 일본의 영토범위를 명확히 보여주는 첨부지도가 그것이었다. 이는 일본 외무성이 가장 바라 마지않던 바였다. 수많은 연구자들이 지적하듯이, 전후 동아시아국가들이 일본과 영토분쟁을 벌이게 된 가장 큰 이유는 샌프란시스코평화회담에서 일본의 영토를 명확히 표시하는 조문들이 설정되지 않았으며, 또한 그것을 시각적으로 표현한 지도가 제작되지 않았기 때문이었다. 즉, 간략한 조문이 작성됨으로써 조문 해석에서 모호성, 이중성 등이 생겼기 때문이다.

대일평화조약의 체결과정에서 일본의 영토를 규정하는 세 종류의 방식이 존재했다. 첫째 일본 영토를 특정하는 방법, 둘째 일본 영토와 방기될 영토를 특정하고 이를 지도에 표시하는 방법, 셋째 일본에서 방기될 영토를 특정하는 방법 등이었다. 그 가운데 일본에 가장 유리한 것이 일본에서 방기될 지역을 특정하는 방법이었다. 여기에 해당 영토가 포함되지 않으면 일본이 영유권을 주장할 여지가 생길 수도 있었기 때문이었다.[97]

둘째, 시볼드는 일본이 이양할 영토 관련 조항인 제4조부터 제12조까지를 모두 생략하며, 일본을 제외한 여타 서명국들이 일본의 관할하에 있던 구영토들의 처분에 동의한다는 조약의 부속서류를 만들자고 제안했다. 참으로 놀랍고 믿기 힘든 제안이었다. 세계 외교역사상 모든 강화조약·평화조약의 핵심

---

[97] 정병준, 2005, 「영국 외무성의 對日평화조약 草案·부속지도의 성립(1951. 3)과 한국독도영유권의 재확인」, 『한국독립운동사연구』 24집.

은 영토문제, 정치적·경제적 배상이었다. 영토조항을 부속서류로 빼자는 시볼드의 주장은 외교관으로서의 기본적 자질을 의심케 만들기 충분한 것이었다. 시볼드는 대만, 북방 4개 섬, 독도 등의 문제를 부속서류에서 다루자고 했다. 시볼드가 왜 이런 주장을 했는지는 명백했다. 그것은 일본이, 탐욕과 폭력으로 약취·도취한 지역에서 축출된다는 사실을 조약문에서 삭제하고 싶어했기 때문이다. 이런 주장은 일본 외무성에서조차 전혀 상상되거나 검토되지 못했던 것이다. 이런 측면에서 시볼드가 일본 외무성보다 훨씬 더 노골적으로 일본의 이익을 반영하려고 애쓴 것임을 알 수 있다. 그가 진정으로 옹호한 '일본의 심리적 위축'은 일본이 저지른 모든 전쟁범죄와 전쟁책임이라는 객관적 사실마저 부정하거나 호도하려는 수단으로 활용되었던 것이다.

셋째, 대만 처분과 관련해 앞서의 전문(1949. 11. 14)처럼 "주민투표에 따라 유엔 신탁통치의 찬반을 결정하자"라고 제안했는데, 여기서는 그 배경을 이렇게 설명하고 있다.

> 카이로회담 이후 중국에서의 혼란한 상황이 끼어들었기 때문에 섬에 대한 어떠한 자동적 처분도 무효화되었다.[98]

진정 놀라운 주장이다. 전시 연합국 간 국제회의의 합의가 이제는 휴지조각이라는 것이다. 국제적 합의를 폐기한다면 미국은 국제사회에서 어떻게 위신을 유지하며, 어떻게 정당성을 확보할 것인지 심각한 문제가 될 수밖에 없었다. 앞에서 설명한 것처럼, 이런 주장의 이면에는 원주민의 투표에 의해 대만의 장래를 신탁통치가 아닌 일본령 잔류로 결정할 수도 있다는 복화술이 있었을 것이다.

---

98) "Detailed Comment on November 2 Draft Treaty," p. 2.

넷째, 북방 4개 섬의 처분에 대한 주장이다. 시볼드는 "에토로후섬과 우루프섬 사이 중간 수역 경계선의 동쪽 및 북동쪽 섬들인 쿠릴열도에 대한 모든 주권을 소련에 양도한다"라는 조항을 영국 및 영연방국가들에 제공해야 한다고 주장했다. 그리고 그 아래 각주를 달아서 "소련이 에토로후, 구나시리, 시코탄 혹은 하보마이섬을 병합하려 하지 않기를 미국은 희망한다. 이 섬들이 쿠릴섬의 일부를 이룬다는 주장은 역사적으로 근거가 약하며, 여타의 소유자보다도 일본에 이 섬들은 항해상 및 어업상 중요성을 가지고 있다"라고 쓸 것을 제안했다. 이런 표현과 동시에 자신이 제안한 일본에 귀속될 영토를 다룬 제3조에 에토로후, 구나시리, 시코탄, 하보마이섬을 특정해 포함시켜야 한다고 주장했다. 일본 외무성의 주장과 완벽하게 일치한다.

다섯째, 독도의 처분에 관한 주장이다. 전문은 이렇게 기술되어 있다.

이전에 일본이 소유했던 한국 방면 섬들의 처분과 관련해, 리앙쿠르암(다케시마)을 우리가 제안한 제3조에서 일본에 속하는 것으로 특정해야 한다고 제안한다. 이들 섬에 대한 일본의 주장은 오래되었으며 유효한 것으로 보이며, 이들을 한국 해안 외곽의 섬들로 간주하기는 어렵다. 또한 안보적으로 고려할 때, 이들 섬에 기상 및 레이더 기지를 설치하는 것은 미국에도 이익이 결부된 문제가 된다.[99]

시볼드의 주장은 다음의 네 가지이다. 첫째, 조약 제3조에 독도를 일본령으로 특정해야 한다. 둘째, 독도에 대한 일본의 주장은 '오래'되었으며 '유효'

---

99) 원문은 다음과 같다. With regard to the disposition of islands formerly possessed by Japan in the direction of Korea it is suggested that Liancourt Rocks(Takeshima) be specified in our proposed Article 3 as belonging to Japan. Japan's claim to these islands is old and appears valid, and it is difficult to regard them as islands off the shore of Korea. Security considerations might also conceivably render the provision of weather and radar stations on these islands a matter of interest to the United States.

하다. 셋째, 독도를 한국 해안 외곽의 섬으로 볼 수 없다. 넷째, 독도에 기상·레이더 기지를 설치한다면 미국에도 이익이 된다.

그런데 여기에는 근거자료가 단 하나도 제시되어 있지 않다. 시볼드가 국무부에 보낸 이 보고서의 어디에서도 그가 주장하는 바의 근거는 밝혀져 있지 않았다. 관련 문서나 근거자료가 전혀 제시되지 않은 것이다. 우리가 할 수 있는 것은 합리적 추정이며, 파편적 자료를 통한 퍼즐 맞추기이다.

시볼드의 주장은 매우 교묘했는데, 독도를 일본령으로 특정해야 하는 이유를 설명하는 방식과 논리구도가 먼저 일본의 주장을 옹호하고, 한국의 입장은 완전히 무시한 후, 미국에 군사적 이득이 된다고 설명하는 방식을 취했기 때문이다. 시볼드는 주장에 앞서 먼저 질문을 했어야 마땅했다. 시볼드가 먼저 했어야 하는 합리적 질문은 왜 국무부가 독도를 한국령으로 표시했는가였다. 그리고 그에 반대하는 자신의 근거를 제시했어야 했다. 그의 다음 질문은 독도에 대한 한국(정부)의 입장이 무엇인지를 한국정부와 주한미대사관에 확인하는 작업이어야 했다. 그런 후에 마지막으로 일본의 주장과 미 국무부 및 한국정부의 입장을 비교하는 것이 논리적이며 합리적인 방법이었다.

독도가 일본령이라는 시볼드의 논리에는 1947년 6월 일본 외무성이 간행한 팸플릿「일본의 부속소도, Ⅳ, 태평양 소도서, 일본해 소도서」의 흔적이 명백히 존재한다. 시볼드가 인용한 것은 "다줄렛(Dagelet, 울릉도)에 대해서는 한국 명칭이 있지만, 리앙쿠르암에 대해서는 한국명이 없으며, 한국에서 제작된 지도에서 나타나지 않는다는 점에 주목해야 한다. 1905년 2월 22일 시마네현 지사는 리앙쿠르암을 시마네현(島根縣) 소속 오키도사(隱岐島司) 소관으로 정한다는 현 포고를 공포했다"라는 대목이었을 것이다.[100] 일본 주장의 '오래되고 유효한' 근거 및 한국령을 부정하는 근거로 일본 외무성의 거짓말을 활용

---

100) Minor Islands Adjacent Japan Proper, Part Ⅳ, "Minor Islands in the Pacific, Minor Islands in the Japan Sea," June, 1947, pp. 9~10.

했던 것이다.

또한 독도에 기상 및 레이더 기지를 설비하자는 제안에서는 대한제국이 일본 제국주의에 당했던 침략적 만행을 미국의 군사적 이익과 결합시키는 교묘한 책략을 발견하게 된다. 시볼드는 러일전쟁기 독도에 일본 해군의 무선전신과 감시망루가 설치되었던 사실을 원용한 것으로 보인다. 이런 사실은 일본 외무성의 팸플릿에는 등장하지 않았다. 그렇다면 이는 분명 일본 외무성을 통해 확보한 정보·자료였을 가능성이 농후했다. 만약 시볼드가 주일미극동군사령부·연합군최고사령부의 자료를 활용했다면, 독도를 미공군의 폭격연습장으로 활용하며 한반도를 반경으로 하는 작전에서 좌표확인 지점으로 활용할 수 있다고 서술했을 것이다. 그러나 기상·레이더 기지 운운은 시볼드의 정보 출처가 주일미군측이 아니라 일본 외무성측이었으며, 러일전쟁의 경험을 원용했음을 의미했다.

1952~1953년 일본 외무성이 독도를 주일미공군의 폭격연습장으로 지정한 결과, 일본은 미일합동위원회에서 미국으로부터 독도가 일본령임을 확인하는 성과를 거두었고, 미국은 군사적인 폭격연습장으로 독도를 활용하는 이점이 있었던 반면, 한국은 자국령에서 어로작업을 벌이던 한국 어선·어민들이 미공군의 폭격에 생사존망의 위기에 처했고 영토주권은 심각한 위협에 처하게 되었다. 즉, 독도영유권 주장을 위해 한국의 영토주권을 부정하고, 미국의 이익을 권유하며, 일본의 영유권을 확보하는 일·미·한 3국의 관계 설정이 시볼드의 보고서의 핵심에 놓인 생각이자 판단이었다. 그리고 이것은 너무 익숙한 방식이어서, 시볼드로부터 발원했다고 보기 어려운 것이기도 했다. 그 배경에 일본 외무성의 논리와 접근방법이 자리했다고 판단하는 것이 억측은 아닐 것이다.

이상과 같이 시볼드는 국무부의 11월 2일자 조약 초안에 대한 두 차례의 보고서에서 독도가 한국령이 아니라 일본령이라는 터무니없는 주장을 했다. 또한 위에서 살펴본 것처럼, 조약 초안에 대한 시볼드의 전반적 검토결과는 노골적인 친일 주장이자, 국제적 합의나 미국의 공식정책을 부정하는 것이었다. 때문에 시볼드가 1949년 11월 2일자 국무부 조약 초안에 대한 대처방안·보고서를 작성하면서 과연 일본측과 상의하거나 도움을 받았는지 여부는 미상이지만, 이에 대해 의문이 생기는 것은 자연스러운 귀결이다.

소극적으로 생각하면 시볼드가 일본 외무성 및 관계당국에 특정조항에 대한 의견이나 자료를 요청했을 수 있다. 보다 적극적으로 판단하자면 시볼드가 조약 초안을 일본 외무성에 수교했거나, 내용의 주요 핵심을 넌지시 통지했을 가능성도 배제할 수 없다. 시볼드가 과연 이 초안과 관련해 일본 외무성과 어떤 접촉을 가졌을까 하는 의문은 많은 매혹적 상상을 불러일으킨다.

시볼드가 남긴 회고록과 자료에는 이에 대한 확증이 없다. 일본측 회고록들은 시볼드에게 깊은 밤 비밀리에 많은 일본 외무성 자료를 건넸다고 했으나, 반대로 시볼드를 통해 미국측 자료·정보가 일본 외무성으로 건너갔는지 여부는 명확하지 않다. 그러나 분명한 것은 일본 외무성이 미 국무부의 1949년 10월 13일자 초안과 1949년 11월 2일자 초안의 존재에 대해 정확하게 파악하고 있었다는 사실이다. 일본 외무성 홈페이지의 기록이다.

> 1949년 10월 말부터 11월 초까지 미국 주도로 대일평화조약 초안이 제시되고 있다는 정보가 입수되었다. 이를 접한 외무성은 1949년 11월 4일 각연락조정지방사무국장(各連絡調整地方事務局長)에게 전보를 보내 평화조약이 미국 주도로 소련을 제외하는 형식으로 체결될 것이라는 소식을 전했다.[101]

일본 외무성이 어떻게 1949년 10월 말부터 11월 초까지 미국 주도로 대일평화조약 초안이 작성되고 있다는 극비상황을 인지하게 되었는지는 명확하

---

101) http://www.mofa.go.jp/mofaj/annai/honsho/shiryo/bunsho/h17.html; 日本外務省, 2006, 위의 책.

지 않다. 일본 외무성 공개 외교문서에 따르면, 정보의 원천은 대부분 외국 언론·신문의 보도와 일본특파원의 보도로 되어 있다. 10월 29일자로 작성된 「대일강화문제를 둘러싼 보도와 각국의 동향에 대해」라는 극비문건은 아사히신문 워싱턴특파원의 보도를 인용해 미국이 대일강화를 더 이상 연기하지 않을 것이며, 소련을 배제하고도 대일강화를 체결할 굳은 결심을 하고 있다고 했는데, 이는 조지 케넌의 발언을 인용한 것이었다. 그 외에 INS·뉴욕타임스·AFP·UP 등을 인용했다.[102] 또한 11월 4일 요시다 시게루 외상은 '각연락조정지방사무국' 앞으로 보낸 전보 「(合第329號) 대일강화문제의 최근 동향」에서 미국이 작성한 조약 초안이 2개월 내에 완성되어, 영국과 기타 관계국에 제시될 것이라는 AP·AFP 워싱턴 보도를 인용하고 있으며, 또한 뉴욕타임스 워싱턴특파원의 보도에 따르면, 미국은 첫째 소련의 대일강화회의 참가 여부, 둘째 중공 정권과 국민당정부 중 어느 쪽을 중국 대표로 할 것인가 하는 문제로 곤란에 처해 있지만, 소련의 참가·불참에 관계없이 조약을 추진할 것이라고 명기했다.[103] 여기에 주목할 점이 있다. 일본 외무성이 각연락조정지방사무국에 소련을 배제한 단독강화 소식을 알린 날짜가 11월 4일이었다는 사실이었다.

　　미 국무부 문서에 따르면, 국무부가 대일평화조약 초안을 완성했다는 소식이 언론에 알려진 것은 1949년 11월 6일 『워싱턴스타』(Washington Star)지를 통해서였다.[104] 국무부에서는 소동이 일어났다. 누가 정보를 누출했는가를 둘러싼 것이었다.[105] 동경에서 대일평화조약에 대한 보도가 알려진 것은 11월 22일이었다. UP 소식통을 이용한 보도는 동경을 거쳐 워싱턴으로 돌아왔다.[106] 워싱턴 정가 소식에 정통한 미국 주류 언론조차 11월 6일에야 보도할 수

---

102) 「對日講和問題をめぐる報道振りと各國の動向について」(1949. 10. 29), 日本外務省, 2006, 위의 책, 423~429쪽.
103) 「對日講和條約をめぐる各國の動向について」(吉田外務大臣→各連絡調整地方事務局)(電報)(1949. 11. 14), 日本外務省, 2006, 위의 책, 429~430쪽.

있는 사실을 태평양 너머 동경의 일본 외무성은 11월 초에 인지했으며, 11월 4일에는 이에 대한 대책까지 통보한 것이었다.

이런 맥락에서 보자면, 주일미정치고문실 혹은 연합군최고사령부 외교국측에서 국무부의 조약 초안 완성경과를 누설했을 가능성이 없지 않다. 앞서 살펴본 시모다 다케소(下田武三)의 증언처럼, 깊은 밤 빈번히 시볼드의 사무실에 자료를 전했던 일본 외무성은 국무부 극동국의 조약 초안 준비작업을 잘 알고 있었던 것이다. 일본 외무성이 표현한 것은 이 정도가 전부이지만, 우리는 이 초안이 동경의 주일미정치고문실에 전해진 이후의 행적에 대해 합리적 의문을 갖게 된다.

미 국무부 극동국장 버터워스가 시볼드에게 1949년 11월 2일자 조약 초안을 송부한 것은 1947년 11월 4일이었다.[107] 시볼드의 첫번째 답변 보고서가 11월 14일이었으니, 그사이 10일 동안 주일미정치고문실에서 긴밀한 논의가 전개되었을 것이다. 그리고 주일미정치고문실의 답변 내용에 비추어볼 때 독자적으로 작성했다고 보기 어려운 친일적 주장들이 용어와 문맥 곳곳에 배어 있다. 우리는 주일미정치고문실의 보고서 작성에 일본 외무성이 긴밀히 협력했거나, 주일미정치고문실이 일본 '친구'들의 도움을 받았을 것이라고 충분히 '상상'할 수 있다.

104) "U.S. Nearly Ready With Japanese Treaty Ending Occupation," Washington Star, (1949. 11. 6), RG 59, Department of State, Decimal File, 740.0011PW(Peace)/11-749. 이 기사는 미국이 일본과 연합국 간의 평화조약을 제안하는 최초의 미국 초안을 거의 완성했으며, 그 핵심은 군사점령을 종식하는 동시에 별도의 군사조약을 맺어 미군의 일본기지를 확보하는 것이라고 보도했다. 기사는 미국이 1949년 12월 1일경 영국 및 여타 태평양전쟁 동맹국들과 함께 협상을 개시하기 위해 미국 초안을 만든 것이며, 이는 1950년 평화회담의 예비회담이라고 보도하고 있다.
105) Memorandum for Ambassador Jessup, by Walter Wilds, S/A(1949. 11. 7), RG 59, Department of State, Decimal File, 740.0011PW(Peace)/11-749.
106) Telegram by Sebald to the Secretary of State, no.509(1949. 11. 23), RG 59, Department of State, Decimal File, 740.0011PW(Peace)/11-2349.
107) Letter by W. Walton Butterworth to William J. Sebald, Acting United States Political Adviser for Japan, (1949. 11. 4), RG 59, Department of State, Decimal File, 740.0011PW(Peace)/11-449.

(2) 주한미대사의 한국 참가 요청

● 주한미대사 무초의 간단한 보고서(1949. 12. 3): 한국의 참가를 요청

1949년 12월에 영국에 전달하려고 제작된 미 국무부의 1949년 11월 2일자 초안은 동경의 맥아더·시볼드와 국방부장관에게만 전달되었다. 연합국측 누구도 알지 못했다. 동경의 시볼드가 1949년 11월 14일과 19일에 걸쳐 어떤 근거도 제시하지 않은 채 독도가 일본령이라는 강력한 주장을 편 사이, 한국 정부와 주한미대사관은 어떤 일이 벌어지고 있는지 알지 못했다.

국무부가 주한미대사관에 유일하게 귀띔한 것은 대일평화조약 참가자격 문제였다. 국무차관 웹은 1949년 11월 23일 주한미대사 존 무초(John J. Muccio)에게 전문을 보냈다.[108] 웹은 국무부가 일본에 선전포고를 했거나 교전상태에 있었던 모든 국가들을 대일평화조약의 당사자로 할 계획이며, 극동위원회(FEC)의 13개 국가가 실질적 협상국(actual negotiating powers)이 되며, 나머지 38개국은 자문자격(consultative capacity)으로 참가하게 될 것이라고 밝혔다. 웹은 현재 초안에는 한국을 협상국·자문국 중 어떤 범주에도 포함시키지 않았으니, 대일평화조약에 한국이 참여하는 문제에 대해 그 여부와 어느 정도까지 조항에 반영해야 될지를 긴급 문의했다.

이러한 문의를 받은 무초가 답변할 수 있는 범위는 이미 결정된 것이나 다름없었다. 초안의 내용도, 작성과정도, 평화조약의 구체적 내막도 알지 못했던 무초는 현지의 여론을 반영해 최선을 다하는 수밖에 없었다. 무초는 한국을 일정 자격으로 대일평화조약에 참가시킬 것을 강력히 요청했다. 무초는 한국인들은 물론 실질적 협상국 지위를 요구하겠지만, 한국인들에게 왜 이것이 불가능하거나 혹은 실현 불가능한지를 잘 설명하면 자문 자격으로 참가하도

---

108) Telegram by Webb to Muccio, no.984(1949. 11. 23), RG 59, Department of State, Decimal File, 740.0011PW(Peace)/11-2349. 이 문서는 극동국 동북아시아과의 나일스 본드(Niles W. Bond)가 기안했다.

록 설득할 수 있을 것이라고 했다.[109] 무초의 선택은 협상국이 아닌 자문국으로 한국을 참가시키라는 것이었다.

무초는 공식적·비공식적으로 볼 때 한국이 일본에 대항해 교전상태였다고 판단했다. 그 증거들로 한국 군대가 중국군과 함께 대일전 전투에 참여했고, 수십년간 만주에서 한국인 게릴라들이 반일투쟁을 지속했으며, 중국에 있던 대한민국임시정부가 현지 한국 군대에 의해 최고지도부로 명백히 승인되었던 점 등을 제시했다. 무초는 이승만 대통령과 한국 관리들이 한국의 대일평화조약 참가를 공언한 사실을 지적하며, 만약 한국이 전적으로 배제된다면 한국정부의 위신이 심각하게 손상될 것이며, 한국을 강화하는 데 있어 미국과 유엔이 뒷걸음질치고 있다는 증거로 간주될 것이라고 주장했다. 무초는 일본도 한국이 참가하는 평화조약에 따라 한국에 대한 모든 주권의 양도를 재확인하는 것이 필요하다고 보았다. 무초의 판단은 한국의 주장처럼 1905년으로 거슬러 올라가 일본에 비현실적인 청구를 하는 것보다는, 한국에 있는 일본의 공사(公私) 간의 재산을 일본의 총배상으로 받아들이도록 설득해야 한다고 보았다. 무초는 한국의 대일평화조약 참가가 다른 협상국들을 불편하게 하지는 않을 것으로 판단했다. 무초는 한국을 공식적으로 초대하기 전에, 한국정부에 추가배상요구를 하지 않는 조건으로 초대되었음을 사적으로 알려야 한다고 제안했다.

무초는 미국이 한국의 조약참여를 설득하는 데 있어 또 하나 고려해야 할 점은 한일문제가 양자협상보다는 국제적 포럼을 통해서 보다 잘 해결될 수 있다는 사실이라고 밝혔다.[110] 1951년 샌프란시스코평화회담 이후 한일 예비회담이 개시되면서 가장 중요한 쟁점 중의 하나가 한일관계 정상화를 양자회담

---

109) Telegram by Muccio to the Secretary of State, no.1455(1949. 12. 3), RG 59, Department of State, Decimal File, 740.0011PW(Peace)/12-349.
110) Telegram by Muccio to the Secretary of State, no.1455(1949. 12. 3), RG 59, Department of State, Decimal File, 740.0011PW(Peace)/12-349.

에 맡길 것인가 아니면 미국 등 주요 연합국이 참여하는 일종의 원탁회의에서 해결할 것인가 하는 것이었다. 주일미정치고문 시볼드는 한일 양국회담을 통해 문제를 해결해야 하며 여기에 미국이 개입하지 말아야 한다고 했는데, 40여 년간 침략자에게 시달렸던 피해자 한국과 가해자 일본의 이해·입장 차이가 워낙 현저하게 컸기 때문에, 양국회담은 실질적으로 일본의 입장을 적극 옹호하는 것일 수밖에 없었다. 일본은 한국에 용서와 사과, 배상과 보상 등 무엇인가 제공할 수밖에 없는 입장이었고, 한국은 침략과 피해에 대해 일본에 많은 것을 요구할 수밖에 없는 입장이었다. 침략자였던 일본과 피해자였던 한국이 관계를 정상화하기 위해서는 무초의 판단처럼 공정한 중재자나 압력 행사자가 필요했던 것이다. 역사적 배경을 무시한 채 '완벽한 양자회담'을 주장하는 것은 불공정하며, 실질적으로는 일본의 입장을 대변한 것이었다.

이상과 같이 무초가 중시한 것은 대일평화조약에 한국을 자문국으로 참가시키는 대신 추가배상요구를 차단해야 하며, 한일관계는 양국협상이 아닌 국제적 포럼을 통해 해결해야 한다는 입장이었다. 이런 무초의 입장은 미국 외교관으로 가능한 범위의 답변이었으며, 미 국무부의 입장에서 볼 때 예상 가능하고 적절한 답장이었을 것이다. 한국과 한국정부의 입장에서 볼 때는 중립적이면서 다소 우호적인 입장이지만, 시볼드의 경우처럼 한국을 두둔하는 적극적인 반응은 아니었다고 할 수 있다.

무초의 답변이 중립적이고 현실주의적이었던 데 반해, 같은 시기 시볼드의 대응은 도가 지나칠 정도로 일본의 입장과 이익을 적극 옹호하는 것이었다. 이 시점부터 시볼드는 국무부에 일본의 입장을 지지하는 다수의 문건들을 전달하는 중개자의 역할을 마다하지 않았다.

한편, 무초의 보고 이후 국무부 정보조사국(OIR) 산하 극동조사과(DRF)에서는 보고서 제163호로「대한민국의 대일평화조약 참가」(1949. 12. 12)를 검토했다.[111] 이 보고서는 한국의 교전국 지위 요구에 부정적 견해를 표명하며 대한민국임시정부가 국제적 승인을 받지 못했다고 지적했다. 보고서는 한국이 평화회담에 참여할 경우 ① 한국이 일본에 상환·배상을 과도하게 요구할 것, ② 한국의 참가 시 북한 또한 참가를 요구할 것, ③ 북한 배제 시 한국에 대한 북한·소련의 압력이 거세질 것으로 전망했으며, 한국이 배제될 경우 일본·미국에 대한 반감이 고조될 것으로 예상했다. 무초의 의견서와 극동조사과의 보고가 있은 후 국무부는 제6차 초안(1949. 12. 29)에 한국을 협상국 및 서명국 명단에 올렸다. 이는 한국에 대한 미국의 개입을 전제로 '한국의 위신'에 따른 미국의 전략적 고려였다. 한국전쟁 발발 이후 덜레스 역시 한국이 자유세계에서 지니는 심리적이며 상징적 위치에 비추어 대일평화조약 참여가 필요하다고 판단하고 있었다.

- **1949년 12월 19일자 구일본 영토의 처분에 관한 협정(안): 리앙쿠르암(독도)은 한국령**

한국에서 이 문서는 1949~1950년 연합국이 극비리에 체결한 「연합국의 구일본 영토 처리에 관한 합의서」로 알려져 있다.[112] 원래의 영문 제목은 '구일본 영토의 처분에 관한 협정'(Agreement Respecting the Disposition of Former Japanese Territories)이다. 이 문서는 1950년 날짜 미정일의 연합국과 일본 간 협정을 예상하고 만들어졌으며, 작성일은 1949년 12월 19일이다.[113] 이 문서는 국무부 문서철 여러 곳에서 발견된다.[114]

---

111) DRF no.163, "Participation of the ROK in the Japanese Peace Settlement," (1949. 12. 12), RG 59, Records of the Division of Research for Far East, Lot 58D245.
112) 신용하, 2001, 「일본측의 '1951년 샌프란시스코 평화조약에서는 독도를 한국영토로 제외시킴으로써 독도가 일본 영토임을 인정받았다'는 주장에 대한 비판」, 『독도영유권에 대한 일본 주장 비판(신용하 저작집 38)』, 서울대학교출판부, 159~162쪽.
113) 이석우, 2002, 「미국 국립문서보관소 소장 독도 관련 자료」, 『서울국제법연구』 제9권 1호, 155~156쪽.
114) RG 59, Office of Northeast Asia Affairs, Records Relating to the Treaty of Peace with Japan–Subject File, 1945-51, Lot 56D527, Box 4, Folder "Second Installment Peace Treaty Material," also Box 5.

이 문서는 시볼드가 조약 초안 검토보고서(1949. 11. 19)에서 주장한 새로운 영토조항 처리방안을 문서화한 것으로 보인다. 시볼드는 국무부의 1949년 11월 2일자 조약 초안의 '일본이 이양할 영토조항'을 모두 생략한 후, 연합국들이 일본의 관할하에 있던 구영토들의 처분에 동의한다는 조약의 부속서류를 만들자고 제안한 바 있다. 즉, 이 문서는 시볼드의 주장과 건의를 반영해 만들어진 일종의 실험판이었으며, 대일평화조약의 당사국인 연합국·협력국(The Allied and Associated Powers)이 구일본 영토의 처분에 관해 합의를 도출하기 위한 시안·초안의 성격이 강했다.

이런 맥락에서 이 문서는 1949년 11월 2일자 초안의 제4조부터 제12조까지가 다루던 범위, 즉 '일본이 이양할 영토조항'의 새로운 처리방안을 담고 있다. 이 협정(안)은 총 5개 조항으로 구성되었는데, 제1조 중국에 귀속될 지역(대만 및 인근 소도), 제2조 소련에 귀속될 지역(북위 50도 이남 사할린섬 및 가이바, 로벤섬, 쿠릴섬을 포함한 인접 섬), 제3조 대한민국에 귀속될 지역, 제4조 유엔 신탁통치하에 두어질 지역(오가사와라제도, 이오지마, 오키노토리시마, 미나미토리시마), 제5조 미국 신탁통치하에 두어질 지역(북위 29도 이남의 류큐제도) 등을 규정하고 있다.

이 문서는 시볼드의 건의를 받아들여, 평화조약 초안에서 「일본이 이양할 영토조항」을 따로 분리해 별도의 협정안을 부속서류 형식으로 만든 것이지만, 내용에서는 시볼드의 주장과 차이가 있었다. 대만을 주민에 의한 신탁통치로 처리하자는 의견은 기각되었고, 북방 4개 섬을 일본에 주자는 주장은 채택되었다. 반면, 리앙쿠르암(독도)을 일본령으로 하자는 주장은 채택되지 않았다. 즉, 이 문서는 리앙쿠르암(독도)이 한국령이 아니라 일본령이라는 주일 미정치고문 시볼드의 주장(1949. 11. 14, 11. 19)에도 불구하고 독도(Liancourt Rocks(Takeshima))를 한국령으로 표기하고 있다. 이 문서에서 한국에 귀속될 지역은 다음과 같이 규정되었다.

제3조

연합국·협력국들은 대한민국(the Republic of Korea)에 한국 본토 및 한국 근해 모든 섬에 대한 모든 권리 및 권원과 완벽한 주권이 이양되어야 한다는 데 동의한다. 여기(한국 근해 모든 섬)에는 제주도〔Quelpart(Saishu To)〕, 島內海〔Port Hamilton(Tonaikai)〕를 구성하는 거문도〔Nan How Group(산도 혹은 거문도)〕, 울릉도〔Dagelet Island(Utsuryo To, Matsu Shima)〕, 리앙쿠르암〔Liancourt Rocks(Takeshima)〕을 포함한 한국 근해의 모든 섬들 및 …… 외측에 위치하며, 동경 124도 15분 경도선의 동쪽까지, 북위 33도 위도선의 북쪽까지, 두만강 입구의 바다 쪽 종점의 경계선으로부터 비롯된 계선의 서쪽부터 북위 37도 30분 동경 132도 40분까지에 위치한, 일본이 권원을 획득한 기타 모든 도서(islands)와 작은 섬(islets)들이 포함된다. 이 계선은 현 조약에 첨부된 지도에 표시되어 있다.[115]

이 협정(안)의 한국령 표시는 1947년 8월 초안 이후 국무부 초안과 거의 동일하다. 1947년의 초안들과 다른 부분은 일본으로부터 주권을 회복할 주체로 '대한민국'(the Republic of Korea)이 특정되었다는 점 정도이다.

이 협정(안)에는 일본 영토를 어떻게 규정한다는 내용은 포함되지 않았다. 다만 중간에 다른 종류의 문서 한 장이 들어 있는데, 일본 영토를 규정한 조약 초안 제2장 영토조항 제3조의 내용이었다. 이 영토조항 제3조는 1949년 11월

---

115) 영문은 다음과 같다. Article 3. The Allied and Associated Powers agree that there shall be transferred in full sovereignty to the Republic of Korea all rights and titles to the Korean mainland territory and all offshore Korean islands, including Quelpart(Saishu To), the Nan How group(San to, or Komun Do) which forms Port Hamilton(Tonaikai), Dagelet Island(Utsuryo To, or Matsu Shima), Liancourt Rocks(Takeshima), and all other islands and islets to which Japan had acquired title lying outside … and to the east of the meridian 124°15′E. longitude, north of the parallel 33°N. latitude, and west of a line from the seaward terminus of the boundary approximately three nautical miles from the mouth of the Tumen River to a point in 37° 30′N. latitude, 132°40′E. longitude. This line is indicated on the map attached to the present Agreement.

2일자 초안, 1949년 11월 19일자 시볼드의 수정제안, 1949년 12월 29일자 초안과도 다른 것이다. 여기에서 일본령은 다음과 같이 규정되었다.

제2장 영토조항
제3절

일본의 영토는 혼슈, 규슈, 시코쿠, 홋카이도 등 일본의 주요 4개 섬과 부근 제 소도로 구성되며, 여기에는 세토나이카이(Inland Sea, 瀨戶內海)의 섬들이 포함되며, 쓰시마(Tsushima, 對馬島), 다케시마〔Takeshima(Liancourt Rocks)〕, 오키열도(Oki Retto, 隱岐), 사도(Sado, 佐渡島), 오쿠지리(Okujiri, 奧尻島), 레분(Rebun, 禮文島), 리이시리(Riishiri, 利尻島) 및 쓰시마(Tsushima, 對馬島), 다케시마〔Takeshiam(Liancourt Rocks)〕, 레분(Rebun, 禮文島) 먼 앞바다를 연결하는 계선 내의 일본해〔Japan Sea(Nippon Kai)〕에 위치한 기타 모든 섬들이 포함되며; 고토군도(Goto Archipelago, 五島群島), 북위 29도 이북의 류큐제도, 그리니치 표준 동경 127도 동쪽, 북위 29도 북쪽의 동중국해의 기타 모든 섬들이 포함되며; 이즈제도(Izu Islands, 伊豆大島)부터 남쪽으로 Sofu Gan(Lot's Wife)까지와 거명된 섬들보다 본토 섬들에 더 가까운 필리핀해의 다른 모든 섬들이 포함되며; 하보마이섬과 시코탄이 포함된다. 위에서 확인한 모든 섬들은 3마일의 영해 벨트와 함께 일본에 속할 것이다.[116]

이 초안의 영토조항은 1949년 11월 2일자 초안의 일본 영토조항 — 1949년 11월 19일 시볼드의 수정안 — 1949년 12월 29일자 초안의 일본 영토조항으로 이어지는 과도기적 상황을 보여주고 있다. 즉, 이 일본 영토조항은 독도가

---

116) "Chapter II Territorial Clauses, Article 3," RG 59, Office of Northeast Asia Affairs, Records Relating to the Treaty of Peace with Japan-Subject File, 1945-51, Lot 56D527, Box 6, Folder "Second Installment Peace".

한국령에서 배제되어 일본령으로 표시되어가는 과정을 보여주고 있다. 「구일본 영토의 처분에 관한 협정」시안에는 리앙쿠르암(독도)이 한국령으로 표시되어 있지만, 함께 수록된 「(조약 초안) 제2장 영토조항 제3조(일본 영토)」에서는 다케시마(리앙쿠르암)를 일본령으로 표시했기 때문이다. 또한 일본령을 규정하는 방식이 1949년 11월 2일자 초안과는 달랐는데, 이전 영토표식의 주요 방법이었던 직선으로 이루어진 영토계선이 사라진 대신 독도를 일본령으로 표시하기 위해 대마도-독도-레분(예문도)을 잇는 선을 새로 도입한 특징을 지니고 있다.

이런 측면에서 볼 때, 이 문서는 시볼드가 보고서(1949. 11. 14, 11. 19)를 통해 대일평화조약문에서 일본 영토규정을 삭제하며, 일본 영토에 관한 새로운 협정안을 마련하자고 제안한 데 따른 것으로 보인다. 즉, 미 국무부 극동국(동북아시아과)이 새로운 조약 초안(1949. 12. 29)을 준비하는 과정에서 일본에서 배제될 영토들을 별도의 협정문을 만들어 대일평화조약의 부속서류로 만들려고 시도한 결과였다. 이 과정에서 리앙쿠르암(독도)을 일본령으로 표시했던 것이다. 즉, 이 문서는 1949년 12월 29일자 초안으로 가는 과도기적 상황을 반영한 것이었다.

그간의 사정은 12월 29일자 초안과 함께 동북아시아과의 피어리가 동북아시아과장 앨리슨에게 보낸 비망록에 드러나 있다. 피어리에 따르면, 동북아시아과는 시볼드의 제안을 받아들여 새로운 초안을 작성하고 검토했다. 즉, 조약 초안의 영토조항은 일본이 보유하지 않게 될 지역의 모든 권리·권원을 포기한다고 간단히 명기하며, 그 대신 연합국·협력국이 별도의 협정으로 이들 지역의 처분을 결정하는 문제였다. 그런데 법무실의 피셔(Fisher)와 논의한 결과, 만약 중국과 소련이 조약에 참가하지 않는다면 대만·사할린·쿠릴에 대한 미국의 입장을 약화시킬 수 있다는 판단에 도달했고, 이에 따라 이 방안은 기각되었다.[117]

(3) 뒤바뀐 독도영유권(1949. 12~1950)

● 1949년 12월 29자 초안 및 논평: 한국의 회담참가, 리앙쿠르암(독도)은 일본령

앞서 설명한 것처럼, 1949년 하반기에 갑자기 대일평화조약 초안작업이 속도를 낸 것은 1949년 12월 말까지 영국정부에 미국의 공식초안을 제출하기 위해서였다. 1949년 11월 2일 조약 초안을 완성한 후 국무부는 동경(맥아더·시볼드)과 국방장관에게 논평을 요청했고, 시볼드는 강력한 비판과 변경주문을 했다.

반면, 국방부의 반응은 매우 느리고 신중했다. 본질적으로 국방부는 대일평화조약의 조기체결이 시기상조라는 판단을 가지고 있었다. 합참은 1949년 12월 22일자 비망록에서 대통령이 채택한 NSC 13/3(1949. 5. 6)에서 대일평화조약은 아직 시기상조라고 했으며, 이는 1949년 6월 9일 합참에 의해 재확인되었다고 강조했다.[118] 미국의 안보적 이해를 고려할 때, 남태평양 도서의 미국 신탁통치, 북위 29도 이남의 류큐제도 등의 보유, 오키나와 지역, 요코스카항 해군기지, 일본 본토의 육해군기지들의 유지가 전제되지 않는 한 대일평화조약 조기 체결은 불가능하다고 생각했다.

국방부의 조기강화 거부로 미 국무부는 1950년 1월 9일로 예정된 영연방 외상들의 실론회의(Ceylon Conference)에 맞춰 미국의 초안을 제출하는 것이 불가능하다고 판단했다.[119] 그러나 국무부는 일본과의 평화조약 조기체결이

---

117) Memorandum by Fearey to Allison, Subject: Japanese Treaty(1949. 12. 29), RG 59, Office of Northeast Asia Affairs, Records Relating to the Treaty of Peace with Japan-Subject File, 1945-51, Lot 56D527, Box 2.
118) Memorandum for the Secretary of State, Subject: Japanese Peace Treaty(1949. 12. 22), 740.0011PW (Peace) series.
119) Memorandum by Butterworth(FE) to the Secretary of State(1949. 11. 28), 740.0011PW(Peace) series; Memorandum of Conversation(1949. 12. 21), 740.0011PW(Peace)/12-2149. 버터워스는 영국대사관의 그레이브스(Graves) 참사관을 만나 국방부가 조약 초안의 안보조항에 대한 논평을 주지 않아, 영국에 초안을 제시할 수 없다고 설명했다. 실제 회의는 실론이 아닌 콜롬보에서 개최되었다.

필요하다는 1급 비밀문서를 작성했는데(1949. 12. 5), 핵심은 소련을 배제한 채 미국이 일본에 군사기지와 군대를 유지하며, 일본군을 재무장한다는 것이었다.[120] 1949년 12월 8일자로 작성된 1급 비밀문서 역시 소련을 배제한 채, 미국이 일본 내 기지를 유지하는 것을 포함한 미국 및 우호 동맹국과 일본 간의 평화조약을 상정하고 있었다. 즉, 전면강화가 아닌 단독강화, 다수강화의 법률적 측면들을 검토하고 있었다.[121] 이 시점에 이르러 단독강화·다수강화가 미국의 공식입장으로 정리되었던 것이다.

이런 과정 속에서 1949년 12월 29일자 초안이 완성되었다. 이 초안의 명칭은 「일본과의 평화조약 초안」(Draft Treaty of Peace with Japan)이었다.

이 초안의 수정작업은 국무부 극동국 동북아시아과의 로버트 피어리가 담당했는데, 이 초안을 첨부한 비망록에서 11월 2일자 초안과 12월 29일자 신 초안의 특징을 다음과 같이 비교·정리했다.

1. 버마·인도네시아·파키스탄은 기본 서명국(협상회의 참가국)으로 추가되었고, 실론·한국은 그 밖의 서명국으로 추가됨.
2. 기본원칙을 다룬 제1장은 부분적으로 재수정되었으나, 본질에서는 큰 변화가 없음.
3. 하보마이·시코탄·리앙쿠르암이 일본령으로 새로 포함됨.
4. 영토조항의 후반부 6개 조문이 2개 조문으로 요약됨.
5. 구초안 19조(일본이 특정 추가 전쟁범죄 혐의자의 체포를 보장하도록 함)가 삭제됨.
6. 구초안 38조(일본에서 발행된 연합국 군표의 상환)가 삭제됨.

---

120) "Analysis of Reasons for an Early Peace Treaty with Japan," (1949. 12. 5), 740.0011PW(Peace) series.
121) "Legal Situation Resulting from Treaty of Peace with Japan by U.S. and Friendly Allies Involving U.S. Bases in Japan, to which the U.S.S.R. is not a Party," (1949. 12. 8), 740.0011PW(Peace) series.

〈표 5-5〉 대일평화조약 초안의 체제 비교(1949년 11월·12월)

장 \ 초안	1949년 11월 2일자 초안	1949년 12월 29일자 초안
제1장	기본원칙(1~2조)	기본원칙(1~2조)
제2장	영토조항(3~12조)	영토조항(3~8조)
제3장	특별정치조항(13~17조)	특별정치조항(9~13조)
제4장	전범(18~19조)	전범(14조)
제5장	일본의 안보(20~30조)	일본의 안보(15~25조)
제6장	전쟁에서 파생된 청구권(31~38조)	전쟁에서 파생된 청구권(26~31조)
제7장	재산, 권리, 이익(39~43조)	재산, 권리, 이익(32~36조)
제8장	일반경제관계(44~49조)	일반경제관계(37~41조)
제9장	분쟁의 조정(50조)	분쟁의 조정(42조)
제10장	최종 조항(51~53조)	최종 조항(43~44조)
부속서류	11개	9개

〔출전〕 1949년 11월 2일자 초안("Treaty of Peace with Japan," (1949. 11. 2), RG 59, Department of State, Decimal File, 740.0011PW(Peace)/11-1449); 1949년 12월 29일자 초안("Draft Treaty of Peace with Japan," (1949. 12. 29), RG 59, Office of Northeast Asia Affairs, Records Relating to the Treaty of Peace with Japan-Subject File, 1945-51, Lot 56D527, Box 6).

7. 구초안 41조 3항(해외에서 몰수된 일본 국민의 모든 재산을 일본정부가 보상해야 한다는 의미로 독해한 결과, 맥아더 장군이 반대)은 개정되어서, 대개 0원으로 처리될 이 보상금액은 전적으로 일본정부의 결정에 따른다는 내용이 됨.

8. 연합국·협력국이 일본과 조기 합의하거나 혹은 연장일을 합의하지 않는다면, 중재재판소(Arbitral Tribunal)의 활동 종료는 10년으로 정할 것.

9. 구초안 52조(조약발효 5년 뒤 점검을 위한 회의를 개최)는 맥아더 장군과 시볼드가 반대해서 삭제됨. (하략)[122] (강조 및 괄호는 인용자)

---

122) Memorandum by Fearey to Allison, Subject: Japanese Treaty(1949. 12. 29), RG 59, Office of Northeast Asia Affairs, Records Relating to the Treaty of Peace with Japan-Subject File, 1945-51, Lot 56D527, Box 2.

전반적으로 시볼드의 견해가 대폭 반영된 사실을 알 수 있다. 영토조항을 비롯해 경제 관련 조항, 중재재판소의 기한, 5년 뒤 조약검토회의 등이 시볼드의 견해대로 수정되었다. 피어리 역시 "전반적으로 시볼드의 제안을 수용하는 데 꽤 노력했으며, 맥아더 장군이 진술한 세 가지 중 두 가지를 수용했다"라고 밝힐 정도였다.[123] 피어리는 이 초안이 배포되지 않을 것이라는 점을 명기했다.

1949년 12월 조약 초안의 형식과 내용을 구체적으로 분석하면 다음과 같다.

첫째, 1949년 12월 초안은 11월 초안에 비해 전반적으로 간략해졌다. 총 53개 조항이 44개 조항으로 9개 조항이 줄어들었다. 제2장(영토조항)에서 4개 조항, 제4장(전범)에서 1개 조항, 제6장(전쟁에서 파생된 청구권)에서 2개 조항, 제8장(일반경제관계)에서 1개 조항, 제10장(최종 조항)에서 1개 조항이 축소되었다. 영토조항이 대폭 축소되었음을 알 수 있다.

둘째, 한국이 대일평화회담 참가국으로 결정되었다. 전문에서 한국이 '연합국 및 협력국'의 명단에 들어갔다. 총 53개 국가가 거명되었는데, 대일평화조약 초안 가운데 한국이 최초로 당사국으로 거론된 것이었다. 여기에는 한국을 자문국의 지위로 대일평화회담에 참가시켜야 한다는 무초 주한미대사의 보고서(1949. 12. 3)와 국무부 극동조사과의 보고서(1949. 12. 12)가 중요한 역할을 했다고 판단된다.

미 국무부는 12월 29일자 초안과 함께 「일본과의 평화조약 초안에 대한 논평」(Commentary on Draft Treaty of Peace with Japan)을 작성했는데, 여기서 한국을 포함한 이유를 설명했다.[124] 이에 따르면, 전문에 대일선전포고 및 대

---

123) Memorandum by Fearey to Allison, Subject: Japanese Treaty(1949. 12. 29), p. 2. 원문은 다음과 같다. On the whole we have gone quite far in adopting Sebald's suggestions, and have adopted two of the three advanced by General MacArthur.

일교전상태에 있는 모든 국가들을 '연합국 및 협력국'으로 열거했는데, 인도·파키스탄·버마(이상 극동위원회 회원국들)·인도네시아·한국·실론을 새로운 대상국으로 포함시켰다. 국무부는 인도네시아·한국·실론을 서명국에 포함한 이유를 이렇게 설명했다.

- 인도네시아: 전쟁기 동안 인도네시아는 심대한 인적 및 물질적 손실로 고통받았으며, 이로 인해 당사자로 회담에 참가할 자격이 있음. 인도네시아는 극동위원회의 인정을 받지 못했으나, 파키스탄·버마처럼 인도네시아도 독립을 획득하기 전에 극동위원회의 일부였음.
- 한국: 대한민국은 극동위원회 회원국이 아니며 소련의 승인을 받지 못했음. 그럼에도 불구하고 수십 년간 지속된 저항운동, 일본에 대항한 전쟁에서 활발한 전투의 기록(중국국민당 군대와 함께)을 가지고 있으며, 조약에 중요한 이해관계를 갖고 있는 해방된 지역(a liberated territory)이므로, 참석할 자격이 있다는 것은 의문의 여지가 없다고 생각하며, 만약 미국이 한국의 참가를 옹호하지 않는다면 분개할 것임. 서울의 미국대사가 보고하기를 한국 관리들은 한국이 평화회담에 참석하도록 초청될 것을 기대하고 있지만, 협상회담의 구성원보다는 일본과 교전했거나 교전상태에 있었던 비극동위원회 국가들처럼 자문자격으로 (회담의) 추후단계에 참석하도록 한국정부를 설득할 수 있을 것이라고 했음.
- 실론: 영국의 식민지 보호령으로, 실론은 사실상 대일교전상태였으며 일본과 교전했거나 교전상태에 있었던 비극동위원회 국가들과 동일한 원칙하에서 참가자격을 부여할 수 있음. 전쟁 이래 실론은 일본문제에 특별한 이해관계를 갖지 않았으며, 이런 원칙하에 참가하면 만족할 것으로 믿을 만한 이유

124) "Commentary on Draft Teaty of Peace with Japan," (1949. 12. 29), RG 59, Office of Northeast Asia Affairs, Records Relating to the Treaty of Peace with Japan-Subject File, 1945-51, Lot 56D527, Box 6.

가 있음.[125]

인도네시아·실론의 참가자격을 본다면 한국은 당연히 대일평화회담에 참가할 자격이 충분했다. 미 국무부도 인정하듯이 오래된 저항운동과 전투기록을 갖고 있었으며, 가장 오랫동안 일본 침략으로 고통받아온 국가였기 때문이다. 이후 1951년 3월 초안까지 한국은 대일평화회담 참가국으로 인정되었다. 그러나 영국·일본의 강력한 반대에 부딪혀 미 국무부는 결국 한국의 참가자격을 취소했다. 파키스탄, 실론 등 2차 대전 이전 독립을 유지하지 못했던 영국의 식민지령들이 영국의 적극적 옹호를 받아 회담참가국·조약서명국이 된 것과 비교되는 상황이었다.

셋째, 독도가 한국령에서 빠져 일본령으로 표시되었다. 제2장 영토조항의 제3조는 일본령을 다음과 같이 규정하고 있다.

제3조

1. 일본의 영토는 혼슈, 규슈, 시코쿠, 홋카이도 등 일본의 주요 4개 섬과 부근 제소도로 구성되며, 여기에는 세토나이카이(Inland Sea, 瀬戶內海)의 섬들이 포함되며, 쓰시마(Tsushima, 對馬島), 다케시마[Takeshima(Liancourt Rocks)], 레분(Rebun, 禮文島)의 먼 앞바다를 연결하는 계선 내의 쓰시마(Tsushima, 對馬島), 다케시마[Takeshima(Liancourt Rocks)], 오키열도(Oki Retto, 隱岐), 사도(Sado, 佐渡島), 오쿠지리(Okujiri, 奧尻島), 리이시리(Riishiri, 利尻島) 및 일본해[Japan Sea(Nippon Kai)]에 위치한 모든 다른 섬들이 포함되며, 고토군도(Goto Archipelago, 五島群島), 북위 29도 이북의 류큐제도 및 그리니치 표준 동경 127도 동쪽, 북위 29도 북쪽의 동중국해 내의 모든 다른 섬들이 포함되

---

125) 위와 같음.

며; 이즈제도(Izu Islands, 伊豆大島)부터 남쪽으로 Sofu Gan(Lot's Wife)까지와 거명된 섬들보다 주요 4개 섬들에 더 가까운 필리핀해의 다른 모든 섬들이 포함되며, 북위 43도 35분의 지점에서 시작해 북위 44도 동경 146도 30분 지점의 동쪽 및 남쪽에 위치하며, 그리고 북위 44도의 평행선까지 정동(正東)으로 그린 계선의 남쪽에 위치한 하보마이섬과 시코탄이 포함된다. 위에서 확인한 모든 섬들은 3마일의 영해 벨트와 함께 일본에 속할 것이다.
2. 위에서 언급한 모든 섬들은 현재 조약에 첨부된 지도에 표시되어 있다.[126]

 일본의 영토규정이 1949년 11월 초안에 비해 많이 변화되었음을 알 수 있다. 전반적으로 시볼드의 권고가 가장 많이 반영되었다. 먼저 계선을 그어 일본령을 표시하는 방법이 대폭 수정되어 사실상 사라졌다. 이는 시볼드가 일본의 심리적 위축을 내세워 반대한 바로 그 대목이 전면적으로 수용되었음을 의미했다. 또한 이는 카이로선언·포츠담선언으로 연결되는 연합국의 전시 대일영토 처리원칙이 사실상 포기·무력화되는 단계에 도달했음을 뜻했다.
 다음으로는 독도가 일본령으로 포함되었을 뿐만 아니라 일본의 영역을 표시하는 다른 계선들이 사라진 데 반해 대마도-독도-레분을 특정해 연결하는 계선이 새로 추가되었다. 이는 시볼드의 주장을 수용한 데서 한 걸음 더 나아간 것이다. 나아가 북방 4개 섬 가운데 하보마이와 시코탄이 일본령으로 규정되었는데, 이 역시 시볼드의 주장을 수용한 결과였다. 마지막으로, 이 섬들에 3마일의 영해 벨트를 추가하자는 시볼드의 주장이 받아들여졌다. 이처럼 1949년 12월 조약 초안의 영토조항은 시볼드의 보고서를 대폭 반영한 것이었다. 전반적으로 조문은 대폭 축소되었고 계선을 표시하는 방법은 포기되었지만, 유독 한국의 독도에 대해서만 일본령으로 표시하는 동시에 새로운 계선을

---

126) 위의 자료, pp. 4~5.

표시하는 이중적 강조가 있었던 것이다.

넷째, 한국령을 표시한 제2장 영토조항의 제6조에서 독도가 삭제되었다. 제6조는 다음과 같았다.

제6조

일본은 이에 한국을 위하여 한국 본토 및 한국 근해의 모든 섬들에 대한 권리·권원을 포기하며, 여기에는 제주도〔Quelpart(Saishu To)〕, 島內海〔Port Hamilton(Tonaikai)〕를 구성하는 거문도〔Nan How Group(산도 혹은 거문도)〕, 울릉도〔Dagelet Island(Utsuryo To, Matsu Shima)〕 및 일본이 권원을 획득했던 한국 근해의 기타 모든 도서 및 작은 섬들이 포함된다.[127]

역시 한국령을 묘사하는 데 있어 예전에 표시되었던 계선들이 사라졌으며, 한국령을 표시하는 데서 중시되었던 두만강 입구와 서해안측 계선이 사라졌다. 이는 소련을 배제한 단독강화를 추진한 상황의 논리적 귀결이었다. 소련과의 합의가 불가능할 것으로 판단되자, 소련이 영향력을 갖고 있는 38선 이북에 대한 규정을 삭제했던 것이다. 이에 따라 전 한반도의 영토를 표시한 것이 아니라 남한에 해당하는 내용만 평화조약 초안에 정리했던 것이다. 또한 조문 자체도 매우 간략해졌다.

다섯째, 대만과 팽호도에 대해서는 일본이 '중국'(China)에 양도한다(cedes)고 규정했으며, 북위 50도 이남의 남사할린과 쿠릴섬의 모든 주권은 소련에 양도한다고 했다. 구나시리와 에토로후는 거론되지 않았다.

그렇다면 1949년 11월 초안과 12월 초안 사이에 무슨 일이 있었는가? 먼저 시볼드의 행적을 찾아보자. 시볼드는 11월 14일과 19일 전문·보고서를 워

---

[127] 위의 자료, p. 6.

싱턴에 송부한 후 그의 일생 중 가장 바쁜 한 달을 보냈다. 미 국무부 문서철에서 찾은, 시볼드가 1949년 11~12월 워싱턴에 송부한 보고서들은 다음과 같다.

- 1949. 11. 25. 「노무라 기치사부로 전(前) 대사의 평화조약에 관한 기사」: Japan Review, 1949년 11월 18일자에 게재된 전 주미대사 노무라 기치사부로(野村吉三郎, 1877~1964)의 평화조약에 관한 기사를 번역해 첨부함.[128] 노무라는 해군대장 출신으로 태평양전 개전 당시 주미대사였고, 개전에 반대한 인물로 알려졌다. 전후 미국에 우호적인 인사로 꼽혔다.
- 1949. 11. 26. 「언론의 평화조약 전망 보도에 대한 일본의 반응」.[129]
- 1949. 11. 26. 「대일평화조약에 대한 여론의 조사결과」: 『마이니치신문』의 1949년 11월 21일자 여론조사 결과를 번역해 송부함. 여론조사 결과, 단독강화 찬성(49.2%), 전면강화 찬성(33.8%). 지식인과 노년층이 단독강화 지지. 일본의 안전보장에 대해 영구중립 찬성(20.5%), 미국의 보장에 의존(14.0%).[130] 이 보고서는 마셜 그린에 의해 재차 앨리슨에게 보고됨.[131]
- 1949. 11. 29. 「평화조약 토론에 대한 일본의 반응」: 『요미우리신문』의 1949년 11월 18일자 기사 번역 송부.[132]
- 1949. 12. 12. 「에토로후, 구나시리, 하보마이, 시코탄섬이 일본에 미치는 경제적 중요성」: 찰스 스핑크스가 작성한 동일 제목의 보고서(1949. 12. 7)

---

[128] Despatch by Seblad to the Secretary of State, Subject: Article on Peace Treaty by Former Ambassador Kichisaburo NOMURA, no.817(1949. 11. 25), RG 59, Department of State, Decimal File, 740.0011PW(Peace)/11-2549.
[129] Despatch by Sebald to the Secretary of State, Subject: Japanese Reactions to Press Reports on Prospects of Peace Treaty, no.822(1949. 11. 26).
[130] Despatch by Sebald to the Secretary of State, Subject: Newspaper Poll on Japanese Peace Treaty, no.823(1949. 11. 26), RG 59, Department of State, Decimal File, 740.0011PW(Peace)/11-2649.
[131] Memorandum by Green(NA) to Allison(NA), Subject: Tokyo's 823 of November 26, 1949(1949. 12. 12), RG 59, Department of State, Decimal File, 740.0011PW(Peace)/11-2649.
[132] Despatch by Sebald to the Secretary of State, Subject: Japanese Reactions to Peace Treaty Discussions, no.833(1949. 11. 29), RG 59, Department of State, Decimal File, 740.0011PW(Peace)/11-2949.

동봉.[133]

· 1949. 12. 13. 「요시다 수상과 인도대표단 수석의 회의비망록 송부」: 12월 1일 요시다 수상과 주일인도대표단 임시수석 라트남(P. Ratnam) 간의 대담비망록을 일본 외무성 차관 오타 이치로(太田一郎)로부터 전달받아 송부함.[134]

· 1949. 12. 14. 「일본공산당의 "평화조약투쟁"」: SCAP 군사정보국(the Military Intelligence Section)의 "첩보요약"(Summary of Information)(1949. 11. 25) 송부.[135]

· 1949. 12. 15. 「평화조약에 대한 일본인들의 견해」: 『니폰 타임스』(Nippon Times)의 1949년 12월 14일자 기사 송부. 기사는 오카자키 가쓰오(岡崎勝男, 1897~1965)가 쓴 「다수국가와의 평화」(Peace With Majority Countries)로 연합국과의 전면강화가 아닌 다수강화를 옹호한다는 내용임.[136]

· 1949. 12. 16. 「대일평화조약 제1장 제1조, 제2조의 재수정」[137]

· 1949. 12. 31. 「남부 쿠릴섬 반환에 대한 일본인들의 청원」: 홋카이도 부속 도서 반환 청원위원회의 청원서를 동봉.[138]

시볼드는 일본인들의 여론을 번역·전달하는 전달자의 역할을 충실히 해

---

133) Despatch by Sebald to the Secretary of State, Subject: Economic Importance to Japan of Etorofu, Kunashiri, Habomai, and Shikotan Islands, no.866(1949. 12. 12), RG 59, Department of State, Decimal File, 740.0011PW(Peace)/12-1249.

134) Despatch by Sebald to the Secretary of State, Subject: Transmitting Memorandum of Interview between Prime Minister Yoshida and Head of Indian Mission, no.868(1949. 12. 13), RG 59, Department of State, Decimal File, 740.0011PW (Peace)/12-1349.

135) Despatch by Sebald to the Secretary of State, Subject: "Peace Treaty Struggle" of the Japan Communist Party, no.873(1949. 12. 14), RG 59, Department of State, Decimal File, 740.0011PW(Peace)/12-1449.

136) Despatch by Sebald to the Secretaty of State, Subject: Japanese Views on Peace Treaty no.874(1949. 12. 15), RG 59, Department of State, Decimal File, 740.0011PW(Peace)/12-1549.

137) Sebald to W. Walton Butterworth, Assistant Secretary, Bureau of Far Eastern Affairs, Department of State(1949. 12. 16), RG 59, Department of State, Decimal File, 740.0011PW(Peace)/12-1649.

138) Despatch by Sebald to the Secretary of State, Subject: Japanese Petition for Return of Southern Kuril Islands(1949. 12. 31), RG 59, Department of State, Decimal File, 740.0011PW(Peace)/12-3149.

냈다. 그가 송부한 정보·자료들은 공정하고 객관적인 목소리를 담은 것이 아니었다. 그는 미국이 필요로 하는 동시에 일본에 유리한 것으로 판단되는 정보는 무엇이든지 워싱턴에 전달했다. 평화조약 조기체결 및 단독강화 찬성을 담은 특정 신문기사와 정보들을 보냈음을 알 수 있다.

특히 시볼드가 쿠릴섬에 대해 12월 한 달 사이에 두 차례나 보고서를 송부했다는 사실에 주목할 필요가 있다. 주일정치고문단의 찰스 스핑크스가 작성한 「에토로후, 구나시리, 하보마이, 시코탄섬의 대일 경제적 중요성」(1949. 12. 7)이라는 보고서를 송부했고, 일본인들의 남부 쿠릴섬 반환 청원서를 송부했다.

국무부 극동국은 시볼드의 초안 검토서가 도착한 이후 남부 쿠릴섬에 대한 법률적 검토를 법무실에 의뢰했다. 왜냐하면 북방 4개 섬에 대해 1949년 10월 13일자 초안은 일본령으로, 11월 2일자 초안은 소련령으로, 11월 14일자 시볼드 전문은 일본령으로 주장했기 때문이었다.[139] 흥미로운 것은 극동국이 쿠릴문제의 참고문서로 제시한 총 9개 문서의 성격이었다. 기안문의 작성자는 1947년 이래 영토조항의 초안자이자 전문가였던 피어리였다.

1. "The Truman-Stalin Exchange regarding the Kurile Islands and Hokkaido," August, 1945: 「1945년 8월 쿠릴섬과 홋카이도에 대한 트루먼-스탈린의 의견교환」
2. "South Kuriles; Habomai Islands; Shikotan Island," Japanese Government, April, 1949: 「남부 쿠릴, 하보마이섬, 시코탄섬」〔1949. 4. 일본 (외무성) 간행〕
3. Tokyo's Despatch No.416, June 27, 1947: 동경발 급송문서 no.416(1947.

---

139) Memorandum by Hamilton(FE) to Fisher(L), Subject: Southern Kurile Islands(1949. 11. 22), RG 59, Department of State, Decimal File, 740.0011PW(Peace)/11-2249.

6. 27)

4. Memorandum by GE-S. W. Boggs, June 23, 1947: 국무부 지리전문가 새뮤얼 보그스의 비망록(1947. 7. 23: 6월이 아니라 7월의 오기임)

5. Memorandum from DRE-J. C. Guthrie, August 11, 1947: DRE의 존 거스리(John C. Guthrie)의 비망록(1947. 8. 11)[140]

6. Memorandum- "Southern Kuriles," September 1947: 「남부 쿠릴섬들」(1947. 9)

7. "Minor Islands Adjacent to Japan," 1947: 「일본의 부속소도」(1947)

8. POLAD's Despatch No.1311, October 2, 1947: 주일정치고문실 급송문서 no.1311(1947. 10. 2)

9. POLAD's Despatch No.891, March, 1947: 주일정치고문실 급송문서 no.891(1947. 3)[141]

놀랍게도 북방 4개 섬이 일본령임을 주장한 일본정부의 문건이 두 개나 포함되어 있다. 일본 외무성이 간행한 「일본의 부속소도」("Minor Islands Adjacent to Japan," 1947)라는 유명한 팸플릿이 여기에도 포함되어 있다. 반면, 소련측 문서나 자료는 전혀 포함되어 있지 않았다.

국무부 법무실의 검토결과, 하보마이와 시코탄은 소련에 넘겨주기로 한 쿠릴섬의 일부가 아니지만, 구나시리와 에토로후는 쿠릴섬의 일부인 것으로 결정되었다. 즉, 하보마이와 시코탄은 일본령에 속해야 하지만 구나시리와 에토로후는 소련령이라는 판정이었다. 법무실은 1947년 9월 피어리의 비망록

---

140) Memorandum by John C. Guthries to W. S. Hunsberger, Subject: Soviet Claims to Southernmost Kurile Islands(1949. 9. 11), RG 59, Office of Northeast Asia Affairs, Records Relating to the Treaty of Peace with Japan-Subject File, 1945-51, Lot 56D527, Box 2.
141) Memorandum by Hamilton(FE) to Fisher(L), Subject: Southern Kurile Islands(1949. 11. 22), RG 59, Department of State, Decimal File, 740.0011PW(Peace)/11-2249.

을 거론하며, 미국이 이 섬들에 대한 일본의 주장을 지지하고 희망하는지는 알겠지만, 법률적 근거는 없다고 못박았다.[142]

이런 검토의 결과 하보마이와 시코탄은 일본령으로, 구나시리와 에토로후는 소련령으로 결정되었다. 그러나 독도의 귀속문제에 대해서는 어떠한 논의도, 어떠한 자료의 추적과 합리적 설명도 배제되어 있었다. 적어도 대일평화조약을 다룬 거의 모든 국무부 문서철들을 검색했지만, 이 과정을 설명해주는 단 하나의 문서, 단 한 줄의 문장도 찾을 수 없었다.

영토문제를 담당했던 업무라인에 대한 합리적 추정에 따르면 국무부, 보다 정확히 말하자면 국무부 극동국 동북아시아과의 영토조항 담당자였던 로버트 피어리가 어떠한 논의, 자료조사, 협의도 거치지 않은 채 시볼드의 주장을 수용해 독도가 일본령이라고 조약 초안을 변경했던 것이다. 그리고 이에 대해서 그 누구도 합리적 의심을 품거나 한국을 위해 이의를 제기하고, 자료조사와 설명을 요구하지 않았다. 동경에서는 일본 외무성과 시볼드의 완벽한 협력이, 워싱턴에서는 시볼드와 피어리의 완벽한 신뢰가 유지되었던 반면, 한국의 이익을 옹호하고 관심을 가진 세력이나 인물은 부재했다. 이것이 대일평화조약 초안에서 독도가 일본령으로 둔갑하게 된 사연이자 유일한 이유였다.

● 1950년 1월 3일 보그스의 영토조항 초안: 리앙쿠르암(독도)은 일본령

1949년 12월 29일자 조약 초안에 독도가 일본령으로 표시된 이후, 1950년대 초반까지 미 국무부의 대일평화조약 관련 문서에는 독도가 일본령으로 표시되었다. 1950년 1월 3일 국무부 지리담당관 보그스는 극동국 동북아시아과의 해밀턴과 피어리에게 「대일평화조약 초안, 영토조항」(Draft Treaty of Peace

---

142) Memorandum by Conrad E. Snow(L/P) to Hamilton(FE), Subject: Southern Kurile Islands and the Shikotan Archipelago(1949. 11. 25), RG 59, Department of State, Decimal File, 740.0011PW(Peace)/11-2549.

with Japan, Territorial Clauses)이라는 비망록을 송부했다.[143] 영토조항에 대해 국무부 지리전문가인 보그스가 수정안을 제출한 것이었다.

이 수정 영토조항을 만드는 데 활용된 것은 1949년 11월 2일자 조약 초안 및 보그스가 작성한 1949년 12월 8일자 비망록이었다. 수정된 것은 제3조(일본 영토), 제4조(대만·팽호도), 제6조(한국 영토)였다.

먼저 제3조 일본 영토에 대해서 다음과 같이 규정했다.

제3조

일본의 영토는 혼슈, 규슈, 시코쿠, 홋카이도 등 일본의 주요 4개 섬과 부근 제 소도로 구성되며, 여기에는 세토나이카이(Inland Sea, 瀨戶內海)의 섬들이 포함되며, 쓰시마(Tsushima, 對馬島), 다케시마(Takeshima(Liancourt Rocks)), 레분(Rebun, 禮文島)의 먼 앞바다를 연결하는 계선 내의 쓰시마(Tsushima, 對馬島), 다케시마(Takeshima(Liancourt Rocks)), 오키열도(Oki Retto, 隱岐), 사도(Sado, 佐渡島), 오쿠지리(Okujiri, 奧尻島), 리이시리(Riishiri, 利尻島) 및 일본해(Japan Sea(Nippon Kai))에 위치한 모든 다른 섬들이 포함되며, 고토군도(Goto Archipelago, 五島群島), 북위 29도 이북의 류큐제도 및 그리니치 표준 동경 127도 동쪽, 북위 29도 북쪽의 동중국해 내의 모든 다른 섬들이 포함되며; 이즈제도(Izu Islands, 伊豆大島)부터 남쪽으로 Sofu Gan(Lot's Wife)까지와 거명된 섬들보다 4개의 주요 섬들에 더 가까운 필리핀해의 다른 모든 섬들이 포함되며, 북위 43도 35분 동경 145도 35분의 지점에서 시작해 북위 44도 동경 146도 30도 지점의 동쪽 및 남쪽에 위치하며, 그리고 북위 44도의 평행선까지 정동(正東)으로 그린 계선의 남쪽에 위치한 하보마이섬과 시코탄이 포함된다. 위에서 확인한 모든 섬들은 3마일의 영해 벨트와 함께 일본에 속할 것이다.[144] (강조는 인용자)

---

143) Memorandum by Boggs to Hamilton and Fearey, Subject: Draft Treaty of Peace with Japan, Territorial Clauses(1950. 1. 3), RG 59, 694.001/1-350.

1949년 12월 29일자 초안과 비교해볼 때 밑줄 친 부분이 추가되었으며, 제3조 제2항 "2. 위에서 언급한 모든 섬들은 현재 조약에 첨부된 지도에 표시되어 있다"라는 부분이 삭제되었다. 보그스의 영토조항 수정 초안 이후 국무부 조약 초안에서는 영토경계선을 표시한 부속지도가 사라졌다. 시볼드가 1949년 11월 19일자 보고서에서 일본의 심리적 위축을 이유로 강력히 반대한 것이 수용된 결과였다.

제4조는 대만의 처분을 다루고 있는데, 시볼드가 건의한 '주민투표에 의한 신탁통치 결정'은 받아들여지지 않았다. 제6조는 한국에 이양될 영토를 다루고 있다.

제6조

일본은 이에 한국을 위하여 한국 본토 및 한국 근해의 모든 섬들에 대한 권리·권원을 포기하며, 여기에는 제주도〔Quelpart(Saishu To)〕, 島內海〔Port Hamilton(Tonaikai)〕를 구성하는 거문도〔Nan How Group(산도 혹은 거문도)〕, 울릉도〔Dagelet Island(Utsuryo To, Matsu Shima)〕 및 일본이 권원을 획득했던 한국 근해의 기타 모든 도서 및 작은 섬들이 포함된다.

한국에 관한 규정은 1949년 12월 29일자 조약 초안과 동일한 것이었다.

● **1950년 7월경 「일본과의 평화조약 초안에 대한 논평」**

1950년 1월 영연방외상회의를 목표로 추진되었던 1949년 하반기의 대일평화조약 초안 작성작업은 1950년 1월 사실상 중단되었다. 조약 초안의 역사로 보자면, 1947년의 준비작업이 1948년 초 중단된 데 이어 두번째 중단이었

---

144) 위와 같음.

다. 또 다른 기회는 존 포스터 덜레스가 대일평화조약 특사로 임명된 1950년 중반 이후를 기다려야 했다.

독도를 일본령으로 표시한 대일평화조약 초안은 1949년 12월 29일자가 처음이자 마지막이었다. 1950년 7~8월 사이에 개정된 「일본과의 평화조약 초안에 대한 논평」(Commentary on Draft Teaty of Peace with Japan)에서는 재차 독도를 일본령으로 표시하고 있다. 이는 1949년 12월 29일자 초안과 함께 작성된 동일 제목 논평[145]의 개정판인데, 보다 상세하고 세부적으로 논평과 설명을 단 것이었다. 작성일자는 7월 10일부터 8월 9일 사이로 추정된다.[146] 츠카모토 다카시에 따르면, 이 문서의 작성일자는 1950년 7월 18일이다.[147]

이 논평은 1949년 12월 29일자 초안에 대한 논평과 내용상으로는 동일하지만, 보다 상세하게 진술된 데 차이가 있었다. 한국과 관련해서는 첫째 전문에 한국을 서명국으로 포함했고, 둘째 독도를 일본령에 포함했으며, 셋째 독도가 일본령인 이유를 설명했다. 이는 전적으로 1949년 12월 29일자 초안의 재진술이었다.

먼저 한국을 53개 연합국·서명국에 포함한 이유에 대한 설명은 1949년 12월 29일자 「일본과의 평화조약 초안에 대한 논평」과 동일했다. 한국이 극동위원회 회원국은 아니지만 중국 국민당 군대와 오랫동안 대일전에서 투쟁해온 기록이 있으며, 참가자격이 있다고 생각하기 때문에 자문자격의 참석을 권고한다는 내용이었다.

---

145) "Commentary on Draft Teaty of Peace with Japan," (1949. 12. 29), RG 59, Office of Northeast Asia Affairs, Records Relating to the Treaty of Peace with Japan-Subject File, 1945-51, Lot 56D527, Box 6.
146) "Commentary on Draft Teaty of Peace with Japan," (undated), RG 59, Department of State, Decimal File, 694.001series, Box 3006. 이 문서의 앞에는 로버트 피어리가 작성해 앨리슨 동북아시아과장·해밀턴 극동국장을 거쳐 덜레스에게 보내는 「일본평화조약」(Japanese Peace Treaty)(1950. 7. 10)이라는 비망록이 있고, 뒤에는 1950년 8월 9일자 문서가 있다.
147) 츠카모토는 이 문서의 등록번호가 694.001/7-1850이라고 했는데(塚本孝, 위의 논문, 각주 29), 해당 문서 원문에는 등록번호가 표시되어 있지 않다.

다음으로 독도(Takeshima(Liancourt Rocks))가 일본령에 포함되었다. 특징적인 것은 일본령으로 포함된 섬들에 대한 개별적인 설명이었는데, 한국과 관련해서는 대마도와 독도가 거론되었다. 대마도는 한국정부 수립 이후 이승만 대통령이 여러 차례(1948. 8. 17, 1949. 1. 7, 1949. 12. 30) 대마도의 한국 영유권을 주장한 것을 지적하며, 민족주의와 반일감정을 표시한 것으로 설명했다.[148] 독도에 대해서는 다음과 같이 기술했다.

다케시마(Takeshima(Liancourt Rocks)): 사람이 거주하지 않는 다케시마(Takeshima)의 두 작은 섬은 일본해상(in the Japan Sea)에서 일본과 한국으로부터 거의 같은 거리에 위치하고 있으며, 1905년 일본이 소유권을 공식 주장했으며, 한국으로부터 명백히 항의가 없이 시마네현 오키지청의 관할하에 놓였다. 이곳은 바다사자들의 서식처이며, 기록에 따르면 오랫동안 일본 어부들이 특정 계절 동안 이곳에 정기적으로 이주했다. 서쪽으로 약간 떨어진 울릉도(Dagelet)와는 달리, 다케시마(Takeshima)에는 한국 이름이 없으며 한국이 단 한 번도 소유권을 주장한 바 없다. 점령기간 동안 미군이 이 섬들을 폭격장으로 사용했으며 기상 혹은 레이더 기지 자리로 잠재적 가치를 지니고 있다.[149]

여기에 인용된 내용은 1947년 6월 일본 외무성이 제작해 연합군최고사령부·미 국무부에 대대적으로 배포한 「일본의 부속소도 IV, 태평양 소도, 일본해 소도서」와 정확히 일치한다. 해당 부분을 인용하면 다음과 같다.

다줄렛(Dagelet, 울릉도)에 대해서는 한국 명칭이 있지만, 리앙쿠르암에 대해서는 한국명이 없으며, 한국에서 제작된 지도에서 나타나지 않는다는 점에 주목

---

148) "Commentary on Draft Teaty of Peace with Japan," (undated), pp. 2~3.
149) "Commentary on Draft Teaty of Peace with Japan," (undated), p. 3.

해야 한다.

1905년 2월 22일 시마네현 지사는 리앙쿠르암을 시마네현 소속 오키도사(隱岐島司) 소관으로 정한다는 현 포고를 공포했다. (중략)

위에서 언급한 자연환경 때문에 이 섬에는 사람이 정착할 수 없다. 그러나 1904년 오키섬 주민들이 이 섬에서 바다사자를 사냥하기 시작했고, 그 후 매년 여름 (오키)섬 주민들은 울릉도를 기지로 활용해서 정기적으로 이 섬에 와서 시즌용 임시숙사로 오두막을 건설하곤 했다.[150]

마지막 문장에 등장하는 미군의 독도 폭격연습장 활용문제는 미국 초안 중 여기서 처음 등장하는 것이다. 일본 외무성 정보에 덧붙여 폭격연습장 활용이 독도의 일본령을 주장하는 근거의 하나로 제시된 것이었다. 또한 1947년 6월의 팸플릿이 국무부 문서에 그대로 인용되었음을 알 수 있다. 동경에서는 시볼드가, 워싱턴에서는 피어리가 일본 외무성의 팸플릿을 신뢰했음을 알 수 있다. 이 팸플릿이 국무부가 독도의 영유권을 판단할 때 거의 유일한 문헌적 자료로 활용되었음을 재차 확인할 수 있다.

그 밖에 이 논평에서는 하보마이와 시코탄을 일본령으로, 반면 구나시리와 에토로후는 얄타협정에 따라 소련에 이양될 쿠릴섬에 포함된다고 판단했다. 또한 첨부지도와 관련해서 현재의 초안에 첨부된 지도는 "단지 업무보조용"이며, 보다 주의 깊게 제작된 지도를 최종 단계에서 최종 조약에 첨부할 계획이라고 기록했다. 이로 미루어 1950년 7월경까지도 미 국무부가 대일평화조약에 지도를 첨부할 계획이었음을 알 수 있다.

츠카모토나 일본정부는 이 논평을 강조하며, 덜레스가 임명된 이후에도

---

150) Minor Islands Adjacent Japan Proper, Part IV, "Minor Islands in the Pacific, Minor Islands in the Japan Sea," June, 1947. pp. 9~10, RG 84, Foreign Service Posts of the Department of State, Office of the U.S. Political Advisor for Japan-Tokyo, Classified General Correspondence, 1945-49, Box 22.

미 국무부의 대일평화조약 초안에 독도가 일본령으로 표시되었다고 주장하고 있다. 그러나 이 문서는 덜레스가 앨리슨과 함께 1950년 8월 7일 개정한 '간단한 초안' 이전에 만들어진 것으로, 1949년 12월 조약 초안을 그대로 반복한 것이었을 뿐이다. 즉, 이 논평은 덜레스가 독자적 초안을 만들기 이전 상황을 반영한 것에 지나지 않았다. 1950년 8월 이후 미 국무부 조약 초안에서는 영토 관련 조항과 규정이 이전과는 전혀 다른 방식으로 정리됨에 따라 독도에 대한 구체적 언급은 배제되었다.

• 1950년 7월 18일자, 8월 3일자 조약 초안

1949년 12월 국무부 조약 초안은 1950년 7월 18일자 및 8월 3일자 초안까지 지속되었다. 덜레스가 새로운 조약 초안을 작성하기 직전까지, 이전의 조약 초안 형태를 유지한 이들 초안은 총 44개 조항, 8개 부속서류로 구성되어 있었다.[151] 한국과 관련된 내용은 1949년 12월 초안과 동일했다. 원문은 아직 확인하지 못했다.

3. 미 국무부 조약 초안의 독도 인식 3(1950~1951): 독도조항의 삭제

(1) 존 포스터 덜레스의 등장과 새로운 대일평화조약의 추진

대일평화조약의 추진이 어려운 상황에 처하자 딘 애치슨 미 국무장관은 1950년 4월 19일 뉴욕 주 공화당 상원의원이자 노련한 변호사였던 존 포스터

---

151) RG 59, Department of State, Decimal File, 694.001/7-1850.

덜레스를 국무장관 고문에 임명했다. 초당적 외교를 모토로 한 덜레스는 5월 18일 대일평화조약의 체결을 담당하는 대통령특사로 임명되었다. 1950년 6월 17일 덜레스가 사전조사차 동경을 방문함으로써 대일평화조약의 새로운 전기가 마련되었다.

덜레스는 대일평화조약의 핵심이 '비징벌적인 평화조약'에 있다고 생각했다. 이것이 덜레스의 첫 출발점이 되었다. 요시다 시게루는 대일평화조약의 첫번째 특색이 '복수의 강화'가 아닌 '화해와 신뢰의 강화'였으며, 이는 덜레스가 샌프란시스코평화회의 둘쨋날 연설 중에 언급한 '화해의 강화', '징벌이 아닌 무차별의 조약'이라는 대목에서 잘 드러났다고 평가했다. 요시다에 따르면, 이 조약에는 일본의 전쟁책임이 한 마디도 언급되어 있지 않은데, 이는 덜레스의 말과 같은 조약의 비징벌적인 성격에 따른 것으로, 제2차 대전 후 체결된 이탈리아·루마니아 강화조약에 전쟁책임이 언명되어 있는 것과도 다른 것이며, 군비에 대해 하등의 제한을 부가하지 않았고, 배상의 방식도 종래의 강화조약과 크게 다른 것이었다고 평가했다.[152]

대일평화조약 체결 시 덜레스의 보좌관으로 국무부 동북아시아국의 책임자였던 앨리슨은 이러한 조약의 성격이 덜레스의 개인적 경험 및 확신과 관련이 있었다고 평가했다. 제1차 대전을 종결한 베르사유조약에 미국대표단의 초년 외교관으로 참석했던 덜레스는 징벌적 조약이 미래 전쟁의 원인을 내포하고 있었으며, 패전국 독일에 엄청난 배상지불금을 부과함으로써 제2차 대전이 발발했다고 확신했다는 것이다.[153] 때문에 패전국에 대한 전쟁책임의 명문화, 영토할양, 배상금 등이 이전까지 강화조약의 일반적 방식이었는데, 제2차 대전 이후 이탈리아평화조약에서도 적용되었던 이 원칙들은 현명하지 못한 것이었다고 판단했다. 이런 입장에서 비롯된 것이 바로 평화조약의 시작단

---

152) 吉田茂, 1958, 위의 책, 29~31, 38~39쪽.
153) John M. Allison, *Ambassador from the Prairie*, Boston, Houghton Mifflin, 1973, p. 146.

계부터 일본인들과 협의한다는 원칙이었다. 비록 일본인들의 견해를 결정적으로 수용하지는 않는다고 하더라도, 이는 이전 평화회담·평화조약과 전혀 다른 성격의 평화회담을 의미하는 것이었다.[154]

한편, 덜레스의 개인적 확신과는 별개로 한국전쟁의 발발은 일본의 지정학적·전략적 위상을 제고시켰다. 미국은 아시아의 마지막 교두보이자 태평양 도서방위의 중요 거점인 일본과의 평화관계를 회복하고 동맹 혹은 친구로 만드는 작업이 긴급하다고 판단했다. 한국전쟁의 발발과 중공군의 개입 이후 급속도로 진행된 대일평화조약은 일본의 전쟁책임·배상·영토할양 등을 배제한 채 패전국 일본을 진정한 협상 상대로 인정한 세계외교사의 유례가 없는 우호적 평화조약이었고, 실제로는 미국과 일본 간에 안보와 평화를 맞교환한 쌍무협정의 성격이 강했다.

덜레스의 개인적 신념과 동아시아 국제정세의 변화는 새로운 조약 초안을 요구하게 되었다. 이는 1947년 이래 미 국무부가 준비해왔던 대일징벌적 조약 초안과는 완전히 성격을 달리하는 새로운 조약 초안이었다. 덜레스의 요구는 첫째 간단한 초안일 것, 둘째 평화조약에 초점을 둘 것 등 두 가지였다. 국무부가 준비한 상세하고 복잡하며, 일본의 전쟁책임과 배상, 조약 발효 후 감시체제 등을 강조한 이전의 조약 초안들은 책상 위에서 치워졌다.

(2) 1950년 8월 7일자 초안: 포츠담선언 대일영토규정의 폐기

덜레스는 한국전쟁이 발발하기 직전인 1950년 6월 동경과 서울을 방문했

---

154) John M. Allison, 위의 책, p. 147. 앨리슨은 대일평화조약의 주요 특징을 세 가지로 꼽았는데 첫째 국회와의 지속적 의견조율, 둘째 전승국들의 원탁회의 대신 쌍무적 협상의 선택, 셋째 패전국 일본과 협의 등이었다. 같은 책, p. 140.

다. 대일평화조약의 추진을 위한 예비시찰이자 맥아더와의 의견조율을 위한 이 여행에서 맥아더는 대일평화조약과 함께 미일안보조약을 체결하는 방식을 제안했다. 미국·일본 간의 양자 안보조약을 통해 미국은 일본 주둔권을 획득하고 일본은 주권을 회복한다는 안보와 평화의 맞교환 방식은 한국전쟁의 발발로 설득력을 얻게 되었다. 이러한 방식의 평화조약 체결은 덜레스와 함께 동경을 방문했던 국방장관과 합참의장의 지지를 얻었다. 국무장관과 국방장관은 마침내 1950년 9월 미일 양자 안보조약과 류큐제도 신탁통치 등을 조건으로 대일평화조약의 협상 개시에 동의했다. 한국전쟁 발발이라는 동아시아 내 미국 안보이익의 위기가 미 행정부 내 견해차를 단숨에 해소시킨 결과였다.

동경 예비방문 후 덜레스가 국무부 담당자와 공동으로 작성한 최초의 조약 초안은 1950년 8월 7일자였다. 덜레스가 쏘프(Thorp) 경제담당차관보에게 보낸 문서에 동봉된 이 조약 초안은 「Draft #2」로 표시되었고, 이후에는 「대일평화조약 초안: 1950년 8월 7일 개정」(Draft Treaty of Peace with Japan: Revised on August 7, 1950)으로 호명되었다.[155]

덜레스는 비망록에서 상황의 변화로 대일평화조약을 '간단한 조약'의 기초 위에서 진행하는 것이 매우 바람직하기 때문에 이전에 회람되었던 긴 형식을 대체할 수 있는 실행 가능한 대안을 앨리슨과 함께 만들었다고 밝혔다. 즉, '비징벌적인 간단한 초안'이 필요하다는 덜레스의 판단이 투영된 것이었다. 『미국외교문서』(FRUS) 각주에 따르면, 이 초안은 1950년 7월 18일자 및 8월 3일자의 긴 형식의 초안을 기초로 작성된 것이었다.[156]

덜레스와 앨리슨이 만든 이 초안은 이전의 초안과 전혀 다른 것으로, 다음

---

155) Memorandum by the Consultant to the Secretary(Dulles) to the Assistant Secretary for Economic Affairs(Thorp)(1950. 8. 9), RG 59, Department of State, Decimal File, 694.001/8-950; FRUS, 1950, Vol. VI, pp. 1267~1270.
156) RG 59, Department of State, Decimal File, 694.001/7-1850. 이 초안들은 총 44개 조항, 8개 부속서류로 구성되어 있었으며, 안보조항이 포함되지 않았다(FRUS, 1950, Vol. VI, p. 1267, footnote 2).

과 같은 특징이 있었다.

첫째, 조약의 중요한 목적으로 평화가 제일 먼저 제시되었다. 기본원칙이나 대일징벌적인 장·조는 사라졌다. 기본원칙, 전범, 재산·권리·이익 등의 조항은 사라졌고, 대신 평화·주권·유엔·안보 등의 장이 신설되었다. 형식과 내용에서 징벌·전쟁책임·배상 대신 전반적으로 평화를 강조하는 방향으로 정리되었음을 알 수 있다.

둘째, 조약이 매우 간단하게 축약되었다. 이전의 44개 조문에서 21개 조문으로 반 이상 축소되었다. 이는 필연적으로 이전 초안에서 중시되었던, 논리적이고 법률적인 문제를 다루는 구체적 조항들이 사라졌음을 의미했다. 이 초안은 덜레스가 1950년 9월에 완성한 대일평화7원칙으로 가는 과도기적 상황을 반영했다. 이 초안은 '비징벌적 평화조약', '간단한 초안'이라는 덜레스의 뜻에 맞춰 기존 초안을 대폭 축소·생략한 것이 가장 큰 특징이었다.

셋째, 일본에 대한 영토규정이 사라졌다. 일본에 대해서는 제2장 주권에서 "2. 여기의 조항들과 여타 관련 조약에 따라, 연합국과 협력국은 일본 국민과 그들이 자유롭게 선출한 대표들의 일본 및 그 영해에 대한 완전한 주권을 인정한다"라고 규정했을 뿐이다. 이는 이전 초안에서 가장 중시되었던 포츠담선언의 대일영토규정, 즉 일본의 영토를 주요 4개 섬과 인근 주요 섬들로 규정한다는 연합국의 합의된 전시 대일영토 처리원칙과의 결별이었다. 이 초안 이후 일본령을 구성하는 섬들을 구체적으로 특정하거나, 일본령에서 배제될 섬들을 구체적으로 특정하는 방식은 더 이상 사용되지 않았다. 큰 틀에서 간단하게 한국·대만·팽호도·남사할린·쿠릴·류큐 등만이 거론되었을 뿐이다.

넷째, 한국과 관련해서는 제4장에서 간단하게 다루었다.

제4장 영토

4. 일본은 한국의 독립을 승인하며 1948년 12월 ___일 유엔총회가 채택한 결정을 한국과의 관계의 기초로 삼을 것이다.

5. 일본은 대만, 팽호도, 북위 50도 이남의 사할린, 쿠릴제도의 장래 지위에 대한 미국·영국·소련·중국이 합의하는바 어떤 결정이라도 이를 승인한다. 어떤 경우에라도 1년 이내에 합의에 실패할 경우, 이 조약의 당사국들은 유엔총회의 결정을 승인할 것이다.
6. 일본은 구일본위임통치 제도의 신탁통치와 관련한 1947년 2월(원문 그대로) 유엔안전보장이사회의 결정을 승인하며, 류큐제도와 보닌제도의 전부 혹은 일부에 신탁통치체제를 적용하는 유엔의 여하한 결정도 승인할 것이다.[157]

일본 영토에 대한 규정, 일본에서 배제될 지역에 대한 규정들이 모두 사라졌음을 알 수 있다. 구체적으로 특정되었던, 일본령에 포함되거나 배제될 섬들의 명칭이 모두 사라졌으며 일본령을 구획하는 위도선과 경도선도 사라졌다. 이는 간단함을 추구한 결과였으며 본질적으로는 포츠담선언의 대일영토규정의 폐기를 의미했다. 1950년 8월 7일 덜레스가 최초로 완성한 이 초안은 이후 대일평화조약에서 가장 중요한 기본이 되었다.

특히 영토규정과 관련하여 일본령, 일본에서 포기될 지역 등을 특정하지 않는 방식을 채택한 것이 가장 중요한 전환이었다. 이는 본질적으로 포츠담선언에서 규정한 대일영토규정에서의 이탈이었다. 가장 큰 배경은 대일평화조약 체결의 시급성, 한국전쟁이라는 안보적 위기, 소련을 배제한 단독강화의 추진 등 2차 대전기 연합국 협력체제의 종식과 새로운 동북아시아 태평양질서의 추구였다.

새로운 영토규정은 형식적으로는 간단한 조약을 추구한 결과였으나 내용적으로는 영토문제와 관련해 일본에 더 많은 논쟁과 주장의 여지를 주는 것이었다. 덜레스 초안의 허술한 영토규정은 이후 대일평화조약에 초청받지 않았

---

157) *FRUS*, 1950, Vol. VI, p. 1268. 1947년 2월은 1947년 4월 2일의 오기이다.

거나 서명을 거부한 한국·중국·소련을 대상으로 일본이 영토분쟁을 벌일 수 있는 빌미가 되었다.

(3) 1950년 9월 11일자 초안: 개정초안

위의 1950년 8월 7일자 초안은 9월 11일 개정되었다.[158] 전체적인 구성은 1950년 8월 초안과 동일했으며, 21개였던 조문이 26개로 늘어난 정도의 변화가 있었다.

일본 영토에 대한 규정 역시 유사했는데, 제2장 주권에서 "2. 연합국과 협력국은, 여기의 조항들에 의거하고 일치해서 일본 국민과 그들이 자유롭게 선출한 대표들의 일본과 그 영해에 대한 완전한 주권을 인정한다"라는 정도로 약간의 수정이 있었을 뿐이다.

한국에 대한 규정 역시 1950년 8월 초안과 거의 동일했다.

제4장 영토
4. 일본은 한국의 독립을 승인하며 유엔총회 및 안전보장이사회가 채택한 결정을 한국과의 관계의 기초로 삼을 것이다.
5. 일본은 대만, 팽호도, 북위 50도 이남의 사할린, 쿠릴제도의 장래 지위에 대한 미국·영국·소련·중국이 합의하는바 어떤 결정이라도 이를 승인한다. 어떤 경우에라도 1년 이내에 합의에 실패한 경우, 이 조약의 당사국들은 유엔총회의 권고를 모색하고 승인할 것이다.
6. 일본은 구일본위임통치하에 있던 태평양도서에 대해 미국을 시정권자로 하

---

158) "Draft of a Peace Treaty With Japan," (1950. 9. 11), *FRUS*, 1950, Vol. VI, pp. 1297~1303.

〈표 5-6〉 대일평화조약 초안의 체제 비교(1949년 12월·1950년 8월·1950년 9월)

초안 장	1949년 12월 29일자 미국 초안	1950년 8월 7일자 미국 초안	1950년 9월 11일자 미국 초안
		전문	전문
제1장	기본원칙(1~2조)	평화(1조)	평화(1조)
제2장	영토조항(3~8조)	주권(2조)	주권(2조)
제3장	특별정치조항(9~13조)	유엔(3조)	유엔(3조)
제4장	전범(14조)	영토(4~6조)	영토(4~6조)
제5장	일본의 안보(15~25조)	안보(조문번호 없음)	안보(7~11조)
제6장	전쟁에서 파생된 청구권 (26~31조)	정치조항(11~14조)	정치조항(12~17조)
제7장	재산·권리·이익(32~36조)	전쟁에서 파생된 청구권 (15~18조)	전쟁에서 파생된 청구권 (18~22조)
제8장	일반경제관계(37~41조)	분쟁의 조정(19조)	분쟁의 조정(23조)
제9장	분쟁의 조정(42조)	효력(20~21조)	효력(24~26조)
제10장	최종 조항(43~44조)		
부속서류	9개		

[출전] 1949년 12월 29일자 초안("Draft Treaty of Peace with Japan," (1949. 12. 29), RG 59, Office of Northeast Asia Affairs, Records Relating to the Treaty of Peace with Japan-Subject File, 1945-51, Lot 56D 527, Box 6); 1950년 8월 7일자 초안("Draft #2," (1950. 8. 9) FRUS, 1950, Vol. VI, pp. 1267~1270); 1950년 9월 11일자 초안("Draft of a peace Treaty with Japan," (1950. 9. 11), FRUS, 1950, Vol. VI, pp. 1297~1303).
[비고] 음영 처리된 것은 새로 신설되거나 변경된 장임.

는 신탁통치체제를 적용한다는 1947년 4월 2일자 유엔안전보장이사회의 결정을 승인한다. 미국은 또한 유엔에 대해 북위 29도 이남의 류큐제도, 로사리오섬, 볼케이노섬, 파레체 벨라, 마커스섬을 포함하는 보닌제도를 미국을 시정권자로 하는 유엔 신탁통치체제하에 둘 것을 제안할 것이며, 이 제안에 대해 긍정적인 결정이 내려질 때까지 미국이 이들 섬 지역에 대한 행정·법률·관할의 모든 권한을 보유할 것이다.[159]

이상과 같이 1950년 9월 11일자 조약 초안은 1950년 8월 7일자 조약 초안을 부분적으로 수정한 것에 지나지 않았다. 보다 명확하고, 자세하게 묘사된 것은 미국의 신탁통치하에 놓이게 될 구일본위임통치령 및 류큐제도뿐이다. 즉, 미국은 자국의 이해가 걸린 섬들에 대해서는 상세하고 명백한 영토적 규정을 묘사했지만, 원래 포츠담선언에 명시되었던 일본 인근의 섬들과 일본에서 배제될 기타 섬들에 대한 규정은 완전히 삭제한 것이었다. 이것이 바로 1950년 9월 11일자로 완성된 덜레스의 대일평화조약 초안 영토규정의 핵심이었다. 이상의 변화과정을 정리하면 〈표 5-6〉과 같다.

1949년 12월 초안과 1950년 8월 초안 사이에 큰 차이가 분명하게 확인된다. 그것은 첫째 평화의 전면적 강조 및 징벌적·제약적 구성의 삭제, 둘째 복잡하고 긴 조약문에서 단순하고 간단한 조약문으로의 전환이었다.

(4) 1950년 9월 11일자 대일평화7원칙: 사라진 영토규정

1950년 9월 11일 개정된 간단한 초안과 함께 덜레스는 대일평화조약에 대한 미국의 입장을 7개 원칙으로 확정했다. 이는 대일평화7원칙으로 불렸다. 이 시점에 덜레스는 제2차 대전 전후 주요 연합국 간의 외상회담이나 연합국 원탁회의를 통해 대일평화조약을 체결할 것이 아니라, 미국이 대일평화조약과 관련하여 범용한 원칙안을 만들어 일본을 포함한 개별 연합국가와 협의한 후 조약문을 완성하고, 이를 평화회담에서 채택한다는 구상을 갖고 있었다. 이런 구상의 가장 큰 원인은 역시 소련의 불참 가능성과 중국의 배제라는 2대 연합국의 상황변화 때문이었다. 소련을 배제한 단독강화를 추구할 경우

---

159) *FRUS*, 1950, Vol. VI, p. 1298.

가장 중요한 연합국 파트너는 역시 영국이었으며, 영국과 영연방국가들의 지지를 얻어내고, 일본의 전면적 지지를 확보하는 것이 조약 체결 성공의 지름길이었다.

대일평화7원칙은 1950년 10월 6일 레이크석세스발 UP통신으로 알려졌으며, 이미 일본 외무성에서는 이에 대한 검토작업을 벌이고 있었다.[160] 미 국무부의 공식발표일은 1950년 11월 24일이었다.[161]

1. 당사국: 제안되고 합의될 기초 위에 평화를 정착시킬 의사를 가진 일본과 교전했던 일부 혹은 모든 국가들
2. 유엔: 일본의 가입은 고려될 수 있다.
3. 영토: 일본은 (a) 한국의 독립을 승인하며; (b) 류큐와 보닌(小笠原)에 대해 미국을 시정권자로 하는 유엔의 신탁통치에 동의하며, (c) 대만, 팽호도, 남부 사할린, 쿠릴의 지위에 대한 영국·소련·미국·중국의 장래 결정을 수용한다. 조약이 발효한 후 1년 이내에 아무런 결정이 없는 경우, 유엔총회가 결정한다. 중국 내 특별권리와 이익은 포기한다.
4. 안전보장: 조약은 유엔이 실효적 책임을 부담하는 것과 같은 만족할 만한 별도의 안전보장 협정이 성립될 때까지, 일본 지역 내에서 국제평화와 안전의 유지를 위해 일본 시설과 미국 및 혹 기타 군대 간에 협력적 책임이 지속될 것을 고려한다.
5. 정치적 및 통상적 협약: 일본은 마약과 어업을 다루는 다자간 조약에 가입할 것에 동의한다. 전전(戰前) 양자 조약은 상호 합의에 의해 부활될 수 있다.

---

160) 「米國の對日講和7原則について」(1950. 10. 25), 日本外務省, 2007, 위의 책, 73~78쪽. 일본 외무성이 파악한 7원칙은 수속, 유엔가입, 영토의 귀속, 일본의 안전보장, 국제조약 가입, 배상·청구권에 관한 분쟁처리로 이후 공식 발표된 7원칙의 실제 내용과 일치했다.
161) 「對日講和7原則」; "Seven Points" Proposal on Japanese Peace Treaty Made by U.S., 日本外務省, 2007, 위의 책, 94~98쪽.

새로운 통상조약이 체결될 때까지, 일본은 통상의 예외에 따르는 것을 조건으로 최혜국 대우를 제공한다.
6. 청구권: 모든 당사국은 1945년 9월 2일 이전의 전쟁행위에서 발생한 청구권을 포기한다. 단 (a) 일반적으로 연합국이 그 지역 내에 있는 일본인 재산을 보유하는 경우 및 (b) 일본이 연합국인 재산을 반환하거나 혹은 원상으로 회복할 수 없는 경우, 상실가격의 협정된 비율로 보상하기 위해 엔화를 제공하는 경우는 제외한다.
7. 분쟁: 청구권에 관한 분쟁은 국제사법재판소장이 설치하는 특별중립재판소에서 해결한다. 다른 분쟁은 외교적 해결 또는 국제재판소에서 처리한다.[162]

매우 간략한 대일평화7원칙에서 일본 영토에 대한 규정은 사라졌고, 한국에 대한 규정은 일본이 한국의 독립을 승인한다는 짧은 문장으로 축약되었다. 이것이 1951년 3월의 공식초안과 이후 초안까지 지속되는 핵심적인 원칙이 되었다.

덜레스 사절단이 연합국들과 협의하며 활용한 것이 바로 이 대일평화7원칙이었는데, 이렇게 간단한 원칙만으로 구체적인 내용을 협의하는 것이 거의 불가능했다. 이는 덜레스가 간단한 초안을 협상원칙으로 만든 가장 큰 이유이기도 했다. 덜레스의 목표는 구체적이고 세부적인 논쟁이나 쟁점을 회피하고 조속하게 합의할 수 있는 대강의 큰 틀을 만듦으로써 조속히 평화조약을 체결하는 것이었다. 간단한 초안은 가급적 많은 국가의 이해를 총론적이고 개략적인 수준에서 억제함으로써 구체적인 특정 요구들을 봉쇄하거나 미봉할 수 있는 적절한 수단이자 방안이었다. 각국의 특수한 요구들을 반영해서 협약한다

---

[162] "Unsigned Memorandum Prepared in the Department of State," (1950. 9. 11), *FRUS*, 1950, Vol. VI, pp. 1296~1297. 1951년 11월 24일 공표된 7원칙과 일본어 번역은 「對日講和7原則」; "Seven Points" Proposal on Japanese Peace Treaty Made by U.S., 日本外務省, 2007, 위의 책, 94~98쪽을 참조.

면 긴 조약문에 긴 협상기간, 평화조약 체결의 지체가 필연적이었기 때문이다. 이에 따라 마련된 대일평화7원칙은 1950년 가을부터 연합국들에 제시되었으며, 또한 일본정부에도 전달되었다.

츠카모토 다카시는 호주정부가 대일평화7원칙 중 제3항 영토조항과 관련해 옛 일본 영토의 처분에 대해 정밀한 정보를 요구하자, 미국이 "세토나이카이(Inland Sea, 瀨戶內海)의 섬들, 오키열도(Oki Retto, 隱岐), 사도(Sado, 佐渡島), 오쿠지리(Okujiri, 奧尻島), 레분(Rebun, 禮文島), 리이시리(Riishiri, 利尻島), 쓰시마(Tsushima, 對馬島), 다케시마〔Takeshima(Liancourt Rocks)〕, 고토군도(Goto Archipelago, 五島群島), 류큐제도 최북단 및 이즈제도, 모두 예로부터 일본의 것으로 인정되므로, 이들은 일본에 의해 보유될 것으로 생각된다"라고 답변한 사실을 들어 '다케시마를 일본에 남긴다는 취지에는 변화가 없었다'라고 주장했다.[163] 그러나 이는 호주정부에 답변하기 위해 이전 조약 초안의 문안을 그대로 원용한 것일 뿐 미국의 원칙이나 초안으로 공표되거나 확인된 것이 아니었다. 이는 이 문서의 작성경과로도 설명된다. 이 문서의 작성자는 극동국 동북아시아과의 피어리였는데, 『미국외교문서』 편집자 주에 따르면, 호주정부의 질의서가 언제 제출되었는지는 미상이며, 피어리의 답장이 언제 호주정부에 전달되었는지도 국무부 문서철에서 확인할 수 없는 상태였다.[164] 피어리의 답장은 앨리슨에게 보내는 비망록(1950. 10. 26)에 첨부되어 있다.

이상에서 살펴본 대로, 대일평화7원칙상 대일영토문제에 대한 미국의 새로운 입장은 구체적인 섬의 명칭을 특정하는 것을 배제한다는 쪽이었다.

---

163) RG 59, Department of State, Decimal File, 694.001/10-2650; Undated Memorandum by Mr. Robert A. Fearey of the Office of Northeast Asian Affairs, "Answers to questions submitted by the Australian Government arising out of the statement of principles regarding a Japanese Treaty prepared by the United States Government," FRUS, 1950, Vol. VI, pp. 1327~1331; 塚本孝, 1994, 위의 논문, 45쪽.
164) FRUS, 1950, Vol. VI, p. 1327, footnote 2.

(5) 1951년 2월 9일자 대일평화협정에 대한 개략적 초안(미일 가조인)

1951년 1~2월 제1차 일본 방문을 끝낸 덜레스 사절단은 2월 9일 일본 외무성과 5개의 문서를 가조인했다. 그 핵심은 대일평화조약과 미일안보조약을 한 쌍으로 체결함으로써 평화와 안보를 교환하는 것이었다. 점령을 종식하고 평화를 가져오는 대신 평화헌법에 따라 교전권이 없는 일본의 안보를 위해 미군의 주둔을 보증하는 체제였다.

덜레스의 보좌관인 존 앨리슨과 일본 외무성 이구치 사다오(井口貞夫) 차관이 1951년 2월 9일 서명한 일련번호가 붙은 5개의 문서들은 다음과 같았다.[165]

I. 대일평화협정에 대한 개략적 초안(Provisional Memorandum)(본문 5쪽, 부록 3쪽)

II. 미일안전보장협정초안(Agreement between the United States of America and Japan for Collective Self-defense made Pursuant to the Treaty of Peace between Japan and the Allied Powers and the provisions of Article 51 of the Charter of the United Nations)(2쪽)

III. 미일안전보장협정초안의 보유(Addendum to Agreement between the United States of America and Japan for Collective Self-defense made Pursuant to the Treaty of Peace between Japan and the Allied Powers and the provisions of Article 51 of the Charter of the United Nations)(1쪽)

IV. 미일행정협정초안(Administrative Agreement Between the United States of America and Japan to Implement of the Agreement They Have Entered into

---

[165] "Memorandum," (1951. 2. 9), singed by John M. Allison and S. Iguchi, RG 59, Department of State, Decimal File, 694.001/2-1051.

for Collective Defense)(5쪽)

V. 미일행정협정초안의 보유(Addendum to Administrative Agreement Between the United States of America and Japan to Implement of the Agreement They Have Entered into for Collective Defense)(1쪽)[166]

즉, 대일평화협정·미일안전보장협정·미일행정협정 등 세 가지 주요 협정에 대한 '가각서'(假覺書, provisional memorandum)가 체결된 것이었다. 세 가지 협정은 평화조약과 미일안보조약의 맞교환, 주둔 미군의 지위에 대한 협정으로 구성되었으며, 이는 하나의 세트이자 상호 연결된 실체였다. 이 중에서 「대일평화협정에 대한 개략적 초안」은 미국과 일본이 대일평화협정의 골자를 어떻게 설정하고 합의했는지를 보여주는 핵심적인 문서라고 할 수 있다. 이미 1951년 2월 9일 미국과 일본이 이 협정초안에 서명함으로써 사실상 대일평화협정의 내용은 완성된 것이나 다름이 없었다.

「대일평화협정에 대한 개략적 초안」은 전문, 평화, 주권, 영토, 안보, 정치 및 경제 조항들, 전쟁에서 파생된 청구권, 분쟁의 조정, 최종 조항, 일반적 관측 등 9개 장으로 구성된 총 5쪽 분량이었다. 미국측 문서와 일본 외무성이 공개한 문서 사이에는 표현상 약간의 차이가 있지만 내용은 일치한다. 매우 짧은 내용으로 진술된 「대일평화협정에 대한 개략적 초안」(이하 개략적 초안)은 여러 가지 점에서 특징적이다.

첫째, 개략적 초안은 이전 초안들에 등장했던 기본원칙, 특별정치조항, 전범 등 일본의 전쟁책임을 강조하는 조항들이 사라졌다. 이는 첫번째 장을 평화로 시작한 데서 드러나듯이 비징벌적인 평화조약이라는 덜레스의 구상을

---

[166] 영문 제목은 미 국무부의 표현을, 한글 제목은 일본 외무성의 표현을 번역한 것이다. RG 59, Department of State, Decimal File, 694.001/2-1051. 미국의 대표인 존 포스터 덜레스와 일본의 대표인 요시다 시게루 수상 대신에 존 앨리슨과 이구치 사다오가 서명한 것은 이것이 공식적 협정 체결이 아니라 임시적이며 잠정적인 것이라는 점을 강조하기 위한 조치였다.

반영한 것이었다. 일본으로서는 베르사유평화체제의 강요된 혹은 명령된 평화를 우려했는데, 미국의 태도는 상상할 수 없을 정도로 우호적이며, 협력적이었다. 개략적 초안에는 어떠한 징벌적 문구도, 조항도 포함되지 않았다. 개략적 초안은 평화조약의 기본노선을 제시한 것이고, 구체적인 조문 내용과 문구를 확정한 것은 아니었지만, 그 체제와 구조·문맥에 담겨 있는 것은 역시 평화와 우호의 정신이었다.

둘째, 개략적 초안은 1951년 3월에 완성·배포된 미국 공식초안으로 이어졌다. 1951년 2월 9일 일본과 합의한 내용을 토대로 미 국무부는 1951년 3월 말에 최초의 제안용 공식초안을 완성했고, 이를 관련 당사국들에 송부했다. 시차에서 드러나듯, 이 개략적 초안이 1951년 3월 공식초안의 핵심이 되었음을 알 수 있다.

셋째, 개략적 초안에는 이전에 중시되었던 일본의 영토조항은 사라졌고, 일본에서 배제될 영토조항들은 매우 간단하게 표현되었다. 일본의 영토조항이 사라진 대신 주권조항이 다음과 같이 신설되었다.

주권: 연합국은 일본 영토에 대한 일본 국민의 완전한 주권을 승인한다.

한편, 일본에서 배제될 영토들도 통합된 방식으로 다음과 같이 표현되었다.

영토: 일본은 한국, 대만과 팽호도에 대한 모든 권리·권원을 포기하며 북위 29도 이남의 류큐제도, 로사리오섬·볼케이노섬·파르코에 벨라(Parcoe Vela: 원문 그대로, 파레체 벨라(Parece Vela)의 오류 – 인용자)·마커스섬을 포함한 보닌섬에 대해 미국을 시정권자로 하는 유엔 신탁통치를 수용한다.[167]

---

167) "Provisional Memorandum," (1951. 2. 8), RG 59, Department of State, Decimal File, 694.001/2-1051.

일본의 영토와 일본에서 배제될 지역들은 매우 간단하게 표시되었으며, 포츠담선언에 명기되었던 일본 인근의 제소도에 대한 규정은 완전히 사라졌다. 유일하게 구체적으로 명시된 것은 미국이 신탁통치를 실시하게 될 북위 29도 이남의 류큐제도 및 관련 섬들에 대한 특정이었다. 바꿔 말하자면 이 시점에 미국은 자국이 신탁통치를 하게 될 섬들을 특정하는 데 관심이 있었을 뿐, 어떤 섬이 일본령에 포함되고, 그 외에 어떤 섬들이 일본령에서 배제되는지는 큰 관심을 두지 않았다. 일본과 미국이 합의한 이 주권·영토 조항은 포츠담회담을 통해 연합국이 합의하고 선언한 대일 영토정책과 명백히 배치되는 것이었다. 미국은 연합국과 합의·결정했어야 할 일본 영토규정을 연합국과 사전협의 없이 일본과 결정했다. 연합국 대신 구적국과 합의에 도달한 후 연합국과는 미일 합의에 대한 사후 의견조율이 이루어졌을 뿐이다. 이는 대일평화조약의 본질을 보여주는 것이었다. 이러한 미일합의는 이후 일본에 의한 동아시아 지역 내 영토분쟁의 서막을 여는 것과 다를 바 없었다.

(6) 1951년 3월 제안용 임시초안(공식초안, 연합국에 송부)

일본과 호주·뉴질랜드 방문에서 돌아온 덜레스는 실제 조약문 작성을 선언했고(1951. 3. 1), 이에 따라 본격적으로 조약 초안이 작성되기 시작했다. 조약 초안은 이후 3월 1일자, 3월 9일자, 3월 12일자, 3월 17일자, 3월 20일자 등으로 계속 재수정되었다.[168] 3월 셋째 주에 덜레스는 조약 초안 준비를 완료했고, 3월 19일 상원 외교위원회 극동소위원회에서 조약 초안 조문을 검토받았

---

168) 1951년 3월 1일자 및 3월 9일자로 표기된 작업 중 조약 초안은 "Provisional Draft of a Japanese Peace Treaty"라는 제목으로 남아 있다(RG 59, Japanese Peace Treaty Files of John Foster Dulles, 1946-52, Lot 54D423, Box 12). 3월 12일자, 3월 20일자 작업 중 초안은 동일 제목으로 RG 59, Department of State, Decimal File, 694.001/3-1251, 694.001/3-2151에 남아 있다.

다. 그 결과 1951년 3월 「대일평화조약 임시초안(제안용)」〔Provisional Draft of a Japanese Peace Treaty(Suggestive Only)〕이 확정되었다.[169] 이는 미국이 국내용으로 작성해 행정부 내에서 회람했던 이전 초안과는 다른, 공식성을 지닌 최초의 대외협상용 초안이었다. 3월 마지막 주에 이 초안은 14개 주요 연합국과 주미한국대사관에 전달되었고, 해당 정부의 의견검토가 요청되었다. 한국에도 평화조약 초안이 송부되었는데, 이는 한국을 조약 서명국·체결국 혹은 참가국으로 고려하고 있었기 때문이었다.

미 국무부가 작성한 비망록에 따르면, 이 초안은 덜레스의 대일평화7원칙을 기초로 삼아 1950년 9월부터 1951년 1월까지 14개국 정부의 대표들과 최소한 한 차례 이상 의견교환을 거친 후 작성된 것이었다.[170] 1951년 1월 10일 미 대통령은 존 포스터 덜레스를 단장으로 하는 대일평화조약사절단을 조직했고, 덜레스는 1월 22일 일본으로 가서 대일평화7원칙을 가지고 일본정부 및 정치·민간 지도자, 연합국 주일외교사절단과 협의했으며, 이후 필리핀·호주·뉴질랜드를 방문한 뒤 워싱턴의 연합국 외교대표들과 협의했다. 국무부는 조약 초안이 최소한 하나의 출처가 아닌 복합적 출처에 기초한 것이며, 이 조약 초안은 "임시적이고 오직 제안을 위한 것"이라고 밝혔다.[171] 그러나 가장 중요한 것은 1951년 2월에 일본과 합의한 협정초안들이었고, 이것이 1951년

---

169) "Provisional Draft of a Japanese Peace Treaty(Suggestive Only)," (1951. 3), RG 59, Office of Northeast Asia Affairs, Records Relating to the Treaty of Peace with Japan-Subject File, 1945-51, Lot 56D527, Box 1.
170) 극동위원회 국가들과의 협의일자는 다음과 같다. 필리핀(1950. 9. 27), 네덜란드(1950. 10. 13), 버마(1950. 10. 19), 뉴질랜드(1950. 10. 19, 1951. 1. 4), 영국(1951. 1. 12. 전후), 중국(1950. 10. 23, 12. 19), 인도(1950. 12. 21), 소련(1950. 9. 28, 10. 27, 11. 20, 11. 24, 12. 28, 1951. 1. 13). "Major Papers Regarding Japanese Peace Treaty and Pacific Pact," (undated), RG 59, Office of Northeast Asia Affairs, Records Relating to the Treaty of Peace with Japan-Subject File, 1945-51, Lot 56D527, Box 3, Folder, "Miscellaneous".
171) "Memorandum," (March 22, Draft), RG 59, Office of Northeast Asia Affairs, Records Relating to the Treaty of Peace with Japan-Subject File, 1945-51, Lot 56D527, Box 6, Folder, "Treaty-Miscellaneous Drafts".

3월 평화조약 초안의 핵심을 이루었다.

 1951년 3월의 대일평화조약 초안에는 다음과 같은 특징이 있었다.

 첫째, 이 초안은 관련 당사국에 송부된 최초의 공식적인 미국 조약 초안이었다. 이전까지와는 다르게 공식성을 지닌 최초의 조약 초안이었다는 점이 가장 큰 특징이었다.

 둘째, 이 초안은 형식 면에서 1950년 이전의 초안과는 달랐다. 가장 큰 변화는 이전 초안에 등장했던 전문과 기본원칙 등이 사라졌다는 점이었다. 기본원칙은 제목이 붙어 있지 않은 일종의 전문에 해당하는 서두에 흡수되었다. 미국은 첫번째 장의 제목을 평화(Peace)로 제시함으로써 이 조약의 가장 큰 목적이자 원칙이 평화에 있음을 강조했다. 일본의 의무나 전쟁책임은 포함되지 않았다. 또한 예전 초안에 있었던 연합국·협력국 명단도 삭제되었다. 이는 1951년 2월 9일 일본과 합의한 「대일평화협정에 대한 개략적 초안」에 따른 것이었다.

 셋째, 초안의 분량과 형식이 매우 간단해졌다. 전체 분량은 8쪽으로, 8개 장 22개 조문으로 구성되었다. 1949년 12월 초안과 비교해보면 총 10개 장에서 8개 장으로, 총 44개 조문에서 22개 조문으로 분량이 대폭 축소되었음을 알 수 있다. 덜레스가 추구한 '비징벌적'이며 '간단한' 대일평화조약 초안이 성립된 것이었다.

 넷째, 일본 영토를 규정한 예전의 조항들이 사라졌다. 다만 간단하게 제2장 주권(Sovereignty)에서 "2. 연합국은 일본과 그 영해에 대한 일본 국민의 모든 주권을 승인한다"라고 규정했다. 예전의 상세하고 정교하게 일본 영토, 특히 일본에 포함될 부속소도를 규정한 조항들은 사라졌다. 일본 영토의 시작과 끝이 어디이며, 타국과의 경계선이 어디인가에 대한 명백한 규정이 사라진 것이다. 1951년 2월 9일 일본과 합의한 개략적 초안에서 설명한 것처럼 일본이 주변국과 영토분쟁을 할 수 있는 초안이 공식화되었다고 평가할 수 있다.

 다섯째, 이전에 일본이 포기·양도할 지역에 대한 규정도 간단하게 변화했다. 이는 제3장 영토에서 다루어졌다. 해당 조항은 다음과 같다.

제3장 영토

3. 일본은 한국, 대만 및 팽호도에 대한 모든 권리·권원·청구권을 포기한다. 또한 남극지방에서 (행한) 일본 국민의 활동에서 비롯되었거나 혹은 위임통치체제와 관련된 모든 권리·권원·청구권을 포기한다. 일본은 이전에 일본의 위임통치하에 있던 태평양도서를 신탁통치체제하에 둘 것과 관련한 1947년 4월 2일자 유엔안전보장이사회 결정을 승인한다.

4. 미국은 유엔에 대해 북위 39도 이남의 류큐제도, 로사리오섬을 포함한 보닌제도(오가사와라), 볼케이노섬(이오지마), 파레체 벨라 및 마커스섬에 대해 미국을 시정권자로 하는 신탁통치체제하에 둘 것을 제안한다. 일본은 이러한 제안에 동의할 것이다. 이러한 제안을 행하며 그에 따른 긍정적 조치에 따라 미국은 이 섬들의 주민 및 그 영해를 포함한 이들 영토에 대한 행정·법률·관할의 모든 권한을 행사할 것이다.

5. 일본은 소련에 사할린의 남부와 그에 인접한 모든 섬들을 반환할(return) 것이며, 소련에 쿠릴섬들을 이양할(hand over) 것이다.[172]

이는 1951년 2월 9일 일본과 합의·서명한 개략적 초안에 따른 것으로, 일본이 포기할 지역에 대해서는 아주 간단하게 설명한 반면, 미국이 신탁통치를 실시할 지역에 대해서는 아주 상세하게 설명한 것을 알 수 있다. 또한 남사할린과 쿠릴섬에 대한 규정이 새로 추가되었음을 알 수 있다.

한국 및 영토조항과 관련한 이 조약 초안의 특징과 중요성은 다음과 같다.

첫째, 조약 초안이 한국에 송부되었다는 사실이다. 한국은 호주·버마·캐

---

172) "Provisional Draft of a Japanese Peace Treaty(Suggestive Only)," (1951. 3).

나다·실론·중국·프랑스·인도·인도네시아·네덜란드·뉴질랜드·파키스 탄·필리핀·영국·소련 등과 함께 조약 초안을 송부받은 15개국에 포함되었 다. 한국에 조약 초안이 송부됨으로써 미국은 한국을 대일평화회담의 참가 국·초청국, 평화조약의 서명국으로서의 지위를 인정한 것이었다. 즉, 1951년 3월의 시점에 미국은 대일점령정책에 참가한 극동위원회(FEC) 13개국 외에 한국과 인도네시아에만 회담참가 자격과 조약서명 자격을 인정해 조약 초안 을 송부했던 것이다. 1951년 9월 샌프란시스코평화회담 참가서명국이 50개 국이었던 것에 비추어본다면 미국은 15개국 중 하나로 한국을 특정함으로써 일찍부터 한국의 대일평화회담 참가, 조약서명 자격을 매우 중시했던 것이다.

개인적 차원에서 덜레스는 1948년 12월 파리 제3차 유엔총회의 미국측 대표로 참석해 한국정부 승인을 주도한 경험을 가지고 있었다. 국가적 차원에 서 미국은 아시아의 자유기지로 공산침략에 맞서 싸우는 상징인 한국이 반공 아시아를 상징하는 대일평화 회담·조약에 참가하는 것이 한국의 위신 및 미 국의 아시아정책을 위해서도 필수적이라고 판단했던 것이다. 즉, 한국전쟁의 발발과 중국 공산군의 한국전 개입은 대일평화조약의 급속한 타결과 단독강 화를 추진하는 가장 큰 배경이 되었으므로 한국을 대일평화조약에 참가시키 는 것은 논리적으로 당연한 귀결이었던 것이다. 이미 1949년 12월 29일자 국 무부 초안이 주한미대사 무초의 건의에 따라 한국을 '협력국'으로서 대일평 화회담에 참가시킬 것을 결정한 이래, 이 정책은 1951년 3월 초안까지 명백히 유지되었다.

둘째, 독도 관련 조항이 삭제되었다. 독도는 일본령에도 한국령에도 포함 되지 않았다. 일본령을 간단하게 규정하고, 대만·한국·쿠릴 등에 대한 조문 을 간략하게 표현하는 과정에서 독도 관련 조항은 삭제된 상태가 유지되었다. 한국에 대한 규정은 제3장 영토조항에 "3. 일본은 한국, 대만 및 팽호도에 대 한 모든 권리·권원·청구권을 포기한다"라고만 간단하게 되었다.

이는 1951년 2월 9일에 미국과 일본이 합의·서명한 개략적 초안의 연장선상에 놓인 것으로 조약문 자체가 간단하게 작성되는 과정에서 생략된 것일 뿐만 아니라, 일본 영토의 표현과 구체적 특정방식의 큰 변화를 반영한 것이다. 포츠담선언에 따르자면 일본의 영토는 주요 4개 섬과 주변의 작은 섬들로 한정되었고, 어떤 섬들이 일본 영토에 포함될지는 '우리', 즉 연합국이 결정할 권리가 있었다. 즉, 포츠담선언의 정신은 일본령에 포함될 섬들을 구체적으로 특정하는 방식이었다. 이에 따라 1947년 이후 작성된 미 국무부의 대일평화조약 초안들에는 모두 일본령을 구체적으로 특정하고, 이를 표현하는 부속지도를 첨부하는 방식으로 구성되었다. 이는 1951년 4월 영국 외무성의 조약 초안과 부속지도에서도 마찬가지로 표현되는 방식이었으며, 기본적으로 포츠담선언의 대일영토규정에 따랐던 것이었다.

그런데 1949년 11월 주일미정치고문 대리 시볼드가 일본의 심리적 불이익을 이유로 내세운 이래 일본령에 포함될 섬들을 특정하는 데 대한 지속적이고 반복적인 반대가 제시되었다. 그 배경은 미소냉전의 격화였으며, 결정적 계기는 한국전쟁의 발발과 중공군의 참전이었다. 이러한 과정의 중간 결과물이 바로 1951년 3월 조약 초안이었다. 이는 일본령에 포함될 섬들과 일본령에서 배제될 섬들에 대해 구체적인 특정을 회피한 조약 초안이라고 할 수 있다. 1951년 3월 조약 초안의 기본방향은 미국과 일본이 1951년 2월 9일 합의한 개략적 초안에서 분명히 드러났고, 일본이 가장 선호하는 방식이었다. 패전 후 위축되어 있던 일본은 가급적이면 더 많은 섬들이 일본령에 포함되도록 적극적인 노력을 기울였는데, 1951년의 상황에 도달하자 일본령에 포함될 섬들과 일본령에서 배제될 섬들을 구체적으로 특정하지 않아도 되는 새로운 국면이 전개된 것이었다. 일본으로서는 상상하지 못했던 유리한 상황이었고, 포츠담선언의 대일영토규정의 사실상 폐지 혹은 무력화를 의미하는 것이었다.

반면, 미국은 자국의 신탁통치하에 놓이게 될 류큐 등의 섬들에 대해서만 논란과 분쟁을 피하기 위해 아주 구체적이고 분명하게 특정하는 방식을 채택했다. 즉, 1951년 3월의 평화조안 초안의 영토조항은 포츠담선언의 대일영토규정의 포기, 일본령에 포함될 도서의 불특정, 일본령에서 배제될 도서의 불특정, 미국 신탁통치령에 포함될 도서의 특정으로 요약할 수 있다. 일본령에서 포기될 지역은 간단하게 한국·대만·팽호도·남사할린·쿠릴 등으로만 표현되었다. 구체적인 부속도서 등의 명칭은 완전히 삭제되었다.

4. 영미합동초안의 성립과 최종 조약문의 확정(1951)

(1) 1951년 5월 3일자 제1차 영미합동초안: 영연방국가에 송부

1951년 3월 말 미국의 공식초안, 즉 「대일평화조약 임시초안(제안용)」이 완성되어 관련 연합국에 송부되었고, 1951년 4월 7일 영국의 공식초안, 즉 「대일평화조약 임시초안」이 완성되었다. 미국과 영국의 초안은 각각 상대국에 전달되었고, 1951년 4월 25일~5월 4일 사이 영국 외무성 관리들이 워싱턴을 방문해 영미회담이 개최되었다. 존 앨리슨이 의장을 맡은 이 회담에서 양국은 조약 초안을 조문별로 비교한 결과, 1951년 5월 3일 「미영공동초안」, 즉 「영미합동초안」을 완성했다.[173]

조약 초안의 정식제목은 「1951년 4~5월 워싱턴 토론 중 준비된 미국·영국 합동초안」(Joint United States-United Kingdom Draft Prepared During the Discussions in Washington, April-May 1951)이었다. 이는 '잠정적으로 합의된 공동초안'으로 미국의 1951년 3월 초안과 영국의 1951년 4월 초안을 종합한 것이었다. 영국 외무성의 평가에 따르면 미국 초안이 기본문건으로 활용되었으나, 미국대표들이 영국 초안에 제시된 논점들을 상당 부분 수용한 결과 원

---

173) "Joint United States-United Kingdom Draft Peace Treaty," (1951. 5. 3), Tokyo Post Files: 320.1 Peace Treaty, FRUS, 1951, Vol. VI, part 1, pp. 1024~1037.

래 미국 초안과는 상당히 달라졌다. 조약문은 원래 미국 초안보다 약간 길어졌지만, 세계대전을 종결하도록 고안된 평화회담 조약 가운데 가장 짧은 것이라는 평가를 얻었다.[174]

미국과 영국은 중국의 참가, 대만의 처분, 중립국 및 구적국 내 일본 소유금 및 자산의 처분문제 등에서 정책적 차이가 있었지만, 1951년 5월 3일자 합동초안을 만드는 데 동의했다. 피어리의 평가에 따르면, 1951년 5월 3일자 영미합동초안은 "기술적으로 정확하고 포괄적인 영국측 관심과 폭넓게 독해되고 이해될 수 있을 정도로 충분히 심플하고 간략한 문서에 대한 미국측 희망을 성공적으로 조화시킨" 것이었다.[175]

형식상으로 볼 때 영국 초안이 미국 초안보다 길고 상세했으며, 이는 영국 초안이 2차 대전 후의 이탈리아평화조약을 참조했기 때문이었다. 내용상으로도 영국 초안이 일본의 전쟁책임과 배상을 강조하는 대일징벌적인 성격이었던 반면, 미국 초안은 비징벌적인 평화조약의 성격이었다. 즉, 영국 초안은 1949년 12월 이전 미국 초안의 성격을 그대로 갖고 있었다. 특히 영토문제에 대한 규정에 있어서 영국 초안은 포츠담선언의 대일영토규정에 입각해 일본령에 포함될 섬들을 특정하며, 이를 표시하기 위해 위도선과 경도선으로 일본령을 표시하고 부속지도를 첨부하는 방식을 사용했다. 영국정부는 특별히 대일평화조약으로 정치적·경제적 이익을 확보할 필요성·가능성이 없었으며, 영연방국가들 중 호주·뉴질랜드 등 상당수의 국가들은 일본의 전쟁범죄 및

---

174) FO 371/92547, 213351, FJ 1022/368, Sir O. Franks, Washington to Foreign Office, no.1382(1951. 5. 4), Subject: Japanese Peace Treaty: given text of line taken by State Department in answer to any press enquiries; FJ 1022/373, C. P. Scott to A. E. Percial, Esq., B/T., no.1(1951. 5. 8), Subject: Japanese Peace Treaty: transmit copy of Joint Draft of the J.P.T. after talks which have taken place in Washington.

175) "Summary of Negotiations Leading Up To the Conclusion of the Treaty of Peace With Japan," by Robert A. Fearey(1951. 9. 18), p. 8, RG 59, Office of Northeast Asia Affairs, Records Relating to the Treaty of Peace with Japan-Subject File, 1945-51, Lot 56D527, Box 1.

피해에 대한 보상과 일본 재무장화에 강력한 반대의견을 갖고 있었다.

반면, 미국은 남태평양의 구일본위임통치령과 류큐·보닌에 대한 신탁통치권한, 미군의 일본 주둔 및 기지활용권을 확보했고, 대일평화조약의 가장 큰 수혜자였기에, 관련 연합국들의 의견을 존중할 수밖에 없는 처지였다. 소련을 배제한 상태에서 대일평화조약을 추진하는 미국으로서는 영국과 영연방국가들이 가장 중요한 연합국이자 동맹국이었으며 특히 영국의 지지와 후원을 받는 것이 필수적이었다. 덜레스는 직감적으로 영국에 적지 않은 양보를 해야 평화조약의 추진이 가능하다는 판단을 갖고 있었다. 영국 외무성 관리들이 워싱턴을 방문하기 직전 덜레스는 일본을 방문(1951. 4) 중이었는데, 4월 17일 사절단 참모회담에서 다음과 같은 논의가 있었다.

덜레스는 필요하다면 영국을 배제하고, 일본과 평화조약을 추진할 수 있을지를 고민했다. 아직까지 영국과 막다른 골목에 도달한 것은 아니지만 어려움이 있었기 때문이다. 특히 영국 외무성의 준비팀이 미 국무부와 마찬가지로 수년간 영국 초안을 준비했고, 이런 오랜 숙고의 논리적 결과로 길고 세부적인 영국 초안이 만들어졌기 때문에, 최종 조약은 덜레스가 제시한 7원칙처럼 간단하고 일반적 초안이 되기 어렵다는 것이다. 만약 영국이 세부조항을 포함하길 희망한다면, 조약의 길이가 길어질 것이며 미국·일본은 실질적인 반대를 하지 않고 영국 제안을 수용하는 것이 바람직할 것이다.[176]

뒤에서 보다 상세하게 검토하겠지만, 덜레스는 영국 초안을 일본정부에 제시해 검토의견을 받았을 뿐만 아니라 영국 외무성 관리의 워싱턴 도착에 맞

---

176) "Minutes-Dulles Mission Staff Meeting, Dai Ichi Building, April 17, 9:00 A.M." by R. A. Fearey, RG 59, Office of Northeast Asia Affairs, Records Relating to the Treaty of Peace with Japan-Subject File, 1945-51, Lot 56D527, Box 6.

〈표 5-7〉 대일평화조약 초안의 체제 비교(1951년 2월·1951년 3월·1951년 5월)

초안 장	1951년 2월 9일자 미일합의안	1951년 3월 미국 초안 (제안용)	1951년 5월 제1차 영미합동초안
	전문	전문	전문
제1장	평화	평화(1조)	평화(1조)
제2장	주권	주권(2조)	영토(2~5조)
제3장	영토	영토(3~5조)	안보(6~7조)
제4장	안보	안보(6~7조)	정치 및 경제 조항(8~14조)
제5장	정치 및 경제 조항	정치 및 경제 조항(8~13조)	청구권 및 재산(15~20조)
제6장	전쟁에서 파생된 청구권	청구권 및 이익(14~16조)	분쟁의 조정(21조)
제7장	분쟁의 조정	분쟁의 조정(17조)	최종 조항(22~26조)
제8장	최종 조항	최종 조항(18~22조)	
제9장	일반적 관측		
부속서류			의전

〔출전〕 1951년 2월 9일 미일 서명 「대일평화협정에 대한 개략적 초안」(Provisional Memorandum)(1951. 2. 8), RG 59, Department of State, Decimal File, 694.001/2-1051; 1951년 3월 초안("Provisional Draft of a Japanese Peace Treaty(Suggestive only)," (1951. 3)), RG 59, Office of Northeast Asia Affairs, Records Relating to the Treaty of Peace with Japan-Subject File, 1945-51, Lot 56D527, Box 6 and Decimal File, 694.001series, Box 3007; 1951년 5월 영미합동초안 "Draft Japanese Peace Treaty: Revised on May 3, 1951," RG 59, Department of State, Decimal File, 694.001/5-351.

취 일본 외무성 전문가를 워싱턴으로 불러 영국 초안에 대한 일본정부의 의견을 반영하도록 할 계획이었다. 일본에 대한 덜레스의 마음씀씀이를 알 수 있는 참으로 놀라운 대목이었다. 이것이 일본에 대한 책임 부여인지 특별한 혜택이었는지는 누구라도 쉽게 구분할 수 있었다.

이상을 정리하면, 1951년 5월 3일자 제1차 영미합동초안은 미국 초안의 완성(1951. 3), 영국 초안의 완성(1951. 4), 영미 간 상호 초안의 검토, 덜레스의 제2차 일본 방문(1951. 4. 7~23) 및 영국 초안에 대한 일본정부의 검토의견 수령, 영국 외무성 관리의 워싱턴 방문(1951. 4. 25~5. 4)을 거쳐서 완성된 것이었다.

5월 3일자 영미합동초안의 제2장 제2조 영토규정은 다음과 같다.

제2장

제2조

일본은 한국(제주도, 거문도, 울릉도를 포함한), 〔대만과 팽호도〕에 대한 모든 권리·권원·청구권을 포기하며, 또한 위임통치체제〔혹은 남극지방에서 일본 국민의 과거 모든 활동에 기초한〕와 관련된 모든 권리·권원·청구권을 포기한다. 일본은 신탁통치체제를 구일본위임통치령하에 있던 태평양도서로 확장한다는 1947년 4월 2일자 유엔안전보장이사회의 결의를 승인한다. (영국은 〔 〕 안의 구절에 대한 입장을 보류했다).[177]

전반적으로 1951년 5월 3일자 제1차 영미합동초안은 전문 외에 총 7개 장 26개 조로 구성되었는데, 1951년 3월 미국 초안보다는 조문이 4개 늘어났지만, 전체적으로는 미국이 유지하고자 했던 간단한 초안 형식을 유지한 것이라고 볼 수 있다.

역시 일본의 영토를 규정하는 조항은 사라졌으며, 일본의 주권을 규정한 미국 초안의 제2조도 사라졌다.

제1차 영미합동초안이 완성되는(1951. 5. 3) 과정에서 한국의 대일평화조약 참가에 대해 일본과 영국의 강력한 반대가 있었다. 1951년 4월 11일 맥아더 장군이 지속적 명령불복종을 이유로 연합군최고사령관직에서 해임되자, 일본의 불안을 해소하고 미국의 지속적 개입을 보증하기 위해 미국은 덜레스를 동경에 급파했다. 요시다 시게루는 덜레스와의 회담(1951. 4. 23)에서, 한국이 전시 연합국이 아니었을 뿐만 아니라, 한국에 연합국 자격이 부여된다면

---

177) "Joint United States-United Kingdom Draft Peace Treaty," (1951. 5. 3), *FRUS*, 1951, Vol. VI, p. 1025.

공산주의자·범죄자인 재일한국인들이 일본정부를 거덜낼 것이며, 1949년 8월 일본 국철총재의 암살사건도 한국인들이 주도했다며 강력한 반대의사를 개진했다. 동경 방문 이후 개최된 워싱턴 영미회담(1951. 4. 25~5. 4)에서 이번에는 영국측이 여러 차례에 걸쳐 한국이 대일교전국이 아니었으며, 한국을 조약 서명국으로 참가시키면 다른 아시아국가들이 반발할 것이라며 강력히 반대의사를 표명했다. 그러나 일본과 영국은 미국이 한국의 참여를 강력히 주장한다면, 혹은 한국에 배상권이 주어지지 않는다면 한국의 참가에 반대하지 않는다는 선에서 타협의사를 표명하기도 했다.

그런데 미국측은 영미회담 중에도 여전히 한국 참가에 대해 강력한 의지를 갖고 있었다. 덜레스 사절단은 1951년 4월 25일부터 4월 27일까지 논의된 미국과 영국의 입장을 비교해 이를 조문별로 검토한 점검목록을 작성하며, 양국의 입장 차이를 비교하고 수정방안을 모색했다.[178] 전문에 대한 미국안·영국안을 비교하면서 미국은 영국측 개정 조약 초안(1951. 4. 7)에 포함되어야 할 대일교전국가 35개국이 빠진 상태였다고 판단했다. 이에 미국은 한국을 포함하는 총 53개의 잠재적 서명국들(potential signatories)을 연합국으로 열거하고, 미국 초안 제18조를 생략하는 것이 가능한 조치라고 판단했다. 미국 초안(1945. 3) 제18조는 "현 조약의 목적에 따라 일본과 전쟁상태였거나 교전상태였던 국가들이 연합국으로 간주되며, 현 조약의 당사국이 된다"라고 규정하고 있었다. 따라서 미국은 1951년 3월 런던 영미실무회담(1951. 3. 20~21)에 이어 1951년 4월 워싱턴 영미회담(1951. 4. 25~5. 4)에서도 한국을 연합국으로 포함시키는 것을 기정사실화하고 조약 초안을 준비했음을 알 수 있다.

제1차 영미합동초안(1951. 5. 3)의 전문에는 연합국 명단이 열거되지 않았고, 한국의 연합국 자격 부여가 명시되지 않았다. 그러나 이 시점까지도 한국

---

178) "Check List of Position Stated by U.S. and U.K. At April 25-27 Meetings," (undated), RG 59, Department of State, Decimal File, 694.001/4-2751.

을 대일평화조약에 참가시킨다는 미국의 결의에는 변함이 없었다. 그런데 영국·일본의 강력한 반대에 부딪히자 미국은 타협책을 모색했다. 그것은 한국에 연합국 자격을 부여하지는 않지만, 특별조항을 설정해 몇몇 항목에 대해서는 연합국과 동일한 특혜를 부여한다는 방향으로 선회한 것이다. 이는 「대일평화조약 작업 초안 및 논평(1951. 6. 1)」에서 구체화되었다.

● 1951년 5월 3일 미국 초안(개정)

미 국무부는 1951년 5월 3일 영미합동초안을 완성함과 동시에 미 국무부의 기존 초안을 개정했다. 이는 「대일평화조약 초안: 1951년 5월 3일 수정」(Draft Japanese Peace Treaty: Revised on May 3, 1951)이라는 제목이 붙어 있다.[179] 미 국무부의 5월 3일자 개정초안은 같은 날짜의 영미합동초안과 거의 동일하다. 다만 제2장 영토 제2조 부분에서 약간의 차이를 보인다.

제2장 영토
제2조

(a) 일본은 제주도, 거문도, 울릉도를 포함하는 한국에 대한 모든 권리, 권원, 청구권을 포기하며, 한국의 주권과 독립에 관한 유엔 감시하에 행해졌거나 행해질 모든 결정을 승인하고 존중한다는 데 동의한다.

(b) 일본은 대만과 팽호도에 대한 모든 권리, 권원, 청구권을 포기한다.

(c) 일본은 국제연맹 위임통치체제와 관련한 모든 권리, 권원, 청구권을 포기하며, 신탁통치체제를 구일본위임통치령하에 있던 태평양도서로 확장한다는 1947년 4월 2일자 유엔안전보장이사회의 결의를 승인한다.

(d) 일본은 남극지방에서 일본 국민들의 과거 모든 활동에 기초한 모든 권리,

---

179) "Draft Japanese Peace Treaty: Revised on May 3, 1951," RG 59, Department of State, Decimal File, 694.001/5-351.

권원, 청구권을 포기한다.[180]

이는 영미합동초안의 제2조를 한국, 대만·팽호도, 태평양위임통치령, 남극지방 등 4개 단락으로 풀어쓴 것임을 알 수 있다. 이런 측면에서 1951년 5월 3일자 미 국무부 개정초안은 영미합의에 따른 영미합동초안 작성 후 미 국무부가 기존의 조약 초안을 수정해 작성한 것으로 추정된다.

한국과 관련해서는 두 가지 변화가 생겼다. 첫째, 한국령에 제주도·거문도·울릉도가 포함되었다. 이는 한국과 일본 사이의 섬들을 열거해야 한다는 영국정부의 요청을 부분적으로 수용한 결과였다. 둘째, "한국의 주권과 독립에 관한 유엔 감시하에 행해졌거나 행해질 모든 결정을 승인하고 존중한다는 데 동의한다"라는 구절이 삽입되었다. 이는 영국정부의 조약 초안에 들어 있던 내용이었다. 즉, 한국 관련 조항은 전반적으로 영국정부의 의견을 수용한 것임을 알 수 있다. 그런데 한국 관련 조항의 후반부, 즉 "한국의 주권과 독립에 관한 유엔 감시하에 행해졌거나 행해질 모든 결정을 승인하고 존중한다는 데 동의한다"라는 구절은 5월 3일 이후 어느 시점엔가 사라졌다. 이는 1951년 5월 3일 미 국무부 개정초안에만 등장한다.

츠카모토는 제1차 영미합동초안에 대해 원래 영국 초안에 있던 경도·위도로 일본령 도서를 특정하는 방식(미국이 1949. 12. 29 초안 이후 포기한 방식)은 최종적으로 채택되지 않은 반면, 합동초안의 제2조에 미국·영국 양국안을 절충하는 형태를 취함으로써 결국 미국으로서는 1949년 12월 29일 초안으로 되돌아가는 형태를 취했다고 썼다.[181] 그러나 이는 사실과 불일치한다.

후술하듯이, 워싱턴 영미회담에서 영국측은 미국측 초안이 일본 영토규정

---

180) "Draft Japanese Peace Treaty: Revised on May 3, 1951," RG 59, Department of State, Decimal File, 694.001/5-351.
181) 塚本孝, 1994, 위의 논문, 46쪽.

을 담고 있지 않다는 점을 지적하면서 한국과 일본 사이에 있는 섬들을 열거하는 것이 필요하다고 했다. 덜레스가 대일평화조약 책임자가 되어 간단한 초안을 조약의 모델로 상정한 후 미국측 조약 초안들은 전체적으로 일본령에 속하거나 일본령에서 포기될 섬들을 특정하지 않았기 때문이었다. 미국이 제시한 첫번째 대안은 한국과 일본 사이에 제주도를 끼워 넣는 방식이었다. 그리고 워싱턴 영미회담의 어느 순간, 미국은 제주도·거문도·울릉도를 한국과 일본 사이의 섬들로 열거했다. 이는 영국의 요청에 대응하기 위한 성격이었을 뿐, 해당 섬들의 귀속 여부를 특정하기 위한 목적은 아니었다. 츠카모토는 워싱턴 영미회담의 전후문맥을 의도적으로 무시한 채 독도문제와 관련해 일본에 가장 유리한 시볼드의 견해가 대폭 반영된 1949년 12월 29일자 초안만을 강조했던 것이었다.

1951년 5월 3일자 영미합동초안은 영국에 의해 영연방국가들에 회람되었다. 이와 함께 1951년 3월 미국 공식초안에 대한 관련국 정부들의 논평들이 1951년 4~5월 사이에 접수되었다. 미 국무부 극동국 동북아시아과에서 대일평화조약 실무를 담당했던 피어리는 접수된 여러 정부들의 제안을 다음과 같이 정리했다. (a) 조약 초안에 대한 이해도와 정확도가 불충분함, (b) 일본이 대만과 팽호도의 권원을 포기한 것과 같은 패턴을 따라 일본이 사할린과 쿠릴을 소련에 이양한다는 조항을 배제하고 일본에 이 지역에 대한 권원 포기만을 요청할 것, (c) 일본에 류큐와 보닌섬에 대한 주권 포기를 요구할 것, (d) 조약에 한국 독립 승인을 표현하는 내용이 포함될 것, (e) 조약에 점령의 종식과 점령군의 철수를 표현하는 조항을 둘 것, (f) 일본 내 연합국 재산 손실에 대한 보상을 일본에 요구하는 조항이 자세히 표현되어야 하며 강화되어야 함.[182]

---

[182] "Summary of Negotiations Leading Up To the Conclusion of the Treaty of Peace With Japan," by Robert A. Fearey(1951. 9. 18), pp. 8~9, RG 59, Office of Northeast Asia Affairs, Records Relating to the Treaty of Peace with Japan-Subject File, 1945-51, Lot 56D527, Box 1.

가장 큰 논쟁은 소련과 미국 간에 벌어졌다. 1951년 3월 초안에 대한 소련 정부의 논평은 1951년 5월 7일 접수되었는데, 논리적인 측면만 고려할 때는 일본에 가장 합리적이고 유리한 방안을 담고 있었다. 소련의 주장은 ① 미국·영국·소련·중공 대표로 구성되는 외상회의를 1951년 6월이나 7월에 개최해 대일평화조약 준비를 시작할 것, ② 대만과 팽호도는 "중국"에 반환될 것, ③ 류큐와 보닌섬을 일본 통제로부터 배제하는 데 인용할 수 있는 법률적 정당성이 없음, ④ 일본군의 규모 제한을 포함해 일본 군국주의 부활을 방지하기 위한 보증방안이 조약에 포함될 것, ⑤ 평화조약 체결 후 1년 내에 점령군은 철수할 것, ⑥ 일본의 평화적 경제발전에는 제약이 없을 것, ⑦ 조약은 일본과 전쟁을 벌였던 그 어떤 국가를 상대로 겨냥된 어떤 협력에도 일본이 참가하지 못하도록 금지할 것, ⑧ 조약 서명국가들은 일본의 유엔 가입을 지원하기로 합의할 것 등이었다.[183] 핵심은 대일평화조약은 중공을 포함한 4대국 외상회의에서 결정하며, 류큐제도·보닌섬을 미군 신탁통치하의 군사기지로 만드는 데 반대한다는 것이었다. 미국은 답신(1951. 5. 19)을 통해 외상회의를 거부했다.

- 「대일평화조약 작업 초안 및 논평(1951. 6. 1)」

이는 미 국무부가 관계국에 최초로 송부한 1951년 3월 임시초안(제안용)에 대한 각국의 논평·의견과 1951년 5월 3일자 초안(영미합동초안)에 대한 각국 정부의 견해를 종합한 것이다. 이 시점에 미국은 일본과 두 차례의 협의(1차 1951. 1~2, 2차 1951. 4)를 끝내고 대일평화조약·미일안보조약·행정협정의 일괄타결을 사실상 가조인한 상태였으며, 영국과도 워싱턴 제1차 영미회담(1951. 4~5)을 통해 양국의 조약 초안을 비교·통합함으로써 제1차 영미합동

---

183) 위의 자료, p. 9.

초안(1951. 5. 3)을 완성한 상태였다. 미국은 영국과 제2차 영미회담(1951. 6)의 개최를 앞두고 있었고, 중국의 참가문제 등 몇 가지 고위급의 정치적 타결만을 눈앞에 두고 있었다.

이 시점에 미국은 미국의 공식초안(1951. 3)과 영미합동초안(1951. 5. 3)에 대한 각국의 반응을 총정리해 구체적인 조문에 반영할지 여부를 결정짓고자 했다. 이런 목적으로 만들어진 「대일평화조약 작업 초안 및 논평(1951. 6. 1)」은 방대한 분량으로 구성되었으며, 각 장·조문별로 논평·의견을 제출한 국가별 코멘트를 소개한 후 이에 대한 미국의 입장을 설명하는 방식을 취했다. 때문에 이 「작업 초안 및 논평」에는 대일평화조약에 대한 관련국들의 구체적인 견해차가 세부적으로 기록되어 있으며, 이를 미국이 어떻게 반영·거부해 수정작업을 해야 할 것인가를 일목요연하게 보여준다.[184]

「작업 초안 및 논평」에서 한국과 관련해 중요한 세 가지 점들이 지적되었다. 첫째 영토문제, 둘째 한국의 연합국 자격 및 평화회담 참가문제, 셋째 한국을 위한 특별조항의 신설문제였다. 둘째와 셋째는 상호 연관된 문제였다.

첫째, 한국의 영토는 제2장 영토에서 다루어졌는데, 5월 3일자 영미합동초안 제2장 제2조에 다음과 같이 기술되었다.

> 일본은 한국(제주도, 거문도, 울릉도를 포함), [대만과 팽호도]에 대한 모든 권리, 권원, 청구권을 포기하며, 또한 위임통치체제[혹은 남극지방에서 일본 국민의 과거 모든 활동에 기초한]와 연관된 모든 권리, 권원, 청구권을 포기한다. 일본은 구일본위임통치령이던 태평양도서에 신탁통치체제를 적용한다는 1947년 4월 2일자 유엔안전보장이사회의 조치를 수용한다.

---

184) "Japanese Peace Treaty Working Draft and Commentary," (1951. 6. 1), RG 59, Office of Northeast Asia Affairs, Records Relating to the Treaty of Peace with Japan-Subject file, 1945-51, Lot 56D527, Box 6, Folder "Treaty-Draft-Mar. 23, 1951."

〈표 5-8〉 대일평화조약에 표시된 한국 관련 조항의 변화(1951. 5~6)

초안 \ 구분	조문	내용
제1차 영미합동초안 (1951. 5. 3)	제2장 영토 제2조	일본은 한국(제주도, 거문도, 울릉도를 포함), 〔대만과 팽호도〕에 대한 모든 권리, 권원, 청구권을 포기하며,
미국 개정조약 초안 (1951. 5. 3)	제2장 영토 제2조	(a) 일본은 제주도, 거문도, 울릉도를 포함하는 한국에 대한 모든 권리, 권원, 청구권을 포기하며, 한국의 주권과 독립에 관해 유엔 감시하에 행해졌거나 행해질 모든 결정을 승인하고 존중한다는 데 동의한다.
미국 대일평화조약 작업 초안 및 논평(1951. 6. 1)	제2장 영토 제2조	(a) 일본은 한국의 독립을 승인하며, 제주도, 거문도, 울릉도를 포함하는 한국에 대한 모든 권리, 권원, 청구권을 포기한다.
제2차 영미합동초안 (1951. 6. 14)	제2장 영토 제2조	(a) 일본은 한국의 독립을 승인하며, 제주도, 거문도, 울릉도를 포함하는 한국에 대한 모든 권리, 권원, 청구권을 포기한다.

〔 〕 표시는 영국정부가 보류를 희망한 대목이었다. 미국은 이 조항을 다음과 같이 재수정했다.

(a) 일본은 한국의 독립을 승인하며, 제주도, 거문도, 울릉도를 포함하는 한국에 대한 모든 권리, 권원, 청구권을 포기한다.
(b) 일본은 대만과 팽호도에 대한 모든 권리, 권원, 청구권을 포기한다.
(c) 일본은 국제연맹 위임통치체제와 관련된 모든 권리, 권원, 청구권을 포기하며, 구일본위임통치령이던 태평양도서에 신탁통치체제를 적용한다는 1947년 4월 2일자 유엔안전보장이사회의 조치를 수용한다.
(d) 일본은 남극지방에서 일본 국민의 과거 모든 활동에 기초한 모든 권리, 권원, 청구권을 포기한다.[185]

---

185) "Japanese Peace Treaty Working Draft and Commentary," (1951. 6. 1), chapter II, territory, article 2, p. 1.

이는 1951년 6월 14일자 초안(영미합동초안)에 대부분 반영되었다. 그런데 영토문제와 관련해 여러 국가들의 지적사항들이 있었다. 캐나다정부는 1951년 5월 1일자 비망록에서 구영토에 대한 모든 권리·권원·이익을 포기하도록 일본에 요구해야 하며, 그 처분문제는 평화조약 밖에서 결정해야 한다고 주장했다(1951. 5. 1). 영연방국가들은 대부분 미국이 제시한 조약 초안이 일본의 영토에 대해 부정확한 표기방식을 취하고 있다고 비판하면서, 영국 조약 초안의 영토표기방식의 채택을 요구했다. 즉, 일본령에 포함·배제될 섬을 구체적으로 특정할 것, 경위선으로 일본령을 명백히 표시할 것, 부속지도로 문서상 표현을 명확히 시각적으로 보여줄 것 등을 요구한 것이다. 이는 카이로선언과 포츠담선언에 명시된 연합국의 대일영토규정의 정신이자 원칙을 강조한 것이었다.

뉴질랜드정부의 견해는 영토문제와 관련해 가장 경청할 만한 것이었다. 뉴질랜드는 "일본에 인접한 섬들은 그 어느 것이라도 영유권 논란이 일어서는 안 된다"라는 견지에서 영국정부 초안 제1조에 제안된 것처럼 일본이 보유한 영토를 위도와 경도로 정확히 계선을 결정(delimitation)하는 방식을 선호한다고 밝혔다. 뉴질랜드는 이 방법을 사용할 경우 현재 러시아가 점령하고 있는 하보마이와 시코탄이 일본 내에 포함된다는 점을 명백히 할 수 있을 것이라고 덧붙였다.[186] 이에 대한 논평에서 미 국무부는 이렇게 지적했다.

논평: 워싱턴에서 토론 중 미국이 일본 주위로 연속선을 그어 일본을 울타리로 감싸는 것처럼 보이는 심리적 불이익(psychological disadvantages)을 지적하자, 영국은 이 제안을 포기하는 데 동의했다. 일본은 동경에서 논의할 당시 영국 제안에 반대했다. 미국은 한국 영토에 제주도, 거문도, 울릉도가 포함된다

---

186) 위의 자료, p. 4.

는 점을 조약에 열거하겠다고 자발적으로 제안함으로써 영국을 설득할 수 있었다. 하보마이와 시코탄에 대해서는, 소련이 섬을 점령하고 있기에 이들의 일본 반환을 특별히 명문화하지 않는 것이 보다 현실적으로 보인다.[187]

결국 일본의 영토범위를 특정할 수 있는 최선의 방식이었던 위도·경도에 의한 일본령 표시방법은 제2차 동경 방문(1951. 4. 13~23) 과정에서 일본이 극력 반대한 것이었고, 보다 정확히 말하자면 주일미정치고문 시볼드와 요시다 시게루 수상이 강력하게 반발한 것이었다. 덜레스의 워싱턴 귀환(1951. 4. 23) 이후 영국대표단이 워싱턴에 도착했고(1951. 4. 25), 영미워싱턴회의(1951. 4. 25~5. 4)가 시작되었다. 이 자리에서 미국측은 일본과 협의한 대로 위도·경도에 의한 영토표시방법을 일본의 심리적 위축·불이익을 거론하며 반대했던 것이다.

미국이 한국 영토에 제주도, 거문도, 울릉도가 포함된다는 점을 조약에 열거하겠다고 한 것은 영국을 설득하기 위한 방편이었던 것이다. 미국은 포츠담선언에 명시된 대일영토규정, 즉 일본의 영토는 주요 4개 섬과 인근의 작은 섬들로 구성된다는 규정을 포기했고, 일본령과 일본령에서 포기될 영토의 구체적 특정도 포기한 것이었다. 즉, 제주도, 거문도, 울릉도가 포함된 것은 영국정부가 유지하고 있던 포츠담선언의 대일영토규정, 즉 일본령 섬들과 배제될 섬들을 구체적으로 특정하는 방안을 기각시키기 위해 사용된 일종의 편법이었을 뿐이었다.

왜 미국이 제주도, 거문도, 울릉도를 한국 영토에 포함시켰는가 하는 점에 대한 설명은 제1차 영미회담에 대한 미국측 회담비망록에 나타난다. 미 국무부는 영미회담 중 1951년 4월 25일부터 4월 27일까지 논의된 미국과 영국의

---

[187] 위와 같음.

입장을 비교해 이를 조문별로 검토한 점검목록을 작성했는데, 이는 미국 초안 (1951. 3)과 영국 초안(1951. 4)에 기초한 비교작업이었다.[188] 제2조에서 영국 정부는 영해에 대한 언급이 필요한가 하는 의문을 제기하며 미국 초안 제2조의 삭제를 제안했다. 그런데 영국은 한국과 일본 간에 섬들을 특별히 배치하는 것이 바람직하다고 주장했다. 원문은 이렇다.

> 영국은 특별기재를 통해 일본과 한국 사이의 섬들을 배치하는 것이 바람직하다고 언급했다. 이는 미국 제3조에 '한국' 뒤에 '(제주도를 포함하는)'을 삽입함으로써 처리될 수 있다. 영국은 미국의 북위 29도(이남) 류큐와 하보마이와 시코탄에 대한 미국 조항을 수용했다.[189]

즉, 영국정부가 특별히 한국과 일본 사이의 섬들을 언급하자고 제안했고, 이에 대한 해결방안으로 미국정부는 한국 뒤에 "제주도를 포함하는"이라는 문구를 넣어 "한국"이라는 문구를 "제주도를 포함하는 한국"으로 수정하는 방법을 제시했던 것이다. 그 결과, "일본은 한국에 대한 모든 권리, 권원, 청구권을 포기하고"라는 문장이 "일본은 제주도를 포함하는 한국에 대한 모든 권리, 권원, 청구권을 포기하고"라는 문장으로 수정되었다.

즉, 미국측은 한국과 일본 사이에 가장 상징적인 섬을 거명함으로써 영국측 제안을 만족시키려 했던 것이다. 이는 훗날 일본정부와 학자들이 주장하듯이 미국과 영국이 일본령에서 배제되어 한국령으로 포함될 섬들을 특정한 것이 아니라, 미국이 영국의 요구에 대응하기 위해 대표적인 섬만을 언급하는

---

188) "Check List of Position Stated by U.S. and U.K. At April 25-27 Meetings," (undated), RG 59, Department of State, Decimal File, 694.001/4-2751.
189) 원문은 다음과 같다. Article 2. British suggested omission of U.S. Article 2, questioned necessity of reference to territorial waters. British mentioned desirability of disposing of islands between Japan and Korea by specific mention. This might be done by inserting "(including Quelpart)" after "Korea" in U.S. Article 3. British accepted U.S. 29° for Ryukyus and U.S. provisions on Habomais and Shikotan.

과정에서 삽입된 구절이었던 것이었다. 특별히 이 섬들의 귀속 여부는 논의되지 않았다. 미국측 문서에는 영국측 주장에 대해 제주도를 포함하는 방안이 기록되어 있으나, 어떤 경로를 거쳐 어느 시점에 제주도 뒤에 거문도와 울릉도를 넣기로 결정되었는지는 드러나 있지 않다. 그러나 영국 외무성은 워싱턴 회의과정에서 한국과 일본 사이에 존재하는 섬들의 명단을 넣자고 제안했고, 미 국무부는 그 해법으로 제주도를 포함하는 방안을 제시했으며, 결국 거문도와 울릉도 등 대표적인 3개 섬을 특정하는 방법을 채택하게 된 것이었다.

미국정부는 이런 방식의 영토규정이 일본과 인접 국가들 사이의 영토분쟁의 소지가 될 가능성이 있음을 분명히 인지하고 있었을 것이다. 원래 미 국무부가 대일평화조약 초안에서 준비했던 일본령에 포함될 섬들과 위도·경도에 따른 영토표기방법, 대만에 포함될 여러 섬들의 특정, 쿠릴섬과 관련된 4개 섬의 명칭 등은 모두 삭제되었다. 1951년 3월 이후 미국의 대일평화조약 초안의 영토조항은 일본령에 포함될 섬과 일본령에서 분리될 섬들을 특정하는 것을 포기하는 방식을 취한 것이었다고 볼 수 있다. 즉, 구체적인 섬들의 귀속문제를 포기한 것이었다. 그런데 영미협의과정을 통해 오직 한국령에만 제주도, 거문도, 울릉도가 특정되었는데, 이는 이 정도만 언급하는 것으로 논의를 종결하자는 미국의 의도가 표현된 것일 뿐, 영국과 이들 지역에 대해 구체적으로 협의·합의·결정한 것은 아니었던 것이다.

둘째 한국의 연합국 자격 부여 및 평화회담 참가문제, 셋째 한국을 위한 특별조항의 신설문제는 상호 연관된 것이었다. 미국은 미일회담(1951. 4)과 영미회담(1951. 4~5)에서 한국의 평화회담 참가를 적극적으로 추진했지만, 일본·영국의 강력한 반대에 봉착했다. 그 결과 미국은 한국을 조약서명국으로 초청하지는 않지만 새로운 조항을 설정해 특정권리를 부여하겠다는 새로운 입장을 갖게 되었다.

워싱턴의 제1차 영미회담이 종료된 후, 고위급 정책결정을 위해 덜레스의 런던 방문이 결정되었고, 이에 따라 앨리슨은 덜레스가 영국과 논의할 의제들을 정리했다. 1951년 5월 16일 앨리슨의 비망록에 따르면, 이 시점에 미국은 한국을 대일평화조약 서명국 명단에서 배제하기로 결정했다.[190] 총 12개의 의제들 가운데 3번이 한국문제인데, 여기서 "3. 미국은 한국이 서명국이 되어서는 안 된다는 영국측 생각을 수락하고자 하며, 조약에 따라 한국에 특정권리를 부여하는 조항을 준비 중이다"라고 썼다.[191] 즉, 한국을 회담초청국·조약서명국이 아니라 조약의 특정권리를 부여받는 국가로 설정한다는 뜻이었다. 조약 초청국·서명국 여부를 놓고 본다면 비초청국·비서명국이라는 결정이 이루어진 것이다.

앨리슨이 말한 "한국에 특정권리를 부여하는 조항을 준비" 중이라는 대목은 대일평화조약 조문 가운데 새로운 조항을 신설함으로써 특정조항에 국한해 연합국의 이익을 한국에도 동일하게 부여하겠다는 뜻이었다. 구체적으로 1951년 6월 1일자 국무부 「작업 초안 및 논평」의 제10조에는 한국 관련 조항으로 다음 문장이 새로 제안되었다.

제10조. 대한민국은 현 조약의 제5조, 제10조(제11조로 변경 예정), 제13조(제14조로 변경 예정)의 경우에 '연합국'으로 간주될 것이며, 이는 조약이 최초로 발효되는 시점부터 효력을 발생한다.[192]

결국 1951년 6월 1일의 시점에 미 국무부는 한국의 조약서명국 자격 배

---

190) "Memorandum by the Deputy to the Consultant(Allison) to the Consultant to the Secretary(Dulles)," (1951. 5. 16), Subject: Talk with Sir Oliver Franks Regarding Japanese Peace Treaty, FRUS, 1951, Vol. VI, pp. 1042~1043.
191) Subject: Talk with Sir Oliver Franks Regarding Japanese Peace Treaty(1951. 5. 16), FRUS, 1951, Vol. VI, p. 1043.
192) 원문은 다음과 같다. Article 10. The Republic of Korea shall be deemed an 'Allied Power' for the purposes of Articles 5, 10(to be 11), and 13(to be 14) of the present Treaty, effective at the time that the Treaty first comes into forces".

제, 연합국 자격 불인정, 특별조항의 설정에 따른 일부 조항에서의 이익 옹호라는 입장을 확정했음을 의미했다. 제5조는 배상·청구권, 제10조는 어업협정, 제13조는 통상협정 등이었는데, 이는 조약 참가·서명국 자격과는 비교할 수 없는 실무적이고 쌍무적으로 해결할 수 있는 수준의 문제였다. 더구나 1951년 6월 14일자 제2차 영미합동초안에서는 미국이 한국에 부여하기로 예상했던 배상·청구권의 이익은 삭제되었다.

즉, 미국은 1951년 4~5월 사이 일본과의 협의, 영국과의 협상과정에서 일본·영국이 제기한 한국의 조약 참가·서명국 지위 반대에 봉착했다. 일본·영국은 미국이 강력히 요구한다면 타협할 수도 있다는 입장을 피력하기도 했다. 미국은 워싱턴 제1차 영미회담까지는 한국의 조약 참가, 서명국 지위를 강력하게 주장했으나, 일본·영국의 강력한 반대 속에 결의가 흔들리게 되었고, 타협책을 구사하게 되었다.

그 결과 1951년 5월 16일자 비망록에서는 한국의 조약 참가·서명 자격을 부정한 반면, 일종의 타협책으로 한국에 특정조항에서 연합국과 동일한 '특혜'를 준다는 조항을 설정하기로 한 것이었다. 이는 1951년 6월 1일 「작업 초안 및 논평」에서 재확인되었고, 이 결과 한국은 제2차 영미합동초안(1951. 6. 14)의 연합국 명단에서 배제되었고 특별조항(제21조)에 의해 일부 이익옹호의 규정을 받는 국가로 규정되었다. 사실상 한국은 회담 비초청국, 조약 비서명국으로 결정된 것이었다.

(2) 1951년 6월 14일자 제2차 영미합동초안: 한국의 연합국 자격 배제·전시 연합국 대일영토규정의 폐기

1951년 6월 14일자 초안은 5월 3일자 영미합동초안을 개정한 제2차 영미합동초안이었다. 존 앨리슨의 런던 방문과정에서 이루어진 영미 간의 실무회담(1951. 3. 20~21), 영국 외무성 관리들의 워싱턴 방문을 통한 제1차 영미회담(1951. 4~5), 덜레스의 런던 방문을 통한 제2차 영미회담(1951. 6. 2~14)을 거쳐 조율된 의견이었다. 특히 1951년 3월과 4월의 런던·워싱턴 회담이 실무자급의 회담이었다면, 6월의 런던회담은 덜레스 특사와 모리슨(Herbert Stanley Morrison) 영국 외상의 고위급 회담이었다.

6월 고위급 회담에서 최대의 쟁점은 중국 대표의 참가문제를 둘러싼 이견 대립이었지만, 결국 공산·국민 양 정부 모두를 대일평화회담에 초청하지 않고, 중일관계는 향후 양자조약으로 회복하기로 결정했다. 덜레스는 모리슨 영국 외상과 이런 내용에 합의했고 영국정부의 공식승인을 얻었다. 막간을 이용해 파리를 방문했던 덜레스는 6월 13일 런던으로 귀환해 워싱턴으로 떠나던 6월 14일 영미합동초안을 완성했다.

6월 14일자 조약 초안이 5월 3일자 조약 초안과 다른 점은 네 가지였다. 첫째, 어업조항이었다. 영국정부는 영연방정부들의 이해를 대변해 일본과 양자 어업협정을 체결할 때까지 어업조항을 추가조항으로 붙이자고 주장했다. 둘째, 영국은 항해 분야를 일본이 대외 재정지위 혹은 수지균형을 보장하기 위한 조치 속에 포함하지 말 것을 주장했다. 셋째, 미국·영국은 태국 내 특정 재산을 전쟁포로를 위해 사용하는 자금에 포함시키는 문제를 보류했다. 넷째 영국은 일본정부가 일본 내 연합국 재산의 전쟁손해를 보상하기 위해 미국의 전문가와 협의해 법안을 제정하는 것을 달가워하지 않았다.[193]

1951년 6월 14일자 조약 초안의 제목은 「Draft Japanese Peace Treaty」로 되어 있다. 1951년 3월 초안에서 생략되었던 전문이 다시 덧붙여졌다. 6월 14일자 제2차 영미합동초안은 한국과 관련해 중요한 결정을 담고 있다. 첫째

---

193) "Summary of Negotiations Leading Up To the Conclusion of the Treaty of Peace With Japan," by Robert A. Fearey(1951. 9. 18), p. 12, RG 59, Office of Northeast Asia Affairs, Records Relating to the Treaty of Peace with Japan-Subject File, 1945-51, Lot 56D527, Box 1.

는 한국의 조약서명 자격 불인정과 특별조항의 신설이다. 둘째는 재한일본인 재산청구권 포기조항의 삭제였다. 셋째는 영토조항의 부분적 수정이었다.

먼저 제2차 영미합동초안에서는 가장 중요한 한국의 회담참가국·조약서명국 자격이 박탈되었다. 다만 예외조항을 두어 제21조에 한국에 조약의 제2조(영토), 제9조(어업제한 및 공해 어업개발·보호협정), 제12조(통상협정)의 이익을 부여한다고 명시했다. 영미합동초안은 제25조에서 연합국의 자격을 일본과 전쟁상태에 있었으면서 조약에 서명하고 비준하는 국가로 한정했지만, 한국과 중국에 대해서는 예외조항을 설정했던 것이다. 즉, 한국은 대일교전 국가, 조약에서 서명·비준하는 국가에서 배제되었고, 다만 몇몇 조항에 한정해 특별한 권리를 인정받았던 것이다. 한국을 조약서명국가로 참가시키려 했으나 영국·일본의 강력한 반대에 부딪혔던 미국이 일종의 특혜조항을 설정해 한국의 이익을 배려하려 한 것이었지만, 실질적으로는 한국을 대일평화조약에서 배제하는 결정이었다. 또한 영토, 어업협정, 통상협정 등에서 한국이 취할 이익은 많지 않았다. 한국의 독립은 이미 기정사실로 흔들리거나 타협의 여지가 전혀 없는 사안이었고, 어업협정·통상협정은 한일 간에 실무적으로 해결할 사안이었기 때문이다.

둘째, 제2차 영미합동초안에서는 한국과 관련해 참가자격 다음으로 중요한 재한일본인 재산청구권의 포기문제가 삭제·수정되었다. 이미 1951년 6월 1일자 「대일평화조약 작업 초안 및 논평」에서 미국은 일본정부의 입장을 수용해 배상책임을 담당해야 하는 일본정부가 한국·대만·만주 지역에 투자한 모든 자산을 포기하는 것이 부당하다고 판단했기 때문이었다. 미국과 영국 초안은 물론 1951년 5월 3일자 제1차 영미합동초안에서도 연합국·연합국 주민들의 대일본·대일본인 청구권은 인정되었지만, 그 반대로 일본·일본인들이 이양·포기한 지역에 두고 온 재산·이익에 대한 청구권은 인정하지 않았다. 그런데 「작업 초안 및 논평」에 이르러서 일본정부의 항의를 수용해 일본인들의 일종의 역청구권을 인정하며, 이를 관련국과 일본의 양자협정으로 해결해야 한다는 전망을 처음으로 제출하기에 이르렀다.

원래 1951년 5월 3일자 제1차 영미합동초안의 제5조는 다음과 같은 내용이었다.

제5조

(a) 관련 연합국과 일본이 [이와] 다르게 합의하는 경우를 제외하고, 일본은 제2조(한국, 대만, 팽호도, 남극, 구위임통치령)와 제4조(쿠릴, 남사할린, 인근 섬)에 언급된 지역에 존재하는 모든 재산, 청구권에 대한 일본과 그 국민(법인을 포함하여)의 모든 권리, 권원, 이익을 포기하며, 연합국에 이양되거나 포기된 지역의 통치 및 행정과 직접 관계되는 관련 문서, 기록 및 유사재산을 이관한다.

(b) 제2조 및 제4조에 따라 이양되거나 포기된 지역의 주민들이 일본과 일본 내 주민에 대한 청구권은(1945년 9월 2일 이후 상업 및 금융관계에서 파생된 청구권은 제외) 위의 (a)항에 따라 일본이 포기할 개별 지역 내 일본 재산을 인지하고 있는 관련 연합국과 일본 간의 협정의 대상이 될 것이다.[194] ([ ]는 인용자)

이 조항에 대해 미 국무부는 "제5조 논평과 관련하여 포기 혹은 이양한 지역 내 재산 중 채무에 대한 일본의 책임문제를 일본정부와 협의해야 한다고 추가로 제안했다"라고 썼다. 그 아래 설명을 적어놓기를 "일본이 한국 농업발전에 금융지원을 한 동양척식주식회사, 대만의 전력개발을 지원한 타이완전력회사, 남만주철도주식회사의 약 2,400만 달러, 500만 파운드로 추정되는 채무를 책임져야 하는가"라고 질문하고 있다.

---

194) "Joint United States-United Kingdom Draft of Peace Treaty," (1951. 5. 3), *FRUS*, 1951, Vol. VI, p. 1026.

이 결과, 1951년 6월 14일자 제2차 영미합동초안 제4조에는 일본측의 일방적인 재산권 포기 규정이 삭제된 대신 관계국 간의 재산권 및 청구권 문제는 양국 간 별도의 협의를 거쳐 해결하도록 규정했다.[195] 제2차 영미합동초안의 제4조 (a)에는 다음과 같이 규정되었다.

> 제4조 a항: 제2조와 제3조에 언급된 지역(한국, 대만, 팽호도, 쿠릴열도, 사할린, 태평양 제도 – 인용자)과 그곳 주민(법인을 포함)을 현재 관리하는 당국 내에 있는 혹은 당국을 상대로 하는 일본과 일본 주민의 채무를 포함한 재산·청구권의 처분, 또한 그 당국과 주민들이 일본과 일본 주민을 상대로 한 재산·청구권의 처분은 <u>일본과 그 당국 간의 특별협정의 주제</u>가 될 것이다. 제2조와 제3조에 언급된 지역 내 연합국 혹은 그 주민들의 모든 재산은 아직 처분이 완료되지 않았다면 현재 존재하는 조건하에 반환될 것이다(현 조약에서 사용되는 주민이라는 용어에는 법인이 포함된다).[196] (강조는 인용자)

즉, 한국과 관련해서는 재한일본인 재산청구권과 재일한국인 재산청구권 문제를 한국과 일본 양국이 특별협정으로 처리하라고 명시했던 것이다. 이 조항은 거의 그대로 1951년 7월 3일자 조약 초안 제4조 a항으로 승계되면서 한국정부에 전해졌고, 한국정부를 경악케 했다. 유진오의 표현에 따르자면, 한국 경제의 80% 이상을 차지하는 재한일본인 재산청구권을 일본과 협상하라는 것은 한국의 독립을 일본과 상의하라는 것과 마찬가지였기 때문이었다.

셋째, 한국 관련 영토조항은 5월 3일자 조약 초안에 비해 다음과 같이 약간 수정되었다.

---

195) 김태기, 1999, 「1950년대 초 미국의 대한 외교정책: 대일강화조약에서의 한국의 배제 및 제1차 한일회담에 대한 미국의 정치적 입장을 중심으로」, 한국정치학회, 『한국정치학회보』 제33집 제1호(봄호), 368쪽.
196) "Revised United States-United Kingdom Draft of a Japanese Peace Treaty," (1951. 6. 14), FRUS, 1951, Vol. VI, p. 1121.

제2장(Chapter II) 영토

제2조(Article 2)

(a) 일본은 한국의 독립을 승인하며, 제주도, 거문도, 울릉도를 포함하는 한국에 대한 모든 권리, 권원, 청구권을 포기한다.[197]

(b) 일본은 대만과 팽호도에 대한 모든 권리, 권원, 청구권을 포기한다.

(c) 일본은 1905년 9월 5일 포츠머스조약의 결과로 일본이 영유권을 획득한 쿠릴섬과 사할린 쪽 부분 및 그에 인접한 섬들에 대한 모든 권리, 권원, 청구권을 포기한다.

(d) 일본은 국제연맹 위임통치체제와 관련된 모든 권리, 권원, 청구권을 포기하며, 구일본위임통치령이었던 태평양도서에 신탁통치체제를 적용한다는 1947년 4월 2일자 유엔안전보장이사회의 조치를 수용한다.

(e) 일본은 남극지방의 어느 곳에서든지 일본 국민 혹은 기타인들의 활동에서 비롯된 모든 권리나 권원 혹은 이익에 대한 모든 청구권을 포기한다.

(f) 일본은 남사군도(Spratly Islands, 南沙群島)·서사군도(Paracel Islands, 西沙群島)에 대한 모든 권리, 권원, 청구권을 포기한다.[198]

5월 3일자 영미합동초안과 비교할 때 쿠릴섬과 사할린을 언급한 (c)항과 남사군도·서사군도를 언급한 (f)항이 새로 추가되었으며, 남극지방 (e)항에 대한 부분적 수정이 이뤄졌음을 알 수 있다.

영토조항과 관련해 가장 큰 변화는 역시 일본의 영토를 명확히 규정하는

---

197) 원문은 다음과 같다. (a) Japan, recognizing the independence of Korea, renounces all right, title and claim to Korea, including the islands of Quelpart, Port Hamilton and Dagelet.
198) "Draft Japanese Peace Treaty," (1951. 6. 14), RG 59, Office of Northeast Asia Affairs, Records Relating to the Treaty of Peace with Japan-Subject File, 1945-51, Lot 56D527, Box 6. Folder, "Treaty-Draft-June 14, 1951"; RG 59, Japanese Peace Treaty Files of John Foster Dulles, 1946-52, Lot 54D423, Box 12. 존 포스터 덜레스 문서철에는 1951년 6월 13일자와 6월 14일자 "Draft Japanese Peace Treaty"가 수록되어 있다. RG 59, Japanese Peace Treaty Files of John Foster Dulles, 1946-52, Lot 54D423, Box 3.

일본 영토규정 조항이 사라졌다는 점에 있다. 또한 이전 초안에 제시되었던 세부적인 일본령 소속 섬들의 명칭도 사라졌다. 한국과 관련된 내용에는 변화가 없었으며, 독도는 한국령이나 일본령 어디에도 거론되지 않았다. 이는 일관된 방침으로 유지되었다.

6월 14일자 초안은 영국과 미국정부가 합의한 것이었을 뿐, 대외적으로 공표되거나 관련 당사국들에 회람되지는 않았으므로, 관련 당사국들은 이 초안의 존재를 인지하지 못했다. 그러나 6월 14일자 제2차 영미합동초안은 관계 당사국에 송부되는 1951년 7월 3일자 제3차 영미합동초안의 모본이 되었다는 점에서 중요한 것이었다.

(3) 1951년 7월 3일자·7월 20일자 제3차 영미합동초안: 관련국 송부

런던에서 귀환한 덜레스는 상원 외교위원회에 보고한 후 조약 초안 작성에 착수했다. 영국 외무성과 미 국무부가 각각 의회의 동의를 받았음이 확인된 후 합동초안을 새로 만들기 시작했고, 이를 관련 당사국들에게 송부하기로 결정했다. 7월 3일자 조약 초안에 대한 국무부의 비망록에 따르면, 이 조약 초안은 첫째 대일교전국가들에 송부된 미국의 조약 초안(1951. 3), 둘째 같은 시기 영연방국가들에 회람되었던, 영국정부가 독자적으로 만든 조약 초안(1951. 4), 셋째 미국·영국 초안에 대한 여러 정부들의 논평들을 참고한 것이었다.[199] 대일평화조약의 조인식은 9월 3일경으로 결정되었다.

7월 3일자 조약 초안은 관련국들에 송부된 최초의 영미합동조약 초안(a

---

199) "Memorandum," (1951. 7), RG 59, Office of Northeast Asia Affairs, Records Relating to the Treaty of Peace with Japan-Subject File, 1945-51, Lot 56D527, Box 6. Folder, "Treaty-Draft-July 20-August 12, 1951".

joint U.S.-U.K. draft)이었다. 미국과 영국의 가장 큰 합의는 자유중국·공산중국 중 어느 쪽도 초대하지 않는다는 중국 초청문제의 결정이었으며, 세부적으로는 조선·항해 문제 등에서 이견이 있었다. 7월 9일 합동조약 초안과 부속서류들이 대일교전국들에 송부되었는데, 중국, 이탈리아, 베트남·라오스·캄보디아 등 3개 협력국(Associated States)에는 송부되지 않았다.[200] 7월 3일자 조약 초안은 7월 12일 언론에 공표되었으며, 이는 최초로 언론에 보도된 대일평화조약 초안이었다.

7월 3일자 조약 초안의 영문 제목은 「Draft Japanese Peace Treaty」으로 6월 14일자와 동일했으며, 영토 관련 조항도 동일했다. 한국에 대해서는 제2장 영토 제2조 (a)항에서 다루고 있는데, "일본은 한국의 독립을 승인하며, 제주도, 거문도, 울릉도를 포함하는 한국에 대한 모든 권리, 권원, 청구권을 포기한다"라고 명시했다.[201]

제2장 영토

제2조

(a) 일본은 한국의 독립을 승인하며, 제주도, 거문도, 울릉도를 포함하는 한국에 대한 모든 권리, 권원, 청구권을 포기한다.[202]

(b) 일본은 대만과 팽호도에 대한 모든 권리, 권원, 청구권을 포기한다.

(c) 일본은 1905년 9월 5일 포츠머스조약의 결과로 일본이 영유권을 획득한

---

200) "Summary of Negotiations Leading Up To the Conclusion of the Treaty of Peace With Japan," by Robert A. Fearey(1951. 9. 18), p. 13, RG 59, Office of Northeast Asia Affairs, Records Relating to the Treaty of Peace with Japan-Subject File, 1945-51, Lot 56D527, Box 1.
201) "Draft Treaty of Peace with Japan," (1951. 7. 20), RG 59, Office of Northeast Asia Affairs, Records Relating to the Treaty of Peace with Japan-Subject File, 1945-51, Lot 56D527, Box 6. Folder, "Treaty-Draft-July 3-20, 1951".
202) 원문은 다음과 같다. (a) Japan, recognizing the independence of Korea, renounces all right, title and claim to Korea, including the islands of Quelpart, Port Hamilton and Dagelet.

쿠릴섬과 사할린 쪽 부분 및 그에 인접한 섬들에 대한 모든 권리, 권원, 청구권을 포기한다.

(d) 일본은 국제연맹 위임통치체제와 관련된 모든 권리, 권원, 청구권을 포기하며, 구일본위임통치령이던 태평양도서에 신탁통치체제를 적용한다는 1947년 4월 2일자 유엔안전보장이사회의 조치를 수용한다.

(e) 일본은 남극지방의 어느 곳에서든지 일본 국민 혹은 기타인들의 활동에서 비롯된 모든 권리나 권원 혹은 이익에 대한 모든 청구권을 포기한다.

(f) 일본은 남사군도(Spratly Islands)·서사군도(Paracel Islands)에 대한 모든 권리, 권원, 청구권을 포기한다.[203]

앞에서 살펴본 것처럼 7월 3일자 조약 초안은 7월 9일 양유찬 주미한국대사에게 전달되었는데, 이 조약 초안에서 한국정부를 경악케 한 것은 제4조 (a)항이었다. 이는 제2차 영미합동초안(1951. 6. 14)의 제4조 (a)항을 그대로 옮긴 것이었다.

제4조 a항: 제2조와 제3조에 언급된 지역(한국, 대만, 팽호도, 쿠릴열도, 사할린, 태평양 제도 – 인용자)에 있는 일본인과 일본인의 재산 및 상기 지역을 현재 관리하는 당국과 그 주민(법인을 포함)에 대한 일본과 일본인의 청구권(채무관계를 포함)의 처리, 그리고 상기 당국과 주민의 재산 및 일본과 일본인에 대한 청구권(채무관계를 포함)의 일본에 있어서의 처리는 일본과 상기 당국 간의 특별한 협정에 의하여 결정한다.[204]

---

203) "Draft Japanese Peace Treaty," (1951. 7. 3), RG 59, Office of Northeast Asia Affairs, Records Relating to the Treaty of Peace with Japan-Subject File, 1945-51, Lot 56D527, Box 6. Folder, "Treaty-Draft-July 20-August 12, 1951."
204) 한글 해석은 1951년 유진오의 해석을 전재했다(유진오, 「對日講和條約案의 檢討」 全7回, 『동아일보』 (1951. 7. 25, 7. 27~31)).

한국과 관련해서 말하자면, 재한일본인 재산청구권과 재일한국인 재산청구권을 양국 정부의 특별협정에 의해 처리한다는 뜻이었다. 이미 한국정부로 이관된 미군정의 적산을 다시 일본정부와 그 처분을 협의·결정한다는 것이므로 한국으로서는 받아들일 수 없는 조건이었다. 때문에 미 국무부는 미군정에 의해 적산으로 몰수되었으며, 이미 한국정부에 이양된 재한일본 재산을 향후 한국과 일본정부의 특별협정으로 처리하는 것이 불가하다는 한국정부의 의견을 수용했다. 딘 러스크(Dean Rusk) 국무차관보는 1951년 8월 10일 양유찬 주미한국대사에게 서한을 보내 조약 4조 (a)항 뒤에 (b)항을 신설해 한국측 요청을 수용한다고 밝혔다. 내용은 "제2조 및 제3조에 언급된 모든 지역의 미군정의 지령에 따른 일본·일본 국민 재산처분의 유효성을 승인한다"라는 것이었다. 즉, 한국과 관련해 해석하자면 미군정 법령 제33호 및 한미 간 최초의 재정·재산 협정에 따른 기왕의 효력을 인정한다는 내용이었다.

이상과 같은 7월 6일자 조약 초안은 7월 20일자 조약 초안으로 수정되었다. 7월 20일자 조약 초안은 제목이 「Draft Treaty of Peace with Japan」으로 조금 수정되었을 뿐 영토조항 및 한국 관련 조항은 7월 3일자 초안과 동일했다. 제2장 영토 제2조 (a)항에 "일본은 한국의 독립을 승인하며, 제주도, 거문도, 울릉도를 포함하는 한국에 대한 모든 권리, 권원, 청구권을 포기한다"라고 명시되어 있다.[205] 담당자인 피어리의 설명에 따르면, 7월 20일자 초안은 7월 3일자 초안과 비교할 때 사소한 편집상 수정을 다수 하는 정도에 그쳤다.[206]

---

205) "Draft Treaty of Peace with Japan," (1951. 7. 20), RG 59, Office of Northeast Asia Affairs, Records Relating to the Treaty of Peace with Japan-Subject File, 1945-51, Lot 56D527, Box 6. Folder, "Treaty-Draft-July 3-20, 1951".
206) "Summary of Negotiations Leading Up To the Conclusion of the Treaty of Peace With Japan," by Robert A. Fearey(1951. 9. 18), p. 13.

(4) 1951년 8월 13일자 최종 초안

　8월 11일 조약의 추가수정이 최종 마감되었고, 8월 14일 서명용 최종 조약문안이 50개국에 송부되었다. 초청된 국가들은 아르헨티나·호주·벨기에·볼리비아·브라질·버마·캐나다·실론·칠레·콜롬비아·코스타리카·쿠바·체코슬로바키아·도미니카공화국·에콰도르·이집트·엘살바도르·에티오피아·프랑스·그리스·과테말라·아이티·온두라스·인도·인도네시아·이란·이라크·레바논·리비아·룩셈부르크·멕시코·네덜란드·뉴질랜드·니카라과·노르웨이·파키스탄·파나마·파라과이·페루·필리핀·폴란드·사우디아라비아·시리아·터키·남아프리카공화국·소련·영국·우루과이·베네수엘라·유고슬라비아 등이었다.[207] 또한 8월 23일 베트남·라오스·캄보디아 등 3개 협력국에도 초청장이 송부되었다. 초청을 거부한 국가는 유고슬라비아·버마·인도 등 3개국이었다. 이 가운데 유고슬라비아는 일본과 별다른 이해관계가 없다는 이유로, 버마는 납득할 만한 배상이 이뤄지지 않았다는 이유로, 인도는 소련·중국이 불참하고, 류큐에 대한 미군 주둔에 동의하지 않으며, 대만·쿠릴·남사할린의 귀속이 명시되지 않았다는 이유로 참석을 거부했다. 미국·일본을 포함해 총 52개국이 참석을 수락했다.
　일본 영토, 한국 관련 조항은 1951년 7월 제3차 영미합동초안과 동일했다. 제2장 제2조 (a)항에 "일본은 한국의 독립을 승인하며, 제주도, 거문도, 울릉도를 포함하는 한국에 대한 모든 권리, 권원, 청구권을 포기한다"라고 명시되었다. 이는 샌프란시스코평화회담에서 정식으로 조약이 체결될 때까지 동일한 상태가 유지되었다.

---

[207] Memorandum of Department of State(1951. 8. 14), RG 59, Office of Northeast Asia Affairs, Records Relating to the Treaty of Peace with Japan-Subject File, 1945-51, Lot 56D527, Box 6. Folder, "Treaty-Draft-July 20-August 12, 1951".

9월 4일 샌프란시스코에서 대일평화회의가 개최되었다. 참석한 국가 총 52개국 중 소련·폴란드·체코가 의사규칙·중공 초청문제 등으로 서명을 거부함으로써, 9월 8일 49개국 전권대표들이 조약문에 서명했다.

6

영국의 평화조약 초안과 영미협의(1951)

1. 영국의 대일평화조약 초안·부속지도의 성립(1951. 3)과 한국 독도영유권의 재확인
   (1) 영국 지도의 발굴경위
   (2) 영국 조약 초안의 성립과정
   (3) 영국 조약 초안의 한국 관련 내용
   (4) 영국 지도의 특징과 한국 독도영유권의 재확인

2. 1951년 영미협의와 영토문제·한국문제의 논의
   (1) 1951년 3월 영국과 미국의 의견조율
   (2) 제1차 영미회담(1951. 4. 25~5. 4)과 한국의 참가·영토 문제의 논의
   (3) 제2차 영미회담(1951. 6. 2~14)과 한국의 참가 배제 결정

1. 영국의 대일평화조약 초안·부속지도의 성립(1951. 3)과 한국 독도영유권의 재확인

(1) 영국 지도의 발굴경위

2005년 2월 말 영국 외무성이 대일평화회담 준비과정에서 제작한 지도가 공개되었다. 1951년 영국 외무성 조사국이 제작한 이 지도는 한국의 독도영유권 확인과 관련해 중요한 자료라는 평을 받았다.[1] 독도가 명백히 일본령에서 배제되어 한국령으로 표시되어 있었기 때문이다. 이 지도는 영국 외무성이 대일평화조약을 위해 준비한 유일하고 공식적인 초안(1951. 4. 7)에 첨부된 것으로, 국내에 처음 공개되는 것이었다.

이 지도는 필자가 2005년 1월 미국립문서기록관리청(NARA)에서 발견한 것이었다. 이 지도를 처음 발견한 곳은 미 국무부 문서군철의 존 무어 앨리슨(John Moore Allison) 문서철이었다.[2] 앨리슨은 국무부 극동국 동북아시아과

---
1) 「독도 한국영토 규정 영국정부 지도 발굴」, 「독도 한국령 영국정부 지도 발굴 정병준 교수」, 「日 정부, 1947년에 울릉도도 일본땅 로비」, 「1951년 美국무부 지리담당자 독도 한국령 주장」, 『연합뉴스』(2005. 2. 27); KBS·MBC·SBS·YTN·MBN 등의 저녁 메인뉴스(2005. 2. 28).
2) RG 59, Office of Northeast Asia Affairs, Records Relating to the Treaty of Peace with Japan-Subject File, 1945-51(John Moore Allison file), Lot 56D527, 7 Boxes.

장·동북아시아국장으로 일본·한국 문제 담당 실무책임자였으며, 대일평화회담·조약을 담당한 대통령 사절단 단장 존 포스터 덜레스(John Foster Dulles)의 보좌역이었다. 그는 덜레스를 보좌해 일본·필리핀·호주 등을 방문했으며, 미국을 대표해 영국을 방문했고, 영국대표단과 함께 영미합동초안을 작성하는 실무책임자로 활동하기도 했다. 앨리슨 문서철에는 대일평화조약과 관련해 다양한 초안들의 작성·수정·변형 과정이 잘 나타나 있다.

앨리슨 문서철에서 이 지도를 처음 발견했으나, 지도는 출처를 알 수 없는 청사진 복사본이자 축소판이었다. 지도에 표시된 범례(legend)는 뭉개져서 판독불능이었다.[3] 지도의 제목은 「평화조약 제1조에 규정된 일본 주권하의 영토」(The Territory under Japanese Sovereignty as Defined in Art. I of Peace Treaty)로 되어 있으며, 'Research Dept. F. O.'가 1951년 3월 작성한 것으로 되어 있었다. 'F. O.'가 영국 외무성(Foreign Office)일 것이라 생각했으나 확증은 없었다.

이어 샌프란시스코평화회담의 미국 전권대사였던 덜레스의 대일평화조약 문서철을 검토하는 과정에서 축소·복사되지 않은 원상태의 지도를 발견했다.[4] 많은 연구자들이 열람하는 이 문서철은 마이크로필름으로 공개되어 있는데, 마이크로필름에는 대형 사이즈인 지도가 들어 있지 않았다. 미 국무부 문서 담당 아키비스트의 도움으로 원문서철을 검토하는 과정에서 지도를 찾게 되었다. 지도는 발견되었지만, 첨부문서인 이 지도가 속해 있던 원문서는 없었다. 해당 문서상자와 폴더 등을 주의 깊게 확인한 결과, 해당 원문서는 아직 비밀 분류된 영국 외무성 문서임을 알게 되었다. 왜냐하면 이 지도가 들어 있던 폴더에서 영국 외무성이 보낸 1951년 4월 7일자 FJ 1022/222문서가 비

---

3) "The Territory under Japanese Sovereignty as Defined in Art. I of Peace Treaty," Research Dept. F. O., March, 1951, RG 59, Records Relating to the Treaty of Peace with Japan 1947-1951, Lot 56D527, Box 4. Folder "Peace Treaty(Press-Speeches)".

밀 분류되어 따로 보관되어 있다는 비밀분류 통지(withdrawal notice) 표식을 발견했기 때문이다. 이를 통해 지도 작성부서로 표기되어 있는 'Research Dept. F. O.'가 미국의 정부기구가 아니라 영국 외무성(Foreign Office) 조사국(Research Department)임을 알 수 있었다. 이런 과정을 거쳐 이 지도가 영국 외무성이 작성한 FJ 1022/222문서(1951. 4. 7)에 첨부된 지도라는 점을 알게 되었다.

그 후 영국 국립문서보관소(The National Archives: TNA)에 파견 중이던 박진희 박사를 통해 샌프란시스코대일평화조약과 관련된 영국정부의 문서철을 확보할 수 있었다. 이 결과 FJ 1022/222문서가 영국 외무성이 대일평화조약에 대비해 작성한 공식초안(1951. 4. 7)임을 알 수 있었다.[5] 문서의 제목은 「대일평화조약 임시초안(영국)」〔Provisional Draft of Japanese Peace Treaty(United Kingdom)〕, 작성일은 1951년 4월 7일, 등록번호는 FO 371/92538, FJ 1022/222임을 확인했다. 이 문서는 영국 외무성의 「대일평화조약 임시초안」(1951. 4. 7)을 미 국무부의 「대일평화조약 임시초안(제안용)」〔Provisional Draft of a Japanese Peace Treaty(Suggestive Only)〕(1951. 3)과 비교해놓은 것이었다.[6] 영국 국립문서보관소에 소장된 대일평화조약 초안의 본문에는 일본의 영토를 표시한 지도가 부록 I(appendix I)로 첨부되어 있다고 표시되어 있으나, 정작 부록편에는 "지도가 간행되지 않았다"라고 표시되어 있었다. 또한 영국 국립문서보관소에는 해당 지도의 실물이 보존되어 있지 않았다.

2005년 당시 지도와 문서를 결합해 대조하기 위해서는 여러 문서철과 미국·영국을 넘나들어야 했다. 영국 외무성의 지도는 미국에서, 문서는 영국에

---

4) RG 59, Japanese Peace Treaty Files of John Foster Dulles, 1947-1952, Lot 54D423, Box 12, Folder "Treaty Drafts, May 3, 1951".
5) The National Archives(TNA), FO 371/92538, FJ 1022/222, "Provisional Draft of Japanese Peace Treaty(United Kingdom)," (1951. 4. 7), pp. 15~50.
6) FJ 1022/222, Japanese Peace Treaty(1951. 4. 7), Mr. Morrison to Sir O. Franks(Washington)(1951. 4. 7).

서 찾아서 짝을 맞출 수 있었다. 그런데 2008년 미국립문서기록관리청에서 재차 샌프란시스코평화회담 관련 문서들을 찾던 중 영국 외무성의 조약 초안을 존 무어 앨리슨 문서철(동북아시아국 문서철)에서 발견했다.[7] 같은 국무부 문서군에서조차 어떤 쪽(존 포스터 덜레스 문서철)에서는 비밀 분류된 상태였고, 어떤 쪽(존 무어 앨리슨 문서철)에서는 비밀 해제되어 공개된 상황이었다. 비밀분류 담당자가 달랐거나, 검토시기가 달랐기 때문에 발생한 일로 추정되었다.

나중에 확인한 결과, 영국 외무성의 이 조약 초안은 국내에 알려진 상태였다. 또한 조약 초안에 공식 제작된 지도가 첨부되어 있다는 사실도 알려져 있었다. 그런데 이상하게 지도의 존재는 국내에 알려지지 않았다. 국내에 알려진 영국의 조약 초안은 미국에서 나온 것이 아니라 영국에서 나온 것이었고 나아가 이는 한국 연구자가 직접 발굴한 것이 아니었다. 이 자료는 일본 국회도서관의 츠카모토 다카시(塚本孝)를 통해 국내에 알려지게 되었다. 츠카모토가 제공한 자료가 국내 자료집에 수록되면서 영국 외무성 조약 초안이 국내에 알려지게 되었던 것이다.[8] 이 자료집은 독도문제에 관한 역사적 자료들을 총정리한 것인데, 그 가운데 제6장 독도에 관한 자료 중 '3. 제3국 문헌'에 수록된 미국·영국의 중요한 문서 중 16개의 출처가 츠카모토였다. 나머지 영문자료는 『미국외교문서』(FRUS)에서 나온 것이었는데, 이 역시 츠카모토가 처음으로 발굴해 소개한 것들이었다.

물론 츠카모토 다카시는 영국 외무성 지도의 존재를 알고 있었다. 츠카모토는 영국 외무성의 조약 초안을 다룬 논문에서 후주(後註) 한구석에 문서는 영국에서, 지도는 미국의 존 포스터 덜레스 파일에서 참고했다고 써놓았다.[9]

---

7) RG 59, Office of Northeast Asia Affairs, Records Relating to the Treaty of Peace with Japan-Subject File, 1945-51, Lot 56D527, Box 6. Folder "Treaty-Miscellaneous Drafts". 문서공개는 1999년 12월 30일자 대통령명령 제12958, 25X(EO 12958, 25X)에 의해 이루어졌다.
8) 김병렬, 1997, 『독도: 독도자료총람』, 다다미디어, 418~525쪽.

츠카모토의 연구목적이 독도의 일본령을 입증하는 것이었기 때문에, 문서관 연구과정에서 수집한 자료들을 선별적으로 공개·활용한 것으로 판단된다. 츠카모토는 독도의 일본령을 입증하기 위해 조사한 선별자료들을 한국학자에게 제공했지만, 영국 외무성의 지도에 대해서는 그 존재를 알리거나 공개하지는 않았다.[10]

(2) 영국 조약 초안의 성립과정

영국은 미국과 보조를 맞춰 대일평화조약의 조기체결에 관심을 갖고 있었다. 미국의 대일평화조약 구상은 1947년 초부터 본격화되었고, 최초의 미국 초안이 1947년 3월에 완성되었다. 1947년 이래 영국 역시 대일평화조약을 구상하기 시작했다.

영국·호주·뉴질랜드 등 영연방은 세 차례의 회의를 거쳐 대일평화조약 문제를 논의했다. 1947년 8월 캔버라회의(영연방수상회담), 1950년 1월 콜롬보회의(영연방외상회담), 1951년 1월 런던회의(영연방수상회담) 등을 거쳤다. 또한 1950년 5월 영연방 대일평화조약실무작업단(Commonwealth Working Party of officials on the Japanese Peace Treaty)이 영국 런던에서 만나 평화회담과 관련된 모든 주제를 연구했다.[11]

영국과 영연방국가들의 대일평화회담에 임하는 자세는 기본적으로 2차 대전 이후 이탈리아평화조약과 마찬가지로 징벌적이며 배상을 요구하는 전

---

9) 塚本孝, 1994, 「平和條約と竹島(再論)」, 國立國會圖書館 調査立法考査局, 『レファランス』 3月號(518號)(The Reference, March 1994, no.518) 55쪽, 주 38.
10) 이하 제1절의 주요 논지는 정병준, 2005, 「영국 외무성의 對日평화조약 草案·부속지도의 성립(1951. 3) 과 한국독도영유권의 재확인」, 『한국독립운동사연구』 24집에 기초한 것이다.
11) TNA, FO 371/92532, FJ 1022/91 "Parliamentary Question," (1951. 2. 19).

통적인 방식에 중점이 두어져 있었다.

1950년 1월 영연방 외무장관들의 콜롬보회의에서 논의된 내용에 따르면, 이 시점에 당시 영국과 영연방국가들의 대일평화회담에 대한 자세는 매우 강경한 것이었다. 콜롬보회의(영연방외무장관회담)에서 논의된 대일평화회담의 기본목적은 다음과 같았다.[12]

1. 일본의 완전한 비군사화·비무장화
2. 일본의 침략 부활 가능성을 제거하기 위한 조치에 관해 다른 연합국과 협력 강화
3. 타국을 위협하지 않을 평화애호 일본의 발전[13]

평화회담의 기본목적이 일본 군국주의의 재부활 방지에 있음을 명백히 한 것이다. 이는 안보조항에도 그대로 반복되었는데, 모든 군사·준군사 조직과 모든 형태의 군사훈련 금지, 모든 전쟁물자·군사장비·항공기·알루미나·마그네슘·합성유·합성고무 생산의 무기한 완전금지, 조선·철강·알루미늄주괴·산업용 폭발물 등의 무기한 생산제한 등을 명시했다.[14]

배상에 대해서도 영국정부는 완강한 입장을 피력했다. 영국정부는 배상으로 획득할 대상들을 다음과 같이 명시했다.

1. 산업 분야의 비무장화정책에 따라 일본 내 잉여 산업 플랜트 및 설비
2. 일본 내에서 발견되는 모든 금, 순금, 가치 있는 금속 및 보석류 전부
3. 현재 일본의 소요를 초과하는 상업용 선박

---

12) "United Kingdom Paper on the Japanese Peace Treaty Discussed at Colombo-January, 1950," RG 59, Department of State, Decimal File, 694.001/1-950.
13) 위의 자료, p. 6.
14) 위의 자료, p. 7.

4. 특정 일부 예외조항을 제외한 해외의 모든 일본 자산들[15]

영토문제와 관련해서는 이미 미·소·영·중 4대국이 일본의 영토를 혼슈·홋카이도·규슈·시코쿠 등 4개 섬과 "우리가 결정할 작은 섬들"로 한정했기 때문에 별 문제가 없다는 입장을 취했다. 영국정부는 대만·남사할린·쿠릴섬·한국에 대해서는 이미 다양한 공약(commitments)을 했으므로, 이 문제를 둘러싼 어려움이 없을 것이며, 어떤 경우라도 평화회담에서 토론할 문제가 아니라고 못박았다. 다만 평화회담에서 논의될 영토문제는 일본령으로 남게 될 작은 섬들을 어떻게 결정할 것이냐 하는 점이며, 여기에는 류큐·보닌(오가사와라)·볼케이노(이오지마)·마커스(미나미도리시마) 등의 처리문제가 중요할 것이라고 전망했다.[16] 대일영토문제에 대한 영국정부의 입장은 일본령에 포함될 섬을 특정하는 방식이었고, 이는 카이로선언과 포츠담선언의 기본정신에 따른 것이었다. 또한 영국은 대일평화조약의 기조로 당시 국제적으로 통용되던 강화회담의 방식, 즉 전쟁책임·영토할양·배상 등을 강조한 것이었다.

1950년 5월 영연방 대일평화조약실무작업단은 5월 1일부터 5월 17일까지 런던에서 대일평화조약과 관련한 모든 주제를 연구했는데, 역시 기조는 1950년 1월 콜롬보회의와 동일했다.[17] 영토조항은 3개 항목으로 정리했다.

31. 일반적인 합의
(a) 일본의 주권은 주요 4개 섬과 다수의 인접한 소도(小島)로 국한되어야 하는

---

15) 위의 자료, pp. 10~11.
16) 위의 자료, pp. 13~14.
17) "Commonwealth Working Party on Japanese Peace Treaty, 1st May to 17th May, 1950. Report," (undated), RG 59, Japanese Peace Treaty Files of John Foster Dulles, 1946-52, Lot 54D423, Box 13. 영국대사관은 1950년 9월 20일 미 국무부에 이 보고서를 전달했다. British Embassy to the Secretary of State, Subject: Commonwealth Working Party on Japanese Peace Treaty(1950. 9. 20), RG 59, Department of State, Decimal File, 694.001/9-2050.

데, 그 정확한 정의는 평화회의의 주제가 될 것임.
(b) 일본이 이양할 영토의 처분은 평화회담 자체에서 취급될 필요가 없음. 평화조약에서 일본은 이양할 영토에 대한 모든 청구권을 단지 포기해야 할 것임.
32. 남극지방에서의 일본의 이해문제가 토의되었으며, 호주·남아공·뉴질랜드의 대표는 일본이 남극대륙 및 인접도서에서 정치적 및 영토적 청구권을 실질적이든 장래의 것이든 모두 포기한다는 조항을 조약에 포함하는 중요성을 모두 강조함.
33. 캔버라회의에서 류큐와 보닌섬은 미국의 통제하에, 아마도 전략적 신탁통치의 수단에 의해, 두어질 것이라는 점이 일반적으로 예상되었다는 사실을 환기했음. 소련과 중국이 이들 섬에 대한 미국 신탁통치 실시를 방해할 것이란 점이 지적되었음. 물론 전략적 신탁통치는 안전보장이사회의 책임이며, 따라서 거부권 절차의 대상임. 전략적 신탁통치(strategic trusteeship)가 채택되지 않을 가능성에 비추어, 일반적 신탁통치(ordinary trusteeship)의 실시 가능성에 대한 고려가 있었음. 미국이 이 섬들에 군사 기지와 시설을 설립하기를 희망한다는 사실을 인식하고, 일반적 신탁통치협정에서 시정국가에 방어문제에 대한 매우 광범위한 자유범위를 주는 조항을 포함한 선례가 있다는 점이 지적되었음. 이 섬들을 미국을 시정권자로 하는 전략적 신탁통치하에 두는 실현 가능한 경우들을 찾기가 매우 쉽기 때문에 (예를 들면 장래 일본의 공격을 방지하기 위해서) 유엔총회가 일반적 신탁통치 성립을 정당화할 수 있는 신뢰할 만한 사례를 제공하는 것이 보다 어려울 것임.[18]

---

[18] "Commonwealth Working Party on Japanese Peace Treaty, 1st May to 17th May, 1950. Report," (undated), pp. 8~9.

1950년 5월 미국이 덜레스를 대일평화조약 담당 대통령특사로 임명한 이래 영국과 미국의 협의와 대일평화조약의 조기체결 움직임은 가속화되었다. 영연방정부들은 1950년 9월 이후 실무 차원에서 지속적인 의견교환을 진전시켰다. 덜레스는 1950년 6월, 1951년 1~2월, 1951년 4월 등 세 차례 동경을 방문해 일본측과 협의를 완료함으로써 대일평화조약 체결을 보다 구체적인 일정 위에 올려놓았다. 특히 1951년 2월 9일 덜레스 사절단과 요시다 시게루(吉田茂) 수상팀이 대일평화조약과 미일안보조약에 대한 일련의 포괄적 협약을 체결한 것이 결정적 전환점이 되었다. 덜레스 사절단의 존 앨리슨과 일본 외무성의 이구치 사다오(井口貞夫) 외무차관 간에 대일평화조약과 관련된 5개의 협정안(five annexed drafts dealing with the peace settlement)에 대한 합의 서명이 있었다.[19] 이 단계에서 영토문제와 관련해 "일본은 한국, 대만, 팽호도(Pescadores)에 대한 모든 권리·권원을 포기하며, 북위 29도 이남의 류큐열도, 로사리오섬(Rosario Island)·볼케이노군도(硫黃島)·파레체 벨라(Parece Vela, 沖ノ鳥島) 및 마커스섬(Marcus, 南鳥島)을 포함한 보닌제도(小笠原諸島)에 대해 미국을 행정당국(administering authority)으로 하는 유엔신탁통치를 수용한다"라는 점이 확인되었다.[20] 또한 일본의 전쟁배상을 일반적으로 면제하며 예외조항이 있다는 점에 합의했다.[21]

덜레스는 동경에서 영국의 개스코인(A. Gascoigne) 경과 만난 후, 동경을 떠나 1951년 2월 15일 호주에 도착했고, 호주·뉴질랜드 정부와 3자회담을 가졌다. 이 직후 영국정부는 독자적인 대일평화조약 초안을 구상하기 시작했다. 영국 외무성은 2월 24일자 워싱턴행 전문 753호에서 가급적이면 영국이 3월

---

19) John Foster Dulles to Dean Acheson(1951. 2. 10), RG 59, Department of State, Decimal File, 694.001/2-1051.
20) "Provisional Memorandum," (1951. 2. 8), RG 59, Department of State, Decimal File, 694.001/2-1051.
21) Annex I: Elaboration of Exception to General Waiver of War Claims, RG 59, Department of State, Decimal File, 694.001/2-1051.

〈표 6-1〉 영국 외무성 대일평화조약 초안들의 비교

구분 초안	명칭	작성일	구성·분량	성격	비고
제1차 초안	대일평화조약	51. 2. 28.	89조항 22쪽	일본·태평양국 내부 초안	매우 개략적인 예비초안
제2차 초안	대일평화조약 2차 초안	51. 3.	48쪽	외무성, 관련 부처 의견 반영	7개 정부부처, 18명 검토
제3차 초안	대일평화조약 임시초안	51. 4. 7.	9부, 40조항, 20쪽	영국정부 공식초안, 미국정부에 통보	13개 정부부처, 외무성 18개국 검토

[출전] · 1차 초안: FO 371/92532, FJ 1022/97, "Japanese Peace Treaty," (1951. 2. 28), pp. 102~123.
· 2차 초안: FO 371/92535, FJ 1022/171, "Japanese Peace Treaty: Second revised draft of the Japanese Peace Treaty," (1951. 3), pp. 70~117
· 3차 초안: FO 371/92538, FJ 1022/222, "Provisional Draft of Japanese Peace Treaty(United Kingdom)," (1951. 4. 7), pp. 15~50

중순까지 첫번째 초안을 미국측에 제시하겠다고 통보했다. 이 직후 영국 외무성 일본·태평양국(Japan & Pacific Department)의 찰스 존스턴(Charles H. Johnston) 일본국장이 외무성의 법률고문들과 함께 초안을 작성하기 시작했다.[22] 잘 알려져 있는 것처럼 총 세 차례의 초안이 작성되었다.

제1차 초안은 1951년 2월 28일에 작성되었다. 초안작성의 책임을 진 존스턴은 무역성의 퍼시벌(A. E. Percival)에게 보낸 편지(1951. 3. 1)에서 이것이 "매우 개략적인 예비초안"(a very rough preliminary draft)이라고 밝히고 있다.[23] 초안은 타이핑된 형태로 제출되었다. 공식제목은「대일평화조약」(Japanese Peace Treaty)이며, 총 22쪽, 89개 조항으로 구성되어 있다.[24]

초안은 전문(1~5조), 영토(6~13조), 중국 내 이익(14~17조), 정치조항(18

---

22) TNA, FO 371/92532, FJ 1022/97, Letter from C. H. Johnston to A. E. Percival(1951. 3. 1).
23) FO 371/92532, FJ 1022/97, C. H. Johnston to A. E. Percival Esq., Board of Trade, "Japanese Peace Treaty," (1951. 3. 1).
24) FO 371/92532, FJ 1022/97, "Japanese Peace Treaty," pp. 102~123.

~20조), 전범(21조), 국제연맹(22조), 콩코분지조약(23조), 로잔조약(24조), 몽트뢰해협협약(25조), 국제조정은행(26조), 마약협약(27~28조), 국제포경협약(29조), 전쟁포로협약(30조), 점령종식(31~33조), 쌍무조약(35~36조), 일반경제조항(37~38조), 배상(39조), 채무(40~42조), 조선(43조), 어업(44~45조), 유엔 재산의 반환(46~53조), 일본의 청구권 포기(54~59조), 일본 내 유엔 재산(60~68조), 연합·협력국 내 일본 재산(69~72조), 청구권 관련 연합·협력국의 선언(73조), 중립국 내 일본 자산(74~76조), 독일·오스트리아·불가리아·헝가리·루마니아·핀란드·이탈리아·샴 내 일본 자산(77~79조), 분쟁(80~81조), 가입(82~84조), 전몰자의 묘(86~87조), 발효(88~89조) 등 31개 장, 총 89개 조문으로 되어 있다. 분량과 형식에서 1947~1951년 간 작성되었던 어떤 미국 초안보다도 길고 복잡한 내용으로 구성되어 있다.

 영국 외무성이 초안을 만들게 된 가장 중요한 동기는 미국측에 약속한 초안을 제시하기 위해서였고, 다른 한편으로 영국정부의 입장을 명확히 하려는 목적도 있었다. 가장 중요하게 고려된 부분은 상업·경제 문제에 관한 것들로, 이 초안이 배부된 정부부처 역시 주로 경제 관련부서들이었다. 이들이 일본·태평양국의 초안을 검토한 후 3월 7~8일경 경제문제에 대한 합의를 이룰 예정이었다.[25] 기타 문제는 외무성에서 3월 9일경 두 그룹으로 나누어 검토할 예정이었다. 즉, 이 초안은 외무성 일본·태평양국이 법률고문의 조언을 얻어 작성한 초안으로 이후 외무성 내부의 검토와 관련 정부부처의 검토를 위해 작성된, 말 그대로 "매우 개략적인 예비초안"이었다.

 3월 16일 외무성의 피츠모리스(G. G. Fitzmaurice)를 의장으로 외무성(4명), 재무성(2명), 연방관계성(1명), 식민성(3명), 무역성(6명), 교통성(1명), 기타(1명) 등 7개 정부부처 총 18명이 모여 대일평화조약에 관한 회의를 개최했다. 이

---

[25] 1차 초안이 배부된 부처는 식민성, 국방성, 참모총장, 민간항공성, 육군성, 전쟁부, 해군성, 교통성, 내무성 등이었다.

회의에서 대일평화조약에 사용할 연합국·연합국 국민에 대한 정확한 규정을 외무성이 기초하며, 이탈리아평화조약을 모델로 대일평화조약에 필요한 내용들을 준비하기로 결정했다.[26] 그 결과 제2차 초안이 완성되었다. 제2차 초안의 공식명칭은 「대일평화조약 제2차 초안」(2nd Draft of Japanese Peace Treaty)이며 본문 40쪽, 부록 8쪽 등 총 48쪽으로 구성되어 있다.[27] 2차 초안이 준비 중이던 1951년 3월 21일 미국대표단의 앨리슨과 영국 외무차관 로버트 스콧(Robert H. Scott) 간의 런던회담이 개최되었다. 회담의 주된 주제는 중국의 참가문제였고, 한국의 참가도 논의되었다.[28]

영국정부의 최종적·공식적 초안은 1951년 4월 7일 완성되었다. 초안의 공식제목은 「대일평화조약 임시초안」(a provisional draft of a Treaty of Peace with Japan)으로 총 9부, 40조항, 부록 5건으로 구성되어 있으며, 총 20쪽 분량이다.[29] 실무책임자였던 존스턴이 정무차관 마킨스(Sir R. Makins) 경에게 보고한 내용(1951. 4. 5)에 따르면, 이 초안은 외무성의 법률고문 및 모든 관련부서와 실무 차원의 협의를 거친 것이며, 13개 정부부처와 협의를 거친 것이었다. 존스턴은 외무성이 이 초안을 승인하면 4월 7일 곧바로 미국정부에 이 내용을 통보할 것이라고 밝혔다.[30] 존스턴과 함께 조약 초안에 관계했던 일본·태평양국의 스콧 차관은 이 조약이 내각결정에 기초해 작성되었을 뿐 아니라

---

26) FO 371/92535, FJ 1022/167, "Japanese Peace Treaty: Record of Meeting held at the Foreign Office on the 16th March 1951," pp. 53~60.
27) FO 371/92535, FJ 1022/171, "Japanese Peace Treaty: Second revised draft of the Japanese Peace Treaty," (1951. 3), pp. 70~117.
28) 이원덕, 1996, 『한일과거사 처리의 원점』, 서울대학교출판부, 30~31쪽.
29) FO 371/92538, FJ 1022/222, "Provisional Draft of Japanese Peace Treaty(United Kingdom)," (1951. 4. 7), pp. 15~50. 영국 초안은 미국 초안과 대조할 수 있도록 각각 한 페이지씩 마주보게 편집해놓았다. 그 결과 미국 초안(1951. 3. 17) 14쪽이 영국 초안에 포함되었다. 영국 초안은 앞부분에 설명비망록(2쪽), 목차(1쪽), 뒷부분에 배부선(2쪽) 등이 있어 미국 초안까지 포함하면 문서상으로는 총 39쪽 분량이다.
30) FO 371/92538, FJ 1022/222, C. H. Johnston to Sir R. Makins(Permanent Under Secretary)(1951. 4. 5), pp. 4~5.

외무성 18개 국(局)의 승인을 받은 것으로, 어려운 협력·조정 과정의 산물이라며 기뻐했다.[31]

이처럼 영국정부는 외무성 일본·태평양국의 조약 초안(제1차 초안: 1951. 2. 28)에서 출발해 최종적으로 외무성 18개 국과 13개 정부부처의 공식승인을 얻어 최종 초안(제3차 초안: 1951. 4. 7)을 완성했다. 절차상으로 볼 때 영국측 초안 작성과정이 훨씬 복잡한 것이었다. 미 국무부의 경우 군부와의 타협이 가장 큰 문제였다면, 영국의 가장 큰 문제는 내각의 다른 부서들로부터 동의를 획득하는 작업이었다. 영국정부는 이 초안을 미 국무부에 송부했다. 영국 외상 허버트 스탠리 모리슨(Herbert Stanley Morrison)의 정리에 따르면, 이는 임시초안이며 실무 차원에서 준비된 것으로 변경 가능한 성격이었다. 그러나 이는 캐나다·호주·뉴질랜드·남아공·인도·파키스탄·실론 등의 영연방정부에 공식 통보되었다.[32] 영국정부는 자신들의 초안이 미국의 초안보다 분량상 길다고 판단했는데, 그 이유는 이탈리아평화조약의 경험에 기초했기 때문이었다.

영국정부가 완성한 제3차 초안이자 「대일평화조약 임시초안(영국)」으로 명명된 이 초안의 구성은 〈표 6-2〉와 같다.

한편, 거의 같은 시점인 1951년 3월 17일 미국 역시 「대일평화조약 임시초안」을 완성했다. 미국정부의 첫번째 공식초안이자 관계국과의 협의를 위한 제안용(suggestive only)이었던 1951년 3월 17일자 임시초안은 3월 23일 주미 영국대사관을 통해 영국정부에 전해졌다. 그러나 영국 외무성은 최종 초안을 만드는 과정에서 이를 전혀 고려하지 않았다.[33]

---

31) FO 371/92538, FJ 1022/222, Memorandum by R. H. Scott(1951. 4. 5).
32) 모리슨은 이것이 예비적 작업 문건으로 영연방정부들의 합의된 견해 표명은 아니라고 했으나, 실질적으로 이는 영연방의 지속적 의견조정의 산물이었다〔FO 371/92538, FJ 1022/222, Mr. Morrison to Sir O. Franks(Washington), no.401(1951. 4. 7)〕.

〈표 6-2〉 영국 외무성 초안의 구성 비교(1951. 2~4)

제1차 초안(1951. 2)	제3차 초안(1951. 4)	
· 전문(1~5조)	전문	
· 영토(6~13조)	예비조항	
· 중국 내 이익(14~17조)	제Ⅰ부 영토조항	(1~8조)
· 정치조항(18~20조)	제Ⅱ부 정치조항	제Ⅰ절 바람직하지 못한 정치단체(9조)
· 전범(21조)		제Ⅱ절 유엔의 대의를 지지·동정하는 일본 국민의 지위(10조)
· 국제연맹(22조)		제Ⅲ절 중국 내 특별이익(11조)
· 콩코분지조약(23조), 로잔조약(24조), 몽트뢰해협협약(25조), 국제조정은행(26조), 마약협약(27~28조), 국제포경협약(29조), 전쟁포로협약(30조)		제Ⅳ절 국제협약(12~19조)
· 점령종식(31~33조)		제Ⅴ절 쌍무조약(20조)
· 쌍무조약(35~36조)	제Ⅲ부 전범	(21조)
· 일반경제조항(37~38조)	제Ⅳ부 점령종식	(22조)
· 배상(39조)	제Ⅴ부 전쟁에서 파생된 청구권	제Ⅰ절 배상(23조)
· 채무(40~42조)		제Ⅱ절 유엔 재산의 반환(24조)
· 조선(43조)		제Ⅲ절 일본의 청구권 포기(25조)
· 어업(44~45조)	제Ⅵ부 재산, 권리, 이익	제Ⅰ절 일본내 유엔 재산(26조)
· 유엔 재산의 반환(46~53조)		제Ⅱ절 연합국·협력국 내 일본 재산(27조)
· 일본의 청구권 포기(54~59조)		제Ⅲ절 중립국, 구(舊)적국 및 독일·오스트리아 내 일본 자산(28조)
· 일본 내 유엔 재산(60~68조)		제Ⅳ절 일본 내 독일 재산(29조)
· 연합·협력국 내 일본 재산(69~72조)		제Ⅴ절 채무(30조)
· 청구권 관련 연합·협력국의 선언(73조)		제Ⅵ절 이전 전범(31조)
· 중립국 내 일본 자산(74~76조)	제Ⅶ부 일반경제관계	제Ⅰ절 일반(32조)
· 독일·오스트리아·불가리아·헝가리·루마니아·핀란드·이탈리아·샴 내 일본 자산(77~79조)		제Ⅱ절 민간항공(33조)
· 분쟁(80~81조)		제Ⅲ절 어업(34조)
· 가입(82~84조)	제Ⅷ부 분쟁조정	(35조)
· 전몰자의 묘(86~87조)	제Ⅸ부 기타 조항	묘지에 관한 규정(36조)
· 발효(88~89조)		조약용어 정의에 관한 규정(37조)
		부속서에 관한 규정(38조)
	제Ⅹ부 기타 조항	제Ⅰ절 가입(39조)
		제Ⅱ절 발효(40조)
	부속서류	Ⅰ. 지도
		Ⅱ. 산업, 문학 및 예술 재산
		Ⅲ. 보험
		Ⅳ. 포획심판소 및 재판관
		Ⅴ. 계약조건 및 협상증서

(3) 영국 조약 초안의 한국 관련 내용

● 제1차 초안(1951. 2. 28)

영국 외무성 문서철에 따르면, 1차 초안 앞에는 예비초안이 존재했다. 존스턴은 이 예비초안을 수정해 1차 초안을 만들었다. 예비초안과 1차 초안은 별 차이가 없었다. 그가 만든 1차 초안은 말 그대로 대일평화조약을 가정해 작성된 매우 개략적인 예비초안이었다. 영국 초안의 공통적인 특징은 일본의 전쟁책임을 명확히 규정한 부분에 있었다.

전문에서 1차 초안은 조약의 주체로 연합국 및 협력국(the Allied and Associated Powers)을 한편으로, 일본을 다른 편으로 상정하고 있다. 1951년 5월 영미합동회의에서 드러난 바에 따르면, 연합국은 영국·미국 등 대일평화조약 초안작성에 참여할 수 있는 주요 강대국을, 협력국은 기타 대일교전국을 의미하는 것이었다.[34] 영국 초안의 전문을 인용하면 다음과 같다.

1. 대영제국·북아일랜드·미합중국·호주·캐나다·네덜란드·뉴질랜드, 그리고…… 이후 "연합국 및 협력국"으로 지칭하며, 이들을 한편으로 그리고 일본을 다른 편으로 한다.
2. 군국주의 정권하의 일본이 독일 및 이탈리아와 삼국동맹의 일원이 되어 침략전쟁을 수행하고, 그리하여 모든 연합국 및 협력국과 기타 유엔과 전쟁상

---

[33] FO 371/92538, FJ 1022/222, Memorandum by the United States Government(Communicated by the State Department to His Majesty's Embassy in Washington on 23rd March, 1951); FJ 1022/222, Mr. Morrison to Sir O. Franks(Washington) no.401(1951. 4. 7).
[34] 영국은 조약 초안을 작성하는 데 관여할 수 있는 주요 성원(main parties)과 논평만을 할 수 있는 나머지 덜 중요한 교전국들(other lesser belligerents)로 구분했는데, 이들을 각각 연합국과 협력국으로 명명한 것으로 보인다. 협력국이란 명칭은 제7차 영미합동회의(1951. 5. 1)에서 삭제되었다〔FO 371/92547, FJ 1022/376, British Embassy Washington to C.P.Scott, O.B.E., Japan and Pacific Department, Foreign Office, no.1076/357/51G, "Anglo-American meetings on Japanese Peace Treaty, Summary Record of Seventh meeting," (1951. 5. 3)〕.

태를 도발하였으며, 전쟁에 대한 책임을 지니게 되었으므로 (이하 생략).[35]

영국 초안은 전문에 일본의 개전과 전쟁책임을 명확히 함으로써 이 조약의 성격이 전쟁에 대한 책임과 경제적 배상, 정치적·군사적 제약, 영토적 재편에 초점을 두고 있음을 분명히 했다. 1950년 덜레스 특사가 임명된 이래 미국이 '비징벌적인 평화조약', 소련을 배제한 단독강화·다수강화, 간단한 조약문을 대일평화조약의 핵심적 구상으로 설정한 것과 비교할 때 현격한 차이가 있음을 알 수 있다. 영국은 1951년 2월 첫 조약 초안을 완성하는 단계에서도 여전히 대일징벌적이며 분명한 책임을 부과하는 평화조약에 중점을 두고 있었다. 이것은 영국만의 판단이 아니라 영연방국가들의 합의된 공론이기도 했다.

그런데 예비적인 1차 초안은 "매우 개략적"이었기 때문에 여러 가지 오류와 허점을 노출했다. 일본 영토에 대해 이 초안은 다음과 같이 기술하고 있다.

영토

6. 일본의 주권은 다음의 선으로 구획된 지역 내에 위치한 모든 도서(islands), 인접 소도(islets) 및 암초(rocks)에 대해 존속된다. (중략)

이 선에는 홋카이도(北海島), 혼슈(本州), 시코쿠(四國), 규슈(九州), 스이쇼(水晶), 유리(勇留), 아키지리(秋勇留), 시보슈(志發), 오키(隱岐) 및 다라쿠섬(多樂島), 하보마이(齒舞)섬, 구치노시마(口之島), 우쓰료(울릉도), 미앙쿠르암 (다케섬), 퀠파트(시치 혹은 제주도) 섬과 시코탄(色丹)이 포함된다.

---

35) 영어 원문은 다음과 같다.
   1. The United Kingdom of Great Britain and Northern Ireland, the United States of America, Australia, Canada, the Netherlands, New Zealand, and……, hereinafter referred to as "the Allied and Associated Powers", of the one part, and Japan, of the other.
   2. Whereas Japan under the militarist regime became a party to the Tripartite Pact with Germany and Italy, undertook a war of aggression and thereby provoked a state of war with all the Allied and Associated Powers and with other United Nations, and bears her share of responsibility for the war.

위에 묘사된 선은 현재 조약에 첨부된 지도(부록 1)에 좌표로 기입되어 있다. 선에 대해 지도와 문서상 기술 간에 차이가 있는 경우, 문서에 따른다.[36] (강조는 인용자)

일본 영토규정과 관련해서 1차 초안의 특징은 다음과 같다. 첫째, 일본의 4대 섬(혼슈·홋카이도·시코쿠·규슈) 외에 북쪽 경계는 홋카이도 북방의 하보마이(齒舞)군도와 시코탄(色丹), 남쪽 경계는 류큐열도와 맞닿은 구치노시마(口之島), 한국과 맞닿은 서쪽 경계로는 오키(隱岐)·독도·울릉도·제주도를 설정한 데 있었다.

둘째, 일본 영토의 규정에 있어 포함될 섬들의 명칭을 언급함으로써 거명되지 않는 지역이 자연스럽게 배제되는 방식을 택했다. 이는 일본의 전쟁범죄에 대한 명백한 규정, 일본에 대한 책임추궁조항 등과 함께 일종의 징벌적 성격이자 카이로선언에 명시된 '침략에 의해 취득된 영토'의 원상회복의 성격이었다. 또한 포츠담선언에 명시된 일본령에 포함될 섬들을 구체적으로 특정하는 방식의 적용이었다.

포츠담선언은 일본령에 포함될 섬들을 "연합국이 지정"한다고 규정했는데, 전시회담에서 연합국이 여러 차례에 걸쳐 일본의 항복조건으로 공지했으며, 일본정부가 이를 수락함으로써 종전이 성립했기 때문에 일본으로서는 다른 선택의 여지가 없는 것이었다. 즉, 영국 외무성의 영토규정방식은 카이로선언·포츠담선언을 구체화한 것이었고, 일본에 유·불리를 따지기 전에 명확

---

[36] 영어 원문은 다음과 같다.
6. Japanese sovereignty shall continue over all the islands and adjacent islets and rocks lying within an area bounded by a line...... the line should include Hokkaido, Honshu, Shikoku, Kyushu, the Suisho, Yuri, Akijiri, Shibotsu, Oki and Taraku islands, the Habomai islands, Kuchinoshima, Utsuryo(Ulling) island, Miancourt rocks(Take island) Quelpart(Shichi or Chejudo) island and Shikotan. The line about described is plotted on the map attached to the present Treaty(Annex 1). In the case of a discrepancy between the map and the textual description of the line, the latter shall prevail.

히 규정된 연합국의 영토규정이었던 것이다. 그런데 일본 인근의 수많은 섬들을 구체적으로 특정해서 일본령에 포함될 것인가의 여부를 조약문에 모두 반영하는 것은 현실적으로 불가능한 일이었다. 때문에 논리적으로 제시된 방안은 일본령에 포함될 지역과 배제될 지역을 위도·경도에 따른 경계선으로 표시하는 방법이었다.

때문에 1947년 이래 미 국무부가 대일평화조약 초안을 작성하면서 경도선과 위도선을 활용한 영토특정방법을 조약문에 반영하고, 1951년 영국 외무성이 동일한 방법으로 대일영토규정을 생각한 것은 우연의 일치나 상호합의의 결과가 아니라 역시 카이로선언·포츠담선언에 따른 자연스러운 귀결이었다. 이런 대일영토규정의 결과, 일본령을 위도선과 경도선으로 표시한 조약문에 부속지도가 첨부되는 것은 당연했다. 문서상의 서술을 명확하게 보여주기 위한 시각적 자료가 필수적으로 동반되었던 것이다.

즉, 전시 연합국의 대일정책을 공식화한 카이로선언과 포츠담선언에 따른 대일영토정책은 일본령에 포함될 섬들을 구체적으로 특정함으로써 일본령을 명확히 하는 방안이었으며, 이는 미국과 영국이 작성한 조약 초안에 그대로 반영되었다. 즉, ① 일본에 포함될 섬들을 구체적으로 특정하며, ② 일본령에 포함될 섬들과 배제될 섬들을 명백히 하기 위해 위도선과 경도선으로 일본령을 표시하며, ③ 이러한 문서를 표현한 지도를 제작하는 것이었다.

셋째, 1차 초안은 여러 점에서 오류가 있는 거칠고 정리되지 않은 초안이었다. 우선 1차 초안은 일본의 서쪽 경계에서 결정적인 오류를 범하고 있다. 즉, 독도가 일본령이라고 오기하고 있는 것이다. 독도뿐만 아니라 울릉도와 심지어 제주도까지도 일본령으로 포함하고 있다. 명백한 오류다. 독도·울릉도·제주도는 모두 역사적으로 한국의 영토일 뿐만 아니라 연합군최고사령부 지령 677호(SCAPIN 677, 1946. 1. 29)에 의해 한국령으로 확인된 지역이기 때문이다. 이 초안이 매우 부정확하고 엉성한 정보에 기초해 만들어졌음을 알 수 있다.

다음으로 지명의 오류가 여러 곳에서 발견된다. 예를 들어 독도를 국제적으로 부르는 리앙쿠르(Liancourt)를 미앙쿠르(Miancourt)로 오기한 것은 물론 아키유리(Akiyuri, 秋勇留)를 아키지리(Akijiri)로 잘못 표기하고 있다.

마지막으로 이 초안은 섬의 소속 등을 정확히 인식하지 못한 상태에서 작성되었다. 스이쇼(水晶), 유리(勇留), 아키지리(원문 그대로, 秋勇留), 시보슈(志發), 다라쿠섬(多樂島)은 모두 하보마이(齒舞)군도에 속하는 것인데, 1차 초안은 위치와 관계에 부합하지 않게 이 섬들을 병렬적으로 나열했다. 또한 구치노시마(口之島)는 류큐 위 북위 30도 이내에 위치하며, 오키(隱岐)섬은 시마네현 가장 서쪽의 섬인데, 이상은 모두 SCAPIN 677호에서 일본령으로 표시되었다. 반면, 독도·울릉도·제주도는 SCAPIN 677호로 일본령에서 배제되어 한국령에 포함된 지역들이었다. 그럼에도 이 초안은 이런 지역들을 혼재해서 일본령으로 표기했으며, 군도에 속하는 섬들을 나열하는 등 기초적인 사실 확인에서조차 문제가 있었다. 또한 조약에 첨부된 지도(부록 1)가 있다고 서술되어 있지만 지도는 제작되지 않았다. 실제 지도는 2차 초안에 가서야 비로소 만들어졌다.

한편, 한국의 독립문제에 대해 1차 초안은 이렇게 서술하고 있다.

> 7. 이에 일본은 한국에 대한 모든 권리, 권원, 이해 및 여하한 주권주장을 포기하며 한국의 주권과 독립에 관해 유엔 감시하에 수행되거나 수행될 수 있는 모든 종류의 조정을 존중하고 승인한다.[37]

여기서 특이한 점은 유엔의 역할을 강조하고 있는 부분이다. 이는 아마도

---

[37] 영어 원문은 다음과 같다.
    7. Japan hereby renounces any claim to sovereignty over, and all right, title and interest in, Korea, and undertake to recognise and respect all such arrangements as may be made by or under the auspices of the United Nations regarding the sovereignty and independence of Korea.

한국전쟁의 와중에 한국의 지위와 운명이 어떻게 결정될지가 미지수였고, 유엔에 의한 한반도 통일 가능성 등을 염두에 두었기 때문일 것이다.

● 제2차 초안(1951. 3)

위에서 살펴본 것처럼, 영국 외무성은 외무성 내부와 관련 정부부처와의 협의를 통해 제2차 초안을 확정했다. 2차 초안의 전문(前文)은 1차 초안과 동일했다. 또한 한국의 독립문제, 한일관계에 대한 조항 역시 1차 초안과 동일했다. 1차 초안과의 가장 큰 차이는 영토문제에 대한 규정 부분이었다.

(6) 일본의 주권은 북위 30도에서 북동방향으로 대략 북위 33도 동경 128도까지, 이어 제주도와 후쿠에시마(Fukue-Shima, 福江島) 사이를 북진하여, 북동쪽으로 한국과 대마도 사이를 지나, 이 방향으로 계속해서 오키열도(Oki Retto, 隱岐列島)를 남동쪽에 독도(Take Shima)를 북서쪽에 두고 진행하여 혼슈(本州) 해안을 따라 선회하며, 이어 북쪽으로 레분시마(Rebun Shima, 禮文島)의 가장자리를 지나 대략 북위 145도 40초에서 소야가이쿄(Soya Kaikyo, 宗谷海峽)를 동쪽으로 통과하는 선으로 구획된 지역 내에 위치한 모든 도서, 인접 소도 및 암초에 대해 존속된다. (중략)

위에 묘사된 선은 현재 조약에 첨부된 지도(부록 I)에 좌표로 기입되어 있다. 선에 대해 지도와 문서상 기술 간에 차이가 있는 경우, 문서에 따른다.[38]

---

38) 영어 원문은 다음과 같다.
(6) Japanese sovereignty shall continue over all the islands and adjacent islets and rocks lying within an area bounded by a line from Latitude 30°N in a North-Easterly direction to approximately Latitude 33°N 128°E. then northward between the islands of Quelpart, Fukue-Shima bearing North-Easterly between Korea and the island of Tsushima, continuing in this direction with the islands of Oki-Retto to the South-East and Take Shima to the North-West curving with the coast of Honshu, then Northerly skirting Rebun Shima passing Easterly through Soya Kaikyo approximately 145°40' N, ... The line above described is plotted on the map attached to the present Treaty(Annex I). In the case of a discrepancy between the map and the textual description of the line, the latter shall prevail.

1차 초안과는 달리 2차 초안에서는 일본 영토에 대한 기술이 보다 명백해졌다. 1차 초안이 일본 영토에 대해 분명치 않은 방식의 표현을 사용한 데 반해 2차 초안은 일본 영토와 여기에서 배제되는 지역을 분명히 표현하고 있다.

2차 초안의 특징은 다음과 같다. 첫째, 일본의 영토를 위도와 경도, 정확한 지명을 특정한 후 경계선을 그어 명백히 표시했다. 둘째, 1차 초안의 오류를 정정해 제주도·울릉도·독도가 일본령에서 배제된다는 점을 분명히 기록했다. 셋째, 2차 초안에서 규정된 일본 영토는 3차 초안이자 공식초안으로 그대로 이어졌다. 넷째, 2차 초안은 경계선으로 영토를 표시했는데, 이런 방법은 포츠담선언을 명백히 하기 위한 목적이었다.

왜냐하면 포츠담선언은 일본의 영토를 주요 4개 섬과 연합국들이 결정할 인접 제소도(諸小島)로 국한한다고 규정했으며 이에 따라 일본령에 포함될 섬들과 일본령에서 배제될 섬들을 특정하는 것이 무엇보다도 중요한 과제가 되었기 때문이다. 포츠담선언에 따르자면, 일본에 인접한 무수히 많은 섬들을 구체적으로 일일이 거론하고 이 섬의 귀속 여부를 특정해야 했다. 그러나 제한된 조약문에 수천 개의 섬들을 특정한다는 것은 현실적으로 불가능했다. 때문에 대일평화조약 초안의 기안자들은 일본령에 귀속될 섬과 배제될 섬들을 명백히 하기 위해 위도선과 경도선으로 일본령을 구분하는 방안을 채택하게 되었던 것이다. 이런 맥락에서 영국 외무성의 조약 초안이 채택한 경계선으로 일본령을 표시하는 방안은 포츠담선언에서 비롯된 영토표시방안이었다. 이런 일본령 표기방법은 1947년 이래 작성된 미 국무부의 대일평화조약 초안들에서도 동일하게 나타나는 것이다. 한편, 이러한 일본령 표기방법은 이미 연합군최고사령부지령(SCAPIN) 1033호(1946. 6. 22) 「일본인의 어업 및 포경선의 허가구역」(Area Authorized for Japanese Fishing and Whaling), 통칭 맥아더라인 등에서도 사용된 바 있기에 정책입안자들이 선택하기에 부담이 없는 기성의 방침이었다.

다섯째, 영토규정을 명확히 보여주는 부속지도가 공식적으로 제작되었다.

2차 초안의 문서상에서 잘못 표현된 지리적 정보는 3차 초안에서 정정되었으나 지도는 2차 초안의 부속지도가 동일하게 활용되었다.

- 제3차 초안(1951. 4. 7)

영국정부의 공식적이고 최종적인 초안인 제3차 초안은 2차 초안과 비교할 때 몇 가지 차이점을 보였다. 우선 전문의 상당 부분이 수정되었다. 2차 초안까지는 연합국 및 협력국으로 7개국만이 언급되고 나머지 국가는 확정되지 않은 상태로 표시되었으나 3차 초안에서는 16개국이 확정되었다. 영국은 소련·영국·북아일랜드·미국·중국·프랑스·호주·버마·캐나다·실론·인도·인도네시아·네덜란드·뉴질랜드·파키스탄·필리핀을 연합국 및 협력국으로 지칭했는데, 미국과는 달리 중국을 연합국에 포함시켰으며, 반면 한국을 배제했다. 한국의 독립문제, 한일관계에 대한 조항은 1·2차 초안과 동일했다.

영토문제를 다룬 조항은 2차 초안과 크게 달라지지 않았다. 사소한 몇 부분이 수정된 것을 제외하고는 2차 초안의 내용이 거의 그대로 채택되었다. 한국과 관련 있는 부분을 적어보면 다음과 같다.

(6) 일본의 주권은 북위 30도에서 <u>북서방향으로(a)</u> 대략 북위 33도 동경 128도까지, 이어 제주도와 후쿠에시마(福江島) 사이를 북진하여, 북동쪽으로 한국과 대마도 사이를 지나, 이 방향으로 계속해서 오키열도(隱岐列島)를 남동쪽에 독도(Take Shima)를 북서쪽에 두고 진행하여 혼슈(本州) 해안을 따라 선회하며, 이어 북쪽으로 레분시마(禮文島)의 가장자리를 지나 대략 <u>동경 142도(b)</u>에서 소야가이쿄(宗谷海峽)를 동쪽으로 통과하는 (중략) 선으로 구획된 지역 내에 위치한 모든 도서, 인접소도 및 암초에 대해 존속된다.

위에 묘사된 선은 현재 조약에 첨부된 지도(부록 I)에 좌표로 기입되어 있다. 선에 대해 지도와 문서상 기술 간에 차이가 있는 경우, 문서에 따른다.[39] (강조는 인용자)

2차 초안과 달라진 점은 (a) 북동방향→북서방향으로, (b) 북위 142도 40초→동경 142도로 수정된 정도이다. 지도를 보면 알 수 있듯이, 이는 2차 초안의 잘못된 설명을 바로잡은 기술이었다.

3차 초안의 영토조항에 따르면 지도가 부록 I로 첨부되었다. 현재 영국 국립문서보관소에는 3차 초안이 두 가지 형태로 소장되어 있다. 하나는 타자기로 작성된 타이핑본이며, 다른 하나는 활자로 인쇄·출판된 인쇄본이다.[40] 인쇄본의 경우에 '부록 I. 지도'(Annex I. Map)는 간행되지 않았다는 설명이 남겨져 있다. 다만 타이핑본의 경우 부록으로 지도가 작성되었다고 표시되어 있으나 지도가 소장되어 있지는 않다. 제3차 초안에 첨부된 부록지도 가운데 현물로 확인되는 것은 미국립문서기록관리청에서 발견된 지도뿐이다.[41]

---

39) 영어 원문은 다음과 같다.
   Japanese sovereignty shall continue over all the islands and adjacent islets and rocks lying within an area bounded by a line from Latitude 30°N in a North-Westerly direction to approximately Latitude 33°N 128°E, then Northward between the islands of Quelpart, Fukue-Shima bearing North-Easterly between Korea and the island of Tsushima, continuing in this direction with the islands of Oki-Retto to the South-East and Take Shima to the North-West curving with the coast of Honshu, then Northerly skirting Rebun Shima passing Easterly through Soya Kaikyo approximately 142°E...... The line above described is plotted on the map attached to the present Treaty(Annex I). In the case of a discrepancy between the map and the textual description of the line, the latter shall prevail.

40) (1) FO 371/92538, FJ 1022/222, "Provisional Draft of Japanese Peace Treaty(United Kingdom)," (1951. 4. 7), pp. 15~50, (2) FO 371/92538, FJ 1022/224, "Provisional Draft of the Japanese Peace Treaty and list of contents," (undated), pp. 90~140. (1)은 인쇄본, (2)는 타자본이다.

41) 2005년 영국 국립문서보관소를 방문해 세밀한 조사작업을 벌인 방선주 박사는 샌프란시스코회담과 관련된 문서철을 여러 차례 검토했으나, 지도를 발견하지는 못했다고 밝혔다. 최고의 전문가가 행한 작업이므로 현재 수준에서는 이 지도가 보존되지 않았을 가능성이 높다고 볼 수 있다. 한편, 일본이 샌프란시스코회담 관련 기록들을 마이크로필름으로 제작·수집해 간 사실이 확인되었고, 국사편찬위원회는 박진희 박사와 방선주 박사가 조사한 샌프란시스코회담 관련 영국 국립문서보관소 자료들을 소장하고 있다.

(4) 영국 지도의 특징과 한국 독도영유권의 재확인

3차 초안에 첨부된 지도는 가로 72.0cm, 세로 68.5cm이며, 제목은 「평화조약 제1조항에 규정된 일본 주권하의 영토」(The Territory Under Japanese Sovereignty as Defined in Art. I of the Peace Treaty)로 되어 있다. 제작부서는 영국 외무성 조사국이며, 제작일시는 1951년 3월이다. 이로 미루어 2차 초안(1951. 3) 작성 당시 지도가 함께 제작되었음을 알 수 있다. 나아가 2차 초안 중 3차 초안에서 수정된 내용을 살펴보면, 우선 지도를 통해 일본 영토를 규정한 후 이에 근거해서 문서작업을 벌였을 가능성이 높다고 판단된다. 이 지도의 전체적인 특징과 독도 관련 내용을 정리하면 다음과 같다.

첫째, 이 지도는 4대 섬을 중심으로 일본 영토를 규정하고 있다. 이는 영국측 1~3차 초안에 모두 공통되는 것이며, 기본적으로 포츠담선언이 제시한 4대 섬 중심의 영토규정에 기초한 엄격한 방식이라고 볼 수 있다.

둘째, 일본 영토가 논란의 여지 없이 정확하게 규정되었을 뿐만 아니라 굵은 선으로 일본 영토의 범위를 재차 분명하게 표시하고 있다. 1차 초안이 일본 영토에 포함되는 섬들을 지명하는 방법(특정도서 포함방식)을 택함으로써 자연스레 지명되지 않는 섬들을 일본 영토에서 배제하는 엄격한 방식을 취한 데 비해 2~3차 초안과 지도는 그보다는 융통성이 있는 방식(경계선 표시방식)을 택했다. 그러나 이 방식 역시 샌프란시스코회담에서 최종적으로 채택된 방식, 즉 일본에서 배제될 섬 가운데 일부를 거명하는 방식(특정도서 배제방식)보다는 일본측에 불리한 것이었다.

셋째, 영국이 경계선으로 일본 영토를 규정하는 방법을 생각한 것은 크게 세 가지 이유 때문이었을 것으로 보인다. 우선 가장 큰 이유는 포츠담선언의 규정 때문이었다. 포츠담선언의 제8항은 일본 영토를 규정했는데, "카이로선언의 모든 조항은 이행되어야 하며, 일본의 주권은 혼슈·홋카이도·규슈·시코쿠와 연합국이 결정하는 소도서에 국한될 것이다"라고 되어 있었다. 이에

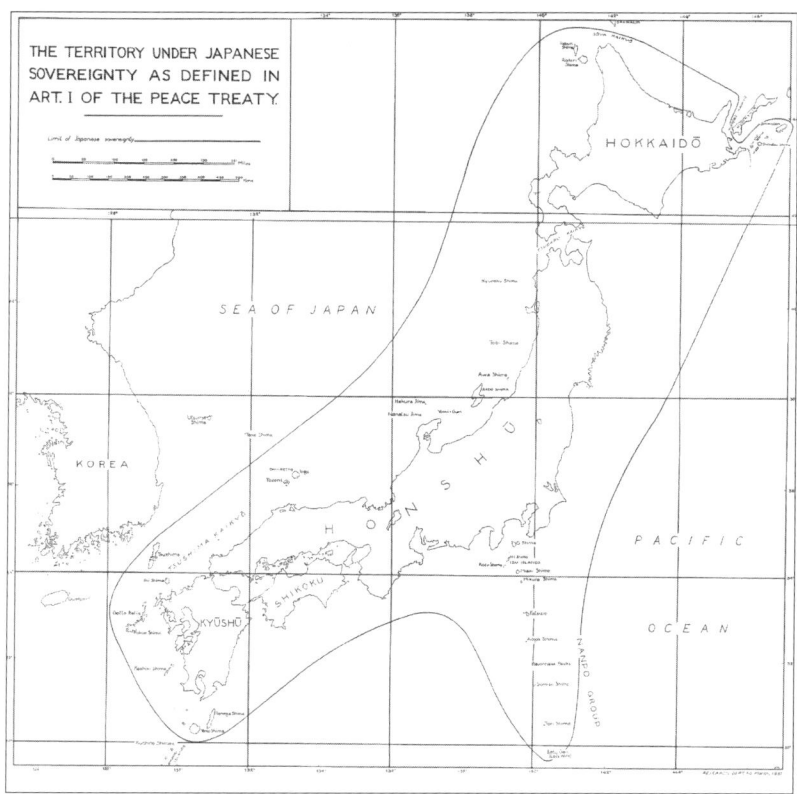

〈그림 6-1〉 영국 외무성 대일평화조약 초안 첨부지도(1951. 3)

근거해 영국은 '연합국이 결정할 소도서'들을 일본 4개 섬 주위에 배치한 것이었다. 두번째는 경계선을 확정함으로써 영토와 관련한 분쟁을 사전에 차단하기 위한 목적이 있었던 것으로 볼 수 있다. 즉, 이 방식은 문서적 모호성과 부정확성을 극복하고 명백하게 선을 통해 일본 영토를 보여줌으로써 이후 주변국들과의 관계에서 발생 가능한 갈등의 소지를 없앨 수 있는 장점이 있었다. 사실 영국 초안의 지도와 같이 명백히 일본 영토를 규정하는 지도가 샌프란시스코조약문에 첨부되어 있었더라면, 현재 일본이 벌이고 있는 주변국들과의 소위 '영토분쟁'은 미연에 방지될 수 있었을 것이다. 마지막으로, 경계선

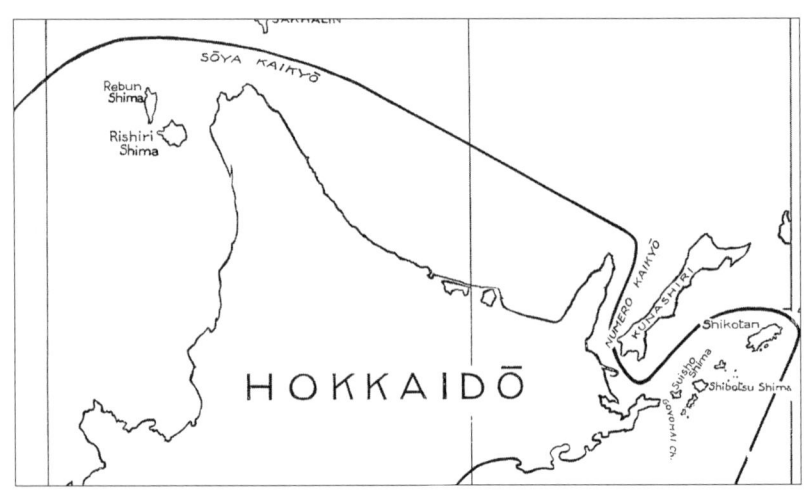

〈그림 6-2〉 영국 외무성 대일평화조약 초안 첨부지도(1951. 3)의 시코탄·하보마이 부분

설정방식은 일본에 대한 책벌이자 전쟁·침략에 대한 책임추궁의 의미를 담고 있었다. 즉, 미국이 주도하는 '평화'조약의 전제조건으로 영국은 일본이 저지른 전쟁범죄와 영토침략에 대한 영토적 제한과 원상회복의 의미를 담은 것이었다고 볼 수 있다. 특히 아마미오시마와 류큐제도는 물론 규슈 남단의 도서들까지 일본령에서 배제함으로써 일본에 매우 불리한 영토규정이었다.

넷째, 한국과 관련해 가장 중요한 점은 독도가 일본에서 배제되어 한국령에 속한다는 것이 명백해졌다는 사실이다. 또한 러시아와 분쟁을 벌이는 북방 4개 섬 중 시코탄과 하보마이는 일본령으로, 미국의 신탁통치하에 들어간 류큐는 일본령에서 배제된 것으로 규정되었다. 전시 얄타회담에서 미국·소련·영국은 사할린과 쿠릴섬을 소련에 이양한다고 합의했고, 종전 후 소련은 시코탄과 하보마이를 점령했다. 일본은 시코탄과 하보마이는 남부 쿠릴에 속하지 않고 홋카이도에 속한다며 반환을 요청한 바 있다. 때문에 영국 초안에 시코탄과 하보마이가 일본령으로 표시된 것은 일본의 입장을 상당히 배려한 것이었다고 볼 수 있다.

한편, 이 지도는 독도문제와 관련해 매우 중요한 의미를 지닌다. 이를 정리하면 다음과 같다.

첫째, 이 지도는 샌프란시스코회담 준비·진행 과정에서 제작된 영국정부의 유일한 공식지도였다. 또한 대일영토규정과 관련해 연합국측에서 유일하게 제작된 지도였다. 가장 중심적인 역할을 했던 미 국무부는 조약 초안을 준비하는 과정에서 지도를 제작·활용한 적은 있으나 공식초안용 지도를 제작한 바 없으며, 샌프란시코조약의 조문에도 지도가 첨부되어 있지 않다. 때문에 이 지도는 1951년 4월 시점에 연합국의 견해를 반영하는 유일성을 지니고 있다.

둘째, 이 지도는 영토문제와 관련해 일본의 집중적 로비대상이 된 미국이 아닌 영국의 견해를 반영함으로써, 연합국들의 보다 객관적이고 제3자적인 시각을 보여주고 있다. 이 시점에 상대적으로 일본의 로비로부터 자유롭던 영국정부에서 제작한 이 지도는 독도영유권에 대한 연합국의 합리적이고 공정한 인식을 보여주는 증거다.

셋째, 이 지도는 영국이라는 주요 연합국의 견해일 뿐만 아니라 캐나다·호주·뉴질랜드·남아공·인도·파키스탄·실론 등 영연방국가들의 견해를 종합한 것이었다. 즉, 이 지도는 1951년 3~4월 시점에 최소한 8개국 이상의 영연방국가들이 협의하고 동의한 내용을 표시한 것이었으며, 이들은 모두 독도가 일본령에서 배제되어 한국령에 포함된다는 점에 일치된 견해를 갖고 있었다고 할 수 있다.

넷째, 결정적으로 이 지도에는 독도가 일본령에서 배제되어 한국령임이 분명히 표시되어 있다. 지도에서 드러나듯이 독도는 울릉도와 함께 한국에 포함되는 지역으로 표시되었다. 특히 이는 그간 논란이 되어온 서양의 전근대 고지도나, 1945~1950년 시기 연합군최고사령부(SCAP)의 군사지도나 행정지도도 아니고, 미 국무부나 군부 등 미국정부의 일부 기관이 제작한 것이 아니라 샌프란시스코조약 체결 직전인 1951년 3~4월의 영국정부의 확정된 공식견해라는 점에서 그 의미가 더욱 분명하다. 즉, 작성주체의 측면에서 연합

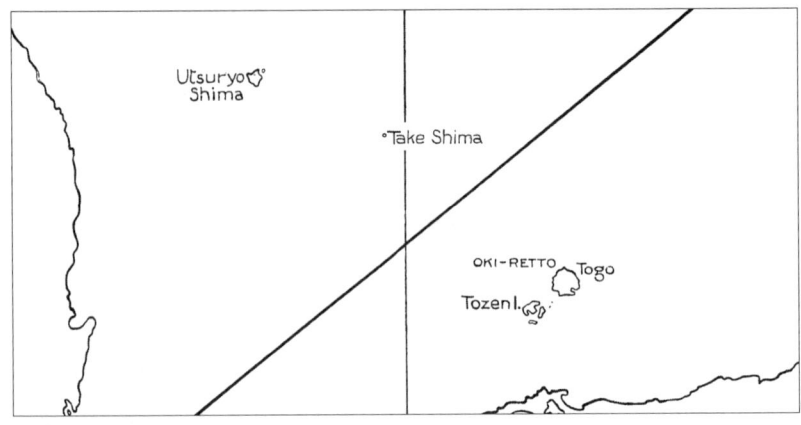

〈그림 6-3〉 영국 외무성 대일평화조약 초안 첨부지도(1951. 3)의 독도 부분

국의 일원인 영국이 정부 차원에서 공식 확정한 초안·부속지도라는 공식성·유일성을 지니며, 작성시점에 있어서 18~19세기 고지도·1945~1950년 SCAP의 행정지도, 미 국무부의 작업용 지도 등이 아닌 1951년 샌프란시스코 평화조약 체결 직전에 작성된 최신성·근접성을 갖는다. 이는 SCAPIN 677호(1946. 1) 이후 가장 명확하게 한국의 독도영유권을 재확인해준 증거자료이다.

다섯째, 더욱 중요한 사실은 영국이 최초의 1차 초안에는 독도 및 울릉도·제주도까지도 일본령으로 오인했다가, 제2차 초안부터는 정정작업을 통해 이들 지역이 일본령에서 배제됨을 공식화했다는 점이다. 이는 영국정부가 우연의 일치로, 혹은 무관심 속의 실수로 독도를 한국령에 포함시킨 것이 아니라 명백한 근거 속에서 이전의 오류를 의도적으로 수정해 독도에 대한 한국 영유권을 재확인한 것이었다. 때문에 SCAPIN 677호에 근거한 판단으로 단순한 착오였다는 주장은 설득력이 없다.[42] 영국정부는 미국의 1951년 3월 공식

---

42) 塚本孝, 1994, 「平和條約と竹島(再論)」, 國立國會圖書館 調査立法考査局, 『レファランス』, 3月號(518號)(The Reference, March 1994, no.518), 46쪽.

조약 초안도 참조하지 않은 독자적 작업의 결과 이 조약 초안을 완성했다. 영국정부의 최종 초안은 담당부서가 법률·경제 고문들의 도움을 받아 초안을 작성한 후 외무성 내 18개 국과 13개 정부부처의 협의 및 승인을 얻어 완성한 것이다. 때문에 이는 영국정부가 가용할 수 있는 모든 정보와 자료들에 근거한 판단이었다고 할 수 있다. 즉, 한국의 독도영유권 재확인은 영국정부의 독자적인 준비작업과 정보분석에 근거한 것이었다고 결론지을 수 있다.

여섯째, 비록 이 지도가 최종 평화조약의 공식적인 영토규정으로 채택되지는 않았다 하더라도 독도문제에 관한 한 한국의 영유권을 재확인하는 의미를 분명히 하고 있다. 샌프란시스코조약의 조문에는 독도문제가 언급되어 있지 않지만 일본은 독도가 일본에서 배제된다는 문구가 없으므로 이것이 자국의 영유를 입증하는 것이라는 주장을 펴고 있다.

그러나 영국 조약 초안의 성립·변화 과정은 이런 일본의 주장이 근거 없음을 증명하고 있다. 영국의 1차 초안은 4대 섬 중심으로 일본 영토에 포함될 지명을 특정하는 방식으로, 2차·3차 초안은 4대 섬 중심으로 일본 영토에 경계선을 표시하는 방식을 택했다. 전시 연합국들은 카이로선언에서 일본이 폭력과 탐욕으로 약취한 지역에서 구축될 것이라고 선언했고, 포츠담선언에서 일본의 영토는 주요 4개 섬과 연합국이 결정한 주변의 작은 섬들로 한정될 것이라고 선언했다. 이에 따라 일본에 속할 섬들을 특정하며, 일본에서 배제될 섬들을 특정하는 것이 가장 중요한 원칙이 되었다. 현실적으로 수천 개의 섬들이 존재하기 때문에 한정된 조약문 안에 일본령에 포함·배제될 모든 섬들을 특정하는 것은 불가능했다. 현실적인 방안은 구체적으로 중요한 몇몇 섬들의 포함·배제 여부를 특정한 후, 일본령을 명확히 규정하기 위해 위도선과 경도선을 사용한 경계선을 사용할 수밖에 없었다. 그리고 문서상의 복잡한 규정을 쉽고 간단하게 보여주기 위한 시각자료로 지도를 첨부했다. 이러한 방식, 즉 ① 일본령에 포함·배제될 섬들의 특정, ② 일본령을 표시하는 위도선·경도선을 활용한 일본령 경계선 표식, ③ 부속지도의 활용은 카이로선언·포츠담선언에 명시된 대일영토규정을 현실화한 방안이었고, 1947~1950년 시기 미 국무부의 대일평화조약 초안과 1951년 영국 외무성의 대일평화조약 초안에 공통적으로 드러나는 것이었다. 미국과 영국은 상호협의 없이 독자적으로 조약 초안을 성안했는데, 모두 동일한 방식을 구사했다는 점에서 공통점이 있었다.

전체적으로 볼 때 연합국의 전시 대일영토규정이었던 카이로선언과 포츠담선언에 근거한 대일영토규정은 1951년까지 강력한 영향력을 행사했다. 최종 조약에 이르는 과정에서 1951년 6월 런던에서 개최된 영미회담의 일부 기록은 최종 조약에서 일본에서 배제될 지역을 거론하는 방식을 적용하기로 했다고 쓰고 있다. 그러나 공식 회담비망록이나 기록을 남기지 않은 영미 간의 회담에서 논의된 이런 영토규정이 조약 초안에는 반영될 수 없었다. 왜냐하면 1951년 6월 런던 영미회담에서 미국과 영국은 전시 연합국의 대일영토규정이었던 카이로선언·포츠담선언의 대일영토규정을 사실상 폐기했지만, 이에 관한 공식적인 결의나 문서를 작성하지 않았다. 또한 이런 원칙과 관련해 대일평화조약에 참가·서명한 국가들과 협의하거나 사전·사후 동의를 얻은 바 없었으므로, 영미 간에 합의에 도달해 문서작업이 이뤄졌다 해도 전혀 효력을 지닐 수 없었다. 왜냐하면 이는 카이로선언과 포츠담선언을 부정하는 것이었고, 연합국의 대일정책 전반을 훼손·부정하는 결과를 초래할 수 있는 것이었기 때문이다.

결과적으로 최종 조약에서는 일본령에 속할 지역과 배제될 지역에 대한 특정이 사라짐으로써 전반적으로 일본에 유리한 방향으로 영토규정이 조정되었다. 그러나 영국과 미국은 카이로선언·포츠담선언의 대일영토규정을 폐기했을 뿐 새로운 원칙을 만들지는 못했다.

뒤에서 살펴보겠지만, 일본은 그런 이유 때문에 1951년 4월 영국 조약 초안에 나타난 영토규정방식에 강력히 반대했다. 그러나 일본의 로비와 설득이 미치기 전 영국정부는 독도가 일본령에 포함되는 오류를 수정함으로써 독도가 명백히 일본령에서 배제되어 한국령임을 재확인했다. 때문에 일본은 대미협상과정에서 자국에 가장 유리한 '일본에서 배제될 지역의 특정'이라는 영토규정방식을 얻어 '독도분쟁'의 빌미를 만드는 데 성공했지만, 독도가 한국령임을 엄격히 규정한 영국정부의 확증을 뒤집는 데는 실패했다.

2. 1951년 영미협의와 영토문제·한국문제의 논의

1947년 7월 미국이 제안한 대일평화회담의 조기개최는 소련과 중국의 반대, 다른 연합국들의 미온적 태도로 실패했다. 1948년 동아시아에서 냉전이 본격적으로 전개되면서 일본의 중요성이 부각되었고, 소련을 배제한 단독강화·다수강화가 주요 선택지로 부각되었다. 1949년 중국대륙이 공산화되자, 2차 대전기 형성되었던 미·소·영·중 4대 연합국의 협력관계는 종막을 고했다. 소련과의 냉전 속에 중국이 공산화되자, 대일평화회담을 비롯한 동아시아전략에서 미국의 가장 중요한 파트너는 영국이 될 수밖에 없었다. 특히 영국은 다수의 영연방국가들에 영향력을 행사하고 있었고, 영연방국가들 중 호주·뉴질랜드 등은 대일평화조약과 관련해 연합국의 주요 일원이었기 때문에 영국과 영연방국가들의 동의를 획득하는 것이 대일평화조약 조기체결의 급선무였다.

1949년 9월 워싱턴에서 개최된 딘 애치슨(Dean Acheson) 미 국무장관과 어니스트 베빈(Ernest Bevin) 영국 외상의 회담은 이러한 양국 협력의 본격적인 기초를 놓았다. 1950년 1월 콜롬보회의(영연방외상회담)를 준비하기 위해 미 국무부는 급속한 조약 초안 완성작업을 벌였다. 영국은 영연방국가들과 함께 독자적인 대일평화조약을 준비해왔으며, 1950년 5월 영연방 대일평화조약실무작업단이 영국 런던에서 만나 모든 주제를 연구했다.[43]

---

43) TNA, FO 371/92532, FJ 1022/91 "Parliamentary Question"(1951. 2. 19).

덜레스는 1951년 2월 동경 방문과정에서 주일영국대사와 두 차례 회담했으며, 일본을 떠난 직후 필리핀·호주·뉴질랜드를 방문했다. 미국과 영국, 영연방국가들의 여러 차례 접촉이 있었고, 같은 시점에서 영국과 미국은 대일평화조약 초안을 완성했다.

영국은 1951년 2월 말부터 4월 초에 대일평화조약 초안을 완성해 미국과 영연방국가들에 송부했고, 미국도 1951년 3월 공식초안을 완성해 관련 국가에 송부했다. 이 시점에 이르러 영국과 미국은 본격적으로 자국의 초안을 중심으로 양국 협의를 진행하게 되었다.

1951년 영미 간의 협의는 크게 세 차례 개최되었다. 첫번째는 덜레스 특사단의 2인자인 앨리슨이 런던을 방문해서(1951. 3. 20~21) 가진 영국 외무성과의 비공식 협의였다. 두번째는 영국 외무성 일본·태평양국장인 존스턴 일행의 워싱턴 방문(1951. 4. 25~5. 4) 과정에서 있었던 제1차 공식영미회담이었다. 이 협의를 통해 최초의 영미합동초안이 작성되어 영연방국가들에 송부되었다. 세번째는 덜레스 특사의 런던 방문(1951. 6. 2~14)이었는데, 이 회담에서 영미합동초안 개정안이 완성되어(1951. 6. 14) 관련 연합국들에 최초로 송부되었다. 1~2차 협의가 실무자 레벨의 회담이었던 데 비해 3차 협의는 덜레스와 영국 외상 간에 고위급 정책을 조율하고 결정하는 고위급 최종 회담이었다.

(1) 1951년 3월 영국과 미국의 의견조율

1951년 3~4월에 영국이 대일평화조약과 관련해 가장 관심을 갖고 있던 주제는 ① 소련·중국의 회담참가문제, ② 일본의 회담참가문제, ③ 대만에 대한 일본의 권리포기문제 등이었다.[44] 한국문제와 관련해 주요하게 논의된 점은 첫째 한국의 대일평화회담 협상국·서명국 지위, 즉 한국의 참가문제, 둘째 독도영유권 문제였다. 이 시점에 영국과 미국은 한국문제와 관련해 서로 다른 입장을 갖고 있었다. 미국은 한국의 참가문제를 적극 옹호한 반면 영국은 반대했다. 독도영유권 문제에 대해서는 깊은 논의가 없었으나 영국이 한국의 독도영유권을 인정한 반면, 미국은 결정된 방침을 내놓지 않았다.

영토문제와 관련한 영국정부의 입장은 1951년 3월 12일 덜레스에게 전달되었다. 영국 외무성은 덜레스에게 보낸 외교각서에서 영토문제에 대한 영국정부의 정책을 다음과 같이 진술했다.[45]

영토

5. 1945년 7월 26일자 포츠담선언 제3항에 따라, 영국정부는 일본의 주권이 4개의 주요 섬과 평화조약에서 지정될 다수의 인근 제소도로 국한되어야 한다고 생각한다. 일본에서 박탈될 모든 영토에 대한 모든 청구권과 권리를 일본이 일반적으로 포기하며 덧붙여, 아래의 점들이 조약에 기록되어야 한다.

(i) 일본은 한국의 독립을 인정해야 한다.

(ii) 류큐와 보닌섬은 미국 신탁통치하에 두어져야 한다.

(iii) 1945년 2월 11일에 서명된 리바디아협정(the Livadia Agreement)에서 제시된 바와 같이 일본은 남사할린과 쿠릴섬을 소련에 이양해야 한다.

(iv) 일본은 중국 내 모든 특별권리와 이익을 포기해야 한다.

(v) 일본은 남극대륙에서 과거, 현재, 미래의 모든 정치적 및 영토적 청구권을 포기해야 한다.

(vi) 일본은 자국의 전전(戰前) 위임통치령과 관련한 모든 권리 및 청구권을 특

---

44) FO 371/92535, FJ 1022/174, "Comments on the Japanese angle of the problem of Chinese & Russian non participation & the question of Japanese participation of Japanese Peace Treaty," (1951. 3. 22).

45) "AIDE-MEMOIRE," (1951. 3. 12), handed to Mr. John Foster Dulles by the British Charge d' Affaires on March 12, 1951, RG 59, Japanese Peace Treaty Files of John Foster Dulles, 1947-1952, Subject File, Lot 54D423, 1946-52, Box 13.

별히 포기해야 한다.
6. 대만의 처분. 대만에 대한 조문작성과 관련해 영국정부의 견해는 조속한 기한 내 추가통신의 주제가 될 것임.[46] (강조는 인용자)

영국정부의 대일영토정책은 포츠담선언에 따라 연합국이 일본의 주권을 주요 4개 섬과 인근 작은 섬들로 결정해야 한다는 원칙을 진술한 것이다. 즉, 일본령을 구체적으로 특정하며, 일본령에서 배제될 지역을 명백히 하기 위해 계선을 긋는다는 방침을 피력한 것이다. 이미 영국측 제2차 조약 초안이 작성되는 시점이었으므로 이런 방침의 진술은 당연한 것이었다. 한국과 관련해서는 단지 "일본은 한국의 독립을 인정해야 한다"라고 간단히 명시했다.

영국측 제안에 대해 미국은 예비검토보고서를 작성했는데, 전반적으로 영국 외교각서의 영토조항에 동의한다는 내용이었다. 미국이 특별히 조약에 명기하기로 동의한 점은 다음과 같다.

영토
미국정부는 일반적으로 영국 외교각서의 영토조항에 동의하며, 특별히 다음이 조약에 기록되어야 한다는 데 동의함.
(i) <u>일본은 한국의 독립을 인정해야 한다.</u>
(ii) 류큐와 보닌섬은 미국 신탁통치하에 두어져야 한다.
(iii) 일본은 중국 내 모든 특별권리와 이익을 포기해야 한다.
(iv) 일본은 자국의 전전 위임통치령과 관련한 모든 권리 및 청구권을 특별히 포기해야 한다.[47] (강조는 인용자)

---

46) 위의 자료, pp. 2~3.
47) 위와 같음.

미국은 한국의 독립 인정, 류큐·보닌섬의 미국 신탁, 중국 내의 권리 포기, 구위임통치령 포기 등은 영국정부의 제안대로 동의했다. 반면 미국은 남사할린과 쿠릴, 남극대륙에 대해서는 이견을 갖고 있었다.

미국은 얄타협정대로 소련이 대일평화조약에 참가한다면 남사할린과 쿠릴을 "소련에 이양하도록 준비"하는 데 동의하지만, 쿠릴의 정확한 범위에 대해서는 국제사법재판소(International Court of Justice)의 사법적 결정이나 일본·소련의 양자협정으로 해결해야 한다고 주장했다. 즉, 쿠릴의 반환에 대해서는 소련이 대일평화조약에 참가하더라도 소련 이양을 명문화할 수 없다고 주장한 것이다. 또한 남극대륙에 대해서는 일본의 미래권리까지 박탈할 수는 없다고 했다.

이후 덜레스 사절단의 2인자인 앨리슨이 1951년 3월 20~21일 런던을 방문했다. 공식적인 영미회담은 아니었지만, 영국 외무성 관리들과 앨리슨의 면담이 있었다. 앨리슨은 3월 20일 영국 외무차관 스콧을 면담했고, 3월 21일에는 영국 외무성의 스콧 차관, 존스턴 일본·태평양국장 등과 회담했다. 이 자리에는 런던대사관의 아서 링월트(Arthur R. Ringwalt) 1등서기관, 데이비드 마빈(David K. Marvin) 2등서기관이 동석했다.[48]

회담에서는 대일평화조약에 대한 여러 주제들이 다루어졌는데, 먼저 영국과 미국 초안 간에 큰 차이가 없다는 점이 공통적으로 지적되었다. 영국이 관심을 가진 주제들은 전쟁책임조항, 일본의 조선(造船)능력, 안보문제 등이었다. 스콧 영국 외무차관은 외무성이 내각의 규제를 받기 때문에 전쟁책임조항을 조약 초안에 포함하는 문제는 내각의 결정을 따라야 한다고 했고, 일본의 안보문제에 대해서는 호주의 두려움이 있다고 했다. 소련·중국의 참가문제가 논의되었지만 큰 쟁점이 되지는 않았다. 이때 한국의 조약참가문제가 논의

---

48) David K. Marvin, Amembassy, London to the Secretary of State, Subject: Japanese Peace Treaty(1951. 3. 28), RG 59, Department of State, Decimal File, 694.001/3-2851.

되었다.

앨리슨이 미국정부가 곧 조약 초안을 극동위원회 회원국들과 다른 특정 정부들에 송부할 계획이라고 하자 스콧 차관은 극동위원회 "회원국"들에 송부하는 것은 동의하지만 극동위원회 그 자체에 보내는 것은 반대했다. 반대 이유는 중국이 조약의 당사국으로 포함되지 않을 터인데 중국이 참가하고 있는 극동위원회에 송부하는 것은 적절하지 않다는 것이었다. 나아가 스콧은 초안사본을 받을 비(非)극동위원회 국가 중의 하나인 한국에 조약 초안을 송부하는 데 반대한다는 의견을 밝혔다. 그 이유는 "한국이 다른 법률적 지위를 점" 하기 때문이라는 것이었다. 이는 한국이 대일교전국이나 선전포고국이 아니라 2차 대전 이후 해방된 일본의 식민지임을 의미하는 것이었다.

그러나 앨리슨은 한국에 조약 초안 사본을 송부하려는 것은 정치적 이유 때문에 필요하다고 반박했다. 즉, 앨리슨은 한국에 조약 초안을 송부하고, 대일평화회담 참가 및 조약서명에 동참시키는 것이 정치적으로 필요하다는 의견을 밝힌 것이다. 이는 1949년 12월 주한미대사 존 무초(John J. Muccio)가 한국의 대일평화회담 참가를 정식 요청한 이래 미 국무부가 견지해온 입장이었으며, 특히 한국전쟁 이후 공산진영과 대결하는 자유진영의 최전선으로서 한국이 참가하는 정치적 의미가 각별하다는 의견의 진술이었다.

한국의 대일평화회담 참가, 조약서명 자격을 둘러싼 영국과 미국의 첫번째 의견제출이었다. 영국은 법리적으로 1945년 일본 패전 당시 한국의 지위를 중시한 반면, 미국은 1951년 현재 한국의 정치적 위상에 중점을 둔 것이었다.

회담에서는 류큐문제도 논의되었다. 앨리슨은 미국이 이 섬을 병합할 생각은 없으며 언젠가는 주권을 일본에 반환할 것이기 때문에 미국의 신탁통치를 두통으로 생각한다고 발언했다.

(2) 제1차 영미회담(1951. 4. 25~5. 4)과 한국의 참가·영토 문제의 논의

1951년 4월 25일 존스턴 영국 외무성 일본·태평양국장을 단장으로 하는 법률·경제 전문가들로 구성된 영국대표단이 워싱턴에 도착했다. 미국측 회담대표는 존 앨리슨이었고, 알렉시스 존슨(U. Alexis Johnson), 아서 링월트 주영대사관 1등서기관, 노엘 헤멘딩어(Noel Hemmendinger), 로버트 피어리(Robert A. Fearey), 아널드 프랠라이(C. Arnold Fraleigh) 등이 동석했다. 영미합동실무단(a joint working group)회의는 덜레스 사절단의 앨리슨이 의장을 맡았고, 영국대표단은 외무성 일본·태평양국장인 존스턴 일행이 협상파트너였다. 이 회담에서 영국의 초안과 미국의 초안이 함께 검토되었다. 회담은 4월 25일부터 5월 4일까지 진행되었다.[49)]

이 회담에서 한국과 관련하여 중요한 논의들이 전개되었다. 한국의 대일평화조약 참가·서명 문제, 독도의 영유권 문제들이 논의되었다. 『미국외교문서』(FRUS)에 따르면 제1차 워싱턴 영미회담에 대한 상세한 회담의사록은 미 국무부 문서철에서 발견되지 않는다. 아마도 공식 회담기록을 작성하지 않은 것으로 보인다. 제1차 워싱턴 영미회담에서 회의는 총 9회 개최되었는데, 미 국무부 문서철에 1951년 4월 25일부터 27일까지 3일간의 회의기록이, 영국 외무성 문서철에 1951년 5월 1일부터 4일까지 4일간의 회의기록(제6차~제9차)이 남아 있다.

한국의 조약참가문제

먼저 미 국무부 문서철에서 1951년 4월 25일(수)~27일(금) 간 개최된 영미회담에서 미국과 영국이 상호 개진한 입장을 비교·검토한 문서를 찾을 수

---
49) "Editorial Note," FRUS, 1951, Vol. VI, p. 1021.

있었다. 이 문서는 지난 3일간 회담에서 미국 초안(1951. 3), 영국 초안(1951. 4)을 조문별로 검토하며 양국의 입장 차이를 정리한 목록이었다.[50]
이 가운데 영토문제를 중심으로 논의된 바를 정리하면 다음과 같다.

· 전문: 미국은 개정 영국 초안 전문의 제1항에서 35개 대일교전국가 중 일부의 부재를 지적함. 영국은 중국이 서명하는 문제의 연기에 동의함(아마도 미국이 한국을 포함하는 총 53개 잠재적 서명국들을 연합국으로 열거하고, 미국 초안 제18조를 생략하는 것이 가능한 경로임).
· 제1조: 영국은 서두의 "예비적 조항"(Preliminary Article)을 삭제하는 데 동의했지만 그 조항에 조약이 효력을 발생하는 날짜에 대한 특별언급을 보유하길 희망함.
· 제2조: 영국은 영해에 대한 언급의 필요성에 의문을 제기하며 미국 제2조의 삭제를 제안함. 영국은 특별기재를 통해 일본과 한국 사이의 섬들을 배치하는 것이 바람직하다고 언급했음(이는 미국 제3조에 "한국" 뒤에 "(제주도를 포함하여)"를 삽입함으로써 처리될 수 있다). 영국은 미국의 북위 29도 (이남) 류큐와 하보마이와 시코탄에 대한 미국 조항을 수용했다.[51]

대만과 팽호도는 추가토의로 미룸.
영국은 남극에 대한 입장을 보류함.
영국은 태평양섬 신탁에 관한 유엔 결정에 대해 미국의 입장을 고려하기로 동의함.

---

50) "Check List of Position Stated by U.S. and U.K. At April 25-27 Meetings," (undated), RG 59, Department of State, Decimal File, 694.001/4-2751.
51) 원문은 다음과 같다. Article 2. British suggested omission of U.S. Article 2, questioned necessity of reference to territorial waters. British mentioned desirability of disposing of islands between Japan and Korea by specific mention. (This might be done by inserting "(including Quelpart)" after "Korea" in U.S. Article 3. British accepted U.S. 29° for Ryukyus and U.S. provisions on Habomais and Shikotan.)

· 제5조: 영국은 "반환할 것"과 "이양할 것"이라는 미래형, 그리고 "이양"(cede) 대신에 "반환"(return)이라는 단어가 사용된 데 반대했음.[52] (강조는 인용자)

먼저 전문에 관한 논의를 보면 4월 25~27일 회담에서 영국과 미국은 대일교전국 혹은 조약서명국을 어떻게 정할 것인지에 대해 입장 차이를 보인 것을 알 수 있다. 영국은 35개 국가, 미국은 53개 국가를 잠재적 서명국으로 예상했으며, 중국을 포함할 것인지가 논의되었음을 알 수 있다. 최종적으로 영미회담에서 공산중국이나 자유중국 중 어느 쪽도 대일평화회담에 초청하지 않기로 결정되었다.

미국이 한국을 '잠재적 서명국'이자 '연합국'으로 상정했으며, 회담에 참가시킬 의향을 분명히 피력했음을 알 수 있다. 잘 알려진 대로 미국은 1949년 12월 주한미대사 무초가 대일평화조약에 한국 참가를 요청한 이래 한국의 회담참가·서명국 지위 부여를 긍정적으로 검토했다. 특히 한국전쟁이 발발한 이후 이에 대해 적극적인 의견을 갖고 있었다. 그런데 이러한 미국의 입장은 1951년 5~6월에 한국의 불참 결정으로 변화되었다. 이 과정에서 영향을 끼친 것은 영국과 일본의 반대였다.[53]

영국의 반대논거는 한국이 제2차 세계대전 중 연합국 지위에 있지 않았다는 것이었다. 영국은 미국 임시초안을 한국에 발송하는 데 반대했으나, 런던을 방문 중이던 앨리슨은 1951년 3월 21일 스콧 영국 외무차관에게 정치적인 이유로 초안 발송이 필요하다고 주장했다. 1951년 4월 7일 영국의 독자적인 대일강화조약 초안이 완성되었는데, 이때 영국 외상 모리슨은 미국정부에 보

---

52) "Check List of Position Stated by U.S. and U.K. At April 25-27 Meetings," (undated).
53) 김태기, 1999, 「1950년대초 미국의 대한 외교정책: 대일강화조약에서의 한국의 배제 및 제1차 한일회담에 대한 미국의 정치적 입장을 중심으로」, 한국정치학회, 『한국정치학회보』 제33집 제1호(봄호), 362~363쪽; 이원덕, 1996, 위의 책, 27~28쪽.

내는 각서(1951. 4. 16)에서 "(b) 한국의 참가가 바람직하지는 않지만, 미국이 이 점을 중시한다면 반대는 하지 않는다"라는 입장을 피력했다.[54] 영국정부의 입장은 미국이 한국의 참가를 강력히 주장한다면 이를 반대하지 않겠다는 쪽이었다. 그런데 모리슨 각서를 검토한 영국 각의에서는 이견이 속출했는데, 당시 영국노동당 정권이 한국의 참가를 적극적으로 반대하는 입장을 견지하고 있었기 때문이다.[55]

워싱턴 영미합동회의 중 영국정부는 재차 한국의 조약서명국 참가에 지속적이고 강력하게 반대했다. 자료에 따르면, 영미합동회의 중 총 세 차례 이상 한국의 조약참가문제가 논의되었고, 두 차례 이상 영국대표단의 강력한 반대의사가 개진되었다.

먼저 1951년 5월 1일 영미회담 7차회의에서 한국의 참가문제가 실무적으로 논란을 불러일으켰다. 영국측에서는 존스턴, 피츠모리스, 발랏(F. A. Vallat), 톰린슨(F. S. Tomlinson), 프리덤(K. R. C. Pridham)이, 미국측에서는 앨리슨, 스노(B. G. Conrad Snow), 피어리가 참석했다. 문제의 발단은 전문에 열거할 연합국(powers)을 누구로 할 것이며, 여기서 언급되지 않은 교전국(belligerent)들은 어떻게 할 것인지를 앨리슨이 제기하면서 시작되었다. 앨리슨은 인도네시아와 실론을 연합국에 포함시키며, 전문에 포함되지 않은 교전국들의 경우 이들을 조약에 서명하도록 허락할지 아니면 조약 발효 후 단지 가입하도록(accede) 허락할지를 정하자고 제안했다. 영국의 존스턴은 조약 초안에 대한 주요 당사국(main parties)들의 동의를 획득한 후 덜 중요한 나머지 교전국들에 보내 일정기간 내 논평해줄 것을 요청하면 된다고 답했다. 이들의 논

---

54) 細谷千博, 1989, 『サンフランシスコ講和條約への道』, 中央公論社, 228쪽(김태기, 1999, 위의 논문, 366쪽 재인용).
55) Sung-Hwa Cheong, The Politics of Anti-Japanese Sentiment in Korea: Japanese-South Korean Relations Under American Occupation, 1945-1952, New York, Greenwood Press, 1991, pp. 91~93(김태기, 1999, 위의 논문, 366쪽 재인용).

평을 참고할 뿐이지 이들이 직접적으로 조약 초안을 작성하는 일부가 되지는 않는다는 것이 영국의 견해라고 밝혔다. 때문에 영국과 미국은 조약서명국을 전문에 언급하기로 결정했다.

이 직후 한국을 전문에 포함시키는 문제가 제기되었다. 영국대표단의 톰린슨은 중국이 자발적인 결정 유무와 관계없이 배제된 상태에서 한국이 조약서명에 참가한다면 특정 아시아국가들이 조약에 협력하는 데 상당한 장애가 발생할 것이라는 우려를 표명했다.[56] 회의기록에 따르면, 앨리슨은 톰린슨의 발언을 기록했으나 "분명 여기에 크게 영향 받은 것 같지는 않았다." 이어 영미 양측 대표단은 연합국 및 협력국이라는 문구에서 협력국을 제외하기로 결정했다.

다음으로 5월 2일 영국대표단이 덜레스, 앨리슨과 회담하는 자리에서 한국의 조약참가문제가 다시 거론되었다. 이날 회담은 대일평화회담의 절차를 논의하는 자리였다. 이날 덜레스는 한국의 참여가 필요하다고 강조했다. 주미 영국대사 프랭크스(O. Franks)가 영국 외무성에 보낸 문서에 덜레스의 발언은 이렇게 기록되었다.

> 덜레스는 대한민국에 가해진 침략을 고려해 주요 당사국(principal party)으로 대한민국이 조약에 서명하도록 허락하는 것이 정치적 이점이 있을 것이라고 말했다. 그러나 일본정부는 조약을 통해 대다수가 공산주의자인 재일한국인들에게 연합국 국민의 이로운 지위를 부여하지 말아야 한다는 희망을 피력했다. 또한 이곳 대표단(워싱턴의 버마·인도네시아 대표단 - 인용자)들이 제공한 일부 힌트로 판단할 때, 버마와 인도네시아 정부는 대한민국이 서명한 조약에 서

---

[56] FO 371/92547, FJ 1022/376, British Embassy, Washington to C. P. Scott, O.B.E., Japan and Pacific Department, Foreign Office, no.1076/357/5IG, "Anglo-American meetings on Japanese Peace Treaty, Summary Record of Seventh meeting," (1951. 5. 3).

명을 반대할지도 모른다고 추정할 상당한 이유가 있다. 문제에 수반된 모든 법률적 난관들은 정치적 견지에서 최상으로 여겨지는 해결방법에 따라 해결되어야 할 것이다. 최상의 해결방안은 아마도 한국으로 하여금 여타 열강들이 최초로 서명한 일정기간 후에 조약에 서명하도록 하는 것이다.[57] (강조는 인용자)

덜레스는 한국의 조약참가와 관련해 중요한 판단과 계획을 밝힌 것이다. 먼저 덜레스가 한국을 참가시켜야 한다고 생각한 것은 과거 일본의 식민지 침략과 지배에서 비롯된 것이 아니라 한국의 현재적 가치에 있었다. 덜레스는 대한민국에 가해진 침략들을 언급했는데, 이는 과거 일본의 침략이 아니라 현재 북한·중공 등 공산권의 침략을 의미하는 것이었다. 이런 현재적 관점에서 대한민국을 조약에 서명하도록 하는 것이 정치적 이점이 있다는 판단이었다. 선행연구들이 지적하듯이, 1951년 덜레스의 입장은 과거 임시정부가 연합국처럼 일본과 교전을 했기 때문이 아니라, 공산세력에 대치하고 있는 우방으로서 한국의 위상을 높인다는 정치적 의도를 반영한 것이었다.[58]

덜레스가 진술한 한국의 조약서명국 자격에 대한 반대요인은 두 가지였는데, 첫째는 일본의 강력한 반대였다. 여기에 제시된 일본정부의 반대의견은 덜레스가 전달한 것으로 판단되는데, 그 내용은 제1차 영미회담 직전 덜레스의 제3차 동경 방문과정에서 요시다 시게루 수상이 덜레스에게 수교한 「한국과 평화회담」이라는 비망록 내용과 일치했다. 요시다 시게루가 공산주의자·범죄자인 재일한국인들이 일본 경제를 거덜내지 않게 하려면 한국을 평화조약에 참가시키면 안 된다는 요청을 덜레스에게 전달한(1951. 4. 23) 지 불과 일

---

57) FO 371/92547, FJ 1022/370, Sir O. Franks, Washington to Foreign Office, "Japanese Peace Treaty: Records of meeting between our representative and Mr. Dulles," no.393(s)(1951. 5. 3).
58) Sung-Hwa Cheong, 1991, *The Politics of Anti-Japanese Sentiment in Korea: Japanese-South Korean Relations Under American Occupation, 1945-1952*, New York, Greenwood Press, p. 81; 이원덕, 1996, 위의 책, 29~30쪽(김태기, 1999, 위의 논문, 362쪽 재인용).

주일 뒤에 영미회담이 개최되었는데, 일본정부의 강력한 요청이 덜레스의 생각에 반영되어 있음을 알 수 있다. "공산주의 재일한국인들"이라는 주장이 일본의 요시다 시게루를 통해 미국의 존 포스터 덜레스를 거쳐, 주미영국대사 프랭크스에게 전달되었다. 더욱이 영미의 고위급 인사들의 회담과정 속에서 한국과 재일한국인에 대한 이러한 무고혐의가 마치 확정된 사실이며 부정할 수 없는 현실인 것처럼 인용되었다. 둘째는 버마·인도네시아의 반대였다. 버마와 인도네시아가 정확히 어떤 이유를 제시했는지 알 수 없지만, 덜레스는 이들이 한국이 참가하는 조약에 반대할 가능성을 예상한 것이었다. 실제 샌프란시스코평화회담에서 버마는 배상에 대한 불만 때문에 불참했고, 인도네시아는 참가해 서명했다.

덜레스가 해결책으로 생각한 것은 한국이 조약서명에 동참하게 하되 최초 서명국가들이 서명한 후에 서명하도록 하는 방안이었다. 한국의 조약참가에 대한 덜레스의 의지는 여전히 강했지만, 여러 현실적 장애요인에 부딪치면서 후퇴하는 양상을 보였음을 알 수 있다. 한국이 최초의 서명국가나 전문에 포함되는 연합국·협력국에서 배제되어 차후의 서명국가로 분류되는 순간 한국의 회담 불초청, 조약서명 자격 불허는 예상할 수 있는 것이었다. 덜레스가 한 발 물러난 순간 한국의 회담참가·조약서명 자격은 거의 실현 불가능한 지대로 나아가고 있었다. 주미대사의 보고를 받은 영국 외무성의 스콧 차관은 5월 9일자 논평에서 미국이 한국의 조약서명 참가를 주장한다면, 특별조항(special clause)에 의해 한국의 참여를 허용하는 것도 가능할 것이라는 견해를 밝혔다.[59] 미국과 영국이 각각 반걸음씩 양보할 태세를 밝힌 셈이다.

최초 서명국가들이 서명한 후 한국이 조약서명에 동참하는 방식(덜레스), 특별조항에 의해 한국 참여를 허용하는 방식(스콧)이 미국과 영국 사이에서

---

[59] FO 371/92547, FJ 1022/370, Sir O. Franks, Washington to Foreign Office, "Japanese Peace Treaty: Records of meeting between our representative and Mr. Dulles," no.393(s)(1951. 5. 3).

논의되었는데, 이는 한국을 최초의 회담참가국·조약서명국으로 인정하는 것과는 현격한 차이를 갖는 것이었다. 초청·참가보다는 불초청·배제 쪽으로 한 걸음 더 가까운 것이었다고 할 수 있다.

마지막으로 5월 4일 제9차 영미회의에서 재차 한국의 참가문제가 논의되었다. 이미 5월 3일 영국과 미국은 합동초안을 완성해, 제8차 회의에서 조약초안을 회람한 바 있다.[60] 5월 4일의 영미회담은 최종 회의였는데, 5월 3일 배포된 합동조약 초안을 문장단위로 검토했다. 전문을 검토하는 과정에서 영국의 피츠모리스가 또다시 한국을 포함시키는 데 반대의사를 개진했다.[61] 피츠모리스는 한국은 일본과 교전상태였던 적이 없으며, 따라서 조약의 대부분이 한국에 적용되지 않는다고 주장했다.[62] 즉, 영국측은 워싱턴 제1차 영미회담 과정에서 계속해서 한국의 법률적 지위문제를 강조함으로써 현재 한국의 정치적 위치를 강조하려던 미국을 압박했던 것이다. 결국 미국측 실무책임자로 한국의 조약참여 논란에 흔들리지 않았던 미국대표 앨리슨은 이 점에 주의하기로 동의했다.

이처럼 미국은 1951년 5월 초 영미회담 시까지도 강력하게 한국의 조약서명 참가를 주장했으나, 결국 이후 어느 시점에선가 한국의 참가에 부정적 인식을 갖게 되었다. 영국·일본은 1951년 4월에 집중적으로 ① 한국은 연합국이 아니었다, ② 한국에 연합국 지위가 부여되면 공산주의적 재일한국인들이 이득을 얻고 일본정부는 곤경에 처한다고 반대했다. 그 결과 미국은 ① 중국

---

60) FO 371/92547, FJ 1022/377, British Embassy, Washington to C. P. Scott, O.B.E., Japan and Pacific Department, Foreign Office, no.1076/365/5IG, "Anglo-American meetings on Japanese Peace Treaty, Summary Record of Eighth meeting held on 3rd May," (1951. 5. 4).
61) 1951년 5월 3일자 제1차 영미합동초안에는 연합국의 명단이 거론되어 있지 않고 공란으로 되어 있다. 연합국 명단에 대해 영국과 미국이 아직 구체적인 합의를 이루지 못했기 때문이다. "Joint United States-United Kingdom Draft Peace Treaty," (1951. 5. 3), FRUS, 1951, Vol. VI, p. 1024.
62) FO 371/92547, FJ 1022/378, British Embassy, Washington to Foreign Office, no.1076/366/5IG, "Anglo-American meetings on Japanese Peace Treaty, Summary Record of ninth and final meeting held on 4th May," (1951. 5. 4).

이 배제된 상태에서 한국이 참가하면, 버마·인도네시아 등 아시아국가의 반발을 살 우려가 있다, ② 공산주의자·범죄자인 재일한국인이 연합국 국민 자격을 얻어서는 안 된다는 점 등에 우려를 갖고 있었다. 덜레스의 해법은 특별조항 등을 만들어 연합국이 서명한 후 특별히 한국이 서명하게 한다는 방안이었지만, 이는 명백한 후퇴방안이었으며, 한국 참가에 대한 미국의 결의가 흔들린 결과였다. 또한 이 방안은 우선순위나 정치적 중요성, 실현 가능성의 견지에서 볼 때 다른 연합국들이 쉽게 동의하기는 어려운 성격이었다. 반걸음의 양보는 또다른 양보로 이어지기 쉬웠다.

다른 한편으로 1951년 5월 7일 미 국무부에 접수된 한국정부의 제1차 답신서(1951. 4. 27), 즉 미국의 1951년 3월 임시조약 초안(제안용)에 대한 한국정부의 공식논평이 부정적으로 작용했을 가능성도 배제할 수 없다. 이에 대해서는 후술하겠지만, 미일협의(1951. 4), 영미회담(1951. 4~5)을 통해 연달아 한국의 조약참가에 대한 강력한 부정과 반발에 시달렸던 미 국무부는 5월 7일에 전달된 한국정부의 제1차 답신서에 실망했다.[63] 한국측 제1차 답신서에 대한 논평을 작성한 사람은 미 국무부 극동국 동북아시아과에서 1947년 이래 조약 초안에 관여해온 피어리였는데, 그는 한국이 연합국의 일원이라며 내세운 네 가지 근거 및 논리에 대해 모두 부정적 의견을 피력했다. 덜레스와 그의 사절단은 한국의 조약참가가 현재적 가치, 즉 자유세계의 수호자이자 최전선으로 공산세계와 투쟁한다는 점에서 필요하다고 판단했고, 한국이 이런 가치를 수호하기 위해 일본과의 불행한 과거사를 잊고 친선관계 회복에 전력하겠다는 의지를 피력하기를 원했을 가능성이 높았다. 그런데 한국정부의 답신서는 한국의 현재적 가치보다는 과거의 가치를 내세웠고, '해방된 국가'로서는 과도한 영토할양이나 배상을 요구하고 있다고 받아들여졌을 공산이 크다. 때문에

---

63) "Korea File," (undated), RG 59, Japanese Peace Treaty Files of John Foster Dulles, 1946-52, Lot 54D423, Box 8.

한국을 참가시키려는 미국의 의지가 좌절되는 데는 한국정부의 답신서 및 태도도 상당히 작용했을 개연성이 있다. 즉, 최초에 미국은 한국을 참가시킬 강력한 의지가 있었지만, 최대의 동맹국인 영국이 강력하고 반복적으로 반대의사를 표명하며, 조약의 상대방인 일본도 강력하게 반대하는 상황에서, 참가대상자인 한국은 수용하기 힘든 과도한 요구를 함으로써 미국의 의지와 동력이 꺾이게 되었다고 추정된다.

● **카이로선언·포츠담선언 대일영토규정의 폐기**

다음으로 일본 영토에 대한 규정에서 미국과 영국의 의견은 일치하지 않았다. 영국은 미국 초안 제2장 주권 제2조의 "2. 연합국은 일본과 그 영해에 대한 일본 국민의 모든 주권을 승인한다"라는 조항을 삭제하자고 제안했다. 미국 초안과 영국 초안은 일본 영토에 대한 규정에서 현격한 차이가 있었는데, 미국 초안은 일본 영토에 대한 규정이 전혀 없었던 반면, 영국 초안은 1949년 이전의 미국 초안처럼 상세하고 구체적인 일본 영토에 대한 규정을 담고 있었다. 즉, 영국 초안은 일본령에 포함될 섬들의 구체적 특정, 위도선·경도선에 의한 일본령의 표시, 일본령을 묘사한 지도의 첨부로 특징지어지는데, 이는 포츠담선언의 대일영토규정을 명문화한 것이었다.

구체적으로 일본령에 대한 논의가 어떻게 진행되었는지는 알 수 없다. 다만 미국은 영국 초안의 영토규정과 이를 명문화한 첨부지도에 대해 강력한 반대의사를 표명했다. 현재 회의록이 남아 있지 않아, 누가 언제 이런 주장을 폈는지는 명확하게 알 수 없다. 영미회담 이후 작성된 미 국무부의 「대일평화조약 작업 초안 및 논평」(1951. 6. 1)에 따르면, 워싱턴 영미회담에서 이 문제가 논의되었다. 미국은 일본이 주장한 '심리적 불이익'을 거론하며 영국의 포기를 종용했다.[64]

이 논평은 뉴질랜드정부가 미국 초안(1951. 3)에 대해 제시한 의견의 답변 성격으로 작성된 것이었다. 뉴질랜드정부는 미국 초안에 일본령에 속할 인접 섬들이 특정되지 않은 상황에 주목해 일본에 인접한 섬들을 둘러싼 영유권 논쟁을 방지하기 위해서는 영국 초안 제1조처럼 일본령을 위도와 경도로 정확히 계선으로 구분해야 한다고 주장했다.[65]

그런데 영미회담 직전에(1951. 4. 23) 미국대표단은 동경에서 일본정부와 영국 초안을 놓고 협의를 진행했다. 이때 요시다 시게루는 영국 초안에 제시된, 울타리 모양으로 일본령을 표시한 부분에 격렬히 반대했다. 미국정부가 적국인 일본정부와 함께 연합국인 영국정부의 조약 초안을 상의했다는 사실 자체가 충격적이지만, 미국이 일본의 의향을 적극적으로 수용했다는 사실은 더욱 놀라운 일이었다. 이미 미국정부는 1949년 11월 주일미정치고문 시볼드(William J. Sebald)의 강력한 반대 이후, 점차 연합국의 전시 대일영토규정들을 포기하기 시작했고, 1950년 8월에 이르면 일본령에 포함된 인근 섬들의 구체적 특정이라는 영토규정을 폐기하였으므로, 일본정부의 주장을 수용하는 데 거부감이 덜했을 것이다. 일본인들은 영토문제와 관련해 처음에는 시볼드를 설득하고, 시볼드를 통해 미 국무부를 설득한 후, 덜레스를 통해 영국정부를 설득하는 데 이른 것이었다.

영국정부의 1951년 4월 7일자 조약 초안은 4월 9일 런던 주재 미국대사관에 전달되었다. 런던대사관의 보고에 따르면, 영국정부는 4월 9일에 캐나다·호주·뉴질랜드·남아공·인도·파키스탄·실론 등 영연방국가들에 초안을 전달했고, 그다음 주에 프랑스·네덜란드에 초안을 전달할 예정이었지만, 소련·중공·필리핀·버마·인도네시아에는 초안을 전달하지 않을 계획이었다.[66] 런던 주재 미국대사관은 조약 초안을 항공파우치로 송부했지만, 아마도 워싱턴 주재 영국대사관이 직접 미 국무부에 전달한 쪽이 더 빨랐을 것이다.

---

64) "Japanese Peace Treaty Working Draft and Commentary," (1951. 6. 1), chapter II, territory, article 2, p. 4. RG 59, Office of Northeast Asia Affairs, Records Relating to the Treaty of Peace with Japan-Subject file, 1945-51, Lot 56D527, Box 6, Folder "Treaty-Draft-Mar. 23 1951".

65) "Japanese Peace Treaty Working Draft and Commentary," (1951. 6. 1), chapter II, territory, article 2, p. 4.

덜레스 사절단은 4월 16일 동경에 도착할 때 이미 영국 초안을 갖고 왔으나, 영국측과 조약 초안의 처리문제, 특히 일본과의 협의 여부를 논의할 시간적 여유나 기회가 없었다. 미 국무부와 영국 외무성의 관련 문서철을 조사해 보았지만, 미국정부가 영국 초안을 일본에 제시하고 협의하겠다는 의향을 영국정부와 상의했거나 동의를 얻었다는 기록은 발견하지 못했다. 시간상으로도 미 국무부 경제전문가들이 영국 조약 초안의 경제조항들에 대한 논평을 제출한 것이 4월 말이었으므로, 덜레스 사절단이 영국정부와 상의하지 않았던 것이 거의 확실하다고 판단된다.

그런데 영국 외무성 문서철 가운데 1951년 3월 22일 동경 주재 영국대표부가 외무성에 보낸 문서에 "덜레스가 그의 동경 방문(1951년 2월) 마지막에 자신의 임시비망록을 일본인들에게 준 것과 동일한 방식으로 가능한 한 조속한 단계에서 (영국) 조약 초안을 일본정부에 논평용이 아니라 참고용으로 보여주는 것은 일정한 유용성이 있을 것"이라고 권고한 사실이 있다.[67] 즉, 동경 주재 영국대표부가 영국의 조약 초안을 일본정부에 제공하는 것이 유용하다고 권고한 것이다. 때문에 동경의 영국대표부가 덜레스 사절단에게 영국정부 조약 초안의 제공의사를 밝혔을 가능성도 배제할 수는 없다. 이와 관련해 자료들을 찾아보았으나 결론은 부정적이다. 왜냐하면 만약 이런 제안이 승인되었다면, 영국정부는 직접 주일영국대표부를 통해 일본정부에 조약 초안을 열람시켰을 것이고, 덜레스 사절단을 통해 영국측 조약 초안을 간접적으로 일본정부에 제공하지는 않았을 것이기 때문이다. 나아가 3월 22일 조지 클러턴(George L. Clutton)이 이런 의견을 런던에 보낼 당시 초점은 미국처럼 과도한

---

66) *FRUS*, 1951, Vol. VI, p. 979, footnote 2; FO 371/92538, 213349, FJ 1022/222, Mr. Morrison to Sir O. Franks(Washington), no.401(1951. 4. 7).
67) FO 371/92535, 213424, FJ 1022/174, From Mr. Clutter, Tokyo, no.32(1951. 3. 22), Subject: Comments on the Japanese angle of the problem of Chinese & Russian non participation & the question of Japanese participation of Japanese Peace Treaty.

대일우호적 태도를 표명하려는 것이 결코 아니었다. 클러턴은 현재 쟁점이 중국·러시아의 불참문제, 일본의 참가문제라고 지적하면서 일본을 참가시키는 데는 반대가 없다는 수준에서 이런 제안을 한 것이었다. 때문에 일본에 조약 초안을 '보여주는' 목적이 '논평용'이 아니라 '참고용'임을 지적했던 것이다. 또한 일본 외무성 기록이나 요시다 시게루 수상의 기록 어디에도 영국정부가 영국 조약 초안을 제공했다는 흔적은 찾을 수 없다. 모두 한결같이 4월 덜레스 사절단이 영국 조약 초안을 제공했음을 공통적으로 지적하고 있다.

또한 워싱턴 영미회담에서도 미국은 영국정부의 초안을 일본과 함께 검토했다는 사실을 공개하지 않았다. 때문에 미국대표단은 요시다 시게루가 제시한 "일본 주위로 연속선을 그어 일본을 울타리로 감싸는 것처럼 보이는 심리적 불이익"이라는 발언을 마치 자신의 의견인 것처럼 제시했다. 미국대표단은 회담과정에서 일본정부가 이러한 영토규정에 반대한다는 사실을 강조하지는 않았을 것이다.

일본 수상의 격렬한 반대는 불과 일주일 사이에 미 국무부를 통해 영국정부에 강력하게 전달되었으며, 일본의 반대가 아니라 미 국무부의 반대의견으로 제시되었던 것이다. 결국 영국은 조약 초안의 영토규정을 포기하기로 결정했다. 이는 카이로선언·포츠담선언에서 명시되었던 연합국의 대일영토규정이 포기되는 순간이었다. 즉, 1951년 4~5월 워싱턴 영미회담에서 대일평화조약의 가장 중요한 열강이었던 미국과 영국은 1943년 카이로선언과 1945년 포츠담선언으로 구체화된 연합국의 대일영토규정을 폐기하기로 결정한 것이었다. 그리고 그 직접적인 배경은 영국 초안에 대한 미국·일본 정부의 검토작업과 일본의 강력한 반대, 이에 대한 미국의 동의였다. 즉, 일본의 반대→미국의 수용→미국의 영국 설득→영국의 포기로 이어지는 과정이었다.

한국과 관련한 논의과정에서 일본과 한국 사이에 위치한 섬들을 어떻게 표기할 것인가 하는 문제가 제기되었다. 이에 대해 두 가지 기록이 있는데, 먼저 1951년 4월 25~27일의 회의기록은 "영국이 특별기재를 통해 일본과 한국 사이의 섬들을 배치하는 것이 바람직하다"라고 주장했음을 보여주고 있다. 여기에 대한 미국의 해법은 미국 초안의 제3조, 즉 "3. 일본은 한국, 대만 및 팽호도에 대한 모든 권리, 권원, 청구권을 포기한다"라는 조문에서 한국 뒤에 "제주도를 포함하여"를 삽입함으로써 영국의 요청을 처리할 수 있다는 것이었다. 즉, 미국은 한일 간의 섬들을 구체적으로 표기하자는 영국정부의 제안을 거부하기 위한 명목으로 한국과 일본 사이에 제주도를 넣는 타협안을 제출했던 것이다. 영국의 제안은 영토분쟁 방지를 위해 일본령에 속하거나 배제될 섬들을 명확하게 특정하자는 것이었지만, 미국은 카이로선언·포츠담선언의 대일영토규정을 폐기한다는 입장에 서 있었으므로 가급적 조약 초안에서 구체적인 섬들을 거론·특정하는 것을 회피하는 입장이었던 것이다.

한편, 「대일평화조약 작업 초안 및 논평」(1951. 6. 1)에는 "미국은 한국 영토에 제주도, 거문도, 울릉도가 포함된다는 점을 조약에 열거하겠다고 자발적으로 제안함으로써 영국을 설득할 수 있었다"라고 기록되어 있다. 제주도 외에 거문도와 울릉도가 추가된 것을 알 수 있다. 전후 문맥으로 볼 때 미국은 영국정부의 대일영토규정을 '일본의 심리적 불이익'을 내세워 포기시키는 과정에서 일종의 무마책으로 한국령에 제주도, 거문도, 울릉도가 포함된다는 사실을 특정하겠다고 '자발적으로 제안'함으로써 영국정부의 대일영토규정 포기를 설득할 수 있었던 것이다. 때문에 1951년 3월 미국 초안에서 한국과 함께 거론된 대만, 팽호도와는 달리 오직 한국에 대해서만 '제주도, 거문도, 울릉도'라는 3개 섬의 이름이 구체적으로 특정된 것이었다. 이런 측면에서 볼 때 워싱턴 영미회담을 통해 성립된 1951년 5월 3일자 제1차 영미합동초안의 제2조는 "일본은 한국(제주도, 거문도, 울릉도를 포함한), 〔대만과 팽호도〕에 대한 모든 권리, 권원, 청구권을 포기"한다고 쓰고 있는데, 이러한 기묘한 구조는 미국의 자발적 제안으로 인한 일종의 타협의 산물이었다.

1950년 9월 이전 미국의 조약 초안에는 대만·팽호도 등과 관련해 부속도서들이 구체적으로 다수 열거·특정된 바 있지만, 1950년 9월 이후의 조약 초안에서는 일체 거론되지 않았다. 한국과 관련해서도 동일한 원칙이 적용되었다. 그런데 1951년 4~5월 워싱턴 영미회담에서 미국은 영국정부의 대일영토 규정을 폐기시키는 과정에서 무마책이자 타협책으로 한국의 제주도, 나아가서 거문도와 울릉도를 열거하는 성의를 표시한 것이다. 동일한 조건이었던 대만, 팽호도 등에 대해서는 부속도서에 대한 언급이 전혀 없었다.

한편, 워싱턴 영미회담과 관련한 영국측 기록도 충분하지 않다. 영국 외무성 문서철 가운데에서 워싱턴 영미회담과 관련한 기록은 제6차 회의(1951. 5. 1), 제7차 회의(1951. 5. 2), 제8차 회의(1951. 5. 3), 제9차 회의(1951. 5. 4) 정도가 남아 있다.[68] 이 가운데 제7차 회의(1951. 5. 2)에서 논의된 한국 관련 조항은 이렇게 기록되어 있다.[69]

미국(조약 초안) 제3장

양 대표단은 일본이 주권을 포기하는 지역만을 특정하는 편이 좋겠다는 점에 합의했다. 이와 관련해서 미국(조약 초안) 제3장에 제주도, 거문도, 울릉도 3개 섬의 삽입이 요구될 것이다. 유엔이 한국에 대해 채택할 모든 결정안을 일본이 승인하도록 요구한 영국측 초안 제2조의 문장을 계속 유지할 것인지의 여부를

---

[68] FO 371/92547, 제6차 회의: FJ 1022/372, British Embassy, Washington to C. P. Scott, O.B.E., Japan and Pacific Department, Foreign Office, no.1076/332/5IG, "Summary Record of Sixth Meeting of Anglo-American meetings on Japanese Peace Treaty," (1951. 5. 2); 제7차 회의: FJ 1022/376, no.1076/357/5IG, "Anglo-American meetings on Japanese Peace Treaty, Summary Record of Seventh meeting," (1951. 5. 3); 제8차 회의: FJ 1022/377, no.1076/365/5IG, "Anglo-American meetings on Japanese Peace Treaty, Summary Record of Seventh meeting held on 3rd May," (1951. 5. 3); 제9차 회의: FJ 1022/378, no.1076/366/5IG, "Anglo-American meetings on Japanese Peace Treaty, Summary Record of ninth and final meeting held on 4th May," (1951. 5. 4).

[69] FO 371/92547, FJ 1022/376, British Embassy, Washington to C. P. Scott, O.B.E., Japan and Pacific Department, Foreign Office, no.1076/357/5IG, "Anglo-American meetings on Japanese Peace Treaty, Summary Record of Seventh meeting," (1951. 5. 3). 7차 회의기록에는 5월 1일 10시 30분에 회의가 시작되었다고 했으나, 6차 회의가 5월 1일 오후 3시에 개최되었으므로 7차 회의는 5월 1일이 아니라 5월 2일의 오기로 보인다.

미결정상태로 남겨두었다.70) (괄호는 인용자)

즉, 일본에서 배제되는 지역을 특정함으로써 영토문제에 관한 한 일본의 입장을 유리하게 반영할 수 있는 방안이었다. 이에 따라 미국측 초안을 기초로 여기에 일본이 주권을 포기하는 섬으로 제주도, 거문도, 울릉도 등 3개 섬을 포함하는 문제를 검토하기로 했다는 것이다. 때문에 1951년 5월 3일자 제1차 영미합동초안의 제2조는 "일본은 한국(제주도, 거문도, 울릉도를 포함한), [대만과 팽호도]에 대한 모든 권리, 권원, 청구권을 포기"라고 표기해(제주도, 거문도, 울릉도를 포함한) 부분에 괄호를 쳐놓았던 것이다. 제주도·거문도·울릉도를 포함할지의 여부가 아직 미정인 상태였다. 또한 영국 초안에 들어 있던 유엔의 모든 결정을 일본이 승인한다는 조항 역시 포함 여부가 미결정 상태로 남겨졌다.

그러나 이러한 영미의 합의가 츠카모토 다카시의 주장처럼 미국이 1949년 12월 조약 초안에서 취한 입장(독도는 일본령, 제주도·거문도·울릉도는 한국령)을 재확인한 것은 아니었다. 영국과 미국 간에는 독도(리앙쿠르암)문제가 전혀 논의되거나 거론되지 않았다. 영미회담의 맥락에서 보자면, 미국은 영국정부의 대일영토규정·부속지도를 폐기시키기 위한 무마책이자 타협의 일환으로 제주도(거문도·울릉도는 추후 추가)를 거론하는 방안을 제시했을 뿐이다. 이미 영미 간에 논의된 조약 초안이 미국의 방식처럼 간단하고 단순한 쪽으로 선회하는 과정에 놓여 있었기 때문에, 논리적이고 길게 서술된 영국측 초안을 가급적 축약하는 방향으로 수정·타협이 이루어졌던 것이다.

이날 회의에서 류큐·오가사와라, 남부 쿠릴 등에 대한 논의가 있었다. 앨리슨은 영국이 주장하는 류큐·오가사와라(보닌)에 대한 일본의 주권 포기 선

---

70) "Anglo-American meetings on Japanese Peace Treaty, Summary Record of Seventh meeting," (1951. 5. 3), p. 66.

언에 부정적 의견을 피력하며, 미국은 장래 이들 섬에 대한 통제권을 포기할 것이며, 일본의 주권 포기가 선언된다면 향후 이 섬들의 주권에 대한 국제적 논쟁이 벌어질 것이므로 이 섬들을 법적으로 일본에 귀속시키는 편이 간편할 것이라고 주장했다. 미국의 대일우호적인 영토정책이 확연히 피력되었던 것이다.

이미 덜레스는 제2차 동경 방문 중 참모회의(1951. 4. 17) 석상에서 귀찮은 영국을 배제하고 단독으로 조약체결이 가능한지를 참모들에게 물어볼 정도로 영국과의 협상에 어려움을 느끼고 있었다. 영국측 조약 초안에 대한 덜레스의 반응은 이렇게 기록되어 있다.

> 영국 외무성의 준비팀이 미 국무부와 마찬가지로 수년간 영국 초안을 준비했고, 이런 오랜 숙고의 논리적 결과 길고 세부적인 영국 초안이 만들어졌기 때문에, 최종 조약은 덜레스가 제시한 7원칙처럼 간단하고 일반적인 초안이 되기 어렵다는 것이다. 만약 영국이 세부적 조항을 포함하길 희망한다면, 조약의 길이가 길어질 것이며 미국·일본은 실질적인 반대를 하지 못하고 영국 제안을 수용하는 것이 바람직할 것이다.[71]

미국의 기본방침은 간단한 조약 초안을 추구하지만, 영국 제안을 수용하는 것도 어쩔 수 없는 선택이라는 것이었다. 타협책은 영국 초안의 세부적인 내용들을 다 포함할 수는 없지만, 부분적이고 상징적인 반영을 함으로써 협상을 마무리한다는 것이었다.

영미회담에서 미국은 자국의 신탁통치하에 들어올 류큐를 언젠가 일본에

---

71) "Minutes-Dulles Mission Staff Meeting, Dai Ichi Building, April 17, 9:00 A.M." by R. A. Fearey, RG 59, Office of Northeast Asia Affairs, Records Relating to the Treaty of Peace with Japan-Subject File, 1945-51, Lot 56D527, Box 6.

돌려줄 예정이므로 일본의 주권 포기대상에서 제외해야 한다는 입장을 표명할 정도로 대일유화적 자세를 보였다. 영미합동회의에서 독도문제가 정확히 어떤 방식으로 결정되었는지는 현재 알 수 없다. 분명한 것은 독도문제가 중요 이슈로 다루어지지 않았으며, 현재 발견할 수 있는 기록에는 전혀 거론된 바 없다는 사실이다. 태평양전쟁기 연합국들이 여러 차례의 국제회의를 통해 공언한 대일영토처리 방침과 규정들은, 회의록도 남기지 않은 영미 간의 워싱턴회담에서 최종적으로 폐기되었다. 이에 대한 대일교전국가 및 대일선전포고 국가들, 즉 주요 연합국 및 협력국들의 논의 혹은 합의는 존재하지 않았다. 샌프란시스코평화회담에 참가한 서명국들은 영국·미국의 대일영토문제 논의·합의·결정 과정을 전혀 알지 못했으며, 영향력을 행사할 수 없었다.

이상과 같이 워싱턴 영미회담을 통해 포츠담선언의 엄격한 대일영토규정은 폐기되었고, 일본령에 포함·배제될 도서도 특정하지 않는 것으로 결정되었다. 1951년 4월 영국 초안과 1947~1950년 미국 초안에서 채택되었던 명확한 일본령·배제령 규정방법, 즉 일본령에 포함될 도서와 배제될 도서를 특정하고 일본령을 명확히 하기 위해 경도선과 위도선으로 일본령을 표시하며, 이를 부속지도로 표시하는 방법은 기각되었다. 일본이 주장한 '심리적 불이익'이 미국과 영국을 설득하는 주요 논리가 되었고, 그 배경에는 냉전의 격화와 한국전쟁의 발발에 따른 미국의 일본중시정책이 자리하고 있었다. 일본이 선호한 모호하고 두루뭉술한 영토규정이 채택되었고, "일본 영토에서 배제될 지역을 특정하는 방식을 채택"했다는 단서조항을 기록으로 남김으로써 이후 일본에 의한 국제적 영토분쟁의 빌미가 제공되었다. 왜냐하면 연합국이 행사할 권리이자 일본이 종전조건으로 수용한 일본령에 속할 인접 제소도의 결정권을 연합국이 행사하지 않음으로써 사실상 논의·결정되지 않은 도서분쟁권을 일본에 넘겨준 결과를 초래했기 때문이다.

미국이 카이로선언·포츠담선언의 영토규정을 포기하게 된 데에는 여러 가지 이유가 있었을 것이다. 가장 큰 첫번째 이유는 냉전이 격화되는 가운데 대일평화조약에서 결정해야 할 여러 영토에 대한 미국과 소련·중국 등의 이해관계가 달랐기 때문이다. 먼저 미국이 신탁통치를 실시하게 된 남태평양의 구(舊)일본위임통치령과 류큐·보닌은 전시회담에서 그 처분·귀속이 결정되지 않았다. 미국은 1947년 4월 2일자 유엔안전보장이사회의 결정에 따라 구 위임통치령의 신탁통치를 실시할 수 있게 되었지만, 류큐·보닌·이오지마 등의 처리에 대한 연합국의 합의가 존재하지 않았다. 소련이 가장 강력하게 반대를 표명한 것도 이들 섬의 귀속·처리 문제가 전시회담에서 논의되거나 합의되지 않았기 때문이었다. 인도 등도 미국이 이들 섬을 보유하는 데 반대했다. 역설적으로 소련은 이들 섬에 대한 일본의 주권을 강력하게 주장했다. 한편, 일본은 이 섬들에 대한 미국의 신탁통치를 수용했지만, 주권은 일본에 속하거나 공동시정자로 해줄 것을 요청했다. 결국 미국은 이 지역에 대한 신탁통치를 실시하지만 일본에 '잠재적 주권'이 있다는 쪽으로 입장을 정리했다.

다음으로 남부 쿠릴과 사할린 지역의 귀속문제였다. 얄타회담에서 남사할린과 러일전쟁 때 일본에 귀속된 사할린의 소련 반환을 결정한 바 있는데, 냉전의 격화 속에서 미국은 때에 따라 입장을 변화시켜왔다. 소련이 참가할 경우, 이들 지역을 소련에 반환·이양해야 한다고 했다가, 소련이 참가하지 않을 경우는 언급하지 않거나 일본이 이들 지역을 포기한다고만 명시하고자 했다. 일본은 남부 쿠릴에 시코탄과 하보마이가 포함되지 않았다며 이들 섬의 일본 반환을 주장했고, 나아가 전시 얄타회담은 일본이 배제된 미소 간의 밀약으로 일본 고유영토인 구나시리와 에토로후는 여전히 일본령이라고 주장했다. 미국은 가급적 이들 지역이 소련의 영역이 되는 것을 막거나 애매한 상태로 처리하고 싶어했다. 문제는 전시회담에서 미국이 소련에 공약한 사항을 스스로 위배할 수 없다는 점에 있었다.

마지막으로 대만의 귀속문제였다. 카이로선언에서는 이 섬을 '중화민국'에 반환한다고 했으나, 1949년 중공의 수립과 중국 공산화로 상황이 변했다. 공산중국과 자유중국 중 어느 쪽을 연합국으로 인정해 조약에 참가시킬지를 결정하기 어려웠기 때문이다. 본질적으로 미국은 대만이 중공에 귀속된다고 결정할 수는 없었다. 영국과 미국 간에도 의견이 엇갈렸다. 결국 미국과 영국은 두 개의 중국 모두 조약에 초청하지 않기로 했으며, 장개석의 자유중국과 일본은 양자협정으로 평화조약을 체결하기로 결정했다. 결국 일본은 대만을 포기하지만, 그 귀속은 명시하지 않기로 했다.

이처럼 남태평양 구위임통치령, 류큐·보닌 제도, 남부 쿠릴·사할린, 대만 등의 처분·귀속 문제는 전시 연합국의 합의, 새로운 냉전의 전개, 4대 연합국 중 소련·중국의 회담 불참 혹은 반대 등의 상황에서 혼란을 빚고 있었다. 미국은 카이로·포츠담·얄타 선언에서 공약된 연합국의 대일영토규정·정책을 1951년의 시점에서는 고수하기 어려웠다. 가장 중요한 이들 지역에 대한 결정이 전시 대일영토규정·정책의 틀 안에서 이뤄지지 않았으며, 이런 현실을 반영해 더 이상 전시 대일영토규정을 지키는 것은 무의미했던 것이다.

둘째 이유는 미국이 너무 이른 시기에 우호적 대일영토정책을 결정했기 때문이다. 카이로선언·포츠담선언에 따른 대일영토규정은 논리적으로 일본령에 귀속·배제될 섬의 특정, 이를 명확하게 하기 위해 일본령을 경위선으로 표시, 부속지도의 활용을 하나의 세트로 요구했다. 1947년 이래 미 국무부의 초안, 1951년의 영국 외무성의 초안이 모두 이러한 구성을 갖게 된 것은 논리적이고 합리적인 판단의 결과였다. 그런데 미 국무부는 1949년 12월 이래 주일정치고문 윌리엄 시볼드의 주장 이후 이러한 영토규정을 사실상 포기하기 시작했다. 1950년 덜레스의 등장 이후 이러한 세부적 대일영토규정은 완전히 조약문에서 삭제되었다. 이는 카이로선언·포츠담선언에서 합의된 연합국의 대일영토규정에 현저히 위배되는 것이었다. 특히 1951년 2월 덜레스 사절단이 조급하게 일본정부와 대일평화조약·미일안보협정·주둔군 지위에 관한 행정협정 등 일괄타결을 완성한 것이 결정적 영향을 끼쳤을 것이다. 중공의 참전 이후 1951년 1·4후퇴로 대표되는 일련의 불리한 한국전쟁 전황은 미국으로 하여금 조속한 대일평화조약의 체결과 미일안보협정을 요구했다. 신속하게 동경으로 날아간 덜레스 사절단은 전후 강화회담 역사상 유례가 없는 방식으로 일본과 사실상 평화조약 가조인을 한 것이었다. 아직 가장 중요한 연합국인 영국은 독자적 대일평화조약 초안을 만들어 평화회담 준비작업에 본격적으로 돌입하기 전이었으며, 당연히 미국과 영국 간에는 대일평화조약에 대한 분명한 협의 및 합의가 만들어지기 전이었다. 미국은 일본과 사실상 조약에 가조인한 후 2개월 이상 지나서야 영국과 본격적인 첫번째 회담을 벌였던 것이다. 미국은 일본과 합의한 조약내용에 제약되었고, 이에 합의된 일본과의 공약을 뒤집기보다는 합의 이전이었던 영국을 설득해 미국안을 수용하게 하는 데 주력했다. 정책결정의 관성 때문이었다.

때문에 1951년 2월의 시점에 일본정부는 자신들이 미국과 가조인한 조약의 실질적 의미를 정확하게 파악하지 못했을 것이다. 너무 우호적이고 신속하며 간단한 조약이었기에 일종의 현실오도적·착시적 효과가 있었던 것이다. 일본정부는 1951년 4월 막 완성된 영국정부 조약 초안을 미국의 호의로 받아보고는 경악했고, 곧 자신들이 미국과 가조인한 조약들이 '비징벌적 평화조약안'임을 인식하게 되었던 것이다.

셋째 이유는 미국이 이미 큰 틀에서 전시 연합국들의 대일영토정책을 포기한 상태였고, 일본과는 너무 빨리 일련의 실질적 조약들을 가조인한 상태였기 때문이다. 미국은 영국 조약 초안을 제시하면서까지 일본에 자국과 가서명·가조인한 일련의 조약들이 얼마나 우호적인가를 각인시키려 했고, 영국에 대해서는 일본과 맺은 일련의 가서명·가조인 조약들을 언급하지 않은 채 자신들이 이미 일본과 결정한 내용대로 조약문을 이끌어가려 했다. 전시에 합의된 큰 틀은 포기되었고, 4대 연합국 중 소련과 중국은 배제되었으며, 영국도 모르는 채 일본과 사실상 조약에 합의한 상태였던 것이다. 일본 영토를 결정하는 세부적 규정들, 즉 일본령에 포함·배제될 섬들의 특정, 경위선에 의한 일본령의 표시, 부속지도의 사용 등은 이미 유효성을 잃은 지 오래된 것들이었다. 미국은 일본과 맺은 약속의 관성 속에 이미 효력을 잃은 전시회담의 대일영토규정을 쉽게 기각할 수 있었던 것이다.

(3) 제2차 영미회담(1951. 6. 2~14)과 한국의 참가 배제 결정

미국은 영국과의 실무 협의, 일본과의 고위급 협의를 마친 후 최종 조율을 위해 덜레스를 런던에 파견했다. 덜레스는 1951년 6월 2일부터 14일까지 런던을 방문했다. 이미 앨리슨의 런던 방문 시 영국 외무차관 스콧이 덜레스의 방문을 요청한 바 있었고, 중국의 참가문제, 대만의 처리문제 등 남은 몇 가지 중요 문제에 대한 고위급 결정이 필요한 상황이었다.

덜레스는 6월 2일 상원 외교위원회 극동소위원회에 출석해 런던 방문 목적을 밝힌 후 런던으로 출발했다. 덜레스의 영국행에는 앨리슨과 밥콕(Babcock) 대령이 동반했다.

덜레스는 6월 4일 영국 외상 모리슨을 비롯해 영거(Kenneth Gilmour Younger), 데닝(M. Esler Dening), 스콧 등 영국 외무성 관리들과 회담했다. 영국 외무성 관리들은 징벌적 조약이 아닌 "조기평화(quick peace)와 자유평화(liberal peace)"에 동의하지만, 일본인들의 잘못과 잔인함이 잊혀서는 안 되며, 조약문에서 전적으로 무시될 수 없다고 강조했다.[72] 회담은 6월 5일, 6일에도 계속되었는데, 중국의 조약참가문제, 대만의 처분문제가 가장 핵심적인 쟁점이 되었다.

대만에 대한 합의는 쉽게 도출되었다. 원래 영국정부의 제안은 대만을 중국에 양도하며, 중국 중 어떤 쪽이 조약을 지지하게 될지 결정되기 전까지는 법률적으로 이양하지 않는다는 단서조항을 붙여야 한다는 것이었다. 미국의

---

72) The Ambassador in the United Kingdom(Gifford) to the Secretary of State(1951. 6. 4), *FRUS*, 1951, Vol. VI, pp. 1105~1106.

제안은 어느 쪽에 귀속될지 명문화하지 말고 단지 일본이 대만에 대한 주권을 포기한다는 조항을 조약에 첨부하자는 것이었다. 결국 영국정부가 미국의 의견을 수용했다.

중국의 초청문제도 비슷한 양상이었다. 미국의 제안은 공산·국민 두 개의 중국정부가 서명에 초청되지만, 어느 정부가 중국과 국민들에 대해 사실상 권력을 행사하는지에 따라 서명자격 여부가 결정되어야 한다는 것이었다. 반면, 이미 공산중국을 승인한 영국정부의 입장은 베이징의 공산중국을 참가시켜야 한다는 쪽이었다. 여러 차례의 회담 후 덜레스와 모리슨은 공산·국민 양쪽 모두 조약서명에 초청하지 않으며, 이후 조약에 추가서명이나 접근을 허용하지 않는다는 점에 합의했다. 양국은 중국이 일본과 양자조약의 형식으로 본질적으로 동일한 내용을 처리해야 한다고 결정했다.[73]

6월 6일 공산중국과 자유중국 모두를 대일평화조약에 초청하지 않기로 합의했으며, 대만에 대해서는 일본이 포기한다는 내용만을 반영하고 어느 쪽에 귀속될지는 명기하지 않기로 합의했다.[74]

그런데 영국 내각은 이 방식을 거부했다. 영국 내각은 최초의 영국 제안, 즉 일본의 장래 중국관계는 14개 주요 관련국들 회의에서 2/3 다수결로 결정되어야 한다는 입장을 재확인했고, 덜레스는 이에 불가하다는 입장을 통보했다. 덜레스는 6월 8일 애틀리(Clement R. Attlee) 수상과 면담한 후, 6월 9일부터 13일까지 프랑스 파리를 방문했다.

덜레스는 프랑스 정부와 협의했는데(1951. 6. 11), 프랑스는 협력국(베트남·라오스·캄보디아)의 조약참가 초청을 희망한다고 했다. 덜레스는 이들의

---

73) "Summary of Negotiations Leading Up To the Conclusion of the Treaty of Peace With Japan," by Robert A. Fearey(1951. 9. 18), pp. 8~9, RG 59, Office of Northeast Asia Affairs, Records Relating to the Treaty of Peace with Japan-Subject File, 1945-51, Lot 56D527, Box 1.
74) The Ambassador in the United Kingdom(Gifford) to the Secretary of State(1951. 6. 5, 6. 6), *FRUS*, 1951, Vol. VI, pp. 1106~1108.

참가를 예상서명국인 인도·버마·인도네시아 같은 나라들이 반대할 것 같다고 답했고,[75] 최종적으로 베트남·라오스·캄보디아는 서명국에 포함되지 않았다. 6월 12일 덜레스는 파리에서 영국 내각이 덜레스·모리슨이 합의한 중국 대표조항을 수용하기로 결정했음을 통보받았다. 덜레스는 6월 13일 런던으로 귀환해 사소한 다른 문제들을 협의했다.

영국과 미국은 1951년 5월 3일자 제1차 영미합동초안에 대한 개정판으로 6월 14일 개정된 제2차 영미합동초안을 완성했다. 6월 14일자 제2차 영미합동초안은 조약 초안에 대한 영국·미국의 합의를 반영했지만, 일본의 어업문제, 조선·항해, 태국 내 자산 등 네 가지 문제에서는 이견이 있었다. 6월 14일자 영미합동초안은 6월 14일 런던에서 공개되었고, 6월 15일 『뉴욕타임스』에 내용이 게재되었다. 6월 14일 런던을 떠난 덜레스는 6월 15일 애치슨 국무장관과 함께 대통령에게 영미회담 결과를 보고했다.[76]

한편, 앨리슨은 덜레스와 헤어져 6월 14일부터 3주간 파리·카라치·뉴델리·마닐라·동경을 방문했다. 6월 24일 동경에 도착한 앨리슨은 리지웨이(Matthew B. Ridgway)와 회견했다. 앨리슨은 일본의 조선능력을 우려하는 영국정부의 비망록 두 개를 전달하며, 대일평화조약에 명시된 양자 간 어업협정 협상에 앞서 일본이 태평양국가들을 안심시킬 방안을 모색하라고 조언했다. 이 결과 7월 13일 일본 수상은 1951년 2월 7일자 서한에 표명한 어업보호에 대한 자발적 선언을 재확인한다고 성명했다. 앨리슨은 요시다 시게루 수상에게 영미회담에서 미국안을 기초로 협의하고 영국안을 다소 가미해서 당초 미국안보다 약간 불리해졌으나 전체적으로는 결코 가혹한 평화조약은 아니라

---

75) David Bruce to the Secretary of State, Paris, no.3607(1951. 6. 14); Subject: Conversation of Mr. John Foster Dulles with Foreign Office officers regarding Japanese Peace Treaty(1951. 6. 11), RG 59, Department of State, Decimal File, 694.001/6-1451; RG 59, Japanese Peace Treaty Files of John Foster Dulles, 1947-1952, Subject File, 1946-52, Lot 54D423, Box 13.
76) Editorial Note, FRUS, 1951, Vol. VI, pp. 1118~1119.

고 알렸다.[77]

● **한국의 조약참가 배제 결정**

덜레스의 런던 방문과정에서 한국과 관련한 중요한 결정들이 이루어졌다. 가장 중요한 것은 역시 한국의 조약참가 자격을 부여하지 않기로 한 미국·영국의 합의였다.

앞서 살펴본 것처럼 1951년 4월의 미일협의, 1951년 4~5월의 영미회담 이후 한국정부의 답신서가 도착한 5월 10일을 전후한 시점에 미 대표단은 한국을 회담에 참가시키지 않기로 결정했으리라 생각된다. 1951년 5월 16일 앨리슨의 비망록에 따르면, 이 시점에 덜레스 사절단은 한국을 대일평화조약 서명국 명단에서 배제하기로 결정했음을 알 수 있다.

덜레스 사절단의 2인자 앨리슨은 덜레스의 영국 방문(1951. 6. 2~14)을 앞두고 영국에 제안할 의제들을 간략하게 정리해 제출했다.[78] 총 12개의 의제들 가운데 3번이 한국을 다루었는데, 여기서 "3. 미국은 한국이 서명국이 되어서는 안 된다는 영국측 생각을 수락하고자 하며, 조약에 따라 한국에 특정권리를 부여하는 조항을 준비 중이다"라고 썼다.[79] 즉, 한국을 회담초청국·조약서명국이 아니라 조약의 특정권리를 부여받는 국가로 설정한다는 뜻이었다. 다자간 국제회의에서 한국의 특정권리를 부여하는 조항을 설정한다는 것은 '간단한 조약'을 추구하는 미국의 기본입장에 비춰볼 때 실현 가능성이 떨어지는 것이었다.

한국을 조약서명국으로 초청하지는 않지만 새로운 조항을 설정해 특정권

---

77) 吉田茂, 1958, 『回想十年』 제3권, 東京, 新潮社, 33쪽.
78) Memorandum by the Deputy to the Consultant(Allison) to the Consultant to the Secretary(Dulles) (1951. 5. 16), Subject: Talk with Sir Oliver Franks Regarding Japanese Peace Treaty, *FRUS*, 1951, Vol. VI, pp. 1042~1043.
79) Subject: Talk with Sir Oliver Franks Regarding Japanese Peace Treaty, *FRUS*, 1951, Vol. VI, p. 1043.

리를 부여하겠다는 미 국무부의 새로운 입장은 「대일평화조약 작업 초안 및 논평」(1951. 6. 1)에 반영되었다.[80] 여기에 미국은 제10조를 새로 제안했다.

제10조. 대한민국은 현 조약의 제5조, 제10조(제11조로 변경 예정), 제13조(제14조로 변경 예정)의 경우에 '연합국'으로 간주될 것이며, 이는 조약이 최초로 발효되는 시점부터 효력을 발생한다.[81]

이에 대해 다음과 같은 긴 설명이 뒤따랐다.

이 제안을 하는 이유는 한국은 조약의 서명국이 될 자격이 없다는 영국측 입장에 동의해서 미국이 현재 (새로운 조항을) 고려 중이기 때문이다. 미국과 다른 주요 연합국은 2차 세계대전 중 "대한민국임시정부"가 어떠한 지위를 점했는지 인정하는 것을 고의적으로 회피하고 있다. 따라서 그 정부가 일본에 선전포고를 했으며, 대부분 오랫동안 중국 거주자였던 한국인들이 중국군과 함께 싸웠다는 사실이 이 문제에 어떤 함의를 갖지 못한다.
한국정부는 폴란드가 베르사유조약에 서명하도록 허락된 사실을 인용했다. 그러나 고찰해보면 대일조약에 참가하려는 한국의 경우는 이 사례와 유사한 점이 많지 않다. 파데레프스키(Paderewski) 지도하에 1917년 파리에 설립된 폴란드국민위원회(The Polish National Committee)는 모든 주요 서방 열강에 의해 "승인되었으며" 대우를 받았다. 이 조직이 독일에 선전포고를 했는지 명확히

---

80) "Japanese Peace Treaty Working Draft and Commentary," (1951. 6. 1), RG 59, Office of Northeast Asia Affairs, Records Relating to the Treaty of Peace with Japan-Subject file, 1945-51, Lot 56D527, Box 6, Folder "Treaty-Draft-Mar. 23 1951"; *FRUS*, 1951, Vol. VI, pp. 1068~1069.
81) 원문은 다음과 같다. Article 10. The Republic of Korea shall be deemed an 'Allied Power' for the purposes of Articles 5, 10(to be 11), and 13(to be 14) of the present Treaty, effective at the time that the Treaty first comes into forces.

판정하기는 어렵지만, 이 조직이 독일과 싸워 폴란드를 해방시킬 목적으로 수립되었으며 그렇게 했다고 인정할 수 있다. 독일이 항복했을 때 국민위원회와 바르샤바의 중앙 권력이 설립한 섭정위원회(the Regency Council)가 통합해서 폴란드임시정부를 조직했으며, 베르사유회담이 개최되기 전 열강들이 이를 승인했다. 폴란드는 1917년 이전에조차 프랑스에서 투쟁하는 군대를 보유했다. 한국의 조약서명이 허락되어야 한다고 믿지는 않지만 (조약의) 일부 조항의 특정이익을 얻을 수는 있다고 생각된다. 제안된 조항은 조약이 처음 효력을 발생하는 시점부터 한국에 제5조(포기하거나 양도한 지역에서 일본 재산의 처리), 제10조(어업), 제13조(통상관계)의 완전한 이익을 보증할 것이다.[82]

즉, 미국의 입장은 영국의 입장에 동의해서 한국의 조약서명 자격은 인정하지 않지만, 제5조, 제10조, 제13조의 이익이 적용된다는 특별조항 제10조의 신설로 정리되었음을 알 수 있다. 이러한 미국의 제안은 런던에서 개최된 제2차 영미회담(1951. 6)에서 논의되었다.

제2차 영미회담의 결과, 양국은 한국이 "연합국"은 아니지만 기본이익을 부여받는다고 규정함으로써, 영미 간에 한국을 배제한다는 공식적 합의가 이루어졌다. 또한 한국의 이익을 담보하기 위한 특별조항을 삽입하자는 미국의 제안은 1951년 6월 14일자 제2차 영미합동초안의 제21조에 다음과 같이 반영되었다.

제21조. 현 조약 제25조의 규정에도 불구하고, 중국은 제10조와 제14조의 이익을 부여받으며, 한국은 현 조약 제2조, 제9조, 제12조의 이익을 부여받을 것이다.

---

[82] "Japanese Peace Treaty Working Draft and Commentary," (1951. 6. 1); FRUS, 1951, Vol. VI, pp. 1068~1069.

제25조는 연합국에 대한 규정인데, 일본과 전쟁상태에 있던 국가로 조약에 서명하고 비준하는 국가를 연합국으로 규정했다. 여기서 규정된 연합국이 아닌 다른 국가들에는 조약이 어떠한 권리, 권원, 이익을 부여하지 않는다고 되어 있다. 단 제21조가 조건부로 명시되었다. 즉, 한국은 연합국으로 규정되지는 않았지만, 중국과 함께 조약의 몇몇 조항의 이익을 부여받게 되었다. 한국에 부여된 것은 제2조(영토), 제9조(어업제한 및 공해 어업개발·보호협정), 제12조(통상협정)의 이익이었다. 그러나 미국의 「대일평화조약 작업 초안 및 논평」(1951. 6. 1)에서 한국에 부여하기로 했던 제5조(포기하거나 양도한 지역에서 일본 재산의 처리)에 대한 언급은 삭제되었다. 원래 1951년 5월 3일자 제1차 영미합동초안에는 재한일본인 재산청구권을 포기한다고 규정되었는데, 일본정부의 항의에 따라 이 규정이 삭제되고 대신 관계국 간의 재산권 및 청구권 문제는 별도의 협정을 거치도록 규정된 것이었다.[83]

이상과 같이 한국의 대일평화조약 참가자격은 1949년 12월에 반영되어 1951년 5월 초까지 유지되었지만, 영국과 일본의 격렬한 반대 속에 미국의 입장이 흔들리면서, 1951년 6월 초 조약서명 자격 불인정 및 특별조항 신설로 후퇴하였으며, 1951년 6월 제2차 영미회담에서 초청자격 불인정 및 특별조항 신설로 결정되었던 것이다. 이에 따라 덜레스는 1951년 7월 9일 양유찬 주미대사에게 한국은 교전국이 아니기에 조약서명국이 될 수 없다는 최종 입장을 통보함으로써 한국의 강화조약 참가는 무산되었다.[84]

한편, 주미한국대사관은 덜레스로부터 한국의 조약서명국 불인정을 통보받은 후인 1951년 7월 20일 한국정부가 미 국무부에 보냈던 제1차 답신서

---

83) 김태기, 1999, 위의 논문, 368쪽. "Draft Japanese Peace Treaty," (1951. 6. 14), RG 59, Office of Northeast Asia Affairs, Records Relating to the Treaty of Peace with Japan-Subject File, 1945-51, Lot 56D527, Box 6. Folder, "Treaty-Draft-June 14, 1951"; RG 59, Japanese Peace Treaty Files of John Foster Dulles, 1946-52, Lot 54D423, Box 12.
84) Memorandum of conversation, Subject: Japanese Peace Treaty(1951. 7. 9), RG 59, Department of State, Decimal File, 694.001/7-951.

(1951. 4. 27)를 영국정부에 송부했다. 이는 영국정부의 지지를 얻기 위한 방략의 일환이었다. 그러나 두 차례 영미회담과 영미합동초안을 통해 한국에 대한 정책적 결정을 내린 상태였기 때문에 영국정부의 도움을 얻기에는 때가 이미 늦었다. 한국정부의 각서에 대한 영국 외무성의 검토결과는 〈표 6-3〉과 같았다.

한국정부의 각서에 대한 영국정부의 분석은 미 국무부의 분석과 거의 동일했다. 또한 이미 1951년 6월 14일자 제2차 영미합동초안을 통해 한국에 대한 정책적 결정을 완성한 상태였다. 한국의 조약서명 자격을 부정한 반면, 특별조항(제21조)을 신설해 몇몇 조항에 대해 한국의 이익을 옹호하기로 결정했다. 〈표 6-3〉 7조에 대한 논평에 명시된 "21조는 2, 9, 12조의 이익을 한국에까지 확장함"이라는 설명이 바로 그것이었다. 14조 배상문제에 대해서도 영미합동초안 제4조에 새로 수정된 내용에 기초해 "일한 간의 재산권 분쟁의 조정은 4조에 의해 양국 정부 간에 해결할 것임. 한국 내 일본 재산이 한국의 관할하에 있게 될 것이므로 한국이 우월한 입장임"이라고 논평했다.

- **한국 관련 영토규정의 결정**

앞서 검토한 것처럼, 6월 14일자 제2차 영미합동초안은 제2장 영토 제2조에 "(a) 일본은 한국의 독립을 승인하며, 제주도, 거문도, 다줄렛섬을 포함한 한국에 대한 모든 권리, 권원, 청구권을 포기한다"라고 규정했다.[85]

6월 14일자 제2차 영미합동초안은 회담에 참가할 연합국의 명단을 수록하지 않았지만, 한국을 명시적으로 배제했다. 영국과 미국은 중국을 대일평화회담에 초청하지 않겠다는 합의를 공동성명으로 발표했다(1951. 6. 19).[86]

---

[85] "Revised United States-United Kingdom Draft of a Japanese Peace Treaty," (1951. 6. 14), FRUS, 1951, Vol. VI, p. 1120.
[86] "Draft Joint Statement of the United Kingdom and United States Government," Chinese Participation and Formosa(1951. 6. 19), FRUS, 1951, Vol. VI, p. 1134.

⟨표 6-3⟩ 한국정부의 각서(1951. 7. 20)에 대한 영국 외무성의 검토결과(1951. 날짜 미상)

해당 조항	수정 요구사항	출처	논평
전문	특별히 한국을 연합국에 포함.	한국정부 7월 20일, 7월 25일자 각서(notes)(FJ 1022/799, FJ 1022/847)	한국이 일본과 교전상태가 아니었기에 수용할 수 없음.
전문	향후 일본의 유엔가입 지위는 한국과 동등한 수준으로 제한.	한국정부 7월 20일자 각서 (FJ 1022/799)	요청은 애매하며, 한국이 유엔에 가입하지 않는 한 일본 가입을 허용치 말라는 의도라면 거부되어야 함. 유엔가입 결정은 유엔만의 문제임.
전문	재일한국인들을 여타 연합국 국민들처럼 권리, 특권, 보호를 보장할 것.	한국정부 7월 20일자 각서 (FJ 1022/799)	일본 내 다수 소수민족은 매우 말썽 많으며 공산주의자들이 소요를 일으키는 데 활용되므로 수용할 수 없음.
2조	대마도를 한국에 양도할 것.	한국정부 7월 20일자 각서 (한국공사)	대마도는 일본 역사의 여명기부터 일본 땅이었으며 언어, 인종, 취향에 있어 주민들이 일본인이므로 수용할 수 없음.
5조	태평양에서 평화·안전 유지에 있어 한국의 중요성을 고려.	한국정부 7월 20일자 각서 (한국공사)	한국은 조약수정을 위해 특정요구를 하지 않음. 아마 미국과 방위협약에 참가 혹은 일정한 보장을 원하는 것임. 조약에 수정 요구한 것으로 보이지 않음.
7조	전전 일본과 양자조약들을 체결하지 않은 한국의 이익을 일본과 조약들을 체결한 연합국들과 실제적으로 동일한 상태로 (인정해) 보장.	한국정부 7월 20일자 각서 (한국공사)	한국이 그런 조약을 체결하지 않았으므로 조약 체결국들의 지위에 들 수 없음. 세계적 혹은 표준이라고 할 양자간 조약들 혹은 특정 조항의 목록을 선정하는 것은 불가능함. 이 요구는 21조에 의해 실질적으로 수용되는데, 21조는 2, 9, 12조의 이익을 한국에까지 확장함.
9조	한일 어부들이 가용한 지역을 규정한 "맥아더라인"은 전전 쌍무조약들과 동일한 지위를 부여할 것.	한국정부 7월 20일자 각서 (FJ 1022/799)	이 요구는 현재 초안 9조로 충족됨. 이 조항에 대한 추가가 필요치 않거나 미국이 수용할 만한 것임.
14조 (배상)	일본 내 한국 재산은 한국 소유로 인정되며 한국은 현재 14조에 제시된 것보다 자유롭게 한국 내 일본 재산을 몰수할 수 있도록 세부 조항들을 추가할 것.	한국정부 7월 20일자 각서 (한국공사)	이 요구는 한국이 연합국이었다는 잘못된 가정(false assumption)에 기초함. 일한 간의 재산권 분쟁의 조정은 4조에 의해 양국 정부 간에 해결할 것임. 한국 내 일본 재산이 한국의 관할하에 있게 될 것이므로 한국이 우월한 입장임.
22조	한국이 국제사법재판소의 성원이 될 것.	한국정부 7월 20일자 각서 (한국공사)	조약에 한국이 국제사법재판소의 성원이 되도록 규정하는 것은 불가능할 것임.

[출전] "Japanese Peace Treaty: Proposed Amendments with Comments," (undated), RG 59, John Foster Dulles File, Lot 54D423, Box 12, Folder "Treaty Drafts, May 3, 1951".

덜레스 사절단의 런던 방문 직후 작성된 미국측 문서는 1951년 6월 14일자 영미합동초안에 대해 영국과 합의한 내용을 담고 있는데, 이 중 정치·영토 조항을 다음과 같이 평가하고 있다.

정치 및 영토(Political and Territorial)
중국: 다자간(조약)에 중국측 누구도 서명하지 않지만, 일본과 유사한 양자조약을 체결할 권리를 국민정부에 부여함. 또한 이는 다음과 같은 과거의 다른 상황을 설명할 수 있게 함; 1937년 전쟁이 시작됨; "만주국" 정권; (일본으로부터) 포기된 지역인 대만에 대한 국민정부의 지위로부터 비롯된 특별한 문제들.
중국은 자동적으로 중국 내 특별권리에 대한 일본의 포기와 중국 내 일본 재산의 취소권을 획득하게 됨.
대만: 카이로선언의 "중화민국에"(to Republic of China)를 반복하지 않음. 단지 일본의 포기만이 현상 그대로 유지됨.
사할린, 쿠릴: 일본은 항복조항에 따라 포기함, 얄타(협정)에 따라 "소련에" 할양하지 않음.
한국: "연합국"은 아니지만 기본이익을 부여받음.[87]

위에서 살펴본 것처럼, 중국은 공산·국민 정부 모두 조약서명에 초청받지 않지만, 일본과 양자조약 체결을 통해 문제를 해결한다고 결정되었다. 대만에 대해서는 카이로선언에 명시된 '중화민국에' 이양된다는 구절을 넣지 않고, 단지 일본이 대만을 포기한다고만 기술했다. 사할린과 쿠릴 역시 일본이 포기한다고 결정했고,[88] 소련에 이양·할양한다는 표현은 사용되지 않았다. 한국에 대해서는 "연합국"은 아니지만 기본이익을 부여받는다고 표현했다. 이는

---

[87] "United Kingdom" (1951. 6. 15), RG 59, Japanese Peace Treaty Files of John Foster Dulles, 1947-1952, Subject File, 1946-52, Lot 54D423, Box 13.

한국을 연합국이나 협력국의 범주에 포함시키지 않겠다는 뜻을 명확히 한 것이었다. 한국을 회담초청국이나 조약서명국으로 동참시키지 않지만, 이 조약의 '기본이익'을 부여받는다는 것이다. 이는 덜레스가 1951년 7월 9일 주미한국대사를 만나 회담 불초청 의사를 밝히면서 강조한 조약의 '기본이익', 즉 재한일본인 재산청구권의 소멸, 양자 간 어업협정, 양자 간 평화조약 체결 가능성 등을 언급한 것이었다.

1951년 6월 14일 영미합동초안에서 한국과 관련된 한국의 조약참가(연합국 자격), 영토문제, 배상문제 등 세 가지 문제가 논의·결정되었다. 먼저 한국의 조약참가 자격은 부정되었고, 일부 조항(어업·통상 협정)에서 한국의 이익을 옹호한다는 특별조문이 설정되었지만, 실효적 이익은 없었다. 한일 양자 간 협상·협정으로 다뤄질 문제였기 때문이다. 다음으로 영토문제는 제주도·거문도·울릉도를 포함하는 것으로 귀착되었다. 한국의 서명자격 부정 및 특별조항을 통한 이익 부여, 한국령 표시방법 두 가지 조항은 최종 조약까지 유지되었다.

마지막으로 배상·청구권 문제에서는 변동이 있었다. 6월 14일자 초안에는 이전과는 달리 미군정기에 몰수되었으며 그 효력이 한국정부로 승계된 재한일본인의 재산·청구권 문제를 한일 양국 정부가 논의하는 것으로 수정되었다. 그러나 이후 미국은 한국의 항의를 수용해 재한일본인 재산·청구권을 몰수한 주한미군정의 조치를 합법화하는 방향으로 조문을 수정했다.

이상과 같이 미국에 가장 중요한 연합국이었던 영국과의 합의가 도출된 1951년 6월 14일자 제2차 영미합동초안은 9월 서명된 최종 조약의 모본이자 원천이 되었다.

---

88) 1951년 6월 14일자 제2차 영미합동조약 초안 제2장 영토 제2조에 이렇게 규정되었다. "(c) 일본은 쿠릴열도와 1905년 9월 5일 포츠머스조약의 결과로 일본이 주권을 획득한 사할린 및 그 인접도서 부분에 대한 모든 권리, 권원, 청구권을 포기한다." FRUS, 1951, Vol. VI, p. 1120.

7

미국과 일본의 협의(1951)

1. 1951년 덜레스의 1차 방일과 미일의 주요 조약 합의
   (1) 일본의 대일평화7원칙에 대한 대책준비(1950. 11~1951. 1)
   (2) 덜레스의 1차 방일(1951. 1~2)과 주요 조약의 사실상 가조인
   (3) 미국 조약 초안(1951. 3. 임시초안)에 대한 일본정부의 회신(1951. 4. 4)

2. 1951년 덜레스의 2차 방일과 일본의 한국 배제 주장
   (1) 덜레스의 계획, 일본의 계획
   (2) 영국 초안에 대한 미일협의와 독도문제
   (3) 일본의 한국 배제 주장과 무고

1. 1951년 덜레스의 1차 방일과 미일의 주요 조약 합의

(1) 일본의 대일평화7원칙에 대한 대책준비(1950. 11~1951. 1)

1950년 9월 11일 확정된 미국의 대일평화7원칙은 10월 6일 언론에 알려졌으며, 11월 24일 공식 발표되었다. 10월 6일 언론에 대일평화7원칙이 알려진 후부터 일본 외무성의 관심은 대일평화7원칙에 대한 대책에 집중되었다. 또한 한편 존 포스터 덜레스(John Foster Dulles)의 방일이 알려지면서 일본 외무성은 덜레스 방일 준비작업을 'D작업'이라 명명하며 1950년 12월부터 본격적인 준비에 착수했다.[1] 요시다 시게루(吉田茂)는 미국의 대일평화7원칙을 "의외로 관대한" 것으로 일본의 예상보다 관대하여 용기를 얻었다고 평가했다.[2] 외무성 조약국 제1간사로 간사회 상임간사였던 시모다 다케소(下田武三)

---

1) 시모다 다케소는 대미교섭을 위해 외무성이 준비한 것이 'A-D작업'이라는 보고서였다고 했다(下田武三 著·永野信利 編, 1984, 『戰後日本外交の證言: 日本はこうして再生した』上, 東京, 行政問題硏究所 59쪽). A-D작업은 7원칙이 제시된 1950년 9월부터 A작업, B작업, C작업, D작업이라 이름 붙여진 네 개의 평화·안보 양 조약 준비작업을 의미했다(후지와라 아키라·아라카 쇼지·하야시 히로후미 지음, 노길호 옮김, 1993, 『일본현대사(1945~1992)』, 구월, 101쪽). A작업은 사무당국이 작성해 요시다 총리의 참고로 제공한 것이며, B작업·C작업은 정계·재계·학계·언론계의 지도자와 소수 군사전문가들을 따로 불러 의견을 듣고 총리가 사무당국에 명령해 기안된 독립 회복 후 일본의 안전보장에 관한 조약안 두 개였다(西村熊雄, 1971, 『日本外交史 27: サンフランシスコ平和條約』, 鹿島硏究所出版會, 80~85쪽).
2) 吉田茂, 1958, 『回想十年』 제3권, 東京, 新潮社, 29~30쪽.

도 대일평화7원칙이 소련을 배제하는 반면 미국에는 유리했고, 일본에는 관대한 것이었다고 평가했다. 즉, 소련은 강화회의에서 거부권을 행사하려고 했는데, 이를 사전에 배제한 상태에서 미국은 일본 독립 후에 류큐·오가사와라 제도에 대한 시정권을 행사하고 일본에 미군을 주둔할 수 있게 하는 등 유리한 내용을 확보하는 한편, 일본에는 독립 후 어떠한 경제적 제약도 부과하지 않으며, 일본의 유엔 가입을 지지하고, 연합국측이 원칙적으로 배상청구권을 포기한다는 등 관대한 내용이 많이 포함되었다는 것이다.[3]

대일평화7원칙의 발표 후 일본의 관심은 크게 세 가지였는데, 안전보장문제, 영토문제, 재무장문제 등이었다.[4] 일본은 영토문제와 관련해 미국이 오키나와(沖繩)·오가사와라(小笠原) 섬에 대한 신탁통치를 고집할 경우에는 이탈리아의 구(舊)식민지 소말릴란드(Somaliland)의 10년 신탁통치 사례처럼 기한을 정하며, 일본을 공동시정자(joint authority)로 정해주어야 한다는 입장을 정했다.[5] 남사할린·쿠릴의 최종 운명을 유엔총회 결정에 따르도록 제안한 데 대해서는 불행 중 다행이라는 입장을 취했다. 재무장과 관련해서는 태평양전쟁 이후 일본인들의 두려움, 주변국의 재침략에 대한 위구심, 일본 경제재건 등을 이유로 일본의 안전보장을 재무장 이외의 방법에서 구해야 하며, 그 대안으로 경찰예비대 및 해상보안대의 인원과 장비 보강을 급속히 실현하는 방안을 취한다고 결정했다. 일본 외무성은 나토 군사협정을 검토하는 한편 외상관저에서 구(舊)군벌 관계자들을 불러 모아 일본에 필요한 경찰병력문제를 논의했고, 그 결과 육상경찰력 대원 15만 명, 간부 및 기간인원 5만 명, 해상경비력 함정 8만 톤, 최대함형 1,500톤 구축함 등이 국내 치안확보에 필요하다는

---

3) 下田武三 著·永野信利 編, 1984, 위의 책, 61쪽.
4) 「ダレス訪日に關する件(D作業)」(1940. 12. 27), 「D作業訂正版」(1951. 1. 5), 「D作業再訂版」(1951. 1. 19), 日本外務省, 2007, 『日本外交文書: サンフランシツコ平和條約對米交渉』, 112~120, 129~142쪽.
5) 「沖繩·小笠原諸島の信託統治に米國が固執する場合の措置」(1951. 1. 26), 日本外務省, 2007, 위의 책, 162~164쪽.

의견을 얻기도 했다.⁶⁾

이처럼 1951년 1월 덜레스의 동경 도착 이전에 일본은 대일평화7원칙에 따른 일본정부의 입장을 정리한 상태였다. 1차 대전 이후 베르사유강화조약은 물론 2차 대전 이후 이탈리아·루마니아 강화조약과도 전혀 다르게, 일본은 미국의 공개된 조약안을 미리 숙지하고 이에 대비하고 있었을 뿐만 아니라 미국과 협상을 준비할 충분한 기회와 시간을 부여받고 있었던 것이다.

(2) 덜레스의 1차 방일(1951. 1~2)과 주요 조약의 사실상 가조인

이런 상황에서 1951년 1월 25일 덜레스는 동경 하네다 공항에 도착했다. 덜레스 사절단은 존 무어 앨리슨(John Moore Allison) 보좌관, 얼 존슨(Earl D. Johnson) 육군부 차관보, 매그루더(Carter B. Magruder) 소장, 밥콕(Bobcock) 대령, 록펠러 3세(John D. Rockefeller III), 로버트 피어리(Robert A. Fearey) 등이었다.

이들 가운데 존 앨리슨은 오랫동안 일본·중국에서 근무했으며, 주로 일본에서 활동한 공사급 경력 외교관으로 국무부 극동국 동북아시아과장·동북아시아국장 출신이었다. 1953년 주일대사에 임명되었고, 적극적으로 일본의 입장에서 독도문제 처리를 주장했다.⁷⁾ 매그루더는 태평양전쟁기 중국에서 경력

---

6) 「目黒外相官邸における舊軍閥關係者會合」(1951. 1. 19), 日本外務省, 2007, 위의 책, 142~148쪽.
7) 존 무어 앨리슨은 1905년 캔자스 생으로 1927년 네브라스카대학을 졸업한 후 1927~1929년 일본에서 영어선생을 지냈고, 1930년 상해 미국영사관에 견습으로 들어가 1931년 고베 부영사에 임명되었으며, 1931년 정식외교관이 되었다. 1932년 일본 동경 배치, 1934년 동경 부영사, 1935년 중국 대련(大連) 영사, 제남(濟南) 영사, 청도·남경·상해를 거쳐 1938~1941년 오사카 영사, 1942년 국무부 본부, 1942년 런던 1등서기관 겸 영사, 1947년 5월 15일 국무부 일본과 부과장, 1947년 10월 5일 동북아시아과장, 1948년 11월 극동국 부국장, 1949년 10월 동북아시아국 국장을 역임했다(*Register of the Department of State, April 1, 1950*, Office of Public Affairs, Department of State, p. 11).

을 쌓은 OSS 출신의 중국정보전문가였다. 1960년 4·19시기 주한미8군사령관을 역임했다. 흥미로운 것은 밥콕 대령과 피어리였다. 두 사람은 모두 매사추세츠 주 사립기숙 예비학교인 그로톤(Groton)고등학교 출신의 동창이었고, 태평양전 발발 당시 주일미대사관에서 각각 무관, 조셉 그루(Joseph C. Grew) 대사의 개인비서로 근무 중이었다. 그루 역시 그로톤고등학교 졸업생으로, 사비를 들여 그로톤 출신 엘리트 후배를 2년씩 자신의 개인비서로 선발해 외교계에 첫발을 내딛게 했다. 피어리의 전임은 마셜 그린(Marshall Green)으로 역시 그로톤 출신이었으며, 1961년 5·16 당시 주한미대리대사를, 1965년 인도네시아의 수하르토 쿠데타 당시 주인도네시아 대사를 역임했다. 이들은 미 국무부 내 그루 인맥, 혹은 그로톤고등학교 인맥(Grotonian)으로 지칭될 수 있는 실력자이자 대표적인 지일적 입장의 소유자들이었다. 개전 당시 주일미대사관에 근무했으나 대일유화적 입장을 견지했던 밥콕·피어리, 전후 주일정치고문실과 극동국에서 근무한 앨리슨 등의 선발은 덜레스 사절단의 대일정치적 성향을 대표하는 것이었다. 앨리슨·피어리는 워싱턴의 국무부와 동경의 주일정치고문실·SCAP 외교국에 대해, 밥콕은 국방부에 대해 대일유화적·친일적 입장을 전달하는 역할을 담당했다.[8]

8) Robert A. Fearey, "Diplomacy's Final Round," *Foreign Service Journal*, American Foreign Service Association, December 1991; Robert A. Fearey, "Tokyo 1941: MIGHT THE PACIFIC WAR HAVE BEEN AVOIDED?," *The Journal of American East Asian Relations*, Spring 1992, Chicago; ロバート・フィアリ―, 福井宏一郎譯, 2002,「近衛文麿 對米和平工作の全容」,『文藝春秋』 1月號; Robert A. Fearey, class of 1937, "IN MEMORIAM-MARSHALL GREEN, Class of 1935," *Groton School Quarterly*, 1999. 로버트 피어리의 아들 세스 피어리(Seth Fearey)가 운영하는 인터넷 웹페이지 참조(http://www.connectedcommunities.net/robertfearey/). 피어리는 국무부 동북아시아국장을 거쳐 오키나와 민정관을 역임했으며, 1982년 오키나와 반환의 공으로 일본정부로부터 훈2등 서보장(瑞寶章)을 받았다. 피어리는 1991년에 쓴 글에서 그루 대사와 고노에 후미마로(近衛文麿) 수상의 평화협상이 성공해 태평양전쟁을 회피할 수 있었으나, 워싱턴의 강경책으로 전쟁이 발발했으며, 일본에 귀환한 그루 대사가「임무실패보고서」를 작성해 코델 헐(Cordell Hull) 국무장관에게 제출했으나, 묵살된 후 기록도 남기지 못한 채 폐기되었다고 주장했다. 이후 일본 우익진영에서는 미국의 음모·루스벨트의 음모에 의한 진주만사건 발발이라는 음모론과 미국책임론이 제기되었다[스기하라 세이시로우(杉原誠四郎) 지음·홍현길 옮김, 1998,『무능과 범죄의 사이』, 학문사].

동경에 도착한 즉시 덜레스 사절단은 요시다 시게루 수상에게 논의할 의제표(Suggested Agenda)를 제시했다. 총 13개 항목의 의제표는 다음과 같았다.

1. 영토: 항복조항인 "일본의 주권은 혼슈, 홋카이도, 규슈, 시코쿠 및 우리가 결정할 작은 섬들로 국한될 것이다"를 어떻게 이행할 것인가.
2. 안전보장: 점령의 종식 이후 안전보장을 어떻게 제공할 것인가.
3. 재무장: 혹시 설정될 수 있다면 어떤 조항들로 일본의 장래 재무장을 제한할 것인가.
4. 인권 등: 이 점 및 점령 개혁과 관련해서 가능하다면 일본이 어떤 조치 혹은 선언을 해야 할 것인가.
5. 문화관계: 이 점과 관련해서 어떤 지속적 관계가 발전될 수 있는가.
6. 국제복지: 마약거래 근절, 야생동물 보호 등을 다루는 어떤 국제회의에 일본이 가입할 수 있을 것인가.
7. 경제: 혹시 설정될 수 있다면, 예를 들면 조선산업과 같은 특정산업과 관련해 어떤 조항들로 일본의 장래 경제활동을 제한할 것인가.
8. 무역: 무엇으로 타국과 일본의 전후 통상의 기초를 삼을 것인가, 예를 들어 "최혜국" 대우문제.
9. 어업: 미국의 보존어장을 일본이 사용하는 것의 자발적 금지의 가능성.
10. 배상 및 전쟁청구권: 이 점과 관련해 조약조항들은 어떻게 되어야 하는가. 일본의 금.
11. 전후 청구권: GARIOA〔Government and Relief in Occupied Areas: 미국점령지역구제기금〕채무를 일본이 어떻게 처리할 것인가.
12. 전쟁범죄인: 군사재판소에서 유죄를 선고받은 사람에 대한 장래의 관할권한은 어디에 속하는가.
13. 수속: 소비에트연방의 가능한 태도와 중국의 지위에 대해 향후 절차를 어떻게 할 것인가.[9]

의제가 전반적으로 일본에 불리한 내용이 아니었음을 알 수 있다. 이미 1950년 10월 이래 대일평화7원칙에 기초한 회담 준비작업을 벌였던 일본 외무성이 충분히 예상할 수 있는 의제들이었다.

미국측이 제시한 의제에 대해 일본은 1월 30일 「우리측 견해」라는 각서를 제출했다.[10] 미국이 제시한 총 13개 항목에 대해 구체적으로 일본의 입장을 피력한 것이었다. 전반적으로 패전국과 승전국 간의 평화조약 논의라고 믿어지기 힘든 강도 높은 요구들이 들어 있었다. 구체적으로 몇 가지 부분에 대한 일본정부의 의견을 살펴보자.

먼저 '1. 영토'와 관련해 일본은 대일평화7원칙에 류큐·보닌이 미국을 시정권자로 하는 유엔 신탁통치하에 두어지게 되었다며 다음의 요구사항을 제시했다. (a) 신탁 필요가 사라지면 이 섬들을 일본에 반환할 것, (b) 주민들은 일본 국적을 보유할 것, (c) 일본이 미국과 공동시정권자가 될 것, (d) 전시 일본정부에 의해 본토로 철수된 오가사와라(보닌섬)·이오지마 주민 8,000여 명의 고향 귀환을 허가할 것 등이었다. 즉, 미국의 신탁통치를 수용하지만 주권과 행정권은 모두 일본에 있음을 명기하라는 요구였다. 남사할린과 쿠릴은 거론되지 않았다.

다음으로 '2. 안전보장'에 대해서는 독립 후 대내안보는 일본이 책임지며, 대외안보는 유엔과 미국이 적절한 수단으로 책임지며, 이를 위해 평화조약과 별도로 미일 간 상호방위협력이 필요하다고 했다. '3. 재무장'과 관련해서는 자원부족에 따른 일본 경제의 파탄, 일본인들의 전쟁에 대한 두려움, 주변국들의 일본 재무장에 대한 두려움을 들어 거부했다. 영토적·정치적·군사적 측면에서 일본은 자국의 주권을 인정한 상태에서 한시적인 류큐·보닌의 미국 신탁통치를 수용하며, 미일안전보장협정을 체결하지만 재무장은 하지 않겠다

---

9) 「議題表」(Suggested Agenda)(1951. 1. 26), 日本外務省, 2007, 위의 책, 172~174쪽.
10) 「わが方見解」(1951. 1. 30), 日本外務省, 2007, 위의 책, 177~188쪽.

는 의사를 표명한 것이다.

경제적 배상과 관련된 조항에서도 일본의 입장은 분명하게 제시되었다. '10. 배상 및 전쟁청구권'에서 먼저 배상과 관련해 공업시설에 의한 배상에 대해서는 이미 철거된 시설 이상의 시설배상은 하지 말며, 연간생산물 혹은 금전에 의한 배상을 요구하지 않을 것을 주장했다.[11]

요시다 시게루에 따르면, 평화조약 이전 시기에는 중간배상으로 산업시설에 대한 철거배상이 이루어졌으며, 평화조약 체결 후에는 형식상으로는 무(無)배상, 사실상 역무(役務)배상이 이루어졌다.[12] 중간배상은 폴리(Edwin Pauley) 사절단(1946. 11), 미 육군부 스트라이크(Strike) 조사단(1947. 1)의 보고서에 따라 일본의 군수산업능력을 저하시키기 위해 1947년 4월 이래 철거예정 산업의 30%를 즉시 추심해 중국 15%, 필리핀 5%, 네덜란드(네덜란드령 인도) 5%, 영국(버마, 말레이, 기타 극동 식민지) 5%로 인도했으며, 총액은 1939년 가격으로 1억 6,400만 엔이었다. 무배상은 대일평화조약 체결과정의 기본정신이자 원칙이었다. 무배상이 강조된 것은 장래 오랫동안 일본에 중대한 부담을 지우면서까지 배상하지 않도록 한 원칙을 주요 교전국인 미국·영연방·네덜란드 등이 승인했기 때문이며, 국민당 정부도 배상을 요구하지 않았기 때문이다. 실제로는 배상이 부분적으로 이루어졌으나, 조약의 기본정신과 원칙이 무배상을 강조했기 때문에 일반적으로 무배상으로 불리게 된 것이다. 사실상 샌프란시스코평화조약에서 채택된 것은 역무배상이라는 새로운 방식이었는데, 이는 구상국(求償國)이 제공하는 원료를 가공해 인도하거나 구상국 연안수역의 침몰선박의 인양·해체를 맡는 방법 등으로 일본이 외화부담을 지지 않으면서 피해국의 손해를 보상하는 방식이었다. 이런 방식이 채택된 가장 큰 이유는 승전국인 미국이 일본에 다량의 원조를 제공하는 상황에서 일본의 배

---

11) 위의 자료, 182, 187쪽.
12) 吉田茂, 1958, 위의 책, 151쪽.

상액이 커지면 그만큼 미국의 부담이 늘어나기 때문이었다. 또한 미국으로서는 대일평화조약에 참가할 다른 연합국들의 배상요구를 무시할 수도 없는 상태였기에 타협적인 해결책으로 역무배상의 방식을 채택하게 된 것이었다.[13] 이 결과 샌프란시스코평화조약 제14조에는 "일본국은 전쟁 중에 발생시킨 손해 및 고통에 대해 연합국에 배상을 할 것"이지만 "일본국이 전기(前記)의 모든 손해와 고통에 대해 완전한 배상을 행하고 또 동시에 다른 의무를 이행하기에는 일본국의 자원이 현재 충분하지 않다"라고 규정했다.

전쟁에 따른 청구권과 관련해 일본 외무성은 다음과 같이 주장했다.

(a) 일본의 재외재산: 연합국 중 <u>일본과 현실적으로 전투행위에 돌입했던 제국에 있는 모든 일본 자산은 반환될 것</u>. 일본 재산 중 사유재산에 대해서는 특별한 고려를 해줄 것을 간청. 전쟁에 따른 청구권의 지불에 이것이 적용될 때는, 재산의 소유자에 대한 보상문제는 일본정부의 재량에 일임해줄 것.
(b) <u>약탈재산: 반환은 대부분 완료되었음. 평화조약의 체결과 함께 종결될 문제임.</u>
(c) 재일연합국 재산: 재일연합국 재산의 반환을 가능한 한 신속히 종결하기 위한 조치가 필요함.
(d) 일본의 금: 현재 압류된 모든 금을 반환할 것.[14] (강조는 인용자)

밑줄 친 두 부분은 일본 외무성의 기본적 시각을 보여주는 것인데, 교전당사국 내 일본 재산은 반환되어야 하지만, 일본이 타국으로부터 약탈한 재산은 반환이 완료되었기 때문에 평화조약 체결로 종결하자는 것이었다. 교전국가와 점령지의 경우에 이런 시각을 유지한다면 식민지의 경우에는 두말할 나위

---

13) 吉田茂, 1958, 위의 책, 156~161쪽.
14) 「わが方見解」(1951. 1. 30), 日本外務省, 2007, 위의 책, 182, 187~188쪽.

가 없는 것이었다. 식민지에 대한 약탈재산이나 반환은 존재하지 않는 것이며, 사유재산을 포함한 식민지 내 일본의 재산반환은 당연한 것으로 간주되었다.

전쟁에 따른 청구권에 대한 일본의 주장은 1951년 3월 미국의 대일평화조약 초안, 즉 최초의 제안용 공식초안에 반영된 바 있다. 1951년 3월 (제안용) 임시초안 14조는 "14. (전략) 그러나 일본은 모든 연합국이 1941년 12월 7일부터 1945년 9월 2일 사이에 그들 영토 내에서 혹은 일본이 방기한 영토 내에서 일본과 일본 국민의 모든 재산, 권리, 이익을 귀속(vest), 보유(retain), 처분할(dispose) 권한을 승인한다. 예외는 (i) 연합국의 영토에 거주하는 것을 허락받았으며 1945년 9월 2일 이전 특별조치의 대상이 되지 않은 일본 국민의 재산, (ii) 유형의 외교 혹은 영사 관련 재산, 그 보존에 수반되는 순 비용, (iii) 비정치적 종교, 자선, 문화 혹은 교육기관의 재산 (하략)"[15)]이라고 규정했다. 이 규정은 미군정이 몰수한 재한일본인 재산의 반환을 의미하는 것으로 해석되었기 때문에 한국정부를 경악케 했고, 대일평화조약에 대처하는 한국정부의 최대 이슈가 되었다.

'11. 전쟁범죄자'에서는 새로운 추가기소를 하지 말 것, 평화조약 체결의 기회에 대사면을 할 것, 형집행을 일본 관헌에 이관할 것 등을 요구했다. 일본 외무성은 1951년 1월 1일 현재 국내 수형자는 1,378명, 미결수 2명, 재외 수형자는 759명, 미결수 36명이라고 밝혔다.[16)]

이상과 같이 일본은 1951년 1월 미국과의 협의에서 자국에 유리한 요구조건들을 제시했다. 이미 미국의 대일평화조약 기조가 변화하고 있음을 알고 있었기 때문에, '협상상대'로서 최대 이익을 확보하려는 것이 목적이었다. 요시

---

15) "Provisional Draft of a Japanese Peace Treaty(Suggestive only)," (1951. 3. 23), *FRUS*, 1951. Asia and the Pacific, (in two parts): Vol. VI, Part 1, p. 948.
16) 「わが方見解」(1951. 1. 30), 日本外務省, 2007, 위의 책, 183, 188쪽.

다 시게루는 1951년 1~2월 간 미일협의에서 덜레스에게 미국의 점령 중 취해진 개혁을 평화조약에서 항구화하지 않을 것, 배상은 일본에 외화부담을 주지 않기 위해 역무(役務)배상을 원칙으로 할 것, 전범을 더 이상 추가 기소하지 않고 기결전범의 형을 사면·경감하는 길을 열 것 등을 요청했다고 기록했다.[17] 위의 일본 외무성의 요구사항을 그대로 전달했음을 알 수 있다.

덜레스는 요시다 시게루 수상과 제1차(1월 29일), 제2차(1월 31일), 제3차(2. 7)에 걸쳐 회담했다. 요시다가 직접 메모한 회담비망록에 따르면 덜레스는 제1차 회담에서 3년 전 조약이 체결되었으면 지금보다 훨씬 악조건에서 진행되었을 것이며, 지금 미국은 승자가 패자에 대한 평화조약을 하려는 것이 아니라 우방으로서 조약을 생각하고 있다고 발언했다.[18] 덜레스는 일본이 독립을 회복해 자유세계의 일원이 된다면, 자유세계 강화에 공헌을 해야 하며, 미국은 세계 자유를 위해 싸우는데 일본은 이 전쟁에 어떤 공헌을 할 수 있느냐고 질문했다. 요시다는 일본의 재군비와 관련해 준비된 방침에 따라 재군비는 일본의 자립경제를 불능하게 만들고 대외적으로 일본의 재침략에 대한 위구심을 불러일으키며, 내부적으로도 군벌 재현의 가능성이 있다며 이를 거부했다. 덜레스는 불쾌한 기색을 지었다. 덜레스의 보좌관이었던 앨리슨은 요시다가 확고한 반공주의자였지만, 덜레스와의 회담에서 일본의 재군비·재무장에 대해 반대입장을 표명했으며, 안보문제에 대한 세부적 논의를 회피하려고 했다고 기록했다.[19] 1951년 1~2월 회담에서 덜레스는 요시다의 미지근하고 회피하는 듯한 태도에 불쾌감과 짜증을 감추지 않았다. 미국으로선 최대의 선의와 호의를 제시했는데, 오히려 요시다의 반응이 수동적이었기 때문이다. 특히 덜레스는 강력하게 원한 일본의 재무장문제를 요시다가 비토한 데 반감을 가

---

17) 吉田茂, 1958, 위의 책, 30~31쪽.
18) 「吉田·ダレス會談(第1回)」(1951. 1. 29. 오후 4시), 日本外務省, 2007, 위의 책, 175~177쪽.
19) John M. Allison, *Ambassador from the Prairie*, Boston, Houghton Mifflin, 1973, p. 156.

졌다. 협상에서 오히려 요시다가 느긋한 입장이 된 것이었다.

시모다 다케소는 이 회담에서 요시다가 류큐·보닌(오가사와라)에 대해 "99년간 미국에 대여하는 형식"을 제안했는데, 이는 99년 이후 일본 주권의 자동 회복을 고려한 제안이었다. 미국은 그 자리에서는 조금도 반응하지 않았지만, 류큐·보닌에 대해 일본에 "잠재적 주권"이 있다고 선언했다. 그러나 20년도 지나지 않아 류큐·오가사와라는 일본에 반환되었다.[20] 1951년 1월 31일 개최된 덜레스-요시다의 2차 회담은 위의 「우리측 견해」를 미국측에 전달하는 것이었다.[21]

덜레스와 요시다의 간단한 회담이 있은 후 미국과 일본 실무자들의 회담이 진행되었다. 실무회담의 핵심은 결국 일본의 재군비와 미일안보협정 문제였다. 그 밖의 어업·재산 문제 등은 큰 쟁점을 형성하지 못했다. 일본 외무성 기록에 따르면 '일·미 사무레벨 절충'은 총 4회 진행되었다. 제1회 미일실무자회담(1951. 2. 1)에는 미국측의 앨리슨 공사, 존슨 국방부 차관보, 매그루더 장군, 밥콕 대령, 일본측의 이구치 사다오(井口貞夫) 외무성 차관, 니시무라 구마오(西村熊雄) 외무성 조약국장이 참석했다.[22] 이 자리에서 일본측은 미국측에 네 개의 비망록을 전달했는데, 핵심은 일본의 안전보장 및 미일안보협정에 관한 내용이었다.

- 「안전보장에 대해 평화조약에 삽입할 조항」: 일본의 유엔가입 보증, 일본의 국제적 평화·안전 지속을 위한 유엔헌장에 따른 협정[23]
- 「상호 안전보장을 위해 일미협력에 관한 구상」[24]

---

20) 下田武三 著·永野信利 編, 1984, 위의 책, 62쪽.
21) 「吉田·ダレス會談(第2回)」(1951. 1. 31), 日本外務省, 2007, 위의 책, 189~192쪽.
22) 「日米事務レベル折衝(第1回)」(1951. 2. 1), 日本外務省, 2007, 위의 책, 192~195쪽.
23) 「安全保障について平和條約に挿入すべき條項」(Clauses to be Inserted in the Peace Treaty)(Tentative) 日本外務省, 2007, 위의 책, 196쪽.

- 「어업에 관한 메모」[25]
- 「수출 및 수입에 있어 공정경쟁에 대해」[26]

제2회 미일실무자회담(1951. 2. 2)에서 일본은 국가치안성(Ministry of National Security) 설치를 제안한 반면, 미국은 미일안보협정의 초안인 「상호 안전보장을 위한 일미협력협정안」을 제출했다.[27] 회담이 끝난 후 일본측은 미국측의 「상호안전보장을 위한 일미협력협정안」에 대한 일본측 의견을 당일 저녁 제출했다.

- 「안전보장에 관한 일미협력을 위한 중앙기관 설치에 대해」: 국가치안성의 설치 제안[28]
- 「상호 안전보장을 위한 일미협력협정안」[29]
- 「상호안전보장을 위한 일미협력협정안에 대한 우리측 의견」[30]

미일안보협정초안에 대한 일본측 검토의견은 크게 세 가지였다. 첫째, 일본이 미국에 공여하는 권리, 특권, 권력, 권위, 편의 등을 상세히 나열하지 않은 점, 둘째, 미군이 사용할 시설·지역을 주둔의 목적에 필요한 것으로 한정

---

24) 「相互の安全保障のための日米協力に關する構想」(Formula concerning Japanese-American Cooperation for Their Mutual Security), 日本外務省, 2007, 위의 책, 197~200쪽.
25) 「漁業に關するメモ」(On Fisheries), 日本外務省, 2007, 위의 책, 200~201쪽.
26) 「輸出および輸入における公正競爭について」(Fair Trade in Export and Import), 日本外務省, 2007, 위의 책, 201~202쪽.
27) 「日米事務レベル折衝(第2回)」(1951. 2. 2), 日本外務省, 2007, 위의 책, 202~203쪽.
28) 「安全保障に關する日米協力のための中央機關設置について」(A Central Organ for Japanese-American Security Cooperation), 日本外務省, 2007, 위의 책, 204~206쪽.
29) Agreement Concerning Japanese-American Cooperation for their Mutual Security(相互の安全保障のための日米協力協定案) 日本外務省, 2007, 위의 책, 207~216쪽.
30) 「相互の安全保障のための日米協力協定案に對するわが方意見」(1951. 2. 2), 日本外務省, 2007, 위의 책, 217~222쪽.

하고 양국 합의로 할 것, 셋째, '방위지역'(defense area)이라는 용어는 일본인에게 요새지대와 같은 광범위한 지역을 연상시키므로 '안보지역'(security area) 혹은 단순히 '지역'(area)으로 사용할 것 등이었다.[31] 이미 미일안보협정 자체는 체결을 전제로 하고 있으며, 세부적 조문과 내용에 대한 검토작업이 진행 중임을 알 수 있다.

한편, 일본측은 2월 3일에는 재군비에 대한 일본측 입장을 전달했는데, 여기서 육해군을 합해 새로 총 5만 명의 보안대를 설치하고, 예비대와 해상보안대를 별개로 운영하며, 이들을 국가치안성(國家治安省)의 방위부(防衛部)에 소속시킬 것, 자위기획본부(自衛企劃本部)를 국가치안성의 방위부에 배속시키는데, 이는 영미 군사사정에 정통한 테크니션을 기용해 일미협정에 의해 설치될 공동위원회 사업에 참여시킨다는 의견을 제시했다.[32]

제3회 미일실무자회담(1951. 2. 5)에는 덜레스가 참석했는데, 약탈재산·재일연합국 재산 등에 대한 문제를 논의한 후, 덜레스는 대일평화조약의 핵심적 사안들을 정리한 'Provisional Memorandum'(假覺書案)을 일본측에 수교했다.[33] 실무적인 협의가 거의 완료되었다고 판단한 덜레스 사절단은 이날부터 일본측에 동경 방문의 주요 목적들을 구체화한 문서들을 전달하기 시작했다. 앞서 살펴본 것처럼 이 '가각서안'은 대일평화조약에 대한 미국의 입장을 진술한 것으로, 1950년 9월 11일 확정된 대일평화조약 초안 및 대일평화7원칙을 보다 구체적으로 서술한 것이었다.[34] 미 국무부 문서철에 따르면, '가각서안'의 영문명은 「대일평화조약에 대한 개략적 초안」으로 전문, 평화, 주권, 영토, 안보, 정치 및 경제 조항들, 전쟁에서 파생된 청구권, 분쟁의 조정, 최종 조

---

31) 「相互の安全保障のための日米協力協定案に對するわが方意見」(1951. 2. 2), 日本外務省, 2007, 위의 책, 217~218, 221쪽.
32) 「再軍備の發足について」(1951. 2. 2), 日本外務省, 2007, 위의 책, 222~224쪽.
33) 「日米事務レベル折衝(第3回)」(1951. 2. 5), 日本外務省, 2007, 위의 책, 224~226쪽.
34) Provisional Memorandum(假覺書案), 日本外務省, 2007, 위의 책, 229~237쪽.

항, 일반적 관측 등 9개 장으로 구성된 문서였다. 미국측 문서와 일본 외무성이 공개한 문서 사이에는 표현상 약간의 차이가 있지만 내용은 일치한다.[35]

제4회 미일실무자회담(1951. 2. 6)에서는 미일안보협정, 어업문제 등이 논의되었다.[36] 이날 회의에서 미국측은 '미일안전보장협정안'과 이에 따른 행정협정안을 일본측에 수교했고,[37] 일본측은 '가각서안'에 대한 일본측 검토의견을 수교했다.[38]

이상과 같은 실무접촉을 통해 미일 양측은 대일평화조약과 관련된 세 가지 문제를 실무적으로 완비했다. 첫째, 대일평화조약문의 사실상 검토완료였다. 이는 미국이 작성한 개략적 초안이었지만, 실제 내용구성과 주요 항목에서는 1951년 9월의 조약과 큰 차이가 없는 것이었다. 둘째, 미일안보협정문의 사실상 완성이었다. 아직 부분적 수정과 양국 정부의 승인, 국회의 비준·동의 절차가 남아 있었지만, 큰 고비는 넘은 것이었다. 셋째, 미일안보협정에 수반되는 주둔군지위협정, 즉 미일행정협정(SOFA)의 협정문안이 완성된 것이었다. 이 세 가지, 즉 대일평화조약·미일안보협정·미일행정협정은 평화와 안보를 교환한 미국·일본 간의 기본조약이 되었다.

미일 간 실무협의가 완료되자 요시다 수상은 맥아더와 회담해(1951. 2. 6) 진행상황을 협의했으며, 덜레스와 제3차이자 마지막 회담(1951. 2. 7)을 가졌다. 미일협의가 종결되자 덜레스의 보좌관인 존 앨리슨과 일본 외무성 이구치 사다오 차관은 2월 9일 일련번호가 붙은 5개의 문서들에 서명했다.[39] 미국의

---

35) 미국측 문서는 RG 59, Department of State, Decimal File, 694.001/2-1051에 수록되어 있다.
36) 「日米事務レベル折衝(第4回)」(1951. 2. 6), 日本外務省, 2007, 위의 책, 237~239쪽.
37) 「日米安全保障協定案」(AGREEMENT between the United States of America and Japan for Collective Self-defense made Pursuant to the Treaty of Peace between Japan and the Allied Powers and the provisions of Article 51 of the Charter of the United Nations); 「安全保障協定を實施するための日米行政協定案」(Administrative Agreement between the United States of America and Japan to implement the provisions of the agreement they have entered into for collective defense), 日本外務省, 2006, 『日本外交文書: サンフランシツコ平和條約準備對策』, 240~242, 242~248쪽.
38) 「假覺書案に對するわが方の意見および說問」(1951. 2. 6), 日本外務省, 2007, 위의 책, 249~252쪽.

대표인 존 포스터 덜레스와 일본의 대표인 요시다 시게루 수상 대신에 존 앨리슨과 이구치 사다오가 서명한 것은 이것이 공식적 협정체결이 아니라 임시적이며 잠정적인 것이라는 점을 강조하기 위한 조치였지만, 사실상 이날 대일평화조약의 기본골격과 합의가 이뤄진 것이었다. 현재의 시점에서 되돌아보면 대일평화조약의 핵심쟁점들이 미국과 일본 사이에 타결되었으며, 대일평화조약·미일안보협정·미일행정협정 등 세 가지 조약의 일괄타결이 성사되었고, 조약에 대한 사실상의 가조인이 있었던 것이다.

아직 영국은 조약 초안을 완성하지도, 미국과 본격적인 조약문 협의를 진행하지도 않던 시점이었다. 미국은 소련·중국을 배제하고, 영국과는 협의·합의도 하지 않은 채 전격적으로 일본과 합의에 이르렀던 것이다.

 Ⅰ. 대일평화조약에 대한 개략적 초안(Provisional Memorandum)(1951. 2. 8)(본문 5쪽, 부록 3쪽)[40]

 Ⅱ. 미일안전보장협정초안(Agreement between the United States of America and Japan for Collective Self-defense made Pursuant to the Treaty of Peace between Japan and the Allied Powers and the provisions of Article 51 of the Charter of the United Nations)(2쪽)[41]

 Ⅲ. 미일안전보장협정초안의 보유(Addendum to Agreement between the United States of America and Japan for Collective Self-defense made Pursuant to the Treaty of Peace between Japan and the Allied Powers and the provisions

---

39) "Memorandum," (1951. 2. 9), singed by John M. Allison and S. Iguchi, RG 59, Department of State, Decimal File, 694.001/2-1051. 한글 제목은 영문·일문에서 적당한 것을 추출한 것이다. 미 국무부의 문서들은 다음 문서에 수록되어 있다. RG 59, Department of State, Decimal File, 694.001/2-1051.
40) Provisional Memorandum(假覺書案)(1951. 2. 8), 日本外務省, 2007, 위의 책, 266~281쪽.
41) 「日本國聯合國間平和條約及び國際聯合憲章第五十一條の規程に従い作成された集團的自衛のためのアメリカ合衆國及び日本國間協定」, 日本外務省, 2007, 위의 책, 281~284쪽.

of Article 51 of the Charter of the United Nations)(1쪽)[42]

IV. 미일행정협정초안(Administrative Agreement Between the United States of America and Japan to Implement of the Agreement They Have Entered into for Collective Defense)(5쪽)[43]

V. 미일행정협정초안의 보유(Addendum to Administrative Agreement Between the United States of America and Japan to Implement of the Agreement They Have Entered into for Collective Defense)(1쪽)[44]

　　이로써 덜레스의 1951년 제1차 동경 방문은 종결되었다. 덜레스의 1951년 1~2월 동경 방문은 한국 전장에서의 상황이 극도로 불안정한 상태에서 이뤄진 것이었다. 1950년 11월 중공의 개입 이후 백두산까지 진격했던 유엔군은 급속히 후퇴했으며, 1951년 1월 초에는 한국정부 및 주요 인사들의 제주도·일본 망명을 고려할 정도로 전황이 악화되었다. 대일평화조약의 조속한 체결이 필요하다는 인식이 미국 조야에서 제기되었고, 덜레스는 전격적으로 일본과 대일평화조약·미일안보조약의 체결에 합의하게 된 것이었다. 다른 연합국과의 협의, 구체적 조약문의 세부적 수정작업이 남았지만, 1951년 2월 11일 그가 동경을 떠날 때 이미 대일평화조약은 거의 완성단계에 돌입했다고 보아도 과언이 아니었다.

　　덜레스는 동경 방문 중 요시다 시게루 수상을 공식적으로 세 차례 면담했을 뿐만 아니라 인민당·사회민주당·자유당 등 주요 정당 지도자들과도 만났

---

42) 「日本國聯合國間平和條約及び國際聯合憲章第五十一條の規程に從い作成された集團的自衛のためのアメリカ合衆國及び日本國間協定の補遺」, 日本外務省, 2007, 위의 책, 284~286쪽.
43) 「集團的自衛のため作成された協定の規程を實施するためのアメリカ合衆國及び日本國間行政協定」, 日本外務省, 2007, 위의 책, 287~298쪽.
44) 「集團的自衛のため作成された協定の規程を實施するためのアメリカ合衆國及び日本國間行政協定の補遺」, 日本外務省, 2007, 위의 책, 299~300쪽.

다. 덜레스는 맥아더사령부에 의해 추방된 자유당 정치인으로 1950년대 일본 총리를 지낸 하토야마 이치로(鳩山一郞, 1883~1959)와 이시바시 단잔(石橋湛山, 1884~1973)과 면담했으며, 류큐 출신 인사들과도 면담했다.[45]

덜레스와 일본의 가장 주요한 관심사는 일본의 미래안보문제였다. 2월 2일 일본 국회에서 덜레스는 만약 일본이 상호방위와 같은 일정한 조약체제하에 들어온다면 미국은 주일미군을 확실히 보유해달라는 일본정부의 요청을 긍정적으로 검토할 것이라는 취지로 연설했다.

일본인들의 또 다른 관심사는 영토문제였다. 일본인들은 덜레스에게 일본의 주권이 포츠담선언에 언급된 주요 4개 섬보다 더 확장되기를 희망한다고 청원했다. 덜레스와 면담한 주요 4개 정당들은 모두 최소한 류큐, 보닌, 쿠릴의 회복을 요청했다. 덜레스는 일본은 포츠담선언에서 약속된 것 이상을 바라서는 안 된다고 말함으로써 확고한 태도를 표명했다. 덜레스는 주일영국대표부의 조지 클러턴(George Clutton)에게 요시다가 두 차례나 이 문제를 자신에게 제기했다고 말했다.[46] 한편, 덜레스 사절단의 앨리슨은 이렇게 회고했다.

> 우리는 또한 일본인들의 류큐제도와 오가사와라제도의 회복을 위한 탄원에 깊은 감명을 받았다. 그러나 우리는 그들의 그러한 요구를 그 당시에는 들어주지 않았는데 나는 그 이후 덜레스가 샌프란시스코평화회의에서 일본이 이 섬들에 대한 주권을 유지하며, 미국이 그것을 관리해야 한다는 발언을 이때 생각해냈을 것이라고 믿는다. 오가사와라제도는 1968년에, 류큐제도는 1972년에 일본에 반환되었다.[47]

---

45) FO 371/92532, 213424, FJ 1022/95 Japan(1951. 2. 17), Subject: Japanese Peace Treaty: Summaries of Mr. Dulles interviews with Japanese Officials in preparation of a Peace Treaty.
46) FO 371/92532, 213424, FJ 1022/95 Japan(1951. 2. 26), Mr. George Clutton to Mr. Bevin(no.66), Subject: Japanese Peace Treaty, Visit of Mr. John Foster Dulles to Japan.
47) John M. Allison, 위의 책, p. 156.

이후 5개 문서에 대한 일본과 미국의 조율작업이 있었지만, 대체적인 틀에는 변화가 없었다. 미국은 일본과 주요 조율을 끝낸 후 1951년 3월 최초의 공식초안을 완성했다. 이 조약 초안은 3월 말 관련 당사국들에 회람되었는데, 미국이 대외적으로 공개한 최초의 공식초안이었다.

(3) 미국 조약 초안(1951. 3. 임시초안)에 대한 일본정부의 회신(1951. 4. 4)

일본은 1951년 3월 27일 주일미정치고문 윌리엄 시볼드(William J. Sebald)를 통해 미국의 임시초안(제안용)을 전달받았다. 이에 대한 일본정부의 회신은 1951년 4월 4일이었다. 불과 8일 만에 의견서를 제출했던 것이다. 이미 1951년 1~2월 미일협의를 통해 미국의 조약 초안을 숙지하고 있었으며, 이후 2~3월 지속적인 접촉과정을 통해 세부사항에 대한 수정작업까지 완료된 상태였기 때문에 가능한 일이었다. 종래 일본의 조약 초안에 대한 검토의견 회신일자보다 한국정부의 회신일자가 약 3주 이상 늦었다는 점을 지적해, 한국정부의 늑장대응이 도마 위에 올랐지만, 이는 현상적 비판이다. 양국의 대응간격의 차이는 양국 외교부서의 평화조약 준비 정도, 조약에 대한 사전정보, 업무 연관성 등에서 비롯된 것이었다.

이구치 사다오 차관이 시볼드에게 수교한 일본정부의 검토의견에는 별다른 내용이 없었다.[48] 일본정부는 미국이 임시초안을 송부한 데 감사를 표하면서 몇 가지 '사소한 수정'을 요청했다. 일본정부가 요청한 것은 두 가지 사항이었다.

---

48)「平和條約草案に對するわが方意見」(1951. 4. 4), 日本外務省, 2007, 위의 책, 351~352쪽.

(A) 제3장 제4조: "북위 29도 이남의 류큐제도"를 "북위 29도 이남의 난세이(南西)제도"로 바꿔줄 것. 북위 29도 이남에 위치한 아마미(奄美)제도는 류큐제도에 속하지 않으나(강조), 사츠난(薩南)제도에 속하는데, 난세이(南西)제도는 사츠난제도와 류큐제도, 즉 규슈와 대만 사이의 모든 섬들을 포함함.

(B) 제6장 제14조: "연합국은 일본이 금, 통화, 재산 혹은 서비스를 지불할 능력이 부족하다고 인정한다"는 조항에 대해 "현물(current production) 지불에 대한 언급이 없었음(강조). 생략이 어떤 중요성을 갖는지가 명백하지 않음(강조). 그러나 어떤 경우에도, 일본정부는 위의 열거사항에 '현물' 추가가 바람직함을 고려해주기를 희망함." 이상.[49]

일본이 제시한 것은 류큐를 난세이로 이름을 바꿔달라는 것인데, 평화조약 초안에 대한 일본정부의 의견서라고 보기에 부적절할 정도로 매우 간략하며, 이는 이미 미일 간에 중요 문제에 대한 합의가 완료된 상태임을 반영한다.

이에 대해 시볼드는 역시 류큐보다 난세이가 역사적으로 정확한 것으로 보인다고 보고했다. 시볼드는 "일본인들의 '류큐제도' 용어사용은 '난세이제도'와 동일한 것이 아님(강조), 전자의 용어(류큐제도)는 구(舊)오키나와현 내에 포함된 섬들(오키나와, 다이토와 센토섬을 포함한 사키시마小群)에만 적용됨.(시볼드)"[50]라는 의견을 첨부한 후 당일 무선으로 국무부에 송부했다. 대일평화조약 체결을 앞두고 일본 외무성과 주일미정치고문이 1951년 4월 초에 수행하고 있던 의견조율의 수준이 이러했다. 전체적인 견지에서 볼 때 대일평화조약의 주요 문제가 종결된 상태였음을 반영했다.

일본측 의견서를 접수한 미 국무부의 실무자 피어리는 국무부 지리고문인 새뮤얼 보그스(Samuel W. Boggs)에게 전화해 일본정부의 제안을 설명하며 도

---

49) Telegram by Sebald to the Secretary of State, no.1750(1951. 4. 4), RG 59, Department of State, Decimal File, 694.001/4-451.

움을 청했다. 미국 수로지(U.S. Hydrographic report)를 검토한 보그스는 난세이쇼토(남서제도)가 타이완 북동해안 끝에서 규슈 남단까지 호(弧, arc)형으로 뻗어 있는데, 섬은 남쪽에서 북쪽으로 사키시마군도(Sakishima Gunto), 오키나와군도(Okinawa Gunto), 아마미군도(Amami Gunto), 도카라군도(Tokara Gunto), 수미군도(Sumi Gunto) 등 다섯 개로 불린다는 사실을 발견했다.[51] 때문에 보그스는 "난세이"가 보다 정확한 용어로 사용되어야 한다는 의견을 제시했다.[52]

그러나 피어리는 "류큐"가 보다 더 친숙한 이름이며 일본이 "난세이"를 제안한 것은 이것이 일본어 단어("류큐"는 중국어 "Loochoo"에서 기원함)이며 미래에 일본의 소유권을 위한 암시이기 때문일 가능성이 있다고 정확히 지적했다. 피어리는 첨부된 지도에 보그스가 언급한 5개의 군도와 그 옆에 다이토군도(Daito Group) 등 총 6개의 군도들을 표시했다. 여기에 사용된 지도는 바로 1947년 보그스가 사용한 수로국 해도(H.O. Chart) 제1500호의 일부로 일본령, 한국령, 대만령이 표시된 지도였다.

이상과 같이 이미 1951년 4월에 접어들면 평화조약에 대비한 일본 외무성의 검토작업이 조약문에 반영될 지명의 교체까지 검토할 정도로 난숙되었음을 알 수 있다.

---

50) Telegram by Sebald to the Secretary of State, no.1750(1951. 4. 4), RG 59, Department of State, Decimal File, 694.001/4-451.
51) U.S. Hydrographic Office no.123B, *Sailing Direction for Japan*, Vol. II(southern part) 1st edition, 1943, p. 317.
52) Memorandum by Fearey to Allison, Subject: Nansei Shoto(1951. 4. 5), RG 59, Department of State, Decimal File, 694.001/4-551.

2. 1951년 덜레스의 2차 방일과 일본의 한국 배제 주장

덜레스는 1951년 4월 16일 재차 동경을 방문했다. 맥아더가 지속적 명령 불복종을 이유로 연합군최고사령관에서 전격 해임되었기(1951. 4. 11) 때문이었다. 미국의 대일정책에 변함이 없으며 평화조약을 예정대로 추진한다는 확신을 전하기 위해서였다.

덜레스가 일본으로 향하기 직전 일본에 대한 덜레스의 신뢰를 보여주는 사건이 하나 있었다. 1951년 4월 25일부터 워싱턴에서 대일평화조약과 관련한 제1차 영미합동회의가 개최될 예정이었다. 독자적 조약 초안을 준비하던 영국 외무성 관리들이 워싱턴을 방문해 미국측 초안과 비교 검토를 통해 조약 초안 통합을 시도할 예정이었다. 4월 9일 딘 애치슨(Dean Acheson)의 서명을 받아 동경의 시볼드에게 보낸 전문에서 덜레스는 이렇게 쓰고 있다.

> 우리는 때때로 자문할 수 있고, 영국 참가로 인하여 일본이 기꺼이 양보 가능한 사항을 표시해줄 만한 지위에 있는, 일본정부의 특정대표가 워싱턴에 체류할 수 있다면 매우 도움이 되겠다고 생각한다. 그런 인사가 워싱턴에 있다는 사실이 최소로 알려지는 것이 바람직할 것이며, 따라서 이구치(사다오 — 인용자)처럼 동경 출발을 감출 수 없는 인사들을 보내는 것은 아마도 불가능할 것이다. 반면, 누가 오든지 간에 일본정부의 관점을 완전히 숙지해야만 하며 이를 믿음직하게 표현할 수 있는 지위에 있는 사람이어야 한다는 점은 중요하다. 만약 누군가를 워싱턴에 보내도록 결정해야 한다면, 그를 조만간 이곳에서 설립될 대외무역사무소(Overseas Trade Office) 파견으로 할 수 있을 것이다.
> 우리는 조약이 가능한 한 다수 연합국들이 동의하도록 하기 위해 어느 정도까지 다른 정부들의 요구에 동의해야 하는가를 결정하는 데 있어서 일본이 일정한 책임을 담당하는 것과 이런 결정을 내리는 모든 부담이 오직 미국에만 전가되지 않도록 하는 것이 중요하다고 생각한다.[53]

정말 놀라운 제안이다. 이 직후 덜레스는 일본을 방문했으며, 그가 동경에서 귀환한 직후 영국대표단이 워싱턴에 도착했다. 덜레스의 제안은 아마도 해프닝으로 끝난 것 같지만, 가장 중요한 동맹국인 영국과의 협상과정에 일본 외교대표를 참석시켜 조율하겠다는 덜레스의 생각은 파격적인 것이다. 그가 동경을 방문했을 때 영국정부의 조약 초안을 일본정부에 제시한 것은 우발적이거나 우연한 사건이 아니라 일본정부에 대한 덜레스의 신뢰와 덜레스식 책임 부여의 방안이었음을 알 수 있다.

(1) 덜레스의 계획, 일본의 계획

4월 13일 덜레스의 방일이 보도되자, 일본은 1951년 1~2월과 마찬가지로 준비대책을 서둘렀다. 일본 외무성은 신탁통치하에 놓이는 류큐·보닌제도 문제와 청구권·재산 관련 문제에 대해 집중적인 대비책을 마련했다.[54]

한편, 4월 16일 동경에 도착한 덜레스 일행은 4월 17일과 4월 18일 참모회의를 개최하여 일본과의 회담전략을 논의했다. 그런데 4월 17일 회의에서 놀랍게도 덜레스는 이구치 사다오 외무차관에게 영국 조약 초안을 검토할 기회를 주는 것이 바람직하다고 제안했다.[55] 영국 외무성의 대일평화조약 공식초안은 1951년 4월 7일 완성되었고, 4월 9일 런던 주재 미국대사관에 전달되었

---

53) Telegram from Dulles to Sebald, no.1441(1951. 4. 9), RG 59, Department of State, Decimal File, 694.001/4-951.
54) 「平和條約案に關するわが方の對米要望事項案」(1951. 4. 14), 「吉田·ダレス會談のための總理用準備資料」(1951. 4. 16), 日本外務省, 2007, 위의 책, 363~373쪽. 일본 외무성은 1951년 4월 이후 류큐제도 대신 난세이제도를 대외적인 공식명칭으로 사용했다.
55) "Minutes-Dulles Mission Staff Meeting, Dai Ichi Building, April 17, 9:00 A.M." by R. A. Fearey, RG 59, Office of Northeast Asia Affairs, Records Relating to the Treaty of Peace with Japan-Subject File, 1945-51, Lot 56D527, Box 6.

다. 영국은 주요 연합국인 프랑스·네덜란드 등에는 그다음 주에야 영국 초안을 전달할 예정이었다.[56] 그런데 4월 17일 동경에서 덜레스는 영국 초안을 일본측에 제공하기로 했던 것이다. 앞의 영미회담에서 다룬 바와 같이, 덜레스는 영국 조약 초안을 일본정부에 제공하는 문제와 관련해서 영국정부와 하등의 상의도 하지 않았으며, 미일협의 후 진행된 워싱턴의 제1차 영미회담에서도 일본측에 영국 조약 초안을 보여주었다는 점을 밝히지 않았다.

덜레스는 이구치에게 영국 초안 사본을 주지는 말고 단지 그가 필기하도록 하며, 미국 귀환 이전에 영국 초안에 대한 일본정부의 견해를 사절단에 제공해주길 요청하라고 지시했다. 덜레스는 피어리에게 이 일을 맡겼다. 덜레스는 일본이 영국 제안을 다루는 데 있어 일정한 책임을 지는 것이 바람직하다는 견지에서 이렇게 결정했다. 덜레스는 "영국 초안은 아마도 연합국들이 제기하고 싶은 모든 세부적 문제들을 구현하고 있다"는 점을 일본에 보여주고 싶었을 것이다.[57]

4월 17일 오후 피어리가 연합군최고사령부 외교국에서 영국측 조약 초안을 보여주었다. 피어리는 미국측 조약 초안과 대비해 영국측 조약 초안에 대한 일본측 의견을 알려주면, 영국과 이를 검토하겠다는 의사를 피력했다.[58] 덜레스의 지시대로 이구치 사다오 외무차관이 조약 초안을 받아 적은 것으로 보인다. 이구치는 영국측 조약 초안이 10장 40조 5개 부속서로 구성되어 있으며, 이탈리아평화조약과 마찬가지로 승전국이 패전국과 체결하는 강화조약의 형식이라고 평가했다.[59]

덜레스의 1951년 4월 방일은 맥아더 해임에 따른 일본의 불안감 해소를

---

56) *FRUS*, 1951, Vol. VI, p. 979, footnote 2; FO 371/92538, 213349, FJ 1022/222, Mr. Morrison to Sir O. Franks(Washington), no.401(1951. 4. 7).
57) "Minutes-Dulles Mission Staff Meeting, Dai Ichi Building, April 17, 9:00 A.M." by R. A. Fearey, p. 1.
58) 「英國の平和條約案について」(1951. 4. 17), 日本外務省, 2007, 위의 책, 374~375쪽.
59) 위의 자료, 374쪽.

위한 것이었기 때문에 특별히 중요한 다른 의제는 설정되지 않았다. 영국측 초안을 제시한 것 외에 4월 17일과 18일의 참모회의에서 논의된 의제들은 생산물 배상의 방안을 일본에 제시, 영국과의 회담에 대한 고충, 요시다 면담과 일본 국회 연설(4. 23) 시에 매튜 리지웨이(Matthew B. Ridgway) 신임 연합군 최고사령관을 참석시키는 문제, 조약서명 장소문제 등이었다.[60] 덜레스는 이탈리아평화조약의 모델에 따라 필리핀, 말라야, 버마 등 기타 배상요구 국가들에 생산물배상을 함으로써 무역채널을 재개하는 데 도움을 받을 수 있다는 견해를 표명했다. 한편, 조약서명 장소문제와 관련해 시볼드는 이구치 사다오와 이 문제를 논의했다며 동경에서 서명해야 한다고 주장했는데, 덜레스는 주일영국대표부 클러턴의 말을 빌려 행사가 동경에서 개최된다면 연합국과 일본의 미래관계에 해악이 될 것이라고 했다.

제2차 방일에서 덜레스는 요시다와 두 차례 회견했다. 1951년 4월 18일 제1회 회담에 앞서 오전 11시 최고사령부에서 리지웨이와 함께 요시다를 면담했다.[61] 이어 4월 18일 오후 3시부터 4시까지 덜레스·요시다의 회담이 개최되었다. 이 자리에는 일본측 요시다 시게루 수상, 이구치 사다오 외무차관, 니시무라 구마오 조약국장, 미국측 덜레스 특사, 시볼드, 존슨 차관보, 밥콕 대령, 피어리 등이 참석했다. 회담에서는 중요한 의제가 다뤄지지 않았다. 가장 중요한 의제는 1951년 4월 23일 제2회 회담에서 다루어졌는데, 영국 조약 초안에 대한 검토, 한국의 참가문제 등이 집중적으로 논의되었다.

4월 18일 제1회 회담에 대한 미국측 회의록과 일본측 회의록에는 강조점에 약간의 차이가 있다.[62] 미국측 회의록에서 덜레스는 현물배상문제, 미일안보조약 보유의 수정문제, 서명장소, 행정협정 등의 문제를 거론했다. 일본측

---

60) "Minutes-Dulles Mission Staff Meeting, April 18, 9:30 A.M." by R. A. Fearey, RG 59, Office of Northeast Asia Affairs, Records Relating to the Treaty of Peace with Japan-Subject File, 1945-51, Lot 56D527, Box 6.
61)「吉田・リッジウェイ・ダレス會談」(1951. 4. 18. 오전 11시), 日本外務省, 2007, 위의 책, 382~383쪽.

회의록에 따르면, 덜레스는 영국 조약 초안을 거론하면서 어제 보여준 영국 초안에 대해 일본측이 의견을 제시해주면, 다음 주 영국사절단이 워싱턴에 와서 "우리가 영국과 회담할 때 유익한 자료가 된다"라고 발언했다.[63] 유엔군의 활동을 '한국'으로 제한한 지역적 한정을 삭제하기로 한 정도가 이날 회의에서 논의된 바였다.

(2) 영국 초안에 대한 미일협의와 독도문제

위에서 살펴본 것처럼, 덜레스는 4월 17일 영국 조약 초안을 일본 외무성에 제공했고, 일본 외무성은 4월 20일에 일본정부의 의견을 작성해 이구치 사다오 차관이 시볼드에게 전달했다.[64] 「영국의 평화조약안에 대한 우리측 의견」이라는 이 비망록은 당시 일본의 입장을 명확히 보여준다.

먼저 일본측은 전체적 의견으로 영국안이 무조건항복을 한 적국에 대해 전승국이 부과하는 강화조약의 성질로 베르사유조약의 경험을 반복하는 것이라고 비판했다. 나아가 영국 초안은 일본 국민에게 큰 실망감을 안겨주며, "연합국과 제휴해 국제 평화와 안전을 유지하는 데 기여하려는 의욕을 스포일(spoil)할 것"이라고 비판했다. 또한 조약의 내용은 이탈리아평화조약의 조항을 답습하고 있는데, 일본의 경우는 이탈리아와는 다르다고 주장했다. 이미 6년간 연합군 점령관리하에서 전쟁을 일으킨 제조건이 처리 완료되었으며,

---

62) Memorandum of Conversation by R. A. Fearey, Subject: Japanese Peace Treaty(1951. 4. 18), RG 59, Office of Northeast Asia Affairs, Records Relating to the Treaty of Peace with Japan-Subject File, 1945-51, Lot 56D527, Box 6.;「吉田・ダルス會談(第1回)」, 日本外務省, 2007, 위의 책, 384~388쪽.
63)「吉田・ダルス會談(第1回)」, 385쪽.
64)「英國の平和條約案に對するわが方意見(Observatons on the British Draft Peace Treaty for Japan)」(1951. 4. 20), 日本外務省, 2007, 위의 책, 388~392쪽.

일본의 비군사화와 민주화의 기초가 점차 확립되어, 일본 스스로 책임지고 유지할 결의를 갖고 있다는 것이다. 전체적으로 미국안이 보다 현실적이고 바람직하다며, 일본 국민들도 미국안을 따라 평화조약이 체결되기를 희망한다고 썼다. 즉, 일본은 1951년 2월 9일 미국과 서명·교환한 5개 문서에 따른 '비징벌적이고 관대한 평화조약'을 기대하고 있다가, 영국측 조약 초안의 '징벌적 평화조약'을 대면하고 경악을 금치 못했던 것이다.

이 상황은 가장 중요한 미국의 동맹국인 영국의 조약 초안에 일본측이 격렬히 반발할 정도로 미국이 일본의 편에 서 있었음을 보여준다. 한국전쟁의 전황이 급박하게 전개되는 상황에서 미국은 1951년 2월 동경에서 전격적으로 일본과 대일평화조약·미일안보협정·행정협정 등 중요 조약문 성안에 합의하고, 사실상 가조인한 상태였다. 1951년 2월 미국의 전격적 판단과 결정은 '관대한 평화조약'이라는 측면에서 일본을 고무시키기에 충분했다. 미국은 동경에서 일본과 5개 문서에 서명하고, 대일평화조약·미일안보협정·행정협정의 기초를 완성하고 사실상 가조인상태에 들었음을 영국정부에 알리지 않고 있었다. 미국·영국 관계에 비해 미국·일본 관계의 상대적 긴밀성과 자력(磁力)을 보여주는 대목이었다.

각 조항에 대해서 일본측은 원칙적으로 모두 미국안이 채택되기를 희망한다고 적었다. 일본은 영국안 중 전문 제9조(바람직하지 않은 정치단체), 제10조(연합국과 협력한 일본인의 보호), 제14조(콩고분지조약), 제23조(지금(地金)보석류에 관한 규정), 제28조(중립국 및 구적국에 있는 일본 재산), 제31조(전전(戰前)의 청구권), 제34조(어업의 제2항), 제40조(실시) 등의 제조항이 사실상 불필요하며 일본 국민의 감정만을 자극할 뿐이라고 썼다.

반면, 일본측은 영국 초안 가운데서 시코탄이 일본령에 포함된 점, 점령의 종료, 금전채무의 규정 등은 미국 초안에 포함되어야 한다고 논평했다.[65] 대일평화조약의 전체적 추진과정으로 볼 때 영국측 조약 초안에 대한 일본정부의 검토의견서는 최고의 클라이맥스에 속하는 것이었다. 전쟁에 대한 책임이나 반성이 없었으며, 패전국으로서 감당할 의무나 징벌에 대한 관념도 전혀 없음이 드러났기 때문이다. 그런데 일본 외무성 기록에는 이 의견서를 문서형태로 1951년 4월 20일 시볼드에게 수교했다고 했으나, 미 국무부 기록에는 해당 문서가 발견되지 않는다.

미 국무부 기록에는 니시무라 구마오 외무성 조약국장과 안도(安藤) 총무과장 등 기술자문역들이 구두로 진술한 일자 미상의 논평이 발견된다.[66] 일본 외무성 기록에 따르면, 이는 1951년 4월 21일 니시무라 조약국장이 피어리와의 회담에서 구두로 진술한 「영국안에 대해 구두진술한 우리측 견해」였다.[67] 니시무라 구마오 조약국장은 안도 총무과장, 다카하시(高橋) 조약과장 및 우시로쿠 도라오(後宮虎郎) 재외방인(在外邦人)과장을 대동했다. 회담은 피어리의 사무실에서 일본측 네 명이 영국 초안에 대한 일본정부의 입장을 진술하는 것으로 진행되었으며, 전날 일본정부가 수교한 의견에 대한 보충설명이었다.[68]

니시무라가 구두로 진술한 일본정부의 논평 역시 이구치 차관의 문서와 유사했는데, 매우 상세한 논평이었다. 전반적으로 미국의 초안을 선호한다는 표현이 여섯 차례 이상 사용되었을 정도로 영국 초안에 대한 거부감과 미국 초안에 대한 호감을 나타내고 있다. 한국과 관련해서 지적된 부분은 다음과 같다.

---

65) 「英國の平和條約案に對するわが方意見(Observations on the British Draft Peace Treaty for Japan)」 (1951. 4. 20), 388~392쪽.
66) "Japanese Comments on Individual Articles of British Draft Given Orally by Nishis(m)ura, Ando and Technical Assistants," (undated), RG 59, Office of Northeast Asia Affairs, Records Relating to the Treaty of Peace with Japan-Subject File, 1945-51, Lot 56D527, Box 6. Folder "Treaty-Draft-May 3-June 1, 1951".
67) 「英國の平和條約案に對するわが方の逐條的見解について」(1951. 4. 21), 日本外務省, 2007, 위의 책, 396~406쪽.
68) 위의 자료, 397쪽.

전문

제1항. 적시된 15개 국가만이 아니라 가급적 많은 대일교전국가가 최초의 서명국(original signatories)이 되길 희망함(영국 초안에서 한국이 생략된 것을 승인함).[69)]

제2항 및 제3항. 전쟁범죄조항에 대해 매우 불만스러움.

제1장 영토조항

제1조. <u>수상은 인근 바다에 일본을 둘러싸는 상징적 울타리(figurative fence)를 치는 방식을 싫어함. 일본을 제약하는 것으로 보이며, 일본인들에게 너무 분명하게 영토를 상실했다는 인상을 줄 것이라고 말함. 미국 초안을 훨씬 선호함.</u>[70)] 영국 초안에 시코탄을 일본 영토로 포함한 것을 기쁘게 지적함. 하보마이 또한 포함된 것으로 보이지만 특정해서 언급되어야 한다고 확신함. 30도에서 29도 사이의 류큐 상실은 불만스러움. 일본인은 30도보다 29도에 선을 그은 미국에 매우 감사함.[71)] (강조는 인용자)

일본은 자국의 이익에 철저했다. 일본은 전반적으로 자국에 관대한 미국측 초안을 선호했지만, 자국의 이해가 걸린 부분에서는 영국 초안을 옹호했다. 특히 한국이 서명국에서 배제된 점, 시코탄이 일본령으로 표시된 점에서

---

69) 일본 외무성 기록에는 "전문 중에 Allied and Associated Powers로서 극동위원회의 원(原)가맹국 11개국 이외에 버마, 인도네시아, 실론, 파키스탄의 15개국을 열거하고 있지만 한국은 들어 있지 않다. 한국의 지위에 관한 우리의 의문은 후에 가입문제와 연관해 제기하며, 전문조항에는 관련되지 않는다"라고 되어 있다[「英國の平和條約案に對するわが方の逐條的見解について」(1951. 4. 21), 397쪽].
70) 일본 외무성 기록에는 "제1조 영국안과 같이 경위도(經緯度)에 의한 상세한 규정은 일본 국민에게 영토 상실감을 강하게 인상 주어 감정상 재미없다. 大臣(수상)은 부속지도를 사용한 데 대해서도 국민감정에 주는 영향에 대한 고려로 반대했다"라고 되어 있다[「英國の平和條約案に對するわが方の逐條的見解について」(1951. 4. 21), 397쪽].
71) "Japanese Comments on Individual Articles of British Draft Given Orally by Nishis(m)ura, Ando and Technical Assistants," (undated), p. 1.

는 영국 초안을 '승인'하거나 '기뻐'했다. 문제는 한국의 참가 여부가 한국과 논의된 것이 아니라 일본과 논의되었다는 사실에 있었다. 또한 요시다 시게루가 강력하게 영국 초안의 영토표기방식, 즉 일본 영토를 분명히 표시하기 위해 울타리를 치는 방식으로 일본령을 표기하는 방식에 반대했음을 알 수 있다.

요시다 시게루는 "일본을 제약"하는 울타리를 치는 방식, 혹은 "경위도(經緯度)에 의한 상세한 규정"이 일본 국민에게 영토 상실감을 준다며 반대했을 뿐만 아니라 부속지도를 사용한 것도 일본 국민감정에 주는 영향이 크다며 반대했다. 그러나 앞에서 살펴본 것처럼, 경위도에 의한 상세한 규정과 부속지도의 사용은 카이로선언과 포츠담선언에 명시된 일본령에 포함·배제될 섬들을 특정하기 위한 필수적이고 필연적인 방안이었다. 즉, 일본이 국민감정을 운운하며 반대한 것은 사실상 자신들이 항복조건으로 수락한 카이로선언·포츠담선언의 대일영토규정에 대한 거부이자 무시였다. 요시다 시게루가 카이로선언·포츠담선언의 대일영토규정을 거부·무시하고 이것이 미국에 의해 수용되는 과정은 대일평화조약의 전반적 성격이 완전히 변화했음을 보여주는 증표였다.

덜레스 사절단의 제2차 방일의 하이라이트는 4월 23일 제2회 덜레스·요시다회담이었다. 이 자리에서는 영국 조약 초안에 대한 검토와 한국의 조약참가문제가 집중적으로 거론되었다. 주일미정치고문 시볼드의 회고이다.

> 덜레스는 4월 23일까지 체류했다. 마지막 날 우리가 방금 접수한 영국 조약 초안을 검토하는 데 시간을 다 보냈다. 요시다 수상, 이구치 사다오 외무차관, 외무성 조약국장으로 우수한 전문가였던 니시무라 구마오가 우리와 합류해 내 사무실에서 몇 시간 동안 함께 회의를 했다. 영국 초안 사본을 건네받았던 일본측은 기술적으로 정확하고 포괄적이었던 영국측 문서보다는 미국측 문서를 선호했다.[72]

미국과 일본이 논의한 영국측 평화조약 초안에 대한 검토과정을 일자별로 정리하면 다음과 같다.

- 1951년 4월 7일: 영국 외무성 대일평화조약 초안 완성.
- 1951년 4월 9일: 영국 외무성 주영미국대사관에 조약 초안 송부.
- 1951년 4월 16일: 덜레스 사절단 일본 동경 도착.
- 1951년 4월 17일: 오전 방일 중인 덜레스, 피어리에게 이구치 사다오 외무차관에게 영국 조약 초안 제시 지시, 오후 피어리가 이구치에게 조약 초안 보여줌.
- 1951년 4월 18일: 덜레스·요시다회담에서 덜레스가 영국 초안에 대한 일본 정부의 의견 요청.
- 1951년 4월 20일: 이구치차관, 일본정부의 검토의견서를 시볼드 주일정치고문에게 송부.
- 1951년 4월 21일: 니시무라 구마오 조약국장, 안도 총무과장, 다카하시 조약과장, 우시로쿠 재외방인과장 4인과 피어리가 일본정부 검토의견서에 대한 조문별 검토의견 구두 진술.
- 1951년 4월 23일: 요시다 수상, 이구치 사다오 외무차관, 니시무라 구마오 조약국장, 덜레스 사절단 및 시볼드와 영국 조약 초안 검토, 덜레스 사절단 동경 출발.
- 1951년 4월 25일: 영국 외무성 실무자, 미영회담을 위해 워싱턴 도착.

위에서 알 수 있듯이, 1951년 4월 덜레스 사절단의 제2차 일본 방문은 그 핵심이 영국측 조약 초안에 대한 미일합동 검토, 보다 정확히 표현하자면 영

---

72) William J. Sebald with Russell Brines, *With MacArthur in Japan: A Personal History of the Occupation*, W. W. Norton & Company, Inc., New York, 1965, p. 266.

국측 조약 초안에 대한 일본의 논평과 미국의 수용과정이었다고 해도 과언이 아니었다.

한 가지 분명한 것은 영국 조약 초안에 독도(다케시마)가 일본령에서 배제되어 있음이 분명히 표시되어 있지만, 이에 대해 일본측이 전혀 지적하지 않았다는 점이다. 요시다가 부속지도를 사용한 데 대해 반대의견을 표명한 것으로 미루어 덜레스가 일본에 가지고 간 조약 초안에는 지도가 첨부되어 있었을 가능성이 높다. 단지 문서로만 판단해서 일본에 울타리를 치는 방식의 영토규정임을 주장하기는 어려웠을 것이다. 문서와 지도에 명백하게 표시된 일본령을 보고 이에 반대했다고 보는 편이 논리적이며 합리적이다.

이처럼 일본정부는 영국 외무성 조약 초안과 부속지도에서 리앙쿠르암이 일본령에서 배제된 상황을 분명하게 확인했다. 그러나 영국 초안을 검토한 일본측 기록에는 리앙쿠르암(독도)에 대한 언급이 전혀 없다. 앞에서 살펴본 것처럼, 영국 외무성의 대일평화조약 초안(1951. 4. 7) 영토조항에는 일본의 주권선이 오키열도(隱岐列島, 남동쪽)와 독도(북서쪽) 사이를 지나는 것을 명백히 함으로써 오키레토(Oki-Retto, 오키열도)는 일본령에 포함되지만 독도(Take Shima로 표기)는 일본령에서 배제된다고 표기하고 있다.[73]

먼저 1951년 4월 17일 피어리로부터 영국측 조약 초안을 받은 직후 작성된 비망록에는 "제1장 영역조항 제1조 일본의 영토로 남는 지역을 동서남북

---

[73] FO 371/92538, FJ 1022/222, "Provisional Draft of Japanese Peace Treaty(United Kingdom)," (1951. 4. 7), pp. 15~50. 해당 부분은 다음과 같다. Japanese sovereignty shall continue over all the islands and adjacent islets and rocks lying within an area bounded by a line from Latitude 30°N in a North-Westerly direction to approximately Latitude 33°N 128°E, then Northward between the islands of Quelpart, Fukue-Shima bearing North-Easterly between Korea and the island of Tsushima, continuing in this direction with the islands of Oki-Retto to the South-East and Take Shima to the North-West curving with the coast of Honshu, then Northerly skirting Rebun Shima passing Easterly through Soya Kaikyo approximately 142°E...... The line above described is plotted on the map attached to the present Treaty(Annex I). In the case of a discrepancy between the map and the textual description of the line, the latter shall prevail.

에 달하는 위도와 경도로 획정한다. 주의해야 할 것은 난세이제도(南西諸島)는 북위 30도(미국안은 29도)이며 또 북방에는 시코탄이 일본에 속하는 것을 명기하고 있다. 자못 정밀한 긴 조문이다"라고 썼다.[74] 한국에 대해서도 "제2조 조선에 대한 주권의 방기"라고만 기록했다. 독도(다케시마)에 대해서는 전혀 관심이 없을 뿐만 아니라 의견진술을 하지 않았음을 알 수 있다.

나아가 4월 20일 이구치 사다오가 시볼드에게 수교한 일본측 검토의견서(「영국의 평화조약안에 대한 우리측 의견」)와 4월 21일 니시무라 구마오 등이 피어리에게 구두진술한 일본측 검토안(「영국안에 대해 구두진술한 우리측 견해」)은 물론, 4월 23일 요시다 시게루를 비롯한 일본정부대표단과 미국대표단의 영국 조약 초안에 대한 검토과정에서도 독도(다케시마)에 대한 의견진술은 전무했다. 즉, 일본 외무성 기록과 미 국무부 기록을 모두 종합해보건대 일본측은 리앙쿠르암이 일본령에서 배제되어 한국령에 포함되어 있는 영국 조약 초안에 대한 의견진술 기회를 최소한 세 차례 이상 가졌지만, 이에 대해 단 한 번의 반대나 이견을 제시한 바 없다. 이는 일본이 이를 수용했다고 해석해도 전혀 문제될 것이 없다. 예를 들어 일본은 시코탄이 일본령에 포함되었다거나, 북위 30도 이남의 류큐에 대한 규정 등에 대해 매우 예민하게 찬성하거나 반대 의견을 표명했지만, 독도에 대해서는 침묵으로 일관했다. 물론 독도문제가 상대적으로 중요성이 떨어지는 문제였기 때문에 언급되지 않았거나, 경위선(經緯線)에 의한 영토표시와 부속지도를 폐기시키면 자연적으로 희미해질 문제라고 판단했기에 일본정부가 언급하지 않았을 가능성도 있다.

일본정부는 1951년 4월 작성자인 영국은 물론 이해당사국인 한국마저 배제된 상태에서, 또한 미국의 일방적 후원 속에 집중적이고 독점적으로 영국 외무성의 대일평화조약 초안을 검토했으며, 세 차례 이상 자유로운 의견진술

---

[74]「英國の平和條約案について」(1951. 4. 17), 日本外務省, 2007, 위의 책, 374~375쪽.

기회를 가졌다. 그러나 일본정부는 독도(다케시마)가 일본령에서 배제되어 한국령으로 규정된 부분에 반대하거나 이의를 제기하지 않았다. 지명 표기도 리앙쿠르암이 아닌 일본명인 다케시마로 명기된 상태였다. 이는 일본 외무성이 독도(다케시마)의 일본령 배제사실을 숙지하고 이를 인정했음을 의미했다. 이 시점에서 당시 한국정부는 아직 독도에 관한 영토적 주권을 미국정부에 제시하기 전이었으며, 1947년 6월 일본 외무성이 독도가 일본령이라는 허위사실을 담은 팸플릿을 간행했다는 사실과 1949년 12월 주일미정치고문 시볼드가 이에 근거해 독도가 일본령이라고 주장한 사실 및 1949년 12월 독도가 일본령으로 묘사된 대일평화조약 초안이 작성된 사실조차 인지하지 못한 상태였다. 한국정부에는 영국 외무성의 조약 초안이 제시되지도 않았다. 독도영유권과 관련해 당시 한국은 완전 무방비 상태였고, 본격적인 주장을 펴기 전이었으나, 배타적이고 독점적으로 부여된 기회의 장에서 일본은 독도(다케시마)가 자국령임을 주장하지 않았고, 독도(다케시마)가 일본령에서 배제되어 한국령에 포함된다는 영국 외무성 조약 초안의 내용을 인정했다.

1951년 4월 영국 조약 초안 검토과정에서 나타난 일본정부의 독도 관련 공식입장은 1952년 1월 일본정부의 독도영유권 주장과는 전혀 다른 시점·계기·배경하에 놓인 것이었다. 미국의 일방적 후원으로 조약의 작성자인 영국도 모르는 상황에서 최대한 신속하게, 또한 이해당사국인 한국은 완벽히 배제된 채 독점적이고 배타적으로 여러 차례 영국 조약 초안을 검토한 일본정부는 독도(다케시마)가 일본령에서 배제된 것에 하등 이의나 반대를 제기하지 않았고, 사실상 이를 인정했다. 일본의 주장처럼 일본 국민의 심리적 불편을 이유로 경위선으로 일본령을 표기하는 방식이나 부속지도를 폐기하더라도 이 사실은 변함이 없는 것이다.

(3) 일본의 한국 배제 주장과 무고

1951년 4월 23일 덜레스·요시다 제2차 회담의 또 다른 쟁점은 한국의 대일평화조약 참가자격문제였다. 이에 대해서는 일본 외무성의 회담비망록과 미 국무부의 회담비망록 두 가지가 있다. 일본측 기록과 미국측 기록을 비교해보자. 먼저 일본 외무성의 기록이다. 길지만 그대로 인용한다.

4. 한국 서명문제

덜레스는 한국정부가 유엔총회의 결의에 의해 조선의 정통정부로 승인되었고, 다수의 유엔가입국에 의해 정식으로 승인되었다. 동 정부는 극동위원회 가입을 요청하고 있지만, 극동위원회 구성국의 태도가 반반으로 의견일치가 어려워 결정에 이르지 못하고 있다. 미국으로서는 한국정부의 지위를 강화하고 싶다. 이 점, 일본정부도 같은 의견이라고 생각한다. 조약 실시에 의해 재일한국인이 연합국인으로서 지위 및 권리를 취득해, 이를 주장하면 일본정부가 곤란한 지위에 이른다는 것은 잘 알고 있다. 그래서 이 일본측의 곤란을 어떻게 회피하는가를 합중국에서 고려하고 있으니 한국의 서명에는 동의했으면 좋겠다고 말했다.

총리는 (말하기를) 재일조선인은 극히 귀찮은 문제이다. 이들을 본국에 돌려보내는 것은 여러 차례 맥아더 원수에게도 말한 적이 있다. 맥아더 원수는 지금 귀환하면 귀환자는 한국정부에 의해 목을 베이게 된다, 인도적 입장에서 지금은 그 시기가 아니라는 의견이었다. 그러나 조선인을 귀환시키지 않는 것도 곤란하다. 그들은 전쟁 중에는 일본에 노동자로 들어와 탄광에서 노동했다. 종전 후 일본 사회의 혼란의 한 원인이 되었다. 일본공산당은 그들을 꼭두각시로 이용하며, 그들의 대부분은 적화(赤化)되어 있다고 설명했다[시볼드 대사도 재일조선인의 적화에 대해 보족(補足)하는 바 있었다].[75]

덜레스의 발언은 크게 세 가지로 구성되어 있다. 첫째, 미국은 한국에 대한 정치적 지원의 입장에서 한국을 서명국에 포함하고 싶다. 극동위원회 가입을 요청했지만 회원국의 의견이 갈려 성사되지 못했다. 한국정부의 지위를 강화하려는 것이 미국의 입장이다. 둘째, 재일한국인들이 연합국 국민의 지위를 얻어 일본정부를 곤란하게 할지 모른다는 우려를 잘 알고 있다. 셋째, 일본정부의 우려를 해소할 방법을 모색할 테니 한국의 서명에 동의해주기 바란다. 즉, 미국이 강조하는 것은 유엔의 한국정부 승인과 현재 한국이 처한 정치적 위기에서 한국을 구원하고 정치적 지지를 보내고 싶다는 의사의 표명이었다. 일본이 반대하는 이유로 제시한 재일한국인 문제를 잘 인지하고 있으며, 이를 방지할 방법을 모색하겠다는 약속도 덧붙였다.

요시다 시게루의 발언도 매우 특징적인데, 영국정부의 반대의견이나 1949년 11월 시볼드의 반대의견처럼 한국이 일본의 식민지였기 때문에 서명자격이 없다는 식의 발언은 꺼내지도 않았다. 요시다가 강조한 것은 재일한국인들이 범죄자이자 공산주의자이기 때문에 배제해야 한다는 것이었다. 한국의 조약참가문제와 재일한국인 문제가 등가로 처리되고 있는 것이다. 일본의 국내적 이익을 위해 한국의 조약참가 자격을 부정한 것이었다. 요시다가 이 문제를 꺼낸 것은 시볼드와 맥아더는 물론 덜레스까지 공산주의자이자 범죄자인 재일한국인의 위험성을 숙지하고 있다고 믿었기 때문일 것이다.

한편, 미국측 기록은 이와는 조금 상이한 면이 있다. 길지만 역시 인용한다.

한국 참가: 덜레스 대사는 일본정부가 한국이 조약의 서명국가가 되는 것을 반대하는 것으로 이해한다고 말했다. 요시다는 그렇다고 답하면서 일본정부의 견해를 담은 문서를 전달했다. 덜레스 대사는 대부분 공산주의자들인 일본 내

---

75)「吉田・ダレス會談(第2回)」, 日本外務省, 2007, 위의 책, 408~409쪽.

한국인들이 조약의 재산상 이익을 획득해서는 안 된다는 일본측 주장의 설득력을 간파했다고 말했다. 그는 항복시점에 교전상태였던 연합국으로 이익을 한정함으로써 이 문제를 조정할 수 있다고 제안했다. 그러나 세계 상황과 한국정부의 위신을 재건하려는 미국의 희망에 입각한 덜레스의 최초 반응은 우리가 조약에서 한국을 계속 다루길 원한다는 것이었다. 한국의 참가에 대한 일본정부의 유일한 실질적 반대가 방금 토론된 이 한 가지라면, 이 문제는 잘 다뤄져야 하며 그럴 수 있다. 만약 일본정부가 다른 실질적 반대이유들을 가지고 있다면 미국은 그것들을 기꺼이 연구해보겠다고 말했다.

요시다 수상은 정부가 일본 내 거의 대부분의 한국인들을 "그들의 고향"으로 보내길 원한다고 말했다. 정부는 그들의 불법활동에 오랫동안 관심을 기울여 왔다. 요시다는 이 문제를 맥아더 장군에게 제기했고, 맥아더는 한국인들의 강제송환에 반대했는데, 부분적으로 그들이 대부분 북한인들이며 대한민국에 의해 "목이 잘릴 것"(would have their heads cut off)이라는 가정에 기초한 것이었다. 요시다는, 정부가 1949년 여름 국철(國鐵) 사장의 암살이 한국인에 의한 것이었다고 결론지었지만, 한국으로 도망간 것으로 믿어지는 범인들을 체포할 수 없었다고 말했다.[76]

미국측 기록에는 전후관계가 보다 분명하게 드러나 있다. 덜레스는 일본이 한국의 조약서명 자격을 반대한다는 점을 인식하고 있었다. 일본 외무성의 공개 외교문서에 따르면, 일본은 1950년 10월에 이미 덜레스 특사가 한국을 대일평화조약의 주요 협의대상국에 포함시킬 것을 인지하고 있었다. 외무성 관리국 입국(入國)관리부 제1과장 다나카 히로토(田中弘人)는 1950년 9월 하순

---

76) Memorandum of Conversation by R. A. Fearey, Subject: Japanese Peace Treaty(1951. 4. 23), RG 59, Office of Northeast Asia Affairs, Records Relating to the Treaty of Peace with Japan-Subject File, 1945-51, Lot 56D527, Box 6.

부터 10월 중순까지 대일평화조약의 실무담당부서였던 미 국무부 동북아시아국 직원들과 면담했다. 이때 로버트 피어리로부터 덜레스가 극동위원회 구성 13개국과 협의한 후에 한국, 인도네시아와 추가협의를 벌일 계획임을 알게 되었다.[77] 덜레스가 장면 주미한국대사와 만나 한국의 대일평화조약 참가문제를 처음 논의한 것은 1951년 1월 26일 동경 방문과정에서였다. 이 자리에 피어리가 동석했고 회담비망록을 작성한 바 있다.[78] 사정이 이러했으므로, 덜레스가 동경에서 장면과 접촉하기 이미 3개월 전에 일본정부는 미국이 한국을 대일평화조약의 주요 협상대상국으로 상정하고 있음을 인지하고 있었던 것이다. 결과적으로 피어리는 미국이 한국을 주요 협상대상국으로 상정하고 있다는 주요 정보를 일본측에 누설했고(leak), 일본측이 이에 대한 적극적인 준비를 진행해왔을 것은 의문의 여지가 없다.

그런데 일본의 반대이유는 덜레스의 예상과는 달랐다. 덜레스가 상정한 것은 한국이 일본의 식민지였고, 일본과 교전상태 혹은 선전포고한 국가가 아니었다는 영국식의 보다 정확하고 명시적인 이유였을 것이다. 그런데 요시다가 제출한 일본정부의 의견서를 보고서야 덜레스는 일본의 주요 반대이유가 대부분 공산주의자라는 재일한국인의 경제적 이득 확보 가능성임을 알게 되었던 것이다. 덜레스가 제시한 해결방안은 항복시점에 교전상태였던 연합국으로 제한하면 재일한국인의 부당한 경제적 이익문제를 해결할 수 있다는 것이다. 덜레스는 한국의 조약참가에 대한 "일본정부의 유일한 실질적 반대" 이유가 이 한 가지라면 미국이 잘 처리할 수 있다고 응답했던 것이다.

반면, 요시다 시게루는 일본정부가 재일한국인의 한국 추방에 대해 얼마나 집착하고 있는지를 반복적으로 설명했다. 또한 맥아더가 재일한국인의 추

---

77)「講和問題に關する米國務省係官の談話について」(1950. 10. 14), 日本外務省, 2007, 위의 책, 57~63쪽.
78) Memorandum of Conversation, by Mr. Robert A. Fearey of the Office of Northeast Asian Affairs(1951. 1. 26), *FRUS*, 1951, Vol. VI, p. 817.

방을 반대했다는 점도 특기할 만한 것이었다. 재일한국인들이 범죄자이며 공산주의자이기 때문에 한국의 조약참가를 반대한다는 요시다의 논리와 주장은 정합성이나 설득력이 현저히 결여되어 있었다.

더욱 놀라운 것은 1949년 여름 일본 국철 사장의 암살이 한국인의 짓이었으며, 범인들이 한국으로 도망해 체포할 수 없었다는 요시다의 발언이었다. 일국의 수상이 행한 것이라고는 믿기 어려울 정도로 모략적이며, 재일한국인에게 모욕적인 것이었다. 수상이라는 사람이 미국대표단과 공식석상에서 이런 발언을 거리낌없이 구사할 정도였다면, 일본 관료들이나 정치인들이 재일한국인들을 어떻게 평가하고 바라보았을까 하는 점은 자명했다. 당연히 일본 외무성이 공개한 외교문서나 일본 외교관들의 기록에는 이 발언이 전혀 기록되어 있지 않다. 스스로의 판단에도 과도하며 근거 없는 무고행위였기 때문에 비공개·누락되었을 것이다. 일본의 최고지도자, 외교관, 고위관료, 정치인 등이 재일한국인들을 범죄자 및 공산주의자로 무고해서 추방하려고 얼마나 혈안이 되었는지를 잘 보여주는 장면이었다.

1949년 7월 5일 일본 국철 총재 시모야마 사다노리(下山定則)는 관용차로 출근하던 중 실종된 후, 다음 날 인근 철도역에서 변사체로 발견되었다. 일본 국철에서는 7월 1일부터 인원정리를 둘러싼 국철과 노동조합의 대립이 본격화되고 있었다. 자살설과 타살설이 맞서는 가운데 언론은 일본공산당이 배후라는 의혹을 제기했고, 국철 노동자 3만 명의 제1차 정리가 진행되었다. 며칠 후인 7월 15일 중앙선 미타카역(三鷹驛)에서 전철이 질주해 사망자 6명, 중상자 7명이 발생했다. 정부는 공산당이 관련되었다며 공산당원 9명을 포함한 10명을 기소했으나 1950년 1심에서 전원 무죄판결을 받았다. 8월 17일 동북 본선 후쿠시마현(福島縣) 마쓰카와(松川) 부근에서 열차전복으로 승무원 3명이 사망했다. 1950년 12월 정부는 공산당원 등에게 사형을 포함해 전원 유죄의 1심 판결을 내렸으나, 사리에 맞지 않고 물증도 없었다. 결국 전국에서 1,000여 개의 '마쓰카와를 지키는 모임'이 결성되고 1963년 9월 최고재판소

의 상고심에서 전원 무죄가 확정되었다.[79]

시모야마가 악명 높은 극우 야쿠자에 대한 상납의 대가로 자신에게 채용되었던 수천 명의 예비역 군인들의 봉급을 착복하려 했다는 의혹도 있었지만,[80] 이 세 건의 국철사건은 모두 모략적 색채가 짙은 영구미제사건으로 귀결되었다. 국철은 총 9만 명의 인원정리를 무사히 마칠 수 있었다. 전후 점령시기의 대표적 모략사건으로 꼽히는 이 사건들에 일본공산당이 관련되었을 것이라는 풍설과 조작들이 많이 있었지만, 요시다의 주장처럼 재일한국인들이 관련되었다는 내용은 설득력이 없다.

다만 요시다가 재일한국인 정보사기꾼으로 미군 CIC를 농락하다가 한국으로 추방된 이중환(李中煥, Ri Chu Kan)의 사례를 염두에 두었을 가능성은 있다. 시모야마사건의 진상이 미궁에 빠져든 1950년 후쿠오카현 고쿠라(小倉) 형무소에 수감 중이던 한국인이 시모야마사건과 관련이 있었다는 아사히신문 등의 보도가 있었다.[81] 주일미군 CIC의 조사에 따르면, 이자는 李中漢, 李中煥, 李忠監, 李永澤, Ri Chu Kan(BOKU so Retsu, Yoshio Kimura, Tanaka Kimura) 등으로 불렸는데 정확한 본명조차 알 수 없을 정도로 다양한 가명을 사용하고 신분을 위장한 정보사기꾼이었다.[82] 여러 차례 주일미군 CIC에 접근해서 소련공산당·일본공산당 관련 허위정보를 팔려고 시도했으며, 결국 미군 당국에 체포되어 재판에서 실형을 선고받았다. 한국으로 추방당하게 되자, 자신이 시모야마사건의 핵심증거를 가지고 있다며 미군·소련군 장성들은 물

---

79) 시모야마사건에 대해서는 다음을 참조. 矢田喜美雄, 1973, 『謀殺 下山事件』, 講談社; 松本淸張, 1974, 『日本の黑い霧』 上·下, 文春文庫; 春名幹男, 2000, 『秘密のファイル CIAの對日工作』 上·下, 共同通信社; 諸永裕司, 2002, 『葬られた夏 追跡下山事件』, 朝日新聞社.
80) 스털링·페기 시그레이브 지음, 김현구 옮김, 2003, 『야마시타 골드』, 옹기장이, 232쪽.
81) 「下山事件に新證言? 怪人物「李」を調査, 布施檢査, 九州へ急行」, 『朝日新聞』(1950. 3. 25); 「下山事件 有力證人李の手記: 日本赤化のスパイ, テロは私の指令」, 『西日本新聞』(1950. 3. 26); 「弱い裏のけ, 下山事件 李中漢」, 『朝日新聞』(1950. 4. 5), RG 319, Security Classified Intelligence and Investigative Dossiers, Personal Name File, XA519894 Chu Kan Ri, Box 308.

론 언론에 대대적으로 투서했다. 미궁에 빠진 사건 처리에 고심하던 일본 검찰은 그의 한국 추방을 저지하면서까지 심문했지만 주장은 모두 허위였으며, 한국으로의 추방을 지연·저지하기 위한 이중환의 책략임이 드러났다. 일본 정부가 이중환의 한국 추방을 잠정적으로 보류하자, 맥아더사령부의 분노는 극에 달했다. 이중환은 결국 한국으로 추방되었고, 그의 주장은 해프닝으로 종결되었다. 즉, 이중환의 자칭 시모야마 관련 주장은 이미 연합군최고사령부는 물론 일본 검찰에 의해서도 완벽한 허위조작임이 확인되었지만, 요시다는 이를 재일한국인들을 무고하는 데 이용했던 것이다. 분명히 확인된 사기꾼의 술책마저도 재일한국인들을 공산주의자·범죄집단으로 묘사하기 위해 사용했다고 할 수 있다.

그렇다면 이날 요시다 시게루가 덜레스에게 건넨 비망록은 어떤 것인가?

82) CIC의 IRR 파일에 이자를 다룬 방대한 조사문서철이 있다. IRR은 US Army Investigative Records Repository, 즉 미육군 CIC 조사자료소장처의 줄임말로 CIC가 조사한 사건·인물에 대한 조사자료를 모아놓은 문서철이다. IRR XA 519894호 문서는 Chu Kan Ri를 다루고 있는데 바로 이중환이라는 사기꾼에 관한 내용이었다. 이자는 1948년 여름 동경지구 제25 CIC파견대의 정보원으로 일했으며, 1948년 11월 허위정보 제공혐의로 체포되었다가 폐결핵으로 석방되었다. 당시 이중환은 소위 재일소련 밀사·연락망(Soviet couriers)의 책임자를 자처하며 허위정보를 제공했다. IRR 파일에는 1948~1949년 간 Ri Chu Kan이 제공한 '소련연락망'에 대한 방대한 정보철이 있는데, 모두 허위정보로 판명된 가짜였다. 이중환은 1949년 6월 14일 야마구치현에서 CIC요원 행세를 하다 체포된 후 6월 30일 석방되었고, 8월 3일 재차 체포되었다. 그는 소련공산당이 일본공산당·좌익조선인조직에 지시했다는 조작된 허위문서를 팔려 한 혐의를 받았다. 미 군사재판의 결과 CIC요원사칭죄로 1949년 11월 2일 6개월 수감 후 한국추방형을 받았다. 추방될 위기에 처한 이중환은 감옥에서 맥아더 장군, 오마 브래들리(Omar Bradley) 합참의장, 윌리엄 딘(William Dean) 소장, 데레비얀코(Derevyanko) 주일소련 장군 등에게 장문의 편지를 보내 자신이 시모야마사건의 지시자이며 정보를 갖고 있다는 허위문서를 제공했다. 결국 이중환의 주장이 언론에 흘러나가자 동경의 일본 검사들이 이중환의 한국추방을 연기시킨 후 고쿠라 형무소에 와서 이중환을 심문하기까지 했다. 사기꾼의 행각으로 CIC뿐만 아니라 일본정부까지 놀아나자 맥아더사령부 정보참모장이었던 윌로비(Willoughby) 장군은 왜 이 사기꾼을 추방하지 않고 있느냐며 불같이 화를 내기에 이르렀다. 결국 일본 검찰은 시모야마사건과 관련된 이중환의 진술이 완전히 조작된 것임을 확인했고, 이중환은 1950년 4월 14일 저녁 사세보항의 신코마루(Shinko Maru)호에 실려 부산으로 추방되었다. 주일 제441CIC 파견대는 요원을 동승시켜 그의 부산 착륙을 확인해야 했다. 이중환은 언론과 소문을 적절히 편집해 정보를 생산하는 '평균 이상의 지능과 매우 뛰어난 상상력'을 가진 인물로 평가되었으며, 미군 점령기 주일미CIC를 뒤흔든 가장 대표적인 정보사기꾼이었다. RG 319, Security Classified Intelligence and Investigative Dossiers, Personal Name File, XA519894 Chu Kan Ri, Boxes 307-308.

「한국과 평화조약」(Korea and the Peace Treaty)이라는 문서의 전문은 다음과 같다.

  미국이 다가올 평화조약의 서명국에 한국을 참가시키기 위해 초청할 계획이라는 사실을 시사했다. 일본정부는 미국이 다음과 같은 견지에서 이 문제를 재고해주길 희망한다.
  한국은 일본과 관련해서는 평화조약의 종결에 따라 독립을 획득하게 될 소위 "해방된 국가들"(liberated nations)〔1948년 6월 21일자 SCAP 비망록에 따르면 "특별지위국"(special status nation)〕의 하나이다. 이 나라는 일본과 전쟁상태나 교전상태에 있지 않았기에 연합국으로 간주될 수 없다.
  한국이 평화조약의 서명국이 된다면, 일본 내 한국 국민은 재산, 보상 등에 있어서 연합국 국민으로서의 자신들의 권리를 획득하고 주장할 것이다. 오늘날에조차 거의 100만에 달하는 한국인 거주자 숫자(종전 무렵에는 거의 150만)로 인해 일본은 모든 방식의 증명할 수 없고 엄청난 요구에 압도될 것이다.[83] 재일한국인 거주자의 대부분이 공산주의자라는 사실을 지적한다.
  일본정부는 일본이 한국에 대한 모든 권리, 권원, 청구권을 포기하고(미국 초안 제3장 영토 3조), 일본이 한국의 완전 독립을 승인하는 것으로 평화조약을 제한하며, 양국 간의 정상관계 수립은 현재 한국 사태가 해결되고 반도에 평화와 안정이 회복될 훗날에 체결될 조약으로 남겨두는 것이 최상이라고 확신한다. 1951. 4. 23.[84]

---

83) 일본어 문서에는 "현재에도 100만에 가깝고, 종전 당시에는 150만에 달했던 조선인이 이러한 권리를 주장하게 된다면 일본정부로서는 거의 인내할 수 없는 부담을 지게 될 것이다"로 되어 있다.
84) "Korea and Peace Treaty," (1951. 4. 23), RG 59, Japanese Peace Treaty Files of John Foster Dulles, 1946~52, Lot 54D423, Box 1; RG 59, Japanese Peace Treaty Files of John Foster Dulles, 1947~1952, Subject Files, Lot 54D423, Box 7; 「韓國政府の平和條約署名問題に關するわが方見解」(1951. 4. 23), 日本外務省, 2007, 위의 책, 413~415쪽.

일본정부가 제시한 한국의 조약참가 불가 이유는 크게 두 가지였다. 첫째, 한국이 일본과 관련해서는 평화조약에 따라 독립을 획득하게 될 해방국으로 일본과 교전상태나 전쟁상태가 아니었다. 둘째, 한국이 서명국이 되면 공산주의자들인 재일한국인들이 재산회복·보상 등에서 일본정부에 엄청난 요구를 할 것이다. 때문에 미국 초안에 명시된 것처럼 한국에 대한 권리·권원·청구권을 포기하고 한국의 독립을 승인하는 정도면 충분하고, 양국 관계는 한일 간 양자조약으로 해결해야 한다는 것이었다. 요시다의 입장을 정리하면 ① 전시 한국의 연합국 지위 불인정, ② 재일한국인의 연합국 국민 지위 부여 시 일본정부 파탄, ③ 한국의 조약서명국 배제, ④ 한일관계 수립은 한일 간 협정으로 처리한다는 것이었다.

덜레스는 이 자리에서 일본의 요구에 부정적 태도를 취했지만, 재일한국인 대부분이 공산주의자이며, 이들이 평화조약으로 경제적 이득을 얻어선 안 된다는 일본정부의 주장이 설득력이 있다고 인정하며, 한국의 조약참가 반대에 대한 일본의 견해에 동의를 표명했다. 일본은 회담일 오후, 재일한국인이 연합국 국민의 지위를 획득하지 않는 것만 확실히 보장된다면 한국이 강화조약의 서명국이 되는 것에 반대하지 않는다는 의사를 덜레스에게 전달했다.[85]

이처럼 한국의 대일평화조약 참가에 대해 영국과 일본이 강력하게 반대했다. 영국은 한국의 참가를 반대했으나 미국의 입장을 수용하겠다는 의사를 표명했고(1951. 4. 16), 일본은 강력하게 반대했으나 역시 배상을 제외한다면 한국 참여를 수용하겠다는 의사를 표명했다(1951. 4. 23). 즉, 1951년 3~4월 미국무부의 입장을 접한 영국과 일본정부는 '배상문제'를 제외한다면 한국의 협상참가 및 서명국 지위 부여에 반대하지 않겠다는 입장을 표명했던 것이다.

---

85) *FRUS*, 1951, Vol. VI, p. 1011; 「對フィリヴィン賠償問題および韓國政府の平和條約署名問題に關するわが方追加陳述(Supplementary Statement to the Conversation of Friday Morning, April 23, 1951)」, 日本外務省, 2007, 위의 책, 421~423쪽.

결국 선택은 미국에 달린 문제였다.

한국의 '과도한 배상요구'에 대해서 미국측은 이미 우려를 표명하고 있었다. 1949년 11월 의견서에서 존 무쵸(John J. Muccio)는 배상이 문제라면 한국의 배상청구권을 해결하면 된다는 입장을 표명했고, 국무부 극동조사과(Division of Research for Far East: DRF)의 보고서 제163호도 한국의 배상요구가 현명치 않으며 극동위원회 소속 국가들이 이를 부정적으로 평가할 것이라고 예견한 바 있다. 이 보고서는 "한국은 의문의 여지 없이 징벌적인 조약(punitive treaty)을 옹호하며 일본 내 한인거주자에 대한 특별한 담보를 획득하려 할 것이다"라는 견해를 표명했는데, 일본은 바로 이 점을 통해 미국을 설득한 것이었다. 즉, 공산주의자이자 범죄자인 재일한국인들을 연합국 국민으로 인정함으로써 일본경제·정치의 파탄을 방지해야 한다는 논리가 주효했을 것이다.

일본은 한국의 강화조약 참여·서명국 지위 문제와 재일한국인들의 문제를 연결시킴으로써 미 국무부를 설득시키는 데 성공했던 것이다. 재일한국인들을 공산주의자·범죄자로 묘사한 것은 요시다 내각이지만, 이미 대일평화조약 이전에 이에 대한 SCAP의 우려와 문제제기가 있었다. 또한 재일한국인들을 친공분자로 인식케 하는 데는 한국정부의 재일한국인 정책의 실패가 적지 않게 기여했다.[86]

주일미정치고문이던 시볼드는 일본 내 60만 한국인들 중 "다수는 공산주의자였으며 극심한 반(反)이승만주의자"였다는 확신을 갖고 있었다.[87] 재일한국인 정책에 관한 한 시볼드는 일본정부와 공통의 견해를 갖고 있었다. 가장 난폭한 것은 요시다와 그의 측근이던 시라스 주로(白洲次郎, 1902~1985) 종전

---

86) 이승만정부의 재일한국인 정책에 대해서는 다음을 참고. 김태기, 2000, 「한국 정부와 민단의 협력과 갈등관계」, 전남대 아시아태평양지역연구소, 『아시아태평양지역연구』 제3권 1호; 김태기, 1997, 『前後日本政治と在日朝鮮人問題』, 東京, 勁草書房.
87) William J. Sebald, 위의 책, 71쪽.

연락사무국(終戰連絡事務局) 차장이었다. 포르셰를 몰고 다니고 청바지를 일본에 소개했을 뿐만 아니라 2차 대전 후 일본정부를 대표해 연합군최고사령부와 교섭을 벌였으며, 일본에서 '맥아더를 꾸짖은 남자'로 평가된다는 시라스의 일대기는 2009년 NHK에서 드라마로 제작되기도 했다. 이 '쾌남' 시라스는 1949년 7월 11일 SCAP 외교국을 방문해 요시다가 일본정부의 비용으로 대부분의 재일한국인을 한반도로 강제 송환하고 싶어한다는 견해를 피력하면서, 원래 이 구상은 자신의 발상이며 이를 요시다가 수용한 것이라고 덧붙였다.[88] 시라스는 요시다의 개인고문이자 미 국무부 극동국장 월턴 버터워스(W. Walton Butterworth) 등 친일적 국무부 관리들의 '친구'였다.[89]

시라스 주로는 1950년 4~5월 대장상 이케다 하야토(池田勇人)의 미국 방문에 동반해 워싱턴을 방문했는데,[90] 극동국장 버터워스가 자택으로 초대해 면담했다. 시라스 주로는 재일한국인 60만을 다루는 최상의 방법은 이들의 한국 추방이며, "점령하에서 발생한 일본의 모든 채무를 종국적으로 미국에 되갚을 계획을 세우고 있는 일본정부가 이런 기생충 집단을 위한 의무를 지는 것은 아주 불공정한 것이라는 견해"를 피력했다.[91] 재일한국인을 기생충 집단

---

88) Memorandum of Conversation by Cabot Coville(1949. 7. 11), Subject: Japanese Suggestion for Repatriation of Koreans, RG 84, POLAD for Japan, Classified General Record 1949, Box 48, Folder "350. Political Affairs-Korea"; 김태기, 2001, 「자료소개 2: 요시다서간」, 한일민족문제학회, 『한일민족문제연구』 Vol. I, no.1, 267~278쪽.
89) 예를 들어 시라스 주로는 미 국무부 극동국장 버터워스 부부와 20년 지기였다(Memorandum of Conversation(1950. 5. 1), Subject: Japanese Peace Treaty; Koreans in Japan; Japanese Political Forces, etc. by Green, NA. RG 59, Japanese Peace Treaty Files of John Foster Dulles, 1946-52, Lot 54D423, Box 8, Folder "Japanese Peace Treaty"). 버터워스는 시라스의 장인인 가바야마(Kabayama) 백작과도 잘 아는 사이였다. 가바야마 백작은 가바야마 아이스케(樺山愛輔, 1865~1953)로 초대 대만총독을 지낸 해군대장 가바야마 스케노리(樺山資紀, 1837~1922)의 장남이었다. 귀족원 의원·일미협회 회장 등을 지냈으며, 둘째 딸 樺山正子가 시라스의 부인이다.
90) 이케다는 요시다 수상의 특사로 미국을 방문해 닷지(Joseph Dodge), 레이드(Ralph Reid) 등과 만나 대일평화조약 문제를 논의했다. 미군의 일본 주둔을 허용함으로써 강화조약의 조기체결을 목적한 것이었다(Michael M. Yoshitsu, *Japan and the San Francisco Peace Settlement*, New York: Columbia University Press, 1982, pp. 33~37).

으로 보는 시라스 주로의 견해는 1950년 5월 3일 국무장관에게까지 전달되었고,[92] 요시다 수상의 개인고문인 시라스 주로의 관점은 요시다 시게루의 관점으로 국무장관에게 보고되었다. 시라스 주로는 1950년 5월 9일 버터워스에게 작별방문을 할 정도로 친분을 과시했다.[93]

요시다 역시 1949년 8월경 맥아더에게 비망록을 보내 100만 재일한국인들 중 절반이 불법입국자들이라며 한국인 전부의 송환을 주장했다. 요시다는 ① 일본의 식량사정으로 인구과잉 불가, 미국의 관대한 원조를 한국인 거주자를 먹여 살리는 데 이용할 수 없음, ② 한국인 대다수 경제재건에 공헌 전무, ③ 한국인 중 범죄자가 차지하는 많은 비율 등을 이유로 제시했다. 요시다는 미국의 원조로 일본이 진 채무는 "1페니까지도 모두 되갚을 생각이지만 한국인들 때문에 발생한 대미채무를 우리 후대에 넘기는 것은 공정치 못한 것"이라고 주장했다. 또한 재일한국인 범죄자는 경제법률·규정의 상습적 위반자로 "아주 대다수가 공산주의자이자 동반자들로 가장 악질적인 종류의 정치적 공격을 범하기 쉬운 자들"로 항상 7,000명 이상이 수감 중이라고 강조했다.[94] 요시다가 전후 수년 동안 재판에 회부되었다고 제시한 한국인 관련 통계는 〈표 7-1〉과 같다.

요시다는 한국인 송환을 위해 모든 한국인을 일본정부의 비용으로 송환하며, 체류희망자는 "일본의 경제재건에 공헌할 수 있다고 판단되는 자"에 한해

---

[91] "Memorandum of Conversation," (1950. 5. 1), Subject: Japanese Peace Treaty; Koreans in Japan; Japanese Political Forces, etc., RG 59, Japanese Peace Treaty Files of John Foster Dulles, 1946-52, Lot 54D423, Box 3, Box 8.
[92] Butterworth to the Secretary of State, Subject: Views of Mr. Jiro Shirasu on a Japanese Treaty(1950. 5. 3), RG 59, Japanese Peace Treaty Files of John Foster Dulles, 1946-52, Lot 54D423, Box 3.
[93] "Memorandum of Conversation," (1950. 5. 9), Subject: Japanese Situation, RG 59, Japanese Peace Treaty Files of John Foster Dulles, 1946-52, Lot 54D423, Box 3.
[94] Letter from Shigeru Yoshida to Douglas MacArthur, (undated), MacArthur Archives(MA), RG 5, SCAP Official Correspondence, Box 3; 袖井林二郎 編譯, 2000, 『吉田茂－マッカーサー往復書簡集(1945-1951)』, 東京, 法政大學出版局. 이 자료를 처음 소개한 것은 김태기였다(김태기, 2001, 위의 글, 267~278쪽).

〈표 7-1〉 요시다 시게루가 맥아더에게 제시한 재일조선인 범죄 통계

연도	사건 수	관련 조선인 수
1945. 8. 15 이후	5,334	8,355
1946	15,579	22,969
1947	32,178	37,778
1948. 5. 31까지	17,968	22,133
합계	71,059	91,235

서 허가할 것이라고 밝혔다. 태평양전쟁기 강제연행과 식민지의 경제적 구조 문제로 일본에 유입된 재일한국인의 존재를 부정하고 이들을 범죄자·공산주의자로 규정해 추방하는 데만 전력을 기울이는 요시다의 모습을 통해 전후 일본 사회에서 재일한국인에 대한 악감정과 연합군최고사령부를 향한 무고와 책략의 정도를 가늠할 수 있다.

시볼드는 맥아더에게 보낸 비망록(1949. 9. 9)에서 재일한국인들의 송환을 적극 장려·고무하며 주일한국대표부에 한국인의 거주등록권을 주어야 한다는 의견을 밝혔고,[95] 요시다에게 보내는 맥아더 편지의 초안을 작성했다. 이 편지에서 시볼드는 불법입국자는 국외추방 대상이지만 이들의 송환은 한일 간의 전반적 문제가 해결된 뒤에 가능하며, 강제송환보다는 귀환을 장려한다고 썼다.[96] 재일한국인 처리에 관한 시볼드의 견해는 곧바로 1951년 한일회담의 주요 요건이 되었다.

요시다 시게루, 시라스 주로, 윌리엄 시볼드로 이어지는 재일한국인에 대한 멸시적 사고, '기생충 집단'으로 여겨 박멸하겠다는 태도에서는 재일한국

---

95) Letter(Draft), (undated), enclosure to Memorandum for General MacArthur from W. J. Sebald(1949. 9. 9), MA, RG 5, SCAP Official Correspondence, Box 3. 김태기, 2001, 위의 글.
96) 김태기, 2001, 위의 글.

인들의 태생적 근본인 일본 제국주의의 식민정책과 강제연행은 전혀 고려의 대상이 아니었다. 단지 박멸·추방·근절하겠다는 것이 이들의 목적이었을 뿐이다. 표면적으로는 어떻게 포장을 했든지 간에 그 본질은 변함이 없었다.

8

한국정부의 대일평화조약 대응과 한미협의(1951)

1. 1948~1950년 간 한국정부의 대일평화조약 준비
   - (1) 네 가지 준비의제: 배상·참가·영토·맥아더라인
   - (2) 맥아더라인의 쟁점화

2. 미국의 대일평화조약 임시초안(제안용)(1951. 3) 수교와 한국정부의 제1차 답신(1951. 4. 27)
   - (1) 워싱턴·동경의 외교
   - (2) 서울의 대응: 외교위원회의 구성
   - (3) 한국정부의 제1차 답신서(1951. 4. 27) 작성과 대마도 반환 요구
   - (4) 미 국무부의 논평(1951. 5. 9)

3. 대일평화조약 영미합동초안(1951. 7)과 한국정부의 대응
   - (1) 미국의 한국 조약서명국 자격 부정(1951. 7. 9)
   - (2) 한국의 제2차 답신서(1951. 7. 19) 작성
   - (3) 한미협의(1951. 7. 19)와 독도·파랑도의 등장

4. 미 국무부의 독도·파랑도 조사와 그 귀결
   - (1) 보그스의 독도 한국령 검토
   - (2) 한국정부의 제3차 답신서(1951. 8. 2)
   - (3) 러스크 서한(1951. 8. 10)과 한미협의의 귀결
   - (4) 한국측 협상전략의 검토

5. 한국의 비공식 자격 샌프란시스코평화회담 참가

1. 1948~1950년 간 한국정부의 대일평화조약 준비

(1) 네 가지 준비의제: 배상·참가·영토·맥아더라인

한국정부가 수립되기 이전인 1947년부터 대일평화회담 개최소식이 제기되었다. 한국의 대일평화회담 준비는 크게 네 가지 문제를 중심으로 진행되었다.

첫째, 대일배상의 문제였다. 이는 1947년 과도정부 시기부터 본격화되었다. 한국의 대일배상과 관련해 1946년 에드윈 폴리(Edwin E. Pauley) 배상사절단의 방한을 계기로 한국인들의 관심이 고양되었고, 1947년 8월 남조선과도정부가 대일배상요구조건조사위원회(對日賠償要求條件調査委員會)를 조직한 후 본격적인 조사작업에 착수했다. 이 결과 1948년 4월 말 현재 410억 9,250만 7,868엔의 대일배상액이 결정되었다. 이미 한국정부 수립 이전에 대일청구권의 내용·금액·논리 등이 마련되었던 것이다.

정부 수립 이후에는 재무부가 「대일배상요구 자료조서」(1948. 10. 9)를 발표했고, 국회는 「대일강제노무자 미제임금 이행요구에 관한 청원」·「대일청장년사망배상금 요구에 관한 청원」(1948. 11. 27)을 채택했으며, 기획처 산하에는 기획처장 이순탁(李順鐸)과 법제처장 유진오(兪鎭午)를 중심으로 한 '대일배상청구위원회'(1949. 2)가 조직되었다.[1] 이런 조직적인 노력과 조사활동의 결과, 기획처는 1949년 3월 15일 「대일배상요구조서」 첫째 권을 완성해, 4월 7일 연합군최고사령부에 제출했다. 1부는 1949년 3월 1일 현재로 판명된 현물피해〔지금(地金), 지은(地銀), 서적, 미술품 및 골동품, 선박, 지도원판, 기타〕에 관해 한국정부가 반환을 요구할 현물목록이었다.[2] 당시 한국정부가 염두에 둔 배상은 국제법상의 전쟁배상이었으며, "36년이라는 긴 기간 동안 일본의 일방적인 독점으로 막대한 피해를 입었으니 독립정부가 수립된 이상 우리는 마땅히 일본에 대해 배상을 청구하여야 하겠다"라는 전제 위에 서 있었다.[3] 일반배상을 내용으로 하는 조서 둘째 권은 1949년 9월 완성되었는데, 총액 314억 97만 5,303엔, 400만 상해달러가 대일배상요구액으로 결정되었다.[4] 둘째 권은 제2부 확정채권(전쟁과는 직접 관련이 없는 단순한 채권·채무 관계), 제3부 중일전쟁 및 태평양전쟁에 기인한 인적·물적 피해, 제4부 일정부의 저가수탈에 의한 손해(소위 강제공출로 인한 손실)로 구성되어 있었다. 이런 내용의 대일배상요구액은 이후 한일회담의 기초자료로 활용되었다. 그러나 연합군최고사령부는 한국의 대일배상요구를 거부했다.

둘째, 한국의 연합국 지위 부여 및 조약서명국 참가자격 문제였다. 이 역시 과도정부 시절부터 추진되었다. 1947년 8월 27일 과도입법의원 의장 김규식은 서울발 전문 제306호로 미 국무부에 한국의 조약참가를 요청했다. 이를 접수한 국무부 작업단은 최선을 다하겠다는 답변을 국무부 명의로 보냈다.[5]

---

1) 박진희, 2008, 『한일회담: 제1공화국의 對日政策과 韓日會談 전개과정』, 선인, 47~59쪽. 당시 법무부 조사국장이던 홍진기는 자신이 법무부 조사국 산하에 '대일평화회의준비위원회' 설치를 제안했고, 이승만 대통령이 기획처 산하에 두고 비밀리에 운영하라고 지시했다고 했다(홍진기, 1962, 「나의 옥중기」, 『신사조』 2월호, 190쪽).
2) 유진오, 1966, 「韓日會談이 열리기까지: 前韓國首席代表가 밝히는 十四年前의 곡절」 上, 『사상계』 2월호, 93쪽.
3) 유진오, 1966, 위의 글, 92쪽.
4) 박진희, 2008, 위의 책, 55쪽.
5) Working Group on Japan Treaty(1947. 9. 3), RG 59, Office of Northeast Asia Affairs, Records Relating to the Treaty of Peace with Japan-Subject File, 1945-51, Lot 56D527, Box 5.

그러나 1947년의 시점에 미국의 정책은 결정되지 않은 상태였다.

미 국무부가 한국의 참가문제를 본격적으로 검토한 것은 1949년에 들어서였다. 미 국무부 정보조사국 산하 극동조사과(DRF)는 1949년 한국의 참가문제에 대한 보고서를 작성했다.[6] 이에 따르면 한국이 일본과 교전상태였다고 제출한 증거들은 신빙성이 없지만, 일본 식민통치를 장기간 받았다는 점에서 특수한 이해관계가 있다고 했다. 극동조사과는 한국 참가문제의 장단점에 대해 다각도로 검토했다. 만약 한국을 참가시킬 경우에는 다음과 같은 일이 일어날 것으로 예측했다. 첫째, 한국이 과도한 배상을 요구함으로써 '징벌조약'을 조장할 것이며, 재일한국인의 지위에 대한 특수한 보장도 요구할 것이다. 둘째, 한국의 참가는 북한의 참가요구로 이어질 것이다. 셋째, 북한은 이승만정부를 친일정부로 비난할 것이다. 반면, 한국을 참가시키지 않았을 경우에는 한국정부와 국민들의 강력한 비난에 직면하게 될 것으로 예상했다. 이런 가정하에 극동조사과는 한국의 주장을 일부 제출하도록 허용하거나, 협의대상 수준의 참가를 보장하는 방법 등을 강구해야 한다고 권고했다.

셋째, 영토문제였다. 한국정부 수립 직전인 1948년 8월 5일 우국노인회(Patriotic Old Men's Association)가 독섬(독도), 울릉도, 대마도, 파랑도가 한국령이므로 한국 영토로 귀속되어야 한다는 청원서를 주일미정치고문 윌리엄 시볼드(William J. Sebald) 앞으로 송부했다.[7] 우국노인회의 청원은 독도문제가 발생하기 전에 한국측이 자국의 영유권을 명백히 주장한 최초의 사례였다.

특히 한국정부 수립 이후 가장 큰 쟁점으로 떠오른 것은 대마도의 귀속문제였다. 1947~1948년에 문제가 되었던 독도는 중요한 고려대상이 되지 못

---

[6] DRF Report(1949.12.12), RG 59, Japanese Peace Treaty Files of John Foster Dulles, 1946-52, Lot 54D423, Box 7.
[7] U.S Political Adviser for Japan no.612(1948. 9. 16). Subject: Korean Petition Concerning Sovereignty of "Docksum", Ullungo Do, Tsushima, and "Parang" Islands, RG 84, Japan, Office of U.S. Political Advisor for Japan(Tokyo), Classified General Correspondence(1945-49, 1950-), Box 34.

했다. 이는 독도가 무인도이며, 대일배상 혹은 대일징벌의 효과가 적은 지역으로 우선순위에 들지 못했기 때문일 것이다. 대마도의 귀속문제는 정부 수립 이후 이승만 대통령의 발언을 통해 알려졌고, 대일평화조약 초안에 대한 한국의 의견서로 제출되었다. 이승만 대통령은 정부 수립 직후 대마도에 대한 한국 영유권을 주장했고, 이는 곧 언론의 반향을 얻었다.[8] 이에 대해 일본의 아시다 히토시(芦田均) 수상은 한국의 대마도 요구가 대서양헌장과 포츠담선언을 포함한 연합국의 정책에 위배된다며 반대했다.[9]

갈홍기 공보처장은 1948년 9월 9일 본격적으로 대마도영유권을 주장했다.

한인은 누구나 대마도의 회복을 염두에 두고 있다. 여기에 일반인들은 공구심(恐懼心)을 가질 필요가 없는 것이오, 또 일본 외상이 이에 대해서 미국 사람들이 북미 적색인(인디안)의 땅을 점령하여 합중국을 세운 데 비유해서 말한 것은 아직도 일본인들이 남을 모욕하는 악습을 버리지 못한 것을 표명한 것이니 이는 세계전쟁 후 아직까지도 상당한 벌을 받지 못해서 회개가 덜 된 때문이다. 이러한 악습을 버린 후에야 일본인들도 살 수 있을 것이오, 또 세계평화도 어지러워지지 않을 것이다.[10]

한국의 이러한 입장은 1949년에도 지속되었다. 이승만은 1949년 1월 7일 기자회견에서, 이문원 외 의원 10여 명도 1949년 2월 19일 35차 국회본회의에서 대마도문제를 대일평화회의에 제출할 것을 제안했다.

1949년 12월 30일 이승만의 태도에 변화가 나타났다. 이승만은 기자회견 석상에서 대마도가 한국 영토임을 증명하기 위한 조사단 파견에 대한 질문에,

---

8) "South Korea Files Claims to Japanese Tsushima Islands," *Stars and Stripes* (1948. 8. 19).
9) "Ashida Raps Korean Claim," *Stars and Stripes* (1948. 8. 19).
10) 『수산경제신문』 (1948. 9. 10).

이는 대일평화조약의 문제이고 다른 나라와 갈등을 불러일으킬 수 있으니 현재로선 시기상조이며, 이 문제에 대한 우리의 입장을 냉정히 재검토할 것이라고 답했다. 그동안 지속적으로 대마도영유권을 주장해왔던 것과는 사뭇 다른 태도였다. 이승만은 대마도문제에서 한발 물러섰지만, 영유권 주장을 철회하지는 않았다.

한국정부의 입장은 이미 1948년 과도입법의원의 주장과 우국노인회의 주장을 계승한 것으로, 기본적으로 정치적이며 대일징벌적 성격의 것이었다. 한국의 입장이 완강했기 때문에 미 국무부 정보조사국(OIR)은 이 문제를 본격적으로 검토했다.[11] 정보조사국은 한국의 대마도 귀속 주장은 민족주의와 반일감정의 반영이자 계산된 어필로, 연합국으로부터 작은 양보라도 얻어내기 위한 시도로 나타난 것이라고 결론지었다. 또한 주한미대사관도 한국정부가 대마도문제를 입증하는 게 불가능하다는 것을 깨닫고 있으며, 더 이상 주장하지 않을 것이라고 분석했다.[12] 한국은 1951년 대일평화조약 초안에 대한 의견서 제출 시 대마도 귀속을 요구했다. 결국 이승만과 한국정부가 대마도 귀속을 주장한 것은 정치적 목적에서 비롯된 것이었으며, 가장 큰 이유는 대일평화조약에 대한 대응책이었고, 다른 이유는 한일 양국의 현안문제 타결을 위한 주도권 선점이었다.[13]

넷째는 맥아더라인의 유지문제였다. 맥아더라인은 한국 수산업의 생존과 발전을 위해 필요한 최소한의 방어조치라는 것이 한국정부와 상공업계·수산업계의 입장이었다.

---

11) OIR Report no.4900, "Korea's recent claim to the Island of Tsushima," (1950. 3. 30), RG 59, Japanese Peace Treaty Files of John Foster Dulles, 1946-52, Lot 543D423, Box 8.
12) OIR Report no.4900, 위의 보고서.
13) 박진희, 2005, 「戰後 韓日관계와 샌프란시스코 平和條約」, 『한국사연구』 131호, 28쪽.

(2) 맥아더라인의 쟁점화

1945년 8월 20일 연합군최고사령부(SCAP)는 일본에 대해 어선을 포함한 모든 선박의 항행을 전면 금지시켰다. 패전 후 극도의 식량난을 겪고 있던 일본의 요구로 1945년 9월 14일자 연합군최고사령부지령(SCAPIN)에 따라 일본 연안으로부터 12해리 이내의 수역에서 목조어선에 대한 조업허가가 이루어졌다. 1945년 9월 27일 연합군최고사령부지령 제80호에 의해 구체적으로 원양어업의 일부가 처음으로 허가되었다. 총 63만 2,400평방마일의 어구를 구획하는 것이 바로 맥아더라인이었다. 기존 연구에 따르면 맥아더라인은 모두 세 차례에 걸쳐 확장되었고, 확장의 주된 이유는 식량부족의 타개였다.[14]

일본 외무성 정무국 특별자료과가 발행한 『관리월보』(管理月報) 제24호 (1949. 9)에 따르면, 1945년 11월 3일 SCAJAP(Shipping Control Authority for the Japanese Merchant Marine: 일본상선관리국) 제587호에 의해 일본 어선·포경선의 조업구역이 정식으로 설정된 것을 사실상 맥아더라인의 시작으로 삼고 있다.

제1차 맥아더라인의 확장은 1946년 6월 22일자 연합군최고사령부지령 제1033호에 의해 이루어졌는데, 이에 따라 약 86만 4,000평방마일에 달하는 해역이 조업구역에 편입되었다. 한국측 정리에 따르면, 동중국해의 조업수역이 약 두 배 정도 확대되었다. 한국에서 일반적으로 인지하고 강조하는 맥아더라인은 바로 연합군최고사령부지령 제1033호(1946. 6. 22)「일본의 어업 및 포경업 허가구역에 관한 건」이다. 이 SCAPIN 제1033호의 제3항에는 "일본의 선

---

14) 외무부 정무국, 1954, 『평화선의 이론』, 48~49쪽; 지철근, 1979, 『평화선』, 범우사; 지철근, 1989, 『한일어업분쟁사』, 한국수산신문사; 지철근, 1992, 『수산부국의 야망』, 수산신보사; 오제연, 2005, 「평화선과 한일협정」, 『역사문제연구』 제14호; 정인섭, 2006, 「1952년 평화선 선언과 해양법의 발전」, 『서울국제법연구』 13권 2호; 조윤수, 2008, 「'평화선'과 한일어업협상: 이승만정권기의 해양질서를 둘러싼 한일 간의 마찰」, 『일본연구논총』 28호.

박 및 선원은 리앙쿠르암으로부터 12마일 이내에 접근해서는 안 되며, 또한 이 섬과의 일체의 접촉은 허용되지 않는다"라는 내용이 포함되어 있기 때문이다. 일본측 주장에 따르면, 이 어장에서 약 2,200만 관의 증산이 있었지만 어장이 먼 관계로 자재소비량, 특히 연료소비량이 높아졌고, 선도 저하 방지를 위한 어선시설 개선의 필요 등이 제기되었다.[15]

제2차 맥아더라인의 확장은 1949년 9월 19일자 연합군최고사령부지령 제2046호에 의해 이루어졌다. 태평양지역의 수역은 미드웨이섬과 하와이군도 방향으로 1,000마일 확장되었고, 전전(戰前) 참치 원양어선이 활동했던 지역까지 진출이 가능해졌다.[16] 일본측 주장에 따르면, 이는 일본정부의 이서저예망(以西底曳網) 어선(트롤 어선 포함)의 감선(減船) 정리, 어업감시선의 배치 등의 조치에 따라 위반 어선의 취체(取締) 및 난획(亂獲) 억제라는 일본측의 성의를 연합군최고사령부가 인정한 결과였다는 것이다.

특히 제2차 맥아더라인의 확장은 어업감시선 항행구역(航行區域), 즉 감시구역의 확장과 맞물리면서 진행되었다. 1949년 6월 30일 연합군최고사령부 지령 제1033/2호로「일본 어업 감시제도에 관한 총사령부 각서」가 발표되었는데, 11척의 감시선을 항상 맥아더라인 부근에 출동시켜 어구 위반행위를 방지하기 위한 것이었다. 이 방안은 일본 수산청이 계획 입안하여 1948년 8월 11일 SCAP에 신청한 것인데, 이서저예망 어업에 대한 감선 조건으로 허가된 것이었다.[17] 이는 일본 어선의 활동을 전후 연합군최고사령부가 정한 구역 내

---

15) 外務省 政務局 特別資料課,『管理月報』제4호(9월호),「漁區の擴張」, 荒敬 編輯·解題, 1991,『日本占領·外交關係資料集』제10卷, 62쪽.
16)『서울신문』(1949. 9. 22).
17) 일본정부는 1932년 효율성이 월등한 기선저인망의 증가로 연안수역의 어족자원 보호가 필요하자, 종래의 기서저예망어업취체규칙(機船底曳網漁業取締規則)을 개정해, 동경 130도를 경계로 이동(以東)의 저인망을 이동기선저인망, 이서(以西)를 이서기선저인망으로 구분했다. 이서저인망은 트롤 어업을 대신해 기선저인망(쌍끌이)이 발달했고, 조업어장은 대마도, 한국의 거문도, 제주도, 五島열도로 둘러싸인 동중국해였다. 현재 일본 저인망은 소형기선저인망, 沖合저인망, 이서저인망, 원양저인망 등 4개 업종으로 나뉜다(김대영, 2004,「일본 以西저인망어업의 축소재편에 관한 一考」,『해양비즈니스』제4호, 10~11쪽).

로 제한하는 것이 목적이었다. 그 이전에 이러한 감시활동이 없었음을 알 수 있으며, 다른 한편으로는 이 감시행위가 일본정부의 자율적 조치였다는 특징이 있다. 수산청은 1949년 8월 1일부터 동지나해(동중국해) 방면에 4척, 태평양 방면에 2척의 감시선을 배치할 계획이었다.

일본 외무성 자료의 설명에 따르면 감시선은 경찰력을 보유하지 않으며, 위반선을 발견하는 경우에는 이를 보고해야 하고, 위반선은 별도로 정한 포츠담정령(政令, 선언)에 의해 엄중 처벌될 것이라고 했다. 일본 외무성은 이 정도의 조치로도 상당한 효과를 거둘 수 있으리라고 예상했지만, 한국측의 입장에서는 그 효과가 전무했다. 오히려 일본 감시선은 일본 어선의 불법 월경조업을 보호·안내하는 역할을 담당했기 때문이었다. 일본정부는 일본 감시선 취항 자체가 일본 선박의 항행제한의 완화인 동시에 장래 맥아더라인의 확장계선을 보여준다고 전망했다. 〈그림 8-1〉에서 나타나듯이 일본 어선의 어업구역보다 감시선의 항행구역이 동남쪽으로 거의 두 배가량 확장된 상태였으며, 이는 이들 지역이 일본 어선의 잠재적 어업구역임을 보여주는 것이기도 했다.[18]

새로 확장된 어업감시선의 항행구역은 태평양 방면으로는 동경 165도에서 동경 180도 미드웨이섬 서쪽까지 대폭 확장되었고, 동중국해 방면으로는 북위 24도 유황도(硫黃島) 남단에서 북위 19도까지 괌(Guam) 남단, 야프(Yap) 북단까지 대폭 확장되었다. 더욱 놀라운 것은 이 어업감시선의 감시구역에 한국의 제주도가 포함되었다는 사실이다.[19] 이는 지금까지 전혀 알려져 있지 않았던 충격적인 사실이다. 일본 어업감시선의 제주도 항행은 한편으로는 일본 어선의 상시적 제주도 수역 침범을 반영하는 것이었으며, 다른 한편으로는 일본 어업감시선이 한국 영해까지도 관리한다는 뜻이었다. 〈그림 8-2〉에서

---

18) 外務省 政務局 特別資料課, 『管理月報』 제2호(1949. 7), 「漁業監視船の就航」, 荒敬 編輯·解題, 1991, 『日本占領·外交關係資料集』 제10권, 15~16쪽.
19) 外務省 政務局 特別資料課, 『管理月報』 제2호(1949. 7), 위의 책, 15쪽.

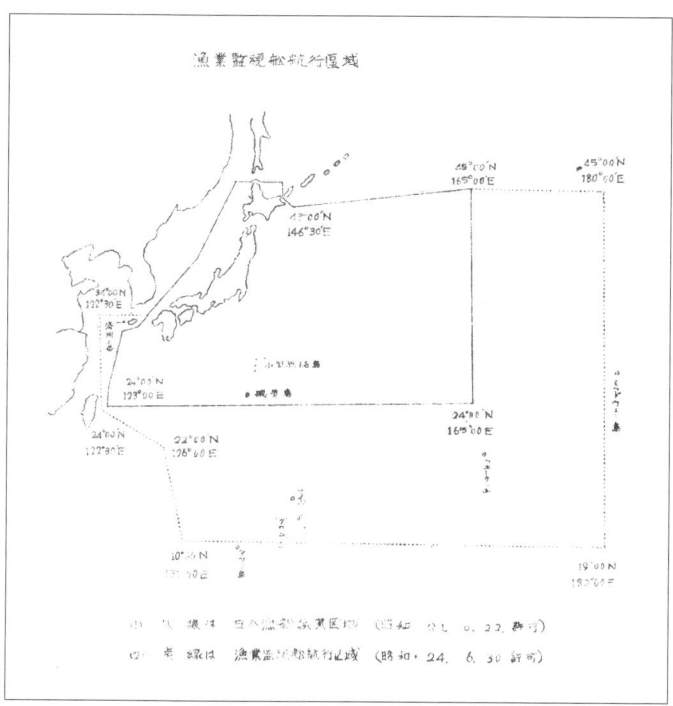

〈그림 8-1〉 일본 어업감시선 항행구역(1949. 7)

실선은 일본 어선 어업구역(1949. 6. 22 허가)이며, 점선은 어업감시선 항행구역(1949. 6. 30 허가)인데, 제주도 수역은 일본 어선의 어업구역이 아니지만 어업감시선의 항행구역임을 뚜렷이 알 수 있다.

이후 1949년 9월 19일자 연합군최고사령부지령(SCAPIN) 제2046호에 의해 태평양지역에서 일본 어선 어업구역이 대폭 확장되었는데, 이는 종래의 어업감시선 항행구역을 반영한 것이다. 〈그림 8-2〉에서 드러나듯이 빗금 친 부분이 새로 확장된 일본 어선의 어업구역이었다.[20] 일본 외무성의 1949년 9월

---

20) 外務省 政務局 特別資料課, 『管理月報』 제4호(1949. 9), 「漁區의 擴張」, 荒敬 編輯·解題, 1991, 『日本占領·外交關係資料集』 제10卷, 63쪽.

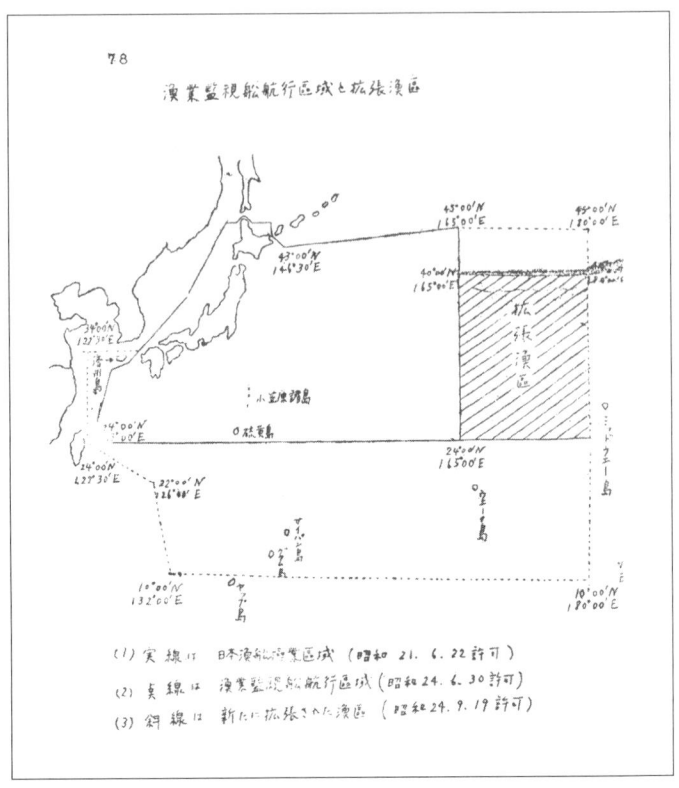

<그림 8-2> 일본 어업감시선 항행구역과 확장어구(빗금지역)(1949. 9)

의 어구 확장에는 두 개의 중요한 어업상 완화조치가 있다고 평가했는데, 첫째는 일본 어선에 허가된 어구 내에서는 일본정부의 행정구역이 아닌 육지로부터 12마일 이내 접근금지 조치가 3마일 이내 접근금지로 축소되었다는 점, 둘째 조난이나 기타 긴급한 경우에는 일본의 행정구역 이외의 토지에도 그 토지당국의 허가에 따라 상륙할 수 있다고 규정한 점을 들었다. 특히 일본 어선이 허가받은 어업구역의 타국령 3마일까지에서도 어업할 수 있다고 함으로써 어족이 풍부한 새로운 어장을 확보한 것으로 해석되었다.[21]

한편, 1950년 5월 11일 모선식(母船式) 참치어업이 연합군최고사령부지령

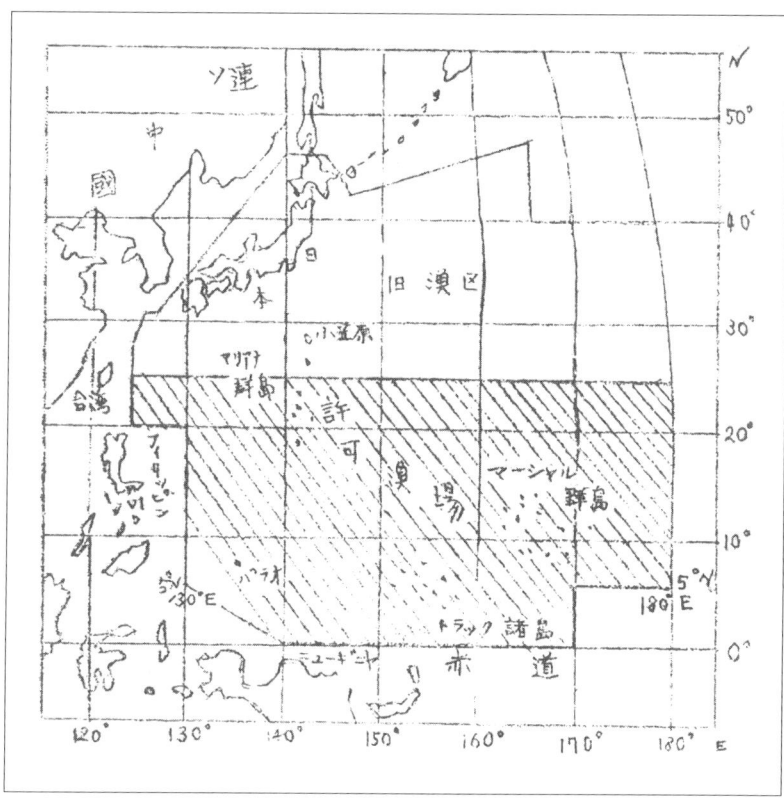

〈그림 8-3〉 일본 모선식 참치어업의 허가구역(빗금지역)(1950. 5. 11)

(SCAPIN) 제2097호에 의해 허가되었는데, 이는 〈그림 8-3〉에서 빗금으로 남아 있는 어업구역 남쪽 한계선부터 적도까지에 해당하는 것이었다.[22] 일본 외무성의 표현에 따르자면, 전전 일본위임통치령이었던 캐롤라인·마리아나·마셜 등이 여기에 포함된 것이었다.

한국이 맥아더라인에 대해 주목하기 시작한 것은 미군정 시기부터였다.

---

21) 위와 같음.
22) 外務省 政務局 特別資料課, 『管理月報』 제12호(1950. 5), 위의 책, 63쪽.

맥아더라인은 어로수역의 경계선이자 일본 어선의 무분별한 세력확장과 남획을 막기 위한 규제선이었지만, 다른 한편으로는 일본과 주변국 간의 불필요한 충돌을 예방하기 위한 점령정책의 일환이었다. 그런데 일본 어선들은 맥아더라인의 설정에도 불구하고 맥아더라인을 넘어 제주도 연안과 남서해 연안에 들어와 조업했고, 한국 어민들과 마찰을 빚었다. 일본 어선의 맥아더라인 침범은 연합군최고사령부가 맥아더라인의 관리를 일본정부에 위임했기 때문이었다.[23] 연합군최고사령부 천연자원국 수산부장 해링턴(Harrington)은 방한 중 기자회견(1950. 2. 27)에서 맥아더라인에 대한 감시·취체 책임이 연합군최고사령부에서 일본정부에 이양되었으며, 사령부는 휘하의 해군·공군 부대로 하여금 맥아더라인을 침범하는 선박을 감시·보고하는 것이라고 밝혔다.[24]

당시 한국에서는 일본 어선의 한국 연안 출현을 어업의 문제가 아니라 한국 재침략의 의도로 해석했고, 일본 어부들도 한국이 독립하긴 했지만 자신들이 불과 몇 년 전까지 활발히 조업했던 지역이므로 이를 한국의 영해라고 인식하지 않았다.[25] 1949년 6월 7일자 임병직 외무부장관의 성명은 한국측의 인식을 잘 보여주었다. 그는 맥아더라인의 유지가 첫째 한국 경제에 중요한 산업으로 식량공급원이자 수출용인 어업을 지키는 것이며, 둘째 국방상으로도 "한국 역사에 비추어보더라도 일본이 한국에 대한 대규모 공격을 행하기 전에 일본 어선들은 해적행위를 하고 왔던 것"이라고 주장했다.[26] 이런 양자의 인식 격차 속에서 한국측은 맥아더라인의 확대 반대와 맥아더라인 위반 일본 어선 나포를, 일본측은 맥아더라인의 확대와 나포 반대입장을 표명했다.

조선 해안경비대가 1947년 2월 4일 제주도 근해에서 조업하던 일본 어선 행어환(幸漁丸)을 나포한 것이, 한국측이 맥아더라인을 침범한 일본 어선을 나

---

23) 지철근, 1979, 위의 책, 97쪽(오제연, 위의 논문, 14쪽에서 재인용).
24) 『경향신문』(1950. 2. 28).
25) 조윤수, 위의 논문, 205~206쪽.
26) 『연합신문』(1949. 6. 8).

포한 최초의 사례였다.[27] 또한 1947년 중반 한국 언론은 맥아더라인을 보도하면서, 이것이 한국의 어로구역을 명백히 표시하고 있을 뿐만 아니라 독도를 포함한 일종의 영해경계선이라는 인식을 갖고 있었다.

1948년 일본 어선들의 맥아더라인 위반이 심해지자 미군정은 군정장관 딘 소장 명의로 된 재조선미군정청 군정령(MGJUAS) 546호(1948. 4. 17)를 통해 일부 무허가 일본 어선이나 혹은 어획에 협력하는 선박이 맥아더라인을 침범할 때는 이를 체포하라고 지시했다. 1947년 12월부터 1948년 8월까지 총 20여 척의 일본 어선이 불법침입으로 나포되어 목포·여수·제주·부산 등 세관에 인계되었다. 그러나 일본의 거센 항의와 연합군최고사령부의 요청에 따라 3개월 뒤 재조선미군정청 군정령(MGAGR) 546호(1948. 7. 28)로 상기 군정령 제546호에 따른 일본 어선 체포지령을 취소했다. 단, 한국 영해를 침범한 어선에 대해 일본측이 체포할 것을 명시하는 동시에 맥아더라인을 침범한 일본 선박을 발견할 때는 승박(乘舶)치 말고 감시·보고하라고 통고했다.[28] 미군정은 한국정부 수립 전 나포했던 일본 어선들을 모두 송환했는데, 이는 공해상의 선박 나포가 국제법상 불법이라는 일본측 로비의 결과로, 실질적으로 맥아더라인을 무력화하는 조치였다.

이러한 미군정의 조치는 정부 수립 후 한국의 맥아더라인에 대한 대처방식의 기저를 형성했다. 1949년 5~6월 일본정부가 맥아더라인의 확장을 연합군최고사령부에 청원했다는 보도가 있자, 한국 내에서는 맥아더라인 확대에 반대하는 움직임이 본격화되었다.[29] 국회는 1949년 6월 14일 제3회 16차 국

---

27) 최종화, 2000, 『현대한일어업관계사』, 세종출판사, 16쪽(오제연, 위의 논문, 14쪽에서 재인용).
28) 「국방부, 맥아더선의 존폐와 한국의 국토방위 및 수산업에 관하여 시정보고」(1949. 1. 31), 『시정월보』 제3호, 58~59쪽; 「맥아더라인(MacArthur Line)」, 『協同』, 朝鮮金融組合聯合會, 1949년 7월 통권 23호, 20쪽; 『경향신문』(1949. 9. 23).
29) 「맥아더라인 擴大問題 駐日大使에 再交涉指示」, 『江原日報』(1949. 6. 15); 李智新, 「맥아더線과 韓國의 水産」, 『새한민보』, 새한민보사, 1949년 6월 제3권 14호, 11~13쪽.

회본회의에서 맥아더라인 확장에 반대하는 결의안을 채택했는데, 맥아더라인의 확장·철폐가 정치적으로는 일제 침략의 재판(再版)이 될 것이며, 경제적으로는 한국 어업의 몰락과 밀수출입을 조장해 한국 경제의 파탄을 초래할 것이라고 주장했다.[30] 한국정부는 1949년 5월 16일과 6월 8일에 주일대표부 정환범 대사를 통해 맥아더라인 확대 및 원상회복과 맥아더라인을 침범하는 일본 어선을 나포할 수 있는 권한(나포권)을 연합군최고사령부에 요청했다.[31] 그러나 연합군최고사령부는 나포권을 거부하고 맥아더라인을 침범한 일본 어선을 통고해줄 것을 요청했다.

한국정부의 일본 어선 나포는 1950년 1월 27일 연합군최고사령부와의 충돌에 이르기까지 지속되었다. 연합군최고사령부는 한국 영토에서 3마일 내의 영해를 침범하지 않는 한 맥아더라인을 월경한 일본 어선이라도 나포하지 않고 선명, 톤수, 위치 등만을 보고하도록 했는데, 한국정부는 우리측이 위치, 톤수, 선장, 인원수 등의 정보를 맥아더사령부에 보고하면, 맥아더사령부가 해당 선박에 대해 어업허가권을 취소하는 것으로 이해하고 있었다.[32] 1950년 1월 한국 언론 보도에 따르면, 나포된 일본 어선은 1947년 9척, 1948년 15척, 1949년 4척, 1950년 5척 등 총 33척에 달했다.[33] 사건은 1950년 1월 12일 한국 해군이 제주도 서귀포 남방에서 대양환(大洋丸, 550톤)을 비롯한 일본 어선 5척을 맥아더라인 월경으로 나포함으로써 촉발되었다. 이에 대해 일본은 연합군최고사령부의 허가를 받아 어업감시선을 제주도로 급파했고, 연합군최고사령부는 주일한국대표부에 "공해에서 고기를 잡고 있는 어선을 왜 함부로 잡느냐"라고 나포를 반대하는 서신을 1949년 12월 14일과 1950년 1월 20일에 보내왔다. 그런데 이 서신은 본국정부에 통보되지 않았다고 한다.[34]

---

30) 『제3회 국회속기록』 제16호, 349~350쪽.
31) 『경향신문』(1949. 9. 23).
32) 『자유신문』(1950. 2. 5).
33) 『서울신문』(1950. 1. 27).

1950년 1월 27일, 연합군최고사령부는 미군 구축함을 보내 공해상의 일본 선박을 방해하는 모든 한국 해군 선박을 나포하라는 명령을 내렸다. 미군 구축함은 1월 27일, 28일 밤에 출발할 예정이었다. 결국 1월 27일 정오, 이승만 대통령은 국방장관에게 해군의 일본 어선 나포를 중단하고, 일본 어선의 귀환을 명령했다. 주일한국대표부에 대해서는 연합군최고사령관에게 일본 어선의 귀환, 답변서 지연에 대한 사과, 일본인 억류 중지 등을 알리라고 지시했다.[35] 한국정부는 일본 어선 나포의 중단과 억류자 석방을 약속했지만, 미해군의 무력시위에 분노했다. 일본 『아사히신문』은 1월 28일 1면에 이승만 대통령이 연합군최고사령부에 '사죄'했다고 보도했고, 이는 한국정부의 분노를 샀다.[36]

이승만 대통령은 1951년 8월 양유찬 주미대사에게 보낸 비망록에서 이 사건을 지적했다. 이 대통령에 따르면, 일본 어부들은 한국 해군의 일본 어선 나포에 맞서 시범사례(test cases)를 만들기 위해 의도적으로 맥아더라인을 넘어 몇 척이 나포되었으며, 현장에 미군 함정이 나타나 나포한 일본 어선들을 석방하라고 한국 해군을 위협했다는 것이다. 이들은 나포한 일본 어선들을 석방하지 않으면 총격을 가하겠다고 한국 해군을 위협했으며, 결국 한국 해군이 석방하면 SCAP이 처벌하기로 약속하고 거의 100건의 사례를 SCAP에 이관했다는 것이다. 그러나 단 한 건도 처벌되지 않았으며, 맥아더라인 침범사례는 급증해서, 심지어 한국 영해 3마일 이내에서 나포된 선박도 네 척이나 되었다는 것이다.[37]

---

34) 『서울신문』(1951. 1. 28).
35) Joint Weeka, no.5(1950. 2. 5), 212~215쪽(『자료대한민국사』에서 재인용); 『서울신문』(1950. 1. 27, 28, 29).
36) 『자유신문』(1950. 2. 5). 당시 주일한국대표부는 대사교체기였다. 2대 수석대사 정환범(1949. 1. 23~1950. 14)과 3대 수석대사 신흥우(1950. 2~5)가 교체되는 기간에 사건이 발생했다(외무부, 1959, 『外務行政의 十年』, 591쪽). 3대 대사 신흥우가 불과 3개월 만에 경질된 데는 이 사건의 여파가 적지 않았을 것이다.
37) Memorandum by the President to Ambassador Yang(1951. 8. 3), 국사편찬위원회 편, 1996, 『이승만관계서한자료집3(1951): 대한민국사자료집30』, 330~337쪽.

1950년 1월 27일 대통령의 공식성명과 1월 28일 한국정부의 공식각서를 통해 맥아더라인 위반 일본 어선 나포의 중단, 나포된 일본 어선의 석방, 연합군최고사령부에 대한 사과 등의 표명이 있은 후 일본 어선의 맥아더라인 위반은 상시화되었다. 특히 한국전쟁의 발발로 그 수는 급증했다. 1951년에 접어들면서 대일평화조약 체결이 가시화되자, 한국정부는 맥아더라인의 유지를 대일평화조약 및 한일관계의 주요 의제로 삼게 되었다. 1951년 2월 20일 이승만은 주일공사 김용주(金龍周)에게 「한일통상 급 기타에 관한 건」이라는 지시를 내렸다. 직접 대통령 '晩'이라고 서명한 이 문서에서 이승만은 당시 한일 간의 현안 중 하나인 한일통상협정의 갱신문제에 대해 일본정부가 따로 협의를 요구하지 않는 한 그대로 추진하라고 지시했다. 그런데 이승만은 맥아더라인과 관련해 매우 강력한 주문을 했다.

> 맥아더라인은 절대로 양보치 안으려고 하니 일인(日人)이나 스캡(SCAP – 인용자)에서 위협이라도 해서 억제(抑制)로라도 그 선을 업시할려고 한다면 오이려 해결이 어려울 것이니 한일 양국이 협의하는 자리에서 해결하도록 해야만 협의적으로 될 수 있으나 강제로 한다면 도로혀 불리할 것을 암시함이 가(可)하며.[38]

즉, 1951년 2월 말 한국정부는 맥아더라인의 고수를 대일문제의 핵심 중 하나로 인식했으며, 이에 대한 한국정부의 강경조치를 일본정부나 연합군최고사령부측에 '암시'할 것을 주문한 상태였던 것이다.

전반적으로 한국의 대일평화회담 준비는 큰 진전이 없는 상태였다. 주로 대일관계에서 제기될 것으로 예상되는 문제들은 한일병합조약을 포함한 한일 간의 구(舊)조약처리문제, 배상문제, 귀속재산문제, 맥아더라인 문제, 재일

---

[38] 「韓日通商 及 其他에 관한 件」(대통령→金龍周공사)(大秘指外 第二號, 1951. 2. 20), 국가기록원 소장.

교포문제 등이었지만, 신생국가 한국의 주요 정책목표 가운데 대일관계 및 대일평화회담은 우선순위가 낮은 상태였다. 또한 대일평화회담의 주체였던 미국·영국은 일본과 긴밀한 협의를 진행했지만, 한국정부에는 관련 정보를 제공하지 않았다.

한국정부가 대일평화회담에 본격적으로 대응할 수 있었던 것은 1951년 3월 27일 미 국무부가 정식으로 대일평화조약 초안을 한국정부에 제공하면서 부터였다. 당시 대일평화회담은 이미 미국과 일본을 중심으로 큰 틀에서의 쟁점이 정리된 상태에서 부분적인 조정과 수정작업을 앞두고 있었다.

2. 미국의 대일평화조약 임시초안(제안용)(1951. 3) 수교와 한국정부의 제1차 답신(1951. 4. 27)

(1) 워싱턴·동경의 외교

미국의 대일평화조약 조기체결 방침이 확정된 이래 한국정부는 1951년 1월부터 본격적으로 대일평화조약에 대처하기 시작했다.[39] 워싱턴과 동경에서 한국 외교관들은 대일평화조약에 대한 외교적 노력을 시작했다. 워싱턴에서는 미 국무부를 상대로, 동경에서는 연합군최고사령부를 상대로 한 외교적 설득이 본격화했다.

먼저 워싱턴에서 장면 주미대사는 딘 애치슨(Dean Acheson) 국무장관에게 발송한(1951. 1. 4) 서한에서 다음의 두 가지 사실을 들어 한국의 협상참가

---

39) 김태기, 1999, 「1950년대 초 미국의 대한 외교정책: 대일평화조약에서의 한국의 배제 및 제1차 한일회담에 대한 미국의 정치적 입장을 중심으로」, 한국정치학회, 『한국정치학회보』 제33집 제1호(봄호), 362~363쪽; 이원덕, 1996, 『한일 과거사 처리의 원점』, 서울대학교출판부, 27~28쪽.

및 조약서명국 지위 부여를 요청했다.[40] 첫째, 한국임시정부는 반일 교전(anti-Japanese belligerency)상태에 놓여 있었으며, 임시정부의 지시하에 게릴라, 사보타지, 정보공작 활동이 있었다. 둘째, 한국은 미국에 군사원조를 요청한 바 있으며, 거부당했으나 최선을 다해 싸웠다.

장면 대사는 1951년 1월 17일 딘 러스크(Dean Rusk) 극동담당차관보와 면담해 한국의 대일평화조약 참가를 강조했으며, 1월 20일에는 애치슨 국무장관에게 편지를 보내 한국의 서명국 지위가 불가능하면 대일평화조약 서명국들이 한일문제 해결과 양국 관계 개막에 관해 개별 평화협정이 개시되어야 한다고 합의해줄 것을 요구했다.[41] 이미 1950년 11월 국무총리로 임명되었던 장면 대사는 한국으로 귀환하기 직전이었다. 귀국길에 장면은 1월 25일 동경에 도착했고, 1월 26일 대일평화조약 문제를 논의차 방일 중이던 존 포스터 덜레스(John Foster Dulles)와 면담하며 '한국의 권리'로 대일평화조약 참가를 요청했다.[42] 이 자리에서 덜레스는 미국은 한국을 참가시킬 예정이며, 이와 관련해 한국정부와 사전에 협의할 것이라는 점을 밝혔다. 즉, 1951년 1월의 시점에 한미 간의 협의를 통해 미국이 한국의 대일평화조약 참가자격을 부여할 것이라는 긍정적인 전망이 제시된 것이었다.

다음으로 1951년 1월 동경의 신문들은 미국이 대일 전후처리 방침으로 일본에 배상을 요구하지 않을 것이라고 보도했다. 미국은 1차 대전 후 베르사유 조약체제가 독일에 막대한 배상을 청구한 까닭에 히틀러가 등장해 2차 대전을 유발했다고 판단했기 때문이다. 이를 본 주일한국대표부의 김용주 공사는

---

40) John M. Chang, Korean Ambassador to Dean Acheson, Secretary of State(1951. 1. 4), RG 59, Department of State, Decimal File, 694.001/1-451.
41) John M. Chang, Korean Ambassador to Dean Acheson, Secretary of State(1951. 1. 20), RG 59, Department of State, Decimal File, 694.001/1-2051.
42) "Memorandum of Conversation," by Mr. Robert A. Fearey of the Office of Northeast Asian Affairs(1951. 1. 26), *FRUS*, 1951, Vol. VI, p. 817.

1951년 1월 20일 주일미점령 당국에 다음과 같은 서한을 발송했다.

> 한국정부와 국민은 앞으로 있을 연합국의 대일평화조약에 지대한 관심을 갖고 있으며, 재한일인 재산은 1945년 9월 25일과 동년 12월 6일에 재한 미군정청 법령 제2호 및 제33호에 의하여 처리된 것이고, 이는 대일배상문제와는 별개이며, 1945년 8월 9일(일본이 포츠담선언을 무조건 수락해 항복한 일자) 현재 한국 영해에 소재한 선박의 소유권과 재일 일왕가(李垠公) 소유 재산 및 재일공제조합 재산은 구조선총독부 재산이므로 군정법령 제33호에 의하여 재한미군정청에 귀속 소유되었다가 그 후 1948년 9월 11일자 한미재정협정 제5조에 의하여 대한민국정부에 이전된 것이므로 동 재산은 이상 사실에 비추어 그와 같이 처리될 것으로 기대된다.[43]

주일대표부의 주요 관심사는 첫째, 한국 내 일본인 재산(적산·귀속 재산) 처리문제, 둘째, 한국 국적 선박소유권·영친왕 소유 재산·재일공제조합 재산 등 주로 재산문제에 관한 것이었다. 이미 1949년 1월 이승만은 주일대표부 정한경에게 배상문제에 대해 연합군최고사령관 맥아더와 접촉해 조속히 타결하라고 훈령을 내린 바 있었기 때문에, 주일한국대표부의 주요 관심사는 배상문제를 중심으로 전개되었던 것이다.[44]

당시 한국정부의 입장은 1951년 1월 26일 이승만 대통령이 AP특파원과 회견한 자리에서 한 발언에 잘 드러났다. 이승만 대통령은 대일강화와 관련한 미국의 정책을 지지하는 한편 첫째 일본의 가장 가까운 이웃나라(隣國)인 한국이 참석해야 할 것, 둘째 1905~1910년 간 일본에 의해 강제된 한일 간의 구조약을 폐기하고 새로운 통상조약·수호조약을 체결할 것, 셋째 "불합리한

---

43) 金溶植, 1993, 『새벽의 약속』, 김영사, 83쪽.
44) 서울신문 특별취재팀, 1984, 『한국외교비사』, 서울신문사, 49쪽.

배상"을 일본에 요구하지 않을 것임을 천명했다.[45] 이승만의 온건한 입장은 대일평화조약과 관련해 보기 드문 것이었는데, 이승만은 "한인들은 일본의 군국주의 지배자들로 인하여 모든 상처와 그들의 과실을 관용의 정신으로 소식(掃拭)해버리기를 원하고 있다"라고 밝혔다. 미국이 배상 없는 관대한 조약을 상정한 상황에서 이승만은 '관용의 정신'을 언급했지만, 결코 배상을 포기하겠다고는 하지 않았다.

한편, 한국정부는 대일평화조약 문제에 대한 정부 및 국회 차원의 협의를 추진 중이었다. 역시 대통령 비서실 문서철에서 나온 「국회와 대일강화문제 연구에 관한 건」(1951. 2. 28)이라는 문서는 이 시기 한국정부의 대일평화조약 대처를 보여준다. 국무총리를 경유해 외무부장관에게 하달된 이 문서에서 이승만 대통령은 이렇게 지시했다.

> 이 문제는 국제상 중대한 관계가 있어 외교상으로 신중히 조처하여야할 것임으로 국회에서 공개로 의사를 발표하거나 시간상으로 잘못 표시되면 정부에서 해결하려는 의도에 불리할 경우에 처하게 될 것임으로 국회에서 의원을 정하야 비밀리에 외무부 당국과 토의하야 협의적으로 진행하여야할 것임으로 신중히 고려하는 의원 몇 명을 지정해서 내용 여하를 알고자 할 때에는 알리기로 할 것을 통고하고 외무부에서는 이 문제에 관한 것은 일일히 대통령의게 보고할 것을 지시함. 이상[46]

즉, 이승만은 대일평화조약과 관련해 외무부와 국회가 비밀리에 토의·협의해야 하며, 대일평화조약과 관련된 대응을 공개적으로 추진할 것이 아니라

---

45) 『민주신보』(1951. 1. 28).
46) 「國會와 對日講和問題硏究에 關한 件」(대통령→외무부장관)(大秘指外 第三號, 1951. 2. 28), 국가기록원 소장.

비밀리에 진행하라고 지시했던 것이다. 과연 외무부와 국회의 협의가 어떻게 진행되었는지는 분명치 않다. 다만 그간 한국정부가 대일평화조약의 진행과 관련해서 별다른 준비나 대책을 세우지 않았고, 심지어 이승만 대통령은 관심조차 보이지 않았다는 지적이 있었지만, 이는 사실과 거리가 있다고 볼 수 있다.

1951년 1~2월은 중국 인민지원군의 참전으로 한국전쟁의 전세가 재차 역전되어서, 수도 서울이 다시 공산군의 수중에 들고, 미국은 한국정부의 제주도 망명계획까지 고려하던 엄중한 시점이었다. 유엔군·한국군의 위력정찰과 역공으로 전선은 북위 37도선에서 교착상태에 접어들었지만, 여전히 1950년 6~8월 간의 첫번째 위기국면에 이어 두번째 위기국면이 조성되었고, 한국정부의 운명은 백척간두에 서 있었다. 한국정부가 보유한 외교적 자원과 역량은 국가 생존과 관련된 대미·대연합국 외교에 집중되었다. 이런 사정을 감안할 때, 1951년 1~2월 간 한국정부의 대응은 충분하지는 못했다 하더라도 임무 자체를 방기한 것은 아니었다.

당시 덜레스는 제1차 동경 방문(1951. 1~2)을 끝낸 후, 연합국에 송부하기 위한 본격적인 초안 작성에 착수했다. 그 결과, 1951년 3월「대일평화조약 임시초안(제안용)」〔Provisional Draft of a Japanese Peace Treaty(Suggestive Only)〕이 확정되었다.[47] 이는 미국이 국내용으로 작성해 회람했던 이전 초안과는 다른, 공식성을 지닌 최초의 대외협상용 초안이었다.

1951년 4월 1일 장면 국무총리는 국무부의 대일평화조약 담당관이던 존 무어 앨리슨(John Moore Allison)에게 편지를 보내, 한국정부의 협상국 지위 부여와 조약 본문에 대한 정보를 요구했다.[48] 이와 함께 장면 총리는 맥아더

---

47) RG 59, Office of Northeast Asia Affairs, Records Relating to the Treaty of Peace with Japan-Subject File, 1945-51, Lot 56D527, Box 1.
48) John Myun Chang, Prime Minister to John M. Allison, State Department Specialist(1951. 4. 1), RG 59, Department of State, Decimal File, 694.001/4-151.

라인의 존속을 요구했다. 이때 구체화된 한국의 요구는 한국의 조약참가권, 맥아더라인 존속이었음을 알 수 있다. 이에 대해 앨리슨은 4월 25일자 답장에서 미국의 임시초안 사본, 즉 1951년 3월 조약 초안이 이미 한국에 통보되었음을 알렸다.[49]

장면이 조약 본문에 대한 정보를 요구한 시점에 이미 미 국무부는 주미한국대사관에 조약 초안을 건넨 상태였다. 주미한국대사관에서 1등서기관으로 근무했던 한표욱은 1951년 3월께부터 주미한국대사관에서 한일문제에 대해 본격적으로 활동을 개시했으며, 1951년 3월 27일 제1차 초안의 내용이 주미한국대사관을 통해 한국정부에도 통보되었다고 회고했다.[50] 장면이 워싱턴을 떠난 다음 조약 초안이 주미한국대사관에 건네진 것이다. 그런데 장면 총리는 재차 조약 본문에 대한 정보를 요구했으므로, 아직 조약 초안이 한국정부에 전해지지 않은 상태였음을 알 수 있다.

미 국무부가 한국정부에 전달한 것은 바로 1951년 3월 23일 확정된 「대일평화조약 임시초안(제안용)」이었다. 미국은 이 초안을 주요 연합국 14개 나라와 일본에 전달했으며(1951. 3. 27), 극히 이례적으로 한국에도 이 초안을 전달했다. 일본 점령에 관계한 극동위원회 회원국이 아니었으나 1951년 3월 임시초안을 전달받은 것은 인도·한국·실론 세 나라뿐이었다.[51] 이는 당시 미국이 한국을 대일평화조약의 참가국 혹은 서명국의 차원에서 고려하고 있었음을 의미했다.

---

49) John M. Allison to John Myun Chang, Prime Minister(1951. 4. 25), RG 59, Department of State, Decimal File, 694.001/4-1551.
50) 한표욱, 1996, 『이승만과 한미외교』, 중앙일보사(1984, 『한미외교요람기』의 개정판), 260쪽.
51) Department of State(Allison) to POLAD Japan(Sebald)(1951. 3. 23), RG 59, Department of State, Decimal File, 694.001/3-2351. FRUS에 따르면 연합국과 일본 등에 제공된 3월 23일자 초안에 앞서 3월 16일자 초안, 3월 20일자 초안 등이 존재했지만, 인쇄되지는 않았다(United States Department of State, FRUS, 1951, Vol. VI, Part 1, p. 944).

(2) 서울의 대응: 외교위원회의 구성

1951년 3월 27일 「대일평화조약 임시초안(제안용)」을 전달받은 한국정부의 대응은 어떠한 것이었을까? 이와 관련된 한국정부의 공식기록은 찾을 수 없다. 다만 주요 관련자 네 명의 회고가 남아 있다. 모두 현장에 있던 사람들의 회고지만, 기억에 의지해 설명했기 때문에 적지 않은 차이가 있다.

- 유진오(1966년의 회고): 1·4후퇴 후 몇 달 지난 어느 날(3월 말경으로 기억하는데 혹시 4월 초이었는지도 모른다) 당시 법무부 법무국장이었던 홍진기씨가 한 장의 일본신문을 들고 찾아왔다. 대일강화조약 초안〔의〕 역문(譯文)이 게재되어 있는데, 보기에는 우리 나라의 이해에 관계되는 부분이 적지 않을 뿐 아니라, 귀속재산 처리에 관한 규정〔이〕 까딱하면 우리 나라에 아주 불리할 것 같다는 것이었다. 홍진기와 함께 함께 검토해 보니 과연 그의 말대로였다.[52]
- 홍진기(1962년의 회고): 1951년 법무국장 때의 일이다. 덜레스가 대일강화조약 초안의 기초작성의 사명을 띠고 일본에 수차 왕래한 후 7월경(?) 그 최종 초안이 공표되었다. 그것은 연합신문을 비롯한 몇 신문에도 그 전문이 게재 보도되었다. 이것을 보니 그 속에는 한국에 관한, 즉 한일 간의 제문제에 관한 조항은 1조문도 없었다. 당시 법무부장관 김준연씨에게 건의해 대통령께 말씀드리도록 했다.[53]
- 김준연(1966년의 회고): 법무부장관으로 있을 때, 1951년 2월 말경이었다. 외무부장관 변영태씨가 미국무장관 애치슨의 고문인 덜레스가 초한 대일강화조약 초안이 도착하였으니, 그것을 연구해서 대책을 세워야겠다고 말하였다. 정부에서는 대일강화조약 초안을 심사하기 위하여 국무총리 장면, 외무

---

52) 유진오, 1966, 위의 글, 93~94쪽.
53) 홍진기, 1962, 위의 글, 190쪽.

부장관 변영태, 법무부장관 김준연 3인과 민간에서 홍성하, 유진오, 배정현, 임송본 4인 도합 7인으로 위원회를 조직하였다. 간사에는 법무부 법무국장 홍진기군이 당하였다.[54]

- 한표욱(1984년의 회고): 1951년 3월 27일 제1차 초안의 내용이 주미대사관을 통해 한국정부에 통보되었다. 그 내용은 일본정부에도 동시에 통고되었다. 미국은 초안을 충분히 검토해 보고 한국으로서 꼭 첨부할 견해가 있으면 내라는 취지였다. 그러나 약 4개월 본국정부로부터 아무런 후속 지시를 받지 않고 있었다.[55]

먼저 유진오는 법제처장을 사임한 후 고려대 총장으로 재임 중이었지만 대일강화회의준비위원회와 한일회담의 주요 인물로 활약했고, 김준연은 법무부장관이었으며, 홍진기는 법무부 법무국장으로 대일강화회의준비위원회와 한일회담의 실무자로 참석했다. 외교관이 아닌 법무부 관리와 민간인 학자가 한국정부의 대일평화회의 대책 수립의 주역으로 활약한 것은 당시 한국정부가 보유한 외교력의 인적 한계를 반영하는 것이었으며,[56] 다른 한편 유진오·홍진기가 법률가 출신으로 한국정부 수립 이후부터 대일관계 준비를 주도해 왔기 때문이기도 했다. 한표욱은 주니어 외교관으로 주미한국대사관의 실무담당자였다.

---

54) 김준연, 1966, 「對日講和條約草案의 修正」, 『나의 길』, 동아출판사, 37쪽.
55) 한표욱, 1996, 위의 책, 260쪽.
56) 홍진기는 1951년 10월 한일회담이 시작될 무렵, 일본정부에는 배상청이라는 기관이 특설되어 전후 배상처리문제를 전담했는데, 그중 조선과(朝鮮課) 직원만 해도 30명이 된다는 풍설이 나돈 반면, 한국정부는 외무부 본부 직원이 20여 명에 불과했다고 증언했다(유민홍진기전기간행위원회, 1993, 『유민홍진기전기』, 중앙일보사, 52쪽). 1951~1960년 간 주미대사를 지낸 양유찬의 증언에 따르면, 당시 한국의 해외대사관은 미국·중국 두 나라였고, 유엔·일본에 대표부, LA 등 5개소에 총영사관이 있었을 뿐이다. 1951년 부산 피난 당시 외무부 본부 직원은 30여 명에 불과했는데, 전쟁 직전 외무부 본부 정원은 80명, 주미대사관 직원은 10여 명이었다[양유찬, 「남기고 싶은 이야기들: 駐美大使 시절 ①」, 『중앙일보』 (1974. 12. 17)].

주미한국대사관이 미 국무부의 「대일평화조약 임시초안(제안용)」을 전달받은 것은 1951년 3월 27일이었다. 주미대사관이 외교행낭으로 보냈다면 최소 일주일 내외의 시간이 소요되었을 것이고, 부산 주한미대사관이 전달했다면 같은 날이었을 것이다. 유진오의 회고에 따르면, 한국정부 차원에서 대일평화회담 준비에 착수하게 된 것은 조약 초안을 접수했기 때문이 아니라 홍진기가 들고 온 대일평화조약 초안의 번역문이 실린 일본 신문을 접했기 때문이었다. 여기에 힌트가 있다. 주일미정치고문이자 연합군최고사령부(SCAP) 외교국장이었던 시볼드의 회고에 따르면, 대일평화조약 초안은 1951년 4월 7일 일본 신문에 게재되었다. 초안은 1951년 3월 27일 맥아더에게 수교되었고, 동시에 시볼드를 통해 요시다 시게루(吉田茂) 일본 수상에게도 전달되었다. 시볼드에 따르면, 요시다 수상에게 초안 사본을 건넬 때 문서가 비밀이며 일본 내에서 조기에 폭로될 경우 막대한 손해가 유발될 수 있음을 강조하는 데 특별한 노력을 기울였다. 그런데도 조약 초안이 누설되었고, 시볼드는 조약 초안이 일본 신문에 보도된다는 사실을 워싱턴의 덜레스로부터 전해 들었다. 문건은 워싱턴의 인도대사관에서 유출되었는데 고의성 여부는 불투명했다고 한다.[57]

홍진기가 본 것은 『아사히신문』이었는데, 그는 1951년 4월 7일자 일본 신문 보도를 최소한 2~3일 뒤 부산에서 받아보았을 것이다.[58] 따라서 4월 10일을 전후한 시점에 홍진기와 유진오가 만났을 것이다. 유진오에 따르면, 한국정부가 의견서 작성에 착수한 2~3일 뒤 장면 총리로부터 2주 전에 대통령 앞으로 온 조약 초안을 어떤 비서가 서랍 속에 "여태 처넣어 두었"던 것을 발견했다는 통보를 받았다고 했다.[59] 다 같은 맥락에서 이해할 수 있다.

---

57) William J. Sebald with Russell Brines, *With MacArthur in Japan: A Personal History of the Occupation*, W. W. Norton & Company, Inc., New York, 1965, p. 265.
58) 동아일보사 편, 1975, 『秘話 第一共和國』 5권, 홍자출판사, 213쪽; 김동조, 1986, 『회상30년 한일회담』, 중앙일보사, 10쪽.

〈그림 8-4〉 일본 언론에 보도된 「대일평화조약 임시초안」(『아사히신문』, 1951. 4. 7)

    미국 초안의 중요성을 간파한 유진오·홍진기는 장면 총리·김준연 법무장관 등과 상의한 끝에 1951년 4월 16일 외무부 안에 '외교위원회'를 구성해서 정부의 의견서를 작성하기 시작했다.
    당시 한국 외교라인은 교체상태에 놓여 있었다. 먼저 외무부장관이던 임병직은 미국에 체류 중이었으며, 신임 외무부장관 변영태는 4월 17일에야 임명되었다. 그런데 변영태 장관은 1950년 10월 미 국무부 초청 프로그램으로 도미한 후, 1951년 2월부터는 파키스탄에서 개최된 유엔아시아·극동경제위원회 한국대표로 출석 중이었고, 4월 14일에야 귀국했다.[60] 4월 16일 외교위

---

59) 유진오, 1966, 위의 글, 96쪽.
60) 『동아일보』(1951. 4. 15, 18).

원회가 만들어졌을 때 변영태 외무부장관은 상황 적응 및 업무파악을 막 시작하는 시점이었다. 때문에 논의를 외무부가 아닌 법무부와 법률가들이 주도하게 된 것은 자연스러운 귀결이었다.

다른 한편 워싱턴의 주미한국대사관도 대사가 3개월 이상 공석이었다. 초대 주미대사였던 장면은 1950년 11월 23일 국회에서 인준안이 통과됨으로써 국무총리가 되었지만, 워싱턴의 사무를 정리하고 귀국하기까지는 꼬박 2개월이 소요되었다. 그는 일본을 거쳐 1951년 1월 28일에야 부산에 도착했다.[61] 후임 주미대사는 하와이의 개업의사인 양유찬이 내정되었는데, 그는 1951년 3월 15일경 귀국해서 주미대사 내정을 통보받았다.[62] 양유찬의 회고에 따르면, 1951년 2월 말 이승만 대통령의 간곡한 청으로 하와이에서 부산을 방문해 주미한국대사로 임명된 후 1951년 4월 12일에 워싱턴에 부임했다고 되어 있다.[63] 그러나 실제로 양유찬은 4월 말까지 워싱턴에 도착하지 않았다.[64] 미국 정부가 아그레망(agrement)을 접수한 후인 4월 30일에야 양유찬은 부산에서 정식으로 주미대사 임명장을 받았다.[65] 양유찬 대사는 5월 5일 부산 수영 비행장을 출발했으므로,[66] 그가 워싱턴에 도착한 날짜는 일러도 5월 7~8일경이었을 것이다. 대사가 부재하는 상황에서 워싱턴 주미한국대사관은 제2인자인 김세선(金世旋) 참사관, 한표욱(韓豹頊) 1등서기관에 의해 운영되고 있었다.[67]

---

61) 『경향신문』(1950. 11. 24), 『동아일보』(1951. 1. 29).
62) 『동아일보』(1951. 3. 21).
63) 양유찬, 「남기고 싶은 이야기들: 駐美大使시절」 1·2·5회, 『중앙일보』(1974. 12. 17, 18, 21).
64) 이승만의 1951년 4월 25일자 비망록에 따르면, 양유찬 대사는 아직 워싱턴에 부임하지 않은 상태였다 [Memorandum by Syngman Rhee(1951. 4. 25), 국사편찬위원회 편, 1996, 위의 책, 233~236쪽)].
65) 『민주신보』(1951. 5. 2).
66) 『동아일보』(1951. 5. 6).
67) 외무부 기록에 따르면, 주미대사의 재임기간은 1대 장면(1949. 2. 2~1951. 2: 1949. 3. 25. 신임장 제정), 대리대사 김세선 참사관(1951. 2~1951. 4), 2대 양유찬(1951. 4. 12~1959 현재: 1951. 6. 6. 신임장 제정)으로 되어 있다. 즉, 양유찬은 1951년 6월 6일에야 신임장을 제정했던 것이다(외무부, 1959, 위의 책, 589쪽).

〈표 8-1〉 외무부 외교위원회의 구성

위원\명칭	張勉 국무총리	卞榮泰 외무장관	趙炳玉 내무장관	金俊淵 법무장관	崔斗善 동아일보사장	裵廷鉉 변호사	洪璡基 법무국장	李建鎬 고대교수	朴在隣 고대교수	俞鎭午 고대총장	洪性夏 금융통화위원	林松本 殖銀총재
① 외교위원회				O	O	O	O(간사)	O(간사)	O(간사)	O		
② 위원회	O	O	O		O	O				O	O	O
③ 위원회	O	O		O		O	O(간사)			O	O	O
④ 외교위원회				O	O	O	O(간사)	O(간사)		O		
⑤ 대일강화회의 준비위원회	O			O	O	O	O	O	O	O		

〔출전〕 ① 유진오, 1963, 「대일강화조약 초안의 검토」, 『민주정치에의 길』, 일조각, 272쪽; 유진오, 1966, 「한일회담이 열리기까지: 전한국수석대표가 밝히는 십사년전의 곡절」 상, 『사상계』 2월호, 96쪽.
② 홍진기, 1962, 「나의 옥중기」, 『신사조』 2월호, 191쪽.
③ 김준연, 1966, 「대일강화조약초안의 수정」, 『나의 길』, 동아출판사, 37쪽.
④ 동아일보사 편, 1975, 『비화 제일공화국』 5권, 홍자출판사, 217쪽.
⑤ 유진오, 「남기고 싶은 이야기들: 한일회담(7) 정부의견서 작성」, 『중앙일보』(1983. 9. 5).

때문에 한미 간의 긴급한 외교현안을 처리하기 위해 전 외무부장관으로, 4월 17일부로 유엔특사에 임명된 임병직이 뉴욕에서 워싱턴에 내려와 대사관의 긴급한 업무를 대행했다. 그는 대사관의 김세선 참사관, 한표욱 1등서기관을 대동하고 국방부를 방문해 상호방위계획(MDAP) 국장이자 국제담당관이었던 번스(Burns) 소장, 합참의장 오마 브래들리(Omar Bradley) 장군을 만나 대한무기원조를 요청하는 한편, 국무부를 방문해 알렉시스 존슨(U. Alexis Johnson) 동북아시아국장을 만나 맥아더라인과 태평양동맹을 논의하기도 했다.[68] 그 연장선상에서 임병직은 주미한국대사를 대리해 본국에서 보내온 한

---

68) Letter by B. C. Limb to Syngman Rhee(1951. 4. 24), 국사편찬위원회 편, 1996, 위의 책, 229~230쪽;「유엔 주재 임병직 특사와 미 합동참모본부 의장과의 한국군 확장 논의 비망록」(1951. 4. 18), FRUS, 1951, 362~364쪽(국사편찬위원회 편, 2006, 『자료대한민국사』 21권에서 재인용).

국정부의 답신서를 덜레스 앞으로 송부하게 되었다.

즉, 미국의 「대일평화조약 임시초안(제안용)」이 주미한국대사관을 통해 한국정부에 전달되어 검토되는 중요한 시점에 워싱턴과 부산의 주요 외교포스트가 모두 부재 중이었거나 변동 중이었다. 유일하게 대일평화조약의 맥락을 외교적으로 다뤄본 적이 있는 장면 총리가 행정부의 핵심역할을 담당하게 되었고, 외부에서는 과도정부 시절 이래 대일배상문제를 다루었던 유진오가 중추적 역할을 수행하게 되었다.

한편, 외교위원회의 구성과 역할에 대한 설명은 여러 가지이다.

'대일강화회의준비위원회'라는 명칭은 유진오의 1983년 회고에 등장하는 것이며, 당시의 일반적인 명칭은 '외교위원회'였던 것으로 보인다.[69] 한국식산은행 두취(頭取, 총재)였던 임송본의 약력에도 그가 1951년 외무부 외교위원회 위원을 지냈다고 기록되어 있으며, 법무장관 김준연의 약력에는 1951년 대일강화조약 초안 심사위원을 지낸 것으로 기록되어 있다.[70]

정확한 상황을 보여주는 정부기록이 발견되지는 않았지만, 여러 증언과 자료를 종합해보면, 1951년 4월 16일 외무부 산하에 외교위원회(대일강화회의준비위원회)가 구성되었고, 7~9명의 위원이 임명되었던 것을 알 수 있다. 외무부장관과 국무총리를 제외하고 공통적으로 확인되는 사람은 김준연 법무장관, 유진오 고려대 총장, 배정현 변호사, 홍진기 법무부 법무국장 등이다. 핵심인물들이 모두 법조계 인사들로 구성되었음을 알 수 있다. 유진오는 제헌헌법의 주역으로 법제처장을 지낸 법률가였으며, 배정현은 법전편찬위원회 전

---

[69] 언론보도에 따르면, 1951년 7월 2일 林松本·裵庭鎬(裵廷鉉의 오자)·黃聖秀·洪璡基·張基永·李建鉉(李建鎬의 오자)으로 구성된 외무부 외곽단체인 외교위원회가 회의를 개최했다〔『민주신보』(1951. 7. 3)〕. 1951년 7월의 시점에 위원 구성은 조금 변경되었지만, 명칭은 외교위원회로 나타난다. 유진오는 '대일강화회의 준비위원회'를 당시 '외교위원회'로 불렀다고 했다〔유진오, 「남기고 싶은 이야기들: 韓日會談(7) 政府意見書 작성」, 『중앙일보』(1983. 9. 5)〕.
[70] 한국역사정보통합시스템 검색결과(2009. 4. 13); 김준연, 1966, 위의 책, 2쪽.

문위원을 거쳐 이후 대법관이 된 법조인이었고, 홍진기 역시 일제하에서 판사를 지낸 법률가 출신이었다. 임명일을 알 수 없기 때문에 정확한 활동기한을 알 수는 없지만, 나머지 인물들도 1951년 4월부터 9월 사이에 외교위원회에 관여한 사람들로 판단된다.

지금까지 연구에 따르면 세 가지 점이 강조되어왔다. 첫째, 한국정부가 받은 미 국무부의 대일평화조약 초안은 주미한국대사관에서 외무부를 거치지 않고 대통령에게 직보된 상태에서, 모 비서관의 책상에서 2주일가량 아무런 조치도 없이 방치되었다. 둘째, 한국정부의 답신은 5월 9일로, 일본정부의 답신이 4월 4일이었던 데 비해 한 달 이상 지체된 것으로 외교의 지연이자 임무의 방기였다. 셋째, 이승만 대통령은 처음에 귀속재산 처리와 관련한 수정조항을 대일평화조약에 요구하자는 외교위원회의 제안에 부정적인 입장을 보이다가 존 무초(John J. Muccio) 대사 등의 권유로 마음을 바꾸었다. 대부분 유진오·홍진기 등의 증언에서 시작된 이러한 가설들은 지금까지 사실로 여겨져왔으며, 1951년 대일평화조약에서 한국이 일정한 실패를 경험하게 되는 국내적 요인의 하나로 지목되어왔다.

그러나 세번째 해프닝을 제외하고 앞의 두 가지는 사실과 거리가 있다. 먼저 경무대 비서관 서랍에서 2주간 방치되었다는 조약 초안은 3월 27일자 주미한국대사관 김세선 참사관의 보고로 이승만 대통령에게 전달된 상태였다. 이 대통령은 김세선에게 보내는 1951년 4월 10일자 편지에서 김세선이 보낸 3월 27일, 4월 2일, 4월 3일자 편지들과 첨부물들을 받았으며, 대일평화조약 초안이 여기에 동봉되어 있다고 쓰고 있다.[71] 또한 이 대통령은 워싱턴의 조약 초안을 받기 전에 이미 사적 경로를 통해 조약 초안 사본을 얻었으며, 국무총리 및 내각과 이 문제를 논의한 후 결과를 통보하겠다고 밝혔다.[72] 김세선에

---

71) Letter by President to Sae Sun Kim(1951. 4. 10), 국사편찬위원회 편, 1996, 위의 책, 176~177쪽.

게 보내는 동일자 다른 편지에서 이 대통령은 도착한 조약 초안을 검토 중이며, 국무총리에게 덜레스에게 보내는 편지를 작성하라고 지시했는데, 이 편지는 조약 초안에 대한 한국정부의 견해를 피력한 의견서가 아니라 일반적인 편지로, 다만 맥아더라인에 관한 내용만을 담도록 했다는 것이다.[73]

이 대통령의 지시에 따라 장면 총리는 4월 10일 덜레스에게 편지를 보냈다. 장면은 조약 초안이 "매우 중립적"이라고 평가하며, 연합국이 충분히 협의한 조약의 결과에 한국정부가 영향을 받게 될 것이란 점을 지적했다.[74] 나아가 한국정부가 조약 초안을 불과 며칠 전 입수했으며, 주의 깊게 연구·고찰하고 있다고 밝혔다. 장면 총리는 가장 중요한 관심사로 어업권을 들었는데, 일본이 한국의 어업구역을 침범하고 있기 때문에 현재의 "맥아더라인"을 대일평화조약 조문 속에 넣어야 한다고 주장했다.[75] 장면은 맥아더라인과 관련해 맥아더 장군에게 편지를 보낼 예정이라고 했다. 장면 총리는 4월 10일 맥아더에게 보내는 편지에서 한국정부의 '1951년 나포 일본 어선' 통계를 제시하면서 일본 어선의 맥아더라인 위반·침범에 대해 강력한 조치를 요구했다.[76] 이는 덜레스 문서철에도 들어 있는 「일본 어선 나포 위치 표시표」 등과 동일한 것이었다.[77] 장면은 맥아더에게 일본 어선들이 고의적으로 맥아더라인을 침범한다며 맥아더라인을 항구적으로 유지시켜줄 것을 요청했다.

이상과 같이 조약 초안이 모 비서관의 책상에서 2주간 잠자서 한국정부의

---

72) 위의 자료, 177쪽.
73) Letter by President to Sae Sun Kim(1951. 4. 10), 국사편찬위원회 편, 1996, 위의 책, 179~180쪽.
74) Letter by John Myung Chang to John Foster Dulles(1951. 4. 10), 국사편찬위원회 편, 1996, 위의 책, 183쪽.
75) 한 가지 이상한 점은 덜레스 특사의 대일평화조약 체결 관련 문서철(RG 59, Japanese Peace Treaty Files of John Foster Dulles, 1946-52, Lot 54D423)에 장면 총리가 보낸 이 편지가 수록되어 있지 않다는 사실이다. 대일평화조약·회담과 관련된 다른 문서철에서도 이 편지를 발견할 수 없었다.
76) Letter by John Myun Chang to General MacArthur(1951. 4. 10), 국사편찬위원회 편, 1996, 위의 책, 186~187쪽.
77) Commander South Korean Navy Force to Chief of Staff, ROK Navy Operations, Subject: Capture of Japanese Fishing Boats(1951. 3. 31); 「日本漁船拿捕位置表示表」; "List of Japanese Fishing Vessels Seized in 1951," RG 59, Japanese Peace Treaty Files of John Foster Dulles, 1946-52, Lot 54D423, Box 8.

대응이 늦었다는 유진오·홍진기·한표욱 등의 증언은 사실에 부합하지 않는다. 당시 미국 외교문서는 외무부가 아닌 경무대로 직보되는 것이 상례였기 때문에, 외무장관-국무총리 라인이 경무대보다 문서를 늦게 접수하는 경우가 적지 않았다. 때문에 대통령 비서실에서 갖고 있던 문서를 장면 총리가 며칠 동안 알지 못했을 가능성은 있다. 그러나 이미 대통령의 지시에 따라 4월 10일 이전에 조약 초안에 대한 검토작업이 시작되었고, 장면 총리는 덜레스·맥아더에게 조약 초안 수령 및 맥아더라인의 지속을 요구하는 편지를 보냈다. 즉, 당시 한국정부의 대응은 신속하고 기민한 것이었다.

다음으로 일본의 답신이 4월 4일이었던 데 비해 한국정부의 답신은 5월 7일로 한 달 이상 지체됨으로써, 대일평화조약 대처에서 중요한 시점을 놓치게 되었다는 주장이 있다.[78] 그런데 이러한 단순 비교는 사실상 무의미한 것이다. 왜냐하면 일본을 제외한 다른 나라의 경우 소련정부의 답신이 5월 7일이었고, 호주·뉴질랜드 등 주요 연합국들의 답신 역시 5월 초순경에야 미 국무부에 도착했기 때문이다. 따라서 한국정부의 답신이 다른 나라에 비해 늦은 것은 아니었다. 일본은 1945년 11월 외무성 조약국을 중심으로 대일평화조약 준비작업에 착수했고, 한국전쟁 발발 이후 미 국무부와 완벽하게 밀착·협의해서 대일평화조약의 조문내용을 조율할 정도로 준비가 완료된 상태였다. 즉, 한국은 대일평화조약 논의의 구조적 맥락에서 배제되어 있었던 반면, 일본은 정확한 맥락과 주요 내용, 구체적인 쟁점을 명확하게 파악하고 있었다. 일본은 미국의 조약 초안이 접수되자, 준비된 문서철 속에서 준비된 내용·쟁점을 꺼내들어 미국에 즉각 전달했던 것이다. 당시 '외교권'이 박탈된 일본 외무성의 유일하고 가장 중요한 업무는 바로 대일평화조약 체결문제였다. 반면, 이 시기 한국 외교의 최우선 핵심은 공산군의 침략에 대항해 한국의 생존을 보장

---

78) 김태기, 1999, 위의 논문, 362~363쪽.

하기 위한 전시·안보 외교였으며, 보유한 외교적 자원·역량·경험도 일천한 상태였다. 때문에 한국정부가 조약 초안을 접수한(1951. 4. 10 이전) 후, 이에 대한 답신서를 작성한(1951. 4. 27) 것은 주어진 조건 속에서 최선을 다한 조치였다. 문제가 되는 것은 한국정부 대응의 신속성 여부에 있는 것이 아니라 답신서 내용의 정합성·합리성에 있었던 것이다.

이상을 정리하면 다음과 같다. 첫째, 대일평화조약 미국측 초안을 담은 3월 27일자 주미한국대사관 김세선의 보고서가 다른 편지들과 함께 4월 3일 이후 서울로 보내졌다. 둘째, 한국정부는 4월 10일 이전에 이 대통령을 중심으로 국무총리와 관계장관들이 대처하기 시작했다. 셋째, 주미한국대사관이 조약 초안을 송부해 오기 전에 한국정부는 사적인 통로로 조약 초안 사본을 획득한 상태였다. 넷째, 이미 한국정부는 4월 10일 장면 총리 명의로 덜레스에게 조약 초안의 수령사실을 확인하는 답장을 송부했다.

다음으로 외교위원회가 검토한 미국의 1951년 3월 임시초안(제안용)의 핵심내용에 대해 살펴보자. 여기에 대해서도 두 가지 증언이 있다. 유진오는 귀속재산 규정과 영토규정이 한국문제와 관련해 중요했다고 증언한 반면, 홍진기는 한국 및 한일 간 문제와 관련된 조항은 1조문도 없었다고 증언했다. 그런데 유진오가 거론한 제2조(영토), 제4조 A항(귀속재산)은 한국이 수교한 1951년 3월 23일자 임시초안의 내용이 아니라 7월 12일자로 공표된 「대일강화조약 초안」(영미합동초안)의 내용이었다. 이는 7월 14일 한국 언론에 대대적으로 보도되었다.[79] 즉, 유진오는 1951년 7월 12일자 최종 초안을 1951년 3월 임시초안(제안용)으로 착각했던 것이고, 다른 글에서는 본인 스스로 이 내용을 1951년 7월 최종 초안의 내용으로 거론한 바 있다.[80] 3월 23일자 임시초안(제

---

79) 『경향신문』(1951. 7. 14).
80) 유진오, 1963, 「對日講和條約 草案의 檢討」, 『民主政治에의 길』, 일조각, 272쪽. 유진오는 1951년 3월 초안을 덜레스 초안으로, 1951년 7월 초안을 영미공동초안으로 구별했다(위의 글, 273, 281쪽).

안용)의 구성은 다음과 같았는데, 유진오가 거론한 조항들은 여기에 들어 있지 않았다. 또한 당시 『아사히신문』에 보도된 조약 초안에는 조문번호가 붙어 있지 않았다. 때문에 조문번호를 인용한 한국정부의 답신은 미국 초안 원본을 보고 작성된 것임을 알 수 있다.

「대일평화조약 임시초안(제안용)」〔Provisional Draft of a Japanese Peace Treaty(Suggestive Only)〕
(전문)
제1장 평화(peace): 1조
제2장 주권(sovereignty): 2조
제3장 영토(territory): 3~5조
제4장 안보(security): 6~7조
제5장 정치 및 경제 조항(political and economic clauses): 8~13조
제6장 청구권 및 재산(claims and property): 14~16조
제7장 분쟁의 해결(settlement of dispute): 17조
제8장 최종 조항(final clauses): 18~22조[81]

유진오는 1951년 3월의 임시초안(제안용)과 7월의 초안(영미합동초안)을 잘못 기억했고, 이에 대한 한국정부의 대응을 구별하지 못한 채 서술했다. 이후 대부분의 연구들은 유진오의 착오를 그대로 따라했다. 불과 15년 뒤의 회고였지만, 역시 기억의 한계가 작용했다는 점을 지적하지 않을 수 없다.

또한 1951년 3월의 임시초안(제안용)에는 "한국에 관한, 즉 한일 간의 제 문제에 관한 조항이 1조문도 없었다"는 홍진기의 회고 역시 사실과 거리가 있

---

81) "Provisional Draft of a Japanese Peace Treaty(Suggestive Only)," Allison to Sebald(1951. 3. 23), RG 59, Department of State, Decimal File, 694.001/3-2351.

다.[82] 1951년 3월의 임시초안(제안용)에서 한국이 명시적으로 거론된 곳은 제3장(영토)의 제3조에 "일본은 한국, 대만, 팽호도에 대한 모든 권리, 권원, 청구권을 방기한다"라는 정도였지만,[83] 청구권과 관련된 제14조 및 제15조는 한국의 귀속재산 처리 및 재일한국 재산과 관련해 매우 중요한 문제였다. 때문에 한국정부측 답신(1951. 4. 27)에서 이 문제가 주요한 쟁점으로 부각되었고, 이는 한국의 이익과 관련해 중대한 쟁점을 형성했다.

재한일본인 재산(귀속재산)은 미군정을 거쳐 대한민국에 이양되었는데, 패전 직후 일본인들은 일본인의 사유재산은 1907년 헤이그조약 제46조 사유재산불양권(私有財産不讓權), 즉 사유재산 불몰수의 원칙에 따라 몰수될 수 없다고 주장했다.[84] 이는 1907년 헤이그만국평화회의에서 채택된 「공전규칙: 육전(陸戰)에 관한 규칙(Hague IV), 1907년 10월 18일」(Laws of War: Laws and Customs of War on Land(Hague IV); October 18, 1907)의 제46조(Art 46)로 "가족의 명예 및 권리, 개인의 생명, 개인의 재산과 종교적 신념과 예배는 존중되어야 한다. 사유재산은 몰수될 수 없다"라는 원칙을 의미한다.[85] 유진오에 따르면, 해방 직후 경성제대 야스다(安田) 교수가 『경성일보』(京城日報)에 "전쟁은 국가와 국가 간의 행동이므로 사유재산에는 변동을 주지 않는 것이 국제법상의 원리"라고 주장했다. 나아가 야마시타 야스오(山下康雄) 나고야(名古屋) 대학 교수는 1951년 6월 16일자 일본 『도요케이자이신보』(東洋經濟新報)에 "연합국이 아닌 한국이 어찌해서 재한일본 재산을 취득할 수 있느냐"라는 글을 싣기도 했다.[86] 일본으로 귀국한 재한일본인들은 일본정부에 의한 재외보

---

82) 홍진기, 1962, 위의 글, 190쪽.
83) 원문은 다음과 같다. 3. Japan renounces all rights, titles and claims to Korea, Formosa and the Pescadores.
84) 홍진기, 1962, 위의 글, 190~191쪽.
85) 원문은 다음과 같다. Art. 46. Family honour and rights, the lives of persons, and private property, as well as religious convictions and practice, must be respected. Private property cannot be confiscated(http://avalon.law.yale.edu/20th_century/hague04.asp, 2009년 4월 24일 검색).

상운동을 추진하면서 헤이그조약과 헌법을 그 근거로 내세웠고, 이는 샌프란시스코회담과 한일회담에서 재외재산 반환이나 역청구권의 근거로 제시되었다. 귀환자들은 자신의 재외재산이 일종의 배상으로 공공의 이익을 위해 사용되었기 때문에 일본정부가 이를 보상할 것을 주장했다. 그러나 한일 국교정상화 이후인 1967년 일본정부는 헤이그조약 제46조 '점령군에 의한 사유재산 등의 존중의무'가 사유재산을 침해한 외국의 국제법상 책임을 문제 삼는 것이지, 피해 국민에 대한 본국의 보상의무를 지목한 것은 아니라는 해석을 내렸고, 이에 따라 국가는 명분(법률상의 의무 부정)을 얻고 귀환자는 실리(보상금)를 취함으로써 이 문제는 종결되었다.[86]

한편, 귀속재산 처리문제와 관련해서 유진오와 홍진기는 모두 이승만 대통령이 이 문제를 이해하지 못하여 반대했다고 증언했다. 장면 총리·김준연 법무장관이 귀속재산에 관한 내용을 설명해도 이승만은 "맥아더 장군이 나한테 한 말이 있는데" 하면서 평화조약 초안의 수정은 불필요하다며 반대했다는 것이다.[88] 유진오에 따르면, 최두선을 통해 무초 대사가 나섰고 이후 이승만 대통령이 찬성으로 돌아섰다는 것이다.

논란 끝에 외교위원회에서는 ① 샌프란시스코강화회의에 한국 참가문제, ② 귀속재산과 대일청구권 문제, ③ 어업문제, ④ 통상문제, ⑤ 재일교포문제 등을 주요 쟁점으로 다루었다.[89]

---

86) 유진오, 1963, 위의 글, 282~283쪽; 유진오, 「남기고 싶은 이야기들: 한일회담(9) 귀속재산 처리」, 『중앙일보』(1983. 9. 7). 야마시타는 강화조약연구 제1부로 『領土割讓の主要問題』(有斐閣, 1949)을 간행한 바 있는데, 제1장에서 영토할양과 국적·사유재산의 연혁과 유형을 다루었다. 대일평화조약이 최종 단계에 진입하는 1951년 7월에 이 책의 재판이 발행되었다.
87) 정병욱, 2005, 「조선총독부 관료의 일본 귀환 후 활동과 한일교섭: 1950, 60년대 同和協會·中央日韓協會를 중심으로」, 『역사문제연구』 제14호, 87~88쪽; 김경남, 2008, 「재조선 일본인들의 귀환과 전후의 한국인식」, 『東北亞歷史論叢』 21호.
88) 유진오, 1966, 위의 글, 96쪽; 홍진기, 1962, 위의 글, 191쪽.
89) 홍진기, 1962, 위의 글, 191쪽.

(3) 한국정부의 제1차 답신서(1951. 4. 27) 작성과 대마도 반환 요구

한국정부가 1951년 3월 임시초안(제안용)에 대해 답신한 내용은 어떤 것이 있는가? 『미국외교문서』(FRUS)에는 덜레스의 1차 초안, 즉 1951년 3월 임시초안(제안용)에 대한 한국측의 회답메모가 발견되지 않는다고 쓰여 있다.[90] 또한 주미한국대사관의 1등서기관 한표욱도 1951년 3월 27일 미국측 초안을 본국정부에 송부한 후 4개월 동안, 즉 1951년 7월까지 아무런 훈령을 받지 못했다고 주장했다.[91] 그러나 이는 사실과 거리가 있다.

한국정부는 즉각 답신을 만들었고, 이를 미 국무부에 송부했다. 한국정부의 답신서는 미 국무부 문서철과 이승만 서한철에서 발굴되었다. 먼저 미국측에서는 미 국무부 십진분류 문서철 694.001시리즈에서 해당 답신서를 찾았다. 주미한국대사관의 김세선은 1951년 5월 7일 딘 애치슨 국무장관에게 대일평화조약 임시초안에 대한 한국정부의 공식논평 및 제안서(1951. 4. 27)를 송부했다.[92]

한편, 『이승만관계서한자료집3(1951): 대한민국사자료집30』에는 2종의 답신서가 실려 있는데, 여기서 이 답신서의 내력에 대한 보다 자세한 정보를 얻을 수 있다. 임병직 주유엔특사는 1951년 4월 26일자로 덜레스 특사에게 보내는 장문의 편지를 썼는데, 이 편지내용이 바로 5월 7일 김세선이 애치슨 미 국무장관에게 보낸 비망록과 동일한 것이었다.[93]

왜 주미한국대사가 아닌 임병직 유엔특사가 덜레스에게 조약 초안에 대한

---

90) *FRUS*, 1951, Vol. VI, p. 1183(이원덕, 1996, 위의 책, 34쪽, 주 46에서 재인용).
91) 한표욱, 1996, 위의 책, 260쪽.
92) Sae Sun Kim, Charge d'Affaires a.i., to the Secretary of State(Dean Acheson)(1951. 5. 7), RG 59, Department of State, Decimal File, 694.001/5-751.
93) Letter by B. C. Limb, Permanent Representative of Korea to the United Nations to John Foster Dulles (1951. 4. 26), 국사편찬위원회 편, 1996, 위의 책, 233~236쪽.

한국정부의 답신서를 보냈는가 하는 점은 앞서 설명한 것처럼 당시 주미한국대사가 공석이었던 사정과 관련이 있었다. 유엔특사에 임명된 임병직이 4월 17일부터 워싱턴에서 대사관의 긴급업무를 대행했는데, 그 연장선상에서 주미한국대사를 대리해 본국에서 보내온 한국정부의 답신서를 덜레스 앞으로 송부했던 것이다.

그런데 공문의 발신·수신 주체의 자격문제 때문에 임병직 유엔특사 대신 대사관의 제2인자인 김세선 참사관이 발신자로, 덜레스 특사가 아닌 딘 애치슨 국무장관을 수신자로 한 5월 7일자 문서가 작성된 것으로 보인다. 앞서 살펴본 것처럼, 양유찬 대사는 5월 10일경에야 워싱턴에 도착했을 것이다.

또한 『이승만관계서한자료집3(1951): 대한민국사자료집30』에는 「거친 초안 – 논평 및 제안용」(Rough Draft – For Comment and Suggestion)이라는 제목으로 한국정부의 제1차 답신서가 수록되어 있다.[94] 내용은 김세선, 임병직이 작성한 것과 동일하다.

이제 미 국무부에 접수된 한국정부의 답신서를 살펴볼 차례이다. 주미한국대사관 용지에 작성된 한국정부의 논평 및 제안서는 총 8쪽으로 구성되어 있다. 작성일은 1951년 4월 27일로 되어 있지만, 임병직이 4월 26일 이미 덜레스에게 발송한 편지가 있고, 본국에서 작성된 서한이 외교행낭 혹은 암호전문으로 전달되는 기간을 고려할 때 4월 26일로부터 최소한 수일에서 일주일 전에 한국정부의 답신서가 작성되었음을 알 수 있다. 때문에 4월 16일 결성된 외무부 외교위원회가 일주일 안에 답신서를 완성했다고 판단해도 무리가 아닐 것이다. 1951년 4월 27일자 한국정부의 논평 및 제안서는 여러 가지 점에서 중요한 것이었다.

첫째, 당시 한국정부는 잠정적인 조약 협상국·서명국의 자격을 부여받아

---

94) Rough Draft—For Comment and Suggestion, 국사편찬위원회 편, 1996, 위의 책, 376~381쪽.

조약 초안을 수령했다. 한국의 지위가 연합국인지 아니면 협상국·서명국이었는지는 명백하지 않았지만, 대일평화조약의 협상과 서명에 초대받은 것이 분명했다. 때문에 한국정부의 적절하고 분명한 대응이 필요했다. 한국정부가 논평 및 제안서에서 강조한 것은 임시정부의 대일선전포고와 광복군의 활동 등 '과거의 가치'였지만, 덜레스와 미 국무부가 한국을 포함시키려 한 이유는 공산침략에 맞서 싸우는 자유세계의 수호자라는 '현재의 가치'에 있었다. 또한 이 시점에 일본과 영국 등은 한국이 연합국의 일원이 아니었고 임시정부를 연합국이 승인한 적이 없다는 '과거의 사실'에 기초해 한국의 조약 협상국·서명국 지위 부여에 극력 반대하고 있었으므로, 한국정부는 미국·영국·일본의 대응에 기초해 현실적이고 설득력 있는 대안을 제시했어야 했다.

둘째, 1951년 임시초안에 대한 한국정부의 논평·제안은 향후 대일평화조약에 대한 한국정부 대응의 기초를 형성했으며, 한국의 요구에 대한 미국정부의 반응수위를 결정하는 토대가 되었다. 즉, 대일평화조약에 대한 한국측 대응의 출발점이 되었으며, 이에 대한 미국측 응답의 출발점이 되었다. 가장 중요한 것은 주장과 요구의 합리성·신뢰성·일관성이었으며, 이런 요소들을 통한 설득력과 호소력이었다. 설득력의 기초는 과연 이 시점에 미국이 한국에 무엇을 요구하고 있었으며, 왜 대일평화조약에 참가시키려 했는가 하는 점을 명확히 인식하는 데 놓여 있었다. 미국은 자국이 구상하고 있던 대일평화조약의 기본원칙과 흐름을 방해하지 않는 수준에서 민주주의의 쇼윈도로 부상된 한국의 이해를 반영하길 희망했다. 과도한 배상, 징벌적 조약에 반대한다는 일반적 원칙하에 공산주의 침략에 맞서 자유세계의 수호자로 부각된 한국을 참가시키겠다는 뜻이었다.

셋째, 미국은 한국정부에 조약 초안을 송부했지만, 대일평화조약이 어떤 맥락에서 논의·입안·결정되었는지, 영국 등 연합국과는 어떻게 협의했으며, 일본과는 어떤 조율을 거쳤는지에 관한 정보를 제공하지 않았다. 즉, 한국은 조약 초안이 점하고 있는 미국 대일정책상의 정확한 좌표를 분명히 파악하지 못한 채 파편화된 조약 초안을 수령했을 뿐이다. 때문에 조약 초안 형성의 구조적·과정적 맥락을 알지 못했던 한국이 이 조약 초안을 통해 자신의 목소리를 정확하게 반영한다는 것은 쉬운 일이 아니었다. 또한 한국정부의 대일평화회의·조약에 대한 준비는 전반적으로 미비한 상태였다. 반면, 일본은 1945년 이후 만 5년간 총력을 기울인 자체적인 대일평화조약 준비과정을 거쳤으며, 미국과 충분한 협의과정과 조율과정을 거친 상태에서 조약 초안을 수령했다.

한국정부의 논평·제안은 대일평화조약 임시초안(제안용)의 목차에 따라 구성되었다. 전문, 제3장 영토, 제4장 안보, 제5장 정치 및 경제 조항, 제6장 청구권 및 재산, 제7장 분쟁의 해결, 제8장 최종 조항, 논평으로 구성되어 있다. 가장 자세하고 긴 부분은 제6장 청구권 및 재산 관련이다. 상당히 긴 내용이지만, 한국정부의 대일평화조약 대응과 관련해 가장 중요한 문서이기 때문에 하나씩 살펴보도록 하자. 원형 숫자는 미 국무부 동북아시아국 실무자가 적어놓은 것을 표시한 것이다.

한국정부의 대일평화조약 임시초안에 대한 논평 및 제안서(1951. 4. 27)

전문
① 초안에 사용된 연합국이란 용어에 대한민국을 포함시켜줄 것.
② 대일평화조약상 한국의 지위는 베르사유평화조약에서 폴란드의 지위와 유사함. 대한민국임시정부가 2차 대전 동안 일본에 전쟁을 선포했으며 만주와 중국 본토에서 군사조직을 만들어 한국인들이 일본과 싸운 사실은 대일평화조약 임시초안 제18조에 규정된 "연합국"(ally) 자격을 충족시킴. 이는 또한 (미국이 임시초안과 함께 전달한) 비망록에서 임시초안의 작성에 앞서 협의한 국가들 중 하나로 한국을 열거한 사실에도 직접적으로 함축되어 있음.
③ 일본의 유엔가입 신청과 관련해, 일본이 획득한 미래의 지위는 대한민국이 향유하는 것과 동일한 지위로 제한해줄 것을 요청함.

④ 재일한국인 70만 명에 대해 여타 연합국 국민과 동일한 모든 권리, 특권, 보호를 제공할 것. 나아가 일본에 합법적이고 적절한 자격으로 존재하는 한국인 사업가, 학생, 여행객 및 모든 기타 한국민에 대해 여타 연합국 국민과 동등한 대우를 제공할 것.[95] 재일한국인들이 일본 내 비일본인 거주자의 가장 큰 집단을 형성한다는 사실에 비추어, 제안된 (평화)조약의 실행에 앞서 그들의 법적 지위에 대한 완전한 해결이 있어야 할 것을 요구함.
(한국정부는 제1장 평화, 제2장 주권에 대해서는 논평을 내지 않았다.)

제3장 영토

⑤ 정의가 장기적 평화의 기초라는 공고한 믿음 위에서, 대한민국은 대마도의 영토적 지위에 대한 철저한 연구가 있어야 한다고 요구함. 역사적으로 이 섬은 일본이 무력과 불법에 의해 점령하기(take over) 전까지 한국의 영토였음. (조약 초안) 5조는 일본이 소련에 남사할린, 모든 인접 도서 및 쿠릴을 이양하라고(hand over) 명령함. 이런 사실에 비추어, 대한민국은 일본이 대마도에 대한 모든 권리, 권원, 청구권을 특별히 방기하고, 이를 대한민국에 반환할(return) 것을 요청함.[96]

제4장 안보

⑥ 태평양의 평화와 안보를 유지하는 데 있어 대한민국의 중요성에 주목해줄 것을 요청함. 연합국은 한국 안보에 위협이 될 일본의 군사력 개발을 허용하지 않고, 한국과 일본이 함께 여타 연합국과 협력하여 태평양 안보의 유지를 보증할 수 있는 일정한 방법이나 타개책을 개발해줄 것을 요망함. 일본과 한국 간의 "군사력 경쟁"은 양국 경제는 물론 유엔헌장의 전반적 목적

---

95) 이 부분에 미 국무부 실무자는 물음표를 표시했다.
96) 이 부분에 미 국무부 실무자는 "ho"라고 적어놓았다.

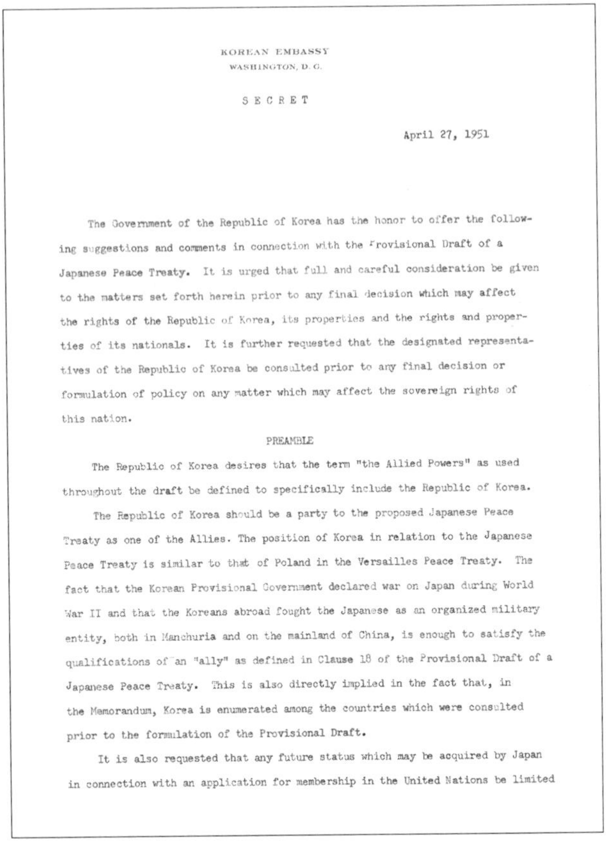

```
                            KOREAN EMBASSY
                            WASHINGTON, D. C.

                        S E C R E T

                                                    April 27, 1951


        The Government of the Republic of Korea has the honor to offer the follow-
    ing suggestions and comments in connection with the Provisional Draft of a
    Japanese Peace Treaty. It is urged that full and careful consideration be given
    to the matters set forth herein prior to any final decision which may affect
    the rights of the Republic of Korea, its properties and the rights and proper-
    ties of its nationals. It is further requested that the designated representa-
    tives of the Republic of Korea be consulted prior to any final decision or
    formulation of policy on any matter which may affect the sovereign rights of
    this nation.
                                PREAMBLE
            The Republic of Korea desires that the term "the Allied Powers" as used
    throughout the draft be defined to specifically include the Republic of Korea.
            The Republic of Korea should be a party to the proposed Japanese Peace
    Treaty as one of the Allies. The position of Korea in relation to the Japanese
    Peace Treaty is similar to that of Poland in the Versailles Peace Treaty. The
    fact that the Korean Provisional Government declared war on Japan during World
    War II and that the Koreans abroad fought the Japanese as an organized military
    entity, both in Manchuria and on the mainland of China, is enough to satisfy the
    qualifications of an "ally" as defined in Clause 18 of the Provisional Draft of a
    Japanese Peace Treaty. This is also directly implied in the fact that, in
    the Memorandum, Korea is enumerated among the countries which were consulted
    prior to the formulation of the Provisional Draft.
            It is also requested that any future status which may be acquired by Japan
    in connection with an application for membership in the United Nations be limited
```

〈그림 8-5〉 한국정부의 제1차 답신서(1951. 4. 27)

에도 해로울 것임.

제5장 정치 및 경제 조항

⑦ 제9조 및 제10조와 관련해, 대한민국은 일본과 한국 어업활동 가능구역을 구획한 "맥아더라인"이 여기서 언급된 "전전 양자 간 조약들"과 동일한 지위를 점해야 하며, 대한민국은 특별히 일본에 대해 상기 "맥아더라인"이 현재의 형태로 지속될 것임을 통보할 특별한 권한을 부여받아야 한다고 요청

함.[97] (중략) 이 장과 관련해, 대한민국은 과거 40년간의 일본 통치와 압제로 인하여 다른 국가들이 자국의 권리를 양자협정을 통해 보호할 수 있었던 반면 한국은 조약을 체결할 수 없었던 사실에 대해 정당한 고려가 있어야 한다고 주장함. 한국의 권리가 일본과 "전전 양자조약들"을 체결한 연합국들과 동등하게 보호될 수 있도록 제10조는 수정되어야 함. 한국이 일본의 제국주의 지배하에 있었던 1945년 이전에 성립된 일본과 한국 간의 여하한 소위 "조약들"은 사실상 조약들이 아니었으며 대한민국은 여하한 혹은 모든 이러한 "조약들"이 무효(null)이고, 효력이 없으며(void), 어떠한 효력도 지니지 않는다(of no effect whatsoever)고 간주함.

제6장 청구권 및 재산

⑧ 대한민국은 배상을 요구하지 않음. 본 정부의 정책은 이웃 일본과 평화롭게 살며 기꺼이 과거를 용서하고 잊고자 하는 데 있음. 일본이 이성적으로 나온다면, 한국도 이성적으로 대할 것임. 본 정부는 이런 문제의 대부분은 일본과 한국 간의 별도 조약에 따라 조정되어야 한다고 확신함. 이 장과 관련해 한국 내 일본인 재산소유권은 물론 일본 내 한국정부 및 한국민의 소유권·이해관계에서 파생되는 소유권 문제를 포함한 모든 문제에 충분한 고려가 있어야 함.

1941년 12월 7일부터 1945년 9월 2일 사이에 한국 내에 존재하던 일본과 일본 국민의 모든 재산은 임시초안의 제14조에 따라 한국의 소유가 되어야 함. 1945년 12월 6일자로 공표된 주한미군정(USAMGIK)의 명령 제33호에 따라 위에 언급한 범주의 모든 재산들은 주한미군정에 양도됨. 이후 1948년 9월 11일 체결된 한미 간 최초의 재정 및 경제 협정에 따라 동일 재산은

---

97) 이 부분에 미 국무부 실무자는 "ho"라고 적어놓았다.

법적으로 대한민국에 양도됨(transferred to the Republic of Korea). 이는 현재 귀속재산처리법(the Vested Property Disposal law)의 관할하에 있음. 위의 유례 없는 배경에 비추어볼 때, 제14조에 제시된 예외조항은 한국 내 일본 및 일본 국민의 재산에 정당하게 적용될 수 없음.

만약 제14조의 예외조항이 적용된다면 모순이 명백해짐. 예외조항 (1)은 "연합국의 영토에 거주하는 것을 허락받았으며 1945년 9월 2일 이전 특별조치의 대상이 되지 않은 일본 국민의 재산" 몰수를 면제하고 있음. 이 면제조항은 명백하게 1945년 9월 2일까지 일본 지배하에 있던 지역들, 즉 후에 일본에서 방기된 지역들이나 혹은 미국(원문 그대로: 유엔의 오기 - 인용자) 신탁통치하에 연합국의 일원에 의해 통치되는 지역들에는 적용되지 않는데, 왜냐하면 이들 지역은 "특별한 조치"가 취해질 가능성이 없었기 때문임.[98]
다시 예외조항 (3)은 "비정치적 종교, 자선, 문화 혹은 교육기관의 재산"의 몰수를 면제함. 일반적으로 말해 이는 합리적으로 생각됨. 그러나 한국과 관련해서, 상기 묘사된 모든 일본 기관은 모두 일본 제국주의와 황국신민화의 도구였으며 문자 그대로 비정치적인 한국 내 일본 기관들은 존재하지 않았음.

재차, 일본이 모든 연합국에 "1941년 12월 7일부터 1945년 9월 2일 사이에 그들 영토 내에서 혹은 일본이 방기한 영토 내에서 일본과 일본 국민의 모든 재산, 권리, 이익을 귀속(vest), 보유(retain), 처분(dispose)할 권한을 승인한다"고 규정되어 있지만, 예외조항 (4)는 "일본 내에 존재하는 재산" 몰수를 면제하고 있음. 만약 위에 특정한 기간 동안 "연합국"의 통제하에 이들 지역이 존재했다면, 문제가 되는 재산은 이 기간 동안 어떠한 이양(transferal) 혹은 이동(removal)이 발생치 않고 그들의 보호하에 무사했을 것임. 이

---

98) 이 부분에 국무부 실무자는 "probably how to put in special article to provide for this"라고 부기했다.

처럼 이들 지역은 특정기간을 통해, 특히 일본이 항복을 제의한 일자인 1945년 8월 9일 이후에조차 (일본에 의해) 통제되었으며, 이 이후 문제가 되는 재산의 상당수가, 특히 동산 및 선박들이 일본으로 반출되었음. 이 중요한 사실은 문제가 되는 예외조항 어디에도 고려가 되지 않았음. 1945년 8월 9일 이후 연합국의 영토 혹은 일본이 방기한 지역, 혹은 유엔신탁하의 연합국의 일원에 의해 통치되는 지역들로부터 고의적으로 일본으로 반출된 재산은 일본이 아니라 이들 지역에 "존재하는"(located) 것으로 간주되어야 함.

⑨ 임시초안은 제15조에 일본이 "본 조약의 발효 후 최초 6개월 이내에 요청에 따라 모든 연합국과 그 국민들의 일본 내 재산, 유형 및 무형, 모든 종류의 재산 및 이해를 반환한다"고 규정했으나 반면 일본이 방기한 지역들, 혹은 유엔 신탁통치하에 연합국의 일원에 의해 통치되는 지역들과 해당 지역의 거주자들은 동 초안에 의해 그들의 유사한 재산, 권리, 이해를 포기하도록 되었음. 이는 동일성 원칙에 위배되는 것임. 이들 또한 자신들의 재산 등을 회복해야만 함.

예를 들어 일본 내 특정 건물들과 재산들은 대한민국의 소유임. 이 재산들에는 이왕자(李王子, 영친왕 이은 – 인용자)의 자택이 포함되는데, 그의 수입은 특정재산의 수입에서 발생한 것임. 맥아더 장군은 한국정부가 이왕자와 그 가족의 부양할 의무를 다할 준비가 된다면 언제든지 이들 재산을 대한민국에 반환하겠다는 데 동의했음. 이제 한국정부는 준비가 되어 이들 의무를 수행할 수 있으며, 언급된 재산이 반환되기를 희망함.

나아가 대한민국은 일본이 몰수한 일본 내 한국인들의 소유인 모든 재산을 즉각 회복해주길 요청함. 일본은 상기 재산들을 몰수하면서, 위 재산을 보유한 한국인들이 공산주의자라고 주장했음. 그러나 소위 일본인 공산주의자들의 소유재산은 몰수되지 않았음. (중략)

한국 내 특정귀속재산은 일본 점령기 동안 일본이 몰수했으며, 그 소유자들은 현재 한국정부가 이들 재산의 반환을 요구하거나 상응하는 보상을 지불하라고 요구하고 있음. 총액에서는 소액에 불과하지만 이는 정당한 요구이며 제안된 조약에 이 상황을 처리하기 이해 일본에 의한 일종의 배상형태를 다룬 특정조항을 포함시켜줄 것을 요청함.

제7장 분쟁의 해결
⑩ 대한민국은 국제사법재판소의 일원이 될 것을 요청함.

제8장 최종 조항
⑪ 제18조는 제안된 조약의 목적에 해당하는 "연합국"을 규정함. 대한민국은 1919년 3월 1일 한국대표들이 일본으로부터 한국 독립을 공식 선언했으며, 그날 이후 1945년 한국의 해방에 이르기까지 일본과 교전상태에 있었다는 점을 지적하고자 함.

논평
대한민국은 이 조약과 여타 모든 상호 이해 관련 문제에 있어서 미국 및 유엔을 지지하고 협력하기를 진정으로 희망함. 그 대신 다른 모든 국가들은 대한민국의 주권과 영토보전을 인정하고 존중해야 함. 한국의 민주주의와 자유는 유지되어야 하며, 공산주의는 축출되어야 함. 이를 위해 우리가 헌신하며, 이를 위해 우리가 투쟁하고 있음.

그런데 한국정부의 답신과 관련해 유진오는 미 국무부에 전달된 한국정부의 답신서가 외교위원회의 작성본과 달랐다는 증언을 남기고 있다. 유진오에 따르면 외교위원회 위원들과 변영태 외무부장관이 의견서를 작성했고, 의견서의 영문 번역은 변영태 장관이 직접 담당해 한 글자씩 세밀히 검토했다는 것이다. 그런데 발송된 답신서는 외교위원회가 작성한 의견서에 긴 전문을 덧붙이고 내용도 1~2항목을 추가했는데, 그 전문이 "괴상해서 본문에서 전개한 법리론과 상충되는 내용"이었다고 한다.[99] 변영태 장관은 대통령의 고문으로 있는 미국인이 가필한 것이라고 답변했는데, 다른 기록에 따르면 이는 글렌이었다고 한다.[100] 아마도 이는 이승만의 공보비서로 대한공론사 사장과 영자신문인 코리언 리퍼블릭(Korean Republic)의 고문을 역임한 윌리엄 글렌(William Glenn)을 의미하는 것으로 보이는데, 윌리엄 글렌은 1954년경부터 한국에서 활동했으며, 당시는 한국에서 근무하지 않았다.[101] 1951년의 시점에 경무대의 영문 공보고문은 웨인 가이싱어(Wayne Geissinger)라는 퇴역 육군 중령이었다. 가이싱어는 미군정기 법률고문으로 근무했으며, 오하이오 주 콜럼버스의 노동관계 변호사였다. 가이싱어는 이승만의 고문이었던 로버트 올리버(Robert T. Oliver)의 추천과 주미한국대사관 김세선 참사관의 주선으로 1950년 2월 미 국무부·국방부와 접촉해 한국 대통령의 공보담당관으로 임명되는 절차를 밟았다. 그는 1951년 2월 말부터 경무대에서 일한 것으로 보인다.[102] 가이싱어는 공보처장 이철원(Clarence Ryee)과 갈등을 빚었는데, 이철원이 공보문안을 작성하고 자신은 그것을 완성하는 자문역(consultant)을 하겠다고 했기 때문이었다.[103]

여하튼 유진오의 증언이 사실이라면 전문으로 분류된 항목 가운데 ①~④까지가 경무대의 공보고문 가이싱어의 가필분이라는 얘기이다. 즉, 연합국에 한국 포함, 폴란드 예에 의거한 한국의 연합국 자격 인정, 일본의 유엔가입과

---

99) 유진오, 1966, 위의 글, 97쪽.
100) 동아일보사 편, 1975, 위의 책, 218쪽.
101) 글렌이 유명한 이유는 4·19로 이승만이 하와이로 망명한 직후인 1960년 7월 16일 강원도 묵호항에서 밀항을 시도하다 검거되었고, 이승만의 기밀서류 뭉치들을 소지하고 있었기 때문이다(『동아일보』(1960. 7. 18); 정병준, 1999, 「이승만의 정치고문들」, 『역사비평』 가을호, 176쪽).
102) 국사편찬위원회 편, 『남북한관계사료집 16: 대한민국 내정에 관한 미 국무부 문서 I(Records of the U.S. Department of State: Relating to the Internal of Korea)』, 640쪽; Letter by Walter Jhung to Robert T. Oliver(1951. 3. 13), 국사편찬위원회 편, 1996, 위의 책, 110쪽.
103) Letter by Francesca to Robert T. Oliver(1951. 3. 18), 국사편찬위원회 편, 1996, 위의 책, 138쪽.

한국의 가입 연계, 재일한국인 연합국 국민 대우 등이 그의 작품이었다는 것이다. 외무장관이 의견서를 직접 번역하고, 대통령 미국인 고문이 여기에 가필하는 모습은 당시 한국 외교의 실상을 고스란히 드러내는 대목이었다.

한국정부의 제1차 답신서(1951. 4. 27)는 협상비밀에 속했으므로 국내에 알려지지 않았다. 제1차 답신안이 미국에 전달된 2개월 뒤인 7월 9일 덜레스 특사가 양유찬 주미대사에게 한국 요청의 대부분을 기각한다고 통보한 후에야 이 내용이 국내에 알려졌다. 양유찬이 요약·정리해 언론에 알린 한국측 답신안의 내용은 다음과 같았다.

(1) 조약 초안에서 사용되고 있는 연합국에 특별한 대한민국을 포함시켜야 한다. 이러한 한국의 견해는 2차 대전 중 한국임시정부가 대일선전포고를 하였으며 또 한인은 만주 및 중국 본토에서 항일전에 참가하였다는 사실에서 볼 수 있다. 이것은 연합국의 자격을 얻기에는 충분한 조건이다. 대일강화에 대한 한국의 입장은 1차 대전 후의 폴란드의 경우와 같다. 즉 폴란드는 파리강화조약에 참가할 수가 있었던 것이다.

(2) 대한민국은 현재 유엔에서도 순전히 방청단 자격만인 바, 일본을 그 이상 광범하게 유엔에 참가시켜서는 안 된다.

(3) 재일 한국 국민은 기타 연합국 국민과 같은 신분자격을 향수(享受)하여야 된다. 그러나 사실은 거부당하고 있다.

(4) 일본은 대마도에 대한 권리를 포기하여야 된다. 역사적으로 보아 대마도는 한국 영토이었으나 일본은 불법적으로 이를 점령하였다.

(5) 한국의 안전보장에 위협을 줄만큼 일본에게 재군비를 허용하지 않도록 이에 관한 조치를 강구하여야 한다.

(6) 한일 간 어(漁)구획문제를 조약에서 명백히 규정할 것이다.

(7) 일본에 대한 한국의 권리는 전전 연합국의 대일 상호 제 조약의 그것과 동등히 보호되어야 한다. 즉, 한국은 일본 점령하에 있었던 만큼 제 상호조약

을 체결할 수가 없었다.

(8) 한국은 한일 간의 소위 모든 조약을 전연 무효로 한다.

(9) 한국은 일본에 배상을 요구하지 않는다. 한국은 조약에 의하여 양국 간의 재산문제를 해결하기를 희망한다.

(10) 한국은 국제사법재판소에 참가함으로써 타국과의 문제를 해결할 수 있기를 희망한다.[104]

한국정부의 답신은 크게 보아 ① 한국의 연합국·서명국 자격 부여 및 재일한국인의 연합국 국민 자격 부여, ② 대마도 반환, ③ 재한일본인 적산(귀속재산) 몰수 인정, ④ 맥아더라인의 존속 등을 요구한 것으로 요약할 수 있다. 이 가운데에서 ①은 미국의 정치적 판단에 의해 해결될 문제였으며, 이미 1949년 국무부 극동조사과(DRF)의 권고처럼 미국은 한국을 대일평화조약·회담에 참가시키되 한국의 주장을 일부 제출하도록 허용하거나, 연합국·서명국의 자격이 아닌 "협의대상 수준의 참가" 방법을 고려 중이었다.[105] 즉, 이 시점에 미 국무부의 입장에서 한국의 자격은 연합국·서명국과 협의대상국 사이에 위치해 있었다고 볼 수 있다.

정치적·경제적으로 한국의 이익에 직결되는 것은 ③ 재한일본인 귀속재산 몰수의 인정이었는데, 이 문제에 대해서는 한미 간에 큰 이견이 없었다. 다만 제1차 답신서에서 한국정부가 재한일본인 재산청구권 문제를 한일 양국 간 조약·협정을 통해 해결하자고 제안한 부분은 뜻밖이다. 아마도 재한일본인 재산청구권과 재일한국인 재산청구권을 고려한 조약·협정을 염두에 둔 것으로 해석되지만, 이는 한일 양국이 협정으로 해결할 수 있는 성질의 문제가

---

104) 『경향신문』(1951. 7. 13).
105) DRF Report(1949.12.12), RG 59, Japanese Peace Treaty Files of John Foster Dulles, 1946-52, Lot 54D423, Box 7.

아니었다. 때문에 한국정부는 제2차 답신서(1951. 7. 19)에서 재산문제에 대한 한일 양국의 협정·조약 요구를 삭제했다.

반면, ② 대마도 반환과 ④ 맥아더라인의 존속은 큰 논쟁의 대상이 되었다. 특히 ② 대마도 반환은 한국의 정치적 포석을 위한 지렛대 구실을 하는 것이었고, 현실정치에서는 실현되기 불가능한 것이었다. 그러나 ④ 맥아더라인의 존속은 수산업과 관련해 매우 중요한 현실정치의 문제로 부각되어 있었다.

특히 미 국무부가 한국정부에 1951년 3월 임시초안(제안용)을 수교한 이후, 한국정부는 맥아더라인과 관련해 매우 강경한 목소리를 내고 있었다. 장면 총리는 4월 7일과 4월 10일에 걸쳐 동경의 맥아더에게 편지를 보내, 일본 어선의 맥아더라인 위반을 강력하게 항의했다.[106] 이에 따르면, 일본 순시선이 무선과 신호를 통해 일본 어선의 맥아더라인 침범과 일본으로의 도주를 방조하고 있을 정도로 일본 어선의 한국 어장 침범 및 어족자원 남획이 심각하다는 것이었다. 여기에 첨부된 1951년 3월 31일자 한국 해군사령부의 「일본 어선 나포 위치 표시표」에 따르면(〈그림 8-6〉 참조), 총 36척의 일본 어선이 맥아더라인 한국측 수역에서 나포되었는데 포항 위쪽에서 2척, 제주도 인근에서 9척, 제주도 서측 서남해안에서 17척 등이 나포되었고, 2척은 격침된 것으로 나타났다.[107]

전반적으로 한국정부의 답신은 상당히 강경한 어조로 구성되어 있었으며, 특히 대마도를 요구한 부분에서 그러했다. 또한 일본의 유엔가입문제를 한국의 유엔가입과 연계시키는 등 국제사회의 시각에서 볼 때 긍정적인 평가를 받기 어려운 요구들이 문맥 속에 산재되어 있었다. 이는 한국정부 답신의 전반

---

106) John Myun Chang to MacArthur(1951. 4. 10), RG 59, Japanese Peace Treaty Files of John Foster Dulles, 1946-52, Lot 54D423, Box 8.
107) Commander South Korean Navy Force to Chief of Staff, ROK Navy Operations, Subject: Capture of Japanese Fishing Boats(1951. 3. 31); 「日本漁船拿捕位置表示表」; "List of Japanese Fishing Vessels Seized in 1951," RG 59, Japanese Peace Treaty Files of John Foster Dulles, 1946-52, Lot 54D423, Box 8.

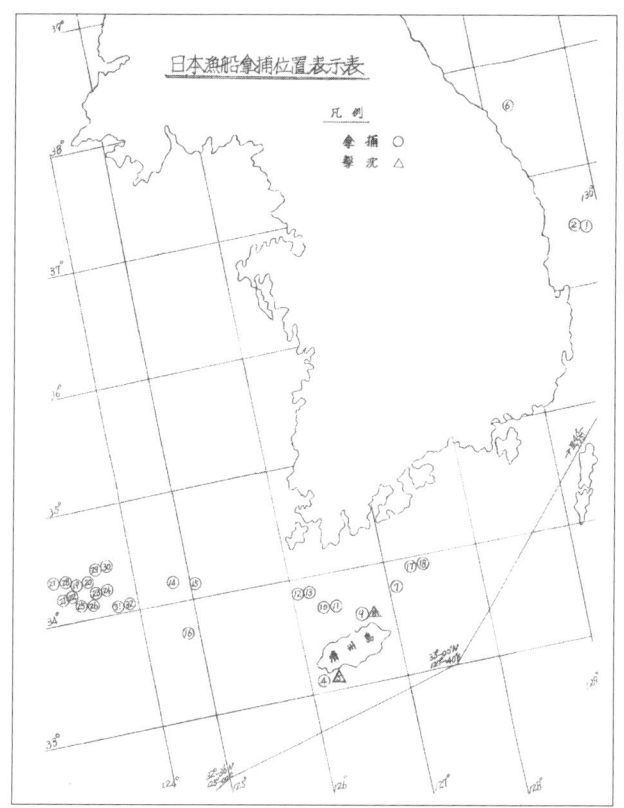

〈그림 8-6〉 일본 어선 나포 위치 표시표(해군사령부, 1951. 3. 31)

적 정합성과 신뢰성, 진정성을 훼손케 하는 전략적인 착오였다. 즉, 한국정부의 답신은 정당한 요구와 과도한 요구, 불합리한 요구 혹은 정치적 선전으로 해석될 수 있는 여러 층위의 요구·주장이 혼재됨으로써 대일평화조약에 대처하는 한국정부의 전략적 우선순위가 명백하게 설정되거나 정리되지 않았음을 보여주었다.

특히 한국의 대마도 귀속 주장은 "2차 대전 이후 해방국"의 지위를 점하는 한국이 일종의 영토할양이라는 과도한 요구를 하고 있다는 인상을 주었다.

대마도 요구의 역사적·법적 정당성을 따지는 것을 논외로 하더라도 이 문제를 소련의 사할린 할양과 연결시킨 논리는 아무래도 지지받기 어려운 실수였다. 즉, 한국의 대마도 귀속 주장은 영토할양이나 과도한 배상, 혹은 징벌적 요구로 해석되었으며, 이후 한국의 영토문제 요구·진술에 대한 전반적 진정성과 신뢰성을 떨어뜨리는 결과를 초래했다.

주미한국대사관의 김세선이 미 국무부에 보낸 이 논평·제안서는 1951년 5월 7일 오전 8시 43분 미 국무부에 접수되었다. 국무부는 이 문서에 대한 처리를 동북아시아국(NA)에 맡겼는데, 이 문서를 검토한 실무자는 한국측 논평·제안서에 연필로 메모를 남겼다. 이 실무자의 이름은 기록되지 않았지만, 「존 포스터 덜레스 평화사절단 문서철」에 따르면 로버트 피어리(Robert A. Fearey)였다.[108]

그는 특히 한국이 대마도를 요구한 부분과 맥아더라인의 현상유지 요청 부분에 "ho"라고 썼다. "어이!" 혹은 "어라, 이것 봐라" 정도로 번역할 수 있는 이 단어는 이 논평·제안서를 대하는 미 국무부 실무진의 인식을 명료하게 보여주고 있다.

피어리가 동의를 표시한 부분은 귀속재산의 불하와 관련해 군정령 제33호(1945)와 한미 간 재산·재정 협정(1948)에 따라 모든 소유권이 한국정부에 이미 이양되었다는 대목뿐이었다. 피어리는 여기에 대해서 "probably how to put in special article to provide for this"라며 동의를 표했다. 즉, '이 문제를 해결하기 위해 특별조항을 어떻게 반영해야 할지?'라고 의문을 던진 것이다.

피어리는 한국측 논평·제안서를 정리하면서 총 11개의 번호를 붙였고, 이는 1951년 5월 9일「미국 조약 초안에 대한 한국측 비망록에 대한 논평」(Comments on Korean Note Regarding U.S. Treaty Draft)이라는 문서로 정리되었

---

108) "Korea File," (undated), RG 59, Japanese Peace Treaty Files of John Foster Dulles, 1946–52, Lot 54D423, Box 8. 이에 따르면 5월 9일자 논평은 피어리가 준비한 것이었다.

> CHAPTER III - TERRITORY
>
> In the firm belief that justice is the only basis for a lasting peace, the Republic of Korea requests that thorough study be given to the territorial status of the Island of Tsushima. Historically, this Island was Korean territory until forcefully and unlawfully taken over by Japan. In paragraph numbered 5, Japan is ordered to hand over to the Union of Soviet Socialist Republics the southern half of Sakahalin, all adjacent islands and, in addition, the Kurile Islands. In vew of this fact the Republic of Korea requests that Japan specifically renounce all right, title and claim to the Island of Tsushima and return it to the Republic of Korea.

〈그림 8-7〉 한국정부의 제1차 답신서(1951. 4. 27) 중 대마도 요구 부분

다.[109] 이 논평은 미 국무부의 「1946~1952년 존 포스터 덜레스 대일평화조약 문서철」(Japanese Peace Treaty Files of John Foster Dulles, 1946-52) Box 8에 소장되어 있다. 이 문서는 2급 비밀로 분류되었다가 1990년 10월 2일 비밀 해제되었다. 피어리는 1945년 10월 주일미정치고문실에 배속되어 근무했으며, 1946년 중반 미 국무부 극동국으로 옮겨 일본담당관 및 동북아시아과 등에서 일한 일본통이었다.

이 문서와 관련한 하나의 퍼즐조각이 있다. 그것은 이 문서 바로 앞에 같은 날짜에 작성된 문서 하나가 비밀 분류된 상태로 남아 있기 때문이다. 미국립문서기록관리청(NARA)에서는 문서상자에서 비밀 분류된 문서를 빼놓으면 그 자리에 반출통보(withdrawal notice)라는 제목의 한 장짜리 두꺼운 종이를 끼워놓는데, 여기에는 제목, 문서의 형식, 일자, 작성자·발신자, 수신자, 반출 이유(안보, 기타), 반출부서, 반출일시 등이 적혀 있어서 대강 어떤 문서인지를

---

109) "Comments on Korean Note Regarding U.S. Treaty Draft" 문서의 서두에 1951년 5월 9일 작성됨(Prepared May 9, 1951)이라고 적혀 있다. RG 59, Japanese Peace Treaty Files of John Foster Dulles, 1946-52, Lot 54D423, Box 8.

가늠할 수 있다. 반출통보에 따르면, 비밀 분류된 문서는 암스트롱(Armstrong)이 딘 러스크 국무부 극동담당차관보에게 보낸 1951년 5월 9일자의 한국 관련 비망록이며 첨부문서가 있다고 표시되어 있다. 한국측 비망록에 대한 논평과 논조로 미루어볼 때, 1951년 5월 9일자의 이 비망록은 한국에 대일평화조약 협상국·서명국의 자격에 대한 부정적 판단을 담고 있을 것으로 보인다.

(4) 미 국무부의 논평(1951. 5. 9)

이제 한국정부의 논평에 대한 미 국무부의 분석을 살펴볼 차례이다. 「미국 조약 초안에 대한 한국측 비망록에 대한 논평」(Comments on Korean Note Regarding U.S. Treaty Draft)은 총 2쪽짜리 간단한 문서이다. 그러나 여기서 다뤄진 내용들은 한국의 대일평화조약 참가 및 이해와 관련해 결정적 역할을 한 것으로 판단된다. 이 문서는 한국의 요구를 모두 11가지 항목으로 요약·정리했다.

1. 한국이 연합국의 일원이라고 명확히 적시되어야 함.
2. 베르사유조약에서 폴란드의 경우처럼 한국이 조약에 서명하도록 허락되어야 함.
3. 일본의 유엔가입 승인은 한국의 가입과 연계되어야 함.
4. 일본 내 한국인들은 연합국 국민의 지위와 동등한 지위를 부여받아야 함.
5. 대마도는 한국에 "반환" 되어야 함.
6. 한국은 일정한 태평양안보체제에 포함되어야 함.
7. 한국과 일본 간의 "맥아더(어업)라인" 은 조약에서 유지되어야 함.
8. 한국은 우리 초안에 열거된 예외조항과 무관하게 한국 내 모든 일본 재산을 몰수하도록 허가되어야 함.

9. 한국은 일본 내 한국 재산의 회복과 관련해 연합국과 동일한 권리를 가져야 함.
10. "한국은 국제사법재판소의 일원이 될 것을 요구함". (원문 그대로)
11. 한국은 연합국의 일원으로 명확하게 포함되어야 함.[110]

이 논평이 작성되는 1951년 5월 9일의 시점에 미국은 영국과 제1차 영미합동회의를 끝낸 상태였으며, 1951년 5월 3일자 초안을 작성한 상태였다. 그런데 당시 일본과 연합국 가운데에서는 영국이 한국의 대일평화회담·조약 참가에 가장 비판적이었다. 1951년 3월 21일 영미합동회의 석상에서 로버트 스콧(Robert H. Scott) 영국 외무차관은 극동위원회 소속이 아닌, 즉 연합국이나 대일교전국이 아닌 한국에 미 국무부의 임시초안(제안용)을 전달하는 것 자체를 반대한 바 있다.[111] 스콧의 주장은 한국이 다른 법적 지위를 점하고 있었다는 것이었다.

한편, 일본 수상 요시다 시게루는 1951년 4월 제2차 동경 방문 중이던 덜레스에게 「한국과 평화조약」(Korea and the Peace Treaty)(1951. 4. 23)이라는 악명 높은 비망록을 수교한 바 있었다.[112] 이 비망록은 한국을 연합국으로 인정하거나 협상·조약에 참가시키면 대다수 공산주의자와 범죄자로 구성된 재일한국인들이 과도한 요구를 계속해 일본 경제를 거덜낼 것이라는 내용을 담고 있었다.

덜레스와 미 국무부는 1951년 1~4월 한국을 대일평화조약 협상국·서명

---

110) "Comments on Korean Note Regarding U.S. Treaty Draft," (1951. 5. 9), RG 59, Japanese Peace Treaty Files of John Foster Dulles, 1946-52, Lot 54D423, Box 8.
111) Memorandum of Conversation(1951. 3. 21), RG 59, Department of State, Decimal File, 694.001series, Box 3007.
112) "Korea and Peace Treaty," (1951. 4. 23), RG 59, Japanese Peace Treaty Files of John Foster Dulles, 1946-52, Lot 54D423, Box 1.

국으로 인정할 계획이었지만, 영국과 일본의 강력한 반대에 봉착해 있었다. 이때 한국의 답신이 도착한 것이다.

해당 부분에 대한 미 국무부의 논평을 보자. 먼저 한국의 연합국 지위 요구에 대해, 논평자는 연합국 일원으로서 한국의 지위는 5월 3일자 초안의 전문에 잠재적 서명국 명단에 한국이 포함되면 명백하게 해결될 것이라고 지적했다. 아직까지 한국의 연합국 지위문제 혹은 서명국문제는 확정되지 않았다.

둘째, 폴란드의 예를 인용한 한국의 서명자격 요구에 대해 1차 대전기 폴란드 사례가 한국의 조약참가를 지지하는 것으로 생각되지 않는다고 평가했다. 폴란드국민위원회는 파데레프스키(Paderewski)의 지도하에 1917년 파리에서 수립되었으며, 모든 주요 서방 연합국들에 의해 "승인"되었고,[113] 폴란드는 1917년 이전에 프랑스에서 전투부대를 운영했던 데 반해 미국과 다른 연합국들은 제2차 세계대전 중 어떤 지위로도 "대한민국임시정부"를 승인하기를 의도적으로 회피했다는 것이다. 논평자는 임정의 대일선전포고 혹은 아주 오래전 한국에 거주했던 한국인들이 중국군과 함께 전투를 벌인 사실은 "우리 견지에서 볼 때 하등 중요성이 없다"라고 못박았다.[114]

셋째, 일본의 유엔가입 승인을 한국 가입과 연계시킨 항목에 대해서도 부정적이었다. 한국의 가입이 승인되지 않으면 일본도 가입할 수 없다는 것은 아무런 근거가 없다고 평가했다.

넷째, 일본 내 한국인들에게 연합국 국민의 지위와 동등한 지위를 부여해

---

113) 파데레프스키(Ignacy Jan Paderewski GBE, 1860. 11. 6~1941. 6. 29)는 폴란드의 피아니스트, 작곡가, 외교관, 정치가이자 폴란드 제3대 수상을 지냈다(http://en.wikipedia.org/wiki/Paderewski를 참조. 2009. 4. 14 검색).
114) 논평자는 대일평화조약에 참가하는 한국의 권리에 대한 추가정보가 첨부된 DRF 연구에 수록되어 있다고 했으나, 실제 DRF 보고서는 첨부되지 않았다. 여기서 거론된 DRF 보고서는 1949년 12월 12일자 DRF Report no.163, 「대한민국의 대일평화정착 참가」(Participation of the ROK in the Japanese Peace Settlement)였을 것이다(RG 59, Records of the Division of Research for Far East, Lot 58D245; RG 59, Japanese Peace Treaty Files of John Foster Dulles, 1946-52, Lot 54D423).

야 한다는 요구에 대해, 논평자는 1951년 4월 23일자 요시다의 비망록을 거론하면서, 일본정부가 "만약 재일한국인 거주자가 연합국 국민의 지위를 획득하지 않는다고 상기 조약이 명백히 보증한다면" 일본정부는 더 이상 한국이 조약서명국이 되는 데 반대하지 않겠다고 한 점을 지적했다. 논평자는 70만 이상에 달하는 한국인들의 숫자와 이들이 사실상 영구 거주자라는 점, 그리고 약 1만 8,000명의 대만계 중국인이 한국인과 연합국 국민 중간 정도의 지위를 점하고 있는 것과 비교해볼 때, 한국인의 연합국 국민 지위 획득에 일본정부가 반대하는 것은 정당한 것으로 생각된다고 지적했다. 논평자는 한국이 안정화되면, 재일한국인들이 모두 일본 시민권을 획득하거나 혹은 한국으로 돌아갈 것을 선택해야 한다고 했다. 논평자는 일본정부의 입장에서 동의를 표시하고 한국정부의 입장을 부정한 것이었다.

다섯째, 대마도의 한국 반환에 대해 논평자는 "한국의 대마도 요구는 극히 설득력이 없다"고 했다.

여섯째, 한국의 태평양안보체제 편입에 대해서는 궁극적으로 바람직하지만, 현재로는 아무것도 약속할 수 없다고 평가했다.

일곱째, 맥아더라인을 조약에 명기하라는 요구에 대해 이렇게 평가했다. "일본 어부들을 맥아더라인의 한국측 어업구역에서 영원히 배제하겠다는 입장은 우리(미국의 – 인용자) 서부해안 어부들의 요구보다도 과도한 것이며, 일본 수산업에 매우 심각한 사태이므로 한국의 요구는 기각되어야 한다"고 했다. 한국정부 비망록에 담겨 있는 논지와는 반대로 일본 어선을 타국에 인접한 공해에서 배척하는 양자 간 협정을 일본과 체결한 국가는 없다고 했다.

여덟째, 초안의 예외조항과 상관없이 한국 내 일본 재산 몰수에 대한 요구는 정당하게 수용되었다. 논평자는 1951년 5월 3일자 영미합동초안 제3항에 이것이 반영되었다고 했다. 반면, 14조의 예외조항 4항을 한국정부가 오해했는데, 예외조항은 문서재산의 일본 내 유입을 언급한 것이지만, 한국정부는 전쟁기간 동안 한국에서 일본으로 반출된 물질재산을 한국정부가 몰수하는 것을 금지하는 것으로 해석했다고 평가했다. 그럼에도 초안에 따르면, 한국은 1941년 12월 7일(개전일)부터 1945년 9월 2일(항복조인일)까지의 재산만을 보유하도록 허락된다는 점에서 한국의 지적이 정당하다고 평가했다.

여기서 논의된 임시초안 제14조의 예외규정은 다음과 같다.

14. (전략) 그러나 일본은 모든 연합국이 1941년 12월 7일부터 1945년 9월 2일 사이에 그들 영토 내에서 혹은 일본이 방기한 영토 내에서 일본과 일본 국민의 모든 재산, 권리, 이익을 귀속(vest), 보유(retain), 처분할(dispose) 권한을 승인한다. 예외는
   (i) 연합국의 영토에 거주하는 것을 허락받았으며 1945년 9월 2일 이전 특별조치의 대상이 되지 않은 일본 국민의 재산
   (ii) 유형의 외교 혹은 영사 관련 재산, 그 보존에 수반되는 순 비용
   (iii) 비정치적 종교, 자선, 문화 혹은 교육기관의 재산
   (iv) 그 재산에 관한 권리, 권원 혹은 이익(증빙)문서 혹은 유사한 증거가 어느 곳에 존재하는지와 무관하게 일본 내에 (존재하는) 재산 혹은 그에 관련된 모든 채무청구권
   (v) 일본에서 기원한 생산물을 확인해주는 상표[115]

아홉째, 한국이 일본 내 한국 재산의 회복과 관련해 연합국과 동일한 권리를 가져야 한다는 요구에 대해서는 단순한 오해의 산물이라고 규정했다. 논평자는 "연합국"에는 한국이 포함될 계획이었다고 했다. 즉, 1951년 3월 초안을 한국에 건넬 때는 한국을 연합국의 일원으로 대우할 생각이었다는 것이다. 그런데 논평자는 미 국무부가 1951년 3월의 임시초안(제안용) 이후 이 문제에 대

---

[115] "Provisional Draft of a Japanese Peace Treaty(Suggestive only)," (1951. 3. 23), *FRUS*, 1951, Vol. VI, Part 1, p. 948.

해 "다른 생각"(second thoughts)을 갖게 되었다고 했다. 이는 한국을 배제할 생각을 갖게 되었음을 의미했다.

열째, 한국이 국제사법재판소의 일원이 되는 문제에 대해서, 연합국 가운데 국제사법재판소의 일원이 되지 못하는 국가에는 조약분쟁조항의 이익을 향유할 권한을 부여하는 특별조항이 3월 초안의 제17조에 들어 있다고 했다.

열한째, 한국은 연합국의 일원으로 명확하게 포함되어야 한다는 요구에 대해서는 첫째와 같이 유보적인 태도를 취했다.

이상과 같은 논평은 당시 임시초안(제안용)에 대한 한국측 회신을 받아본 미 국무부의 전반적 평가를 담고 있다. 미 국무부의 입장에서 분류해보면 한국정부의 요구는 크게 세 그룹으로 나뉘는 것이었다.

먼저 합리적 주장에 속하는 것은 6항·8항이었다. 특히 미군정기 및 한국정부 수립기에 한미 간 협정을 통해 귀속재산으로 인정한 한국 내 일본 재산에 대해서는 그 타당성이 인정되었다.

다음으로 수용 가능한 주장에 속하는 것은 1항·2항·10항·11항이었다. 모두 한국에 대한 연합국 자격 및 조약서명국 지위 부여와 관련된 것이었는데, 미국은 일단 한국이 주장하는 근거(임정의 대일투쟁·선전포고, 폴란드의 예)를 부인했다. 다만 이 문제와 관련해 미국정부의 입장이 결정되는 바에 따라 한국에 연합국·서명국 지위를 부여하겠다는 의도를 갖고 있었다. 즉, 한국이 제시한 과거의 사실이 연합국·서명국 자격조건을 완성시키는 것이 아니라, 현재 미국의 대한정책적 입장에 따라 한국의 자격이 결정된다는 점을 분명히 했다. 한국의 지위는 자력에 의해 획득되는 것이 아니라 미국에 의해 부여된다는 입장이었다.

마지막으로, 과도하고 불합리한 주장에 속하는 것은 3항·4항·5항·7항·9항이었다. 미국은 이 주장들이 대일징벌적이며 불합리한 것이라고 판단했다. 특히 미국은 대마도 반환 요구와 맥아더라인의 존속을 과도한 배상 혹은 일종의 영토할양으로 받아들였을 가능성이 높다. 대마도 반환과 관련해 한국정부는 소련에 사할린·쿠릴열도가 주어진 것처럼 대마도가 한국에 주어져야 한다는 논리를 구사했는데, 이는 2차 대전으로 해방된 국가인 한국이 영토할 양이나 과도한 배상을 요구한다는 인상을 준 것이었다. 또한 맥아더라인의 조약 내 명기는 불가능하며 일본 어업을 제한하는 것에 반대했다. 또한 재일한국인의 연합국 국민 지위 부여에 대해서도 일본 주장이 타당하다고 인정했다.

전반적으로 볼 때 한국의 논평은 미 국무부에 부정적인 인상을 주었을 가능성이 매우 높다. 한국의 주장은 당시까지 미국이 추구해왔던 '비징벌적이며 배상을 제외한' 평화적 조약 체결이라는 원칙과 큰 격차를 두고 있었기 때문이다.

3. 대일평화조약 영미합동초안(1951. 7)과 한국정부의 대응

(1) 미국의 한국 조약서명국 자격 부정(1951. 7. 9)

1951년 5월 7일 한국정부의 답신서가 건네진 이후 한미 간의 접촉 흔적은 없다. 한미 관계자가 다시 대면한 것은 2개월 후인 1951년 7월 9일이었다. 양유찬 주미대사가 덜레스 특사를 방문했고, 국무부 동북아시아국의 피어리와 한국문제담당관 에몬스 3세(Arthur B. Emmons, 3rd)가 동석했다. 한국측 배석자는 없었다. 이 면담은 미국의 요청에 의해 이루어졌으며, 회담이라기보다는 미국이 대일평화조약과 관련해 한국측에 중요 결정사항을 통보하는 자리였다.[116]

첫째, 미국측은 한국에 최신 대일평화조약 초안(1951. 7. 3)을 수교했다. 이

---

116) Memorandum of Conversation(1951. 7. 9), Subject: Japanese Peace Treaty, RG 59, Japanese Peace Treaty Files of John Foster Dulles, 1946-52, Lot 54D423, Box 8; RG 59, Department of State, Decimal File, 694.001/7-951.

는 제3차 영미합동초안으로 관련국에 송부되었고, 언론에 공개된 최초의 조약 초안이었다. 덜레스는 조약 초안 사본이 무초 대사를 통해 동시에 한국정부에도 송부되었음을 알렸다. 한국이 수령한 두번째 대일평화조약 초안이었다. 부산에서는 7월 10일 오후 주한미대사관의 앨런 라이트너(Allan Lightner, Jr.) 참사관이 변영태 외무장관에게 초안 사본을 수교했다.[117] 이와 관련해 참고할 점이 있다. 대일평화조약 체결경과를 정리한 로버트 피어리의 기록에 따르면, 1951년 7월 3일자 평화조약 초안은 7월 9일 대일교전국들에 모두 송부되었다. 그런데 이 초안은 이탈리아, 중국(공산·자유), 3개 협력국(베트남·라오스·캄보디아)에는 송부되지 않았다는 것이다. 이탈리아는 추축국의 일원이었기 때문에 배제되었고, 중국은 누구를 초대할지 결정하지 못해 배제되었다. 이 직후 미국·영국·프랑스가 이탈리아·포르투갈·한국에 중재(good offices)를 제공했는데, 이는 이 나라들이 일본과 양자조약 혹은 양자협정을 체결하도록 조력하기 위한 것이었다.[118] 즉, 미국이 한국에 조약 초안을 제공한 이유는 한국의 조약참가·서명국 자격을 부여하지 않은 대신, 일본과의 양자조약을 체결하라고 독려할 계획 때문이었던 것이다.

둘째, 한국의 조약서명국 자격이 부정되었다. 덜레스는 조약서명국은 일본과 교전상태에 있던 국가들 및 1942년 1월 유엔선언, 즉 대서양헌장의 서명국에 국한된다고 설명했다. 이미 한국의 조약서명국 자격 배제는 1951년 5~6월 사이에 결정된 바 있다. 덜레스는 한국이 다른 국가들과 동등하게 조약의 모든 일반조항의 이익을 향유하게 될 것이라고 했다. 이에 대해 양유찬 대사

---

117) 「한국 외무장관의 정전에 관한 견해」(1951. 7. 10), 『미국 국무부 정책연구과 문서(Documents of the Division of Historical Policy Research of the U. S. State Department, Korea Project File Vol. Ⅹ): 한국전쟁 자료총서』 35집, 97쪽.
118) "Summary of Negotiations Leading up to the Conclusion of the Treaty of Peace with Japan," Robert A. Fearey(1951. 9. 18), p. 13. RG 59, Office of Northeast Asia Affairs, Records Relating to the Treaty of Peace with Japan-Subject File, 1945-51, Lot 56D527, Box 1.

는 "대한민국이 서명국가에 포함되지 않은 것은 놀라운 일"이라며, 임시정부의 대일선전포고 및 교전상황을 거론했다. 동석한 피어리는 미국이 임시정부를 승인하지 않았다는 점을 지적했다.

셋째, 한국의 대마도 반환 요구가 기각되었다. 양유찬 대사는 대마도가 한국에 주어진다는 점이 조약에 명기되었느냐고 질문했지만, 덜레스는 "일본은 아주 장기간에 걸쳐 대마도를 완전히 통치해왔다"라며 대마도가 일본의 인접 소도서로서 일본령임을 확인했다.

넷째, 맥아더라인 문제가 논의되었다. 양유찬 대사는 한국 연해에서 일본 어선을 제한하는 조항이 포함되지 않으면, 장래 한일 간의 분쟁의 근원이 될 것이며, 최근 맥아더라인을 침범한 일본 어선 34척을 한국 해군이 나포한 바 있다고 지적했다. 이에 대해 덜레스는 대일평화조약에는 "특정한 공해상"의 어업문제를 다루는 조항이 포함되지 않는다며 거부했다. 덜레스는 국가 간 어업이익과 관련된 많은 문제가 있기에 이런 조항을 넣으면 조약 체결이 심각하게 지연될 것이라고 했다. 이 문제를 해결하기 위해 태평양연안 국제어업회담을 여는 편이 나으리라고 조언했다. 덜레스는 조약문에 일본 어업에 대해 특정제약조항을 삽입하라는 다양한 압력이 미국과 캐나다 수산업계를 포함한 여러 곳에서 국무부에 쏟아지고 있다고 했다. 이와 함께 덜레스는 베르사유의 사례를 들며 제약적 조약(restrictive treaty)이 바람직하지 않다고 지적하며, 일본에서 서방을 몰아내려는 러시아의 위협 때문에 온건하고 실행 가능한 대일조약이 바람직하다고 했다. 동석한 에몬스는 "공해상 어업문제"와 관련해 한일 간의 회담 혹은 관련 국가들과 일본 간의 회담을 제안했다.

결국 1951년 7월 9일 미국은 한국정부의 제1차 답신(1951. 4. 27)에서 제기되었던 문제들 가운데 가장 중요한 한국의 조약서명국 자격, 대마도 반환, 맥아더라인 유지 등을 모두 기각한다고 한국측에 통보한 것이었다.

이제 한국측의 대응은 크게 위축된 상태에서 진행될 수밖에 없었다. 한국의 가장 큰 이익 확보와 관련되어 있던 요구사항들이 모두 기각되었을 뿐만 아니라 새로운 조약 초안은 한국에 매우 위협적인 내용을 담고 있었기 때문이다.

(2) 한국의 제2차 답신서(1951. 7. 19) 작성

같은 날 국무장관 애치슨은 부산의 주한미대사관에 전문을 보내, 덜레스-양유찬 면담사실을 통보하며 한국 외무부에 1951년 7월 3일자 조약 초안을 전달하라고 지시했다.[119] 조약 초안은 7월 12일 워싱턴에서 발표되었으며, 7월 14일을 전후해 한국 언론에 보도되었다.[120] 한국 언론들은 이를 대일강화조약 초안(미영공동초안)으로 불렀다.

외무부 정무국은 이 초안을 번역해 외교위원회를 비롯한 국제법전문가들에게 송부한 것으로 보인다. 서울대학교 도서관의 설송(雪松)문고에는 『대일강화조약 제2초안』(對日講和條約第二草案)이 소장되어 있다.[121] 외교위원회 명단에 따르면 설송 정광현은 외교위원회 위원은 아니었지만 저명한 법학교수로, 조약 초안 번역본에 대한 검토·자문을 위해 번역본을 받은 것으로 추정된다. 체제와 내용으로 볼 때 이는 제3차 영미합동초안, 즉 1951년 7월 3일자 조약 초안이었다. 현재 외교부가 공개한 외교문서철에서 미국이 송부한 조약 초안 원본과 번역본들이 확인되지 않는 상황에서 ㊙도장이 찍힌 이 대일강화조약 제2초안은 유일하게 확인되는 대일평화조약 번역본이다. 이를 통해 외무부와 외교위원회가 조약 초안에 대한 전문가들의 견해를 구했음을 알 수 있다.[122]

---

119) Acheson to the Amembassy, Pusan(1951. 7. 9), RG 59, Department of State, Decimal File, 694.001/7-951.
120) 『경향신문』(1951. 7. 14).
121) 外務部 政務局 飜譯,『對日講和條約第二草案』, 서울대학교 도서관 설송문고 소장. 설송은 서울대학교 법대 교수였던 정광현(鄭光鉉)의 호이다(서울대학교 부속도서관, 1974,『서울대학교 법률도서관 소장 설송문고도서목록』).

〈그림 8-8〉「대일평화조약 제2초안」(외무부 정무국 번역)

초안이 공표되기 이전에 이미 한국 내에서 강력한 우려의 목소리가 제기되었다. 먼저 주한미대사 무초는 대일평화협정의 진전상태를 전혀 알지 못했기 때문에, 1951년 6월 29일 라이트너 참사관을 동경에 보내 앨리슨과 만나 한국의 입장을 논의하게 했다. 협정초안은 무초를 경악케 했다. 무초는 이렇게 썼다.

---

122) 외무부 정무국의 번역본은 번역상 일정한 한계를 지녔다. 예를 들어 한국 관련 조항인 제2장 영토 제2조 (a)항을 번역함에 있어서 "권리(right)·권원(title)·청구권(claim)"을 "모든 권리"로 번역했다(外務部 政務局飜譯, 『對日講和條約第二草案』, 3쪽). 이러한 번역은 외무부가 권리·권원·청구권이라는 항목의 국제법적 구별에 대해 익숙하지 않거나, 이러한 차이를 정확히 파악하지 못했음을 보여준다.

나는 이 협정의 조속한 완결이 중요한 것은 알았지만 <u>협정초안은 한국의 이해나 민감한 부분들을 충분히 고려하지 않았다는</u> 인상을 받았다. 한국은 분명 해방된 민족이고 일본은 예전의 적이다. 미국의 관심은 양 국가의 안정이다. 그러나 나는 그 협정에 관한 한 보류되었던 한일관계에 영향을 주는 가장 어려운 문제를 주목하고 있다. 이 계획은 일본이 정말로 원하는 평화 협정에 문제가 있을 때 존재할 수 있는 <u>한국의 협상 지위는 정말로 배제되어 있다.</u>[123] (강조는 인용자)

무초는 "국무부가 상황에 대해 완전히 개방된 시각"을 가져야만 하며, "동등성이라는 입장에서 예외적인 근거로 한국에 대한 불합리한 취급"을 하고 있다고 비판했다. 때문에 무초는 국무부가 "어떤 경우라도 민감한 한국정부가 덜 반대할 만한 다자간 협정을 만드는 것"이 필요하다고 제언했다.

이 시점에 주한미국외교관과 주일미국외교관들의 대응에는 현격한 차이가 존재했다. 주한미국대사관 직원들은 한국전쟁의 외교·군사·경제 등 한국의 생존과 관련된 과중한 임무에 시달리고 있었고, 대일평화조약과 관련해 거의 정보를 갖고 있지 못했다. 반면, 주일미정치고문실·SCAP 외교국 직원들은 일본의 사소한 요구에도 주목하며 이를 미 국무부에 매개하는 전달자의 역할을 수행하고 있었다. 1949~1950년 시볼드·핀·본드(Niles W. Bond)·스핑크스(Charles Nelson Spinks) 등이 국무부에 보낸 대일평화조약 관련 문서철의 상당 부분은 일본의 이해를 반영한 것으로, 주요 도서가 일본령이라는 내용과 관련된 것들이었다. 그 빈도와 내용, 진정성에서 일본정부의 대리인처럼 일했다고 보아도 과언이 아니었다. 일본 외무성과 주일미정치고문실·SCAP 외교

---

[123] 「1951년 7월 4일 주한 미대사, 대일강화조약 초안에 한국의 이해관계가 배제된 점에 대해 우려 표명」, 『미국 국무부 정책연구과 문서(Documents of the Division of Historical Policy Research of the U. S. State Department, Korea Project File Vol. X): 한국전쟁 자료총서』 35집, 179~180쪽(국사편찬위원회 편, 2006, 『자료대한민국사』 22권에서 재인용).

국은 단일한 주제, 즉 대일평화조약의 체결이라는 목표에서 거의 동일한 목소리를 내고 있었다.

한국 언론과 정치권에서는 초안 내용에 대해 극도로 민감하게 반응했다. 언론에 논의된 바에 따르면, 1951년 7월 초안의 큰 문제는 두 가지였다.[124] 첫째, 한국의 연합국 자격이 부정되고, 한국은 일본에 의해 방기되는 지역으로만 간주되었다는 사실이었다. 한국인들의 항일투쟁과 일제하에서의 수탈·억압은 전혀 인정되지 않았다. 둘째, 일본에서 제기된 재한일본인 자산과 관련된 입장이었다. "한국은 일본의 일부였기 때문에 조약에 참가도 서명도 할 수 없으며 또한 한국에 있는 일본자산을 취득·유치·처분할 수 없다. 한국은 점령기간 중 일본에 구제물자를 보낸 일도 없고 대일경제원조를 한 일도 없기 때문에 전시청구권을 가질 수 없으며 따라서 한국은 일본자산을 반환할 의무가 있다"는 주장이 제기되었다는 것이다.[125] 한국측의 반론은 일본 헌법 제29조 '사유재산은 정당한 보상하에 이를 공공을 위하여 쓸 수가 있다'에 따라 몰수된 재한일본인 자산에 대해서는 일본정부가 보상해야 할 일본 국내의 문제라는 것이었다. 이 문제와 관련해 법무부 법무국장 홍진기는 "문제의 발단은 동 조약 초안에서 우리 한국에 대한 명문(名文)이 없는 때문이며 최후에 채택될 동 초안은 기어이 한국을 연합국과 동등한 채권국가로서 수정되어야 할 것이다. 이것은 대일배상 청구에 있어서 결여될 수 없는 절대 원칙"이라고 했다.

주목할 점은 한국정부 제1차 답신서 내용 중 미국이 부인한 세 가지 요구, 즉 (1) 한국의 조약서명국 자격, (2) 대마도 반환, (3) 맥아더라인 유지에 대해 온건한 기조가 유지되었다는 사실이다. 7월 11일 양유찬 주미대사는 미 국무부가 한국의 조인참가를 '알선'해주기 바라지만, 한국의 희망이 조약에 삽입될 것 같지 않다며 맥아더라인의 삽입이나 한국의 조인참가는 가망성이 없을

---

124) 『민주신보』(1951. 7. 6).
125) 『민주신보』(1951. 7. 6).

듯하다고 지적했다.[126]

이 시기 한국은 외교위원회에서 답신서를 작성하는 한편, 강력한 성명과 시위를 통해 한국측 주장을 강화하려 했다. 먼저 외교위원회에서는 미국측 초안 가운데 한국의 이익과 관련해 3개 조항을 핵심적으로 다루었다. 이는 제2조 a항(영토), 제4조 a항(귀속재산), 제9조(맥아더라인) 등이었다.[127]

한국측의 입장은 외교위원회에 참석했던 유진오가 1951년 7월 『동아일보』 지면에 7회에 걸쳐 발표한 「대일강화조약 초안의 검토」에 상세히 드러나 있으며,[128] 한국정부의 전체적 반응은 유진오의 1966년 회고에 나타나 있다.[129] 당시 외교당국과 정계, 언론계에서 가장 많은 관심을 가지고 있던 문제는 귀속재산이었으며, 그다음이 맥아더라인이었고, 영토문제는 큰 주목을 받지 못했다.

귀속재산문제

> 조약 초안(1951. 7. 3) 제4조 a항: 제2조와 제3조에 언급된 지역〔한국, 대만, 팽호도, 千島열도, 사할린, 태평양 제도(諸島) – 인용자〕에 있는 일본인과 일본인의 재산 및 상기 지역을 현재 관리하는 당국과 그 주민(법인을 포함)에 대한 일본과 일본인의 청구권(채무관계를 포함)의 처리, 그리고 상기 당국과 주민의 재산 및 일본과 일본인에 대한 청구권(채무관계를 포함)의 일본에 있어서의 처리는 일본과 상기 당국 간의 특별한 협정에 의하여 결정한다.

---

126) 『경향신문』(1951. 7. 13).
127) 이하에 인용하는 조약 초안의 한글 번역문은 유진오의 해석을 따른 것이다〔유진오,「對日講和條約案의 檢討」 全7回, 『동아일보』(1951. 7. 25, 7. 27~31)〕.
128) 유진오, 위의 글. 이 글은 유진오, 1963, 『民主政治에의 길』, 일조각, 272~289쪽에 재수록되었다.
129) 유진오, 1963, 위의 책, 274~287쪽; 유진오, 1966, 위의 책, 94쪽.

제4조 a항은 한국정부의 입장에서 볼 때 청천벽력과 같은 내용이었다. 이미 한국정부에 이양된 귀속재산을 일본정부와 특별협정을 통해 해결한다는 것은 한국의 독립을 일본의 운명에 맡기라고 한 것과 다를 바 없었기 때문이다. 한국측이 가졌던 우려에 대해 유진오는 이렇게 술회하고 있다.

귀속재산에 관한 초안 규정(초안 제4조 a항)이 한국에게 명백히 위험한 것이었는데, 초안에 의하면 귀속재산은 초안 제4조 a항에 의해 처리하게 되어 있었고, 동항(同項)에 의하면 한국 내에 있는 일본 및 일본국민의 재산의 처리는 한일양국간의 '특별협정'에 의하여 결정하도록 되어 있는 것이었다. 때문에 한국의 전재산의 80~90%가 되는 귀속재산의 처리를 일본과 협의해서 결정한다면 이것은 한국의 독립을 일본과 협의해서 결정한다는 것과 다름 없는 일이었다. 귀속재산은 미군정 법령 제33호에 의하여 미군정청에 귀속되고(vested) 소유된(owned) 것으로서 그후 '한·미간의 재정 급 재산에 관한 최초협정'(1949. 1. 18 조약 제1호)에 의하여 그 재산에 관한 일체의 '권리, 명의 및 이익'은 한국정부가 미군정으로부터 양도받은 것이었다. 때문에 한국정부가 귀속재산에 관한 완전한 소유권을 이미 취득한 것이었으므로 일본측과 다시 무슨 협의를 할 이유가 전혀 없었으며, 일본이 항의한다 해도 이는 그 재산을 귀속시키고 소유한 미국에 대해 할 것이지 한국측을 상대로 할 것은 아니었다.[130]

변영태 외무부장관은 기자회견(1951. 7. 16)을 통해 조약 초안에 귀속재산 문제를 한일 양국 간 직접교섭에 붙인다는 "위험스럽고 애매한 조문"이 있음을 지목했다. 변영태 장관은 종전 후 맥아더에 의해 한국 내 귀속재산문제가 결정되었고, 한미경제협정(1948. 9. 11)을 통해 귀속재산은 대한민국에 인도되

---

130) 유진오, 1966, 위의 글, 94쪽.

었으므로 이미 완결되어 소급할 수 없는 문제라고 했다.[131] 같은 날 변영태는 국회에 출석해 "40년간 일인들의 착취에 의하여 얻어진 재산에 대하여 우리는 정의와 인도에 입각하여 당연히 접수할 권리를 가지고 있는 것"이며 한일 양국 간의 교섭에는 "절대 응하지 않을 것"이라고 밝혔다.[132] 『동아일보』는 사설에서 한일관계가 민주제휴를 촉진하기보다는 일본에 대한 한국의 숙감(宿憾)을 조장할 우려가 있다며, 군정법령 제33호와 한미경제협정(1948. 9)을 통해 이미 결정된 귀속재산문제를 변경·무효화시킬 수 없다고 지적했다. 때문에 "일본과 일본인은 1945년 8월 9일 이전에 한국에(서) 소유하였던 일체의 재산을 포기한다"라는 구절을 조약에 삽입하라고 주장했다.[133]

군정장관 아놀드(A. V. Arnold) 소장이 공포한 군정법령 제33호(1945. 12. 6)는 「조선 내 소재 일본인 재산권 취득에 관한 건」으로 주요 내용은 다음과 같았다.

> 제2조 1945년 8월 9일 이후 일본정부, 기(其)의 기관 또는 기 국민, 회사, 단체, 조합, 기 정부의 기타 기관 혹은 기 정부가 조직 또는 취체한 단체가 직접간접으로 혹은 전부 또는 일부를 소유로 관리하는 금, 은, 백금, 통화, 증권, 은행감정, 채권, 유가증권 또는 본군정청의 관할내에 존재하는 기타 전종류의 재산 급(及) 기 수입에 대한 소유권은 1945년 9월 25일부로 조선군정청이 취득하고 조선군정청이 기 재산 전부를 소유함.[134]

한편, 한국정부 수립 후 체결된 「대한민국정부 급(及) 미국정부 간의 재정

---

131) 『경향신문』(1951. 7. 17).
132) 『동아일보』(1951. 7. 17).
133) 「사설: 講和초안과 한국의 권익」, 『동아일보』(1951. 7. 18).
134) 「군정청법령」 제33호(1945. 12. 6), 1986, 『재조선미국육군사령부군정청법령집(국문판)』, 민족문화, 149쪽.

급 재산에 관한 최초협정」(1948. 9. 11)의 제5조는 이렇게 규정하고 있다.

> 제5조 대한민국정부는 재조선 미군정청이 법령 제33호에 의하여 귀속된 전일본인 공유 우(又)는 사유재산에 관하여 이미 실시한 처리를 승인 차(且) 인준함.[135]

이런 사실에 기초해볼 때 유진오가 가정한 최악의 사태는 ① 한국은 일본과 전쟁상태에 있지 않았다, ② 한국은 연합국이 아니다, ③ 따라서 한국은 일본으로부터 배상받을 자격이 없기 때문에 재한일본 재산을 취득할 권원이 없다, ④ 한국이 일본으로부터 배상을 받는다 해도 배상이란 전쟁에 의해 그 국민이 받은 손해를 보상하는 것이므로 한국이 일본으로부터 받을 금액은 많지 않으며, 따라서 막대한 금액에 달하는 재한일본 재산 중 한국이 받을 금액을 제한 차액은 일본에 반환해야 된다는 등의 주장에 직면하는 것이었다.[136] 유진오는 이에 맞서 한국은 한일합방조약의 불법성을 강조하고, 일제하 침략의 고통·손해에 대한 배상을 요구해야 하며, 일본인의 재산은 일본인에 대한 특권적 보호와 한국인에 대한 차별적 대우로 형성된 일종의 약탈재산임을 강조해야 한다고 결론지었다.

- **맥아더라인**

> 조약 초안(1951. 7. 3) 제9조: 공해에 있어서의 어로의 규제 또는 제한 및 어업의 보호와 발전을 위하여 일본은 일본과 협정을 체결하기를 희망하는 연합국과 조속히 교섭을 시작한다.

---

135) 「대한민국정부 및 미국정부 간의 재정 급 재산에 관한 최초협정」(1948. 9. 11), 『서울신문』(1948. 9. 14).
136) 유진오, 1963, 위의 책, 286쪽.

맥아더라인과 관련한 한국측 입장은 간단했다. 맥아더라인을 유지한다는 조항을 제9조에 삽입하라는 것이었다. 변영태 장관은 "양국 간 어구(漁區)를 명확히 하여주는 맥아더선은 아국(我國) 경제에 지대한 관계"가 있다고 지적했고, 『동아일보』는 수산자원 보호를 위하여 "기왕에 설정된 맥아더선은 그대로 유지되어야 할 것" 정도의 지적에 그쳤다.[137] 유진오의 해설도 이와 크게 다르지 않았다. 유진오는 맥아더선이 국제법상 점령군의 권한으로 설치된 것에 지나지 않지만, 만일 맥아더선이 폐지되면 아시아의 모든 바다가 거의 일본 어선단에 독점되고, 한국이 가장 큰 피해를 볼 것이라고 지목했다.[138]

- 영토문제

> 조약 초안(1951. 7. 3) 제2조 a항: 일본은 한국의 독립을 승인하며, 제주도·거문도 및 울릉도를 포함하는 한국에 대한 모든 권리·권원 및 청구권을 포기한다.

1951년 3월의 임시초안(제안용)에서는 제3장(영토)의 제3조에 "일본은 한국, 대만, 팽호도에 대한 모든 권리, 권원, 청구권을 방기한다"라고 한 것과 비교하면 큰 차이가 있음을 발견할 수 있다. 그것은 첫째 일본이 한국의 독립을 승인한다는 규정이 새로 들어갔으며, 둘째 한국의 부속도서로 제주도·거문도·울릉도가 거론된 사실이다.

먼저 일본이 한국의 독립을 승인한다는 조항과 관련해 한국측 해석은 대일평화조약을 통해 한국이 독립한다면, 이미 독립한 사실이나 유엔 및 각국의 승인을 부정하는 결과를 초래하며, 한국의 독립은 일본의 승인 유무와 관련

---

137) 『경향신문』(1951. 7. 17); 『동아일보』(1951. 7. 18).
138) 유진오, 1963, 위의 책, 287쪽.

없이 일본이 포츠담선언을 수락한 1945년 8월 9일이라는 것이었다.[139]

유진오는 한국에 수백, 수천 개의 부속도서가 존재하는데, 단지 세 개의 섬만이 거론된 것을 문제로 지적했다. 나머지 섬들은 어떻게 표시할 것이며, 이 섬들만 한국에 반환되고 나머지 섬들은 여전히 일본 영토로 남아 있는 것이라는 '억설'(臆說)이 제기될지도 모른다는 것이었다. 때문에 의문의 여지 없이 이 조문을 개정할 필요가 있다고 했다.

> 만일 본토에서 떠러진 도명(島名)을 예기(例記)할 필요가 잇다면 차라리 <u>德島 (울릉도 동단에 잇는 가튼 YIANCOURT ROCKS)</u> 가튼 것을 넣는 것이 조을 것이다. 덕도는 우리의 영토임이 명백하지만 이것을 명기해두지 안흐면 장래 말성이 이러날 여지가 업지 안키 때문이다.[140] (원문 그대로, 강조는 인용자)

유진오는 외교위원회의 실질적 주도자였는데, 그가 쓴 기사에서조차 독도에 대한 지명이 잘못 표기되어 있었다. 독도(獨島)는 덕도(德島)로, Liancourt Rocks는 Yiancourt Rocks로 오기되어 있다. 신문사에서 잘못 표기했을 가능성을 배제할 수는 없지만, 유진오의 경우에서조차 독도에 대한 인식과 정보가 현저히 부족한 상황이었음을 보여준다.[141] 유진오는 한일분쟁을 방지하기 위해 독도를 명기해야 한다고 했는데, 이는 최남선의 영향에 따른 것이었다. 유진오의 회고에 따르면 미국 초안과 관련해 가장 먼저 찾아간 것이 최남선이었으며, 그의 조언에 따라 대마도 대신 독도와 파랑도를 요구하게 되었다고 했다.

---

139) 유진오는 적산처리에 관한 군정법령 제33호(1945. 12. 6)의 기점이 1945년 8월 9일이라는 사실을 지적했다(유진오, 1963, 위의 책, 276~277쪽).
140) 유진오, 「對日講和條約案의 檢討」 제1회, 『동아일보』(1951. 7. 25).
141) 이 글이 1963년 단행본에 실렸을 때 德島는 獨島로 수정되었지만, Liancourt는 여전히 Yiancourt로 오기된 상태였다(유진오, 1963, 위의 책, 275쪽).

제1착으로 찾아간 곳이 최남선씨 댁이었다. 역사상으로 보아 우리 영토로 주장할 수 있는 섬들이 무엇 무엇인가를 알기 위해서다. 육당은 과연 기억력이 좋은 분이라 독도의 내력을 당장에 내가 확신을 가질 수 있을 정도로 설명해주었다. 다음 나는 대마도에 관해 "이박사는 대마도도 우리 영토라고 수차 말씀했는데 근거가 확실한가요" 물었더니 육당은 빙그레 웃으면서 고개를 좌우로 저었다. 그러나 그 대신 육당은 나에게 새 지식을 하나 주었다. 우리나라 목포와 일본의 장기(長崎), 중국의 상해를 연결하는 삼각형의 중심쯤 되는 해중(海中)에 '파랑도'라는 섬이 있는데 표면이 대단 얕아서 물결 속에 묻혔다 드러났다 한다는 것이었다. '파랑'이라는 것은 풀이 파랗게 났대서 하는 말인지 물결 속에 들어갔다 나왔다 한대서 '波浪'이라는 것인지 확실치 않지만, 어쨌든 그것은 우리나라 영토로 차제에 확실히 해두는 것이 좋을 것이라 하였다. 육당의 말에 내가 광희(狂喜)한 것은 물론이다. 만일 이 섬 이름을 대일평화조약 속에 명기시키게 되는 날에는 우리 나라는 제주도 훨씬 서남방으로 영역을 넓히게 될 것이니까.[142] (강조는 인용자)

최남선은 외교위원회 위원이었던 동아일보 사장 최두선의 형이었으며, 1948년 우국노인회가 맥아더에게 보낸 독도·파랑도·대마도의 영유권을 주장하는 문서의 작성자였다. 최두선·최남선이 모두 외교위원회에 깊이 개입하게 된 것은 고려대학 총장이었던 유진오와의 관계 때문이었을 것이다. 최남선의 조언과 유진오의 판단에 따라 한국정부는 영토문제와 관련해 독도와 파랑도를 요구하기로 결정했던 것이다. 여기에는 일정한 영토·영해 확장의 의도가 있었음을 부인할 수 없다.

그런데 당시 한국정부는 대마도에 대한 요구를 기각한 것이 아니었다. 7월

---

142) 유진오, 1966, 위의 글, 96쪽.

2일 개최된 외교위원회 회의에는 임송본(林松本)·배정호(裵庭鎬, 裵廷鉉의 오자)·황성수(黃聖秀)·홍진기(洪璡基)·장기영(張基永)·이건현(李建鉉, 李建鎬의 오자) 등이 출석했는데, 대일강화문제와 대마도 귀속문제 등을 토의했다.[143] 또한 후술하듯이 이승만은 8월 3일 양유찬 주미대사에게 대마도가 한국령임을 미 국무부측에 강하게 주장하라고 지시한 바 있다.[144] 즉, 1951년 7월 한국정부의 제2차 답신서 준비과정에서 대마도문제는 기각된 것이 아니라, 여전히 중요한 영토적 권리의 일부로 준비·주장되고 있었던 것이다.

1947년 이후의 맥락에서 보자면, 한국인들이 독도·파랑도·대마도를 대일영토문제와 관련해 일련의 세트로 이해했음은 분명했다. 또한 최남선이 기초한 우국노인회의 청원서도 독도·파랑도·대마도의 반환을 맥아더에게 요청한 바 있다. 그러나 다자간 국제회담에서 한국정부의 요청·주장은 합리적이고 구체적인 역사적·문서적 증빙에 근거한 것이어야 했다.

유진오가 『동아일보』에 기고한 기사를 제외하고는 독도나 파랑도에 대한 강조는 1951년 대일평화조약과 관련해 한국 언론에 전혀 등장하지 않았다. 즉, 한국의 조약서명국 지위 부정에 이어 귀속재산의 처리라는 중대한 문제가 등장함으로써 독도·파랑도 등의 다른 문제는 상대적으로 사소하게 취급되었고, 국민적 관심사가 되지 못했다. 또한 1947~1948년 사이에 축적된 과도정부·조선산악회의 독도 관련 조사자료와 인식들은 한국정부 당국에 전달되지 않았고, 또한 미국정부와 주미한국대사관에 적극적으로 소개·전달되지도 않았다.

1951년 7월 19일자 한국정부의 제2차 답신서는 이런 내용으로 구성되었다. 현재 한국의 국가기록원, 외교부 외교사료관 등에서 한국정부의 대일평화조약을 다룬 문서철은 발견할 수 없다. 한국정부의 제1차 답신서(1951. 4. 27)

---

143) 『민주신보』(1951. 7. 3).
144) Letter by Syngman Rhee to Yang You Chan(1951. 8. 3), 국사편찬위원회 편, 1996, 위의 책, 330~337쪽.

와 제2차 답신서(1951. 7. 19)의 영문 원본이 미국립문서기록관리청에 소장되어 있을 뿐, 작성 주체측의 사본이나 한글본은 남아 있지 않다.

제2차 답신서 작성을 완료한 한국정부는 미국정부와 접촉하기 전날인 7월 18일 강력한 성명서를 발표했다. 양유찬 주미대사는 한국정부를 조약조인국으로 인정해줄 것을 요청하며, 임시정부의 대일투쟁에 기초해 조약조인국의 자격을 주장할 것이라고 밝혔다. 양유찬은 조인초청국인 필리핀이 미국측 조약 초안을 거부한 사실을 거론하며 "한국은 현재에 이르기까지 이러한 권리를 부인당하여 왔으며 우리는 이러한 모욕에 분격을 금치 못하고 있다. 왜 그러냐 하면 우리는 그 어느 다른 나라보다 더 싸워왔었기 때문" 이라고 주장했다.[145] 양유찬은 "일본인의 회식(Japanese love-feast)과 같은 강화(講和)가 결국은 서구인에게 있어서 코브라 독사를 달래려던 사람의 운명을 재현하지 않기를 충심으로 바라고 비는 바"라고 했다.[146] 나아가 파키스탄·인도·인도네시아 등의 국가가 당시의 모체국가, 즉 영국·네덜란드 등이 교전국이었다는 이유로 참가가 허락되었지만, 한국은 승인된 교전국이 아니라는 허울 좋은 이유로 참가가 거부되었다고 강력히 비난했다. 국내에서는 민주국민당이 귀속재산 처리조항을 평화조약에 삽입해야 한다는 성명을 발표했으며(1951. 7. 18), 국회도 7월 16, 18일에 걸쳐 대일평화조약 초안을 검토한 후, 7월 19일 귀속재산문제 관련 조항의 수정을 통해 일본인 재산몰수의 정당성을 확인하는 것이 한국으로서는 '사활문제'였기에 미국에 외교사절단을 급파할 것을 결의했다.[147]

---

145) 『경향신문』(1951. 7. 21); Korean Embassy Press Release(1951. 7. 18), RG 59, Japanese Peace Treaty Files of John Foster Dulles, 1946-52, Lot 54D423, Box 8.
146) 『민주신보』(1951. 8. 4).
147) 『서울신문』(1951. 7. 21); 『동아일보』(1951. 7. 20).

(3) 한미협의(1951. 7. 19)와 독도·파랑도의 등장

1951년 7월 19일 오후 2시 양유찬 주미대사는 한표욱 1등서기관을 대동하고 국무부의 덜레스 특사와 만났다. 그런데 이미 협의가 시작되기 전인 18일 저녁 미 국무부 소식통은 미국이 한국의 두 가지 요구, 즉 한국의 대일평화조약 참가 및 서명 자격 부여, 대마도 반환 요구를 "단호히 거부"할 것임을 보도했다. 이 소식통은 첫째 한국이 2차 대전기 정식으로 일본과 전쟁상태에 있지 않았고, 둘째 2차 대전기 한국이 실제로는 일본의 중요 부분으로 일본 군사력에 공헌했으며, 셋째 미국이 한국 독립과 기타 이익을 주장해, 한국의 이익을 충분히 대변했기 때문에 한국의 서명자격 요구를 거부한 것임을 강조했다.[148] 또한 대마도 반환 요구 거부와 관련해 대마도에는 일본인이 5만 명 거주하는 반면, 한국인은 3,000~4,000명 거주하고 있다는 점을 지적했다. 익명으로 처리된 소식통이 발설한, 미국이 한국의 독립 및 기타 이익을 충분히 대변했기 때문에 한국의 서명자격 요구를 거부했다는 대목은 당시 한국에 대한 미 국무부의 솔직한 소회를 담은 평가였다고 할 수 있다.

7월 19일의 한미협의는 이런 배경 속에 시작되었다. 양유찬 대사는 1951년 7월 19일자로 된 레터사이즈 1쪽짜리 답신서를 수교했다. 1951년 7월 국내 언론이 보도한 외교위원회 위원 유진오의 대일평화조약 초안 검토서는 신문에 7회가 연재될 정도로 장문의 것이었지만, 어떤 이유에서인지 미국정부에 실제 제출된 한국정부의 답신서는 매우 소략한 내용이었다. 이 답신서에서 한국정부는 세 가지에 대한 수정을 요구했다.

 1. 제2조 a항: (일본은 한국의 독립을 승인하며, 제주도·거문도 및 울릉도를 포함하는

---

148) 『민주신보』(1951. 7. 21).

```
C O P Y

                                                July 19, 1951

Your Excellency,

        I have the honor to present to Your Excellency, at the
instruction of my Government, the following requests for the
consideration of the Department of State with regard to the
recent revised draft of the Japanese Peace Treaty.

        1.  My Government requests that the word "renounces"
in Paragraph a, Article Number 2, should be replaced by
"confirms that it renounced on August 9, 1945, all right,
title and claim to Korea and the islands which were part of
Korea prior to its annexation by Japan, including the
islands Quelpart, Port Hamilton, Dagelet, Dokdo and Parangdo."

        2.  As to Paragraph a, Article Number 4, in the proposed
Japanese Peace Treaty, my Government wishes to point out that
the provision in Paragraph A, Article 4, does not affect the
legal transfer of vested properties in Korea to the Republic
of Korea through decision by the Supreme Commander of the
Allied Forces in the Pacific following the defeat of Japan
confirmed three years later in the Economic and Financial
Agreement between the Republic of Korea and the United States
Military Government in Korea, of September 11, 1948.

        3.  With reference to Article 9, my Government wishes
to insert the following at the end of Article 9 of the
proposed Peace Treaty, "Pending the conclusion of such
agreements existing realities such as the MacArthur Line
will remain in effect."

        Please accept, Excellency, the renewed assurances of
my highest consideration.


                                                You Chan Yang

His Excellency
    Dean G. Acheson
        Secretary of State
            Washington D C
```

⟨그림 8-9⟩ 한국정부의 제2차 답신서(1951. 7. 19)

한국에 대한 모든 권리·권원 및 청구권을) "포기한다"를 "(일본은) 1945년 8월 9일 한국 및 제주도, 거문도, 울릉도, 독도 및 파랑도를 포함하는 일본의 한국병합 이전에 한국의 일부분이었던 도서에 대한 모든 권리, 권원, 청구권을 포기함을 확인한다"로 수정할 것.

2. 제4조 a항: 이 조항은 한국 내 귀속재산이 태평양 연합군총사령관의 결정을 통해 일본 패전 뒤 대한민국에 법적으로 이양되었으며, 3년 뒤 1948년 9월 11일자 대한민국과 주한미군정 간의 경제 및 재정 협정에 따라 확증된 사실

에 영향을 주지 못한다는 점을 지적함.

3. 제9조: 제9조 뒤에 "이런 협정의 결론이 내려지기까지, 맥아더라인과 같이 현존하는 실체는 효력을 유지할 것"이라는 조항을 삽입할 것(강조·괄호는 인용자).[149]

즉, 한국정부는 독도·울릉도의 요구, 재한일본인 귀속재산의 한국 소유 확인, 맥아더라인 유지라는 세 가지 문제에 대해 초안의 수정을 요구했던 것이다. 1951년 4월 27일의 제1차 답신서가 리걸 사이즈 8쪽 분량이었던 것과 비교해볼 때 현저히 적은 분량이었다. 왜 한국정부가 상세한 논리적 설명과 배경정보를 담은 첨부자료를 함께 제공하지 않았는지는 알 수 없다.

한국정부가 가장 절박하게 생각했던 문제는 귀속재산 처리였으며, 영토문제에 있어서 대마도를 기각한 대신 새로 독도·파랑도를 요구했던 것이다. 즉, 독도문제는 대마도 요구가 기각된 다음에 제기되었으며, 요구될 때에는 파랑도와 함께 제시되었던 것이다.

회견이 시작되자 덜레스는 먼저 첫번째 요구와 관련해 조약에 일본이 특정영토를 한국에 방기한다고 확인하는 방식에 의문을 제기했다. 덜레스는 1945년 8월 9일자 일본의 항복이 영토문제의 공식적이고 최종적인 결정이 되지는 않는다고 덧붙였다. 그러나 국무부가 1945년 8월 9일자로 일본이 영토적 권리(territorial claims)를 방기한다는 소급적 취지의 조항을 조약에 포함시킬 수 있을지 검토해보겠다고 했다. 덜레스는 첫번째 요구에 대마도가 언급되지 않은 사실을 지적했고, 양유찬 대사는 대마도가 생략되었음에 동의했다. 대화는 곧 독도와 파랑도로 이어졌다.[150]

---

149) You Chan Yang, Korean Ambassador to Dean A. Acheson, Secretary of State(1951. 7. 19), RG 59, Japanese Peace Treaty Files of John Foster Dulles, 1946-52, Lot 54D423, Box 8; RG 59, Department of State, Decimal File, 694.001/7-1951.

덜레스는 독도와 파랑도 두 섬의 위치에 대해 질문했다. 한(표욱)은 이 두 개의 작은 섬들이 일본해에 위치하고 있으며, 대체적으로 울릉도 인근에 위치하는 것으로 믿는다고 말했다. 덜레스는 이 섬들이 일본의 병합 이전에 한국령이었는지를 문의했고, 이에 대해 (양)대사는 그렇다고 대답했다. 덜레스는 만약 그렇다면 일본의 한국 영토에 대한 영토적 권리를 방기하는 관련 조약 부분에 이 섬들을 포함시키는 데 아무 문제가 없을 것으로 본다고 했다.[151] (강조는 인용자)

이것이 대일평화조약과 관련해 진행된 한미협의과정 속에서 최초로 독도가 거론된 순간이었다. 한표욱은 독도와 파랑도가 울릉도 인근에 위치한다고 함으로써 이 섬들에 대한 최소한의 지리적 정보조차 확인하지 못한 상태였음을 보여주었다. 아마도 덜레스에게 제시한 비망록 한 장이 이들이 확보한 근거와 자료의 전부였을 것이다. 1947~1948년 간 국내의 독도조사, 독도폭격, 제헌헌법 등을 통해 강조된 독도정보는 전혀 전달되지 않았다. 파랑도에 대해서는 두말할 나위가 없었다. 외무부와 주미대사관의 협력 부족, 외교위원회와 외무부의 미숙한 일처리, 한국 외교시스템의 일천함 등이 복합된 결과였다.

주미한국대사관이 독도와 파랑도에 대한 주장을 했지만 구체적 근거는 확보하지 못한 상황에서 이후 사태는 급속도로 진행되었다. 덜레스와 양유찬, 배석한 한국문제담당관 에몬스, 주미한국대사관의 한표욱은 이후 한일·한미관계의 폭발적 뇌관으로 등장하게 될 독도의 중요성을 예감하지 못했다.

두번째 요구와 관련해 덜레스는 귀속재산의 한국정부 이양에 대해 미국이 충분히 동감하고 있으며, 국무부가 이 문제를 연구해보겠다고 했다.

가장 논란을 불러일으킨 것은 세번째, 맥아더라인 문제였다. 덜레스는 맥

---

150) Memorandum of Conversation, Subject: Japanese Peace Treaty(1951. 7. 19), RG 59, Department of State, Decimal File, 694.001/7-1951.
151) 원문은 이렇다. Mr. Han stated that these were two small islands lying in the Sea of Japan, he believed in the general vicinity of Ullungdo.

아더라인의 유지조항을 조약에 넣을 수 없다고 못박았다. 덜레스는 미국 수산업자들의 압력이 거세서 대일평화조약을 태평양지역 어업협정으로 만들 지경이라고 토로했다. 덜레스는 이 문제는 대일평화조약 체결 후 일본과 타국 간의 양자간·다자간 조약으로 해결해야 한다고 했다.

이후에도 덜레스와 양유찬의 대담은 지속되었는데, 여기서 몇 가지 중요한 주제들이 논의되었다. 덜레스는 7월 18일자 양유찬 대사의 성명을 거론하면서, 국무부가 강력한 비난성명에 놀라고 매우 당혹해했다고 솔직히 털어놓으며, 한국인들의 대일감정을 이해하고 동정하지만, 이런 성명이 사태해결에 도움이 되지는 않는다고 했다.

양유찬이 80만 재일한국인이 일본정부의 차별을 당한다고 하자, 덜레스는 "이 한국인들의 상당수는 바람직하지 못하며, 많은 경우 북한 출신으로 일본 내 공산주의 선전의 중심을 이룬다"라고 응대했다. 1951년 4월 23일 요시다 시게루가 전한 「한국과 평화조약」(Korea and the Peace Treaty)이라는 비망록이 재현되는 순간이었다. 역시 요시다의 반공주의 선전이 덜레스의 마음을 움직였다는 증거를 여기서 재차 확인하게 된다.

양유찬 대사가 일본의 경제적·군사적 재건이 두렵다고 하자, 덜레스는 일본경제의 생존 가능성을 걱정하며, 일본이 공산주의 지배하에 들어갈 것을 우려한다고 답했다. 양유찬 대사가 임시정부의 제2차 대전기 대일투쟁과 대일선전포고 등에 기초해 조약서명국 자격을 요청했지만, 덜레스는 1942년 유엔선언에 서명한 국가만이 평화조약서명국이 될 수 있다고 답했다. 덜레스는 1948년 수립된 한국을 조약서명국에 포함시키면 한국과 동일한 서명국 자격을 요청하는 국가들 때문에 상황이 복잡하고 합의가 어려워질 것이라고 했다. 덜레스는 이러한 자격제한이 한국에 대한 미국의 관심 부족, 온전한 동정 부족 때문이 아니며, 또한 한국을 모욕할 의사가 있는 것이 아니라며, 한국에 대해 심심한 위로와 동정을 표했다.

양유찬 대사는 관대한 조약(lenient treaty)이 초래할 위험성을 지적하며,

한국을 서명국으로 하는 일본과의 보다 엄격한 조약(stricter treaty)을 주장하는 한편 일본의 맥아더라인 침범을 예로 들었다. 마지막으로 양유찬은 미국이 한국에 조약서명국 지위를 부여한다면, 한국정부가 두번째·세번째 요구를 기각할지도 모르겠다고 농담조로 말했다. 그러나 결국 덜레스로부터 몇 마디 위로의 외교적 수사를 듣는 것으로 회담을 종결할 수밖에 없었다.

4. 미 국무부의 독도·파랑도 조사와 그 귀결

미 국무부는 양유찬·덜레스회담이 끝난 다음 날인 1951년 7월 20일 51개국에 샌프란시스코평화조약(1951. 9. 8) 조인식에 참가하라는 초청장을 보냈다. 소련은 초청되었으나, 중화민국·중화인민공화국은 초청되지 않았다. 한국도 초청되지 않았다. 한국의 권리는 이미 1951년 7월 9일 덜레스가 양유찬에게 통보한 것에서 크게 변경되지 않았다. 조약의 최종 초안은 8월 13일에 발표될 예정으로 수정작업에 들어갔고, 7월 3일자 영미합동초안은 7월 20일경에 수정되어 제출될 예정이었다. 당시의 관측에 따르면, 조약 초안에 대해 7월 말에서 8월 10일까지 이의를 신청하면 수정이 가능하다는 것이었다.[152]

(1) 보그스의 독도 한국령 검토

한미협의(1951. 7. 19)를 전후한 시점에 미 국무부 내에서는 독도문제가 논의되고 있었다. 1947년 국무부 작업단에서 대일평화조약 초안의 영토 관련

---

152) 『동아일보』(1951. 7. 20); 『경향신문』(1951. 7. 22).

문제를 다루었던 새뮤얼 보그스(Samuel W. Boggs)가 이 문제를 맡고 있었다. 보그스는 1930년대부터 국무부의 지리담당관으로 일한 경력자였으며, 최고의 지리전문가로 당시 국무부 정보조사국(OIR) 지리담당관(Geographer)이었다.

보그스는 1951년 7월 한미 간의 협의를 전후해 독도에 대한 세 건의 중요 문서를 작성했다. 이 문서들은 1951년 7~8월 미 국무부의 대일평화조약 실무진에서 작성된 유일하고 실질적인 독도 관련 보고서들이다. 당시 미 국무부는 대일평화조약의 최종 초안 작성과정에서 논란의 여지가 있는 여러 섬들에 관한 구체적 정보가 필요했고, 보그스가 이러한 요청에 대한 해답을 전담했다. 두 건의 보고서는 한미협의 이전에 작성되었고, 독도는 리앙쿠르암으로 다루어졌다. 한 건의 보고서는 한미협의 이후에 작성되었고, 독도·파랑도의 존재를 확인하기 위한 목적으로 작성되었다.

보그스의 첫번째 보고서는 1951년 7월 13일 작성되었다. 이는 국무부 동북아시아국(Office of Northeast Asian Affairs: NA)의 피어리가 전화로 요청한 대일평화조약에 필요한 섬 관련 정보를 제공하는 과정에서 만들어졌다. 피어리가 정보를 요청한 섬은 두 지역이었는데, 남사군도(Spratly Islands)·서사군도(Paracel Islands)와 리앙쿠르암(Liancourt Rocks, 독도)이었다. 남사군도(스프래틀리섬)와 서사군도(파라셀군도)는 이미 대일평화조약 초안 작성과정부터 중요한 논쟁점이 된 지역이었으므로, 피어리가 이에 대한 정보를 요구한 것은 이해할 수 있는 일이었다. 그런데 왜 피어리가 독도에 대한 정보를 요구했는지는 문서상 드러나지 않고 있다. 아마도 1947~1949년 간 국무부 초안에서 독도가 한국령으로 표시되었던 반면, 1949년 12월 초안에서는 일본령으로 표시되었으며, 1950년 이후 초안에서는 아예 소속 국적이 삭제된 상황과 관련이 있었을 것이다. 당시 피어리는 국무부 동북아시아국에서 대일평화조약 초안에 대해 관련 당사국들이 보내온 수정요청을 다양하게 검토하는 실무를 담당하고 있었다.

피어리의 요청을 받은 당일 보그스는 이에 대한 답장을 썼는데, 그 가운데

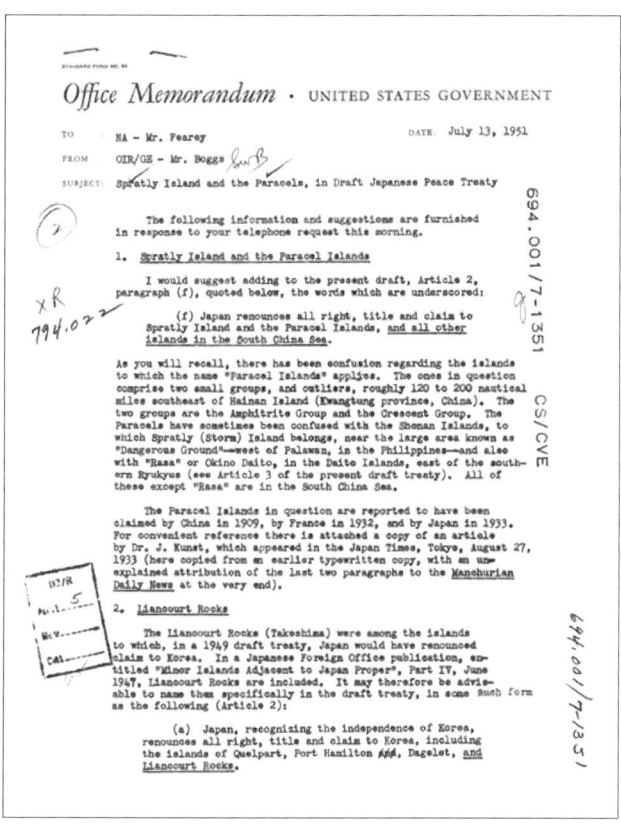

〈그림 8-10〉 미 국무부 지리전문가 보그스의 제1차 독도보고서(1951. 7. 13)

두번째 항목이 독도문제를 다루고 있다.

2. 리앙쿠르암(Liancourt Rocks)

1949년 조약 초안에는 일본이 한국에 권리를 포기할 섬들 가운데 리앙쿠르암 (다케시마)이 들어 있었다. 1947년 6월 일본 외무성이 간행한 「일본의 부속소 도」라는 제목의 출판물 제IV부에는 리앙쿠르암이 포함되어 있다. 따라서 조약 초안 중 (2조) 다음에 일정한 형식으로 이를 특정해서 언급해주는 것이 바람직할 것이다.

(a) 일본은 한국의 독립을 승인하며, 제주도, 거문도, 울릉도 및 리앙쿠르암(추가부분)을 포함해 한국에 대한 모든 권리, 권원, 청구권을 방기한다.[153] (강조는 인용자)

보그스의 답신에서 다음과 같은 세 가지 점을 알 수 있다. 첫째, 미 국무부의 노련하고 연륜 있는 지리전문가는 리앙쿠르암(독도)이 한국령이며, 대일평화조약에서 한국령으로 포함되어야 한다는 견해를 분명하게 밝혔다. 보그스의 답신이 중요한 이유는 그가 일본 외무성이 간행한 팸플릿에 독도가 일본령에 인접한 소도서로 명기되어 있다는 점을 분명하게 인식하고 있었음에도 불구하고 독도가 한국령임을 "특정해서 언급해주는 것이 바람직하다"라고 제안했기 때문이다. 즉, 아직까지 한국정부가 독도의 한국 영유권을 주장하지 않았던 반면, 일본 외무성이 독도가 일본령에 속한다는 팸플릿을 대대적으로 유포한 상황에서 미 국무부 지리전문가는 리앙쿠르암(독도)이 한국령이라는 판단을 내렸던 것이다.

둘째, 미 국무부가 일본령에 속할 섬들을 특정하는 데 일본 외무성의 팸플릿을 기초자료로 활용했음을 알 수 있다. 1947년 일본 외무성이 홍보를 위해 제작해 대대적으로 배포한 팸플릿의 진가가 드러나는 순간이었다. 앞서 살펴본 것처럼, 일본 외무성의 팸플릿은 1948년 SCAP 내부에서 우국노인회의 독도·파랑도·대마도 반환 청원을 묵살하는 중요 근거로 사용되었고, 1949년 주일미정치고문 시볼드에 의해 독도가 일본령이라는 근거로 내세워져 독도가 한국령으로 표시된 미 국무부 대일평화조약 초안(1949년판)을 수정하는 근거로 활용되었으며, 1951년에는 미 국무부 지리담당자에 의해 인용되었다.

---

153) Memorandum by Boggs, OIR/GE to Fearey, NA, Subject: Spratly Island and the Paracels, in Draft Japanese Peace Treaty(1951. 7. 13), RG 59, Department of State, Decimal File, 694.001/7-1351.

셋째, 독도의 귀속문제는 미 국무부 지리전문가가 직접 조언을 할 정도로 논란의 대상이 되었고, 보다 정확히 말하자면 미 국무부는 판단을 내리지 못하고 있었다. 또한 보그스 정도의 전문가조차 리앙쿠르암의 한국 이름이 독도인 것을 알지 못했다. 보그스는 리앙쿠르암의 일본명이 다케시마라는 것은 인지했지만, 독도라는 한국명을 인지하지는 못했다. 이는 사실의 문제가 아니라 자료와 정보의 부족에 기인한 것이었다. 한국의 입장에서 보자면 역사적으로 한국령이 분명한 독도가 일본의 허위 주장과 선전의 결과 대일평화조약 미국 초안에서 한국령에서 일본령으로 영유권이 뒤바뀌었고, 최종적으로는 명칭이 누락되는 과정에서 논란의 섬인 양 부각되었던 것이다. 한국인들은 누구도 알지 못하는 사이에 일본의 책략에 의해 독도가 논란의 대상이 된 것이다.

독도와 관련해 보그스는 미 수로국(Hydrographic Office) 출판물 제123A호, 『일본항해지도』(Sailing Directions for Japan) 제1권(1945년 1판)의 해당 부분을 인용했다.

다케시마(리앙쿠르암)(북위 37도 15분, 동경 131도 52분, 수로국 해도 3320호)는 불모지로 조분석(鳥糞石, guano)으로 하얗게 뒤덮인 두 개의 무인 소도(islets)와 여러 개의 암석으로 구성되어 있으며, 매우 가파르게 보인다. 쓰시마해협에서 블라디보스톡과 오키(隱岐)열도에 이르는 증기선 항로에 가깝게 위치하고 있으며, 오키열도의 북서쪽 85마일 지점에 위치해 있으며, 항해 원조시설이 없기 때문에, 밤이나 안개가 짙은 날에는 선원들이 그 인근에서 항로를 찾는 데 위험한 지역이다. 두 개의 소도는 험준하며, 서쪽 섬의 표고가 최고점으로, 515피트에 달한다. 7월과 8월에는 늘 물개 사냥꾼들이 이 섬을 방문한다.[154]

---

154) U.S. Hydrographic Office publication no.123A, *Sailing Directions for Japan*, Vol. I(1st ed., 1945), p. 597.

```
                                    -2-

(Take-shima)" and says:
        It should be noted that while there is a Korean name
   for Dagelet, none exists for the Liancourts Rocks and
   they are not shown in the maps made in Korea.

   If it is decided to give them to Korea, it would be necessary only
   to add "and Liancourt Rocks" at the end of Art. 2, par. (a).

   These rocky islets are described as follows in the U.S.
   Hydrographic Office publication no. 123A, Sailing Directions
   for Japan, Volume I (1st ed., 1945):

        Take Shima (Liancourt Rocks) (37°15' N., 131°52' E., H.O.
        Chart 3320) consists of two barren, guano-whitened, and un-
        inhabited rocky islets and several rocks, which appear to be
        steep-to. They lie near the steamer track leading from
        Tsushima Strait to Vladivostok and to Hokkaido, in a position
        85 miles northwestward of the Oki Retto, and as they have
        no navigational aids they present a hazard to mariners navi-
        gating in their vicinity at night or in thick weather. Both
        islets are cliffy, and the western and highest has a pointed
        summit, which rises 515 feet. They are usually visited by
        seal hunters in July and August. (p. 597)


   Attachment:
        Excerpt


   OIR/GE:SWBoggs:mg
        7-16-51
```

〈그림 8-11〉 미 국무부 지리전문가 보그스의 제2차 독도보고서(1951. 7. 16)

보그스의 두번째 보고서는 3일 뒤인 1951년 7월 16일 작성되었다. 이 문서에서는 일본의 근거들이 보다 상세하게 인용되었고, 대일강화조약 초안에서 독도가 어떻게 다루어졌는지 하는 점이 분명히 지적되었다.

2. 리앙쿠르암(Liancourt Rocks)

1949년 대일평화조약 초안 중 하나에 따르면 리앙쿠르암(다케시마)은 한국에 방기될 예정이었다; 거의 동일한 시기의 또 다른 초안에는 일본이 보유하게 될 지역으로 지명되었다. 1947년 6월의 「일본의 부속소도」 제IV부라는 제목의 일본 외무성 출판물에는 "리앙쿠르암(다케시마)"이 포함되어 있는데 다음과 같이 지적하고 있다.

"다줄렛(Dagelet, 울릉도)에 대해서는 한국 명칭이 있지만, 리앙쿠르암에 대해서는 한국명이 없으며, 한국에서 제작된 지도에서 나타나지 않는다는 사실을 특기해야 한다."

<u>만약</u> 이 섬을 한국에 주도록 결정한다면, 제2조 (a)항 끝에 "및 리앙쿠르암"이라고 추가하기만 하면 될 것이다.[155] (밑줄은 원문 그대로)

이 보고서의 내용은 위의 7월 13일자와 거의 동일하다. 다만 이 문서에서 보그스는 독도가 1949년 미 국무부 초안에서 한국령으로 표시되었다가, 일본 외무성 자료에 기초한 시볼드의 항의에 따라 일본령으로 표시된 사실을 명기했고, 문제의 출발점이 된 일본 외무성 자료의 해당 부분을 인용했다.

독도에 관해 한국 이름이 없으며, 한국에서 제작된 지도에 독도가 등장하지 않는다는 명백한 거짓말과 허위정보를 담은 이 부분이 정확하게 미 국무부 지리전문가에 의해 인용된 것이다. 한국은 전혀 알지 못했지만, 미 국무부의 지리전문가조차 일본 외무성이 1947년 6월 제작한 팸플릿의 허위정보에 상당한 의미를 부여하고 있었음을 알 수 있다.

보그스와 피어리가 논의한 맥락은 아마도 독도를 한국령으로 결정하자는 것이었다고 판단된다. 보그스가 리앙쿠르암을 한국령으로 결정해야 한다고 판단한 것도 같은 맥락이었다고 생각된다. 즉, 보그스는 일본이 제공한 정보들에도 불구하고 리앙쿠르암이 한국령이라고 판단했다. 두번째 보고서에서 보그스는 조금 후퇴한 입장을 보여, "만약 리앙쿠르암을 한국에 주도록 결정한다면"이라고 서술했다. 한국 영토인 독도를 미 국무부 관계자들이 준다 만

---

155) Memorandum by Boggs, OIR/GE to Fearey, NA, Subject: Spratly Island and the Paracels, in Draft Japanese Peace Treaty(1951. 7. 16), RG 59, Department of State, Decimal File, FW694.001/7-1351.

```
STANDARD FORM NO. 64

Office Memorandum · UNITED STATES GOVERNMENT

TO      : NA - Mr. Robert A. Fearey                    DATE: July 31, 1951
FROM    : OIR/GE - S. W. Boggs
SUBJECT : Parangdo and Dokdo (islands)

         In response to your telephone requests for information
    regarding to Dokdo and Parangdo, two islands which Korea
    desires to have Japan renounce in favor of Korea in the treaty
    of peace, we have tried all resources in Washington which we
    have thought of and have not been able to identify either
    of them.

         I understand that the Korean ambassador has informed the
    Department that Parangdo is near Ullungdo. The latter is the
    Korean name corresponding to the name conventionally used in
    English, Dagelet Island, and to the Japanese name Utsuryo To.
    That island is found on available maps and charts, by all three
    names, in approximately 37° 30' N. latitude, 130° 52' E. longitude.

         Since it is difficult to find the name equivalents in
    the various languages, I am listing below the principal islands
    in which Korea is interested, in three columns giving the names
    in European, Japanese and Korean forms.

    H.O. Pub.
    No.122B(1947)   European        Japanese           Korean
       page         name            name               name

       606          Quelpart        Saishu To          Cheju Do

       584          "Port Hamilton" Tonai Kai          Tonae Hae

       534          Dagelet         Utsuryo To         Ullung Do
                                    Matsu-shima(?)
       535          Liancourt Rocks Take-shima         (none)

                    ?               ?                  Dokdo

                    ?               ?                  Parangdo


    OIR/GE:SWBoggs:mg
```

〈그림 8-12〉 미 국무부 지리전문가 보그스의 제3차 독도보고서(1951. 7. 31)

다를 결정하는 믿기 어려운 상황이 발생한 것이었다.

　보그스의 세번째 보고서는 7월 31일에 작성되었다. 이 보고서의 작성경위는 7월 19일 양유찬 대사가 독도·파랑도의 한국 영유를 주장했기 때문이었다. 보그스는 역시 피어리의 전화요청에 따라 독도와 파랑도에 대한 정보를 조사했다. 보그스는 한국이 평화조약에서 일본이 한국령으로 방기하기를 희망한 독도·파랑도에 대해 "우리들이 생각해낼 수 있는 워싱턴에 있는 모든 자료들을" 찾아보았지만, 두 섬 모두를 확인할 수 없었다고 했다.[156] 일본 제국주의의 첫 희생물이 된 독도의 불행한 역사가 여기에서 또다시 재현되었다. 국권 상실 이후 이 섬의 한국 이름 독도는 세계지도에 실릴 수 없었고, 미 국무부 역시 독도가 리앙쿠르암이라는 사실을 확인할 수 없었던 것이다.

보그스는 한국대사가 미 국무부에서 파랑도가 울릉도 인근에 있다고 했는데, 울릉도는 영어명 다줄렛섬(Dagelet Island)의 한국명이며, 일본명으로는 우쓰료토(Utsuryo To)라고 지적했다. 울릉도에 대해 지도 및 해도에서 모두 세 개의 명칭을 발견했고, 이는 대략 북위 37도 30분 동경 130도 52분에 위치해 있다고 썼다. 보그스는 하나의 섬이 다양한 언어로 호명되기 때문에, 한국이 관심을 가지고 있는 주요 섬들을 유럽명, 일본명, 한국명의 3열로 〈표 8-2〉와 같이 표시했다.

보그스는 거문도를 도내해(Tonae Hae)로 명명했는데, 정확하게 말해 이는 거문도의 명칭은 아니었다. 거문도는 고도(古島)·동도(東島)·서도(西島)의 세 섬으로 구성되어 있는데, 그중 고도만이 거문도라고 불리기도 하며, 세 섬으로 둘러싸인 바다가 도내해(島內海)로 불리는 것이었다. 영국의 거문도 점령사건(1885~1887) 이후 이 지역은 포트해밀턴, 즉 해밀턴항으로 불렸으며, 한국명으로는 도내해, 일본명으로는 도나이카이라고 호명된 것이다. 포트해밀턴·거문도·도내해 모두 같은 지역을 지칭하는 것으로 쓰였다고 할 수 있다.

전반적으로 제주도·거문도·울릉도에 대한 설명은 정확했지만, 보그스는 리앙쿠르암의 한국명이 없다는 잘못된 판단을 내렸다. 보그스는 분명 리앙쿠르암이 한국령이라고 판단했었지만, 리앙쿠르암에 대해 한국명이 없다는 일본 외무성의 허위주장에 공명했으며, 여기에 독도·파랑도가 울릉도 인근 섬

---

156) Memorandum by S. W. Boggs, OIR/GE to Robert A. Fearey, NA. Subject: Parangdo and Dokdo(Islands)(1951. 7. 31), RG 59, State Department, Records Relating to the Japanese Peace and Security Treaties, 1946-1952, Lot 78D173, Box 2, Folder "Protocol(Notes & Comments)-Japan, July-September 1951".

〈표 8-2〉 제주도·거문도·울릉도·리앙쿠르암·독도·파랑도의 명칭 비교(보그스)

미국 수로국 간행물 제122B호(1947년판)	유럽명	일본명	한국명
606쪽	퀠파트(Quelpart)	시슈토(Shishu To)	제주도(Cheju Do)
584쪽	포트해밀턴(Port Hamilton)	도나이카이(Tonai Kai)	도내해(Tonae Hae)
534쪽	다줄렛(Dagelet)	우쓰료토·마츠시마 (Utsuryo To, Matsu-Shima)	울릉도(Ulung Do)
535쪽	리앙쿠르록스 (Liancourt Rocks)	다케시마(Take-Shima)	(없음)(none)
	?	?	독도(Dokdo)
	?	?	파랑도(Parangdo)

이라는 한국정부의 주장이 덧붙여짐으로써 혼란에 빠졌던 것이다. 너무 공교로운 타이밍이었고, 한국측으로 볼 때는 최악의 시차배열이었다.

위에서 알 수 있듯이, 보그스는 문서자료를 통해 독도와 파랑도를 확인하지 못했을 뿐더러 독도가 리앙쿠르암이라는 사실도 입증하지 못했다. 파랑도는 이 당시 실체가 확인되지 않는 전설 속의 섬이었기에 당연히 그 위치를 확인할 수 없었다. 문제는 이것이 독도와 함께 거론되고, 독도와 함께 동해의 울릉도 인근에 있다고 지속적으로 주장됨으로써 독도의 실체 확인에도 영향을 주었다는 사실이다.

한국정부가 최초로 독도를 거론한 제2차 답신서(1951. 7. 19)에는 독도의 명칭만이 거론되었을 뿐 독도·파랑도에 대한 어떠한 근거·관련자료도 제시되지 않았다. 한국정부는 조약 초안에 거론된, 일본이 방기할 도서인 제주도·거문도·울릉도 뒤에 단지 독도·파랑도를 첨부했을 뿐이다. 추가적인 설명은 전무했다. 또한 위치와 존재가 확인되지 않던 파랑도와 함께 독도가 한국의 영토로 주장됨으로써 독도 자체의 실존감이나 신뢰도를 저감(低減)시켰다.

나아가 한미협의의 맥락에서 보자면 대마도 반환 요청이 기각된 다음에 독도 반환을 주장했고, 그것도 가공의 섬인 파랑도와 함께 요청함으로써, 독도가 한국측 영유권의 중요성에서 후순위를 차지하는 것으로 해석될 수밖에 없었다. 한미협의(1951. 7. 19) 시점에 한표욱 1등서기관은 독도와 파랑도가 "대체적으로 울릉도 인근에 위치"한다고 발언함으로써 지리적·역사적·문헌적 정보가 부정확하고 미비했음을 드러냈다.

또한 한국정부는 정치적 주장이었던 대마도 반환 요청이 기각된 이후 영토문제를 중시하지 않았다는 인상이 강했다. 파랑도를 주장한 데서 드러나듯이 정부 스스로 명확한 확증근거를 갖지 못한 지역을 한번 주장해보자는 정도의 결의를 갖고 있었다고 할 수 있다. 한국 영토인 독도의 불가침성에 대한 진지한 대응과는 거리가 있었다.

보그스는 7월 31일자 보고서에서 독도와 파랑도의 실체를 확인하지 못했다고 했으나, 내심으로 독도가 리앙쿠르암(다케시마)이라는 판단을 내린 것으로 보인다. 피어리는 7월 30일 상급자인 앨리슨에게 새로 준비하는 8월 13일부 평화조약 초안에 대한 수정내역서를 제출했다.[157] 여기서 피어리는 한국정부 제2차 답신서에 제시된 여러 문제를 언급하는 가운데 독도·파랑도에 대한 보그스의 조사상황을 이렇게 썼다.

> 독도와 파랑도 섬에 대해, 국무부 지리담당관인 보그스 씨에 따르면 독도는 다케시마라고 하며, 1905년에 일본이 영유권을 공식 주장했으며, 한국측 항의가 없었음이 명백하고, 한국은 그 이전에도 영유권을 결코 주장하지 않은 듯하다. 보그스 씨는 파랑도라는 이름으로는 특정 섬을 확인할 수 없었지만, 그 섬이 울릉도 인근에 있다는 양(유찬) 대사의 믿음에 비추어 추가조사를 하고 있다. 그는 또한 독도와 파랑도가 병합 이전 한국령이었다는 대사의 발언에 비추어

---

[157] Memorandum by Fearey to Allison, Subject: Proposed Changes for August 13 Draft(1951. 7. 30), RG 59, Records Relating to the Japanese Peace and Security Treaties, 1946-1952, Lot 78D173, Box 2, Folder "Protocol(Notes & Comments)-Japan, July-September 1951".

독도와 파랑도의 역사를 추가조사하고 있다.[158]

　이상과 같이 보그스는 1951년 7월 독도에 관한 세 건의 보고서를 작성했다. 먼저 7월 13일자 보고서에서는 ① 1949년 조약 초안에 리앙쿠르암이 한국령으로 표시된 사실, ② 1947년 6월 일본 외무성 팸플릿에 리앙쿠르암이 일본령으로 표시된 사실, ③ 대일평화조약 초안에 리앙쿠르암을 한국령으로 표시하는 것이 바람직하다는 사실을 명기했다.

　7월 16일자 보고서에서는 ① 1949년 조약 초안에 리앙쿠르암이 한국령으로 표시된 사실, ② 1949년 다른 조약 초안에는 리앙쿠르암이 일본령으로 표시된 사실, ③ 1947년 6월 일본 외무성 팸플릿을 인용해 리앙쿠르암이 일본령으로 표시되었으며, 리앙쿠르암의 한국명이 없고 한국 지도에 표시되지도 않았다고 주장된 사실, ④ 리앙쿠르암을 한국령으로 결정한다면 조약문을 수정해야 한다는 사실을 명기했다. 일본 외무성의 자료가 제공하는 정보에 더 근접해 있음을 알 수 있다.

　7월 31일자 보고서에는 ① 독도·파랑도의 위치를 확인할 수 없다는 사실, ② 리앙쿠르암(다케시마)에 대한 한국 이름이 없다는 사실, ③ 독도·파랑도의 유럽명·일본명을 알 수 없다는 사실을 명기했다. 7월 16일자 보고서에 비추어 볼 때 보그스는 리앙쿠르암이 한국명 독도라는 사실을 알지 못했으며, 이 섬에 대한 한국명이 없다는 일본 외무성의 허위주장을 신뢰하고 있었음을 드러냈다.

　같은 시점의 피어리 보고서에 따르면, 보그스는 독도가 다케시마, 즉 리앙쿠르암이라는 사실을 인지하였으나, "1905년에 일본이 영유권을 공식 주장했으며, 한국측 항의가 없었음이 명백하고, 한국은 그 이전에도 영유권을 결코 주장하지 않은 듯하다"라는 일본 외무성이 제공한 허위정보에 동의하고 있는

---

158) Memorandum by Fearey to Allison, Subject: Proposed Changes for August 13 Draft(1951. 7. 30), p. 3.

상태였다. 보그스는 미국 내에서 독도·파랑도 관련 정보를 확인할 수 없었고, 한국정부나 주미한국대사관이 이에 관한 정확한 정보를 적시에 제공하지 않는 상황에서, 유일하게 존재하는 문헌적 증거인 일본 외무성 팸플릿(1947. 6)의 진술에 점차 의지하게 되었던 것이다.

(2) 한국정부의 제3차 답신서(1951. 8. 2)

보그스는 더 이상 독도·파랑도와 관련된 정보를 찾을 수 없었던 것으로 보인다. 여러 문서철을 확인했지만, 보그스의 추가보고서는 발견되지 않았다. 1951년 8월에 들어서 미 국무부의 관리들은 독도문제에 대해 최종 확인작업에 돌입했다. 대일평화조약 최종 초안의 성안을 앞두고 미진한 문제들에 대한 신속한 판단이 필요했고, 상황에 밀려 독도문제는 결정적 단계에 접어들었다.

보그스가 독도·파랑도의 위치확인에 실패하자, 피어리는 주미한국대사관에 문의할 것을 결정했다. 8월 3일 피어리가 앨리슨에게 보낸 보고서에 따르면, 피어리는 보그스의 보고서를 받은 후, 국무부 한국담당자에게 한국대사관의 누구에게든 이 섬들이 어디에 있는지 알아봐줄 것을 부탁했다.[159] 이후 노엘 프렐링하이젠(Noel Frelinghuysen)은 그에게 이렇게 보고했다.

> 대사관의 한 관리가 나에게, 자신들은 독도가 울릉도 인근, 혹은 다케시마 암 인근에 있다고 믿으며, 파랑도 역시 그렇다고 생각한다고 말했다.[160] (강조는 인용자)

---

159) Memorandum by Fearey, NA to Allison, Subject: Islands(1951. 8. 3), RG 59, Japanese Peace Treaty Files of John Foster Dulles, 1946-52, Lot 54D423, Box 8.
160) 원문은 다음과 같다. an Embassy officer had told him they believed Dokdo was near Ullungdo, or Takeshima Rock, and suspected that Parangdo was too.

믿기 힘든 매우 충격적인 발언이고, 주미한국대사관의 독도 인식 상황을 알 수 있는 대목이었다. 7월 19일 한표욱이 덜레스에게 주장한 독도·파랑도의 울릉도 인근 실재 주장에서 한 걸음 더 어긋난 것이었다. 독도가 다케시마 암 인근에 있다는 주미한국대사관 직원의 발언은 독도의 일본명이 다케시마, 국제적 호칭이 리앙쿠르록스라는 사실조차 인식하지 못하고 있었음을 의미했다. 과연 누가 이런 발언을 했는지는 알 수 없다. 주미한국대사관의 관리들이 독도·파랑도에 대한 지식이 전무했다는 점은 의문의 여지가 없다. 이로 미루어 부산에서 논의되었던 외무부 외교위원회의 관련 자료들이 워싱턴으로 전혀 전달되지 않았음을 알 수 있다. 본국이 어떤 조사·논의 과정을 거쳐 결론에 도달했으며, 그 역사적·문헌적·논리적 근거가 무엇인지 워싱턴에 전혀 전달하지 않았던 것이다. 때문에 주미한국대사관은 독도가 울릉도 부근에 있거나 다케시마 부근에 있다고 했는데, 이는 완전 백지상태보다 못한 주장이었다. 존재하지 않는 섬인 파랑도 외무부에서 논의될 때는 제주도 남방에 위치한다고 얘기되었지만, 울릉도나 다케시마 옆에 있다고 재차 주장되었다. 한국 대표단은 증빙자료는커녕 좌표조차 제시하지 못했다. 주미한국대사관의 사정이 이러했으므로 미 국무부의 대응은 예상 가능한 것이었다.

당시 한국정부의 대응은 어떤 것이었는가? 한국정부의 최대 관심사는 귀속재산문제였으며, 그다음은 맥아더라인이었다. 워싱턴 주미한국대사관은 정보가 결여되어 있었고, 피난수도 부산의 한국정부는 독도보다는 다른 정치적·경제적 의제에 관심을 갖고 있었다. 한국정부의 대처방식은 정책결정의 우선순위를 보여준다.

먼저 7월 28일 외무부 외교위원회에서 대일평화조약 실무를 담당했던 외교위원 유진오와 식산은행 두취 임송본이 일본으로 출발했다.[161] 이는 한국이 연합국으로 인정되어 대일평화조약 참가국·서명국이 되기가 어렵다는 판단하에 다가올 한일회담에 대비하려는 것이었다. 유진오 일행은 일본에 50여 일간 체류하면서 기초자료 조사에 착수했다.[162] 유진오의 보고에 따르면, 그는 7월 28일부터 9월 10일까지 주일대표부 법률고문으로 시무하면서 한일문제에 관한 조사·시찰을 했다. 그가 외무부장관에게 제출한 보고서에 따르면, 주요 조사항목은 ① 재일교포의 국적문제, ② 일본 및 일본인에 대한 한국 및 한국인의 자산 및 채권을 포함하는 청구권의 문제 등 두 가지였다. 청구권문제에서 유진오가 다룬 것은 ㉠ 약탈재산, ㉡ 1945년 8월 9일 이후 특별한 조치를 받은 재산, ㉢ 한국에 본사를 둔 귀속기업체의 재일 재산, ㉣ 선박, ㉤ 확정채권, ㉥ 조선장학회 기타 재산 등이었다.[163] 즉, 유진오는 재일한국인의 국적과 청구권 문제를 중심으로 조사활동을 벌였고, 이는 한국정부가 대일평화회담이 아니라 한일회담에 초점을 두고 있음을 보여주는 것이었다.

다음으로 한국정부는 7월 29일 오후 양유찬 주미대사에게 무전으로 훈령을 내렸다. 한국정부는 ① 한국 내의 전(前)일본 및 일본인의 재산(청구권·채권)을 포기할 것, ② 일본에 있는 한국 및 한국인의 재산을 일본에 있는 연합국 및 연합국 국민과 동등히 이를 반환할 것, ③ 새로운 어업협정이 체결될 때까지 맥아더라인이 존속되어야 할 것 등 3개 항목의 삽입을 미국측에 요청하라고 훈령했다.[164]

7월 30일 부산에서는 전국애국단체대표자협의회 주최로 대일강화조약 초안수정요청 국민총궐기대회가 개최되었다. 오전 9시 부산 동아극장에서 개최된 국민총궐기대회는 개정초안이 한국의 경제, 영토, 맥아더라인 등에서 일본측에 유리하고 한국측에 불리하게 되어 있다고 지적한 후 제2조와 제4조에 대한 다음과 같은 수정요구를 제시했다.

---

[161] 『동아일보』(1951. 7. 29).
[162] 유진오, 1961, 「韓日會談을 回顧하면서」, 『時事』 11월호, 내외문제연구소, 6쪽; 유진오, 1963, 위의 글, 272쪽.
[163] 「日本出張報告書」(대한민국주일대표부 법률고문 유진오→외무부장관)(韓日第 ○號, 1951. 9. 10). 외교부 외교사료관 소장, 『한일회담예비회담(1951. 10. 20~12. 4) 본회의 회의록, 제1~10차, 1951』, 분류번호 723.1 JA, 등록번호 77, 101~114쪽.
[164] 『동아일보』(1951. 7. 29).

1. 영토조문에 명시: 대마도 반환문제에 있어서 일본은 우리 한국의 역사와 전통과 전 아시아의 평화 안정을 위해 이는 마땅히 우리에게 반환해야 한다.
2. 종전일자는 1945년 8월 9일 현재로 할 것.
3. 한미재산에 관한 협정에 의거하여 귀속재산에 대한 일본의 발언권을 취소할 것.
4. 한국을 연합국의 일원으로서 대일강화조약에 참가케 할 것.[165]

역시 귀속재산의 한국정부 이양의 합법성을 확인하라는 요청이 중요하게 취급되었음을 알 수 있다. 그런데 한국정부가 공식적으로 미 국무부에 포기의사를 밝힌 대마도 반환문제가 여전히 국민적 차원에서는 중요 문제로 부각되어 있었음을 알 수 있다. 독도는 전혀 거론되지 않는 상황이었다. 이 일회적인 궐기대회가 한미협상에 어떤 영향을 끼쳤는지는 미상이다. 대회는 결의를 했을 뿐, 미 국무장관이나 대통령에게 청원서나 요구사항을 전달한 것 같지는 않다.

같은 시기 일본은 정부 차원은 물론 민간 차원에서도 자국의 이익을 확보하기 위해 다양한 노력을 경주했다. 특히 1951년 7~8월 일본인들은 인근 섬들을 일본령으로 해달라는 청원을 강력하게 전개하고 있었다. 예를 들어 1951년 8월 10일 아마미섬 거주자 23만 명과 본토 거주 아마미섬 출신자 18만 명을 대표하던 한 단체는 아마미오시마(Amami O Shima, 奄美大島)를 미국 신탁통치가 아닌 일본령으로 해달라는 탄원서를 딘 애치슨 미 국무장관에게 보냈다. 아마미섬은 대일평화조약 제3조에 따라 북위 29도 이하 류큐열도 지역에 속하는 섬으로 미국 신탁통치하에 놓일 예정이었다. 이들은 서명받은 탄원서를 산더미처럼 쌓아놓고, 그 사진을 동봉했다.[166] 이들은 같은 탄원서를

---

165) 『민주신보』(1951. 8. 1).

유엔안전보장이사회 의장인 워런 오스틴(Warren Austin) 주유엔미국대사에게도 보냈다.[167] 압력은 뉴욕에서 워싱턴으로 전달되었다. 이미 일본은 1950년 6월 미국을 방문한 덜레스 특사에게 오키나와 출신 저명인사들이 오키나와의 일본 반환을 요청하는 편지를 보낸 바 있다.[168] 다른 한편 소련·중국에 억류된 가족들은 애절한 사연을 담은 편지를 미 국무장관과 덜레스 특사 등에게 보냈고, 이런 감정적 호소는 동정을 불러일으키기에 충분했다.[169] 전후 소련에 포로가 되어 12년간 돌아오지 않는 외아들을 돌려달라고 호소하는 어머니의 편지, 오빠를 찾는 여동생의 편지 등은 나일스 본드 주일미정치고문실 참사관을 통해 애치슨에게 전달되었다.[170] 한국의 정부·민간측은 자국의 이익을 관철할 수 있는 강력한 수단과 호소력 있는 접근방법에 서툴렀던 것이다.

8월 1일 변영태 외무부장관의 발언도 같은 맥락에 있었다. 변영태 장관은 기자회견에서 총 4개항의 요구를 제시했다. 변영태는 ① 제2조에는 한국의 독립을 승인함과 동시에 제주도·울릉도·거문도·독도 등을 포함한 대일합병 당시 한국 소유의 영토를 1945년 8월 9일부터 방기할 것, ② 제4조에는 일본은 1945년 8월 9일 후 한국에 있는 법인을 포함한 일본 및 일본 국민의 재산과 한국인에 대한 모든 청구권을 방기할 것(이상 조문 삽입), ③ 대마도가 만일 한국령으로 귀착된다면 수락하겠지만, 그렇지 않은 경우에는 유엔 탁치로써 비

---

166) Naotaka Nobori, National Federation of Amami Association to Dean Acheson, Secretary of State, "Petition Regarding Revision on the Draft Japanese Peace Treaty in Respect of Territorial Question," (1951. 8. 10), RG 59, Department of State, Decimal File, 694.001/8-1051.
167) "Protest Against the Exclusion of the Ryukyu Islands from Japan's Territory After the Peace Treaty," (1951. 8. 27), RG 59, Department of State, Decimal File, 694.001/8-2751.
168) "A Petition to State Department Adviser John Foster Dulles Concerning the Problem of Okinawa," (1950. 6. 22), RG 59, Japanese Peace Treaty Files of John Foster Dulles, 1946-52, Lot 54D423, Box 7.
169) Letter by Zen-ich Zoshima, Chairman of the National Council of Family, Organization for Speedy Repatriation of the Japanese, Abroad to John F. Dulles(1951. 7. 25), RG 59, Department of State, Records Relating to the Japanese Peace and Security Treaties, 1946-1952, Lot 78D173, Box 2, Folder 7.
170) Despatch no.171 by Niles W. Bond to the Secretary of State, Subject: Japanese Attitude toward Repatriation Problem(1951. 8. 2), RG 59, Department of State, Decimal File, 694.001/8-251.

무장지대로 규정할 것, ④ 맥아더라인은 스캡(SCAP)측에서 앞으로 어떠한 새로운 협정을 세워주지 않는 한 우리는 현 맥아더라인을 존속시킬 것 등을 요청했다.[171] 변영태 장관의 기자회견은 대일평화조약과 관련해서 한국정부가 귀속재산문제를 대일평화조약의 핵심요소로 다루고 있으며, 독도를 거론하고 있지만 여전히 대마도를 정치적 지렛대로 활용하고 있다는 점이 잘 드러난다.

당시 이승만이 양유찬 주미대사에게 보낸 8월 3일자 비망록은 한국정부 최고책임자의 대일평화조약에 대한 입장을 분명히 보여주고 있다.[172] 총 8쪽에 달하는 긴 편지는 7월 24일자 양유찬의 편지에 대한 답장이었다. 양유찬의 편지는 남아 있지 않지만 7월 19일 덜레스와의 한미협의에 대한 내용을 보고했을 것이다. 답장에서 이승만은 한국의 조약참가 자격(임시정부·광복군의 반일투쟁), 일본의 재무장 우려, 60만 재일동포에 대한 일본정부의 불법적 대우, 대일배상, 맥아더라인 등에 대해 광범위하게 의견을 개진하고 있다. 특히 이승만의 편지는 몇 대목에서 아주 중요하며 인상적이다.

이승만은 한국이, 아메리칸 인디언들이 미국인들과의 분쟁을 끝내며 화해의 상징으로 했듯이, 도끼를 파묻어 화해하며 손을 맞잡고 모든 외부 침략에 대항해 두 나라를 함께 지키고 싶다고 썼다.[173] 이 구절은 1951년 10월 한일회담이 개최되었을 때 양유찬 수석대표가 낭독한 한국측 기조연설의 유명한 첫 문장이며, 역시 이승만이 작성한 것이었다. 이승만은 한국인들이 근 반세기가량 뼛속에 일본인들에 의해 가해진 상처와 사무치는 모욕의 고통을 느껴왔다고 지적했다. 미국은 친구와 적을 알아보지 못하고, 반일투쟁을 하는 한국군

---

171) 『민주신보』(1951. 8. 3).
172) Memorandum by the President to Ambassador Yang(1951. 8. 3), 국사편찬위원회 편, 1996, 위의 책, 330~337쪽.
173) 원문은 다음과 같다. Koreans will be willing to bury the hatchet and join hands in defending both our countries against any foreign aggression.

에게 "민주주의 병기창"으로부터 단 한 개의 다이너마이트도, 단 1달러도 제공하지 않았다고 비판했다. 일본은 임진왜란 이후 360년 동안 한국을 침략하려 시도했고, 한국이 회담에서 배제되는 것은 한국에 대한 모욕이라고 했다. 전반적으로 이 편지의 주요 내용은 한국정부의 제1차 답신서(1951. 4. 27)에서 진술된 내용·논리와 일치한다.

이승만이 구체적으로 지적한 것은 세 가지였는데, 첫째 대마도문제였다. 이승만은 대마도문제가 미국인들에게는 새로운 문제이지만 한국인들에게는 오래된 문제이며, 미 국무부가 본래의 소유권 문제를 주장한다면 이 섬이 한국 땅이라는 역사적 증거를 제공하겠다고 했다. 이승만은 일본이 소련에 이전 러시아령 섬들을 반환하는 데 동의했는데, 왜 국무부는 대마도에 대한 한국의 원소유권을 인정할 수 없다고 하는가, 라고 지적했다(1쪽). 한국정부의 제1차 답신서(1951. 4. 27)에 제시된 대마도영유권 논리가 이승만 대통령으로부터 비롯되었음을 알 수 있다. 이승만은 한국이 대마도를 이 시점에 회복할 수 없을지 모르지만, 일단 문제를 제기한 이상 쉽게 기각할 수는 없다고 했다. 이승만은 대마도문제를 협상수단(bargaining point)으로 사용할 수 있다는 속내를 털어놓았다. 때문에 이승만은 선전이 가장 중요하다고 강조했다(6쪽).[174]

둘째, 배상(reparation)문제였는데, 이승만은 세 종류의 배상 목록이 완성되었다고 밝히고 있다. 이는 1949년 완성된 「대일배상요구조서」였을 것이다. 이승만은 일본정부가 70여 명의 젊은 법률가·경제전문가들로 대한일본인청구권 준비위원회를 조직했다는 보고를 근 1년 전 김준연 법무장관으로부터 받았고,[175] 그때 김 장관으로부터 한국도 다수의 법률가 및 전문가들을 고용해 배상요구목록을 작성해야 한다고 해서 한국정부가 비용과 급여를 제공하며

---

174) 위의 자료, p. 6.
175) 본문에는 단지 '김장관'으로 되어 있다. 내용상 이는 법무장관 김준연으로 추정되는데, 그는 1950년 11월 23일 법무장관에 임명되었다(『동아일보』(1950. 11. 25)).

근 10개월 동안 연구작업을 수행했다고 밝혔다(5쪽). 홍진기의 회고록에 나오는, 일본정부가 배상청을 특설하고 그중 조선과 직원이 30명이 된다는 풍설과 같은 맥락이었다.[176]

셋째, 맥아더라인 문제였다. 이승만은 일본 어선들이 맥아더라인 침범을 무시로 해서, 한국정부는 맥아더라인을 침범한 일본 어선을 나포하고 어망을 몰수하라고 한국 해군에 지시했다. 그러자 일본 어부들은 시범사례를 만들려고 몇 척이 나포되게 했으며, 그 현장에 미군 함정이 나타나 나포한 일본 어선들을 석방하라고 한국 해군을 위협했다는 것이다. 이들은 나포한 일본 어선들을 석방하지 않으면 총격을 가하겠다고 한국 해군을 위협했지만, 한국 해군은 명령받은 대로 이 위협에 따르지 않았다. 결국 한국 해군이 나포한 일본 어선들을 석방하면 SCAP이 처벌하기로 약속하고 거의 100건의 사례를 SCAP에 이관했다는 것이다. 그러나 단 한 건도 처벌되지 않았으며, 맥아더라인 침범 사례는 급증해서, 심지어 한국 영해 3마일 이내에서 나포된 선박도 네 척이나 되었다는 것이다(7쪽). 이승만은 맥아더라인이 한일 간의 별도의 협정에 따라 결정되어야 하며, 덜레스가 이를 중재해줄 것을 요청한다고 했다. 이는 미국이 공해상의 어업문제에 대해 일본과의 양자협정, 혹은 다자협정으로 문제를 해결한다고 한 대일평화조약의 조문과 크게 어긋나는 방향은 아니었다. 결론적으로 이승만 주장의 핵심은 한국의 조약서명 자격, 대마도 반환을 포함한 배상요구였다(6쪽). 여전히 대마도가 일종의 정치적 지렛대로 활용되고 있었지만, 독도문제의 중요성은 부각되지 않았다는 점을 확인할 수 있다.

한국의 언론들도 적산재산·귀속재산의 한국정부 이양 완료에 대해 최대의 주의를 기울였다. 8월 3일 『동아일보』는 「트루만대통령에게」라는 사설에서 "조선은 일본 급 일본인 자산을 반환할 의무가 있다"라는 야마시타 야스오

---

176) 유민홍진기전기간행위원회, 1993, 위의 책, 52쪽.

(山下康雄) 나고야대학 교수의 발언을 인용하며, 귀속재산은 미군정 법령 제 33호와 한미 간 최초 경제협정에 의해 확인되었으니, 한국인의 생존권과 한미 간의 제협정을 재확인하는 조문을 대일평화조약에 넣어달라고 요청했다.[177] 다른 신문들의 논조도 이와 유사했다.[178]

이 사이 주미한국대사관은 한국정부의 제3차 답신서(1951. 8. 2)를 제출했다. 이는 제2차 답신서(1951. 7. 19)를 보충하는 것으로 미국측 개정초안에 덧붙여줄 것을 요청하는 내용이었다. 양유찬 대사가 수교한 한국정부의 제3차 답신서이자 추가요청으로 신문보도와는 약간의 차이가 있었다. 한국정부의 추가요청은 모두 3개 조항에 관한 것이었다.

· 제4조: 일본은 한국 내 일본·일본 국민의 재산과 한국·한국민에 대한 일본·일본 국민의 청구권을 1945년 8월 9일 현재로 방기한다.
· 제9조: 맥아더라인은 이러한 협정이 결론지어질 때까지 존속된다.
· 제21조: 그리고 한국에 현재 조약의 제2, 9, 12, 15조 a항의 이익이 주어진다.[179]

역시 독도나 파랑도에 대한 언급은 전혀 없었다. 8월 2일자 한국정부의 답신서는 대일평화조약과 관련해 한국이 제출할 수 있었던 사실상 마지막 공식 의견서였다. 그런데 무초가 미 국무장관에게 보낸 부산발 전문 84호에 따르면, 장면 국무총리는 이미 7월 27일 무초 대사에게 한국정부의 제3차 답신서를 전달했다고 되어 있다. 3개 수정제안으로 구성된 이 답신서 초안은 미 국무회의에서 합의된 것이며 양유찬 대사에게 발송될 예정이었다.[180] 무초는 앞

---

177) 『동아일보』(1951. 8. 3).
178) 「사설: 대일강화와 한국」, 『대구매일신문』(1951. 8. 5).
179) Letter by You Chang Yang to Dean G. Acheson(1951. 8. 2), RG 59, Japanese Peace Treaty Files of John Foster Dulles, 1946-52, Lot 54D423, Box 8.

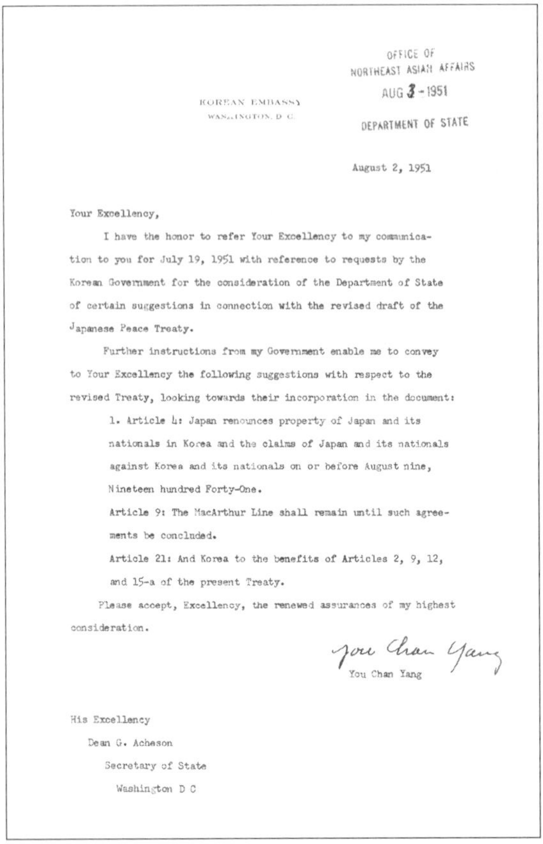

> OFFICE OF
> NORTHEAST ASIAN AFFAIRS
> AUG 3 - 1951
> DEPARTMENT OF STATE
>
> KOREAN EMBASSY
> WASHINGTON, D. C.
>
> August 2, 1951
>
> Your Excellency,
>
> I have the honor to refer Your Excellency to my communication to you for July 19, 1951 with reference to requests by the Korean Government for the consideration of the Department of State of certain suggestions in connection with the revised draft of the Japanese Peace Treaty.
>
> Further instructions from my Government enable me to convey to Your Excellency the following suggestions with respect to the revised Treaty, looking towards their incorporation in the document:
>
> 1. Article 4: Japan renounces property of Japan and its nationals in Korea and the claims of Japan and its nationals against Korea and its nationals on or before August nine, Nineteen hundred Forty-One.
> Article 9: The MacArthur Line shall remain until such agreements be concluded.
> Article 21: And Korea to the benefits of Articles 2, 9, 12, and 15-a of the present Treaty.
>
> Please accept, Excellency, the renewed assurances of my highest consideration.
>
> You Chan Yang
>
> His Excellency
> Dean G. Acheson
> Secretary of State
> Washington D C

〈그림 8-13〉 한국정부의 제3차 답신서(1951. 8. 2)

의 2개 항목은 새로운 것이 아니라고 강조하며, 역시 귀속재산문제인 4조 (a)항의 수정을 강력하게 요청했다. 한국정부가 만든 답신서는 7월 27일 무초에게 전달되는 동시에 8월 2일 덜레스에게 제출된 것이었다.

여전히 한국정부의 강조점이 재한일본인 재산(귀속재산)의 포기, 맥아더라

---

180) Incoming Telegram, Pusan no.84, Muccio to the Secretary of State(1951. 7. 27), RG 59, Japanese Peace Treaty Files of John Foster Dulles, 1946-52, Lot 54D423, Box 8.

인이었음을 알 수 있다. 양유찬은 이날 저녁 내셔널프레스클럽에서 기자들과 만나 한국의 입장을 설명했는데, 이는 한국정부의 제2차 답신서(1951. 7. 19)와 제3차 답신서(1951. 8. 2)를 종합한 내용이었다. 양유찬은 ① 한국을 대일참전국으로 인정할 것, ② 일본은 재한 재산 요구를 포기할 것, ③ 한국을 조인국으로 할 것, ④ 한일어업선이 확립될 것, ⑤ 일본은 파랑도·독도 요구를 철회할 것 등을 주장했다.[181] 이 자리에서 독도·파랑도가 거론되었지만, 양유찬 대사가 독도·파랑도에 대한 구체적인 정보를 제공하지는 못했을 것이다.

(3) 러스크 서한(1951. 8. 10)과 한미협의의 귀결

독도·파랑도와 관련해 미 국무부 실무자가 획득할 수 있는 정보가 현저히 부족했기 때문에, 미 국무부는 무초 주한미대사에게 전문을 보내기로 결정했다. 대일평화조약 실무책임자였던 앨리슨이 작성해 부산 주한미대사관의 무초 대사에게 발송한 8월 7일자 전문에는 이렇게 쓰여 있다.

> 덜레스가 무초에게
> 우리 지리담당관이나 한국대사관 모두 독도와 파랑도를 확인할 수 없었다. 따라서 (이 섬의 위치에 대해) 즉각 (정보를) 들을 수 없다면, 이들 섬에 대한 한국 주권을 확인해 달라는 한국측의 이 제안을 고려할 수 없다. 애치슨.[182] (괄호는 인용자)

---

181) 『민주신보』(1951. 8. 6).
182) Outgoing Telegram by Secretary of State(Acheson) to Amembassy, Pusan(Muccio)(1951. 8. 7); 이석우 편, 2006, 『대일강화조약자료집』, 동북아역사재단, 254쪽; "Treaty Changes"(1951. 8. 7), RG 59, Records Relating to the Japanese Peace and Security Treaties, 1946-1952, Lot 78D173, Box 2, Folder 7.

독도와 파랑도에 대한 정보를 요구하는 이 짧고 단호한 전문에서 미 국무부의 짜증이 묻어난다고 말해도 크게 어긋나는 평가는 아닐 것이다. 부산 대사관이 이 전문을 받은 후 곧바로 답신을 보냈다. 현재 원문은 발견하지 못했고, 1952년 10~11월 미 국무부가 한국정부의 독도영유권 주장들을 일괄 정리한 문서에서 8월 8일 미대사관의 답장이 있었다고 기록되어 있다.

8월 8일자 〔미〕대사관 전문 제135호는 독도(일본명 다케시마)가 북위 37도 15분 동경 131도 53분에 위치한다고 했다. 덧붙이기를 〔한국〕외무부가 조약〔초안〕에 파랑도를 포함시키라는 요구를 철회했다고 덧붙였다.[183] (〔 〕는 인용자)

대사관 보고에 따라 파랑도문제는 한국정부의 공식 기각의사가 확인되었고, 남은 것은 독도문제였다. 그러나 이후 독도문제에 대한 추가언급은 없었다.

대일평화조약과 관련해 한국이 제기한 대부분의 문제들은 정리된 상태였다. 먼저 한국의 연합국 자격 및 조약 참가국·서명국 자격, 맥아더라인 유지문제는 이미 1951년 7월 9일 부정되었고, 그 사실이 주미대사에게 통보되었다. 미 국무부가 한국측 요청과 관련해 조약문을 수정한 유일한 사안은 귀속재산의 한국정부 이양문제였다. 이는 미군정의 명령과 한미 간의 협정을 통해 이미 완성된 사안이었으므로 미국은 그 뒷수습에 동의했다.

부산 미대사관도 여러 차례 이 문제를 지적했다. 부산발 6월 19일자 비망록과 미 국무부에 보낸 7월 27일자 제84호 전문에서 한국정부의 요청을 받아들여야 한다고 건의했고, 이를 받은 미 국무부 실무자는 4조 (a)항의 수정이 필요하다는 데 동의했다.[184] 내용은 일본·일본 국민은 방기된 지역, 즉 한국

---

183) Subject: Correspondence regarding Tokto, Island claimed by Korea(1952. 10. 14), RG 84, Korea, Seoul Embassy, CGR 1953-1955, Box 12; 국사편찬위원회 편, 2008, 『독도자료II: 미국편』, 232쪽.

내 일본 재산 처분과 관련해 문제를 제기하지 않는다는 것이었다. 이제 한국과 관련해 마지막 남은 것은 독도·파랑도 문제였다.

미 국무부는 1951년 8월 10일 대일평화조약과 관련해 한국정부에 최종 입장을 통보했다. 이 통보문은 국무부 동북아시아국에서 대일평화조약 한국 관련 문제를 담당하고 있던 로버트 피어리가 8월 9일 기안한 것이었다. 딘 러스크 국무부 극동담당차관보 명의로 양유찬 주미한국대사에게 발송된 공한에서 미 국무부는 지금까지의 논의 및 결정사항을 정리해 통보했다.

러스크는 7월 19일자 및 8월 2일자 한국정부 답신서를 거론하며 한국정부의 요청을 대부분 기각했다. 먼저 초안 2조 (a)항과 관련해 1945년 8월 9일자로 일본의 한국에 대한 권리·권원·청구권을 방기해달라는 요청에 대해 "미 국정부는 일본의 8월 9일 포츠담선언 수락이 선언에서 언급된 해당 지역(한국 — 인용자)에 대한 공식적이거나 최종적인 방기일이 된다는 이론을 (대일평화 — 인용자)조약이 채택하고 있다고 생각하지는 않는다"고 답했다. 즉, 1945년 8월 9일이 일본의 한국 방기일이자 독립일은 "아닌 것 같다"는 의견이었다.[185]

다음으로 독도·파랑도에 대해서 러스크는 다음과 같이 썼다.

독도, 다른 이름으로는 다케시마 혹은 리앙쿠르암으로 불리는, 와 관련해서 우리 정보에 따르면, 통상 사람이 거주하지 않는 이 바윗덩어리는 한국의 일부로 취급된 적이 없으며, 1905년 이래 일본 시마네현 오키도사(隱岐島司) 관할하에

---

184) E. Allan Lightner Jr, Counselor of Embassy to the Secretary of State, Subject: Japanese Owned Property Vested in Korea, Pusan 215(1951. 6. 19), RG 59, Department of State, Decimal File, 694.001/6-1951; Memorandum by Noel Hemmendinger, NA to John A. Allison, Subject: Proposal for revision of Article 4 of July 20 Peace Treaty Draft(1951. 7. 28, 7. 31), RG 59, Records Relating to the Japanese Peace and Security Treaties, 1946-1952, Lot 78D173, Box 2, Folder 9.
185) Letter by Dean Acheson to You Chan Yang, Ambassador of Korea(1951. 8. 10), RG 59, Japanese Peace Treaty Files of John Foster Dulles, 1946-52, Lot 54D423, Box 7; RG 59, Department of State, Decimal File, 694.001/8-1051.

```
Excellency:

    I have the honor to acknowledge the receipt of your notes of
July 19 and August 2, 1951 presenting certain requests for the consi-
deration of the Government of the United States with regard to the
draft treaty of peace with Japan.

    With respect to the request of the Korean Government that Article
2(a) of the draft be revised to provide that Japan "confirms that it
renounced on August 9, 1945, all right, title and claim to Korea and
the islands which were part of Korea prior to its annexation by Japan,
including the islands Quelpart, Port Hamilton, Dagelet, Dokdo and
Parangdo," the United States Government regrets that it is unable to
concur in this proposed amendment. The United States Government does
not feel that the Treaty should adopt the theory that Japan's accept-
ance of the Potsdam Declaration on August 9, 1945 constituted a formal
                                                                    or

His Excellency
    Dr. You Chan Yang,
        Ambassador of Korea.
```

〈그림 8-14〉 미 국무부 극동담당차관보(딘 러스크)가 주미한국대사(양유찬)에게 보낸 서한(1951. 8. 10)

놓여져 있었다. 한국은 이전에 결코 이 섬에 대한 (권리를) 주장하지 않았다. 파랑도를 강화조약에서 일본에서 분리될 섬 중 하나로 지목해달라는 한국정부의 요구는 기각된 것으로 이해된다.[186] (강조·괄호는 인용자)

---

186) 위와 같음.

가히 충격적인 통지였다. 독도는 7월 19일자 한국측 제2차 답신서에 처음으로 등장했는데, 미국은 불과 20여 일 만인 8월 10일에 일본령이라고 결정해 한국에 통보한 것이었다. 러스크 서한에 등장하는 이 대목은 1947년 6월 일본 외무성이 제시한 내용을 그대로 인용한 것이었다. 이 사이 한국측은 근거자료를 전혀 제시하지 못했다. 한국정부는 물론 주미한국대사관도 독도와 파랑도가 울릉도나 다케시마 인근에 있다고 했을 뿐 정확한 방위나 실체, 그것이 한국령이라는 역사적·문헌적 증거나 근거자료를 전혀 제시하지 않았다. 주한미대사관도 회신을 보내지 못했다. 이미 대일평화조약 초안 완성의 시기적 압박을 받고 있던 상황에서 미 국무부는 더 이상 결정을 늦출 수 없다고 판단했고, 자신들이 보유한 정보에 근거해 판단을 내린 것이었다. 현재 이 문제와 관련해 미 국무부 내부에서 어떤 의사결정 절차를 밟았는지를 보여주는 문서는 발견할 수 없다.

미 국무부는 제9조와 관련해 맥아더라인의 유지요청도 기각했다. 러스크는 조약이 발효되기 전까지는 소위 맥아더라인이 지속될 것이며, 한국정부가 대일어업협상을 벌일 기회가 있다고 덧붙였다. 또한 제15조 (a)항과 관련해 한국에서 일본으로 건너간 일본인 사유재산의 한국 반환도 불가능하다고 통보했다.[187]

미 국무부가 유일하게 수용한 한국측 요청은 귀속재산 처리문제였다. 러스크는 조약 4조 (a)항 뒤에 새로 (b)항을 신설해 한국측 요청을 수용한다고 밝혔다. 내용은 "제2조 및 제3조에 언급된 모든 지역의 미군정의 지령에 따른 일본·일본 국민 재산처분의 유효성을 승인한다"는 것이었다. 즉, 미군정 법령 제33호 및 한미 간 최초의 재정·재산 협정에 따른 재한 일본·일본인 재산의 한국정부 이양이 승인된 것이다.

---

[187] 이는 1951년 8월 2일자 제3차 답신서에서 한국이 요구한 제3항(조약 초안 2, 9, 12, 15조 a항 한국 이익 보유)이었다.

미 국무부는 8월 15일 대일평화조약 최종 초안을 워싱턴 주미한국대사관에 전달했고, 부산 주한미대사관에는 항공파우치로 송부했다.[188] 변영태 외무장관은 8월 17일 국회에서 조약 초안 제4조가 수정된 사실 등을 보고했다.[189]

지금까지의 한국정부의 대일평화조약 답신서와 한미협의, 미국의 입장 등을 정리하면 다음과 같다.

양유찬 대사가 수령한 러스크 서한은 본국에 송부되었다. 8월 17일 국회에서 외무장관은 미국측 회신결과를 설명하면서 귀속재산문제가 한국의 요청대로 수용되었다고 밝혔다.[190] 한국 언론들도 8월 19~20일 간 귀속재산 처리문제가 대일평화조약에 반영되었고, 맥아더라인 등 다른 문제는 기각되었다고 보도했다.[191] 그러나 과연 러스크 서한에 담긴 독도영유권 문제의 결정이 한국정부에 정확히 전달되었는지의 여부는 알 수 없다. 1952년 1월 이래 독도문제가 한일 간 쟁점으로 부각되고, 독도폭격사건이 재차 외교적 쟁점이 되자 1952년 12월 4일 주한미대사관은 재차 한국정부에 각서를 보내 독도영유권과 관련한 미국의 입장은 1951년 8월 10일자 러스크 국무차관보가 주미한국대사에게 보낸 편지에 진술되어 있다고 밝힌 바 있다.[192] 그런데 이 직후인 1952년 12월 12일 외무부는 주미대사에게 공문을 보내 "독도에 대하야 미군정측 견해를 진술한 1951년 8월 10일부 미국무차관보 라스크 씨의 각서를 참고코저 하오니 관계서류의 사본을 조속 송부"하라고 지시했다.[193] 이는 외

---

188) Outgoing Telegram from U. Alexis Johnson to Amembassy, Pusan(1951. 8. 15), RG 59, Department of State, Decimal File, 694.001/8-1551.
189) 국회사무처, 『제11회 국회임시회의 속기록 제45호』(1951. 8. 17).
190) 『민주신보』(1951. 8. 19).
191) 『민주신보』(1951. 8. 19).
192) No.187, American Embassy, Pusan(1952. 12. 4). Enclosure to the Despatch by American Embassy Pusan(E. Allan Lightner, Jr., Counselor of Embassy) to Department of State, no.204(1952. 12. 4), RG 84, Korea, Seoul Embassy, CGR, 1953-1955, Box 12.
193) 「獨島에 關한 書類送付의 件」(외무부장관→주미대사), (外政第2208號, 1952. 12. 13), 『독도문제, 1952-53』.

〈표 8-3〉 한국정부의 대일평화조약 초안 검토 답신서와 미국의 대응

구분 답신서	경과	주요 내용	미국의 대응
제1차 답신서 (1951. 4. 27)	· 임시초안(1951. 3) 수령(1951. 3. 27) · 외교위원회 조직 (1951. 4. 16) · 제1차 답신서 수교 (1951. 5. 7)	①연합국에 한국 포함(임정선전포고, 항일전) ②1차 대전 폴란드처럼 한국 조약서명국 자격 부여 ③일본의 유엔가입 승인은 한국 가입과 연계 ④재일한국인의 연합국 국민 지위 부여 ⑤대마도의 한국 반환 ⑥한국의 태평양안보체제 편입 ⑦맥아더라인의 유지 ⑧재한일본인 재산의 한국 몰수 허가 ⑨재일한국인 재산 회복, 연합국 동등 권리 ⑩한국의 국제사법재판소 참가	· 한미협의(1951. 7. 9) 시 미국의 통보 ①한국의 조약서명국 자격 불인정 ②대마도 반환 요구 기각 ③맥아더라인 유지 요구 기각
제2차 답신서 (1951. 7. 19)	· 영미합동초안 (1951. 7. 3자) 수령(1951. 7. 9) · 제2차 답신서 수교 (1951. 7. 19)	①독도·파랑도를 한국령에 포함 ②귀속재산 한국정부 이양 확인 ③맥아더라인의 현상유지	· 한미협의(1951. 7.19) 시 미국의 반응 ①독도·파랑도 조사 ②귀속재산문제 동의 ③맥아더라인 반대
제3차 답신서 (1951. 8. 2)	· 제3차 답신서 수교 (1951. 8. 2. 미 국무부)	①일본의 재한 재산(청구권·채권) 포기 ②맥아더라인의 현상유지 ③조약 초안 2, 9, 12, 15조 a항 한국 이익 보유	· 미국의 통보(1951. 8. 10. 러스크 서한) ①독도·파랑도 요구 기각 ②맥아더라인 유지 요구 기각 ③귀속재산 처리 유효성 반영

무부 당국이 러스크 서한을 전달받지 못했거나, 아니면 독도문제에 대해 정확한 판단을 갖고 있지 않았을 가능성을 의미하는 것이었다. 아니면 주미한국대사관측이 러스크 서한 중 귀속재산문제와 맥아더라인에 대한 결과만을 보고했을 가능성도 배제할 수 없다. 어떤 경우이든 한국정부는 1951년 12월까지도 러스크 서한의 중요성을 정확히 파악하고 있지 못했던 것으로 추정된다. 주미대사는 1953년 1월 13일 관련 서한을 외무부 장관에게 송부했다.[194]

대부분의 요구조건이 기각되었고, 이에 대응할 현실적 지렛대가 없었던 한국정부는 강력한 성명을 발표하는 것이 최선의 선택이었다. 8월 20일 변영태 외무장관은 일본의 가장 가까운 이웃이자 적대적 관계였던 한국이 평화조약에서 배제되었다고 비판했다. 나아가 미국은 호주·뉴질랜드·필리핀과 상호방위동맹을 체결하고, 심지어 적국인 일본과도 동맹을 체결하지만, 한국과는 동맹 체결을 주저한다며 이렇게 호소했다.

우리가 차별대우를 받는다고 생각하여도 우리의 과오는 아닐 것이다. 자유를 위한 이 투쟁에서 남다른 희생을 한 우리가 기분(幾分)의 고려를 받을 자격이 있다고 생각한다. 우리는 고갈되고 무력하게 된 채 아무 보장도 없이 방치되기를 원치 않는 바이다.[195]

한국 외무장관의 강력한 비판성명의 일부분이 무초를 통해 워싱턴에 전달되었고, 8월 22일 국무부 동북아시아국장인 알렉시스 존슨이 주미대사관의 김세선 참사관을 호출해 성명 전문을 요구하는 상황이 벌어지기도 했다.[196] 김세선 참사관은 성명을 전혀 모르고 있었으며, 대사와 논의해보겠다고 답했는데, 이 성명은 8월 28일에야 미 국무부에 전달되었다.[197] 워싱턴과 부산의

---

194) 「獨島에 關한 書類寫本送付의 件」(駐美大第552호, 1953. 1. 13)(대한민국주미대사→외무부장관), 『독도문제, 1952-53』. 주미대사가 송부한 문서는 모두 세 건이었는데, 1951년 7월 19일자 대사통첩, 1951년 8월 2일자 대사통첩, 1951년 8월 10일자 '딘 라스크' 장관보 회담 등이었다. 즉, 한국정부의 제2차 답신서(1951. 7. 19)·제3차 답신서(1951. 8. 2)와 딘 러스크 서한(1951. 8. 10)을 송부한 것이었다.
195) 「對日講和條約에 對하여」(1951. 8. 20 발표), 卞榮泰, 1956, 『나의 祖國』, 自由出版社, 236~237쪽; 『서울신문』(1951. 8. 23).
196) Incoming Telegram no.173 by Muccio to the Secretary of State(1951. 8. 22), RG 59, Department of State, Decimal File, 694.001/8-2251; Memorandum of Conversation(Sae Sun Kim, U. Alexis Johnson), Subject: Statement by ROK Foreign Minister on Japanese Treaty(1951. 8. 22), RG 59, Decimal File 694.001/8-2251.
197) Memorandum of Conversation(Kim Sae Sun, Alexis Johnson), Subject: Statement of August 21 by ROK Foereign Minister(1951. 8. 28), RG 59, Department of State, Decimal File, FW694.001/8-2251.

긴급 연락에 일주일 이상이 걸렸음을 보여준다.

8월 21일 이철원 공보처장은 군사적으로 대일교전국이었던 한국이 배제된 채, 폴란드·체코같이 소련의 위성국이자 대일전에 상관없는 국가들이 대일강화회담에 참가하는 것은 "언어도단"이며, 정치적으로는 가장 큰 피해국인 한국을 배제하고 일본의 군국주의·제국주의를 청산할 수 없다는 성명을 발표했다.[198]

전반적으로 한국의 언론은 대일강화조약과 관련해 성과와 한계를 지적했는데, 가장 큰 성과는 재한일본인 재산, 즉 귀속재산의 한국 양도가 합법적이라는 조항이 반영된 사실을 들었다. 반면, 한국의 조약서명국 자격 거부와 맥아더라인의 유지 부인은 한계로 지적되었다.[199]

당시 외교위원회 위원이었던 유진오·홍진기의 회고 역시 동일한 것이었다. 유진오는 일본이 미군정청이 귀속재산에 관해 행한 처분(귀속, 소유 및 한국 정부에의 양도)의 효력을 승인한다는 내용을 "우리 정부의 의견서를 보낸 결과 대일평화조약 제4조에 (b)항이 추가된 것은 우리 외교의 큰 수확이었다"고 지적했다.[200] 이 조항이 대일평화조약에 명시되어 있었음에도 불구하고 그 후 한일회담에서 일본은 귀속재산에 대해 아직도 '청구권'을 가지고 있다고 줄기차게 주장하여 몇 번이나 회담을 결렬시켰으니, 만일 그 조항이 신설되지 않았던들 무슨 주장을 들고 나왔을는지 모를 일이었다고 했다. 홍진기 역시 제4조 (b)항이 재한 귀속재산 문제에 낙착을 본 것인데, 추후 일본은 한일회담에서 이 조항을 왜곡 해석해 재한 귀속재산에 대한 권리를 주장했었다고 회고했다.[201]

일본에서도 제4조 (b)항의 신설문제가 논의되었는데, 일본 국회에서 사회

---

198) 『민주신보』(1951. 8. 22).
199) 『부산일보』(1951. 8. 24).
200) 유진오, 1966, 위의 글, 98쪽.
201) 홍진기, 1962, 위의 글, 191쪽.

당의 소네(曾禰益) 의원이 이에 대해 질의하자 니시무라 구마오(西村熊雄) 외무성 조약국장은 "제4조에 대해서는 한일 간에 회담할 때 일본으로서는 무엇이라 할까요, 회담 범위라든가 회담의 효과라는 것을 크게 제약받게 되는 조항인 까닭에 재미없는 것이라고 생각" 한다고 답했다.[202]

맥아더라인의 유지와 조약서명국 자격 미부여에 대해서도 비판이 강했지만, 당시에는 독도·파랑도 요구의 기각 사실 자체가 전혀 알려지지 않았고, 따라서 이에 대해서는 아무런 반향이 없었다. 1947~1948년 간 독도에 대한 뜨거웠던 관심이 1951년 여름, 언론에선 잘 드러나지 않았다. 당시는 대일평화조약보다는 첫 회의를 시작한 휴전회담이 더욱 중요한 국가적 관심사였다. 만 1년 이상 지속된 전쟁을 종식하기 위한 공산군과 유엔군의 첫 회담이 1951년 7월 10일 개성 내봉장에서 시작되었고, 모든 관심과 초점이 여기에 집중되었다. 한국정부와 한국 국민의 역량은 국가의 생존, 전쟁에서의 승리, 혹은 명예로운 종전에 집중되었다. 대일평화조약은 후순위였으며, 그 속에서도 더욱 중요했던 연합국·조약서명국 자격, 귀속재산 처리, 맥아더라인 등의 우선순위에 밀려, 독도가 어떻게 논의되었고 어떤 위상을 점하는지는 큰 관심을 끌지 못했다.

1951년 8월 독도에 대해 거의 유일한 취급은 8월 30일 『민주신보』의 기사 정도였다. 이 기사는 1948년 독도폭격사건을 언급하며, 이 섬이 "과거부터 한국과 일본의 어로 경쟁장"이었는데, "이제 독도는 자신이 거닐고 오던 수기(數奇)한 운명의 종지부를 주인을 정하려는 대일강화조약에 맡기게" 되었다고 썼다. 이 기사는 독도의 주인이 한국이냐 일본이냐는 대일강화 최종 초안에 명백히 성문화되지 않았으나, 독도가 한국에 가깝고 옛 한국 문헌에 한국령으로 기입되어 있어, 주미대사에게 한국령으로 주장하도록 훈령을 내렸다고 했

---

[202] 『제12회 임시국회 참의원 평화조약 및 미일안보조약 특별위원회회의록』 제10호, 1951년 18~19쪽〔다카사키 소우지(高崎宗司) 지음·김영진 옮김, 1998, 『검증 한일회담』, 청수서원, 21쪽에서 재인용〕.

다. 나아가 이 기사는 일본이 메이지(明治) 38년(1905년) 시마네현 소속으로 영토편입을 선언했고, 강화회담에서 일본이 이를 근거로 일본령으로 주장할 것이 틀림없다는 관측을 내놓았다. 이 기사는 해방 후 중앙수산시험장 해양조사부장이던 야마이 진지로(山井甚二郎)가 귀국 시 장차 한일 간 영토문제가 나올 때 반드시 독도 귀속문제 때문에 양국 사이에 시끄러운 일이 생길 것이라고 발언했음을 인용했다.[203] 9월 1일 보도에 따르면, 외무부는 "독도의 최초 발견자가 한국인이라는 확실한 문헌을 해군을 통해 입수"해 이를 9월 1일 주미한국대사관에 송부했다고 한다. 『성종실록』에 나오는 유명한 삼봉도(三峰島) 관련 기록이었다.[204] 이때 영국·중국·일본의 문헌·해도에 "파랑도가 한국의 것이라는 확증"이 드러나 함께 주미대사관에 송부했다.[205] 여전히 한국정부가 독도와 파랑도를 한 세트로 취급하고 있었음을 보여준다. 독도에 관한 미 국무부의 결정 통보일로부터 20일 뒤의 보도였다.

지금까지 공개된 문서에 따르면, 한국정부는 러스크 서한의 독도문제에 대해 공식적으로 항의하지 않았다. 조약서명국 자격·맥아더라인에 대해서는 몇 차례 의견을 개진했지만, 독도에 대해서는 전혀 언급이 없었다. 훗날 유진오는, 독도를 평화조약에 명기치 않은 것은 오랫동안 지속된 분쟁의 씨를 남겨놓은 처사라고 평가했다. 맥아더사령부가 맥아더라인을 그을 때 독도를 맥아더라인 밖에 위치시켜 한국령으로 표시했는데, 그것을 평화조약에 명시하지 않은 것은 이해할 수 없었다고 회고했다. 다만 그렇게 된 이유는 "미국이 독도를 일본 영토로 생각하는 것이라고는 물론 해석되지 않는다. 울릉도에 부속된 소암초에 지나지 않으므로 특기할 가치가 없는 것으로 본 결과에 지나지 않는 것"으로 평가했다.[206] 파랑도에 대해서는 1951년 여름 한국산악회가 해

---

203) 『민주신보』(1951. 8. 30).
204) 『민주신보』(1951. 9. 1).
205) 『민주신보』(1951. 9. 3).
206) 유진오, 1966, 위의 글, 98쪽.

군의 협조 아래 실지답사를 했으나 발견하지 못했고, 국가의 권위를 상징하는 정식 외교공문서에 실존하지 않는 섬 이름을 적어 우리 영토라고 주장한 것은 돌이킬 수 없는 실수였다고 기록했다.

이상과 같이 미 국무부는 1951년 8월 10일 한국정부의 독도·대마도 요구를 기각했다. 이 시점에 독도 요청이 기각된 가장 큰 이유는 한국정부가 정확한 정보와 근거자료를 제공하지 않았기에, 미 국무부가 가용할 수 있었던 거의 유일한 문헌자료인 일본 외무성 팸플릿에 의지했기 때문이었다. 같은 맥락에서 미 국무부는 한국정부의 요구를 기각했을 뿐 이를 대일평화조약 조문 상에 반영하지는 않았다. 대일평화조약 조문은 초안 상태 그대로가 유지되었다. 가장 큰 이유는 위치와 실체가 확인되지 않는 파랑도와 함께 독도 관련 정보가 명확하지 않았기 때문일 것이다. 나아가 미 국무부의 신속한 판단은 독도가 일본령임을 확인하는 것이 아니라 한국의 요구를 기각함으로써 한국 관련 조문 수정을 완비하여 대일평화조약 최종 초안을 완성하는 데 그 목적이 있었기 때문이기도 했다.

(4) 한국측 협상전략의 검토

1951년 4~8월 한국의 대일평화조약 준비 및 대응은 귀속재산의 한국정부 이양이라는 최대의 성과를 거둔 반면, 그 외 한국정부의 요구가 대부분 기각되는 한계를 지녔다. 특히 한국의 연합국 지위 및 조약 참가국·서명국 지위, 영토적 요구(대마도·독도·파랑도), 맥아더라인 유지 등의 요구안들이 기각되었다. 본질적으로 귀속재산의 한국정부 이양 승인이란 이미 그 행위 자체가 완성·완료된 상태였고, 그 법적 토대가 미군정 및 한미조약에 따른 것이었으므로, 대일평화조약에서 이를 인정한다는 것은 이미 발생한 효력을 사후승인하거나 인정한다는 의미 외에 한국측에 적극적인 이익을 부여한 것은 아니었다.

회담 자체로 보자면, 한국은 미 국무부가 대일평화조약을 추진하는 정확한 맥락과 그 속에서 한국정부의 위상 및 좌표를 정확하게 파악하지 못함으로써 최대 이익을 실현하는 데 실패했다고 할 수 있다. 그러나 이는 단순히 한미협의의 실패에서 비롯된 것은 아니었다. 대일평화조약과 관련한 한국측의 준비 및 대응을 종합하면 다음과 같다.

첫째, 대일평화조약 체결과정에서 한국의 이익은 일본을 상대로 직접적으로 반영되는 것이 아니라 미국의 동의와 승인, 적극적인 지지에 근거해서야 비로소 가능한 것이었다. 즉, 한국은 미국을 중개자로 한 간접적 소통방식을 가졌고 미국의 결정에 따라 한국의 이익이 결정되는 한계를 지녔다. 반면, 일본은 미국을 상대로 직접적 이해관계의 진술이 가능했다.

둘째, 1951년의 국제적인 환경과 조건 속에서 미국은 일본중시정책을 채택했으며, 시대의 흐름 속에서 '비징벌적'이며 '관대한' 대일평화조약을 추진했다. 1947년 이래 본격화된 동서냉전, 1949년 중국의 공산화, 1950년 한국전쟁 발발은 일련의 끊이지 않는 흐름이 되어 일본과의 조기강화의 필요성을 불러왔다. 또한 미국에는 일본의 이익에 적극적인 지일적·친일적 외교관·군인·정치인들이 적지 않았다. 시볼드와 같은 부류들이 여기에 해당했다. 나아가 미국은 일본 외교사가들이 '세계 외교사에 유례가 없을 정도로 관대'한 것이었다고 평가하는 평화조약을 추진했는데, 내용에서뿐만 아니라 조약 체결과정·방식에서도 그러했다. 미국은 자국의 조약 초안은 물론 영국의 조약 초안까지 일본정부에 제시했고, 그에 대한 의견을 묻고 반영했다. 당초 일본 외무성은 연합국이 제시하는 조약 초안에 단 한 번 의견진술의 기회를 갖는 것을 최대의 목표로 하고 있었던 데 비해, 미국은 조약문의 조문 한 구절 한 구절을 일본과 '협의'했던 것이다. 반면, 패전국이 아닌 해방국 한반도는 분단되었고, 태평양지역에서 유일하게 군정이 실시되었으며, 전쟁으로 동족상잔의 피를 흘리는 와중에 일본의 부활·부흥이 결정되었다. 브루스 커밍스의 말을 빌리자면, 일본이 씨를 뿌렸고 한국인들이 그 대가를 치른 것이었다.[207] 또한 한국은 미일 간의 협상경과를 전혀 알지 못했으며, 미국 내에 자국의 목소리에 귀 기울여줄 진정한 친구들을 갖고 있지 못했다.

셋째, 대일평화조약에서 한국이 배제된 데에는 미국과 일본의 부정적 대한관이 작용했다. 미국은 한국이 해방·독립되고 국제적 승인을 얻는 데 결정적 기여를 했고, 한국전쟁의 와중에 미국 시민의 피를 흘리고, 납세자들의 세금을 투여함으로써 이 나라를 지켰다고 생각했다. 이런 인식의 연장선상에서 미국은 대일평화조약에서 한국의 이익은 해방·독립으로 충분히 실현된 반면, 한국의 요구가 대일징벌적이며 일종의 영토할양을 요구하는 등 과도한 것이라고 판단했다. 또한 일본은 한국에 대한 멸시적 태도와 독립 불인정의 생각을 갖고 있었다. 일본은 한국의 해방으로 일본의 모든 부채가 청산되었으며, 한국에 대한 침략을 부정함으로써 1905년 이래 맺어졌던 모든 침략적 조약들이 정당하다고 생각했다. 이런 맥락에서 1905년 독도의 불법 영토편입 역시 정당하다고 판단했다. 1947년 6월 일본 외무성이 작성·배포한 독도 관련 허위정보의 유포, 한국의 대일청구권의 부정, 재일한국인들을 공산주의자·범죄자로 묘사한 1951년 4월 요시다 비망록 등이 이런 대한관의 대표적 실례였다. 일본은 조작되고 모욕적인 한국 관련 정보들을 미국에 제시했고, 미국의 협상 당사자들은 이런 허위와 모욕적·부정적 정보들을 합리적인 것으로 판단·수용했다. 즉, 한국의 연합국 자격 및 대일평화조약 참가자격 문제, 독도영유권 문제에서 일본은 부당하게 한국을 공격함으로써 자국의 이익을 확보할 수 있었다.

넷째, 한국은 대일평화조약의 주체인 미국, 일본에 비해 회담준비에 현저한 차이가 있었다. 일본은 이미 1945년 말부터 대일평화조약 준비에 착수했고, 외무성이 전력을 기울여 다양한 준비작업·문서작성을 진행해왔다. 미국

---

207) Bruce Cumings, *The Origins of the Korean War*, Vol. I: Liberation and the Emergence of Separate Regimes 1945-1947, Princeton University Press, 1981, p. 38.

역시 1947년 이래 대일평화조약 초안을 준비하기 시작했으며, 1951년에 들어서야 덜레스 사절단의 조약 초안이 성안되기에 이르렀다. 반면, 한국은 1948년에야 남북한에 별개의 정부가 수립되었고, 1950년부터는 전시였기 때문에 대일평화조약에 적절히 대처하기 어려웠다. 한국정부의 대응은 1951년에야 본격화되었다.

다섯째, 한국은 국가·외교의 우선순위상 대일평화조약에 적절히 대처할 수 없었다. 1950~1951년 간 한국의 최대 우선순위는 전쟁에서의 생존 및 승리였다. 대일평화조약 초안을 놓고 한미 간의 협의가 진행된 1951년 3~8월에 한국정부는 중공군의 개입과 1·4후퇴로 국가의 존망이 위기에 걸려 있었으며, 전선이 37도선에서 38도선 사이를 오고가는 동안 한국정부가 배제된 채 휴전회담이 진행됨으로써 당황망조한 상태였다. 한국은 10개 사단의 증강, 군사무기와 원조의 획득, 유엔군사령부·주한미군사고문단·한국군의 관계설정 등 수많은 군사적 현안들을 가장 중요한 외교적 과제로 설정해야 했다. 가장 중요한 파트너는 미 국무부와 국방부였다. 대통령과 외무부, 국방부는 이 문제에 집중해야 했다.

여섯째, 한국이 보유하고 있던 외교 경험·자원·시스템의 한계가 있었다. 1948년 정부가 수립되었을 때 한국정부가 보유한 외교자원은 전무했다. 가장 중요한 외교자원은 대통령 이승만의 외교경험이었으며, 식민지에서 해방된 한국은 외교의 첫 걸음마를 배우고 있었다. 1951년 3~8월 외무장관은 이승만의 주미외교위원회 출신인 임병직, 고등학교 영어교사 출신인 변영태가 맡았다. 미국측과 협의를 시작하는 첫 단계에서 외무장관·주미한국대사가 교체되었고, 업무공백이 발생했다. 부산의 외무부는 전문적 외교훈련을 받은 인적 자원이 거의 없었다. 1948년 11월 발족 당시 1실 5국 160명으로 출범한 외무부는 "일본의 한국통치 행정 중 외교분야는 완전히 제외되었던 탓으로 과도정부 시대의 약간의 연락사무 이외에는 순전히 새로이 출발하는 문자 그대로의 새살림이었기 때문에 정부 수립 당시의 외무부 직제가 선진 제국의 모방에 불과하여 신생 민국(民國)의 행정실정과는 너무나도 거리가 먼 방만한 편제"였기에 1949년 5월 기존의 2국 9과를 통합해 1실 3국, 정원 80명으로 대폭 축소되었다. 조약국은 정무국으로 통폐합되었다. 전쟁 발발로 부산 피난시절에는 "국가 비상사태에 임하여 임시 행정요원제도를 실시하게 됨"에 따라 불과 30여 명의 직원으로 외무행정을 담당하였다.[208] 즉, 양유찬·홍진기의 증언처럼 부산 피산수도 시절 외무부 본부 직원은 30여 명에 불과했던 것이다. 워싱턴 주미한국대사관의 경우에도 대사, 참사관, 1등서기관 등 거의 3~4명의 인원이 대미외교를 담당했고, 대일평화조약과 관련한 결정적인 시기에 주미대사는 3개월 이상 공석이었다. 때문에 대일평화조약에 대한 한국정부의 대처는 외무부가 아닌 법무부와 법률가들이 중심축을 맡게 되었다. 부산과 워싱턴에서 한국 외교관들은 국익을 위해 최선의 노력을 기울였지만, 제국주의 시대 강대국 외교의 경험은 전무했다. 이들의 외교문서 작성은 형식과 내용에 있어서 미국·일본·영국 등과 비교할 수 있는 수준이 아니었다. 특히 일본의 외교는 자타가 공인할 정도로 훌륭하고 매끄러운 것이었다.[209] 그러나 미국은 한국의 외교적 대응·문서작업을 일본과 '동등하고 공정하게' 취급했다.

일곱째, 대일평화조약과 관련해 한국정부는 신속하고 기민하게 대처했으며, 우선순위에 따라 대응했다. 한국정부가 설정한 최우선순위는 연합국 자격 부여 및 조약 참가국·서명국 지위 부여였지만, 이는 1951년 7월 미국의 거부로 불가능하게 되었다. 그다음 실현 가능하고 직접적인 이익의 우선순위는 재

---

[208] 외무부, 1959, 위의 책, 1~3, 585~588쪽. 진필식은 부산 피난시절 외무부 직원은 40명 정도밖에 남지 않아 경남도청 내 1개 사무실에 전 직원이 수용되었고, 간부라고는 조정환(曺正煥) 차관과 유태하 국장 두 사람뿐이었다고 회고했다(외교통상부 외교안보연구원, 1999,『외교관의 회고: 진필식대사회고록』, 11~12쪽).
[209] 1939~1940년 간 요코하마 부영사를 지냈고, 1950년 연합군최고사령관 정치고문실 제1서기관이었던 나일스 본드는 이렇게 표현했다. "일본은 위대한 국가였으며, 훌륭하게 훈련된 공무원 조직과 세계 최고의 외교부를 보유했다." "Oral History Interview with Niles W. Bond"(1973. 12. 28) by Richard D. McKinzie, Harry S. Truman Library, p. 61.

한일본인 귀속재산의 한국정부 이양문제였다. 한국 경제의 70~80%를 점하는 귀속재산 처리문제는 한국의 독립 및 경제와 관련해 중차대한 문제였기 때문이다. 이에 대한 한국정부의 대처는 적절했으며, 미국의 동의에 따라 정당하게 조약문에 반영되었다. 한국의 다음 우선순위는 맥아더라인의 확보였으며, 영토문제와 관련한 요구들은 후순위에 두어졌다.

여덟째, 한국정부 내부에서는 영토문제에 대한 준비와 대처방안이 미비했다. 1947년 조선산악회의 독도조사, 1948년의 독도폭격사건으로 축적된 민간·과도정부측 독도 관련 자료들이 정확하게 한국정부로 이월되지 못했으며, 영토문제에 대한 본격적인 정부 차원의 조사작업이 이뤄지지 못했다. 때문에 여러 증언에서 등장하는바, 최남선의 파랑도 주장에 의지하는 실수를 범하게 되었다. 이는 외교위원회가 주로 법률가·법학자들로 구성되었으며, 이를 외무부에서 다룸으로써 독도문제의 주요 전문가인 역사학자·지리학자·산악인·언론인 등이 대일평화조약 준비과정에 참가하지 못한 데서 비롯된 것이었다. 맥아더라인 등 수산업과 관련해서는 대일어업협정준비위원회(1951. 4. 3)가 조직적으로 대처한 흔적이 있지만, 대일평화조약과 관련한 영토문제 소위원회는 구성되지 않았으며, 전문적 학자들의 도움을 받지 못했던 것이다. 때문에 영토문제에 있어서 한국 이익의 우선순위가 전략적으로 평가·결정되지 못했고, 일종의 선전적 효과에 집중하게 된 것이었다.

아홉째, 대일평화조약에서 한국정부의 영토문제 대응은 진정성과 합리성과는 거리가 있는 정치적 선전으로 해석될 여지가 있었다. 한국정부는 우선 대마도를 요구했는데, 이는 국제적으로 인정받기 어려운 주장이었다. 특히 대마도 요구가 소련의 사할린·쿠릴열도 할양과 같은 논리적 근거를 갖는다고 주장함으로써 '식민지에서 해방된 한국'이 과도한 영토할양을 요구한다는 비판적 시각에 부딪혔고, 신뢰를 얻기 어려웠다. 대마도 요구를 계기로 미 국무부는 영토문제에 접근하는 한국정부의 입장에 비우호적 반응을 보이게 되었다.

대마도 요구가 기각된 다음에야 한국정부는 독도와 파랑도를 동시에 요구했다. 파랑도는 위치조차 확인되지 않은 섬이었으므로, 미국이 수용하기 불가능한 요구였다. 한국 영토인 독도는 일본령이 분명한 대마도 요구 주장이 기각된 다음에, 존재하지 않는 파랑도와 함께 한국령으로 주장되었다. 요구의 시차와 강도를 비교한다면, 한국정부의 입장에서 독도의 중요성은 대마도보다 낮고, 파랑도와 같은 위상을 점하는 것으로 평가될 수 있었다. 즉, 독도는 정치적 선전이나 대일공세의 지렛대로 활용된 대마도보다 후순위이며, 존재하지 않는 파랑도와 동격의 위상을 점하는 것으로 받아들여졌다. 독도는 신뢰성과 진정성이 떨어지는 대마도·파랑도 사이에 섞여서 그 중요성을 인정받기 어려운 상태였다.

열째, 대일평화조약과 관련해 한국정부의 독도문제 대응은 현명하지 못했다. 먼저 한국정부가 제2차 답신서(1951. 7. 19)에서 독도문제를 거론하지 않았다면, 한일 간의 독도분쟁은 피할 수 있었을 것이다. 왜냐하면 미 국무부는 독도에 큰 관심이 없는 상태였고, 리앙쿠르암을 조사하고는 있었지만 이를 조약문에 반영할지의 여부는 미정인 상태였다. 그런데 한국이 파랑도와 함께 독도를 주장함으로써 미 국무부가 독도문제를 조사하기 시작했고, 러스크 서한에 도달했던 것이다. 한국정부의 독도 요구는 정당한 것이었고, 한국령의 재확인은 당연한 요구였다. 그러나 부산에서 논의된 독도 자료와 정보는 미 국무부와 주미한국대사관에 전혀 전달되지 않았다. 특히 1947년 이후 한국에서 논의·축적·확인된 독도 관련 자료들이 단 하나도 전달되지 않은 것은 치명적인 실수였다. 한국정부의 제2차 답신서(1951. 7. 19)에는 단지 독도라는 명칭만이 거론되었을 뿐, 좌표 등 지리적 정보나 역사적·문헌적 근거를 전혀 제시하지 않았다. 워싱턴 주미한국대사관도 독도의 좌표나 역사적 근거를 전혀 알지 못했고, 특히 파랑도와 함께 독도가 주장됨으로써 혼란이 가중되었다. 한국대사관 직원들은 독도와 파랑도가 울릉도 근처에 있다거나, 심지어 독도와 파랑도가 울릉도 근처 혹은 다케시마암 근처에 있다는 믿을 수 없는 주장을 했다. 한국정부가 관련 자료를 제시하지 않았기 때문에 미 국무부는 주미한국대사관과 주한미대사관에 문의했고, 회답이 신통치 않자, 자신들이 가용할 수 있는 유일한 자료인 일본 외무성의 허위자료에 근거해 판단을 내렸던 것이다. 즉, 한국 영토인 독도에 대한 한국정부의 요구는 정당한 것이었지만, 요구의 맥락과 지리적·문헌적·역사적 증거들이 전혀 제시되지 않음으로써, 미 국무부 실무자들로 하여금 일본 외무성의 허위자료를 의지하게 만들었던 것이다. 미 국무부 실무자들은 독도에 대한 판단을 내린 후 그 결정의 관성에 따라 1950년대 내내 일본의 독도영유권 주장에 대해 동조하는 태도를 취했고, 이것이 독도분쟁의 한 원인이 되었다.

만약 한국정부가 1951년 7~8월에 영토정책의 우선순위를 분명히 정하고, 선전적이며 공세적인 대마도 요구, 좌표조차 확인되지 않는 파랑도 요구 대신 진정성 있는 영토의 확정을 요구했다면, 사태는 분명 달라졌을 것이다. 특히 1951년 7월 19일의 제2차 답신서를 제출할 시점에 독도에 대한 정확한 증거자료·문서들을 제출했다면, 혹은 이후 관련 자료들을 문의하는 미 국무부의 요청에 성실하게 응답했다면, 미 국무부는 독도의 한국령을 인정했을 것이다. 한국정부는 타이밍을 놓쳤고, 8월 10일 러스크 서한 전까지 아무런 조치를 취하지 않았다. 또한 러스크 서한 이후 이에 대한 강력하고 공식적인 항의를 제기하지 않았다. 때문에 1952년 독도분쟁이 벌어지자 미 국무부는 한국정부의 독도정책을 불편하게 바라보았으며, 신뢰하기 어렵다고 판단했던 것이다.

열한째, 독도영유권 문제가 샌프란시스코평화회담 이후 발생하게 된 가장 큰 배경은 역시 연합국, 특히 미국의 대일영토정책의 변화 때문이었다. 전시 연합국의 대일영토정책은 카이로선언과 포츠담선언으로 합의되었고, 그 핵심은 주요 4개 섬과 연합국이 결정한 주변 섬들로 일본 영토를 한정한다는 규정이었다. 연합국의 합의와 일본의 항복조건 수락으로 이는 전후 대일영토처리의 기본원칙이 되었다. 이를 구체적으로 구현하기 위해 첫째 일본령에 포함될 섬들을 구체적으로 특정하고, 둘째 일본령과 일본령에서 배제될 지역을 명확히 하기 위해 경도·위도의 경계선으로 일본령을 표시하며, 셋째 이러한 문서를 시각적이고 명료하게 표현한 지도를 사용하는 것이 연합국 대일영토규정의 합리적 귀결이었다. 1947년 이후 작성된 미 국무부 조약 초안들과 1951년 영국 외무성의 조약 초안들은 상대방의 초안을 참조하거나 상호 협의과정을 거치지 않았지만, 동일한 영토규정방식을 채택했다. 이는 대일징벌적이거나 억압적 정책의 산물이 아니라 전시 대일영토정책의 실무적 적용의 결과였다.

　그러나 냉전의 격화와 중국의 공산화로 미·소·영·중 등 전시 4대 연합국 가운데 미·영만이 연합국의 일원으로 일본과 평화조약을 체결하게 되면서 전시 연합국의 대일영토규정이 전환되었다. 미국은 대일우호적이며 비징벌적인 간단한 조약문을 추구했고, 그 핵심은 미국의 안보체제 내에 위치한 단극적(單極的) 대일평화조약의 체결이었다. 새로운 영토조항은 전시 대일영토규정과는 현격하게 달라졌다. 연합국이 전쟁 중 합의한 대일영토규정은 공론화 없이 실질적으로 폐기되었고, 일본령에서 배제될 몇몇 도서들만을 특정하는 새로운 영토규정방식이 채택되었다. 영미협의와 미일협의 과정에서 영토처리와 관련된 간단한 논의가 있었지만, 연합국 간의 합리적 논의절차와 결정과정은 부재했다. 때문에 미국이 주도한 새로운 대일영토규정은 실질적 결정권을 가지고 있었던 미국의 입장이었을 뿐, 연합국들 간에 합의되거나 공론화된 결정이 아니었다. 연합국의 전시 대일영토규정은 합의 없이 폐기된 상태에서 미국은 절차적 정당성이나 연합국 간 합의가 부재한 새로운 영토규정을 제시했던 것이다. 구영토규정의 폐기와 신영토규정의 불안정한 위치가 문제의 출발점이었던 것이다. 미국은 자국의 이익과 관련된 남태평양의 구일본위임통치령, 오키나와 등에 대해서는 상세하고 철저한 영토규정을 만들어 적용했지만, 그 밖의 지역에 대해서는 세밀한 주의를 기울이지 않고 일본이 바라는 바 허술한 영토규정을 적용했다.

　평화조약 체결 후 그 자연스러운 귀결이 일본에 의한 전후 영토·영해 분쟁의 시작이었다. 대일평화조약에 불참하거나 초청받지 못했던 한국·러시아·중국 등 동북아시아의 3개국이 일본과 영토분쟁을 벌이게 된 것은 미국 중심의 단극적 조약체제가 만들어낸 필연적 결과였다. 그 핵심은 전시 연합국의 대일영토정책의 폐기와 미국 주도의 새로운 영토규정의 결정 사이에 위치한 큰 간격이었다. 일본은 미국이 주도한 새로운 영토규정에 따라 영토주권을 주장했지만, 이는 샌프란시스코체제, 즉 전후 대일평화조약체제에서 배제되었던 한국·러시아·중국이 동의할 수 없는 것이었다.

열두째로 러스크 서한은 미 국무부 내에서, 또는 관계 당사국들과 합의된 공론·정책은 아니었다. 러스크 서한은 국무부 극동국의 실무 차원에서 작성된 것이었다. 마지막 장에서 살펴보겠지만, 러스크 서한은 주미한국대사관에 통보되었으나 주한미대사관이나 주일미정치고문실(주일미대사관)은 물론 일본정부에도 통보되지 않았다. 심지어 미 국무부 본부에서도 1952년 11월에 가서야 러스크 서한의 존재가 부각되는 상황이었다(이에 대해서는 9장 참조).

주한미대사관은 1952년 11월까지도 이러한 서한의 존재 자체를 모르고 있었다. 주한미대사관은 대일평화조약의 제2조 영토규정에 한국측 요구에 따라 독도영유권이 포함되지는 않았지만, 한국측이 영유권을 주장하고 있으므로 분쟁지역이라는 입장을 견지했다. 이의 연장선상에서 향후 한일회담에서 독도의 영유권이 결정될 것이라는 정책적 입장을 견지했다.[210] 때문에 주한미대사관은 국무부 본부와 마크 클라크(Mark W. Clark) 유엔군사령관에게 한일간 독도영유권 논쟁에 미국이 개입하는 것을 피해야 한다고 조언했던 것이다. 그러나 1952년 11월 14일자 국무부 동북아시아국장 케네스 영(Kenneth T. Young, Jr.)의 서한을 받고 나서야 미국이 1951년 8월 10일자 러스크 서한으로 독도영유권을 결정한 상태였음을 알게 되었다.[211] 주한미대사관은 이런 문

---

210) Despatch by E. Allan Lightner, Jr., Charge d' Affaires, ad interim, to Department of State(1952. 11. 14), RG 84, Japan, Tokyo Embassy, CGR 1952, Box 1, Folder 320 Japan-Korea Liancourt Rocks 1952.

서의 존재 자체에 경악했고, 1952년 12월 초에 가서야 자신들이 국무부 본부의 방침과는 다른 입장을 취해왔음을 알게 되었던 것이다.[212]

사정은 일본정부측도 동일했다. 즉, 러스크 서한은 한국정부의 독도·파랑도 주장에 대한 근거자료가 부족한 상황에서 일본 외무성 자료에 근거해 내려진 판단이었다. 그러나 이것은 미 국무부 내에서조차 완전한 합의에 근거한 것은 아니었으며, 재외공관이나 관계국과 협의한 것도 아니었다. 때문에 1952년 한일 간 독도분쟁의 와중에 미 국무부는 러스크 서한을 무기로 강경한 한국을 억제하려 한 한편, 일본이 이 서한의 존재를 인지할까봐 전전긍긍해했다. 즉, 실무적 수준에서 결정된 간단한 판단이 초래할지도 모를 한미·한일·미일 관계의 파국이 명백해지자, 미 국무부는 실무자의 판단과 그것의 국제정치적 파장의 큰 간격을 인지하게 되었다. 특히 미 국무부가 당혹해한 것은 실무자의 신속한 실무적 판단이 문서 검증작업에 불과했고, 그것도 문서 자체의 진정성·진위 여부를 검토하지 않은 수준에서 진행되었음에도 그 국제정치적 파급효과는 고위급 정책결정 차원에서 신중히 다뤄졌어야 할 문제임을 깨달았기 때문이다.

열셋째, 러스크 서한은 샌프란시스코평화조약에 반영되지 않았다. 1952년 한국정부의 평화선 선언과 이에 대한 일본정부의 독도영유권 주장이 충돌하면서 한일 간의 독도논쟁이 가열되자, 1952~1953년 미 국무부 관리들은 이 문제에 주목했다. 특히 국무부 동북아시아국과 주일미대사관 등에서는 러스

---

211) Letter by Kenneth T. Young, Jr., Director, Office of Northeast Asian Affairs to E. Allan Lightner, Esquire, Charge d' affairs, a.i., American Embassy, Pusan, Korea(1952. 11. 14), RG 84, Japan, Tokyo Embassy, CGR 1952, Box 1, Folder 320 Japan-Korea Liancourt Rocks 1952.
212) Letter by E. Allan Lightner Jr. to Kenneth T. Young, Jr., Director, Office of Northeast Asian Affairs(1952. 12. 4), RG 84, Korea, Seoul Embassy, CGR, 1953-1955, Box 12; E. Allan Lightner, Jr., Counselor of Embassy, Pusan to William T. Turner, Esquire, Counselor of Embassy, American Embassy, Tokyo(1952. 12. 19), RG 84, Japan, Tokyo Embassy, CGR 1952, Box 1, Folder 320 Japan-Korea Liancourt Rocks 1952.

크 서한을 일본정부에 전달하거나 공개함으로써 미국정부가 샌프란시스코평화회담에서 일본의 입장을 지지했음을 공개적으로 표명하자는 주장이 적지 않았다. 그런데 이러한 입장과 주장은 덜레스에 의해 기각되었다. 덜레스는 1953년 11월 23일 주한·주일 미대사관에 보낸 전문에서 샌프란시스코회담에 대한 미국의 해석이 독도의 일본 영유권을 확인하는 것이라고 해도, 미국은 조약서명국 중 하나에 불과할 뿐이며, 이는 미국의 해석이지 연합국의 합의된 공의는 아니라는 점을 강조했다.[213]

덜레스는 일본이 소련과 영토분쟁을 벌이고 있는 북방의 하보마이(Habomais, 齒舞)섬에 대해서는 미국이 일본령임을 명백히 천명했음에도 불구하고, 소련에 대해 격렬하게 항의하거나 미국측에 무력시위를 요청하지 않았지만, 유독 한국에 대해서만 강력한 개입을 요청하는 이유를 모르겠다고 지적했다. 결국 덜레스는 미국이 독도분쟁에 개입하지 말아야 하며, 한일 간 조정이 안 되면 국제사법재판소로 갈 문제라고 정리했다.

이 시점을 경계로 해서 미 국무부는 두 가지 중요한 판단을 내리게 되었던 것이다. 첫째, 샌프란시스코회담의 준비과정에서 미국이 독도와 관련해 어떤 판단을 내렸을지라도 이는 미국의 입장에 불과하며, 회담에 조인한 연합국들의 합의된 공의는 아니었다. 즉, 독도문제와 관련한 러스크 서한이 샌프란시스코회담의 공식적 입장은 아니라는 점이 확인되었다. 둘째, 독도분쟁은 한일 간의 문제로 미국이 개입할 수 없는 양국 문제이며, 분쟁은 당사국 간의 합의와 해결에 맡겨야 하고, 이것이 불가능하다면 국제사법재판소의 판단에 맡겨야 한다고 입장이 확립되었다. 결국 미국은 한일 간 독도분쟁에서 자국의 입장을 중립적 위치로 정리했으며, 양국 분쟁에 개입하지 않는다고 결정했다. 그러나 1951년 미국이 동북아시아에서 점하는 세계 패권국가로서의 결정권

---

213) John F. Dulles to the Amembassies in Korea and Japan, telegram, no.1387, RG 59, Department of State, Decimal File, 694.95B/11-2353.

은 약소국가 한국으로 하여금 독도문제에 대한 긴 고투(苦鬪)의 길로 접어들게 하였다.

5. 한국의 비공식 자격 샌프란시스코평화회담 참가

미 국무부는 독도 관련 결정에 대해 한국정부에 공식입장을 통보했고, 독도가 1905년 일본령에 편입된 이후 한국정부의 항의가 없었다는 일본 외무성의 팸플릿을 인용했다. 그러나 노련한 미 국무부는 이를 일본정부에는 알리지 않았다.

샌프란시스코대일평화조약 조인식과 관련해 한국은 연합국·서명국 자격이 기각된 데 이어 방청국(observer)의 자격으로도 참석할 수 없었다. 한국은 샌프란시스코대일평화회담에 참석했지만, 이는 서명국이나 옵서버의 자격이 아니라 완전한 비공식 자격이었다.[214]

7월 27일 무초 대사는 부산발 전문 제84호로 한국의 옵서버 자격 참가를 미 국무부에 권고했지만, 한국의 옵서버 자격 역시 쉽지 않았다. 8월 10일 딘 러스크 국무부 극동담당차관보가 양유찬 대사에게 미 국무부의 최종 입장을 공식 통보한 후, 8월 17일 양유찬 대사는 딘 러스크와 만나 한국의 서명국 참가를 재요청했다. 그러나 러스크는 한국대표의 회담장 부재가 대한민국 위신을 손상시키지는 않을 것이라며, 한국의 위신이 손상되었다는 취지의 성명을 발표하지 않는 것이 현명할 것이라고 충고했다.[215] 러스크는 회의참가를 거부

---

214) 한표욱은 미국이 한국의 주장을 일부 수용해 옵서버 자격으로 참석하는 것을 용인했다고 썼다. 참석자는 임병직 유엔대사, 양유찬 주미대사, 한표욱 등 세 명이었다(한표욱, 1996, 위의 책, 263쪽).
215) Memorandum of Conversation(Yu Chan Yang, Pyo Wook Han, Dean Rusk, Noel Hemmendinger, H. O. H. Frelinghuysen)(1951. 8. 17), RG 59, Japanese Peace Treaty Files of John Foster Dulles, 1946-52, Lot 54D423, Box 8.

한 데 이어 항의성명 발표도 억제하려 했던 것이다.

이 면담 직후인 8월 20일 국무부 동북아시아국의 알렉시스 존슨은 덜레스에게 한국이 조약서명국이 될 수 없다는 데 동의하지만, "일정 자격으로 회담에 참가케 하는 것이 매우 유용할 것"이라고 권고했다.[216] 존슨은 한국의 참가가 한일 양자협정 체결을 촉진시키고 한국의 대일 "시비조" 태도를 완화시킬 것으로 생각했다.[217] 존슨은 주한미대사가 제안한 한국의 옵서버 자격을 거론하면서, "전적으로 도의적 관점에서 볼 때, 40년 이상 일본 압제하에서 고통받아 온 한국인들이 샌프란시스코(회담)에서 일정한 자격으로 대표를 파견하는 것은 공정할 따름"이라며 한국을 옵서버로 출석시킬 것을 권고했다. 이 비망록을 검토한 존 포스터 덜레스는 다음과 같은 의견을 덧붙였다.

JFD(존 포스터 덜레스)
전적으로 한국의 관점에서라면 나는 상기 의견에 동의하지만, 나는 이런 행동이 우리를 여러 어려움으로 이끌 것이며 우리가 후회하게 될 판도라의 상자를 열게 할 것이라고 믿는다.[218]

즉, 덜레스는 한국의 옵서버 자격에도 반대했던 것이다. 당시 국무부 내에서의 논의를 보면 주요 연합국인 영국이 장개석 국민당정부의 샌프란시스코 회담 옵서버 참가를 반대하는 상황이었기 때문에 한국의 옵서버 참가에도 영국의 동의가 필요했다. 영국은 모택동의 중화인민공화국, 즉 중공을 승인한

---

216) Office Memorandum by Johnson to Dulles, Subject: Attendance of Korean Observers at Japanese Peace Conference(1951. 8. 20), RG 59, Japanese Peace Treaty Files of John Foster Dulles, 1946-52, Lot 54D423, Box 8.
217) 원문은 이렇다. lessening the Korean "chip on the shoulder" attitude toward Japan.
218) 원문은 다음과 같다. "While from a strictly Korean point of view I agree with the above, I believe such action would get us into difficulties and open a Pandora's Box which we would regret."

상태였다. 옵서버 참가에 관한 미국측 논리는 한국·일본, 일본·이탈리아, 일본·포르투갈 간의 양자협정 체결을 촉진시킨다는 것이었지만,[219] 쉬운 선택이 아니었던 것이다.

8월 22일 덜레스 특사는 양유찬 주미대사와 면담했다. 한국측에서는 한표욱 1등서기관이, 미국측에서는 에몬스 한국담당관이 배석했다. 양유찬 대사는 한국의 샌프란시스코평화회담 참가와 관련한 한국측 입장을 재개진했다. 이미 한국 외무부장관·공보처장이 발표한 성명처럼, 임시정부의 선전포고와 대일교전 행위를 강조하는 한편, 소련·폴란드·체코 등 공산국가가 참가하는 평화회담에 한국이 배제된 사실, 미국이 필리핀과의 안보동맹, 호주·뉴질랜드와의 3국 안보동맹을 체결하게 된 사실, 일본과 평화조약을 체결하게 된 사실을 거론하며 한국 배제에 강력히 불만을 표시했다. 그러나 덜레스는 위로의 말을 건넸을 뿐이다. 양유찬 대사는 미국이 한국을 대일평화조약에 서명국으로 초청하는지 아니면 옵서버로 초청하는지의 여부를 문의했다. 덜레스는 서명국이나 옵서버 자격이 모두 아니라고 답했다. 회담에 옵서버 지위를 두지 않기로 결정되었기 때문이라는 것이다. 한국은 단지 샌프란시스코평화회담에 비공식 자격(an informal capacity)으로 참석할 수 있을 것이라고 했다. 양유찬 대사는 회의진행과 관련해 한국에 어떠한 공식적 자격을 줄 수 있느냐고 했지만, 덜레스는 없다고 답했다. 양유찬 대사는 비공식 대표를 샌프란시스코회담에 파견하는 것에 대해 한국정부가 어떻게 결정할지 판단이 서지 않는다고 답하자, 덜레스는 이승만 대통령에게 비공식 대표 파견을 요청하는 메시지를 보내겠다고 말하고, 에몬스에게 초안을 잡도록 지시했다.[220]

---

219) Memorandum by Treumann, NA to Johnson, NA, Subject: Korean observers to Japanese Peace Conference(1951. 8. 13), RG 59, Department of State, Decimal File, 694.001/8-1351.
220) Memorandum of Conversation(Yu Chan Yang, Pyo Wook Han, John Foster Dulles, Arthur B. Emmons, 3rd), Subject: Korean Attendance at San Francisco Peace Conference(1951. 8. 22), RG 59, Department of State, Decimal File, 694.001/8-2251.

그러나 이미 이 면담 이전에 한국을 옵서버로 참석시키지 않는다는 결정이 있었다. 이 면담 후에 덜레스의 참모는 이렇게 기록했다. "JFD(존 포스터 덜레스)는 에몬스 씨와 함께 양(유찬) 대사를 1951년 8월 22일 오후 3시 30분에 만났다(우리가 그들(한국대표들)에게 '옵서버'(Observers) 자격을 요구하지 않을 것이지만, 만약 그들이 '손님'(guests) 자격으로 참가하기를 희망한다면 표를 얻고 예약을 하는 데 도움을 줄 것이라는 점을 러스크 씨와 전화로 합의했다)."[221] 한국은 연합국도, 회담참가국·조약서명국도, 옵서버도 아닌 완전한 비공식 자격의 '손님'으로 겨우 방청석에 동참할 자격만을 얻었던 것이다.

8월 27일 양유찬 대사는 덜레스에게 편지를 보내며 미국인들의 입을 빌려 한국의 서명국 지위를 재차 요구했다. 같은 날 답장에서 덜레스는 수많은 한국인 개인들이 대일투쟁을 했지만, 일본의 전쟁 수행기간 동안 한국은 교전국이나 연합국의 지위가 아니었으며, 전쟁 전 독립을 잃었고, 전쟁 승리 후에야 비로소 독립을 회복했다고 썼다. 덜레스는 현재 대일교전국이 아니었던 수많은 국가들이 조약에 서명하고 싶어하는 실정이라며, 실질적 대일교전국만이 서명국이라고 재강조했다.[222]

한국 언론들은 한국이 '이부자식'(異父子息) 취급을 받으며 "겨우 옵서버 자격으로 '비공식'이라는 딱지"를 붙여서야 샌프란시스코회담에 참가하게 되었다고 한탄했다.[223] 덜레스는 샌프란시스코평화회담에서 9월 6일 한국문제와 관련해 이렇게 입장을 정리해 발표했다.

---

221) Memo by unknown, attached to the Office Memorandum by Johnson to Dulles, Subject: Attendance of Korean Observers at Japanese Peace Conference(1951. 8. 22), RG 59, Japanese Peace Treaty Files of John Foster Dulles, 1946-52, Lot 54D423, Box 8.
222) Letter by You Chan Yang to John Foster Dulles(1951. 8. 27); Letter by John Foster Dulles to You Chang Yang(1951. 8. 27), RG 59, Japanese Peace Treaty Files of John Foster Dulles, 1946-52, Lot 54D423, Box 8.
223) 『서울신문』(1951. 9. 4).

대한민국은 일본과 전쟁상태에 있지 않았기 때문에 이 조약에 서명을 하지 않는다. 한국은 2차대전이 시작되기 훨씬 전에 독립을 비극적으로 상실하였다. 일본이 항복하기까지 독립을 다시 찾지 못하였다. 많은 한국인들이 부동의 신념을 갖고 일본과 싸웠다. 그러나 개인으로 싸웠지 승인된 정부로서 싸운 것은 아니다. 그러나 한국은 연합국의 특별한 고려를 받을 만한 주장을 가지고 있다. (중략) 한국은 불행하게도 반만이 자유와 독립을 얻었다. 그러나 그 부분적인 자유와 독립까지 북으로부터의 침략에 의하여 잔인하게 짓밟히고 있으며 위협을 받고 있다. 연합국의 대부분은 한국의 자유와 독립을 위하여 노력하고 있다. 유엔의 대부분 회원들은 한국에 대한 침략을 억제하기 위하여 애를 쓰고 있다.
이 조약에 의하여 연합국은 한국의 독립을 일본이 정식으로 승인하도록 하였으며, 재한일본인 재산이 한국정부에 귀속되는 것을 일본은 동의하게 된다. 한국은 또한 연합국이 일본과 전후 무역, 해운, 어업, 기타 상업상의 조치를 가지는 것과 동일한 입장에 서게 된다. 이와 같이 이 조약은 여러 면에서 대한민국을 연합국과 같은 대우를 받도록 하였다.[224]

즉, 덜레스는 한국 독립을 일본이 정식으로 승인하게 한 점, 재한일본인 재산(귀속재산)의 한국정부 귀속을 일본이 동의한 점을 거론하며 이것이 샌프란시스코평화조약에서 한국이 향유할 권리라고 했던 것이다. 이는 한국이 연합국은 아니지만 조약상 '주요 이익'을 부여받았다는 영국정부의 판단과 동일한 것이었다.[225] 미국은 기본적으로 2차 대전 뒤 독립한 소위 '해방국' 한국의 이익은 독립으로 충분하며, 한국의 독립, 유엔에서의 승인, 한국전쟁에서의

---

224) 『조선일보』(1951. 9. 9); 김용식, 1993, 위의 책, 87~88쪽.
225) "United Kingdom" (1951. 6. 15), RG 59, Japanese Peace Treaty Files of John Foster Dulles, 1946-52, Lot 54D423, Box 12, Folder "Treaty Drafts, May 3, 1951".

방어 등 한국의 이익을 충분히 대변하고 있다고 판단했던 것이다.[226]

그러나 명목상의 법이론만 따져서 한국을 불참시키고 조약서명국 자격을 박탈한 것은 한국인들에게 공정한 것은 아니었다. 불과 수년간 일본의 침략을 받은 인도차이나반도의 국가들은 프랑스·네덜란드 등의 식민지였지만 조약서명국 자격을 부여받았고, 40여 년간 일본의 침략과 압제에 신음하던 한국은 배제되었다. 변영태 외무장관의 성명처럼 한국이 공산주의와 맞서 자유세계의 수호자로 피를 흘릴 때 태평양전쟁과 무관한 소련의 위성국가 체코·폴란드가 조인 자격을 얻었다. 미국이 처음 각국에 1951년 3월부 임시초안(제안용)을 회람했을 때 14개 국가가 이를 전달받았고, 극동위원회 위원국가가 아닌 것은 인도·실론·한국뿐이었지만,[227] 1951년 9월 샌프란시스코에서 조인식을 가졌을 때는 총 51개국이 대거 조인국가로 초청되었다. 한국 배제는 진정한 정치적 의도에서 비롯된 것이었다.

일본 역시 전전 침략을 반성·정리하고 새로운 시대를 연다는 관점에서는 당연히 가장 큰 피해자인 한국·중국을 참가시켜야 했다. 그러나 가장 큰 피해 당사국들을 정치적 이유로 배제하라고 강력히 주문했다. 다자간 조약 체결 대신 양자간 조약 체결을 선택함으로써 이들 주요 아시아 피해국가에 대해서 우월적 지위를 점하려고 했던 것이다. 왜냐하면 이 두 나라는 가장 큰 피해자였으므로, 일본측이 배상·보상·사과할 일들만이 산적했기 때문이다. 양자회담의 진척이 오랫동안 지체상태에 빠지게 될 것은 자연스럽게 예견되는 일이었다. 여기에는 태평양전쟁 패배가 미국·소련에 의한 것이지, 중국이나 한국에 항복한 것이 아니라는 일본측의 역사적 인식과 정치적 해석이 분명히 자리하고 있었다.

---

226) 『민주신보』(1951. 7. 21).
227) Department of State(Allison) to POLAD Japan(Sebald)(1951. 3. 23), RG 59, Department of State, Decimal File, 694.001/3-2351.

1962년 한국사 연구자인 하타다 다카시(旗田巍)의 지적처럼 "불과 몇 년간의 전쟁 중에 입힌 손해에 대하여 일본은 버마, 필리핀, 남베트남 등에 배상하고 있는데 삼십수년간이나 고통을 준 조선에 대하여 어찌 책임을 느끼지 않는단 말인가라는 분노가 있다. 이것은 한국뿐만 아니라 남북을 통한 조선사람 공통의 감정" 이었다.[228]

---

228) 旗田巍, 1963, 「한일회담의 재인식: 일본인의 조선관」, 『新思潮』 12월호(『世界』 12월호), 104쪽.

9

보이지 않는 전투:
'독도분쟁'의 서막과 한·미·일의 대응

1. 한국의 대응: 평화선과 파랑도·독도 조사
   (1) 평화선 속에 포함된 독도
   (2) 파랑도조사의 실패
   (3) 1952년 한국산악회의 독도조사와 폭격사건
   (4) 1953년 한국산악회의 독도조사와 영토표석 설치

2. 일본의 대응: 선전과 책략
   (1) 1951년 일본의 선전: 독도영유권 주장
   (2) 1952~1953년 일본의 책략: 독도 폭격연습장 지정과 해제
   (3) 1953년 중반: 독도 침범·일본령 표식 설치

3. 미국의 대응: 적극 개입에서 중립으로의 선회
   (1) 1952년 부산·동경·워싱턴의 시각 차이
   (2) 1953년 독도 폭격연습장 해제와 한국·일본의 대응
   (3) 동경대사관의 개입 주장과 덜레스의 중립 선언

1. 한국의 대응: 평화선과 파랑도·독도 조사

(1) 평화선 속에 포함된 독도

샌프란시스코평화회담 준비과정에서 한국정부가 마련한 요구목록 가운데 조약문에 반영된 것은 귀속재산의 처리문제뿐이었다. 그러나 이는 과거완료형으로 이익이 실현된 문제였으며, 현재의 실질적인 이익은 없었다.

한국정부는 샌프란시스코조약 체결과정에서 참가·서명국 자격이 주어지지 않자, 일본과의 양자회담을 준비하게 되었다. 선행연구들이 공통적으로 지적했듯이, 2차 대전 이후 해방된 한국이 식민모국이었던 일본과 대등한 양자회담의 방식으로 과거를 청산하고 관계를 정상화한다는 것 자체가 공정하지 못했으며, 실질적으로 일본에 유리한 것이었다.[1] 한국정부는 1951년 7월 30일 유진오와 임송본을 일본에 파견해 50여 일간 자료조사를 실시하는 한편, 실질적인 효력을 발휘할 수 있는 정치적·경제적 지렛대를 마련하고자 했

---

[1] 李鍾元, 1994, 「韓日會談とアメリカ: '不介入政策'の成立を中心に」, 日本政治學會 編, 『國際政治』제105호; 이원덕, 1996, 『한일 과거사 처리의 원점: 일본의 전후 처리 외교와 한일회담』, 서울대학교출판부; 김태기, 1999, 「1950년대초 미국의 대한 외교정책: 대일강화조약에서의 한국의 배제 및 제1차 한일회담에 대한 미국의 정치적 입장을 중심으로」, 한국정치학회, 『한국정치학회보』 제33집 제1호(봄호); 박진희, 2008, 『한일회담: 제1공화국의 대일정책과 한일회담 전개과정』, 선인.

다. 연합국 자격, 조약서명국 자격, 맥아더라인의 유지, 영토적 요구 등 대부분의 요구가 기각된 상태였고, 미국이 한국의 옵서버 자격에도 제약을 가하는 상황이었기 때문에 한국정부로서는 일본에 정치적 압력을 가할 수 있는 수단이 필요했다. 이를 위해 고안된 것이 맥아더라인을 대체하는 어업보호선의 구상이었다. 이는 대일평화조약에서 한국이 요구했으나 기각된 맥아더라인의 유지와 독도·파랑도의 한국 귀속이라는 두 가지 과제를 실질적으로 해결할 수 있는 방안이었으며, 이미 1951년 4월 이래 한국정부가 준비 중이던 정책이기도 했다.

한국정부는 1951년 2월 중순 요시다 시게루(吉田茂) 일본 수상과 존 포스터 덜레스(John Foster Dulles) 평화회담 특사 간의 왕복서한(1951. 2. 9)을 통해 맥아더라인의 폐지를 인지했으며, 이에 대비해 대일어업협정준비위원회를 구성하고(1951. 4. 3) 대비책을 마련하는 중이었다. 나아가 7월 19일 한미협의를 통해 한국이 대일평화회담에 초대되지 않을 것임을 알게 되었고, 8월 10일 귀속재산문제를 제외한 거의 대부분의 한국측 요구가 기각되었다는 최종 통보를 받게 되었다. 이러한 상황 변화에 따라 최초에는 맥아더라인을 대체하는 어업보호선·한일어업협정이 논의의 중심을 이루다가, 점차 독도영유권, 나아가 대륙붕·국방 문제 등을 포함하는 해양주권선으로 논의가 대폭 확대되기에 이르렀다. 즉, 맥아더라인의 대체물로 시작된 해양주권선(평화선)은 샌프란시스코평화조약 체결 이후 한국정부가 의지할 수 있는 가장 강력한 정책적 지렛대이자 도구가 되었다. 그리고 이는 한국정부의 정책적 판단의 결과물이었다.

한국정부의 맥아더라인 대책은 크게 4단계로 진행되었다. 첫째 대일어업협정준비위원회를 구성해 유관부처 간의 협의와 대책을 마련하는 단계(1951년 4월), 둘째 주일공사 김용주가 영해선과는 다른 (어업보호)관할선이라는 개념을 제시한 단계(1951년 5~6월), 셋째 외무부·상공부 등 유관부처들의 합동회의를 통해 어업보호관할선이 보호관리수역·보호관할수역으로 확대되고 독도가 수역 내에 포함된 안이 국무회의에서 상정·통과되는 단계(1951년 9월),

넷째 샌프란시스코평화조약 체결 이후 보호관할수역이 해양주권 개념으로 확대되어 포고되는 단계(1952년 1월)로 진행되었다. 각 단계마다 개념과 용어들은 상이했지만, 맥아더라인의 유지 및 독도영유권의 확보라는 동일한 목적 하에 움직임이 지속되었다.

첫 단계에서 대일어업협정준비위원회의 입장은 4월 초에 작성된 「의견」에 잘 드러나 있다. 김훈 상공부장관을 위원장으로 조정환 외무부차관, 정문기 중앙수산시험소장, 황성수 의원 등이 위원으로 참가한 대일어업협정준비위원회는 이 시기 한국정부가 대일어업협정을 바라보는 중요성을 반영했다. 상공부장관은 수산업을 소관업무로 하고 있었으며, 외무부차관은 외교적 협의를 위해, 정문기 중앙수산시험소장은 수산업의 구체적인 현황과 데이터제공의 실무적 역할을 위해, 황성수 의원은 국회의 입법활동을 위해 참가했다. 즉, 대일어업협정준비위원회는 유관부처의 장·차관급 인사들로 구성된 정책자문·결정 조직이었다. 현재 공개된 외교기록에는 위원회가 1951년 4월 3일 조직되었고, 4월 6일 제1차 회의, 4월 11일 제2차 회의를 개최한 것으로 나타나 있다.[2] 이들은 4월 11일 국무총리에게 3단계의 대일어업정책을 건의한 바 있다. 「의견」은 여기에 첨부된 자료였다.

이에 따르면, 먼저 일본 점령이라는 군사적 목적을 달성하기 위해 설치된 맥아더라인이 대일강화 성립 후 폐지되는 것이 국제법상 당연할 것으로 예상했다. 그러나 일본의 재침략을 방지하기 위해서 대일강화조약 체결 시 맥아더라인의 존속을 주장해야 하며, 그 밖에 한일어업협정 체결조항을 대일강화조

---

[2] 「對日漁業協定準備委員」, 외무부 정무과, 1952, 『한국의 어업보호정책: 평화선 선포, 1949~52』(2005년 공개 외교문서, 분류번호 743.4, 등록번호 458), 1178쪽; 「대일어업정책에 관한 건」(1951. 4. 12)(대일어업협정준비위원회 위원장 김훈→국무총리), 1274~1279쪽; 「맥라인의 確保와 漁業協定에 關한 件」(외무부장관→주일대사)(1951. 8. 29), 1417~1428쪽. 대일어업협정준비위원회는 위원장 상공부장관 김훈(金勳), 위원 외무부차관 조정환(曺正煥), 중앙수산시험소장 정문기(鄭文基), 국회의원 황성수(黃聖秀)로 구성되었다. 이하에 제시되는 한국 외교문서들은 특기하지 않는 한 외무부 정무과, 1952, 위의 문서철에서 나온 것들이다.

약에 삽입해야 한다고 판단했다.³⁾ 위원회는 한일어업협정이 ① 어종보호협정, ② 어장에 관한 협정의 두 가지 종류가 될 수 있다고 예상했다. 이 가운데 어장협정은 "공해상에 경계선을 획(劃)할 수 없다는 국제법상의 종래의 원칙" 때문에 많은 곤란이 있을 것으로 예상했지만, 내심 어장에 관한 협정을 체결할 계획이었다. 즉, 형식은 어종보호협정을 취하지만, 실질적으로는 공해상의 경계선을 긋는 성과를 얻어야 한다는 제안이었다.⁴⁾ 이와 같이 한국정부는 1951년 4월에 맥아더라인 폐지를 전제로 한 3단계의 대응전략을 수립해놓은 상태였다. 그것은 첫째 대일강화조약상 맥아더라인의 존속, 둘째 대일강화조약 시 한일어업협정 체결조항 삽입, 셋째 어종보호협정 형식을 취한 어장에 관한 한일어업협정 체결 등이었다.

한국정부는 대일평화조약에 맥아더라인 존속과 한일어업협정 조항을 삽입하라는 선택지도 마련했지만, 실질적으로는 일본과 양자조약을 통해 한일어업협정을 체결할 수밖에 없다고 판단했다. 때문에 한국정부는 한일어업협정을 통해 형식적으로는 어종보호협정이며, 실질적으로는 어장에 관한 해상 경계선을 획정한다는 전략을 수립했던 것이다.

한국정부의 입장에서 일차적으로는 수산업 보호라는 측면에서 맥아더라인의 사수가 매우 중요했다. 발달한 일본 어선들이 한국 연해의 황금어장들을 싹쓸이했기 때문이었다. 일본의 전전(戰前) 최고 연간어획량은 1936년의 433만 톤이었는데, 이미 1952년에는 482만 톤을 달성해 세계 제1위의 수산국 지위를 회복하기에 이르렀다. 특히 한국 근해의 동해와 황해 어장은 일본 어선들이 저인망어업과 트롤 어업을 하기에 매우 좋은 최고의 어장이었고, 당연히 한국 수산업은 큰 재난에 빠졌다.⁵⁾

---

3) 「見解」, 날짜 미상, 1182~1185쪽.
4) 이 문서는 「對日漁業協定準備委員」(1178쪽)이라는 문서 뒤에 「韓日漁業協定(案)」(1179~1181쪽)과 함께 첨부되어 있다.

한국정부 내부에서는 수산업을 담당하는 상공부와 외무부가 긴밀한 협력을 펼쳤다. 맥아더라인을 대체할 어장에 관한 해상경계선 획정이 내부에서 준비되었고, 상공부는 "한국이 정상(正常)한 어업질서를 회복할 때까지는 일본인의 황해 급(及) 동남지나해에의 출어(出漁)는 절대로 금지되여야 할 것"이라는 내용의 공문을 만들어, 외무부를 통해 주미대사(미 국무부, 미상원 외교위원회), 주일공사, 주영대사 등 재외공관과 국내 유관부처에 송부했다.[6] 대외적으로는 맥아더라인의 유지 및 대일강화조약에 관련 조항 삽입문제에 관하여는 끝까지 투쟁한다는 이승만 대통령의 결의가 재외공관에 송부되었다.[7]

둘째 단계는 1951년 5월 10일 김용주 주일공사가 외무부장관에게 보고서를 송부하면서 본격화되었다. 1950년 5월 동경에 도착한 이래 김용주 공사는 맥아더라인 유지, 재일 한국 선박 반환문제 등을 집중적으로 다루었는데, 1951년 4월 12일자 보고서를 통해 대일평화조약 초안에 각국은 개별적으로 일본과 어업협정을 체결하도록 되어 있다고 보고했다. 이는 미 국무부가 작성해 유관국에 송부한 「대일평화조약 임시초안(제안용)」(1951. 3)을 지적하는 것이었다. 김용주는 「북서대서양어업에 관한 국제조약」(International Convention for the Northwest Atlantic Fisheries)(1949. 2. 8)의 사본을 동봉하며 맥아더라인 폐지대책으로 대일어업협정안을 진언했는데, 이는 대일어업협정준비위원회의 안과 크게 다를 바 없었다. 골자는 강화조약 체결 전에 한일어업협정

---

5) 和田正明, 1965, 『日本漁業の新發足』, 水産經濟新聞社 29, 35~37쪽(지철근, 1979, 『평화선』, 범우사, 93쪽에서 재인용).
6) 「(제1안) 대일강화후의 한일 간 어업에 관하여 미국에 양해요청에 관한 건」(1951. 3. 30. 기안, 4. 3. 접수, 4. 6. 발송)(외무부장관→주미국대사), 外政第225호, 1188~1215쪽; 「(제2안) 대일강화후의 한일 간 어업에 관하여 미국에 양해요청에 관한 건」(1951. 4. 3)(외무부장관→주일공사), 外政第225호, 1216~1217쪽; 「(제3안) 대일강화후의 한일 간 어업에 관하여 미국에 양해요청에 관한 건」(1951. 4. 3)(외무부장관→기획처장·국방부장관), 外政第225호, 1216~1217쪽; 「(제4안) 대일강화후의 한일 간 어업에 관하여 미국에 양해요청에 관한 건」(1951. 4. 3)(외무부장관→대통령), 外政第225호, 1243~1246쪽; 「(제5안) 대일강화후의 한일 간 어업에 관하여 미국에 양해요청에 관한 건」(1951. 4. 3)(외무부장관→주영대사), 外政第225호, 1247~1248쪽.
7) 「漁業協定 等에 關한 件」(대통령→金龍周공사)(大秘指外第10號, 1951. 4), 1313~1315쪽.

방식·체결시기의 명문화, 조선해협(대한해협)의 맥아더라인 유지, 황해어구의 일본 어선 조업제한, 금어기(禁漁期) 설정 등이었다.[8]

김용주 주일공사는 당시 한국정부의 맥아더라인 대체선·대체수역 설정에 관해 논리적 모델을 수립하는 데 중요한 역할을 했다. 김용주는 조선식산은행 출신으로 1926년 이후부터 해산물 위탁무역 및 운송업을 개시했으며, 포항운수주식회사를 운영한 바 있다. 해방 직후 조선해운대책위원회(朝鮮海運對策委員會)를 결성해(1946. 6. 14) 일본이 반출해 간 조선우선(朝鮮郵船) 5척의 반환을 주도했으며 조선우선회사(朝鮮郵船會社) 사장을 지냈다. 정부 수립 이후 전국해운업자대회의 의장에 선출되어, 재일 한국 선박의 반환요구를 주도했으며,[9] 1949년 6월에는 법무부의 대일선박반환요구교섭단(對日船舶返還要求交涉團)의 부단장으로 임명되었고, 대표단이 일본에서 연합군최고사령부(SCAP)와 협의하는 동안 미국에 건너가 장면 주미대사와 함께 미국측에 직접 재일 한국 선박의 반환교섭을 담당하기도 했다.[10] 초대 해운공사 사장을 지냈으며 1949~1950년 간 한일통상회담의 한국측 대표단의 일원으로 수송분과를 맡았다.[11] 당시 김용주는 신성모와 함께 한국 해운 분야의 주요 인물이라는 평판을 얻었다.[12] 이런 연유로 김용주는 1950년 5월 주일공사에 임명되었으며, 대일평화조약이 준비되는 1951년 6월까지 주일공사로 재직하면서 맥아더라인을 대체할 어업보호선의 법적·논리적 구상을 제시했다.[13]

---

8)「對日講和協定에 關한 上申의 件」(1951. 4. 12)(주일공사 김용주→외무부장관), 1321~1331쪽.
9)『부인신보』·『서울신문』(1948. 9. 29, 1948. 10. 7); 김동조, 1986,『회상 30년 한일회담』, 중앙일보사, 30쪽.
10) 단장: 주일대사 정환범(鄭桓範), 부단장: 조선우선주식회사 사장 김용주, 단원: 법무부 조사국장 홍진기, 교통부 해운국장 황부길(黃富吉), 주식회사 임경상점(林兼商店) 사장 오진호(吳辰鎬), 조선우선주식회사 고문 정인섭(鄭寅燮), ECA 맥킬리〔『연합신문』(1949. 6. 5)〕.
11)『서울신문』(1949. 10. 8, 1950. 3. 24).
12) 김용주는 신성모와 함께 교통부의 해운 분야 자문위원으로 선출되었다(1948. 11. 18)〔『시정월보』제2호(1949. 3. 10), 133~134쪽〕.
13) 한국일보사, 1981,「金龍周」,『財界回顧 2: 元老企業人篇』, 한국일보사, 40~122쪽; 김용주, 1984,『風雪時代八十年』, 신기원사.

특히 김용주가 외무부장관에게 제출한 「아국 영해선 외의 어업보호관할권 문제」(1951. 5. 4)라는 보고서는 이후 한국정부의 정책기조를 결정하는 데 주요한 역할을 했다. 이 보고서에서 김용주는 주권, 관할권, 특별관할권이라는 세 가지 권리를 구분해 제시함으로써 한국정부가 어업보호관할권(수역)이라는 개념을 만드는 데 기여했다. 김용주는 해안선으로부터 3~5마일의 한계는 영해국가의 주권이며, 이 주권선을 넘어 일정한 범위에서 관계국들과의 협의하에 어업보호를 목적으로 하는 관할권을 행사할 수 있다고 보았다. 그런데 이 관할권은 국가안보 및 세관·위생·밀수 방지·불법입국 방지를 위해 영해의 한계를 넘어 주권을 행사하는 특별관할권과는 다른 것이라고 했다. 또한 관할권과 관련해 미국·러시아·영국의 입법례를 제시하면서, 일본의 맥아더라인 월경 및 한국 영해 침범으로 한국의 어족자원이 소멸될 위기에 처해 있으므로 황해 및 서남해 서식 어족자원을 보호하기 위한 일정 범위 내에서의 '보호관할권'을 요구해야 한다고 주장했다. 즉, 영해선(주권선) 이외의 어족자원 '보호관할권'이 바로 맥아더라인을 대체할 수 있다고 본 것이었다.[14]

김용주가 제시한 보호관할권은 즉시 외무부의 호응을 얻었다. 1951년 5월 16일 외무부는 김용주의 보고서를 첨부한 공문을 상공부에 보내서, 영해선 이외의 관할권이 적용되는 거리·구역 및 지도, 피보호 어족(魚族)의 생태자료 등을 요청했다. 한 달 뒤인 6월 15일에는 독촉 공문을 보냈다.[15] 대일평화조약 체결일이 얼마 남지 않았기 때문이었다.

상공부의 의견은 6월 16일 제출되었다. 이때 제출된 것이 바로 지철근이 작성했다고 알려진 상공부안(어업관할수역안)이었다.[16] 상공부는 김용주의 보

---

14) 「我國沿海漁業保護政策에 關한 稟議와 仰請의 件」(주일공사 金龍周→외무부장관), 韓日代第1949호(1951. 5. 10), 1354~1369쪽.
15) 「我國沿海漁業保護政策에 關한 件」(외무부장관→상공부장관), 外政第402호(1951. 5. 16), 1371~1372쪽; 「我國沿海漁業保護政策에 關한 件」(외무부장관→상공부장관), 外政第402호(1951. 6. 15), 1373쪽.
16) 「我國沿海漁業保護政策에 關한 件」(상공부장관→외무부장관), 商水第368호(1951. 6. 16), 1371~1388쪽.

고서에 기초해서 어족자원의 보호를 위한 조업척수 제한, 트롤 어선의 조업금지구역 설정을 구체화했다. 구체적으로 황해·동남지나해·제주도 서방 해역 등 영해선 밖의 보호관할권을 설정했다. 이는 일제시대 조선총독부의 「조선어업번식보호급취체규칙」(朝鮮漁業繁殖保護及取締規則)(1928. 12. 10)에 의거한 것이었다. 트롤 어업금지구역은 조선 근해에서 일본 어선들의 무차별적 남획으로 인한 자원감소를 방지하기 위해 일부 어업금지구역을 지정한 것이었는데, 상공부 수산국은 일제가 만든 기준으로 '어업보호관할구역'을 설정하면 일본이 쉽게 반발하지 못할 것으로 판단했다는 것이다.[17] 상공부안에 따른 획선은 동쪽으로는 한반도 최북단인 우암령에서 시작해 울릉도-독도 사이를 지나 제주도의 남서쪽 해안으로 연결되었고, 서쪽으로는 신의주에서 시작해 백령도 서쪽 연안 부근을 지나 소흑산도로 연결되는 선이었다.[18] 이 획선의 실무를 담당한 지철근에 따르면, 이는 주로 수산업의 관점에서 한국 어민들의 주요 어장을 보호한다는 원칙하에 작성된 것이었다.[19] 그러나 이 획선에는 독도가 배제되어 있었다.

셋째 단계는 김용주 공사의 보고서가 정부 유관부처 내에서 회람·수정되는 과정을 거쳐, 어업보호관할선이 보호관리수역·보호관할수역으로 확대되어 국무회의에서 상정·통과되는 단계(1951년 9월)였다. 상공부에서 '영해 외의 보호관할권' 설정제안이 오자 외무부는 즉시 법무부와 협의하는 한편, 관

---

17) 지철근, 1979, 위의 책, 109~118쪽.
18) 지철근, 1979, 위의 책, 118쪽. 한편, 상공부 보고서에 첨부된「領海線 外의 保護管轄權 設定區域(별지도면)」(1387~1388쪽)에 제시된 좌표는 다음과 같다. 함경북도 경흥군 우암령 고정부터 동소(同所) 남 60도 동3해리반의 점, 경상북도 울릉도 동단(東端) 동경130도 북위 35도의 점, 동경 123도 10분 북위 34도 40분의 점, 동경 127도 북위 33도의 점, 동경 125도 북위 32도 30분의 점, 동경 124도 40분 북위 32도의 점, 동경 123도 북위 32도의 점, 동경 123도 북위 35도의 점, 동경 124도 북위 35도의 점, 평안북도 철산군 반성열도(般城列島) 수운도(水運島) 등대와 관동주 해양도(海洋島) 남단과의 견투선(見透線)과 동경 124도선과의 교회점(交會點) 급(及) 동도 용천군 신도열도(薪島列島) 마안도(馬鞍島) 서단과 만주국 황석초(黃石礁) 남단과의 견투선과 동경 124도선과의 교회선을 경(經)하여 마안도 서단에 지(至)하는 선 급 마안도 서단부터 북4도 30분 동의 선내(線內).
19) 지철근, 1979, 위의 책, 115~118쪽.

계국과장 합석회의(關係局課長 合席會議)를 개최해 정부 실무자들의 의견을 종합했다.

8월 25일 경남도청 임시국무회의실에서 개최된 관계국과장 합석회의에는 외무부〔정무국장 김동조(金東祚)〕, 상공부〔수산국장 최서일(崔瑞日), 어정과장 박종식(朴鍾植), 어로과장 지철근(池鐵根)〕, 해군본부〔작전국장 대령 최효용(崔孝鏞), 작전과장 소령 한문식(韓文植), 법무감실장 준장 김성삼(金省三)〕, 법무부〔법무국 조사과장 이병호(李丙浩)〕 등이 참석했다.[20] 합석회의에서는 맥아더라인 문제와 어업문제가 논의되었는데, 대일강화조약이 발효되면 맥아더라인은 자연소멸될 것이며, 이미 1951년 4월 19일 맥아더사령부 외교국에서 맥아더라인은 영해와 공해를 분할하는 국제적 선도 아니고 한일 간에 설정된 어업경계선도 아니라고 통보해온 사실을 확인했다.[21] 때문에 한국정부는 맥아더라인의 '자연소멸'에 대비하고 한국 영해에 인접한 공해의 어장을 보호하기 위해서는 보호관리수역·보호관할수역을 선포하고 일본과 어업협정을 체결하는 것이 필요하다고 결론지었다.[22] 합석회의는 트루먼 대통령이 미국의 어장보호를 위해 200해리까지를 영해로 확장할 수 있다고 한 트루먼선언(1945. 9), 강화조약 체결 후 일본의 150해리 영해선포설 등을 근거로 제시하며 어업보호의 정당성을 확인했다.

합석회의 결과 「'맥아더라인'에 대한 한국정부의 의견」이 작성되었는데, 맥아더라인이 존속되어야 하며 이 존속을 위한 별도의 어업협정이 필요하다는 주장을 담고 있다. 그 근거로 맥아더라인은 한국이 이미 6년간이나 보유한 기득권이자 연합군사령부의 일방적(편무적) 행위였으며, 일본이 한국 연안의

---

20) 「對日漁業問題에 關한 會議錄」(열람자: 제2과장, 제1과장, 국장, 차관, 장관)(1951. 8. 25), 1402~1403쪽. 외무부 정무국장 김동조는 해군수로부 관계자, 김성도 진해경비사령관, 상공부 수산국의 최서일 국장, 지철근 어로과장, 수산검사소장 정문기 박사 등과 회의를 했다고 썼다(김동조, 1986, 위의 책, 16쪽).
21) 「1. 맥아더라인 문제(정부의견)」, 1405~1408쪽.
22) 「(별지2) 대일어업협정에 관한 합석회의의 개략과 결의록」, 1422~1428쪽.

동남지나해·제주서남해에서 어업하는 것은 부당이득이라는 논리가 제시되었다.[23] 김용주가 제기한 보호관할선이 정부 유관부처 실무자 합동회의에서 보호관리수역·보호관할수역이라는 명칭을 얻게 된 것이다. 이 시점에 한국정부는 트루먼선언(1945. 9), 미국·캐나다어업협정(1930. 7. 26), 국제포경금지조약(1946. 12. 2), 북서대서양어업조약(1949. 2. 8), 미국·캐나다올눌제(해구신)협정, 미국·코스타리카어업조약 등을 근거로 제시했다.[24]

문서상으로는 드러나지 않지만, 아마도 이 시점 어디에선가 독도가 보호관리수역·보호관할수역에 포함된 것으로 판단된다. 이와 관련해 당시 실무를 담당했던 외무부 정무국장 김동조와 상공부 어로과장 지철근의 회고가 남아 있다.

먼저 외무부 정무국장 김동조의 회고를 보자. 김동조에 따르면, 당시 맥아더라인을 대체하는 선을 찾기 위해 정무국의 장윤걸(張潤傑), 김영주(金永周) 등과 함께 해양법 관련 자료를 수소문했고, 그 결과 연안어족 보호를 위해 연안에 일정한 어업보호수역을 설정하여 배타적 관리를 할 수 있다는 결론을 얻었다. 이에 따라 어업보호에 관한 선언문과 획선(劃線)작업을 진행했는데, 이 과정에서 "앞으로의 영토문제를 고려해서 어업보호수역 안에 특별히 넣은 것은 독도"였다.[25] 김동조에 따르면, 자문에 응했던 일부 인사들은 순수한 어업보호수역 설정을 위해서라면 독도를 포함하는 것이 명분에 맞지 않는 것이라고 반대했지만, 앞으로 한일 간에 야기될지도 모를 독도분규에 대비해 주권행사의 선례를 남겨놓는 것이 반드시 필요하다고 생각해 이를 넣었다는 것이다.[26]

---

23) 「맥라인의 確保와 漁業協定에 關한 件」(외무부장관→주일대사)(1951. 8. 29) 중 「(별지1) 一. '맥아더라인'에 대한 한국정부의 의견」, 1417~1428쪽.
24) 위와 같음.
25) 김동조, 1986, 위의 책, 16쪽.
26) 김동조, 1986, 위의 책, 16쪽.

다음으로 상공부 어로과장으로 당시 실무를 담당했던 지철근의 회고이다. 이에 따르면 맥아더라인을 대체하는 어업보호선은 ① 상공부안(어업관할수역안), ② 외무부수정안(변영태추가안), ③ 경무대수정안(해양주권선)의 3단계로 변화되었다.[27] 처음 상공부안은 1950년 10월부터 어업관할수역 획선작업을 담당했던 상공부 수산국 지철근 어로과장이 작성한 것으로, 주로 수산업의 관점에서 작성되었다. 그런데 상공부안은 외무부와 협의하는 과정에서 수산업의 차원을 넘어 독도영유권을 강조하기 위해 독도를 포함하는 안으로 변경되었고, 당시 외무부장관이던 변영태의 이름을 딴 변영태추가안으로 호명되었다. 지철근은 원래 상공부안이 주요 어장을 모두 담고 있으며, 일제시대 트롤어업금지구역을 기준으로 삼아 되도록이면 일본에 자극을 주지 않고 반박을 막으며 실리를 거두자는 취지였는데, 외무부가 관할수역 안에 독도가 빠져 있다고 하여 이를 추가할 것을 요청했다는 것이다.[28] 독도를 수역 밖에 두면 대외적으로 자칫 우리나라의 영토가 아니라는 그릇된 인식을 줄지 모른다는 이유에서였다. 결국 외무부의 수정요청을 받아들여 원안을 마무리 짓게 되었고, 이것을 변영태수정안이라 명명했다는 것이다.[29] 변영태수정안은 1951년 9월 7일 제98회 임시국무회의에서 '어업보호수역'으로 의결되었다.

김동조나 지철근의 얘기 모두 일맥상통하는 바가 있다. 즉, 한국정부는 1951년 8월 말, 9월 초의 시점에 맥아더라인을 대체할 '영해선 이외의 어족자원 보호관할권(관할선)'을 '보호관리수역'·'보호관할수역'이라는 명칭으로 확정했으며, 이 획선에 독도를 포함시킨 것이었다. 9월 10일 『서울신문』은 법무부·상공부·국방부·외무부 등 4개 부처가 수차례에 걸쳐 협의를 거듭한 결과, 독도·파랑도 등 영토문제와 수산업·국방의 견지에서 중요한 맥아더라인의

---

27) 지철근, 1979, 위의 책, 109~129, 167~172쪽.
28) 지철근, 1979, 위의 책, 120쪽.
29) 지철근, 1979, 위의 책, 121쪽.

존속을 위한 법적 근거를 마련했다고 보도했다. 이는 대일평화조약에 따른 맥아더라인의 철폐에 대비하기 위한 것으로, 국무회의에서 심의가 끝나는 대로 정부가 수일 내 대외적으로 중대성명을 발표할 것으로 보았다.[30] 즉, 맥아더라인을 대체하는 안이 상정되었는데, 여기에는 독도영유권 문제도 포함되어 있으며, 구체적인 내용은 정부성명으로 발표될 것이란 보도였다. 이런 경위로 독도는 가까스로 한국 영토에 포함되었다. 이 시점에 파랑도는 아직 그 실체를 확인하지 못했으므로 포함되지 않았다. 한국정부의 파랑도조사는 1951년 9월에 들어서야 시도되었다.

마지막 단계는 1951년 9월부터 1952년 1월까지로, 국무회의를 통과한 보호관할수역이 해양주권 개념으로 확대되어 포고되는 단계(1952년 1월)였다. 외무부는 1951년 8월 25일 유관부처 간의 의견조율이 끝나자 곧바로 주일대표부에 맥아더라인을 대체할 한국의 보호관리수역·보호관할수역의 선포계획과 한일어업협정 문제를 SCAP과 일본정부에 의향을 타진하라고 지시했다(1951. 8. 29).[31] 샌프란시스코평화조약의 조인식이 며칠 남지 않았기 때문에, 외무부장관은 「어업보호구역 선포에 관한 건」을 국무회의에 긴급 상정했고, 그 결과 9월 7일 제98회 임시국무회의에서 안건이 통과되었다.[32] 외무부장관은 대통령에게 9월 8일자로 결재를 올렸고, 첨부문서에 따르면 선언서의 제목은 「대한민국 대통령의 한국연안 공해(公海)에 있어서의 어업보호에 관한 선언서」였다.[33]

대통령에게 보고된 첨부문서는 「어업문제에 관한 대책근거요점」이었는

---

30) 『서울신문』(1951. 9. 10).
31) 「맥라인의 確保와 漁業協定에 關한 件」(외무부장관→주일대사)(1951. 8. 29), 1417~1428쪽.
32) 「漁業保護區域宣布에 關한 件」(외무부장관→총무처장), 外政第○호(1951. 9. 6), 1454~1455쪽; 「國務會議提出案件處理狀況通知의 件」(총무처장→외무부장관), 總議第174호(1951. 9. 8), 1456~1457쪽; 김동조, 1986, 위의 책, 16~17쪽.
33) 「漁業保護水域宣布에 關한 件」(외무부장관→대통령), 外政第958호(1951. 9. 8), 1485~1493쪽. 이 획선의 좌표는 1491~1493쪽에 제시되어 있다.

데, 여기에는 지금까지 논의된 한국정부 내의 입장이 총정리되어 있다. 먼저 국제어업협정이 어족보호·어장획정의 두 가지 방식이 있으며, 종래의 어업협정은 어족보호가 중점이었는데 한일관계에서는 어장획정에 중점을 두어야 하며, 이것이 뜻대로 안 될 때에는 어족보호를 내세워 실제로는 어장획정과 동일한 효과를 얻도록 대책을 수립해야 한다고 강조했다. 제시된 한국정부의 한일어업협정의 단계별 대책은 다음과 같았다.

1. '맥'선을 존속시켜서 일본어선만은 절대로 차선(此線)을 침범 못하도록 할 것.
2. 1의 요구가 불성립일 시는 '맥'선을 존속시켜서 일본어선만이 아니라 한국어선도 상호 침범치 않기로 할 것.
3. 2의 요구가 불성립 시에는 아국(我國)이 어업보호수역을 선포하야 이를 일본이 승인할 것.
4. 3의 요구가 불성립 시에는 상호 간에 어업보호수역을 선포하야 이를 상호 승인할 것.[34]

그러나 이승만은 이 안건을 즉각 재가하지 않았다. 그 이유는 여러 가지로 추정되었는데, 첫째 샌프란시스코평화조약 이후에도 맥아더라인을 유지하기 위해 미국과 협상하는 것이 최선의 방침이며, 둘째 어업보호라는 경제적 차원뿐만 아니라 북한·소련·일본 등의 해상침략 저지라는 안보적 성격을 포함해야 하기에, 현존하는 맥아더라인을 서둘러 포기하는 듯한 태도를 보이는 것은 적절치 않으며, 셋째 대륙붕(海棚) 내 해저 광물자원의 보호 및 개발이 필요하다고 판단했기 때문이었다.[35]

---

34) 「漁業保護水域宣布에 關한 件」(외무부장관→대통령), 外政第958호(1951. 9. 8) 중 「어업문제에 관한 대책근거요점」, 1478쪽.
35) 김동조, 1986, 위의 책, 18쪽; 지철근, 1979, 위의 책, 126~129쪽.

보다 직접적으로는 샌프란시스코평화조약에 일본과 다른 나라 사이의 어업협정 조항이 명문화되었기에 한일어업협정 조항을 별도로 대일평화조약문에 포함하는 것이 현실적으로 불가능해졌기 때문일 것이다. 또한 샌프란시스코평화조약이 체결되고 미국의 강력한 권고로 한일회담이 추진되고 있었기 때문에, 한국측이 한일어업협정 문제를 중심으로 마련한 카드를 쉽게 내보일 수 없었기 때문이었다. 한국측으로서는 한일관계와 관련해서 좀더 포괄적이며 확실한 정책수단이 필요했다.

한국정부는 이후 기존의 어업보호(관할)수역이라는 어업의 차원에서 한걸음 더 나아가 대륙붕의 해상·지하의 광물자원 보존·개발이용, 국방·안보의 측면을 보강하는 한편, 서해안의 획선을 확장해 1952년 1월 18일 국무원 포고 제14호로「인접해양에 대한 주권에 관한 대통령선언」(약칭 해양주권선언)을 선포했다.[36]

이상에서 살펴본 것처럼, 한국정부는 샌프란시스코평화조약의 체결과정에서 외교적으로는 미국을 상대로 맥아더라인의 존속을 줄기차게 주장하는 한편, 국내적으로는 행정부의 공동노력으로 맥아더라인의 '자연소멸'을 염두에 둔 대처방안들을 준비하고 있었던 것이다. 특히 1951년 8~9월 간 맥아더라인을 대체하는 보호관할수역 방안을 확립하고, 그 속에 독도영유권 문제를 삽입함으로써 샌프란시스코평화조약 이후 한일회담, 한일관계에 대비하려고 했다. 맥아더라인의 대체선으로 구상되기 시작한 대안에는 어업보호라는 원래의 목적에 독도영유권 확인이라는 영토적 목적이 부가되었다. 즉, 이는 대일평화조약에서 한국이 주장했던 맥아더라인의 유지와 독도영유권 확보라는 두 가지 목표를 동시에 추구한 정책적 대안의 성격이었다.

이러한 조치는 이미 국제사회로부터의 비판을 예견한 상태에서 준비되었

---

[36] 지철근, 1979, 위의 책, 109~129, 167~172쪽.

으며, 한국의 어업·경제·영토·국방·안보를 지키기 위한 국가적 선택이었다. 1952년 1월 해양주권선언 이후 일본은 독도영유권을 주장하며 맞대응했지만, 이는 한국정부의 예상범위에 속한 것이었다. 주변국들의 비판이 적지 않았지만, 이미 그러한 반응을 염두에 두고 있었으므로, 한국정부는 허둥대거나 정책수행상 큰 파열음을 내지도 않았다. 정책은 일관되게 추진되었다.

종합하면, 1951년 7~9월 간 한국정부는 독도문제와 관련해 두 가지 중요한 조치·결정을 취했다. 첫째, 대일평화조약 초안을 검토하는 과정에서 독도가 한국령임을 명백히 주장했다. 둘째, 독도영유권 확인과 맥아더라인에 대한 포괄적 해결방안으로 보호관할수역을 설치하고, 그 수역 안에 독도를 위치시켰다.

적절한 외교적 대처의 미비로 대일평화조약문에 독도영유권을 반영하지 못했지만, 한국정부의 노력으로 독도는 한국령으로 명백히 선언되었다. 보다 중요한 것은 한국행정부의 주요 부처들이 종합적으로 독도의 가치와 중요성을 인지했으며, 그런 가운데 '해양주권선언'의 주요 구성요소로 독도가 포함되었다는 사실이었다.

(2) 파랑도조사의 실패

독도는 평화선 속에 포함됨으로써 적절한 해결책을 찾았지만, 문제는 파랑도였다. 위치와 실체가 불명확한 이 섬에 대한 한국측 주장을 확증하기 위해서는 근거확보가 필수적이었다. 1951년 9월 초 국내에서는 파랑도의 귀속문제에 대한 추측성 보도들이 연이었다. 한 신문은 파랑도가 제주도의 서쪽에 있는 바위로 된 작은 섬이며 중요한 어장인데, 2차 대전 후 일본이 미군 당국의 허가를 얻어 "이 섬까지 나와 마음대로 어로하였으며, 그 어획물을 독차지하여 왔고 지금도 일본의 유력한 어장의 하나가 되어 있다 한다"고 했다.[37] 외무부의 문헌조사 결과, 영국·중국·일본의 문헌과 해도에도 이 섬이 "한국의 것이라는 확증"이 뚜렷이 나타났다는 것이다. 실제 파랑도 조사과정에서 한국산악회가 활용한 것은 일본 해군 수로부가 발행한 해도였다.

다른 한편, 교통부 해운국에 근무하는 이호영이 제주도 한림의 노인들로부터 파랑도에 관한 민요·전설 등을 취재하여 잡지『해양』에 수록하기 위해 인쇄를 하던 중 한국전쟁 발발로 소실되었다는 보도가 있기도 했다. 이호영은 변영태 외무부장관에게 자신을 제주도에 파견하면 증거문헌을 수집해주겠다고 제안하면서, 파랑도는 거리상으로 제주도와 근접하고 있으며 제주도 민요나 전설로 전해지고 있는바 한국 영토가 틀림없다고 주장했다.[38]

한국정부는 1947년의 독도조사를 담당했던 한국산악회를 재차 활용했다. 1951년 9월 18일 홍종인을 단장으로 하는 30명의 한국산악회 파랑도조사단이 파견되었다. 한국산악회 기록에 따르면, 이는 문교부·국방부의 의뢰사업이었고, 정식명칭은 '제주도·파랑도학술조사대'(1951. 9. 18~9. 26)였다. 조사대에 참가했던 원로산악인 손경석의 증언에 따르면, 한국산악회 부회장인 홍종인이 대일평화조약 실무를 담당했던 유진오와 각별한 사이여서 조사대가 만들어졌다.[39] 조사단의 파견은 샌프란시스코조약이 체결된 다음의 일이었다. 전시 한국정부가 기민하게 서둘렀으나 현실적 조사활동에는 시간이 걸린 것이었다.

조사단에 참가했던 한국산악회 임원 김정태의 기록에 따르면, 제주도 모슬포 남방 91해리 해상에 있다는 무인도인 파랑도는 해도상(海圖上) 'Socotona Rock'(원문 그대로) 즉 '초'(礁)로 나와 있었고, 조사목적은 위치(북위 32도 35분 동경 120도)를 문교부(당시 국민학교 지리부도 표기 확인사항)와 국방부

---

37)『민주신보』(1951. 9. 3).
38)『부산일보』(1951. 9. 9).
39) 손경석, 1995,『등산반세기: 한국산악운동 50년 野話』, 산악문화, 143쪽;「손경석 인터뷰」(2010. 1. 7. 죽전 신세계백화점).

(국방상 국토해역 확인사항)의 의뢰에 따라 학술적으로 확인·조사하기 위한 것이었다.[40]

전쟁 중이었지만 한국산악회 회원들을 수소문해 모으고, 학자 회원들도 소집되었으며, 해군 경비정도 준비되었다. 피난수도 부산에서 조사대가 구성되었는데, 대장(홍종인), 지휘(김정태), 학술반 30명(문교부, 국방부, 해군본부 관계관 6명 포함), 제주도반 20명(도청 파견), 잠수반 8명 등 합계 58명의 대규모 조사단이 꾸려졌다.[41] 잠수반이 포함된 것은 수면 아래 위치한다고 전해진 파랑도의 실체를 확인하기 위한 것이었다.

학술반은 지리반·역사반·언어반·해양반·기상반·수산반으로 구성되었고, 이 조사단은 한국의 "뚜렷한 영토권을 입증"하기 위해 해군 함정을 이용해 부산을 출발했다.[42] 전시 중 해군 함정을 활용한 데서 드러나듯 범정부적 차원에서 조사활동이 조직·지원되었으나 10일 일정으로 출발한 조사단은 결국 파랑도를 발견하지 못한 채 귀환했다.

조사단이 파랑도의 실체를 확인하는 데 실패한 가장 큰 이유는 정확한 좌표를 알지 못했기 때문이었다. 1947년 이래 파랑도의 좌표는 북위 32도 30분 동경 125도로 보도되었지만,[43] 실제 위치는 동경 125도 10분 58초 북위 32도 7분 31초였다. 좌표가 정확하지 않은 데다 수면 아래의 암초였기 때문에 1973년의 탐사활동에서도 이 암초를 발견할 수 없었다.

한국산악회 기록에 나오는 것처럼 이는 파랑도(일본명), 소코트라암(Socotra Rock, 영국명), 쑤옌자오(蘇岩礁, 중국명), 이어도(한국명)의 다른 이름들이었다. 조사대는 부산에서 해군경비정인 상륙형주정(LST) 901호정에 탑승해 부

---

40) 金鼎泰, 1977, 「韓國山岳會30年史」 중 「1951년 9월 18일~26일: 제주도파랑도학술조사대 파견」, 『한국산악』 XI(1975·1976년호), 한국산악회, 35쪽.
41) 손경석은 한국산악회 회원이 홍종인 대장 외 23명이었다고 했다(손경석, 1995, 위의 책, 143쪽).
42) 「波浪嶼調査團 現地에」, 『조선일보』(1951. 9. 22).
43) 「일본의 침략적 야욕, 이번엔 황해 坡浪嶼를 자기네 영토라고 맥사令에 보고」, 『동아일보』(1947. 10. 22).

산-제주도-파랑도-제주도〔도내 일주, 삼도(森島)·마라도·가파도 답사〕-부산 귀항의 예정으로 조사를 진행했다.

조사대는 9월 21일 파랑도가 있다는 해상지점을 통과했고, 동서남북을 다니며 해심(海深) 측정, 해저토질 채취 등 면밀한 조사를 진행했지만, 끝내 이 섬을 발견하지 못했다. 조사대는 결론적으로 이 위치의 '암초'가 해조간만(海潮干滿)에 따라 수면 위로 부침(浮沈)하는 것으로 추정되지만, 제주도민과 일본군 폭격기 조종사가 목격했다고 전하는 "도상(島上)에 수림(樹林)과 산정(山頂)에 연못이 있었다"라는 파랑도는 알려진 위치에 존재하지 않으며, 실제로는 중국령에 가까운 다른 섬을 오인한 것으로 인정하고 수색을 단념했다.[44]

한편, 손경석의 증언은 조금 차이가 있다. 이에 따르면 목포에서 뱃길로 3일을 나가 남지나해에 이르러 해면 아래 암초를 발견했고, 산악회원 변완철이 자일에 몸을 묶고 내려가보자고 주장했으나 심한 격랑으로 도저히 확인할 수 없었다. 때문에 '대한민국영토 파랑도'라고 새긴 동판 표지를 암초에 가라앉히고 귀환했다는 것이다.[45] 파랑도 확인에 실패한 조사단은 그 대신 제주도에서 광범위한 학술답사를 하고 난 후, 제주 북국민학교 강당에서 제주신문사·합동통신 지사 주최의 강연회를 개최했다(1951. 9. 26).[46]

한국산악회 조사대가 찾은 파랑서(波浪嶼)는 현재 이어도종합해양과학기지가 건설된 마라도 남쪽의 이어도, 즉 소코트라초(Socotra Rock)였다. 이들이 가져간 해도에도 소코트라암으로 표기되어 있었다. 소코트라초(礁)는 1900년

---

44) 김정태, 1977, 위의 글, 35쪽.
45) 손경석, 1995, 위의 책, 143쪽. 한편, 이어도 종합해양과학기지 홈페이지에는 다음과 같이 기술되어 있다. "(1951년 조사시) 높은 파도 속에서 실체를 드러내 보이는 이어도 정봉을 육안으로 확인하고 '이어도'라고 새긴 동판 표지를 수면 아래 암초에 가라앉히고 돌아왔다." (http://ieodo.nori.go.kr/open_content/introduce/introduction.asp 2010. 1. 16. 검색결과).
46) 강연내용은 다음과 같았다. 「인사」(홍종인), 「제주도와 서양과의 관계」(홍이섭), 「상대인(上代人)의 해양발전」(이홍직), 「본도(本道) 위생사정」(김영택), 「방언에 대하여」(이숭녕), 「생물학상으로 본 제주도」(최기철), 「제주도의 지질」(옥승식)(김정태, 1977, 위의 글, 35쪽).

영국 상선이 발견했고, 1984년 파랑도, 2001년 이어도로 불리게 된 섬이다. 1900년 6월 5일 영국 상선 소코트라호가 동경 125도 11분 북위 32도 8분 해역에서 암초와 접촉했다고 보고했고, 1901년 영국 측량선 워터위치(Waterwitch)호가 영국 해군성의 지시로 암초의 위치·수심을 확인한 결과 수심 약 5.5m로 측량한 후 소코트라암이라고 명명했다. 일본에서는 파랑도(波浪島)로 명명했으며, 중국에서는 쑤옌자오(蘇岩礁)로 부른다고 주장하고 있다. 일본정부는 1938년 이 섬에 측량을 실시해 수로지에 그 위치를 기재했고, 이용계획을 구체적으로 수립했다. 일본은 나가사키(長崎)-고토(五島)-제주도-화조산도(花鳥山島)-상해(上海)를 연결하는 해저전선을 부설하고자 했는데, 제주도에서 화조산도 구간은 450km에 달해 중간에 중계기지 건설이 필요했다. 때문에 파랑도에 직경 15m, 해면 위 높이 35m의 콘크리트 구조물을 건설하여 중계기지와 등대시설을 설치할 계획을 수립했다. 그러나 이는 태평양전쟁의 발발로 실현되지 못했다.[47]

파랑도는 제주도에서는 전설의 섬 이어도로 불려왔으며, 여러 차례 위치확인을 위한 조사단이 파견되었다. 그러나 1984년에 가서야 제주대학교와 KBS의 파랑도 공동탐사로 그 실체가 확인되었다. 해양수산부에서 1995년부터 해양과학기지를 설치하기 시작해 2003년 이어도종합해양과학기지를 완공했다. 현재 국립해양조사원이 기지를 운영하고 있으며 해양관측, 기상관측, 환경관측, USN(Ubiquitous Sensor Network)관측 등 실시간 관측자료가 이어도종합해양과학기지 홈페이지(http://ieodo.nori.go.kr)에 게재되고 있다.

---

47) 김병렬, 1997, 『이어도를 아십니까』, 홍일문화, 6~7쪽; 「이어도 종합해양과학기지-이어도소개」(http://ieodo.nori.go.kr/open_content/introduce/introduction.asp 2010. 1. 16. 검색결과). 보다 자세한 사항은 제2장 각주 165 참조.

(3) 1952년 한국산악회의 독도조사와 폭격사건

1952년 1월 19일 한국의 해양주권선언이 있은 직후, 일본 외무성은 성명을 발표해(1. 20) 일본의 독도영유권을 주장했다. 일본 외무성은 한국정부가 한일 간 공해에 50~60마일의 영유권을 주장하고 있는데, "강화조약에서 우리에게 귀속된 우리의 독도까지도 한국에 속하게 될 것"이며 "한국정부는 또한 그 지배하에 있지 않은 북한의 해역에까지 그 주권을 확장"하고 있다며 맹비난했다.[48] 일본이 대일평화조약에서 독도가 일본령에 귀속되었다고 주장하는 것은 매우 주목할 만한 부분이었다. 일본은 현재같이 독도가 일본의 고유영토(고유영토설)이거나 1905년에 무주지로 편입된 영토(무주지편입설)라고 주장한 것이 아니라 1951년 샌프란시스코대일평화조약에서 일본령으로 귀속된 섬이라고 주장했던 것이다. 일본이 한국을 상대로 독도영유권을 주장하게 된 첫번째 배경이 샌프란시스코대일평화조약이었음이 분명히 드러나는 순간이었다.

『민주신보』의 보도에 따르면, 1952년 4월 28일 대일평화조약이 발효되어, 일본이 주권을 완전히 회복하자 "그날(4월 28일) 새벽 3시를 기하여 동해에 있는 독도지구를 비롯한 각 해역에 침범하기 시작" 했다.[49] 1952년 7월 당시 독도에는 1950년 설립된 독도폭격희생자위령비와 한국 영토임을 표시하는 남면(南面) 도동(道洞)이라는 표주(標柱)가 서 있었지만, 일본의 재침략에 대한 위기감이 높아졌다.[50]

1947년에 이어 1952년에도 한국산악회의 독도조사대가 구성되었다. 전시였음에도 정부 차원의 지원이 있었다. 한국산악회가 주최하고 문교부·외무부·국방부·상공부·공보처가 후원한 이 조사단의 명칭은 1947년과 동일한

---

48) 『자유신문』(1952. 1. 26); 『대구매일신문』(1952. 1. 31).
49) 『민주신보』(1952. 5. 23).
50) 『동아일보』(1952. 7. 10).

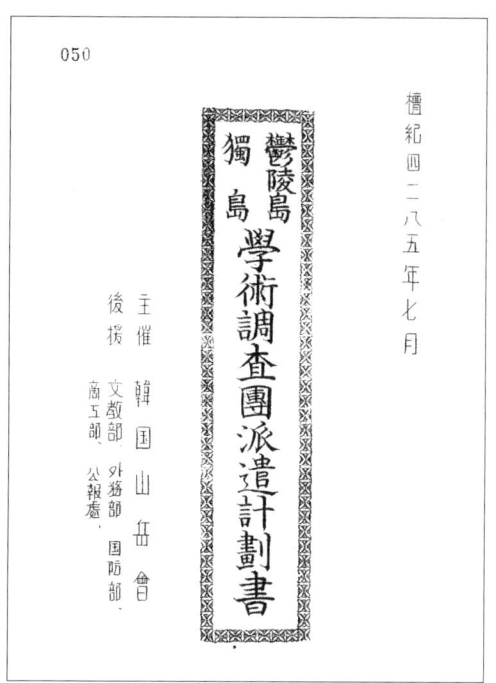

〈그림 9-1〉 울릉도독도학술조사단 파견계획서(1952. 7)

'울릉도·독도학술조사단'이었다. 한국인 최초로 독도를 측량한 박병주 교수가 소장한 「(단기 4285년 7월) 울릉도독도학술조사단 파견계획서」·「(단기 4285년 9월) 울릉도독도학술조사단 파견계획서」에 1952년 독도학술조사단의 내역이 드러나 있다.[51] 계획서는 1952년 7월과 9월 두 차례 작성되었다. 7월 계획서와 9월 계획서의 차이는 조사단원의 구성 차이 정도였다.

조사단의 목적과 과제는 다음과 같이 제시되었다.

---

51) 「(檀紀四二八五年七月) 鬱陵島獨島學術調査團派遣計劃書」·「(檀紀四二八五年九月) 鬱陵島獨島學術調査團派遣計劃書」, 『1952년~1953년 독도 측량: 한국산악회 울릉도 독도 학술단 관련 박병주 교수 기증자료』, 국회도서관 독도자료실 소장.

(1) 울릉도와 독도의 지상 자연과학 각부문(지질·광물·지형·생물·기상) 조사
(2) 울릉도와 독도의 부근 수역 자연과학 각부문(해양·기상·생물·수산물) 조사
(3) 울릉도와 독도의 인문과학 각부문(역사·고고·언어·민속·지리·사회경제·어업·농업) 조사
(4) 독도와 그 부근의 측량과 기록(측량·회화·사진·영화·보도)
(5) 울릉도 도민과 독도 출어민의 생활상태 조사, 의학적인 조사, 무료진료
(6) 계몽선전과 조사보고:
    ① 정부와 관계방면에 보고와 자료제공
    ② 학술강연회 개최
    ③ 귀환보고강연회 개최
    ④ 귀환보고전람회 개최
    ⑤ 지상(紙上)보도와 방송
    ⑥ 보고서 간행
    ⑦ 영화제작 공개[52]

일정의 경우, 7월 계획은 총 11일(부산-포항-울릉도-독도-울릉도-포항·부산), 9월 계획은 총 10일(부산-울릉도-독도-울릉도-부산)로 예정되었다. 한국산악회가 학술조사단 파견에 앞서 발표한 성명 「울릉도·독도 학술조사단 출발에 제(際)하여」에 따르면, 조사단 파견은 대일강화조약 체결을 계기로 일본이 독도를 자기네 영토라고 주장하고, 한일회담에서 중요한 외교상의 문제가 될 것을 예상했기 때문이었다. 이 성명서는 "독도가 우리 울릉도의 부속도서로서 우리 영토됨"을 밝히는 것이 조사단 파견의 목적이라고 했다.[53]

한국산악회 회원들로 조사단 본부가 조직되었고, 1947년의 조사와 마찬

---

52) 위의 책, 51, 63쪽.
53) 「鬱陵島·獨島 學術調查團 出發에 際하여」, 한국산악회, 날짜 미상, 위의 책, 122~123쪽.

가지로 한국 학술계·문화계의 최고권위자들이 동참했다. 참가자의 명단은 위의 7월 계획서와 9월 계획서에 정리되어 있다. 1947년의 독도조사와 관련한 준비계획서·결과보고서가 현전하지는 않지만, 1952~1953년의 경우 박병주 교수가 보관한 계획서가 남아 있다. 이 계획서에 따르면, 독도조사는 한국정부와 한국산악회의 긴밀한 협력과 사전준비의 산물이었다. 1952년의 독도학술조사대에 참가했던 조사대원 가운데 현재 한국산악회 고문인 손경석, 홍익대 학장을 지낸 박병주 교수 등 두 명이 생존해 있다.

1952년 7월 계획에 등재된 조사대원 명단은 총 60명이었는데, 이는 대부분 9월 계획의 조사대원으로 이어졌다. 1952년 9월 계획서에 따른 참가대원의 명단은 다음과 같다.

본부
- 단장: 홍종인(洪鍾仁, 조선일보사 주필)
- 부단장: 이숭녕(李崇寧, 서울대 국문과 교수)

자연과학의 부
(1) 지질·광물반
- 지질: 옥승식〔玉昇植, 국립지질광물연구소 광상(鑛床)과장〕
- 광물: 송태윤(宋泰潤, 서울대 지리학과 교수)
- 지형: 이대성(李大聲, 육군사관학교 교관)

(2) 측지반
- 박병주(朴炳柱, 부산고등공업학교 토목공학과 교수), 김기발(金基發, 부산고등공업학교 토목공학과 교수) (원문 그대로)

(3) 생물반
- 동물: 조복성(趙福成, 전 국립과학박물관장), 박상윤(朴相允, 부산대 생물학과 교수)
- 식물생리: 이민재(李敏載, 서울대 생물학과 교수)

- 식물분포: 임기흥(林基興, 서울대 약학대학 생물학과 교수), 김영재(金永在, 서울대 생약과생), 한대석(韓大錫, 서울대 부속병원 약제사)

(4) 해양수산반

- 수산업: 전찬일(全燦一, 부산수산대 교수)
- 수산생물: 강제원(姜悌源, 부산수산과대학)

(5) 기상반

- 김진면(金鎭冕, 국립중앙관상대 관측과장·부산관측소장), 이언재(李彦載, 국립중앙관상대 관측과원)

(6) 농림반

(7) 의학반

- 김영택(金榮澤, 서울여자의과대학 교수), 조중삼(趙重參, 국립마산요양소 방사선과 과장), 정규숙(鄭奎淑, 서울여자의과대학 부속병원 소아과의사), 조규근(趙奎勤, 서울여자의과대학 부속병원 소아과의사), 이상화(李翔華, 경북치과의사회 상임이사), 이한철(李翰喆, 마산치과의사회 위원)
- 객원: Good(의학박사, CAC의무관 제주)

인문과학의 부

(8) 역사·지리·고고반

- 역사: 유홍렬(柳洪烈, 서울대 사학과 교수), 홍이섭(洪以燮, 해군전사편찬실, 고려대 사학과 교수)
- 지리: 이지호(李智皓, 서울대 지리학과 교수), 이찬(李燦, 경동고등학교 지리학과 교사)
- 고고: 김원용(金元龍, 국립박물관 연구관)

(9) 방언·민속반

- 방언: 이숭녕(李崇寧, 서울대 국문과 교수)
- 민속: 민영규(閔泳珪, 연희대학 사학과 교수)

(10) 사회·경제반

· 홍종인, 변시민(邊時敏, 서울대 문리대 교수), 김정호(金正浩, 한국상공은행 참사), 유평수(柳坪秀, 한국신탁은행 참사), 최억만(崔億萬, 대구금융조합 참사)

(11) 보도반

· 문화영화: 이용민(李庸民, 대한영화교육연구회)

· 사진: 최계복(崔季福, 경북사진문화연맹회장), 임석제(林奭濟, 대한사진통신사 기자), 정도선(鄭道善, 코리아그래프사 기자), 박종대(朴鍾大, 무명(無名)문화영화연구소 기사)

· 문인: 김소운(金素雲, 시인)

· 미술: 김환기(金煥基, 화가), 백영수(白榮洙)

· 신문통신: 합동통신사·동양통신사·서울신문사·국제신보사·민주신보사·경향신문사·동아일보사 각사 기자

· 뉴스영화반

(12) 본부반

· 지휘: 금철(琴澈, 전 법무장관 비서실장)

· 총무: 김정태(金鼎泰, 평화신문사 기자)

· 진행: 김정호(金正浩, 한국상공은행 참사)

· 회계: 유평수(柳坪秀, 한국신탁은행 참사)[54]

한편 한국산악회 기록에 따르면, 조사대에 잠수원(해녀작업반 17명)이 포함되었다.[55] 1951년 파랑도조사에 이어 이번에도 잠수부들이 동원된 것이 특색이었다. 이는 독도 주변 지형에 대한 자세한 조사를 전제한 것이었다.

---

54) 위의 책, 64~66쪽. 7월 계획 당시의 조사단원 명단은 53~60쪽을 참조. 그런데 박병주는 1952년 9월의 독도조사단원이 총 38명이라고 했다〔박병주, 1953, 「獨島의 測量」, 『용광로』 제4호(재건기념), 부산공업고등학교, 54쪽〕.
55) 김정태, 1977, 위의 글, 36쪽.

또한 범정부 차원의 지원이 있었는데 문교부·외무부·국방부·상공부·공보처가 총동원되었다. 총예산은 정부예산 2,957만 9,000원과 한국산악회 자체 예산 300만 원을 포함해 총 3,257만 9,000원이 책정되었다. 자체예산 300만 원은 참가자 60명의 등록금(회비) 5만 원씩을 계산한 것이며, 이를 제외한 예산 부족액은 2,957만 9,000원이었다.[56] 1952년 5월 부산에서 쌀 20l 가격이 10만 5,160원, 일급(日給)노동자 대목의 하루 노임이 3만 5,000원이었으므로,[57] 20l 쌀 309포대, 일용노동자 930명을 동원하는 셈이었다.

계획서는 7월에 작성되기 시작했지만, 실제 조사는 9월에 시작되었다. 해군참모총장 손원일은 9월 7일 부산 유엔해군사령관(the United Nations Naval Commander in Pusan, CTG 95.7)에게 한국산악회가 울릉도와 독도에 대한 과학조사단을 파견한다며 허가를 구했다. 교통부 소속 진남호(鎭南號)가 울릉도·독도과학조사단을 싣고 9월 12일 부산을 출발해 9월 20일 귀환 예정인데, 선박이동에 대해 유엔군에 통보해 편의를 받게 해달라는 요청이었다.[58] 제출한 계획서에 따르면, 9월 12일 부산 출발·울릉도 도착, 9월 14~15일 울릉도-독도 왕복, 9월 16~18일 울릉도 체류, 9월 19일 울릉도 출발, 9월 20일 부산 도착 예정이었다.

9월 12일에 출발 예정이었지만 태풍으로 인해 출발이 유예되었고,[59] 활용선박에도 어려움이 있었다. 해군함정을 요청했지만, 한일분쟁을 회피하려는 미군사고문단의 불승인으로 교통부의 부산해사국 등대순항선인 진남호(305톤)를 활용하게 되었다. 필요한 석탄은 한국산악회 현동완(玄東完) 회장

---

56) 「(檀紀四二八五年七月) 鬱陵島獨島學術調査團派遣計劃書」, 「四. 豫算書」, 61쪽.
57) 「선도물가」, 「부산시일급노동임금」, 大韓民國國防部政訓局戰史編纂委員會, 1953, 『韓國戰亂二年誌』 D63.
58) Despatch from Chief of Naval Operation(Won Yil Sohn, VADM, ROK Navy) to CTG 95.7(1952. 9. 7). Subject: Information on the Movement of Chinmamho, RG 84, Japan, Tokyo Embassy, CGR 1952, Box 1, Folder 320 Japan-Korea Liancourt Rocks 1952.
59) 『동아일보』(1952. 9. 12, 9. 13).

이 직접 이승만 대통령에게 요청해 특별배급을 받아 갑판에까지 석탄을 만재했다.[60]

폭풍우 경보가 해제되자, 출발준비에 착수한 조사단 일행은 9월 17일 오전 10시 부산항(제5육군병원 뒤 어시장 부두)에서 일행 45명을 싣고 출항했다.[61] 조사일정은 전후 10일간으로 9월 26일 오후 부산 귀항 예정이었다. 일정 가운데 일부 특수반은 2~3일간은 독도로 왕복하면서 조사기록에 주력하고 나머지 일행은 울릉도에 체류한다고 보도되었다. 역시 독도조사가 핵심이었음을 알 수 있다.

진남호는 1952년 9월 18일 오전 도동항에 도착했다. 그런데 이미 울릉도에 도착하자마자 미공군기의 폭격으로 독도 접근이 불가능할지도 모른다는 우려가 현실화되고 있었다.

울릉도·독도학술조사단 단장인 홍종인은 9월 20일 울릉도 현지에서 상공부장관에게 9월 15일 국적 불명의 비행기 한 대가 독도의 서도에 폭탄 네 발을 투하했다는 다음과 같은 전문을 보냈다.

보고서

1. 한국산악회의 울릉도 독도 학술조사단 일행 36명은 교통부 소속선 진남호로 18일 오전 무사히 울릉도 동항구(東港口)에 도착하여 19일 곧 독도로 향할 예정이었으나 독도에는 최근에도 미군비행기라 틀림없으리라고 인정되는 비행기 1대가 폭탄을 던저서 출어 중의 어민이 화급히 퇴피(退避)치 않을 수 없었다는 사실을 알게 되어 본조사단에서 곧 해군본부 총참모장에게 이 사실을 통지하는 동시에 본조사단의 안전한 항해를 보장하기 위하야 공군

---

60) 김정태, 1977, 위의 글, 36쪽.
61) 『조선일보』·『동아일보』(1952. 9. 18). 한국산악회의 기록에는 홍종인 단장 외 조사대원 37명이 동참했다고 되어 있다〔「한국산악회약사(1951년 9월~1971년 8월 30일)」, 『한국산악』 Ⅶ, 1971, 한국산악회, 242쪽〕.

관계당국에 연락키를 청탁하고 19일의 행동을 유예하고 있음.
2. 독도의 폭격사건인즉 지난 9월 15일 오전 11시경 울릉도 통조림 공장 소속 선 광영호가 해녀 14명과 선원 등 합 23명이 소라·전복 등을 따고 있든 중 1대의 단발 비행기가 나타나서 독도를 두 번을 돌면서 4개의 폭탄을 던졌는데 이 때문에 어민들이 곧 퇴피에 착수하자 비행기는 남쪽 일본방향으로 날러 갔다는 것이다. 독도 출어에 대해서는 울릉도 어민들이 간절히 원하는 바이어서 지난 봄 4월 25일 한국공군고문관을 통하여 미군 제5공군에 조회 했든 바 5월 4일부로 독도와 그 근방에 출어가 금지되었다는 사실이 없고 또 극동군의 연습폭격목표로 되어 있지 않다는 회답이 있어서 한국 공군총참모장으로부터 경북도를 통하여 울릉도에도 기별되었던 것임에도 불구하고 금반에 하등의 경고도 없이 폭탄 투하가 있었기 때문에 울릉도 도민들은 1948년 6월 30일(원문 그대로)의 30명의 사망자를 낸 미공군의 폭격사건의 참담한 기억을 다시 생각하고 불안 공포를 느끼며 미군 당국의 통보를 믿기 어렵다는 생각을 가지고 있다.
3. 독도의 어획상황을 듣건대 금년 봄에는 미역만도 2억엔 이상을 뜻고 방금도 소라와 전복이 많이 무쳐 있는 것을 확인하고 가난한 도민들은 그 채취를 위하여 정부 고위층에서 신속히 안전책을 강구하야 보장해 주기를 갈망하고 있다. 우리 정부의 관계관으로서는 절해고도의 국민으로 하여금 믿을 것을 믿게 하여 생활근거를 더 유리하게 해결시켜 주도록 함이 있어야 할 것으로 본다.
4. 본조사단의 해군총참모장으로부터 우리 공군당국 및 미 해군당국과의 만전의 연락결과의 통지가 있기를 기다려 불일중 독도로 출발하여 측지반을 중심한 일부 단원은 3일간 독도에 체재하여 작업을 진행할 예정이다.

조사단장 홍종인.[62]

---

62) 외무부 정무국, 1955, 위의 책, 44~47쪽; 『평화신문』(1952. 9. 23).

조사단은 이 단발비행기를 미군기로 추정했다.[63] 그런데 한국산악회 기록에 따르면, 광영호(光永號)의 해녀들은 독도조사대가 독도조사에 도움을 받기로 했던 잠수원(해녀작업반) 17명의 일부였다. 이들은 9월 24일에도 독도에서 재차 폭격을 당했다.

조사대는 울릉도에 머무는 사이 조사단의 안전을 보장하기 위해 공군 관계당국에 연락을 취하는 한편 상공부장관에게 위의 보고를 했다. 이 보고문에서 홍종인은 울릉도 주민들의 요청에 따라 1952년 4월 25일 한국 공군이 미5공군에 독도폭격 중단을 요청했고, 이에 대해 5월 4일 미5공군은 독도가 폭격연습장이 아니라고 회답했으며, 이 사실은 한국 공군총참모장을 통해 경상북도와 울릉도까지 기별되었다고 했다.[64] 즉, 1952년 5월 4일 미5공군은 독도가 폭격연습장이 아니라고 회답한 사실이 울릉도에서 확인되었다는 내용이었다. 나아가 상공부장관도 9월 21일 "독도가 폭격연습지가 되어 있지 않은 것은 제5공군에 의하여 확인"되었다는 담화를 발표했다.[65]

이런 통신이 오고 간 후 독도학술조사단은 독도조사를 실시하기로 결정했다. 박병주의 기록에 따르면, 조사단은 9월 22일 새벽 5시 30분 울릉도 도동항에서 독도로 향했다. 오전 11시경 독도 2km 지점에 도착했을 때 또다시 미 공군 전투기 네 대의 독도폭격연습이 시작되었다. 조사단장 홍종인의 보고에 따르면, 비행기는 "연녹색의 쌍발기로서 우익에 두 개의 흰줄이 그어져있으며 날개 끝에는 백색의 표식이 붙어있는데 처음에는 약 2천 야드 고도에서 폭탄을 투하하였으나 점점 고도를 높이고 나중에는 두 대가 울릉도 방향으로 자취를 감추어 버렸다."[66] 조사단은 9월 22일 독도조사의 경과를 다음과 같이 보고했다.

---

63) 『조선일보』(1952. 9. 23); 『동아일보』(1952. 9. 21).
64) 『동아일보』(1952. 9. 21).
65) 『동아일보』(1952. 9. 22).
66) 『조선일보』(1952. 9. 25).

(제3신)
1. 22일 드디어 독도행을 결행했던 본조사단은 오전 11시경 독도까지 약 2키로 접근하였으나 2시간 이상 계속되는 폭격연습으로 상륙치 못하고 부득이 일단 울릉도로 돌아오지 않을 수 없었음.
2. 이날 천기는 극히 청명하여 비행기의 폭격광경은 자세히 촬영할 수 있었고, 수종(隨從)의 촬영기에도 완전히 수록할 수 있었음. 본 진남호 선상에서 비행기의 폭격을 확인하기는 10시 15분부터인데 비행기는 암녹색의 쌍발기로 우편 날개에 수개의 백색선과 날개 끝에 역시 백색의 표식을 그렸으나 확인키 어려웠음. 처음 발견했을 때는 3기 내지 4기로 약 1천미의 고도에서 독도에 향하여 연속 폭격하면서 점차로 고도를 높여 내종에는 3천미 이상의 고도에서 폭격하고 있었는데 그때 본 진남호는 독도까지 약 2키로 접근하였으나 이때의 폭격이 본선과는 딴 방향으로 독도에서 약 2키로 되는 해상에 폭탄을 투하하는 것을 보고 더욱 위험을 느끼고 12시 40분 귀항하였는데 비행기는 계속 폭격하다가 미구에 본선과 같은 방향인 울릉도로 최종의 2대가 자최를 감추었음.
3. 본단은 24일에 다시 독도로 출발하여 소기의 목적을 거둘 결심임.[67]

박병주의 기록에는 "12시 40분, 독도에서 2km 지점 귀선(歸船), 폭격, 4대 비행기, 25번 폭격 목격, 6시 역로(逆路) 도착, 7시 20분 여관 착(着)"이라고 되어 있다.[68] 박병주의 독도폭격 목격담은 『신동아』와의 인터뷰에 잘 드러나 있다.[69] 이에 따르면 전투기가 날아와 폭탄을 투하해 독도에 맞으면 큰 불꽃이

---

67) 「폭격광경을 촬영, 24일에 조사단 독도로 출발」, 『평화신문』(1952. 9. 26); 『동아일보』(1952. 9. 26).
68) 「독도학술조사 일일기록(일지): 박병주 메모」, 『1952년~1953년 독도 측량』, 86쪽. 박병주는 1953년 기록에서는 세 대의 비행기를 목격했다고 했다(박병주, 1953, 위의 글, 55쪽). 당시 언론보도에는 0시 45분경 울릉도로 귀환했다고 되어 있다(『조선일보』(1952. 9. 25)).
69) 이정훈, 2009, 「1953년 독도를 최초로 측량한 박병주 선생」, 『신동아』 1월호.

튀었고, 바다에 떨어지면 큰 물기둥이 솟았다고 한다. 1948년의 폭격은 B-29의 고공폭격이었지만, 1952년의 폭격은 쌍발전투기의 폭격이었던 것이다. 조사단이 폭격광경을 촬영했다고 했으나, 현재 관련 사진을 확인하지는 못했다.

한국산악회 기록에 따르면, 조사단은 독도로 출발하기 전 미공군에 교섭해 통고받은 바 있어 아군기, 함(미군 포함) 조우 시 게시키로 한 암호신호를 거듭했다. 암호신호는 선두(船頭)에 흑색 초롱, 선교상(船橋上)에 태극기 전표(展標), 적기(赤旗)신호였지만 소용이 없었다. 진남호가 정선하면 폭격이 멎고 독도 쪽으로 전진하면 심하게 폭격하였다.[70] 조사단은 독도 상륙을 24일로 연기했다.

조사단은 해군본부·공군본부를 통해 미5공군·유엔측과 긴밀한 연락과 교섭을 취한 후 9월 24일 재차 독도조사에 나섰다. 조사단은 9시 30분 독도 1km 지점까지 접근했으나 상륙할 수 없었다. 또다시 미공군의 폭격을 만났기 때문이다. 조사단은 다음과 같이 보고했다.

1. 24일 재차의 독도행을 결행했던 본단이 24일 상오 9시 30분경 독도 동방 약 4키로 지점에 접근하자 2대 내지 4대의 쌍발기가 약 3천미 고도에서 여전이 폭격연습을 하고 있음을 발견하였다. 본선은 독도 1키로까지 접근하여 섬을 일주하여 상육할 기회를 엿보았으나 폭격기는 본선을 본체만체 섬 주변에 연속 폭탄을 투하, 도저히 접근할 수 없음, 극히 염려되었던 것은 본선보다 2시간 전에 독도에 도착한 해녀 21명이 편승한 광영호(4톤)였는데 10시 10분경 폭탄투하 지점 약 30미 근해에서 해선을 발견하고 안심하였다.
2. 본선이 2시간 반에 걸쳐 섬을 일주하는 동안 약 10여 발의 투탄 광경을 볼 수 있었다. 대개는 섬 주변에서 폭발하였고 몽롱한 폭염과 소란한 폭음에

---

70) 김정태, 1977, 위의 글, 36쪽.

우리들 가슴 깊이 울려오는 것을 느끼였고 섬을 일주한 결과 동도와 서도는 폭격으로 인하여 많이 분모되였으며 동도의 분화구의 일각은 완전히 파괴되였음을 확인하였다.
3. 해공군 각참모장의 명의로 미 제5공군이나 유엔함대기 등 모처럼 긴밀한 연락과 교섭을 다 해주었음에도 불구하고 그 효과를 보지 못하고 도라가게 된 것은 유감천만이다. 그런데 국토를 우리의 발길 손길이 뻐더나갈 여지 없이 버려두어야 할 것인가.
4. 진남호와 광영호는 각각 울릉도에 귀항 귀로에는 파랑이 상당히 높았다.[71]

첫째, 2~4대의 쌍발기가 독도에 대한 폭격연습을 행해 약 10여 발의 폭탄을 투하했으며, 조사대는 독도 1km 지점까지 접근했으나 상륙할 수 없었다는 것이다. 폭격고도가 3,000미터였으니 중형폭격기였을 것이다. 둘째, 폭격기의 폭격연습으로 독도가 많이 손상되었으며, 특히 동도의 분화구 한쪽이 무너져 내렸다는 사실이다. 셋째, 9월 22일의 독도폭격에는 9월 15일에 폭격을 당했던 광영호와 해녀들이 또다시 폭격현장에 있었다.

조사대 본대가 탑승한 진남호보다 두 시간 앞서 독도에 도착한 광영호(4톤)에는 해녀 21명이 타고 있었는데 해녀들은 학술조사대와의 약속으로 독도에 미리 도착해 있었던 것이다. 김정태에 따르면, "학술대는 이번에야말로 독도를 측량작도(測量作圖)하고 조각해간 독도표석을 설치해 놓으며, 해녀반의 해중조사(海中調査) 작업까지 준비하고 간 것"이었다.[72] 박병주의 일지에 따르면, 귀로 후 해녀들의 독도행 실정을 들었다고 되어 있는데, 이에 따르면 일행은 남자 7명(선원 4명, 일행 3명), 해녀 13명 등 총 21명이었다. 이들은 9월 23일 오후 10시에 출발해, 24일 오전 6시에 독도에 도착했고, 폭격을 목격한 후 오

---

71) 「獨島爆擊尙今繼續, 學術調査團第四次報告」, 『동아일보』(1952. 9. 28).
72) 김정태, 1977, 위의 글, 37쪽.

후 9시 반 울릉도에 귀환한 것이었다. 이들은 독도에서 밥하는 등 세 시간을 체류했다.[73]

당시 언론보도에는 조사단장 홍종인이 조사단이 위험을 무릅쓰고 9월 24일 독도 상륙을 결행했다는 보고전문(9. 25)을 공보처에 보냈다고 했으나, 실제 독도 상륙은 없었다.[74]

이상과 같이 독도학술조사대가 파견된 시점을 전후해 1952년 9월 15일, 9월 22일, 9월 24일 독도에 대한 미공군의 폭격연습이 진행되었다. 9월 15일에는 1대의 단발기가 4개의 폭탄 투하를, 9월 22일에는 4대의 쌍발기가 25회 폭격을, 9월 24일에는 2~4대의 전투기가 폭격을 진행했다. 독도조사대는 주일미공군의 폭격이 일본측의 사주를 받은 것으로 추정했다.

당시 한국산악회는 전면에 '독도·獨島·LIANCOURT', 후면에 '15th AUG, 1952'라고 새긴 영토표석을 설치할 계획이었다. 한글명 독도를 가장 크게 부각시켰으며, 국제명인 리앙쿠르(Liancourt)를 병기함으로써 독도의 한국령을 분명히 하고, 날짜는 원래 계획된 광복절에 맞춘 것이었다. 그러나 독도 상륙조사가 불가능하게 됨에 따라 조사단은 이 영토표석을 울릉경찰서에 맡기고 9월 26일 부산으로 귀환했다.

10월 9일 한국산악회의 전통에 따라 부산시의회 의사당(부산시청 회의실)에서 보고강연회를 개최했다.[75] 총 400여 명이 참석한 강연회에서 「독도문제」(홍종인), 「독도측량계획」(박병주), 「역사상으로 본 독도」(유홍렬), 「독도이야기」(홍이섭), 「울릉도의 유물과 유적」(김원용), 「울릉도의 땅과 사람」(이지호), 「동해수산과 독도」(전찬일), 「울릉도의 식물과 육수(陸水)」(임기홍), 「독도조사 운행(運行)」(김정태) 등의 발표가 있었다.[76]

---

[73] 「독도학술조사 일일기록(일지): 박병주 메모」, 『1952년~1953년 독도 측량』, 93~94쪽.
[74] 「24일 상륙, 독도학술조사단」, 『조선일보』(1952. 9. 26).
[75] 「'울릉도 독도학술조사단 보고회' 개최의 건」(1952. 10. 3. 한국산악회 회장대리 부회장 홍종인→측지반 박병주 귀하), 『1952년~1953년 독도 측량』, 120쪽.

1952년 9월 독도폭격사건은 이후 한·미·일 간의 논란의 대상이 되었는데, 핵심은 9월 20일과 22일의 한국산악회 독도조사대가 목격한 폭격이 아니라 9월 15일자 폭격이었다. 가장 큰 이유는 9월 20일, 22일에는 폭격이 목격되었을 뿐 피해자가 없었던 데 반해, 9월 15일 폭격시점에는 한국 어선 광영호와 해녀·선원 등이 독도에서 조업 중 폭격을 당했기 때문이었다.

한국정부는 1952년 10월 "한국 수역봉쇄선에 대한 우리 정부의 조처는 포획심판령의 공포로 만반 태세를 갖추었거니와 정부에서는 앞서 선포한 대한민국 주권선 침범에 대처하는 조치도 방금 예의 연구 중에 있다"고 발표했다. 주권선은 평화선을 의미하며, 수역봉쇄선은 클라크선으로 알려진 유엔군의 해상봉쇄선을 의미했다. 이 해상봉쇄선=클라크선에는 독도·울릉도가 제외되어 있었다. 때문에 일본이 어로를 명목으로 평화선(주권선)을 넘어올 경우에도, 해상봉쇄선(클라크선)을 침범하지 않는다면 해상봉쇄선 침범을 처벌하는 포획심판령의 대상이 되지 않았고, 이에 대비한 강력한 법적 조치가 시급히 요청된다는 보도였다.[77]

1953년 2월 27일 한국군은 한국 및 유엔군 당국의 완전 합의로 독도 주변 공폭(空爆)연습이 없을 것임이 미극동총사령관에 의해 보장되었으며, "미국정부로서도 독도는 한국 영토의 일부임을 인정"했다고 발표했다.[78]

그러나 일본정부는 즉각 이에 대해 반박했다. 미극동군사령관에게 조회한 결과 "유엔군사령부는 독도에 있어 폭격연습의 중지를 한국정부에 통고한 것일 뿐, 그외에는 아무것도 없다"라는 회답을 얻었다고 주장했다. 일본정부는 영유권 주장 근거로 두 가지를 내세웠는데, 첫째 대일평화조약에 일본이 권리·권원·청구권을 포기할 지역을 명문화해 규정했는데 독도는 여기에 포함

---

76) 김정태, 1977, 위의 글, 37쪽; 『동아일보』(1952. 10. 8).
77) 『민주신보』(1953. 6. 9).
78) 『동아일보』(1953. 2. 28).

되지 않은 점, 둘째 독도는 미일합동위원회의 결정에 의해 폭격연습지 리스트에 추가되었는데, 이는 본래 독도가 일본령인 까닭에 합동위원회가 리스트에 올린 것이므로 한국령은 인정되지 않는다는 점을 들었다.[79]

(4) 1953년 한국산악회의 독도조사와 영토표석 설치

1953년 5월 이후 일본의 독도 해역 불법침입과 독도 불법상륙이 매우 잦아졌다. 후술하듯이, 이는 1953년 3월 19일 독도가 미군 폭격훈련장에서 해제된 이후의 일이었다. 1953년 5~7월 사이에 일본 해상보안청·수산시험장의 순시선·시험선 등이 독도 해역에 대한 불법침입과 독도 불법상륙을 수시로 저질렀다. 그 가운데 한국에 알려진 사건들을 정리하면 다음과 같다.

- 5월 28일: 시마네현 수산시험장 시험선 시마네마루(63톤), 독도 불법상륙, 한국 어선 10척·한국 어민 30명에 대한 불법심문.
- 6월 23일: 8관구 해상보안부 순시선 노시로호, 구즈류호, 독도 해역 불법침입, 파도 높아 독도 상륙 못함.
- 6월 26~27일: 8관구 해상보안부 순시선 오키호, 구즈류호, 독도 해역 불법침입, 30명의 일본 관리, 독도에 불법상륙, 한국 어선(전마선) 1척·어민 6명 억류하고 심문, 일본령 표목 2개·게시판 2개 설치.
- 7월 12일: 해상보안청 순시선, 독도 해역 불법침입, 경관 7명이 호위하는 한국 어선 3척과 조우. 수 시간 동안 일본령이라 주장함. 한국측 총격 수십 발.[80]

---

79) 「七月 十三日字 亞二 第一八六號 日本外務省覺書」 별첨 「1953년 7월 13일자 죽도에 관한 일본정부의 견해(竹島에 關하는 本政府의 見解)」, 외무부 정무국, 1955, 위의 책, 107~114쪽; 「竹島의 領有權明確化에, 國聯에 提訴가, 韓國의 不誠意에 强硬決意」, 『讀賣新聞』(1953. 7. 14).
80) 다음 절 일본의 대응을 참조.

일본의 5월 28일자 독도 불법상륙, 한국 어민의 철수 강요 및 불법심문, 6월 27일자 독도 불법상륙, 한국 어민 철수 강요 및 불법심문, 일본 영토 표목 설치 등은 모두 한국인들을 격앙케 하기에 충분한 것이었다. 특히 7월 3일 경북 경찰국이 일본이 세워놓은 일본령 주장 표목·게시판을 철거한 사실이 확인되자 한국 여론은 급격히 악화되었다.

일본의 독도 침략사실은 국회로 보고되었다. 7월 6일 국회본회의에서 김정실(金正實) 의원이 일본인이 독도에 내침해 한국인들을 몰아내고 섬을 점령하고 있는 데 대한 대책을 문의했고, 7월 7일 국회본회의에서 이 문제가 재차 토론되었다.[81] 외무위원회는 처리방안으로 첫째 일본인의 영토 침범을 "실력 행사로서 철거"하고, 둘째 해군을 동원해 독도 어민을 보호하며, 셋째 산악회 등 학술연구단체의 독도조사연구에 정부가 편의를 제공해 조사를 완성시키라는 등 4개 항을 제안했다. 이에 대해 유승준(兪昇濬)·이종형(李鍾榮) 등은 일본이 재무장 구실을 찾으려 하니 실력행사 혹은 해군동원 등의 문구는 수정하자고 주장해, 외무위원회 재회부가 결의되었다.[82] 7월 8일 국회 제19차 본회의는 다음과 같은 건의안과 결의를 채택했다.

독도피해사건에 관한 대정부건의
(주문) 대한민국 영토인 독도에 일본관헌이 불법침입한 사실에 대하여 일본정부에 엄중 항의할 것을 건의함
(이유) 지난 6월 27일 일본 도근현청(島根縣廳) 국립경찰도근현본부(國立警察島根縣本部) 법무성 입국관리국 송강(松江)사무소원 등 약30명이 역사상 대한민국 영토가 명확한 독도에 대거 침입하여 '일본 영토'라는 표식과 아울러 '한국인 출어는 불법'이라는 경고표를 건립하는 한편 때마침 출어 중의 한국인 어부

---

81) 『민주신보』(1953. 7. 7).
82) 『동아일보』(1953. 7. 8).

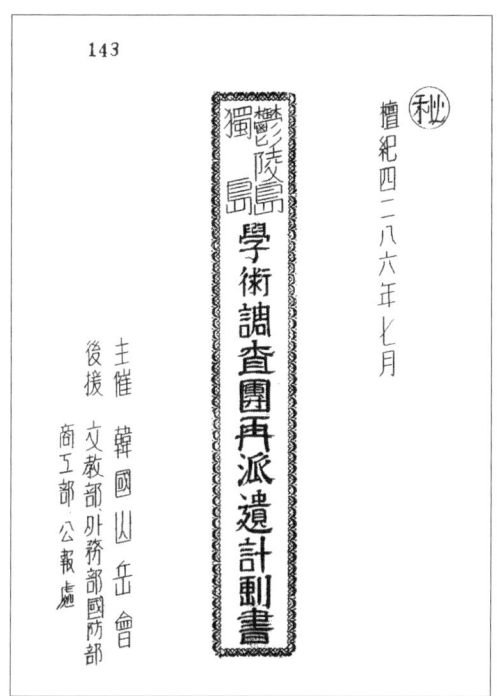

〈그림 9-2〉 울릉도독도학술조사단 재파견계획서(1953. 7)

6명에게 퇴거를 요구하는 불법행위를 감행하여 엄연한 해양주권과 대한민국 국토를 침해하는 불상사를 야기하여 한일 양국의 우호적인 국교에 일대 암영(暗影)을 던진 바 있다. 그러므로 대한민국정부는 금후 한국의 주권을 보장할 뿐 아니라 산악회를 포함한 강력한 현지 조사단을 독도에 파견함에 원조하며 한국인 어민의 출로(出撈)를 충분히 보호하고 금후 사태 수습에 적극적 조치를 취할 것을 요청하여 좌기(左記)의 결의문을 제출한다.

(결의문)

一. 대한민국의 주권과 해양주권선의 침해를 방지하기 위한 적극적인 조치를 취하여 금후 독도에 대한 한국 어민의 출로를 충분히 보장할 것.

二. 일본관헌이 건립한 표식을 철거할 뿐 아니라 금후 여사(如斯)한 불법침해

가 재발되지 않도록 일본정부에 엄중항의할 것.[83] (강조는 인용자)

한편, 외무부는 1953년 7월 8일 외무부·국방부·법제처·내무부 국장급으로 구성된 '독도문제에 관한 관계관(關係官) 연석회의'를 소집해 대책을 논의했다. 이 자리에는 외교부 정무국장 최문경(崔文卿), 제1과장 최운상(崔雲祥), 제1보(第1保) 문철순(文哲淳), 국방부 해군법무관 최병해(崔炳海) 중령, 해군법제위원회 위원 박관숙(朴觀淑)·김주천(金柱天), 법제처 제1국장 박일경(朴一慶), 내무부 치안국 부산분실장 등이 참석했다. 결의사항은 네 가지였는데, 첫째 등대 설치(외무부가 교통부와 교섭), 둘째 해군함정 파견(일본 관헌의 표식 설치 여부 확인), 셋째 해군수로부의 측량표(測量標) 설치, 넷째 역사적·지리학적 조사(외무부) 등이었다.[84] 이와 함께 7월 7일 외무부는 국방부에 일본정부가 독도에 일본령 표식을 세웠는지 확인하기 위해 해군함정을 파견해달라고 요청했다.[85] 이에 따라 국방부는 사건조사를 위해 7월 8일 해군군함 한 척을 독도로 파견했고, 이 군함은 약 일주일간 초계활동을 벌였다.[86] 7월 10일 경상북도 의회는 대통령에게 독도 수호를 위한 적극적 조치를 건의했다. 이미 1953년 7월 독도에 등대와 측량표 설치가 정책적으로 결정된 상태였던 것이다. 7월 9일 외무부장관은 교통부장관에게 독도에 등대 설치를 요청하는 동시에 국방부장관에게는 해군수로부를 통한 측량표 설치를 요청했다.[87]

일본이 이러한 도발적 행동을 취한 것은 당시 진행 중이던 제2차 한일회담(1953. 4. 15~7. 13)과 깊은 관련이 있었다. 한일회담에서 어업협상이 개시되자 일본은 '일한어업협정요강'(日韓漁業協定要綱)을 제시해 공해 자유항해

---

[83] 외무부 정무국, 1955, 위의 책, 67~68쪽.
[84] 「獨島問題에 關한 關係官會議 召集의 件」(外政第1146號, 1953. 7. 7)(외무부장관→국방부장관·내무부장관·법제처장), 『독도문제, 1952-53』.
[85] 「日本官憲의 獨島 不法侵犯에 關한 件」(外政第5055號, 1953. 7. 7), 『독도문제, 1952-53』.
[86] 『평화신문』(1953. 7. 11); 『동아일보』(1953. 7. 19).

원칙을 존중하며, 연안국의 공해상 관할권을 인정하지 말자고 제안했다. 일본은 평화선을 철폐하라고 요구했고, 한국은 인접 수역에서 어업에 관한 연안국가의 관할권 개념은 국제적으로 인정되기 때문에 어떤 양보도 할 수 없다는 입장을 견지했다.[88] 일본은 한일회담과 어업협상을 진행하는 한편으로 독도에 대한 불법침입과 한국인 심문 등의 강제력을 동원하고 있었던 것이다. 외교와 실력을 함께 행사한다는 전략이었다.

한국정부는 이에 맞서 재차 한국산악회 독도조사단을 구성했다. 국회의 결의가 있었으므로 한국산악회의 독도조사단 구성은 정부의 전폭적 후원하에 진행되었다. 한국산악회의 기록에 따르면, 정부는 관계 각 부(외무부·국방부·문교부·상공부·재무부·교통부 등) 차관연석회의를 열어 재정 등의 지원을 하기로 했다. 자금은 대한중석, 금융단, 제일방직 등 10여 개 업체에서 합계 450만 원을 찬조하기로 했다.[89] 해군함정의 동원은 역시 미군사고문단이 승인하지 않았지만, 민간 화물선(70톤)을 호위하는 해군함정을 파견하기로 하고 승인을 얻었다. 여기에 이용문(李龍文) 육군본부 작전국장, 정긍모(鄭兢謨) 해군참모장, 미군사고문단의 승인을 얻어 사실상 해군함정 905호를 이용하게 되었다.

---

87) 「日本官憲의 獨島不法侵犯에 關한 件」(外政第 號, 1953. 7. 25)(외무부장관→국방부장관·교통부장관), 『독도문제, 1952-53』. 그러나 국방부는 측량표 설치가 내무부의 관할이라고 회신했고(1953. 8. 24), 교통부는 유인등대·무인등대 설치가 예산, 거리, 직원배치, 물자보급 등의 측면에서 어렵다고 회신했다(1953. 8. 27)〔「日本官憲의 獨島不法侵犯에 關한 件」(國防海外發第20號, 1953. 8. 24)(국방부장관→외무부장관);「日本官憲의 獨島不法侵犯에 對한 回報에 關한 件」(交海第953의3號, 1953. 8. 27)(교통부장관→외무부장관), 『독도문제, 1952-53』〕. 외무부는 1953년 9월 24일 내무부장관에게 측량표 설치를 요청했고, 내무부는 이를 경상북도에 미룬 것으로 보인다. 경상북도는 1953년 12월 자체의 기술 및 대외적 관계를 고려할 때 측량표 설치는 곤란하며, 우선 영토표석 설립을 준비 중이라고 보고했다〔「獨島測量標設置의 件」(內治情第6157號, 1953. 12. 31)(내무부치안국장→외무부정무국장), 『독도문제, 1952-53』〕. 한국정부의 등대 설치는 1954년에 가서야 가능했다.
88) 박진희, 2008, 위의 책, 143~144쪽.
89) 김정태, 1977, 「韓國山岳會30年史」 중 「제10차 국토구명사업: 울릉도 (측량) 학술조사대 외교부, 국방부 지원사업 파견」, 위의 책, 37~38쪽.

한국산악회 기록에 따르면, 조사단은 8월 9일, 12일 출발 예정으로 해군 당국과 접촉했으나 "부득이한 사정"으로 선박제공을 거절당해 출발이 지연되었다.[90] 조사단의 파견은 1개월 이상 지연되어, 1953년 9월 국방부장관의 '특별한 조치'로 해군함정이 제공됨으로써 출발할 수 있었다.[91]

현재 1953년 독도조사와 관련해 두 개의 계획서가 남아 있다. 역시 박병주 교수가 기증한 자료인데, 「(단기 4286년 7월) 울릉도독도학술조사단 재파계획서」와 「9월 최종계획서」의 두 종류이다.[92] 1952년의 경우처럼 한국산악회는 7월과 9월 두 차례 계획을 수립했음을 알 수 있다.

조사단 파견의 목적과 과제는 1952년에 비해 보다 분명해졌다. 1953년도에는 일본의 독도 불법점거 및 영토표지 설치가 노골적으로 진행되고 있었기 때문에 조사단의 파견목적 제1항이 독도와 인근 수역에 대한 조사로 제시되었다.

(1) 독도와 부근 수역(水域)의 조사(지질, 기상, 해양, 생물, 수산, 역사, 지리)

독도와 부근 수역의 실체가 과학적으로 구명된 바 없다. 다만 본회의 4280년 제1차 조사에서 별지 참고부표와 여(如)히 보고된 바 있으나, 오늘의 정세로 보면 불충분함으로 전회 조사를 기초로 전기 조사부면에 주력하야 종합적인 실태파악을 기하고저 한다.

(2) 독도 측지(測地)와 지도 작성

독도는 우리나라에서 아직 측지한 바 없다. 서기 1905년(명치37년 노일전쟁시) 일본군함 대마호(對馬號)의 실측한 해도가 있다하나 미상(未詳)함으로 금번에

---

90) 「鬱陵島 獨島 學術調査團 出發遲延에 關하야」(韓山發 第186號, 1953. 8. 20)(한국산악회 회장대리 부회장 홍종인→박병주), 『1952년~1953년 독도 측량』, 160~161쪽.
91) 「鬱陵島 獨島 學術調査團 派遣의 件」(韓山發第190號, 1953. 9. 26)(한국산악회 대표 홍종인→박병주), 『1952년~1953년 독도 측량』, 162쪽.
92) 위의 책, 143~153, 155~159쪽.

측지하야 지도를 작성코저 한다.

(3) 울릉도에 관한 조사의 확충(전항부문 외에 고고, 언어, 사회경제, 어업, 농업)

독도의 모도(母島)로서 불가분의 관계에 있는 울릉도에 대하야 전량차(前兩次)의 조사성과를 기초로 각부문의 조사를 더 한층 충실히 함으로서 본 조사과업의 만전을 기하고저 한다.

(4) 독도 출어민과 울릉도 도민의 생활상태 조사(의학적인 조사, 무료진료)

(5) 문화영화〈울릉도와 독도〉제작

제2차 조사시에 촬영(16미리〔粍〕천연색)을 착수하였으나 독도폭격으로 인하야 울릉도와 독도 주변의 촬영 도중에 미완성되었음으로 금번에 완성코저 한다.

(6) 보고서「울릉도와 독도」간행

별지 참고부표와 여히 양차 조사의 보고가 있었고 보고서 수집도 되어 있으나 불충분함으로 금번에 조사로서 완성된 보고서를 간행코저 한다.

(7) 조사기록의 보도, 계몽선전, 조사보고(회화, 사진, 영화, 보도)

울릉도 독도의 실태를 여러 각도로 기록 보도하고 좌기 보고사업으로서 국내에 널리 소개함과 더부러 계몽선전에 기여코저 한다.

① 조사보고문 발표 ② 학술강연회 개최 ③ 지상(紙上)보도와 방송 ④ 귀환보고 전람회 개최 ⑤ 보고서 간행 ⑥ 영화(문화영화, 뉴스영화) 공개.[93]

단원의 구성은 다음과 같았다.

· 단장: 홍종인(조선일보사 주필)
· 부단장: 이숭녕(서울대 국문과 교수)
(1) 지질·광물반

---

93) 위의 책, 145~153, 156~159쪽.

- 옥승식(국립지질광물연구소 광상과장)
- 송태윤(서울대 광산과 교수)
- 윤석규(서울대 지질학과 강사)

(2) 측지반
- 김형걸(金亨杰, 서울대 토목공학과 교수)
- 박병주(부산고등공업학교 토목공학과 교수)
- 이대성(육군사관학교 교수)

(3) 생물반
- 동물: 조복성(전 국립과학박물관장), 강영선(姜永善, 서울대 생물학과 교수), 박상윤(고려대 교수)
- 식물: 이민재(서울대 생물학과 교수), 임기홍(서울대 약학대학 생물학과 교수), 노준희(盧俊熙, 성균관대 생물학과 교수)

(4) 해양수산반
- 해양수산: 전찬일(부산수산대 어로학과 교수)
- 수산생물: 정태영(鄭泰榮, 부산수산대 증식학과 교수)

(5) 기상반
- 김진면(국립중앙관상대 관측과장·부산관측소장)

(6) 의학반
- 조중삼(서울대 의대교수), 이덕운(李德云, 서울화학연구소 주임)

(7) 문화반
- 역사: 유홍렬(柳洪烈, 서울대 사학과 교수)
- 역사: 홍이섭(해군전사편찬실, 고려대 사학과 교수)
- 지리: 박노식(朴魯植, 서울대 사범대 지리과 교수)
- 민속: 이숭녕
- 지리: 박관섭(朴寬燮, 숙명여고 지역과 교사)
- 지리: 안송산(安松山, 숙명여고 지역과 교사)

(8) 사회경제반
  ・홍종인, 김정호
(9) 보도반
  ・영화: 이용민(문화부 촉탁)
  ・사진: 정도선(대한사진통신사 기자), 김기순(金基淳, 대한해운공사 사진부)
(10) 본부반
  ・총무: 김정태(본회 상임총무)
  ・진행: 김정호(한국상공은행 참사)
  ・회계: 정인호(鄭仁浩, 의류조합 상임이사)
  ・기록: 남행수(南行秀, 마산 YMCA총무)
  ・서무: 윤두선(尹斗善, 본회 상임간사), 김익겸(金益謙, 중선(中鮮)전기주식회사 사원), 변정철(卞定鐵, 서울특별시청원).[94]

그런데 이 계획서상의 인물들이 모두 조사에 참가한 것 같지는 않다. 한국산악회의 1975년 기록에 등재된 조사단 명단은 이와는 차이가 있다. 주로 산악회원들의 명단을 중심으로 정리되었는데 계획상의 명단과는 출입이 있음을 알 수 있다.

단장: 홍종인
부단장: 이숭녕・조중삼
지휘: 금철・김정태
본부반: 김정호・김익겸・정인호・이덕운
등반: 변완철・이문형・남궁기・김연덕・김성진

---

94) 위의 책, 157~159쪽. 밑줄 쳐진 인물은 박병주 교수가 표시한 인물로 해당 조사단에 참가하지 않은 것으로 추정된다.

측지: 박병주·구자원·박영서·이상실
지질: 옥승식·송태윤·이대성·윤석규
생물: 조복성·강영선·이민재·임기홍·정진섭
수산: 전찬일·정준모
기상: 김진면
의학: 조병학
인문: 유홍렬·김원용·홍이섭
촬영: 이용민·안송산·정도선·김한용(이상 38명)
경상북도 3명, 울릉도〔군서(郡署)〕 20명(전원 61명).[95]

홍종인을 단장으로 한 조사대원 38명은 1953년 10월 11일 해군 905경비정(정장 서덕균 대위)을 타고 부산에서 울릉도로 향했다. 부산에서 약 180마일 거리를 19시간 만에 주파해 10월 12일 오전 7시경 울릉도 모시개〔苧洞〕에 도착했다.

이들은 10월 13일 새벽 6시 울릉도를 떠나 12시경 독도에 도착했다. 돌연 기후가 급변해 비바람이 몰아쳤고, 전마선을 내려 동도에 하륙작업을 시작하려다가 중단하고 회항해 밤 9시에 울릉도에 도착했다. 홍종인의 기록에 따르면, 회항과정에서 일본 경비선과 조우했다.

독도에서 수 마일 떨어졌을 때 905호 뒤로 기선 한 척이 나타났다. 오후 2시 30분경 레이더를 장착한 쾌속 기선은 905호에 접근했으나, 국적 표시가 없었다. 이에 905호 정장 서덕균(徐德均) 대위(26세)가 전투배치를 하는 동시에 국적·선박의 행로·임무를 묻고 정선(停船)을 명령했다. 그때야 비로소 이 배는 일본기를 올렸고, 배 후미에 일본어로 나가라호라는 이름이 쓰여 있었다.

---

[95] 김정태, 1977, 「韓國山岳會30年史」 중 「제10차 국토구명사업: 울릉도 (측량) 학술조사대 외교부, 국방부 지원사업 파견」, 위의 책, 38쪽.

〈그림 9-3〉 독도에 설치된 영토표석(한국산악회 홍종인 부회장, 1953. 10. 15) ⓒ 한국산악회

나가라호는 "우리는 일본 경비선으로 일본정부의 명에 의하여 죽도(竹島) 방면을 순항차입니다"라고 답했고, 서덕균 대위가 "리·라인(평화선) 밖으로 곧 철퇴하라"고 신호하니, 나가라호는 "건전한 항해를 빕니다"라고 답한 후 회항했다. 홍종인의 기록에 따르면, 10월 14일 정오 일본 방송을 통해 이 배에는 일본 중의원 의원이 타고 한국측과 해상회담을 하겠다고 독도 방면으로 왔던 것임을 알게 되었다. 처음 방송 시에는 독도 부근에서 한국 군함을 발견하고 접근했는데 리·라인 밖으로 철퇴하라고 하는 데다 풍파가 심해 더 접촉할 수 없다고 보도했으나, 세 시간 후에는 "11일 부산방송에 의하면 한국측에서 지리학자 등 20여 명이 독도에 온다고 해서 가보았더니 한국 군함을 발견했다. '리·라인' 밖으로 철퇴하라기에 우리는 '리·라인'을 인정치 않는다고 하고 한국측의 요구를 거부했다"라고 보도했다.[96]

　조사단은 10월 14일 기상정보를 검토한 결과 15일은 바다가 평온할 것으로 판단했다. 10월 15일 오전 1시 출항하기로 결정하고, 14일 저녁 모두 승선

을 완료했다. 이들은 10월 15일 새벽 5시 30분에 독도에 도착했다. 동도와 서도 사이 남쪽으로 배를 댄 후, 두 척의 전마선이 동도 자갈마당에 조사단원들을 하륙시켰고, 이어 조사활동에 들어갔다.[97)]

조사활동은 크게 세 가지로 구성되었다. 첫째, 이들은 일본이 세운 '島根縣 隱地郡 五箇村 竹島'라고 표시된 표목을 뽑아냈다.[98)] 표목에는 태극기를 걸어 사진촬영을 한 후 뽑아내 해군경비정에 실었다. 한국산악회의 기록에 따르면 동도와 서도에 각각 한 개씩 두 개의 표목이 있었으며, 철거한 이 표목은 각각 국회와 해군본부에 한 개씩 기증했다.[99)]

둘째, 1952년 조사단이 설치하려다 실패했던 표석을 세웠다. 표석에는 원래 설치예정일인 1952년 8월 15일이 새겨져 있기에, 옆면에 설치 당일인 1953년 10월 15일을 덧붙여 새겼다. 홍종인은 울릉도경찰서에 1년간 맡겨두었던 넓이 두 자가량, 높이 자가웃에 부피 한 자 조금 못 되는 장방형의 묵직한

---

96) 「독도에 다녀와서(전4회) (1) 제1차는 상륙실패, 표식없는 일본경비선 근해에 출몰(홍종인)」, 『조선일보』(1953. 10. 22). 한편, 한국산악회의 기록에는 독도 야영 중 일본 순시선이 접근해 무선으로 일본 쓰지(辻) 의원 명의로 학술대장과 면담을 요청했지만, 외무부·국방부 장관에게 보고한바 면담을 거절하기로 했다고 되어 있다. 또한 모든 일정을 마치고 울릉도 회항 중 독도 북서 10마일쯤에서 국적을 표시하지 않은 일본 순시선 헤우라마루(へうら丸)를 만났다고 되어 있다(김정태, 1977, 위의 글, 39쪽). 손연순은 신문사 주필이요 산악회장인 홍박(홍종인)과 일본 매파 정치인 "쓰치 마시노부"의 대결로, 민주신보 정준모 기자가 침범선 사진과 쓰치의 사진을 곁들여 대서특필했다고 썼다(손연순, 1999, 「독도에서 쓰치 마시노부 물리치다」, 홍종인선생추모문집편찬위원회, 『대기자 홍박』, LG상남언론재단, 253쪽). 이는 쓰지 마사노부(辻政信)를 의미했다. 그러나 박병주는 울릉도로 돌아오는 길에 나가라호를 만났으나 이라인 침범을 경고하자 되돌아갔고, 울릉도에 돌아와 NHK방송을 들으니 일본 외무성 관리와 辻政信 대의사가 16일 독도에 시찰 온다는 소식을 들었다고 썼다(박병주, 1953, 위의 글, 58쪽).
97) 「독도에 다녀와서(전4회) (2) 뜻았은 "전파"의 격려, 해가 뜨며 본격적인 작업을 개시(홍종인)」, 『조선일보』(1953. 10. 22); 김정태, 1977, 「韓國山岳會30年史」 중 「제10차 국토구명사업: 울릉도 (측량) 학술조사대 외교부, 국방부 지원사업 파견」, 위의 책, 38쪽.
98) 당시 일본의 행정지명은 隱地가 아닌 穩地·隱岐였지만, 1953년 일본이 세운 표주는 隱地로 표기되어 있다. 1953년 10월 한국산악회가 철거한 표주 사진, 한국 외무부의 기록, 일본의 기록에도 동일하게 隱地로 표기되어 있다(이정훈, 2005, 「1953년 독도에서 '다케시마'를 뿌리뽑다」, 『주간동아』 제476호(3월 15일)). 위키피디아 재팬의 '隱岐の歷史'에 따르면 隱岐라는 지명은 隱岐國→隱岐縣(1869)→島根縣(1876) 편입→隱岐島廳 설치(1888)→隱岐支廳(1925)→隱岐郡(1969)으로 이어졌다.
99) 김정태, 1977, 위의 글, 39쪽.

표석을 경상북도가 세운 독도어민조난자위령비에서 조금 떨어진 장소에 세웠다.[100] 한국산악회가 설치한 이 표석은 독도조사단의 철수 직후 일본정부에 의해 철거되었다.

셋째, 가장 중요한 작업으로 독도에 대한 측량작업과 조사활동을 벌였다. 측량을 제외한 학술조사활동은 간단하게 종결되었다. 측량과 관련해 박병주가 남긴 메모와 기록이 있다.[101] 측지반은 먼저 서도의 남쪽으로 이동했고, 등반대는 동도의 봉오리를 찾아 표식을 세웠다. 독도는 절벽으로 구성된 바위투성이인 데다 화산암이 풍화되어 쉽게 부서졌다.[102] 홍종인은 측지반이 오전 오후로 서도의 약 3/4가량 측량을 마치고 다시 동도로 이동했다고 했는데 측량한 것은 서도가 아니라 동도였다. 즉, 측지반은 서도로 건너간 후, 동도의 등반대가 설치한 측량용 폴을 기준으로 동도를 측량했던 것이다.

등반대도 동도 등반을 마치고 서도로 이동하기에는 시간 여유가 없었다. 이런 연유로 독도에서 야영을 하게 되었다. 일행은 10월 16일 아침부터 작업을 재개해 측지반은 동도 앞으로 돌았고, 등반대는 서도로 건너가 다섯 명이 세 시간가량 절벽을 탔다. 그러나 서도의 1/4 중턱에서는 더 올라가기 어려웠다. 결국 12시 30분 모든 작업을 종료하고, 울릉도 저동항으로 6시에 귀환했다. 이상으로 독도학술조사단은 10월 13일부터 16일에 이르는 독도조사활동을 모두 종결했다. 실제로 독도에서 조사활동을 벌인 것은 10월 15~16일 이틀이었다.

한편, 1953년 제3차 독도조사단의 전 활동은 동행한 사진작가 김한용이

---

100) 「독도에 다녀와서(전4회) (3) '로빈손 쿠르소'도 될뻔, 15일밤엔 孤島서 幕營(홍종인)」, 『조선일보』(1953. 10. 26).
101) 박병주는 측량과 관련한 여러 기록들을 국회도서관에 기증했고, 현재 독도자료실에 총 233쪽 분량의 『1952년~1953년 독도 측량: 한국산악회 울릉도 독도 학술단 관련 박병주 교수 기증자료』가 소장되어 있다.
102) 「독도에 다녀와서(전4회) (2) 뜻않은 "전파"의 격려, 해가 뜨며 본격적인 작업을 개시(홍종인)」, 『조선일보』(1953. 10. 22).

촬영했다.[103] 김한용이 찍은 사진은 2004년 80세 기념 작품전에 처음 전시되었고, 2005년『주간동아』에 열 장의 사진이 소개되었다.[104] 김한용이 찍은 독도 및 조사활동 사진 총 31장은『김한용작품집 1947~2003』에 수록되어 있다.[105] 또한 독도조사대에 합류한 이용민에 의해 문공부 기록영화인〈독도〉가 촬영되었다.

1953년 독도학술조사단의 보고강연회는 서울 환도 후인 1954년 5월 6일 소공동 서울대 의대강당에서 개최되었다. 총 500여 명이 참석한 강연회에서 「독도영유문제」(홍종인), 「독도측량과 지도발표」(박병주), 「역사상으로 본 독도」(유홍렬), 「울릉도와 독도의 인문」(김광용), 「지리학상으로 본 울릉도와 독도」(이지호), 「울릉도와 독도의 생물」(임기홍), 「독도조사 운행문제」(김정태), 문공부 제작 문화영화〈독도〉(이용민) 등의 발표가 있었다.[106] 독도 기록영화가 공개되었다는 사실은 여러 자료를 통해 확인되지만, 현재 이 영화의 원판을 확인하지는 못했다.[107]

1952년과 1953년에 모두 독도조사에 참가했던 부산공고 토목과장 겸 교사인 박병주는 1953년 독도 측량 이후 이를 부산공고 교지인『용광로』에 게재했고, 자신이 보관하던 1952~1953년 독도조사대의 자료들을 국회도서관 독도자료실에 기증했다.[108]

---

103) 박병주가 찍은 독도조사대 사진 다섯 장은『Pictorial Korea 1953~54』에 게재되었다(『1952년~1953년 독도 측량』, 173~176쪽).
104) 이정훈, 2005, 「1953년 독도에서 '다케시마'를 뿌리뽑다」, 『주간동아』 476호(3. 15), 8~11쪽; 이정훈, 2005, 「1953년 독도 사진으로 화제 김한용 사진작가」, 『주간동아』 477호(3. 22), 66~67쪽.
105) 김한용, 2003, 『金漢鏞作品集 1947~2003』, 눈빛, 211~217쪽.
106) 김정태, 1977, 위의 자료, 39쪽.
107)『동아일보』·『조선일보』(1954. 5. 6). 독도를 소재로 다룬 영화는 1956년〈독도와 평화선〉(천연색 영화)이 제작된 바 있다(『한국일보』(1956. 6. 15)).
108) 박병주, 1953, 위의 글, 53~64쪽.

2. 일본의 대응: 선전과 책략

(1) 1951년 일본의 선전: 독도영유권 주장

패전 이후 일본정부는 단 한 번도 대내외적으로 독도에 대한 영유권을 주장한 바 없었다. 1947년 남조선과도정부의 대대적인 독도조사사업과 1948년의 독도폭격사건에 대해서도 아무런 반응이 없었다. 앞에서 살펴본 것처럼, 1947년 6월 일본 외무성이 작성한 팸플릿에 독도와 울릉도가 일본령이라는 주장이 실렸을 뿐이다. 일본인들의 독도 도항이 SCAP에 의해 금지되어 있었지만, 이미 1947년 중반 한국에서는 일본인의 독도 불법점거가 문제가 되고 있었다. 1945~1951년 간 일본인들의 독도 도항에 관해서는 몇 가지 단편적인 기록이 있다.

일본 외무성 조약국에서 일하며 일본의 독도영유권 주장의 실무를 담당했던 가와카미 겐조(川上健三)에 따르면, 1949년과 1951년 일본인들이 두 차례 독도에 건너온 바 있었다. 물론 SCAP포고령 위반이었다. 1949년 7월 와카야마현(和歌山縣)의 이케하타 쓰요시(池畑力)라는 자가 오쿠무라 아키라(奧村亮)[오쿠무라 헤이타로(奧村平太郎)의 장남]의 소개로 고니시 마사오(小西正夫)의 어선(光榮丸)을 타고 승무원 여러 명과 함께 독도로 건너와 120~130가마니의 해묘(海猫, 강치) 똥 혹은 조분(鳥糞, 새똥)을 채취했다는 증언이 있다. 비료로 쓰기 위해서였다는데, 오쿠무라에 따르면 당시 독도에는 미군기 폭격으로 인한 조선인의 혈흔이 발견되기도 했다는 것이다.[109] 가와카미 겐조는 당시 오쿠무라가 울릉도에 거주하고 있었다고 썼는데, 1949년의 시점에 일본인이 울릉도에 거주할 리 만무했다. 원래의 자료를 찾아보니, 울릉도가 아닌 오키시

---

109) 奧村亮 口述書(1953. 7. 11, 島根縣廳 速水保孝 청취), 浜田正太郎 口述書(川上健三, 1996,『竹島の歷史 地理學的研究』, 古今書院, 264, 272쪽).

마(隱岐島)였다.[110]

광업권과 관련해 한 가지 더 지적할 점이 있다. 1959년에는 도쿄도에 거주하는 광업경영자 쓰지 도미조(辻富藏)란 사람이 일본정부의 태만으로 죽도(竹島)에서 인광(燐鑛) 채취가 불가능해 5억 엔의 손해를 입었다며, 광구세 3만 4,000엔을 반환하라고 국가와 시마네현을 상대로 소송을 제기하기도 했다. 이자의 주장에 따르면 1939년 독도에 광업권이 설정되었고, 최초에는 고바야시 겐타로(小林源太郞)라는 자가 인광시굴권을 인정받았고, 1946년에는 다무라 히사시(田村壽)가 이를 승계했으며, 1946년 말 다무라 히사시·쓰지 도미조·야스이 소시치(安居惣吉) 3인이 공동광업자가 되었다. 그 후 쓰지 도미조가 시굴권을 채굴권으로 전환 신청해 1954년 독도의 동서 양도에 2,600톤의 채굴권을 정식으로 허가받았고, 1954년 4월 채굴준비를 위해 다무라 기사 등을 독도에 보냈으나 이미 한국군이 점령해서 접근할 수 없어 1959년까지 지냈다는 것이다.[111] 쓰지 도미조는 여론의 주목을 받자 손해액 5억 엔을 보상하라는 추가소송을 제기하기도 했다.[112]

한편, 가와카미는 1951년 5월 중순 하마타 쇼타로(浜田正太郞)가 네 명의 친구들과 5톤 배로 독도에 도항했는데, 당시 한국인 50명과 동력선 네 척을 발견했다고 썼다. 한국인들은 미역을 채취 중이었고, 오두막집을 짓고 있었다. 일본인들이 "죽도가 일본령이니 빨리 섬에서 퇴거하라"고 항의하니, 이들

---

110) 日本 外務省 アジア局第二課, 『竹島漁業の變遷』(昭和二十八年八月), 37쪽. 이것이 의도적인 서술인지 우연한 실수인지는 알 수 없지만, 독도문제와 관련한 일본 외무성 실무자의 실수로 보기에는 석연치 않다. 왜냐하면 가와카미는 정교하게 독도의 일본 영유권을 주장한 인물인데, 이 서술은 마치 전후에도 일본인이 울릉도에 거주했으며, 이들이 독도를 관리한 것 같은 인상을 주기 때문이다.
111) 「竹島占領の悲劇, 鑛業權で國を訴える, 開發ができずに五億円も損」, 『讀賣新聞』(1959. 10. 30); 川上健三, 1996, 위의 책, 262쪽.
112) 「"五億円全額 補償しろ" 竹島リン鑛訴訟」, 『讀賣新聞』(1960. 1. 27). 재판이 진행되면서 독도에 대한 현장검증 신청을 했으나 각하되었고, 5억 엔에 대한 인지대(285만 엔)의 비용구조 결정이 있었다〔『讀賣新聞』(1960. 3. 23, 12. 7)〕. 1961년 동경지방재판소는 일본정부가 한국령인 독도의 일본인 소유 광산소유권에 대해 세금징수 권한을 갖는다는 판결을 내렸다〔『동아일보』(1961. 11. 10)〕. 즉, 독도에 대한 영유권이 일본에 있다고 판결한 것이었다.

은 "죽도가 어느 나라에 속하는지 모르지만 매년 미역을 따러 온다"고 말하면서 거부했다는 것이다. 이들은 많이 출어할 때에는 동력선이 24척에 이른 적도 있다고 답했다.[113] 일본이 독도영유권을 주장한 후 등장한 증언임에도, 1951년 한국 어부들은 단호히 매년 미역을 따러 오는 독도가 한국령임을 강하게 암시하고 있었던 것이다.

그런데 가와카미 겐조의 설명과 해당 증언을 수록한 일본 외무성 아시아국 제2과의 책자(『竹島漁業の變遷』(1953. 8)]는 사실조작의 혐의가 있다. 원래 이 증언이 실린 것은 다무라 세이자부로(田村淸三郞)의 『도근현 죽도의 연구』(島根縣竹島の研究)(1954. 3)였다.

> 소화 26년(1951) 4월 말, 穩地郡 五箇村의 第三伊勢丸 선장 하마타 쇼타로는 어로 중 표류해 竹島에 이르러, 한국인들이 이 섬에 거주하며 어업조업 중인 것을 목격했는데, 이 뉴스가 발단이 되어 샌프란시스코평화회의를 앞두고 竹島의 소속문제가 크게 부각되었다.[114] (강조는 인용자)

즉 다무라가 서술한 바에 따르면, 일본 어부들은 1951년 4월 말 우연히 표류해 독도에 도착했으며 한국 어부들이 '거주'하며 '어업'하는 상황을 목격했을 뿐이다. 즉, 일본 어부는 독도에서 한국인들이 거주하며 조업하는 것을 목격한 후 돌아와 이를 여론화함으로써 독도의 소속문제를 부각시켰다는 것이다. 다무라의 서술에는 이 어부들이 항의했다거나 갈등이 있었다는 흔적은 전혀 없다. 다만 "이 뉴스가 발단"이 되었다는 서술에서, 이후 어부들의 증언이 과장·윤색되었을 가능성을 엿볼 수 있다. 이는 일본 외무성 자료에 실린 동일

---

113) 浜田正太郎 口述書(川上健三, 1966, 위의 책, 264, 272쪽); 日本 外務省 アジア局第二課, 『竹島漁業の變遷』(昭和二十八年八月), 33~34쪽.
114) 田村淸三郞, 1954, 『島根縣竹島の研究』, 島根縣, 45쪽.

인의 1953년 7월 증언에서 잘 드러난다. 목격자인 하마타 쇼타로는 "소화 26년(1951) 5월 중순, 당시 죽도(竹島)는 맥라인의 외측에 있었는데, 나는 5톤의 작은 배에 네 명의 친구와 함께 승선해 죽도(竹島)에 도항했다"라고 증언한 (1953. 7. 9) 것으로 되어 있다.[115] 즉, 외무성과의 인터뷰에서 이 어부는 자신이 의도적으로 독도에 건너갔으며, 이후 독도에서 조업하는 한국 어부들과 논쟁을 벌인 것으로 증언했음을 알 수 있다. 증언자의 과대포장인지 외무성 주문의 결과였는지는 알 수 없으나, 여기에는 일본 어부들이 독도에 표류해 도착했던 사실 외에는 진정성을 인정할 수 있는 부분이 없다.[116]

독도에 대한 일본의 관심은 시마네현을 중심으로 한 어업 관련자들뿐이었고, 중앙정부나 언론의 관심은 미미한 실정이었다. 그런데 바로 위의 사건을 계기로 시마네현이 뉴스밸류를 만들어 대대적으로 선전했던 것이다. 다무라에 따르면, 1951년 8월 30일 시마네현은 독도가 시마네현의 영토이므로 대일평화조약에서 일본령으로 재확인되게 해달라는 진정을 외무대신에게 제출했고, 시마네현 출신 다테(伊達) 참의원이 강화전권위원으로 도미하기 전 외무성에 독도의 소속을 질의했다. 이에 대해 외무성은 8월 31일 기자단 회견에서 "평화조약에서 죽도(竹島)는 일본령에서 분리된다는 일부의 풍설을 부정하고 죽도는 의연히 일본 영토로서 남게 되었다"라는 견해를 정식으로 발표했다.[117]

이러한 사정은 1951년 9월 초 국내에 전해졌다. 『민주신보』는 일본정부가 공식적으로 독도의 일본령을 주장했다고 보도했는데, 아마도 일본 중앙언론

---

115) 浜田正太郎 口述書(1953. 7. 9), 日本 外務省 アジア局第二課, 『竹島漁業の變遷』(昭和二十八年八月), 33쪽.
116) 1953년도에 가와카미 겐조가 쓴 『竹島の領有』(外務省條約局, 1953. 8)에는 해당 내용이 들어 있지 않다. 두 기록의 착오를 깨달은 다무라는 1965년 개정·증보판을 낼 때 당시 맥아더라인의 존재 때문에 어부들이 표류했다고 한 것이지 사실은 독도조사를 목적으로 건너간 것이라고 주장했다. 다무라에 따르면, 1951년 9월 4일자 및 9월 8일자 『島根縣新聞』・『每日新聞』이 어부들의 독도 표착(表着)을 보도했다고 한다(田村淸三郎, 1965, 『島根縣竹島の新研究』, 島根縣總務部總務課, 117쪽).
117) 田村淸三郎, 1954, 위의 책, 45쪽.

에 독도가 보도된 최초의 사건이었을 것으로 판단된다.

3일 일본방송은 독도(일본명 竹島)는 일본 영토에 귀속되어야 할 섬이라고 일본 정부 태도를 공식으로 표명하였다. 이 방송에 의하면 일본정부는 미국 국무성 고문이며 대일강화 조문 초안자인 덜레스씨에 서한을 보내어 독도는 일본영토의 일부분이었고 또한 마땅히 일본의 것이 되어야 한다고 주장하고 있으며 대일강화회의에서 이것을 명백히 하여달라고 한 것인데, 독도 귀속에 관한 일본정부의 공식태도는 패전 후 처음으로 표명한 것이다.[118]

이 시점에 한국정부는 미국을 상대로 독도와 파랑도의 한국령을 주장했지만, 아직 파랑도의 위치나 실체를 확인하기 전이었으며, 또한 대일강화조약 조문에 독도·파랑도의 영유권을 성문화하지 못한 상태였다. 당시 이를 보도한 신문 역시 일본이 이를 기화로 자국령을 주장한 것으로 보았다. 당시 한국의 주장은 1946년 1월 19일자 SCAPIN 제677호에 따라 전전의 일본 영토 중 정치상·행정상 일본으로부터 분리해야 할 영역 중 독도가 일본의 행정권 범위에서 배제되어 있으며, 포츠담선언 제8항에도 일본령에 속하지 않는다는 것이었다. 외무부는 9월 4일 성명을 발표하고, 러일전쟁기인 1905년 3월 22일 한국의 행정·경제·사회 질서가 문란한 틈을 타서 일본이 일방적으로 독도를 일본령에 포함시켰고, 이후 36년간 식민통치를 했기 때문에 한국 영토를 유린한 것이라고 공박했다. 외무부는 "일본의 이런 간계에서 나온 처사는 매우 유감스러운 일"이며 일본이 영토적 야심을 마땅히 포기해야 한다고 지적했다.

독도문제가 표면화되는 중요한 동기는 1951년 9월 샌프란시스코평화조

---

118) 「1951년 9월 3일 일본, 독도영유권 주장」, 『민주신보』(1951. 9. 5).

약의 체결과정에서 일본의 독도영유권 주장에 대한 미 국무부의 우호적 동향을 일본정부가 인지했기 때문이었다. 이와 관련해 미 국무부는 러스크 서한(1951. 8. 10)을 일본정부에 공식 전달하지는 않았지만, 일본정부는 윌리엄 시볼드(William J. Sebald) 등을 통해 미 국무부의 결정내용과 관련 정보를 인지했던 것으로 보인다. 왜냐하면 1947년 6월 일본 외무성의 팸플릿 작성과 1949년 11월 시볼드의 주장 이후 독도문제는 표면에서 전혀 논의되지 않았고, 1951년 2월과 4월 덜레스의 두 차례 동경 방문에서도 전혀 논의되지 않았다. 그런데 1951년 7월 한미협의과정에서 독도문제가 제기되고, 1951년 8월 딘 러스크(Dean Rusk) 국무차관보의 서한이 제시되고 난 뒤에야 일본의 독도영유권 선전이 시작되었기 때문이다. 인과관계로 보자면 일본측에 관련 정보가 누설되었거나, 일본측이 관련 정보를 입수한 후 선전이 시작되었음이 분명했다. 일본은 미국의 조약 초안과 협상전략뿐만 아니라 영국의 조약 초안을 제공받을 정도로 미국의 호의를 사고 있었으므로, 한미협의과정에 대한 정보를 입수했다고 판단해도 무리가 없다.

1951년 9월 초 일본 방송의 보도는 그런 측면에서 일본측이 미국의 의향을 인지했음을 의미했다. 나아가 10월 22일 일본 국회에서도 샌프란시스코평화조약에서 독도가 일본령임이 확인되었다는 외무성 고위관리의 발언이 있었다. 중의원 평화조약 및 일미(日米)안전보장조약특별위원회 제6차 회의(1951. 10. 22) 석상에서 시마네현 출신인 야마모토 도시나가(山本利壽) 의원이 독도의 영유권에 대해 질문했다.

· 山本利壽 의원: 특히 (평화조약) 제3조와 관련해서 매우 구체적인 문제인데, 이번 우리 참고자료로 주어진 「일본영역참고도」를 볼 것 같으면, 일본해를 지나가며 일본의 영역을 표시하는 선이 竹島의 바로 위를 지나가고 있다. 울릉도는 조선에 혹시 속하는 것이지만 竹島는 원래 시마네현의 관할하에 있었고, 중대한 어장을 이루고 있다. 이 죽도가 이 지도에서 보자면 우리의 영

토인가 혹은 울릉도에 부속되어 조선 등에 이전되는 것인가? 이 점에 대해 시마네현 주민은 물론 이것이 일본의 영토로 된다고 해석하는 입장이지만, 차제 분명히 설명이 필요하다고 생각한다.

· 草葉隆圓 외무성 정무차관: 현재의 점령하의 행정구획에서 竹島는 제외되어 있지만, 이번의 평화조약에 있어서는 竹島는 일본에 들어온다고 하는데, 일본 영토라는 것은 분명히 확인된 것 같습니다.[119] (강조는 인용자)

야마모토 도시나가는 시마네현 출신 민주당의원으로 1951년 이래 일본 국회에서 독도문제를 쟁점화시키려 노력한 인물 중 하나였다. 야마모토는 일본 국회에서 여러 차례 독도에 대한 질문을 한 바 있는데, 가장 유명한 것은 1951년 제10회 국회 중의원 외무위원회(1951. 2. 6)에서 외무성 관리와 주고받은 답변이었다. 그는 "위도(緯度)관계 혹은 기타 조치에 의해 점령군정 밑에" 있는 하보마이, 시코탄, 다케시마에 대해서는 '특수한 수단'을 강구해야 하며, 종래의 도(道)·도(都)·부(府)·현(縣) 관할하에 있는 곳은 일본의 영토로 반환받기 위해 노력해야 한다고 질문했다. 이에 대해 시마즈 히사나가(島津久大) 정무국장은 "종래부터 충분히 연구", "거듭하여 충분히 경청해 연구" 하겠지만 "어떻게 손을 쓰는지는 양해 바란다"라고 답변했는데,[120] 이종학의 지적처럼 이는 독도 폭격연습장 지정 책략이었다.

이 질의응답에서 매우 중요한 점이 지적되었는데, 그것은 독도가 일본령에서 배제된다는 점을 일본정부가 국회의원들에게 배포한 「일본영역참고도」

---

119) 『衆議院 平和條約及び日米平和安全保障和條約特別委員會』 6號(1951. 10. 22) no.349, 回次12. 일본 중의원 홈페이지(http://kokkai.ndl.go.jp) 2009년 5월 1일 검색. 동북아역사재단에서 펴낸 자료집에는 "저희가 참고자료로 받은 '일본영역참고도' 를 보면 일본영역을 표시하는 선 안에 '죽도' 가 정확히 포함되어 있습니다"라고 오역되어 있다(동북아역사재단, 2009, 『일본국회 독도 관련 기록모음집 1부(1948~1976년)』, 43쪽).
120) 『제10회 국회 중의원 외무위원회의록 제3호』(1951. 2. 6), 7~8쪽(이종학(전 독도박물관장), 「독도박물관 보도자료」(2001. 12. 20); 『중앙일보』(2001. 12. 23)).

에 명기했다는 사실이었다. 이 점을 야마모토 도시나가가 질문했던 것이다.
일본 외무성은 부인했지만, 2년 뒤인 1953년 11월 중의원 외무위원회에서 일
본공산당의 가와카미 간이치(川上貫一) 중의원 의원은 외무성을 상대로 이 점
을 지적했다.[121] 가와카미 간이치가 연합군의 점령 중 죽도(독도)가 일본의 행
정구역에서 왜 배제되었느냐고 질문하자, 시모다 다케소(下田武三) 외무성 조
약국장은 연합군사령부의 의도는 잘 모르겠지만, "죽도(竹島)처럼 제법 멀리
떨어져 있는 곳에 일본정부나 일본 국민이 가는 것을 허락하는 것이 점령정책
상 바람직하지 않다고 하는 취지에서 그 섬을 제외시켰다고 생각" 한다고 답
변했다. 이후 이런 문답이 오갔다.

- 川上貫一 의원: 그럴 리가 없다. 제외된 섬들은 다 특정한 이유가 있어서 그
  렇게 된 것이다. 그 이유를 우리가 인정하느냐 않느냐와는 별도로 확실히 이
  유가 있다. 竹島는 어떤 이유에서 그렇게 된 것인가? 게다가 맥아더라인까지
  근처에 그었음에도 불구하고, 竹島만 제외되어 있다. 그런데 이런 상황에 대
  해 정부는 왜 竹島가 맥아더라인에 포함되어 있지 않은지 물어본 적이 있는
  가 없는가?
- 下田武三 조약국장: 저희들이 질문한 적이 있는지 어쩐지에 대해서는 자세
  히 알고 있지 않기 때문에, 당시 기록을 조사해서 답변하겠다.
- 川上貫一 의원: 조약국장이 모른다고 하는 것은 물었던 적이 없다는 증거이
  다. (중략) 왜 이런 일이 일어났는가? 평화조약을 비준할 때 국회에 제출된 부
  속지도라는 것이 있다. 그 부속지도를 봐도 竹島는 분명히 제외되어 있다.

---

121) 가와카미 간이치(1888~1968): 일본의 노동운동가·정치가, 일본공산당의 국회의원. 1949년 제24회 중의원에 당선되었으나, 1951년 국회에서 한국전쟁과 요시다 시게루 내각의 단독강화론을 비난한 결과 국회에서 제명처분된 대표적 레드 퍼지(red purge) 대상 인물이었다. 평화조약 발효로 공직추방 처분이 해제되자 정치활동을 재개해 1953년 제26회 중의원에 당선되었다. 공산당의 유일한 국회의원으로 통산 6회 당선되었으며, 공산당 국회의원단장을 지냈다.

다른 라인이 그어져 있다. 맥아더라인이 아니다. 별도의 선이 붙어 있다. 이 선은 다른 곳의 행정구역을 나눈 선과 같은 선이다. 이 문제에 대해서 정부는 모르는 척하고 있었지만, 이미 다 알고 있다고 생각한다. (하략)

- 川上貫一 의원: (전략) 이 평화조약을 비준하던 당시에 제출한 그 지도, 뒤에 정부가 서둘러 취소했으나, 그 지도에는 일본영역참고도라고 써 있다. 영역이라고 써있는 이 지도안에는 분명하게 竹島는 제외되어 있다. 그런데 이것은 참의원 위원회에는 제출되지 않았고, 중의원에는 제출되었다. 왜 제출을 하다가 중단한 것인가? 이는 미국이 태도를 분명히 보여주지 않고 있다는 것의 반증이다. 그렇기 때문에 오가타(緒方) 부총리가 노동당의 질문에 대해 평화조약에 의해서 竹島는 우리 영토라고 대답하지 못하고 국제법에 따라 우리 영토라고 대답했던 것이다. (중략) 정부가 이 문제를 확실하게 처리하지 못해서 이승만정부가 거세게 항의를 했고, 미국은 이 점을 계기로 아시아인들이 서로 다투게 만들고 있다. 그리고 요시다정부는 이를 활용해서 재군비의 열기를 부추기고 있다는 소리를 듣는 것이다. 그러나 이것을 더 이상 거론하면 논쟁만 심해질 뿐이기 때문에 미국이 확실한 것을 한마디도 말한 적이 없다는 것을 말해두며 여기서 마무리 하겠다. 또한 일본정부는 평화조약상에서 竹島가 일본의 영토임을 증명한 자료를 제시해야 함에도 불구하고 아직 제출을 하지 않고 있어서 제출을 다시 한번 촉구하는 바이다.[122] (강조는 인용자)

가와카미 간이치의 지적은 매우 날카로운 것이었다. 첫째, 일본 외무성이 1951년 10월 중의원에 제출한 참고도(「일본영역도」)에는 독도가 일본령에서 명백히 배제되어 있었다. 이 점은 이미 야마모토 도시나가 의원이 지적한 바

---

[122] 「중의원 외무위원회 회의록」 5호(1953. 11. 4), 동북아역사재단, 2009, 『일본국회 독도 관련 기록모음집 1부(1948~1976년)』, 189쪽.

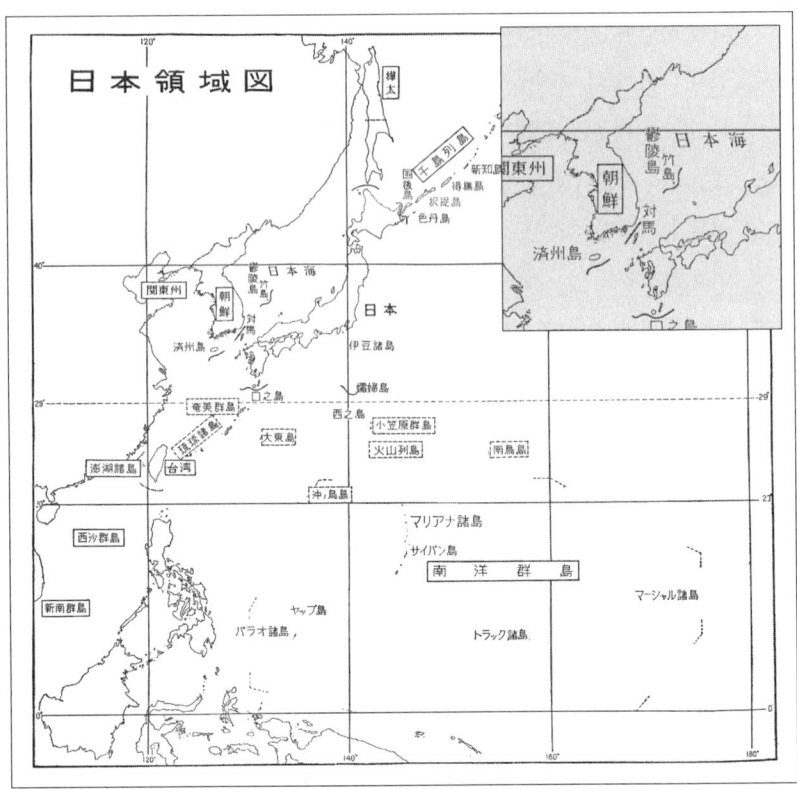

〈그림 9-4〉 일본 외무성이 중의원에 제출한 「일본영역도」(1951. 10) 및 독도 부분도

있다. 가와카미 간이치의 지적처럼 이 선은 맥아더라인과 다른 선임을 알 수 있다.

둘째, 일본 외무성은 이 「일본영역도」가 문제가 되자 중의원에 제출하다 중단한 후 참의원에는 제출하지 않았다는 사실이었다. 때문에 이 지도는 널리 알려지지 않았다. 「일본영역참고도」의 실물은 1952년 일본 마이니치신문사(每日新聞社)가 펴낸 『대일평화조약』(對日平和條約)의 맨 앞에 「일본영역도」(日本領域圖)라는 이름으로 수록되어 있다.[123] 이에 따르면 일본은 동해에서는 울릉도·독도를, 러시아와 관련해서는 북방 4개 섬(에토로후, 구나시리, 하보마이,

시코탄)을, 규슈 아래로는 구치노시마(口之島)·아마미군도(奄美群島)를, 동쪽으로는 니시노지마(西之島)를 일본령에서 배제된 영토로 명백히 표시하고 있다. 1951년 10월 일본정부는 「일본영역참고도」가 문제되자, 중의원에 제출했던 이 지도를 긴급히 회수했고, 참의원에는 제출하지 않았던 것이다.

셋째, 가와카미 의원은 그 이유를 미국정부와 일본정부 양쪽에서 구했다. 먼저 미국정부가 태도를 명확히 하지 않았으며, 독도의 영유권에 대해 '확실한 것을 한마디도 말한 적이 없다'고 지적했다. 미국이 독도영유권 문제를 공식적으로 일본정부에 통보한 적이 없으므로 이는 사실이었다. 가와카미 의원은 미국이 독도를 폭격연습장에서 제외한 것은 한국정부의 항의 때문이라는 점을 지적했다. 즉 독도가 미공군 훈련장으로 지정된 뒤, 한국 어민이 폭격을 당했고, 한국정부가 항의하자 미공군사령관이 독도를 훈련장에서 제외한 후 이 사실을 한국정부에 통보했다는 절차를 강조한 것이다. 이를 통해 미국이 독도를 한국 영토로 인정한 것으로 한국정부가 해석할 여지가 마련된 것이라고 보았다. 만약 독도가 일본령이라면, 한국 어민들이 멋대로 들어와 불법조업을 하다 죽은 것이므로 한국의 항의가 성립할 수 없지만, 미국이 한국의 항의를 받고 독도를 훈련장에서 제외한 것은 미국이 독도를 한국 영토로 생각했다는 해석을 가능케 했다는 것이다. 즉, 미국의 의중이 애매한 부분이 있어서 독도가 한국령인지 일본령인지 모호하게 되었다는 것이었다. 물론 공산당 의원인 가와카미는 미국이 제국주의정책의 일환으로 "아시아인들이 서로 싸우게 하려는 계략"으로 독도문제를 이용했다고 주장했지만, 미국의 태도가 분명치 못한 것은 의문의 여지가 없었다.

이러한 가와카미의 관점은 일본공산당 기관지 『아카하타』(赤旗) 1953년 11월 9일자에 보도되었다. 가와카미 간이치는 미국이 독도의 소속을 명확히

---

123) 每日新聞社編, 1952, 『對日本平和條約』, 「日本領域圖」.

하지 않았고, 어떤 때는 한국과 교섭한 반면 어떤 때는 일본과 교섭했고, 일본정부도 평화조약 당시 이를 명확히 하지 않은 결과로 독도영유권 문제가 발생했다고 본 것이다.[124] 이미 1962년 일본의 연구자 요시오카 요시노리(吉岡吉典)가 이 문제를 지적하며, 한일 독도영유권 분쟁이 크게 수면 위에 떠오른 것은 미국의 극동정책 및 대일(對日)지배와 결합된 것이라는 분석을 내놓은 바 있다.[125]

넷째, 일본은 미국으로부터 독도영유권에 대한 확실한 언질이나 문서를 확보하지 못한 상태였고, 이 점이 평화조약에 반영되지 않은 상태였음을 명확히 인식하고 있었다. 때문에 일본정부는 독도가 평화조약에 의해 일본 영토로 확인된 것이 아니라 "국제법에 따라 우리 영토"라고 대답했던 것이다. 일본 국회에서 평화조약문에 독도가 일본의 영토임을 증명한 자료를 제시했어야 하지만 1953년 11월까지도 관련 자료를 제출하지 못했던 것이다. 이 점은 마이니치신문사의 『대일평화조약』에도 동일하게 나타났다. 이 책은 대일평화조약의 조문에 대해 구체적인 해설을 담고 있는데, 1946년 연합군최고사령부의 각서에 의해 일본정부의 행정권이 정지되었다고 썼을 뿐 대일평화조약 조문에 어떻게 독도의 일본령 반환이 규정되었는지, 또는 반환이 사실인지 여부는 기록하지 않았다.[126] 다른 한편으로, 요시다정부가 독도문제를 이용해 재

---

124) 구선희, 2007, 위의 논문, 363~364쪽.
125) 吉岡吉典, 1962,「'竹島問題'とはなにか」,『朝鮮研究月報』11號, 日本朝鮮研究所(구선희, 2007, 위의 논문, 363쪽). 요시오카는 독도문제의 본질은 첫째 강화조약·한국전쟁 당시 귀속국가를 정하지 않은 채 미군 폭격연습지로 이용했던 독도를 그대로 이용하는 것이 미국에 유리했으며, 둘째 이라인 문제와 함께 독도 소속문제로 일본과 한국이 적당히 대립하는 것이 미국이 두 나라를 지배하는 데 유리했기 때문이라고 보았다. 이승만정부는 한국인들에게 일본의 식민지 지배에 대한 반감을 이용해, 지배력 유지를 위한 반일구호로 독도를 이용하며, 요시다정부를 비롯한 역대 일본정부도 일본의 군국주의·제국주의 부활의 무기로 독도를 이용해 재군비·배외주의·민족주의를 고취하고 있다고 주장했다. 결국 한일분쟁을 필요 이상으로 격화시키지 않고, 적당히 대립하고 적당히 융화시킨다는 입장에서 한일관계를 조정하기 위해 미국이 독도를 이용한다는 주장이었다. 그런 면에서 독도문제는 영토문제가 아니라 미국의 아시아 지배와 결합된 정치문제라고 주장했다(吉岡吉典, 1962, 위의 논문, 44~45쪽). 요시오카는 1986~2004년 참의원 의원(일본공산당 소속)을 지냈다.

군비에 박차를 가한다는 지적은 한국 외무부의 시각과 일맥상통하는 분석이 었다.

결국 일본정부는 표면적으로는 샌프란시스코평화회담에서 독도가 일본령에 포함되었다고 공표하고 선전했지만, 내부적으로는 독도가 한국령으로 확정되었을지도 모른다는 의혹과 두려움을 갖고 있었으며, 혹은 일본령이라는 증거가 없다는 점을 명백히 인식하고 있었다. 때문에 1951년 10월 야마모토 도시나가 의원의 지적이 있자, 일본정부는 독도영유권 확인을 위한 증거자료 창출을 위한 책략에 본격적으로 나섰던 것으로 추정된다.

1951년 10월 국회에서 이런 문답이 있은 직후 『아사히신문』은 패전 이후 중앙언론지로서는 최초로 독도를 답사했다. 1951년 11월 13일 오후 아사히신문의 寺尾 기자와 野虎 사진부원은 돗토리현(鳥取縣) 현립 사카이(境)고교 수산과의 연습선인 朝凪丸(12톤)을 타고 사카이항(境港)을 출발했다. 일행은 福浦友達 선장, 景山二郎 기관장과 기자 등 총 6인이었다. 이들은 14일 아침 독도에 도착했는데, 늘어선 강치 일행과 바위에 서 있는 한국민의 조난비를 발견했다. 『아사히신문』은 기사의 제목을 도발적으로 「일본에 돌아온 무인(無人)의 '다케시마'(竹島)」라고 붙였다.

이는 일본 중앙언론이 독도를 방문 취재한 최초의 사례였다.[127] 이 기사는 『은주시청합기』(隱州視聽合記)에는 현재의 다케시마(竹島)가 송도(松島)로, 울릉도가 죽도(竹島)로 표기되어 있었기 때문에, 시마네현과 오키시마의 노(老) 어부들이 최근 "다케시마(竹島)가 일본 영토라는 점이 확인되었다"라고 했을 때 울릉도가 일본령이 되었다고 느꼈을 것이라고 쓰기까지 했다.

이 기사는 즉각 『동아일보』 11월 26일자에 보도되었다. 동아일보 동경특파원은 11월 24일발 기사에서, 엄연한 우리 대한민국의 영토 독도를 "죽도"

---

126) 每日新聞社編, 1952, 위의 책, 82쪽.
127) 「日本へ還る無人の'竹島'」, 『朝日新聞』(1951. 11. 24).

〈그림 9-5〉 전후 최초로 일본 언론에 보도된 독도(『아사히신문』, 1951. 11. 24)

(竹島)라고 칭하며 맥아더사령부의 여행수속도 받지 않고 아사히신문 특파원을 독도에 파견한 일 때문에 당국의 조사를 받는 중이라고 보도했다.[128] 이미 1951년 9월 샌프란시스코평화조약 체결 이후 한일 간에는 독도의 영유권을 둘러싼 보이지 않는 싸움이 시작되고 있었던 셈이다.

대미협상에서 독도영유권 문제에 적절히 대처하지 못했던 한국정부는 평화선을 마련하는 과정에서 어족보호·어장획정의 형식을 내세워 독도영유권

---

128) 「獨島를 竹島로 自稱, 日領有主張」, 『동아일보』(1951. 11. 26).

을 해결하려 했던 것이다. 반면, 일본은 샌프란시스코평화조약에서 독도가 일본령으로 인정되었다는 상황판단하에 독도의 일본령 주장을 준비하기 시작한 것이었다.

1952년 1월 해양주권선언이 있자, 일본은 즉각 독도가 일본령이라고 반박했고, 이로써 독도영유권을 둘러싼 한일 간의 논쟁이 본격화되었다. 이는 1905년 일본이 독도를 불법으로 영토 편입한 후 벌어졌던 독도영유권 논쟁의 재판(再販)이었다. 일본은 1905년 독도가 한국령임을 명백히 인지한 상태에서 허위주장

〈그림 9-6〉 국내에 전해진 『아사히신문』의 보도(『동아일보』, 1951. 11. 26)

과 거짓말에 근거해 독도를 무주지로 불법 편입했고, 이를 시마네현 현보에 고지했다. 이 사실은 1906년 시마네현 '죽도시찰원'(竹島視察員)의 울릉도 방문을 통해서야 한국측에 전달되었다. 사실상의 주권을 박탈당한 한국정부는 나라가 망하는 와중에 독도문제를 다룰 여력이 없었다. 언론과 여론이 들끓었지만 이미 한국의 운명은 기울었다. 일본은 준비된 공격자이자 책략가였다.[129]

(2) 1952~1953년 일본의 책략: 독도 폭격연습장 지정과 해제

1952~1953년 일본 국회에서는 독도의 영유권 확보를 위한 '특별한 조치'가 논의되었는데, 그 핵심은 일본정부가 독도를 미공군의 폭격연습장으로

---

[129] 1953년 내무부장관은 1905년 일본의 독도 불법편입이 "합병조약을 흉악한 술수로 체결하는 시약실험을 하여서 열국(列國)의 반응을 관찰하는 실험관 속의 소량의 약품으로 독도라는 무인도를 선정한 것"이라고 설명했다(「日本船舶獨島侵犯事件에 關한 件」(內治情第1200號, 1953. 8. 11)(내무부장관→외무부장관), 『독도문제, 1952-53』).

제공한 후 이를 해제시킴으로써 일본의 독도영유권을 확보한다는 것이었다. 일본 국회의사당에서 중의원 의원들과 외무성 고위관리들이 버젓이 이런 얘기를 주고받았다.[130]

1952년 2월 주일미군의 주둔과 관련해 미국과 일본 간에 주둔군 지위에 대한 행정협정이 체결되었고, 4월에는 대일강화조약이 발효되었다. 이 과정에서 독도의 폭격연습장 지정이 추진되었다. 제13회 중의원 외무위원회(1952. 5. 23)에서 시마네현의 야마모토 도시나가 의원과 이시하라 간이치로(石原幹市郎) 외무성 정무차관이 주고받은 대화가 이를 잘 보여준다.

- 山本: 지난번 외무대신은 일한(日韓)교섭은 결렬되었다고 말했지만, <u>일한 간에 있어 영토문제가 해결되지 않은 바가 있는가?</u>
- 차관: <u>영토의 면에서는 분쟁은 없다.</u>
- 山本: 그러면, 시마네현에 소속되어 있는 죽도(竹島)는 어떻게 되고 있는가? 들리는 바에 따르면 한국측에서는 영토권을 주장하고 있다는 것 같은데?
- 차관: 일본측으로서는 물론 일본령이라고 생각하고 있고, 총사령부도 또한 일본측의 것이라고 승인하고 있다. <u>오직 한국측이 멋대로 자국 영토라고 할 뿐</u>이다.
- 山本: 나도 그렇게 생각하는데, 들리는 바에 따르면 <u>정부에서는 죽도를 駐留軍의 海土에 있는 폭격연습지로 예정하고 있는데, 그것은 죽도를 연습지로 지정하는 것에 의해 일본 영토권을 확보한다고 하는 정치적 함의를 품고 있다고 생각하는데, 그런가?</u>
- 차관: <u>그 설(說)과 같은 선에서 진행하고 있다.</u>
- 山本: 죽도는 잘 알려진 것처럼 강치(アシカ) 어업지이다. 만약 연습지로 예

---

130) 이종학(전 독도박물관장), 「독도박물관 보도자료」(2001. 12. 20); 『중앙일보』(2001. 12. 23).

정되면 강치어업은 불가능하게 될 우려가 있지만, 가령 폭격연습지로 지정되어도 그 지방 민중의 의향을 충분히 참작해 어업이 불가능하게 되지 않도록 해야 한다고 생각하는데, 정부의 견해는 어떤가?
· 차관: 말하신 바처럼, 연습지 지정에 있어서는 일미합동위원회에서 지방어민의 권익을 충분히 고려하고 싶다고 생각한다.[131] (강조는 인용자)

즉, 일본이 주일미군의 연습지로 독도를 지정함으로써 독도가 일본 영토임을 확인케 한다는 전략이었다. 이는 일본이 한국을 상대로 독도의 영유권을 주장할 수 있는 근거가 약했기 때문에 취해진 조치였다.

1951년 체결된 미일안전보장협정의 후속조치로 행정협정(SOFA)이 체결되었고, 이의 이행을 위한 미일합동위원회(Joint Committee)가 설치되었다. 미일합동위원회는 1952년 7월 26일 「군용시설과 구역에 관한 협정」을 체결했는데, 이 내용은 일본 외무성이 추진한 대로 독도를 일본 영토에 포함시키는 것을 전제로 미군의 공군훈련구역으로 선정한다는 내용이었다.

그 후 1952년 9월 독도폭격사건이 재발했다. 9월 15일 독도에서 어로 중이던 한국 어선 광영호가 미군기의 폭격을 받았고, 9월 22일과 24일에는 독도 학술조사대가 타고 있던 진남호가 미군의 폭격광경을 목격했다. 경고는 시마네현과 혼슈 서해안지역 주민들에게만 내려져 있었다. 일본정부는 시마네현 주민들의 어업불편 등을 내세워 1953년 3월 19일 미일합동위원회 소위원회를 통해 독도를 미공군의 훈련구역에서 제외했다. 이 직전인 제15회 참의원 외무·법무위원회 연합심사회(1953. 3. 5)에서 시모다 외무성 조약국장은 이러한 "조치를 취한 것이 다케시마가 일본이 영유하고 있는 섬이란 사실을 명확하게 법률적으로 뒷받침하는 근거"를 마련하기 위한 것이라고 밝혔다.[132]

---

131) 「중의원 외무위원회 13회 회의록」(1952. 5. 23); 田村淸三郎, 1965, 『島根縣竹島の新硏究』, 島根縣總務部總務課, 75~76쪽.

1952년 일본의 태도는 이해하기 어려운 것이었다. 1952년 1월 한국의 해양주권선언이 있자 독도가 자국령이라고 주장했지만, 일본 해상보안청·수산청 등 일본정부기관 선박이 독도 해역에 침입하거나 독도에 불법상륙을 시도하지 않았다. 오직 외교각서를 통한 성명전만을 전개했을 뿐이다. 그러던 일본은 1953년 5월 28일을 시작으로 연속적이고 강경하게 독도 해역 침입과 불법상륙, 일본령 표지판 설치 등의 물리적 공세를 펼쳤다. 1952년의 외교적 성명과 1953년의 물리적 점령 시도 사이에 위치한 것이 바로 독도의 미군 폭격연습장 지정·해제 책략이었던 것이다.

　이는 여러 가지를 설명하고 있다. 먼저, 1952년의 시점에 일본은 독도의 영유권을 주장할 근거가 현저히 약했으며, 때문에 미국을 이용해 영유권 증거문서를 확보하려 했다. 둘째, 1952년부터 1953년 5월까지 일본 순시선·어선 등이 독도 해역에 출현하지 않거나 독도에 불법상륙을 시도하지 않은 이유는 간단했다. 이들은 독도가 미군 폭격연습장인 것을 알았기 때문이었다. 셋째, 1953년 3월 19일 독도가 폭격연습장에서 해제되자 5월부터 본격적으로 불법상륙과 일본령 표지판 설치 등의 공격적 행동을 취했다. 넷째, 5~7월 간 여러 차례 독도 불법상륙을 시도하고 외교각서를 발표하는 등 화전양면 공세를 취한 후에야 일본은 한국정부를 상대로 독도의 폭격연습장 지정·해제가 일본의 독도영유권을 증명한다고 주장했던 것이다. 상황은 톱니바퀴처럼 맞물려 있었고, 이는 우발적으로 발생한 것이 아니라 정교하게 기획된 대응방략의 결과였다.

　일본은 1953년 5~7월 간 독도영유권을 주장하며 여러 차례 독도에 불법상륙하고 일본령을 알리는 표주(標柱)를 설치하는 등 공세적 태도를 취했지만, 한국정부의 강경대응에 직면하자 준비했던 카드를 꺼내들었다. 일본 외무성은 1953년 7월 13일자 각서에 첨부된 「죽도(竹島)에 관한 본 정부의 견해」를

---

132) 『제15회 참의원 외무·법무위원회 연합심사회 회의록』(1953. 3. 5).

통해 다음과 같이 주장했다.

죽도(竹島)는 1952년 2월 28일에 조인한 「미일안전보장조약의 제3조에 의한 행정협정」에 따라서 합동위원회에서 미일의 대표 간에 1952년 7월 26일에 체결된 군대의 사용을 위한 편의 및 지역에 관한 협정에서 동도(同島)가 일본 영토에 포함된다는 전제하에 미국안전군을 위한 연습기지의 하나로서 선정되었다. 그 후에 1953년 3월 19일자로 미일합동위원회의 소위원회는 연습기지로부터 죽도를 제외할 것을 결정하였고, 틀림없이 이 조치는 동도가 일본 영토의 일부라는 사실에 기초를 둔 것이다.[133]

즉, 일본정부는 1952~1953년 간 미일합동위원회의 「군용시설과 구역에 관한 협정」에 독도가 포함되었다가 해제된 것, 다시 말하면 독도에 대한 폭격연습장 지정·해제 조치가 일본의 독도영유권을 증명한다고 주장한 것이었다. 일본정부는 독도 폭격연습장 지정·해제 조치를 완료한 후 이 조치가 독도의 일본 영유권을 증명한다고 한국정부에 통보했다. 이로써 전후 일본이 독도 영유권 확보를 위해 꾸민 계획과 계략이 완성되었다.

과연 미국 문서들이 일본의 주장을 뒷받침하는 것일까? 대일평화협정이 발효되자, 미일 간에 조직되었던 예비작업단(Preliminary Working Group)은 자동적으로 행정협정 제26조에 의해 미일합동위원회로 전환되었다.[134] 미국과 일본은 대일평화조약 체결 시 미일안보협정·미일행정협정을 함께 체결했다. 이는 헌법상 교전권·군대보유권이 부재한 일본의 안보를 보장하기 위해

---

133) 「七月 十三日字 亞二 第一八六號 日本外務省覺書」 별첨 「竹島に關する本政府の見解」, 외무부 정무국, 1955, 위의 책, 107~114쪽; 영문판은 「日本政府見解(1) 表明」(日側, 53. 7. 13), 외무부, 1977, 『獨島關係資料集(I) 往復外交文書(1952~76)』, 19~20쪽을 참조.

134) "Memorandum to Ambassador Robert Murphy," Subject: Progress Report of the Joint Committee (no.1)(1952. 5. 7), RG 84, Japan, Tokyo Embassy, CGR 1952. Box 3, Folder 320.1 Joint Committee.

고안된 평화와 안보의 교환체제였다.

　미일행정협정은 미군의 주둔과 기지사용에 필요한 법률적 근거를 마련하기 위해 준비된 미일안보협정의 부속이었다. 유럽에서와 마찬가지로 주둔군 지위협정과 기지사용에 대한 협의가 핵심이었다. 미일안보협정의 제3조는 주일미군의 지위 및 기지사용에 대해 미일 간에 행정협정(Administrative Agreement)을 체결한다고 규정했다. 이러한 대부분의 절차는 이미 1951년 2월 9일 덜레스 사절단이 요시다 수상 등과 합의한 대일평화조약·미일안보협정·미일행정협정의 세 가지 조약의 패키지딜에 명시되어 있던 바였다.

　미일합동위원회는 1952년 5월 7일 첫 회의를 개최했고, 구성원들의 첫번째 주요 활동은 일본 전국 각지의 군사시설을 점검하는 것이었다. 이날 회의에서 총 10개의 소위원회가 구성되었고 그중 일곱번째 소위원회가 '연습구역소위원회'(Maneuvering Areas Subcommittee)였다.[135] 이 연습구역소위원회가 이후 '해상연습 및 훈련구역분과위원회'(Sea Maneuvering and Training Areas Subcommittee)로 명칭이 변경된 것으로 보인다. 1952년 6월 18일 제6차 합동위원회 회의에서 일본측은 약 500개로 구성된 시설물 임시목록을 제시했고, 이후 미일 간 협의가 계속되었다. 그 결과, 1952년 7월 26일 제12차 미일합동위원회에서 주일미군이 사용할 수 있는 군용시설과 구역에 관한 협정을 체결하게 되었다.[136] 준비된 「행정협정 제2조 제1항에 따른 미일협정」에 따르면, 일본이 미국에 제공하는 군용시설과 구역은 미일안보협정 제3조에 따른 미일행정협정 제2조 1항에 따른 것이었다.[137] 일본 외무성이 주장한 "합동위원회

---

135) "Memorandum to Ambassador Robert Murphy," Subject: Progress Report of the Joint Committee(no.2)(1952. 5. 15), RG 84, Japan, Tokyo Embassy, CGR 1952. Box 3.
136) "Memorandum to Ambassador Robert Murphy," Subject: Progress Report of the Joint Committee(no.10)(1952. 7. 29), RG 84, Japan, Tokyo Embassy, CGR 1952.
137) Agreement Between the Government of Japan and the Government of the United States of America under Paragraph 1, Article II of th Administrative Agreement, attached to the Memorandum of July 29, 1952, RG 84, Japan, Tokyo Embassy, CGR 1952. Box 3.

〈그림 9-7〉 미일합동위원회에서 결정된 미군 시설·구역 표시도(『아사히신문』, 1952. 7. 26)

에서 미일의 대표 간에 1952년 7월 26일에 체결된 군대의 사용을 위한 편의 및 지역에 관한 협정"이 바로 이것이다. 구체적으로 "독도가 일본 영토에 포함된다는 전제하에 미군을 위한 연습기지의 하나로서 선정" 된 경과는 찾을 수 없지만, 협정 자체가 일본의 시설·구역을 미군에 제공하는 것이므로 제공되는 시설·구역이 당연히 일본정부의 소유라는 전제가 성립하는 것이었다.

즉, 독도를 미군에 제공하는 훈련구역 목록에 올려 미군과 함께 합의하기만 하면 독도가 일본령임을 미일이 상호 인정하게 되는 것이었다.

1952년 7월 26일 『아사히신문』은 「일미 시설·구역협정」(日米 施設·區域協定)이 체결되었다고 보도했다. 이에 따르면 병사(兵舍)·비행장·막사 등 일반 시설 1,428건이 결정되었고, 그 가운데 해상연습장은 26개소가 부표(附表)에 명시되었으며, 이외에 15개소가 교섭 중인 상태였다. 〈그림 9-7〉에서 빗금이 쳐진 일본 연안의 사각형이 해상연습장인데, 면적이 큰 곳은 가시마나다(鹿島灘) 앞 바다의 에이블(A), 베이커(B), 이즈7도(伊豆七島) 동쪽의 찰리(C), 휴가나다(日向灘) 동쪽의 러브(L) 등이었다. 『아사히신문』의 보도에 따르면, 각 연습장의 사용조건은 구역마다 연습의 성격에 따라 상이했는데 찰리(C), 러브(L), 폭스[F: 나가사키(長崎) 고토열도(五島列島) 남방], 조지(G: 나가사키 고토열도 북방) 등 4개 연습장이 상시 위험구역(사실상 출입금지구역)으로 지정된 것을 제외하면 연습시간 이외에는 항행·조업 등의 제한이 없었다.[138] 그런데 일본 외무성이 훗날 독도영유권을 주장하며 소위 외무성 고시 제34호(1952. 7. 26)로 '죽도(竹島)폭격훈련구역'을 공표했다고 했는데,[139] 이에 따르면 독도는 매일 24시간 연습구역이었고, 이는 미국 문서에서도 확인되는 바이다. 즉, 독도는 상시 위험구역으로 설정되었던 것이다. 그런데 1952년 7월 26일 보도된 자료에는 독도가 전혀 언급되지 않았고 부표에도 표시되지 않았다. 이는 일본 외무성이 독도의 폭격연습장 지정을 공작적 차원에서 진행했고, 지정사실은 물론 상시

---

138) 「常時危險區域は四カ所, 海上演習場」, 『朝日新聞』(1952. 7. 26).
139) 川上健三, 1966, 위의 책, 252~253쪽. 한국정부는 1953년에 가서야 일본 외무성 고시 34호를 입수했는데, 이에 따르면 미일행정협정에 의해 독도가 미군에 제공되는 시설 및 구역 중 '해상연습장 공군훈련구역 제9'로 '죽도폭격훈련구역'에 포함되었으며, 구역은 북위 37도 15분 동경 131도 52분의 지점을 중심으로 직경 10마일 원내이며, 연습시간은 매일 24시간으로 되어 있었다. 또한 1952년 8월 20일 일본 외무성 고시 제196호에 의해 동구역에 대한 어선출입이 금지되었다〔「獨島領有問題에 關한 資料上達의 件」(韓日代第5363號, 1953. 9. 1)(주일대표부 공사 김용주→외무부장관), 『독도문제, 1952-53』(분류번호743.11JA, 등록번호4565)〕.

위험구역으로 지정되었던 사실조차 비밀에 부쳤음을 보여주는 것이었다.

한편, 독도가 훈련구역에서 제외되는 과정에 대해서는 단서가 있다. 1953년 3월 19일자 제45차 미일합동위원회 회의 경과보고에는 "4. 리앙쿠르암을 미국이 사용하는 폭격연습장 목록에서 배제해달라는 소위원회의 요청을 승인했다"라고 되어 있다.[140] 제45차 미일합동위원회 회의(1953. 3. 19)에서 이 문제를 지켜본 미대사관 담당자의 기록은 다음과 같다.

> 9. 루턴(Lewton) 장군은 리앙쿠르암에 대한 해상연습 및 훈련구역분과위원회의 권고를 언급했다. 분과위원회는 1952년 6월 2일 합의된 것처럼, 미군이 더 이상 (리앙쿠르)암을 요구하지 않기 때문에, 리앙쿠르암을 미군시설 목록에서 삭제할 것을 권고했다. 나는 합동위원회가 이 문제에 대해 어떤 조치를 취하려 한다는 것을 인지하지 못했지만, <u>이 권고의 승인은 지난 12월 일본과 비공식적으로 토의한 바 있던 현 상황에 대한 승인일 뿐이기 때문에, 나는 합동위원회의 이 조치가 (리앙쿠르)암의 지위를 둘러싼 현재 논쟁에 어떤 특별한 영향을 줄 것으로 생각하지 않는다.</u> 나는 이 문제를 램(Lamb)에게 말했으며, 아마도 그가 이 문제에 대해 워싱턴과 부산에 전문을 보낼 것이다.[141] (강조 및 괄호는 인용자)

이 보고서에서 몇 가지 사실을 알 수 있다. 첫째, 독도는 1952년 6월 연습장으로 지정된 상태였다. 둘째, 1952년 12월 일본과 미국은 독도를 연습장에서 배제하기로 비공식적으로 토의했다. 셋째, 1953년 3월 19일 해상연습 및

---

140) Despatch by Amembassy, Tokyo(John A. Steeves, First Secretary of Embassy) to the Department of State, Subject: Joint Committee Progress Report(1953. 3. 23), RG 84, Japan, Tokyo Embassy, CGR 1953-1955, Box 19.
141) Memorandum for the Ambassador, Subject: Progress Report of the Joint Committee(45th Meeting)(1953. 3. 20), p. 3. RG 84, Japan, Tokyo Embassy, CGR 1953-1955, Box 19.

훈련구역분과위원회는 미군이 더 이상 독도를 사용하지 않는다는 이유로 미군시설 목록에서 삭제할 것을 권고했고, 미일합동위원회는 이를 승인했다.

흥미로운 것은 이 문서의 작성자가 취한 태도이다. 세 가지 점을 지적할 수 있다. 첫째, 이 인물은 "지난 12월" 즉 1952년 12월 일본과 현 상황에 대해 비공식적으로 토의했다. 1952년 12월이라면 독도폭격사건 이후 한국정부가 주한미대사관은 물론 극동군사령부와 독도폭격사건의 재발방지와 폭격장 사용금지에 대해 긴밀한 논의를 전개하던 시점이었다. 때문에 일본과 논의한 현 상황은 한국의 강력한 항의와 이에 근거한 독도 폭격연습장 사용중지에 관한 논의였다고 보는 것이 타당하다.

둘째, 이 사람은 폭격연습장 중단조치가 "(리앙쿠르)암의 지위를 둘러싼 현재 논쟁" 즉 독도영유권 논쟁에 특별한 영향을 주지 않을 것으로 생각하며, 자신은 합동위원회가 독도에 관해 어떤 결정을 할지 몰랐다고 했다. 1952년은 1월 해양주권선언과 이에 맞선 일본의 독도영유권 주장으로 "한일 간에 각서 외교전"이라 불릴 만큼 격렬한 논란이 시작된 해였고,[142] 특히 9월 15일, 22일, 24일 한국산악회의 독도조사단이 독도에서 미군 폭격을 당했거나 현장에 있었기 때문에 미군의 독도폭격장 사용은 정치적·외교적으로 중대한 문제가 되었다. 그런데 이 사람은 1952년 12월 일본측과 비공식으로 협의한 후, 1953년 미일합동위원회의 결정이 아무런 영향이 없을 것으로 단정했던 것이다. 이는 1953년 11~12월 간 국무부 동북아시아국이 러스크 서한(1951. 8. 10)을 제시하며 미국의 독도영유권 정책이 기성립된 것이라고 통보한 것과 관련이 있었을 것이다.

셋째, 이 사람은 한일 간의 첨예한 논쟁점이자 미국에 그 책임이 귀속될 수 있는 중요한 결정과 관련해 워싱턴과 부산 미대사관에 보고하지 않았고, 그 책

---

142) 외무부 정무국, 1955, 『독도문제개론』, 39쪽.

임을 다른 사람에게 넘겼다. 리처드 램(Richard H. Lamb)은 주일미대사관 2등 서기관이자 부영사로 1952년 7월 29일자로 보임된 인물이었다.[143]

이때는 일본 외무성이 독도 폭격연습장 지정·해제 문제를 자국의 독도영유권 근거로 활용할 것이 충분히 예견되는 상황이었다. 외교적 논쟁을 회피하고자 했다면, 독도문제를 미일합동위원회에서 다룰 것이 아니라 주일미공군이 폭격연습을 중단하면 충분한 것이었다. 즉, 이 시점에 주일미대사관과 주일미군은 독도 폭격연습장 해제를 미일합동위원회에서 다룸으로써 미국이 독도가 일본령임을 확인했다는 정치적 비판과 위험을 기꺼이 감수한 것이었다. 그리고 책략이 완성되자, 일본은 예상대로 한국정부를 상대로 독도의 폭격연습장 지정·해제가 독도에 대한 일본 영유권을 미국이 인정한 증거라고 주장했다. 뒤에서 자세히 다루겠지만 이 문서를 작성한 것은 리처드 핀(Richard B. Finn)이었다.

핀은 지금까지 공개된 외교문서의 작성자 가운데 가장 적극적으로 일본의 영유권을 옹호한 사람 중 하나로 1953년 4월 독도가 일본령임을 공포해야 한다는 서한을 작성한 바 있다. 그러나 핀은 1953년 3월 미일합동위원회에서 독도를 폭격연습장 목록에서 삭제하는 문제가 갖는 정치적 함의는 없다고 못박았으며, 정치적 논쟁점이 된 문제에 대해 워싱턴과 주한미대사관에 보고하지 않았다. 독도문제를 다루는 핀의 입장은 일본에 유리한 방향으로 구조화되어 있었으며, 미일합동위원회에서 그의 태도는 일본의 이익을 옹호하는 방향이었던 것이다. 이는 개인적 차원의 문제라기보다는 주일미대사관이 독도문제를 다루는 기본정책과 구조에 관련된 문제였다. 전혀 무관할 것 같은 사건과 상황은 끊이지 않는 사슬처럼 서로 연결되어 있었다.

한편 일본 외무성의 독도 폭격연습장 지정·해제에 대한 설명이 소략한 반

---

143) Department of State, *Foreign Service List*, October 1, 1952, p. 70.

면, 외무성에서 이 실무를 담당했던 가와카미 겐조와 시마네현청에서 근무한 다무라 세이자부로의 책에 미일합동위원회에서 독도문제가 논의되는 과정이 자세히 설명되어 있다.[144] 이에 따르면 독도가 미공군 폭격연습장으로 지정되는 경과는 ① 1950년 7월 6일 SCAPIN 제2160호로 독도가 미군의 해상폭격연습지구로 지정되었고, ② 샌프란시스코평화조약 체결 이후 "미군은 동도(同島)를 계속해서 폭격연습장으로 할 것을 희망"했기에, ③ 1952년 7월 26일 미일안전보장조약의 실시를 위해 설립된 합동위원회에서 행정협정 제2조에 의하여 주일미군이 사용하는 해상연습 및 훈련구역으로 독도를 지정했으며, ④ 일본 외무성은 동일자 고시 제34호로 그 취지를 공시했다는 것이다.[145] 즉, 폭격연습장 지정은 이미 독도가 미군 해상폭격연습지구로 지정된(SCAPIN no.2160, 1950. 7. 6) 상태였고, 미군이 계속 사용을 희망했기에, 미일합동위원회에서 폭격연습장으로 지정한(1952. 7. 26) 후 이를 외무성 고시 제34호로 공시했다는 것이다.

독도의 폭격연습장 해제과정은 ① 1952년 5월 20일 시마네현 지사가 독도 폭격연습장 해제를 외무·농림 장관에게 제출한 바 있고,[146] ② 1952년 12월 이래 미공군이 폭격연습장 사용을 중단했기에, ③ 1953년 3월 19일 합동위원회에서 독도를 연습장구역에서 삭제하도록 결정했고, ④ 일본 외무성이 고시 제28호(1953. 5. 14)로 공시했다는 것이다.

---

144) 川上健三, 1966, 위의 책, 252~262쪽; 田村淸三郎, 1954, 위의 책; 田村淸三郎, 1965, 위의 책, 74~75쪽.
145) 川上健三, 1966, 위의 책, 252~253쪽. 고시내용은 다음과 같다.
　　공군훈련구역
　　9. 죽도폭격훈련구역
　　　(1) 구역: 북위 37도 15분, 동경 131도 52분의 지점을 중심으로 하는 직경 10마일 원내
　　　(2) 연습시간: 매일 24시간
146) 시마네현 지사의 진정서(1953. 5. 20)는 미군 폭격으로 강치어업, 전복, 미역을 채취할 수 없으니 독도를 폭격연습지에서 제외해주기 바라며, 불가능할 경우에는 강치가 독도에 회유하는 4월부터 10월까지 7개월 만이라도 폭격을 중지해주기 바란다는 내용이었다(田村淸三郎, 1954, 위의 책, 46쪽; 田村淸三郎, 1965, 위의 책, 75쪽). 다무라에 따르면, 이미 1952년 1월 17일 시마네현은 지방자치청 차장을 통해 일본정부에 독도 폭격연습지구 지정해제를 요청한 바 있었다(田村淸三郎, 1965, 위의 책, 74쪽).

그런데 위의 설명에서 일본은 가장 중요한 두 가지를 언급하지 않았다. 첫째, 폭격연습장 지정과정에서 샌프란시스코평화조약 체결 이후 "미군은 동도를 계속해서 폭격연습장으로 할 것을 희망"했기 때문이 아니라 일본이 적극적으로 독도를 폭격연습장으로 지정하고자 했던 사실이었다. 바로 중의원 외무위원회에서 야마모토 도시나가 의원과 이시하라 간이치로 외무성 정무차관이 논의한 책략의 산물이었던 것이다. 또한 이 시점에 주일미대사관과 주일미군도 독도를 둘러싼 한일 간의 대립을 충분히 인지하고 있었기 때문에, 정치적으로 예민한 독도의 폭격연습장 지정이 어떻게 결정되었는가 하는 점은 추가조사가 필요한 부분이다.

둘째, 폭격연습장 해제과정에서 1952년 12월 이래 미공군이 폭격연습장 사용을 중단하게 된 점을 지적했지만, 중단사유가 된 1952년 9월 15일, 22일, 24일 한국 어선에 대한 폭격사건이 빠져 있다는 사실이다. 즉, 1952년 9월 독도폭격사건이 정치적 쟁점을 형성해 1952년 12월에 이르러 한국정부의 강력한 항의로 미공군은 독도폭격을 중단했고, 이 사실을 한국정부에 통보했다. 앞서 언급한 1953년 11월 중의원 외무위원회에서 가와카미 간이치 중의원 의원이 바로 이 점을 지적했다.

- 川上貫一 의원: 작년 7월 26일에 이 竹島가 미군의 훈련지로 일본이 제공한 구역 중의 하나로 추가되었다고 발표한 적이 있다. 그런데 이에 대해 <u>한국이 항의를 했다는</u> 얘기도 있었는데 그 항의 때문인지 미국은 이곳을 리스트에서 제외하였고, 게다가 이 <u>제외사실을 미국 당국이 한국에 통고했다고 한다. 일본정부는 미국 당국에 물어보니 한국에 통고했다는 답변이 왔다고 발표했다. 이런 사실이 어째서 한국에 먼저 통고되어야 하는 것인가?</u>[147] (강조는 인용자)

---

[147] 「중의원 외무위원회 회의록」 5호(1953. 11. 4), 동북아역사재단, 2009, 위의 책, 189~190쪽.

즉, 독도가 폭격연습장에서 배제된 것은 한국 어민들이 폭격을 당했고, 이에 대해 한국정부가 강하게 항의함으로써 미공군사령부가 폭격중단을 결정하고 이를 한국정부에 통보했던 것이다. 만약 독도가 한국령이 아니라면, 미군은 한국정부에 대해 불법월경 및 불법어로로 발생한 사고였으며, 귀책사유가 한국측의 위법에 있었다고 통보하면 그만인 문제였다. 일본측 논리에 따르자면, 폭격연습장 지정이 독도에 대한 일본 영유권을 미국이 확인한 증거이듯이, 미국이 폭격연습장 사용중단을 한국정부에 통보한 것은 미국이 독도를 한국령으로 인정한 증거였다. 나아가 1948년 독도폭격사건에 이어 한국 어민들이 조업하는 한국 어장이자 한국 영토임을 미국이 재확인한 것이었다. 때문에 미군 당국은 한국정부에 통보했고, 한국정부가 이 사실을 공표한 다음에야 일본정부가 인지하고 미군 당국에 재확인을 한 것이었다.

일본정부는 미국이 일본과 상의 없이 독도 폭격연습장 사용을 중단했을 뿐만 아니라 이 사실을 한국정부에 통보한 사실에 대해 거세게 항의했다. 일본정부가 따진 것은 미일합동위원회라는 공식기구를 통해 독도 폭격연습장 지정에 합의했던 기성의 절차였다. 일본정부는 독도폭격장 사용을 중지한다고 한국정부에 알린 미극동공군사령관의 통고내용과 이 사실을 미일합동위원회를 통해 공식적으로 통보하지 않은 사실을 비난했다.

일본 외무성 대표는 1953년 3월 5일 미대사관을 방문해 독도 폭격연습장 사용중단을 왜 미일합동위원회를 통해 일본정부에 공식 통보하지 않았느냐고 질문했다. 일본 외무성 대표는 "리앙쿠르암의 주권이 일본에 있다는 점은 의문의 여지가 없으며, 외무성은 이것이 미국의 견해라고 이해하며, 앞으로 언젠가 외무성은 이 문제에 대한 미국의 견해를 분명히 하라고 질의할 필요가 있을지도 모르겠다"라고 발언했다.[148] 즉, 일본 외무성은 독도영유권에 대한 미국의 정확한 결정을 알지 못한 상태였다.

미대사관측은 일본이 정해진 절차를 요구하고 있지만, 미일합동위원회로부터 독도 폭격연습장 사용중단 결정을 공식 통보받으면 일본이 이를 독도영유권을 강화하는 강력하고 새로운 근거로 활용할 것이라고 전망했다. 로버트 머피(Robert Murphy) 주일대사는 일본정부가 "아마도 해당 지역에 어선 및 기타 선박 파견을 허락할 것이다. 한국의 반응은 예상 가능하다"라고 전망했다.[149] 즉, 일본정부는 한국어선에 대한 폭격사건으로 독도의 폭격연습장 지정이 중단되자 이를 일본 영유권 확인의 증거로 사용하기 위해 미일합동위원회를 이용했던 것이다. 미국은 이미 미일합동위원회를 통해 독도를 폭격연습장으로 지정한 바 있기 때문에, 일본이 미일합동위원회의 결정을 독도영유권 근거이자 정치적 선전물로 활용할 것이며 자국이 이용당할 것임을 알고 있었지만, 기존의 관성과 절차대로 끌려가는 수밖에 없었다. 또한 주일미대사관측은 일본의 이러한 의도에 적극 공감·협력하고 있었다.

그 결과, 1953년 3월 19일 미일합동위원회에서 이미 1952년 12월 주일 미극동공군이 결정한 바 있는 독도 폭격연습장 사용중단이 공식의제로 회부되어 통과되었다. 일본측 자료에 나타난 미일합동위원회와 '해상연습 및 훈련구역 분과위원회'의 절차는 다음과 같았다.

미일합동위원회 해상연습 및 훈련구역분과위원회
- 일시 및 장소: 1953년 3월 19일, 동경도(東京都) 외무성(外務省)빌딩
- 합동위원회에 대한 권고: 해상연습 및 훈련구역분과위원회는 다음과 같이 적절한 조치를 취할 것을 제안한다. 1953년 6월 2일부 제4회 합동위원회의 의사록 제1항(i)는 무효로 할 것. 동경 131도 52분, 북위 37도 15분에 있는 죽도(竹島, 리앙쿠르암)폭격장은 금후 재일미공군에 의하여 요구되지 않을 것. (서명자) 立川宗保, H. Alexander.[150]

---

148) Telegram from Amemb(Murphy), Tokyo to the Secretary of State, no.187(1953. 3. 5), RG 84, Entry 2846, Korea, Seoul Embassy, CGR, 1953~1955, Box 12; 국사편찬위원회 편, 2008, 『독도자료II: 미국편』, 278~280쪽.
149) 위와 같음.

미일행정협정 제26조에 기(基)한 합동위원회

· 일시 및 장소: 1953년 3월 19일, 동경도(東京都) 외무성(外務省)빌딩
· 제45회 합동위원회 의사록 초(抄): 합동위원회는 伊關裕次郎 씨가 의장이 되어, 3월 19일 오전 10시 15분 소집되었다. (중략)

출석자는 다음과 같다. (씨명 생략)

제1항~제3항 (생략)

제4항 1953년 3월 19일부 해상연습구역분과위원회로부터의 상신서(上申書)는 제출되었고, 또한 승인되었다.

제5항~제8항 (생략)

본합동위원회는 오전 11시 55분 산회했다. (서명자) 伊關裕次郎, 육군소장 William S. Lewton.[151]

가와카미는 미일행정협정 제26조 제1항(미일합동위원회의 임무), 행정협정 제2조(미군이 사용하는 일본의 시설·구역)에 의거해 미일합동위원회가 "일본 국내의 시설 또는 구역"인 독도를 폭격연습장으로 지정했고, 해제한 후 행정협정 제2조에 따라 일본에 반환한 것이라고 주장했다.[152] 그러나 이는 독도영유권 확보라는 정치적 의도를 감춘 채 미군을 기만·활용한 것에 불과했다. 일본측 자료에는 형식적 절차, 즉 분과위원회(해상연습 및 훈련구역)에서 독도를 폭격연습장 목록에서 삭제할 것을 제안하고 합동위원회가 이를 승인했다는 사실만 드러날 뿐 이렇게 된 과정과 중요한 배경들은 모두 생략되어 있었다.

미일합동위원회의 결정이 있은 후 2개월 만인 1953년 5월 14일 일본 외무성은 고시 제8호로 이 내용을 공시했다.[153] 이로써 법적 절차가 완성되자 주일

---

150) 川上健三, 1966, 위의 책, 254쪽; 田村淸三郎, 1965, 위의 책, 77쪽.
151) 川上健三, 1966, 위의 책, 254쪽; 田村淸三郎, 1965, 위의 책, 77~78쪽.
152) 川上健三, 1966, 위의 책, 255~256쪽.

미대사관의 예측대로 일본정부는 5월 28일부터 "해당 지역에 어선 및 기타 선박 파견"을 본격적으로 개시했다.

독도 폭격연습장 지정·해제에 대한 가와카미·다무라 등 일본측 설명은 1952년 독도에서 벌어진 폭격사건과 한국정부의 폭격중단 노력이 일본에 의해 어떻게 악용되었는지를 잘 보여주고 있다. 일본의 책략으로 한국령 독도는 미군의 폭격연습장으로 지정되었고, 1948년과 마찬가지로 1952년 9월 한국 어선·어부·독도학술조사단이 세 차례 이상 폭격을 당하거나 목격했다. 한국 정부는 주한미대사관과 미극동군사령부에 강력하게 항의했고, 1952년 11월 이후 한미 간에 이 문제에 대한 협의가 있었다. 그 핵심은 독도에 대한 폭격중지 및 폭격연습장 해제였다.

한국인들의 피해와 한국정부의 강력한 항의에 직면한 미극동군사령부나 제5공군은 폭격연습장 지정을 해제해야만 했고, 일본은 그 절차·과정에 개입함으로써 자국의 이익을 확보했던 것이다.

더욱 중요한 것은 일본 외무성이 독도를 미군 폭격연습장으로 지정·해제하는 책략을 구사하면서 이를 일본 외무성 고시를 통해 공시했다는 점이었다. 지정할 때는 제12차 미일합동위원회(1952. 7. 26)에서 독도를 폭격연습장 목록에 올린 후 이를 외무성 고시 제34호로 공시했고(1952. 7. 26), 해제할 때는 제45차 미일합동위원회(1953. 3. 19)에서 해제를 의결한 후 이를 외무성 고시 제28호로 공시함으로써(1953. 5. 14) 책략을 완성했던 것이다. 이 상황은 1905년 일본 내각이 독도를 무주지로 영토편입을 선언한 후 이를 시마네현 현보에 공시한 것과 동일했다. 일본은 1905년 한국의 영토인 독도를 불법적으로 영토편입해 공시절차를 밟고 1906년 독도시찰단을 통해 이를 한국에 통보한 것처럼, 1952년에도 역시 미군 폭격훈련장으로 지정·해제하며 이를 외무성 고

---

153) 외무성은 1953년 4월 4일 시마네현 지사에게 공문(協三合第六九五號)을 보내 독도가 폭격훈련구역에서 배제되었음을 알렸다(田村淸三郎, 1965, 위의 책, 76~77쪽).

시로 공시한 후 한국정부에 통보했던 것이다. 1905년의 상황은 일본 외무성 관리들에 의해 1952~1953년 재현되었다. 한국에서 일본의 이런 행위를 "혼란한 순간에 불터에서 도적질하듯 한 방법", "국제 소매치기적 행위"라고 비판한 것이 무리는 아니었다.[154]

가와카미 겐조는 폭격연습장 지정·해제 책략을 구사한 뒤 직접 1953년 10월 17일 쓰지 마사노부(辻政信) 중의원 의원, 제8관구 해상보안본부 고모리(古森) 공안과장 등과 함께 해상보안청 순시선 나가라호를 타고 독도를 '순시'했다.

1952~1953년 간 일본 외무성과 일본 국회가 선택한 독도 폭격연습장 지정책략은 믿기 힘든 계략이자 음모였다. 첫째, 일본정부가 이런 음모와 책략을 꾸민 가장 큰 이유는 일본의 독도영유권에 대해 자신이 없었기 때문이었다. 즉, 일본정부 스스로도 자신들이 가지고 있는 증거로는 한국의 독도영유권을 부정하기에 충분하지 않다고 판단했던 것이다. 때문에 새로운 증거를 '창조'하고 보강할 필요성을 절감했던 것이다. 독도 폭격연습장 지정은 한국정부의 독도영유권 주장이 수면 위로 떠오르자 일본정부가 택한 정책적 선택지였다. 이미 1905년에 독도 불법 영토편입 과정에서 역사적으로 합당한 증거문서가 없었으나, 나카이 요사부로(中井養三郎)를 통해 국가 차원의 불법 영토편입 문서를 만들었던 일본정부는 1952년에도 근거문서를 만들고자 했다.

일본 외무성이 계략을 세우고, 국회에서는 이 방책에 대해 협의한 후, 미국을 상대로 이를 실천에 옮겼다. 미국은 일본의 계략에 따라 독도의 일본 영유권을 확인해주는 보증자가 되었고, 한국 어부들은 삶의 현장에서 미공군 폭격의 희생자가 되었다. 시마네현 어부들은 아무런 피해를 입지 않았으나 피해자로 부각되어, 일본의 독도영유권을 확인해주는 이해당사자가 되었다. 미국은

---

154) 외무부 정무국, 1955, 위의 책, 23, 123쪽.

선의에 의해 이용당했고, 한국은 멸시당한 위에 영토주권을 위협받았으며, 일본은 조작된 증거문서 하나를 획득했다. 일본이 이 문서를 한국측에 증거문서로 제시했을 때, 이는 1952년 일본 국가가 한국 국가와 국민을 대하는 기본적 태도를 반영한 것이었다.

　일본 국가에 의한 영유권 증거문서의 기술적 완성 및 사실상의 조작, 이 점이 가장 중요한 부분이었다. 나아가 이런 책략은 우발적으로 발생한 것이 아니라 외무성과 국회의 치밀한 계획·협의·결정 속에서 이루어졌다. 1952～1953년의 일본 외무성과 일본 국회가 손발을 맞춘 독도영유권 조작은 1905～1906년의 독도 불법 영토편입 절차와 같은 맥락에 위치해 있었다. 1905년에는 일본인의 무주지 영토편입 청원에 근거한 일본의 국내적 고시절차를 밟았다면, 1952～1953년에는 일본 외무성의 공시라는 국내적 절차와 함께 미일합동위원회라는 미국의 보증을 다른 한 축으로 끌어들였던 것이다. 일본 외무성과 국회는 전전의 관성과 역사적 경험 속에서 배운 그대로 행동했던 것이다.

　둘째, 일본정부는 이 시기 독도문제의 핵심적 당사자가 한국이 아니라 미국이라고 판단하고 있었다. 여기에는 구식민지였던 한국을 정당한 권리의 행사자나 협상 상대로 인정하지 않겠다는 오만한 태도가 전제되어 있지만, 보다 중요한 것은 동아시아 역내질서의 조정자·결정자가 미국이라는 판단이 자리했다. 즉, 샌프란시스코평화조약에 이르는 과정에서 일본의 영토, 즉 주요 4개 섬과 주변 도서를 결정할 권리가 연합국에 있으며, 그 핵심은 미국의 의도와 결정이라고 본 것이다. 이를 위해 주일미군을 동원해 독도를 미군 폭격연습장으로 지정한 후 시마네현 어부들의 청원을 이유로 지정을 해제하는 절차를 취한 것이다. 이를 통해 독도가 일본령으로 인정받을 수 있는 증거문서를 확보하는 한편, 미국이 독도의 폭격연습장 지정·해제를 일본과 함께함으로써 독도의 일본령 확인의 또 다른 당사국임을 인정받고 싶어했던 것이다. 즉, 주일미군을 끌어들여 독도를 폭격연습장으로 지정·해제한 일본의 책략은 독도의 영유권을 확인하는 문서를 확보할 뿐만 아니라 일본령 확인에 미국을 끌어들이려는 노림수를 감춘 것이었다. 실제로 독도의 폭격연습장 지정·해제 이후 일본 외무성의 성명은 미국을 영유권 확인의 주체로 끌어들이려는 데 초점이 두어졌다.

셋째, 일본정부의 독도 폭격연습장 지정·해제 책략은 한국인의 관점에서 야만적이며 잔인한 조치였다. 이미 독도는 1947년 이래 미공군의 폭격연습장으로 지정되었고, 1948년에 미공군의 폭격으로 대량의 사망자와 피해가 발생했다. 1950년에 이르러서야 독도에 조난위령비가 설립되었다. 1948년의 폭격사건에서 일본 어민들은 단 한 명도 피해를 입지 않았다. 주일미공군이 일본 서부해안의 어민들에게 폭격연습장 지정을 알리며 출어금지령을 내렸기 때문이었다. 또한 출어금지령이 없더라도 이미 독도는 맥아더라인에 의해 일본 어선·어부들의 접근이 금지된 상태였다. 독도는 해방 이후 한국 어부들이 어로작업을 벌이는 한국의 어장이자 한국령이었다. 때문에 일본 어민들의 접근은 이중·삼중으로 봉쇄되었고, 실제로 조업할 수도 없었기에 1948년 폭격 당시 피해자들은 당연히 모두 한국인이었다. 그런데 1952년 일본정부는 재차 독도를 폭격연습장으로 지정하는 책략을 구사했다. 독도영유권 확보를 위한 음모와 책략의 산물이었기 때문에 한국측에는 사전 통보하거나 폭격 관련 정보를 전혀 제공하지 않았다. 독도는 오직 한국 어민들만 작업하는 공간이었고 일본 어부들은 출어할 수도 없는 공간이었지만, 일본정부는 폭격연습장 지정을 통해 시마네현을 비롯한 일본 서부해안 어부들에게만 출어금지령을 내렸다. 한국 어민들은 물론 한국정부 역시 미공군이 일본정부와 맺은 계약에 근거해 한국 영토 위에서 폭격연습을 하게 된 사실을 알 수 없었다. 명백한 한국 주권의 침해이자 도발이었고, 위계(僞計)에 의해 미국을 기망한 행위였다.

논리적으로 추론하자면, 일본정부는 한국 어민들에 대한 폭격을 미공군에 대행시켰으며, 한국 어민과 어선들을 폭격해도 좋다고 판단한 것이다. 이미 1948년 독도폭격사건이 있었으므로, 독도가 미공군의 폭격연습장으로 지정될 경우 한국 어민의 살상, 어선들의 파괴는 불을 보듯 명확한 것이었다. 자국의 이익을 위해 인접 국민들의 생명·재산을 사지에 몰아넣는 음모를 꾸민 것이 이 책략의 실체였다.

　더구나 당시 한국은 공산 침략에 맞서 사투 중이었다. 북한과 중국의 공세를 막기에도 역부족이었다. 한국인들의 입장에서 보자면, 항거 불능의 동해안 한국 어민들에게 뜻밖의 폭격을 가해 일본의 독도영유권을 미국으로부터 확인받겠다는 것이 일본정부의 책략이었다. 그리고 이것이 한국·한국정부·한국민을 대하는 전후 일본정부의 기본적 입장이었다. 일본정부가 이 책략을 구사한 가장 큰 이유는 1948년 한국이 당한 독도폭격사건의 처리경과를 지켜보았기 때문이었을 것이다. 1947년 SCAPIN 제1778호(1947. 9. 16)로 독도가 폭격연습장으로 지정되었다가 1948년 6월 독도폭격사건 이후 해제된 사실을 명백히 인지하고, 한국의 재난을 자국의 기회로 이용하려 했던 것이다. 1947년 독도의 폭격연습장 지정에 일본정부의 공작력이 어느 정도 개입했는지의 여부는 미상이지만, 일본은 1952년의 시점에 1948년 한국인들이 당한 대참사와 불행을 일본의 영유권 보강을 위해 공작적 차원에서 이용했던 것이다. 1952년 9월 독도에서는 한국 어선 광영호가 미공군의 폭격을 받았다.

　넷째, 일본정부의 독도 폭격연습장 지정·해제 책략은 스스로 독도영유권이 일본에 없음을 역설적으로 확증하는 것이었다. 일본은 독도에 대한 자국의 영유권을 주장하기 위해 독도에 대한 폭격을 적극 추진했다. 당시 미일합동위원회가 수많은 미군 기지, 사격연습장, 폭격연습장 등을 논의했고, 독도 폭격연습장 지정은 그 일부였다. 그러나 군사적 목적이 아닌 영유권 확보의 목적 하에서 소위 '자국령을 폭격하게 함으로써 자국령이라는 증거와 동맹국의 확인을 확보한다'는 전략은 도저히 근대문명국가의 상식적 외교기술이었다고 보기 어렵다. 독도에 대한 일본의 주장이 역사적·문서적 근거가 명확했다면, 도저히 이런 책략은 구사되지 않았을 것이다.

　만약 반대로, 한국이 독도영유권 확보를 위해 미공군을 상대로 독도의 폭격연습장 지정·해제를 추진했다면 한국인들은 어떻게 반응했을 것인가, 혹은 일본정부가 어떻게 반응했을 것인가를 떠올린다면 그 답은 명확하다. 한국인들은 격렬히 반대운동을 벌였을 것이고, 일본은 문명의 이름으로 한국정부를 맹비난하고 국제사회에 그를 홍보했을 것이다. 일본의 책략은 마땅히 그런 비난에 합당한 모습들을 충분히 갖춘 것이었다.

(3) 1953년 중반: 독도 침범·일본령 표식 설치

일본 언론에 독도영유권 문제가 본격적으로 등장한 것은 1953년 5월 하순부터였다. 일본은 순시선을 보내 독도를 순찰하는 동시에 독도에 상륙해 조업하는 한국 어민들을 심문·협박하는 한편, 한국령 표목·표석을 제거하고 일본령 표식을 설치하는 등 공격적인 행동을 보였다. 일본이 독도에 상륙하고, 한국과 물리적 갈등을 빚으면서 강력한 뉴스밸류가 발생했고, 독도문제가 중요한 국제 이슈로 부각되었던 것이다. 일본이 1953년 5월 하순부터 물리력을 동원한 독도 점거에 나선 것은 크게 세 가지 이유 때문이었다.

첫째, 1953년 3월 19일 미일합동위원회에서 독도가 미군 폭격훈련장 목록에서 제외되었고, 이것이 5월 14일 일본 외무성 고시 제28호를 통해서 공시됨으로써 비로소 독도의 미군 폭격연습장 지정·해제 책략이 완성되었기 때문이었다. 이로써 독도가 일본령임을 증명하는 일본 국내법적 증거 및 미국의 보증을 확보했다고 판단한 것이었다. 이제 폭격 위험은 사라졌고, 독도영유권에 대한 일본측 증거가 완성되었으며, 독도 폭격연습장 지정·해제를 통해 미국으로부터 독도영유권을 인정받았다는 확신을 가졌기 때문이었다. 모든 계획이 준비되었고, 계략은 완성되었으며, 남은 것은 그 위력을 한국에 물리적으로 과시하는 일이었다. 1953년 5월 28일 이전까지 일본정부의 선박은 독도에 접근하지 않았으며, 일본 관리들이 독도에 상륙하거나 상륙을 시도한 적도 없었다.

둘째, 일본의 도발적 행동은 당시 진행 중이던 제2차 한일회담(1953. 4. 15 ~7. 13)과 깊은 관련이 있었다. 일본의 최고 목표 중 하나는 평화선의 철폐였는데, 외무부 정무국의 지적처럼 "독도가 일본 영토이며 일본 영토까지 포함시킨 평화선은 불법한 획선(劃線)이라는 것을 강조하다가 실력으로서 평화선을 침해하고 순시선을 파견하여 독도영유권을 확정하려는 흉계를 실천"에 옮긴 것이었다.[155]

셋째, 이러한 도발과 한국측 대응을 통해 일본 재무장강화의 구실을 만들려는 의도가 있었다. 1953년 5~8월 간 독도에서의 일본의 도발행위는 영토·영해 수호를 위한 한국 경찰·해군의 강력한 대응을 빚었고, 일본 언론과 보안청은 이를 일본 재무장의 구실로 활용했다. 1953년 9월 1일 일본 보안청은 '방위4개년계획'을 작성했는데, 이는 5년 내에 육상부대 21만 명, 함대 14만 5,000톤, 항공기 1,400대를 양성한다는 것이었다. 이를 위해 1953년 9월 일본정부는 대규모 어선단을 거문도 근방의 한국 영토에 급파해 한국 해군으로 하여금 나포하도록 유인하기도 했다. 즉, 일본은 독도문제와 평화선문제를 자국 방위력 증강에 이용했던 것이다.[156]

한국 외무부 정무국이 간행한 『(秘) 독도문제개론』(외교문제총서 제11호)은 1952년이 "한일 간에 각서(覺書)외교전"이 벌어진 해였다면, 1953년은 '일본의 불법 침범이 시작된 해'였다고 기록하고 있다. 정곡을 얻은 지적이었다.

---

155) 외무부 정무국, 1955, 위의 책, 52쪽.
156) 외무부 정무국, 1955, 위의 책, 98~100쪽. 가지무라 히데키(梶村秀樹)도 일본이 1952~1954년 간 맹렬한 배외(排外)캠페인을 통해 일본 국민들 사이에 '죽도고유영토관'(竹島固有領土觀)을 침투시켰고, 이는 다른 한편으로 일본 재군비(再軍備) 추진의 수단으로 이용되었다고 평가했다(가지무라 히데끼, 「竹島=獨島問題와 日本國」, 山邊健太郎·梶村秀樹·堀和生 著·林英正 譯, 2003, 『獨島영유권의 日本側 주장을 반박한 일본인 논문집』, 경인문화사, 84쪽).

● **1953년 5월 28일 제1차 독도 침범**[157]

일본의 제1차 독도 침범은 1953년 5월 28일 이루어졌다. 한국 외무부의 기록에 따르면, 5월 28일 오전 11시경 무전장착한 수산시험선 시마네마루(島根丸)가 선원 30명을 태우고 독도에 나타나, 그중 6명이 사진기·쌍안경을 휴대하고 불법 상륙했다. 이들은 독도에서 어로 중이던 울릉도 북면 죽암동(竹岩洞) 김준혁(金俊爀, 32세)을 심문했으나 언어가 통하지 않았다. 일본인들은 김준혁에게 일본 잡지 1권, 담배 3갑을 주고 어로상황을 체크한 후 오후 1시에 물러갔다.[158]

그러나 이 사건은 발생 후 1개월 뒤 공개되기 시작했다. 『요미우리신문』(讀賣新聞)의 6월 22일자 보도에 따르면, 일본 외무성이 조만간 한국 어선이 5월 말 독도 부근에서 "무단 입어(入漁)"했다는 점을 항의할 계획이었다. 항의문 가운데는 "죽도(竹島)는 평화조약으로써도 역사적으로 보아도 명백히 일본령이므로 무단 상륙한 한국인에 대해서는 퇴거의 경고를 발한 후 응하지 않으면 강제퇴거의 조치를 취할 것이다"라는 내용이 담길 예정이었다.

일본 외무성은 6월 23일 주일한국대표부에 항의문을 수교했는데, 이에 따르면 1953년 5월 28일 한국인 약 30명이 10척의 어선을 타고 독도에 상륙한 것을 지적하고 있다. 5월 28일 사건을 조사한 것은 시마네현 수산시험장 시험선 시마네마루(63톤)였다. 항의문은 "죽도(竹島)는 메이지(明治) 38년 이래 명백히 일본령이다"라는 내용이었으며, 일본이 적시한 위반조항들은 어업관계법령, 입국관리법 위반 등이었다.[159] 한국측은 즉각 26일 회답을 보내 첫째 독

---

157) 여기에 표시된 1~5차 침범의 분류는 외무부 정무국의 기준에 의한 것이다(「日本船舶獨島侵犯事件에 關한 件」(內治情第1200號, 1953. 8. 11)(내무부장관→외무부장관), 『독도문제, 1952-53』; 외무부 정무국, 1955, 위의 책, 52~83쪽). 이는 1953년 6월 25일부터 7월 12일까지 일본의 독도 침범에 대한 내무부의 보고에 따른 것이다(같은 책, 63쪽). 일본 언론보도에는 6월 25일과 6월 28일의 독도 불법상륙은 기록되어 있지 않다. 그러나 이는 일본 외무성의 기록이 아닌 언론보도였으므로, 한국 외무부의 기록에 따른다.

158) 외무부 정무국, 1955, 위의 책, 52~53쪽.

도는 일본 영토 중 미군이 직접 관리하고 있었다는 것, 둘째 독도의 식물분포가 한국 본토의 그것과 동일하다는 것 등의 사실을 지적하며 독도가 한국 영토임을 주장했다.[160]

그런데 이 사건은 이미 6월 9일 국내 언론에 보도된 바 있다. 이에 따르면, 일본 '수산시험위원회' 관리들이 독도 해역에서 약 10척에 분승한 30여 명의 한국 어부를 발견하고 이들을 조사했다. 한국 어부들은 1953년 4월부터 계속 독도 일대에서 해조류 및 기타 수산물 채취를 위해 출어하고 있는 상황이었다.[161] 한국의 영해에서 한국 어부들이 조업하는 것은 당연한 이치였다.

일본의 조사경로는 먼저 수산청이 한국 어선의 독도 어업을 외무성에 통보했고, 외무성에서는 그 후 목격자의 증언을 청취하는 한편, 수산청 감시선이 실지조사 당시 사진 촬영한 것을 종합한 후 한국인들이 독도에 상륙해 채취한 전복, 해초류 등을 말리고 있었다고 판정해 "명백히 영해 침범, 영토 침범"이라고 결론짓는 방식이었다.[162] 한편, 가와카미 겐조는 시마네현 수산시험선 시마네마루가 "대마(對馬)난류 개발조사 도중" 독도에서 한국 어민들을 발견했다고 썼지만,[163] 이는 일본 외무성 고시 제28호(1953. 5. 14)로 독도가 미군 폭격연습장에서 제외된 이후 준비했던 사전계획을 실천에 옮긴 것이었다.

- **1953년 6월 25일 제2차 독도 침범**

그러나 일본의 항의에도 불구하고 한국 어민들은 한국령인 독도에서 계속 조업활동을 벌였다. 한국 외무부의 기록에 따르면, 1953년 6월 11일부터 7월

---

159) 「韓國へ嚴重抗議, 竹島の領海侵犯問題で」, 『讀賣新聞』(1953. 6. 25);「政府, 韓國へ抗議, 竹島で韓國漁民が漁獲」, 『朝日新聞』(1953. 6. 25);「부산일보」(1953. 6. 27);「六月 二十二日字 亞二 第一六七號 日本外務省覺書」, 외무부 정무국, 1955, 위의 책, 53~54쪽.
160) 『동아일보』(1953. 6. 29);「六月 二十六日字 駐日代表部 覺書」, 외무부 정무국, 1955, 위의 책, 54~55쪽.
161) 『민주신보』(1953. 6. 9).
162) "'强制退去'も苦慮, 竹島事件 政府, 近く韓國に抗議", 『讀賣新聞』(1953. 6. 22).
163) 川上健三, 1996, 위의 책, 265쪽.

1일까지 독도에 체류하던 울릉도 중면(中面) 저동(苧洞) 정원준(鄭元俊, 34세) 등 6명이 6월 25일, 27일, 28일 등 세 차례에 걸친 일본 관리의 독도 불법상륙을 실제 경험했다.[164]

한국 어부들의 진술에 따르면, 이들은 독도에서 작업하며 20여 일간 체류하던 중 식량부족을 겪고 있었는데, 6월 25일 오후 4시 30분경, 미국기를 게양한 약 100톤급 목조선 1척이 독도에 접근해, 그중 9명이 독도에 상륙했다. 이들은 한국 어부들에게 체류 이유를 심문하고, 성명을 기록하고는 기름[煉油] 2되, 담배 6갑, 석유 1되, 낡은 로프 약 20m를 주고, 한국 어부 및 독도조난어민위령비를 촬영한 후 오후 7시에 퇴거했다.[165]

그런데 일본측 보도에는 6월 25일 독도 불법상륙 사실은 기록되어 있지 않다. 다만 『요미우리신문』의 보도에 따르면, 일본은 6월 23일 미명에 제8관구해상보안부 순시선 노시로호와 구즈류호를 독도에 파견했지만, 파도가 높아 배와 사람의 흔적을 찾을 수 없었다고 되어 있다.[166] 하지만 사건 직후인 1953년 7월 10일 경상북도 의회 제7회 제4차 본회의에서 채택된 건의서에 따르면, 일본은 6월 25일, 27일, 28일 등 6월에만 세 차례 침범한 것으로 기록되어 있다.[167]

● 1953년 6월 27일 제3차 독도 침범

일본 관리의 제3차 독도 침범은 위의 정원준 등 6명의 울릉도 어부들이 경험했다. 이들의 진술에 따르면, 6월 27일 오전 10시경 미국기를 게양한 청색으로 도장한 60톤급 일본 '대구리' 어선이 접근했고, 일본인 8명이 독도에 불

---

164) 「日本人獨島不法侵入事件 眞相調査의 件」(內海情5第1141號, 1953. 7. 7)(내무부 치안국장→외무부 정무국장), 『독도문제, 1952-53』; 외무부 정무국, 1955, 위의 책, 59~63쪽.
165) 외무부 정무국, 1955, 위의 책, 59쪽.
166) 「韓國人の上陸確認, 竹島 巡視船から入電」, 『讀賣新聞』(1953. 6. 27).
167) 외무부 정무국, 1955, 위의 책, 68~69쪽.

법 상륙했다. 이들은 한국 어부 6명에게 체류 이유, 주소, 성명을 질문한 후 백미 4되, 담배 12갑, 양주 4병(소형병), 성냥〔燐寸〕4갑(소형), 휴대용 자석 1개를 주고 오후 3시경 퇴거했다.[168]

일본 언론에 따르면, 일본 해상보안청이 관계부서와 협의해 6월 26일 밤 제8관구 해상보안부 순시선 오키(隱岐)호와 구즈류호를 독도에 파견해 조사를 시작했다. 6월 27일 순시선은 "오늘 새벽 한국의 전마선 1척(길이 3미터 규모)을 이 섬 부근에서 발견, 한국인 6명이 상륙해 있으며, 목하 사정을 청취 중"이라고 보고했다.[169] 이 사건은 한국 언론에도 보도되었는데, 6월 26일 시마네현 경찰 및 입국관리국, 시마네현 사무국 직원 등 30명이 2척의 순시선에 분승해 독도에 불법 상륙한 후 독도에 거주하고 있는 6명의 한국인들에게 철거를 강요했다는 것이다.[170] 다른 보도에 따르면, 일본정부는 6월 27일 아침 "독도에서 한국 어부 6명과 어선 1척을 납치하여 취조"했다.[171] 가와카미 겐조에 따르면 한국 어부 6명은 다음과 같이 '공술'(供述)했다.

> 죽도(竹島)가 일본령인지 한국령인지 하는 건 우리는 알지 못한다. 그러나 이 섬에 오려면 경찰서의 출입항 허가증이 필요하다. 이건 모선(母船)의 선장이 갖고 있다.
> 한국의 함정도 대형어선도, 이 섬에 오지 않아, 일주일 교대 정도로 5톤에서 7톤 가량의 6마력쯤 되는 동력선이 마중하러 온다. 우리가 종사하고 있는 것은 4월에서 7월에 걸쳐 주로 미역, 우뭇가사리와 같은 해조류와 전복, 소라, 김을 따기 위해서다. 해조류는 음지에서 건조시켜 울릉도로 보내고 있다.

---

[168] 「日本人獨島不法侵入事件 眞相調査의 件」(內海情5第1141號, 1953. 7. 7)(내무부 치안국장→외무부 정무국장), 『독도문제, 1952~53』; 외무부 정무국, 1955, 위의 책, 59~60쪽.
[169] 「韓國人의 上陸確認, 竹島 巡視船から入電」, 『讀賣新聞』(1953. 6. 27).
[170] 『평화신문』(1953. 6. 30); 『동아일보』(1953. 7. 8).
[171] 『동아일보』(1953. 6. 29).

출어할 때마다 특별한 보호를 받지는 않는다. 그러나 당국자로부터 주의하라는 말을 출어할 때마다 듣고 있다.[172]

가와카미는 이를 인용해 울릉도 도민들이 독도의 귀속 여부를 알지 못했고, 생계를 위해 독도에 와서 어업활동을 한 데 불과하며, 한국정부가 이들에 대해 전혀 특별보호를 하지 않은 것이라고 주장했다.[173] 그러나 일본 관헌의 위압적 태도에 위축된 한국 어부들의 '공술'이지만 몇 가지 분명한 점들이 드러난다. 즉, 한국 어민들은 경찰의 출입항 허가를 얻어야 독도에 올 수 있었고, 또한 매년 4~7월 독도에서 어로활동에 종사했으며, 출어할 때마다 당국으로부터 주의하라는 말을 들었다는 사실이다. 이는 독도가 한국령으로 한국 경찰과 정부에 의해 관리되는 특별한 지역일 뿐만 아니라 울릉도 어부들이 일상적으로 어로작업을 벌이는 생업공간이며, 또한 어부·어선이 독도에 출어할 때 일본의 침범에 대비해 주의하라는 사전 경고조치가 일상화되어 있었음을 뜻하는 것이었다. 한국 어부들이 '한국령인지 일본령인지 모른다'고 한 것은 위압적 분위기에 위축되어 위기를 모면하려는 미봉책의 일환으로 해석된다.[174]

● 1953년 6월 28일 제4차 독도 침범

한국 어부들에 따르면, 6월 28일 오전 8시경 일본 함정 두 척(구축함으로 추정되나, 소속 미상이라고 진술)이 미국기를 게양하고 접근한 후, 일본인 약 30명이 권총·사진기 등을 휴대하고 상륙했다. 이들은 미제 작업복 및 해군마크가

---

172) 川上健三, 1996, 위의 책, 古今書院, 265쪽.
173) 川上健三, 1996, 위의 책, 古今書院, 264쪽.
174) 가와카미 겐조의 책에 인용된 한국 어부들은 한결같이 독도가 한국령인지 일본령인지 알지 못한다고 진술한 것으로 되어 있다. 가와카미가 독도가 일본령임을 주장하기 위해 사용한 증언에서, 또한 위협적 상황에서 증언해야 했던 한국 어부들조차 독도가 일본령이라고 대답하지 않았던 것이다. 이는 한국 어부들이 독도가 한국령임을 분명히 인식한 결과였다.

부착된 전투모를 착용했으며, 개중에는 사복 및 조절모(鳥折帽)를 착용한 자도 있었다.

이들은 사전에 제작한 표목 및 게시판을 각각 두 개씩 독도의 동도에 설치했다. 표목 두 개는 '日本 島根縣 隱地郡 五個村 竹島'〔원문 그대로, 길이 2m 30cm, 폭 15cm, 정면 각형(角形)〕라고 앞뒤에 묵서(墨書)로 표기했고, 게시판 두 개는 소나무로 만든 마름모꼴로 전면에는 '주의 일본 국민 및 정당한 수속을 거친 외국인 이외는 일본정부의 허가 없이 영해(도서연안 3리) 내에 들어감을 금함', 후면에는 '주의 竹島(연안도서를 포함)의 주위 500미터 이내는 제1종 공동어업권(해조, 패류)이 설정되어 있으므로 무단 채포(採捕)를 금함 시마네현'이라고 묵서로 표기했다. 게시판은 가로 60cm, 세로 35cm, 받침대 포함 총 높이 45cm, 두께 5cm의 규격이었고, 시멘트로 고정시킨 후 시멘트 위에 '1953. 6. 25. 小川 平田'이라고 새겨 넣었다.[175] 이들은 독도조난어민위령비를 중심으로 동서남북 4방향으로 약 15m 간격으로 두 개의 표목과 두 개의 게시판을 설치했다. 위령비를 포위하는 모양이었다.

이들은 한국인 어로상황, 체류·기거·식사상황 등을 촬영하는 동시에 한국인들을 심문했다. 상륙한 일본인 가운데 한국에서 18년간 거주했다는 자를 통해 한국어로 "본도(本島)는 일본의 영토이니 차후에는 본도에 침범 작업을 하며는 일본 경찰에 인치 당한다"라고 위협한 후 오후 10시경 퇴거했다.[176] 이날 일본 관리들이 조선산악회가 1947년 건립한 표목을 제거한 것으로 보인다.[177]

---

175) 외무부 정무국, 1955, 위의 책, 60~62쪽. 일본이 설치한 표목 및 게시판의 모양과 설립 위치는 같은 책 62~63쪽에 자세히 묘사되어 있다. 가와카미 겐조에 따르면 두 개의 표주(標柱)와 시마네현 명의로 된 게시판 문구는 시마네현이 세운 것이며, 외국인 출입금지의 게시판 문구는 해상보안청이 세운 것으로 되어 있다(川上健三, 1996, 위의 책, 古今書院, 271쪽).
176) 「日本人獨島不法侵入事件 眞相調査의 件」(內海情5第1141號, 1953. 7. 7)(내무부 치안국장→외무부 정무국장), 『독도문제, 1952-53』; 외무부 정무국, 1955, 위의 책, 61쪽.
177) 경북도의회 제7회 제4차 본회의 건의서(1953. 7. 10)은 일본측이 한국의 영토표식과 위령비를 파괴했다고 주장했지만, 위령비는 파괴되지 않았다(외무부 정무국, 1955, 위의 책, 69쪽). 1953년 10월 한국산악회 조사단의 독도조사과정에서 위령비는 여전히 서 있었다. 이 위령비는 이후 태풍으로 유실되었다.

한편, 일본 언론은 6월 28일의 독도 상륙을 6월 27일 함께 발생한 것으로 보도했다. 『아사히신문』은 다음과 같이 보도했다.

보안부(舞鶴)의 발표에 의하면 지난 5월 말 한국 어선 30척이 시마네현 다케시마(일본해 가운데 무인 소도) 부근에 출어하여 동도(同島)에 상륙하여 어업을 계속하고 있음으로 27일 오전 3시 반 시마네현청, 국경 시마네현 본부, 법무성 입국관리국 송강(松江)사무소계원 30명의 임검대가 순시선 2척으로서 동도에 상륙 '日本 島根縣 穩地郡 五箇村 竹島'라고 기입한 일본 영토로서의 지명과 '한국인의 출어는 불법어업이다'라는 주의서의 팻말(立札) 2개를 건립하고 도내에서 천막생활을 하고 있는 남자뿐인 한국인 6인에게 퇴거를 권고하였다.
한국인들은 傳馬船(2톤) 1척으로서 어업에 종사 해조 패류를 채취하고 있었다. 그들은 일주일 전에 울릉도로부터 발동기선으로 온 것 같다.
池端 입국본부장 談: 일본의 영토라는 것을 인식시킬 뿐으로 사법처분은 하지 않는다.
해상보안청에서는 이 竹島문제에 관하여 27일 외무성에 "한국인의 퇴거를 통고하도록" 연락하였다. 또한 시마네현 수산시험소의 시마네마루는 지난달 28일 동도에 한국인 30명이 10척의 동력선으로 상륙 어업을 하고 있는 것을 확인했다.[178]

한국 언론도 일본 관리들이 독도를 일본령으로 표기한 표목을 설치했다는 사실을 보도하고 있다.[179] 아마도 이것이 일본이 전후 독도에 세운 첫번째 영토 표목·게시판으로 추정된다. 일본 관리들은 1953년 5월 28일에야 처음 독

---

178) 『朝日新聞』(1953. 6. 28); 외무부 정무국, 1955, 위의 책, 65~66쪽. 한국 외무부 문서철에는 정원준 등의 증언에 기초해 6월 28일 일본측의 독도 불법상륙 사실이 기록되어 있지만, 일본 언론과 가와카미 겐조의 책 등에는 모두 6월 27일의 일로 나타난다.
179) 『대구매일신문』(1953. 6. 29).

도에 불법 상륙했고, 한 달 뒤인 6월 27일 혹은 28일에 사전 준비·제작한 일본령 표목·게시판을 설치했던 것이다.

일본의 독도 불법침입과 영토표식 건립이 보도되자 주일한국대표부는 6월 29일 외교부에 전화로 보고하는 한편, 6월 29일과 30일에 일본 외무성에 구두로 항의했다. 내무부장관은 7월 3일 경북 경찰국이 일본이 설치한 두 개의 표목과 두 개의 게시판을 철거했다고 발표했다.[180]

이처럼 1953년 6월 하순에 접어들어 일본 해상보안청, 시마네현, 수산청, 외무성 등이 시마네마루, 노시로, 구즈류, 오키 등 다양한 순시선·시험선 등을 총동원해 거의 매일 독도를 침범했음을 알 수 있다. 일본의 조직적 침범, 조직적 대응과 영유권 주장으로 사태는 점점 악화되었다.

● **1953년 7월 12일 제5차 독도 침범**

1953년 7월 12일에는 총격사건이 발생했다. 한국의 기록과 일본의 기록 사이에는 상황에 대한 기술에 차이가 있다. 먼저 한국 외무부의 기록을 살펴보자.[181]

일본의 불법 영해침입과 위협적 태도·언동으로 인해 "순진한 방인(邦人) 어로자(漁撈者)들은 불안과 공포심에서 어로를 중단하는 형편"이었다.[182] 울릉도경찰서는 한국 어부들을 보호하고 독도에 침입하는 일본인들을 감시할 목적으로 사찰주임 김진성(金振聲) 경위, 최헌식(崔憲植) 경사, 최용득(崔龍得) 순경 등 세 명으로 구성되고 경기(輕機) 2문을 장착한 순라반(巡邏班), 즉 순찰

---

180) 『동아일보』(1953. 7. 9). 한편, 외무부 기록에 의하면 철거한 표목·게시판을 울릉도에서 경상북도 경찰국으로 이송해 보관했다(「日本船舶獨島侵犯事件에 關한 件」(內治情第1200號, 1953. 8. 11)(내무부장관→외무부장관), 『독도문제, 1952-53』; 외무부 정무국, 1955, 위의 책, 67쪽).
181) 「日本船舶領海侵犯事件發生의 件」(內治情外第1189號, 1953. 7. 14)(내무부 치안국장→외무부 정무국장), 『독도문제, 1952-53』; 외무부 정무국, 1955, 위의 책, 76~79쪽.
182) 「日本船舶獨島侵犯事件에 關한 件」(內治情第1200號, 1953. 8. 11)(내무부장관→외무부장관), 『독도문제, 1952-53』.

〈그림 9-8〉 울릉도경찰서 독도순찰반(1953. 7. 12). 일본 순시선 헤구라호 승무원 촬영
(『아사히신문』, 1953. 7. 14)

반을 편성했다. 이들은 1953년 7월 11일 오전 11시 울릉군 남면 도동 배성희(裵聲熙) 소유 발동선에 편승해서, 11일 오후 7시경에 독도에 도착했다. 당시 독도에는 작업 중이던 한국인 10여 명이 있었다. 울릉도경찰서 경찰들은 선박에서 1박 했고, 7월 12일 오전 5시경 독도를 향해 오는 선박을 발견했다.

5시 40분 이 선박은 독도순찰반으로부터 서북방 약 300미터 지점에 도착했을 때 일본 국기를 게양했다. 배가 정선하자 최헌식 경사는 울릉중학교 기(奇) 교사를 대동하고 임검(臨檢)에 나섰다. 선장실에서 책임자인 일본 시마네현 해상보안청 캡틴을 만났고, 최헌식 경사는 독도가 울릉군 남면 도동에 속하는 도서이며 한국 영토라고 한 후 한국 영토에 불법 침입했으므로 울릉서까지 동행할 것을 요구했다. 일본 책임자는 "당신 입장이나 (내 입장이나) 똑같은 입장이니 잘 알겠다"라고 하고 동행을 거부했다. 이후 김진성 사찰주임이 일본 선박에 올라 한국 영해에 불법 침범했다고 지적하며 울릉서까지 동행을 요구했다. 일본 책임자는 "한일회담에서 독도에 대한 결정이 있기 전까지 어느 쪽에 속한다고 할 수 없다, 독도는 맥아더라인 밖에 위치해 있었고 제2차 대전 후에는 미군폭격기 연습기지로 사용되어 오지 못했다"라고 주장했다. 결국 일본 책임자는 선박 출발을 명했고, 한국 경찰은 한국측 선박에 옮겨 탔다. 일본 선박은 독도를 일주하고 일본 방면으로 도주했으며, 한국 경찰은 정지를 명령했으나 불응했기에 경기관총으로 위협 발포했으나 일본 선박은 끝내 도주했다.

일본 언론의 보도는 일본측의 시각에서 작성되었다. 『요미우리신문』의 보도에 따르면, 이날 한국 어선 세 척이 경관 일곱 명의 호위를 받으며 어로 중이었는데 독도 인근 수역에 침입해, '순시' 중이던 일본 해상보안청 순시선이 이를 발견하고, 보트를 내려 접근하려는 때 한국 어선측에서 통역 한 명과 경관 두 명이 전마선을 타고 순시선에 다가왔다. 이들은 "한국 영해에 무슨 일로 들어왔는가?"라고 항의했고, 순시선측도 일본의 영해라고 주장했다. 수시간 동안 교섭했으나 해결되지 않았고, 순시선이 경계를 위해 "동지역을 패트롤 하는 중" 한국 어선에서 자동소총을 수십 발 발사했다. 순시선은 이에 대응하지 않고 그날 저녁 사카이항으로 귀환했다. 순시선의 피해는 없었고, 선체에 탄흔 두 개가 남았다.[183] 다른 보도에 따르면, 이는 일본 돗토리현 제8해상관구 보안청 소속 헤구라호였다. 이 순시선은 12일 아침 사카이에서 독도로 들어와 한국 어선을 만난 것이었다.[184]

반면, 한국측 기록은 이와 정반대의 상황을 기록하고 있다. 7월 12일 오후 5시 40분경 울릉도 경찰서 김(金) 사찰주임 외 두 명의 직원들은 순시선으로 독도 주변을 경비하던 중 2개 선박에 탑승한 30명의 일본인(그중 7~8명이 권총을 휴대)을 발견했다. 이들은 시마네현 보안청장이 지휘하는 선박이었다. 한국 경찰은 즉시 검문검색을 한 다음 인치하려고 했으나 일본 선박은 이에 불

---

183) 「韓國側がら發砲, 竹島で保安廳巡視船撃つ」, 『朝日新聞』(1953. 7. 13).
184) 『동아일보』(1953. 7. 15).

응하고 갑자기 속력을 내며 도주했다. 한국 경비대는 수차례의 정지신호를 무시하고 도주하는 선박을 향해 발포했으나 한국 순시선의 속력이 느려 추적하지 못했다. 속력이 느린 우리 순시선은 일선을 따르지 못했다.[185]

이 사건에 대해 일본 외무성은 7월 13일 오후 8시 재일한국대표부에 구상서(口上書)를 제출해 항의했다.[186] 일본정부는 독도영유권을 명확히 하기 위해 헤이그국제사법재판소에 제소하는 한편 유엔에 제소할 것을 결의했다. 특히 7월 13일자 항의는 해상보안청, 법무성, 외무성 합동회의의 결과였다. 일본정부는 7월 14일에는 항의내용, 독도영유권에 대한 일본정부의 견해, 종래 한일 간 논쟁내용 등을 상세히 공개하기로 했다. 특히 회의석상에서는 한국측에 강제할 방법이 없으므로 제3국 즉 미국에 조정을 의뢰하고, 이것이 실패할 경우에는 헤이그국제사법재판소에 제소해 한일 쌍방의 법적 주장의 타당성을 판단하는 법률적 해결방안과 함께 유엔에 제소하는 정치적 해결방안을 모색해야 한다고 논의되었다.[187] 일본정부는 7월 20일에도 순시선을 독도에 파견해 한국의 어업상황을 감시했고, 7월 30일 일본 영유권을 주장하는 한편 발포에 대한 항의를 주일한국대표부에 전달했다.

한국정부는 8월 4일 일본정부의 항의에 대해 강력하게 정식항의를 제기했다. 한국 영토인 독도에 대해 일본측이 침범한 것이 유감이라는 내용이었다.[188] 일본은 8월 8일 재차 반박하는 각서를 주일대표부에 전달했다.[189] 한국정부가 상황에 대해 정확히 항의한 것은 8월 22일자 주일대표부 각서를 통해

---

185) 『민주신보』(1953. 7. 16).
186) 「七月十三日字 亞二 第一八七號 覺書」, 외무부 정무국, 1955, 위의 책, 79~80쪽;「竹島は日本領, 外務省發表」,『朝日新聞』(1953. 7. 14).
187) 『讀賣新聞』(1953. 7. 14);「政府, 韓國に抗議, 竹島での發砲事件」,『朝日新聞』(1953. 7. 14);『평화신문』·『동아일보』(1953. 7. 16).
188) 「韓國側逆抗議, 竹島の所屬で」,『讀賣新聞』(1953. 8. 4);「竹島問題, 韓國から逆抗議」,『朝日新聞』(1953. 8. 5);「八月四日字 代表部 覺書」, 외무부 정무국, 1955, 위의 책, 70~72쪽.
189) 「八月八日字 亞二 第二〇五號 覺書」, 외무부 정무국, 1955, 위의 책, 72~73쪽.

서였다. 한국정부는 7월 12일 일본인 30명이 독도 주변의 한국 영해에 침범했고, 한국 관헌이 불법침범을 통고하며 울릉경찰서까지 동행을 명령했으나 일본 선박은 도주하기 시작했고, 한국 경찰이 수차 경고사격을 가했다고 설명했다.[190]

일본 국회와 언론에서는 일본 외교가 유약하다며 해상경비대가 무력을 행사해야 한다는 주장이 일었다. 그런데 여기에 일본의 딜레마가 있었다. 1947년 평화헌법 제9조는 "국권발동으로서의 전쟁과 무력에 의한 위협 또는 무력의 행사는, 국제분쟁을 해결하는 수단으로서는 영구히 이를 포기한다"라고 되어 있어, 일본 국가의 교전권과 군대보유권을 포기한 상태였기 때문이다. 독도가 일본 영토라고 전제한다면 경찰의 단속이 가능하지만, 한국과 '국제분쟁'의 경우 무력사용은 헌법상 금지된 상태였다. 제16회 국회 중의원 수산위원회(1953. 7. 28)에 출석한 시모다 다케소 외무성 조약국장은 "헌법 제9조에, 국제분쟁의 해결을 위해서 무력을 행사해서는 안 된다고 하는 것을 규정해 놓았기 때문에, 경찰의 불법입국자에 대한 단속이라는 측면에서 강제조치를 취하는 것이 허용되는 것입니다만, '죽도'문제라는 국제분쟁을 해결하기 위해 무력을 사용하는 것은, 헌법이 금지하고 있는 것"이라고 답변했다.[191] 일본의 최선의 무력은 '불법입국'에 대한 경찰력 동원과 순시선의 감시활동이었지만, 한국과의 무력충돌은 최악의 시나리오에 해당했다. 먼저 이는 일본 헌법에 정면 위배되는 행위로, 헌법상 교전권 포기를 부정하는 것이었다. 나

---

190) 「八月二十二日字 覺書」, 외무부 정무국, 1955, 위의 책, 80~82쪽. 한국정부는 "아국(我國) 영해를 불법침입한 일본선박을 아국 관헌이 조사차 인치(引致)하려고 하였던 바 이에 불응하고 도주하므로 부득이 위협 발포한 것이며 아국 영역 내에서 아국 관헌이 아국에 불법침범을 한 자를 인치하려고 한 것은 당연한 일이며, 여사(如斯)한 당연한 요구에 불응하여 도주하는 자에 대하여 제지코자 위협 발포함은 또한 당연한 일이라고 할 것이니 이 사건에 대한 책임은 전적으로 일본측이 져야 할 것"이라고 했다(「獨島領有에 關한 件」(外政第424號, 1953. 8. 19)(외무부장관→주일공사), 『독도문제, 1952~53』).
191) 『제16회 국회 중의원 수산위원회의록』 19호(1953. 7. 28); 동북아역사재단 편, 2009, 『일본국회 독도 관련 기록모음집』 1부(1948~1976년), 105쪽.

아가 일본이 주권을 회복하자마자 다름 아닌 구식민지를 상대로 무력충돌을 벌인다면 국제사회의 비난을 회피하기 어려웠다.

이런 맥락에서 8월 5일 중의원 외무위원회에 출석한 해상보안청 장관도 한국 군함에는 대항할 수 없다고 답변했다.[192] 일본의 현실적 선택지는 국제사회에 여론전으로 호소하거나 미국·영국 등에 중재를 부탁하거나 국제사법재판소의 평결을 요구하는 방법뿐이었다. 『요미우리신문』은 「이승만라인의 해결을 신속히 서둘러라」라는 사설을 8월 30일 내보내기에 이르렀다. 한일회담의 진척이 없는 상황에서 일본 재산의 청구권, 재일한국인의 국적·송환 문제, 이승만라인을 둘러싼 어업권문제, 독도문제 등의 산적한 과제가 많은데 이승만라인은 국제법 위반이라는 점을 명확히 해야 한다는 논지였다.[193]

- **1953년 8~10월: 일본의 독도 침범이 절정을 이루다**

한편 한국측에 전혀 알려지지 않았지만, 일본측은 8월 7일, 9월 17일, 9월 23일, 10월 6일에도 독도에 불법 침입·상륙한 바 있다. 먼저 가와카미에 따르면, 8월 7일 일본 관리들이 철거된 표주를 '재건'했다고 하는데 자세한 경과는 기록하지 않았다.[194] 한국 외교문서에 따르면, 8월 23일 오전 9시경 독도 북방 약 500미터 지점에 일본 철선 오키(隱岐)호가 출현했는데, 선체에는 기관총 2문을 장착했으며, 약 30여 명 정도가 탑승하고 있었다. 이에 따라 "파견대원"들이 정지를 명령했으나 불응하기에 상공을 향해 위협 발포한 결과 이 선박은 고속으로 동쪽으로 도주했다.[195] 한국 국방부장관은 해군함정을 독도·울릉도에 파견해 조사한 결과를 외무부장관에게 송부하며(1953. 8. 28), 일본이 세운 표목 사진 5매, 일본 선박 헤구라호 사진 3매, 위령비 등 독도 전영(全影) 3매

---

192) 「韓國軍艦には對抗できない, 竹島事件保安廳答辯」, 『朝日新聞』(1953. 8. 6).
193) 「社說: 李承晩ラインの解決を急げ」, 『讀賣新聞』(1953. 8. 30).
194) 川上健三, 1996, 위의 책, 271쪽.
195) 「日本船舶侵入狀況」(治安局 특수정보과 경사 韓東述), 『독도문제, 1952-53』.

를 첨부했다.[196]

9월 17일에는 시마네현 수산시험선인 시마네마루가 독도에 불법 상륙한 후 9월 18일 하마다(浜田)로 귀환했다. 이 배에 동승했던 수산시험기사 新井都登司에 따르면, 이들은 16일 오전 11시 하마다를 출발해 17일 오전 9시 30분 독도 부근에 도착했다. 한국 어부는 물론 한국 함정도 없었다. 오후 12시 30분 전마선을 내려 독도에 상륙했는데, 그전 시마네현 어정과(漁政課)가 세워놓은 "島根縣 五箇村領"이란 표주가 그대로 서 있는 것을 발견했다. 이들은 오후 5시 30분 독도를 떠나 두 시간 동안 오징어 2,000마리를 잡은 후 귀환했다.[197] 한국 외교문서에 따르면, 울릉도경찰서는 9월 17일 울릉도경찰관이 징발선으로 독도를 시찰했으며, 이때 독도의 동서 양도에 설치된 두 개의 표목을 제거했다.[198]

9월 23일에는 돗토리현 수산시험선 다이센호(47톤)가 독도를 조사했는데, 그 결과 8월 7일 일본이 두 번째 세운 표주가 철거되었음을 발견했다. 이에 따라 10월 6일 사카이(境) 해상보안부 순시선 헤구라호(450톤)가 해상보안청 본청의 지령으로 독도에 파견되었다. 목적은 독도의 동도·서도에 각각 "島根縣 穩地郡 五箇村 竹島"라고 쓴 세 번째 표주를 설치하는 것이었다.

10월 5일 오후 7시, 가시와(柏) 사카이 해상보안부장과 사마네현청 직원 1명이 동승한 헤구라호는 사카이항을 출발해 10월 6일 아침 독도 해역에 침입했다. 이들은 섬을 일주하면서 근처에 사람이나 선박의 자취가 없는 것을 확인하고 보트로 상륙해 표주를 세운 후, 이전에 세웠던 표주의 남은 잔해를 수습해 돌아왔다.[199] 일본 중의원의 쓰지 마사노부(辻政信)에 따르면, 이는 1953년

---

196) 「日本官憲의 獨島不法侵犯에 關한 件」(國防海外發第19號, 1953. 8. 28)(국방부장관→외무부장관), 『독도문제, 1952-53』.
197) 「竹島, 韓國人の姿なし, 島根縣水産試驗船 報告, わが標柱そのまま」,『朝日新聞』(1953. 9. 20).
198) 「日本船獨島侵犯에 關한 件」(外政第1617號, 1953. 10. 7)(외무차관→주일공사),『독도문제, 1952-53』 (분류번호743.11JA, 등록번호4565).

일본이 세번째로 세운 영토표식이었다.[200]

지금까지 살펴본 바에 따르면, 1953년 6월 27~28일 일본 관리들은 조선산악회가 1947년 8월 20일 설치한 두 개의 영토표목을 제거하고 두 개의 일본령 표주 및 두 개의 게시판을 설치했다. 일본 관리들이 세운 이들 표주·게시판은 7월 3일 경상북도 경찰국에 의해 철거되었다. 8월 7일 일본측이 재차 불법 상륙해 일본령 표주를 재건했으나, 9월 17일 울릉경찰서가 철거했다. 일본 관리들은 10월 6일 세 번째의 영토표주를 설치했고, 한국산악회는 10월 15~16일 독도학술조사 과정에서 이를 철거했다. 한국산악회가 1953년 10월 15일 설치한 영토표석은 10월 21일 일본 관리에 의해 철거되었고, 일본은 10월 23일 네 번째 일본령 표주를 설치했다. 가와카미 겐조의 기록에 따르면, 이때 일본이 세운 표주는 1954년 5월 3일 오키(隱岐)어업조합이 독도에 불법 침입해 미역·전복·소라 등을 채취했을 때까지 여전히 서 있었고, 5월 23일에는 철거된 상태였다.[201] 1953~1954년 독도에서는 일본의 불법 침범·상륙으로 한국의 영토 표목·표석이 두 차례나 제거되었고, 일본은 네 차례나 독도에 일본령 표주·게시판을 설치했던 것이다.

일본의 독도 침범으로 인한 긴장·갈등이 고조되는 가운데, 10월 13~16일 한국산악회의 독도조사가 이루어졌다. 한국측 기록에는 1953년 10월 13~16일 한국산악회의 독도조사과정에서는 일본측과 접촉이 있었으며, 한국산악회 독도조사단장이었던 홍종인은 일본 중의원 국회의원인 쓰지 마사노부가 탄 나가라호와 조우했다고 쓰고 있다.

그런데 일본측 보도에는 한국과 접촉한 사실이 드러나 있지 않다. 『아사히신문』에 따르면, 한국조사단이 철수한 10월 17일 0시 내각위원 쓰지 마사노

---

199) 「三度目の標柱建つ」, 『朝日新聞』(1953. 10. 7).
200) 「領土標柱また消える, 竹島辻代議士らが調査」, 『朝日新聞』(1953. 10. 18).
201) 川上健三, 1996, 위의 책, 271쪽.

부 대의사(중의원 의원), 외무성 가와카미 겐조 사무관, 제8관구 해상보안본부 고모리(古森) 공안과장 등이 '문제의 죽도'를 조사하기 위해 사카이 해상보안부 순시선 나가라호(270톤)를 타고 돗토리현 사카이항을 출발했다.202) 이들은 17일 정오 독도에 접근했으나, 기상악화로 상륙하지 못하고 약 한 시간가량 해상에서 독도를 시찰했고, 18일 오전 5시쯤 사카이항으로 귀환했다. 귀환한 쓰지는 "독도문제도 이(李)라인문제도 완전히 일본의 패배다"라는 요지로 발언했다.

> 이번의 현지 시찰은 국회의 대표로서 한 것인데 죽도에는 사람 흔적은 없었다. 사카이 해상보안부 '헤구라'호가 지난 6일 3번째 세운 일본 영토 표주는 뽑혔고, 동도(東島)의 정상과 중턱에는 판자 혹은 함석으로 만든 것으로 보이는 한국의 깃발이 세워져 있었다. 또한 서도(西島)에는 빨간색과 흰색의 측량용 폴(pole) 2개가 세워진 채로 있는데, 한국측은 최근 대대적인 조사를 행한 것으로 생각된다. 외교 절충을 아무리 해봐도 현지에서는 그리 간단히는 해결되지 않는다. 결국 힘이 없고서는 외교 절충도 허사가 되고 만다. 현재의 문제점은 죽도의 가치보다도 일본이 세계에 자국영토라고 선언했던 죽도를 한국이 실력으로써 탈취한 것이다. 금후 해상방위의 중점을 서일본 특히 일본해안에 두고, 침략을 실력으로써 막아 일본을 지키지 않으면 안 된다. 조속히 국회에 보고해 일본 국민에게 현상을 호소하고 싶다.203)

쓰지 마사노부의 발언에는 한국측과의 접촉사실이 나타나 있지 않지만, 여러 가지 사실을 알 수 있다. 첫째, 1953년 10월 3일에 일본 사카이 해상보안부 헤구라호가 일본 영토 표주를 세 번째 세웠고, 10월 15일 한국 독도조사대

---

202)「領土標柱また消える, 竹島辻代議士らが調査」,『朝日新聞』(1953. 10. 18).
203) 위와 같음.

가 이것을 철거했다는 점이다. 둘째, 쓰지는 한국이 독도를 침략했다고 주장한 사실이었다. 한국령 독도를 일본이 침범한 것이 아니라 한국이 침략했다는 것이다.

이러한 발언을 한 쓰지 마사노부와 일본 조사단은 독도문제를 대하는 일본 우익의 면모를 대변하는 것이었다. 쓰지 마사노부(1902~1961?)는 일본 육군사관학교·육군대학을 졸업한 일본 육군 대좌 출신으로 육군 참모본부, 관동군 참모, 태평양전쟁 시 참모로 활동했다. 관동군 참모 시 소련과의 국경분쟁인 노몬한사건의 작전참모를 맡았으며, 태평양전쟁 시에는 말레이작전 제5사단의 선두로, 적군 전차를 탈취해 적군진지에 돌입하는 등 만용을 발휘했다고 알려졌다. 군국주의 군인들에게는 용감무쌍한 군인의 전형으로 칭송되었다. 필리핀, 과달카날을 거쳐 방콕에서 종전을 맞이한 후 승려로 변장해 도망 다녔고, 태국 국왕 라마 8세의 괴사(怪死)사건에도 관여했다고 한다. 장개석의 특무기관인 국민정부 군사위원회 조사통계국의 다이리(戴笠)의 도움으로 탈출에 성공해, 1948년 상해를 경유, 귀국한 후 잠복했다. 변장의 명수라는 평을 얻었다. 전범시효 완료 후인 1950년 도주 중의 기록을 발표했고, 군인그룹의 반공진영에 참가했다. 추방해제 후인 1952년 중의원에 당선된 이후 네 차례 중의원(1952~1959), 한 차례 참의원(1959~1965)을 지냈다. 1961년 참의원에 동남아 시찰을 목적으로 40일간 휴가를 신청하여 라오스 북부에 불교승려로 위장해 단독 잠입한 후 실종되었다. 동아시아 반공동맹을 위한 모종의 비밀책략을 구사 중이었던 것으로 추정되었다. 실종 후 여러 가지 설이 있지만, 1962년 1월 라오스해방군에 스파이로 체포되어 총살되었다는 설이 대체로 인정된다.[204]

---

204) 高山信武, 1999, 『二人の參謀―服部卓四郎と辻政信』, 芙蓉書房出版; 生出壽, 1993, 『惡魔的作戰參謀 辻政信 稀代の風雲兒の罪と罰』, 光人社文庫; 田々宮英太郎, 1986, 『參謀·辻政信·傳奇』, 芙蓉書房出版; 위키피디아 재팬 辻政信 검색결과(2010. 1. 20).

가와카미 겐조는 앞서 살펴본 것처럼 일본 외무성에서 대일평화조약의 영토문제를 전담하며 독도 및 북방 4개 섬 등에 대한 일본 영유권의 근거를 마련하는 데 전력을 다한 인물이며, 특히 1952~1953년 독도의 미군 폭격연습장 지정·해제 책략을 담당한 실무자였다. 그는 1950년대 독도문제와 관련해 일본 내에서 가장 중요한 이론적·자료적 근거를 제시한 외무성 관리였으며, 1966년 일본정부의 입장을 집대성한 『죽도의 역사지리학적 연구』를 간행한 바 있다. 이 책의 서문에서 가와카미는 이날의 사건을 자세히 언급하고 있다. 이에 따르면, 쓰지 마사노부는 이승만라인 시찰 후 귀로에 규슈에서 독도조사계획을 알고 은밀히 나가라호에 동승했다는 것이다. 원래 나가라호는 10월 16일 오후 7시 사카이항을 출항했으나, 당일 풍랑이 심해 미호노세키(美保關)에 피항했다가 다시 10월 17일 0시 재출항해, 오전 11시 독도 앞 8마일에 도착했고, 300m까지 접근해 섬을 일주한 후 오키섬의 사이고(西鄕)항으로 귀항했다.[205]

군국주의 구일본군 출신 극우파가 전후 독도영유권 확보책략에 몰두하던 일본 외무성 관리와 함께 독도를 시찰한 것은 이 시기 독도문제에 대응하는 일본의 기저를 알 수 있는 것이었다.

한편, 10월 17일 쓰지 마사노부 일행의 독도 침범은 우연한 것이 아니었다. 당시 일본정부는 대대적으로 평화선(이라인)과 독도에 대한 조사 및 침범을 강행했기 때문이다. 먼저 쓰지 마사노부의 기록에 따르면, 쓰지는 10월 7일부터 14일까지 제주도 동쪽으로 두 차례나 평화선을 침범했다. 그의 목적은 한국 군함을 찾아 해상회담을 벌이는 것이었다. 쓰지가 탄 것은 해상보안청 순시선 구사가키호(450톤)였는데, 해상보안청 제7관구 본부 시오다(鹽田) 차장이 안내했으며, 홍보를 위해 기자 13명이 동승하고 있었다. 쓰지는 이키(壹岐)

---

[205] 川上健三, 1966, 위의 책, 1~2쪽. 서문 앞에 수록된 두 장의 사진 가운데 가와카미가 직접 찍었다는 독도 사진은 1953년 10월 17일에 촬영한 것으로 추정된다.

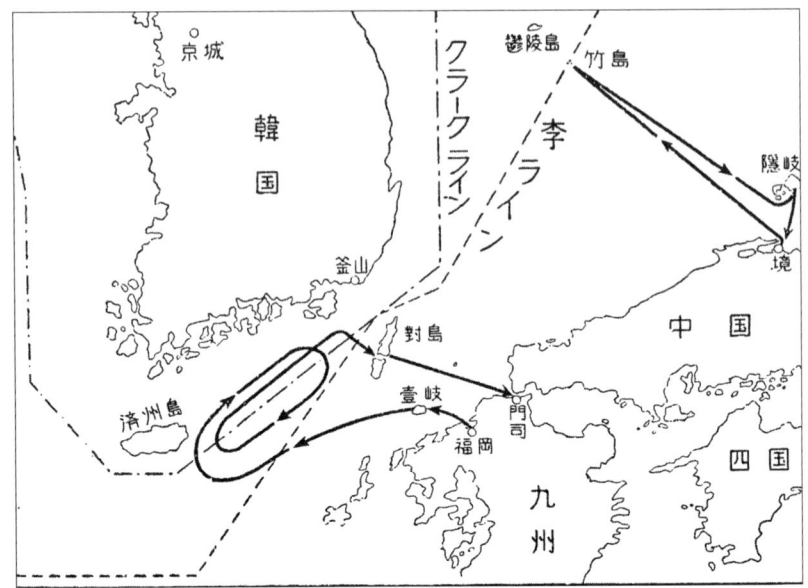

〈그림 9-9〉 쓰지 마사노부의 평화선·독도 '시찰' 경로(1953. 10. 6〜18)(『文藝春秋』, 1953. 12)

→평화선 침투→고토군도(五島群島)→재차 한국 군함 찾아 북상→쓰시마 도착의 일주일간의 여정을 보냈다. 쓰지는 제주도에 접근해 우도의 등대와 한국인 민가를 보았다고 했다.[206] 쓰지에 따르면, 그의 평화선 조사는 일본 중의원의 허가와 해상보안청장의 동의하에 이루어진 것이었다.

한편, 쓰지 일행이 귀환한 직후 일본 외무성은 평화선·독도 조사를 위한 두 개의 조사단을 각각 제주도 남방과 독도에 파견했다. 먼저 쓰지가 조사한 것과 거의 동일한 경로를 따라 평화선 조사단이 파견되었다. 1953년 10월 14일부터 17일까지 외무성(山津 참사관, 打尾 사무관), 수산청(增田 해양제2과장),

---

206) 쓰지 마사노부는 1953년 10월에 행한 두 차례의 한국 해역 침범 경험을 『文藝春秋』 1953년 12월호에 기고했다(辻政信, 「波荒き李ラインを往く: 韓國軍艦をもとめこ」). 이 글은 IRR 파일에 영어로 번역되어 있기도 하다. Tsuji Masanobu, "Crossing the Stormy Rhee line, Seeking Korean Warships," Bungei-Shunju(『文藝春秋』), December 1953, RG 319, IRR File, Box 458, XA529038: Tsuji Masanobu(辻政信).

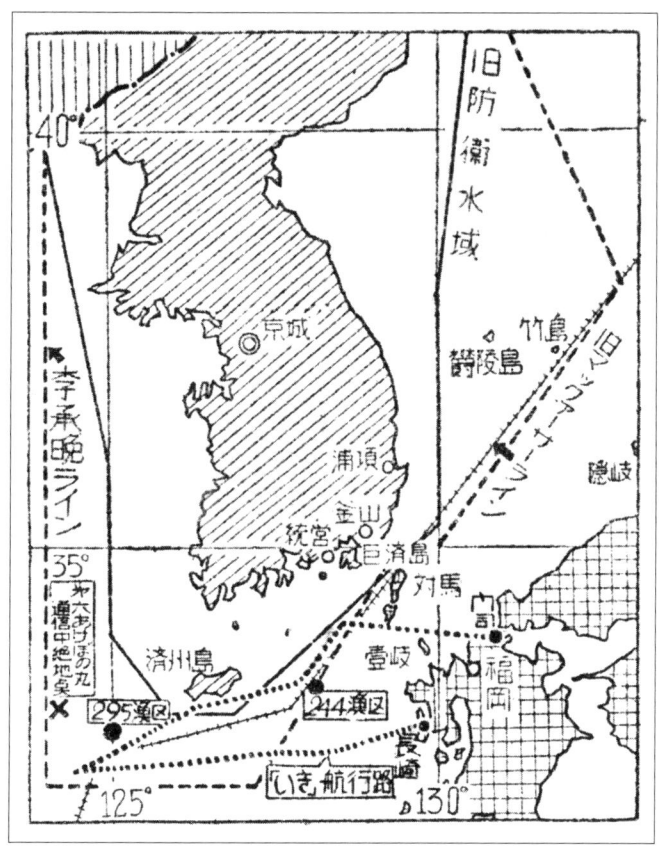

〈그림 9-10〉 일본 '조선수역실정조사단'의 조사여정(1953. 10. 14~17)(『아사히신문』, 1953. 10. 17)

해상보안청(高見 공안과장) 등 일본정부가 파견한 '조선수역실정조사단'(朝鮮水域實情調查團)이 해상보안청 제7관구 본부 시오다 차장을 안내역으로, 보도진 11명을 이끌고 해상보안청 순시선 이키호(450톤)에 승선해 평화선을 침입해 조사했다. 이들은 후쿠오카 모지(門司)항을 출발해 '바다의 38선'인 '이라인'(Rhee Line)을 총 750마일 답사하고, 나카사키(長崎)항으로 귀환했다.[207] 〈그림 9-10〉에서 나타나듯이 이들은 대마도 남단을 거쳐 방위수역(클라크라인)과 평화선(이라인) 사이를 통해 제주도 남단을 침범한 후 나카사키항으로 귀항했음을 알 수 있다.

위 조사단의 일부는 가와카미 겐조가 언급한 독도조사 임무를 담당했다. 이들은 10월 16일 해상보안청 순시선 나가라호를 타고 독도로 향했는데, 쓰지는 일본 외무성의 허가를 얻어 이 배에 동승했다. 쓰지는 풍랑 때문에 미호항으로 피항했다고 했으나, 실제로는 해상보안청이 쓰지의 탑승을 저지하려 했기 때문에 벌어진 일이었다. 독도에서 총격사건이 벌어진 후였으므로 해상보안청은 호전적이고 무모한 쓰지의 돌발행동을 방지하고 국회의원을 보호하기 위해 그의 하선을 요구했다. 강경한 입장을 견지한 쓰지는 "필요 이상의 독도 접근금지", "섬 상륙 금지", "한국 군함 가능한 한 회피" 등의 조건으로 동승이 허용되었다. 쓰지·가와카미 일행은 10월 17일 12시경 독도 인근에 침입해 한 시간가량 섬을 관찰했다. 쓰지는 "한국 군함 출현을 기대"했지만, 어떤 배도 출현하지 않았다. 쓰지는 한국인위령비가 독도에 서 있는 것을 보고 "일본령의 일부였던 섬을 완전히 빼앗겼음을 의미하는 랜드마크"라고 표현했다. 한 가지 특기할 만한 점은 쓰지가 독도에서 울릉도를 맨눈으로 보았다고 기록한 사실이다. 훗날 가와카미는 울릉도에서 독도가 육안으로 보이지 않는다는 억지 주장을 내세운 것으로 유명한데, 사실은 쓰지와 함께 10월 17일 독도에서 육안으로 울릉도를 목격했던 것이다.

일행은 10월 18일 오전 5시 사카이항으로 귀환했다. 평화선 선포에 따른 일본 어부 나포를 방지하기 위한 쓰지의 대안은 "이라인 북쪽에 요시다라인을 선언하고, 요시다라인을 넘어오는 한국 어선을 나포해 한국에 억류된 일본 어선과 교환"하는 것이었다. 쓰지는 독도는 이미 한국에 빼앗겼고, 그다음은 대마도가 위험하다고 주장했다.[208]

---

207) 「'海の38度線'を行く, 李ライン奥深く巡視船 'いき'て」, 『朝日新聞』(1953. 10. 17).

이처럼 외무성 조사단의 평화선 침범과 쓰지 마사노부의 독도 침범은 한 세트로 기획된 것이었음을 알 수 있다. 조사단에 동승했던 『아사히신문』 기자는 외무성이 주체가 되어 조사단이 파견된 것을 일본 외교의 무력함 때문이라고 힐난했지만, 실제로는 치밀한 계획의 산물이었다고 할 수 있다.

10월 21일에는 일본 시마네현 수산시험선 시마네마루가 독도에 상륙했다. 선장 新井登司와 아사히신문 와타나베(渡辺) 기자가 함께 상륙했다. 이들은 10월 15일 한국산악회가 설치한 표석과 길이 170cm의 독도조난어민위령비를 발견했다. 또한 미국제 담배꽁초, 빈 상자, 필름상자, 적백(赤白)의 측량폴 등도 발견했다. 동도의 정상에는 네 개의 측량폴이 서 있었다. '島根縣 隱地郡 五箇村 竹島'라는 표주는 뽑혀 있었다. 폴(pole)은 박병주가 3m가량의 대나무에 50cm 간격으로 빨간색과 흰색을 번갈아 칠한 측량용으로, 멀리서 볼 수 있게 번호판을 달고, 폴 중간에 세 가닥 노끈에 못을 부착한 것이었다.[209] 한국의 표석 사진은 한국 언론이 아닌 일본 『아사히신문』에 먼저 게재되었다.[210]

시마네마루가 독도를 침범한 날, 또다시 일본에서 후발대가 독도로 파견되어 왔다. 이는 10월 17일 쓰지 마사노부가 독도에 침입했을 때 일본측 표주가 철거되고 한국측 측량표식이 산재한 것을 확인한 데 따른 것이었다.[211] 일본 마이즈루(舞鶴) 제8관구 해상보안본부는 10월 21일 밤 사카이 해상보안부 순시선 나가라호, 하마다 해상보안부 순시선 노시로호 두 척(각 270톤)을 파견했다. 이들은 22일 오전 독도에 불법 상륙해, 한국산악회가 설립한 한국령 표석 한 개와 산 정상, 중턱, 부근 암초에 설치된 총 일곱 개의 측량용 폴 가

---

[208] Tsuji Masanobu, "Crossing the Stormy Rhee line, Seeking Korean Warships," Bungei-Shunju(『文藝春秋』), December 1953, RG 319, IRR File, Box 458, XA529038: Tsuji Masanobu(辻政信).
[209] 이정훈, 2009, 「1953년 독도를 최초로 측량한 박병주 선생」, 『신동아』 1월호.
[210] 「竹島に韓國側の標石, 島根縣水産試験船確認, 測量ポールなど散在」, 『朝日新聞』(1953. 10. 23).
[211] 「竹島 韓國の標柱撤去」, 『讀賣新聞』(1953. 10. 26); 『동아일보』(1953. 10. 27).

〈그림 9-11〉 일본 언론에 보도된 한국령 표석(『아사히신문』, 1953. 10. 23)

운데 여섯 개를 철거했다. 이와 함께 '島根縣 穩地郡 五箇村 竹島'라고 기재한 표주와 '한국인의 출어는 불법어로이다'라는 주의 표주 등 두 개의 표주를 세웠다.[212] 한국 산악회가 10월 15일 설치한 표석은 불과 7일 만에 철거된 것이었다.

일본 선박의 독도 해역 침범 및 독도 불법상륙은 1954년까지 지속되었다.[213] 1954년 8월 23일 해상보안청 순시선 오키호(450톤)는 독도에 상륙한 한국 관헌으로부터 약 400발의 총격을 받았다. 이 가운데 한 발이 선박 우측 전지 배기관을 관통한 외에 선박 부근에 총탄이 다수 날아왔지만 승조원은 부상당하지 않았다. 일본 외무성은 8월 26일 주일한국대표부에 항의했다.[214] 한국 외무부는 8월 28일 일본측 항의를 거부하고 일본측은 독도에 상륙하려는 의도로 한국 영해 내로 침입한다고 비판했다.[215] 이런 총격전 끝에 1954년 8월 31일 한국은 국무회의에서 "무슨 일이 있어도 일본의 침략으로부터 지키기 위해" 독도에 "수백 명의 경관"을 상주시키기로 결의했다.[216] 한국정부의 다음

---

212) 「竹島に日本領の標柱, これで四度目」, 『朝日新聞』(1953. 10. 25).
213) 1954년 일본의 독도 침범에 대해서는 외무부 정무국, 1955, 위의 책, 84~96쪽; 川上健三, 1996, 위의 책, 266쪽을 참조.
214) 『讀賣新聞』(1954. 8. 27).
215) 『讀賣新聞』(1954. 8. 29).

조치는 독도에 등대를 설치하는 것이었다.[217]

1952~1954년 한일 간에는 독도영유권을 둘러싼 외교각서·성명전, 독도 점령 및 표목·표석·게시판 설치, 나아가 총격이 벌어지기에 이르렀다. 이 시기 한국과 일본은 각각 자국의 입장을 명료화한 각서들을 발표했다. 일본정부의 입장은 「7월 13일자 亞2 제186호 일본 외무성 각서」(七月 十三日字 亞二 第一八六號 日本外務省覺書)에 첨부된 「1953년 7월 13일자 죽도에 관한 일본정부의 견해」(竹島에 關한 日本政府의 見解)와 「2월 10일자 亞2 제15호 일본 외무성 각서」(二月 十日字 亞二 第十五號 日本外務省覺書)에 첨부된 「죽도 영유에 관한 1953년 9월 9일자 주일한국대표부 각서로서 한국정부가 취한 견해를 논박하는 일본정부의 견해」에 대표적으로 요약·정리되어 있다.[218] 한국정부의 입장은 「1953년 9월 9일자 (주일)대표부 각서」에 동봉된 「1953년 7월 13일자 독도(竹島)에 관한 일본정부의 견해에 대한 한국정부의 반박서」와 「단기 4287년 9월 25일 독도(죽도) 영유에 관한 1954년 2월 10일자 亞2 제15호 일본 외무성의 각서로서 일본정부가 취한 견해를 반박하는 대한민국정부의 견해(대한민국주일대표부)」에 잘 드러나 있다.[219] 이들 한일 양국의 입장은 상대방의 각서에 대한 반박과 주장으로 구성되어 서로의 입장을 명료하게 잘 보여주었으며, 이후 한국과 일본의 독도 관련 정책·연구·논평들은 대부분 1952~1954년에 발표된 이들 각서의 범위 안에 들어 있었다.

일본 공세에 대응하는 한국정부의 입장은 간단했다. "독도는 한국인에 의하여 발견되고 점유되고 한국 영토의 일부로서 소유하는 견지에서 매우 효과적으로 계속적인 한국정부 당국에 의한 관리를 받고 있는 것이다."[220]

---

216) 『讀賣新聞』(1954. 9. 1).
217) 『讀賣新聞』(1954. 9. 10).
218) 외무부 정무국, 1955, 위의 책, 107~114, 131~151쪽.
219) 외무부 정무국, 1955, 위의 책, 114~130, 155~189쪽.
220) 외무부 정무국, 1955, 위의 책, 121~122쪽.

3. 미국의 대응: 적극 개입에서 중립으로의 선회

(1) 1952년 부산·동경·워싱턴의 시각 차이

1952년 9월 15일 독도에서 발생한 광영호 및 한국 어민·해녀들에 대한 폭격사건은 국내 언론에 의해 대대적으로 보도되었다. 독도폭격사건은 1952년 10월부터 1953년 초반까지 주한미대사관, 주일미대사관, 미 국무부 본부에서 공통 관심사로 다루어졌다. 이는 독도영유권을 둘러싼 한일논쟁의 핵심이었으며, 논의의 진행과정에서 독도폭격사건의 실재(實在) 여부, 독도 폭격연습장 지정·해제 문제, 1951년 8월 10일자 러스크 서한 등이 집중적으로 부각되었다.

이 과정에서 1951년 8월 10일자 러스크 서한이 주한미대사관은 물론 주일미대사관 등 핵심 외교 포스트에도 통보되지 않았으며, 일본정부에도 알려지지 않은 상태였다는 사실이 분명해졌다. 중요한 정치적 폭발성을 갖는 문제는 실무적 차원에서 정리·결정되었고, 관련 기관에는 통보되지 않은 단순한 문제로 묻힌 상태였다. 실무적 판단이 정책결정을 대체한 것이었다. 이것이 1952년 이래 독도문제에서 미국이 당면한 최대의 딜레마였다.

부산과 동경의 대사관들은 1951년 이래의 정책적 관성 속에서 독도폭격사건을 바라보았다. 이 과정에서 부산미대사관, 동경미대사관, 워싱턴 국무부 본부는 입장과 위치에 따른 미묘한 차이를 보였다. 이는 현지와 본부, 부산·동경과 워싱턴, 집행기관과 결정기관의 입장 차이를 반영한 것이었다. 부산과 동경의 공관들은 정반대의 방향에서 현지의 분위기와 목소리를 정책 속에 반영하길 희망했고, 워싱턴은 책상 위에서 결정된 정책이 뜻하지 않은 현지의 격렬한 반응을 불러일으킬까 노심초사해했다. 워싱턴은 정책결정의 정당성을 유지하는 한편, 부산·동경 대사관의 현지동화형 반응을 억제하려 했고, 한일 간의 전혀 다른 이해관계 충돌을 세심하게 헤쳐나가길 희망했다.

부산미대사관의 입장을 정리하면 다음과 같았다. 첫째, 샌프란시스코평화조약의 조문에는 한국의 독도영유권이 반영되지 않았다. 둘째, 한일 간에 독도영유권 분쟁이 존재하고 있다. 셋째, 독도영유권 분쟁은 한일회담에서 결정될 문제이다. 넷째, 미국은 한일 독도영유권 분쟁에 개입하면 안 된다는 것이었다.[221] 부산미대사관은 1952년 11월 이전까지 러스크 서한의 존재를 알지 못했고, 국무부 동북아시아국으로부터 해당 문서의 존재와 미국의 결정을 통보받고 경악했다. 1952년 12월 이후 부산미대사관은 독도영유권 분쟁에 대해 말을 아꼈다.

한편, 동경미대사관의 입장은 보다 강경했다. 첫째, 샌프란시스코평화조약 조문상에 일본이 포기할 지역에 독도가 거명되지 않았으므로 독도는 일본령이다. 둘째, 한국이 일본령인 독도에 대해 영유권을 주장하고 있다. 셋째, 독도는 유엔항공기를 위한 레이더포인트·미사용 적재폭탄 투하장·폭격표적으로 활용될 수 있다. 넷째, 미일행정협정에 따른 미일합동위원회가 독도를 일본정부의 시설물로 인정해 미군의 폭격표적으로 결정했다. 다섯째, 한국은 영유권 수립을 위해, 어업목적으로 독도에 접근하기 때문에 독도에서 인명피해가 발생할 우려가 크다는 내용이었다.[222] 동경미대사관도 1952년 11월에 가서야 러스크 서한의 존재를 알게 되었다. 그러나 그 이전에 동경미대사관은 독도가 일본령이라는 확신을 갖고 있었다. 주일미대사관은 샌프란시스코평화회담은 물론 미일합동위원회에서도 독도가 일본령임을 전제로 일을 처리

---

221) Despatch by E. Allan Lightner, Jr., to Robert Murphy, American Ambassador, Tokyo, Japan(1952. 10. 16); Memorandum, Subject: Use of Disputed Territory(Tokto Island) as Live Bombing Area(1952. 10. 15), RG 84, Japan, Tokyo Embassy, CGR 1952, Box 1, Folder 320 Japan-Korea Liancourt Rocks 1952. 이하에 인용된 RG 84, Tokyo Embassy와 Seoul Embassy 자료들은 대부분 국사편찬위원회에서 편찬한 『독도자료: 미국편』 II·III(2008)에서 나온 것들이다.

222) Despatch by Amembassy, Tokyo(John M. Steeves, First Secretary of Embassy) to the Department of State, Subject: Koreans on Liancourt Rocks(1952. 10. 3), RG 59, Department of State, Decimal File, 694.9513/10-352; RG 84, Japan, Tokyo Embassy, CGR 1952, Box 1, Folder 320 Japan-Korea Liancourt Rocks 1952.

하고 있었다. 현지에 동화되기 쉬운 미국 외교대표부들은 근무지의 여론을 보고서에 반영하는 경향이 강했는데, 동경은 부산보다 더 강경한 입장을 취했다. 동경미대사관은 1951년 8월 10일 미국의 정책적 결정을 인지하자, 중립을 지키라는 국무장관의 지시까지 무시하며 강력한 목소리로 러스크 서한을 공개해야 한다고 주장했다.

워싱턴의 입장은 난감한 것이었다. 동북아시아국은 1952년 11월에 가서야 국무부가 이미 1951년 8월 러스크 서한을 통해 독도문제에 대한 정책적 결정을 내렸던 것을 확인했다. 그렇지만 그 결정이 한·미·일 간의 긴밀한 협의 및 주한·주일 대사관과의 공조 속에서 이루어진 것이 아니며, 나아가 공식 절차를 통한 연합국 차원의 결정이 아니었다는 딜레마에 봉착했다. 문제는 실무적 판단의 차원에서 다루어졌고, 서울·동경의 공관과 해당국 정부에 정확하게 통보되지 않았다. 동경대사관측은 국무부가 기결정한바 정책적 결정을 유지하며 그를 일본정부에 알리고 공식적으로 공표해야 한다고 압박했고, 부산대사관측은 한국의 독도영유권 주장이 최고조에 달해 있다는 경고를 보냈다. 워싱턴의 결정은 한국정부에 재차 러스크 서한을 통보해 한국의 입장을 약화시키는 한편, 일본정부에는 러스크 서한을 통보하지 않도록 하는 것이었다. 이는 정책적 일관성을 유지하면서도 한일분쟁에 개입하지 않겠다는 의지의 표명이었다. 동경은 강력히 반발했고, 부산은 침묵했으며, 워싱턴은 분쟁이 가라앉기를 기도했다.

1952년 9월 독도폭격사건은 한국 언론에서 크게 다루어졌지만, 정작 외교경로로 문제가 된 것은 2개월이 지난 11월에 이르러서 시작되었다. 그러나 이미 10월 초 주일미대사관과 주한미대사관은 이에 대해 서로 다른 대비책을 강구하고 있었다.

먼저 국무부에 보고한 것은 주일미대사관이었다. 존 스티브스(John M. Steeves) 1등서기관은 「리앙쿠르암의 한국인들」(Koreans on Liancourt Rocks)이라는 보고서(1952. 10. 3)에서 독도영유권 문제를 다루었다. 이에 따르면, 독도는 첫째 원래 구한국의 일부였으나 일본의 병합 이후 일본령이 되었고, 둘째 1951년 대일평화조약 2조에 일본이 포기할 지역을 제주도·거문도·울릉도로 특정하면서 초안 작성자들이 독도를 포함시키지 않았기 때문에 일본이 여전히 영유권을 갖게 되었으며, 셋째 미일행정협정에 따른 합동위원회가 일본정부의 동의하에 독도를 훈련구역으로 지정했기 때문에 독도영유권은 일본에 있다는 것이었다.[223] 스티브스의 입장은 독도의 영유권은 일본에 있으며, 이는 일본과 미국이 모두 인정한 것인데, 공연히 한국이 문제를 일으킨다는 쪽이었다.

스티브스는 독도가 한일 간 공해상에 위치해 북한지역을 폭격하고 귀환하는 유엔항공기를 위한 용도로 활용될 수 있는데, 구체적으로 레이더포인트를 제공해 사용하지 않은 적재폭탄을 투기하는 지점이 될 수 있으며, 또한 실제 폭격표적이 될 수 있다고 평가했다. 이미 1949년 시볼드가 주장한 독도의 레이더기지, 폭격연습장 활용이란 구상이 보다 구체화된 것임을 알 수 있다. 스티브스가 언급한 합동위원회는 바로 1952년 7월 26일자 제12차 미일합동위원회를 의미하는 것이었다. 이미 주일대사관측은 독도의 폭격연습장 지정이 일본의 영유권 인정에 기초한 것임을 인지하고 있었던 것이다. 반면, 스티브스는 한국산악회의 독도조사대가 한국의 영유권 근거를 마련하기 위한 것이므로, 앞으로 이런 조사활동을 극동군사령부, 극동해군사령부, 부산유엔해군사령부 등이 더 이상 허가하지 말아야 한다는 입장을 피력했다.[224] 그의 보고서에는 독도폭격연습을 중단해야 한다는 지적이 전혀 없었다. 다만 한국인들의 과학탐사·어업활동을 중단시켜야 하며 한국정부의 통제 미숙으로 독도에

---

223) Despatch by Amembassy, Tokyo(John M. Steeves, First Secretary of Embassy) to the Department of State, Subject: Koreans on Liancourt Rocks(1952. 10. 3), RG 59, Department of State, Decimal File, 694.9513/10-352.
224) 스티브스는 한국산악회가 독도조사에 이용한 진남호의 여행허가를 요청한 한국 해군참모총장 손원일의 공문(1952. 9. 7), 『동아일보』의 독도폭격사건 보도(1952. 9. 21)를 첨부했다.

서 불상사가 발생할지도 모른다고 우려했을 뿐이다.

반면, 부산미대사관이 준비한 보고서는 전혀 다른 맥락에서 작성되었다. 앨런 라이트너(E. Allan Lightner, Jr.) 참사관은 머피 주일미대사에게 보내는 1952년 10월 16일자 문서에서 한국인들이 독도문제에 매우 과민하며, 독도폭격사건으로 야기된 복잡한 상황이 언론에서 얘기되고 있다고 전했다. 독도영유권에 대해 부산대사관은 독도(다케시마·리앙쿠르암)의 지위는 미결정상태라고 판단했다. 한국정부가 1951년 7월 독도를 요구했지만, 조약 초안에 그 조항이 반영되지 않았고, 한국은 여전히 영유권을 주장하고 있다는 것이다.

라이트너는 미일합동위원회의 결정이 독도에 대한 일본의 주권을 인정한 것이지만, 미국은 한일 간의 논쟁에 개입해서는 안 된다고 못박았다. 한국산악회의 독도탐사는 "정부 후원하의 탐사"이며 "의심의 여지 없이 섬의 소유권에 대한 한국의 주장을 확증"하기 위한 것이었다. 이 과정에서 두 차례 독도폭격을 목격했으며, 한국 주권이 침해되었다는 비판이 일고 있다고 지적했다. 때문에 미군이 계속 독도를 폭격연습장으로 사용한다면, 영토분쟁은 물론 인명손실로 여론과 법률적 분쟁에 휘말릴 것이란 우려를 표명했다. 라이트너의 조언은 동경에서 독도의 폭격연습장 사용을 결정했으니 뒷처리를 맡아야 한다는 것이었다. 구체적으로 주일미대사가 마크 클라크(Mark W. Clark) 유엔군 사령관 혹은 오토 웨일랜드(Otto P. Weyland) 극동공군사령관과 접촉해 잠재적으로 폭발적인 정치적 함의를 갖는 폭격연습장 사용을 중단해달라는 요구였다.[225]

라이트너 참사관은 10월 20일 부산 주재 한국후방사령부 사령관(Commanding General, Korean Communications Zone) 토머스 헤렌(Thomas W. Herren)

---

225) Despatch by E. Allan Lightner, Jr., to Robert Murphy, American Ambassador, Tokyo, Japan(1952. 10. 16); Memorandum, Subject: Use of Disputed Territory(Tokto Island) as Live Bombing Area(1952. 10. 16), RG 84, Japan, Tokyo Embassy, CGR 1952, Box 1, Folder 320 Japan-Korea Liancourt Rocks 1952.

장군에게 한일 간 독도분쟁과 폭격사건 관련 기록을 전달했다.[226] 이로써 독도폭격사건에 대한 본격적인 조사가 시작되었다. 주한미대사관의 공군무관은 대구 주둔 미5공군을 방문했지만, 북한 폭격 임무를 담당한 제5공군에서 독도를 폭격한 비행기·조종사를 찾을 수 없었다. 폭격은 일본 주둔 미공군에 의해 행해졌기 때문이었다.[227] 극동군사령관 클라크 장군도 라이트너에게 편지를 보내 독도폭격사건에 대한 조사를 개시한다고 밝혔다.[228]

1952년 10월 부산과 동경은 각각 현지의 분위기를 반영한 보고서를 작성했다. 문제는 11월 10일 한국 외무부가 독도폭격사건 발생 2개월 후에 정식항의를 제기하면서 본격화되었다. 왜 한국정부가 폭격사건이 발생한 지 2개월이 지나서야 항의를 제기했는지는 알 수 없다. 외무부 기록에도 1952년 11월 10일자로 주한미대사관에 이런 불상사가 재발하지 않도록 항의를 제출했다고만 되어 있다.[229] 주한미대사관의 라이트너 참사관은 유엔군사령관 클라크 장군에게 이 편지를 전달하면서(1952. 11. 14) 폭격중단을 요청했는데, 제5공군사령관과 동경미대사관에도 사본을 송부했다.[230] 라이트너 참사관은 한국이 2개월 후 각서를 보낸 것은 이 문제를 독도영유권 주장에 활용하기 위한 의도라고 해석했다. 미국이 이를 무시한다면, 훗날 한국정부는 미국이 한국의 독도영유권 주장을 반박하지 못함으로써 사실상 이를 승인했다며 더 강력한 주장을 펼 것으로 예상했다. 반면, 이에 대한 미국의 입장을 명백히 하면 한일 영유권 분쟁에 미국이 휘말릴 것으로 예상했다. 그러나 미국은 미일합동위원

---

[226] Letter by Edwin A. Lightner, Jr. to Thomas W. Herren(1952. 10. 20), RG 84, Korea, Seoul Embassy, CGR 1953–55, Box 12.
[227] Memorandum by Alben B. Culp, Air Attache, American Embassy to Bushner, Political Section(1952. 10. 20), RG 84, Korea, Seoul Embassy, CGR, 1953–1955, Box 12.
[228] Letter by Mark W. Clark, CINC, Far East Command to E. Allan Lightner, Jr., (undated), RG 84, Korea, Seoul Embassy, CGR, 1953–55, Box 12(국사편찬위원회 편, 2008, 『독도자료II: 미국편』, 242쪽).
[229] 외무부 정무국, 1955, 위의 책, 47쪽.
[230] Copy of Letter(E. Allan Lightner, Jr., Charge d' Affairs, ad interim) to General Clark(1952. 11. 14), RG 84, Japan, Tokyo Embassy, CGR 1952, Box 1, Folder 320 Japan–Korea Liancourt Rocks 1952.

회에서 일본과 독도 폭격연습장 지정에 합의함으로써 이미 일정 정도 영유권 분쟁에 개입되어 있는 상태라고 판단했다. 라이트너 참사관은 클라크 장군의 답장을 한국정부에 전달할 때 독도영유권에 대한 미국의 입장을 포함시킬지 여부를 문의했다. 그는 독도영유권이 확정되지 않았고 한일 간 분쟁상태에 놓여 있다고 판단했으므로, 다음과 같은 문장을 한국정부에 보낼 답장의 마지막 문장으로 할 것을 제안했다.

> 대사관은 귀부(貴部)의 각서에 들어 있는 성명, 즉 '독도(리앙쿠르암)는 대한민국 영토의 일부이다'에 유의함. 미국은 이 섬의 소유권이 분쟁 중이라고 이해하고 있으며 따라서 그의 정확한 지위는 대한민국과 일본 간의 협상결과에 처음으로 의지하게 될 것임.[231] (강조는 인용자)

즉, 라이트너는 독도영유권 문제를 거론하는 문제, 또한 위의 문장을 포함해 답변하는 문제를 국무부 본부에 문의했던 것이다.

그런데 라이트너가 미 국무부에 보고서를 송부한 것과 같은 1952년 11월 14일 국무부 동북아시아국장 케네스 영(Kenneth T. Young, Jr.)이 독도영유권과 관련해 국무부 본부의 입장을 부산미대사관에 통보해왔다.[232] 이는 부산과 동경 모두에 충격적인 것이었으며, 처음 듣는 얘기였다. 케네스 영은 세 가지 점을 지적했는데 첫째, 샌프란시스코평화조약 체결과정에서 한국의 독도영유권 주장은 기각되었고, 독도는 일본령으로 결정되었다. 둘째, 미일합동위원회가 독도를 일본령으로 지정한 조치는 따라서 정당했다. 셋째, 한국이 영유권

---

231) Despatch by E. Allan Lightner, Jr., Charge d' Affaires, ad interim, to Department of State(1952. 11. 14), RG 84, Japan, Tokyo Embassy, CGR 1952, Box 1, Folder 320 Japan-Korea Liancourt Rocks 1952.
232) Letter by Kenneth T. Young, Jr., Director, Office of Northeast Asian Affairs to E. Allan Lightner, Esquire, Charge d' affairs, a.i., American Embassy, Pusan, Korea(1952. 11. 14), RG 84, Japan, Tokyo Embassy, CGR 1952, Box 1, Folder 320 Japan-Korea Liancourt Rocks 1952.

의 근거로 주장하는 SCAPIN 제677호(1946. 1. 29)가 일본의 주권을 영구적으로 배제하는 것은 아니라고 정리했다.

특히 1951년 7~8월 워싱턴에서 있었던 한미 간의 협의는 이때 처음으로 그 구체상이 알려졌다. 7월 19일 주미한국대사는 대일평화조약 초안의 제2조 (a)항을 수정해 일본이 권리, 권원, 청구권을 포기할 섬들(제주도, 거문도, 울릉도)에 독도(리앙쿠르암)와 파랑도를 포함해달라고 요구했지만, 미 국무부는 8월 10일 워싱턴 주재 한국대사에게 보내는 편지에서 한국의 수정제의를 거부하고, 리앙쿠르암은 한국의 일부로 취급된 바 없으며, 1905년 이래 일본 시마네현 오키도사의 관할하에 두어졌다고 답장했음을 밝혔다. 그 결과, 대일평화조약 제2조 (a)항에 리앙쿠르암이 언급되지 않았다는 것이었다. 때문에 케네스 영은 미일합동위원회가 독도를 일본정부의 시설로 지정한 조치는 정당했다고 평가했다.

이 문서를 받은 동경대사관은 즉시 반응했다. 11월 25일 동경대사관은 케네스 영의 편지를 극동군사령관에게 전달하며, 독도가 일본령이라는 미 국무부의 입장을 강조했다. 이 문서의 기안자는 핀이었다.[233]

국무부의 종합적 판단은 부산(제365호, 수신 1952. 11. 27)과 동경(제1360호, 수신 1952. 11. 28)에 동시에 전달된 1952년 11월 26일자 전문에서 잘 드러난다. 국무부 동북아시아국 부국장인 로버트 매클러킨(Robert J. G. McClurkin)이 보낸 이 전문에서 국무부는 다음과 같은 입장을 취했다.[234]

첫째, 미국은 한국의 독도 요구로부터 비롯된 어떠한 영토분쟁에도 개입해서는 안 된다는 입장의 표명이었다. 즉, 한일 독도분쟁이 한국의 독도영유

---

233) Letter by John M. Steeves, First Secretary of Embassy, to Commander-in-Chief, Far East(1952. 11. 25), RG 84, Japan, Tokyo Embassy, CGR 1952, Box 1, Folder 320 Japan-Korea Liancourt Rocks 1952.
234) Telegram from Department of State(Robert J. G. McClurkin, Deputy Director, Office of Northeast Asian Affairs) to Amembassy Pusan(no.365), repeated Tokyo(no.1360)(1952. 11. 26), RG 84, Japan, Tokyo Embassy, CGR, 1952-1954, Box 1, Folder 320. Japan-Korea, Liancourt Rocks, 1952.

권 주장에서 비롯되었으며, 미 국무부는 영토분쟁에 불개입한다는 원칙의 견지였다. 미 국무부의 가장 큰 목표는 기존 정책을 재확인하지만, 명료한 표현을 배제함으로써 가급적 독도영유권 분쟁에 미국이 휘말리지 않겠다는 점에 있었다.

둘째, 일본의 독도영유권의 근거는 세 가지로 제시되었다. SCAP, 1951년 8월 10일자 러스크가 워싱턴 주재 한국대사에게 보낸 편지, 미일합동위원회가 독도를 일본정부의 시설로 지정한 사실 등이었다. 이 가운데 SCAP이 무엇을 의미하는지 명확치 않다. 동북아시아국은 이미 기정의 사실들, 기성의 정책들이 타당했다는 쪽에 설 수밖에 없었던 것이다.

셋째, 동북아시아국은 주한미대사관의 라이트너가 제안한 마지막 문장을 다음과 같이 수정하라고 지시했다.

> 대사관은 귀부(貴部)의 각서에 들어 있는 성명, 즉 '독도(리앙쿠르암)는 대한민국 영토의 일부이다'에 유의함. 이 섬의 영토적 지위에 대한 미국정부의 해석은 1951년 8월 10일 양유찬 대사에게 보낸 딘 러스크 차관보의 각서에 표현되어 있음.[235] (강조는 인용자)

즉, 라이트너가 제안했던 '한일회담에서 독도영유권이 결정될 것이다'라는 문장 대신 1951년 8월 10일자 러스크 차관보의 서한에서 언급된 독도가 일본령이라는 내용을 대체해 넣은 것이다. 그러나 이 문장 자체로는 독도영유권이 직접적으로 특정되어 있지 않았다. 러스크 서한을 모르는 사람이라면 도대체 무슨 얘기인지 알 수 없게 되어 있었다. 이는 독도영유권 문제의 정치적 폭

---

[235] Telegram from Department of State(Robert J. G. McClurkin, Deputy Director, Office of Northeast Asian Affairs) to Amembassy Pusan(no.365), repeated Tokyo(no.1360), RG 59, Department of State, Decimal File, 694.9513/11-1452.

발성을 감지한 동북아시아국의 고심의 결과였다고 판단된다. 기성 정책결정의 관성을 인정하지만, 가급적 문제를 회피하려는 의도였다. 국무부 동북아시아국이나 부산·동경 대사관의 관리들은 쉽게 이해할 수 있는 것이지만, 제3자는 알아들을 수 없는 일종의 위장된 복화술이었다. 이런 표현을 구사한 것은 러스크 서한으로 대표되는 정책결정의 정당성에 대한 한국의 반발, 미국측 결정 근거의 박약성, 협의·결정 과정과 문서처리 과정의 문제점, 행정적 편의주의가 정책적 결정을 대체한 문제점 등을 회피하기 위한 의도가 담겨 있었다.

즉, 한국에 통보할 때는 간접적으로 1951년 8월 10일자 러스크 서한을 참조하라고 하고, 국무부 내부에서는 직접적으로 독도가 일본령이라는 공식입장을 취했던 것이다. 이 전문의 맨 마지막에는 참고용으로 독도가 일본령이라는 러스크 서한의 해당 부분이 인용되었다.

넷째, 동북아시아국이 이 문서를 작성한 가장 큰 목적은 이미 난관에 봉착한 "한국정부가 한일회담에 불필요한 새 이슈를 밀어넣지 못하도록 낙담시키는 것"이었다. 즉, 한국정부의 독도영유권 주장을 단념·포기시키는 것이 미 국무부의 주요 목적이었던 것이다. 동북아시아국이 작성한 전문의 원본 초안에 삭제된 부분이 있었다. 그것은 "한국정부가 취한 모든 반대의견을 일본정부에 전달할 것을 제안함"이라는 문장이었다. 동북아시아국은 한국을 위협하고 억제하려는 고압적 태도를 취하고 있었다.

국무부는 이 전문을 유엔군사령관에게 전달하면서, 클라크 장군이 이런 입장을 대변해준다면 국무부가 굳이 한국정부에 마지막 문장을 통보하지 않을 수도 있다는 희망을 피력하기도 했다. 그러나 극동군사령부가 정치적 논쟁에 스스로 뛰어들 이유는 전무했다.

이 전문이 접수되고 난 다음 부산과 동경의 반응은 엇갈렸다. 반응은 동경측이 빨랐다. 동경대사관은 11월 28일 위 전문을 접수했는데, 12월 1일에 신속하게 극동군사령관에게 이 전문을 전달했다. 스티브스 1등서기관이 서명한 이 문서의 기안자 역시 핀이었다.[236] 리앙쿠르암이 일본령으로 결정되었으니 이에 따라 정책결정을 하라는 취지였다.

부산은 당황스러운 모습이었다. 이미 11월 14일과 11월 26일에 걸쳐 두 차례나 러스크 서한을 강조하는 문서를 받은 데다, 한국정부에 통보할 문안까지 완성된 상태였으므로, 지시를 이행해야 했다. 또한 그사이 극동군사령부 참모장 도일 히키(Doyle O. Hickey) 중장으로부터 독도폭격사건은 2개월 이상 되었기에 조사가 불가능하며 문서기록이 없다는 답장(1952. 11. 27)이 도착했다. 극동군사령부는 리앙쿠르암의 폭격연습장 해제를 준비 중이며, 결정되는 대로 한국을 비롯한 관련 기관에 통보할 예정이라고 밝혔다. 물론 리앙쿠르암의 주권문제는 클라크 장군의 권한 밖이라고 밝혔다.[237] 이제 한국 외무부의 항의에 답할 모든 준비가 완료된 셈이었다. 독도폭격사건 조사는 불가능, 폭격연습장 사용중단은 준비 중, 영유권은 이미 결정된 기정사실 등이 준비된 답변이었다.

주한미대사관은 1952년 12월 4일 각서 제187호로 한국 외무부에 이 내용을 통보했다. 형식은 한국 외무부의 각서(1952. 11. 10)에 대한 답장의 형식이었지만, 내용의 포커스는 독도영유권에 두어졌다. 이 각서에서 미대사관은 세 가지를 지적했다. 첫째, 독도폭격사건은 이미 오래된 일이어서 조사가 불가능하다. 둘째, 독도의 폭격연습장 사용은 중단할 예정이다. 셋째, 독도가 한국령이라는 외무부 주장과 관련해 미국의 입장은 1951년 8월 10일자 딘 러스크 국무차관보가 워싱턴 주재 한국대사에게 수교한 각서에 진술되어 있다 등이었다.[238] 결국 한국은 독도폭격사건을 문의했지만, 미국측은 독도영유권으로 답했던 것이다.

---

236) Memorandum by John M. Steeves, First Secretary of Embassy, to the Commander-in-Chief, Far East(1952. 12. 1), RG 84, Japan, Tokyo Embassy, CGR 1952, Box 1, Folder 320 Japan-Korea Liancourt Rocks 1952.
237) Letter by Doyle O. Hickey, LTG, Chief of Staff, Far East Command to E. Allan Lightner, Jr. American Embassy, Pusan, Korea(1952. 11. 27), RG 84, Korea, Seoul Embassy, CGR, 1953-1955, Box 12.

그런데 과연 이 시점에 한국 외무부가 미대사관의 각서를 어떻게 이해했는지는 의문이다. 1955년 간행된 외무부 기록은 "이에 대해 미대사관은 1952년 12월 4일자 제187호 각서로 이러한 사실의 확인조사가 시일의 경과로 말미암아 곤란하나 좌우간 앞으로 독도를 폭격연습지로 사용하는 일은 없을 것이라는 취지를 전달"했다고만 쓰고 있다.[239] 그러나 이 책에 첨부된 영문원문을 보면, 한국 외무부는 미국이 전달한 각서 중 일부만을 공개했음을 알 수 있다. 원래 미대사관의 각서는 3문단으로 되어 있는데, 이 가운데 러스크 서한을 지적한 세 번째 문단은 공개된 영문 각서에서 삭제되어 있다. 한국정부가 이 각서의 의미를 심중하게 받아들였음을 의미했다.[240] 또한 이 각서에 대해 한미 간에 어떤 의견교환이 있었는지는 알 수 없다. 한국은 굳건하게 자신의 입장을 밀고 나갔음이 분명했다.

한국 외무부에 각서를 송부한 12월 4일 라이트너 참사관은 케네스 영 동북아시아국장에게 지시받은 대로 조치했음을 보고했다. 이 편지에서 라이트너는 이렇게 썼다.

독도섬(리앙쿠르암)의 지위에 관한 귀하의 11월 14일자 서한에 매우 감사드립니다. 우리에게 준 귀하의 정보는 대사관이 이전에 전혀 접할 수 없는 것이었습니다. 우리는 딘 러스크가 한국대사에게 보낸 서한에 대해 전혀 들어본 바 없습니다.[241]

---

238) No.187, American Embassy, Pusan(1952. 12. 4), enclosure to the Despatch by American Embassy Pusan(E. Allan Lightner, Jr., Counselor of Embassy) to the Department of State, no.204(1952. 12. 4), RG 84, Korea, Seoul Embassy, CGR, 1953-1955, Box 12.
239) 외무부 정무국, 1955, 위의 책, 47쪽.
240) Annex 6. Amercian Embassy's note verbale No.187 dated December 4, 1952. 외무부 정무국, 1955, 위의 책, 9~10쪽. 이 각서는 한미 간 협의결과를 담고 있기 때문에 한일 간에 주고받은 외교문서를 담은 외무부의 『獨島關係資料集(I) 往復外交文書(1952~76)』(1977)에도 포함되지 않았다.
241) Letter by E. Allan Lightner, Jr., to Kenneth T. Young, Jr., Director, Office of Northeast Asian Affairs, Department of State(1952. 12. 4), RG 84, Korea, Seoul Embassy, CGR, 1953-1955, Box 12.

즉, 1952년 11월 14일에 국무부 동북아시아국이 독도영유권 문제가 이미 결정된 기성의 정책이라는 사실을 통보하기 전까지 주한미대사관은 이에 대해 전혀 인지하지 못했던 것이다. 부산의 경악과 아쉬움이 드러난다. 한국에서는 독도영유권이 정치적으로 매우 예민한 주제였지만, 국무부 본부에서는 누가 그런 결정을 했는지 알 수 없는 채로 정책적 결정이 이루어졌다. 나아가 현지공관과 협의 없이 이뤄진 결정은 부산 주한미대사관에도 통보되지 않았으며, 한일 간 독도분쟁이 격화되어 폭격사건에 이르기까지 1년 2개월 이상 완전 방치된 상태였다. 중요한 정책적 결정이 아니라 실무적 판단에 따른 행정적 조치로 처리되었음을 의미했다. 때문에 서울과 동경의 현지 공관들은 결정의 존재는 물론 낌새조차 알지 못한 상태였다. 이런 연유로 부산 주한미대사관은 한국 현지의 여론에 주목해 워싱턴 본부의 정책결정과는 다른 입장을 취해왔던 것이다. 책임은 워싱턴의 졸속적 결정, 처리과정의 미숙, 협력체제의 완벽한 부재에 있었다. 종합적으로 이것은 1951년 8월 10일 러스크 서한이 임박한 대일평화조약의 조문 완성을 앞두고 발생한 행정편의주의에 따른 졸속적 결정이었음을 여실히 보여주는 것이었다.

주한미대사관은 가급적이면 영유권 문제는 건드리지 않으면서, 폭발력 있는 폭격연습장 해제로 관심과 논의를 집중시켰다. 동경발 12월 9일자 보고에 따르면, 극동군사령부가 현재 세 명의 장교들로 구성된 팀을 조직해 독도 폭격연습장을 대체할 장소를 모색 중이며, 그때까지는 독도를 폭격연습장으로 사용할 것이란 의향을 피력했다. 극동군사령부는 대체지가 마련되는 즉시 사용중단을 통고하겠다고 했다.[242] 주한미대사관의 라이트너는 주일미대사관 참사관인 윌리엄 터너(William T. Turner)에게 보낸 답장(1952. 12. 19)에서 독

---

242) William T. Turner, Counselor of Embassy, Tokyo to E. Allan Lightner, Jr., Esquire, Counselor of Embassy, Pusan(1952. 12. 9), RG 84, Japan, Tokyo Embassy, CGR 1952, Box 1, Folder 320 Japan-Korea Liancourt Rocks 1952.

도가 폭격연습장에서 해제되는 즉시 알려달라고 했다. 이 편지에서도 라이트너는 주한미대사관이 1951년 8월 10일자 러스크 서한에 미 국무부의 정책적 결정이 있다는 얘기를 들어본 적이 없다는 점을 강조했다.[243] 그러나 그 이상 나아갈 수는 없었다. 이미 본부의 정책결정은 내려진 상태였고, 그 과정과 처리절차가 큰 국제정치적 분쟁의 초점이 되었음에도 불구하고, 현지 공관에서 이를 번복하거나 반대할 수는 없었다. 본부 정책의 일관성을 유지해야 한다는 것, 이것이 주한미대사관이 보인 침묵의 가장 큰 이유였다.

(2) 1953년 독도 폭격연습장 해제와 한국·일본의 대응

주한미대사관은 1952년 12월 4일자 한국정부에 보낸 각서를 통해 1952년 11월 10일 한국 외무부가 제기한 여러 문제 가운데 독도폭격의 진상은 규명이 불가능하며, 영유권문제는 기존 정책의 재확인으로 결정되었고, 남은 것은 독도 폭격연습장의 사용중단이라고 했다. 때문에 1953년 1월 내내 폭격연습장 사용중단을 위한 노력이 경주되었다. 그렇지만 1953년 독도 폭격연습장 사용중단 시도는 이번에는 일본에 의한 독도영유권 주장과 직결되면서, 정치적 파장을 불러일으켰다.

1953년 1월 5일 주일미대사관 윌리엄 터너 참사관은 주한미대사관의 라이트너 참사관에게 극동군사령부로부터 독도 폭격연습장의 사용중단이 통고되었음을 알렸다. 극동군사령부는 1952년 12월 18일부로 리앙쿠르암(북위 37도 15분 동경 131도 52분) 폭격장 사용을 중단하는 대신 북위 37도 30분 동경

---

243) E. Allan Lightner, Jr., Counselor of Embassy, Pusan to William T. Turner, Esquire, Counselor of Embassy, American Embassy, Tokyo(1952. 12. 19), RG 84, Japan, Tokyo Embassy, CGR 1952, Box 1, Folder 320 Japan-Korea Liancourt Rocks 1952.

132도 30분 지점을 중심으로 한 반경 10마일 내의 지역을 대체지로 지정했다는 것이다. 이 메시지는 즉각 CGKOMZ, 즉 한국후방사령부 사령관(Commanding General, Korean Communications Zone)에게 통보되었다. 터너는 한국후방사령부 사령관인 헤렌 장군과 이 문제를 상의해 한국정부에 전달하라고 했다.[244]

동경의 연락을 받은 주한미대사관은 1953년 1월 16일 헤렌 장군에게 편지를 보내 극동군사령부가 1952년 12월 18일부로 독도 폭격연습장 사용을 중단한 사실을 직접 한국정부에 알려도 좋은지 여부를 문의했다.[245] 대사관의 요청을 받은 헤렌은 직접 한국정부에 해당 사실을 통보한 것으로 보인다. 한국 기록에 따르면, "1953년 1월 20일 주한유엔군 연락기지사령부는 폭격연습지로 리앙쿠르암(독도) 사용을 즉시 중지함에 필요한 조치에 관하여 모든 관하부대에 지령하였다고 보고했다."[246] 여기서 연락기지사령부는 미8군 예하의 한국후방사령부(Headquarters, Korean Communications Zone)를 의미하는 것이다. 한국후방사령부는 1952년 7월 한국 전선에서 지상전 수행을 돕기 위해 후방에서의 보급·행정을 책임지는 부대로 미8군 예하에 신설되었으며, 토머스 헤렌 소장이 사령관이었다.[247] 그런데 한 가지 의문은 한국정부에 보낸 편지(1953. 1. 20)에는 독도 폭격연습장이 이미 사용 중단된 사실이 적시되지 않았다는 점이다. 다만 헤렌 소장은 유엔군사령관의 지시에 따라 독도 폭격연습장 해제를 위해 필요한 조치를 취하겠다고 답했을 뿐이다.

---

244) Letter by William T. Turner, Counselor of Embassy, Tokyo to E. Allan Lightner, Jr., Counselor of Embassy, Pusan(1953. 1. 5), RG 84, Korea, Seoul Embassy, CGR, 1953-1955, Box 12.
245) Letter by E. Allan Lightner, Jr., Counselor of Embassy, Pusan to Major General Thomas W. Herren, Commanding General, Korean Communications Zone(1952. 12. 18), RG 84, Korea, Seoul Embassy, CGR 1953-1955, Box 12.
246) 외무부 정무국, 1955, 위의 책, 47쪽; Annex 7. Thomas W. Herren's Letter dated January 20, 1953. 같은 책, 10쪽.
247) 『동아일보』(1952. 7. 12); 『서울신문』(1953. 2. 7).

그런데 독도 폭격연습장 해제와 관련해 문서조사작업을 벌이던 주한미대사관에 의해 아주 뜻밖의 사실이 밝혀졌다. 바로 1951년 6~7월 한미 간에 독도 폭격연습장 지정에 대한 공식적 협의가 있었다는 사실이다.[248] 1951년 6월 20일 미8군은 리앙쿠르암을 24시간 훈련용 폭격연습장으로 사용할 수 있도록 허가해달라는 요청을 한국정부에 했으며, 7월 1일 한국 국무총리·국방장관·내무장관은 이를 승락했다. 주한미대사관의 라이트너 참사관은 즉각 한국후방사령부의 헤렌 소장에게 편지(1953. 1. 23)를 보내 "여전히 일정 정도 무질서한 우리 파일들 속에서", "옛날 옛적의 서한 사본들"을 발견했는데, 이 문서들을 발굴하기 전까지 미대사관은 미군 당국이 독도를 폭격연습장으로 활용하는 데 있어 한국정부에 허가를 요청하고 허가를 받은 사실을 알지 못했다고 썼다.[249] 라이트너는 조심스레 독도 폭격연습장을 대체해 신설된 새로운 폭격연습장 위치를 한국인에게 알릴 필요가 있는지를 질의하기도 했다. 왜냐하면 한국인들이 늘 그곳에서 조업하고 있기 때문이었다.

1951년 6월 20일

대한민국 장면 국무총리

친애하는 국무총리 각하

공군은 리앙쿠르암 폭격연습장(북위 37도 15분, 동경 131도 52분)을 24시간 훈련용으로 사용하는 데 대한 허가를 요청했습니다. 공군은 15일 전에 통보해 사람과 선박의 해당지역 출입을 금지할 계획입니다. 상기한 바를 허가하신다면 가

---

248) 이 사실은 박진희에 의해 처음 밝혀졌다(박진희, 국사편찬위원회 편, 2008, 「해제」, 『독도자료Ⅱ: 미국편』). 또한 로브모(Lovemo)도 자신의 홈페이지에 관련 문서 원문을 게재했다〔U.S. Military Requested, and Received, Permission from ROK Prime Minister Chang Myun to Use Dokdo as a Bombing Range, (June 20, 1951), http://dokdo-research.com/page8.html〕.
249) Letter by E. Allan Lightner, Jr., Counselor of Embassy, Pusan to Major General Thomas W. Herren, Commanding General, Korean Communications Zone(1953. 1. 23), RG 84, Korea, Seoul Embassy, CGR 1953-1955, Box 12.

능한 한 빨리 통보해주시겠습니까?

협조에 매우 감사드리며 경의를 표합니다.

(경구)

부사령관, 존 B. 콜터(John B. Coulter) 중장.[250]

즉, 1951년 6월 20일 미8군사령부는 한국정부에 독도 폭격연습장의 사용 허가를 구했던 것이다. 이는 미8군사령부가 독도를 한국령으로 인정한 토대 위에서 행해진 것이었다. 이에 대한 한국정부의 답도 미대사관 문서철에서 발견되었다.

1951년 7월 7일

제목: 경과보고서

수신: 미8군사령관

참조: 참모장

a. 리앙쿠르암 폭격연습장(Liancourt Rocks Bombing Range)

7월 1일 국무총리실에 문의한 결과 공군의 사용요청에 대해 국방장관과 국무총리가 승인했으며, 문제의 지역이 내무부 소관이기에 내무부장관에게 회부되었음이 밝혀졌음. 내무부장관은 문서처리를 하지 않았는데, 왜냐하면 승인 15일 전에 자신에게 통보가 올 것으로 이해했기 때문임. 우리는 이 요청에 대한 조치가 통보되지 않으면, 15일 전 사전통보를 제출할 수 없다고 국무총리실에 알렸음. 이 요청은 승인되었으며 15일 전 사전통보가 요청되었음을 알게 되었음.

---

[250] Letter by John B. Coulter, LTG, Deputy Army Commander, to Chang Myun, Prime Minister, Republic of Korea(1951. 1. 20), attached to the Letter by E. Allan Lightner, Jr., to Thomas W. Herren, (1953. 1. 23).

상기 정보는 7월 1일 작전참모부(G-3)의 패터슨(Patterson) 대령이 제공한 것임. 주한미8군사령부 부사령관실.[251]

1952년 11월 이래 일본과 주일미대사관·국무부의 입장대로라면 이미 1951년 6월 미8군사령부는 독도를 한국령으로 인정했고, 한국정부도 이를 승인함으로써 독도영유권을 한미 간에 합의한 것이었다. 즉, 이미 1951년 6~7월 한미 간 독도를 폭격연습장으로 지정함으로써 한국의 영유권을 인정했던 미국이 1952년 7월 일본정부의 계략과 미국의 실수로 독도를 일본정부의 시설로 인정하는 오류를 범했던 것이다. 이런 측면에서 독도는 1951년 7월 한국정부의 동의하에 미8군의 폭격연습장으로 지정된 상태였고, 이를 인지하지 못했던 미일합동위원회에 의해 1952년 7월 재차 미공군 해상폭격훈련장으로 재지정되었던 것이다.

그러나 미대사관이 혼란한 문서철 속에서 겨우 발견한 이 문서를 한국전쟁 중 황망했던 한국정부가 기억했는지의 여부는 알 수 없다. 이미 2년 전의 일이었고, 국무총리(장면→백두진)·국방장관(이기붕→신태영)·내무장관(이순용→진헌식)은 모두 몇 사람을 건너 교체된 상태였다. 미대사관측도 이에 대해 한국정부에 통보하거나 상의한 흔적은 없다. 다만 한국후방사령부에 이에 대해 알렸을 뿐이다. 그러나 이미 1951년에 한국 내무장관(이순용)이 해당 지역을 자신의 관할지역으로 언급했고, 국무총리·국방장관이 내무장관에게 승인을 요청함으로써 한국정부의 최고위층들이 독도를 한국령으로 명확히 인식하고 관리했음을 알 수 있다. 또한 이런 맥락에서 한미 간에 독도의 사용에 대한 합의가 있었던 것이다.

독도 폭격연습장의 사용중단과 대체지 지정 결정은 이미 1952년 12월 18일

---

251) Subject: Progress Report, by Deputy Army Commander, EUSAK(1951. 7. 7), attached to the Letter by E. Allan Lightner, Jr., to Thomas W. Herren(1953. 1. 23).

에 있었지만, 한국정부에 대한 통보는 1953년 2월 말에야 이루어졌다. 1953년 1월 내내 주한미대사관과 한국후방사령부 간의 긴밀한 논의과정을 감안할 때 상당히 늦은 것이었다. 주한미대사관 혹은 한국후방사령부가 독도 폭격연습장 사용중단을 한국정부에 어떤 형식으로, 언제 통보했는지를 보여주는 문서는 아직 찾지 못했다.

독도 폭격연습장 사용중단 결정은 1953년 2월 27일 한국 국방부 발표를 통해 알려졌다. 이에 따르면 한국과 유엔군 당국의 완전 합의를 보았는데, "미국정부로서도 독도는 한국 영토의 일부임을 인정하고 금후 독도 부근에는 폭격이 없을 것이 미극동총사령관에 의하여 보장되었다"라고 밝혔다.[252] 그러나 대체 폭격연습장의 지정과 위치 등에 대해서는 언급이 없었다.

국방부의 발표가 있자 한국 언론들은 이를 자세히 다루었고, 이는 곧 정치적 쟁점이 되었다. 미국이 독도폭격을 중단한 것은 사실이지만 독도를 한국 영토로 인정했다는 내용의 사실 여부 때문이었다. 1953년 3월 3일 엘리스 브릭스(Ellis O. Briggs) 주한미대사는 국무장관에게 보낸 전문에서, 한국 언론들이 미극동공군사령관 웨일랜드 장군의 각서를 인용하고 있는데, 아마도 한국정부의 누군가가 웨일랜드의 서한을 왜곡했을 것으로 추정했다.[253] 주한미대사관은 웨일랜드의 서한을 알지 못한다고 주장했다.

한국 외교문서철에 따르면, 한국정부는 독도폭격사건과 관련해 미국이 한국에 사과한 것을 독도영유권 문제로 연결시키지 않으려고 노력했다. 왜냐하면 이는 일본이 미국을 끌어들여 독도를 자국령으로 인정받으려 하는 것과 동일한 논리구조였기 때문이다. 1953년 8월 12일 외무부장관은 주일공사에게 보내는 문서에서 이렇게 지적했다.

---

252) 『동아일보』(1953. 2. 28).
253) Telegram by Briggs, Pusan to the Secretary of State(1953. 3. 3), RG 84, Japan, Tokyo Embassy, CGR 1953-1955, Box 23, Folder 322.1 Japan-Korea Liancourt Rocks.

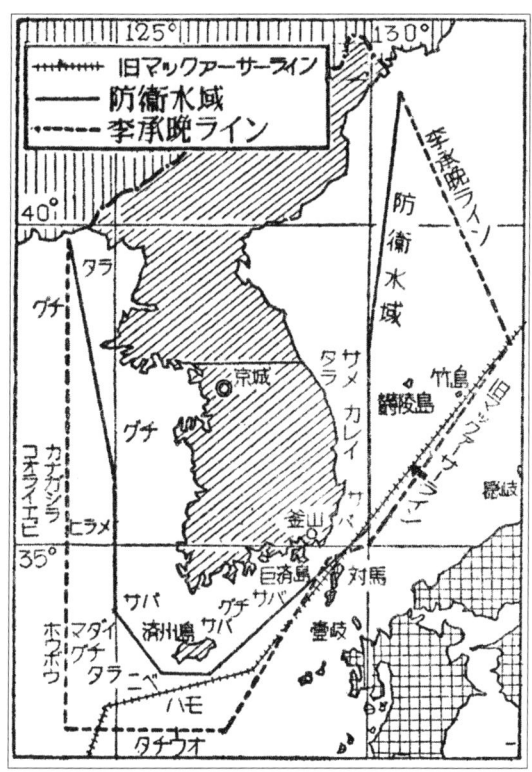

〈그림 9-12〉 맥아더라인(철로선)·방위수역(클라크라인)(실선)·이라
인(점선)(「아사히신문」, 1953. 8. 28)

미군용기의 독도폭격에 대하여 한국에게 미국이 사과한 것을 곧 아국의 독도 영유권을 승인한 것으로 보기는 곤란하며 그것은 일본측이 미일행정협정에 의하여 독도를 미군 연습기지로 협정하였다고 하여 일본영유라고 주장하는 것과 동궤(同軌)의 논증이라 그것만으로써 함부로 주장할 것은 못됨.[254]

---

254) 「獨島領有에 關한 件」(外政第257號, 1953. 8. 12)(외무부장관→주일공사), 『독도문제, 1952-53』.

한국정부는 일본측 의도를 명백히 알고 있었기 때문에 같은 주장을 강력하게 하지 않은 것이었다. 이미 한일 간에는 평화선을 둘러싼 갈등이 최고조에 달해 있었다. 1953년 2월 4일에는 일본 어선 제1다이호마루(大邦丸)·제2다이호마루가 평화선을 넘어 제주도 근해 1해리에서 조업 중 정선(停船)을 경고하는 한국 경비선을 무시하고 도주하다가 경고사격으로 세토 시게지로(瀨戶重次郞)라는 일본 어부 한 명이 사망하는 사건이 발생했다. 일본은 격렬히 항의했고, 한국정부와 주일대표부는 해당 지점이 한국 영해라고 반박했다.[255]

오카자키 가쓰오(岡崎勝男) 일본 외상은 사건발생 지점이 공해라고 주장했으나, 사건발생 지점은 유엔군 해상방위구역 혹은 방위수역으로 알려진 클라크라인에 포함된 구역인 동시에 한국의 평화선(이라인)에 포함된 지역이었다. 때문에 클라크 유엔군사령관은 일본정부에 대해 전쟁 수행에 도움이 되지 않는 모든 일본 선박의 한국 방위수역(sea defense zone in Korean waters) 출입을 금지시키거나, 한일 간 직접 협상으로 문제를 해결하기 전까지는 상업용 선박을 해당 수역에 들여보내지 않는 것이 최상의 방법이라고 조언했다.[256]

앞서 살펴본 것처럼, 일본 외무성 대표는 3월 5일 미대사관을 방문해 언론에 보도된 독도에 대한 웨일랜드의 성명을 확인해달라고 요청하며, 만약 이 섬을 더 이상 군사시설로 사용하지 않는다면 왜 미일합동위원회를 통해 일본정부에 공식 통보하지 않았는지 알고 싶다고 질문했다.[257] 일본 외무성의 태도는 질문이라기보다는 힐난에 가까운 것이었다. 방문자는 현재 독도가 더이상 폭격연습장으로 사용되지 않는다는 강치잡이 어부들의 말을 시마네현 지사로부터 들었다며, 일본정부가 압력에 봉착해 있다고 했다. 당시 미극동공군

---

255) 『평화신문』(1953. 2. 18); 『민주신보』(1953. 2. 23).
256) Telegram by Murphy, Ambassador, Japan to the Secretary of State, no.2858(1953. 3. 4), RG 84, Japan, Tokyo Embassy, CGR 1953, Box 13.
257) Telegram by Murphy, Tokyo to the Secretary of State, no.187(1953. 3. 5), RG 84, Korea, Seoul Embassy, CGR, 1953-1955, Box 12; 국사편찬위원회 편, 2008, 위의 책, 278~280쪽.

사령관 웨일랜드는 동경에 없었고, 해당 주제에 관한 한국정부와의 통신기록은 발견되지 않았다. 머피 주일대사는 미일합동위원회를 통해 일본정부에 공식적으로 독도 폭격연습장 사용중단을 통보해야 한다고 국무부에 보고했다. 머피 대사는 웨일랜드가 귀환한 후 한국정부 주장을 부정하고 미일합동위원회에서 일본정부에 공식 통보하면 사태가 진정될 것으로 예측했다.

3월 5일 개최된 참의원 외교·법무위원회 연합심의회에서 일본정부는 독도에 대한 영유권을 재주장했다. 나카무라(中村) 외무차관은 독도가 폭격연습장에서 삭제되었다는 극동공군사령부의 각서를 한국정부가 선전에 활용하고 있다고 비난했다. 이날 나카무라는 독도가 미일행정협정상 군사시설 목록에 포함되었고, 폭격이 중단되었을 때에도 목록에서 삭제되지 않았기에 일본 영토로 간주된다고 주장했고, 오카자키 외상은 대일평화조약에서 일본이 포기할 영토를 명확히 특정했는데, 독도가 언급되지 않음으로써 해당 지역이 일본령으로 잔류하게 된 것은 의문의 여지가 없다고 주장했다.[258] 일본의 주장은 대일평화회담에서 배제될 영토목록에서 독도가 특정되지 않은 사실, 독도 폭격연습장의 지정·해제가 일본의 독도영유권을 증명한다는 논리였다.

국무부 본부에서도 웨일랜드 서한에 대한 조사를 진행했다. 그 결과 국무부와 국방부 모두 소위 '웨일랜드 서한'(Weyland letter)이란 존재하지 않는다고 결론내렸다. 덜레스는 부산과 동경 대사관에 1952년 11월 26일자 전문이 국무부의 입장이라고 강조했다. 이는 위에서 살펴본 동북아시아국이 작성해 부산과 동경에 발송한, 독도에 관한 국무부의 입장을 정리한 전문을 의미하는 것이었다. 조그마한 일도 정치적 쟁점으로 부각되는 상황에서 덜레스는 부산과 동경 대사관에 긍정·부정을 막론하고 의견을 공표할 때는 미 국무부의 의견을 구하라고 지시했다.[259]

---

258) Telegram by Murphy to the Secretary of State, no.2894(1953. 3. 6), RG 84, Japan, Tokyo Embassy, CGR 1953-1955, Box 23, Folder 322.1 Japan-Korea Liancourt Rocks.

그렇지만 국무부가 공개적으로 웨일랜드 서한을 부정하거나, 관련 문서를 한국정부에 보낸 것 같지는 않다. 왜냐하면 이미 사태는 일본에 유리한 방향으로 결정되어 있었기 때문이다. 앞서 살펴본 것처럼, 일본 외무성의 항의에 직면한 미국은 1953년 3월 19일 미일합동위원회를 통해 독도 폭격연습장에 대한 사용중단을 공식 의결했다. 일본은 1953년 5월 14일 외무성 고시로 폭격연습장 사용중단을 공시한 후, 5월 28일부터 본격적으로 독도를 침범하기 시작했다. 1952년 이래 일본의 대응은 일관되고 치밀하며, 정교한 것이었다. 또한 미국은 일본이 원하는 방향대로 끌려가고 있었다.

　한국은 미공군사령부의 서한을 활용해 독도가 한국령이라는 주장을 폈고, 일본은 미일합동위원회를 통해 독도 폭격연습장 사용중단을 공식의제로 삼았다. 미국은 한국정부가 성명을 왜곡·확대했다고 의심했고, 일본정부는 바라던바 이익을 확보했다. 한국과 일본이 독도영유권을 둘러싸고 공방을 벌인 것이지만, 미 국무부와 부산·동경 미대사관의 여론은 일본에 유리하게 조성되었다.

(3) 동경대사관의 개입 주장과 덜레스의 중립 선언

　1952년 1월 한국의 평화선 선포와 이에 맞선 일본의 독도영유권 주장으로 시작된 독도영유권 논쟁은 적어도 1953년 5월 말까지는 외교적 성명전에 불과했다. 한국정부는 영유권 강화와 근거확보를 위해 독도학술조사단을 파견했지만, 뜻하지 않은 미공군 폭격으로 좌절되었고, 한국령인 독도에 대한 폭격해제를 추진했다. 그러나 오히려 이 과정에서 미 국무부와 주일미대사관의

---

259) Telegram by Secretary of State, Dulles to Pusan and Tokyo Embassy(1953. 3. 11), RG 84, Japan, Tokyo Embassy, CGR 1953, Box 13.

냉랭하고 단호한 태도에 봉착했으며, 한국이 독도영유권을 주장함으로써 존재하지 않는 영유권 논쟁을 주도한다는 비난에 직면했다. 또한 한국정부는 독도가 미공군 폭격연습장으로 지정되는 과정에서 일본의 영유권을 증명하는 근거로 오용되고 있다는 사실을 인지하지 못했다.

반면, 일본정부는 한국의 평화선 선포에 성명으로 맞섰지만, 이면으로는 독도를 미공군 폭격훈련장으로 지정·해제하는 책략을 구사함으로써 일본의 영유권을 증명할 근거를 마련하는 데 주력했다. 1953년 3월 19일 제45차 미일합동위원회에서 독도 폭격연습장 해제가 결정됨으로써 일본의 계획은 성공을 거두었다. 더욱이 일본정부에는 통보되지 않았지만, 1951년 8월 10일자 러스크 서한으로 미 국무부가 독도영유권 문제에 대한 정책적 결정을 내렸다는 사실이 워싱턴·동경·부산에서 공유됨으로써 미국의 우호적 지원을 받을 수 있는 환경이 조성되었다.

1953년 3월 이래 동경과 워싱턴에서는 미국이 러스크 서한을 공개함으로써 독도영유권 분쟁을 끝내야 한다, 즉 독도가 일본령임을 공표함으로써 분쟁을 조정해야 한다, 한일 양국 관계를 미국이 주도적으로 조정해야 한다는 의견이 봇물처럼 터져 나왔다.[260]

이미 1952년 1월 한국의 평화선 선포 당시에 주일미정치고문이던 시볼드는 샌프란시스코평화회담의 조문에 따라 독도에 대한 일본의 영유권이 보존되었다는 견해를 표명했었다.[261] 1949년 독도를 한국령으로 규정한 미 국무부 초안에 반대해 독도가 일본령이라고 주장함으로써 전후 독도분쟁의 불씨를 제공했던 시볼드는 샌프란시스코평화조약이 체결되는 과정에서 주일미정치고문·SCAP 외교국장으로 민간인 최고의 직위를 점했다. 1953년 덜레스가

---

260) 정병준, 2006, 「한일 독도영유권 논쟁과 미국의 역할」, 『역사와현실』 제60호; 정병준, 2006, 「독도영유권 분쟁을 보는 한·미·일 3국의 시각」, 『사림』 제26호.
261) Sebald to the Secretary of State(1952. 1. 29), RG 59, Department of State, Decimal File, 694.95B/1-2952.

중립을 선언한 이후에도 시볼드는 독도가 일본령이라고 확신했지만, 독도분쟁에 대해 연합국이나 SCAP이 직접 개입하기보다는 한국·일본이 직접 협상해야 한다는 입장을 취했다. 1954년 11월 시볼드는 미 국무부 극동담당차관보였는데, 주미일본대사관의 시마 시게노부(島重信) 공사가 독도문제를 유엔 안보리를 거쳐 국제사법재판소에 제소하는 데 대한 미국측의 견해를 문의하자 제소보다는 한일 양자 간 해결이 필요하다는 입장을 표명했다.[262] 그러나 시볼드는 "일본이 자신의 주장을 계속하며, 태만에 의해 그 권리가 침해당하지 않도록" 하기 위해서 "대한민국에의 각서 수교 혹은 여타 정기 공문"을 보내야 한다고 일본 공사에게 권고했다. 만약 시볼드가 1952년 4월 버마 주재 대사로 임명되어 일본을 떠나지 않았다면 한국은 훨씬 더 가혹한 상황을 맞았을 가능성이 높았다. 문제는 노골적으로 친일적이며 반한적이었던 시볼드가 동경을 떠난 이후에도 대일우호적인 외교관들이 동경대사관을 주도하고 있었다는 점이었다.

1953년 4월 주일미대사관 2등서기관이던 핀은 샌프란시스코조약에 따라 독도영유권이 명백히 일본에 있으며 이런 사실을 한국에도 통보했으니, 한국의 독도영유권 주장과 한일갈등을 해소하기 위해 러스크의 1951년 8월 10일자 서한을 공개해야 한다고 주장했다.[263]

제목: 리앙쿠르암

나는 평화조약에 대한 우리측 해석에 따르면 리앙쿠르암에 대한 영유권은 명백히 일본에 있다는 취지의 성명을 미국이 적절한 시점에 발표해볼 것을 고려하라고 제안한다.

---

262) Memorandum of Conversation(1954. 11. 17), RG 59, Department of State, Decimal File, 694.95B/11-1754.
263) Memorandum by R. B. Finn to Leonhart, RG 84, Japan, Tokyo Embassy, CGR 1952-63, Box 23, Folder 322.1 "Liancourt Rocks".

대한민국은 국무부가 대한민국 양(유찬) 대사에게 보낸 서한들에도 불구하고 이들 바위에 대한 영유권을 계속 주장하고 있다. 물론 대한민국-일본 문제에 미국이 개입하는 것은 상당히 바람직하지 않지만, 나는 문제는 명료하며, 이 문제에 대한 지속적 논쟁에서 비롯될 수 있는 언쟁과 물리적 손해를 미국의 적절한 성명으로 회피할 수 있다고 생각한다. R. B. Finn.[264]

위에서 양유찬 대사에게 보낸 서한이란 바로 1951년 8월 10일자 딘 러스크 국무부 극동담당차관보가 보낸, 독도영유권이 일본에 있다고 통보한 서한을 의미한다. 핀은 한일 간에 독도영유권 논쟁이 치열하게 전개되고 있지만, 미국이 적극 개입해서 상황을 정리해야 한다고 강력하게 제안한 것이었다. 즉, 미국이 샌프란시스코평화회담에서 일본의 영유권을 인정했으니, 한일관계에 개입해서 독도문제에 대한 일본 영유권을 확정하는 역할을 해야 한다고 주장한 것이었다.

핀은 과연 공정하거나 편견이 없는 외교관이었을까? 앞에서 살펴본 것처럼, 핀은 1948년 8월 우국노인회의 청원서를 묵살해 답장하지 않았을 뿐만 아니라 사실 자체를 미 국무부에 보고하지도 않았던 바로 그 사람이었다. 그의 약력을 적어보면 다음과 같다.

리처드 보즈웰 핀(Richard Boswell Finn): 1917년 12월 16일 뉴욕생. 1939년 하버드대학 문학사, 1942년 법학석사, 뉴욕변호사회 회원, 1942~1946년 미해군 중위 해외근무, 1946~1947년 극동위원회 법률담당 서기, 1947년 6월 10일 외교관 입문, 1947년 7월 7일 국무부 근무, 1947년 8월 20일 동경 부영사, 1948년 12월 28일 동경 3등서기관 겸임, 1949년 5월 11일 요코하마 부영사,

---

[264] Memorandum for Mr. Leonhart by R. B. Finn, Subject: Liancourt Rocks, RG 84, Japan, Tokyo Embassy, CGR 1952-63, Box 343, Folder 322.1 "Liancourt Rocks".

삿포로 부영사(1950. 10. 12~1951. 1. 25), 1951년 4월 20일 동경 3등서기관 겸 부영사, 1952년 2월 21일 동경 영사 겸 2등서기관 승진, 1954년 4월 26일 국무부 국제관계담당관, 1956년 2월 26일 국무차관보 특별보좌관.[265]

핀의 외교관 경력은 극동위원회에서 시작되었으며, 본격적으로 활동한 것은 1947년 이래 주일미정치고문실·SCAP 외교국이었음을 알 수 있다. 그가 동경에서 외교관 활동을 시작했을 시점에 주일미정치고문실·SCAP 외교국에는 시볼드를 위시한 지일파들의 대일우호적인 정책경향과 영향력이 만개하기 시작했다.

핀은 앞서 살펴본 제45차 미일합동위원회(1953. 3. 19)에서 독도를 미군 훈련장 목록에서 삭제하는 조치의 정치적 위험성을 인지하고도 이를 방임했거나, 방조함으로써 일본의 독도영유권을 강화하는 데 한몫했다. 새로운 선택보다는 이미 결정된 정책의 관성을 따라간다는 취지로 이해할 수도 있지만, 그 배경에 대일우호적 경향이 강했다는 점은 분명했다.

핀의 메모를 받은 빌 레온하트(Bill Leonhart) 1등서기관은 이 비망록 아래 필사로 적기를, 핀의 권고에 동의한다며 미국 입장을 정리한 문서를 주일대사나 일본정부에 보내자고 상급자에게 제안했다. 아마 핀이나 레온하트의 제안처럼 일처리가 이뤄지지는 않은 것으로 보인다. 그러나 핀과 레온하트의 견해는 단지 일부의 의견이 아니었다.

1953년 6~10월 간 일본은 열 차례 이상 독도에 불법 침입했고, 네 차례 이상 일본령 표주·게시판을 설치하는 한편, 한국령 표목·표석을 제거함으로써 독도에서의 한일충돌이 본격화되었다. 예상했던 대로 일본정부는 독도 폭격연습장 지정·해제가 일본 영유권을 증명한다고 주장했고, 한국정부는 강력

---

265) Department of State, *The Biographic Register 1956(Revised as of May 1, 1956)*, p. 215.

하게 이를 부정했다. 7월 12일 독도 해상에서 한국 경찰이 불법 침입한 일본 어선을 검문하는 과정에서 총격사건이 발생하자, 미 국무부는 극도로 긴장했다.

당시 미국으로서는 한국 상황의 안정이 무엇보다 중요한 시점이었다. 만 3년 이상 지속된 전쟁은 아이젠하워가 대통령에 당선되고, 스탈린이 사망함으로써 휴전을 목전에 두고 있었다. 그러나 한국정부는 반공포로를 석방하는 (1953. 6. 18) 등 휴전에 강력하게 반발하는 상황이었다. 미국에 있어서 이승만은 도저히 통제 불능이었다.

1년 전인 1952년 여름, 이승만이 피난수도 부산에서 직선제 개헌을 위한 부산정치파동을 일으키자 미군 수뇌부들은 격분했다. 1952년 6월 25일 미합동참모본부와 극동군사령관 맥스웰 테일러(Maxwell D. Taylor)는 부산정치파동에 맞서 이승만제거계획을 수립한 바 있었다.

1953년 중반 이승만의 휴전회담 반대가 절정에 도달하자 미군 수뇌부는 또다시 이승만제거계획을 꺼내들었다. 5월 3일 미8군사령관 테일러는 이승만 제거를 위한 에버레디계획(Everready Plan), 즉 상비계획을 승인했다. 유명한 이 에버레디계획은 유엔군 휘하의 군사정부를 수립해 휴전회담에 반대하는 이승만 정권을 대체한다는 골자로 구성되었다. 이에 따르면, 유엔군은 쿠데타를 조종해 이승만을 축출하고 장택상 국무총리로 새 정부를 구성케 하며, 참모총장 백선엽은 미국의 제안에 충실히 따르도록 되어 있었다. 6월 19일 합참은 미 국무부와 합동회의를 갖고 이승만 제거를 논의했다.[266] 모두, 공개되어 있는 『미국외교문서』(FRUS)에 등장하는 이야기이다. 미국은 한국을 자유진영의 일원으로 생존케 한 구원자였지만, 미국의 입장과 배치될 때는 한국의 지도자 제거를 서슴지 않을 정도로 강력한 한국 상황의 통제자이기도 했다. 이 시점에 미국이 한국이라는 국가, 지도자를 어떻게 평가하고 취급했는가가

---

266) 李鍾元, 1994・1995, 「米韓關係における介入の原型ー'エヴァーレディ計劃' 再考ー(1)(2)」, 『法學』 58, 59號.

분명히 드러났다. 아직 공개되지 않은 음모들까지 염두에 둔다면, 이승만을 정점으로 한 한국정부에 대한 미국 군부·국무부의 불신과 증오심은 돌이킬 수 없는 지경에 달했음을 알 수 있다.

거칠고 비이성적이며 막무가내인 이승만과 한국정부, 이에 대비되는 세련되고 고분고분하고 합리적인 일본정부. 이것이 당시 미 국무부 당국자들의 눈에 비친 한국과 일본의 모습이었다. 그리고 이런 분위기 속에서 미 국무부는 독도문제를 다루고 있었다.

1953년 7월 22일 동북아시아국의 더닝(Dunning)은 향후 독도문제의 처리 방향에 대한 비망록을 작성했다.[267] 이에 따르면, 7월 12일 충격사건 이후 일본 내에서 제시되고 있는 독도문제의 해법은 모두 네 가지였다. 첫째 한국과의 직접 협상을 통한 평화적 해결, 둘째 유엔 혹은 영국에 의뢰, 셋째 헤이그국제사법재판소 혹은 유엔에 제소, 넷째 해양경비대의 독도 파견 등이었다.

더닝은 미국의 독도영유권 정책은 두 가지 문서, 즉 러스크 서한(1951. 8. 10)과 미대사관의 각서(1952. 12. 4)를 통해 한국정부에 통보된 상태이며, 러스크 서한은 아직 공식적으로 일본정부에 통보된 바 없다고 지적했다. 더닝은 분쟁이 중재·화해·조정·사법적 판단에 맡겨질 경우 러스크 서한이 공개되어도 좋다고 평했다. 더닝이 지적한 러스크 서한과 미대사관의 각서는 이후 미 국무부가 독도영유권 문제를 다룰 때 반드시 거론하는 가장 중요한 두 가지 근거가 되었다. 이후 미 국무부 문서에는 독도영유권이 일본에 있다는 명시적 표현이 사용되지 않았다. 대신 러스크 서한과 미대사관의 각서를 참조하라는 간접적 표현방식이 채택되었다.

더닝은 독도문제에 대한 일본의 선택지가 ① 미국의 중재를 요청, ② 국제

---

267) Memorandum by Mrs. Dunning, NA to Mr. McClurkin, NA, Subject: Possible Methods of Resolving Liancourt Rocks Dispute between Japan and the Republic of Korea(1953. 7. 22), RG 59, Department of State, Decimal File, 694.9513/7-2253.

사법재판소(International Court of Justice)에 제소, ③ 유엔총회 혹은 안보리에 제출 등이라고 예상했다. 미국의 중재 역할과 관련해 독도문제가 한일문제이므로 미국은 "가능한 한 최대로 분쟁에서 벗어나"야 하며, 한국은 국제사법재판소행을 거부할 것이고, 일본은 소련을 이롭게 하며 반소(反蘇)블럭의 동의를 얻기 힘든 유엔총회에까지 문제를 확대시키진 않으리라고 관측했다. 때문에 동북아시아국 일본과는 다음과 같은 조치를 권고했다.

> 첫째, 일본과 한국이 직접 분쟁조정을 시도할 것으로 예상되는 현 단계에서는 아무 조치도 취하지 않음.
> 둘째, 일본이 미국에 조정자로 역할해줄 것을 요청할 경우, 미국은 이를 거부하고, 국제사법재판소·유엔 제소가 적절한 것 같다고 제안할 것.
> 셋째, 일본이 미국의 법률적 의견을 요청한다면 동북아시아국 일본과는 러스크 서한(1951. 8. 10)과 같은 미국의 입장을 일본에 통보할 것.[268]

이러한 권고조치는 동북아시아국 한국과의 동의를 얻은 것이었다.[269] 이 비망록을 검토한 동북아시아국장 매클러킨은 위의 첫째와 둘째 권고에 대해서는 동의한다고 사인한 후, 마지막 러스크 서한 공개에 대해서는 물음표를 달아 이를 거부했다. 결국 이 시점에 미국의 최대 행동반경은 일본에 국제사법재판소·유엔 제소를 권하는 것이었다. 이미 한국정부에 대해서는 두 차례 이상 명시적으로 독도영유권에 대한 미국의 정책결정을 통보한 상태였으나 한국정부는 이를 묵살하고 강경하게 영토주권 수호에 나섰다. 미국의 마지막 선택지는 러스크 서한의 공개였지만, 이는 돌이킬 수 없는 결과를 초래할 공산이 컸다.

---

268) 위와 같음.
269) 동북아시아국 한국담당인 트루먼(Treumann)이 협조서명을 했다.

한일 양국은 독도에서 대결적 충돌을 벌였지만, 미국의 중재와 무마로 1953년 10월 6일 제3차 한일회담을 개최했다. 그러나 불과 보름 만에 일본 수석 구보타 간이치로(久保田貫一郎)의 망언으로 10월 21일 회담은 결렬되었다. 구보타는 작심하고 ① 한국이 강화조약 발효 전에 독립한 것은 국제법 위반이다, ② 일본 패전과 동시에 재한일본인을 전부 철수시킨 것은 국제법 위반이다, ③ 재한일본 사유재산 몰수는 국제법 위반이다, ④ 카이로선언의 '한민족이 노예상태'에 있다는 문구는 전시(戰時) 흥분상태에서 작성된 것이다, ⑤ 일본의 한국 식민통치가 한민족에 은혜를 주었다고 발언했다.[270]

한국측에서는 구보타 발언의 철회 및 사과가 회담재개의 전제조건이었지만, 일본은 전혀 그럴 의사가 없었다. 존 앨리슨(John M. Allison) 신임 주일대사는 1953년 11월 18일 "일본 국내의 정치적 민감성 때문에 구보타 발언의 취소 혹은 직접적 사과는 정치적으로 불가능하다"라고 평가했다.[271]

주일미대사 앨리슨은 11월 23일 국무장관에게 보내는 전문에서 포츠담선언, 항복 후 대일정책상 일본 영토가 주요 4개 섬과 연합국이 결정할 소도서로 구성된다는 공약, 대일평화조약에서 일본이 포기할 도서명에서 독도 배제, 행정협정에 따른 폭격연습장 지정, 러스크 서한 등을 통해 미국이 독도논쟁에 "법률적으로 관련되지 않았다"라고 주장하기 어려우므로 문제를 해결할 책임이 있다고 주장했다.[272] 미국이 이미 러스크 서한을 통해 독도의 일본 영유권을 인정한 상태에서 새롭게 국제사법재판소행을 주장하는 것은 이전의 정책을 파기하는 무책임한 행동이라며 국무부를 압박했다. 앨리슨은 대일평화조약 덜레스 사절단의 제2인자이자 국무부 동북아시아국장으로서 대일평화조

---

270) 박진희, 2008, 『한일회담』, 선인, 178~190쪽.
271) Telegram by Allison to the Secretary of State and American Embassy, Seoul(1953. 11. 18), RG 84, Japan, Tokyo Embassy, CGR 1953, Box 23.
272) Telegram by Allison, Tokyo to the Secretary of State, RG 59, Department of State, Decimal File, 694.95B/11-2353.

약의 실무책임자였으므로, 자신이 담당했던 정책적 결정의 정당성을 요구한 것으로 볼 수 있다. 앨리슨 역시 일본통이었으며, 일본에서 외교관 경력의 시작과 끝을 장식한 인물이었다.

이어 11월 30일 주일미대사관의 윌리엄 터너 참사관 역시 같은 의견을 내놓았다. 터너는 러스크 서한을 공개한다고 위협해 한국정부를 압박해야 하며, 만약 한국정부가 러스크 서한, 즉 독도의 일본령을 받아들이지 못하면 차선책으로 국제사법재판소행을 선택해야 하며, 이것조차 수용되지 않으면 러스크 서한을 공개해야 한다고 주장했다.[273]

주일미대사관의 앨리슨 대사, 윌리엄 터너 참사관, 핀 2등서기관 등은 물론 워싱턴의 동북아시아국 일본과의 더닝까지 모두 러스크 서한의 공개를 통한 미국의 입장표명을 강력하게 주장한 것이었다. 동북아시아국장 매클러킨이 러스크 서한 공개를 억제하고 있었지만, 현장과 본부의 공개 요구가 국무부의 회랑에 울려 퍼지고 있었다.

주한미대사관의 목소리는 없었다. 주한미대사관이 내놓은 대안은 미국의 평화선 불인정, 한일회담에 미국측 참관인 철수, 한국 해군과 정부기관에 대한 미국 지원 철회 등 평화선에 대한 언급과 대책이 고작이었다.[274]

만약 노회한 변호사 출신의 덜레스가 미 국무장관이 아니었다면, 1953~1954년의 시점에 러스크 서한이 공개되어 한미·한일 관계가 대파란에 휩싸였을 가능성이 높았다. 덜레스는 1953년 11월 19일 서울과 동경에 모두 발송된 전문을 통해 이렇게 지시했다.

2. 다케시마문제와 관련해 <u>미국이 이 국제적 영토분쟁에서 공개적으로 일본</u>

---

273) Memorandum by William T. Turner, Subject: Memorandum in regard to the Liancourt Rocks(Takeshima Island) Controversy(1953. 11. 30).
274) Telegram by Ellis O. Briggs to the Secretary of State, no.233(1953. 11. 18); no.436(1953. 11. 20), RG 84, Japan, Tokyo Embassy, CGR 1953, Box 23.

편에 선다는 것이 필요하거나 바람직하다고 믿지 않음. 두 대사관은 채널제도(Channel Islands)에 대한 최근 국제사법재판소의 결정을 사례로 들어, 다케시마논쟁을 신속히 국제사법재판소에 회부해야 하며 국제사법재판소의 결정까지 일시적 타협을 도출하기 위해 필요하다면 중재를 제공하겠다고 비공식적으로 설명해야 함. 이 문제에 법률적으로 관련되지 않은 미국을 향해 입장을 명백히 밝히라고 하는 일본정부의 주장은 즉각 중단되어야 함.[275)]
(강조는 인용자)

덜레스는 강경한 목소리를 낸 것이었다. 첫째, 독도분쟁과 관련해 미국이 일본편을 들 수는 없다. 둘째, 문제가 있다면 국제사법재판소에 제소해야 한다. 셋째, 그때까지 미국이 중재할 수 있다. 넷째, 미국의 입장을 밝히라는 일본정부의 주장은 중단해야 한다는 것이었다.

11월 23일자 앨리슨 주일대사의 전문은 바로 덜레스가 강조한, 미국이 독도분쟁에 "법률적으로 관련되지 않았다"라는 점을 강력하게 논박한 것이었다. 국무장관의 지시에도 불구하고 앨리슨 대사(11. 23), 터너 참사관(11. 30) 등 주일미대사관의 고위급 외교관들이 강력하게 반발했던 것이다.

이후 동경대사관이 보인 행보는 덜레스의 지시와 어긋나는 것이었다. 주일미대사관측은 일본자유당 의원들과 수산업계 대표들의 대사관 항의방문(1953. 11. 16) 사실을 알리며, 이들이 한국의 독도영유권 주장을 부인하며 미국의 적극적 개입을 요청했다고 강조했다.[276)] 나아가 앨리슨은 한국정부를 강력하게 압박해야 한다고 주장했다. 국무장관에게 보낸 11월 27일자 전문에서

---

275) Telegram by Secretary of State, Dulles to Seoul(no.398), Tokyo(no.1198)(1953. 12. 19), RG 84, Japan, Tokyo Embassy, CGR 1953, Box 23.
276) Despatch by Samuel D. Berger, Counselor of Embassy, Tokyo to the Secretary of State, no.844(1953. 11. 25). Subject: Rhee Line, Takeshima and Japan-Korean Relations(국사편찬위원회 편, 2008, 위의 책, 120~129쪽).

앨리슨은 한국정부가 평화선을 고집하고 일본 어선을 계속 나포하는 한편 한일회담 재개를 거부한다면, 한일회담에서 미국측 옵서버를 철수시키고, 평화선을 공개적으로 부인하는 성명을 발표하며, 평화선 유지와 관련된 한국정부 및 해군에 대한 모든 군수·지원을 철회해야 한다고 주장했다. 또한 국무장관이 이 대통령에게 한일회담을 재개하라는 개인 메시지를 보내야 한다고 주장했다. 이 전문은 유엔군사령관의 동의를 얻은 것이었다.[277]

동경의 반발이 절정에 달하자 덜레스는 반발의 일부를 수용하고, 중요한 결정은 스스로 내렸다. 12월 4일 덜레스는 이승만에게 9장 분량의 장문의 편지를 보냈다. 덜레스는 어업자원 확보를 위한 갈망은 이해하지만 미국은 평화선을 인정할 수 없다고 강조했다. 대신 한국 어선단의 부흥을 위한 도움, 어업자원 보호를 위한 협력, 한일회담에서 재산청구권 문제, 미국의 경제협력 프로그램, 전시 조달에 한국 참가문제 등 다양한 경제원조 프로그램 문제를 거론하며 한국을 달래려 했다.[278] 덜레스는 한국을 향해서 평화선은 인정할 수 없지만, 다른 경제적 원조를 진행할 터이니 제발 한일회담장으로 돌아오라고 호소한 것이다.

다른 한편, 덜레스는 동경대사관 등이 강력히 주장하고 있던 러스크 서한의 공개와 독도영유권 문제에 대한 미국 입장의 공표 주장에 맞서 단호한 결정을 내렸다. 1953년 12월 9일 덜레스가 동경대사관에 보낸 전문은 1951~1953년 간 한일 독도영유권 분쟁에 대한 미 국무부의 최종 입장을 정리한 것이었다. 동경 제497호, 서울 제1387호로 발송된 이 전문에서 덜레스는 대일평화조약과 미국의 행정적 결정이 일본으로 하여금 한국과의 독도분쟁에서 미국이 일본에 우호적으로 행동하길 기대하게 만들었다고 지적했다. 이는

---

277) Telegram by Allison, Tokyo to the Secretary of State and Amembassy, Seoul(1953. 11. 27)(국사편찬위원회 편, 2008, 위의 책, 134~137쪽).
278) Telegram by Secretary of State to Amembassy, Seoul, no.1333(1953. 12. 4)(국사편찬위원회 편, 2008, 위의 책, 161~169쪽).

1951년 대일평화조약문의 영토조항에 독도가 일본령에서 배제될 섬 목록에 포함되지 않은 사실, 그리고 1952~1953년 간 미일합동위원회가 독도를 일본정부 시설로 인정해 폭격연습장으로 지정·해제한 사실을 언급한 것이었다. 그렇지만 미국의 입장을 한국에 공식 통보한 1951년 8월 10일자 러스크 서한은 일본정부에 알려지지 않았다고 했다. 즉, 한국에 대해서는 정책결정을 통보했지만, 일본에 대해서는 알리지 않았다는 것이다. 때문에 일본정부에 대해 미국의 입장을 알리는 것이 필요하거나 바람직하겠지만, 최근의 한일관계의 어려움에 비추어볼 때 더 이상 미국이 개입하는 것은 안 된다고 못박았다.

덜레스는 미국이 독도분쟁에 개입하면 안 되는 이유를 다음과 같이 설명했다.

첫째, 독도문제와 관련해 미국은 포츠담선언 및 이를 계승한 평화조약에서 독도를 일본에 남겨두었다는 견해를 갖고 있고, 행정협정에 따른 (독도 폭격연습장 지정·해제) 조치 등에 참가했지만, 그렇다고 해서 평화조약에서 야기되는 일본의 영토 관련 국제적 분쟁에 개입하거나 이를 안정시킬 책임을 자동적으로 지는 것은 아니다.

둘째, 독도에 대한 미국의 입장은 평화조약에 서명한 수많은 국가들 중의 하나일 뿐이다.

셋째, 미일안보조약에 따라 일본이 미국으로 하여금 한국에 대한 군사행동을 요구하는 것은 법률적으로 인정될 수 없다. 안보조약은 미국측에 대해 어떤 법률적 구속력을 갖고 있지 않다.

넷째, 미국은 소련이 점령한 하보마이(Habomais, 齒舞)섬이 일본의 영토라고 공개적으로 선언했으나, 일본은 소련을 상대로 군사행동을 강제하거나 대소군사행동이 미국의 의무라고 주장하지 않고 있다.

다섯째, 때문에 미국은 "한국의 다케시마에 대한 요구"로부터 비롯된 영토분쟁에 개입해서는 안 된다.

마지막으로 덜레스의 결론은 한일분쟁에 개입하지 않으며, 양국 간에 조정이 안 될 경우 독도영유권 문제는 국제사법재판소의 사법적 판단을 구해야 한다는 것이었다.

덜레스는 러스크 서한(1951. 8. 10)과 미일합동위원회의 독도 폭격연습장 지정·해제(1952~1953)에서 독도영유권에 대한 미국의 정책적 결정이 있었음을 전제하고 있다. 또한 독도를 둘러싼 영유권·영토분쟁이 "한국의 다케시마에 대한 요구"로부터 비롯되었다고 평가하고 있다. 한국으로서는 도저히 받아들이기 힘든 평가와 판단들이었다.

그러나 덜레스는 평화회담 당시 미국의 입장은 수많은 조약서명국들 가운데 하나이며, 이것이 서명국들의 합의된 공론이자 결정이 아니었음을 분명히 했다. 이는 매우 중요한 지적이었는데, 앞서 여러 차례 지적한 것처럼 러스크 서한은 샌프란시스코평화조약 조문의 최종 성안을 앞둔 급박한 시기에 행정 실무자의 편의적 문서작업 과정에서 채택된 것으로, 국가 간 논의·결정 과정이나 고위급 정책결정을 거친 것이 아니었기 때문이다. 즉, 행정적 편의주의가 정책적 결정을 대체한 것이었다.

또한 덜레스는 일본의 의도를 정확하게 간파했다. 미국이 공개적으로 소련이 점령하고 있는 하보마이를 일본령이라고 주장하고 있지만, 일본은 이에 대해 적극적인 대응을 하지 않고 있는 반면, 공산 침략에 맞서 싸우는 허약한 위기의 한국에 대해서만 강력한 조치를 취하며 미국을 압박하고 있다고 지적한 것이었다.

이상과 같은 덜레스의 정책판단은 한국인들의 관점에서 믿기 힘든 사실과 평가들을 담고 있지만, 역설적으로 1953년 12월의 시점에 가장 한국의 입장을 옹호한 결정이기도 했다.

1951년 샌프란시스코평화회담의 진행과정에서 일본의 영토를 어떻게 규정할 것인가를 결정할 권리는 미국에 있었고, 미 행정부는 자신들이 독도문제와 관련해 내린 결정이 한일관계에 어떤 파급력을 지닐지 잘 알지 못했다. 그러나 1951년 미국의 행정적 편의주의에 입각한 결정은 약소국가 한국으로 하여

금 독도영유권을 둘러싼 엄혹하고 긴 투쟁에 접어들게 만들었다. 미 국무부는 이러한 공식입장을 한국정부에는 통보했지만, 일본정부에는 알리지 않았다.

외형적으로 독도를 둘러싼 한일갈등은 1952년 일본이 한국의 평화선 선포에 강력히 반발하며 독도가 일본령임을 주장하면서 폭발했다. 한국전쟁의 와중에 미국의 가장 중요한 극동의 동맹국들이 적전 충돌을 불사하자 미국은 중재를 생각하기도 했다. 표면에서는 한일 간에 독도논쟁이 격렬하게 전개되었지만, 그 이면에서 미 국무부는 러스크 서한을 공개하겠다고 한국정부를 억제하는 한편, 일본정부가 러스크 서한에 명시된 독도의 일본 영유권 확인사실을 알까봐 전전긍긍해하며 국제사법재판소행을 권유했다.

1952~1953년 한일 간에 독도분쟁이 불붙자 미 국무부와 주일미대사관의 관리들은 러스크 서한을 공개해 논란을 종식시키고 양국 관계를 조정해야 한다는 강력한 의견을 내놓았다. 대일우호적인 관리들은 정책적 일관성과 합리적 이유를 명분으로 러스크 서한의 공개를 주장하며 국무부를 압박했다. 현재까지 한국정부가 미국에 대해 어떤 태도를 취했는지는 알려진 바 없다.

만약 덜레스 국무장관의 명민한 판단과 결정이 없었다면, 1953~1954년 사이에 러스크 각서가 공개되어, 한일·한미 관계가 대파란에 휩싸였을 것이다. 덜레스는 샌프란시스코회담에 대한 미국의 해석이 독도의 일본 영유권을 확인하는 것이라고 해도, 미국은 조약서명국 중 하나에 불과하며, 이는 미국의 해석일 뿐 연합국의 합의된 공론은 아니라는 점을 강조했다. 덜레스는 일본이 소련과 영토분쟁을 벌이고 있는 북방의 하보마이섬에 대해서는 미국이 일본령임을 명백히 천명했음에도, 소련에 격렬하게 항의하거나 미국의 무력시위를 요청하지 않으면서 유독 한국에 대해서만 강력한 개입을 요청하는 이유를 모르겠다고 날카롭게 지적했다. 결국 덜레스는 미국이 독도분쟁에 개입하지 말아야 하며, 한일 간 조정이 안 되면 국제사법재판소로 갈 문제라고 정리했다. 덜레스의 판단과 억제로 미국은 독도문제의 파국 위기에서 두 동맹국과의 관계를 이어갈 수 있었다.

독도문제가 한일관계에서뿐만 아니라 한미·미일 관계에서도 폭발성을 지닌 문제임이 확인되자 미 국무부는 이 문제에서 자국의 위치를 결정자에서 중립자로 조정하기 시작했다. 덜레스가 애써 미국의 입장을 중립적 위치로 강조했음에도 미 행정부 내에서 한국을 비난하고 일본을 옹호하는 목소리는 잦아들지 않았다. 이는 1960년대까지 지속되었다.

참고문헌

I. 자료

1. 국문(國文)

(1) 신문

『江原日報』『京城大學 豫科新聞』『京鄕新聞』『工業新聞』『南鮮經濟新聞』『大邱每日新聞』『大邱時報』『獨立新報』『東光新聞』『東亞日報』『民主新報』『釜山日報』『婦人新報』『새한민보』『서울신문』『水産經濟新聞』『聯合新聞』『自由新聞』『朝鮮日報』『中央新聞』『平和新聞』『한겨레신문』『漢城日報』

國史編纂委員會, 2006, 『資料大韓民國史』 21~22.
東亞日報社, 1981, 『東亞日報索引(8): 1945~1955』, 東亞日報社.

(2) 잡지

『建國公論』『國際報道(Pictorial Korea)』『民聲』『文藝』『新東亞』『思想界』『史海』『世界』『施政月報』『新思潮』『新天地』『용광로』『주간동아』『주간한국』『最高會議報』『協同』『漢陽』『希望』

(3) 자료집

康晉和編, 1956, 『大韓民國建國十年誌』, 建國記念事業會.
國立民俗博物館, 2007, 『처음으로 민속을 찍다: 송석하 소장 민속학 선구자들의 사진자료집』.
국방부 국방군사연구소, 1998, 『美國 國務部 政策研究課 文書(Documents of the Division of Historical Policy Research of the U. S. State Department, Korea Project File, Vol. X): 한국전쟁 자료총서』 35집.

國史編纂委員會, 1998~2008,『資料大韓民國史』8~29.

_____, 1994~1995,『大韓民國史資料集』18~26,「駐韓美軍政治顧問文書」.

_____, 1996~1997,『大韓民國史資料集』28~37,「李承晩關係書翰資料集」.

_____, 1996,『南北韓關係史料集』16,「大韓民國內政에 관한 美 國務部 文書」.

_____, 2008,『독도자료: 미국편』I~III.

국회도서관 입법조사국, 1967,『헌법제정회의록(제헌회)』1.

국회사무처,『대한민국국회 속기록』.

김병렬, 1997,『독도: 독도자료총람』, 다다미디어.

김원용, 1963,『(국립박물관고적조사보고 제4책) 울릉도(附 영암군내동리옹관묘)』.

南朝鮮過渡立法議院,『南朝鮮過渡立法議院 速記錄』1~5(여강출판사, 1984 영인).

동북아역사재단, 2009,『일본 국회 독도 관련 기록모음집』I~II.

동북아의평화를위한바른역사정립기획단 편, 2005,『독도자료집 I』, 다다미디어.

민족문화사, 1986,『재조선미국육군사령부군정청법령집(국문판)』.

방선주, 2002,『미국소재 한국사 자료 조사보고 3: NARA 소장 RG 242「선별노획문서」
    외』, 국사편찬위원회.

송병기, 2004,『독도영유권자료선』, 한림대학교출판부.

신용하, 1998~2001,『독도영유권 자료의 탐구』1~4, 독도연구보전협회.

양태진, 1998,『독도연구문헌집』, 경인문화사.

與論社, 1945,『朝鮮의 將來를 決定하는 各政黨·各團體解說』, 與論社 出版部.

영남대학교 민족문화연구소, 1998,『울릉도 독도의 종합적 연구: 부록 독도관계문헌목록』.

外務部 政務局, 1955,『獨島問題槪論』.

外務部, 1977,『獨島關係資料集 I: 往復外交文書, 1952~76』.

外務部, 1977,『獨島關係資料集 II: 學術論文』.

이석우, 2006,『대일강화조약 자료집』, 동북아역사재단.

이종학, 2006,『日本의 獨島海洋 政策資料集』1~4, 독도박물관.

정용욱, 1994,『해방직후 정치사회사 자료집』2, 다락방.

한국민속박물관, 1975,『民俗寫眞特別展圖錄 — 石南民俗遺稿 —』.

韓國法制硏究會, 1971,『美軍政法令總覽』(국문판).

한국외국어대학교, 1995,『독도문제연구회 자료집: 독도의 어제와 오늘』.

한국해양수산개발원, 2006,『독도관련논저목록』.

해양수산부, 2000,『독도자료집』1~9.

해양수산부, 2004,『독도자료실 자료해제집』.

(4) 주요 기관 소장자료

국사편찬위원회

· 『島根縣독도관련사료』 1~7.

국회도서관 독도자료실

· 『1952년~1953년 독도 측량: 한국산악회 울릉도 독도 학술단 관련 박병주 교수 기증자료』.
「(檀紀四二八五年七月) 鬱陵島獨島學術調查團派遣計劃書」.
「(檀紀四二八五年九月) 鬱陵島獨島學術調查團派遣計劃書」.
「(檀紀四二八六年七月) 鬱陵島獨島學術調查團再派計劃書」.
「9월 최종계획서」.

독도박물관

· 玉昇植, 「鬱陵島獨島調查報文」; 「鬱陵島及獨島地質調查槪報」(地質鑛物班 玉昇植); 「옥승식이력서」.

서울대학교

· 『光緖九年七月日江原道鬱陵島新入民戶人口姓名年歲及田土起墾數爻成冊』 奎17117(규장각한국학연구원).
· 外務部 政務局飜譯, 1951, 『對日講和條約第二草案』(서울대학교 도서관 雪松文庫).

외교부 외교사료관

· 『독도문제, 1952~53』, 분류번호 743.11JA, 등록번호 4565.
· 『독도문제, 1954』, 분류번호 743.11JA, 등록번호 4566.
· 『독도문제, 1955~59』, 분류번호 743.11JA, 등록번호 4567.
· 『독도문제, 1960~64』, 분류번호 743.11JA, 등록번호 4568.
· 『독도문제, 1965~71』, 분류번호 743.11JA, 등록번호 4569.
· 『독도문제, 1972』, 분류번호 743.11JA, 등록번호 5419.
· 『한일회담 예비회담(1951.10.20~12.4) 자료집: 대일강화조약에 대한 기본 태도와 그 법적 근거』, 분류번호 723.1JA 자1950, 등록번호 76.
· 『한일회담예비회담(1951. 10. 20~12. 4) 본회의 회의록, 제1~10차, 1951』, 분류번호 723.1JA, 등록번호 77.

· 『한국의 어업보호정책: 평화선 선포, 1949~52』, 분류번호 743.4, 등록번호 458.

2. 외국문

(1) 영문(英文)

1 미간행자료

가. 미국립문서기록관리청(NARA) 소장문서

RG 59, 국무부 십진분류 문서철(State Department, Decimal File)
· 740.0011PW(Peace) Series(제2차 세계대전 종전 후 대일평화조약 관련 문서철).
· 694.95B(일본의 남한과의 국제관계 문서철).
· 694.001(일본의 국제관계 문서철).

RG 59, 국무부 특수문서철(State Department, Special File)
· Japanese Peace Treaty Files of John Foster Dulles, 1946-52(1946~52년 간 존 포스터 덜레스 대일평화조약 문서철), Boxes. 1-14, Lot 54D423.
· Office of Northeast Asia Affairs, Records Relating to the Treaty of Peace with Japan—Subject File, 1945~51(John Moore Allison file)(1945~51년 간 대일평화조약 관련 동북아시아국 문서철), Boxes. 1-7, Lot 56D527.
· Records Relating to the Japanese Peace and Security Treaties, 1946-52(1946~1952년 간 대일평화조약 및 안보협정 관련 문서철), Lot 78D173.
· Records of the Division of Research for Far East(국무부 정보조사국 극동조사과 문서철), Lot 58D245.

RG 84, 미 국무부 재외공관 문서철(Records of the Foreign Service Posts of the Department of State).
· Korea, Seoul Embassy: Classified General Records, 1953-55(한국, 서울대사관, 1953~1955년 간 비밀일반문서철) Entry 2846.
· Japan, Tokyo Embassy: Classified General Records, 1953-55(일본, 동경대사관, 1952~1955년 간 비밀일반문서철).
· Japan, Foreign Service Posts of the Department of State, Office of the U.S. Political

Advisor for Japan—Tokyo, Classified General Correspondence, 1945-49, 1950- (일본, 국무부 주일정치고문실 1949~51년 간 비밀일반문서철) Entry 2828.

RG 319, 미 육군 정보참모부 문서철, 미 육군 CIC 조사자료소장처(IRR) 인물 파일(Records of the Army Staff, Records of the Office of the Assistant Chief of Staff, G-2, Intelligence, Entry IRR Personal, Records of the Investigative Records Repository, Security Classified Intelligence and Investigative Dossiers, 1939-76).
- XA519894: Chu KanRi(李中煥). Boxes. 307-308.
- XA529038: Tsuji Masanobu(辻政信). Boxes. 457-458.
- 辻政信, 「國民革命外史(一): 第一 成敗の槪觀」, 『月刊亞東』제2호(1951. 8. 15).
- 辻政信, 「國民革命外史(二): 第二 破壞の適任者」, 『月刊亞東』제3호(1951. 9. 15).
- 辻政信, 「國民革命外史(三): 第三 勝利の悲哀」, 『月刊亞東』제4호(1951. 10. 15).
- 辻政信, 「告發された問題の元大本營參謀 辻政信氏の演說」(1951. 8. 4).
- "Ryuten(流轉)," by Tsuji Masanobu.
- 辻政信, 「國民革命外史(五): 第五 蔣獨裁の基盤と支柱」, 『月刊亞東』제6호(1951. 12. 15).
- "Crossing the Stormy Rhee Line, Seeking Korean Warships," Bungei-Shunju(『文藝春秋』) by Tsuji Masanobu.

RG 554, 연합군최고사령부, 극동군사령부, 유엔군사령부 문서철(Records of General HQ, Far East Command, Supreme Commander Allied Powers, and United Nations Command).
- United States Army Forces in Korea XXIV Corps, G-2 Historical Section, Historical Files, 1945-48(1945~1948년 간 주한미24군단 정보참모부 군사과 역사문서철), Box 41. Box 77.
- USAFIK, Entry A1 1378, United States Army Forces in Korea(USAFIK), Adjutant General, General Correspondence(Decimal Files) 1945-49〔주한미군사령부 부관부 일반문서철(십진분류 파일)〕, Box 108, Box 141.
- Entry A1 1404, USAFIK, US Army Office of Military Government(주한미군정장관실 문서철), Box 311.

나. 맥스웰 공군기지 미공군역사연구소(Air Force Historical Research Agency, Maxwell Air Force Base, Alabama) 소장문서
- History of The 93rd Bombardment Group(VH), Kadena Air Force Base, Okinawa, For the Month of June 1948(1948년 6월 오키나와 가데나 공군기지 제93重폭격비행전대 역사).
- History, 330th Bombardment Squadron, 93d Bombardment Group, Kadena Air Force Base, Okinawa, For the month of June 1948(1948년 6월 오키나와 가데나 공군기지 제93重폭격비행전대 제330폭격비행대대 역사).
- History of 328th Bombardment Squadron(VH) for June 1948, Narrative History (1948년 6월 제328重폭격비행대대 역사).

다. 맥아더기념문서관(MacArthur Memorial Archives: MA) 소장문서
- RG 5, SCAP Official Correspondence(연합군최고사령부 공식서한철) Box 3.

라. 영국 국립문서보관소(The National Archives: TNA) 소장문서
- FO 371/92532, 213424, FJ 1022/95 Japan, (1951. 2. 17), Subject: Japanese Peace Treaty: Summaries of Mr. Dulles interviews with Japanese Officials in preparation of a Peace Treaty.
- FO 371/92532, FJ 1022/91, "Parliamentary Question," (1951. 2. 19).
- FO 371/92532, FJ 1022/97, Letter from C. H. Johnston to A. E. Percival, (1951. 3. 1).
- FO 371/92535, FJ 1022/167, "Japanese Peace Treaty: Record of Meeting held at the Foreign Office on the 16th March 1951".
- FO 371/92535, FJ 1022/171, "Japanese Peace Treaty: Second revised draft of the Japanese Peace Treaty," (1951. 3).
- FO 371/92535, FJ 1022/174, "Comments on the Japanese angle of the problem of Chinese & Russian non participation & the question of Japanese participation of Japanese Peace Treaty," (1951. 3. 22).
- FO 371/92538, FJ 1022/222, "Provisional Draft of Japanese Peace Treaty(United Kingdom)," (1951. 4. 7).
- FO 371/92547, 213351, FJ 1022/368, Sir O. Franks, Washington to Foreign Office, no.1382(1951. 5. 4), Subject: Japanese Peace Treaty: given text of line taken by State Department in answer to any press enquiries.

- FO 371/92547 FJ 1022/377, no.1076/365/5IG, "Anglo-American meetings on Japanese Peace Treaty, Summary Record of Seventh meeting held on 3rd May," (1951. 5. 3).
- FO 371/92547, 213351, FJ 1022/383, Mr. Clutton to Mr. Morrison, no.148, 119/244/51, (1951. 5. 1), Subject: Record of Meeting with the Japanese Prime Minister on the 30th April at which the main theme of conversation with the Japanese Peace Treaty.
- FO 371/92547, FJ 1022/370, Sir O. Franks, Washington to Foreign Office, "Japanese Peace Treaty: Records of meeting between our representative and Mr. Dulles," no.393(s)(1951. 5. 3).
- FO 371/92547, FJ 1022/376, British Embassy Washington to C. P. Scott, O.B.E., Japan and Pacific Department, Foreign Office, no.1076/357/5IG, "Anglo-American meetings on Japanese Peace Treaty, Summary Record of Seventh meeting," (1951. 5. 3).
- FO 371/92547, FJ 1022/377, British Embassy, Washington to C. P. Scott, O.B.E., Japan and Pacific Department, Foreign Office, no.1076/365/5IG, "Anglo-American meetings on Japanese Peace Treaty, Summary Record of Eighth meeting held on 3rd May," (1951. 5. 4).
- FO 371/92547FJ 1022/372, British Embassy, Washington to C. P. Scott, O.B.E., Japan and Pacific Department, Foreign Office, no.1076/332/5IG, "Summary Record of Sixth Meeting of Anglo-American meetings on Japanese Peace Treaty," (1951. 5. 2).

2 간행자료

Federal Register Division, National Archives and Records Service, *United States Government Organization Manual, 1945*(Revisions through September 20, 1946); *Revised to May 1, 1947*(Revised to December 1, 1946); *1947*(Revised through June 1, 1947); *1948*(Revised through June 30, 1948); *1949*(Revised as of July 1, 1949); *1950-51*(Revised as of July 1, 1950); *1952-53*(Revised as of July 1, 1952).

Headquarters, USAFIK, *G-2 Weekly Summary*(한림대학교 아시아문화연구소, 1989, 『주한미군주간정보요약』으로 영인).

Headquarters, KMAG, *G-2 Periodic Report, G-2 Weekly Summary*(한림대학교 아시

아문화연구소, 1989, 『美軍事顧問團情報日誌』로 영인).

United States, Department of State, *Foreign Relations of the United States, 1947-1952*, United States Government Printing Office; 1947, Vol. VI; 1950, Vol. VI, Vol. VII; 1951, Vol. VI, Part 1.

United States Armed Forces in Korea, *History of the United States Armed Forces in Korea*, Manuscript in Office of the Chief of the Military History, Washington, D. C. (돌베개, 1988, 『주한미군사』 1~4로 영인).

_____, *Summation of U.S. Military Government Activities in Korea*(원주문화사, 1990, 『미군정활동보고서』 1~6으로 영인).

US Military Attache to Amembassy at Seoul, *Joint Weeka*(鄭容郁 編, 영진문화사, 1993, 『JOINT WEEKA』 1~8로 영인).

(2) 일문(日文)

1 미간행자료

日本外務省 外交史料館, 『對日平和條約關係 準備研究關係』 제1~7권(분류번호 B'. 4. 0. 0. 1, http://gaikokiroku.mofa.go.jp/mon/mon_b.html).

日本 國會會議錄檢索시스템(http://kokkai.ndl.go.jp/).

2 간행자료

동북아역사재단 편, 2009, 『일본 국회 독도 관련 기록모음집』 I부(1948~1976년), II부(1977~2007년).

李鍾學 편, 2006, 『日本의 獨島海洋 政策資料集』 1~4, 독도박물관.

日本 外務省 アジア局第二課, 1953, 『竹島漁業の變遷』(昭和二十八年八月).

日本 外務省, 2002, 『日本外交文書: 平和條約の締結に關する調書. 第1冊: I~III』.

_____, 2002, 『日本外交文書: 平和條約の締結に關する調書. 第2冊: IV~V』.

_____, 2002, 『日本外交文書: 平和條約の締結に關する調書. 第3冊: VI』.

_____, 2002, 『日本外交文書: 平和條約の締結に關する調書. 第4冊: VII』.

_____, 2002, 『日本外交文書: 平和條約の締結に關する調書. 第5冊: VIII』.

_____, 2006, 『日本外交文書: サンフランシツコ平和條約準備對策』.

_____, 2007, 『日本外交文書: サンフランシツコ平和條約對米交涉』.

荒敬 編輯·解題, 1991, 『日本占領·外交關係資料集』第10卷.
荒敬 編輯·解題, 1994, 『日本占領·外交關係資料集』第2期 第10卷(終戰連絡地方事務局·連絡調整地方事務局資料).

③ 기타
『讀賣新聞』『朝日新聞』『文藝春秋』『時事』

3. 회고록·전기·평전

(1) 단행본

고려대학교 아세아문제연구소 육당전집편찬위원회 편, 1973, 『六堂崔南善全集2』, 현암사.
金東祚, 1986, 『회상30년 한일회담』, 중앙일보사.
金俊淵, 1966, 「對日講和條約草案의 修正」, 『나의 길』, 동아출판사.
金溶植, 1993, 『새벽의 약속』, 김영사.
金龍周, 1984, 『風雪時代八十年』, 新紀元社.
김진송, 1996, 『이쾌대』, 열화당.
도정애, 2003, 『都逢涉 탄생백주년기념자료집』, 자연문화사 백원길.
卞榮泰, 1956, 『나의 祖國』, 自由出版社.
유민홍진기전기간행위원회, 1993, 『유민홍진기전기』, 중앙일보사.
외교통상부 외교안보연구원, 1999, 『외교관의 회고: 진필식대사회고록』.
임인식 작·임정 엮음, 2008, 『우리가 본 한국전쟁: 국방부 정훈국 사진대 대장의 종군 사진일기 1950~1953(임인식 사진집)』, 눈빛.
조영복, 2002, 『월북 예술가 오래 잊혀진 그들』, 돌베개.
한표욱, 1996, 『이승만과 한미외교』, 중앙일보사(1984, 『한미외교요람기』의 개정판).
한국일보사, 1981, 『財界回顧 2: 元老企業人篇』, 한국일보사(「金龍周」).

Hugh Borton, *Spanning Japan's Modern Century: The Memoirs of Hugh Borton*, Lexington Books, 2002.
John K. Emmerson, *The Japanese Thread: A Life in the U. S. Foreign Service*, Holt, Rinehart and Winston, 1978.
John M. Allison, *Ambassador from the Prairie*, Boston, Houghton Mifflin, 1973.

Richard B. Finn, *Winners in Peace: MacArthur, Yoshida, and Postwar Japan*, University of California Press, Berkeley and Los Angeles, California, 1992.

Robert A. Fearey, *The Occupation of Japan, Second Phase: 1948~50*, The MacMillan Company, 1950.

U. Alexis Johnson with Jef Olivarius McAllister, *The Right Hand of Power*, Prentice-Hall, 1984.

William J. Sebald with Russell Brines, *With MacArthur in Japan: A Personal History of the Occupation*, W. W. Norton & Company, Inc., New York, 1965.

吉田茂, 1959, 『回想十年』 제1~4권, 新潮社.
袖井林二郎 編譯, 2000, 『吉田茂―マッカーサ往復書簡集 1945~1951』, 法政大學出版局.
杉原荒太, 1965, 『外交の考え方』, 鹿島研究所出版會.
西村熊雄, 1971, 『日本外交史 27: サンフランシスコ平和條約』, 鹿島研究所出版會.
朝海浩一郎, 1950, 『外交の黎明』, 讀賣新聞社.
下田武三 著·永野信利 編, 1984, 『戰後日本外交の證言: 日本はこうして再生した』 上·下, 行政問題研究所.

(2) 신문·잡지 연재물

具東鍊, 1947, 「鬱陵島紀行」 1~4, 『수산경제신문』(1947. 9. 20, 9. 21, 9. 23, 9. 24).
旗田巍, 1963, 「한일회담의 재인식: 일본인의 조선관」, 『新思潮』 12월호.
권상규, 1947, 「동해의 孤島 울릉도행1」, 「鬱陵島紀行 2」, 『大邱時報』(1947. 8. 27, 8. 29).
김영주, 1949, 「상반기의 화단」, 『문예』 9월호.
김원용, 1947, 「울릉도의 여인」, 『서울신문』(1947. 9. 6).
도봉섭, 1937, 「鬱陵島植物相; 孤島植物踏査記 特히 天然記念物을 찾아서」 1~6, 『동아일보』(1937. 9. 3~9. 11).
박경래, 1962, 「독도영유권의 史·法的인 연구」, 『최고회의보』.
박대련, 1964, 「독도는 한국영토」, 『漢陽』(1964. 9).
박병주, 1953, 「獨島의 測量」, 『용광로』 4호(재건기념), 부산공업고등학교.
방종현, 1947, 「獨島의 하루」, 『경성대학 예과신문』 13호.
석주명, 1947, 「울릉도의 자연」, 『서울신문』(1947. 9. 9).
_____, 1947, 「울릉도의 연혁」, 『서울신문』(1947. 9. 2).

_____, 1948, 「鬱陵島의 人文」, 『신천지』 1948년 2월호(3권 2호).

_____, 1950, 「特別附錄·德積群島 學術調査報告」, 『신천지』 1950년 6월(통권 47호).

손연순, 1999, 「독도에서 쓰치 마시노부 물리치다」, 홍종인선생추모문집편찬위원회, 『대기자 홍박』, LG상남언론재단.

손진태, 1949, 「宋錫夏先生을 追慕함」, 『民聲』 1월호(5권 1호).

송석하, 1948, 「古色蒼然한 歷史의 遺跡 鬱陵島를 찾아서!」, 『국제보도』(Pictorial Korea) 10권(올림픽특집) 3권 1호(신년호), 國際報道聯盟.

신석호, 1960, 「獨島의 來歷」, 『思想界』 8월호.

_____, 1948, 「獨島 所屬에 對하여」, 『史海』 창간호.

양유찬, 1974, 「남기고 싶은 이야기들: 駐美大使 시절 ①~⑤」, 『중앙일보』(1974. 12. 17~12. 21).

유진오, 1951, 「對日講和條約案의 檢討」 全7回, 『東亞日報』(1951. 7. 25, 7. 27~31).

_____, 1961, 「韓日會談을 回顧하면서」, 『時事』 11월호, 내외문제연구소.

_____, 1963, 「對日講和條約 草案의 檢討」, 『民主政治에의 길』, 一潮閣.

_____, 1966, 「韓日會談이 열리기까지: 前韓國首席代表가 밝히는 十四年前의 曲折」 上, 『思想界』 2월호.

_____, 1983, 「남기고 싶은 이야기들: 韓日會談(7) 政府意見書 작성」, 『중앙일보』(1983. 9. 5).

_____, 1983, 「남기고 싶은 이야기들: 韓日會談(9) 歸屬財産 처리」, 『중앙일보』(1983. 9. 7).

유홍렬, 1962, 「독도는 울릉도의 속도: 영유권을 중심으로」, 『최고회의보』.

이숭녕, 1953, 「내가 본 독도: 현지답사기」, 『희望』.

이정훈, 2009, 「1953년 독도를 최초로 측량한 박병주 선생」, 『신동아』 1월호.

이정훈, 2005, 「1953년 독도에서 '다케시마'를 뿌리뽑다」, 『주간동아』 476호.

이정훈, 2005, 「1953년 독도 사진으로 화제 김한용 사진작가」, 『주간동아』 477호.

李智新, 1949, 「맥아더線과 韓國의 水産」, 『새한민보』 3권 14호(6월호).

蔣周孝, 1976, 「慶北登山運動의 變遷過程」, 『한국산악』 XI(창립30주년특간호).

조중삼, 1950, 「特別附錄·德積群島 學術調査報告」(德積群島의 保健狀況), 『신천지』 1950년 6월(통권 47호, 5권 6호).

주효민, 1960, 「지정학적으로 본 독도위치: 독도는 한국의 最東端」, 『사상계』 8월호.

정병준, 2005, 「일본 100년 동안의 조작」, 『한겨레신문』(2005. 3. 16).

최규장, 1965, 「독도수비대 비사」, 『주간한국』.

최남선, 1953, 「鬱陵島와 獨島: 韓日 交涉史의 一側面」, 『서울신문』(1953. 8. 10~9. 7).

특파원, 1947, 「절해의 울릉도: 학술조사대 답사①」, 『조선일보』(1947. 9. 4).

한국산악회, 1971,「韓國山岳會慶北支部略史(1945년~1970년)」,『한국산악』VII(제26년호).
韓奎浩, 1948,「慘劇의 獨島(現地레포-트)」,『新天地』7월호(통권27호).
한찬석, 1962,「독도비사: 安龍福小傳」,『동아일보』(1962. 2).
홍구표, 1947,「無人獨島 踏査를 마치고(紀行)」,『建國公論』1947년 11월호(3권 5호).
홍이섭, 1954,「鬱陵島와 獨島」,『新天地』8월호.
홍종인, 1947,「鬱陵島 學術調査隊 報告記」1~4,『한성일보』(1947. 9. 21, 9. 24, 9. 25, 9. 26).
_____, 1978,「다시 獨島문제를 생각한다」,『신동아』11월호.
洪璡基, 1962,「나의 獄中記」,『新思潮』2월호.
황상기, 1957,「독도문제연구」,『독도영유권해설』,『동아일보』(1957. 2~3).

Richard D. McKinzie, "Oral History Interview with Niles W. Bond," December 28, 1973, Harry S. Truman Library.

Robert A. Fearey, "Diplomacy's Final Round," *Foreign Service Journal*, American Foreign Service Association, December 1991.

Robert A. Fearey, "Tokyo 1941: Might the Pacific War Have Been Avoided?," *The Journal of American East Asian Relations*, Spring 1992, Chicago; http://www.connectedcommunities.net/robertfearey/pacific_war.htm. ロバート・フィアリー, 福井宏一郎譯, 2002,「近衛文麿 對米和平工作の全容」,『文藝春秋』1月號.

4. 기타

공군중앙교육위원회 항공용어제정분과위원회, 1962,『항공용어집(항공작전편)』, 공군본부.
국립민속박물관, 1996,『국립민속박물관 50년사』.
大韓民國防部政訓局戰史編纂委員會, 1953,『韓國戰亂二年誌』.
서울대학교 부속도서관, 1974,『서울대학교법률도서관 소장 雪松文庫도서목록』.
外務部 政務局, 1954,『평화선의 이론』.
_____, 1959,『外務行政의 十年』.
유경선 외 엮음, 1995,『사진용어사전』, 미진사.
中央選擧管理委員會, 1963,『歷代國會議員選擧狀況』, 보진재.

5. 증언·인터뷰

- 「권재상 전화 인터뷰」(2010. 3. 18); 「김한용 인터뷰」(2009. 2. 4); 「손경석 인터뷰」(2010. 1. 7); 「이근택 인터뷰」(2010. 6. 9); 「이한우 전화 인터뷰」(2009. 1. 6).
- KBS 현대사발굴특집반, 「도널드 맥도널드(Donald McDonald) 인터뷰」(1992. 11. 12), 『한국현대사 관련 취재 인터뷰(미국인)』.

II. 연구성과

1. 단행본

김교식, 2005, 『아, 독도 수비대』, 제이제이북스.
김병렬, 1997, 『이어도를 아십니까』, 홍일문화.
김혁동, 1970, 『미군정하의 과도입법의원』, 평범사.
나이토우 세이쭈우(內藤正中) 지음·권오엽·권정 옮김, 2005, 『獨島와 竹島』, 제이앤씨.
다카사키 소우지(高崎宗司) 지음·김영진 옮김, 1988, 『검증 한일회담』, 청수서원.
大韓公論社, 1965, 『獨島』.
도봉섭·심학진, 1948, 『朝鮮植物圖說(有毒植物編)』, 금룡도서주식회사.
도요시타 나라히코(豊下楢彦) 지음·권혁태 옮김, 2009, 『히로히토와 맥아더』, 개마고원.
독도학회 편, 1996, 『독도의 영유와 독도정책』.
_____, 1997, 『독도영유의 역사와 국제관계』.
_____, 1998, 『독도영유권 문제와 해양주권의 재검토』.
_____, 2002, 『독도영유권 연구논집』, 독도연구보전협회.
_____, 2003, 『한국의 독도영유권 연구사』, 독도연구보전협회.
동북아의평화를위한바른역사정립기획단 편, 2005, 『독도논문번역선I』, 다다미디어.
東亞日報社編, 1975, 『秘話 第一共和國』 5권, 弘字出版社.
박경래, 1965, 『獨島의 史·法的인 硏究』, 日曜新聞社.
박관숙, 1949, 『國際法要論』, 宣文社.
____, 1954, 『國際法』, 이화여자대학교출판부.
____, 1959, 『世界外交史』, 博英社.
朴觀淑·裵載湜共著, 1961, 『國際法』, 博英社.
박진희, 2008, 『한일회담: 제1공화국의 대일정책과 한일회담 전개과정』, 선인.

박평종, 2007, 『한국사진의 선구자들』, 눈빛.

方鍾鉉, 1963, 『一簑國語學論集』, 民衆書館.

서울신문 특별취재팀, 1984, 『한국외교비사』, 서울신문사.

손경석, 1995, 『등산반세기: 한국산악운동 50년 野話』, 산악문화.

송병기, 1999, 『울릉도와 독도』, 단국대학교출판부.

_____, 2010, 『울릉도와 독도, 그 역사적 검증』, 역사공간.

신동욱, 1965, 『獨島에 關한 硏究』, 출판사 미상.

신용하, 1996, 『독도의 민족영토사 연구』, 지식산업사.

_____, 1996, 『독도, 보배로운 한국영토: 일본의 독도영유권 주장에 대한 총비판』, 지식산업사.

_____, 2001, 『독도영유권에 대한 일본주장 비판』, 서울대학교출판부.

_____, 2003, 『한국과 일본의 독도영유권 논쟁』, 한양대학교출판부.

_____, 2005, 『신용하 교수의 독도 이야기』, 살림출판사.

_____, 2006, 『한국의 독도영유권 연구』, 경인문화사.

스기하라 세이시로우(杉原誠四郎) 지음·홍현길 옮김, 1998, 『무능과 범죄의 사이』, 학문사.

스털링, 페기 시그레이브 지음·김현구 옮김, 2003, 『야마시타골드』, 옹기장이.

오오타 오사무 지음, 송병권·박상현·오미정 옮김, 2008, 『한일교섭: 청구권문제 연구』, 선인.

이석우, 2003, 『일본의 영토분쟁과 샌프란시스코 평화조약』, 인하대학교출판부.

_____, 2004, 『영토분쟁과 국제법: 최근 주요 판례의 분석』, 학영사.

_____, 2004, 『독도분쟁의 국제법적 이해』, 학영사.

_____, 2007, 『동아시아의 영토분쟁과 국제법』, 집문당.

이오키베 마코토(五百旗頭眞)외 지음·조양욱 옮김, 2002, 『일본 외교 어제와 오늘』, 다락원.

이원덕, 1996, 『한일과거사 처리의 원점: 일본의 전후 처리 외교와 한일회담』, 서울대학교출판부.

이창위, 2008, 『일본 제국 흥망사』, 궁리.

이한기, 1969, 『韓國의 領土: 領土取得에 관한 國際法의 硏究』, 서울대학교출판부.

임인식 작·임정의 엮음, 2008, 『우리가 본 한국전쟁: 국방부 정훈국 사진대 대장의 종군 사진일기 1950~1953(임인식 사진집)』, 눈빛.

정인섭, 1995, 『재일교포의 법적 지위』, 서울대학교출판부.

지철근, 1979, 『평화선』, 범우사.

_____, 1989, 『한일어업분쟁사』, 한국수산신문사.

_____, 1992, 『수산부국의 야망』, 수산신보사.

_____, 2000, 『현대한일어업관계사』, 세종출판사.

崔永禧 外, 1985, 『獨島硏究』, 韓國近代史資料硏究協議會.

최종화, 2000, 『현대한일어업관계사』, 세종출판사.

韓國史學會, 1978, 『鬱陵島·獨島 學術調査硏究』.

한국산악회50년사편찬위원회, 1996, 『한국산악회50년사』, 한국산악회.

黃相基, 1965, 『獨島領有權解說: 부록 평화선문제』(초판·재판은 1954년), 勤勞學生社.

후지와라 아키라·아라카와 쇼지·하야시 히로후미 지음, 노길호 옮김, 1993, 『일본현대사, 1945~1992』, 구월.

Michael M. Yoshitsu, *Japan and the San Francisco Peace Settlement*, New York: Columbia University Press, 1982.

Sung-Hwa Cheong, *The Politics of Anti-Japanese Sentiment in Korea: Japanese-South Korean Relations Under American Occupation, 1945~1952*, New York, Greenwood Press, 1991.

高山信武, 1999, 『二人の參謀―服部卓四郎と辻政信』, 芙蓉書房出版.

金太基, 1997, 『前後日本政治と在日朝鮮人問題』, 東京, 勁草書房.

內藤正中, 2000, 『竹島(鬱陵島)をめぐる日朝關係史』, 多賀書店.

內藤正中·朴炳涉, 2007, 『竹島=獨島論爭』, 新幹社(박병섭·나이토 세이추 지음, 호사카 유지 옮김, 2008, 『독도=다케시마 논쟁』 보고사).

每日新聞社編, 1952, 『對日本平和條約』.

山邊健太郞·梶村秀樹·堀和生 지음·林英正 옮김, 2003, 『獨島영유권의 日本側 주장을 반박한 일본인 논문집』, 경인문화사.

山下康雄, 1949, 『領土割讓の主要問題』, 有斐閣.

生出壽, 1993, 『惡魔的作戰參謀辻政信 稀代の風雲兒の罪と罰』, 光人社文庫.

森田芳夫, 1939, 『國史と朝鮮』, 綠旗聯盟.

細谷千博, 1989, 『サンフランシスコ講和條約への道』, 中央公論社.

松本淸張, 1974, 『日本の黑い霧』上·下, 文春文庫.

矢田喜美雄, 1973, 『謀殺 下山事件』, 講談社.

奧原碧雲(奧原福市), 1907, 『竹島及鬱陵島』, 報光社.

外務省條約局, 1953, 『竹島の領有』.

李鍾元, 1996, 『東アジア冷戰と韓米日關係』, 東京大學出版會.

諸永裕司, 2002, 『葬られた夏 追跡下山事件』, 朝日新聞社.

田々宮英太郎, 1986, 『參謀·辻政信·傳奇』, 芙蓉書房出版.

田村淸三郞, 1954, 『島根縣竹島の硏究』, 島根縣.

_____, 1965, 『島根縣竹島の新硏究』, 島根縣總務部總務課.

中澤孝之·日暮高則·下條正男, 2005, 『(圖解)島國ニッポンの領土問題: 激怒する隣國, 無關心な日本』, 東洋經濟新報社.

川上健三, 1966, 『竹島の歷史地理學的硏究』, 古今書院(해양수산부, 1990, 『竹島의 歷史地理學的 硏究』 번역).

春名幹男, 2000, 『秘密のファイル CIAの對日工作』上·下, 共同通信社.

下條正男, 1999, 『日韓·歷史克服への道』, 展轉社.

下條正男〔外〕, 2002, 『知っていますか, 日本の島』, 自由國民社.

_____, 2004, 『竹島は日韓どちらのものか』, 文藝春秋.

_____, 2006, 『(發信)竹島: 眞の日韓親善に向けて: 下條正男-拓殖大學敎授に聞く』, 山陰中央新報社.

和田正明, 1965, 『日本漁業の新發足』, 水産經濟新聞社.

2. 논문

가지무라 히데끼(梶村秀樹), 2003, 「竹島=獨島問題와 日本國」, 山邊健太郎·梶村秀樹·堀和生 지음·林英正 옮김, 『獨島영유권의 日本側 주장을 반박한 일본인 논문집』, 경인문화사.

고지훈, 2000, 「駐韓美軍政의 占領行政과 法律審議局의 活動」, 『韓國史論』 44, 서울대학교 국사학과.

구선희, 2007, 「해방 후 연합국의 독도 영토처리에 관한 한·일 독도연구 쟁점과 향후 전망」, 『한국사학보』 28호.

김경남, 2008, 「재조선 일본인들의 귀환과 전후의 한국인식」, 『東北亞歷史論叢』 21호.

김대영, 2004, 「일본 以西저인망어업의 축소재편에 관한 一考」, 『해양비즈니스』 4호.

김병렬, 1996, 「일본 古地圖에도 독도는 한국땅이라 명시」, 『한국논단』 6월호.

_____, 1996, 「증거를 외면하지 마라」, 『한국논단』 11월호.

_____, 1998, 「대일강화조약에서 독도가 누락된 전말」, 『독도영유권과 영해와 해양주권』, 독도연구보전협회.

_____, 1998, 「日학자에 의해 '억지주장' 입증되었다」, 『한국논단』 9월호.

김성보, 1995, 「소련의 대한정책과 북한에서의 분단질서 형성, 1945~1946」, 역사문제연구소 편, 『분단50년과 통일시대의 과제』, 역사비평사.

김성원, 2008, 「식민지시기 조선인 박물학자 성장의 맥락: 곤충학자 조복성의 사례」, 『한국과학사학회지』 30권 2호.

김용섭, 1966, 「日本, 韓國에 있어서의 韓國史敍述」, 『歷史學報』 31.

김정태, 1971, 「1946년 적설기 한라산학술등반기」, 『한국산악』 VII(26년호).

_____, 1977, 「韓國山岳會30年史」, 『한국산악』 XI(1975・1976년호).

김태기, 1996, 「일본정부의 재일한국인정책: 일본점령기를 중심으로」, 한국정치학회 연례 학술회의.

_____, 1999, 「1950년대초 미국의 대한 외교정책: 대일강화조약에서의 한국의 배제 및 제1차 한일회담에 대한 미국의 정치적 입장을 중심으로」, 『한국정치학회보』 33집 1호(봄호).

_____, 1999, 「GHQ/SCAP의 對재일한국인정책」, 『國際政治論叢』 38집 3호.

_____, 2000, 「한국 정부와 민단의 협력과 갈등관계」, 『아시아태평양지역연구』 3권.

_____, 2001, 「자료소개 2: 요시다서간」, 『한일민족문제연구』 Vol. I, no.1.

김태우, 2008, 「한국전쟁기 미공군의 공군폭격에 관한 연구」, 서울대학교 국사학과 박사학위논문.

김호동, 2008, 「『竹島問題에 관한 調査研究 最終報告書』에 인용된 일본 에도(江戶)시대 독도문헌 연구」, 『인문연구』 55호.

나가사와 유코(長澤裕子), 2007, 「日本의 '朝鮮主權保有論과 美國의 對韓政策: 韓半島 分斷에 미친 影響을 中心으로, 1942~1951年)」, 고려대학교 대학원 정치외교학과 박사학위논문.

노관택, 2008, 「김홍기(金弘基)」, 서울대학교 한국의학인물사 편찬위원회 편, 『한국의학인물사』, 태학사.

도봉섭・심학진, 1948, 「국산 '미치광이'의 생약학적 연구」, 『약학회지』 1권 1호.

朴觀淑, 1956, 「독도의 법적 지위: 국제법상의 견해」, 『국제법학논총』.

朴觀淑, 1977, 「獨島의 法的 地位에 關한 研究」, 外務部, 『獨島關係資料集II: 學術論文』.

朴杰淳, 1992, 「日帝下 日人의 朝鮮史研究 學會와 歷史: 高麗史 歪曲」, 『독립운동사연구』 6집.

박배근, 2001, 「『竹島の歷史地理的研究』에 대한 비판적 검토」, 『法學研究』 42권 1호.

_____, 2005, 「독도에 대한 일본의 영역권원주장에 관한 一考」, 『국제법학회논총』 50권 3호.

박병섭, 2007, 「明治時代の資料からみた獨島の歸屬問題」, 『독도연구』 3호, 영남대학교 독도연구소.

_____, 2008, 「시모조 마사오의 논설을 분석한다」, 『독도연구』 4호, 영남대학교 독도연구소.

박봉규, 1985, 「제I장 총설 제2절 울릉도·독도의 자연」, 『獨島硏究』, 한국근대사자료연구협의회.

박상윤, 1982, 「動物學近代化의 開拓者」, 『과학과 기술』 2월호.

박성수, 1996, 「한일관계사와 독도문제」, 『獨島硏究』, 한국정신문화연구원.

박주석, 1988, 「현일영(玄一榮)연구」, 중앙대학교 대학원 석사학위논문.

박진희, 2005, 「戰後 韓日관계와 샌프란시스코 平和條約」, 『한국사연구』 131호.

_____, 2008, 「독도영유권과 한국·일본·미국」, 『독도자료』 1~3(미국편), 국사편찬위원회.

방선주, 1987, 「美國 第24軍 G2 軍史室 資料 解題」, 『아시아문화』 3호.

_____, 1998, 「美國 國立公文書館 國務部文書槪要」, 『국사관논총』 79호.

방종현, 1940, 「古語 硏究와 方言」, 『한글』(1940. 7. 1).

백충현·송병기·신용하, 1981, 「(학술좌담) 독도문제 재조명」, 『한국학보』 24호.

白忠鉉·宋炳基·愼鏞廈, 1984, 「獨島問題を再照明する」, 『アジア公論』 4月號.

석주일, 1949, 「朝鮮의 梅毒. 第1報, 梅毒의 統計的 觀察」, 『中央防疫硏究所所報』 1권 1호(1949년 8월).

송병기, 1990, 「日本의 '량고島(獨島)' 領土編入과 鬱島郡守 沈興澤 報告書」, 『윤병석교수 화갑기념 한국근대사논총』, 한국근대사논총간행위원회.

_____, 1991, 「韓末利權侵奪에 관한 硏究: 獨島問題의 一考察: 鬱陵島의 地方官制 編入과 石島」, 『국사관논총』 23집.

_____, 1996, 「資料를 통해 본 韓國의 獨島領有權」, 『한국독립운동사연구』 10집.

_____, 1998, 「조선후기의 울릉도 경영—搜討制度의 확립—」, 『진단학보』 86호.

_____, 1999, 「울릉도의 지방관계 편입과 석도」, 『울릉도와 독도』, 단국대학교출판부.

_____, 1999, 「자료를 통해 본 한국의 독도영유권」, 『울릉도와 독도』, 단국대학교출판부.

_____, 2006, 「안용복의 활동과 울릉도爭界」, 『역사학보』 192호.

_____, 2007, 「獨島(竹島)問題의 再檢討」, 『東北亞歷史論叢』 18호.

_____, 2008, 「安龍福의 活動과 竹島(鬱陵島) 渡海禁止令」, 『동양학』 43집.

시모조 마사오(下條正男), 1996, 「'竹島'가 韓國領이라는 근거는 왜곡돼 있다」, 『한국논단』 5월호.

_____, 1996, 「증거를 들어 실증하라」, 『한국논단』 8월호.

_____, 1998, 「'竹島' 문제의 문제점」, 『한국논단』 8월호.

신석호, 1948, 「獨島所屬에 對하여」, 『史海』 12월호(1권 1호).

신용옥, 2008, 「대한민국 헌법 경제조항 개정안의 정치·경제적 환경과 그 성격」, 『한국근현대사연구』 봄호 44집.

_____, 2009, 「제헌헌법의 사회·경제질서 구성 이념」, 『한국사연구』 144집.

신용하, 1989, 「朝鮮王朝의 獨島領有와 日本帝國主義의 獨島侵略: 獨島領有에 대한 實證的 研究」, 『한국독립운동사연구』 3집.

_____, 1992, 「일제하의 독도와 해방 직후 독도의 한국에 반환과정 연구」, 『한국사회사연구회논문집』 34집.

_____, 1993, 「獨島問題와 獨島領有權 歸屬」, 『일본평론』 7집.

_____, 1996, 「韓國의 獨島領有와 日帝의 獨島侵略」, 『한국독립운동사연구』 10집.

_____, 1996, 「역사적 측면에서 본 독도문제」, 『獨島研究』, 한국정신문화연구원.

_____, 1997, 「한국의 獨島領有에 관한 역사적 증거 자료의 발굴과 실증적 연구」, 『省谷論叢』 28집 4권.

_____, 1997, 「일제의 1904~5년 獨島 침탈시도와 그 批判」, 『한국독립운동사연구』 11집.

_____, 1998, 「17세기 조선왕조의 독도영유와 일본의 '竹島고유영토론' 주장에 대한 비판」, 『독도학회 국제학술심포지움』.

_____, 1998, 「獨島·鬱陵島의 名稱變化연구—명칭 변화를 통해본 獨島의 韓國固有領土 증명—」, 『韓國學報』 제91·92합집.

_____, 1999, 「독도·울릉도의 명칭변화 연구」, 『독도영유권 자료의 탐구』 2권, 독도연구보전협회.

_____, 2000, 「제7부 연합국최고사령부의 독도영유 관계자료와 해설」, 『독도영유권 자료의 탐구』 3권, 독도연구보전협회.

_____, 2001, 「일본측의 '1951년 샌프란시스코 강화조약에서 독도를 한국영토에서 제외시킴으로써 독도가 일본영토임을 인정받았다'는 주장에 대한 비판」, 『독도영유권에 대한 일본주장 비판』, 서울대학교출판부.

양태진, 1996, 「문헌적 측면에서 본 독도관계 자료분석」, 『獨島硏究』, 한국정신문화연구원.

영남대학교 민족문화연구소, 1998, 「독도관계 문헌목록」, 『울릉도 독도의 종합적 연구』.

오제연, 2005, 「평화선과 한일협정」, 『역사문제연구』 14호.

요시자와 후미토시, 2008, 「일본의 한일회담 관련 외교문서의 공개상황에 대하여」; 「(특별부록) 일본 외무성 외교문서 공개 리스트」, 『일본공간』 Vol. IV, 국민대학교 일본학연구소.

柳教聖, 1952, 「對日外交의 史的 考察: 독도 및 울릉도문제를 중심으로」, 『新生公論』 6월호.

윤덕영, 1995, 「해방직후 신문자료 현황」, 『역사와현실』 16집.

윤범모, 2008, 「이쾌대의 경우 혹은 민족의식과 진보적 리얼리즘」, 『미술사학』 8월호.

이병도, 1963, 「독도의 명칭에 대한 사적 고찰」, 『불교사논총』.

이석우, 2002, 「독도분쟁과 샌프란시스코 평화조약의 해석에 관한 소고」, 『서울국제법연구』 9권 1호.
_____, 2002, 「미국 국립문서보관소 소장 독도 관련 자료」, 『서울국제법연구』 9권 1호.
_____, 2002, 「샌프란시스코평화조약에서의 쿠릴, 센카쿠섬의 지위와 독도분쟁과의 상관관계에 대한 소고」, 『서울국제법연구』 9권 2호.
이선근, 1963, 「울릉도 및 독도탐험 소고: 근세사를 중심으로」, 『대동문화연구』 1집.
이숭녕, 1963, 「故一簣의 追憶」, 『一簣國語學論集』, 民衆書館.
이만열, 1981, 「日帝官學者들의 植民主義史觀」, 『韓國近代歷史學의 理解』, 문학과지성사.
이미령, 2002, 「이쾌대 군상연구: 1948년작을 중심으로」, 이화여자대학교 미술사학과 석사학위논문.
이이화, 1992, 「나의 학문 나의 인생: 4·25교수데모에 앞장선 한학·금석문의 대가―임창순」, 『역사비평』 가을호(통권 20호).
이재영, 2008, 「조중삼(趙重參)」, 서울대학교 한국의학인물사 편찬위원회 편, 『한국의학인물사』, 태학사.
이종원, 1995, 「한일회담의 국제정치적 배경」, 『한일협정을 다시 본다』, 아세아문화사.
이한기, 1977, 「韓國의 領土: 領土取得에 관한 國際法的 硏究」, 外務部, 『獨島關係資料集II: 學術論文』.
李弘稙, 1962, 「鬱陵島搜討官關係碑二」, 『考古美術』 3의7(李弘稙, 1972, 『史家의 流薰』, 통문관).
이희성, 2008, 「이근배」, 서울대학교 한국의학인물사 편찬위원회 편, 『한국의학인물사』, 태학사.
임영정, 1996, 「일본의 독도영유권 주장의 근거: 자료를 中心으로」, 『獨島硏究』, 한국정신문화연구원.
조명철, 2007, 「독도의 영유권에 대한 전략적 고찰: 일본의 대독도 방침을 중심으로」, 『한국사학보』 28호.
정갑용, 2009, 「쯔카모도 다카시의 "샌프란시스코 평화조약에서 나타난 다케시마에 대한 취급"에 대한 비판적 연구」, 영남대학교 독도연구소, 『독도영유권 확립을 위한 연구』, 경인문화사.
정병준, 1999, 「이승만의 정치고문들」, 『역사비평』 가을호.
_____, 2002, 「미 국립문서기록관리청 소장 RG 59(국무부 일반문서) 내 한국 관련 문서」, 『미국소재 한국사 자료 조사보고 1: NARA 소장 RG 59, RG 84 외』, 국사편찬위원회.
_____, 2005, 「영국 외무성의 對日평화조약 草案·부속지도의 성립(1951. 3)과 한국독도

영유권의 재확인」,『한국독립운동사연구』 24집.
_____, 2005,「윌리암 시볼드(William J. Sebald)와 '독도분쟁'의 시발」,『역사비평』 71집.
_____, 2006,「시론: 한일 독도영유권 논쟁과 미국의 역할」,『역사와현실』 60집.
_____, 2006,「독도영유권 분쟁을 보는 한·미·일 3국의 시각」,『사림』 26호.
_____, 2008,「패전 후 조선총독부의 戰後 공작과 金桂祚사건」,『이화사학연구』 36집.
정병욱, 2005,「조선총독부 관료의 일본 귀환 후 활동과 한일교섭: 1950, 60년대 同和協會·中央日韓協會를 중심으로」,『역사문제연구』 14호.
정용욱, 2003,「미군정 자료 주요 문서철 자료 목록1. 군사실 문서철」,『미군정자료연구』, 선인.
정인섭, 1996,「국제법 측면에서 본 독도영유권 문제」,『獨島硏究』, 한국정신문화연구원.
_____, 2006,「1952년 평화선 선언과 해양법의 발전」,『서울국제법연구』 13권 2호.
조동걸, 1990,「植民史學의 成立過程과 近代史 敍述」,『歷史敎育論集』 13·14.
조성훈, 2008,「제2차 세계대전 후 미국의 대일전략과 독도 귀속문제」,『국제·지역연구』 17권 2호.
조윤수, 2008,「'평화선'과 한일어업협상: 이승만정권기의 해양질서를 둘러싼 한일 간의 마찰」,『일본연구논총』 28호.
진실·화해를위한과거사정리위원회, 2008,「월미도 미군폭격 사건」,『2008년 상반기 조사보고서』 2권.
塚本孝, 1996,「샌프란시스코 평화조약시 독도 누락과정 전말」, 한국군사문제연구소,『한국군사』 3.
최규장, 1965,「獨島守備隊秘史」,『週刊韓國』.
최영호, 1998,「현대 일본인의 한국과 한국인에 대한 인식」, 한일관계사학회,『한일양국의 상호인식』, 국학자료원.
_____, 2008,「한반도 거주 일본인의 귀환과정에서 나타난 식민지 지배에 관한 인식」,『동북아역사논총』 21호.
최장근, 2008,「'죽도문제연구회'의 일본적 논리 계발」,『독도의 영토학』, 대구대학교출판부.
_____, 2009,「'竹島經營者中井養三郎氏立志傳'의 해석오류에 대한 고찰」,『영산대학법률논총』 5권 2호.
_____, 2009,「'竹島經營者中井養三郎氏立志傳'의 해석오류에 대한 고찰」, 영남대학교 독도연구소,『독도영유권 확립을 위한 연구』, 경인문화사.
최진옥, 1996,「독도에 관한 연구사적 검토」,『獨島硏究』, 한국정신문화연구원.
_____, 1996,「독도관계 논저목록」,『獨島硏究』, 한국정신문화연구원.

한철호, 2007, 「독도에 관한 역사학계의 시기별 연구동향」, 『한국근현대사연구』 40집.
_____, 2007, 「明治時期 일본의 독도정책과 인식에 대한 연구쟁점과 과제」, 『한국사학보』 28호.
허영란, 2002, 「독도영유권 문제의 성격과 주요 쟁점」, 『한국사론』 34, 국사편찬위원회.
_____, 2008, 「독도영유권 문제의 주요 논점과 '고유영토론'의 딜레마」, 『이화사학연구』 36집.
홍성근, 2003, 「독도폭격사건의 국제법적 쟁점 분석」, 『한국의 독도영유권 연구사』, 독도연구보전협회.
홍종인, 1977, 「독도」, 『한국산악』 XI(1975·1976년호), 한국산악회.

Ernst Frankel, "Structure of United States Army Military Government in Korea," 정용욱 편, 1994, 『해방직후 정치사회사 자료집』 2권, 다락방.
Henry H. Em, "Civil Affairs Training and the U.S. Military Government in Korea," Bruce Cumings ed, *Chicago Occasional Papers on Korea*, select paper Vol. VI, The Center for East Asian Studies, 1991, The University of Chicago, Chicago, Illinois.
Jung Byung Joon, "Korea's Post-Liberation View on Dokdo and Dokdo Policies, 1945~1951," *Journal of Northeast Asian History*, Vol, V-2(Winter 2008).
Mark S. Lovmo, "Liancourt Rocks Bombing Range 1947~1953".
Mark S. Lovmo, "The June 1948 Bombing of Dokdo"〔로브모, 「1948년 6월 8일 독도폭격사건에 대한 심층적 연구」(2003. 5)〕, http://www.geocities.com/mlovmo.

堀和生, 1987, 「一九〇五年 日本の竹島領土編入」, 『朝鮮史研究會論文集』 第24號.
金炳烈, 1999, 「本誌98年7·8月號 下條論文 「竹島論爭の問題點」に反論する」, 『現代コリア』 4月號.
吉岡吉典, 1962, 「'竹島問題'とはなにか」, 『朝鮮研究月報』 11號, 日本朝鮮研究所.
內藤正中, 2005, 「竹島は日本固有領土か」, 『世界』 6月號(정영미 역, 2005, 「다케시마는 일본 고유 영토인가」, 동북아의평화를위한바른역사정립기획단 편, 『독도논문번역선 I』, 다다미디어)
山名酒喜男, 1979, 「終戰前後に於ける朝鮮事情槪要」, 森田芳夫·長田なか子篇, 『朝鮮終戰の記錄 資料篇 第一卷 日本統治の終焉』, 嚴南堂書店.
山邊健太郎, 1965, 「竹島問題の歷史的考察」, 『コリア評論』 第7卷·第2號.

_____, 1978, 「竹島=獨島問題と日本國家」, 『朝鮮研究』182.

森田芳夫, 1961, 「竹島領有をめぐる日韓兩國の歷史上の見解」, 『外務省調査月報』II-5.

_____, 1979, 「竹島領有に關する日韓兩國の見解」, 『外務省調査月報』II-2.

速水保孝, 1954, 「竹島(I)」, 『地方自治』74.

宋炳基 著・內藤浩之 譯, 1999, 「朝鮮後期の鬱陵島經營」, 『北東アジア文化研究』10號, 鳥取女子短大學北東アジア文化總合研究所.

辻政信, 1953, 「波荒き李ラインを往く: 韓國軍艦をもとめこ」, 『文藝春秋』12月號.

李鍾元, 1994, 「韓日會談とアメリカ: '不介入政策'の成立を中心に」, 日本政治學會 編, 『國際政治』105號.

_____, 1994・1995, 「米韓關係における介入の原型―'エヴァーレディ計劃'再考―(1)・(2)」, 『法學』58・59.

田川孝三, 1953. 10, 「竹島問題研究資料: 文獻に明記された韓國領土の東極」.

_____, 1953. 11, 「竹島問題研究資料: 朝鮮政府の鬱陵島管轄について」.

_____, 1953. 12, 「竹島問題研究資料: '于山島'について」.

_____, 1954. 12, 「竹島問題研究資料(歷一): 三峯島について」, 外務省アジア局 第五課.

_____, 1954. 12, 「竹島問題研究資料(歷二): 于山島と鬱陵島名について」, 外務省アジア局 第五課.

_____, 1954, 「竹島の歷史的背景の素描」, 『親和』7號, 日韓親和會.

_____, 1989, 「竹島領有に關する歷史的考察」, 『東洋文庫書報』20, 東洋文庫.

池內敏, 1999, 「竹島圖解と鳥取藩―元祿竹島一件考―序說」, 『鳥取地域史研究』第一號.

_____, 2001, 「17~19世紀鬱陵島海域の生業と交流」, 『歷史學硏究』no.756.

_____, 2001, 「前近代竹島の歷史學的研究序說」, 『青丘學研究論集』25(동북아의평화를위한바른역사정립기획단 편, 2005, 『독도논문번역선 II』, 다다미디어에 원문・번역문 수록).

_____, 2001, 「竹島一件の再檢討―元祿六~九年の日朝交涉」, 『名古屋大學文學部硏究論集』, 史學47.

川上健三, 1965, 「今の竹島・昔の竹島」, 『文藝春秋』12月號.

秋岡武次郎, 1933, 「安鼎福筆地球儀用世界地圖」, 『歷史地理』61-2.

_____, 1950, 「日本海西南の松島と竹島」, 『社會地理』第27號(8月).

_____, 1955, 「松島と竹島との混淆」, 『日本地圖史』, 河出書房.

樋畑雪湖, 1930, 「日本海に於ける竹島の日鮮關係に就いて」, 『歷史地理』55-6, 日本歷史地理學會.

塚本孝, 1977, 「海洋法に關連する四つの表(資料)」, 國立國會圖書館 調查立法考查局, 『レファレンス(The Reference)』no.315(1977. 4).

_____, 1983,「サンフランシスコ條約と竹島―米外交文書集より―」,『レファレンス』no.389(1983. 6).

_____, 1985,「竹島關係舊鳥取藩文書および繪圖(上)」,『レファレンス』no.411(1985. 4).

_____, 1985,「竹島關係舊鳥取藩文書および繪圖(下)」,『レファレンス』no.412(1985. 5).

_____, 1991,「米國務省の對日平和條約草案と北方領土問題」,『レファレンス』no.482(1991. 3).

_____, 1992,「韓國の對日平和條約署名問題―日朝交渉,戰後補償問題に關連して―」,『レファレンス』no.494(1992. 3).

_____, 1993,「日本と領土問題(上)―北方領土問題の國際司法裁判所ての付託(上)」,『レファレンス』no.504(1993. 1).

_____, 1993,「日本と領土問題(下)―北方領土問題の國際司法裁判所ての付託(下)」,『レファレンス』no.505(1993. 2).

_____, 1993,「北方領土問題の經緯(第3版)」,國立國會圖書館 調査及び立法考査局,『ISSUE BRIEF(調査と情報)』no.227(1993. 9. 28).

_____, 1993,「戰後補償問題―總論 1」,『ISSUE BRIEF(調査と情報)』no.228(1993. 10. 15).

_____, 1993,「戰後補償問題―總論 2」,『ISSUE BRIEF(調査と情報)』no.229(1993. 11. 2).

_____, 1993,「戰後補償問題―總論 3」,『ISSUE BRIEF(調査と情報)』no.230(1993. 11. 16).

_____, 1994,「平和條約と竹島(再論)」,『レファレンス』no.518(1994. 3).

_____, 1994,「竹島領有權問題の經緯」『ISSUE BRIEF(調査と情報)』no.244(1994. 4. 12).

_____, 1996,「竹島領有權問題の經緯(第2版)」,『ISSUE BRIEF(調査と情報)』no.289(1996. 11. 22).

_____, 2000,「日本の領域確定における近代國際法の適用事例―先占法理と竹島の領土編入を中心に」,『東アジア近代史』3, ゆまに書房.

_____, 2002,「竹島領有權をめぐる日韓兩國政府の見解(資料)」,『レファレンス』no.617(2002. 6).

_____, 2004,「(特輯: 日本の領土・日本の防衛)「竹島領有權紛爭」が問う日本の姿勢」,『中央公論』10月號.

_____, 2007,「奧原碧雲 竹島關聯資料(奧原水夫所藏)をめくる」,『竹島問題に關する調査研究最終報告書』(2007. 3), 竹島問題研究會.

_____, 2007,「サンフランシスコ條約における竹島の取り扱い」,『竹島問題に關する調査研究最終報告書』(2007. 3), 竹島問題研究會.

下條正男, 1996, 「竹島問題考」, 『現代コリア』 5月號, 日本朝鮮硏究所.
_____, 1997, 「續·竹島問題考(上)」, 『現代コリア』 5月號.
_____, 1997, 「續·竹島問題考(下)」, 『現代コリア』 6月號.
_____, 1998, 「竹島論爭の問題點」, 『現代コリア』 7·8月號.

찾아보기 _인명

[ㄱ]

가미니시 유타로(神西由太郎) 38, 49, 352
가바야마 아이스케(樺山愛輔) 666
가세 도시카즈(加瀬俊一) 287~290
가와카미 간이치(川上貫一) 862~865, 881
가와카미 겐조(川上健三) 37, 46~49, 51~55, 58,
　　59, 64, 102, 167, 322, 325, 350, 351, 356, 855~
　　858, 880, 884~886, 893, 895~898, 904~907,
　　909, 911, 912
가이싱어, 웨인(Geissinger, Wayne) 719
가지무라 히데키(梶村秀樹) 54, 89
가토 시게쿠라(加藤重藏) 101, 102
강만길 40, 41
고바야시 겐타로(小林源太郎) 856
고희성 116, 124, 129
공두엄 207, 208
구보타 간이치로(久保田貫一郎) 274, 946
그루, 조셉 클라크(Grew, Joseph Clark) 93, 300,
　　330, 388, 404, 424, 438, 626
그린, 마셜(Green, Marshall) 438, 439, 491, 626
글렌, 윌리엄(Glenn, William) 719
기모츠키 가네유키(肝付兼行) 353, 354
김규식 173, 393, 407, 441, 674
김동술 181, 203, 205
김동조 92, 93, 697, 812, 814~819
김성진 849
김세선 699, 700, 702, 705, 709, 710, 719, 724, 782
김수경 120
김용구 115
김용주 688, 690, 808, 811~814, 816, 876
김우평 262
김원용 34, 41, 123, 125, 142, 148, 830, 839, 850
김장렬 238

김정실 842
김정태 113, 115, 116, 121, 123, 124, 130, 132, 143,
　　822~824, 831, 833, 837~840, 845, 849, 850,
　　852, 854
김준선 180, 181
김준연 695, 696, 698, 700, 701, 708, 771
김준혁 892
김진성 899, 900
김태홍 181, 203~205
김홍기 124, 127
김홍래 116, 123, 124, 130, 149

[ㄴ]

나이토 세이추(內藤正中) 53, 55
나카무라 히로시(中村拓) 50, 937
나카이 요사부로(中井養三郎) 27, 31, 53, 54, 56, 72,
　　101, 253, 349, 352, 353, 886
나카이 요이치(中井養一) 101, 102
나카이 진지로(中井甚二郎) 53
노무라 기치사부로(野村吉三郎) 491
니시무라 구마오(西村熊雄) 92, 633, 646, 649, 651,
　　652, 654, 784

[ㄷ]

다가와 고조(田川孝三) 50~52, 57, 58
다나카 히로토(田中弘人) 330, 658
다무라 세이자부로(田村淸三郎) 37, 46, 51~55, 59,
　　102, 350, 351, 857, 858, 880, 885
다부치 도모히코(田淵友彦) 31
다카사키 소지(高崎宗司) 334, 359~361, 784
덜레스, 존 포스터(Dulles, John Foster) 16, 65, 67,

69, 80, 82, 88, 89, 93, 277, 311, 312, 330, 331, 371, 372, 375, 376, 378, 401, 402, 404, 478, 498, 500~506, 509, 511, 513, 514, 516~518, 520, 524, 525~527, 530, 535, 537, 540, 544, 545, 554, 556, 561, 568, 584, 585, 587, 589, 593~595, 597, 599, 600, 601, 605, 608, 609, 610~613, 616, 619, 620, 623, 625~627, 632, 633, 635~639, 643~647, 651~653, 656~659, 662, 664, 690, 693, 695, 697, 701, 703~705, 709~711, 720, 724, 725, 727, 732~735, 748, 750~753, 766, 769, 770, 772, 774, 775, 789, 797, 799, 800~802, 808, 859, 860, 874, 937~939, 946~953, 958

도봉섭 116~118, 120, 123, 124, 133, 138, 142, 148, 168

도요시타 나라히코(豊下楢彦) 62, 303, 369

[ㄹ]

라페루즈(La Perouse) 343, 413, 420, 431, 452

라이샤워, 에드윈(Reischauer, Edwin O.) 381, 447, 448, 451

라이트너, 앨런(Lightner, E. Allan, Jr.) 733, 736, 920~922, 924, 927~929, 931

램, 리처드(Lamb, Richard H.) 877, 879

러스크, 딘(Rusk, Dean) 67, 89, 330, 365, 381, 548, 690, 726, 777~780, 798, 801, 860, 924, 926, 927, 940, 941

레온하트, 빌(Leonhart, Bill) 942

루턴, 윌리엄(Lewton, William S.) 877

리지웨이, 매튜(Ridgway, Matthew B.) 612, 646

[ㅁ]

마셜, 조지(Marshall, George C.) 173, 294, 408, 424, 683

마쓰나가 다케요시(松永武吉) 352

마틴, 에드윈(Martin, Edwin M.) 382, 387, 390

매클러킨, 로버트(McClurkin, Robert J. G.) 923,

945, 947

매클루어, 토머스(MacClure, Thomas) 196, 197, 200

맥도널드, 도널드(McDonald, Donald) 244

맥아더, 더글러스(MacArthur, Douglas) 62, 76, 92, 188, 190, 191, 194, 195, 228~230, 251, 252, 254, 256, 257, 259, 281, 284, 288, 292, 298, 299, 300, 302, 303, 305, 369, 370, 374, 380, 381, 394, 407, 408, 410, 418, 423, 424, 449, 450, 454, 456~459, 464, 475, 483, 485, 486, 504, 526, 636, 643, 645, 656~659, 662, 666~668, 691, 697, 703, 704, 708, 717, 722, 726, 740, 745, 746

머피, 로버트(Murphy, Robert) 883, 920, 937

모리슨, 허버트 스탠리(Morrison, Herbert Stanley) 540, 565, 591, 610~612

모리타 요시오(森田芳夫) 51, 58

무초, 존(Muccio, John J.) 375, 475~478, 486, 520, 588, 591, 665, 702, 708, 733, 736, 737, 773~775, 782, 798

[ㅂ]

박관숙 36, 38, 39, 45, 844

박병섭 52, 55, 58

박병주 84, 136, 827, 829, 831, 835, 836, 838, 839, 846, 848~850, 852~854, 913

박용덕 115, 124, 127

박윤원 269, 270

박정희 36, 39

박흥섭 204

방선주 18, 20, 72, 88, 91, 575

방종현 33, 34, 84, 119, 123~125, 135~138, 142, 153, 155~157, 159, 162, 168, 257

백충현 41, 45, 157

버터워스, 월턴(Butterworth, W. Walton) 363, 418, 424, 449, 474, 483, 666, 667

번스, 제임스(Byrnes, James F.) 315

베빈, 어니스트(Bevin, Ernest) 374, 439, 449, 583

베이컨, 루스(Bacon, Ruth) 382, 383, 387, 389, 406, 407, 440

변영태 695, 696, 698, 699, 718, 719, 733, 740, 741, 743, 769, 770, 780, 782, 789, 803, 817, 822
보그스, 새뮤얼(Boggs, Samuel Whittemore) 364, 389, 390~392, 400, 410~417, 419, 421, 422, 426~428, 431, 494~497, 641, 642, 753~765
보튼, 휴(Borton, Hugh) 89, 93, 300, 373, 380~382, 386~389, 407, 408, 411, 412, 418, 419, 423, 428, 439, 450, 456
본드, 나일스(Bond, Niles W.) 93, 475, 737, 769, 790
볼, 맥마혼(Ball, W. MacMahon) 293, 297
브래들리, 오마(Bradley, Omar) 371, 662, 700
브릭스, 엘리스(Briggs, Ellis O.) 934

[ㅅ]

색턴, 프랭크(Sackton, Frank) 228
서덕균 850, 851
서상우 253
석주명 116~118, 123, 127, 129, 135, 137, 142, 148, 168
석주일 124, 127
손경석 21, 94, 822~824, 829
손계술 123, 125
손원일 131, 832, 919
손진태 116, 119
송병기 40~43, 156, 157, 159, 348
송석하 33, 34, 84, 115~118, 120~123, 130, 133, 135, 142, 147, 153~155, 162, 168
스기하라 아라타(杉原荒太) 92, 278
스에마쓰 야스카즈(末松保和) 47, 50, 58
스즈키 다케오(鈴木武雄) 360
스콧, 로버트 히틀리(Scott, Robert Heatlie) 564, 587, 588, 591, 595, 610, 727
스탈린, 이오시프 비사리오노비치(Stalin, Iosif Vissarionovich) 173, 493, 943
스티브스, 존(Steeves, John M.) 918, 919, 925
스핑크스, 찰스 넬슨(Spinks, Charles Nelson) 457, 464, 491, 493, 737

시라스 주로(白洲次郎) 665~668
시마 시게노부(島重信) 940
시마즈 히사나가(島津久大) 235, 861
시모다 다케소(下田武三) 48, 92, 236, 278, 279, 318, 319, 322, 324~326, 328, 350, 474, 623, 633, 862, 871, 903
시모야마 사다노리(下山定則) 660~662
시모조 마사오(下條正男) 55~58, 60
시볼드, 윌리엄(Sebald, William J.) 17, 71, 73, 77, 93, 228, 234, 259, 260, 289, 294, 300~303, 321, 325~329, 363, 364, 374, 375, 394, 404, 410, 427, 449, 450, 455~459, 461~472, 474, 475, 477, 479, 481~483, 485, 486, 489~493, 495, 497, 500, 521, 530, 535, 599, 608, 640, 641, 643, 646, 647, 651, 652, 654~657, 665, 668, 675, 697, 737, 756, 759, 787, 860, 919, 939, 940, 942
신석호 33~36, 39, 105, 106, 111, 112, 120, 133, 144, 153, 160~163
신업재 123, 124, 130
신영철 244
신용하 18, 41~44, 54, 63, 70, 157, 159, 166, 427, 478
신지현 40, 41
신흥우 687
심학진 116, 118, 124, 168
심흥택 29, 31, 97, 100, 110, 163, 164, 167, 168, 349
쓰지 도미조(辻富蔵) 856
쓰지 마사노부(辻政信) 52, 852, 886, 905~910, 912, 913

[ㅇ]

아놀드(Arnold, A.V.) 741
아사카이 고이치로(朝海浩一郎) 93, 293~295, 300, 323
아시다 히토시(芦田均) 169, 278, 296~298, 318, 676
아이젠하워, 드와이트 데이비드(Eisenhower, Dwight

David) 943
아키오카 다케지로(秋岡武次郎) 46, 47, 50
안용복 29, 31, 43
안재홍 33, 76, 106, 109, 111, 112, 118, 120, 144, 146, 160, 168, 240, 407
야하타 조시로(八幡長四郎) 102, 103
애치슨, 딘(Acheson, Dean) 374, 381, 439, 449, 501, 583, 612, 643, 689, 690, 695, 709, 710, 735, 768, 769, 775
앤더슨, 콜린(Anderson, Colin E.) 210, 261, 363
앨리슨, 존 무어(Allison, John Moore) 16, 65, 88, 89, 93, 439, 450, 482, 491, 498, 501~504, 512~514, 522, 537~539, 553, 554, 556, 561, 564, 584, 587~589, 591~593, 596, 604, 610, 612, 613, 625, 626, 632, 633, 636, 637, 639, 693, 694, 736, 763, 765, 775, 946~949
앳치슨, 조지(Atcheson, George, Jr.) 288, 293~303, 318, 326, 394, 405~407, 409, 410, 457
야마가타 아리토모(山縣有朋) 282
야마나 미키오(山名酒喜男) 357, 358, 360
야마모토 도시나가(山本利壽) 235, 860~863, 867, 870, 881
야마베 겐타로(山邊健太郎) 54
야마시타 야스오(山下康雄) 707, 708, 772
야마이 진지로(山井甚二郎) 785
양유찬 83, 92, 93, 365, 547, 548, 616, 687, 696, 699, 710, 720, 732~735, 738, 746~748, 750~753, 760, 767, 770, 773, 775, 777, 778, 780, 790, 798, 800, 801, 924, 941
양제박 172
에머슨, 존(Emmerson, John K.) 93, 299, 382, 386~388
에몬스, 아서(Emmons, Arthur B.) 732, 734, 751, 800, 801
영, 케네스(Young, Kenneth T., Jr.) 795, 922, 923, 927
오카자키 가쓰오(岡崎勝男) 492, 936, 937
오쿠무라 아키라(奧村亮) 102, 103, 855
오쿠무라 헤이타로(奧村平太郎) 102, 855

오쿠하라 후쿠이치(奧原福市) 49, 351, 352, 356
옥승식 33, 84, 114, 124, 127, 129, 130, 136, 142, 144, 145, 824, 829, 848, 850
요시다 시게루(吉田茂) 92, 278, 279, 297, 310, 318, 322~324, 326, 328, 329, 378, 381, 407, 473, 492, 502, 514, 526, 535, 561, 594, 595, 599, 601, 612, 623, 627, 629, 631~633, 636~639, 646, 651~654, 656~662, 664~668, 697, 727, 729, 752, 788, 808, 862, 874
요시오카 요시노리(吉岡吉典) 866
원용석 36
웨일랜드, 오토(Weyland, Otto P.) 920, 934, 936~938
웹, 제임스(Webb, James E.) 449, 475
위니아크지크, 앤드루 W. (Winiarczyk, Andrew W.) 196, 198
윌리엄스, 저스틴(Williams, Justin) 229
유승준 842
유진오 35, 92, 93, 258, 262, 543, 547, 673, 674, 695~698, 700~702, 704~708, 718, 719, 739, 740, 742~746, 748, 766, 767, 783, 785, 807, 822
유하준 116, 123, 125
유홍렬 34~36, 39, 116, 118, 119, 120, 830, 839, 848, 850, 854
윤고종 180
윤병익 137
윤석구 270
윤재근 239
윤치영 239
이구치 사다오(井口貞夫) 513, 514, 561, 633, 636, 637, 640, 643~647, 649, 651, 652, 654
이규원 36, 159, 166
이기붕 933
이문엽 123, 124, 138, 152
이문원 676
이병도 35, 36, 39
이봉수 112, 144
이상백 119
이선근 35, 36, 39

이수광 26
이숭녕 34, 36, 824, 829, 830, 847~849
이승만 83, 93, 250, 260, 269, 271, 274, 440, 476, 499, 674, 676, 677, 687, 688, 691~694, 699, 702, 708, 709, 719, 746, 770~772, 789, 800, 811, 819, 833, 943, 944, 949
이시하라 간이치로(石原幹市郞) 235, 870, 881
이여성 246
이영로 124, 126, 130, 145
이오키베 마코토(五百旗頭眞) 169, 278, 279, 293, 300, 303, 408
이완식 202, 203, 207, 220, 221
이용민 116, 121, 831, 849, 850, 854
이유선 269
이종학 86, 144, 235, 236, 322, 323, 325, 861, 870
이종형 842
이중환 661, 662
이철원(Clarence Ryee) 719, 783
이케다 고이치(池田幸一) 102
이케우치 사토시(池內敏) 55
이케하타 쓰요시(池畑力) 855
이쾌대 21, 246~249
이한기 18, 38, 39, 45, 157
이현종 40, 41
이호영 822
이홍직 148, 824
임병직 684, 698, 700, 709, 710, 789, 798
임석제 127, 128, 831
임송본 696, 701, 746, 766, 807
임인식 124, 127, 128
임창순 34, 123, 125, 126

[ㅈ]
장개석 173, 462, 608, 799, 908
장면 186, 239, 331, 391, 659, 660, 689, 690, 693~695, 697~699, 701, 703~705, 708, 722, 773, 812, 931, 933
장학상 181, 203, 205, 206, 237

전재항 164, 167, 168
전탁 123, 124
정광현 735
정긍모 845
정문기 41, 809, 815
정영호 124, 126, 127, 145
정원준 894, 898
정인섭 42, 45, 63, 116, 678, 812
정인호 116, 123, 124, 849
정준모 850, 852
정태영 848
정홍헌 123, 125, 142
제이콥스, 조셉(Jacobs, Joseph E.) 173
조벨, 제임스(Zobel, James) 20, 228
조성환 252, 257, 262
조재천 250
조중삼 124, 127, 129, 130, 142, 830, 848, 849
존스턴, 찰스(Johnston, Charles H.) 305, 562, 564, 567, 584, 587, 589, 592
존슨, 알렉시스(Johnson, Ural Alexis) 93, 330, 589, 700, 782, 799
지볼트, J. 필리프 프란츠 폰(Siebold, J. Philipp Franz von) 26
지철근 678, 684, 811, 813~820
진필식 92, 93, 790

[ㅊ]
채숙 115, 116, 124, 127
최계복 124, 128, 130, 137, 144, 149, 165, 250, 831
최남선 35, 36, 157, 257, 258, 262, 744~746, 791
최두선 708, 745
최만일 181, 203, 205~207
최석우 40, 41
최영희 39~41
최춘삼 181, 204, 205
최춘일 204
최헌길 269, 270
최헌식 899, 900

추인봉 112, 144, 164
츠카모토 다카시(塚本孝) 55, 56, 65~70, 80, 399, 401, 405, 421, 422, 434, 435, 498, 500, 512, 529, 530, 556, 557, 604

[ㅋ]

케넌, 조지(Kennan, George F.) 370, 374, 395, 418, 424, 473
클라크, 마크(Clark, Mark W.) 795, 920~922, 925, 926, 936
클러턴, 조지(Clutton, George L.) 378, 600, 601, 639, 646

[ㅌ]

터너, 윌리엄(Turner, William T.) 928~930, 947, 948
테일러, 맥스웰(Taylor, Maxwell D.) 943
톰린슨(Tomlinson, F. S.) 592, 593
트루먼, 해리(Truman, Harry S.) 173, 493, 815, 945
트리프트, 존(Thrift, John C.) 218

[ㅍ]

퍼시벌(Percival, A. E.) 562
펜필드, 제임스(Penfield, James K.) 382, 386, 424
폴리, 에드윈(Pauley, Edwin E.) 629, 673
프랑켈, 어니스트(Frankel, Ernst) 359
프랭크스(Franks, O.) 593, 595
프렐링하이젠, 노엘(Frelinghuysen, Noel) 765
피어리, 로버트 애플턴(Fearey, Robert Appleton) 93, 330, 331, 373, 387~392, 402~404, 410, 411, 423, 428, 439, 443, 450, 451, 482, 484, 486, 493~495, 498, 500, 512, 523, 530, 548, 589, 592, 597, 625, 626, 641, 642, 645, 646, 649, 652 ~654, 659, 724, 725, 732~734, 754, 759, 760, 763~765, 777
피츠모리스(Fitzmaurice, G. G.) 563, 592, 596
핀, 리처드 보즈웰(Finn, Richard Boswell) 93, 260, 261, 328, 363, 423, 737, 879, 923, 925, 940~942, 947

[ㅎ]

하기와라 도오루(萩原徹) 284
하마타 쇼타로(浜田正太郎) 856~858
하시오카 다다시게(橋岡忠重) 102
하시오카 유지로(橋岡友次郎) 101, 102
하야미 야스다카(速水保孝) 47, 59
하지, 존(Hodge, John R.) 186, 188, 190~192, 194 ~196, 200, 230, 233, 239, 240, 242, 243, 251, 407
하타다 다카시(旗田巍) 804
한기준 112, 144, 145
한표욱 92, 172, 694, 696, 699, 700, 704, 709, 748, 751, 763, 766, 798, 800
해밀턴, 맥스웰(Hamilton, Maxwell M.) 302, 394, 451, 495, 498
허간룡 174
허필 207, 232
헤렌, 토머스(Herren, Thomas W.) 920, 930, 931
헬믹(Helmick, G. C.) 172
현동완 115, 119, 832
현일영 124, 127, 128
호리 가즈오(堀和生) 55
홍경섭 165, 166
홍구표 101, 150, 152, 153
홍순칠 166~168
홍이섭 34, 824, 830, 839, 848, 850
홍재경 165, 166
홍재현 160, 163~168
홍종인 33, 84, 116, 117, 121~123, 130, 132~135, 139, 142~147, 155, 168, 180, 238, 245, 822~824, 829, 831, 833~835, 839, 847, 849~854, 906
홍진기 92, 674, 695~698, 701, 702, 704~706, 708, 738, 746, 772, 783, 790

황병규 269, 270
황상기 35
황성수 746, 809
훈스버거, 워런(Hunsberger, Warren S.) 382, 386, 387, 389, 418
휘트니, 코트니(Whitney, Courtney) 228, 296, 297
히바타 세스코(樋畑雪湖) 31, 112
히키, 도일(Hickey, Doyle O.) 926
힐드링, 존(Hildring, John H.) 382, 418

찾아보기 _지명

[ㄱ]

가쇼토(Kashoto, Lutao) 385
가시마나다(鹿島灘) 876
가이바(Kaiba, Moneron, 海馬島) 408, 479
- 가이바섬(Kaiba To) 384
- 도타모시리(Totamoshiri) 421, 452
가잔(Kazan, 火山)→볼케이노섬
- 볼케이노섬 341, 508, 515, 519
- 가잔열도 315, 341
가지(可之) 151
- 가지도 157
거문도→도내해 30, 31, 36, 363, 377, 388, 403, 404, 409, 414, 421, 422, 432, 436, 442, 446, 454, 480, 490, 497, 526, 528~530, 532~535, 537, 544, 546, 548, 549, 602~604, 617, 620, 679, 743, 748, 749, 756, 761, 762, 769, 891, 919, 923
- 도내해(Donea Hae) 414, 421, 432, 436, 442, 446, 454, 480, 490, 497, 761, 762
- 산도 혹은 거문도(Nan How Group) 414, 421, 432, 436, 442, 446, 454, 490, 497
- 포트해밀턴(Port Hamilton) 388, 403, 404, 409, 414, 421, 432, 436, 442, 446, 454, 480, 490, 497, 544, 546, 761, 762
거첨도 182, 226
경항(境港)→사카이미나토 99~101, 352, 867
고토군도(Goto Archipelago, 五島群島) 403, 413, 430, 435, 445, 451, 466, 481, 488, 496, 512, 910
- 고토열도(五島列島) 876
관동(關東)조차지 384
구나시리(Kunashiri Shima, 國後, 國後島) 336, 340, 341, 392, 413, 414, 420, 430, 434, 435, 440, 452, 454, 460, 463, 469, 490, 491, 493~495, 500, 607, 864

구치노시마(口之島) 568, 569, 571, 865
규슈(九州) 169, 216, 225, 227, 287, 314, 315, 333, 337, 403, 413, 430, 435, 445, 451, 466, 481, 488, 496, 559, 568, 569, 576, 578, 627, 641, 642, 865, 909
기죽도(Iso-take-shima, 磯竹島)→죽도 26, 348

[ㄴ]

난세이쇼토(Nansei Shoto, 南西諸島) 320, 336, 341, 422, 642
- 난세이도서 48, 336
- 난세이제도 641, 644, 654
- 남서제도 320, 321, 336, 337, 341, 422, 642, 654
- 류큐제도 314, 317, 341, 374, 388, 409, 413, 414, 417, 419, 420, 426, 430, 431, 433~435, 439, 445, 451, 461, 462, 466, 479, 481, 483, 488, 496, 504, 506, 508, 509, 512, 515, 516, 519, 531, 578, 639, 641, 644
난포쇼토(南方諸島) 422
남극 519, 526, 528, 529, 532, 533, 542, 544, 547, 560, 585, 587, 590
남사군도(南沙群島) 544, 547, 754
- 스프래틀리(Spratly Islands) 385, 754
네무로(根室)반도 340
니시노지마(西之島) 865

[ㄷ]

다라쿠섬(多樂島) 568, 571
다이토(Daito, 大東) 342, 409, 641
- 고토쇼(Kotosho) 385
- 다이토군도(Daito Group) 336, 642

다케시마(Takeshima)→독도
대마도(對馬島)　76, 81, 157, 169, 172, 174, 175, 250
　　～252, 255, 257, 259～262, 315, 319, 333, 344,
　　346, 363, 422, 482, 489, 499, 572, 574, 618, 675
　　～677, 679, 709, 713, 720～726, 729, 731, 732,
　　734, 738, 744～746, 748, 750, 756, 762, 763, 768
　　～772, 781, 786, 791～793, 911, 912
대만　46, 57, 62, 138, 152, 263, 285, 287, 313～315,
　　317, 319, 333, 385, 388, 402, 411～413, 421,
　　428, 429, 435, 440, 445, 460～463, 468, 479,
　　482, 490, 496, 497, 505～507, 510, 515, 519,
　　520, 522, 523, 526, 528～533, 537, 541～547,
　　549, 559, 561, 584, 586, 590, 602～604, 607,
　　608, 610, 611, 619, 641, 642, 666, 707, 729, 739,
　　743
도내해(島內海)→거문도　414, 421, 432, 436, 442,
　　446, 454, 480, 490, 497, 761, 762
- 도나이카이(Tonaikai)　760, 762
- 포트해밀턴(Port Hamilton)　388, 403, 404, 409,
　　414, 421, 432, 436, 442, 446, 454, 480, 490, 497,
　　544, 546, 761, 762
도카라군도(Tokara Gunto)　642
도타모시리(Totamoshiri)→가이바
독도(獨島)
- 기죽도(磯竹島)　26, 348
- 다케섬　568
- 다케시마(Takeshima)　37, 45, 47, 55～57, 140,
　　224, 235, 236, 253, 261, 344, 348, 349, 363～
　　365, 405, 409, 460, 463, 469, 481, 482, 488, 496,
　　499, 512, 653～655, 755, 757～759, 762～766,
　　776, 777, 779, 792, 852, 854, 861, 867, 871, 898,
　　920, 947, 948, 950, 951
- 덕도(德島)　744
- 독섬　151, 154～159, 252, 253, 255～257, 260,
　　261, 675
- 돌섬[岩島]　29, 122, 125, 147, 155, 156～159, 258
- 량고도　353
- 리앙쿠르(Liancourt)　348, 571, 839
- 리앙쿠르록스(Liancourt Rocks)　762, 766

- 리앙쿠르암　48, 77, 79, 188～194, 212～215, 224
　　～227, 230, 234, 253, 261, 266, 348～351, 353,
　　354, 363, 364, 374, 376, 377, 388, 399, 401, 403
　　～405, 409, 410, 414, 415, 417, 421～427, 429,
　　430, 432, 434, 436, 441～443, 446, 449, 454,
　　456, 458, 460, 463, 464, 469, 470, 478～480, 482
　　～484, 494, 499, 500, 604, 653～655, 679, 754～
　　759, 761～764, 777, 792, 876～878, 882, 883,
　　918, 920, 922～927, 929～932, 940
- 마쓰시마(Matsu-shima)　47, 349
- 미앙쿠르(Miancourt)　571
- 미앙쿠르암　568
- 석도(石島)　157～159, 168, 348
- 송도(松島)　26, 344, 348, 353, 867
- 우도　98, 99, 104, 910
- 죽도(竹島)　26～29, 31, 36, 37, 46, 47, 49, 51, 52
　　～57, 60, 101, 112, 152, 348, 350～353, 355,
　　356, 841, 851, 856～858, 860～862, 867, 869,
　　870, 872, 873, 876, 880, 883, 891, 892, 895, 903,
　　907, 909, 915
- Liancourt Rocks　48, 91, 193, 196, 223, 224, 226,
　　234, 260, 266, 336, 342, 374, 409, 414, 421, 432,
　　436, 442, 446, 454, 455, 463, 469, 479～481,
　　488, 496, 499, 512, 744, 754, 755, 758, 762, 795,
　　796, 832, 917～923, 926, 928, 929, 932, 934,
　　937, 940, 941, 944, 947
- YIANCOURT ROCKS　744
두만강　414, 415, 421～423, 427, 428, 432, 433,
　　436, 442, 447, 455, 480, 490

[ㄹ]

라사(Rasa, ラサ島)　409
라페루즈해협(La Perouse Strait)　413, 420, 431, 452
- 소야가이쿄(Soya Kaikyo)　572, 574
- 소야해협(宗谷海峽)　413, 431, 572, 574
레분(Rebun, 禮文島)　403, 481, 482, 488, 489, 496,
　　512
- 레분시마(Rebun Shima)　572, 574

-예문도 482
로벤섬(Robben Island, Tyuleniy Ostrov, Kaihyo To) 412, 421, 452, 479
로사리오섬(Rosario Island) 508, 515, 519, 561
류큐(琉球) 48, 314, 315, 324, 331, 336, 337, 392, 408, 420, 430, 435, 437, 438, 440, 445, 461, 505, 510, 521, 524, 530, 531, 536, 549, 559, 560, 571, 585~588, 590, 604, 605, 607, 608, 624, 628, 633, 639, 641, 642, 644, 650, 654
-류큐제도(琉球諸島) 314, 317, 341, 374, 388, 403, 409, 413, 414, 417, 419, 420, 426, 430, 431, 433 ~435, 439, 445, 451, 461, 462, 466, 479, 481, 483, 488, 496, 504, 506, 508, 509, 512, 515, 516, 519, 531, 578, 639, 641, 644
-류큐레토(Ryukyu Retto) 341
-류큐열도 169, 170, 315, 561, 569, 768
리앙쿠르암(Liancourt Rocks)→독도
리이시리(Riishiri, 利尻島) 403, 481, 488, 496, 512

[ㅁ]
마리아나제도 316
마커스(南鳥島) 336, 559
-마커스섬(Marcus Island) 342, 412, 422, 426, 508, 515, 519, 561
-미나미토리시마 342, 412, 422, 479
멘카쇼(Menkasho) 385

[ㅂ]
보닌(小笠原) 510, 524, 559, 604, 607, 628, 633, 739
-보닌섬 341, 515, 530, 531, 560, 585, 586, 587, 628
-오가사와라(Ogasawara, 小笠原) 315, 322, 324, 325, 331, 337, 341, 426, 445, 519, 559, 604, 624, 628, 633
-보닌제도(小笠原諸島) 48, 336, 426, 439, 506, 508, 519, 561, 608, 644
-오가사와라제도 320, 330, 439, 479, 624, 639

볼케이노섬 341, 508, 515, 519
-가잔 315, 341
-볼케이노군도 561
-볼케이노제도 48, 336, 426
-이오지마(Iwo, 硫黃島) 317, 320, 331, 337, 341, 392, 408, 426, 479, 519, 559, 607, 628

[ㅅ]
사도(Sado, 佐渡島) 403, 435, 445, 451, 466, 481, 488, 496, 512
사츠난(薩南)제도 641
사카이미나토(境港) 100, 101
사키시마(小群) 641
-사키시마군도(Sakishima Gunto) 642
사할린 151, 340, 341, 408, 421, 435, 482, 506, 507, 510, 519, 530, 543, 544, 547, 578, 607, 608, 619, 620, 724, 732, 739, 791
-남사할린(南樺太) 313~317, 320, 324, 340, 384, 461, 462, 490, 505, 519, 522, 542, 549, 559, 585, 587, 607, 624, 628, 713
-미나미가라후토 314
-사할린섬 421, 452, 479
삼봉도(三峰島) 29, 50, 135, 150, 154, 155, 160, 238, 785
서사군도(Paracel Islands, 西沙群島) 256, 544, 547, 754
세토나이카이(Inland Sea, 瀬戸內海) 403, 413, 430, 435, 445, 451, 466, 481, 488, 496, 512
센토(섬) 641
소네(曾禰盆) 784
소암초(蘇岩礁, 쑤엔자오)→파랑도 259, 823, 825
소후암(Sofu Gan, Lot's Wife, 孀婦岩) 413, 420, 431, 435, 445, 451, 466, 481, 489, 496
수미군도(Sumi Gunto) 642
슈무슈(Shumushu) 421
스이쇼(水晶) 568, 571
시보슈(志發) 568, 571
시코쿠(四國) 287, 314, 315, 333, 337, 403, 413,

430, 435, 445, 451, 466, 481, 488, 496, 559, 568,
569, 576, 627
시코탄(色丹) 48, 235, 320, 324, 330, 336, 340, 341,
413, 414, 420, 430, 434, 435, 445, 452, 454, 460,
463, 469, 481, 484, 489, 494,~496, 500, 534~
536, 568, 569, 578, 590, 607, 648, 650, 654, 861,
865
- 시코탄섬(Shikotan Shima, 色丹島) 228, 491, 493
실론 440, 441, 444, 451, 483, 484, 487, 488, 520,
549, 565, 574, 579, 592, 599, 650, 694, 803
쓰시마(Tsushima, 對馬島) 174, 255, 403, 435, 445,
451, 466, 481, 488, 496, 512, 757, 910

[ㅇ]
아마미섬 768
- 아마미(奄美)제도 641
- 아마미군도(Amami Gunto, 奄美群島) 642, 865
- 아마미오시마(Amami O Shima, 奄美大島) 317,
324, 341, 578, 768
아쟁쿠르(Agincourt, Hokasho) 385, 445
아키유리(Akiyuri, 秋勇留) 571
- 아키지리(Akijiri, 秋勇留) 568, 571
에토로후(Etorofu to, 擇捉島) 336, 340, 341, 392,
413, 414, 420, 430, 434, 435, 445, 452, 454, 460,
463, 469~491, 493~495, 500, 607, 864
- 에토로후해협(Etorofu Strait) 413, 420, 421, 431
오가사와라→보닌 315, 322, 324, 325, 331, 337,
341, 426, 445, 519, 559, 604, 624, 628, 633
- 오가사와라제도→보닌제도 320, 330, 439, 479,
624, 639
오쿠지리(Okujiri, 奧尻島) 403, 481, 488, 496, 512
오키(Oki, 隱岐) 53, 349, 353, 403, 500, 568, 569,
899, 906
- 오키섬 53, 105, 161, 349, 500, 571, 909
- 오키시마(隱岐島) 29, 101, 352, 354, 855, 867
- 오키열도(Oki Retto, Oki-Retto, 隱崎列島) 223,
224, 230, 349, 435, 445, 451, 466, 481, 488, 496,
512, 572, 574, 653, 757

- 은주(隱州, 현 오키섬) 348
오키나와(沖繩) 169, 170, 186, 207, 209, 216, 218,
219, 233, 255, 303, 317, 322, 324, 325, 330, 337,
370, 371, 379, 392, 409, 431, 483, 624, 641, 759,
794
- 류큐 48, 314, 315, 324, 331, 336, 337, 392, 408,
420, 430, 435, 437, 438, 440, 445, 461, 505, 510,
521, 524, 530, 531, 536, 549, 559, 560, 571, 585
~588, 590, 604, 605, 607, 608, 624, 628, 633,
639, 641, 642, 644, 650, 654
- 오키나와군도(Okinawa Gunto) 642
- 오키나와본도(沖繩本島) 314
- 오키나와섬 317
요코스카(橫須賀) 374
- 요코스카항 374, 423, 483
우루프섬 340, 469
울릉도(Ul-lung Island) 26, 29~34, 36, 39~43, 47
~51, 55, 69, 72, 77, 79, 84, 97~108, 110, 111,
113, 114, 117, 121~138, 140~160, 163~168,
180~182, 192, 193, 195~198, 201~205, 207,
214, 216, 217, 232~234, 239, 244, 245, 250,
252, 253, 257, 259, 260, 321, 322, 331, 332, 337
~339, 342~347, 349~356, 363, 364, 377, 388,
403, 404, 409, 414, 415, 421, 422, 429, 432, 436,
442, 446, 454, 455, 470, 480, 490, 497, 499, 500,
526, 528~530, 532~535, 537, 544, 546, 548,
549, 553, 568~571, 573, 579, 580, 602~604,
620, 675, 743, 744, 748~751, 756, 759, 761~
763, 765, 766, 769, 779, 785, 792, 814, 827, 828,
832~836, 838~840, 843, 845~847, 850, 852~
856, 860, 861, 864, 867, 869, 892, 894~896, 898
~901, 904, 905, 912, 919, 923
- 다줄렛(Dagelet) 48, 233, 234, 343, 348, 350, 470,
499, 759, 762
- 다줄렛섬(Dagelet Island) 342, 617, 761
- 마쓰시마(Matsushima) 47, 349
- 무릉도 29
- 아르고노트(Argonaut) 47
- 우릉(도) 29

-우산도 50
-우쓰료(Utsuryo) 568
-우쓰료토(Utsuryo To) 761, 762
유리(勇留) 568, 571
이오지마→볼케이노섬 317, 320, 331, 337, 341, 392, 408, 426, 479, 519, 559, 607, 628
이즈섬 420
-이즈7도(伊豆七島) 876
-이즈오시마(伊豆大島) 317
-이즈제도(Izu Islands) 413, 431, 435, 445, 451, 466, 481, 489, 496, 512
이키(Iki, 壹岐) 403, 909
인도네시아 61, 306, 484, 487, 488, 520, 549, 574, 592, 593, 595, 597, 599, 612, 626, 650, 659, 747

[ㅈ]

제주도(Quelpart Island, Saishu To) 30, 31, 36, 107~109, 113, 118, 121, 131, 156, 170, 241, 242, 258, 335, 363, 377, 388, 403, 404, 409, 414, 415, 421, 422, 432, 436, 439, 442, 446, 454, 480, 490, 497, 526, 528~530, 532~537, 544, 546, 548, 549, 568~574, 580, 590, 602~604, 617, 620, 638, 679~681, 684, 686, 693, 722, 743, 745, 748, 749, 756, 761, 762, 766, 769, 814, 821~825, 909, 910, 912, 919, 923, 936
-시치 568
-퀠파트(Quelpart) 762
죽도(Take-shima, 竹島)→독도

[ㅋ]

쿠릴(千島) 71, 314, 315, 317, 320, 322, 324, 330, 331, 340, 392, 435, 461, 462, 482, 505~507, 510, 520, 522, 530, 542, 549, 559, 587, 619, 624, 628, 639, 713
-남부 쿠릴=남쿠릴(南千島) 324, 340, 435, 440, 493, 578, 604, 607, 608
-치시마 314

-쿠릴군도(the Kurile archipelago) 426
-쿠릴섬 384, 388, 392, 408, 437, 452, 454, 469, 479, 490, 492~494, 500, 519, 537, 544, 547, 578, 585
-쿠릴열도 48, 313, 316, 317, 320, 336, 337, 340, 389, 403, 421, 463, 469, 543, 547, 620, 732, 791

[ㅌ]

타이완→대만

[ㅍ]

파라셀(Paracel, 西沙群島) 385, 754
파랑도(波浪島/坡浪島) 35, 76, 81, 113, 117, 121, 168~172, 174, 175, 250~252, 255~262, 363~365, 675, 744~746, 748~751, 753, 754, 756, 760~766, 773, 775~779, 781, 784~786, 791~793, 796, 807, 808, 817, 818, 821~825, 831, 859, 923
-소코트라암(Socotra Rock) 823~825
-소코트라초 824
-쑤엔자오(蘇岩礁) 259, 823, 825
-이어도 171, 258, 823~825
-파랑서(波浪嶼/坡浪嶼) 170, 171, 258, 824
-Socotona Rock 822
파레체 벨라(Parece Vela) 336, 508, 515, 519, 561
-오키노토리시마 342, 479
-파레체 벨라섬(Parece Vela Island, 沖ノ鳥島) 342
-파르코에 벨라(Parcoe Vela) 515
팽호도(Pescadores) 287, 313~315, 319, 333, 385, 402, 445, 461, 490, 496, 505, 506, 510, 515, 519, 520, 522, 526, 528~533, 542~544, 546, 547, 561, 590, 602~604
프라타스(Pratas, 東沙群島) 385

[ㅎ]

하보마이(Habomais, 齒舞) 48, 235, 320, 322, 324,

330, 336, 340, 341, 413, 414, 420, 430, 434, 435,
440, 445, 452, 460, 463, 484, 489, 491, 493~
495, 500, 534~536, 569, 571, 578, 590, 607,
650, 861, 864, 951
- 하보마이섬 469, 481, 489, 493, 496, 568, 797,
950, 952
- 하보마이제도(齒舞諸島) 320, 340
혼슈(本州) 223~225, 227, 230, 287, 314, 315, 333,
337, 403, 413, 430, 435, 445, 451, 466, 481, 488,
496, 559, 568, 569, 572, 574, 576, 627, 871
홋카이도(北海島) 225, 227, 232, 287, 314, 315, 322,
324, 333, 337, 340, 403, 408, 413, 430, 435, 445,
451, 466, 481, 488, 492, 493, 496, 559, 568, 569,
576, 578, 627
후쿠에시마(Fukue-Shima, 福江島) 572, 574
휴가나다(日向灘) 876

찾아보기 _기타

[숫자·약자]

H.O. 1500 지도 412, 415, 416, 432
OIR→정보조사국
「PPS/10. 대일평화 정착에 수반된 문제에 대한 정책기획단의 연구결과」 373, 395
SCAJAP(Shipping Control Authority for the Japanese Merchant Marine: 일본상선관리국) 678
SCAPIN(SCAP Instruction)
- SCAPIN 1호(1945. 9. 2) 340
- SCAPIN 80호(1945. 9. 27) 678
- SCAPIN 677호(1946. 1. 29) 27, 30, 103, 228, 232, 356, 358, 404, 570, 571, 580, 859, 923
- SCAPIN 1033호(1946. 6. 22) 27, 86, 103, 193, 232, 573, 678
- SCAPIN 1033/2호(1949. 6. 30) 679
- SCAPIN 1778호(1947. 9. 17) 86, 223, 228, 230, 233, 889
- SCAPIN 2046호(1949. 9. 19) 86, 679, 681
- SCAPIN 2097호(1950. 5. 11) 683
- SCAPIN 2160호(1950. 7. 6) 86, 880

[ㄱ]

가각서(Provisional Memorandum, 假覺書) 514
가제 137
각성연락간사회 277, 284
강치 99~101, 103, 149~151, 167, 353, 855, 870, 871, 880, 936
결정적 기일(Critical Date) 39, 78
경무대수정안(해양주권선) 817
고유영토설 27, 38, 52, 59, 61, 826
공도(空島)정책 343~346
「공전규칙: 육전(陸戰)에 관한 규칙(Hague IV)」 707
과도입법의원 172~174, 362, 393, 441, 674, 677
과도정부→남조선과도정부
과도정부 독도조사단 33, 113, 114, 118, 130, 133, 144
관대한 평화 379, 390, 648
광영호(光永號) 834, 835, 837, 838, 840, 871, 889, 916
국가치안성(Ministry of National Security, 國內治安省) 634, 635
국사관(國史館) 33, 43, 105, 111~113, 120, 144, 162
국사편찬위원회 33, 39~43, 50, 53, 54, 72, 83, 84, 87, 88, 90, 105, 125, 162, 352, 399, 575, 687, 699, 700~703, 709, 710, 719, 737, 746, 770, 776, 883, 917, 921, 931, 936, 948, 949
국제사법재판소(International Court of Justice) 59, 82, 511, 587, 618, 718, 721, 727, 731, 781, 797, 902, 904, 940, 944~948, 951, 952
국제연맹 528, 533, 544, 547, 563, 566
국제연맹 위임통치체제 528, 533, 544, 547
국제조정은행 563, 566
국제포경협약 563, 566
국토구명사업 118, 120, 129, 142, 845, 850, 852
〈군상 Ⅳ〉 246~249
「군용시설과 구역에 관한 협정」 235, 871, 873
귀속재산 705, 707, 708, 716, 717, 721, 724, 731, 739~741, 746, 747, 749~751, 766, 768, 770, 772~774, 776, 779~781, 783, 784, 786, 791, 802, 807, 808
극동공군사령부(미극동공군사령부) 182~187, 194, 200, 207, 208, 218, 223, 224, 229, 233, 238, 937
극동위원회(Far Eastern Commissiom: FEC) 111, 303~305, 330, 370, 380, 381, 393, 395, 424, 457, 475, 487, 498, 517, 520, 588, 650, 656, 657,

659, 665, 694, 727, 803, 941, 942
극동조사과(DRF) 88~90, 382, 387, 477, 478, 665, 675, 721
근실국(根室國) 340
김포 공군기지 공대지 사격장 182

[ㄴ]
남만주철도주식회사 542
남조선과도정부 33, 44, 76, 95, 110, 111, 114, 139, 144, 147, 164, 172, 262, 265~267, 362, 673, 855

[ㄷ]
다수강화(majority peace) 308~312, 372, 395, 484, 492, 568, 583
다이호마루(大邦丸) 936
다케시마(竹島)의 날 37, 45
단극적(單極的) (대일)평화조약 61, 303, 794
단독강화 61, 68, 277, 307~310, 312, 313, 370, 372, 395, 437, 438, 473, 484, 490, 491, 493, 506, 509, 520, 568, 583, 862
단독불강화원칙 61, 372
『대구시보』(大邱時報) 98, 99, 104, 105, 109, 113, 114, 128, 130, 133, 135, 137, 144, 147~150, 169, 170, 195, 196
대마호(對馬號) 846
대서양헌장 285, 289~291, 295, 314, 316, 319, 676, 733
대양환(大洋丸) 686
(대)이탈리아강화회의 379, 639
(대)이탈리아평화조약 312, 376~378, 390, 441, 502, 523, 557, 564, 565, 645~647
『대일강화조약 제2초안』 735
대일강화회의준비위원회 696, 701
대일기본정책 111, 313
대일배상요구조건조사위원회 262, 673
「대일배상요구서」(「대일배상요구 자료조서」) 673, 674, 771

대일배상청구위원회 673
대일선박반환요구교섭단 812
대일어업협정준비위원회 791, 808, 809, 811
대일(평화)조약작업단 79, 373, 380, 382~384, 386, 389, 393~395, 399, 401~408, 412, 418, 423, 428, 437, 450, 463
대일평화7원칙 330, 376, 505, 509~512, 517, 623 ~625, 628, 635
대일평화조약 및 미일안보협정 관련 문서철 89
「대일평화조약상정대강」(對日平和條約想定大綱) 312, 313, 319, 334
대전환(大田丸) 130, 131, 133, 135
대한민국임시정부(한국임시정부) 273, 440, 476, 478, 614, 690, 712, 720, 728
「대한민국정부 급(及) 미국정부 간의 재정급 재산에 관한 최초협정」(1948. 9. 11) 740
덜레스 문서철 88, 544, 556, 703
덜레스 사절단 80, 93, 312, 511, 513, 527, 561, 587, 589, 600, 601, 608, 609, 613, 619, 625~627, 635, 639, 651, 652, 789, 874, 946
덜레스 초안 506, 705
『도근현 죽도의 연구』(島根縣竹島の研究) 53, 857
독도 폭격연습장 27, 30, 32, 58, 59, 188, 189, 191, 234~236, 500, 861, 869, 873, 878~880, 882, 883, 885, 888~890, 916, 922, 928~934, 937~939, 942, 950, 951
『독도문제개론』(獨島問題槪論) 34, 35, 82, 112, 157, 878
독도문제연구위원회 35
독도어민조난자위령비(독도조난어민위령비) 853, 894, 897, 913
독도에 관한 수색위원회 112
『독도연구』(獨島研究) 41, 42
독도영유권 26, 31, 32, 34~37, 39, 40, 43~45, 50, 51, 54, 56, 59~61, 63, 66, 67, 70~77, 79, 81, 100, 101, 105, 107~109, 111, 113, 138, 142, 145, 151~153, 159, 160, 166, 167, 179, 232, 234 ~238, 242, 249, 250, 252, 261, 263, 266, 268, 272, 274, 321, 332, 350, 351, 356, 357, 361~

365, 399, 427, 467, 471, 478, 483, 553, 557, 576,
579~581, 585, 655, 776, 780, 788, 792, 793,
795, 796, 808, 809, 817, 818, 820, 821, 826, 855,
857, 859, 860, 865~870, 872, 873, 876, 878,
879, 882~884, 886~891, 902, 909, 915~926,
928, 929, 933~935, 937~942, 944, 945, 948,
949, 951, 952
독도조사단(독도조사대) 33, 76, 112~115, 117,
118, 120, 123, 129, 130, 133, 135, 140, 144, 150,
153, 160, 236, 238, 250, 266, 826, 831, 835, 839,
840, 845, 853, 854, 878, 906, 907, 919
독도폭격사건(1952. 9) 840, 871, 878, 881, 916,
918~921, 926
독도학술조사단(독도학술조사대) 33, 76, 84, 145,
168, 827, 829, 835, 839, 853, 854, 871, 885, 938
독도학회 43, 44
동북아역사재단 43, 71, 86, 399, 775, 861, 863,
881, 903
동북아시아국 대일평화조약 문서철 88, 434
동양척식주식회사 542
드레이퍼 사절단 305

[ㄹ]

러스크 서한(1951. 8. 10) 775, 779~782, 785, 792,
793, 795~797, 860, 878, 916~918, 924~929,
939, 944~947, 949~951
러일공동선언(1956) 340
런던회의(영연방수상회담) 557
레드 퍼지(red purge) 862
레이더기지 234, 363, 460, 463, 469~471, 499,
919
로잔조약 563, 566
리앙쿠르(Liancourt)호 348
리앙쿠르암 폭격연습장 931, 932

[ㅁ]

맥아더(어업)라인 726

- 맥아더라인(MacArthur Line) 80, 81, 103, 104,
106~110, 113, 114, 152, 161, 171, 172, 194,
232, 274, 573, 618, 673, 677~680, 683~688,
693, 694, 700, 703, 704, 714, 721, 722, 724, 729,
731~734, 738, 739, 742, 743, 750, 751, 753,
766, 767, 770, 772~774, 776, 779~781, 783~
786, 791, 808~813, 815~821, 858, 862~864,
888, 901, 935
- 맥아더선 107, 108, 162, 685, 743
몽골인민공화국 440, 444, 451
몽트뢰해협협약 563, 566
무(無)배상 628, 629
무장해제 및 비군사화조약(D and D Treaty) 386,
389, 390, 394
무주지편입설(영토선점설) 59, 826
미공군 폭격연습장 237, 361, 880, 939
『미국외교문서』(Foreign Relations of the United
States) 65, 67, 87, 504, 512, 556, 589, 709, 943
미극동공군(FEAF)사령부→극동공군사령부
미영공동초안→영미합동초안
미일실무자회담
- 제1회 미일실무자회담(1951. 2. 1) 633
- 제2회 미일실무자회담(1951. 2. 2) 634
- 제3회 미일실무자회담(1951. 2. 5) 635
- 제4회 미일실무자회담(1951. 2. 6) 636
미일안보조약 27, 62, 372, 373, 504, 513, 514, 531,
561, 638, 646, 784, 950
미일안보협정 80, 88, 89, 608, 633~637, 648, 873,
874
미일안전보장협정 59, 235, 371, 513, 514, 628,
636, 637, 871
미일합동위원회 30, 59, 235, 236, 471, 633~636,
841, 871, 873, 874, 879, 882~884, 887, 889,
917, 920~924, 933, 936, 937, 950, 951
- 제12차 미일합동위원회(1952. 7. 26) 27, 236, 871,
874, 875, 880, 885, 919
- 제45차 미일합동위원회(1953. 3. 19) 27, 236, 871,
873, 877~879, 883, 885, 890, 938, 939, 942
미일행정협정(SOFA) 27, 513, 514, 636~638, 873,

874, 876, 884, 917, 919, 935, 937
민주국민당 747

[ㅂ]
방위부(防衛部) 635
백령회(白嶺會) 115
베르사유조약 278, 375, 377, 457, 502, 614, 647, 690, 726
- 베르사유강화조약 280, 378, 625
- 베르사유평화조약 287, 712
- 베르사유평화체제 515
- 베르사유회담 375, 615
변영태추가안 817
보호관리수역(보호관할수역) 808, 809, 814~818, 820, 821
보호관할권 813, 814, 817
보호관할선 808, 814, 816
부분적 평화(partial peace) 306

[ㅅ]
사실상의 평화(de facto peace) 305~307, 313
사유재산불양권(私有財産不讓權) 707
3부조정위원회(SWNCC) 267, 381, 382, 426
상공부안(어업관할수역안) 813, 817
상징천황 281, 303
샌프란시스코(평화)조약 56, 61~64, 66, 68, 71, 73, 79, 81, 85, 90, 274, 289, 329, 380, 420, 428, 577, 579, 580, 581, 629, 630, 753, 796, 802, 807 ~809, 818~820, 822, 859, 860, 868, 869, 880, 881, 887, 917, 922, 939, 940, 951
샌프란시스코평화회담 27, 56, 59~61, 63, 64, 67 ~73, 75, 82, 83, 85, 172, 261, 302, 331, 341, 371, 377, 441, 467, 476, 520, 549, 554, 556, 575, 576, 579, 595, 606, 708, 793, 797~801, 807, 867, 917, 939, 941, 951, 952
소코트라호 825
수색위원회 110, 112, 114

스트라이크위원회 305
스트라이크 조사단 629
신탁통치(신탁통치체제) 169, 170, 252, 294, 316, 317, 333, 341, 372, 374, 379, 392, 414, 420, 426, 431, 439, 454, 460~462, 468, 479, 483, 497, 504, 506, 508~510, 515, 516, 519, 521, 522, 524, 526, 528, 531~533, 544, 547, 560, 561, 578, 585, 586, 588, 605, 607, 624, 628, 644, 716, 717, 768
신한일어업협정 37
실론회의 483
쌍무적 단독강화 312, 313
쌍무적 단독강화 방식 312
- 형식상의 쌍무적 단독강화 방식 312
- 실질상의 쌍무적 단독강화 방식 312

[ㅇ]
『아사히신문』 127, 687, 697, 698, 706, 867~869, 875, 876, 898, 900, 906, 911, 913, 914, 935
아시다 각서(이니셔티브) 296, 297
『아카하타』(赤旗) 865
앨리슨 문서철 88, 554, 556
얄타협정 317, 340, 409, 437, 500, 587
어업감시선 679~682, 686
에버레디계획(Everready Plan) 943
역(逆)코스(reverse course) 297, 301, 305, 313, 330, 340, 370, 395
역무(役務)배상 629, 630, 632
연습구역소위원회 874
연차생산물에 의한 배상 313
연합군최고사령관 점령정책 재성명 315, 333
연합군최고사령부(SCAP=연합국최고사령부=연합군총사령부) 27, 48, 63, 71, 73, 77, 79, 86, 92, 93, 103, 193, 223, 224, 228, 234, 263, 267, 268, 293, 295, 296, 298, 299, 301, 302, 306, 311, 318, 323 ~329, 339, 340, 362, 394, 402, 405, 407, 410, 457, 471, 474, 499, 570, 573, 579, 645, 662, 666, 668, 674, 678, 679, 681, 682, 684~689, 697,

812, 866
연합군최고사령부지령→SCAPIN   27, 30, 32, 86,
    103, 193, 223, 224, 228~230, 232, 233, 340,
    356, 358, 404, 570, 571, 573, 580, 678, 679, 681
    ~683, 859, 880, 889, 923
영구중립(일본중립론) 307, 308, 491
영국 외무성   68, 69, 71, 80, 92, 419, 429, 467, 521,
    522, 524, 525, 537, 540, 545, 553~557, 561~
    563, 565~567, 569, 570, 572, 573, 576, 578,
    580, 582, 584, 585, 587, 589, 593, 595, 600, 603,
    605, 608, 610, 617, 618, 643, 644, 652~655, 794
영미공동초안   705
영미합동초안
 - 제1차 영미합동초안(1951. 5. 3)   377, 522, 523,
    525~533, 539, 541, 542, 544, 584, 596, 602,
    604, 612, 616, 729
 - 제2차 영미합동초안(1951. 6. 14)   377, 533, 534,
    539~541, 543, 545, 547, 584, 612, 614, 617,
    619, 620
 - 제3차 영미합동초안(1951. 7. 3)   545, 549, 706,
    732, 733, 735, 753, 781
영미회담
 - 제1차 영미회담(1951. 4~5)   527, 529~531, 535,
    539, 540, 589, 594, 596~599, 601~606, 617, 645
 - 제2차 영미회담(1951. 6. 2~14)   532, 540, 610, 615
    ~617
영세중립국화   281, 334
영연방 대일평화조약실무작업단   557, 559, 583
영연방외상회의   374, 439, 449, 497
영토표목   138, 906
영토표석   839, 841, 845, 851, 906
오키도사(隱岐島司)   26, 348, 351, 364, 365, 470,
    500, 777, 923
오키도주(隱岐島主)   352
외교사료조사위원회   35
외교위원회   35, 92, 516, 545, 610, 695, 698~702,
    705, 708, 710, 718, 735, 739, 744~746, 748,
    751, 766, 781, 783, 789, 791, 811
외무부수정안(변영태추가안)   817

외무성 고시   81, 885, 938
 - 외무성 고시 제8호(1953. 5. 14)   884
 - 외무성 고시 제28호(1953. 5. 14)   880, 885, 890,
    893
 - 외무성 고시 제34호(1952. 7. 26)   876, 880, 885
우국노인회(憂國老人會, Patriotic Old Men's Associa-
    tion)   76, 250~252, 254~257, 260~262, 363,
    410, 675, 677, 745, 746, 756, 940
울릉경찰서(울릉도경찰서)   839, 852, 899, 900, 903,
    905, 906
『울릉도·독도 학술조사연구』   39~41
울릉도·독도과학조사단   832
울릉도·독도학술조사단   140, 827, 833, 843, 846
울릉도·독도(학술)조사대   33, 100, 112, 114, 117,
    121, 124, 126, 129, 148, 153
〈울릉도와 독도〉   847
울릉도학술조사대   122, 123, 130, 133, 134, 136,
    144, 146, 154,
웨일랜드 서한(Weyland letter)   937, 938
위임통치
 - 위임통치령   294, 333, 371, 374, 379, 388, 509,
    524, 526, 528, 529, 532, 533, 542, 544, 547, 585,
    586, 587, 607, 608, 683, 794
 - 위임통치제도   316
 - 위임통치체제   519, 526, 528, 532, 533, 544, 547
『은주시청합기』(隱州視聽合記)   348, 356, 867
이승만라인(평화선)   25, 35~37, 44, 47, 54, 73, 75,
    77, 81, 83, 153, 274, 678, 796, 807~809, 811,
    821, 840, 845, 851, 852, 854, 866, 868, 891, 904,
    907, 909~913, 935, 936, 938, 939, 947, 949, 952
이승만제거계획   943
이어도종합해양과학기지   824, 825
이탈리아(평화)조약   312, 313, 377, 378, 390, 441,
    502, 523, 557, 564, 565, 645~647
「인접해양에 대한 주권에 관한 대통령선언」(약칭 해
    양주권선언)(1952. 1. 18)   25, 73, 820, 821, 826,
    869, 872, 878
일로통호조약(日魯通好條約)(1855)   340
일미(日米)안전보장조약특별위원회   860

일반적 신탁통치(ordinary trusteeship) 560
일본 보안청 방위4개년계획 891
일본공산당 492, 656, 660~662, 862, 865, 866
『일본본주연안수로지』(日本本州沿岸水路誌) 31
「일본영역도」 863, 864
「일본영역참고도」 860, 861, 863~865
일본위임통치령 371, 374, 379, 388, 506, 507, 509, 524, 526, 528, 532, 533, 544, 547, 607, 683, 794
「일본의 부속소도」 48, 322, 329, 332, 335, 336, 338, 339, 346, 494, 755
- 「일본의 부속소도 I, 쿠릴열도, 하보마이, 시코탄」 321, 463
- 「일본의 부속소도 II, 琉球, 其他 南西諸島」 321
- 「일본의 부속소도 III, 小笠原, 火山列島」 321
- 「일본의 부속소도 IV, 태평양 소도서, 일본해 소도서」 233, 260, 321, 339, 342, 343, 347, 364, 463, 470, 499, 758
- 『Minor Islands Adjacent Japan Proper, Part IV. Minor Islands in the Pacific, Minor Islands in the Japan Sea』 47, 48, 336, 342, 345, 349, 463, 470, 500
임시정부→대한민국임시정부(한국임시정부)

[ㅈ]
자위기획본부(自衛企劃本部) 635
장거리총력폭격임무 210
재미일본협회(American Council on Japan) 437
재일조선인(재일한국인) 63, 70, 80, 313, 335, 527, 543, 548, 593~597, 618, 656, 657, 659~669, 675, 713, 720, 721, 727, 729, 732, 752, 767, 781, 788, 904
전략적 신탁통치(strategic trusteeship) 169, 392, 426, 431, 439, 560
전면강화 61, 68, 309~311, 370, 484, 491, 492
전면강화의 원칙 309
정보조사국(OIR) 89, 364, 477, 675, 677, 754
정책기획단(Policy Planning Staff: PPS) 77, 373,

395, 414, 418, 422~425, 427~429, 436, 448
정책심의위원회 307
제1차 영미합동회의 643, 727
제22폭격비행전대 207, 208, 210, 233
제2차 미소공동위원회 107, 362, 393
제93중(重)폭격비행전대 91, 92, 208~221
제주도·파랑도학술조사대(1951. 9. 18~9. 26) 113, 121, 822
제헌헌법 79, 268, 271~273, 701, 751
조기강화 251, 277, 292, 330, 370, 371, 374, 380, 383, 424, 483, 787
〈조난〉 247~249
조난어민위령비 250, 894, 897, 913
『조선연안수로지』(朝鮮沿岸水路誌) 31, 160, 162
조선산악회(한국산악회) 21, 33, 44, 76, 84, 94, 111, 113~130, 132~136, 138~140, 142~146, 148 ~150, 152~155, 168, 179, 180, 236, 238, 249~ 251, 259, 746, 785, 791, 822~824, 826~829, 831~833, 835, 837, 839, 840, 845, 846, 849, 851 ~853, 878, 897, 906, 913, 914, 919, 920
조선수역실정조사단 911
「조선어업번식보호급취체규칙」(朝鮮漁業繁殖保護及 取締規則)(1928. 12. 10) 814
조선우선(朝鮮郵船) 812
조선해운대책위원회 812
존스턴 보고 305
종전연락사무국 279, 665, 666
- 종전연락중국사무국(終戰連絡中國事務局) 230
- 종전연락중앙사무국(終戰連絡中央事務局) 93, 284, 293, 298, 300, 323
- 종전연락지방사무국(終戰連絡地方事務局) 86
주일미정치고문실 79, 90, 93, 259~261, 327, 329, 339, 362, 363, 371, 388, 410, 448, 456, 457, 459, 474, 725, 737, 769, 795, 942
주일한국대표부 28, 668, 686, 687, 690, 691, 892, 899, 902, 914, 914
『죽도 및 울릉도』(竹島及鬱陵島) 49, 351, 352
죽도폭격훈련구역 876, 880
죽도문제연구회 54, 56, 57, 60

찾아보기 999

죽도어렵합자회사 53, 101
『죽도의 역사지리학적 연구』(竹島の歷史地理學的硏究) 37, 49, 51, 350, 356, 909
『죽도의 영유』(竹島の領有) 46, 47, 49, 350, 356
중간배상 313, 629
중국연락조정사무국(中國連絡調整事務局) 230, 231
『지봉유설』 26
진남호(鎭南號) 832, 833, 836~838, 871, 919
진단학회 33, 115, 117~120, 125

[ㅊ]
천황 57, 62, 169, 281, 286, 300, 303
철거배상 629
첨부 A(Appendix A) 374, 426
청일전쟁(1894) 101, 273, 333, 403
측량표 844, 845, 913

[ㅋ]
카이로선언(1943. 12) 69, 284, 285, 288, 290~292, 314~316, 322, 325, 333, 402, 411, 419, 421, 437, 461, 489, 534, 559, 569, 570, 576, 581, 582, 598, 601, 602, 606~608, 619, 651, 793, 946
카이로회담 468
캔버라회의(영연방수상회담)(1947. 8. 25~9. 2) 304, 557, 560
콜롬보회의(영연방외상회담) 557~559, 583
콩고분지조약 648
쿠릴·사할린교환조약(千島樺太交換條約)(1875) 340
클라크라인(클라크선) 840, 911, 935, 936

[ㅌ]
타이완전력회사 542
트루먼독트린 292, 297, 370
트루먼선언(1945. 9) 815, 816
특별관할권 813

[ㅍ]
팔라다(Pallada)호〔팔레다(Palleada)호〕 254, 348
평화선(이라인=이승만라인=리·라인) 25, 35~37, 44, 47, 54, 73, 75, 77, 81, 83, 153, 274, 678, 796, 807~809, 811, 821, 840, 845, 851, 852, 854, 866, 868, 891, 904, 907, 909~913, 935, 936, 938, 939, 947, 949, 952
평화조약각성연락간사회(平和條約各省連絡幹事會) 277, 284, 295
평화조약문제연구간사회(平和條約問題硏究幹事會) 48, 92, 277, 278, 280, 282, 295, 314, 316, 318, 322~325, 360, 461, 463
평화헌법 281, 303, 372, 513
평화헌법 제9조 307, 371, 903
포츠담선언(1945. 7) 48, 69, 170, 255, 279, 281, 285, 287~290, 295, 314~318, 323, 333, 337, 338, 357, 359, 411, 419, 429, 437, 461, 462, 489, 505, 506, 509, 516, 521, 523, 534, 535, 559, 569, 570, 573, 576, 581, 582, 585, 586, 598, 601, 602, 606, 608, 639, 651, 676, 691, 744, 777, 793, 859, 946, 950
포츠머스조약 544, 546, 620
폭격연습장(폭격연습지) 73, 75, 77, 81, 183, 184, 186, 188~191, 201, 223, 224, 226, 228, 230~237, 246, 471, 500, 835, 841, 865, 870~873, 876~890, 893, 909, 919, 920, 926, 928, 929, 931, 933, 934, 936~938, 946, 950
폴란드국민위원회 614, 728
폴란드임시정부 615
폴리 사절단 629, 673

[ㅎ]
한국근대사자료연구협의회 40~42
한국령 표석 913, 914
한국사학회 39~42
한국산악회→조선산악회
「한국정부의 대일평화조약 임시초안에 대한 논평 및 제안서」(1951. 4. 27) 712

한국정부의 답신서　597, 598, 613, 701, 709, 710,
　　718, 732, 748, 773
－한국정부의 제1차 답신서(1951. 4. 27)　597, 616,
　　709, 710, 714, 720, 721, 725, 738, 746, 750, 771,
　　781
－한국정부의 제2차 답신서(1951. 7. 19)　364, 722,
　　735, 746, 747, 749, 762, 763, 773, 775, 779, 781,
　　782, 792, 793
－한국정부의 제3차 답신서(1951. 8. 2)　765, 773～
　　775, 779, 781, 782
한국후방사령부　920, 930, 931, 933, 934
한일어업협정　36, 37, 52, 53, 808～811, 818～820
한일역사공동위원회　56
한일회담　15, 35, 64, 68, 70, 71, 83～86, 274, 303,
　　666, 674, 696, 708, 766, 767, 770, 783, 795, 820,
　　828, 845, 900, 904, 917, 924, 925, 947, 949
－제2차 한일회담(1953. 4. 15～7. 13)　34, 844, 891
－제3차 한일회담(1953. 10. 6)　946
해려(海驢)　137
해상봉쇄선→클라크선
해상연습 및 훈련구역분과위원회　874, 877, 883
해안경비대　109, 120, 130～133, 135, 182, 197,
　　198, 209, 684
해양주권　809, 818, 843
－해양주권선(평화선)　808, 817, 843
－해양주권선언　25, 73, 820, 821, 826, 869, 872, 878
행어환(幸漁丸)　684
행정협정　235, 514, 531, 608, 636, 637, 646, 648,
　　870, 871, 873, 874, 880, 884, 946, 950
헤이그국제사법재판소　902, 944
헤이그조약　707, 708
호넷(Hornet)호　254, 348
휴전회담　789, 943

표·그림 목록

표 2-1 미군정기 한국인들의 소청 199쪽
표 2-2 언론에 보도된 독도폭격 상황 203쪽
표 2-3 헌법에 반영된 독도조항의 변천 272쪽
표 3-1 일본 외무성 평화조약문제 작업분담(1949. 11. 12) 311쪽
표 3-2 일본정부가 SCAP 외교국에 제출한 자료목록(1948. 12. 현재) 327쪽
표 3-3 「일본의 부속소도」 간행 336쪽
표 5-1 1947~1949년 미 국무부의 평화조약 초안 및 관련 문서의 독도 표기 400쪽
표 5-2 1947년 8월 5일자 초안과 PPS/10(1947. 10. 14)의 한국령 비교 428쪽
표 5-3 1947년 대일강화조약 초안의 일본령 표시 좌표 비교 432쪽
표 5-4 대일평화조약 초안의 체제 비교(1948년 1월·1949년 9월·10월·11월) 446쪽
표 5-5 대일평화조약 초안의 체제 비교(1949년 11월·12월) 485쪽
표 5-6 대일평화조약 초안의 체제 비교(1949년 12월·1950년 8월·1950년 9월) 508쪽
표 5-7 대일평화조약 초안의 체제 비교(1951년 2월·1951년 3월·1951년 5월) 525쪽
표 5-8 대일평화조약에 표시된 한국 관련 조항의 변화(1951. 5~6) 533쪽
표 6-1 영국 외무성 대일평화조약 초안들의 비교 562쪽
표 6-2 영국 외무성 초안의 구성 비교(1951. 2~4) 566쪽
표 6-3 한국정부의 각서(1951. 7. 20)에 대한 영국 외무성의 검토결과(1951. 날짜 미상) 618쪽
표 7-1 요시다 시게루가 맥아더에게 제시한 재일조선인 범죄 통계 668쪽
표 8-1 외무부 외교위원회의 구성 700쪽
표 8-2 제주도·거문도·울릉도·리앙쿠르암·독도·파랑도의 명칭 비교(보그스) 762쪽
표 8-3 한국정부의 대일평화조약 초안 검토 답신서와 미국의 대응 781쪽

그림 1-1 해방 후 최초의 독도 보도(『대구시보』, 1947. 6. 20) 98쪽
그림 1-2 독도의 위치(『동아일보』, 1947. 7. 23) 105쪽
그림 1-3 맥아더라인과 독도(『한성일보』, 1947. 8. 13) 108쪽
그림 1-4 맥아더라인과 독도 부분(『한성일보』, 1947. 8. 13) 108쪽

그림 1-5	조선산악회 소백산학술조사대(1947. 7. 12~7. 25) ⓒ 한국산악회	119쪽
그림 1-6	조선산악회 울릉도·독도학술조사대(1947. 8) ⓒ 한국산악회	126쪽
그림 1-7	독도에 상륙한 해안경비대 대원들과 김정태(오른쪽에 앉은 민간인)(1947. 8. 20) ⓒ 김정태 132쪽	
그림 1-8	조선산악회가 독도에 설치한 영토표목(1947. 8. 20) ⓒ 홍종인/한국산악회	139쪽
그림 1-9	최계복이 찍은 독도 사진(『대구시보』, 1947. 8. 31)	149쪽
그림 1-10	『사해』에 수록된 독도 사진	161쪽
그림 1-11	맥아더라인과 독도·울릉도·오키섬(신석호, 1948, 『사해』)	161쪽
그림 1-12	독도위령비 제막식(1950. 6. 8)에 참석한 홍재현(우측, 최계복 촬영) ⓒ 이화장	165쪽
그림 1-13	언론에 보도된 파랑서의 위치(『동아일보』, 1947. 10. 22)	171쪽
그림 2-1	독도폭격사건: 사망자(김준선)·관통된 트렁크(『조선일보』, 1948. 6. 16)	180쪽
그림 2-2	독도폭격사건 보도(『Stars & Stripes』, 1948. 6. 17)	185쪽
그림 2-3	「제93중(重)폭격비행전대 1948년 6월 역사」	210쪽
그림 2-4	「제93중폭격비행전대 1948년 6월 역사」 중 제3차 임무(독도폭격)	213쪽
그림 2-5	제93중폭격비행전대 비행대형	220쪽
그림 2-6	미군이 운용한 폭격장 위치	227쪽
그림 2-7	군상 Ⅳ(이쾌대) ⓒ 이한우	247쪽
그림 2-8	자화상(이쾌대) ⓒ 이한우	248쪽
그림 2-9	독도위령비 제막: 헌화하는 조재천 경북도지사(1950. 6. 8) ⓒ 이화장	250쪽
그림 2-10	우국노인회가 맥아더에게 보낸 청원서(영문, 1948. 8. 5)	254쪽
그림 2-11	우국노인회가 맥아더에게 보낸 청원서(한글 초안) ⓒ 박종평	256쪽
그림 3-1	「일본의 부속소도」 제Ⅳ부(1947. 6) 표지	339쪽
그림 3-2	「일본의 부속소도」 제Ⅳ부(1947. 6) 첨부지도	343쪽
그림 3-3	「일본의 부속소도」 제Ⅳ부(1947. 6) 독도 부분	347쪽
그림 5-1	H.O. 1500 지도에 표시한 보그스의 영토초안(1947. 7. 24)	416쪽
그림 5-2	미 국무부 정책기획단 대일평화조약 보고서(PPS/10)의 첨부지도(1947. 10. 14)	425쪽
그림 5-3	미 국무부 정책기획단 대일평화조약 보고서(PPS/10)의 첨부지도(1947. 10. 14) 중 독도 부분 429쪽	
그림 5-4	1947년 미 국무부 대일평화조약 초안들의 영토규정	433쪽
그림 5-5	미 국무부 대일평화조약 초안(1949. 11. 2)의 첨부지도	453쪽
그림 5-6	1949년 11월 2일자 조약 초안 중 북방 4개 섬 부분	454쪽
그림 5-7	1949년 11월 2일자 조약 초안 중 울릉도·독도 부분	455쪽
그림 6-1	영국 외무성 대일평화조약 초안 첨부지도(1951. 3)	577쪽
그림 6-2	영국 외무성 대일평화조약 초안 첨부지도(1951. 3)의 시코탄·하보마이 부분	578쪽
그림 6-3	영국 외무성 대일평화조약 초안 첨부지도(1951. 3)의 독도 부분	580쪽

그림 8-1   일본 어업감시선 항행구역(1949. 7)   681쪽
그림 8-2   일본 어업감시선 항행구역과 확장어구(빗금지역)(1949. 9)   682쪽
그림 8-3   일본 모선식 참치어업의 허가구역(빗금지역)(1950. 5. 11)   683쪽
그림 8-4   일본 언론에 보도된 「대일평화조약 임시초안」(『아사히신문』, 1951. 4. 7)   698쪽
그림 8-5   한국정부의 제1차 답신서(1951. 4. 27)   714쪽
그림 8-6   일본 어선 나포 위치 표시표(해군사령부, 1951. 3. 31)   723쪽
그림 8-7   한국정부의 제1차 답신서(1951. 4. 27) 중 대마도 요구 부분   725쪽
그림 8-8   「대일평화조약 제2초안」(외무부 정무국 번역)   736쪽
그림 8-9   한국정부의 제2차 답신서(1951. 7. 19)   749쪽
그림 8-10 미 국무부 지리전문가 보그스의 제1차 독도보고서(1951. 7. 13)   755쪽
그림 8-11 미 국무부 지리전문가 보그스의 제2차 독도보고서(1951. 7. 16)   758쪽
그림 8-12 미 국무부 지리전문가 보그스의 제3차 독도보고서(1951. 7. 31)   760쪽
그림 8-13 한국정부의 제3차 답신서(1951. 8. 2)   774쪽
그림 8-14 미 국무부 극동담당차관보(딘 러스크)가 주미한국대사(양유찬)에게 보낸 서한(1951. 8. 10)   778쪽
그림 9-1   울릉도독도학술조사단 파견계획서(1952. 7)   827쪽
그림 9-2   울릉도독도학술조사단 재파견계획서(1953. 7)   843쪽
그림 9-3   독도에 설치된 영토표석(한국산악회 홍종인 부회장, 1953. 10. 15) ⓒ 한국산악회   851쪽
그림 9-4   일본 외무성이 중의원에 제출한 「일본영역도」(1951. 10) 및 독도 부분도   864쪽
그림 9-5   전후 최초로 일본 언론에 보도된 독도(『아사히신문』, 1951. 11. 24)   868쪽
그림 9-6   국내에 전해진 『아사히신문』의 보도(『동아일보』, 1951. 11. 26)   869쪽
그림 9-7   미일합동위원회에서 결정된 미군 시설·구역 표시도(『아사히신문』, 1952. 7. 26)   875쪽
그림 9-8   울릉도경찰서 독도순찰반(1953. 7. 12). 일본 순시선 헤구라호 승무원 촬영(『아사히신문』, 1953. 7. 14)   900쪽
그림 9-9   쓰지 마사노부의 평화선·독도 '시찰' 경로(1953. 10. 6~18)(『文藝春秋』, 1953. 12)   910쪽
그림 9-10 일본 '조선수역실정조사단'의 조사여정(1953. 10. 14~17)(『아사히신문』, 1953. 10. 17)   911쪽
그림 9-11 일본 언론에 보도된 한국령 표석(『아사히신문』, 1953. 10. 23)   914쪽
그림 9-12 맥아더라인(철로선)·방위수역(클라크라인)(실선)·이라인(점선)(『아사히신문』, 1953. 8. 28)   935쪽